반도체 공학

Introduction to

Semiconductor Engineering

반도체 공학

조성환 지음

Introduction to

Semiconductor Engineering

북스힐

[저자소개]
일본 츠쿠바(Tsukuba)대학교에서 반도체 재료 공학 박사학위를 취득하였다(1997).
일본 AIST 연구원을 거쳐 삼성전자와 울산대학교 반도체학과 교수로 근무하였다.

반도체 공학

초판 1쇄 인쇄 | 2025년 2월 15일
초판 1쇄 발행 | 2025년 2월 20일

지은이 | 조 성 환
펴낸이 | 조 승 식
펴낸곳 | (주)도서출판 북스힐

등 록 | 1998년 7월 28일 제 22-457호
주 소 | 서울시 강북구 한천로 153길 17
전 화 | (02) 994-0071
팩 스 | (02) 994-0073

홈페이지 | www.bookshill.com
이메일 | bookshill@bookshill.com

정가 32,000원

ISBN 979-11-5971-648-5

Published by bookshill, Inc. Printed in Korea.

머리말

이 책은 반도체에서 발생하는 물리 현상과 소자에 대해서 가장 기본적인 내용을 다루고 있다. 물리를 기초로 작성하였으며 회로 부분은 대부분 생략하였다. 공정에 대해서도 별도의 교재로 다룰 것이며 반도체의 물성, 전자 소자, 광전 소자 3부분으로 나누어서 작성하였다. 전자기학 입문과 대수학의 미분 방정식에 대한 사전 지식이 필요하므로 반도체 전공 학부 3, 4학년이 대상이 된다. 한 학기 분량으로 편집하였으며 학생들 혼자서도 학습할 수 있도록 수학적인 유도 과정도 포함시켰다. 개념의 이해를 돕고자 본문에 다양한 예제를 수록하였고, 각 장의 마지막에는 반드시 알아야 할 내용들 중심으로 연습문제를 넣었으며 그에 대한 풀이 과정 또한 교재 마지막에 넣었다. 중요한 부분은 중복하여 설명하고 있으며, 가능한 친절하게 설명하기 위해 노력하였다.

재료, 공정, 회로 부분은 범위가 매우 광범위한 관계로 아주 기본적인 것만 다루었으며 주로 반도체에서 발생하는 물리 현상을 다루고 있다. 본 교재의 특징을 요약하면 다음과 같다. 풍부한 설명과 함께 많은 예제를 수록하였으며 그 풀이 과정도 상세히 기술하였다. 뿐만 아니라 각 장에서 중요한 수학적 관계식의 유도 과정을 상세히 기술하였고, 연습문제 풀이 과정도 부록에 수록함으로써 독자들이 스스로 학습하고 이해도를 향상시킬 수 있도록 노력하였다.

1장에서는 반도체의 정의와 사전 지식 및 반도체에서 가장 기본적인 양자역학과 광전 효과로부터 양자역학이 탄생하기까지의 배경을 다루고 있다. 또한 실리콘의 결정 구조와 에너지 밴드 다이어그램의 해석법, 양공과 유효질량, 상태 밀도 함수, 페르미-디랙 확률함수에 대해서도 다루고 있다. 반도체 물성을 학습하기 전의 사전 지식 배양이라고 할 수 있겠다. 특히 에너지 밴드 다이어그램을 그리고 해석하는 법과 페르미-디랙 확률함수는 반드시 이해해야 한다. 이 교재의 마지막 10장까지 지속적으로 언급하는 내용이기 때문이다.

2장부터 5장까지는 반도체의 물성과 PN 접합에서 발생하는 물리적 현상에 대해서 논의하고 고찰하고 있다. 반도체 소자의 특성을 이해하기 위해서는 전반부의 반도체 물성과 물리적 현상에 대한 충분한 이해가 필요하다. 특히 PN 접합에서 발생하는 물리 현상들은 뒤에서 다루는 PN 접합 다이오드, 쇼트키 다이오드, MOS 커패시터, MOSFET를 이해하는 데 중요하기 때문에 반드시 반복적인 학습을 통해서 충분히 이해해야만 한다. 진성 및 외인성 반도체에 대해서 알아보고 평형 상태와 비평형 상태에서의 반도체의 특징들을 배울 것이다. 또한 반도체 내에서 발생하는 3가지 전류 성분들에 대해서 알아보고 PN 접합 제작법과 PN 접합에서의 전류 발생 메커니즘에 대해서 상세히 논의할 것이다. 이를 바탕으로 6장에서는 PN 접합 다이오드, 7장에서는 메탈-반도체 접합과 쇼트키 다이오드의 전류 발생 메커니즘을 고찰하고 PN 접합 다이오드와의 차이점에 대해서 논의한다.

8장에서는 MOS(metal-oxide-semiconductor) 커패시터의 동작모드에 대해서 논의하고 있다. 게이트 전압에 따른 3가지 동작모드를 고찰하고 커패시터, 전하량 및 게이트 전압과의 관계를 알아본다. MOSFET 소자를 이해하기 위한 마지막 과정인 셈이다. 9장에서는 우리가 이해하고자 하는 마지막 전자 소자인 MOSFET(MOS field effect transistor)에 대해서 논의하고 MOSFET에서 발생하는 여러 가지 물리 현상을 고찰한다. 동작 원리와 전류 발생 메커니즘에 대해서 상세히 논의하고, 소자의 집적화 향상을 위해 단채널에서 일어나는 현상들에 대해서 고찰할 것이다. 본 교재에서는 BJT(bipolar junction transistor)에 대해서는 다루지 않는다. 현재 시스템 반도체에서 사용되는 로직, 연산을 담당하는 트랜지스터는 대부분 MOSFET으로 구성되어 있다. 따라서 MOSFET에서 발생하는 물리 현상과 소자 작동 원리, 특징에 대해서 상세히 논의할 것이다. 다만 학부 3, 4학년이 반드시 알아야 할 기본적인 것만 다루고 있다. 전자 소자의 목적은 MOSFET을 이해하는 것이다. MOSFET이 소형화되면서 발생하는 물리적 한계를 잘 이해하는 것이 중요하다. MOSFET에서 발생하는 더 많은 현상과 MOSFET 진화 배경 및 디바이스 종류에 대해서는 본 교재에서는 상세히 다루지 않았다. 1장에서 8장까지는 MOSFET에 대한 이해도를 보다 더 높이고자 하였으며, 흥미를 잃지 않도록 기본적이며 꼭 알아야할 사항 중심으로 편성하였다.

10장에서는 광전 소자를 다룬다. 실리콘 계열의 전자 소자를 9장까지 다루고 마지막 장에서는 직접 천이형 반도체를 활용한 LED(light emitting diode), LD(laser diode)의 동작 특성과 이종 접합에 대해서 논의한다. 학부 과정에 맞추어 난이도를 조절하였으며, 이종 접합은 건너뛰어도 무방하다. 디스플레이, 조명, 광통신에 활용하는 발광 소자에 대해서는 모두 기본적인 내용만 다루었고, 레이트 방정식을 이해할 수 있도록 수학적 관계식을 유도하였으며, 광통신에 사용한다는 내용만 간략하게 작성하였다. 마지막으로 단결정 실리콘을 이용하는 수광 소자인 태양전지의 작동 원리와 기본적인 물리 현상에 대해 논의한다. PN 접합에 저항을 연결하고 빛을 조사했을 때 발생하는 두 가지 전류 성분을 이해하는 것에 중점을 두었고 광전류에 가장 큰 영향을 미치고 인위적으로 제어할 수 있는 인자에 대해서 상세히 논의하였다.

본 교재는 한 학기에 다루기에 범위와 분량이 많을 수 있으므로, 수업 방식의 다양화를 통해

1년으로 할 수도 있다. 반도체에서 발생하는 물리 현상에 대해서 가장 상세히 다루고자 노력하였고, 교재의 흐름상 순차적으로 강의 및 학습하는 것을 추천하며 필요한 부분만 별도로 강의하는 것은 앞부분과의 연계성 때문에 어려울 수도 있다.

본 교재에서 나오는 미분 방정식들에 대해서는 별도의 설명을 추가하지 않았으므로 이에 대해서는 추가로 학습이 필요할 수 있다. 수학이 어려운 학생들의 경우 유도 과정을 건너뛰어도 무방하지만, 최종 결과 식은 반드시 이해하고 최종 수식이 우리에게 전달하고자 하는 메시지, 물리적 의미를 반드시 통찰하고 깊이 있게 고찰하고 넘어가야 할 것이다.

모든 이공계 학문이 그렇지만 직관적으로 또는 정성적으로 이해가 가지 않을 경우에는 수학을 이용할 수밖에 없다. 수학적 유도는 지루하고 추상적일지도 모르지만 유도 과정을 통해서 더 깊고 넓게 이해할 수 있는 편의를 제공해 준다. 수학을 활용하여 정량적으로 고찰하고 이를 바탕으로 정성적으로 이해하려고 노력하는 것이 중요하다. 이해가 가지 않으면 그대로 넘어가고 차례차례 공부하는 과정에서 이해가지 않았던 부분이 어느 날 갑자기 알게 되는 경험을 하게 될 것이다. 모른다고 포기하지 말고 모르면 모르는 대로 넘어가길 바란다.

본 교재보다도 더 깊게, 더 넓게 다루고 있는 교재들이 많다. 더 수학적으로 엄격하게 묘사한 교재들도 많다. 본 교재는 이러한 고급 공부를 위해서 가장 기본적인 골격을 갖춘다고 생각하고 학습하면 많은 도움이 될 것이다.

'반도체 산업의 첨단화가 곧 강국으로 가는 길이다'라는 등식이 성립하는 시대가 온 듯하다. 이전에는 '철을 보유한 나라가 강국'이라는 것이 생각나는 것과 동시에 '이제는 새로운 개념의 반도체'가 나와야 하는 것이 아닐까?'라는 의문이 생기기도 한다. 대한민국은 메모리 반도체의 절대 강국이다. 메모리 시장 점유율 1, 2등 회사를 모두 보유하고 있으며 유일하게 종합 반도체 기업을 보유하고 있는 국가이다. 설계, 파운드리, 패키징 모두 하나의 회사에서 진행하는 종합 반도체 기업을 보유하고 있는 국가는 대한민국이 유일하다. 메모리 반도체는 전체 반도체 시장의 절반에도 미치지 못한다. 가장 큰 시장은 역시 시스템 반도체이다. 지금 반도체 패권을 다투고 있는 것도 시스템 반도체가 메인이다.

미국에서 시작한 반도체는 한때 일본에 자리를 넘겨주고 이제는 메모리 반도체 강국인 대한민국이 주도하는 것처럼 보인다. 그러나 파운드리 강국은 오래전부터 대만이 강세였고, 반도체 설계는 미국, 반도체 재료, 설비 강국은 일본이었으며 이러한 분할은 지금도 유지되고 있는 상황이다. 현대 반도체의 주요 산업 분야는 CPU, AP(application processor), microprocessor라 할 수 있겠다. 특히 CPU는 미국의 인텔과 AMD, 스마트폰의 두뇌 역할을 하는 AP chip은 미국 퀄컴의 스냅드래곤, 애플의 A chip, 한국의 삼성 엑시노스, 중국 화웨이의 기린이라는 이름으로 모두 자체 개발에 주력하고 있다. 여기에 모두 사용하고 있는 MOSFET device는 진화에 진화를 거듭하여 3차원 FinFET,

GAA(각 사마다 추구하는 방식과 명칭이 조금씩 다름) 방식으로 변모하였다. MOSFET 소자의 개념을 최초로 제안한 분이 대한민국인이라는 자부심을 가지고 반도체라는 분야에 열심히 학문하여 새로운 개념의 반도체 탄생에 밑거름이 되었으면 하는 바람이다. 대한민국이 더욱 집중해야 할 실리콘 시스템 반도체뿐만 아니라 전력 반도체, 광전 소자용 화합물 반도체에 흥미를 갖는 계기가 되었으면 좋겠다.

끝으로 본 교재가 나오기까지 처음부터 마지막까지 도움을 주신 북스힐 조승식 대표이사님께 감사드리며 수작업으로 그린 그림을 모두 재작성하시고 편집해 주신 편집부 이승한 부장님 이하 모두에게 감사드린다.

용기와 격려를 해 주고 끝까지 관심을 가져준 이수련, Andrew, Stacie에게도 감사의 마음을 전한다.

참고 문헌

1. Pierret, R.F. semiconductor device fundamentals, Addison-wesley, 1996
2. Hu, C.C. modern semiconductor devices for integrated circuits
3. Streetman, B.G. and S.K. Banerjee. solid state electronics device. 6th, by Prentice-Hall, Inc, Upper Saddle River,2006
4. Sze, S.M. and K.K. Ng, physics of semiconductor devices, 3rd, John Wiley & sons, 2007
5. Neamen D.A., semiconductor physics and devices, 4th, McGrawHill
6. Shur. M. introduction to electronic devices. New York : John Wiley and Sons, 1996
7. kwok k. Ng, complete guide to semiconductor devices, international edition, McGraw-Hill
8. 사토 준이치 저/조성환 옮김, 쉽게 배우는 반도체 프로세스, 북스힐, 2023

Preface

This book covers the most basic information about devices and the physical phenomena that occur in semiconductors. It is based on physics and omits most of the circuit parts. It is divided into three parts: semiconductor properties, electronic devices, and photoelectric devices. This book requires an introduction to electromagnetism and prior knowledge of differential equations in algebra. Therefore, it is aimed at third and fourth year undergraduate semiconductor majors. The book is edited for one semester and includes mathematical derivations so that students can study independently. To help students understand the concepts, various examples are inserted in the text. At the end of each chapter, exercises focusing on the essentials are included and the solution process is also included at the end of the book. Redundant explanations are included in important parts and are written in a friendly manner as possible.

The materials, processes, and circuits sections are very basic because the scope would be too broad, and they mainly cover the physical phenomena that occur insemiconductors. To summarize the features of this textbook, abundant explanations, many examples, detailed explanations of the solution process, detailed explanations of the derivation of important mathematical relationships in each chapter, and practice problems as appendices are provided. The goal is to improve the readers' learning and understanding.

Chapter 1 covers the definition and preliminary knowledge of semiconductors and the background from the most basic quantum mechanics and photoelectric effects in semiconductors to the birth of quantum mechanics. It covers the crystal structure of silicon, the interpretation of energy band diagrams, holes and effective mass, density of states, and Fermi Dirac distribution functions. It can help cultivate prior knowledge before learning semiconductor properties. In particular, it is essential to understand how to draw and interpret energy band diagrams and the Fermi Dirac distribution function. This is because they will be mentioned continuously until the last 10 chapters of this book.

Chapters 2, 3, 4, and 5 discuss and review the properties of semiconductors and the physical phenomena that occur in PN junctions. In order to understand the device properties of semiconductors, it is necessary to have a good understanding of semiconductor physics and physical phenomena in the first half. In particular, the physical phenomena occurring in PN junctions are important for understanding PN junction diodes, Schottky diodes, MOS capacitors, and MOSFETs. These are discussed later, so it is essential to understand them thoroughly through repeated studying. In this chapter, you will learn about intrinsic and extrinsic semiconductors and their characteristics in equilibrium and non-equilibrium states. You will also learn about the three components of current in semiconductors and discuss in detail how to make PN junctions and the mechanism of current generation in PN junctions. Based on this, the current generation mechanisms of PN junction diodes in Chapter 6 and metal-semiconductor junction and Schottky diodes in Chapter 7 will be examined and their differences from PN junction diodes will be discussed.

Chapter 8 discusses the operating modes of metal-oxide-semiconductor (MOS) capacitors. The three modes of operation as a function of gate voltage are reviewed and the relationship between the capacitor, the amount of charge, and the gate voltage is discussed. This is the final step in understanding MOSFET devices. Chapter 9 discusses the last electronic device, the MOS field effect transistor (MOSFET), and examines the various physical phenomena that occur in MOSFETs. The principle of operation and the current generation mechanism will be discussed in detail. The phenomena that occur in a single channel to improve the directness of the device will be discussed. This textbook does not cover bipolar junction transistors (BJTs). Almost all logic and computation transistors used in system semiconductors today are composed of MOSFETs. The physical phenomena that occur in MOSFETs, theprinciples of device operation, and their characteristics will also be discussed in detail. Only the basics that third and fourth year undergraduates should know will be covered. The purpose of Electronic Devices is to understand MOSFETs. As MOSFETs are miniaturized, it is important to have a good understanding of their physical limitations.

Many more phenomena that occur in MOSFETs, the history of MOSFET evolution, and device types are not covered in detail in this text. The flow of Chapters 1 through 8 is organized to give you a better understanding of MOSFETs and is organized around basic, must-know topics to keep things interesting.

Chapter 10 covers photoelectric devices. Silicon-based electronic devices are covered through Chapter 9, and the final chapter discusses the operating characteristics of light emitting diodes (LEDs) and laser diodes (LDs) using direct transition semiconductors and heterojunctions. The level of detail has been adjusted to suit an undergraduate course and heterojunctions can be skipped. The light-emitting devices used in displays, lighting, and optical communications are all covered only in basic terms, and mathematical relationships are derived to understand the rate equation, and only briefly written about their use in optical communications. Finally, the working principle and basic physical phenomena of solar cells, which are light-emitting devices using monocrystalline silicon, are discussed. The emphasis is on understanding the two current components that occur when a resistor is connected to a PN junction and light is irradiated, and the factors that have the greatest influence on photocurrent and can be controlled artificially are discussed in detail.

The scope and volume of this textbook is more than that can be covered in a single semester and can be extended to a year with a variety of teaching methods. There was effort put into covering the physical phenomena that occur in semiconductors in the most detailed way, and it is recommended to teach and learn sequentially due to the flow of the textbook. It may be difficult to teach only the necessary parts separately because of the connection with the previous parts.

The differential equations in this book are not explained in detail and may require additional studying. Students with difficulty in mathematics can skip the derivations, but they should understand the resulting equations and try to understand the message and physical implications of the final equations.

As with all science and engineering disciplines, when something doesn't make sense intuitively or qualitatively, there is no option but to use math. Mathematical induction may be boring and abstract, but it provides a convenient way to deeper understand the process of induction. It is important to use math to explore quantitatively and try to understand qualitatively based on that. If you don't understand something, just move on, and you will experience the experience of suddenly understanding something that you didn't understand during the course of study. Don't give up if you don't understand something. Just move on.

There are many books that go deeper and broader than this one. There are also many more mathematically rigorous texts. This book should be considered as the most basic framework for such advanced studies, and it will help you a lot.

It seems that the time has come when the equation "advanced semiconductor industry is the path to power"is true. It reminds me of the fact that the country that possessed iron before was a powerful country. At the same time, I wonder if we need to come up with a new concept of semiconductors. South Korea is an absolute powerhouse in memory semiconductors. It owns both the No. 1 and No. 2 companies in the memory market and is the only country to have an integrated semiconductor manufacturer. South Korea is the only country in the world to have an integrated manufacturer, where design, foundry, and packaging are all done by one company. Memory semiconductors account for less than half of the total semiconductor market. The largest market is system semiconductors. It is system semiconductors that are currently contesting for semiconductor supremacy.

While Korea may seem to be the dominant player in memory semiconductors, it has long been Taiwan that has been the dominant foundry power, the United States in semiconductor design, and Japan in semiconductor materials and equipment. This division is still in place today. Today, the main semiconductor industries are CPUs, application processors (APs), and microprocessors. In particular, CPUs are developed by Intel and AMD in the United States, and AP chips, which are the brains of smartphones, are developed by Qualcomm snap dragon in the United States, Apple's A chip, Samsung Exynos in Korea, and Huawei's Kirin in China. The MOSFET devices used by all of them have evolved and transformed into three–dimensional FinFETs and GAAs (each company's pursuit and nomenclature are slightly different). I am proud that Korea is the first country to propose the concept of MOSFET devices, and I hope that we can contribute to the birth of a new concept of semiconductors by working hard in the field of semiconductors. I hope that this book will inspire Korea to focus on not only silicon system semiconductors, but also compound semiconductors for power semiconductors and photoelectric devices.

Finally, I would like to thank Mr. Seung Sik Cho, CEO of Bookshill, for his help in making this book possible, and Mr. Seung Han Lee, editorial department, for rewriting and editing all the hand-drawn figures.

I would also like to thank Sooryeon Lee, Andrew, and Stacie for their courage, encouragement, and interest.

차 례

CHAPTER 01 반도체 입문

CHAPTER 02 평형 상태의 반도체

CHAPTER 03 캐리어 전송

CHAPTER 04 비평형 상태의 반도체

CHAPTER 05 PN 접합

CHAPTER 06 PN 접합 다이오드

CHAPTER 07 MS junction & diode

CHAPTER 08 MOS capacitor

CHAPTER 09 MOSFET 입문

CHAPTER 10 광전 소자

CHAPTER 01

반도체 입문

반도체 디바이스의 역사는 170년이 조금 넘었다. 금속-반도체 접합에서 시작해서 1947년 우리에게 너무나 잘 알려진 3인에 의해 최초의 트랜지스터가 만들어졌다. William Shockley, John Bardeen, Walter Brattain이다. 게르마늄을 이용한 점접촉 바이폴라 트랜지스터에 가까운 디바이스였다. 지금의 시스템 반도체에는 대부분 전계효과 트랜지스터(MOSFET)를 사용한다. 바이폴라 트랜지스터의 장점이 거의 없어졌다. 본 교재의 궁극적인 목적은 MOSFET의 기본 동작을 이해하는 데 있다. 그러기 위해서는 먼저 반도체의 물성, PN 접합, PN 접합 다이오드, 메탈-반도체 접합, 쇼트키 다이오드, MOS 커패시터의 물리 현상을 이해해야 한다. 반도체 물리는 반도체 내에서 일어나는 전자들의 움직임을 이해하고 기술하는 것에 있다. 우리에게 잘 알려져 있는 신비로운 입자이자 파동인 전자가 외부 전기장에 의해 반도체 결정 내에서 어떤 거동을 하는지 우리는 조금이나마 그것을 이해하려고 한다. 그러려면 양자역학, 전자기학은 물론 미분 방정식에 대한 사전 지식이 필요하다. 이 분야를 함께 학습하면 반도체를 이해하는 데 많은 도움이 될 것이다. 우리는 반도체의 간단한 정의와 기능에 대해서 알아 볼 것이다. 대표적인 반도체 재료인 실리콘을 중심으로 결정구조와 에너지 밴드 구조, 결정면의 원자 밀도에 대해서 고찰해 볼 것이다. 반도체 내 전자는 주인공이다. 전자를 대부분 고전 입자로 취급하여도 충분히 설명이 되는 부분이 많지만 반도체도 미세화되면서 양자역학적으로 다루어야 할 현상들이 있다. 이러한 물리 현상을 이해하기 위해 간단한 양자역학에 대해서 정성적으로 논의할 것이다. 광전 효과의 해석은 양자역학을 태동시켰으며 물리학 역사에 길이 남을 위대한 성과였다. 광전 효과를 논의할 것이고 슈뢰딩거 방정식을 통해서 에너지 양자화와 터널링 현상을 고찰해 볼 것이다.

반도체 내는 전자와 양공과 같은 모바일 캐리어의 움직임에 의해 전류를 만들어낸다. 양전하를 띠고 있는 양공의 개념과 반도체 결정 내에서 운동을 고려한 유효질량의 개념을 학습할 것이다. 또한 원자가 주기적인 배열을 하고 있는 반도체에서 에너지 밴드 갭 생성 원리의 정성적 고찰과 반도체 내의 전자 분포를 알려주는 페르미-디랙 확률함수에 대해서 학습할 것이다. 전도대와 가전자대의 정의를 살펴보고 전자가 점유할 양자 상태의 수를 나타내는 상태 밀도 함수(DOS)에 대해서도 학습할 것이다. 1장의 학습이 끝나면 반도체의 물성에 대해서 본격적으로 논의할 준비를 마치게 될 것이다.

1-1 반도체의 정의

반도체는 금속과 같이 전류를 잘 전달하는 전도체의 성질을 가지고 있으며, 돌, 나무와 같이 전류를 흐르지 못하게 하는 부도체의 성질을 가지고 있다. 특정 물질(불순물이라고 함)을 반도체 내에 주입시키면 반도체는 금속에 버금가는 세미 메탈과 같은 특성을 보이지만 불순물을 주입하지 않은 상태에서는 부도체에 가까운 특성을 보인다. 이러한 가변성이 있는 특성으로 인하여 가변 저항과 비슷하게 인위적으로 전류를 잘 흐르게 할 수 있기도 하며 부도체와 같은 특성을 나타나게 할 수도 있는 특이한 성질을 가지고 있는 물질이다. 불순물에는 전자(−)를 많이 만들어내는 불순물과 양공(+)을 많이 만들어내는 불순물이 있다. 통상적으로 전자와 양공의 농도가 동일한 반도체를 진성(intrinsic) 반도체라고 하고, 전자 또는 양공이 많은 반도체를 각각 n형, p형 반도체라 하며 이를 통칭하는 것이 외인성(extrinsic) 반도체이다.

1-1-1 반도체의 비저항과 전도도

표 1-1은 물질의 비저항과 전도도에 따라 부도체, 반도체, 전도체로 구분한 것이다. 부도체나 금속 같은 전도체의 경우에는 비저항이 특정 값을 가진다. 이러한 물질들에 비해서 Ge, Si, GaAs 반도체의 전도도, 비저항은 특정 범위에 걸쳐서 분포하고 있음에 주목하라. 전도도가 전도체와 부도체의 사이에 존재하며 불순물의 주입을 통해서 이러한 전도도를 가변시킬 수 있는 특징을 가지고 있다.

반도체에서의 비저항은 전자나 양공과 같은 캐리어의 이동도와 농도의 함수로 표현한다. 따라서 고정된 값을 가지지 않고 가변적이다. 우리는 이러한 반도체의 물성에 대해서 차차 학습해 나갈 것이다. 반도체의 비저항과 전도도는 서로 역수관계에 있음을 알 수 있다.

표 1-1 부도체, 반도체, 전도체의 비저항과 전도도

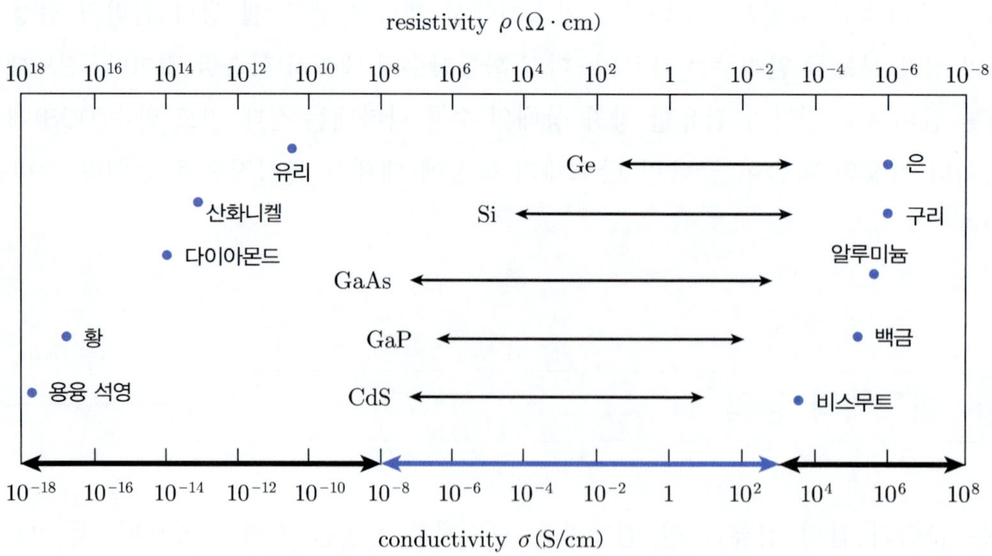

1-1-2 반도체의 에너지 밴드 갭

반도체는 실공간에서의 에너지 밴드 갭(반도체 내의 전자의 위치 에너지를 표시한 다이어그램)으로 설명할 수도 있다. 에너지 밴드 갭에 대해서는 1-5절에서 상세히 다룰 것이다.

그림 1-1은 에너지 밴드 갭 관점에서 살펴본 반도체, 부도체, 금속을 비교한 그림이다. 금속은 가전자대와 전도대가 겹쳐 있으며 항상 금속 표면에는 전자들로 꽉 차 있어서 전도에 쉽게 기여한다. 금속 표면에는 무수히 많은 전자들이 존재하기 때문에 전도대, 가전자대, 페르미 준위로 따로 구별하지 않는다. 물론 금속에도 2가지 타입이 존재하는데 전자로 충만된 상태(가전자대)와 비어 있는 상태(전도대)가 연속적으로 분포해서 에너지 밴드 갭이 0에 가깝거나 전도대와 가전자대가 겹쳐 있어서 밴드 갭이 존재하지 않는 경우이다. 금속에 관해서는 본 책의 주제에서 벗어나므로 독자들은 이 정도로 이해하길 바란다. 그림 1-1은 다른 물질들과 비교하고 이해를 쉽게 하기 위해서 구별해 놓은 것뿐이지 실제로 메탈-반도체 접합(MS junction)이나 메탈-산화물-반도체(MOS) 접촉에서 메탈의 전도대나 가전자대를 따로 표시하지 않는다. 반도체의 경우에는 적당한 에너지 밴드 갭을 갖고 있는데 대략 1~3eV 사이의 값을 갖는다. 이러한 적당한 에너지 갭은 외부에서의 온도나 빛 등에 의해서 가전자대의 전자들을 쉽게 여기시켜서 전도대로 전자가 이동하는 것이 가능해진다. 이러한 전도대로 이동한 전자들은 자유 전자들처럼 거동하며 전도대에서 전자의 움직임은 전류 성분을 만들어낸다. 가전자대의 원자핵에 가까운 내각 전자들은 원자핵에 강하게 속박되어 있어서 외부의 힘에 의해 전자가 탈출하여 전도대로 이동하기는 매우 어렵다. 대부분은 최외각 전자들이 전도대로 여기되어 전류 성분을 형성한다. 따라서 반도체에서는 최외각 전자들을 중심으로 기술하며 우리에게 중요한 정보를 제공하는 것도 최외각 전자이다. 최외각 전자들이 전도대로 이동하여 자유

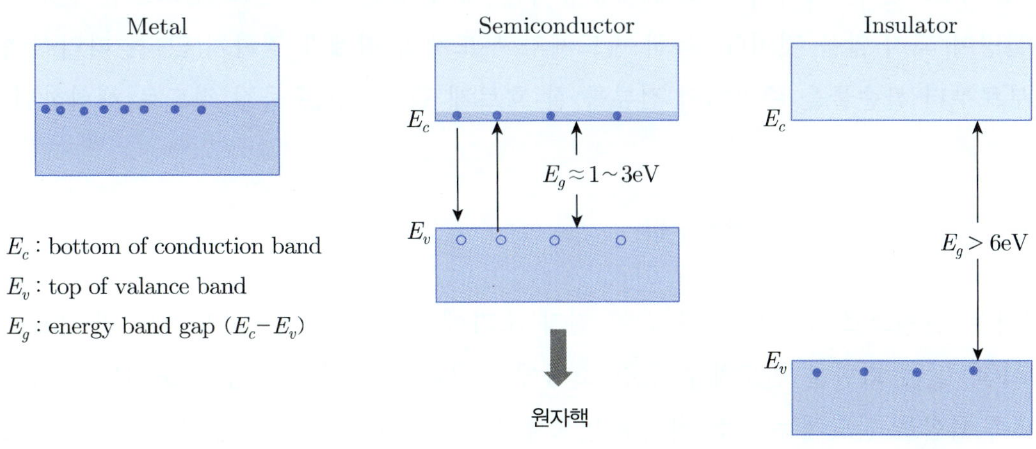

그림 1-1 금속, 반도체, 부도체의 에너지 밴드 갭

전자들처럼 거동하는데, 이러한 자유 전자 운동을 기술하고 이해하는 것이 반도체 물리를 이해하는 것이다. 이 부분에 대해서는 앞으로도 계속 언급해 나갈 것이며 때에 따라서는 중복하여 설명할 것이다.

부도체는 그림 1-1의 (c)와 같이 에너지 밴드 갭이 6eV 이상이 되어서 가전자대의 전자들을 전도대로 여기시키는 것이 매우 어렵다. 대표적인 실리콘 산화물 SiO_2의 경우 밴드 갭이 9eV 정도인데 Si 반도체 분야에서는 좋은 게이트 절연막으로 이용하고 있다. 부도체의 성질을 이해하는 것이 어려웠던 시대도 있었지만, 이러한 밴드 갭 이론이 나오면서 부도체를 밴드 갭 관점에서 쉽게 이해할 수 있게 되었다. 부도체에 전자들이 풍부함에도 불구하고 가전자대에서 전도대로 여기되어 전도에 기여하는 자유 전자들이 부족하기 때문에 부도체는 전류가 잘 흐르지 못하는 물질이 되는 것이다.

이러한 물질의 구별을 밴드 갭 관점에서 설명하였지만 밴드 갭의 생성 원인은 물질 자체가 가지고 있는 결합 에너지와 상관이 있다고 볼 수도 있다. 금속과 같은 약한 결합을 하는 물질들은 쉽게 외부의 에너지를 이용해서 전자를 밖으로 탈출시키는데 용이하지만 반도체는 비교적 강한 공유 결합을 하고 있다. 두 원자 사이에 전자가 들어옴으로써 이러한 전자를 서로 공유하여 전자를 매개체로 서로 인력이 작용하여 두 원자들은 결합하게 된다. 마치 서로 모르는 두 남성이 한 여성을 짝사랑하게 되어 이 여성을 중심으로 두 남성이 서로 강하게 결합을 하고 있는 것으로 해석한다면 쉽게 이해될 것이다. 이것이 공유 결합의 원리인데 비교적 강한 결합이라 전자를 내부에서 밖으로 탈출시키기 위해서는 적당한 에너지가 필요하다. 부도체는 아주 강한 이온 결합을 하고 있는데 이러한 강한 결합 에너지는 외부에서 충분한 에너지를 공급하여도 전자를 밖으로 탈출시켜 자유전자를 형성하기가 매우 어렵다. 이렇듯 원자결합관점에서 밴드 갭의 다양성을 기술하였지만 반드시 밴드 갭이 이러한 원자 간 결합에 의해서만 결정되는 것은 아니다. 공유 결합의 경우 도체, 반도체, 부도체가 모두 될 수도 있다. 따라서 반도체를 분류하는 데 전기전도도, 밴드 갭으로만 설명하는 것은 충분한 설명이 되지 않을 것이다. 특히 반도체와 부도체의 경계가 명확치 않다. 따라서 반도체라 함은 외부로부터 불순물을 주입해서 전류를 잘 흐르게 할 수 있는 물질 정도로 해석하면 좋겠다.

1-1-3 반도체의 기능과 활용분야

반도체에는 단원소로 구성된 Si과 같이 전자 소자에 이용하는 반도체도 있지만 GaAs, ZnSe, GaN, GaP과 같은 화합물 반도체로 광전 소자에 응용하는 광전 소자용 반도체도 있다. GaAs과 같은 3-5족 화합물 반도체는 직접 천이형 반도체라 한다. 이러한 반도체는 발광 다이오드, 레이저 다이오드에 활용된다. Si도 발광할 수 있는 물질이지만 발광 효율이 매우 낮아서 광전 소자로는 이용하지 않는다. 그 이유는 Si는 간접 천이형 반도체이기 때문이다. 자세한 사항은 10장 광전 소자에서 논의하기로 한다.

반도체의 기능과 역할은 크게 8가지로 구분할 수 있다.

1. 정류 : 직류 ↔ 교류
2. 스위칭 : 전류를 공급 ↔ 차단
3. 증폭 : 신호 증폭
4. 변환 : 전기 ↔ 빛
5. 전환 : 아날로그 ↔ 디지털
6. 저장 : 메모리
7. 연산 : 로직(logic) 반도체
8. 제어 : 마이크로 프로세서

정류 작용을 하는 반도체는 우리가 흔히 볼 수 있는 전자제품에 대부분 내장되어 있다. 정류 작용이란 전기의 직류 성분을 교류로 변환하는 것이며, 교류를 직류로 변환하는 장치가 인버터이다. 아시다시피 한국 전력에서는 우리 가정에 교류 신호를 보내고 있으며 우리가 일상에 사용하는 전자제품은 직류로 사용하므로 전자제품 내부에는 정류기 한 개쯤은 모두 내장되어 있다.

증폭 작용을 하는 대표적인 제품으로는 우리가 잘 아는 전자 악기에서 사용하는 앰프이다. 우리의

표 1-2 여러 종류의 반도체와 응용분야

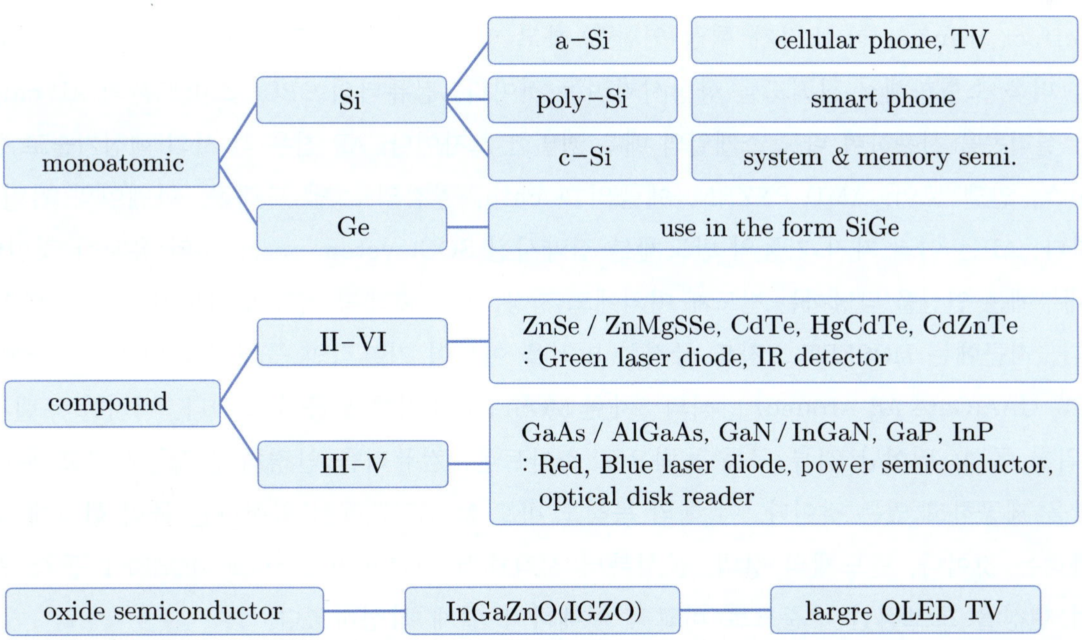

목소리가 마이크를 통해서 입력이 되면 이를 전기 신호로 바꾸어 주고 증폭 작용을 거친 후 스피커를 통해서 증폭된 큰 소리가 우리에게 전달된다. 쇼클리가 최초로 제작한 반도체도 증폭기였다.

변환 작용을 하는 대표적인 디바이스가 바로 요즘 신재생 에너지와 연관 있는 태양전지이다. 태양전지는 외부에서 입사된 빛을 전기 에너지로 변환시켜서 전력을 생산하는 디바이스이다. 이러한 전기를 전지에 사용할 수 있으며 보조 전지나 보조 전원 장치로 활용할 수 있다. 아직 효율이 낮은 편이지만 단결정 실리콘을 이용하는 태양전지의 경우 효율이 약 28%에 육박하는 고효율 태양전지 개발도 이루어지고 있으며 미래의 보조 에너지원으로 자리매김할 가능성이 높다. 전기를 빛에너지로 변환하는 대표적인 것이 조명이나 디스플레이로, 그중 전기를 흘려보내서 빛을 방출하게 하는 발광 다이오드가 그 대표적인 예일 것이다. 가정용 조명이나 공공 기관의 조명등이 이제는 거의 모두 LED 조명으로 교체되고 있으며 대형 디스플레이, 전광판 등 향후 응용범위가 점점 확대되고 있다.

전환 작용에는 아날로그 신호를 디지털 신호로 바꾸는 것이 있는데 디지털로 변환되면 음질이 더 깨끗해지며 잡음을 제거하여 보다 명확한 신호나 영상을 얻을 수 있기 때문이다. 지금은 모든 전자제품이나 자동차, 선박과 같은 아날로그의 대명사라 할 수 있는 제품들도 디지털화되어 가고 있다.

저장, 연산, 제어 기능은 요즘 각광을 받고 있는 기능 중의 하나이다. 저장 기능의 대표적인 것이 메모리 반도체이다. 메모리 반도체의 종류도 다양하며 메모리 용량 증가와 함께 적층 기술도 점차 발전하고 있다. 연산 기능의 반도체는 대표적인 것이 시스템 반도체이다. 우리가 흔히 생활에서 접하는 컴퓨터의 중앙연산장치(CPU), 스마트폰에 내장되어 있는 AP(Application Processor) 등이 대표적인 예이다. 이러한 시스템 반도체에는 Si을 이용한 MOSFET(metal oxide semiconductor field effect transistor) 소자가 핵심 역할을 하고 있으며 현재 집적화하는 것도 바로 MOSFET 소자를 더욱 소형화해서 집적도를 향상시키려는 것이다. 컴퓨터의 CPU, 스마트폰의 AP chip에는 단결정 실리콘을 사용하며 나노 스케일의 매우 정밀한 소자이다. AP 칩은 각 사의 핵심기술로 삼성의 엑시노스, 인텔 코어, AMD RYZEN, 애플의 A chip, 퀄컴의 스냅 드래곤, 화웨이의 기린 등이 유명하다. AP는 여러 가지 기능의 반도체를 집약시킨 SOC(system on chip)와 유사한 것인데 AP chip 내부에는 연산을 담당하는 반도체 이외에도 저장 기능, 그래픽 기능의 반도체 칩도 함께 내장되어 있다. 최근에는 MOSFET 소자도 급격한 발전을 이루어 기본적인 플래너 타입의 MOSFET에서 FinFET, GAA(Gate All Around) 방식의 3차원 MOSFET 소자를 활용하고 있다. 이러한 트랜지스터의 스위칭 특성, 뛰어난 전류 구동 능력으로 스마트폰, 컴퓨터를 안정하게 작동시키고 우리에게 편리함을 제공하고 있는 것이다. 이 책의 목적도 바로 MOSFET에서 일어나는 물리 현상에 대해서 이해하려는 것이다. 반도체의 정의, 물성부터 시작해서 기본적인 planar MOSFET 동작 원리와 물리적 현상을 초보적인 수준으로 비교적 이해하기 쉽게 작성하였다.

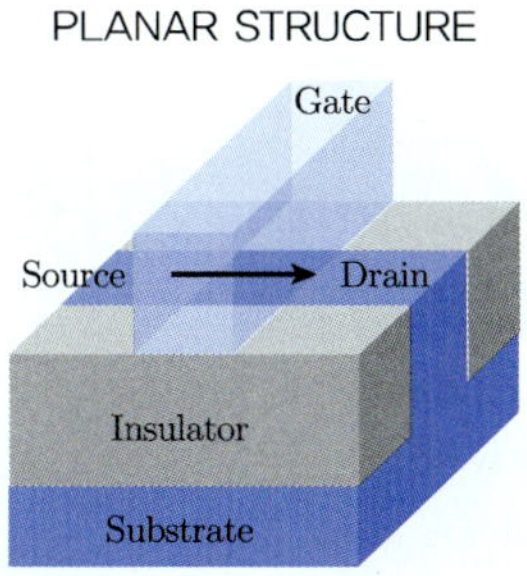

그림 1-2 플래너 타입의 MOSFET

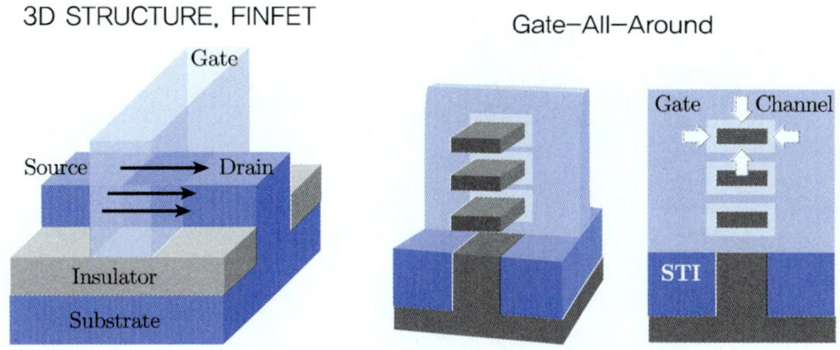

그림 1-3 3차원 MOSFET

그림 1-2는 플래너 타입의 MOSFET 소자의 단면 구조이다. 이 소자는 PN 접합, 메탈-반도체 접합, MOS(Metal Oxide Semiconductor) 커패시터의 복합 구조로 구성되어 있다. 각각에 대해서는 단계별로 학습해 나갈 것이다.

현재의 MOSFET은 FinFET, GAA 방식의 3차원 MOSFET 소자를 활용한다. IC 집적화로 인하여 트랜지스터의 크기가 점점 작아지고 있는데 특히 채널의 길이가 짧아짐에 따라 source-drain 간의 전계가 증가하여 원치 않는 누설 전류 및 여러 가지 소자에 나쁜 영향을 주는 short channel 효과들이 증가하였다. MOSFET은 게이트에 의해 통제 받는 소자이다. 따라서 게이트에 의해 통제 받도록 게이트로 채널을 감싸주는 3차원 소자로 진화하게 되었다. 단채널 효과 등에 대해서는 MOSFET에서 다시 간단히 다룰 것이다. 현재의 CPU, AP에 내장되어 있는 MOSFET은 플래너 타입이 아닌 대부분 그림 1-3과 같은 3차원 소자로 구성되어 있다.

OLED display에도 MOSFET과 유사한 구조의 TFT(thin film transistor)가 픽셀 내에 삽입되어 있으며 각종 구동 회로에도 내장되어 있다. 우리가 자주 사용하는 스마트폰 내부에는 그림 1-4 (a)와 같은 유연성 디스플레이 패널로 구성되어 있다. 가로, 세로에서 신호를 입력하여 디스플레이를 작동시키는데 가로방향으로 입력하는 신호를 게이트 신호, 세로 방향의 data driver IC를 통해서 입력하는 신호를 데이터 신호라고 부른다. 게이트에는 구동 회로가 내장되어 있는데 그 안에는 그림 1-4 (b)와 같은 TFT 소자로 회로를 구성하고 있다. 또한 TFT는 각각의 sub-pixel RGB에도 현재 7개씩 내장되어 있다. 좋은 퍼포먼스를 구현하기 위해서는 이러한 TFT 소자의 전압 대비 전류특성이 효율적이어야 하고 누설 전류가 적은 TFT를 만드는 것이 핵심이다. 이러한 TFT 소자는 가로, 세로 1미터가 넘는 글라스 기판 위에 제작되므로 균일성도 중요하며 무엇보다도 산포가 적은 일정한 특성의 소자를 만드는 기술이 필요하다. TFT는 MOSFET의 일종이며 자세한 물리적 현상들은 MOSFET 부분에서 상세히 다룰 것이다.

디스플레이에서 사용하는 MOSFET은 다결정 실리콘을 사용한다는 것이다. 기판이 글라스이기 때문에 단결정을 제작할 수 없다. PECVD를 이용하여 비정질 실리콘을 증착하고 레이저로 이를

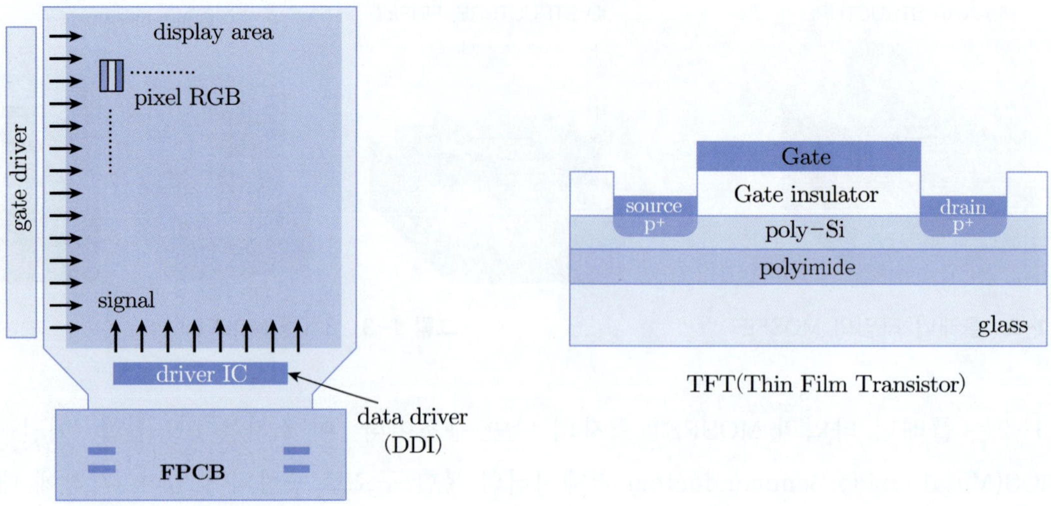

(a) flexible panel　　(b) TFT backplane 기본구조

그림 1-4 Flexible AMOLED 내에 삽입되어 있는 TFT

용융시켜서 다결정 실리콘을 제작하여 트랜지스터의 채널로 사용한다. 반도체에서 사용하는 단결정에 비해서 전자의 이동도가 떨어지며 결정 내의 결함도 많이 존재한다. 디스플레이에 사용하는 TFT의 크기는 시스템 반도체에 내장되어 있는 MOSFET에 비해 채널의 길이가 10^3배 이상 길며 대부분 마이크로 스케일을 갖는다. 따라서 최근에 반도체에서 발생하는 여러 가지 단채널의 문제점으로부터 자유로운 편이다. 게이트 절연막의 두께도 10^2배 이상 두껍다. 최근의 실리콘 웨이퍼 기반의 OLEDoS도 등장하였고 향후 각광을 받을 것으로 기대하고 있다. 반도체와 디스플레이에 내장되어 있는 MOSFET과 TFT는 구조와 스케일이 다르지만 기본적인 동작 원리는 비슷하다.

그림 1-5에는 최근의 스마트폰에 내장되어 있는 flexible-OLED 디스플레이의 동작 원리를 간단히 나타내었다. 스마트폰의 두뇌에 해당하는 AP(3차원 MOSFET 내장되어 있음)로부터 신호를 받은 T_{con}(timming controller)은 게이트와 데이터에 부합하는 입력 신호로 변환하여 각 픽셀과 구동회로에 전달해 준다.

플래너 타입의 MOSFET(TFT)은 각 픽셀 내부에도 내장(p-MOSFET 사용)되어 있으며 구동 회로부(C-MOSFET 내장), 드라이버 IC(채널 길이 28nm MOSFET 내장)에도 모두 내장되어 있다. 디스플레이를 구동시키는 트랜지스터는 마이크로 스케일의 MOSFET의 집합체로 볼 수 있다. 이러한 트랜지스터가 각종 회로를 작동시키며 발광 다이오드에도 신호를 주어 디스플레이가 될 수 있도록 해준다. 디스플레이에 내장되는 TFT는 미터 스케일을 갖는 글라스 위에 제작하므로 글라스 내, 글라스 간의 TFT 특성의 산포를 줄이고 균일하게 제작하는 기술이 필요하다.

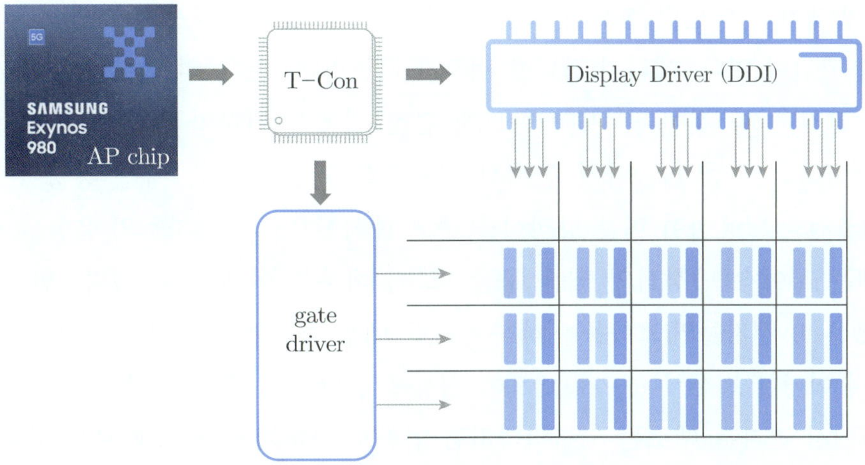

그림 1-5 MOSFET을 활용한 스마트폰의 AP로부터 신호를 받아 구동하는 디스플레이

1-2 광전 효과 탄생 배경

반도체 물리는 크기 관점에서 본다면 원자에서 그보다 더 훨씬 작은 전자 사이의 스케일을 가지는 물리로 볼 수 있다. 반도체 결정 내에는 원자핵과 이온, 자유 전자들이 존재한다. 이온과 원자핵은 제자리에서 전하만 띠고(원자핵은 중성) 고정되어 있는 고정전하와 같은 존재이다. 우리의 관심사는 이러한 원자와 이온 사이를 운동하고 있는 전자를 이해하려는 것이다. 반도체 결정 내의 전자의 운동을 기술하고 이해하기 위해서는 초 미시세계를 기술할 수 있는 양자역학이 필요하다. 양자역학 시작의 도화선이 된 것이 광전 효과이다. 본 장에서는 광전 효과에 대해서 상세히 고찰해 보고 일함수의 개념, 에너지 양자화에 대해서 고찰해 볼 것이다.

1800년대 당시만 해도 빛은 그 누구도 의심하지 않는 파동이었다. 빛의 간섭, 회절 등이 파동임을 증명하는 실험 결과들이었다. 그러나 광전 효과를 해석하는 과정에서 아인슈타인은 빛의 입자설을 주장하였고 그 업적으로 노벨상을 수상한다. 고전적으로 빛은 파동이었고 전자는 입자로 취급했었다. '파동이었던 빛이 입자라면 입자였던 전자는 파동인가?'라는 의문을 갖게 되었고 전자도 파동이라는 결론과 함께 모든 물질은 입자와 파동의 이중성을 갖는다는 드브로이의 물질파 이론이 나오게 되었다. 광전 효과 해석에 대한 부산물로 볼 수 있다. 이것으로 드브로이도 노벨상을 수상한다. 양자역학은 물질의 이중성을 다루는 분야이고 전자의 파동성을 기술하는 학문이다. 모든 물질의 화학적 특성이나 기본 물성은 전자가 지배한다. 전자도 파동이기 때문에 빛과 동일하게 간섭, 회절을 일으킨다. 우리는 반도체 내에서 전자의 운동을 이해하기 위해서 최소한의 양자역학을 사용할 것이다. 주로 전자의 파동성 때문에 발생하는 터널링 현상이 주가 될 것이다. 터널링 현상은 전자의 소멸파(evanescent wave)와 밀접한 관련이 있다. 에너지 장벽을 전자가 터널링해가는 물리 현상을 슈뢰딩거의 파동방정식을 이용해서 고찰해 볼 것이다. 기타 반도체 결정 내에서 전자가 일으키는 전기장, potential 등은 푸아송(poisson) 방정식을 가지고 해석하는 것으로 충분하다. 미분 방정식에 대한 지식이 필요하며, 경계조건을 활용하여 미분 방정식을 풀고 해석함으로써 전자들의 운동을 이해할 수 있을 것이다. 반도체는 푸아송 방정식의 해를 구함으로써 대부분 이해할 수 있다. 반도체에 외부에서 전기장을 인가했을 때 전자들의 흐름을 이해하는 것은 매우 중요하다. 전자의 흐름은 각각의 상황에서 전류를 형성하며 이러한 전류 성분으로 반도체 성능을 판단할 수 있는 기준이 될 수 있기 때문이다. 반도체 결정 내에서 전자는 때로는 고전역학처럼 입자로 다루기도 하고 때로는 파동으로 해석하여 전자의 운동을 기술한다.

반도체에서 전자의 파동성을 설명하는 대표적인 것이 에너지 장벽의 터널링 현상이다. 따라서 본 장에서는 이미 독자 여러분들이 배운 양자역학을 간단한 수학을 사용하여 review해 보겠다. 본 장에서는 양자역학의 태동과 광전 효과, 각각의 상황에서 전자의 파동성을 보여주는 터널링 현상에 대해서 최소한의 수학을 사용해서 간단히 리뷰하는 정도로 마치겠다. 결과가 우리에게 주는 물리적의미를 확실하게 이해하는 것이 더 중요하다.

광전 효과는 양자역학의 시작을 알리는 포문과도 같은 것이었다. 양자역학의 시작점을 플랑크의 흑체복사에서 출발할 것인지 아인슈타인의 광전 효과에서 출발해야 하는지에 대해서는 서로 이견이 있다. 본 책에서는 흑체복사에 대해서 간단히 언급하고 광전 효과에서 자세히 기술하겠다. 플랑크의 흑체복사 이론에서도 빛의 세기는 진동수와 밀접한 관계가 있으며 진동수의 정수배의 에너지만 갖는다는, 즉 에너지는 양자화되었다는 설명이 있다. 그러나 그러한 현상에 대한 물리적 해석보다는 수학적 기술에 더 무게를 두었기 때문에 아인슈타인의 광전 효과에서 출발하기로 한다. 광전 효과는 우리에게 많은 물리적 의미를 주고 있다. 1900년대 초 당시에는 빛이라는 것은 이미 파동이라는 것을 누구도 의심하지 않고 받아들이고 있는 시대였다. 지금도 마찬가지이다.

1-2-1 영의 이중 슬릿 실험

빛이 파동이라는 증거는 1801년의 영의 이중 슬릿 실험에서 입자로는 도저히 설명할 수 없는 간섭 현상을 발견함으로써 빛은 파동이라는 것을 인식하였고 프레넬의 회절 실험을 통해 빛은 파동이라고 결론 내렸다. 그 후 여러 가지 실험을 통해서 빛은 파동이며 반사, 굴절, 회절, 편광 현상 등을 발견하였다. 또한 18세기 후반 맥스웰은 빛은 전자기파이고 전기장을 형성하며 파동이라는 것을 이론적으로 집대성한다. 전자도 동일하게 그림 1-6과 같은 간섭 현상을 보인다. 전자도

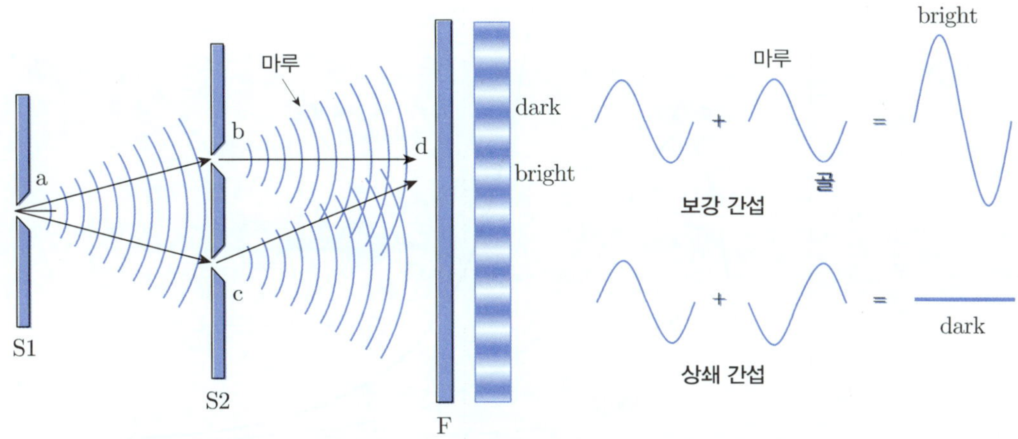

그림 1-6 영의 이중 슬릿 실험

파동이라는 증거이다.

1-2-2 플랑크의 흑체복사

고전 전자기학에서 우리가 인식하고 있는 것은 파동의 세기, 에너지는 진폭의 제곱, 진동수의 제곱에 비례한다는 것이다.

$$I,\ E \propto A^2,\ \nu^2$$

1900년 흑체복사에 대한 막스 플랑크의 해석이 있었으며 후일 흑체복사 이론으로 노벨 물리학상을 수상한다. 흑체복사 이론은 1859년 키르히호프가 제안하였는데 이에 대한 수학적 해석은 막스 플랑크가 내렸다. 에너지의 최소 단위 h(플랑크 상수 6.625×10^{-34}Jsec)가 존재하며 에너지는 플랑크 상수와 빛의 진동수의 곱으로 표현되며 플랑크 상수의 정수배로만 존재한다는 것이었다.

물체가 외부로부터 에너지를 받아서 가열되면 표면으로부터 열복사 에너지를 방출하게 된다. 이러한 에너지 방출은 원자가 진동하면서 복사하는 것인데 빛은 온도가 증가함에 따라 단파장 빛의 세기는 무한대로 증가(자외선 파탄)한다는 것이 고전 물리학 이론이었다. 그러나 측정 그래프는 그림 1-7과 같이 온도가 증가하면 단파장 방향으로 이동하지만 최대점이 존재하며 무한으로 증가하지 않는다는 측정 결과가 나왔다. 막스 플랑크는 원자의 진동 간격에 최솟값(플랑크 상수)을 지정함으로써 자외선 파탄을 수학적으로 막을 수 있었으며 그림 1-7과 같은 파장과 세기의 관계 곡선을 수학적으로 설명하였다. 이때 막스 플랑크는 에너지는 수식 1-1과 같다고 가정하였다.

$$E = nh\nu \qquad n = 1,2,3..... \tag{1-1}$$

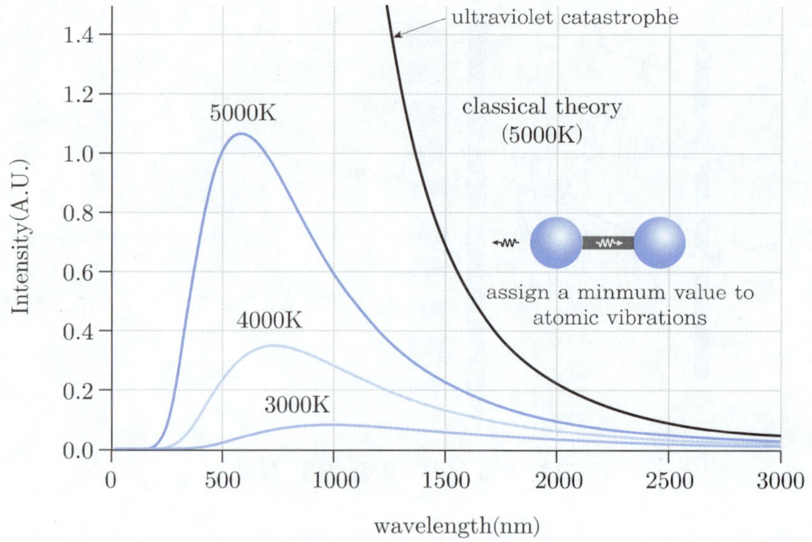

그림 1-7 플랑크의 흑체복사

1902년 독일의 물리학자 필립 레너드의 광전 효과 실험과 플랑크의 흑체복사 이론으로부터 1905년 아인슈타인이 광전 효과를 해석한다.

1-2-3 광전 효과

광전 효과는 빛이 광자(포톤)라는 덩어리로 구성되어 있으며 광자 1개의 진동수가 빛의 에너지와 밀접한 관계를 가지고 있으며 에너지는 진동수의 정수배만 갖는다. 이것은 흑체복사와 동일하게 에너지는 양자화되어 있다는 것이다.

금속에 한계 진동수 이상의 빛(단색광)을 조사시키면 금속 표면으로부터 전자가 방출된다. 이때 방출된 전자의 최대 운동에너지는 빛의 세기와는 무관하고 진동수에 비례한다. 한편 빛의 세기(광량)는 전자의 운동에너지와 무관하고 튀어나오는 전자의 개수와 관련이 있고 세기가 증가할수록 방출되는 광전자의 개수가 증가한다. 특정 진동수 이하의 빛에서는 빛의 세기를 아무리 증가시켜도 전자가 튀어나오지 않는다. 이것은 빛의 세기가 전자의 운동에너지와 무관하다는 이해하기 어려운 결과였다. 빛은 전자기파이며 금속 표면의 전자의 결합을 끊을 정도의 큰 진폭(빛의 세기가 강하다는 의미)을 갖는 빛을 조사하면 강한 전기장에 의해 금속 표면의 전자들은 결합을 끊고 운동에너지를 얻어서 밖으로 방출될 것이다. 즉 빛의 세기가 강할수록 전자의 운동에너지가 증가할 것이다. 이것은 당연하고 직관적으로 이해하기 쉽다. 그러나 광전 효과의 실험 결과에서는 빛의 세기를 증가시켜도 전자의 운동에너지는 증가하지 않았다. 어떤 특정 진동수 이하의 빛에서는 아무리 빛의 세기를 증가시켜도

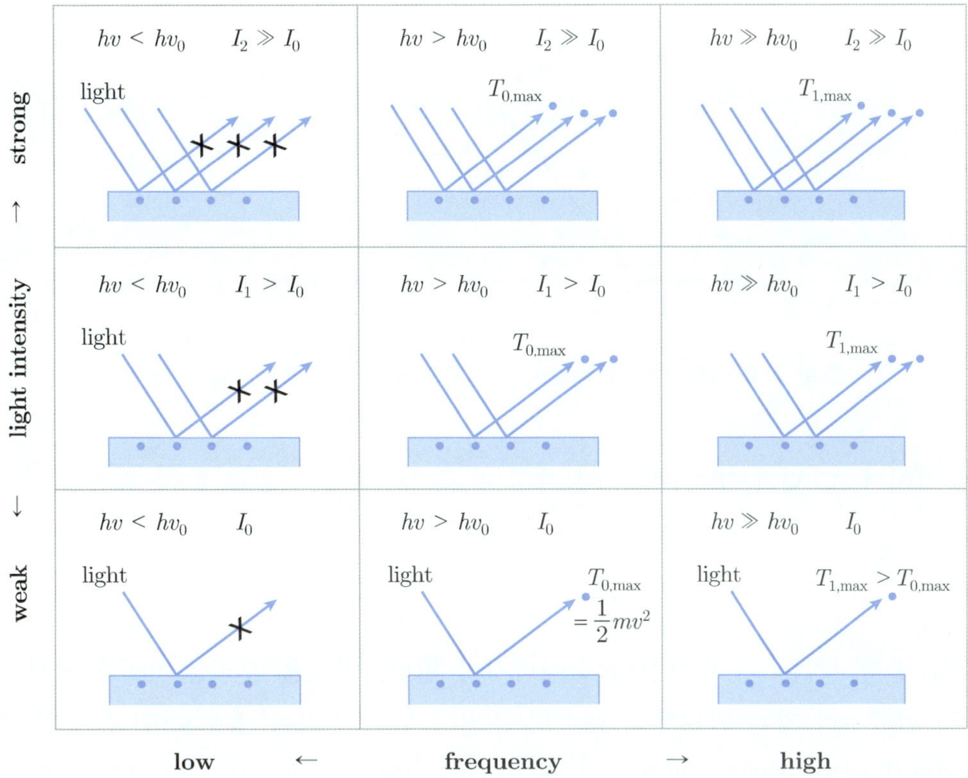

그림 1-8 광전 효과

전자가 금속으로부터 탈출하지 못하고 특정 진동수 이상에서는 전자가 튀어나오지만 빛의 세기를 증가시켜도 전자의 운동에너지가 증가하는 것을 관측하지 못했다. 즉 빛의 세기 증가와 전자의 운동에너지와는 서로 관련성이 없어 보였다. 고전 물리학에서는 빛의 에너지가 진폭의 제곱과 진동수의 제곱에 비례하기 때문에 빛의 세기가 강할수록 빛의 에너지는 높아지고 이러한 에너지를 받은 전자는 금속 표면으로부터 방출되고 전자의 운동 에너지가 증가한다. 그런데 왜 어떤 특정 진동수 이하의 빛에서는 세기를 아무리 증가시켜도 왜 전자가 탈출하지 못하는 것일까? 왜 전자의 운동에너지는 빛의 세기(광량)에는 무관하고 빛의 진동수에만 의존적일까?

그림 1-8은 광전 효과를 설명해 주는 그림이다. 한계 진동수 v_0 이상의 에너지를 갖는 빛이 입사되면 입사 에너지는 전자의 결합에너지를 끊는 데 사용되고 끊고 남은 여분의 에너지는 전자의 운동에너지로 전환되어서 전자를 밖으로 탈출시키는 데 사용된다. 따라서 입사되는 빛의 진동수가 증가하면 증가할수록 전자의 운동에너지는 증가할 것이다. 그림의 오른쪽 방향으로 갈수록 전자의 운동에너지는 증가한다. 한계 진동수 이상에서 빛의 세기를 증가(진폭이 커짐)시키면 튀어나오는 전자의 개수는 증가하지만 전자들의 운동에너지는 T_0로 고정되고 증가하지 않는다(그림의 가운데 열 참조). 광전 효과를 요약하면 그림 1-9와 같다. 한계 진동수 이상에서만 전자의 운동에너지가 진동수에 비례해서

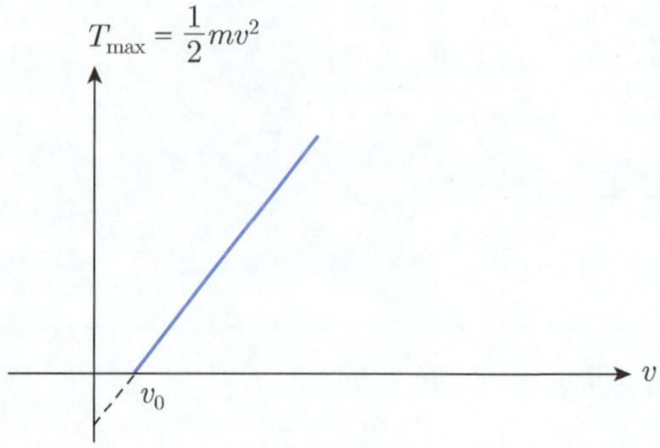

그림 1-9 입사광의 진동수와 광전자의 최대 운동에너지와의 관계

증가한다는 것이다. 그림 1-9로부터 광전자의 운동에너지는 다음과 같이 표현할 수 있다.

$$T = \frac{1}{2}mv^2 = h\nu - h\nu_0 = h\nu - \phi \tag{1-2}$$

ϕ는 전자를 방출시키는 데 필요한 최소에너지가 된다. 이것을 우리는 반도체에서 일함수라고 표현한다. 즉 일함수란 것은 반도체의 페르미 준위에 있는 전자를 밖으로(진공 준위) 탈출시키는 데 필요한 에너지(eV)인 것이다. 일함수(work function)는 반도체에서 가장 많이 나오는 개념 중의 하나이다. 메탈-반도체 접합, MOS 커패시터 분야에서 많이 나오므로 잘 기억해 두길 바란다. 한계 진동수는 우리가 물건을 구입할 때 지불하는 비용과 비슷한 개념으로 해석할 수 있다. 판매자의 경우 원하는 가격 이하에서는 절대로 물건을 팔지 않을 것이다. 반면 우리는 매장에서 물건을 손에 넣으려면 일정의 비용을 지불해야 하는데 이 비용이 한계 진동수와 비슷하다는 것이다. 이해를 돕기 위한 설명이지만 이 비용이 반도체에서 일함수에 해당한다.

1-2-4 광전 효과 실험법

광전 효과 실험에 대해서 살펴보자. 그림 1-10은 광전 효과 실험을 설명한 그림이다. 금속 표면에 한계 진동수 이상의 에너지를 갖는 단색광의 빛을 조사시키면 속박되어 있던 전자는 운동에너지를 얻어 밖으로 방출된다. 방출된 전자를 포집할 수 있는 전극을 금속 상부에 설치하고 금속에 (+) 전압을 걸어 주면 전자는 금속 전극으로 모이게 되며 이때 광전류가 형성된다. 전류계를 설치하여 이때의 광전류를 측정한다.

전압을 계속해서 (+) 방향으로 증가시키면 금속에 포집되는 전자의 개수는 더욱 증가할 것이고 광전류 또한 증가할 것이다. 금속에 (−) 전압을 인가하면 서로 같은 전하로 인해 척력이 발생하여 전자는 금속 전극으로 모이지 않고 반대 방향으로 이동하게 된다. 이때 전자가 금속 전극으로 모이지

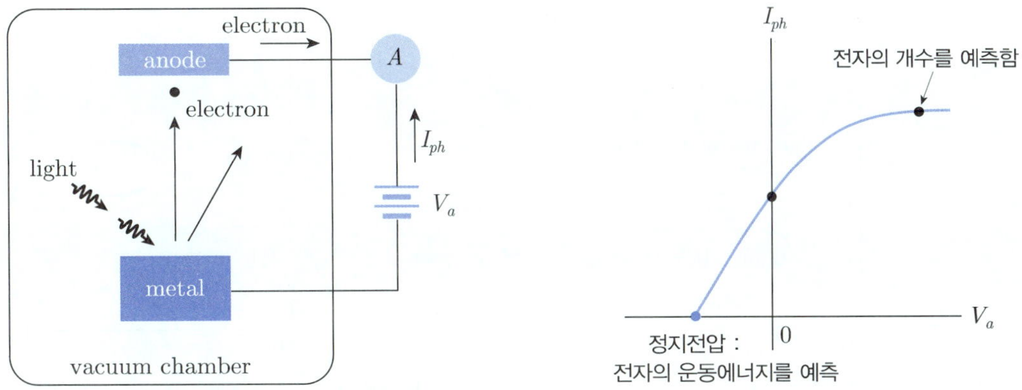

(a) 광전자 집속 (b) 전자의 운동에너지 측정

그림 1-10 광전 효과 실험법

못하도록 (−) 전압을 증가시켜 나가면 어떤 특정 전압에서는 전자가 전극방향으로 진행 못하고 마치 정지해 있는 것과 같은 상황에 직면할 것이다. 이때의 전압을 정지전압이라고 하며 정지전압으로부터 전자의 운동에너지를 예측할 수 있다. 즉 전자의 운동에너지를 상쇄시킬 수 있는 전압을 인가하여 완전히 움직이지 못하게 하는 데 필요한 정지전압(stopping potential)으로 부터 전자의 운동에너지를 예측할 수 있을 것이다. 그림 1-10 (b)의 화살표는 전자의 stopping potential이며 정지전압이라고도 한다.

1-2-5 광전 효과의 결과와 의미

그림 1-11은 광전 효과 실험에 대한 결과이다. 그림 1-11 (a)는 한계 진동수보다 큰 에너지를 갖는 빛을 조사시킨 상태에서 빛의 세기를 변화시켰을 때의 전자의 운동에너지와 광전류와의 상관관계를 조사한 그래프이다. 한계 진동수 이상의 일정한 진동수를 갖는 상태에서는 빛의 세기를 증가시켜도 전자의 운동에너지는 변화가 없고 단지 광전류가 증가하고 있음을 알 수 있다. 즉 광전자의 개수가 증가한다는 결과이다. 빛이 파동이라면 파동의 세기를 증가시켰기(진폭이 증가) 때문에 파동의 에너지가 증가하여 전자의 운동에너지도 증가해야 할 것이다. 그림 1-11 (b)를 살펴보자. 빛의 세기를 일정하게 유지하고 조사하는 단색광 빛의 진동수를 변화시킨 결과이다. 진동수가 변화되었을 때 전자의 운동에너지가 변화한다는 것은 이미 플랑크의 흑체복사 이론에서도 기술하였고 맥스웰 전자기 이론에서도 밝혔듯이 빛의 에너지는 진동수의 제곱에 비례하므로 당연히 전자의 운동에너지는 변화할 것이다. 그런데 진동수를 증가시켜도 광전류가 변화하지 않는다는 것은 직관적으로 이해하기 어려울 것이다. 고전물리학 관점에서 본다면 빛의 에너지가 증가한다는 것이기 때문에 빛이

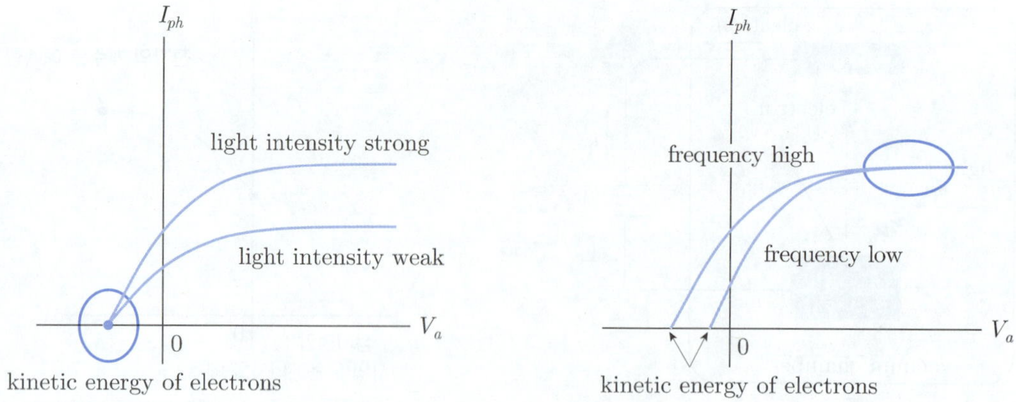

(a) 빛의 진동수가 일정한 경우 (b) 빛의 세기가 일정한 경우

그림 1-11 광전 효과의 결과

파동이라면 튀어나오는 전자의 개수도 증가시켜 광전류도 증가할 것으로 예측되었으나 실험결과는 변화가 없었다.

아인슈타인은 다음과 같은 가정을 하였다.

1. 빛은 광자라는 입자의 덩어리다.

2. 빛의 에너지는 광자의 진동수에만 비례하며 플랑크 상수와의 곱으로 표현된다.
   진동수가 증가하면 광자 1개가 가지는 에너지가 증가하므로 광자는 전자에게 충분한 에너지를 전달하여 표면으로부터 전자를 탈출시킨다. 진동수가 증가할수록 전자의 운동에너지는 증가한다. 에너지가 증가함에도 불구하고 전자의 수가 증가하지 않는 이유는 **광자 1개의 에너지가 오로지 전자 1개에만 전달**하기 때문이다.

3. 빛의 세기는 광자의 개수와 관련이 있다.
   광자 1개는 전자 1개에 에너지를 전달한다. 따라서 빛의 세기가 증가하면 광자의 수가 증가하는 것이고 각각의 광자들은 각각의 전자 1개씩 에너지를 전달한다. 따라서 광자의 수가 증가하면 튀어나오는 광전자의 수가 증가하여 광전류가 증가하게 된다. 이렇게 빛을 광자(photon)라는 입자로 간주하여 상기 3가지 가정으로 광전 효과를 설명하였다.

이상 광전 효과를 요약하면 빛의 진동수가 낮을 때 빛의 세기를 증가시켜도 전자가 튀어나오지 않는 이유(광전류가 발생하지 않는 이유)는 빛의 에너지가 낮아서 금속에 결합되어 있는 전자를 탈출시키지 못한다. 진동수가 한계 진동수 이상일 때 빛의 세기를 증가시켜도 전자의 운동에너지가 증가하지 않는 이유는 빛의 에너지는 오로지 진동수에만 관련이 있고, 빛의 세기는 전자의 개수만 증가시킨다. 빛의 세기가 증가한다는 것은 빛의 밝기가 증가하는 것이고 빛을 광자라는 입자로 간주한다면 빛의 세기가 증가한다는 것은 광자의 개수가 증가하여 광자 1개가 오로지 전자 1개에만 에너지를 전달하여 튀어나오는 전자의 개수가 증가하기 때문에 광전류를 증가시킨 것으로 해석할 수 있다. 실제 반도체에서 전류 밀도를 나타내는 식은 전자의 개수(농도), 전자의 전하량, 전자의 속도의 곱으로 표시한다. 즉 전자의 농도가 높을수록 전류 성분이 증가하는 것이다. 광전 효과에서도 마찬가지로 빛의 세기를 증가시켰을 때 광전류가 증가하는 것은 광전자의 개수가 늘어났다는 것으로 해석할 수 있다.

맥스웰의 이론에 따르면 빛은 파동이며 전자기파의 일종이며 운동량을 전달한다. 광자의 정지질량은 0이지만 운동질량은 존재한다는 것이다. 따라서 빛의 운동량은 빛의 에너지를 빛의 속도로 나눈 것과 같다. 또한 파동의 파장과 진동수의 곱은 빛의 속도이다. 이상의 결과를 수식 1-1과 결합하면 수식 1-3으로 표현 가능하다. 1-3식은 광전 효과가 우리에게 알려주는 최종 메시지이다. 운동량은 입자의 성질이다. 입자는 운동량을 정의할 수 있다. 파장은 파동의 성질이다. 1-3식의 의미는 특정 파장 λ를 갖는 파동이 존재할 때 그 파동은 입자의 성질을 가지고 있으며 운동량을 정의할 수 있으며 입자의 운동량은 플랑크 상수를 그 입자의 파장으로 나눈 것과 동일하다는 것이다. 빛은 파동이며 입자, 즉 이중성을 알려주는 식이다. 1905년 광전 효과 발표 후 빛이 입자라는 것은 1927년 콤프턴 산란으로 완벽하게 증명되었다.

$$p = \frac{E}{c} \qquad E = h\nu \qquad \nu\lambda = c$$

$$\therefore\ p = \frac{h\nu}{\nu\lambda} = \frac{h}{\lambda} \tag{1-3}$$

전자를 생각해 보자. 전자는 입자로 간주되어 왔다. 파동인 빛이 입자라면 입자인 전자는 파동이 아닐까라는 의심을 하게 되었고 그 의심에서 탄생한 식이 드브로이의 물질파 이론이다. 특정 운동량 P를 갖는 입자가 존재할 때 그 입자는 파동의 성질을 지니며 그 입자의 파장은 플랑크 상수를 그 입자의 운동량으로 나눈 것과 같다. 이상으로부터 다음과 같은 식을 얻을 수 있다.

$$\lambda = \frac{h}{p} \tag{1-4}$$

1-4식은 드브로이의 물질파 이론식이다. 1-3식으로부터 쉽게 유도할 수 있다. 모든 물질은 파동과 입자의 이중성을 가지고 있으며 드브로이 파장은 1-4로 표현할 수 있다. 모든 입자는 운동량에

반비례하는 파장을 갖는다. 이것은 형체를 가지는 모든 입자에게 적용된다. 질량이 큰 입자들은 파장이 너무 작아서 무시할 수 있을 뿐이다. 가령 시속 168km로 이동하는 야구공을 생각해 보면 이때의 드브로이 파장은 대략 10^{-34}m의 차수를 갖는다. 야구공도 아주 미세하지만 파동의 성질을 갖는다. 야구공의 크기와 파장을 비교하면 파장은 무시할 수 있을 정도로 작다. 전자가 만약 이러한 속도로 움직인다면 그때의 드브로이 파장은 대략 cm의 크기를 갖는다. 전자의 입장에서 본다면 이러한 파장은 무시할 수 없다. 전자의 크기를 우리는 알 수 없지만 대략 10^{-18}m보다는 작을 것이다(입자물리학에서 전자는 점입자로 크기를 0으로 간주한다). 전자의 크기에 비해 이렇게 큰 파장은 무시할 수 없게 된다. 미시세계에 들어가면 아주 작은 입자는 파동과 입자의 이중성이 명백히 드러난다. 아인슈타인의 광전 효과는 우리에게 1-3식을 알려 주는 것이다. 아인슈타인은 흑체복사 실험 결과의 식 1-1로부터 1-3식을 도출하였고 드브로이는 아주 간단하지만 중요한 의미를 내포하고 있는 1-4식으로 각각 노벨 물리학상을 수상하였다.

1-3 반도체에서의 양자역학

본 장은 건너뛰어도 무방하지만 결과만은 되새겨 보길 바란다. 반도체 물리는 크기 관점에서 본다면 원자에서 그보다 더 훨씬 작은 전자 사이의 스케일을 다룬다. 양자역학과 고전역학의 큰 차이점은 양자역학에서는 전자를 파동으로 해석하여 고전역학에서는 볼 수 없는 터널링 현상을 기술한다는 데 있다. 어떠한 에너지 장벽(퍼텐셜)이 존재하는 경우 전자는 적당한 조건이 맞으면 투과할 수 있다는 것이다. 반도체는 점점 스케일링되어서 이제는 양자역학의 세계로 접근해 왔다. 터널링 현상은 반도체에서 원치 않는 결과를 초래하기도 하지만(스위치 오프했을 때 전류가 흐를 수 있는 누설 전류의 발생) 이러한 터널링 현상을 이용하여 플래시 메모리를 제작하기도 한다. 또한 일본의 에사키는 터널링 다이오드를 제안함으로써 노벨 물리학상을 받기도 하였다. 우리는 슈뢰딩거 방정식을 가지고 이러한 터널링 현상을 이해해 볼 것이다.

드브로이가 물질파 이론을 주장하고 1년 뒤 1925년에 슈뢰딩거는 전자의 파동방정식을 만들어낸다. 파장이 잘 정의된 파동에는 대표적으로 sin, cos 함수가 있다. 파수(cm^{-1})는 다음과 같이 정의할 수 있다.

$$k = \frac{2\pi}{\lambda}(\mathrm{cm}^{-1})$$

파장이 잘 정의된 파동에 대해서 k는 공간적 개념으로 단위 길이당 몇 개의 파장이 들어 있는가를 나타내는 척도이며 전파상수라고도 한다. k의 증가는 파장의 개수가 증가한 것이므로 진동수의 증가를 의미한다. 복소 공간에서 파동은 오일러 공식에 의해 다음과 같이 표현한다.

$$e^{i\theta} = \cos\theta + i\sin\theta$$

특정 시간, 특정 위치에서의 파동은 $e^{i(kx-\omega t)}$로 표현할 수 있다. 우리는 광전 효과에서 학습한 운동량과 에너지를 다음과 같이 변형할 수 있다.

$$E = h\nu = \frac{h}{2\pi}(2\pi\nu) = \hbar\omega \quad \hbar = \frac{h}{2\pi} \quad \omega = 2\pi\nu = \frac{E}{\hbar} \quad \omega : \text{angular momentum} \tag{1-5}$$

$$P = \frac{h}{\lambda} = \frac{h}{2\pi}\frac{2\pi}{\lambda} = \hbar k, \quad k = \frac{P}{\hbar} \tag{1-6}$$

따라서 파동을 다음과 같이 운동량과 에너지로 표현할 수 있다.

$$\psi = e^{i(kx-wt)} = e^{\frac{i}{\hbar}(px-Et)} \tag{1-7}$$

1-3-1 시간 독립 1차원 슈뢰딩거 방정식

1차원 시간 독립 슈뢰딩거 방정식은 수식 1-7을 편미분하면 얻을 수 있다. 1-7식을 x, t로 각각 편미분하면 수식 1-8과 1-9식을 얻을 수 있다. 에너지와 운동량은 operator로 변환되었다. 전자의 에너지는 운동에너지와 퍼텐셜 에너지의 합으로 표시할 수 있다. 수식 1-8과 1-9를 1-10식에 대입하고 양변에$\psi(x, t)$를 곱하면 수식 1-11을 얻을 수 있다.

$$\frac{\partial\psi}{\partial t} = -\frac{iE}{\hbar}\psi \ \ (\text{양변에} \times i\hbar) \ \ i\hbar\left(\frac{\partial}{\partial t}\right)\psi = E\psi \quad \therefore\ E = i\hbar\left(\frac{\partial}{\partial t}\right) \tag{1-8}$$

$$\frac{\partial\psi}{\partial x} = \frac{iP}{\hbar}\psi \ \ (\text{양변에} \times \frac{\hbar}{i}) \ \ \frac{\hbar}{i}\left(\frac{\partial}{\partial x}\right)\psi = P\psi \quad \therefore\ P = \frac{\hbar}{i}\left(\frac{\partial}{\partial x}\right) \tag{1-9}$$

$$E = \frac{1}{2}mv^2 + V(x,t) = \frac{P^2}{2m} + V(x.t) \Rightarrow \ i\hbar\left(\frac{\partial}{\partial t}\right) = -\frac{\hbar^2}{2m}\left(\frac{\partial^2}{\partial x^2}\right) + V(x,\, t) \tag{1-10}$$

$$-\frac{\hbar^2}{2m}\frac{\partial^2}{\partial x^2}\psi(x,t) + V(x,t)\psi(x,t) = i\hbar\frac{\partial\psi(x,t)}{\partial t} \tag{1-11}$$

수식 1-11은 전자에 대한 1차원 시간 독립 슈뢰딩거 파동방정식이다. 퍼텐셜은 시간에 따라 변하지 않는다고 가정한다. 또한 파동함수는 시간과 위치의 함수에 대해서 각각 분리할 수 있다고 가정한다.

$$V(x,t) = V(x)$$

$$\psi(x,t) = \psi(x)\phi(t) \tag{1-12}$$

1-11식의 변수를 분리해서 다시 기술하면 다음과 같다.

$$-\frac{\hbar^2}{2m}\phi(t)\frac{\partial^2}{\partial x^2}\psi(x) + V(x)\psi(x)\phi(t) = i\hbar\psi(x)\frac{\partial\phi(t)}{\partial t} \tag{1-13}$$

1-13식을 시간과 공간의 항으로 각각 분리해서 기술하기 위해 양변을 $\psi(x)\phi(t)$로 나누어 준다.

$$-\frac{\hbar^2}{2m}\frac{1}{\psi(x)}\frac{\partial^2\psi(x)}{\partial x^2} + V(x) = i\hbar\frac{1}{\phi(t)}\frac{\partial\phi(t)}{\partial t} \tag{1-14}$$

좌변은 위치 x만의 함수이고 우변은 시간 t만의 함수로 바뀌었다. 두 식이 같은 조건일 때는 상수일 때가 유일하다. 따라서 1-14식은 분리 상수 η로 표시한다.

$$-\frac{\hbar^2}{2m}\frac{1}{\psi(x)}\frac{\partial^2\psi(x)}{\partial x^2} + V(x) = i\hbar\frac{1}{\phi(t)}\frac{\partial\phi(t)}{\partial t} = \eta \tag{1-15}$$

우변은 간단한 1차 편미분 방정식이므로 다음과 같이 해를 구할 수 있다.

$$i\hbar\frac{1}{\phi(t)}\frac{\partial\phi(t)}{\partial t} = \eta \qquad \phi(t) = \exp\left(-\frac{i\eta t}{\hbar}\right) = e^{-i\omega t} \tag{1-16}$$

1-16식은 sin함수이며 $\omega = \eta/\hbar$는 각속도를 의미한다. 수식 1-5에서 $\omega = E/\hbar$이므로 다음 관계가 성립한다.

$$\omega = \frac{E}{\hbar} = \frac{\eta}{\hbar} \qquad\qquad \therefore\ \eta = E \tag{1-17}$$

1-17식을 1-15식에 대입해서 최종 정리하면 다음과 같다.

$$-\frac{\hbar^2}{2m}\frac{1}{\psi(x)}\frac{\partial^2\psi(x)}{\partial x^2} + V(x) = E$$

$$\frac{\partial^2\psi(x)}{\partial x^2} + \frac{2m}{\hbar^2}(E - V)\psi(x) = 0 \tag{1-18}$$

1-18식은 우리가 얻고자 하는 1차원 시간 독립 전자의 파동 방정식이다. $\psi(x)$는 전자의 파동 함수이며 E는 전자의 에너지, V는 전자가 느끼는 전위(에너지 장벽)이다. 우리는 이 식을 꼭 기억해야 한다. 이 식으로부터 여러 상황에서의 전자의 거동에 대해서 살펴볼 것이다. V=0이 되면 쉽게 알 수 있듯이 자유 전자에 해당할 것이다. 자유공간에서 어떠한 에너지 장벽 없이 자유롭게 움직이는 전자이다. 이 경우는 고전역학적으로 전자의 운동에너지 $p^2/2m$이 성립한다.

슈뢰딩거는 이 방정식을 만들고 파동함수 $\psi(x,t)$에 대해서 정확한 정의를 내리지 못하고 있었다. 이 파동함수는 우리가 고전역학에서 말하는 파동의 개념이 아니었다. 호수 위에 돌을 던지면 발생하는 잔잔한 파동 같은 것이 아니었다. 이것에 대한 해석은 막스 보른이 내린다. 파동함수에 대한 여러 가지 해석, 확률밀도함수의 수학적 기초 지식에 대해서는 여기서 자세히 다루지 않겠다.

1-3-2 확률밀도함수와 불확정성의 원리

막스 보른은 $|\psi(x,t)|^2$을 어떤 특정한 시간에 $x \sim x+dx$ 사이에서 전자를 발견할 확률, 확률밀도함수로 가정하였다.

$$|\psi(x,t)|^2 = \psi(x,t)\psi^*(x,t) = \psi(x)\phi(t)\psi^*(x)\phi^*(t)$$

$$\therefore\ |\psi(x,t)|^2 = \psi(x)e^{-i\omega t}\psi^*(x)e^{i\omega t} = \psi(x)\psi^*(x) = |\psi(x)|^2$$

파동함수는 확률적 의미를 가지고 있으므로 다음 식도 성립한다.

$$\int_{-\infty}^{\infty} |\psi(x)|^2 dx = 1$$

전자가 존재할 수 있는 전체 구간에서 적분을 하게 되면 그 확률은 1이 될 것이다. 잠시 확률이론을 논의해 보자. 어떤 사건 $A(x)$가 일어날 때 A의 평균값은 $\langle A \rangle$로 표기하며 수학적으로는 다음과 같이 표기한다.

$$\langle A \rangle = \int A(x)P(x)dx$$

그림 1-12와 같은 분포를 가지고 있다면 전자의 위치의 평균값을 구할 수 있다.

$$\langle x \rangle = \int x|\psi(x)|^2 dx$$

그림 1-12에서 알 수 있듯이 전자가 위치하는 평균값은 대략 a 근처일 것이다. 전자가 a 근처에서

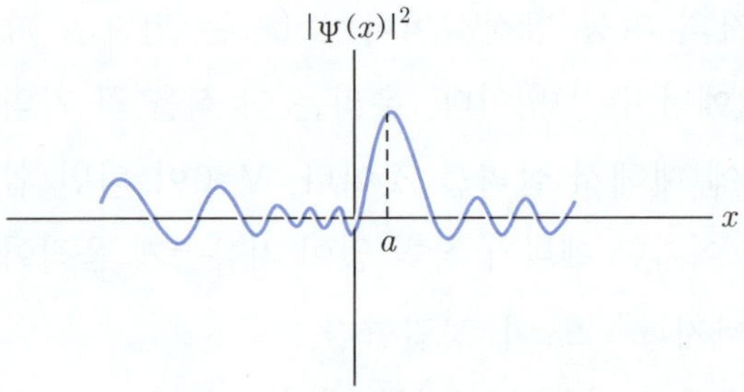

그림 1-12 확률밀도함수의 해석

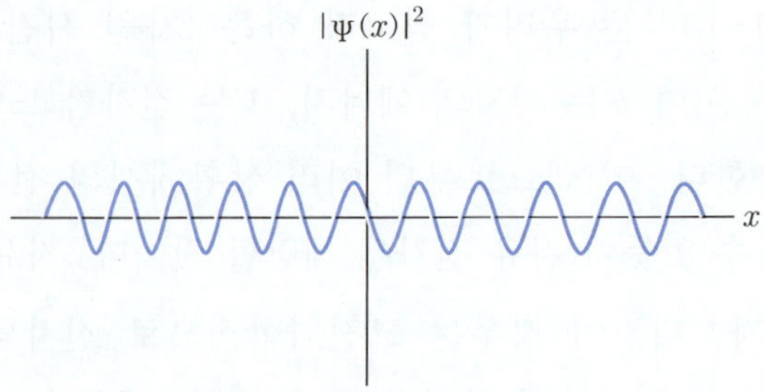

그림 1-13 확률밀도함수가 균일한 경우

발견될 확률이 가장 높다는 것이다. 양자역학에서는 전자의 위치를 파동함수로부터 이런 식으로 해석을 한다. 그림 1-13과 같은 경우는 전자가 위치하는 지점이 모두 동일하다. 전자가 위치할 확률이 주어진 공간에서 동일하다. 이런 경우는 전자가 전 공간에서 골고루 일정하게 위치하고 있다는 것이다. 이 의미는 양자역학적으로 해석을 한다면 우리는 전자가 어디에 있는지 정확한 위치를 알 수 없다는 것이다. 그림 1-12와 잘 비교해서 그 의미를 잘 해석하길 바라며 이것이 슈뢰딩거 방정식이 우리에게 전달하는 메시지이다. 이러한 개념으로부터 우리는 불확정성의 원리를 논의할 수 있다. 전자의 회절 실험을 논의해 보자.

불확정성의 원리를 가장 잘 설명해 주는 것이 전자의 단일 슬릿 회절 실험이다. 그림 1-14의 단일 슬릿의 경우를 살펴보자. 슬릿의 간격이 좁을수록 회절무늬의 폭이 커진다는 것은 이미 잘 알려져 있다. 반도체의 포토리소그래피 공정에서도 비슷한 현상이 일어난다. 이것은 매우 중요한 물리적 의미를 내포하고 있다. 만약 전자가 입자라면 y 방향의 운동량이 존재하지 않을 것이고 전자는 건너편에 A 지점에 모두 모일 것이다. 그러나 회절무늬가 의미하는 것은 전자가 앞에서 설명한 파동이면서 전자가 발견될 확률이 가운데에 가장 많고 주변으로 갈수록 전자가 발견될 확률이 점차 줄어든다는 의미이다. 이것은 y축 방향에도 운동량 성분이 존재한다는 것이고 y 방향에 운동량의 불확정성이 존재한다는 것이다. 1-19식이 불확정성의 원리이다. 1927년 하이젠버그가 주장하였는데 전자를 입자로 간주했을 때 발생하는 현상이다. 전자의 위치의 정확도와 운동량의 정확도의 곱은 항상 플랑크 상수로 일정하게 수렴한다는 의미이다. 전자의 위치의 정확도를 올리면(Δx를 감소시키면) 운동량을 특정 짓기가 어렵다는 것이고 오차가 커진다는 것이다. 그 역도 성립한다.

보강간섭을 일으키는 일으키는 경로차는 다음과 같다.

$$\Delta x \sin\theta = m\lambda \ (m = 1,2,3\ldots), \qquad \sin\theta = \frac{\Delta p}{p}$$

이므로

$$\Delta x \sin\theta = \Delta x \frac{\Delta p}{p} = \lambda \qquad \therefore \ \Delta x \Delta p = h \tag{1-19}$$

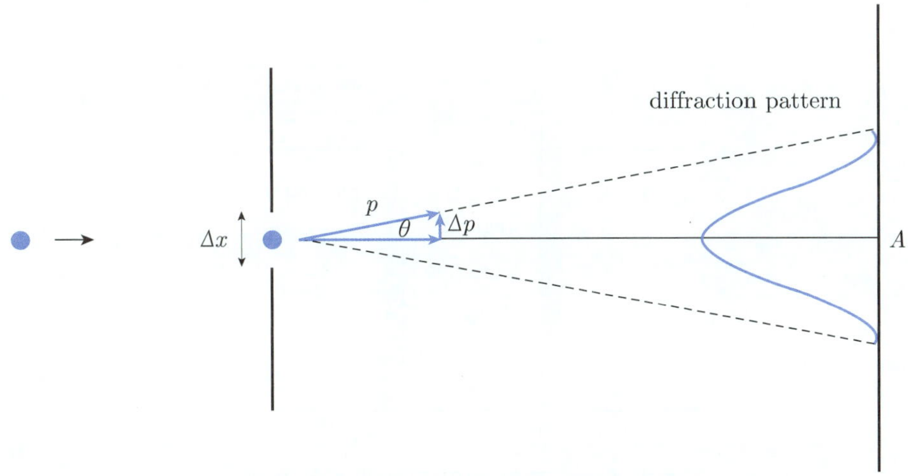

그림 1-14 불확정성의 원리를 나타내는 전자의 회절실험

따라서 우리는 전자의 위치와 운동량을 동시에 정확하게 알 수 없다는 것이다. 고전역학에서는 상상할 수 없는 일이다. 불확정성의 원리는 통계학적으로 보면 표준편차의 개념을 가지고 있다. 전자의 위치와 운동량의 측정에는 반드시 오차가 존재한다는 것이며 이것은 측정설비의 오차가 아니라 우리의 자연이 이렇게 설계되었다는 의미이다. 측정이 관찰대상에 영향을 주면 정확한 측정을 할 수 없다는 것이다. 전자의 위치를 정확히 알고자 측정을 시작하면 전자의 파동함수는 붕괴되어 입자로 측정되며 정확한 위치를 알게 되지만 운동량은 알 수 없게 된다. 자유 전자의 경우 운동량은 $p=\hbar k$로 정확히 알 수 있으며 전자가 발견될 확률은 우주 전 공간에서 동일하다는 것이 양자역학의 기본 원리 중의 하나이다.

불확정성의 원리는 원자보다 작은 미시세계에서 일어나는 자연의 본질적인 현상인 것이다.

이제 우리는 반도체에서 활용하는 양자역학에 대해서 논의해 보자.

1-3-3 무한 전위 우물에 갇힌 전자의 파동 방정식

그림 1-15와 같이 깊이가 무한대인 퍼텐셜 우물에 갇힌 전자를 생각해 보자. 영역 2에 전자는 갇혀 있고 좌우에는 무한대의 에너지 장벽이 있는 것과 같다. 따라서 영역 1, 3에서는 전자가 발견될 확률이 0이다. 퍼텐셜은 영역 1, 3에서는 무한대이며 영역 2에서는 0으로 가정한다. 경계조건은 전자의 파동함수는 유한하며 연속이다. 또한 파동함수의 미분도 유한하며 연속이다. 앞에서 우리가 구한 시간에 독립하는 슈뢰딩거의 1차원 방정식은 1-18식으로 주어진다.

$$\frac{\partial^2\psi(x)}{\partial x^2}+\frac{2m}{\hbar^2}(E-V)\psi(x)=0$$

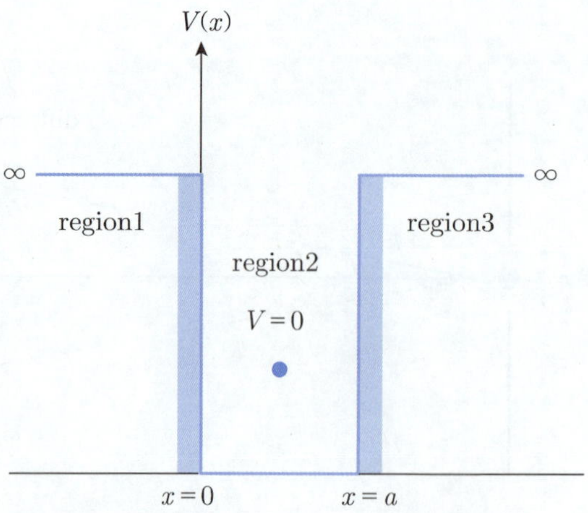

그림 1-15 무한 전위 우물에 갇힌 전자

영역 2에서의 전자의 파동함수는 sin파 형태의 함수라는 것을 우리는 풀지 않고도 예측할 수 있다. 영역 1, 3에서는 파동함수는 존재하지 않을 것이다. 영역 2에서의 퍼텐셜은 0이므로 각 영역에서의 파동함수는 다음과 같이 정리할 수 있다.

영역 1: $x < 0$

$$\psi(x) = 0$$

영역 2: $0 \le x \le a$

$$\psi(x) = A\cos kx + B\sin kx, \quad k = \sqrt{\frac{2mE}{\hbar^2}}$$

영역 3: $x > 0$

$$\psi(x) = 0$$

경계조건을 이용하면 파동함수는 다음과 같이 표현된다.

$$\psi(0) = 0 \quad \therefore A = 0$$

$$\psi(a) = 0 \quad B\sin ka = 0 \quad \therefore ka = n\pi \ (n = 1,2,3......) \Rightarrow k = \frac{n\pi}{a} \tag{1-20}$$

$$\psi(x) = B\sin kx = B\sin\left(\frac{n\pi}{a}x\right) \quad (0 \le x \le a) \tag{1-21}$$

1-20식에서 sinka가 0이 되는 경우는 ka가 π의 정수배를 갖는 경우밖에 없다. 영역 2에서의

파동함수는 1-21식과 같이 변형할 수 있다. 이제 상수 B를 구해 보자. 파동함수는 확률밀도함수라는 해석으로부터

$$\int_0^a |\psi(x)|^2 dx = 1$$

$$\int_0^a B^2 \sin^2\left(\frac{n\pi}{a}x\right)dx = \frac{B^2 a}{2} = 1 \qquad \therefore\ B = \sqrt{\frac{2}{a}}$$

과 같이 B가 구해진다. 따라서 영역 2에서의 전자의 파동함수는 다음과 같다.

$$\psi(x) = \sqrt{\frac{2}{a}}\sin(k_n x), \quad k_n = \frac{n\pi}{a} \tag{1-22}$$

영역 2에서의 k와 1-22식의 k_n는 동일하므로 다음과 같이 된다.

$$k^2 = \frac{2mE}{\hbar^2} = \frac{n^2\pi^2}{a^2}$$

$$E_n = \frac{\hbar^2\pi^2 n^2}{2ma^2} \qquad (n = 1,2,3....) \tag{1-23}$$

1-22식은 무한 전위 우물에 갇힌 전자의 파동함수이며 1-23식은 파동함수가 갖는 에너지 상태를 보여준다. 1-23식은 에너지 상태는 연속적인 에너지 분포를 갖지 않고 어떤 특정한 상태의 에너지만 갖는다는 에너지의 양자화를 설명해 준다. 이상을 그림으로 표시하면 그림 1-16과 같다. 무한 전위 우물에 갇힌 전자는 에너지가 양자화되어 있다. 에너지 양자화는 수식 1-23으로 표현되며 n은 정수이다. 각 에너지 상태에 있는 전자의 파동함수는 sin파이며 이러한 파동을 정상파라고 한다. 보어의 최초의 원자모델에서 전자는 원자핵 주변을 원운동하고 있다는 가정을 세웠는데 이것이 사실이라면 전자는 에너지를 잃고 원자핵으로 떨어져야 하고 원자는 붕괴되는 결과가 나온다. 그러한 일은 절대로 일어나지 않는다. 전자는 각 궤도에 갇혀서 제자리에서 요동치고 있는 정상파의 특성을 지니기 때문이다. 이것으로 원자 모형을 설명할 수 있었으며 정상파로 요동치고 있는 전자의 에너지 상태는 어떤 특정한 값만 가지는 불연속적인 분포를 이루고 있는 것이다.

막스 보른은 전자의 파동함수는 확률밀도함수로 해석하였다. 따라서 그림 1-16 (a)의 파동함수는 확률밀도함수로 변환하면 그림 1-16 (b)와 같다. 즉 각 궤도에서 전자가 존재할 확률은 파동의 가장 높은 꼭지점에서 가장 높다. 전자는 골고루 분포하고 있는 것이 아니라 파동의 최고점에 밀집되어 분포한다는 의미이다. 그것을 알기 쉽게 표현한 것이 1-16 (c)이다. 짙은 색에 전자들이 가장 많이 분포하고 양쪽으로 갈수록 밀도가 감소해 간다. 전자의 에너지는 양자화됨은 물론이고 에너지

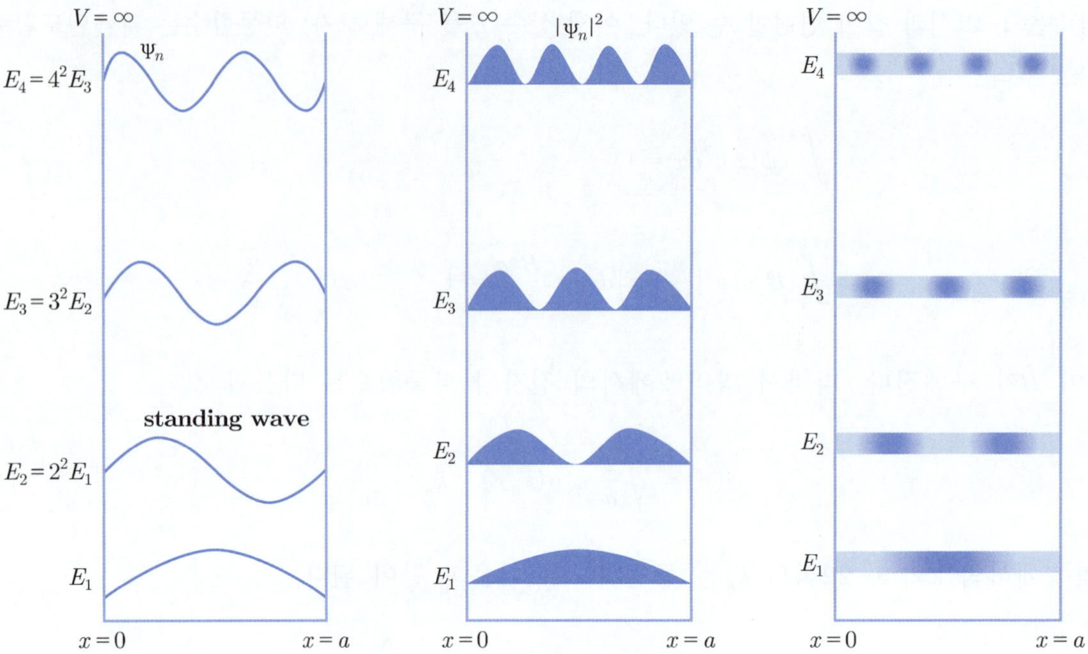

(a) 파동함수 (b) 확률밀도함수 (c) 전자의 위치 분포

그림 1-16 무한 전위의 우물에 갇힌 전자의 파동함수와 에너지

장벽 안에서의 분포도 에너지 장벽에서 일정 간격을 두고 분포한다는 사실을 잘 기억하길 바란다.

앞으로 다룰 반도체에서도 동일한 개념이 계속해서 나올 것이다. 이상이 무한 전위 우물에 갇힌 전자 파동함수의 특징이다. 만약에 무한한 전위 우물로부터 퍼텐셜이 조금 낮아진 아주 큰 유한한 전위 우물이 되면 전자는 완전히 우물에 갇히지 않게 된다. 이때 전자는 우물의 양쪽(전위 장벽으로 보아도 됨)으로 침투하게 된다. 이것은 전자가 파동이기 때문에 발생하는 현상이다.

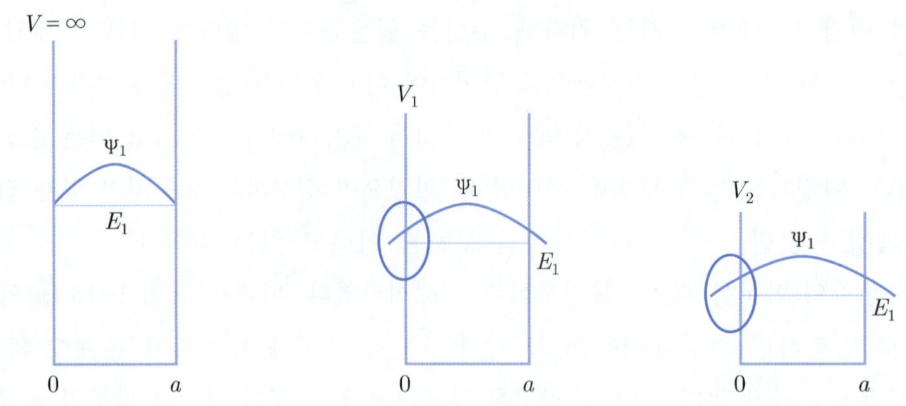

(a) 무한 전위 우물 (b) 큰 유한 전위 우물 (c) 작은 유한 전위 우물

그림 1-17 퍼텐셜의 크기에 따른 파동함수와 에너지 상태 변화

그림 1-17 (a)의 경우는 완전히 전자를 가둔 상태와 동일하다. 상자 안에 가둔 것과 유사하다. 이러한 경우는 전자가 우물의 경계지점에서 파동을 완전반사시키며 전자는 정상파의 상태로 진동하고 있다. 퍼텐셜이 유한하지만 매우 큰 상태가 되면 전자의 파동은 양쪽 에너지 장벽을 뚫고 침투한다. 매우 미소한 투과 길이가 되겠지만 무한 전위 우물 상태와는 다르게 된다. 그러면 첫 번째 바운드 상태는 무한 전위 우물보다 조금 낮아지게 된다. 그것은 파장이 조금 증가했기 때문에 에너지가 낮아지는 것이다. 그림을 보면 쉽게 이해될 것이다. 전위 우물이 더 작아지면 전자의 투과 길이도 증가하며 첫 번째 바운드 상태는 더욱 낮아지게 된다. 설명상 바운드 상태는 첫 번째 것만 기술하였다.

예제 1-3-1

폭이 10, 12 Å 인 무한 전위 우물에 갇힌 전자의 에너지 상태 중 $E_1 \sim E_3$까지 에너지 상태를 구해 볼 것

풀이

먼저 12 Å 에 대하여 에너지 준위를 구하면 다음과 같다.

$$E_n = \frac{\hbar^2\pi^2 n^2}{2ma^2} = \frac{n^2(3.14)^2(1.054\times10^{-34})^2}{2\times9.11\times10^{-34}\times(12\times10^{-10})^2}$$

$$= n^2(0.417\times10^{-19})\,\mathrm{J} = n^2\frac{(0.417\times10^{-19})}{(1.6\times10^{-19})}\,\mathrm{eV}$$

$$E_1 = 0.261\,\mathrm{eV} \quad E_2 = 2^2\times0.261\,\mathrm{eV} = 1.044\,\mathrm{eV} \quad E_3 = 2.349\,\mathrm{eV} \quad E_4 = 4.176\,\mathrm{eV}$$

동일하게 10 Å 에 대해서도 계산하면 다음과 같다.

$$E_n = n^2(0.376)\,\mathrm{eV}$$

$$E_1 = 0.376\,\mathrm{eV} \quad E_2 = 1.504\,\mathrm{eV} \quad E_3 = 3.384\,\mathrm{eV} \quad E_4 = 6.016\,\mathrm{eV}$$

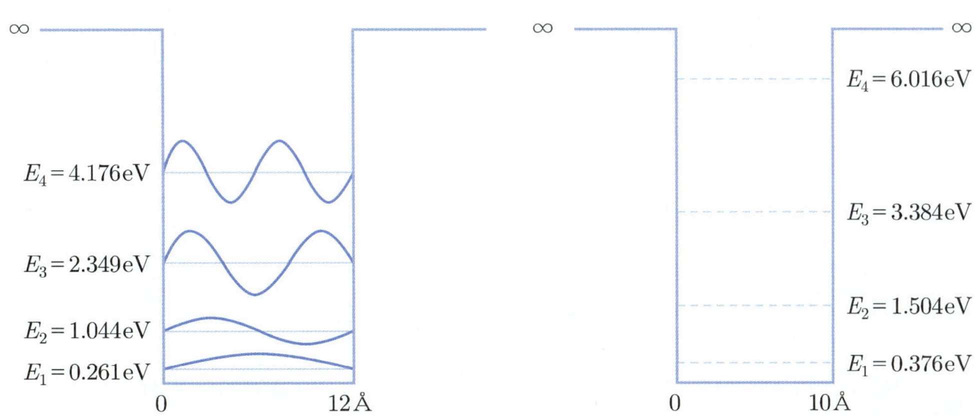

전자는 정상파의 상태로 그림과 같이 존재한다. 장벽의 두께가 작아질수록 에너지 준위가 증가함을 알 수 있다. 그림 1-17 (c)와 같은 경우를 조금 더 상세히 고찰해 보자. 그림 1-18에 퍼텐셜을 음으로 가정한 경우를 나타내었다. 이때 각 영역에서의 파동함수를 우리는 정의할 수 있다.

1-3-4 유한 전위 우물에 갇힌 전자의 파동 방정식

그림 1-18 (a)와 같은 경우를 살펴보자. 전자가 왼쪽에서 오른쪽으로 진행한다. 각 영역에서의 퍼텐셜 에너지는 그림과 같이 주어져 있다. 전자의 에너지는 양의 값인 경우에 대해서 논의해 보자. 전자는 왼쪽에서 오른쪽으로만 입사한다고 가정하자. 고전역학 관점에서 본다면 영역 1의 전자는 오른쪽으로 진행하다가 영역 2에 접근하면 운동에너지가 증가(영역 2에서는 퍼텐셜 에너지가 마이너스이다)하므로 속도가 빨라지다가 영역 3에 들어서면 다시 영역 1과 같은 속도로 진행할 것이다. 이것이 고전역학적 해석이다. 그러나 양자역학에서는 오른쪽 그림 1-18 (b)와 같은 현상이 일어난다. 전자의 입사 에너지가 퍼텐셜 V_0보다 큰 경우에도 불구하고 고전역학적 현상과는 달리 이러한 전자의 세계(미시적 세계)에서는 영역 1과 2의 경계면, 영역 2와 3의 경계면에서 반사, 투과가 일어난다. 일부는 반사되어 되돌아가고 일부는 투과해서 진행해 나간다. 또 어떤 특정에너지로 입사되면 반사 없이 완전 투과해서 진행해 나간다. 여기서 특정에너지란 무한 전위 우물에 갇힌 전자의 에너지 즉 1-23식으로 표현되는 에너지를 갖는 입사 전자는 전면 투과하는 현상을 발생시킨다.

고전역학 관점에서는 전자의 입사 에너지가 퍼텐셜 에너지보다 큰 경우에 당연히 모두 투과하여 진행할 것이다.

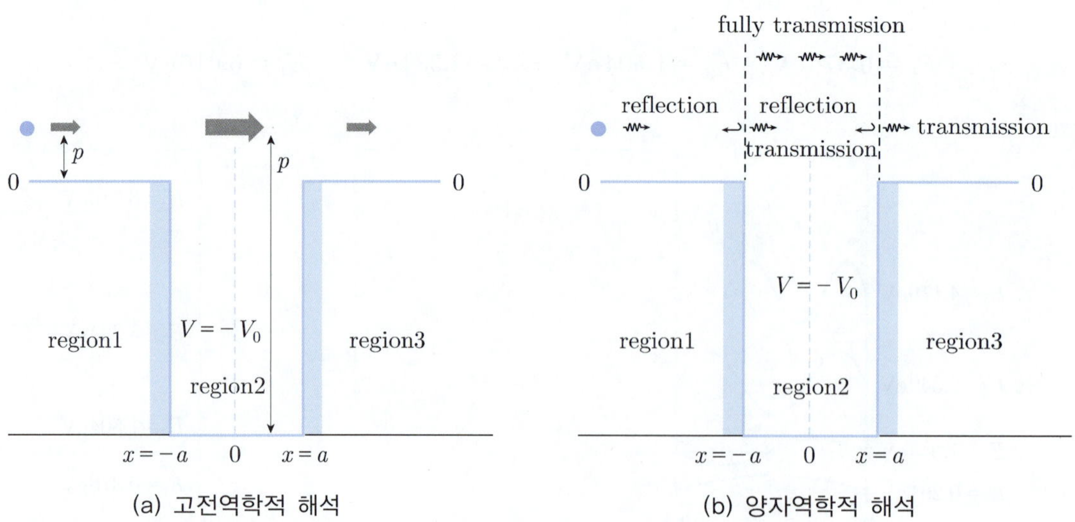

그림 1-18 유한 전위 우물에 갇힌 전자의 파동함수

양자역학에서는 비록 전자의 입사에너지가 크더라도 영역의 경계면에서 일부의 파동은 반사한다는 것이다. 전면 투과가 일어날 조건은 1-23 식으로 표현할 수 있다는 것이다. 이 에너지는 마치 공명 에너지와 같은 개념인 것이다. 이러한 현상은 고전역학으로는 설명하기 어려운 부분인 것이다.

전자의 입사 에너지가 퍼텐셜 에너지보다 작으면 어떻게 될까? 고전역학에서의 전자는 모두 벽에 반사되어 오른쪽으로 나아갈 수 없다. 양자역학에서의 전자는 파동으로 취급되므로 확률적으로 오른쪽으로 진행하는 전자가 있다. 이는 반도체에서 발생할 수 있는 현상이다. 터널링은 전자가 파동이기 때문에 발생하는 가장 전형적인 현상이다.

전자가 유한한 에너지 장벽을 만났을 때 어떤 일이 일어나는지 논의해 보자.

1-3-5 유한 전위 장벽을 통과하는 전자의 파동 방정식

반도체에서는 그림 1-19와 같이 퍼텐셜 에너지가 양의 경우, 즉 에너지 장벽이 있는 경우가 자주 등장한다. 이 경우도 유한 퍼텐셜 우물처럼 전자의 입사에너지가 퍼텐셜보다 큰 경우라 할지라도 반사와 투과가 일어난다. 관심 있는 부분은 전자의 입사에너지가 퍼텐셜보다 작은 경우에 해당한다. 고전역학적으로 이때는 전위 장벽이 전자를 모두 튕겨낸다. 전자는 전위 장벽을 뚫고 지나가지 못한다. 양자역학적으로는 확률로 기술하기 때문에 전자의 파동함수는 영역 3에 나타나게 될 확률이 작지만 존재한다는 것이다.

영역 1, 2의 경계면에서 파동함수는 반사와 투과파가 존재할 것으로 예상할 수 있으며 영역 2에서의 파동은 진폭이 존재하지 않고 지수함수적으로 감쇄하거나 증가할 것이다. 즉 파동함수의 지수함수 항에서 i가 존재하지 않는다는 것이다(수식 1-25 참조). 영역 2를 통과한 파동은 진폭이 대폭 줄지만 역시 진행파로 존재하여 앞으로 나갈 것이다. 이상이 우리가 예상할 수 있는 것이다. 만약 장벽의 두께가 무한대의 경우라면 마치 계단형 퍼텐셜처럼 생각할 수 있다. 이때는 영역 3이 존재하지 않고 영역 2가 무한대로 뻗어나가는 형태이므로 파동함수는 영역 2에서 감쇄되어 사라질 것이다.

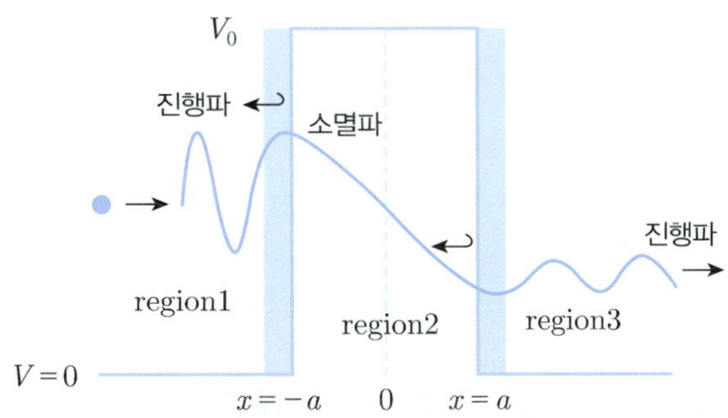

그림 1-19 전위 장벽의 경우 전자의 파동함수

우리는 이러한 사라지는 파동을 특별히 소멸파(evanescent wave)라고 한다. 파동의 특유한 성질이다. 파동은 항상 연속성을 가진다. 무한 전위 우물의 경우는 매우 특수한 가정이었으므로 예외로 하고 일반적으로 파동은 매질의 경계면에서 반사할 때는 한두 파장 정도 살짝 투과한 후 튕겨져 나가 반사파로 진행해 나간다. 마치 장벽이 물렁한 고무처럼 한두 파장이 투과되었다가 다시 튕겨져 나오는 것이다. 이것이 파동의 특징이다. 고전적인 입자라면 벽에 맞고 그대로 반사되어 튕겨 나갈 것이다. 이러한 점을 잘 인식해야 한다. 그림 1-19의 에너지 장벽이 매우 얇으면 소멸파가 다시 장벽을 뚫고 진행파로 나오게 된다. 물론 장벽이 두꺼우면 그대로 진행하다가 소멸해 간다.

각 영역에서의 파동함수와 해는 다음과 같이 기술할 수 있다. 영역 1, 3의 슈뢰딩거 방정식은 동일하며 영역 3에서는 오른쪽으로 진행하는 파동만 있으므로 다음과 같이 기술할 수 있다.

영역 1 :

$$\frac{\partial^2}{\partial x^2}\psi_1(x)+\frac{2mE}{\hbar^2}\psi_1(x)=0 \qquad \psi_1 = Ae^{ikx}+Be^{-ikx} \qquad k=\sqrt{\frac{2mE}{\hbar^2}} \tag{1-24}$$

영역 2 :

$$\frac{\partial^2}{\partial x^2}\psi_2(x)-\frac{2m(V_0-E)}{\hbar^2}\psi_2(x)=0 \qquad \psi_2 = Ce^{qx}+De^{-qx} \qquad q=\sqrt{\frac{2m(V_0-E)}{\hbar^2}} \tag{1-25}$$

영역 3 :

$$\psi_3 = Ee^{ikx} \tag{1-26}$$

경계조건을 이용하여 각 계수들을 구할 수 있다.

$$\psi_1(0)=\psi_2(0) \qquad \psi'_1(0)=\psi'_2(0)$$

$$\psi_2(a)=\psi_3(a) \qquad \psi'_2(a)=\psi'_3(a)$$

$$A+B=C+D \tag{1-27}$$

$$ikA-ikB=Cq-Dq \tag{1-28}$$

$$Ce^{qa}+De^{-qa}=Ee^{ika} \tag{1-29}$$

$$Cqe^{qa}-Dqe^{-qa}=ikEe^{ika} \tag{1-30}$$

우리에게 관심 있는 계수는 A, E이다. A는 입사파이며 E는 장벽을 뚫고 최종적으로 나오는 진행파이다. 투과확률(투과율)은 입사파와 투과파의 비율로 결정할 수 있다. 즉 투과확률은 다음과 같다.

$$T = \frac{|E|^2}{|A|^2} \tag{1-31}$$

경계조건에서 구한 4가지 식에서 A와 E의 관계를 구하면 된다. 수학적으로 매우 복잡하고 번거로운 유도과정이 예상된다. 독자 여러분들이 직접 풀어보는 것도 중요하지만 그 결과 식을 잘 해석할 줄 알아야 한다. 투과확률은 에너지 장벽의 폭과 밀접한 관계가 있을 것으로 예측할 수 있다. 장벽의 두께가 무한대로 접근하면 고전역학과 마찬가지로 파동은 반사되어 나올 것이다. 계수 관계식을 구해 보자. 미지수가 5개이고 식은 4개이므로 우리는 A와 E의 관계식을 연립 방정식으로 풀 것이다. 수식 (1-27)에 q를 곱하고 1-28식을 더하고 빼면 두 개의 식을 얻을 수 있다.

$$(q+ik)A+(q-ik)B=2qC \tag{1-32}$$

$$(q-ik)A+(q+ik)B=2qD \tag{1-33}$$

수식 (1-29)에 q를 곱하고 1-30식을 더하고 빼면 두 개의 식을 얻을 수 있다.

$$2qCe^{qa} = E(q+ik)e^{ika} \tag{1-34}$$

$$2qDe^{-qa} = E(q-ik)e^{ika} \tag{1-35}$$

1-34식에서 $2qC$로 정리하고 1-32식에 대입한다. 1-35식에서 $2qD$로 정리하고 1-33식에 대입한다.

$$(q+ik)A+(q-ik)B=E(q+ik)e^{ika-qa} \tag{1-36}$$

$$(q-ik)A+(q+ik)B=E(q-ik)e^{ika+qa} \tag{1-37}$$

1-36식에서 B를 A, E의 함수로 표현하면 다음과 같다.

$$B = \frac{E(q+ik)e^{ika-qa}-(q+ik)A}{q-ik}$$

B를 1-37식에 대입하면 A와 E의 관계식이 얻어진다.

$$A = \frac{(q-ik)^2 e^{ika+qa} - (q+ik)^2 e^{ika-qa}}{(q-ik)^2 - (q+ik)^2} E$$

$$\begin{aligned} |A|^2 &= A \cdot A^* \\ &= \frac{\left[(q-ik)^2 e^{ika+qa} - (q+ik)^2 e^{ika-qa}\right]\left[(q+ik)^2 e^{-ika+qa} - (q-ik)^2 e^{-ika-qa}\right]}{\left[(q-ik)^2 - (q+ik)^2\right]\left[(q+ik)^2 - (q-ik)^2\right]} |E|^2 \\ &= \frac{(q^2+k^2)^2 e^{2qa} - (q-ik)^4 - (q+ik)^4 + (q^2+k^2)^2 e^{-2qa}}{4qik \times (-4qik)} |E|^2 \end{aligned} \tag{1-38}$$

1-38식의 분자 항을 살펴보자. 에너지 장벽의 경우는 입사 에너지가 퍼텐셜보다 작은 경우에 해당한다.

$$V_0 \gg E \quad \rightarrow \quad q \gg k, \ qa \gg 1, \quad \therefore e^{-2qa} \approx 0$$

분자의 4번째 지수 항은 0으로 수렴한다. 나머지 3항은 지수 항을 포함한 $(q^2+k^2)^2 e^{2qa}$가 가장 크므로 2번째, 3번째 항은 무시한다. 분자는 첫 번째 항만 남게 된다. 결국 1-39로 근사시킬 수 있다.

$$|A|^2 = \frac{(q^2+k^2)^2 e^{2qa}}{16q^2k^2} |E|^2 \tag{1-39}$$

q, k는 앞에서 다음과 같이 정의하였으므로 대입해서 정리하면 다음과 같다.

$$k = \sqrt{\frac{2mE}{\hbar^2}} \qquad q = \sqrt{\frac{2m(V_0 - E)}{\hbar^2}}$$

$$|A|^2 = \frac{e^{2qa}}{16} \frac{\left[\frac{2mE}{\hbar^2} + \frac{2m(V_0-E)}{\hbar^2}\right]^2}{\frac{4m^2 E(V_0-E)}{\hbar^4}} |E|^2 = \frac{V_0^2 e^{2qa}}{16E(V_0-E)} |E|^2$$

이제 우리는 A와 E의 관계를 유도하였다. 1-39로부터 투과확률은 다음과 같다.

$$T = \frac{|E|^2}{|A|^2} = 16\left(\frac{E}{V_0}\right)\left(1 - \frac{E}{V_0}\right)\exp(-2qa) \tag{1-40}$$

여기서 터널링 확률은 장벽의 폭의 지수함수로 표현된다는 것이다. 이러한 에너지 장벽 투과는 앞의 유한 전위 우물의 공명현상보다도 반도체에서 더 많이 다룬다.

예제 1-3-2

전자의 에너지가 3eV이다. 퍼텐셜 장벽의 두께가 5 Å 이며 높이는 9eV이다. 전자가 이러한 전위 장벽과 충돌하는 경우 투과가 일어나는가?

풀이

영역 2에서의 파동함수와 그 해는 다음과 같다.

$$\frac{\partial^2\psi_2(x)}{\partial x^2} - \frac{2m(V_0 - E)}{\hbar^2}\psi_2(x) = 0 \quad \psi_2 = Ce^{qx} + De^{-qx} \quad q = \sqrt{\frac{2m(V_0 - E)}{\hbar^2}}$$

$$q = \sqrt{\frac{2\times 9.11\times 10^{-31}\times(9-3)(1.6\times 10^{-19})}{(1.054\times 10^{-34})^2}} = 1.255\times 10^{10}\mathrm{m}^{-1}$$

$$T = 16\left(\frac{E}{V_0}\right)\left(1-\frac{E}{V_0}\right)\exp(-2qa)$$
$$= 16\left(\frac{3}{9}\right)\left(1-\frac{3}{9}\right)\exp[(-2)\times 1.255\times 10^{10}\times 5\times 10^{-10}] = 1.26\times 10^{-5}$$

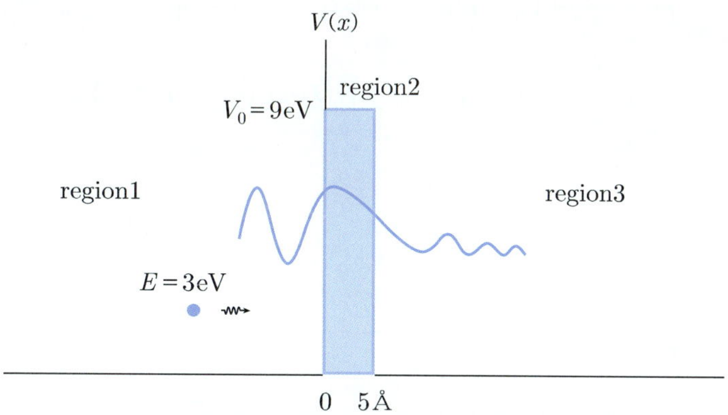

투과확률은 매우 큰 값이다. 고전역학에서는 장벽의 높이, 두께에 관계없이 이러한 인자들이 일정한 값을 갖는다면 입자가 장벽에 충돌하는 순간 모두 튕겨낼 것이다. 그러나 양자역학에서는 전자는 파동이므로 장벽이 매우 얇다면 투과해서(투과하는 동안은 지수함수로 감소한다) 다시 진폭이 감소된 투과파로 진행해 간다는 것이다. 이것은 전자가 파동이기 때문에 발생하는 것이다. 투과확률은 전자 십만 개당 대략 1개가 투과해 간다. 이것은 엄청난 숫자인 것이다. 이렇게 투과한 전자는 전류를 발생시키며 이것이 터널링 전류인 것이다.

1-3-6 계단형 전위 장벽을 통과하는 전자의 파동 방정식

예제 1-3-3

아래 그림과 같은 계단형 퍼텐셜에서 전자가 영역 1에서 영역 2로 $10^5 \mathrm{m/sec}$속도로 진행한다. 전위 장벽은 전자의 입사 에너지보다 2배 더 크다고 할 때 전자가 영역 2에 충돌했을 때의 투과 깊이를 구해 보아라. 파동함수는 영역 2에서 e^{-1} 감쇄한다고 가정한다.

풀이

이 문제는 고전역학적으로는 설명할 수 없는 현상이다. 전자의 입사 에너지보다 2배나 큰 전위 장벽이 존재하는 경우 전자는 벽에 충돌하는 순간 튕겨나간다는 것이 고전역학의 이론이다. 그러나 양자역학적으로는 파동함수의 연속성 때문에 벽에 충돌하는 순간 반사파로 진행하겠지만 일정 깊이 전위 장벽을 투과한 후 반사되어 나간다. 문제에서는 이 투과 깊이를 구해 보라는 것이다. 직관적으로 이 투과 깊이는 매우 작을 것으로 예상할 수 있다.
영역 2에서의 파동함수는 다음과 같다.

$$\frac{\partial\psi_2(x)}{\partial x^2} - \frac{2m}{\hbar^2}(V_0 - E)\psi_2(x) = 0 \qquad q = \sqrt{\frac{2m(V_0 - E)}{\hbar^2}}$$

$$\psi_2(x) = C\exp(-qx) + D\exp(qx) \;\; (x \geq 0)$$

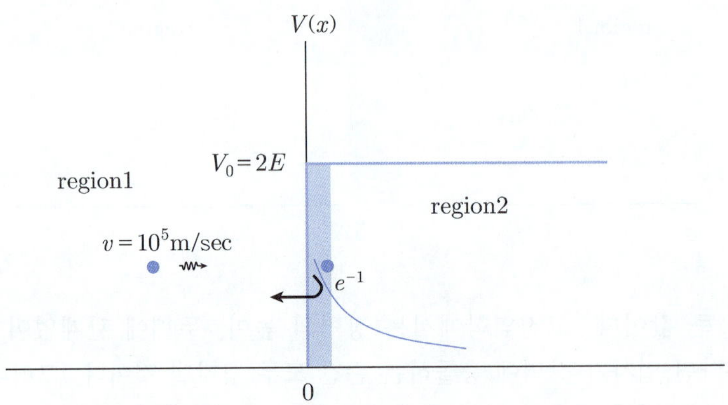

경계조건에서 파동함수는 유한해야 한다. 따라서 $D = 0$이 된다. 최종적으로 영역 2에서의 파동함수는 다음과 같다.

$$\psi_2(x) = C\exp(-qx) \qquad (x \geq 0)$$

$x = 0$에서 e^{-1}만큼 감소하는 거리는 $qx = 1$이다.

$$qx = \sqrt{\frac{2m(V_0 - E)}{\hbar^2}}\, x = 1 \qquad V_0 = 2E$$

$$\sqrt{\frac{2mE}{\hbar^2}}x = 1 \qquad x = \frac{\hbar}{\sqrt{2mE}}$$

전자의 속도로부터 운동에너지는 다음과 같이 표현할 수 있다.

$$T = \frac{1}{2}mv^2 = 4.56 \times 10^{-21}\,\text{J}$$

$$x = \frac{\hbar}{\sqrt{2mE}} = \frac{1.054 \times 10^{-34}}{\sqrt{2 \times 9.11 \times 10^{-31} \times 4.56 \times 10^{-21}}} = 11.6 \times 10^{-10}\,\text{m} = 11.6\,\text{Å}$$

입사한 전자는 실리콘 격자 상수의 대략 2배 정도의 깊이만큼 침투했다가 다시 반사되어 되돌아간다. 이것은 마치 고무 벽을 입자가 충돌하면 움푹 들어갔다가 튕겨내는 것과 비슷하다. 이것이 고전역학과 다른 점이다. 만약 계단형 퍼텐셜의 두께가 유한한 두께를 가지는 경우에는 투과가 일어날 수도 있다. 에너지 장벽을 터널링해서 진행파로 계속 진행할 수 있다는 의미이다.

1-3-7 터널링 효과 활용 예

반도체에서 터널링 현상은 자주 일어난다. 터널링 현상을 이용한 소자도 있으며 그것을 응용한 여러 가지 장비들도 나오고 있다. 터널링 효과를 이용한 가장 대표적인 소자와 응용부분을 몇 가지 간략히 소개하고 넘어가고자 한다. PN 접합에서 상세히 다루겠지만 가장 대표적으로 터널링 효과를 이용한 것이 에사키 다이오드이다. PN 접합을 이룬 상태(과도핑으로 축퇴반도체임)에서 적당히 전압을 인가(p형 반도체에 양의 전압, n형 반도체에 음의 전압)하면 그림 1-20과 같이 접합의 경계면에서 에너지 장벽의 두께를 매우 얇게 만들 수 있는데 이런 경우 페르미 준위의 차이와 장벽의 두께가 얇아져서 p형 반도체의 가전자대의 전자들이 n형 반도체의 전도대로 direct tunneling

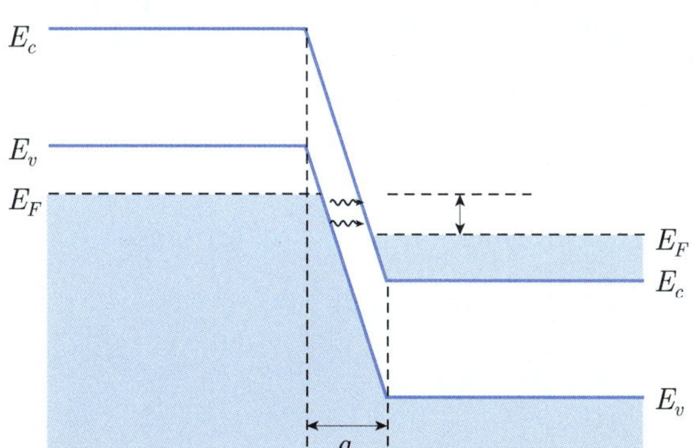

그림 1-20 에사키 다이오드의 터널링 효과

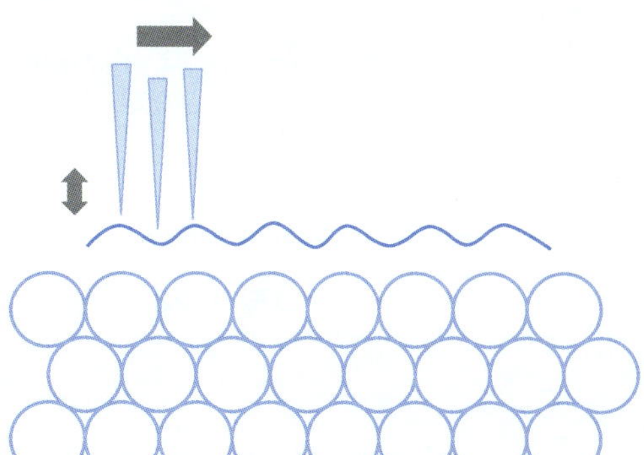

그림 1-21 주사 터널링 현미경의 원리

현상이 일어난다.

두 번째로 스캐닝 터널링 현미경(STM)이다. 반도체나 금속의 표면은 아무리 평탄하게 만들어도 표면에는 원자층 차원의 굴곡이 존재하게 된다. 이러한 표면의 roughness나 표면 상태를 측정할 수 있는 현미경이 있는데 이때에도 터널링 현상을 이용한다. 이런 경우의 에너지 장벽은 공기층이 된다. 그림 1-21과 같은 원리이다. 탐침과 반도체 표면과의 거리를 1nm 정도의 터널링 전류가 발생할 수 있는 간격을 유지하고 터널링 전류가 발생하는 거리를 유지하도록 세팅한다. 탐침을 우측 방향으로 이동시키면 터널링 전류가 발생하도록 탐침은 상하로 움직이는데 이 움직이는 굴곡이 바로 표면의 거칠기를 표현하는 것이다. 우리는 원자의 표면 구조를 형상화할 수 있는 것이다. 표면에 관한 매우 정확한 정보를 우리에게 제공해 준다.

세 번째로 NAND 플래쉬 메모리가 있다. 우리가 흔히 사용하는 USB가 대표적일 것이다. NAND 플래쉬는 그림 1-22와 같이 두 개의 게이트로 구성이 되어 있으며 기본적으로는 MOSFET 소자 구조를 지닌다. 플로팅 게이트 사이에는 얇은 절연막이 있으며 터널 산화막이라고도 한다. 컨트롤 게이트에 양의 전압을 인가하면 채널에 형성되어 있는 전자들이 수직 방향으로 이동하여 터널 산화막을 뚫고 터널링하여 플로팅 게이트에 전자를 축적시킨다. 이때가 메모리의 쓰기에 해당하며 플로팅 게이트에 축적된 전하량을 측정하면 그것이 읽기에 해당한다. 다시 보디에 양의 전압을 인가하면 플로팅 게이트에 축적된 전자는 산화막을 터널링하여 채널로 되돌아온다. 이것을 지우기라고 한다.

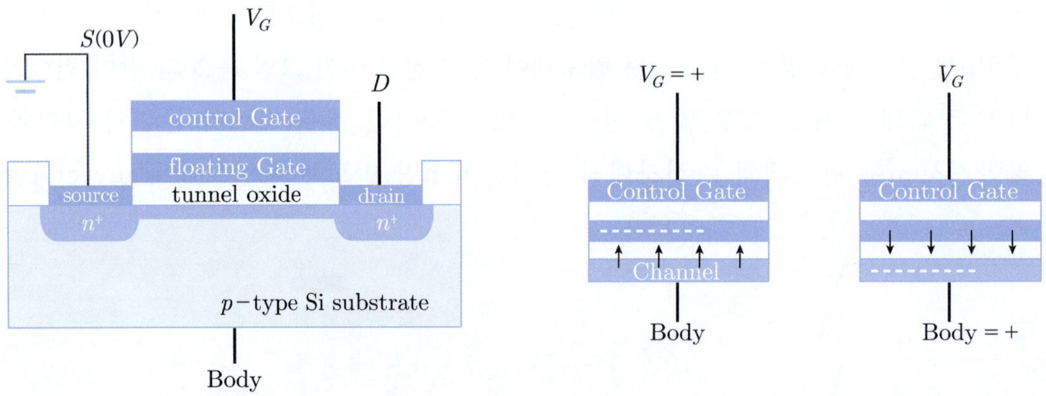

(a) NAND flash memory (b) write (c) erase

그림 1-22 터널링 현상을 이용한 NAND 플래쉬 메모리

1-4 주기적 원자 배열을 갖는 결정에서의 전자의 파동함수

지금까지 에너지 장벽(퍼텐셜)이 있는 경우의 전자의 거동을 살펴보았다. 보다 실질적인 경우를 살펴보자. 반도체 결정은 원자들 간에 일정 간격을 유지하면서 주기적으로 배열되어 있다. 원자 간격을 우리는 격자 상수라고 표현한다. 이러한 일정 간격을 가지고 주기적으로 배열된 반도체 결정 내에서 전자는 아주 특이한 행동을 한다. 우리는 슈뢰딩거 파동방정식을 가지고 전자들의 움직임을 고찰하고자 한다. 우리는 1차원만 고려하겠다. 원자핵에 전자는 강하게 구속되어 있다. 각 원자들이 만드는 퍼텐셜은 그림 1-23과 같다.

우리는 1-23과 같은 퍼텐셜을 근사적으로 그림 1-24와 같이 묘사할 수 있다. 주기적으로 퍼텐셜 우물과 장벽이 반복되어 있는 경우로 근사시킨다. 주기적인 퍼텐셜을 갖는 슈뢰딩거 방정식은 주기함수 $u(x)$와 $\exp(ikx)$ 진행파의 곱으로 표기할 수 있다.

$$\psi(x) = u(x)e^{ikx}$$

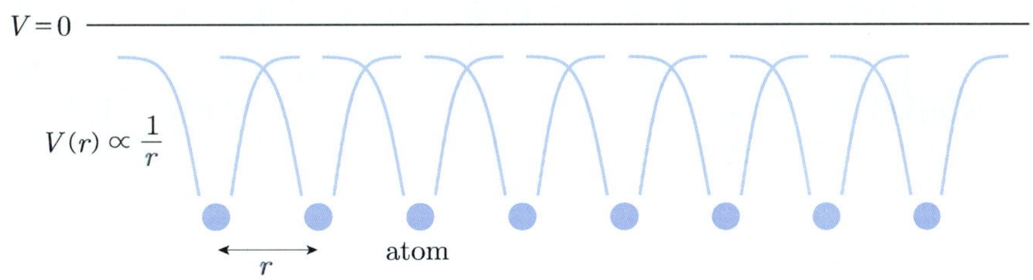

그림 1-23 반도체 결정 내의 원자들이 만드는 퍼텐셜

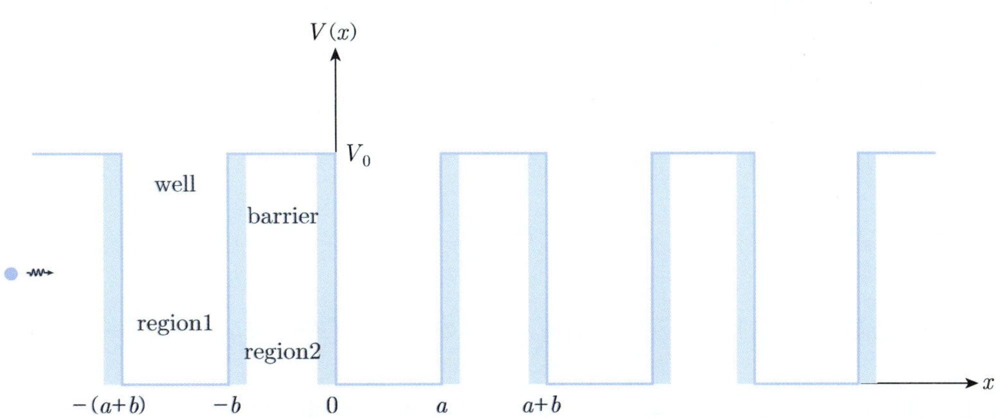

그림 1-24 크로니-페니 모델의 퍼텐셜 주기함수

1-4-1 크로니-페니 모델

우리는 슈뢰딩거 방정식의 파동함수 $\psi(x)$를 $u(x)$의 함수로 재표현할 수 있다. 1-18식의 시간 독립형 1차원 슈뢰딩거 방정식에서 $\psi(x)=u(x)e^{ikx}$ 대입하고 정리하면 다음과 같다.

$$\frac{d^2u(x)}{dx^2}+2ik\frac{du(x)}{dx}+\left[\frac{2m}{\hbar^2}(E-V)-k^2\right]u(x)=0 \tag{1-41}$$

영역 1, 2에서 퍼텐셜은 각각 $0, V_0$이므로 각 영역에서의 파동방정식을 기술하면 다음과 같다.

영역 1 :

$$\frac{d^2u_1(x)}{dx^2}+2ik\frac{du_1(x)}{dx}+(\alpha^2-k^2)u_1(x)=0, \quad \alpha^2=\frac{2mE}{\hbar^2} \tag{1-42}$$

$$\therefore\ u_1(x)=Ae^{i(\alpha-k)x}+Be^{-i(\alpha+k)x} \tag{1-43}$$

영역 2 :

$$\frac{d^2u_2(x)}{dx^2}+2ik\frac{du_2(x)}{dx}+(\beta^2-k^2)u_2(x)=0, \quad \beta^2=\frac{2m(E-V_0)}{\hbar^2} \tag{1-44}$$

1-44식의 선형 미분 방정식은 1-43과 동일한 형태를 갖는다.

$$\therefore\ u_2(x)=Ce^{i(\beta-k)x}+De^{-i(\beta+k)x} \tag{1-45}$$

경계조건은 다음과 같다.

$u_1(0)=u_2(0),\ \ A+B=C+D$

$u'_1(0)=u'_2(0)\ \ (\alpha-k)A-(\alpha+k)B=(\beta-k)C-(\beta+k)D$

$u_1(a)=u_2(a)=u_2(-b),\ \ Ae^{i(\alpha-k)a}+Be^{-i(\alpha+k)a}=Ce^{-i(\beta-k)b}+De^{i(\beta+k)b}$

$u'_1(a)=u'_2(-b),\ \ (\alpha-k)Ae^{i(\alpha-k)a}-(\alpha+k)Be^{-i(\alpha+k)a}=(\beta-k)Ce^{-i(\beta-k)b}-(\beta+k)De^{i(\beta+k)b}$

이상 경계조건으로부터 4가지 연립방정식을 정리하면 다음과 같다.

$$A+B-C-D=0 \tag{1-46}$$

$$(\alpha-k)A-(\alpha+k)B-(\beta-k)C+(\beta+k)D=0 \tag{1-47}$$

$$Ae^{i(\alpha-k)a}+Be^{-i(\alpha+k)a}-Ce^{-i(\beta-k)b}-De^{i(\beta+k)b}=0 \tag{1-48}$$

$$(\alpha-k)Ae^{i(\alpha-k)a}-(\alpha+k)Be^{-i(\alpha+k)a}-(\beta-k)Ce^{-i(\beta-k)b}+(\beta+k)De^{i(\beta+k)b}=0 \tag{1-49}$$

4×4 singular matrix 행렬식을 이용하여 구할 수 있다.

$$\begin{vmatrix} 1 & 1 & -1 & -1 \\ \alpha-k & -(\alpha+k) & -(\beta-k) & \beta+k \\ e^{i(\alpha-k)a} & e^{-i(\alpha+k)a} & -e^{-i(\beta-k)b} & -e^{i(\beta+k)b} \\ (\alpha-k)e^{i(\alpha-k)a} & -(\alpha+k)e^{-i(\alpha+k)a} & -(\beta-k)e^{-i(\beta-k)b} & (\beta+k)e^{i(\beta+k)b} \end{vmatrix}=0$$

복잡하고 번거로운 행렬이다. 정리하면 다음과 같다.

$$-\frac{(\alpha^2+\beta^2)}{2\alpha\beta}\sin(\alpha a)\sin(\beta b)+\cos(\alpha a)\cos(\beta b)=\cos[k(a+b)] \tag{1-50}$$

1-44식에서 β를 복소수로 정의하였다. 실수부로 표현하기 위해서 $\beta=i\gamma$로 치환하면 1-50식은 다음과 같이 정리할 수 있다.

$$\frac{\gamma^2-\alpha^2}{2i\alpha\gamma}\sin(\alpha a)\sin(i\gamma b)+\cos(\alpha a)\cos(i\gamma b)=\cos[k(a+b)] \tag{1-51}$$

수식 1-51식은 우리가 컴퓨터의 도움 없이 직접 해를 구할 수 없다. 따라서 우리는 몇 가지 가정을 추가하여 E와 k의 관계를 고찰해 본다. 크로니-페니 모델의 궁극적인 목적은 $E-k$ diagram을 구하는 것임을 기억하자. 전자의 파동함수는 좌에서 우로 진행하다고 하면 에너지 장벽을 터널링하여 나아갈 것이다. 만약 장벽의 폭 b가 0이면 전자는 터널링 없이 진행하는 경우이므로 터널링 현상이 존재하려면 b는 0에 접근하고 V_0는 무한대에 접근한다고 생각하는 것이 타당할 것이다. 따라서 bV_0는 유한한 값을 갖는다. 즉, $b\approx 0$, $V_0\approx\infty$에 접근하는 것이지 0과 ∞가 아니라는 의미이며 따라서 bV_0는 유한한 값을 갖게 된다고 볼 수 있다. 우리가 이렇게 가정하는 것은 1-50식으로부터 $E-k$ 다이어그램을 해석적으로 풀어내려고 하는 것이다. 우리는 애초부터 퍼텐셜의 형상도 근사시킨 점을 기억하라. 직관적으로 해석하려고 애를 쓰고 있는 것이다.

$\beta^2=(i\gamma)^2=-\gamma^2$, $\sin(i\gamma b)=i\sinh(\gamma b)$, $\cos(i\gamma b)=i\cosh(\gamma b)$인 관계식을 이용하여 1-51식을 재정리하면 다음과 같다.

$$\frac{\gamma^2-\alpha^2}{2\alpha\gamma}\sin(\alpha a)\sinh(\gamma b)+\cos(\alpha a)\cosh(\gamma b)=\cos[k(a+b)] \tag{1-52}$$

$$\gamma^2-\alpha^2 \approx \gamma^2\ (\because V_0 \gg E) \quad \therefore \frac{\gamma^2-\alpha^2}{2\alpha\gamma}=\frac{\gamma^2}{2\alpha\gamma}=\frac{\gamma}{2\alpha} \tag{1-53}$$

1-53식을 1-52에 대입하고 1-52식을 약간 변형하면 다음과 같이 표현할 수 있다.

$$\frac{\gamma^2 ab}{2}\frac{\sin(\alpha a)}{\alpha a}\frac{\sinh(\gamma b)}{\gamma b}+\cos(\alpha a)\cosh(\gamma b)=\cos[k(a+b)] \tag{1-54}$$

$\gamma^2=\frac{2mV_0}{\hbar^2},\ b\approx 0 \Rightarrow \frac{\sinh(\gamma b)}{\gamma b}\approx 1,\ \cosh(\gamma b)\approx 1,\ \cos[k(a+b)]\approx \cos ka$이므로 1-54식은 최종적으로 다음과 같이 간소화된다.

$$\frac{mV_0ab}{\hbar^2}\frac{\sin(\alpha a)}{\alpha a}+\cos(\alpha a)=\cos(ka) \tag{1-55}$$

수식 1-55를 만족하는 k값에 대해서만 파동함수가 존재한다는 뜻이다. 자유전자에 대해서는 $V_0=0$이므로 1-55식으로부터 $E-k$ diagram의 관계식은 다음과 같이 표현할 수 있다.

$$\cos\alpha a=\cos ka,\ k=\alpha \Rightarrow k^2=\frac{2m}{\hbar^2}E \qquad \therefore E=\frac{\hbar^2k^2}{2m} \tag{1-56}$$

이차함수의 포물선 형태를 가지며 모든 k에 대해서 에너지는 연속적인 값을 갖는다. 즉 에너지는 양자화되어 있지 않음을 알 수 있다. 앞에서 다룬 무한 전위 우물에 속박된 전자와 비교해 보면 알 수 있듯이 전자가 어떠한 퍼텐셜을 받으면 전자의 에너지는 불연속적으로 변하며 플랑크 상수의 정수배의 에너지를 갖는다. 자유전자라는 것은 반도체 내에서 실제 존재하지 않는다. 비록 전자가 원자핵의 구속으로부터 벗어나서 결정 속을 자유롭게 이동한다 해도 주변의 원자, 이온들이 만드는 퍼텐셜을 느끼면서 거동하게 된다. 이러한 퍼텐셜은 전자를 자유전자와 구별하지만 우리는 통상

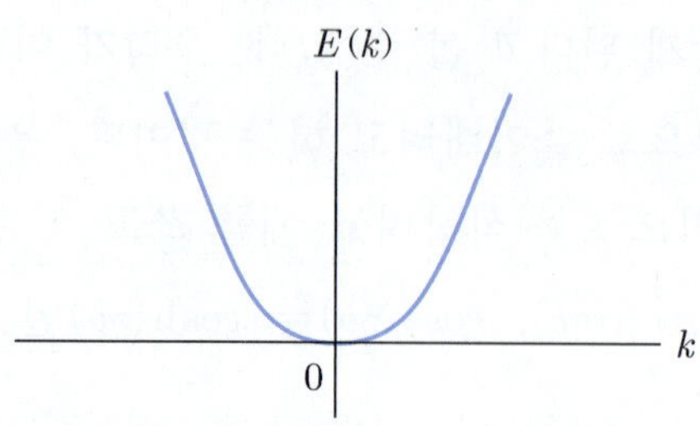

그림 1-25 자유전자의 $E-k$ diagram

이러한 전자를 자유전자라 일컫는다. 그림 1-25의 관계식에서 전자는 이상적인 자유공간에서 외부로부터 어떠한 퍼텐셜의 영향을 받지 않는 이상적인 경우에 해당한다는 것을 기억하길 바란다.

이제 1-55식을 고찰해 보자. $\sin\alpha a/\alpha a$와 같은 함수를 우리는 싱크(sinc)함수라 부른다. $\alpha a = 0$에서 최댓값을 가지며 αa가 정수 값에서 0을 지난다. 그리고 그 진폭이 점차적으로 감쇠하는 함수이다. 이러한 함수의 특징은 우대칭 함수이며 정상파로 진동한다는 것이다. $\sin\alpha a = \sin(-\alpha a)$, $\alpha a = \pm 1, 2, 3 .....$에서 $\sin\alpha a = 0$의 특징을 갖는다. 그림 1-26에 표시하였다. 이제 수식 1-55의

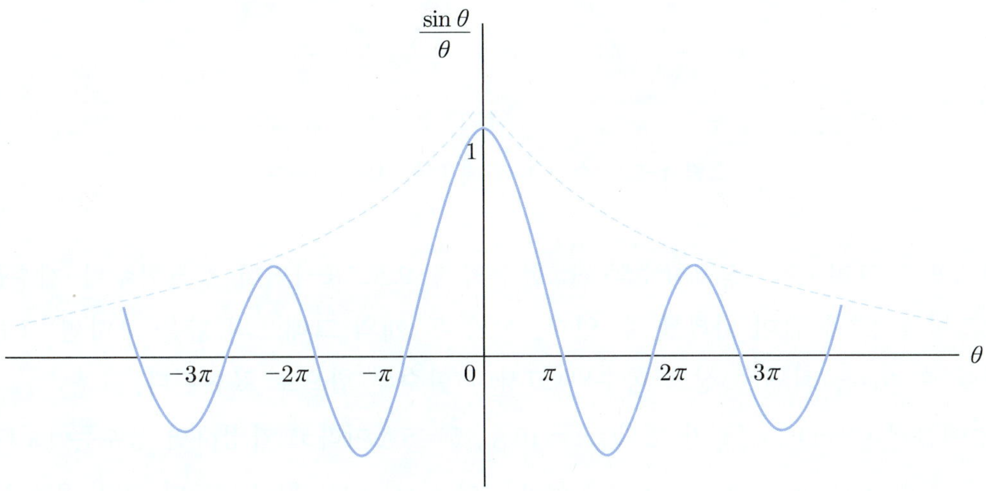

그림 1-26 싱크함수

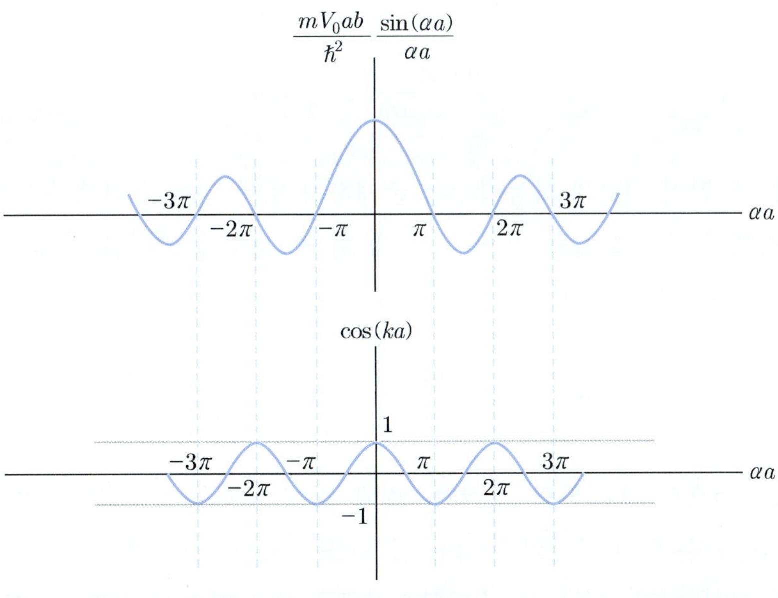

그림 1-27 수식 1-55의 좌변항에 대한 각각의 그래프

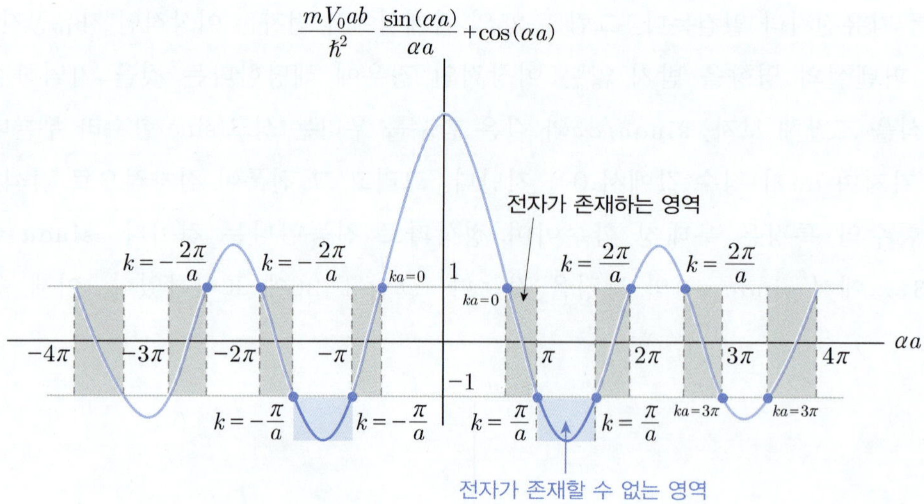

그림 1-28 수식 1-55에 대한 최종 그래프

좌변의 그래프를 그려보자. 싱크함수와 cos함수의 합으로 표시되며 싱크함수가 계수를 가지고 있으므로 그림 1-27과 같이 나타낼 수 있다. 상기 두 개의 그래프의 합을 구하면 그림 1-28과 같이 표현할 수 있다. 좌변은 싱크 함수와 코사인 함수의 합으로 표현된다.

싱크함수에는 상수 $mV_0ab/\hbar^2$가 있다. $a=10\,\text{Å}$, $b=5\,\text{Å}$이라고 가정하면 상수는 1보다 훨씬 큰 값을 갖는다. 좌변을 $f(\alpha a)$로 놓으면 f의 상한과 하한은 1과 −1을 훨씬 넘는다. 한편 우변은 코사인함수이고 −1과 1 사이의 값을 갖는다. 좌변과 우변이 같아야 하므로 f의 범위도 −1과 1 사이의 값만 갖게 된다. 전자의 파동함수는 $k=\pi/a$, $2\pi/a \cdots\cdots n\pi/a$에서 불연속이 된다.

$$-1 \le \frac{mV_0ab}{\hbar^2}\frac{\sin(\alpha a)}{\alpha a}+\cos(\alpha a) \le 1$$

따라서 그림 1-28과 같이 전자의 파동함수가 존재하지 않는 구간이 발생하며 전자의 파동함수는 불연속적인 분포(청색 구간의 화살표 참조)를 갖게 된다. 전자가 존재할 수 없는 구간이 발생하며 전자가 존재하는 구역은 에너지 밴드를 형성한다.

$$\alpha^2 = k^2 = \frac{2mE}{\hbar^2} \Rightarrow E = \frac{\hbar^2k^2}{2m}$$

이므로 $E-k$ diagram으로 표시하면 그림 1-29와 같이 나타낼 수 있다. 그림 1-28의 전자가 존재하는 구간의 파동함수(회색 구간의 화살표 참조)를 그림 1-29의 실선의 그래프로 표시한 것이다. 불연속적인 것을 기억하자. $\cos ka$는 주기함수이므로 1-29의 (b)와 같이 표현 가능하다. 우리는 $-\pi/a \le k \le \pi/a$ 구간만을 표시할 수 있다.

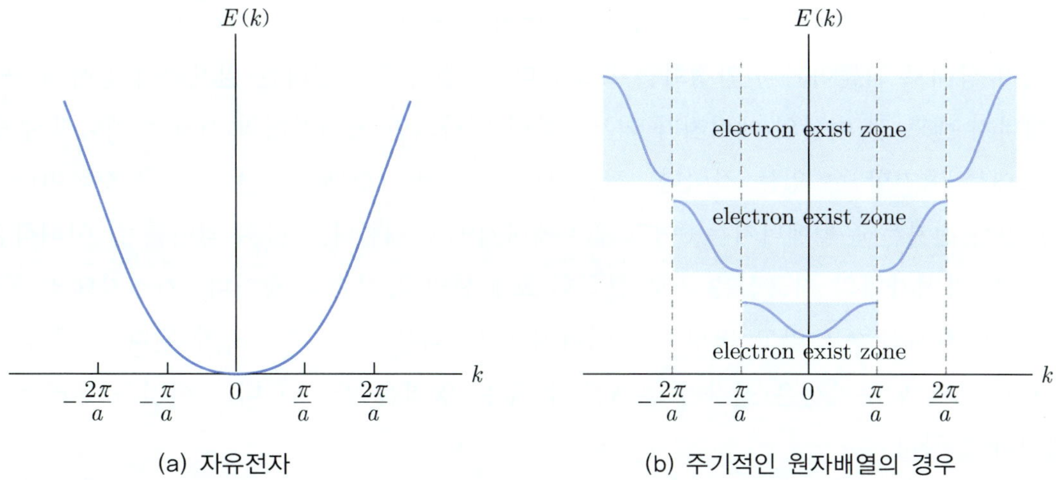

(a) 자유전자 (b) 주기적인 원자배열의 경우

그림 1-29 $E-k$ diagram

그림 1-30은 제 1영역만 표시한 $E-k$ diagram이다. 전자가 충만된 에너지 밴드를 가전자대라고 하며 전자가 비워져 있는 에너지 밴드를 전도대라고 한다. 가전자대와 전도대 사이에는 전자의 파동함수가 존재하지 않는 구역이 있으며 이것을 에너지 밴드 갭이라 한다. 전도대의 최저점과 가전자대의 최고점은 $k=0$ 지점에 놓여 있음을 잘 기억하라. 전도대는 전자의 에너지 상태가 존재하나 전자가 비워져 있는 상태이다. 나중에 다루겠지만 전도대의 유효 에너지 상태 밀도는 $\sim 10^{19}\text{cm}^{-3}$ 정도이다. 전자가 채워질 에너지 상태가 이렇게 많다는 것이다. 이러한 에너지 상태가 아주 촘촘한 간격으로 배열되어 있어서 마치 밴드를 형성하고 있는 것처럼 느끼는 것이다. 가전자대로부터 전자가 외부의 힘(빛)을 흡수해서 전도대로 여기되어 올라오면 전자는 비로소 전도대에서의 한 에너지

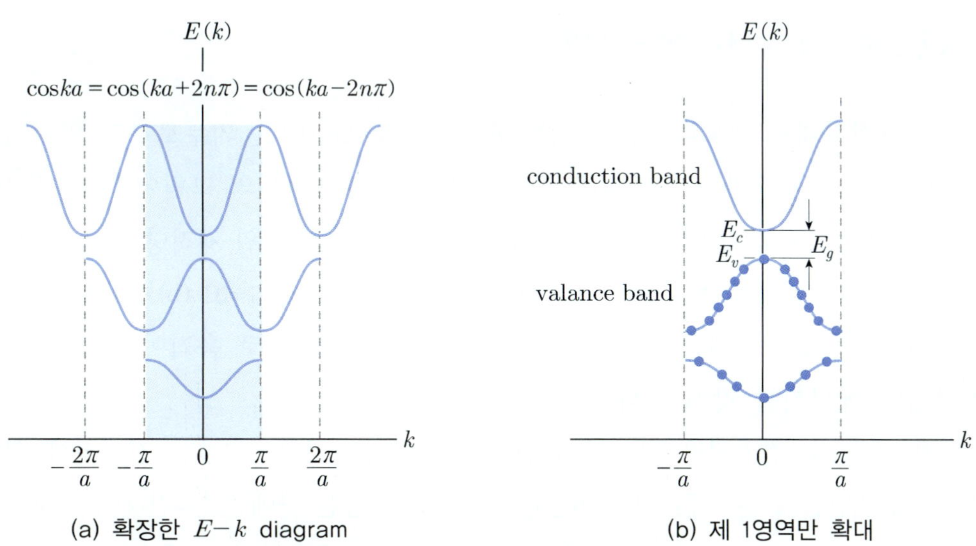

(a) 확장한 $E-k$ diagram (b) 제 1영역만 확대

그림 1-30 반도체의 전도대와 가전자대를 표시해 주는 $E-k$ diagram

상태를 점유하게 되며 이 전자는 에너지 보존 법칙에 의해 다시 에너지를 방출하고 가전자대의 낮은 에너지 상태로 되돌아가며 안정화를 도모한다. 가전자대의 전자는 원자핵에 강하게 구속되어 있으나 에너지 밴드 갭 이상의 에너지가 외부로부터 입사되면 가전자대의 전자는 에너지 갭을 뛰어 넘어 전도대로 여기할 수 있는 것이다. 전도대의 가장 바닥상태는 포물선의 꼭짓점이다.

여기에 있는 전자는 운동에너지는 0이고 위치에너지만 존재한다. k값의 의미를 잘 이해하길 바란다. 비슷하게 가전자대의 최고점은 위로 볼록한 포물선의 꼭짓점일 것이다. 가전자대의 최고점을 E_v, 전도대의 최저점을 E_c라고 명명하며 에너지 밴드 갭은 $E_g = E_c - E_v$가 된다. 이렇듯 반도체 내에서 원자 배열의 주기성은 전자가 존재할 수 없는 영역을 만들어 내고 이것을 우리는 에너지 밴드 갭이라고 한다.

1-5 에너지 밴드 다이어그램

에너지 밴드 다이어그램은 앞으로 지속적으로 등장하고 언급해 나갈 것이다. 본 교재에서는 실공간에서의 에너지 밴드 다이어그램을 주로 논의할 것이다. 에너지 밴드 다이어그램은 전자의 위치에너지를 표시해 주는 그림이다. 따라서 앞으로 자주 등장하는 전위(V, ϕ로 표기하기도 함)에 전자의 전하량 $-q$를 곱한 것이다. 따라서 $-qV$를 그린 것으로 이해하면 된다. 전위(퍼텐셜)와는 반대 부호임을 기억하라.

1-5-1 k공간에서의 에너지 밴드 다이어그램

그림 1-31은 가전자대와 전도대로만 표시한 $E-k$ diagram이다. 외부로부터 입사된 빛에너지 또는 주변 온도에 의해 전자가 가전자대에서 전도대로 여기된 경우의 그림이다. 그림 1-31 (a)에 나타내었다. 보통 300 K에서 실리콘의 경우 여기되는 전자의 수는 단위 체적당 약 1.5×10^{10} cm^{-3}으로 알려져 있다. 여기된 전자에 전기장을 가하게 되면 전자들은 그림 1-31 (b)처럼 k공간을 움직이게 된다. 전자는 음의 부호이기 때문에 전기장의 방향과 반대 방향으로 움직이게 되며 이때 전자는 위치에너지와 운동에너지를 갖게 된다.

그림 1-31 (b)의 경우 전기장을 인가하면 전자는 운동에너지를 얻는다. 전기장에 의해 가속된 전자는 k공간에서 T만큼의 운동에너지를 얻는다. 맨 우측의 높은 곳에 있는 전자(A 전자)는 전도대의 바닥상태에 있는 전자보다 T만큼 운동에너지를 얻게 되며 전도대의 바닥 E_c에 있는 전자는 $k=0$이므

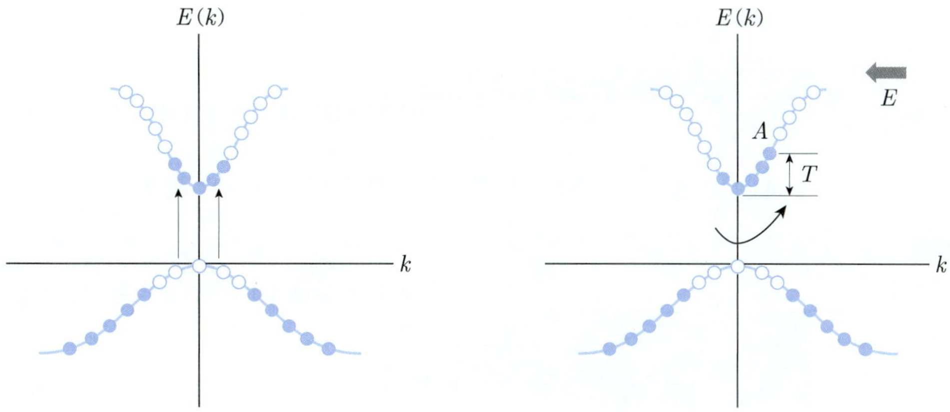

그림 1-31 온도와 전기장에 의한 전자의 움직임

로 위치에너지만 갖고 있는 것이다.

$$\text{electron at A point :}$$

$$E = E_k + E_c = \frac{\hbar^2 k^2}{2m_n^*} + E_c$$

$E-k$ diagram은 전자의 운동량에 관한 정보를 제공해준다. 우리는 보다 효과적인 에너지 밴드 다이어그램을 사용하고자 한다. k공간이 아닌 실제의 공간(k 대신 거리 x의 함수로 기술)에서의 에너지 밴드 다이어그램을 사용할 것이다. 이것은 전도대의 바닥상태 E_c와 가전자대의 최고점 E_v만을 표시해 주는 것으로 전자의 위치에너지만을 고려한 에너지 밴드 다이어그램이다.

1-5-2 실공간에서의 에너지 밴드 다이어그램

우리가 앞으로 자주 사용하는 실공간에서의 에너지 밴드 다이어그램은 $E-k$ diagram의 전도대의 바닥상태점, 가전자대의 최고점들만 모아서 표시한 것이다. 전도대는 전자가 위치할 에너지 상태(유효 상태 밀도)가 매우 많으므로 촘촘한 선으로 표기(앞으로는 에너지 상태는 표기하지 않음)하였다. 위로 갈수록 전자의 위치에너지가 증가하는 방향이다. 가전자대에는 전자로 충만되어 있으며 전자가 전도대로 여기되고 남은 전자의 빈자리를 우리는 양공으로 명칭한다. 그림 1-32의 흰색 원에 해당한다. 양공의 에너지는 위로 갈수록 낮아진다. 가전자대의 최고점에서 양공의 위치에너지는 가장 낮다. 에너지 밴드 다이어그램은 항상 전자를 기준으로 보는 것이며 양공은 양의 전하를 가지고 있으므로 전자와 반대로 생각하면 이해하기 쉽다. 전도대와 가전자대 사이에는 전자가 위치할 수

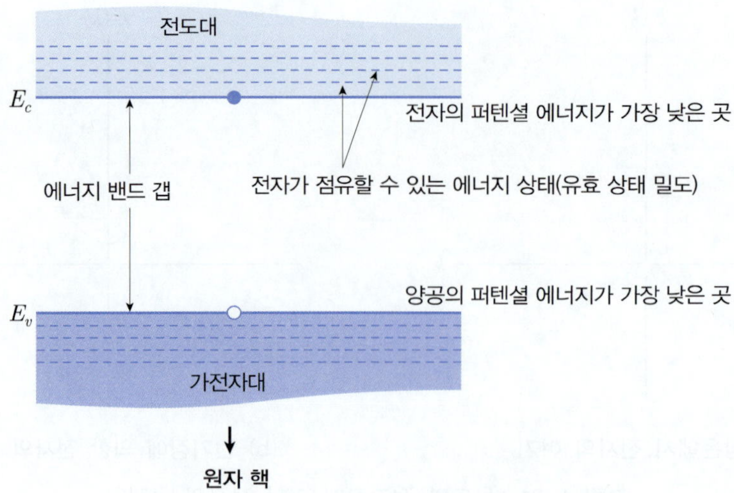

그림 1-32 반도체의 에너지 밴드 갭

없는 에너지 밴드 갭이 존재한다.

실공간(거리의 함수)에서의 에너지 밴드 갭(우리가 통상 에너지 밴드로 부를 때는 실공간임을 기억하라)은 우리에게 매우 많은 유익한 정보를 제공한다. 따라서 반드시 학습하고 이해해야 한다. x 공간에서의 에너지 밴드 다이어그램은 앞으로 나오는 모든 반도체 물성, 디바이스에서 지속적으로 등장하고 있으며 우리에게 아주 유용한 정보들을 제공해 준다. 독자 여러분들 스스로 그릴 수도 있어야 하며 에너지 밴드 다이어그램의 형상을 잘 이해해야 한다.

그림 1-33과 같은 에너지 밴드 다이어그램을 살펴보자. 여기서 우리가 얻을 수 있는 정보는 매우 많다. 하나씩 살펴보자. 그림 1-33 (a)와 같은 평평한 구간과 양의 기울기를 갖는 구간이 존재하는 에너지 밴드 다이어그램의 경우를 살펴보자. 전자의 위치에너지는 오른쪽이 높으므로 전자는 왼쪽으로 이동(내려감)할 것이다. 마치 경사 길에서 공이 굴러 가듯이 전자는 저항을 받지 않고 왼쪽으로 이동한다. 양공의 경우는 위로 갈수록 에너지가 낮아지므로 $+x$ 방향으로 공이 굴러 가듯이 저항 없이 내려갈 것이다. 에너지 밴드는 양의 기울기를 가졌으므로 전기장의 방향은 $+x$ 방향으로 형성될 것이다. 전기장의 방향은 양공의 이동 방향과 동일함을 알 수 있다. 양공에 대해서는 다음 파트에서 유효질량과 함께 고찰하겠다. 일단은 양의 전하를 가지고 있다는 것을 기억하길 바란다. 이렇듯 전자와 양공은 서로 반대 방향으로 흘러가며 전자의 반대 방향, 즉 양공의 흐름 방향으로 전류는 흘러갈 것이다. 에너지 밴드가 경사진 부분 외의 평평한 부분은 전기장이 존재하지 않는 부분이다. 이러한 부분을 우리는 중성 영역이라고 표현할 것이다. 전기장은 중간 부분의 경사진 영역에만 걸려 있는 것을 우리는 알 수 있다. 어떤 이유에서인지 전기장이 전체에 골고루 걸리지 않고 중간에만 걸리게 되는데 이것은 특히 가운데 부분의 저항이 높은 경우 발생할 수 있다.

나중에 PN 접합에서 상세히 다룰 것이다. 그림 1-33 (a)와 같은 에너지 밴드 다이어그램이 있는

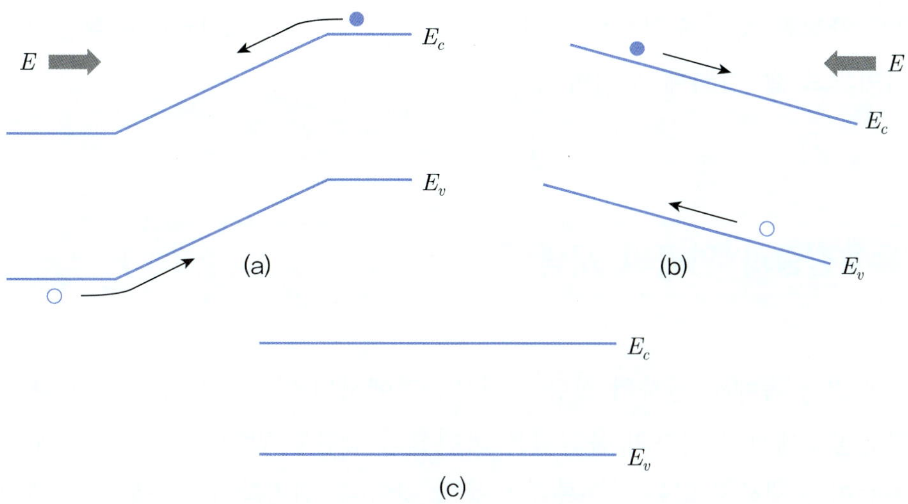

그림 1-33 다양한 에너지 밴드 상태

경우 이상과 같은 정보를 얻을 수 있다. 그림 1-33 (b)의 경우는 전체 에너지 밴드에 전기장이 골고루 걸린 상태이다. 에너지 밴드는 음의 기울기를 가지고 있으므로 전기장은 $-x$ 방향으로 형성될 것이며 전자는 $+x$ 방향으로 흐르며 양공은 $-x$ 방향으로 흐른다. 전류는 양공 방향과 동일하게 형성되므로 전류의 방향은 $-x$ 방향이 된다. 그림 1-33 (c)의 경우는 밴드가 평평하다. 전기장이 인가되지 않은 상태와 동일하므로 전자나 양공의 흐름은 존재하지 않는다. 이상과 같이 에너지 밴드의 휘어짐으로 인하여 전기장의 불균형을 유발하고 전자의 흐름으로 전류가 발생하는 것이다.

한편, 전위(V or ϕ로 표기)는 전자의 위치 에너지와 반대이기 때문에 그림 1-33 (a)에서 전위는 왼쪽이 더 높다.

$$E_c = -qV \text{ for electron} \tag{1-57}$$

1-57식이 에너지 밴드 다이어그램을 수식으로 표시한 것이다. 즉 전자의 위치에너지 $-qV$를 묘사한 것이다. V는 전위(potential)라 하며 전압으로 간주해도 무방할 것이다. 반도체 내에서 거리에 따른 전위 분포는 E_c를 단위 전하로 나누어 주면 된다.

$$V = -\frac{E_c}{q}(Volt) \tag{1-58}$$

밴드의 기울기가 존재하면 전위와 전기장이 존재하는 것이므로 거리에 따른 전기장의 변화율은 전위를 미분함으로써 얻을 수 있다.

$$E = -\frac{dV}{dx} = \frac{1}{q}\frac{dE_c}{dx} \tag{1-59}$$

이상 문장으로 표현한 것을 수식으로 표현한 것이다. 1-57, 1-58, 1-59 수식은 반도체에서 많이 사용하는 수식이므로 잘 기억해 두어야 한다.

1-6 유효질량과 양공의 개념

우리는 반도체 결정 속에서 전자의 질량은 자유공간에서의 자유전자의 질량과 다를 것으로 예측할 수 있다. 자유공간에서의 전자의 움직임은 퍼텐셜의 영향도 받지 않으며 전자에 영향을 미치는 전하를 띤 입자들이 존재하지 않아 자유롭게 이동할 것이다. 전기장이 인가된 반도체 결정 내에서의 전자는 원자핵, 양의 전하들 띤 불순물, 음의 전하를 띤 불순물과 산란으로 인해 자유전자의 움직임과는 다를 것으로 예측할 수 있다. 자유전자의 경우는 영향을 미치는 입자들이 주변에 없으므로 초기 속도로 일정하게 이동한다고 가정하자. 반도체의 경우는 주변에 여러 가지 입자들이 존재한다. 동일한 극성의 전하도 있지만 반대 극성의 전하도 존재한다. 반대 극성의 전하는 서로 인력이 작용하여 끌어당기며 동일한 극성의 전하 입자와는 척력이 작용하여 밀어내는 힘이 작용할 것이다. 이러한 상호작용으로 인해 발생하는 내부의 힘 때문에 전자의 움직임은 자유전자보다 빠르게 움직일 수도 있고 더 천천히 움직일 수도 있다. 반도체 결정 내에서는 이러한 내부의 복잡한 힘의 작용으로 인하여 전자는 자유전자와는 질량이 다른 입자처럼 움직인다고 할 수 있을 것이다. 더 무겁게 또는 가볍게 느낄 수 있을 것이다. 유효질량이라는 것은 이러한 반도체 결정 내에서의 내부의 힘을 고려한 실질적인 질량이다.

1-6-1 유효질량

유효질량은 반도체 결정에 미치는 내부적인 힘을 고려한 변형된 질량이다. 유효질량은 자유전자와의 질량의 비로 표현하며 자유전자 질량보다 클 수도 있고 작을 수도 있다. 우리는 반도체 내부에서 작용하는 모든 힘을 고려한 전자의 움직임을 정확히 파악하는 것이 곤란하다. 따라서 변형된 정지질량인 유효질량을 도입하고 유효질량을 갖는 전자가 자유공간에서 움직인다고 가정하면 내부적인 힘을 고려하지 않아도 움직임을 파악하는 것이 어렵지 않을 것이다. 유효질량은 내부의 힘을 고려한 질량이므로 힘의 방향과 반대 방향으로 움직이는 입자의 유효질량은 음수를 가질 수도 있는 것이다. 이것은 전혀 이상한 일이 아니다. 물속의 나무 조각을 생각해 보자. 나무 조각은 부력으로 인해 물 위에 떠 있으며 중력과 반대 방향으로 움직일 것이다. 중력은 외부의 힘이고 부력은 내부적인

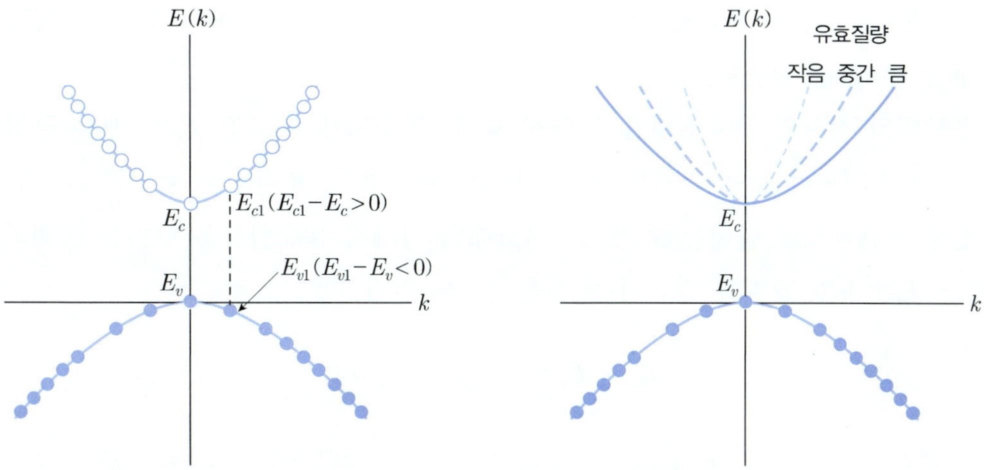

그림 1-34 전압에 따른 에너지 밴드의 변화

힘이다. 내부적인 힘은 외부적인 힘과 반대 방향으로 작용한다. 따라서 나무 조각의 유효 질량은 음수가 될 수 있다.

자유전자의 정지질량을 논의해 보자. 1-60식은 자유전자의 $E-k$ diagram에서 얻은 질량 표현식이다. 포물선의 두 번 미분은 곡률을 의미한다. 이러한 표현식은 그대로 반도체 결정에도 적용가능하다. m 대신에 반도체 내에서의 전자의 유효질량 표기법은 m_n^*으로 바꾸면 된다.

$$E=\frac{\hbar^2k^2}{2m} \quad \frac{dE}{dk}=\frac{\hbar^2 k}{m}, \quad \frac{d^2E}{dk^2}=\frac{\hbar^2}{m} \quad \therefore m_n^*=\left[\frac{1}{\hbar^2}\frac{d^2E}{dk^2}\right]^{-1} \tag{1-60}$$

이제 $E-k$ diagram으로 돌아가 보자. 그림 1-34 (a)의 전도대의 바닥점 근처의 E_{c1} 지점의 전자의 질량을 논의해 보자. 이 지점은 전도대의 바닥지점에서 매우 근접한 위치라고 가정하자. 전자의 위치에너지는 바닥지점보다는 크다는 것을 알 수 있다.

이제 E_{c1}에 있는 전자의 유효질량을 알아보자.

$$E_{c1}-E_c=C_1k^2, \quad C_1>0$$

E_{c1}은 전도대의 바닥상태에 매우 근접하게 위치하므로 동일하게 포물선 근사식을 적용할 수 있다. 두 번 미분하고 $\hbar^2$로 나누어서 식을 변형하면 하기와 같이 표현된다.

$$\frac{d^2E_{c1}}{dk^2}=2C_1 \qquad \frac{1}{\hbar^2}\frac{d^2E_{c1}}{dk^2}=\frac{2C_1}{\hbar^2} \qquad \frac{1}{m_n^*}=\frac{2C_1}{\hbar^2} \qquad \therefore m_n^*=\frac{\hbar^2}{2C_1}>0$$

전도대에 존재하는 전자의 유효질량은 양의 값을 갖는 것을 알 수 있다. 이것은 포물선의 형상으로부터도 유추할 수 있는 것이다.

이제 가전자대의 전자의 유효질량을 논의해 보자. 가전자대 최고점 E_v에 매우 근접한 위치에 존재하는 E_{v1}의 에너지를 갖는 전자의 유효질량을 구해 보자. 포물선의 형상으로부터 음의 값을 갖는다는 것을 직관적으로 이해할 수 있다. 전도대의 전자의 유효질량을 구하는 방법과 동일하게 구한다. $E_{v1} - E_v < 0$의 관계를 갖는다는 것을 알 수 있다.

$$E_{v1} - E_v = -C_2 k^2, \quad C_2 > 0$$

$$\frac{d^2 E_{v1}}{dk^2} = -2C_2 \qquad \frac{1}{\hbar^2}\frac{d^2 E_{v1}}{dk^2} = -\frac{2C_2}{\hbar^2} \qquad \frac{1}{m_n^*} = -\frac{2C_2}{\hbar^2} \qquad \therefore m_n^* = -\frac{\hbar^2}{2C_2} < 0$$

가전자대의 전자는 음의 유효질량을 갖게 된다. 이미 유효질량이 포물선의 곡률에 반비례한다는 것을 위에서 고찰하였다. 음의 유효질량은 앞에서 설명한 물속의 나무 조각을 생각하면 이해가 쉽다. 유효질량은 힘의 작용을 고려해서 방향까지 반영한 것이다. 뉴턴의 방정식과 연관하여 가속도를 구하면 다음과 같다.

$$f = -m_n^* a = -qE \qquad a = \frac{-qE}{-m_n^*} = \frac{qE}{m_n^*}$$

1-6-2 양공

우리는 유효질량을 논의하는 과정 속에서 가전자대의 전자는 음의 유효질량을 갖는다는 것을 이해하였다. 가속도는 (+)값을 가지며 전계와 동일한 방향으로 이동함을 알 수 있다. 이것은 외부로부터 전기장이 가해지면 가전자대의 전자는 전계의 방향과 동일한 방향으로 움직인다는 의미이다. 전자는 전계와 반대 방향으로 움직이는데 마치 양의 전하처럼 행동하는 것이다. 따라서 우리는 가전자대의 전자를 기술할 때는 가전자대의 전자가 떠난 빈자리를 기술함으로써 가전자대의 전자의 운동을 설명할 수 있을 것이다. 즉 가전자대의 전자의 운동을 기술할 때는 전자가 떠난 빈자리의 운동을 기술하는 것과 같다는 것이다. 가전자대의 전자가 떠난 빈자리를 양의 전하로 취급하고 양공이라 명명한다. 양공은 양의 전하를 가지고 양의 유효질량을 가지고 있는 것이다. 양공의 유효질량은 전자와 구별하기 위해 m_p^*로 표기한다. 양공은 전자가 떠난 빈자리이며 양의 전하와 양의 유효질량을 가지고 전기장과 동일한 방향(전자와는 반대 방향)으로 운동하는 양의 입자인 것이다. 반도체 내에서 전류를 발생시키는 것은 전자와 양공의 흐름으로 인한 것이다. 이 움직임은 무질서한 방향으로 움직이는 것이 아닌 어떤 특정 방향으로 흐를 때 전류가 발생하는 것이다. 특정 방향이라는 것은 바로 전기장(전압)의 방향이 되는 것이다. 가전자대의 무수히 많은 전자들을 해석하는 것은 매우 복잡한 일이므로 우리는 소수의 양공을 해석하여 전자의 움직임을 파악할 수 있다.

1-7 실리콘 결정

실리콘은 메모리 반도체, 로직 반도체(시스템 반도체)에서 사용하는 가장 대표적인 물질이다. 지각에 분포하는 성분 중 두 번째로 많으며 반도체로서 적당한 에너지 밴드 갭(1.12eV)을 가지고 있으며 높은 농도의 불순물 주입이 가능하며 좋은 산화막을 가지고 있어서 가장 많이 사용한다. 실리콘은 간접 천이형 반도체이므로 광효율이 매우 저조하여 광전 소자로서의 사용은 거의 불가능하다. 실리콘 결정은 공유 결합을 통해서 매우 안정적으로 결합하고 있으며 광학 반도체나 전력 반도체를 제외한 전 부문의 반도체 분야에서 활용하고 있는 물질이다. 실리콘은 비정질 형태, 다결정 상태, 단결정 상태 모두 반도체 소자로 사용 가능하다. 실리콘의 결정에 대해서 간단히 고찰하고 넘어 가도록 하자.

그림 1-35는 실리콘의 여러 가지 결정 상태를 표시한다. 단결정은 원자와 원자 사이의 간격이 모두 동일하며 결정면이 오로지 한 가지 방향만을 가지고 있다. 현재 메모리, 시스템 반도체에는 모두 단결정 실리콘 웨이퍼 위에 소자 구조를 적층해서 IC chip을 제작한다. 원자 간격이 모두 동일하고 결정의 결함이 거의 없는 고품질 실리콘이다. 이러한 실리콘 반도체에서는 전자의 이동도가 대략 1000 $cm^2/Vsec$이다. 다결정은 여러 가지 원자 간격과 결정면을 가지는 그레인들의 집합으로 구성되어 있다. 한 개의 그레인은 단결정을 구성하고 있으나 그레인 간의 결정 방향이나 원자 간격은 서로 다를 수 있다. 그레인과 그레인의 경계면을 그레인 바운더리라고 하는데 그레인 바운더리에는 원자 간 결합을 하지 못하고 있는 상태가 많이 존재한다. 이런 경우 그레인 바운더리에는 결함이 발생하여 전자들을 포획하는 트랩 준위를 형성하기도 한다. 따라서 전자 이동 시 그레인 바운더리에 포획되기도 하고 방출되기도 하며 전자의 이동이 단결정에 비해 순조롭지 못하다. 전자의 이동도는 대략 $80 \sim 120$ $cm^2/Vsec$ 정도이다. 전자의 이동도는 실리콘 반도체의 성능을 좌우하는 중요한 지표이기도 하다. 이러한 다결정 실리콘을 이용하는 분야는 우리가 많이 사용하는 스마트폰의 OLED display이다. OLED에서 다결정을 사용할 수밖에 없는 이유는 글라스 기판 위에 실리콘을 제작하기 때문이다. 디스플레이 특성상 투명한 글라스를 사용할 수밖에 없는데 글라스는 결정을 가지고 있지 않는 비정질이다. 따라서 글라스 위에 성막한 실리콘은 비정질 실리콘의 형태로 성막되는데 이것을

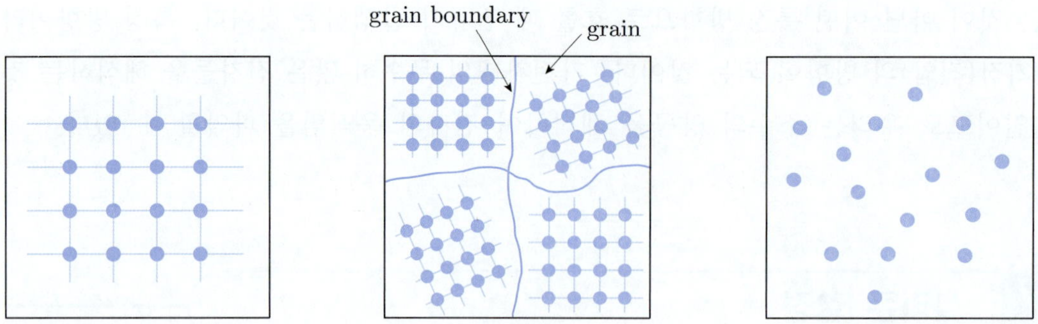

(a) 단결정 (b) 다결정 (c) 비정질

그림 1-35 실리콘의 여러 가지 결정 상태

레이저로 용융시켜서 고상화하는 과정에서 다결정 실리콘이 얻어진다. 실리콘 웨이퍼 위에 OLED display를 제작하는 경우도 있는데 최근 각광을 받고 있는 OLEDoS(OLED on Si)가 이에 해당한다. 수천 ppi 이상의 초고해상도 디스플레이로 가상 체험이나 현실증강 체험 디스플레이이다.

비정질 실리콘은 결정이 없는 무질서한 실리콘이다. 마치 해변가의 백사장의 모래알처럼 아무런 규칙성도 없이 제각각 원자들이 존재하는 상태이다. 비정질 실리콘의 전자 이동도는 0.5 정도로 다결정과 단결정에 비하면 비교할 수 없을 정도로 작다. 비정질 실리콘은 지금은 거의 사라졌지만 스마트폰이 나오기 전까지의 cellular phone의 대부분은 비정질 실리콘을 사용하였으며 이전의 LCD TV에서도 비정질 실리콘을 사용하였다.

1-7-1 결정 제작법

반도체에서는 고품질 실리콘 웨이퍼를 사용한다. 현재 웨이퍼의 최대 직경은 300 mm이다. 다음 세대로 450 mm에 도전하고 있는데 실리콘 웨이퍼가 커지면 IC chip의 집적도가 증가하기 때문에 소비자에게 저렴한 비용으로 제공이 가능해진다. 그림 1-36은 실제 실리콘 웨이퍼 위에 적층해서 제작한 IC chip을 보여주고 있다. 5가지 영역으로 나눌 수가 있는데 1번 영역이 완성된 chip이다. 이것을 잘라서 각각 패키징 공정을 진행하여 수요자에게 공급할 수 있는 외부에서 전원을 입력할 수 있는 상태로 만드는 것이다. 2번 영역이 절단선이 되는 것이다. 여기에는 반도체 소자 구조가 존재하지 않는 영역이다. 3번 영역은 TEG(test element group)라 하여 반도체 칩이 제대로 작동되는지를 테스트하는 칩을 삽입한 곳이다. 반도체의 앞 공정은 모두 진공에서 진행하며 수백층까지 적층하는 복잡한 구조의 반도체도 있기 때문에 모두 제작한 후에 양품 테스트를 하면 중간에 불량이 발생할 경우 손실이 너무 크다. 각 스텝별로 공정이 끝난 후에 검사가 필요한 공정에서는 검사를 진행하며 트랜지스터가 완성되면 작동과 성능 여부를 판별할 수 있게 TEG를 삽입한다. 4번 영역은 칩으로 활용할 수 없는 버려지는 부분이다.

집적도를 올리기 위해서는 이러한 부분을 최소화해야 한다. 실리콘의 타입과 방향을 알려주는 것이 5번인데 그림 1-37이 업계 표준이다. 실리콘 웨이퍼는 초크랄스키법과 플로팅 존 성장 방법이 있는데 반도체에서 사용하는 실리콘 웨이퍼는 주로 초크랄스키법으로 제작하고 있다. 석영 도가니 안에 다결정 실리콘을 용융시키고 결정 방위가 정렬된 단결정 실리콘을 성장시켜서 천천히 끌어올리

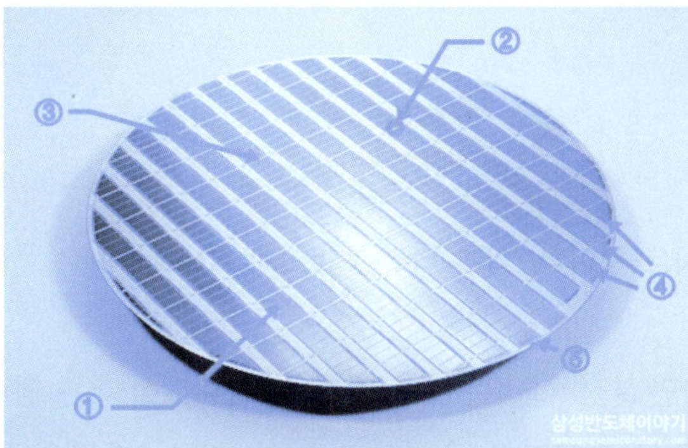

(1) 반도체 칩
(2) 절단선
(3) TEG(test element group)
(4) 칩으로 활용하지 못하고 버려지는 부분
(5) 실리콘 웨이퍼의 타입과 방향을 알려줌

(a) 실리콘 웨이퍼 위에 제작한 트랜지스터

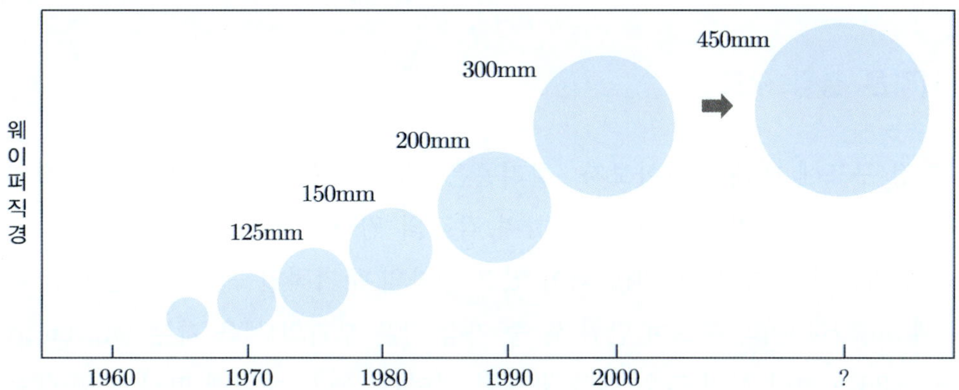

(b) 실리콘 웨이퍼의 연도별 크기

그림 1-36 실리콘 front 공정이 끝난 후 웨이퍼와 연도별 웨이퍼 크기

n-Si(100) p-Si(100) n-Si(111) p-Si(111)

그림 1-37 실리콘 웨이퍼의 타입과 방향 구별법

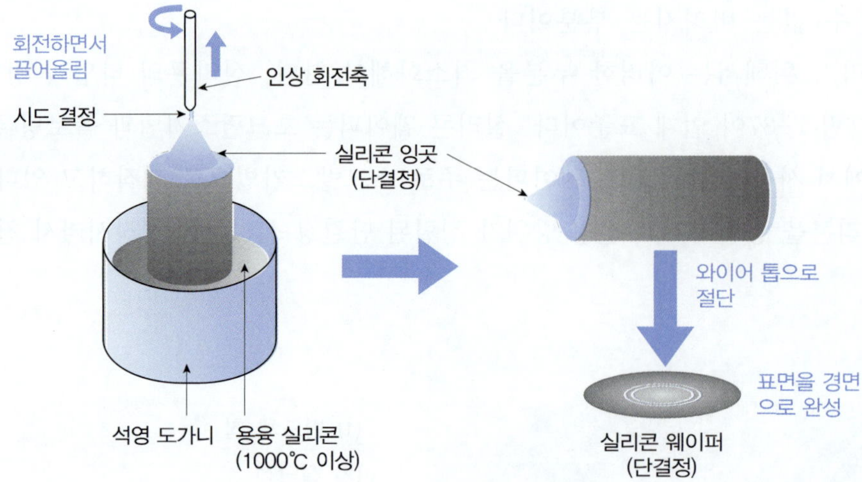

그림 1-38 실리콘 웨이퍼 제작 프로세스(사토 준이치, 쉽게 배우는 반도체 프로세스)

는 인상법을 사용한다. 액상과 고상의 경계면에서 단결정 실리콘이 성장해 나간다. 실리콘 덩어리가 완성되면 와이어 톱으로 절단하고 표면을 원자 수준의 평평도를 유지하도록 연마하는 과정을 거친다. 반도체 업계에서는 대부분 (100)의 실리콘 웨이퍼를 사용한다.

1-7-2 실리콘 결정 구조

실리콘의 결정 구조에 대해서 알아보자. 실리콘은 원자가 규칙적으로 배열된 단결정 구조이다. 원자의 규칙적인 배열을 격자(lattice)라고 하며 각각의 원자를 격자점이라 부른다. 그림 1-39에 나타내었듯이 원자들이 규칙적으로 배열되어 있고 원자의 주기적인 규칙을 재현시킬 수 있는 원자 부피를 단위 셀(unit cell)이라 부르며 단위 셀 중 가장 작은 부피의 셀을 기본 셀(primitive cell)이라 부른다. 그림 1-39는 여러 가지 단위 셀을 표시한 것이다. 원자 배열에 따라 단위 셀은 결정된다. 반도체 결정에서는 주로 단위 셀을 많이 이용한다. 기본 셀은 서로 직교가 되도록 면을 찾아서 설정하는 것이 어려운 경우가 많다. 반면에 단위 셀은 서로 직교가 되는 면을 찾아서 결정 구조를 분석하고 이해하는 데 더 편리할 수 있기 때문이다. 단위 셀은 각 축의 벡터 성분으로 나타낼 수 있다. 각 벡터의 길이는 서로 다를 수 있으며 서로 직교하지 않아도 된다. 격자점들은 모두 벡터의 합으로 표현하는 것이 가능하다. 그림 1-40과 같이 벡터 $\vec{a}$, $\vec{b}$을 정의했을 때 모든 격자점은 정수배의 $\vec{a}$, $\vec{b}$의 합으로 표현 가능하며 $\vec{a}$, $\vec{b}$, $\vec{c}$을 단위 셀의 격자 상수라고 부른다. 실리콘의 격자 상수는 5.43 Å 이다. 반도체의 결정 구조에는 다이아몬드 구조, 섬아연광 구조, 육방정 구조 등 여러 구조가 존재하는데 실리콘은 다이아몬드 구조를 갖는다. 다이아몬드 구조를 논의하기 전에 가장 기본적인

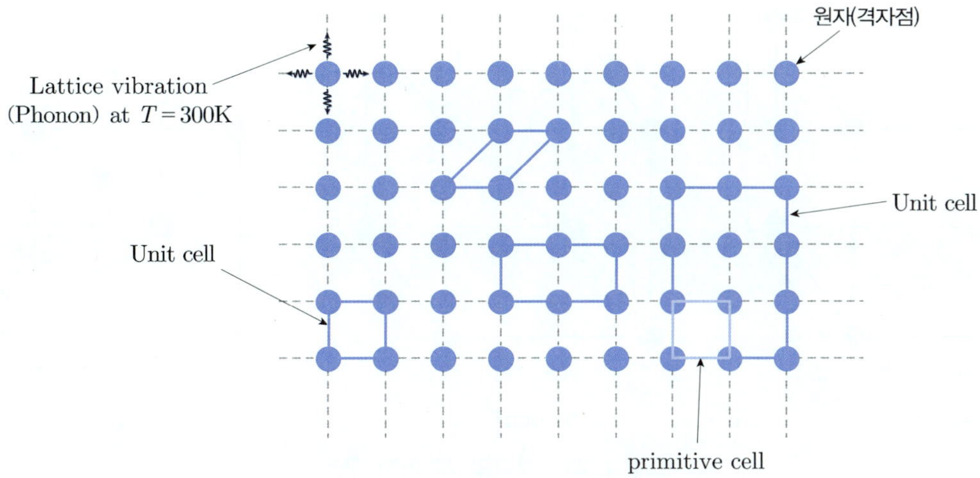

그림 1-39 반도체의 격자 배열

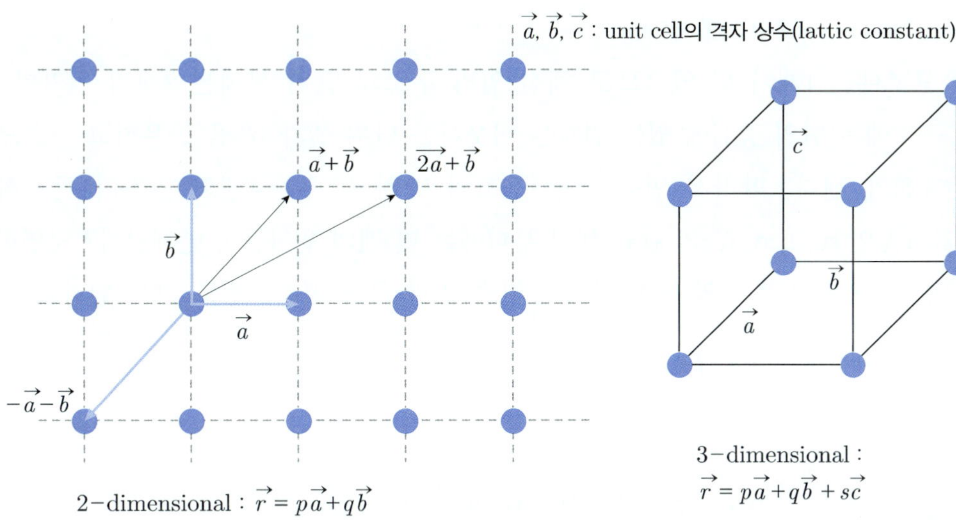

그림 1-40 격자점의 벡터 표시

격자 구조 3가지를 먼저 논의해 보자. 단순 입방, 체심 입방, 면심 입방 구조가 그것이다. 단순 입방 구조는 심플 큐빅(simple cubic, sc)이라 부르며 그림 1-41과 같이 각 모서리에 원자들이 위치한다. 체심 입방 구조(body centered cubic, bcc)는 단순 입방 구조에 추가로 원자가 하나 더 추가되는데 위치는 체적의 중심에 위치한다. 면심 입방(face centered cubic, fcc) 구조는 각 면의 중심에 추가로 원자 6개가 존재하게 된다. 우리는 이 세 가지 구조에 대해서 잘 알고 있어야 한다.

단순 입방 구조의 단위 셀에는 몇 개의 원자가 들어 있을까? 그림 1-41 단위 셀에는 1개의 원자가 들어 있다. 각 모서리에 있는 원자는 8개의 단위 셀과 공유하므로(단위 셀을 둘러싸고 있는 이웃하는

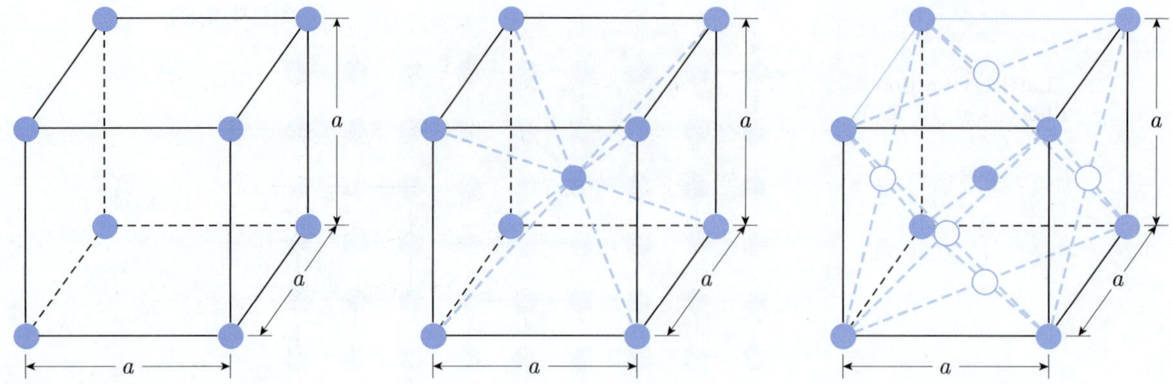

(a) sc (b) bcc (c) fcc

그림 1-41 격자의 세 가지 구조

단위 셀은 8개가 존재하고 있음을 상기하라) 각 모서리의 원자는 1/8개에 해당한다. 이러한 것들이 8개가 존재하므로 $1/8 \times 8 = 1$개이다.

체심 입방 구조에는 1개가 더 있으므로 체심 입방 구조의 단위 셀에는 2개의 원자가 존재한다.

면심 입방 구조에는 면의 중심에 있는 원자는 이웃하는 단위 셀과 1/2을 공유하고 있으므로 추가로 3개가 더 존재하게 된다. 따라서 면심 입방 구조의 단위 셀에는 4개의 원자가 존재하게 된다.

격자 상수가 5Å 인 sc, bcc, fcc의 단위 셀의 부피에는 몇 개의 원자들이 존재할까? 당연한 결과이겠지만 면심 입방 구조의 단위 셀의 부피 밀도는 단순 입방 구조의 4배 정도 많은 원자들이 존재한다.

$$\text{sc}: \frac{1}{a^3} = \frac{1}{(5 \times 10^{-8}\,\text{cm})^3} = 8 \times 10^{21}\,\text{atoms/cm}^3$$

$$\text{bcc}: \frac{2}{a^3} = 1.6 \times 10^{22}\,\text{atoms/cm}^3$$

$$\text{fcc}: \frac{4}{a^3} = \frac{4}{(5 \times 10^{-8}\,\text{cm})^3} = 3.2 \times 10^{22}\,\text{atoms/cm}^3$$

우리는 결정면에 따라서도 원자의 개수가 달라질 것을 예측할 수 있다. 결정 방향과 결정면의 표기법에 대해서 알아보자.

그림 1-42와 같은 단위 셀을 생각해 보자. [100], [110], [111] 방향을 표시하였다. 엷은 청색은 (100), (110), (111)면을 나타낸 것이다. 방향과 면을 표기하는 법을 잘 구별해야 한다. 방향은 면에 법선 방향을 나타낸다. 밀러 지수에 의한 방향 표기법의 계산방법은 다음과 같다. 원점을 지나도록 방향벡터를 조정하고 x, y, z축 방향으로 투영시킨 벡터 $\vec{r}$을 구하고 역수를 취한 후 최소공배수를 곱한다. 방향은 []로 표시한다. 그림 1-42 (a)의 방향 지수를 구해 보자. (100)면에 해당한다.

$$\vec{r} = p\vec{x} + q\vec{y} + s\vec{z},\ p = 1,\ q = \infty,\ s = \infty \ \Rightarrow \left[\frac{1}{1}, \frac{1}{\infty}, \frac{1}{\infty}\right] \Rightarrow [1,0,0]$$

결정면도 동일하게 구할 수 있다. 자세한 계산 방법은 동일하므로 생략하겠다. 결정면에 따라 표면의 원자밀도가 달라지는데 체심 입방 구조를 고려해 보자. 체심 입방 구조의 (100)면에 존재하는 원자밀도와 (110)면에 존재하는 원자밀도를 구해 보자.

$$(100):\frac{1}{(5\times10^{-8}\ \mathrm{cm})^2} = 4\times10^{14}\ \mathrm{atoms/cm^2}$$

$$(110):\frac{2}{(5\times10^{-8})(5\sqrt{2}\times10^{-8})\ \mathrm{cm^2}} = 5.66\times10^{14}\ \mathrm{atoms/cm^2}$$

결정면에 따라 원자밀도가 달라짐을 알 수 있다. 이제 실리콘의 결정 구조를 논의해 보자. 실리콘은

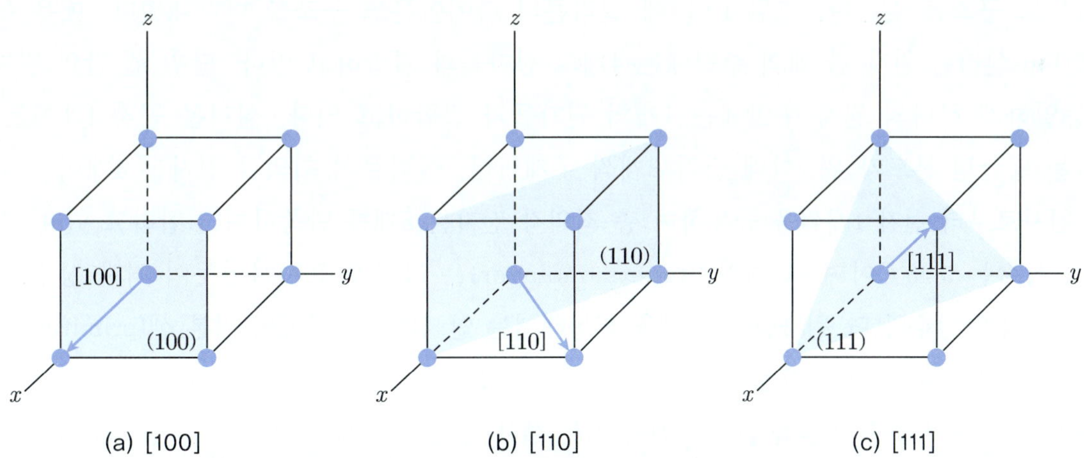

그림 1-42 방향 지수를 표기하는 법

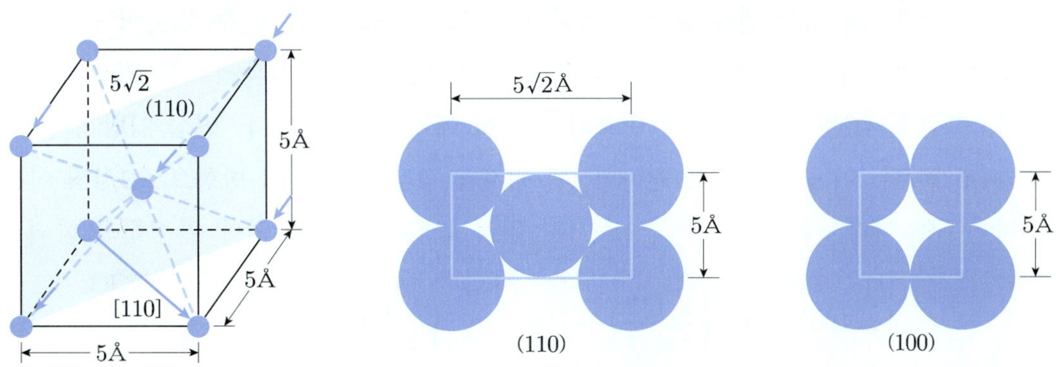

그림 1-43 체심 입방 구조의 (100), (110)표면 원자밀도

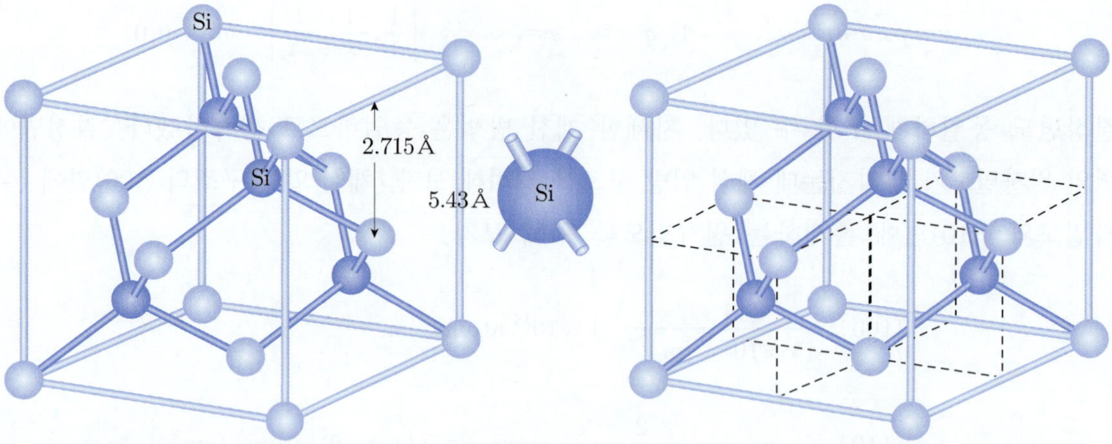

(a) 실리콘의 단위 셀 (b) 기본 셀

그림 1-44 실리콘의 다이아몬드 구조

다이아몬드 구조를 갖는다. 그림 1-44에 실리콘의 다이아몬드 구조를 나타내었다. 매우 복잡한 듯 보인다. 실리콘 원자 한 개의 주변에는 4개의 원자들과 결합하고 있다. 단위 셀 안의 원자들은 모두 동일하게 하나의 원자 주변에는 4개의 원자들과 결합하고 있다. 실리콘 원자 1개에는 서로 직교하는 댕글링 본드가 위, 아래 각각 2개씩 존재한다. 실리콘의 최외각 전자는 4개이며 주변의 4개의 원자로부터 전자 1개씩을 공유하며 총 최외각 전자는 8개를 만족하며 결합하고 있다. 실리콘의 격자 상수는 5.43Å이며 단 원자층(one monolayer)은 그림에 표시하였듯이 격자 상수의 반에 해당한다. 격자 상수와 단 원자층의 간격을 혼동해서는 안 된다. 실리콘의 기본 셀(primitive cell)은 (b)의 점선으로 표시하였다. 기본 셀로 실리콘 격자를 모두 채울 수 있다. 실리콘의 단위 셀 안에는 기본 셀이 8개 들어갈 수 있음을 알 수 있다. 기본 셀은 체심 입방(bcc) 구조이다. 정 가운데 위치하는 것이 체심 입방 원자이며 8개의 모서리 중 위 2군데, 아래 2군데에 원자가 서로 직교한 상태로 존재한다.

그림 1-45는 실리콘의 기본 셀을 확대한 그림이다. 그림 1-44에서 알 수 있듯이 단위 셀 안에는 기본 셀이 8개 들어간다. 실리콘의 다이아몬드 구조의 단위 셀은 기본적으로 면심 입방 구조를 가지고 있다. 그림 1-46은 각 격자점에 번호와 위치를 매겨 놓은 것이다. 면심 입방 원자는 9, 10, 11, 12, 13, 14 6개이다. 이 중 9, 11, 13 원자와 1번 원자를 각각 x, y, z축 방향으로 1/4씩 이동시키고 원자를 추가한 구조이다. 추가된 1′, 9′, 11′, 13′ 원자 4개는 단위 셀 안에 완전히 포함되어 있다.

$$1:(100) \Rightarrow 1':\left(\frac{1}{4}\frac{1}{4}\frac{1}{4}\right) \qquad 9:\left(\frac{1}{2}\frac{1}{2}0\right) \Rightarrow 9':\left(\frac{3}{4}\frac{3}{4}\frac{1}{4}\right)$$

$$11:\left(\frac{1}{2}0\frac{1}{2}\right) \Rightarrow 11':\left(\frac{3}{4}\frac{1}{4}\frac{3}{4}\right) \qquad 13:\left(0\frac{1}{2}\frac{1}{2}\right) \Rightarrow 13':\left(\frac{1}{4}\frac{3}{4}\frac{3}{4}\right)$$

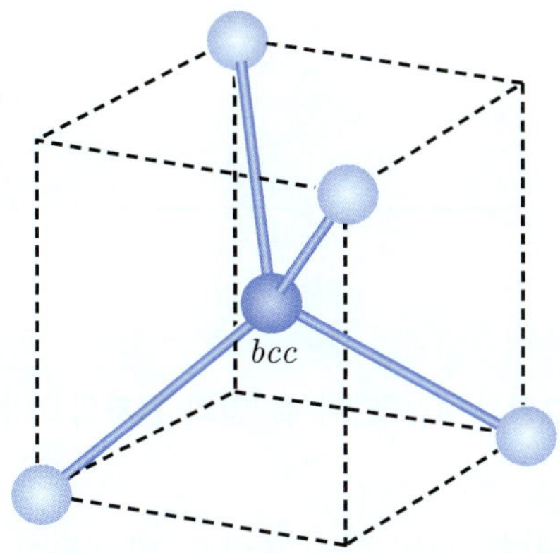

그림 1-45 다이아몬드 구조의 기본 셀 구조

$$\text{Diamond structure} = fcc + \frac{1}{4}(\vec{x} + \vec{y} + \vec{z})$$

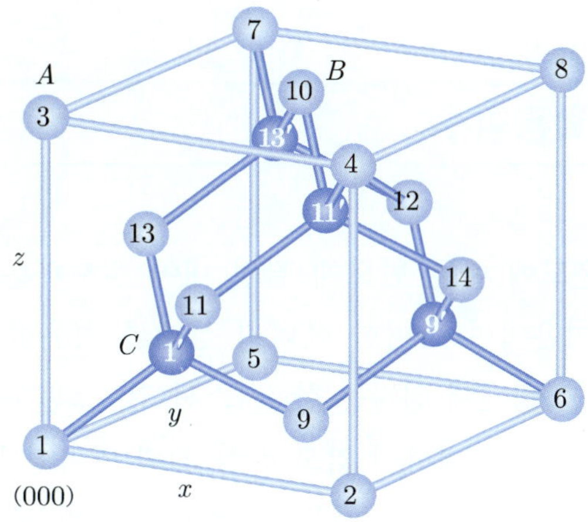

그림 1-46 추가된 4개의 원자와 결합하고 있는 단위 셀 원자

실리콘의 단위 셀에는 몇 개의 실리콘 원자가 들어 있는지 계산해 보자. 각 모서리에 있는 8개의 원자들은 이웃하는 단위 셀과 1/8을 공유한다. 면의 중심에 있는 fcc 원자들은 절반씩 공유한다. 기본 셀 안에 있는 bcc 원자들은 4개가 존재하며 공유하지 않는다. 따라서 실리콘 단위 셀에는 8개의 원자가 존재한다. 따라서 실리콘 원자의 [100] 방향의 부피 밀도는 다음과 같다.

$$\frac{8}{(5.43\,\text{Å})^3} = \frac{8}{(5.43 \times 10^{-8}\,\text{cm})^3} = 5 \times 10^{22}\,\text{cm}^{-3} \tag{1-61}$$

수식 1-61의 결과 정도는 외워두자. 이것이 실리콘 [100] 방향의 체적 밀도이다. 실리콘은 방향에 따라 체적 밀도가 다르다. 일반적으로 [100] 방향의 체적 밀도가 가장 낮으며 이러한 방향의 웨이퍼를 가장 많이 사용한다. [100] 방향의 경우 컷팅이 직각으로 이루어진다. 사각형으로 쉽게 잘라낼 수

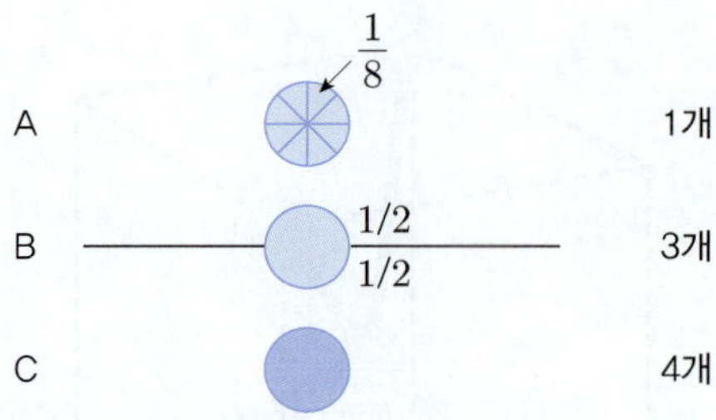

그림 1-47 단위 셀 안의 원자의 개수

있기 때문에 버려지는 빈 공간이 적다. 실리콘의 표면은 원자들이 결합하지 못하고 절단된 상태인데 이런 경우 트랩 준위를 형성한다. 결합이 존재한다는 의미인데 실리콘 원자가 많을수록 불리하다. 따라서 이런 관점에서 [100] 방향의 웨이퍼를 가장 많이 사용하고 있다.

1-8 페르미-디랙 확률함수

페르미-디랙 확률함수는 온도에 따른 반도체 결정 내에 존재하는 전자의 분포 상태를 기술해 주는 함수이다. 전자는 페르미온이며 어떠한 에너지 상태를 점유할 때에는 파울리 배타 원리를 만족시킨다. 따라서 한 개의 양자상태에 전자는 한 쌍(스핀 업, 스핀 다운)의 전자만 점유하게 된다. 맥스웰-볼츠만 분포함수는 입자를 구별하지 않으며 한 개의 양자상태에 몇 개의 입자가 점유해도 된다는 고전 통계법칙이다. 페르미-디랙 확률함수는 반도체 내의 전자에 적용하는 통계법칙이다. 페르미-디랙 확률함수의 정의는 단위 에너지당, 단위 부피당 양자상태를 점유할 입자(전자)의 수로 정의한다.

$$\text{페르미} - \text{디랙 확률함수} = \frac{\text{단위 에너지당, 단위 부피당 전자의 수}}{\text{단위 에너지당, 단위 부피당 양자 상태의 수}}$$

다른 표현법을 사용한다면 특정 양자상태에서 전자가 발견될 확률, 양자상태를 점유할 확률로 표현할 수 있다. 페르미-디랙 함수는 페르미-디랙 통계를 따르며 확률적 의미를 갖는다. 따라서 $0 \le f_F(E) \le 1$의 범위를 갖는다.

1-8-1 온도에 따른 페르미-디랙 확률함수

1-62식은 페르미-디랙 통계로부터 유도할 수 있다. 여기서는 생략하고 결과만 논의하겠다. 이 함수는 반도체 전반에서 전자의 분포를 논의할 때 반드시 사용하는 함수이므로 꼭 기억해 두길 바란다. 수식 1-62에서 $T=0\,\mathrm{K}$라고 가정하면 전자는 열적 들뜸이 없고 동결된 상태로 볼 수 있다. 전자의 에너지가 페르미 준위보다 높다면 페르미 준위 위에 전자가 양자상태를 점유할 확률은 0에 가까우며 페르미 준위 아래에 존재하는 양자상태를 점유할 확률은 1에 접근한다. 이것은 페르미 준위 아래에는 언제든지 전자가 발견된다는 의미이며 페르미 준위 위에는 전자가 존재할 확률이 거의 없다는 의미이다. 수식 1-63은 전자의 에너지에 따른 페르미-디랙 확률함수를 표현한 것이다.

$$f_F(E)=\frac{N(E)}{g(E)}=\frac{1}{1+\exp\left(\dfrac{E-E_F}{kT}\right)} \qquad (1\text{-}62)$$

k: Boltzman constant

$$\begin{aligned} T=0,\ E>E_F \quad & \exp(E-E_F/kT)\approx\infty \quad f_F(E)\approx 0 \\ E<E_F \quad & \exp(E-E_F/kT)\approx 0 \quad f_F(E)\approx 1 \end{aligned} \qquad (1\text{-}63)$$

수식 1-63을 그림 1-48 (a)에 나타내었다. 가로축은 전자가 점유할 에너지이며 세로축은 페르미-디랙 함수이다.

페르미-디랙 확률함수가 온도에 따라 어떻게 변하는지 알아보자. 페르미-디랙 확률함수는 온도에 강하게 의존하는 함수이다. 온도가 서서히 증가하게 되면 동결된 전자들은 열적 들뜸으로 인하여 전자 분포의 재분배가 일어난다. 박스 안에 갇혀 있던 전자(페르미 준위 이하에 존재하고 있는

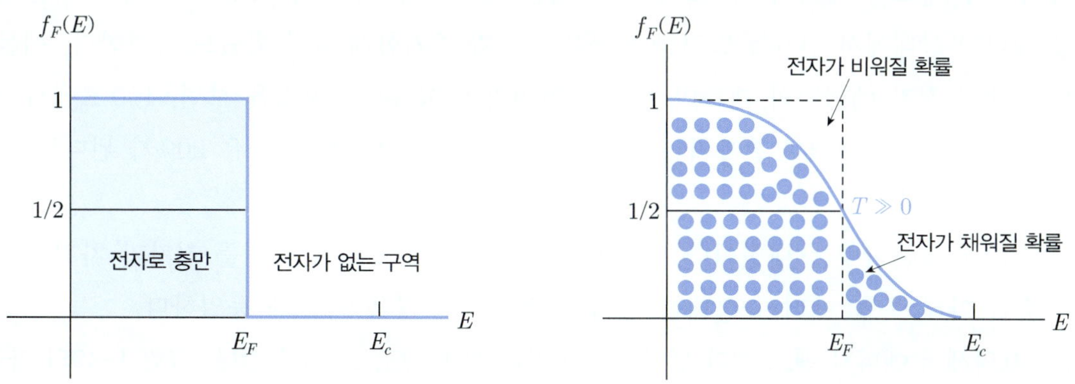

(a) $T=0\,\mathrm{K}$에서의 페르미-디랙 확률함수 (b) $T\gg 0\,\mathrm{K}$에서의 페르미-디랙 확률함수 변화

그림 1-48 온도에 따른 페르미-디랙 확률함수의 변화

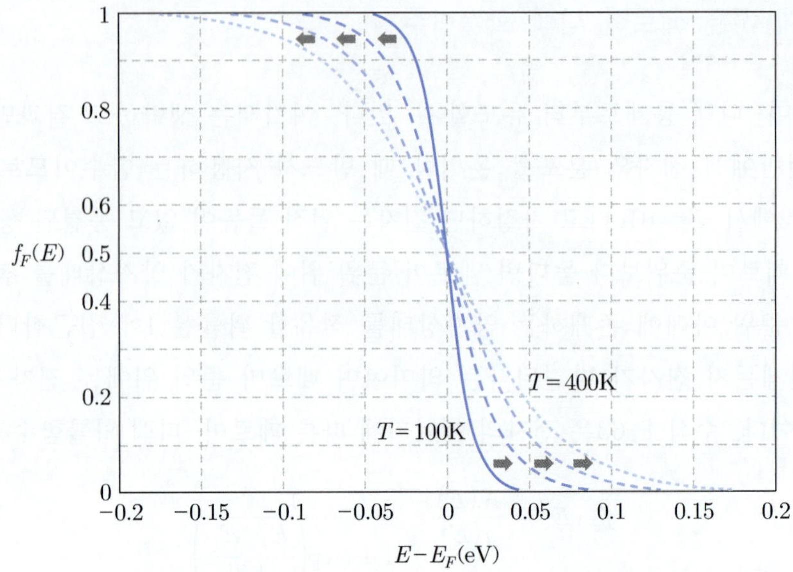

그림 1-49 온도 증가에 따른 페르미-디랙 확률함수

전자들)들은 서서히 더 높은 에너지 상태를 갖게 된다. 그림 1-48 (b)와 같이 전자들의 에너지 상태가 점점 커지면서 페르미 준위보다 더 높은 에너지 상태를 점유하게 된다. 파란색 곡선으로 표시하였다. 0 K 이상의 온도에서 전자의 에너지가 페르미 에너지와 일치하면 수식 1-62에서 페르미-디랙 확률함수는 1/2이 된다. 즉 전자가 발견될 확률이 1/2이다. 이것은 상온에서의 페르미 준위를 전자가 발견될 확률이 1/2인 지점으로 정의할 수 있다는 것을 의미한다.

그림 1-49는 $T = 100 \sim 400\,\text{K}$에서 페르미-디랙 확률함수를 표시한 것이다. 가로축은 전자 에너지와 페르미 에너지의 차이이며 세로축은 페르미-디랙 확률함수이다. 페르미-디랙 확률함수는 온도에 따른 페르미 준위의 위치에 대한 정보를 제공하지 않는다는 점에 유의하라. 페르미-디랙 확률함수는 전자 에너지와 페르미 에너지 차이로만 표현되는 함수이다. 전자가 특정 에너지 상태를 점유할 때 해당 에너지 상태에서 전자를 발견할 확률은 온도가 증가함에 따라 확률도 증가한다. 예를 들어 그림 1-49에서 전자 에너지와 페르미 에너지 차이가 0.05 eV인 지점을 보면, 100 K에서 전자를 발견할 확률은 0이다. 그러나 온도가 400 K가 되면 전자를 발견할 확률은 20%가 된다는 것을 알 수 있다.

페르미-디랙 확률함수는 대칭이다. 페르미 준위 위 특정 에너지 상태를 전자가 차지할 확률은 페르미 준위 아래 특정 에너지 상태를 전자가 점유하지 않을 확률과 동일하다.

이상을 요약해서 에너지 밴드 갭과 연관해서 고찰해 보면 그림 1-50과 같다. 그림 1-49의 가로축과 세로축을 서로 바꾸어서 묘사한 것에 지나지 않는다. $T = 0\,\text{K}$에서는 전자들이 모두 동결되어서 어떠한 들뜸 현상도 보이지 않는다. 온도가 증가하면 페르미 준위 이하에 있던 전자들은 들뜨기

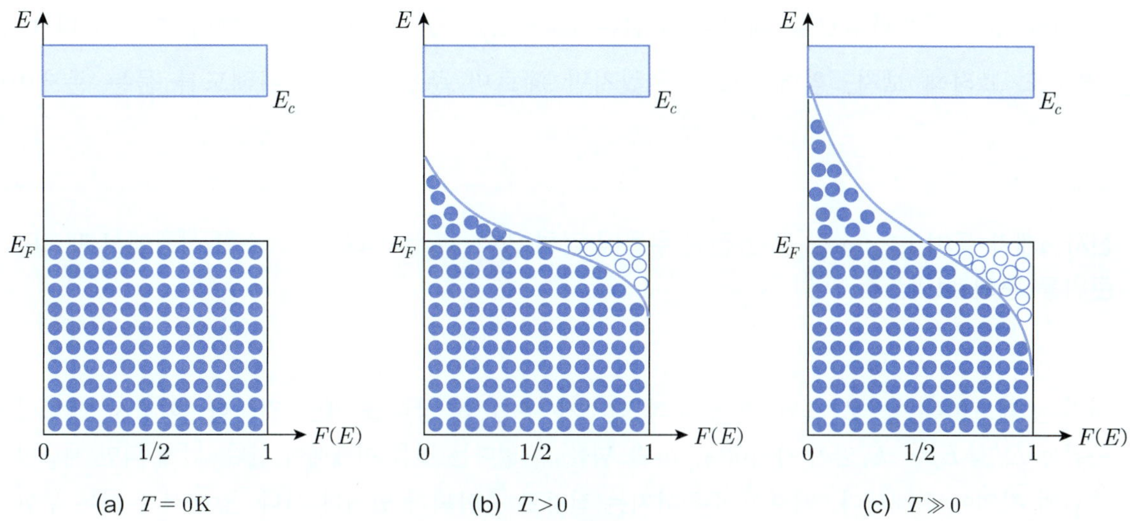

그림 1-50 페르미-디랙 확률함수와 에너지 밴드 다이어그램

시작하며 전자의 재분포가 일어난다. 그림 1-50 (b)와 같이 전자들은 전도대에 근접하게 된다. 전자가 떠난 자리는 양공으로 표시하였다. 전자와 양공의 개수는 같음을 알 수 있다.

온도가 더욱 증가하면 이러한 들뜸 현상이 더욱 발생하여 전자가 전도대의 에너지 양자 상태 수를 점유할 확률이 증가하게 된다. 그림 1-50 (c)와 같이 전자는 전도대 바닥 근처에 페르미-디랙 확률함수 곡선이 겹쳐서 존재함을 알 수 있다. 전자는 전도대 내에 존재하게 되는 것이다. 이러한 전자들은 마치 자유전자처럼 행동한다. 전기장에 의해 가속되어 전도대를 타고 흐르면서 전류를 발생시킬 수 있다. 2장에서 다루겠지만 페르미-디랙 확률함수는 전도대에 존재하는 전자 농도를 구하는 데 필수적으로 사용하는 함수임을 알게 될 것이다. 페르미-디랙 확률함수는 이런 이유로 반도체 전 분야에서 매우 중요하게 다루고 있으며 반드시 이해하고 넘어가야 할 것이다.

1-8-2 페르미 준위의 정의

$T>0\text{K}$에서 페르미 준위의 정의는 전자를 발견할 확률이 1/2인 준위이다. $T=0\text{K}$에서는 전자가 차지할 수 있는 가장 높은 에너지 상태로 정의할 수 있다. 통상적으로 페르미 준위 아래에는 전자가 충만되어 있고 페르미 준위 위로는 전자가 비워져 있다고 말할 수 있다. 페르미 준위 이하에서 전자를 발견할 확률은 1, 페르미 준위 이상에서 전자를 발견할 확률은 0이라는 의미와도 같은 것이다. $T=0\text{K}$에서 페르미 준위는 특정한 범위를 가질 수도 있다. 전자의 에너지 상태가 $E_1 \sim E_7$까지 존재하며 전자는 E_6 에너지 상태까지 채워져 있다고 한다면 페르미 준위는 어디에 위치하는 것일까? 정의에 의하면 페르미 준위 이하에서는 전자가 항상 발견되어야 하고 페르미 준위 이상에서는 전자가

발견될 확률이 0에 가까우므로 페르미 준위는 $E_6 \le E_F < E_7$ 사이에 존재해야 할 것이다. 다음과 같은 경우도 고려해 보자. 앞에서도 다루었지만 페르미 준위에 대한 이해도를 묻는 문제이다.

예제 1-8-1

전자 6개가 폭이 1.2 nm인 무한 전위 우물에 갇혀 있다. $T = 0\,\mathrm{K}$라는 특수한 상황에서 페르미 준위를 구해 보라.

풀이

전자는 페르미온이므로 스핀 업 상태의 전자가 우선 각 상태를 채울 것이다. 따라서 페르미 준위는 $E_6 < E_F < E_7$임이 자명하다. E_7을 넘을 수 없다는 것을 이해해야 한다. 넘게 되면 페르미 준위의 정의에 위배된다. 페르미 준위까지는 전자로 충만되어 있어야 한다. 앞에서 우리는 무한 전위 우물에 갇힌 자유전자들은 에너지가 불연속적으로 분포하며 양자화된다는 것을 알게 되었다. 그때의 전자 에너지는 다음과 같다.

$$E = \frac{n^2\pi^2\hbar^2}{2ma^2} \qquad (n = 1, 2, 3 \ldots\ldots)$$

$$E_6 = \frac{(6^2)(3.14)^2(1.054 \times 10^{-34})^2}{2(9.11 \times 10^{-31})(1.2 \times 10^9)^2} = 9.40\,\mathrm{eV}$$

$$E_7 = \frac{(7^2)(3.14)^2(1.054 \times 10^{-34})^2}{2(9.11 \times 10^{-31})(1.2 \times 10^9)^2} = 12.8\,\mathrm{eV}$$

$$\therefore 9.40\,\mathrm{eV} \le E_F < 12.8\,\mathrm{eV}$$

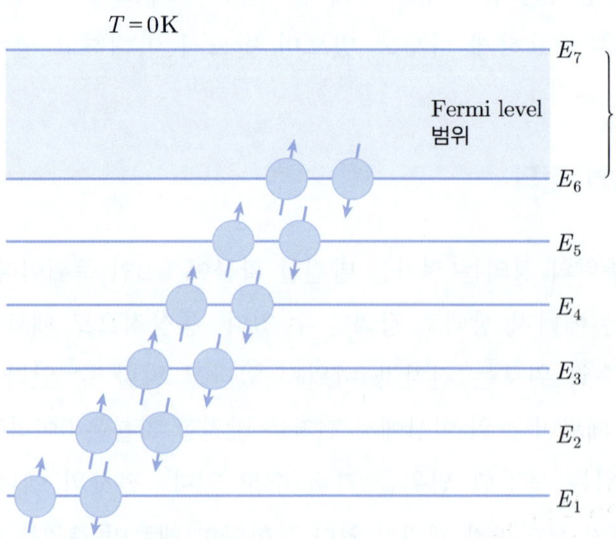

그림 1-51 $T = 0\,\mathrm{K}$에서 페르미 준위의 이해

그림 1-51과 같이 페르미 준위는 6번 상태와 7번 상태 어딘가에 존재하더라도 이상하지 않다는 것이다. 페르미 준위는 전자가 가지는 가장 높은 에너지로 볼 수 있다. 전자가 여섯 번째 상태까지 점유한 경우 페르미 준위는 확률적으로 $E_6 \le E_F < E_7$에 분포할 수 있음을 기억하라.

지금까지 $T = 0\,\text{K}$에서의 페르미 준위의 수학적 해석과 물리적 의미를 논의하였다. 추가적인 페르미 준위의 이해를 돕기 위해서는 외인성 반도체의 경우를 예로 들어보자.

그림 1-52를 살펴보자. 그림 1-52 (a)는 페르미 준위가 밴드 갭 중앙에 위치한 진성 반도체에 해당한다. 그림 1-52 (b)는 전자가 더 많은 n형 반도체이다. 진성 반도체에 전자가 많은 불순물을 주입하여 의도적으로 전자 농도를 높게 만든 반도체이다. n형 반도체에 대해서는 뒤에서 자세히 논의할 것이다. 여기서는 페르미 준위의 개념을 잘 이해해야 한다. 진성 반도체의 페르미 준위를 특별히 진성 페르미 준위라 명명하고 E_{Fi}로 표기하는 것이 관례이다. 의도적으로 불순물을 주입해서 만든 n형 반도체의 페르미 준위는 E_F로 표기한다. n형 반도체에서는 전자의 농도가 높으므로 페르미 준위는 중앙 위쪽에 분포하며 전자가 전도대로 여기되는데 상대적으로 작은 에너지로 충분히 전자를 여기시킬 수 있을 것이다. 왜 n형 반도체는 페르미 준위가 진성 반도체보다 위쪽에 분포하고 있는 것일까? 이것의 이유는 페르미-디랙 확률함수에서 답을 찾을 수 있다. 페르미 준위 아래에는 전자로 충만되어 있어야 한다. n형 반도체는 전자가 많은 반도체이므로 페르미 준위는 진성 반도체보다 위에 있어야 할 것이다. 마치 컵에 물이 반 차 있는 것과 2/3 지점까지 물이 차 있는 컵 속의 물과 같은 것이다. 정성적으로 이해하길 바란다. 페르미 준위 또는 페르미 에너지는 그림 1-52에 묘사한 것과 같은 원통형 용기에 채워져 있는 물의 수위와 같은 것이다. 전자가 많아지면 이 수위는 올라갈 것이고 외부로부터 상대적으로 작은 진동만 주어도 전도대로 물이 튀어 올라갈 수 있을 것이다.

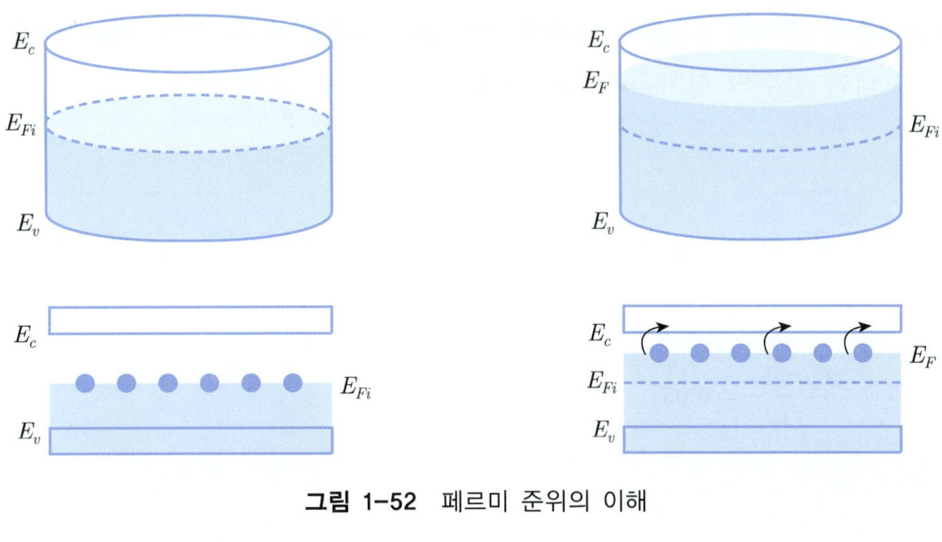

그림 1-52 페르미 준위의 이해

실제의 외인성 반도체에서의 페르미 준위 E_F는 전자 농도에 따라 변하며 온도 변화에 따라서도 변하게 된다. 2장에서 다루는 진성 및 외인성 반도체에서 자세한 설명을 하겠지만 여기서는 이 정도로 이해하고 넘어가도록 하자.

1-8-3 페르미-디랙 확률함수의 단순화

페르미-디랙 확률함수는 수식 1-62와 같이 표현됨을 알았다. 우리는 다음과 같은 가정을 통하여 더욱 단순화할 수 있다. 수식 1-64는 전자의 에너지와 페르미 에너지의 차이가 kT보다 훨씬 큰 경우의 지수함수 항은 무한대에 접근함을 알 수 있다.

$$E-E_F \gg kT \ \Rightarrow \ \exp\left(\frac{E-E_F}{kT}\right) \approx \infty \tag{1-64}$$

따라서 페르미-디랙 확률함수의 분모의 항에 붙어 있는 1을 무시할 수 있다. 페르미-디랙 확률함수는 다음과 같이 표현할 수 있다. 이것을 맥스웰-볼츠만 근사라고 부른다. $E-E_F \gg kT$인 경우에 페르미-디랙 확률함수는 맥스웰-볼츠만 분포함수로 대체시킬 수 있다는 것이다.

$$f_F(E) = \frac{1}{1+\exp\left(\frac{E-E_F}{kT}\right)} \approx \frac{1}{\exp\left(\frac{E-E_F}{kT}\right)} = \exp\left(-\frac{E-E_F}{kT}\right)$$

우리는 이 식을 앞으로 더욱 많이 사용할 것이다. 실질적으로 대부분의 반도체에서는 맥스웰-볼츠만 근사식을 더 많이 사용할 것이다. 정량적으로 전자의 에너지와 페르미 준위의 차이가 어느 정도 있어야지 맥스웰-볼츠만 통계를 적용할 수 있을지 알아보자.

우리는 통상적으로 95%의 일치율을 보이면 거의 동등하다고 볼 수 있다. 따라서 맥스웰-볼츠만 함수와 페르미-디랙 함수의 일치율이 95%가 되는 $E-E_F$를 구해 보자.

예제 1-8-2

맥스웰-볼츠만 함수와 페르미-디랙 함수의 일치율이 95%가 되는 $E-E_F$를 구해 보아라.

풀이

$$\frac{f_B - f_F}{f_F} = 0.05$$

$$\frac{\exp\left(-\frac{E-E_F}{kT}\right)-\frac{1}{1+\exp\left(\frac{E-E_F}{kT}\right)}}{\frac{1}{1+\exp\left(\frac{E-E_F}{kT}\right)}} \quad \frac{\times \quad 1+\exp\left(\frac{E-E_F}{kT}\right)}{\times \quad 1+\exp\left(\frac{E-E_F}{kT}\right)}$$

$$\exp\left(-\frac{E-E_F}{kT}\right)\left[1+\exp\left(\frac{E-E_F}{kT}\right)\right]-1=0.05\exp\left(-\frac{E-E_F}{kT}\right)=0.05$$

$$\exp\left(-\frac{E-E_F}{kT}\right)=0.05$$

$$E-E_F=kT\ln\left(\frac{1}{0.05}\right)\approx 3kT=3\times 0.0259\,\mathrm{eV}=0.077\,\mathrm{eV}$$

이것이 의미하는 것은 특정 전자의 에너지와 페르미 에너지의 차이가 $0.077\,\mathrm{eV}(3\,kT)$ 이상이라면 페르미-디랙 확률함수의 분모의 1항을 무시해서 맥스웰-볼츠만 함수를 사용해도 95%의 일치율을 보인다는 것이므로 상당히 신뢰성이 있다는 것이다. 우리가 반도체에서 다루는 것들은 대략적으로 $3kT$ 이상의 에너지 차이를 보인다. 따라서 페르미-디랙 확률함수보다는 맥스웰-볼츠만 식을 앞으로 주로 사용할 것이다. 만약에 전자의 에너지와 페르미 에너지 차이가 $3kT$보다 작다면 분모의 1항을 그대로 남겨서 사용해야 하며 이런 경우 우리는 페르미-디랙 확률함수를 적분하는 것이 매우 어려워지므로 손으로 직접 풀 수 없게 된다. 2장 축퇴 반도체의 파트에서 자세히 설명할 것이다.

페르미-디랙 확률함수와 맥스웰-볼츠만 함수의 일치율이 99%임을 보여주는 전자와 페르미 준위의 에너지 차이는 얼마나 될까? 이것도 앞에서 다룬 것과 마찬가지로 간단하게 풀 수 있다.

$$E-E_F=kT\ln(0.01)^{-1}=4.6kT=0.12\,\mathrm{eV}$$

예제 1-8-3

전자의 에너지 준위가 페르미 준위보다 $5kT$ 위에 존재한다면 그 준위에 전자가 존재할 확률은 $10kT$에 비해서 더 높을 것인가? 만약 높다면 어느 정도 더 높을 것인가?

풀이

에너지 차이가 $3kT$ 이상이므로 맥스웰-볼츠만 분포함수로 간단히 정리할 수 있다.

$$f_F(E)=\exp\left(-\frac{E-E_F}{kT}\right)=\exp\left(-\frac{5kT}{kT}\right)=6.69\times 10^{-3}$$

페르미 준위보다 $5kT=0.1259\,\mathrm{eV}$ 위에 존재하는 에너지 준위에 전자가 존재할 확률은 6.69×10^{-3}이다. 대략 0.7%에 해당한다. $10kT$의 경우는 존재할 확률이 더 작을 것이다. 페르미 준위로부터 위로 멀어져 가기 때문이다.

$$f_F(E) \approx \exp\left(-\frac{E-E_F}{kT}\right) = \exp\left(-\frac{10kT}{kT}\right) = 4.54 \times 10^{-5}$$

전자가 존재할 확률은 대략 0.005%이다. 에너지 차이가 2배 존재할 때 전자의 존재 확률 비율은 100배 이상 차이가 난다.

예제 1-8-4

전자의 에너지 준위가 페르미 준위보다 $5kT$ 위에 존재한다면 페르미 준위 아래 $5kT$에 전자가 존재하지 않을 확률을 구해 보아라.

풀이

이 문제는 페르미-디랙 확률함수의 개념을 이해하고 있는가의 문제이다. 페르미 준위 위 $5kT$에 전자가 존재할 확률은 페르미 준위 아래 $5kT$에 전자가 비어 있을 확률과 동일하다. 따라서 정답은 예제 1-8-3과 동일하다.

예제 1-8-5

페르미 준위로부터 0.3 eV 위에 있는 전자의 에너지 상태를 점유할 확률이 10^{-3}이 되도록 하려면 온도는 어느 정도 필요할까?

풀이

이 문제도 페르미-디랙 확률함수의 개념을 이해하고 있는가의 문제이다.
$E_c - E_F > 0.077\,\mathrm{eV}$ 이므로 맥스웰-볼츠만 통계를 적용할 수 있다.

$$f_F(E) \approx \exp\left(-\frac{E-E_F}{kT}\right) = \exp\left(-\frac{0.3}{kT}\right) = 10^{-3} \Rightarrow \left(-\frac{0.3}{kT}\right) = \ln(10^{-3})$$

$$\left(\frac{0.3}{kT}\right) = \ln(10^3) \Rightarrow kT = \frac{0.3}{\ln 10^3} = 0.0434\,\mathrm{eV}$$

상온에서 kT는 0.0259 eV 값을 가지므로 다음과 같은 비례식으로 푼다.

$$300 : 0.0259\,\mathrm{eV} = T : 0.043\,\mathrm{eV} \qquad \therefore T = \frac{300 \times 0.043}{0.0259} = 498.069\,\mathrm{K}$$

1-9 상태 밀도 함수

전자의 상태 밀도는 전자가 점유할 에너지 상태 수가 얼마나 존재하는가를 의미한다. 어떠한 퍼텐셜에 구속된 전자의 에너지는 자유전자와는 다르게 양자화되어 불연속적인 분포를 이루고 있다는 사실을 이미 학습하였다. 고층 아파트의 각 층들의 방을 전자가 점유할 수 있는 에너지 상태로 볼 수 있으며 이러한 방들이 몇 개가 있는지를 나타내는 것이 상태 밀도이다. 전자들은 각 층의 방에 들어가며 이때 전자는 어떠한 상태를 점유하고 있다고 표현한다. 이러한 방들이 많을수록 전자들의 상태 밀도는 증가할 것이다. 그림 1-53은 상태 밀도 함수를 설명한 것이다. 상태 밀도 함수의 단위는 단위 체적당, 단위 에너지당 전자가 점유할 에너지 상태로 정의한다.

N은 에너지 상태의 수이며 이것을 에너지로 미분한 것이 상태 밀도 함수이다. 즉 미소한 전자의 에너지 변화에 대하여 전자가 점유할 미소한 에너지 상태 수의 변화분으로 정의할 수 있다.

$$g(E)\left[\mathrm{cm}^{-3}\mathrm{eV}^{-1}\right] = \frac{dN}{dE}$$

즉 에너지가 미소하게 변할 때 에너지 양자 상태의 수는 얼마나 변하는가를 의미한다. 이것을 적분하면 에너지 상태 밀도가 되는 것이다.

우리는 이미 k공간을 다루었다. 전자가 실공간에서 길이 a의 육면체에 구속되어 있다고 한다면 k공간으로 변환하면 다음과 같이 쓸 수 있다.

$$k_x = k_y = k_z = \frac{\pi}{a}$$

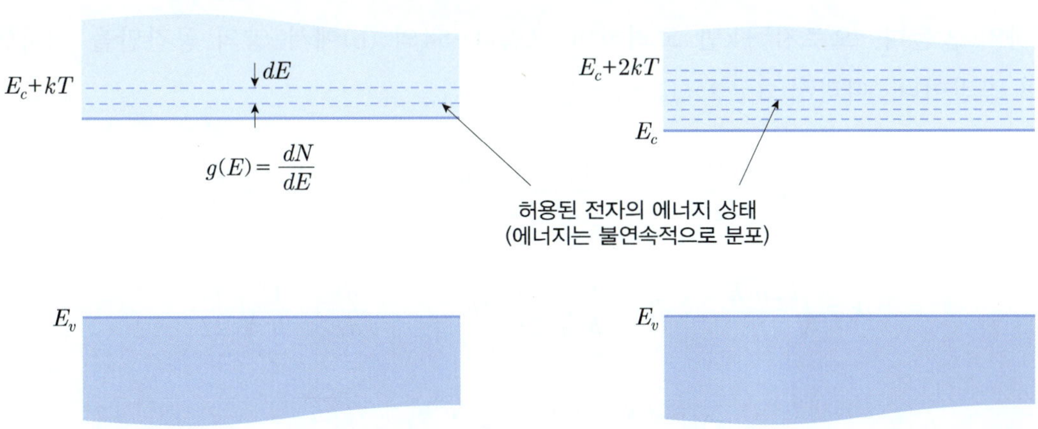

그림 1-53 상태 밀도 함수의 정의

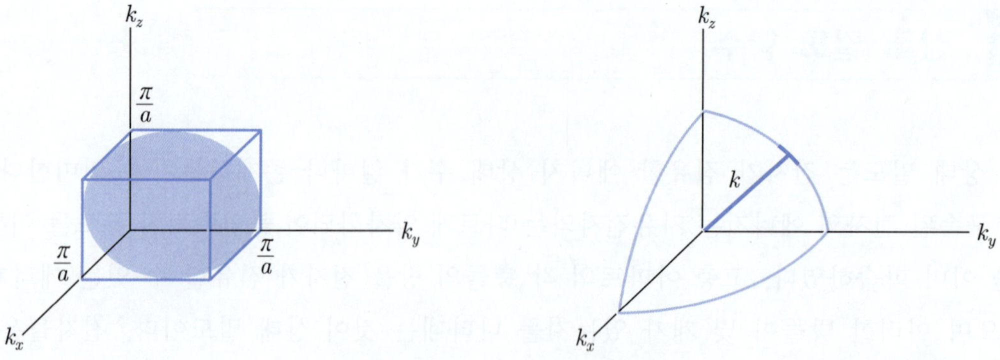

(a) k공간에서의 단일 양자 상태 부피 (b) 반지름이 k인 구 안에 전자들의 상태

그림 1-54 상태 밀도 함수의 수학적 유도

이제 우리는 k공간에서 반지름 k인 구 안에서 전자의 허용되는 에너지 상태의 수를 구할 수 있다. 그림 1-54 (a)는 k공간에서 단일 양자 상태의 부피를 표시한다. 파란색은 원은 단일 양자 상태의 부피에 존재하는 전자를 표시한 것이다. 반지름이 k인 구 안에 전자들의 상태가 얼마나 존재하는지를 설명해 주는 그림이 1-54 (b)이다. 구 안에 있는 전자들의 에너지 상태의 수는 전체의 구의 체적을 단위 체적으로 나누어 주면 된다.

$$N = \alpha \frac{4\pi k^3/3}{(\pi/a)^3}$$

여기서 α에 대해서 논의해 보자. 전자가 하나의 에너지 상태를 점유할 때는 파울리 배타 원리에 의해 스핀 업, 스핀 다운 두 개의 전자가 한 쌍이 되어서 채워질 수 있다. 인자 2를 추가로 곱해야 한다. 그 다음은 전자의 파동함수는 어떠한 퍼텐셜에 구속되었을 때 양, 음 두 가지로 존재한다. 파동함수라는 것은 전자가 존재할 확률로 정의하므로 음수는 존재하지 않는다. 따라서 −k에 대해서는 고려하지 않는다. 오로지 +k만 고려하면 그림 1-54의 (b)에서 양의 공간만을 취하면 된다. 바로 1/8 공간이다. 따라서 $\alpha = 2\times(1/8) = 1/4$이 된다.

$$N = \alpha \frac{4\pi k^3/3}{(\pi/a)^3} = \frac{1}{4}\times\frac{4\pi k^3/3}{(\pi/a)^3} = \frac{a^3k^3}{3\pi^2} \qquad \therefore \frac{dN}{dK} = \frac{a^3k^2}{\pi^2} \tag{1-65}$$

$$k = \sqrt{\frac{2mE}{\hbar^2}} \qquad dk = \frac{1}{\hbar}\sqrt{\frac{m}{2E}}\,dE \qquad \therefore \frac{dk}{dE} = \frac{1}{\hbar}\sqrt{\frac{m}{2E}} \tag{1-66}$$

$$g(E) = \frac{dN}{dE} = \frac{dN}{dk}\frac{dk}{dE} = \frac{a^3k^2}{\pi^2}\frac{1}{\hbar}\sqrt{\frac{m}{2E}} \tag{1-67}$$

$k^2 = \dfrac{2mE}{\hbar^2}$, $\hbar = \dfrac{h}{2\pi}$를 1-67식에 넣고 정리하면 $g(E)$는 다음과 같이 표현된다.

$$g(E) = \frac{4\pi a^3}{h^3}(2m)^{\frac{3}{2}}\sqrt{E} \tag{1-68}$$

1-68식은 k공간에서 체적 a^3을 갖는 자유전자의 미소 에너지 $E \sim E + dE$ 범위에 존재하는 총 에너지 상태 수를 의미한다. 전자는 이 에너지 상태를 점유하게 되는 것이다. 단위 부피당 에너지 상태 밀도는 1-68식을 a^3으로 나누어 주면 된다.

$$g(E) = \frac{4\pi}{h^3}(2m)^{\frac{3}{2}}\sqrt{E} \tag{1-69}$$

상태 밀도 함수는 에너지의 제곱근 함수이다. 에너지가 커지면 상태 밀도 함수는 커진다. 당연한 것이겠지만 에너지가 커지는 만큼 전자가 점유할 상태 수는 제곱근 함수로 증가한다. 다음 예제를 통해서 알겠지만 에너지 상태 밀도는 매우 높을 것으로 예상할 수 있다. 반도체 결정 내의 원자 밀도를 생각해 보면 매우 클 것으로 예상할 수 있다.

예제 1-9-1

에너지 0에서 1 eV 사이에 존재하는 단위 부피당 에너지 양자 상태 밀도를 구해 볼 것

풀이

$$N = \int_0^{1\,\mathrm{eV}} g(E)dE = \frac{4\pi(2m)^{3/2}}{h^3}\int_0^{1\,\mathrm{eV}}\sqrt{E}\,dE = \frac{4\pi(2m)^{3/2}}{h^3}\frac{2}{3}E^{3/2}$$

$$N = \frac{4(3.14)(2\times 9.11\times 10^{-31})^{3/2}}{(6.625\times 10^{-34})^3}\frac{2}{3}(1.6\times 10^{-19})^{3/2}$$
$$= 4.5\times 10^{27}\,\mathrm{m}^{-3} = 4.5\times 10^{21}\,\mathrm{cm}^{-3}$$

1 eV 에너지 차이에 전자가 점유할 수 있는 상태의 수가 $4.5\times 10^{21}\,\mathrm{cm}^{-3}$개 존재한다는 것이다. 매우 많은 양자 상태가 존재한다는 것을 알 수 있다.
지금까지 3차원 무한 양자우물에 갇힌 자유전자의 모델을 사용하여 전자의 양자상태 밀도에 대한 관계식을 수학적으로 유도하였고 전자의 상태 밀도 함수는 에너지의 제곱근 함수에 비례해서 증가함을 알았다. 이러한 내용을 바탕으로 반도체 결정 내에 갇힌 전자의 경우도 무한 양자우물에 갇힌 전자와 동일하게 취급할 수 있을 것이다.

1-9-1 전도대와 가전자대의 유효 상태 밀도 함수

반도체 결정 내에서는 전도대와 가전자대가 중요하다. 전자가 존재할 수 있는 곳이며 밴드 갭 사이에는 전자는 존재하지 않는다는 사실을 이미 학습하였다. 우리는 전도대의 전자가 존재할 에너지 상태 밀도와 가전자대의 상태 밀도 함수를 수학적으로 유도할 것이다. 이것은 매우 간단하게 얻을 수 있다. 전도대의 최하단 $k=0$ 부근(E_c보다 조금 윗부분 에너지)에서의 $E-k$ diagram은 포물선으로 근사할 수 있다는 것을 알 수 있다.

$$E=E_c+\frac{\hbar^2k^2}{2m_n^*} \qquad E-E_c=\frac{\hbar^2k^2}{2m_n^*} \tag{1-70}$$

상기 식은 앞에서 유도한 자유전자의 모델식과 동일하다. 단지 $E \Rightarrow E-E_c$, $m \Rightarrow m_n^*$로 바뀌었을 뿐이다. 따라서 1-70식을 1-69식에 대입하면 전도대에 전자가 점유할 에너지 양자상태 밀도 함수는 1-71로 정리할 수 있다. 가전자대도 동일하게 생각할 수 있다. 가전자대 최상단 $k=0$ 부근(E_v보다 미세하게 아래)에서의 $E-k$ 다이어그램은 위로 볼록한 포물선 형태이다.

$$g_c(E)=\frac{4\pi}{h^3}(2m_n^*)^{3/2}\sqrt{E-E_c} \tag{1-71}$$

$$E=E_v-\frac{\hbar^2k^2}{2m_p^*} \qquad E_v-E=\frac{\hbar^2k^2}{2m_p^*} \tag{1-72}$$

동일하게 1-72식을 1-69에 대입하면 1-73이 된다.

$$g_v(E)=\frac{4\pi}{h^3}(2m_p^*)^{3/2}\sqrt{E_v-E} \tag{1-73}$$

1-71식과 1-73식은 각각 전도대와 가전자대에 전자가 점유할 에너지 상태 밀도 함수를 나타내는 유용하고도 중요한 관계식이니 잘 기억해야 할 것이다. 그림 1-55 (a)는 전자와 양공의 상태 밀도 유효질량이 동일한 경우이다. 유효 상태 밀도 함수는 밴드 갭을 기준으로 상하 대칭이다. 그림 1-55 (b)는 실리콘 반도체의 경우이다. 상하 대칭이 아님을 알 수 있다. 이것은 전자와 양공의 유효 상태 밀도 질량의 차이에 근거한다. 전자의 상태 밀도 유효질량이 크기 때문에 곡률이 작은 곡선 형태를 갖는다. $kT/2$ 사이에 존재하는 전도대의 유효 상태 밀도가 가전자대의 그것보다 2.678배 크다는 것을 알 수 있다.

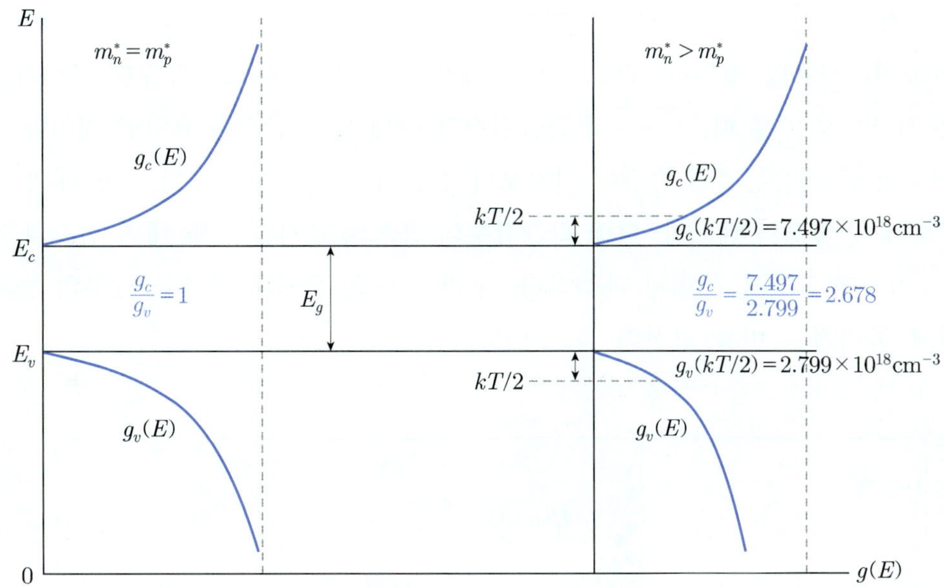

(a) 전자와 양공의 유효질량이 동일한 경우 (b) 전자의 유효질량이 큰 실리콘의 경우

그림 1-55 유효 상태 밀도 함수

예제 1-9-2

실리콘 반도체에서 전도대의 바닥상태에서 에너지가 kT만큼 증가했을 때 전자가 점유할 에너지 상태의 총 수를 구해 볼 것

풀이

$$g_c(E) = \frac{4\pi}{h^3}(2m_n^*)^{3/2}\sqrt{E-E_c}$$

$$N = \int_{E_c}^{E_c+kT} \frac{4\pi}{h^3}(2m_n^*)^{3/2}\sqrt{E-E_c}\,dE = \frac{4\pi}{h^3}(2m_n^*)^{3/2}\,\frac{2}{3}\left[(E-E_c)^{3/2}\right]_{E_c}^{E_c+kT}$$

$$= \frac{4\times 3.14\times(2\times 1.08\times 9.11\times 10^{-31})^{3/2}}{(6.625\times 10^{-34})^3}\,\frac{2}{3}(kT)^{3/2}$$

$$= \frac{4\times 3.14\times(2\times 1.08\times 9.11\times 10^{-31})^{3/2}}{(6.625\times 10^{-34})^3}\,\frac{2}{3}(0.0259\times 1.6\times 10^{-19})^{3/2}$$

$$\therefore N = 2.12\times 10^{25}\,\mathrm{m}^{-3} = 2.12\times 10^{19}\,\mathrm{cm}^{-3}$$

이것은 단지 에너지 차이가 kT만큼 차이가 날 때 그 사이에 전자가 들어갈 상태의 개수가 10^{19}개 있다는 의미로 반도체의 양자 상태 밀도가 매우 크다는 것을 알 수 있다.

우리는 다음 장에서 전도대에 존재하는 전자들의 농도를 구하는데 페르미-디랙 확률함수와 상태 밀도 함수(DOS)를 사용할 것이다. 반도체에 대해서 이제 본격적으로 학습할 준비가 된 것이다. 그림 1-56은 지금까지 배운 페르미-디랙 확률함수와 상태 밀도 함수를 요약한 것이다. 가전자대의 곡선의 곡률이 더 큰 이유는 유효질량이 전자보다 양공이 가볍기 때문이다. 전도대의 전자 농도는 전도대의 유효 상태 밀도와 페르미-디랙 확률함수의 곱으로 표시한 곡면 내의 전자의 개수를 모두 합하면 된다. 이것은 적분을 통해서 가능하다. 우리는 다음 장에서 전자와 양공의 농도를 적분을 통해서 구하고 물리적 의미를 고찰해 볼 것이다.

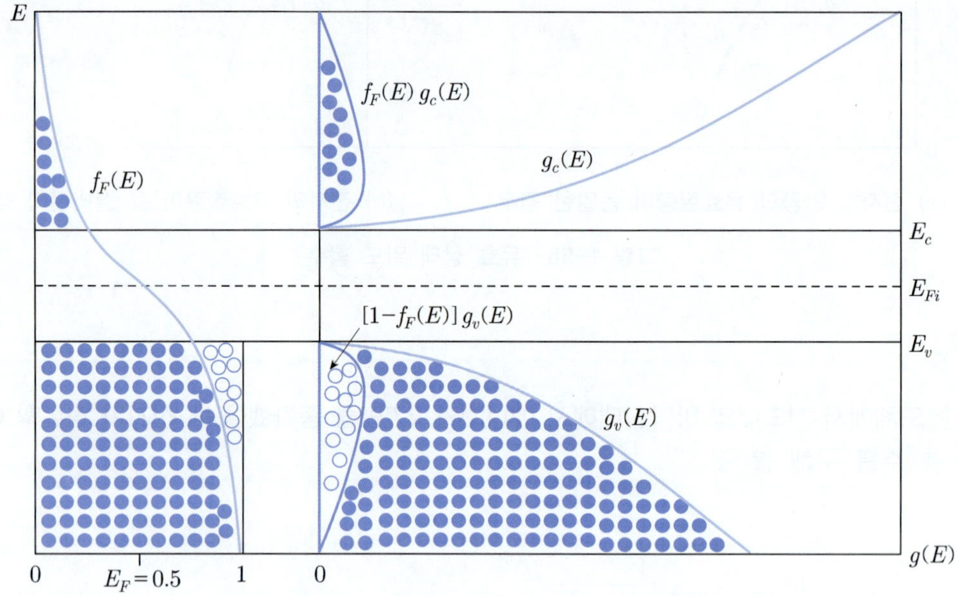

그림 1-56 실리콘 반도체 내의 전자 상태의 분포

CHAPTER 02

평형 상태의 반도체

2장에서는 반도체 물성 전반에 대해서 학습할 것이다. 진성 반도체를 가지고 실리콘 반도체의 기본적인 특성인 전자의 농도를 구하는 방법에 대해서 논의할 것이다. 진성 반도체는 전자와 양공의 농도가 동일한 반도체이다. 페르미 준위는 밴드 갭의 중앙 부근에 위치하며 절연체에 가까운 전도 특성을 보인다. 300 K에서 열적으로 생성되는 실리콘 반도체의 전자와 양공의 농도는 각각 $1.5\times10^{10}\ cm^{-3}$개이다. 이러한 진성 반도체의 특성과 물성에 대해서 본 장에서는 깊이 있게 고찰할 것이다. 실리콘의 밴드 갭 형성 원리의 정성적인 고찰과 열평형 상태의 정의에 대해서 배울 것이다. 온도에 따른 페르미 준위의 변화와 열평형 상태에서는 전자와 양공 농도의 곱이 항상 일정하다는 규칙에 대해서 논의하겠다. 이는 반도체의 가장 기본적인 특성이며 매우 중요하고 유용하다. 반도체에 불순물을 주입하면 전도성을 띠게 된다. 모든 반도체는 불순물을 주입하여 용도에 맞는 반도체를 제작한다. 이것을 진성의 반대되는 개념으로 외인성 반도체라 한다. 불순물의 주입량에 따라 페르미 준위는 변하고 반도체의 물성도 변하게 된다. 전자와 양공을 형성하는 방법과 전자가 다수 캐리어인 n형 반도체와 양공이 다수 캐리어인 p형 반도체의 기본적인 특성을 배울 것이다. 이러한 타입의 서로 다른 외인성 반도체의 열평형 상태에서의 물성에 대해서 논의할 것이다. 열평형 상태란 외부에서 빛, 전압의 인가 없이 오로지 온도가 일정한 상태로 유지되는 상태를 의미하며 온도는 상온이 꼭 아니더라도 상관없다. 외인성 반도체가 열평형 상태에 놓여 있을 때 캐리어들의 이온화 과정, 전하 중성 조건을 고찰하겠다. n, p형 반도체의 기본적 물성과 열평형 상태에서의 전자와 양공의 농도를 구해 볼 것이다. 1장에서 학습한 전도대의 유효 상태 밀도와 페르미-디랙 확률함수를 가지고 전자 농도를 정량적으로 구해 볼 것이다. 두 타입의 외인성 반도체가 서로 접합을 하게 되면 페르미 준위의 변화가 발생하는데 이를 통해서 캐리어의 이동과 에너지 밴드 다이어그램을 해석하겠다. 마지막으로, 보상 반도체에서 발생하는 전하 재분배와 외인성 반도체의 페르미 준위가 온도가 증가함에 따라 밴드 갭 중앙으로 이동하는 물리적 현상에 대해 논의하겠다. 이는 앞으로 학습하게 될 PN 접합, PN 다이오드, MS 접합, MOS 커패시터, MOSFET 소자를 이해하는 데 가장 중요하고 기본적인 선행학습이 될 것이다.

2-1 진성 반도체

반도체의 전류를 형성하는 전하에는 두 가지 종류, 즉 전자와 양공이 있다. 전자와 양공의 농도가 높을수록 전류가 증가할 것이며 또한 전자와 양공의 이동 속도가 빠를수록 전류가 증가할 것이라는 것은 정성적으로 쉽게 이해할 수 있다. 반도체 내에서 전류 성분을 형성하는 전자와 양공을 우리는 캐리어라고 부른다. 운반자로 해석하면 될 것이다. 이러한 캐리어들의 전하는 서로 반대 부호를 가지고 있으며 가전자대의 전자가 전도대로 이동하면 전자가 떠난 빈자리에는 전하 중성의 법칙에 의해 (+)의 전하가 생성되는데 이를 양공이라 부른다. 이때, 전자는 전도대, 양공은 가전자대에 분포하게 되며 이러한 캐리어의 수에 의해 전류는 결정된다. 반도체 결정 내에서 캐리어 농도는 앞 장에서 설명한 상태 밀도 함수와 페르미-디랙 확률함수에 의해 결정된다. 즉 결정 내에 분포하는 경우 무작위로 존재하는 것이 아니라 상태 밀도 함수의 규칙과 페르미-디랙 확률함수를 따르며 캐리어의 농도는 두 함수의 곱으로 표현할 수 있다. 즉 전도대에 캐리어 농도가 증가하려면 전자가 점유할 에너지 상태가 많아야 하며 특정 에너지 상태에 전자가 존재할 확률이 높아야 할 것이다.

진성 반도체는 이러한 캐리어가 균형을 이루고 있는 반도체이다. 진성 반도체의 캐리어 농도는 매우 낮다. $T = 300\,\mathrm{K}$에서 상온에서 $1.5 \times 10^{10}\,\mathrm{cm}^{-3}$의 캐리어 농도를 갖는다. 전자도 양공도 이 정도의 농도를 갖는 것이다. 실리콘의 ⟨100⟩ 방향의 원자밀도가 $5 \times 10^{22}\,\mathrm{cm}^{-3}$인 것을 감안하면 진성 캐리어 농도는 무시할 만큼 작다는 것을 알 수 있다. 불순물을 주입하는 외인성 반도체의 경우는 캐리어 농도가 대략 $10^{16} \sim 10^{18}\,\mathrm{cm}^{-3}$의 범위를 갖는다. 이것과 비교하여도 진성 캐리어 농도는 거의 무시할 수준이다. 따라서 진성 반도체는 부도체에 가까운 특성을 보인다. 온도가 상승하면 진성 캐리어 농도는 급격히 증가하게 된다.

2-1-1 열평형 상태

반도체의 전류 성분을 증가시키는 것은 매우 중요한 일이다. 아주 작은 전압에서도 전류 성분이 높다는 것은 트랜지스터를 고속으로 작동시킬 수 있다는 것을 의미하며 성능이 향상된 고속 스위칭 소자를 만들 수 있다는 것이다. 반도체 내에서 이러한 캐리어들을 어떻게 제어함으로써 전류 성분을 증대시켜 나갈지 우리는 계속 다루어 나갈 것이다. 또한 여러 가지 조건에서 반도체 결정 내에 존재하는 캐리어들이 어떻게 분포하며 어떻게 거동하는지 물리적으로 계속해서 고찰해 나갈 것이다.

반도체에 외력이 작용하는 경우를 생각해 보자. 반도체에 입사하는 빛, 인가하는 전압에 의해 캐리어들이 생성되기도 하며 캐리어들이 이동하여 전류를 만들어 내기도 한다. 열평형 상태라 하는 것은 온도가 일정한 상태에 있는 반도체를 말한다. 즉, 반도체에 외부에서 인가하는 전기장, 자기장, 압력, 빛의 조사 없이 오로지 열적 에너지만을 받고 있는 상태를 우리는 반도체가 열적 평형 상태(thermal equilibrium state, TE)에 있다고 말한다. 열적 평형 상태란 온도가 100 K, 200 K, 300 K 등 상관없이 일정하게 온도가 유지되는 상황을 의미한다. 열적 평형 상태에 있는 전자들은 부동의 자세로 정지하고 있는 것이 아니라 항상 요동치고 있다. 즉 상온에서 열적 에너지를 받은 가전자대의 최외각 전자들은 전도대로 여기되었다가 다시 가전대로 천이하면서 양공들과 결합하고 다시 여기되는 과정을 지속적으로 반복, 진행하고 있는 것이다. 트램펄린 위에서 뛰고 있는 어린 아이들처럼 전자들은 뛰어올라가고 다시 떨어지고 또 뛰어올라가고 떨어지는 행동을 반복적으로 진행하고 있다는 것이다. 이것은 온도가 올라가면 뛰어올라가고(여기) 떨어지고(천이) 하는 전자들의 수가 더욱 증가하게 된다. 이러한 전자들의 수는 실리콘 반도체의 경우 상온에서 1.5×10^{10} cm^{-3} 정도이다. 이 정도의 캐리어는 앞에서도 설명하였지만 매우 작은 농도이다. 이렇게 작은 캐리어 농도로는 전류를 만들어내기 어렵다. 열평형 상태에 있는 반도체는 전류를 만들어내지 못한다. 외인성 반도체의 경우도 동일하다. 전자의 농도가 진성 반도체보다 높아도 전자들은 제자리에서 뛰는 것과 동일하다. 열평형 상태에서는 전류를 만들어내지 못한다.

모든 반도체는 비평형 상태에서 동작한다. 비평형 상태의 대표적 예가 전압을 인가한 상태이다. 전도대로 올라간 전자는 전계의 반대 방향을 따라서 운동하며 전류를 만들어낸다. 그림 2-1 (a)는 열평형 상태에 있는 반도체이다. 가전자대에 존재하는 전자들은 열적으로 여기되어 전도대로 이동한다. 이때 전도대에는 전자가 형성되었고 가전자대에는 전자가 없어지고 남은 빈자리에 양공이 남게 된다. 열적으로 여기된 전자들은 에너지 보존 법칙에 의해 가전자대의 양공과 결합하면서 에너지를 잃고 다시 원래의 위치로 돌아오게 된다. 이렇듯 원자의 세계에서는 우리가 눈으로 볼 수는 없지만 이러한 일련의 상황들이 계속해서 연속적으로 일어나고 있는 것이다. 마치 뜨거운 방바닥에서 가만히 있지 못하고 펄쩍펄쩍 뛰고 있는 우리들을 상상하면 이해가 쉽게 될 것이다.

가전자대의 전자가 전도대로 여기되어 전자와 양공을 만들어내는 현상을 캐리어의 생성(generation)이라고 부르며 전자가 다시 가전자대의 양공과 결합하여 소멸되는 현상을 재결합

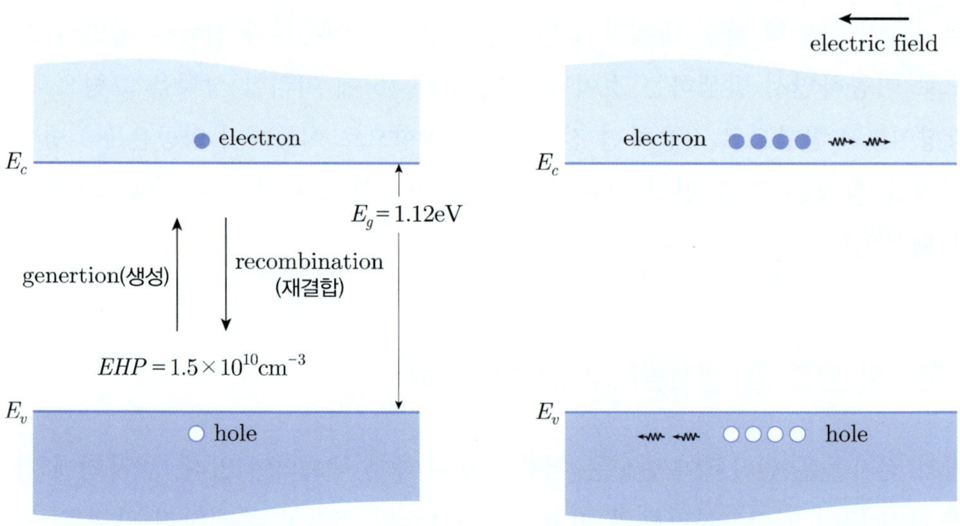

(a) 열평형 상태 (b) 비평형 상태의 한 예

그림 2-1 열평형 상태와 비평형 상태

(recombination)이라고 부른다. 상온에서 캐리어의 생성과 재결합은 계속 반복적으로 일어나고 있는 것이다. 여기서 반드시 이해해야 할 것은 전자와 양공의 농도는 항상 동일하게 생성된다는 것이다. 전자가 여기되고 남은 빈자리에 양공이 형성된다는 것으로부터 전자와 양공의 수가 어느 한쪽이 우세하게 형성되지 않는다는 것을 쉽게 이해할 수 있을 것이다. 이러한 열적으로 여기 된 전자는 양공을 형성하며 이것을 전자-양공 쌍(electron-hole pair, EHP)이라 부른다. 300 K에서 이러한 전자-양공 쌍은 Si 반도체의 경우 대략 단위 체적당 $1.5\times10^{10}\,cm^{-3}$ 정도 형성된다. 온도가 상승할수록 전자-양공 쌍은 더욱 증가할 것이며 상온에서 엄청난 양의 전자-양공 쌍이 형성되고 있음을 알 수 있다. 즉 상온에서는 전자도 $1.5\times10^{10}\,cm^{-3}$ 양공도 $1.5\times10^{10}\,cm^{-3}$의 농도로 형성된다는 것이다. 열적 평형 상태라고 함은 전자들이 안정되게 존재하는 것이 아니라 해당하는 온도에 맞추어 전자들이 끊임없이 생성과 재결합을 반복하고 있다는 것이며 이때에 있어서의 전자의 농도를 n_0 양공의 농도를 p_0로 표기하기로 약속한다. 0을 붙인 의미는 열적 평형 상태라는 것이다. 열적 평형 상태에서는 캐리어의 생성과 재결합이 균형을 이루고 있는 상태라 할 수 있다.

열적 평형 상태에서는 캐리어의 이동이 없으므로 전류가 발생하지 않는다. 온도가 상승하면 이러한 EHP도 증가한다. 캐리어가 증가하지만 전류는 발생하지 않는다. 단지 온도만으로 전류를 발생시킬 수 없다는 것이다. 전자가 단지 제자리에서 펄쩍펄쩍 뛰고 있을 뿐이지 반도체 결정 내를 자유롭게 이동할 수는 없는 상황이다. 전자들의 열속도라는 것이 있는데 열속도는 10^7 cm/sec 정도이다. 이러한 전자는 무작위한 방향으로 움직이기 때문에 전류를 발생시키지 않는다. 만약 이러한 상황에서 반도체에 전기장을 인가하게 되면 열적으로 형성된 캐리어들은 전기장의 힘을 받아서 무작위로 움직이지만 방향성을 가지고 서로 반대 방향으로 움직이면서 전류 성분을 형성하게 된다. 즉 전류는 이러한 캐리어들이 반도체 결정 내에서 주변 원자, 불순물 이온들과 산란을 하면서 전기장이 주는 힘의 방향으로 이동하면서 발생하는 것이다. 그림 2-1 (b)에 이러한 상황을 그림으로 나타내었다. 전기장의 방향이 (-) 방향으로 작용하면 전자는 (+) 방향으로 이동하며 양공은 (-) 방향으로 이동하게 된다. 이러한 상태는 열적 평형 상태가 아니며 비평형 상태라고 부른다. 외부에서 전기장이 인가되었기 때문이다.

2-1-2 에너지 밴드 갭 생성원리의 정성적 이해

반도체 내의 전자들은 원자핵이 만드는 퍼텐셜에 강하게 구속되어 있다. 원자핵에 가까운 전자일수록 강하게 속박되어 있다. 실리콘의 최외각에는 4개의 전자가 존재하며 안정화 상태를 이루기 위하여 주변 4개의 원자들과 전자 1개씩을 공유하여 최외각 전자 8개를 이루며 안정화 상태를 이룬다.

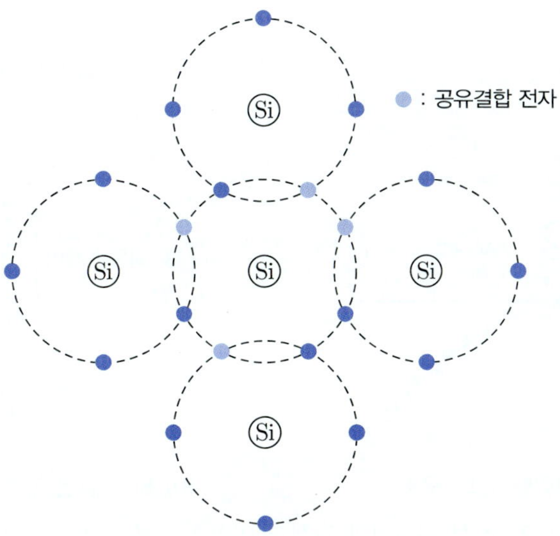

그림 2-2 실리콘 공유 결합

그림 2-2에는 이러한 공유 결합을 이루고 있는 안정된 실리콘 원자들을 표시하였다. 가운데 있는 실리콘 원자는 주변의 4개의 원자로부터 전자 하나씩을 공유하며 최외각 전자가 8개가 되어 안정화를 도모한다. 실리콘 내 최외각 전자들은 상대적으로 핵에 약하게 구속되어 있어 외부로부터 에너지를 받으면 최외각 전자들은 자신의 자리를 이탈하여 진공으로 튀어나올 수도 있다. 실리콘의 300 K에서의 밴드 갭은 1.12 eV이다. 실리콘은 간접 천이형 반도체이며 4족 원소이다. 간접 천이형 반도체는 k공간에서 전도대의 최저점과 가전자대의 최고점이 동일한 k축상에 존재하지 않는다. 따라서 운동에너지와 위치에너지가 그대로 빛 에너지로 전환되지 못하고 k축상으로 이동하는데 일부 에너지를 소실하여 광 에너지 효율이 낮기 때문에 발광 소자로 사용하지 않는다.

그림 2-3에 직접 천이형 반도체와 간접 천이형 반도체의 $E-k$ diagram을 표시하였다. 실리콘은 광학 효율이 낮기 때문에 주로 메모리 반도체나 로직, 연산을 담당하는 시스템 반도체에 사용한다. $E-k$ diagram을 살펴보면 GaAs와 같은 반도체는 $k=0$ 축상에 전도대와 가전자대의 최저점, 최고점이 각각 위치하고 있다. 전도대의 전자들이 가전자대로 천이하면서 에너지를 방출하는데 GaAs는 직접 천이형이므로 포논의 도움 없이 $\lambda = \frac{c}{\nu} = \frac{c}{(E_g/h)} = \frac{1.24}{E_g}$ μm 파장의 빛이 나오게 된다. 이 부분에 대해서는 10장 발광 디바이스에서 상세히 논의할 것이다.

실리콘의 에너지 밴드 갭은 상온에서 1.12 eV이다. 그림 2-3 (b)와 같이 $k=0$ 지점이 동일한 k축상에 존재하지 않는다. 따라서 전자는 3번의 하용된 천이 과정을 거치고 포논의 도움을 받아서 가전자대의 최고점으로 천이한다. 에너지 밴드 갭의 생성 원리에 대해서는 크로니-페니 모델에서 정량적으로 고찰하였다. 반도체 결정 내의 원자들의 주기적인 배열로 인해 규칙적인 퍼텐셜이 형성되

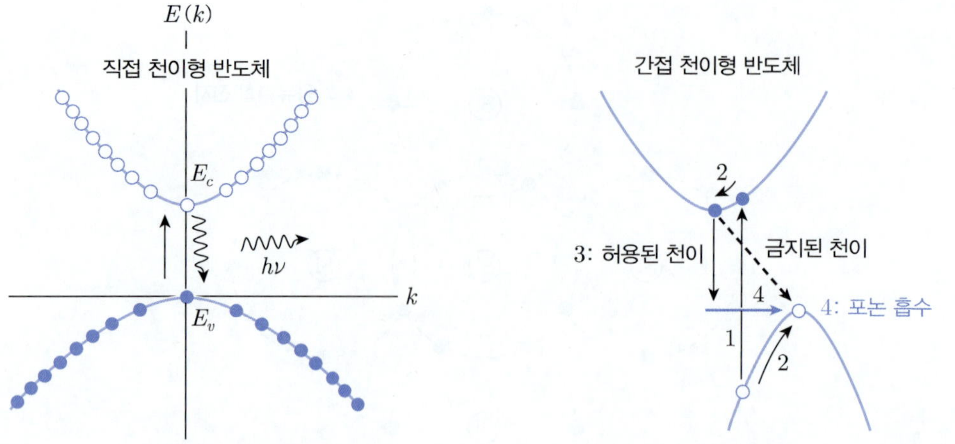

(a) GaAs, 직접 천이형 밴드 구조　　(b) Si와 같은 간접 천이형 밴드 구조

그림 2-3 직접 천이형과 간접 천이형 반도체의 $E-k$ diagram

고 이것을 크로니-페니 모델로 수학적 파동함수를 구해서 전자가 존재하지 못하는 구간이 있다는 것을 알았다. 정성적으로 에너지 밴드 갭이 형성되는 이유에 대해서 고찰해 보자. 실리콘 원자들이 서로 상호 간섭이 일어나지 않을 정도로 멀리 떨어져 있다면 전자의 파동함수의 중첩도 없을 것이고 서로의 독립된 원자로 취급할 수 있다. 그림 2-4에 나타내었다. 두 실리콘 원자가 근접해 가면 각각의 에너지 상태가 갈라지는 현상(split)이 발생한다. 이것은 한 상태에 전자가 스핀 업, 스핀 다운 2개 이상의 전자가 점유할 수 없다는 파울리 배타 원리에 의한 것이다. 전자가 상호 간섭을 일으킬 수 있는 거리에 도달하면 에너지 상태가 split 되는 것을 알 수 있다. 이러한 전자가 n개가 존재한다면 n개의 상태로 split될 것이다. 이러한 원자 n개가 서로 근접하여 주기적으로 일정 간격을 가지고 배열하게 되면 전자가 채워진 에너지 밴드와 전자가 비워진 에너지 밴드로 양분화되면서 그 사이에 에너지 밴드 갭을 형성한다. 전자가 충만한 영역을 가전자대라고 부르며 가전자대의 가장 높은 에너지 준위를 E_v라고 하며 전자가 들어갈 빈자리가 있는 전도대의 에너지 준위의 가장 낮은 바닥상태를 E_c라고 부른다. 실리콘의 에너지 밴드 갭은 $E_c - E_v$로 정의하며 이 영역은 전자의 파동함수가 존재하지 않는 구역이므로 전자가 발견될 확률은 0이다. 가전자대의 전자들은 원자핵에 강하게 속박되어 있어 결합을 끊고 탈출하려면 에너지가 필요하다는 것을 알 수 있으며 가전자대의 가장 바깥쪽에 있는 최외각 전자는 상대적으로 원자핵에 약하게 속박되어 있어서 결합을 끊고 전도대의 전자가 들어갈 수 있는 에너지 준위로 여기될 수 있는 확률이 더 높다. 전도대의 전자가 들어갈 수 있는 빈 상태의 에너지 준위들을 전도대의 유효 상태 밀도라고 부르며 상태 밀도가 높을수록 전자가 들어갈 자리가 많아지므로 전자의 개수도 증가하게 될 것이다. 우리는 다음 절에서 이러한 상태 밀도와 페르미-디랙 확률함수를 가지고 전도대의 전자 농도, 가전자대의 양공 농도를 구하는 식을 유도할 것이다.

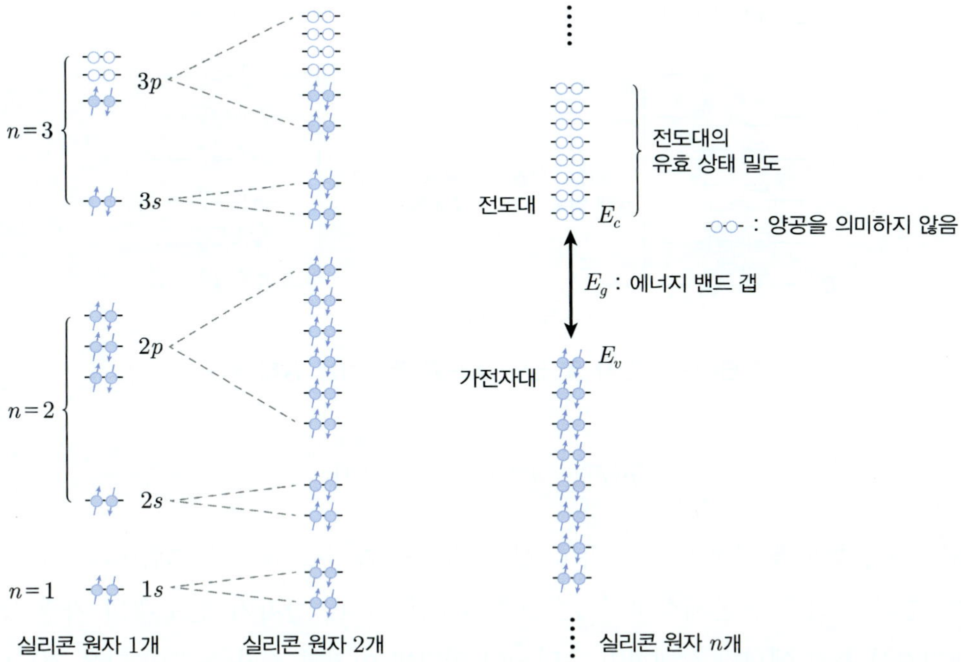

그림 2-4 실리콘의 에너지 밴드 갭 생성 원리의 정성적 고찰

2-1-3 열평형 상태에서의 캐리어 농도 관계식

열평형 상태에서의 전자, 양공의 농도 분포를 논의해 보자. 앞 장에서 이미 기술하였듯이 반도체에서는 최외각 전자들이 중요하다. 원자핵에 근접한 궤도에 있는 전자들은 핵에 강하게 속박되어 있으므로 이러한 속박된 전자들은 캐리어로 활용할 수가 없다. 최외각 전자들은 상대적으로 약하게 속박되어 있기 때문에 외부로부터 약간의 열적 에너지를 받게 되면 쉽게 가전자대에서 전도대로 여기된다. 따라서 우리는 전도대에서의 전자 농도 분포를 고찰할 것이다. 전도대에 전자 농도의 분포는 전도대의 특정 에너지 상태를 전자가 점유할 유효 상태 밀도와 그 에너지 상태에서 전자가 존재할 확률의 곱으로 표기할 수 있다.

$$n(E) = g_c(E) f_F(E) \tag{2-1}$$

우리는 앞 장에서 유효 상태 밀도 함수에 대해서 학습하였다. 유효 상태 밀도 함수의 정의에 대해서 다시 되새겨 보자. 단위 부피, 단위 에너지당 전자가 점유할 수 있는 에너지 상태이다. 즉 전자가 들어갈 수 있는 방(room)으로 보면 된다. 한편 가전자대의 양공 농도의 분포는 가전자대의 특정 에너지 상태를 양공이 점유할 유효 상태 밀도와 그 에너지 상태에서 전자가 비워질 확률의 곱으로 표기할 수 있다. 양공은 전자가 비워진 자리라는 것을 기억하라.

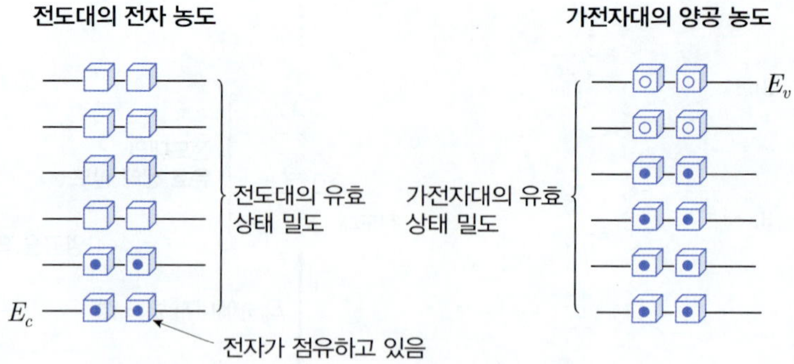

그림 2-5 전자 및 양공 농도를 결정하는 상태 밀도

$$p(E) = g_v(E)[1 - f_F(E)] \tag{2-2}$$

그림 2-5는 전자 농도를 구하기 위한 유효 상태 밀도의 개념을 표시한 그림이다. 그림 2-5에서는 특정 에너지 준위에 전자가 존재하고 있는 것을 표시하였다. 전자가 전도대의 가장 낮은 에너지 상태부터 채워져서 특정 에너지 상태까지 충만되어 있다면 이러한 전자 농도의 합은 전도대의 바닥부터 전자가 채워져 있는 곳의 에너지까지 적분을 함으로써 구할 수 있다. 가전자대에서는 양공으로 표현하였다. 가전자대의 양공의 농도도 마찬가지로 가전자대의 바닥부터 가전자대의 양공이 존재하는 곳의 에너지까지 적분함으로써 구할 수 있다.

다음은 페르미-디랙 확률함수이다. 앞 장에서 다루었듯이 페르미 준위는 전도대의 바닥상태에서 충분히 떨어져 있는 경우를 가정한다. 즉 $3kT$ 이상으로 충분히 떨어져 있다고 가정한다면 페르미-디랙 확률함수는 맥스웰-볼츠만 분포로 간략화할 수 있다. 즉 페르미-디랙 확률함수의 분모에 포함되어 있는 1을 무시할 수 있게 된다. 우리는 페르미 준위가 에너지 밴드 갭의 중간 부근에 위치하는 진성 반도체를 가정하겠다.

그림 2-6은 진성 반도체의 상태 밀도 함수와 페르미-디랙 확률함수를 표기한 것이며 전자와 양공의 농도 함수를 함께 표기하였다. 캐리어(전자, 양공을 통칭해서 부르는 용어)의 농도는 유효 상태 밀도 함수와 페르미-디랙 확률함수의 곱으로 표현된다. 진성 반도체의 경우는 앞에서도 설명하였지만 전자의 농도와 양공의 농도가 항상 동일하다.

온도가 증가하여 전자 농도가 증가하면 전자와 양공은 쌍으로 형성되기 때문에 캐리어의 농도는 동일한 것이다. 이런 이유로 진성 페르미 준위는 에너지 밴드 갭의 정중앙에 위치하고 있다. 페르미 준위는 전자가 점유할 확률이 0.5인 곳이다. 그림 2-6 (a)는 전자와 양공의 농도를 표시한 것이고, 곡선이 이루는 면적은 동일하다.

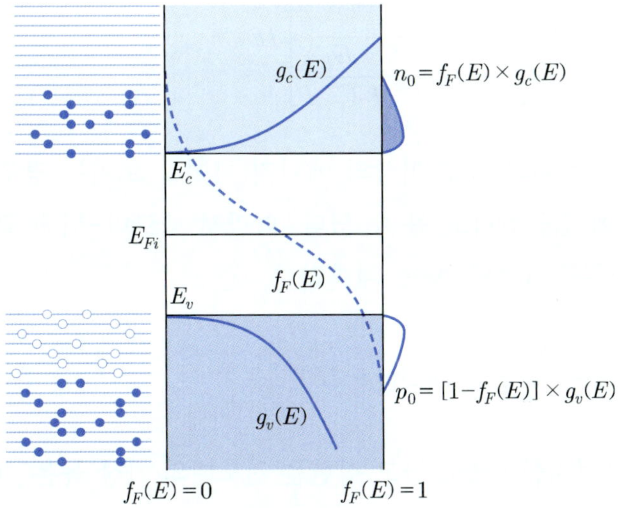

(a) FD 분포 곡선

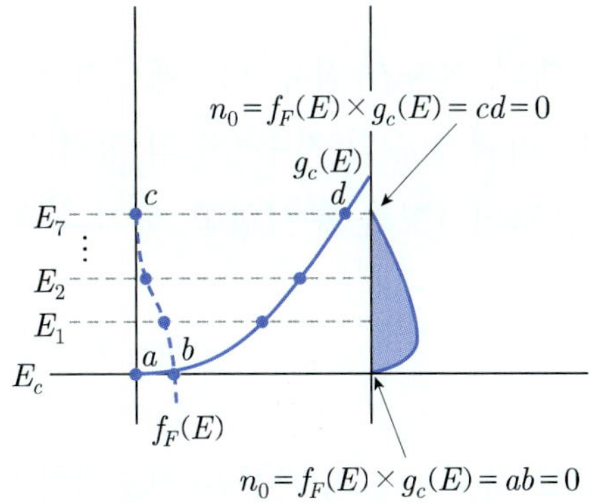

(b) $f_F(E) \times g_C(E)$

그림 2-6 페르미-디랙 확률함수와 유효 상태 밀도 함수의 곱

전도대 바닥상태 부근의 유효 상태 밀도 함수와 페르미-디랙 확률함수를 확대해서 표시한 것이 그림 2-6 (b)이다. 전도대의 전자 농도는 유효 상태 밀도 함수와 페르미-디랙 확률함수의 곱으로 표현할 수 있기 때문에 그림 2-6 (b)에 표기한 것과 같은 비대칭 분포를 이루며 면적이 전자의 농도에 해당한다. 전도대의 바닥상태 E_c에서 상태 밀도 함수는 0이므로 전자 농도는 0이 될 것이다. 유효 상태 밀도 함수는 전도대의 바닥에서 0이며 에너지가 증가할수록 제곱근의 함수로 증가함을 기억하라. 페르미-디랙 확률함수는 전도대의 에너지가 증가할수록 전자가 존재할 확률이 0에 가까워 진다. 따라서 그림에서 E_7에서 0으로 표시하였다. 이 부근에서의 유효 상태 밀도 함수는 특정한 값을 갖더라도 페르미-디랙 확률함수가 0이므로 전자 농도는 0이 될 것이다. $E_c \sim E_7$ 사이에서 전자 농도는 특정한 값을 가질 것이다. 곡선의 모양은 어떤 최고점을 중심으로 양쪽으로 감소하는 모양을 가질 것이다. 양공도 동일하게 계산할 수 있다.

이제 전자 농도를 수학적으로 구해 보자. 전자 농도는 다음과 같이 표현 가능하다.

$$n_0 = \int_{E_{cb}}^{E_{ct}} g_c(E) f_F(E) dE \tag{2-3}$$

적분 구간은 전도대의 바닥상태에서 에너지가 제일 높은 최고점 상태이다. 첨자 cb, ct는 각각 conduction band bottom, conduction band top을 의미한다. 진성 반도체의 페르미 준위는 전도대로부터 충분히 떨어져 밴드 갭의 중간 부근에 위치하고 있으며 전도대의 유효 상태 밀도를 대입하면 식 2-3식은 다음과 같이 변환할 수 있다.

$$\int_{E_{cb}}^{E_{ct}} \frac{4\pi}{h^3}(2m_n^*)^{3/2}\sqrt{E-E_c}\left[\frac{1}{1+\exp\left(\frac{E-E_F}{kT}\right)}\right]dE \tag{2-4}$$

전도대의 전자가 점유하는 에너지가 페르미 준위와 $3kT$ 이상의 에너지 차이를 보이는 경우에는 페르미-디랙 함수의 지수함수의 항이 무한대에 접근한다고 볼 수 있다. 따라서 페르미-디랙 확률함수의 분모의 1항을 무시하고 하기와 같이 적분 변수의 항을 치환하자.

$$E-E_F \gg kT, \quad \eta = \frac{E-E_c}{kT}, \quad kTd\eta = dE \tag{2-5}$$

그리고 적분 구간의 하한은 전도대의 바닥에너지를 0으로 놓고 상한은 전도대의 가장 높은 지점의 에너지를 무한대로 놓을 수 있다.

$$\int_0^{\infty} \frac{4\pi}{h^3}(2m_n^*)^{3/2}\sqrt{E-E_c}\left[\frac{1}{\exp\left(\frac{E-E_F}{kT}\right)}\right]kTd\eta \tag{2-6}$$

페르미-디랙 확률함수의 지수 항은 다음과 같이 수학적으로 변형시킬 수 있다.

$$\exp\frac{E-E_F}{kT} = \exp\frac{E-E_c+E_c-E_F}{kT} = \exp\frac{E-E_c}{kT}\exp\frac{E_c-E_F}{kT} \tag{2-7}$$

$$E-E_c = \eta kT, \qquad \sqrt{E-E_c} = \sqrt{\eta kT} \tag{2-8}$$

$$n_0 = \exp\left[\frac{-(E_c-E_F)}{kT}\right]\frac{4\pi}{h^3}(2m_n^* kT)^{3/2}\int_0^{\infty}\sqrt{\eta}\,e^{-\eta}d\eta \tag{2-9}$$

적분이 포함된 항은 감마함수로 알려져 있으며 이 값은 $\sqrt{\pi}/2$ 이다. 전자 농도는 다음과 같이 표현할 수 있다.

$$n_0 = 2\frac{(2\pi m_n^* kT)^{3/2}}{h^3}\exp\left[\frac{-(E_c-E_F)}{kT}\right] \tag{2-10}$$

지수함수의 앞부분은 전도대의 유효 상태 밀도 N_c로 정의한다. 따라서 전자 농도는 최종적으로 다음과 같이 정리할 수 있다.

$$n_0 = N_c\exp\left[\frac{-(E_c-E_F)}{kT}\right] \tag{2-11}$$

이 식은 전도대 내에 존재하는 전자 농도를 구하는 데 매우 중요하고 유용한 식이다. 꼭 기억하길 바란다. $E_c \gg E_F$이면 지수함수는 0에 접근하므로 전체 전자 농도는 0에 접근함을 의미한다. 페르미 준위까지는 전자로 채워져 있다. 페르미 준위로부터 멀어져 가면 전자의 농도는 감소해 갈 것이다. 당연한 결과이겠지만 본 식을 통해서도 직관과 일치함을 알 수 있다. 만약 $E_c - E_F$의 차이가 매우 근소하다면($3kT$ 이하) 본 식을 사용해서 전자 농도를 구하는 것은 신뢰도 측면에서 매우 떨어진다. $3kT$를 기준으로 하는 것은 맥스웰-볼츠만 분포함수를 적용하여 95%의 신뢰도를 보이기 때문이다. 즉 $3kT$ 이하에서는 맥스웰-볼츠만 분포함수를 적용하면 95% 이하의 신뢰도를 보인다는 의미이다. 이때에는 페르미-디랙 확률함수의 분모에 포함된 1항을 무시할 수 없으며 페르미-디랙 확률함수를 적용해야 한다. 따라서 본 식은 $3kT$ 이상에서만 적용할 수 있는 식임을 꼭 명심하길 바란다. 가령 페르미 준위가 전도대 내에 존재하거나 전도대 바로 밑 부근에 존재(에너지 차이가 $3kT$ 이하)한다면 이때에는 본 식을 사용할 수 없다.

또한 본 식에 포함되어 있는 전도대의 유효 상태 밀도 N_c는 유효질량과 온도의 함수임을 알 수 있다. 유효질량이 클수록 전자 농도가 증가할 것이며 온도가 상승함에 따라 열적 에너지를 받은 전자들은 전도대로 여기하여 전도대 내에는 더 많은 전자가 분포할 것이다. 유효질량의 차이는 전자 농도에 그다지 큰 변화를 주지 못한다. 전도대의 유효 상태 밀도에서는 온도가 전자 농도에 주된 영향을 주는 파라미터이다.

동일한 방법으로 양공 농도도 구할 수 있다. 수학적으로 약간의 기교를 사용하여 전도대의 전자 농도 구하는 방법과 동일하게 구할 수 있다. 여기서는 그 결과만 서술하겠다.

$$p_0 = N_v \exp\left[\frac{-(E_F - E_v)}{kT}\right] \tag{2-12}$$

양공 농도의 해석도 전자와 동일하게 생각할 수 있다. 가전자대 에너지와 페르미 에너지의 차이 $E_F - E_v$가 클수록 지수함수는 0에 접근하므로 전체 양공 농도는 0에 접근한다. 여기서 양공을 해석하는 경우 전자의 빈자리로 해석하면 쉽게 이해될 것이다. 페르미 준위가 가전자대에서 점점 멀어져서 밴드 갭의 중앙 부근에 위치한다면 가전자대의 양공의 농도는 진성 양공 농도에 접근한다. 정성적으로도 쉽게 이해가 갈 것이다. 양공 농도에도 맥스웰-볼츠만 근사가 적용되어 가전자대 에너지와 페르미 에너지 차이가 $3kT$ 이하에서는 상기의 식을 사용하지 않음에 주의하라. 페르미 준위가 가전자대 내에 존재하거나 가전자대 바로 위 부근에 존재한다면 이때에는 본 식을 사용할 수 없다.

이상을 요약하면 우리는 페르미 준위의 위치로부터 열평형 상태에서의 캐리어의 농도를 구하는 식을 수학적으로 유도하였고 그것의 물리적 의미를 살펴보았다.

$$n_0 = N_c \exp\left[\frac{-(E_c - E_F)}{kT}\right] \tag{2-13}$$

$$p_0 = N_v \exp\left[\frac{-(E_F - E_v)}{kT}\right] \tag{2-14}$$

$$N_c = 2\left[\frac{2\pi m_n^* kT}{h^2}\right]^{3/2} \qquad N_v = 2\left[\frac{2\pi m_p^* kT}{h^2}\right]^{3/2} \tag{2-15}$$

상기 식들은 앞으로 유용하게 활용하고 자주 나오는 식이니 꼭 기억하면 좋겠다.

2-1-4 진성 캐리어 농도

지금까지 진성 반도체에 대해서 간략하게 다루었다. 지금까지 다룬 내용을 요약하면 진성 반도체에서는 전자와 양공이 쌍으로 형성되어 전자와 양공의 농도는 동일하다. 300 K에서 전자와 양공의 농도는 각각 $1.5 \times 10^{10}\ \mathrm{cm}^{-3}$이며 페르미 준위는 밴드 갭의 중앙 근처에 위치한다. 진성 반도체의 전자와 양공의 농도를 각각 n_i, p_i로 표기하기로 약속한다. i는 intrinsic의 약자이다. 우리가 사용하는 진성 캐리어 농도는 측정값이다. 본 절에서는 이론적인 값을 유효 상태 밀도로부터 계산할 것이다. 측정값과 대략 2배 정도의 차이를 갖는다. 그렇지만 전체 캐리어 농도 값을 감안하면 이 오차는 큰 것이 아니다. 우리는 계속해서 측정값을 시용할 것이다. 진성 캐리어 농도를 구하는 식은 2-13식에서 페르미 준위를 진성 페르미 준위로 변환해 주기만 하면 된다. 진성 페르미 준위는 밴드 갭 중앙 근처에 존재하며 특별히 구별하기 위해서 E_{Fi}로 표기한다. 진성 캐리어 농도는 전자와 양공 모두 동일하며 식 2-13식을 진성 페르미 준위의 함수로 재기술하면 다음과 같다.

$$n_0 = n_i = N_c \exp\left[\frac{-(E_c - E_{Fi})}{kT}\right] \tag{2-16}$$

$$p_0 = n_i = N_v \exp\left[\frac{-(E_{Fi} - E_v)}{kT}\right] \tag{2-17}$$

전자와 양공의 진성 캐리어 농도를 각각 곱해 보면 다음과 같이 표현할 수 있다.

$$n_0 p_0 = n_i^2 = N_c N_v \exp\left[\frac{-(E_c - E_{Fi})}{kT}\right] \exp\left[\frac{-(E_{Fi} - E_v)}{kT}\right] \tag{2-18}$$

지수함수의 곱은 다시 합으로 표현 가능하며

$$n_i^2 = N_c N_v \exp\left[\frac{-(E_c - E_{Fi}) - (E_{Fi} - E_v)}{kT}\right] \tag{2-19}$$

최종적으로는 밴드 갭 에너지로 표현할 수 있다. 전도대의 가장 낮은 에너지와 가전자대의 가장 높은 에너지 차이가 바로 밴드 갭이라는 것에 착안하라. 수식 2-19는 최종적으로 밴드 갭으로 표현하면 수식 2-20으로 정리할 수 있다. 수식 2-20은 반도체를 이해하는 데 중요한 물리적 의미가 포함되어 있다. 이 값은 일정한 상수라는 것이다.

$$n_i^2 = n_0 p_0 = N_c N_v \exp\left[\frac{-(E_c - E_v)}{kT}\right] = N_c N_v \exp\left[\frac{-(E_g)}{kT}\right] \tag{2-20}$$

물질마다 밴드 갭이 정해져 있으며 온도만 결정되면 진성 캐리어 농도는 쉽게 계산할 수 있다. 앞 절에서도 언급하였지만 진성 캐리어 농도는 온도에 의존해서 변한다. 300K에서 $1.5 \times 10^{10}\ \mathrm{cm}^{-3}$ 정도의 농도를 가지며 온도가 증가하면 이 값이 증가함을 2-20식에서 쉽게 이해할 수 있다. 즉 진성 캐리어 농도는 온도에 강하게 의존한다는 것을 기억하라. 또한 전자 농도와 양공 농도의 곱이 일정한 상수 값을 갖는다는 것은 전자 농도가 증가하면 양공 농도는 감소한다는 의미이며 그 반대도 성립한다. 따라서 전자 농도를 알고 있다면 양공 농도는 진성 캐리어 농도로부터 간단히 계산할 수가 있다. 수식 2-20에서 전자 농도와 양공 농도는 다음과 같이 구할 수 있다.

$$n_i^2 = n_0 p_0 \tag{2-21}$$

$$n_0 = \frac{n_i^2}{p_0} \qquad\qquad p_0 = \frac{n_i^2}{n_0} \tag{2-22}$$

이 수식도 우리가 기억해야 할 아주 유용하고 반도체의 본성을 이해할 수 있는 규칙이다. 전자 농도가 결정되면 양공의 농도는 상기의 식을 사용하여 간단히 구할 수 있다. 이 수식을 적용하기 위해서는 몇 가지 제약 조건이 따른다.

1. 열평형 상태에 놓인 반도체에서만 적용 가능하다. 가령 외부에서 빛을 계속 조사시키면서 캐리어를 계속 생성하고 있는 경우에는 이 농도의 곱이 일정하다는 규칙은 성립하지 않음에 유의하라. 반드시 열평형 상태에서만 적용이 가능하다.
2. 맥스웰-볼츠만 통계 법칙을 따르는 경우에만 성립한다. 즉 $E - E_F$의 차이가 $3kT$ 이하의 경우에는 사용하지 않는다.
3. 이 법칙은 진성 반도체, 외인성 반도체 상관없이 열평형 상태에만 놓인다면 사용할 수 있다.

열평형 상태에서 캐리어 농도의 곱이 일정하다는 규칙은 반도체의 특징을 잘 나타내는 주요 물성 중의 하나이다. 일정한 크기의 유리컵 속에 검정 구슬(전자)과 하얀 구슬(양공)이 들어 들어 있다고 할 때, 검정 구슬의 개수를 늘리려면 하얀 구슬을 빼내고 검정 구슬을 추가하는 수밖에 없다. 그런데 온도가 증가하면 검정 구슬과 하얀 구슬을 담은 유리컵이 커지는 것과 비슷하다. 따라서 더 많은 구슬들을 담을 수 있게 된다.

예제 2-1-1

열평형 상태에 놓여 있는 실리콘 반도체가 있다. 전자의 농도가 $n_0 = 2\times10^{16}\ \mathrm{cm}^{-3}$이다. 양공의 농도는 얼마인가?

풀이

열평형 상태에 놓여 있는 반도체의 전자와 양공의 곱은 항상 일정하다는 규칙을 알면 아주 쉽게 계산할 수 있다.

$$n_i^2 = n_0 p_0$$

$$p_0 = \frac{n_i^2}{n_0} = \frac{(1.5\times10^{10})^2}{2\times10^{16}} \approx 10^4\ \mathrm{cm}^{-3}$$

진성 캐리어 농도는 2-20 식에서 유효 상태 밀도를 가지고 계산할 수 있다. 표 2-1은 각종 반도체의 유효 상태 밀도를 정리한 것이다. 실리콘의 경우 전도대의 유효 상태 밀도가 가전자대의 그것보다 더 높음을 알 수 있다. 즉 전자가 점유할 에너지 준위가 더 많다고 볼 수 있다. 이러한 차이는 실리콘 반도체의 전자의 상태 밀도 유효질량이 가전자대의 양공의 상태 밀도 유효질량보다 무겁기 때문에 발생한다. 유효 상태 밀도의 수식을 보면 유효질량의 함수로 표현된다. 한편 갈륨비소의 전도대의 유효 상태 밀도는 실리콘에 비해서 2차수 정도 낮다. 이것도 갈륨비소의 전자의 상태 밀도 유효질량이 가볍기 때문이다. 따라서 갈륨비소 반도체는 실리콘보다 전도성 유효질량도 가볍기 때문에 더 빠른 전자 이동도를 갖는다.

2-20식에서 표 2-1의 상태 밀도 유효질량을 가지고 진성 캐리어 농도를 구하면 대략 $6.95\times10^9\,\mathrm{cm}^{-3}$이 얻어진다. 2배 정도의 차이를 보이지만 전체 스케일에서 보면 큰 오차는 아니다. 실험적인 측정값과 계산값이 차이를 보이는 이유 중의 하나는 유효질량의 차이에 기인한다. 이론값은 상태 밀도 유효질량을 사용해서 계산한 값이다. 상태 밀도 함수를 유도하는 과정에서 3차원 무한 전위 우물에 갇힌 전자를 모델화하여 근사치로 얻은 함수이다. 본 교재에서는 일반적으로 받아들이고 있는 측정값을 사용하겠다.

표 2-1 각종 반도체의 유효질량과 유효 상태 밀도

	$N_c(\text{cm}^{-3})$	$N_v(\text{cm}^{-3})$	상태 밀도 유효질량		전도성 유효질량	
			m_n^*/m_0	m_p^*/m_0	m_{cn}^*/m_0	m_{cp}^*/m_0
Si	2.8×10^{19}	1.04×10^{19}	1.08	0.56	0.26	0.37
GaAs	4.7×10^{17}	7.0×10^{18}	0.067	0.48	0.067	0.34
Ge	1.04×10^{19}	6.0×10^{18}	0.55	0.37	0.12	0.21

예제 2-1-2

300 K에서 실리콘 반도체의 전자 농도 구하기. 페르미 준위는 전도대 아래 0.2, 0.3, 0.4 eV에 각각 위치하고 있다. 이때 전도대의 바닥상태에 전자가 존재할 확률과 전자의 농도를 구해 보아라. 실리콘의 밴드 갭 에너지는 1.12eV이다. 전도대의 유효 상태 밀도는 표 2-1을 참조할 것.

풀이

먼저 페르미-디랙 확률함수를 이용하여 페르미 준위가 전도대 아래 각각 0.2, 0.3, 0.4 eV에 위치할 경우 전도대의 바닥상태에서 전자가 발견될 확률을 각각 구해 보자. 각각의 페르미 에너지에 높은 쪽부터 1,2,3 순서를 정하고 전자가 발견될 확률은 구해 보면 다음과 같다.

$$f_{F1}(E) = \frac{1}{1+\exp(E-E_F/kT)} = \exp\left[\frac{-(E-E_F)}{kT}\right]$$

$$= \exp\left[\frac{-(E_c-E_F)}{kT}\right] = \exp\left[\frac{-0.2}{0.0259}\right] = 4.43\times10^{-4}$$

$$f_{F2}(E) = \exp\left[\frac{-0.3}{0.0259}\right] = 9.32\times10^{-6}$$

$$f_{F3}(E) = \exp\left[\frac{-0.4}{0.0259}\right] = 1.97\times10^{-7}$$

각각의 경우에 대한 전자 농도는 다음과 같다.

$$n_{01} = N_c\exp\left[\frac{-(E_c-E_{F1})}{kT}\right] = (2.8\times10^{19})\exp\left[\frac{-0.2}{0.0259}\right] = 1.24\times10^{16}\ \text{cm}^{-3}$$

$$n_{02} = N_c\exp\left[\frac{-(E_c-E_{F2})}{kT}\right] = (2.8\times10^{19})\exp\left[\frac{-0.3}{0.0259}\right] = 2.61\times10^{14}\ \text{cm}^{-3}$$

$$n_{03} = N_c\exp\left[\frac{-(E_c-E_{F3})}{kT}\right] = (2.8\times10^{19})\exp\left[\frac{-0.4}{0.0259}\right] = 5.52\times10^{12}\ \text{cm}^{-3}$$

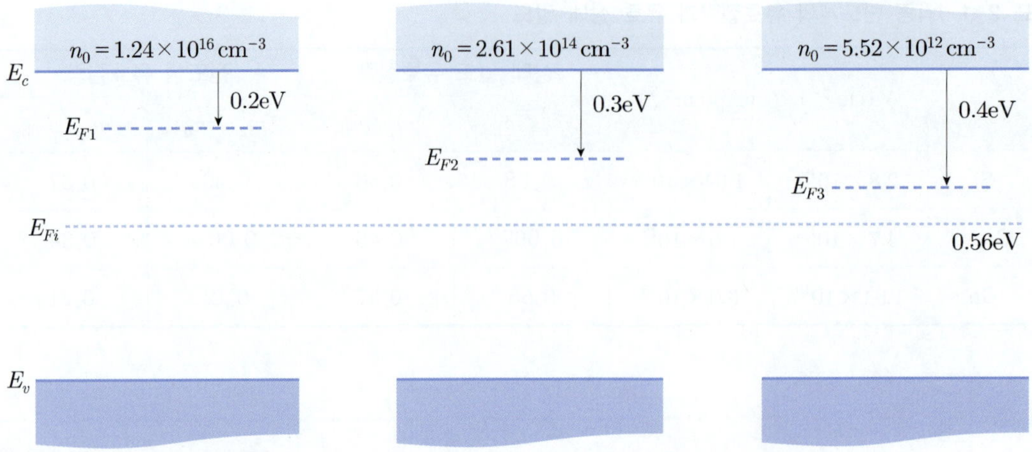

그림 2-7 예제 2-1-2에 대한 에너지 밴드 다이어그램 설명

이 문제는 페르미 준위와 캐리어의 농도를 이해하는 데 많은 도움이 된다. 먼저 전자가 존재할 확률을 살펴보자. 전도대 바닥상태 아래 0.2 eV에 위치하는 페르미 준위로부터 구한 전자 농도는 진성 캐리어 농도를 훌쩍 넘어 매우 큰 농도임을 알 수 있다. 전자가 존재할 확률은 고작해야 10^{-4} 정도인데 전자는 왜 이리 많이 존재하는 것일까? 그것은 전도대의 유효 상태 밀도와 깊은 관련이 있다. 실리콘의 전도대 유효 상태 밀도는 $\sim 10^{19}\,\text{cm}^{-3}$임을 상기하라. 이것은 전자가 들어갈 수 있는 방이 많다는 의미이다. 즉 전자를 채울 수 있는 에너지 준위가 많이 있기 때문에 확률은 낮더라도 전자가 열적 에너지를 받게 되면 전도대로 여기되는 전자 수는 증가하게 된다. 만약 전자가 들어갈 방이 적다면, 즉 유효상태 밀도가 낮다면 전자는 여기되어도 전자가 들어갈 방이 부족하여 전도대에 존재하지 못하고 다시 전도대 아래로 천이될 것이다.

페르미 준위가 점점 전도대로부터 멀어져 가는 두 번째, 세 번째 상태를 살펴보자. 페르미 에너지가 전도대 바닥상태 아래 0.3, 0.4 eV에 해당한다. 이런 경우는 전자 농도도 줄어들면서 전도대 바닥상태에 전자가 존재할 확률도 점차 감소하게 된다. 페르미 준위 아래는 전자로 충만된다는 것을 상기하라. 페르미 준위가 점차적으로 전도대로부터 멀어져 밴드 갭 중앙을 향하여 가고 있는 경우이다. 만약 페르미 준위가 밴드 갭 중앙에 위치한다면 이것은 진성 반도체에 해당하며 그때의 진성 전자 농도는 $1.5 \times 10^{10}\,\text{cm}^{-3}$ 이다. 따라서 두 번째, 세 번째의 경우는 전자 농도가 감소하여 진성 캐리어 농도에 근접해 갈 것이며 동시에 전도대 바닥상태에 전자가 존재할 확률도 점차 감소하게 된다. 이것은 직관적으로도 쉽게 이해되는 현상이다. 진성 캐리어 농도는 앞에서도 설명하였지만 온도에 강하게 의존하고 있다. 그림 2-8은 온도에 따른 진성 캐리어 농도가 어떻게 변하는지 보여주는 데이터이다. 그림에서 알 수 있듯이 온도가 약 150도 증가하면 진성 캐리어 농도는 만 배 이상으로 증가하게 됨을 알 수 있다.

예제 2-1-3

실리콘 반도체의 진성 캐리어 농도 구하기

진성 캐리어 농도는 온도에 의존한다. 300 K에서 진성 캐리어 농도는 동일하며 $1.5\times10^{10}\,\text{cm}^{-3}$이다. 그렇다면 상온보다 높거나 낮게 되면 진성 캐리어 농도는 어떻게 변하는지 250 K, 400 K에서의 진성 캐리어 농도를 구해 보자.

풀이

진성 캐리어 농도는 앞에서 다룬 전자와 양공의 농도의 곱으로부터 쉽게 구할 수 있다.

$$n_i^2 = N_c N_v \exp\left[\frac{-(E_c - E_v)}{kT}\right] = N_c N_v \exp\left[\frac{-(E_g)}{kT}\right]$$

앞 절에서 설명한 유효 상태 밀도와 실리콘의 밴드 갭 에너지, 온도를 대입하면 하기와 같이 쓸 수 있다.

$$n_i^2 = (2.8\times10^{19})(1.04\times10^{19})\left(\frac{250}{300}\right)^3 \exp\left[\frac{-1.12}{0.0259\left(\frac{250}{300}\right)}\right] = 4.90\times10^{15}$$

$$\therefore\ n_i = 7.0\times10^{7}\ \text{cm}^{-3}$$

250 K이므로 온도는 250/300 비율로 대입해야 하는 것에 주의하라. 최종적으로 250 K에서의 진성 캐리어 농도는 상온에 비해서 낮아진다. 상온 대비 고작 50 K를 낮추었을 뿐인데 캐리어 농도는 3차수 감소함을 알 수 있다. 진성 캐리어 농도는 온도에 강하게 의존하고 있음을 알 수 있다.

이번에는 400 K에서의 진성 캐리어 농도를 구해 보자. 앞의 방식과 동일하게 구하면 다음과 같다.

$$n_i^2 = (2.8\times10^{19})(1.04\times10^{19})\left(\frac{400}{300}\right)^3 \exp\left[\frac{-1.12}{0.0259\left(\frac{400}{300}\right)}\right] = 5.67\times10^{24}$$

$$\therefore\ n_i = 2.38\times10^{12}\ \text{cm}^{-3}$$

이 결과를 보면 진성 캐리어 농도는 강한 온도의 함수임을 이해할 수 있다. 이 결과를 잘 기억하길 바란다.

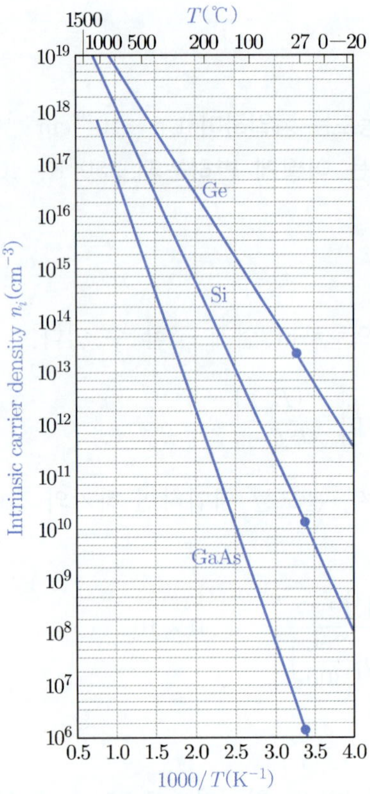

그림 2-8 온도에 따른 각종 반도체의 진성 캐리어 농도 (Donald. A. Neamen semicondutor physics and devices, 4th 참조)

2-1-5 진성 페르미 준위

진성 반도체는 전자와 양공의 농도가 동일하게 형성되므로 페르미 준위는 밴드 갭의 중앙에 위치하게 된다. 이것은 정성적인 설명이며 정량적으로 정중앙에 위치하는지 계산을 통해서 정확한 위치를 구할 수 있다. 전자와 양공의 유효질량이 서로 다르므로 전도대와 가전자대의 유효상태 밀도도 약간 다르게 된다. 이러한 사실로부터 진성 반도체의 진성 페르미 준위는 정중앙으로부터 살짝 어긋난다는 것을 미리 예측할 수 있다.

전자와 양공의 농도가 동일하므로 전자 농도와 양공의 농도 비를 표시하면 다음과 같다.

$$\frac{p_0}{n_0} = \frac{N_v \exp\left[\frac{-(E_{Fi}-E_v)}{kT}\right]}{N_c \exp\left[\frac{-(E_c-E_{Fi})}{kT}\right]} = \frac{N_v}{N_c} exp\left[\frac{E_c+E_v-2E_{Fi}}{kT}\right] = 1 \qquad (2\text{-}23)$$

지수함수는 로그함수로 변환할 수 있다.

$$e^x = a \quad x = \ln a$$

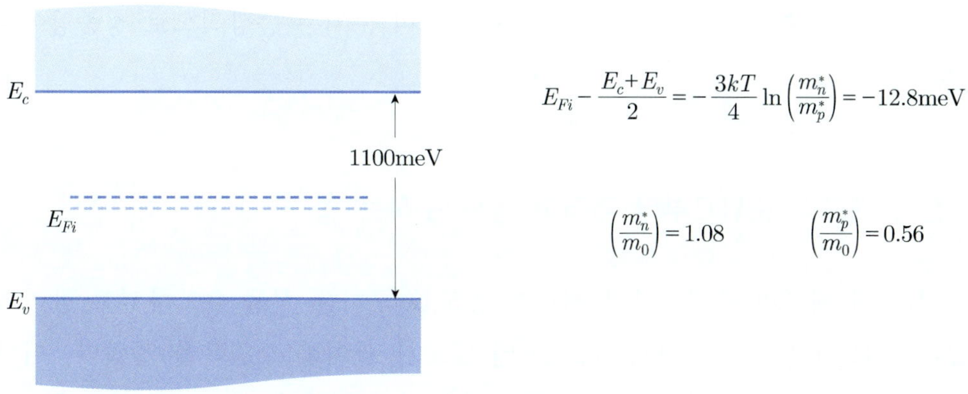

그림 2-9 진성 반도체의 진성 페르미 준위 위치

위의 관계를 이용하면 진성 페르미 준위는 다음과 같이 정리할 수 있다.

$$\frac{E_c + E_v - 2E_{Fi}}{kT} = \ln\left(\frac{N_c}{N_v}\right) = \ln\left(\frac{m_n^*}{m_p^*}\right)^{\frac{3}{2}}$$

$$E_c + E_v - 2E_{Fi} = kT\ln\left(\frac{m_n^*}{m_p^*}\right)^{\frac{3}{2}} \quad \Rightarrow \quad 2E_{Fi} = E_c + E_v - kT\ln\left(\frac{m_n^*}{m_p^*}\right)^{\frac{3}{2}}$$

$$\therefore \; E_{Fi} = \frac{E_c + E_v}{2} - \frac{kT}{2}\ln\left(\frac{m_n^*}{m_p^*}\right)^{\frac{3}{2}} = \frac{E_c + E_v}{2} - \frac{3kT}{4}\ln\left(\frac{m_n^*}{m_p^*}\right) \tag{2-24}$$

우변의 첫 번째 항은 밴드 갭의 절반 값이다. 두 번째 항이 추가되어 있음을 알 수 있다. 따라서 진성 페르미 준위는 정중앙에 분포하지 않는다. 전자와 양공의 유효질량이 동일하다면 로그함수는 0이 된다. 따라서 이 경우에는 진성 페르미 준위는 정중앙에 위치한다. 전자의 유효질량이 양공의 유효질량보다 크다. 결국 진성 페르미 준위는 정중앙에서 가전자대 방향으로 약간 내려가게 된다. 그림 2-9에 표시하였다. 진성 페르미 준위는 특정 온도에서 전자와 양공의 유효질량의 비율로 표시할 수 있음을 기억하라. 유효질량은 상태 밀도 함수와 관련이 있으므로 유효질량이 증가하면 상태 밀도 함수도 증가한다. 진성 페르미 준위는 항상 중앙에 위치하여 전자와 양공의 농도를 같아지게 만들려고 하지만 상태 밀도 차이로 인하여 상태 밀도가 큰 에너지 밴드로부터 밀려서 멀어져가게 된다. 밴드 갭 중앙을 기준점으로 윗부분이 더 무거워서 살짝 아래로 내려앉은 상태로 이해하길 바란다. 실리콘의 경우 전자의 상태 밀도가 양공의 그것보다 크다(상태 밀도 유효질량이 전자가 양공보다 더 크다). 이 결과로부터 진성 페르미 준위는 약 −12.8 meV만큼 정중앙에서 아래로 내려가 있음을 알 수 있다. 이 값은 실리콘의 밴드 갭이 1100 meV임을 감안하면 무시할 수 있는 매우 작은 값이다. 따라서 우리는 진성 반도체의 진성 페르미 준위는 통상적으로 정중앙에 위치한다고 말할 수 있다.

2-1-6 진성 페르미 준위로부터 캐리어 농도 구하는 법

우리는 앞 절에서 페르미 준위로부터 캐리어 농도를 구하는 식을 유도하였고 물리적인 의미도 고찰해 보았다. 전도대와 가전자대의 유효 상태 밀도가 관여하고 있음을 알았다. 이번 절에서는 진성 페르미 준위로부터 캐리어의 농도를 구하는 식을 간단히 구해 볼 것이며 이때에는 진성 캐리어 농도가 관여함을 알 수 있을 것이다.

$$n_0 = n_i = N_c \exp\left[\frac{-(E_c - E_{Fi})}{kT}\right] = N_c \exp\left[\frac{-(E_c + E_{Fi} - E_{Fi} - E_F)}{kT}\right] \tag{2-25}$$

상기 식처럼 진성 캐리어 농도식을 변환할 수 있다. 지수함수의 합은 곱으로 표현할 수 있다. 따라서 식 2-25는

$$n_0 = N_c \exp\left[\frac{-(E_c - E_{Fi})}{kT}\right] \exp\left[\frac{(E_F - E_{Fi})}{kT}\right] = n_i \exp\left[\frac{E_F - E_{Fi}}{kT}\right] \tag{2-26}$$

전자 농도는 진성 캐리어 농도와 진성 페르미 준위로 완전히 바뀌었다. 이 식 또한 자주 활용하는 식으로 꼭 기억해 주기 바란다. 양공 농도도 비슷하게 구할 수 있다

$$p_0 = N_c \exp\left[\frac{-(E_v - E_{Fi})}{kT}\right] \exp\left[\frac{-(E_F - E_{Fi})}{kT}\right] = n_i \exp\left[\frac{E_{Fi} - E_F}{kT}\right] \tag{2-27}$$

$$n_0 = n_i \exp\left[\frac{E_F - E_{Fi}}{kT}\right] \tag{2-28}$$

$$p_0 = n_i \exp\left[\frac{E_{Fi} - E_F}{kT}\right] \tag{2-29}$$

수식 2-28, 2-29는 앞으로 유용하게 사용하는 식이 된다.

예제를 통해서 진성 페르미 준위로부터 전자 농도를 구하는 개념을 더욱 고찰해 보자.

예제 2-1-4

300 K에서 실리콘의 페르미 준위는 진성 페르미 준위보다 0.22 eV 위에 존재한다고 했을 때 열평형 상태에서의 전자와 양공의 농도를 구해 볼 것

풀이

진성 페르미 준위로부터 전자 농도를 구하는 식은 다음과 같다.

$$n_0 = n_i \exp\left[\frac{E_F - E_{Fi}}{kT}\right] = (1.5\times10^{10})\exp\left(\frac{0.22}{0.0259}\right) = 7.33\times10^{13}\,\text{cm}^{-3}$$

양공 농도는 두 가지 방법으로 구할 수 있다. 수식 2-29와 농도 곱의 일정 규칙을 사용하는 두 가지 방법이 있다. 두 가지 방법을 사용해서 양공 농도를 구하고 비교하여 보자. 열평형 상태이므로 농도 곱의 일정 규칙을 사용할 수 있으며 두 가지 방법의 결과는 동일해야 할 것이다.

$$p_0 = n_i \exp\left[\frac{-(E_F - E_{Fi})}{kT}\right] = (1.5\times10^{10})\exp\left(\frac{-0.22}{0.0259}\right) = 3.07\times10^{6}\,\text{cm}^{-3}$$

열평형 상태에서 전자 농도와 양공 농도의 곱은 일정하다는 공식으로부터 다음과 같이 구할 수도 있다.

$$p_0 = \frac{n_i^2}{n_0} = \frac{(1.5\times10^{10})^2}{7.33\times10^{13}} = 3.07\times10^{6}\,\text{cm}^{-3}$$

동일한 결과를 얻을 수 있다.

2-2 외인성 반도체

진성 반도체는 전자와 양공의 농도가 동일하며 캐리어의 농도는 온도에 강하게 의존하고 있음을 알았다. 또한 캐리어의 농도는 300K에서 $1.5\times10^{10}\,\text{cm}^{-3}$이다. 앞 장에서 정의한 반도체를 살펴보면 반도체 결정 내에 적당히 다른 원자들을 주입하여 전자 또는 양공을 많이 만들어 이러한 캐리어들이 전류를 형성하게 할 수 있다는 것이 반도체라고 정의하였다. 전자나 양공을 만들어 주는 다른 원자라고 하는 것을 우리는 불순물(dopants)이라 칭하고 이것을 강제적으로 반도체 내에 주입하여 캐리어를 형성시킨다. 이렇게 불순물을 주입한 반도체를 외인성(extrinsic) 반도체라 칭하며 진성 반도체와 다르게 전자와 양공의 농도가 동일하지 않으며 주입하는 불순물에 따라 전자를 많게 또는 양공을 많게 제작할 수 있다. 그렇다면 어떠한 불순물을 주입하는지 알아보자.

그림 2-10은 원소의 주기율표이다. 실리콘에 주로 주입하는 대표적 불순물은 3족의 보론(Boron, B)이나 5족의 인(Phosphorus, P)이다. 실리콘은 4족 원소이며 최외각 전자가 4개이다. 실리콘 원자가 안정화되기 위해서는 최외각에 8개의 전자가 있어야 한다. 만약 보론을 주입하면 보론은 3족 원소이기 때문에 최외각 전자가 3개이다. 따라서 보론은 주변의 실리콘 원자들과 공유 결합을

3족 5족

5 B	6 C	7 N	8 O	9 F
13 Al	14 Si	15 P	16 S	17 Cl
31 Ga	32 Zn	33 Ge	34 As	35 Br
49 In	50 Sn	51 Sb	52 Te	53 I
81 Tl	82 Pb	83 Bi	84 Po	85 At
113 Nh	114 Fl	115 Mc	116 Lv	117 Ts

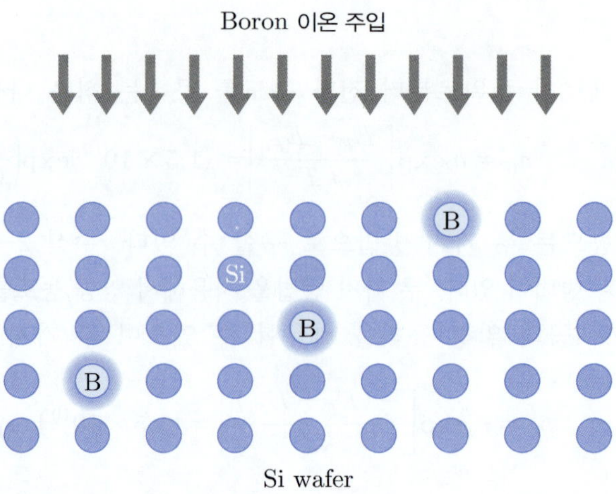

그림 2-10 실리콘 반도체에 주입하는 3족과 5족 불순물

통하여 서로 전자를 공유한다. 이때 최외각 전자는 7개가 된다. 8개에서 1개가 부족하므로 전자 1개를 받음으로써 8개를 채워서 안정화할 수 있다. 따라서 보론을 주입한 경우는 최외각에 전자가 한 개 들어갈 빈자리가 존재하게 된다. 전자의 빈자리는 양공으로 해석할 수 있다. 보론을 주입하면 양공이 많은 p-type 반도체를 제작할 수 있는 것이다.

주입하는 양은 상황에 따라 다르겠지만 통상적으로 $10^{16} \sim 10^{19}\,cm^{-3}$ 정도 주입하게 된다. 실리콘의 체적 밀도는 대략 $5\times10^{22}\,cm^{-3}$임을 감안하면 주입하는 불순물의 양은 지극히 적다고 할 수 있다. 주입 공정을 implantation이라고 하는데 보론 이온들을 가속시켜서 실리콘 표면에 강제로 충돌시켜서 주입하게 된다. 반도체에서 모든 캐리어의 주입은 이온 주입법을 택하고 있다. 이때 가속 전압에 따라서 주입시키는 깊이를 조절할 수 있다.

2-2-1 이온 주입법

그림 2-11에 실리콘에 주입하는 여러 불순물들의 주입 에너지에 따른 주입 깊이와 표준 편차를 표시하였다. 뒤편의 MOSFET 소자에서 다루겠지만 주입 깊이는 얇게 할수록 단채널 때문에 발생하는 나쁜 효과들을 억제할 수 있다. 또한 주입한 이온들은 상당히 높은 에너지를 가지고 있으므로 주변 Si 격자들에게 damage를 유발하여 공정 후에는 반드시 고온에서 열처리를 진행하여 이러한 데미지(격자 결함)를 보상시켜 준다. 열처리를 하는 과정에서 보론 원자들은 실리콘 결정 내를 확산해 나가면서 실제 주입한 깊이보다 더 깊어질 수 있다. 따라서 주입 공정은 반도체에서 매우 중요한 공정 중의 하나이다. 주입 후 보론 원자들은 실리콘 자리에 치환되어 주변의 실리콘 원자들과 공유결합을 하게 된다.

이러한 보론 원자들은 실리콘 원자 $10^4 \sim 10^5\,cm^{-3}$개당 한 개 정도로 분포하고 있기 때문에 도핑이라는 표현이 아주 적절한 것이다.

실리콘에 주입하는 대표적인 n type 불순물에는 인, p type 불순물에는 보론이 있다. 이러한

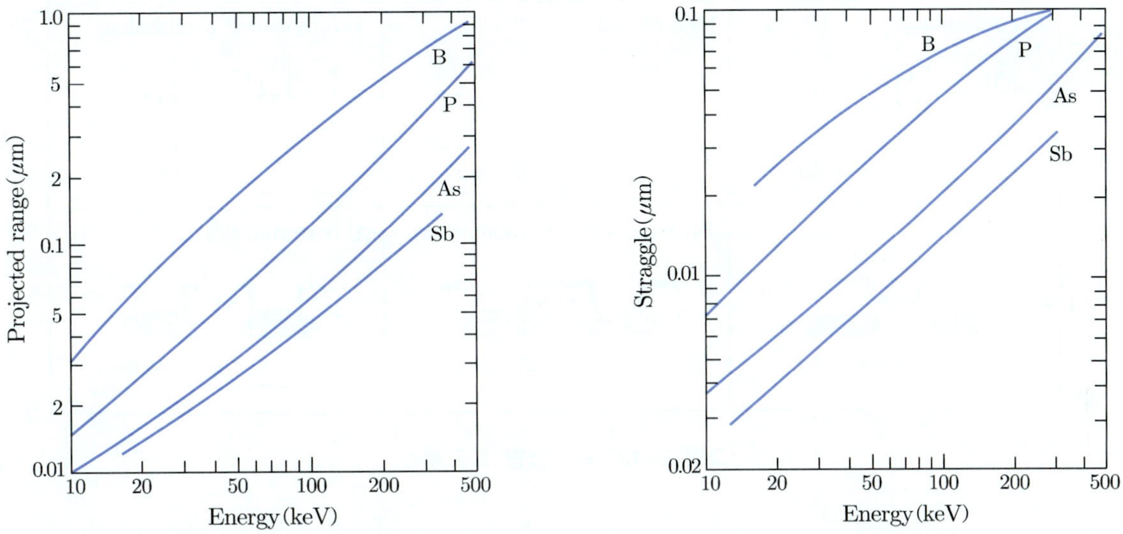

(a) 주입 에너지에 따른 주입 깊이

(b) 각 주입 에너지에서 깊이 편차

그림 2-11 이온 주입 에너지에 따른 주입 깊이와 표준편차

(BEN G. streetman, solid state electronic device 6th edition 참조)

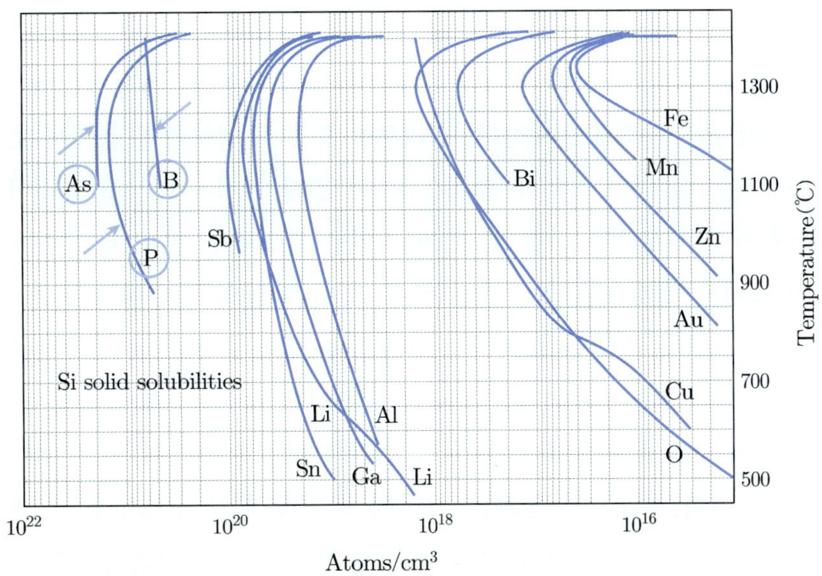

그림 2-12 실리콘에 주입하는 대표적 도펀트 물질의 solubility

(BEN G. streetman, solid state electronic device 6th edition 참조)

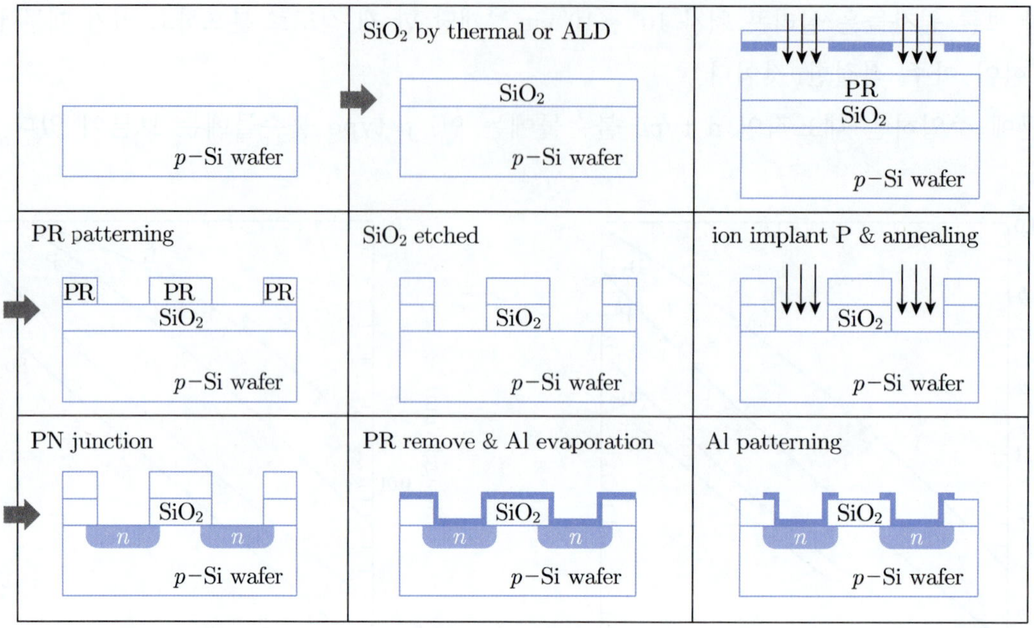

그림 2-13 PN 접합 프로세스

불순물들은 반도체 결정 내에 주입하는 양에 한계치가 존재하는데 이것을 실리콘에 대한 solubility라고 부른다. 각 물질마다 최대로 주입할 수 있는 양이 다르다. 그림 2-12에는 실리콘의 도펀트(dopants) 물질의 solubility를 표시하였다. PN 접합은 다음과 같은 복잡한 프로세스를 거친다. 각각 유형이 다른 반도체를 제작한 후 접합하는 것이 아니라 불순물을 주입해서 다른 유형의 반도체를 만드는 것임에 주의하라.

그림 2-13에 가장 고전적인 PN 접합 제작 프로세스를 나타내었다. 이번에는 인을 주입시켜 보자. 인은 5족 원소로 최외각 전자가 5개 존재한다. 실리콘에 인을 주입시키면 앞에서 보론의 예를 설명한 것처럼 실리콘과 공유 결합을 하며 최외각 전자가 9개가 된다. 8개가 안정화 상태이기 때문에 잉여의 전자 1개를 방출하여 안정화 상태를 꾀한다. 이처럼 인을 주입하면 반도체 내에는 전자가 양공보다 더 많은 n-type 반도체가 된다. 이렇게 주입한 두 가지 타입의 불순물들은 반도체 결정 내에서 어떤 형태로 존재하는 것일까? 주입한 불순물은 전자를 받거나 주거나 할 때까지는 중성으로 존재한다. 인의 경우 전자를 주게 되면 인 원자는 이온화되었다고 하며 이때 전자를 방출하는 에너지를 이온화 에너지라 부른다. 인 원자는 최외각 잉여 전자 1개를 방출하여 이온화되며 (+) 전하를 띤 안정한 상태에 이르게 된다. 이때 인 원자는 자신의 위치에서 움직이지 않고 제자리에 고정되어 있고 주변의 전자들이 주위를 회전(여기서 전자를 고전적 입자로 취급하겠다)하고 있다. 전하를 띠고 있어서 (+) 고정전하(fixed charge)라고도 표현한다.

2-2-2 도너와 억셉터 준위

이러한 불순물들은 반도체 결정 내의 준 자유전자들(이 전자들의 운동에 의해 전류를 형성한다)이 이동하는데 서로 충돌, 산란을 일으키며 전하를 띠고 있으므로 전자들의 움직임에 영향을 미치기도 한다. 또한 이러한 불순물들은 실리콘 밴드 갭 내에 특정 에너지 준위를 형성한다. 인의 경우는 전도대 아래 약 45 meV 부근에 에너지 준위를 형성한다. 그림 2-14에 이러한 상황을 나타내었다. 이러한 인이 형성한 준위를 도너 준위라고 하는데 전자를 준다는 의미에서 도너(증여)라고 명칭하고 있다. 보론의 경우를 논의해 보자. 보론은 실리콘 반도체 내에서 전자의 빈자리, 즉 양공들을 형성한다. 인과 동일하게 이들도 이온화되며 (−) 고정전하로 작용한다. 보론은 인과 달리 실리콘 밴드 갭 내에 가전자대 부근에 에너지 준위를 형성한다. 인은 전자를 준다는 의미에서 도너 준위를 형성하지만 보론은 전자를 받아야 하므로 억셉터(acceptor)라 부르며 억셉터 준위를 형성한다.

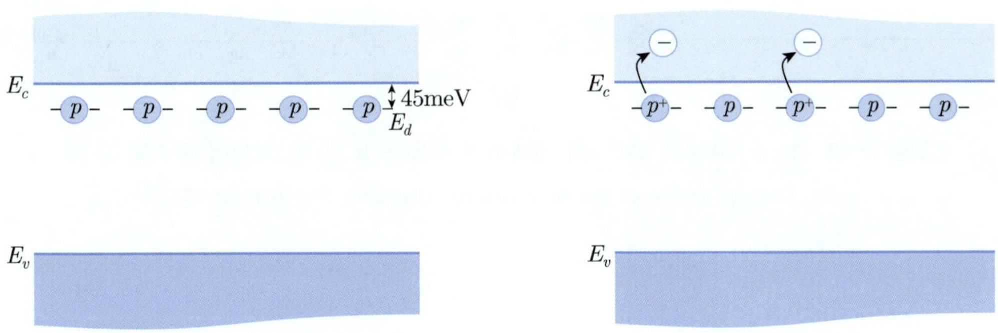

(a) 불순물 인이 형성하는 도너 준위 (b) 인의 부분 이온화

그림 2-14 주입한 인 원자의 도너 준위

가전자대의 전자를 포획하여 자신은 음으로 이온화되고 가전자대에는 양공을 형성한다. 그림 2-15에 억셉터 준위를 묘사하였다.

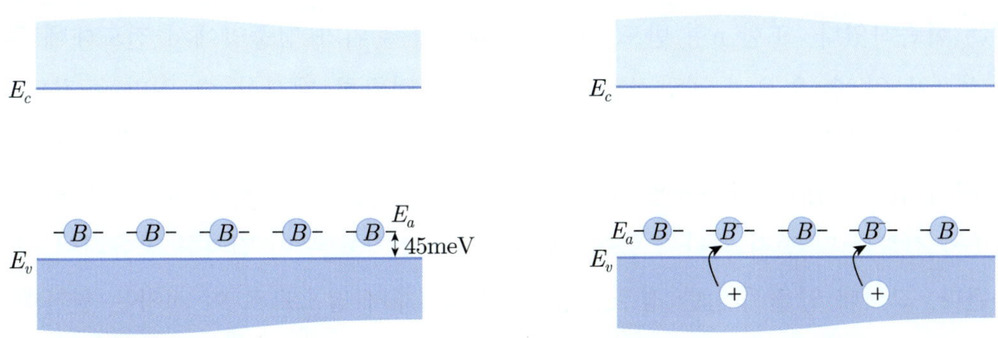

(a) 보론이 형성하는 억셉터 준위 (b) 보론의 부분 이온화

그림 2-15 실리콘 반도체 내 보론 원자들이 형성하는 억셉터 준위

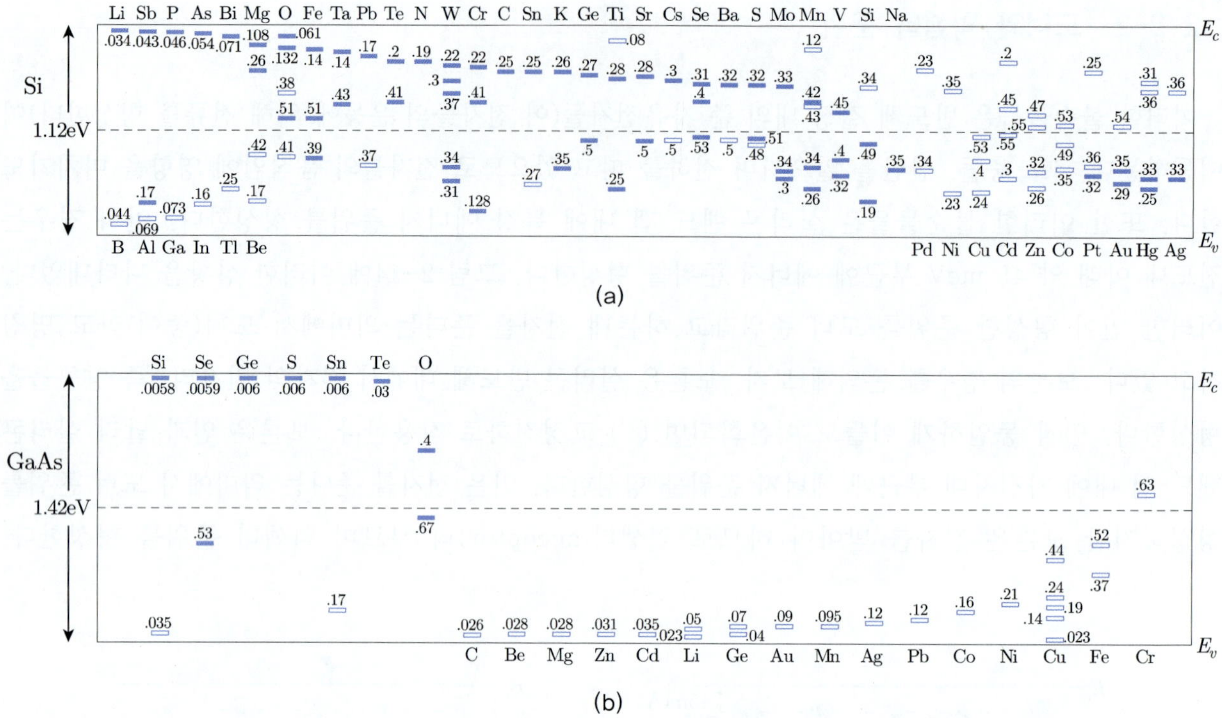

그림 2-16 Si & GaAs의 밴드 갭 내에서 형성되는 도너 및 억셉터 불순물 준위
(S.M. Sze, physics of semiconductor devices 3rd edition 참조)

2-2-3 불순물의 이온화 에너지

진성 반도체에 인을 주입하면 잉여 전자가 존재하게 되어 이러한 잉여 전자는 전기장이 인가된 상태에서 반도체에 전도성을 부여하여 비로소 전류 성분을 형성하게 된다. n형 반도체의 주요 캐리어는 전자임을 알 수 있다. 전자가 양공보다 많다는 의미이며 양공은 소수 캐리어가 된다. 소수 캐리어의 농도는 반도체의 전자, 양공 농도의 곱은 일정하다는 규칙에 의해 쉽게 계산할 수 있다는 것을 이미 우리는 학습하였다. 또한 n형 반도체에서는 페르미 준위가 정중앙에서 전도대에 근접한다는 것도 직관적으로 알 수 있으며 정량적으로 그 위치를 정확히 계산할 수 있다는 것도 배웠다.

반도체는 공유 결합을 하고 있다. 공유 결합은 매우 강한 결합이다. 같은 전하를 갖는 두 입자가 존재할 때(여기서는 + 입자) 입자들은 같은 전하를 가지고 있으므로 서로 강하게 반발하고 있는데 그 사이에 (−) 전하를 띤 전자 하나가 들어오면 두 개의 입자들은 이 전자를 공유하여 서로 강하게 결합하게 된다. 그런데 인을 주입한 경우, 최외각 전자 1개가 남으므로 이 전자는 원자핵과 강하게 결합하지 못하고 큰 궤도 반경을 가지고 공전한다.

그림 2-17에 나타내었듯이 이 전자는 원자핵에 강하게 속박되어 있지 않으므로 준 자유전자처럼

행동하며 외부에서 어떤 힘이 작용하면 이 전자는 반도체 결정 내를 이동하게 된다. 물론 힘이 작용하는 방향에 맞추어서 이동하게 된다. 마치 우리가 우주선을 타고 우주여행을 한다면 우주선은 지구의 중력을 이겨내서 탈출하게 되고 우주 공간을 비교적 자유롭게 유영하게 되는 것과 비슷하다. 이때 우주선이 어떤 항성이나 행성에 근접하게 되면 중력의 영향을 받아서 경로가 휘어지거나 항성에 빨려 들어 추락하게 될 것이다. 준 자유전자의 상황도 비슷하다. 외부의 힘(전기장)에 의해 전자는 반도체 결정 내를 이동하는데 원자핵, 불순물 이온 등과 산란과정을 거치면서 힘의 방향으로 이동하게 된다. 전자는 산란을 통해 경로가 바뀌고 무질서한 방향으로 이동하는 것 같지만 이러한 무질서한 이동을 하면서도 결국 힘의 방향으로 진행되어 가는 것이다.

반도체에서는 최외각 잉여 전자(이것을 준 자유전자로 부른다)가 매우 중요하다고 서술하였다. 그 이유는 잉여 전자가 전류를 형성하고 반도체에서 다루는 물리적 내용들은 바로 이 전자의 운동을 이해하고 수학적으로 기술함으로써 전자의 움직임을 예측하고 이해하는 것에 있다고 볼 수 있다. 그림 2-17에 반도체의 공유 결합과 인을 주입한 n형 반도체의 잉여 전자의 상황을 묘사하였다. 인의 최외각 전자 5개는 주변의 실리콘 원자와 공유 결합을 형성한다. 실리콘 최외각 궤도에는 전자가 들어갈 자리가 8개 있지만 4개만을 가지고 있으므로 인의 최외각 전자 5개 중 4개를 받아서 서로 공유하며 결합한다. 남은 전자 1개가 반도체에서 중요한 준 자유전자이다. 비교적 약하게 속박되어 있는 준 자유전자의 궤도 반경은 손쉽게 계산할 수 있다.

전자가 공전하는 원심력과 전자와 이온 사이의 쿨롱의 힘은 균형을 이루면서 공전하고 있다. 각 운동량도 양자화되므로 다음과 같이 표현할 수 있다.

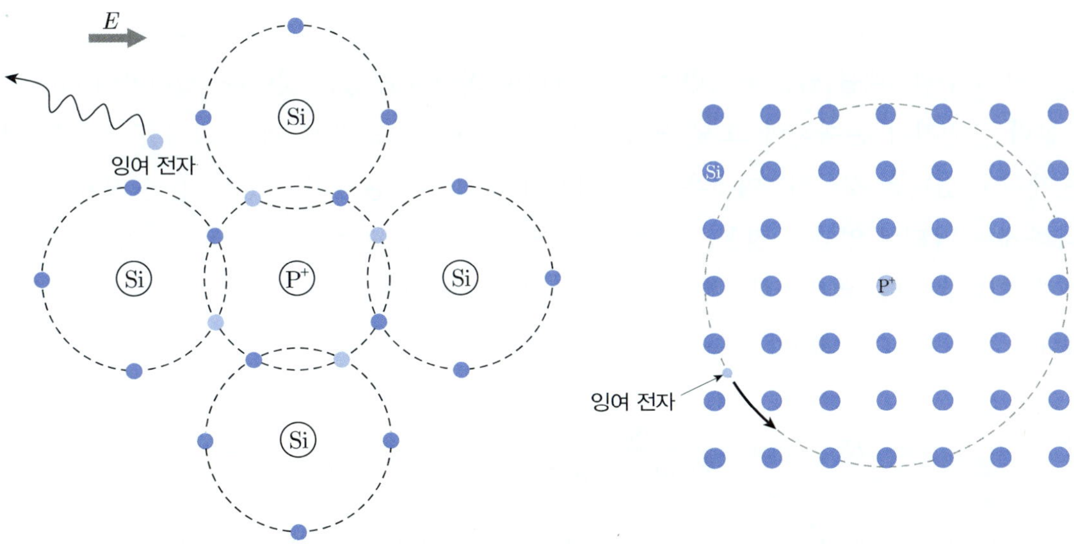

(a) 인 도펀트와 실리콘의 공유 결합 (b) 도펀트 최외각 전자의 궤도 반경

그림 2-17 n형 실리콘 반도체의 공유 결합

$$\frac{m_n^* v^2}{r_n} = \frac{q^2}{4\pi\epsilon r_n^2} \qquad\qquad m_n^* v r_n = n\hbar$$

r_n은 도펀트 최외각 전자의 궤도 반경이다. v를 대입하고 궤도 반경 r_n에 대해서 정리하면 다음과 같다.

$$r_n = \frac{n^2\hbar^2 4\pi\epsilon}{m_n^* q^2} \qquad\qquad r_1 = \frac{4\pi\epsilon\hbar^2}{m_n^* q^2}$$

$n=1$ 상태를 고찰해 보자.

보어 반경 0.53 Å 과의 비를 구해 보자. 보어 반경은 다음과 같이 정의한다.

$$a_0 = \frac{4\pi\epsilon_0\hbar^2}{m_0 q^2} = 0.53\ \text{Å}$$

$$\frac{r_1}{a_0} = \epsilon_r \frac{m_0}{m_n^*} \qquad\qquad \epsilon_r = 11.7 \quad \frac{m_n^*}{m_0} = 0.26$$

$$\frac{r_1}{a_0} = \epsilon_r \frac{m_0}{m_n^*} = 45\ \text{Å} \qquad\qquad \therefore r_1 = 23.9\ \text{Å}$$

여기서 유효질량은 전도성 유효질량을 사용해야 한다(표 2-1 참조). 전자는 운동을 하고 있는 상황이기 때문에 상태 밀도 유효질량을 사용하지 않는다. 최종적으로 궤도 반경은 23.9 Å 이 얻어진다. 대략적으로 준 자유전자의 궤도 반경은 23.9 Å 정도로 계산되었다. 이 값은 놀라운 것이다. 왜냐하면 실리콘의 격자 상수는 5.43 Å 임을 기억하라. 도너 원자에 존재하는 최외각 준 자유전자는 실리콘 격자 상수의 4배를 넘는 커다란 반경을 그리며 회전하고 있는 것이다. 실리콘의 unit cell에는 8개의 실리콘 원자가 존재하며 그 간격이 5.43 Å 이므로 궤도 반경 내에 실리콘 원자는 약 32개 넘게 존재하고 있다는 것이다. 이것은 도너 원자의 최외각에 존재하고 있는 잉여 전자는 원자핵에 매우 약하게 속박되어 있다는 것을 의미하며 외부의 힘에 쉽게 반응하여 언제든지 궤도를 벗어나 이동할 수 있다는 것을 의미한다. 준 자유전자처럼 행동하는 것이다. 준 자유전자의 위치에너지와 운동에너지의 합이 결국 도너 원자의 이온화 에너지에 해당한다.

$$E = T + V = \frac{m_n^* q^4}{2(n\hbar)^2(4\pi\epsilon)^2} - \frac{q^2}{4\pi\epsilon r_n} = -\frac{m_n^* q^4}{2(n\hbar)^2(4\pi\epsilon)^2}$$

표 2-2에는 실리콘에 주입하는 불순들의 이온화 에너지를 요약하였다. 인의 이온화 에너지는 약 45 meV로 실리콘의 밴드 갭 에너지 1.12 eV에 비해 매우 작다는 것을 알 수 있다. 45 meV

표 2-2 여러 반도체 내 불순물들의 이온화 에너지

			이온화 에너지(meV)		
	타입	약자	Si	Ge	GaAs
Phosphorus	donor	P	45	12	
Arsenic	donor	As	50	12.7	
Boron	acceptor	B	45	10.4	
Aluminum	acceptor	Al	60	10.2	
Selenum	donor	Se			5.9
Silicon	donor	Si			5.8
Beryllium	acceptor	Be			28
Zinc	acceptor	Zn			30.7

이상의 에너지를 공급하면 도너 원자에 구속된 잉여전자는 결합을 끊고 탈출하여 전도대로 이동하게 된다. 이 전자가 준 자유전가 되는 것이다.

2-2-4 도너 준위 형성의 정성적 이해

도너 원자들이 밴드 갭 내에 형성하는 도너 준위들을 정성적으로 이해해 보자. 실리콘 두 원자가 서로 영향을 미치지 않을 정도로 멀리 떨어져 있다가 점점 근접하게 되면 에너지 준위는 split 된다. 이것은 전자가 페르미온이며 파울리 배타 원리를 만족해야 하므로 한 에너지 상태에 동일한 스핀을 가진 전자는 존재할 수 없으며 spin up, spin down 두 개의 전자만이 한 개의 state를 점유하게 된다. 따라서 두 개의 실리콘 원자가 서로 영향을 미칠 수 있는 가까운 거리에 근접하면 각각이 가지고 있던 전자 궤도들은 하나로 합쳐지는 것이 아니라 각각 개별적으로 궤도를 유지하되 에너지 준위가 갈라지는 현상이 발생한다. 이것을 에너지 준위가 split 되었다고 말하며 무수히 많은 원자들이 근접하면 그 수만큼 에너지 준위가 형성되고 split 되어 아주 촘촘한 간격으로 에너지 준위가 형성되어 마치 에너지 밴드를 형성하고 있는 것처럼 보이게 된다.

그림 2-18에 n형 반도체의 도너 준위 형성 과정을 정성적으로 표현하였다. Si과 P의 최외각 궤도만 표시하였다. 그림 2-18 (a)의 실리콘 최외각 궤도에는 전자가 들어갈 수 있는 에너지 준위가 4개에 최외각 전자는 4개가 존재하며 각 준위에 스핀 업 전자와 스핀 다운 전자 한 쌍이 존재한다. 따라서 두 개의 준위는 전자로 채워져 있고 두 개의 준위는 비워져 있다. P의 경우에는 최외각

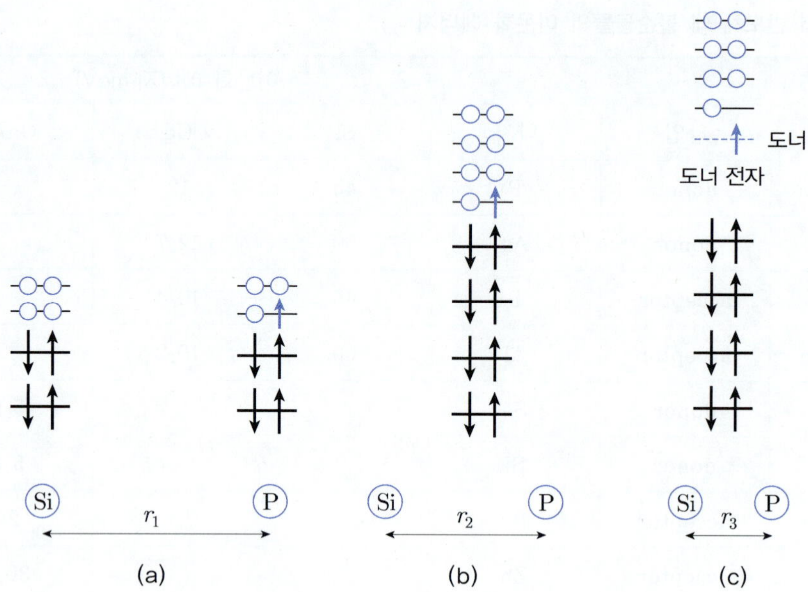

그림 2-18 실리콘 내 도너 준위 형성 과정의 정성적 설명

전자가 5개이므로 그림 2-18 (a)와 같이 두 개의 준위에는 전자가 채워져 있고 나머지 두 준위에는 스핀 업 전자 한 개가 채워져 있게 된다. 전자를 채우는 규칙은 스핀 업 전자부터 채워진다는 것을 기억하라.

이제 두 실리콘과 인의 원자가 서로 간섭을 일으킬 수 있는 거리까지 근접하면 각각 준위에 있는 전자들은 서로 합쳐지는 것이 아니라 파울리 배타 원리에 의해 전자 한 쌍만이 한 준위에 들어갈 수 있으므로 각 에너지 준위들은 서로 촘촘하게 split 된다. 이것을 그림 2-18 (b)에 표시하였다. 만약 실리콘과 인의 원자가 각각 n개 존재한다면 에너지 준위는 2n개만큼 존재하게 될 것이다. 실리콘 원자와 인의 원자가 더 접근하게 되면 그림 2-18 (c)와 같이 전자가 채워져 있는 에너지 밴드와 채워져 있지 않은 밴드가 서로 분리되면서 에너지 갭을 형성하게 된다. 도너 전자는 원자핵에 약하게 구속되므로 전도대에 존재하지 못하고 전도대 아래 45 meV 근처 도너 준위에 머무르게 된다. 이러한 도너 원자들이 증가하게 되면 전도대 아래에 에너지 밴드를 형성하게 된다. 이것을 앞에서 도너 준위로 명명하였고 도너 원자 농도에 따라 도너 준위는 전도대 하단과 겹칠 수도 있다.

우리가 앞 절에서 인의 이온화 에너지를 수학적으로 계산하지는 않았지만 전도대 밑 45 meV 정도 부근에 에너지 준위를 형성하다는 것을 인지한다면 이러한 정성적인 해석도 가능할 것이다. 지금까지 n형 반도체의 도너 준위는 밴드 갭 내 전도대 근처에 형성됨을 정성적으로 설명하였다. 그림 2-19에 밴드 다이어그램으로 도너 준위를 형상화하였다. 도너 준위는 전도대 아래 45 meV에 위치하고 있으며 전자를 전도대로 내어 주고 자신은 이온화되어 고정전하로 반도체 내에 존재하게 된다. 그렇다면 이러한 도너 준위에서 전도대로 전자를 방출하는데 도너 준위에 존재하는 전자대부분을 전도대로 방출하게 되는 경우 완전 이온화되었다고 말한다. 반도체 내 불순물들은 상온에서 대부분 완전 이온화한다(그림 2-19 참조). 그렇다면 $T = 0\,\text{K}$에서는 어떻게 될 것인가? 0 K에서는 전자들은 열적 에너지를 받을 수도 없으며 가장 낮은 에너지를 점유하고자 한다. 결국 전도대로 여기하는 전자들은 존재하지 않게 되고 이러한 현상을 동결되었다고 말한다.

모든 캐리어들이 너무 온도가 낮아서 얼어 있다는 것이다. 300 K에서는 도너 원자들이 완전 이온화 하며 0 K에서는 동결되는 것이며 0~300 K 사이에서 도너 원자들은 부분적으로 이온화된다. 즉 우리가 주입한 도너 불순물들의 일부는 전자를 전도대로 보내지 못하고 그대로 전자가 도너 준위에 머물고 있다는 뜻이다. 이런 경우는 반도체에 주입한 도너 불순물들이 전부 캐리어로 전환되지 못한다는 뜻이다. 반도체를 논의할 때는 대부분 상온에서 다루므로 도너 불순물 농도 $N_D = n_0$이 성립한다. 그러나 0~300 K 구간에서는 $N_D > n_0$가 성립한다. 동결된 상태에서는 n형 반도체의 페르미 준위는 도너 준위와 전도대 사이의 중간에 위치하게 된다. 정성적으로 우리는 다음과 같이 이해할 수 있다. 만약 동결된 상태에서 페르미 준위가 도너 준위 아래에 있다면 페르미 준위 이상에서는 전자가 존재할 확률이 0에 가까워진다. 그렇지만 도너 준위에는 최소 한 개 이상의 전자들이 존재하게 된다. 따라서 페르미 준위는 도너 준위 위에 존재해야만 한다. 이러한 사실을 수학적으로 유도하는 것도 가능하지만 본 책에서는 정성적인 기술만 하겠다. 그림 2-19에 도너 준위와 페르미 준위의 위치를 표시하였다. n형 반도체의 페르미 준위에 대해서 고찰해 보자. 진성 반도체의 페르미 준위는 밴드 갭 중앙에 위치하고 있다는 것을 이미 학습하였다. n형 반도체의 주요 캐리어는 전자이다. 즉 전자의 농도가 양공의 농도보다 많은 반도체이다. 이러한 사실로부터 페르미 준위는 밴드 갭의 중앙에서 전도대 근처로 접근할 것이라는 것을 예상할 수 있다.

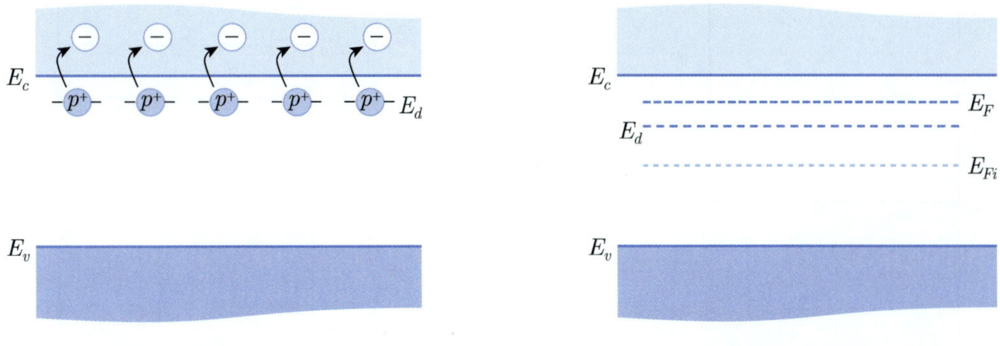

그림 2-19 n형 반도체의 300 K에서 불순물 인의 완전 이온화

2-2-5 n형 반도체의 페르미 준위와 전자 농도

즉 진성 반도체에서는 페르미 준위가 중앙에 위치하며 전자와 양공의 농도가 동일하다. 그림 2-20에 진성 반도체와 n형 반도체의 페르미 준위, 전자 농도를 표시하였다.

n형 반도체에서는 전자 농도가 높으므로 페르미 준위는 중앙으로부터 전도대에 가깝게 존재한다. 페르미 준위가 전도대에 근접해 있으므로 상대적으로 쉽게 전도대로 전자를 방출시킬 수가 있다. 페르미 준위 이하에는 전자로 충만되어 있다는 사실을 상기하면 페르미 준위로부터 전도대로 전자를 여기시키는 데 더 적은 에너지가 필요하다. 그림 2-20에서 알 수 있듯이 n형 반도체의 전자 농도가 양공 농도보다 훨씬 크게 표시되어 있다(면적을 볼 것). 만약 n형 반도체에 도너 불순물을 매우 많이 주입하면 페르미 준위는 어떻게 될 것인가? 주입량이 증가할수록 페르미 준위는 전도대에 근접한다고 이미 기술하였다. 만약 전도대의 유효 상태 밀도 이상의 농도로 도너 불순물을 주입한다면 페르미 준위는 전도대 안에 존재하게 된다. 이러한 반도체를 축퇴(degenerate) 반도체라 한다. 도너 불순물들은 Si 원자 수에 비해 4~5차수 정도 낮다. 지금까지 우리가 논의한 n형 반도체라 함은 도너 불순물들을 $10^{16} \sim 10^{18}\text{cm}^{-3}$ 정도로 가정하고 논의하였다. 즉 실리콘 원자 농도에 비해 매우 작은 양이었다. 이런 경우에는 $E-E_F \gg 3kT$를 만족하고 있으며 페르미-디랙 확률함수는

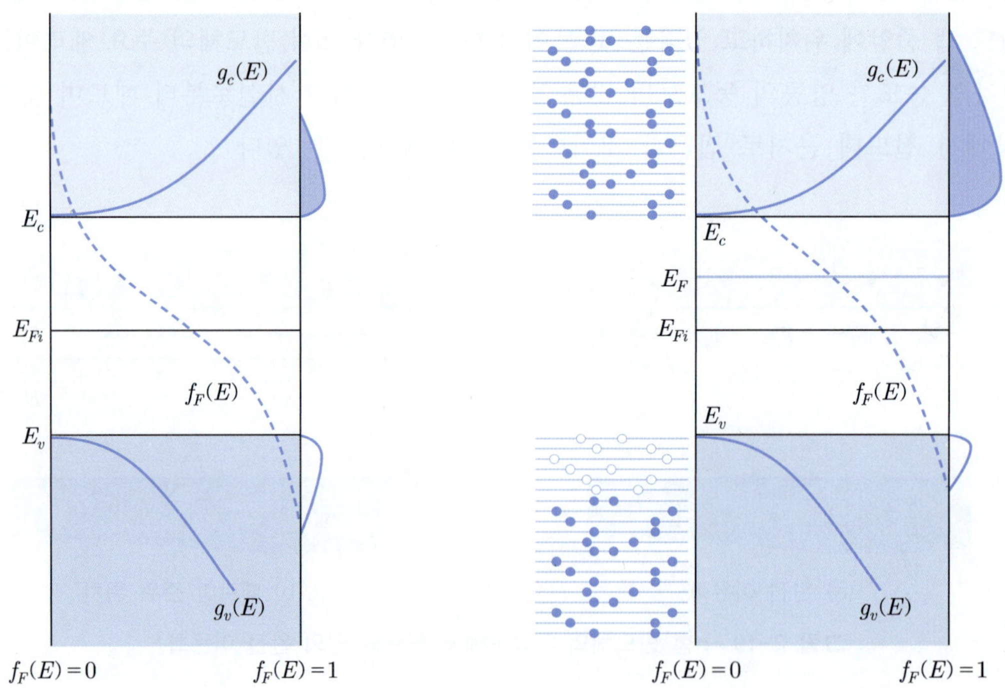

(a) 진성 반도체

(b) n형 반도체

그림 2-20 진성 반도체와 n형 반도체의 페르미 준위, 전자 농도 비교

맥스웰-볼츠만 분포함수로 근사시킬 수 있음을 보였다. 이러한 반도체를 비축퇴(nondegenerate) 반도체라 한다. 우리가 통상적으로 n, p형 반도체라 함은 비축퇴 반도체를 의미한다. 굳이 비축퇴 반도체라는 용어를 사용하지 않아도 우리가 외인성 반도체를 논의할 때는 모두 비축퇴 반도체를 말하는 것이다. 만약 전도대의 유효 상태 밀도 정도로 도너 불순물을 주입하게 되면 도너 전자들 사이의 상호 간섭이 발생한다.

2-2-6 축퇴 반도체

비축퇴 반도체는 적은 양의 도너 불순물로 인하여 실리콘 원자 내에 넓게 분포하며 도너 전자들 간의 상호 간섭이 일어나지 않는다. 그러나 축퇴 반도체에서는 도너 불순물이 증가하여 도너 원자들 사이의 거리가 가까워지고 도너 전자들이 상호 간섭하게 된다. 실리콘 원자들이 가까워지면 상호 간섭이 일어나고 에너지 준위가 split되고 에너지 밴드가 형성되고 이 에너지 밴드는 더 넓어지게 됨을 상기하라. 도너 불순물 사이에서도 동일한 현상이 발생한다. 이러한 상황을 그림 2-21에 나타내었다.

도너 불순물의 농도가 증가할수록 도너 준위는 split 되면서 에너지 밴드를 형성한다. 또한 농도가 높아지면 밴드의 폭은 더 넓어지고 결국 전도대의 하단 끝부분과 겹쳐질 수 있다. 페르미 준위는 도너 준위 위에 존재하게 되며 이런 경우 페르미-디랙 확률함수는 맥스웰-볼츠만 분포함수로 근사되지 않는다. 즉 페르미-디랙 확률함수의 분모의 1항을 이제는 무시할 수 없게 된다. 축퇴 반도체가 성립하는 조건들은 대략 다음과 같다.

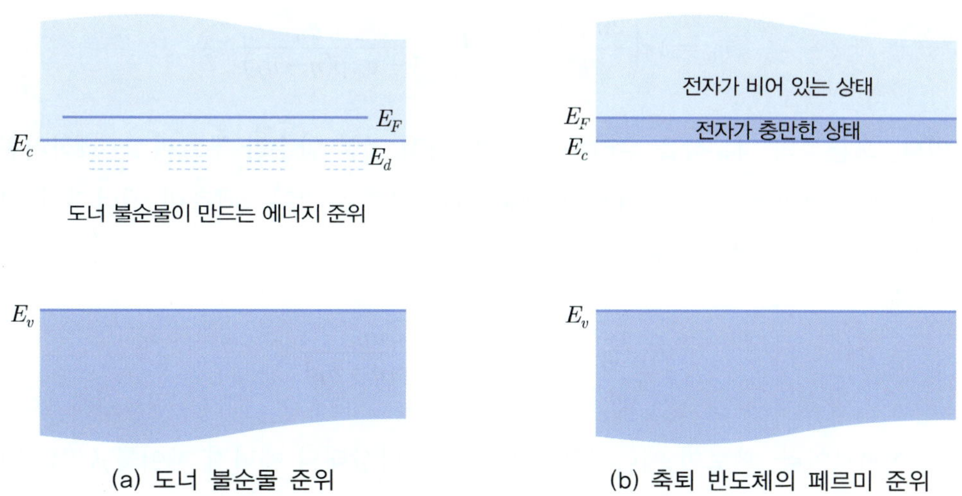

그림 2-21 축퇴 반도체의 도너 준위와 페르미 준위

$$N_D \geq N_c \qquad |E_c - E_F| < 3kT \tag{2-30}$$

축퇴 반도체의 경우, 전자의 농도를 계산하는 경우 하기와 같은 페르미-디랙 확률함수를 사용해야 한다.

$$f(E) = \frac{1}{1 + \exp[(E_c - E_F)/kT]} \tag{2-31}$$

우리가 앞으로 논의하게 될 MOSFET 소자 또는 일방 PN 접합 등에서 n^+, p^+ 등을 언급하는데 이것은 불순물 주입 농도가 $10^{19}\,\text{cm}^{-3}$ 정도의 고농도 주입을 의미한다.

n형 축퇴 반도체에서 전자 농도를 구해 보고 비축퇴 반도체의 전자 농도 구하는 식과 이론적으로 어느 정도 농도 차이를 유발하는지 살펴보자. 페르미 준위로부터 전자 농도를 구하는 식은 이미 유도하였다. 이 수식에서 페르미-디랙 확률함수의 분모의 1항을 원래대로 기입하면 하기와 같은 수식이 된다.

$$n_0 = \frac{4\pi}{h^3}(2m_n^*)^{3/2}\int_{E_{cb}}^{E_{ct}} \frac{\sqrt{E - E_c}}{1 + \exp\left(\frac{E - E_F}{kT}\right)} dE \tag{2-32}$$

$$\eta = \frac{E - E_c}{kT} \qquad \eta_F = \frac{E_F - E_c}{kT}$$

로 치환하고 적분 구간을 전도대 바닥을 0, 전도대의 top을 무한대로 변경할 수 있다. 또한 적분식에 존재하는 kT 항을 모두 앞으로 보내고 정리하면

$$n_0 = 4\pi\left(\frac{2m_n^* kT}{h^2}\right)^{3/2}\int_0^{\infty} \frac{\sqrt{\eta}\,d\eta}{1 + \exp(\eta - \eta_F)} \tag{2-33}$$

을 얻을 수 있다. 오른쪽의 적분식을 우리는 페르미-디랙 적분 함수라 부르며 2-34식처럼 정의한다. 이 적분 함수의 계산 결과는 표로 정리하여 사용한다. 그림 2-22는 페르미 에너지와 페르미-디랙 적분 함수와의 관계를 정리한 그래프이다.

$$F_{\frac{1}{2}}(\eta_F) = \int_0^{\infty} \frac{\sqrt{\eta}\,d\eta}{1 + \exp(\eta - \eta_F)} \tag{2-34}$$

가로축을 잘 살펴보아라. 페르미 에너지와 전도대의 바닥상태의 에너지 차이를 kT로 나눈 값이다. 0을 기준으로 오른쪽은 양수 구간인데 이때는 페르미 에너지가 전도대의 바닥보다 더 큰 값을 가져야 하므로 전도대 내에 존재하게 된다. 음수 값을 갖는 것은 페르미 에너지가 전도대 아래, 즉 밴드

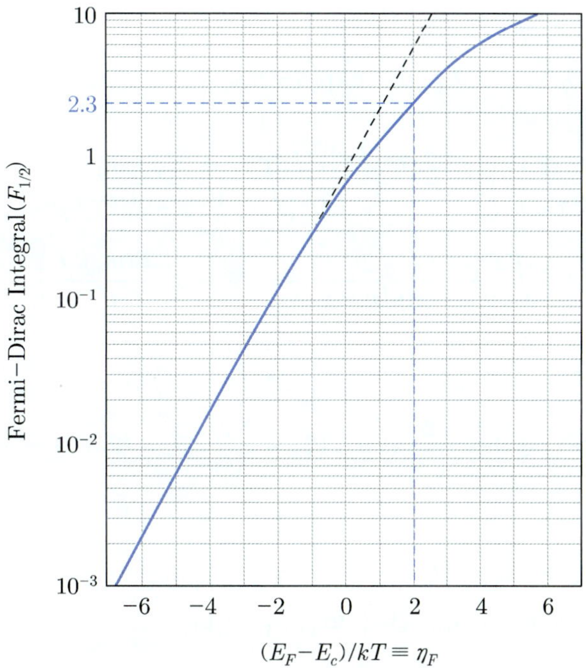

그림 2-22 페르미-디랙 적분 함수와 페르미 에너지 준위
(S.M. Sze Physics of semiconductor device, 3rd 참조)

갭 내에 존재하는 것을 의미하며 η_F의 수식 정의를 잘 살펴보면 알 수 있듯이 η_F가 1, 2, 3…이 된다는 것은 페르미 에너지와 전도대의 바닥 에너지와의 차이가 kT, $2kT$, $3kT$가 된다는 것과 같은 의미이다. 축퇴 반도체는 이 차이가 $3kT$ 이하일 때이며 이때는 맥스웰-볼츠만 분포 함수를 적용할 수 없다는 것을 이미 설명하였다. 2-34식을 2-33에 대입해서 전자 농도를 표현하는 최종식은 다음과 같다.

$$n_0 = 4\pi F_{\frac{1}{2}}(\eta_F)\left(\frac{2m_n^* kT}{h^2}\right)^{3/2} \tag{2-35}$$

그림 2-22를 이용하여 축퇴되어 있는 반도체의 전자 농도를 구해 보자.

예제 2-2-1

300 K에서 페르미 준위는 전도대 위 52 meV에 위치하고 있다. 전자 농도를 구해 보라.

풀이

$kT = 0.0259\,\text{eV}$이므로 $2kT$에 해당하며 $\eta_F = 2$이다. 그림 2-22의 x축에서 2와 교차하는 페르미-디랙 적분 함숫값은 대략 2.3 정도이다(파란색 점선으로 표시). 따라서 전자 농도는

$$n_0 = 4\pi\left(\frac{2m_n^* kT}{h^2}\right)^{3/2}\int_0^\infty \frac{\sqrt{\eta}\,d\eta}{1+\exp(\eta-\eta_F)}$$

$$= (4\pi)\left(\frac{1}{2\pi\sqrt{\pi}}\right)(2)\left(\frac{2\pi m_n^* kT}{h^2}\right)^{3/2}\int_0^\infty \frac{\sqrt{\eta}\,d\eta}{1+\exp(\eta-\eta_F)}$$

$$= \frac{2}{\sqrt{\pi}}(N_c)\int_0^\infty \frac{\sqrt{\eta}\,d\eta}{1+\exp(\eta-\eta_F)},\quad N_c = 2\left(\frac{2\pi m_n^* kT}{h^2}\right)^{3/2}$$

이므로 전자 농도는

$$n_0 = \frac{2}{\sqrt{\pi}}N_c F_{\frac{1}{2}}(\eta_F) = \frac{2}{\sqrt{\pi}}N_c F_{\frac{1}{2}}(2) = \frac{2}{\sqrt{\pi}}N_c \times (2.3) = 8.53\times 10^{19}\,\text{cm}^{-3}$$

가 된다.

만약 우리가 상기의 적분 함수를 이용하지 않고 그동안 배웠던 비축퇴 반도체의 전자 농도 구하는 식을 사용하면 전자 농도는 하기와 같이 얻을 수 있다.

$$n_0 = N_c \exp\left(\frac{-(E_c-E_F)}{kT}\right) = 2.8\times 10^{19}\,\text{cm}^{-3}\exp(2) = 2.07\times 10^{20}\,\text{cm}^{-3}$$

두 값을 비교해 보면 2배 이상의 차이가 나는 것을 알 수 있다. 후자의 방법은 올바른 방법이 아니다. 축퇴된 반도체의 전자 농도는 전자와 같이 페르미-디랙 적분 함수로 반드시 구해야 한다. 이상을 요약하면 그림 2-23과 같다. 도핑 농도가 매우 커서 페르미 준위가 전도대 위에 존재하는 경우도 존재하지만(그림 2-23 (a)) 전도대 바로 밑 하단에 $3kT$보다 작은 지역에 존재하는

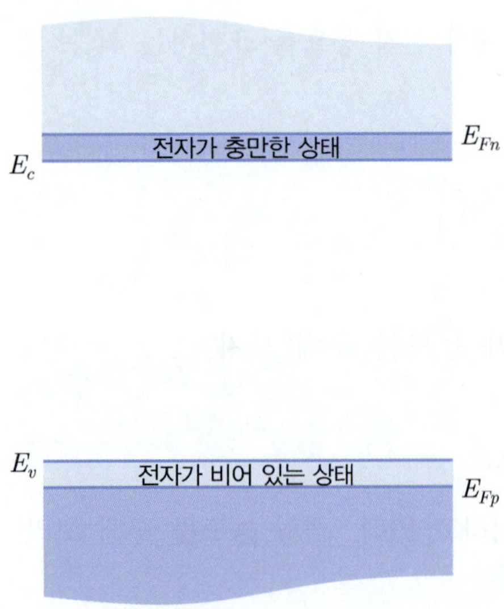

(a) 페르미 준위가 전도대, 가전자대 내에 위치

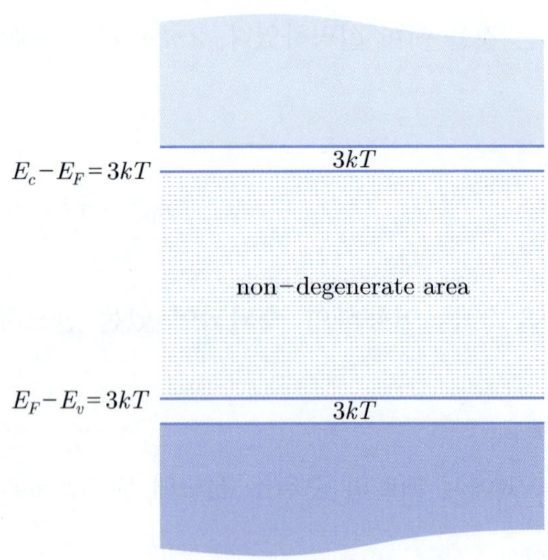

(b) 페르미 준위가 전도대 하단 부근에 위치

그림 2-23 축퇴 반도체와 비축퇴 반도체의 페르미 준위의 위치

경우도 있을 수 있다. 페르미 준위가 밴드 갭 내 전도대 하단 근처에 존재하는 경우의 그림이 그림 2-23 (b)에 해당한다. 따라서 맥스웰-볼츠만 분포함수를 적용할 수 있는 페르미 준위의 범위는 점선으로 표시한 사각형 영역으로 볼 수 있다.
페르미 준위가 전도대 바닥 아래 $3kT$ 이하, 가전자대 $3kT$ 이상의 범위 내에 존재하면 이때의 페르미-디랙 확률함수는 맥스웰-볼츠만 함수로 간략화할 수 있으며 전자 에너지와 페르미 에너지 차이가 $3kT$ 이하에서는 원래의 페르미-디랙 확률함수를 적용해서 전자 농도를 구해야 할 것이다.

2-2-7 p형 반도체

p형 반도체는 양공이 전자보다 더 많은 반도체이다. 주요 캐리어가 양공이다. n형 반도체에서는 최외각 궤도에 잉여 전자가 존재하여 이것이 전류 성분을 유발한다고 하였다. p형 실리콘 반도체에서는 최외각 궤도에 전자가 7개 존재하여 불안정한 상태에 있게 되며 전자 8개를 만들기 위해서 외부로부터 전자 한 개를 받아서 안정화 상태에 들어가게 된다. 즉 p형 반도체에서는 최외각 궤도에 전자의 빈자리가 1개 존재하며 이것을 우리는 양공이라 명칭한다. 실리콘 최외각에는 전자가 4개 존재한다. 7개를 만들기 위해서는 최외각 전자가 3개인 불순물을 주입하면 된다. 실리콘 반도체의 p형 불순물로 대표적인 것이 boron(보론, B)이다. 그림 2-24에 p형 반도체의 최외각 전자 상태를 표시하였다.

전자의 빈자리가 하나 존재하며 이 빈자리는 가전자대의 전자를 하나 받아서 8개의 전자를 채우게 되며 가전자대의 전자가 떠나면서 남긴 빈자리에 양공이 남고 이 양공의 자리를 다시 전자가 메워가면서 양공은 이동하게 되며 양공의 흐름으로 인하여 p형 실리콘 반도체의 전류가 형성되는 것이다. n형 반도체는 전자, p형 반도체는 양공에 의해서 전류가 형성되는 것이다. 이것은 뒤에서 배울 PN 접합의 전류성분에서 상세히 다룰 것이다. PN 접합에서는 서로 농도 차이로 인하여 양공이 n형 반도체로 확산해 가고 전자는 p형 반도체로 확산해 가면서 전류를 형성한다. 이때 전자는 p형 반도체 입자에서 본다면 소수 캐리어가 되는 것이며 n형 관점에서는 양공이 소수 캐리어가 되는 것이다. 이처럼 PN 접합에서는 소수 캐리어들의 확산으로 인하여 전류가 형성된다는 것을 잘 기억해야 한다. 보론 원자를 주입하면 실리콘 반도체 밴드 갭 내에 억셉터(acceptor) 준위를 형성한다. n형 반도체에서는 인이 도너 준위를 형성한다는 것을 상기하라. 억셉터라 명칭한 것은 전자 1개를 받아야 한다는 의미에서 붙여진 이름이다.

억셉터 준위는 가전자대 부근에 형성한다. 표 2-2에 명기하였듯이 억셉터 준위는 가전자대 위 45 meV에 준위를 형성한다. n형 반도체와 마찬가지로 p형 반도체에서 억셉터 준위가 가전자대 윗부분에 형성되는 이유를 정성적으로 살펴보자.

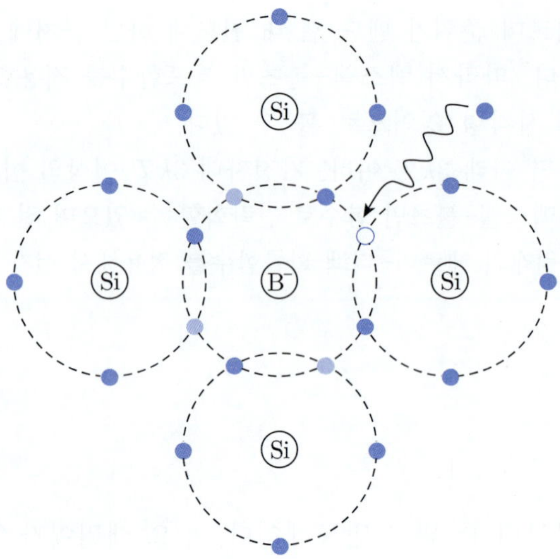

그림 2-24 p형 반도체의 최외각 전자

2-2-8 억셉터 준위 형성의 정성적 이해

n형 반도체의 설명을 잘 상기하라. p형 반도체도 비슷하게 설명할 수 있다. 실리콘과 보론의 원자가 서로 간섭을 일으킬 수 있는 거리까지 근접하면 각각 준위에 있는 전자들은 파울리 배타 원리에 의해 전자 한 쌍만이 한 준위에 들어갈 수 있으므로 각 에너지 준위들은 split 된다. p형 반도체의 경우는 최외각에 전자 한 개의 빈자리가 존재한다. 실리콘과 보론 원자가 더 접근하게 되면 전자가 채워져 있는 에너지 밴드와 채워져 있지 않은 밴드가 서로 분리되면서 에너지 갭을 형성하게 된다. 그런데 보론의 경우는 전가 한 개가 비워져 있는 상태가 전도대로 올라가지 못하고 가전자대 상부 45 meV 근처에 존재하게 되며 보론 원자가 많아지면 이러한 빈 상태가 증가하고 에너지 준위를 형성하게 된다. 이러한 준위를 억셉터 준위라고 한다. p형 반도체의 억셉터 준위 형성은 이렇게 정성적인 해석이 가능하다. 그림 2-25에 이러한 정성적인 설명을 그림으로 기술하였다.

p형 반도체의 최외각 빈 상태는 억셉터 준위를 형성하고 근처에 있는 가전자대로부터 전자를 공급받아서 이온화되고 (−) 상태의 고정전하로 반도체 내에 존재하게 된다. 이러한 억셉터 준위에 전자가 모두 공급되면 완전 이온화되었다고 말한다. n형 반도체에서 설명하였듯이 반도체 내 불순물들은 상온에서 대부분 완전 이온화한다. 그렇다면 $T = 0\,\mathrm{K}$에서는 어떻게 될 것인가? 0 K에서는 전자들이 열적 에너지를 받아 억셉터 준위로 여기되지 못하고 가장 낮은 에너지를 점유하고자 가전자대에 그대로 머물게 된다. 결국 억셉터 준위로 여기하는 전자들은 존재하지 않게 되고 이러한 현상을 완전 동결되었다고 말한다.

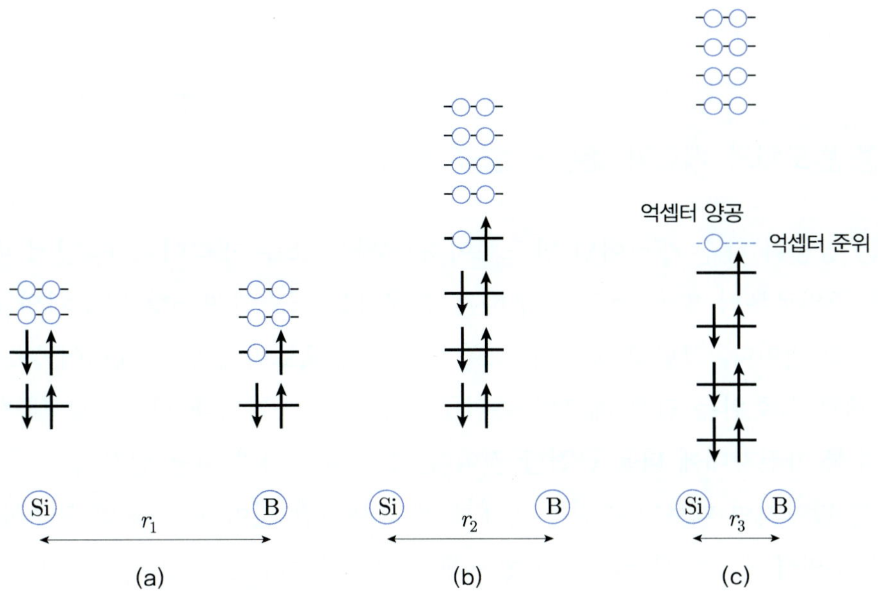

그림 2-25 실리콘 내 억셉터 준위 형성 과정의 정성적 설명

그림 2-26에 p형 반도체의 이온화 과정을 묘사하였다. 참조하길 바란다. 0 K에서 p형 반도체의 페르미 준위는 억셉터 준위와 가전자대 사이에 존재함을 직관적으로 이해할 수 있다. 0 K에서는 억셉터 불순물들이 완전히 동결되어 있다. 가전자대로부터 전자를 공급받을 수도 없어 이온화 과정이 일어나지 않는다. 페르미 준위 이하에는 전자로 충만되어 있어야 하므로 페르미 준위가 억셉터 준위보다 높은 에너지를 가질 수 없다. 따라서 0 K에서는 페르미 준위는 가전자대 상부와 억셉터 준위 사이 중앙 부근에 위치하게 된다. 온도가 상승함에 따라 억셉터 불순물들은 가전자대로부터 전자를 받아서 (−) 이온화된다.

300 K에서 완전 이온화가 이루어지며 가전자대에는 전자의 빈자리 양공 농도가 증가하게 된다. 페르미 준위도 도너 준위 상부로 이동하게 될 것이다. p형 반도체도 n형 반도체와 동일하게 생각할

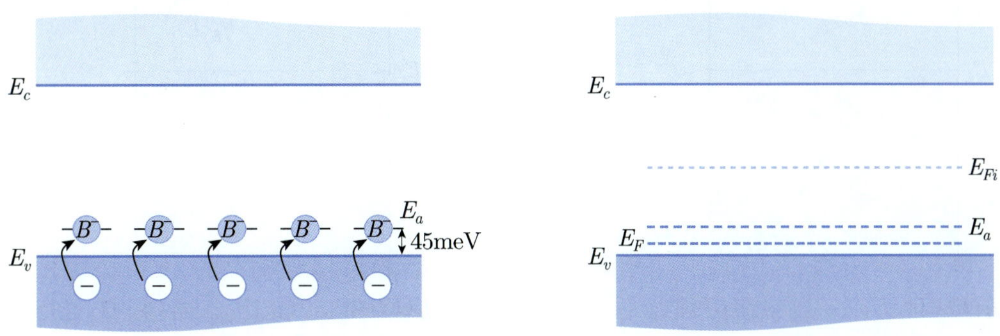

(a) 보론에 의한 억셉터 준위

(b) 억셉터 준위와 페르미 준위

그림 2-26 보론이 만드는 억셉터 준위와 페르미 준위의 위치

수 있다는 것을 알 수 있다.

2-2-9 p형 반도체의 페르미 준위와 양공 농도

p형 반도체는 양공이 다수 캐리어인 반도체이며 전자는 소수 캐리어이다. 앞서 배운 유효 상태 밀도와 페르미 준위로부터 양공 농도를 구하는 관계식을 상기하면 p형 반도체의 페르미 준위는 가전자대에 근접할 것이다. 그림 2-27에 p, n형 반도체의 페르미 준위와 캐리어 농도를 알려 준다. p형 반도체의 페르미 준위는 진성 페르미 준위를 기준으로 가전자대 방향으로 내려가 있다. 양공 농도가 증가할수록 가전자대에 더욱 근접할 것이다. 양공은 전자가 떠난 빈자리로 정의했다. 전자가 떠나고 빈자리가 많아지면 페르미 준위는 아래로 계속 내려갈 것이다. 억셉터 불순물을 가전자대의 유효 밀도 상태 수만큼 도핑하게 되면 p형 반도체의 억셉터 준위는 가전자대의 상부와 겹치게 되며 페르미 준위는 가전자대 상부보다 아래에 존재하게 된다. 즉 가전자대 내부에 페르미 준위가 분포하게 되며 축퇴 반도체로 변환된다. 이러한 상황을 그림 2-28에 기술하였다. 그림에서 알 수 있듯이 페르미 준위 위에는 전자가 비어 있는 상태(양공으로 충만되어 있는 상태)이므로 p형 축퇴 반도체에는 대단히 높은 양공 농도를 표시한다.

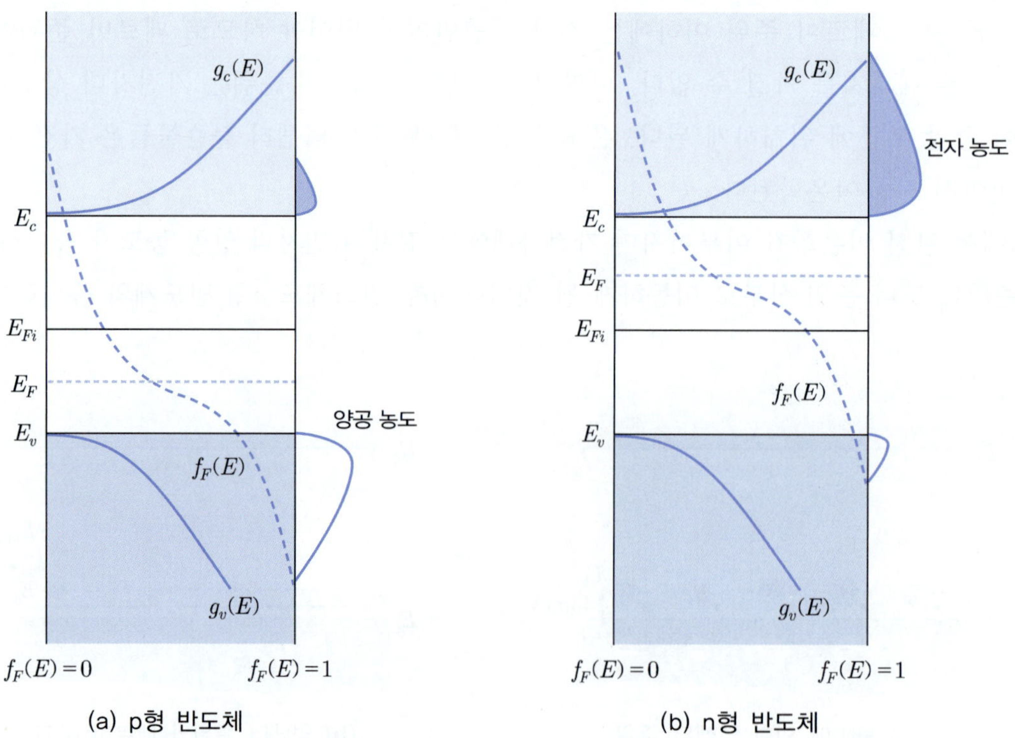

그림 2-27 p형 반도체와 n형 반도체의 페르미 준위, 양공 농도 비교

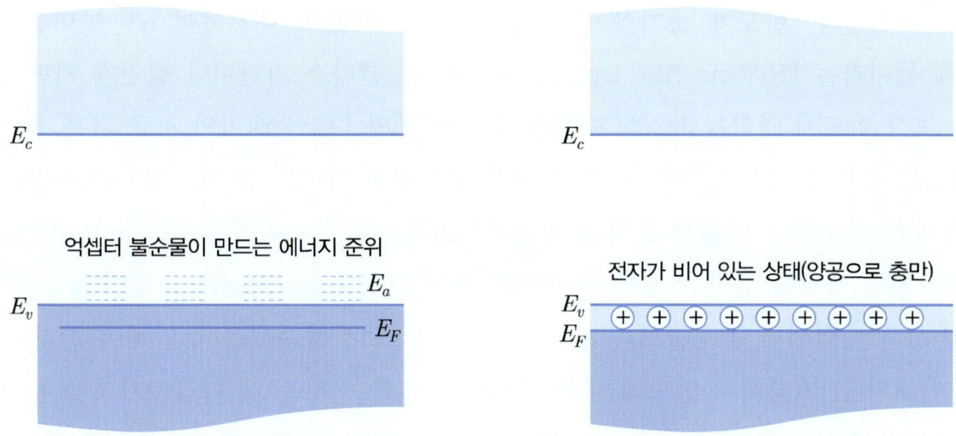

(a) 불순물 증가에 따른 억셉터 준위 (b) 축퇴 반도체의 페르미 준위

그림 2-28 축퇴된 p형 실리콘 반도체

2-3 보상 반도체(compensation semiconductor)

보상 반도체는 실제의 MOSFET(metal oxide semiconductor field effect transistor) 소자를 제작하는 데 사용하는 공정 기술 중의 하나이다. 동일한 영역에 도너 불순물과 억셉터 불순물을 동시에 주입하는 반도체이다. 그림 2-29는 플래너 타입의 MOSFET 소자의 기본 구조를 보여 준다.

p형 실리콘 기판에 n^+ 영역이 존재함을 알 수 있다. p형 영역을 n^+ 영역으로 만들기 위해 다량의 도너 불순물을 주입하는 영역이다. 이 영역은 보상 반도체 영역에 해당하며 자연스럽게 PN 또는

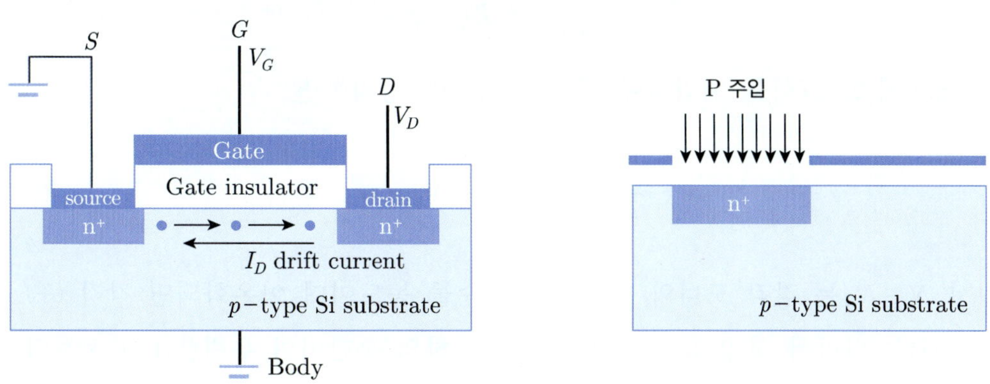

(a) MOSFET device (b) 보상 영역

그림 2-29 MOSFET 소자. 보상 영역은 n+ source/drain 전극을 제작하기 위해 필요하다.

PN^+ 접합이 형성된다. 반도체 소자에서는 대부분 p형 기판을 사용하여 n^+ 영역을 제작하지만 디스플레이에 들어가는 TFT(thin film transistor) 소자는 글라스 기판이나 절연체 기판 위에 제작하므로 이러한 보상 반도체 영역을 제작하지 않는다. 반도체와 디스플레이의 서로 다른 점이다. 이러한 차이에 대해서는 후에 논의하기로 한다. 우선 보상 반도체의 개념을 잘 기억해두길 바란다. 그렇다면 보상 영역의 캐리어 농도는 어떻게 구하는 것일까? 원래 p형 영역이었던 곳을 n형 영역으로 바꾸어 주어야 하므로 p형 영역에 있던 억셉터 불순물을 모두 보상(compensation)시키고 n형을 제작해야 하므로 기 존재하는 억셉터 불순물보다 훨씬 많은 양의 도너 불순물을 주입해야 한다는 것은 쉽게 직관적으로 이해된다. 지금까지 반도체 내의 캐리어 농도를 구하는 데 다음 2가지를 논의하여 왔다. 첫 번째는 페르미 준위와 유효 상태 밀도로부터 전자 농도를 구하는 것이고 두 번째는 진성 페르미 준위와 진성 캐리어 농도로부터 전자 농도를 구하는 것이었다.

2-3-1 보상 반도체의 캐리어 농도

이번에는 도핑 농도로부터 캐리어의 농도를 구하는 식을 수학적으로 유도해 보자. 열평형 상태에서는 반도체가 전기적으로 중성을 띠고 있으므로 전하 중성 조건으로부터 캐리어의 농도를 구해낼 수 있다. 주입한 불순물이 완전 이온화되었다면 주입한 불순물의 농도와 캐리어의 농도가 동일하다고 볼 수 있다. 앞 절에서 배운 상온에서의 도너, 억셉터 준위의 완전 이온화를 상기하라. 열평형 상태에서는 반도체가 전기적으로 중성을 띠므로 (+) 전하와 (−)전하의 수는 동일하다고 볼 수 있다.

$$N_D + p_0 = n_0 + N_A \tag{2-36}$$

$$n_i^2 = n_0 p_0 \qquad n_0 = \frac{n_i^2}{p_0} \qquad p_0 = \frac{n_i^2}{n_0} \tag{2-37}$$

이므로 식 2-36에 2-37식을 대입하여 전자에 대하여 정리하면

$$\frac{n_i^2}{n_0} - n_0 + N_D - N_A = 0 \tag{2-38}$$

이다. 여기서 N_D, N_A는 각각 도너와 억셉터의 불순물 농도이며 이온화되면 각각 (+) 전하, (−) 전하를 띠게 된다. 따라서 식 2-36의 좌변은 (+) 전하의 총합이며 우변은 (−) 전하의 총합이다. 전하 중성 조건에서는 좌변과 우변이 동일하므로 2-36과 같이 표현할 수 있다. 식 2-38의 양변에 n_0를 곱하고 n_0에 대해서 정리하면 2-39식이 얻어진다.

$$n_0^2 - (N_D - N_A)n_0 - n_i^2 = 0 \tag{2-39}$$

이차 방정식을 근의 공식을 사용하여 해를 구하면 식 2-40과 같다.

$$n_0 = \frac{N_D - N_A \pm \sqrt{(N_D - N_A)^2 + 4n_i^2}}{2}$$

$$\therefore n_0 = \frac{N_D - N_A}{2} + \sqrt{\left(\frac{N_D - N_A}{2}\right)^2 + n_i^2} \tag{2-40}$$

동일한 방법으로 p_0에 대해서 정리하고 이차 방정식의 해를 구하면 수식 2-41과 같다.

$$\therefore p_0 = \frac{N_A - N_D}{2} + \sqrt{\left(\frac{N_A - N_D}{2}\right)^2 + n_i^2} \tag{2-41}$$

이차 방정식의 해는 양의 해와 음의 해 두 가지를 갖는다. 그러나 전자 농도는 음의 해를 가질 수 없으므로 음의 해는 버리고 양의 해만 취한다.

n형 반도체에서는 $N_D \gg N_A$이고 p형 반도체에서는 $N_A \gg N_D$이다. 따라서 n형 반도체에서는 식 2-40을 사용하여 전자 농도를 구하고 양공 농도는 농도 곱의 일정 규칙 식 2-37을 사용해서 구하면 된다. 동일하게 p형 반도체에서는 식 2-41을 사용하여 양공 농도를 구하고 전자 농도는 2-37식을 사용하여 구할 수 있다.

n형 반도체에서는 식 2-40을 더욱 간단히 정리할 수 있다. 우리가 도너 불순물의 농도를 진성 캐리어 농도보다 수 차수 크게 도핑을 하면 식 2-40에서 진성 캐리어 농도를 무시할 수 있게 된다. 수만~수십만 배 이상의 농도 차이로 도핑을 하기 때문에 소수점 3자리 이하는 무시할 수 있다. 그렇다면 2-40식의 제곱근 항의 진성 캐리어 농도를 0으로 보고 정리하면 전자 농도는

$$n_0 \approx N_D - N_A \tag{2-42}$$

이 된다. 즉 전자 농도는 도너 불순물과 억셉터 불순물의 농도 차로 요약된다. 여기서 더욱 도너 농도를 더욱 크게 가져가면 이번에는 억셉터의 농도를 무시할 수 있게 되며 결국 전자 농도는 도너 불순물의 농도가 되는 것이다. 상온에서 완전 이온화되는 것을 고려한다면

$$n_0 = N_D \tag{2-43}$$

가 된다. 지극히 당연한 것이겠지만 n형 반도체에서 전자 농도는 도너 불순물의 농도로 보아도 무방하다. 결국 전하 중성 조건 관계식에서 유도한 전자 농도는 도너 불순물의 농도에 따라서 수식 2-42, 2-43 식으로 대체해서 사용할 수 있다. 즉 주입하는 도너 불순물이 진성 캐리어 농도, 억셉터

농도보다 월등히 많으면 2-43식으로 간단히 표현할 수 있다는 것이다. 잘 기억해 두길 바란다. p형 반도체에서도 동일하게 생각할 수 있다. p형 반도체에서는 $N_A \gg N_D$이며 2-41식의 제곱근 항의 진성 캐리어 농도를 0으로 보고 정리하면 양공 농도는

$$p_0 = N_A - N_D \tag{2-44}$$

이 된다. 즉 양공 농도는 억셉터 불순물과 도너 불순물의 농도 차로 요약된다. 여기서 억셉터 농도를 더욱 크게 가져가면 이번에는 도너 농도를 무시할 수 있게 되며 결국 양공 농도는 억셉터 불순물의 농도와 동일하게 된다. 상온에서 완전 이온화되는 것을 고려한다면

$$p_0 = N_A \tag{2-45}$$

가 된다. p형 반도체에서 양공 농도는 억셉터 불순물의 농도로 보아도 무방하다. 결국 전하 중성 조건 관계식에서 유도한 양공 농도는 억셉터 불순물의 농도에 따라서 수식 2-44, 2-45식으로 대체해서 사용할 수 있다.

예제를 통해서 불순물 농도로부터 캐리어의 농도를 구하는 개념을 좀 더 자세히 고찰해 보자. 300 K에서 열평형 상태의 전자 농도와 양공 농도를 구해 보자.

예제 2-3-1

$N_D = 1 \times 10^{16}\,\mathrm{cm}^{-3}$, $N_A = 0$인 경우 각각의 전자 농도와 양공 농도를 구해 보자.

풀이

우리는 이미 300 K에서 주입한 불순물은 완전 이온화된다고 하였다. 즉 주입한 도너 불순물은 모두 전도대로 전자를 방출하고 완전 이온화되어 전자 농도는 주입한 불순물의 농도와 일치한다. 따라서 이 경우는 도너 농도가 진성 캐리어 농도보다 6차수 정도로 높게 도핑되었고 억셉터의 농도는 주입하지 않은 0에 해당하므로 전자 농도는 직관적으로 수식 2-43식을 따를 것이다. $n_0 = 1 \times 10^{16}\,\mathrm{cm}^{-3}$임을 알 수 있다. 또한 억셉터 불순물은 주입하지 않았으므로 반도체내 전자 농도는 보상 현상이 일어나지 않는다. 따라서 상기의 고찰은 타당하다. 이때 양공 농도는 농도 곱의 일정 규칙 식을 사용하여

$$p_0 = \frac{n_i^2}{n_0} = \frac{(1.5 \times 10^{10})^2}{1 \times 10^{16}} = 2.25 \times 10^4\,\mathrm{cm}^{-3}$$

전자 농도는 완전 이온화를 가정해서 직관적으로 손쉽게 구했다. 이는 도핑 농도가 진성 캐리어 농도보다 월등히 높기 때문에 전하 중성 조건식에서 진성 캐리어 농도 항을 고려하지 않은 결과이다.

우리가 완전 이온화를 가정해서 전자 농도를 구한 것은 타당함을 알 수 있다. 이렇게 손쉽게 전자 농도를 구해낼 수 있었던 이유는 문제에서 첫 번째로 억셉터 불순물을 전혀 주입을 하지 않았으므로 전자 농도는 주입한 불순물의 농도와 동일하게 된다. 상온에서 불순물은 완전 이온화된다는 것을 상기하라. 만약 도너와 억셉터 불순물을 동시에 주입하였다면 앞에서 다룬 보상(compensation) 현상이 발생하므로 주입한 도너 불순물이 전부 전자 농도로 변환되지 않는다는 것은 쉽게 이해할 수 있다. 이때의 전자 농도는 수식 2-42를 사용해야 할 것이다. 즉 도너 농도에서 억셉터 농도를 제거해 주어야 할 것이다. 두 번째는 주입한 도너 불순물이 진성 전자 농도에 비해 월등히 높았기 때문에 진성 전자 농도를 무시하고 그대로 주입한 불순물의 완전 이온화를 가정해서 손쉽게 전자 농도를 구할 수 있었던 것이다. 만약 도너 불순물에 존재하는 도너 전자가 전도대로 모두 방출하지 않고 일부의 소수 도너 전자들이 가전자대의 진성 양공과 결합하게 되면 실제 전도대의 전자 농도는 감소해야 할 것이다(그림 2-30 참조). 그러나 이 경우에 도너 농도가 $1\times10^{16}\,\mathrm{cm}^{-3}$이고 열평형 상태에서의 양공 농도 $\sim 10^4\,\mathrm{cm}^{-3}$에 비해 비교할 수 없을 만큼 크다는 것을 알 수 있다. 도너 전자가 가전자대의 진성 양공과 결합한다고 하여도 $\sim 10^4\,\mathrm{cm}^{-3}$개의 전자가 양공과 결합하여 소멸되므로 도너 주입 농도에 비하면 극단적으로 낮기 때문에 도너 전자와 가전자대의 진성 양공과 결합하는 양은 전자 농도에 영향을 줄 수 있는 정도가 아니므로 무시할 수 있다. 따라서 전자 농도는 주입한 도너 불순물 양과 동일하다고 볼 수 있으며 상기에서 구한 전자 농도는 타당한 값이라 할 수 있다.

다음 두 번째 예제를 풀어보면 그 의미를 명확히 알 수 있을 것이다. 진성 캐리어 농도보다 약간 크거나 비슷하게 도핑을 하게 되면 상황이 크게 달라진다. 즉 도너 전자가 가전자대의 진성 양공과 결합하게 되면 전체의 전자 농도는 영향을 받게 된다.

예제 2-3-2

300 K에서 실리콘 반도체에 $N_D = 3\times10^{10}\,\mathrm{cm}^{-3}$, $N_A = 0$ 주입하였다. 열평형 상태에서의 전자 농도와 양공 농도를 구해 보자.

풀이

$$n_0 = \frac{N_D - N_A}{2} + \sqrt{\left(\frac{N_D - N_A}{2}\right)^2 + n_i^2}$$

$$= \frac{1.5\times10^{10}}{2} + \sqrt{\left(\frac{1.5\times10^{10}}{2}\right)^2 + (1.5\times10^{10})^2}$$

$$= 2.43\times10^{10}\,\mathrm{cm}^{-3}$$

$$\therefore p_0 = \frac{n_i^2}{n_0} = 9.26\times10^{9}\,\mathrm{cm}^{-3}$$

도핑 농도가 진성 캐리어 농도와 비슷한 경우에는 전하 중성 조건식에서 제곱근 항에 포함되어 있는 진성 캐리어 농도를 고려해야만 한다. 전도대에는 도너 불순물에서 이온화된 전자들과 상온에서 발생한 진성 캐리어(electron-hole pair, EHP) 중의 전자들이 존재하게 된다. 만약 전도대의 전자 농도를 단순히 진성 캐리어 농도와 도너 불순물 주입 농도의 합으로 구한다면 $4.5\times10^{10}\,\text{cm}^{-3}$로 전하 중성 조건에서 구한 값과 2배 가까운 차이를 보인다. 또한 식 2-42를 사용해서 단순 뺄셈으로 구한다면 $3\times10^{10}\,\text{cm}^{-3}$이 될 것이다. 전하 중성 조건으로 구한 값과 모두 일치하지 않는다. 왜 이런 차이가 나타나는 걸까? 전하 중성의 조건식에서 구한 값을 보면 최초 주입한 도너 불순물보다 약간 낮은 전자 농도를 보여 주고 있다. 도너 불순물들이 모두 이온화가 되면 전자 농도는 $3\times10^{10}\,\text{cm}^{-3}$과 진성 전자 농도 $1.5\times10^{10}\,\text{cm}^{-3}$을 합해서 $4.5\times10^{10}\,\text{cm}^{-3}$이 되어야 하는데 전하 중성 조건에서 구한 값은 $2.43\times10^{10}\,\text{cm}^{-3}$이다. 이렇게 주입하는 불순물의 농도가 진성 캐리어의 농도에 영향을 미칠 수 있는 서로 비슷한 농도로 주입하는 경우(실제는 매우 드물다)는 단순 합이나 뺄셈이 아닌 반드시 전하 중성 조건식에서 진성 캐리어 항을 고려해야 함을 기억하라. 이런 차이가 발생하는 이유, 즉 주입한 도너 농도가 그대로 전자 농도로 변환되지 않고 조금 감소하는 이유는 주입 농도가 진성 캐리어 농도와 비슷해서 캐리어의 재분포 시 진성 캐리어 농도에 영향을 받기 때문이다.

그림 2-30은 도너 불순물을 주입하여 전자의 재분포가 일어나는 과정을 간략히 설명한 것이다.

도너 전자를 전도대로 방출하면서 도너 불순물은 이온화되고 (+) 고정전하가 되어 반도체 내에 도너 준위를 형성한다. 일부 도너 전자들은 가전자대로 천이되어 진성 양공들과 결합하여 소멸된다. 이 과정을 그림 2-30 (a)에 묘사하였다. 도너 전자가 전도대로 가지 못하고 가전자대의 진성 양공과 결합하여 진성 양공을 소멸시킨다. 이때 주입한 도너 전자 농도는 진성 농도에 비해 월등히 많으므로

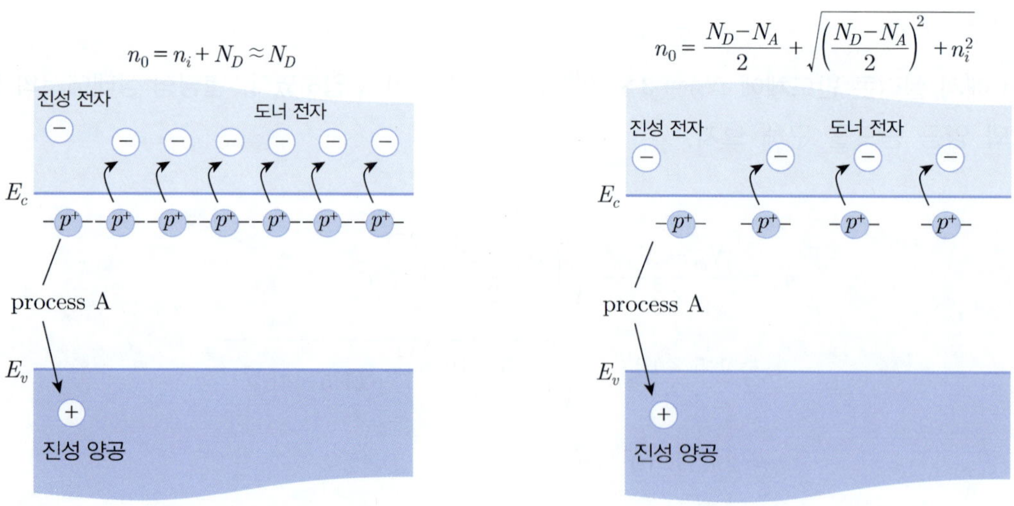

(a) $N_D \gg n_i \quad N_A = 0$　　(b) $N_D \approx n_i \quad N_A = 0$

그림 2-30 도너 불순물 주입에 의한 전자의 재분포 과정

도너 전자들이 가전자대의 진성 양공과 결합한다 해도 총 전자 농도의 양에는 큰 영향을 미치지 못한다. 상기 예제 2-3-1에서 설명한 것을 다시 한번 상기하라. 따라서 이런 경우는 전자 농도를 쉽게 구할 수 있다. 즉 도너 불순물 농도가 전자 농도가 되는 것이다. 전하 중성 조건식에서 진성 캐리어 항을 무시하고 2-43식을 그대로 사용할 수 있다. 아주 간단한 경우에 해당한다.

그림 2-30 (b)의 경우는 조금 다르다. 주입한 도너 농도가 진성 캐리어 농도와 같은 차수이다. 이렇게 주입한 도너 농도가 진성 캐리어 농도와 비슷하면 식 2-43을 사용할 수 없다. 도너 원자들이 전자를 전도대로 보내면서 자신들은 이온화된다. 그러나 process A에 표기하였듯이 도너 전자들이 가전자대의 진성 양공과 결합하면 전도대의 전자 농도는 감소할 것이다. 즉 주입한 도너 불순물의 전자들이 전도에 기여하는 전도대로 가지 않고 일부는 가전자대의 진성 양공과 결합하기 때문에 전자 농도는 감소하는 것이다. 그런데 도너 불순물의 양이 진성 전자 농도와 비슷하므로 이때는 그림 2-30 (a)와 다르게 전자 농도가 주입한 도너 농도보다 감소한다. 예제 2-3-2가 그러한 예이다. 실제로 약간 감소한 결과가 얻어졌다. $3\times10^{10}\,\mathrm{cm}^{-3}$에서 $2.43\times10^{10}\,\mathrm{cm}^{-3}$로 감소했음을 상기하라. 이렇게 주입한 도너 농도가 진성 캐리어 농도와 같은 차수의 비슷한 경우라면 이때에는 전하 중성 조건의 관계식에서 진성 캐리어 농도 항을 무시할 수 없다는 사실을 기억하라.

예제 2-3-3

$N_D = 5\times10^{15}\,\mathrm{cm}^{-3}$, $N_A = 2\times10^{15}\,\mathrm{cm}^{-3}$ 불순물을 주입했을 때의 전자 농도와 양공 농도를 구해 보자.

풀이

이 경우는 도너와 억셉터 불순물이 동시에 주입되어 있으므로 보상 현상이 일어날 것이며 주입한 불순물의 농도가 진성 캐리어 농도보다 5차수 높다. 따라서 전하 중성 조건식에서 진성 캐리어 항을 무시하고 수식 2-42를 그대로 사용할 수 있다.

$$n_0 = \frac{N_D - N_A}{2} + \sqrt{\left(\frac{N_D - N_A}{2}\right)^2 + n_i^2} \simeq \frac{N_D - N_A}{2} + \sqrt{\left(\frac{N_D - N_A}{2}\right)^2} = N_D - N_A$$

$$\therefore n_0 = 3\times10^{15}\ \mathrm{cm}^{-3}$$

$$\therefore p_0 = \frac{n_i^2}{n_0} = 7.5\times10^{4}\,\mathrm{cm}^{-3}$$

또한 2-42식을 사용해도 동일한 결과를 얻는다. 보상 반도체의 전자 농도를 구하는 식이므로 그대로 $n_0 = N_D - N_A$를 사용할 수 있다. 여기서 우리는 중요한 관계를 다시 한번 상기해 보자. 앞 예제 2-3-1에서는 억셉터의 불순물을 주입하지 않았고 주입한 도너 불순물이 진성 전자 농도보다 극단적으로 많았기 때문에 주입한 도너 불순물이 그대로 전자 농도로 변환되어도 문제가 없었다. 전자 농도는 진성 전자 농도와 주입한 불순물의 농도의 합으로 표현되었던 것이다. 즉 2-3-1 예제에서 전자 농도는

$$n_0 = n_i + N_D = (1.5 \times 10^{10} + 1.0 \times 10^{16})\,\text{cm}^{-3} = 1.0 \times 10^{16}\,\text{cm}^{-3}$$

이었던 것이다. 진성 캐리어 농도는 주입한 불순물의 농도에 비해 6차수 정도 낮기 때문에 무시하고 그대로 주입한 불순물의 농도가 완전 이온화를 고려해서 전자 농도를 구했던 것이다. 예제 2-3-3의 경우 만약 예제 2-3-1과 같이 해석하여 전자 농도를 구하면 다음과 같다.

$$n_0 = n_i + N_D = (1.5 \times 10^{10} + 5 \times 10^{15})\,\text{cm}^{-3} = 5 \times 10^{15}\,\text{cm}^{-3}$$

이 값은 전하 중성 조건에서 구한 $3 \times 10^{15}\,\text{cm}^{-3}$ 값과 차이를 보인다. 농도가 더 감소한 것이다. 바로 억셉터 불순물을 주입했기 때문에 그만큼 보상이 된 것이다. 따라서 올바른 계산법은 이 값에서 억셉터 농도를 빼어주면 된다. 결국 전자 농도는 $3 \times 10^{15}\,\text{cm}^{-3}$이 된다. 도너 불순물과 억셉터 불순물을 동시에 주입하고 주입량이 진성 캐리어 농도보다 월등히 많을 때에는 전자 농도는 근사적으로 다음과 같이 쓸 수 있다. 즉

$$n_0 = N_D - N_A$$

직관적으로 상기 2-42식이 성립한다는 것을 쉽게 알 수 있다(물론 완전 이온화 조건에서 충족하는 식이다). 만약 우리가 주입한 도너와 억셉터 불순물이 진성 캐리어 농도와 비슷한 경우는 어떻게 될 것인가? 예제 2-3-2에서 억셉터 불순물을 주입한 경우에 해당하므로 보상 현상이 발생할 것이다. 다음 예제를 통해서 논의해 보자.

예제 2-3-4

300 K에서 $N_D = 4 \times 10^{10}\,\text{cm}^{-3}$, $N_A = 3 \times 10^{10}\,\text{cm}^{-3}$ 불순물을 주입했을 때의 전자 농도와 양공 농도를 구해 보자.

풀이

이 경우는 주입한 불순물 농도가 진성 캐리어 농도보다 조금 크므로 단순 뺄셈으로 구할 수 없다. 전하 중성 조건식에서 진성 캐리어 항을 고려해야 하는 경우이다.

$$n_0 = \frac{N_D - N_A}{2} + \sqrt{\left(\frac{N_D - N_A}{2}\right)^2 + n_i^2} = \frac{10^{10}}{2} + \sqrt{\left(\frac{10^{10}}{2}\right)^2 + (1.5 \times 10^{10})^2}$$
$$= 2.08 \times 10^{10}\,\text{cm}^{-3}$$

$$p_0 = \frac{N_A - N_D}{2} + \sqrt{\left(\frac{N_A - N_D}{2}\right)^2 + n_i^2} = \frac{-10^{10}}{2} + \sqrt{\left(\frac{-10^{10}}{2}\right)^2 + (1.5 \times 10^{10})^2}$$
$$= 1.08 \times 10^{10}\,\text{cm}^{-3}$$

요약하면 예제 2-3-1은 주입하는 도너 농도가 진성 캐리어 농도보다 월등히 높고 억셉터 불순물은 주입하지 않았으므로 주입한 도너 농도가 그대로 전자 농도가 되는 것이다. 예제 2-3-2는 주입하는 도너 불순물의 농도가 진성 캐리어 농도와 비슷했기 때문에 전자는 진성 양공과 결합하는 전자의 재분포 현상 때문에 실제 전자 농도는 주입 농도보다 조금 감소한 결과를 초래한 것이다. 예제 2-3-3의 경우는 도너와 억셉터 불순물을 동시에 주입하고 주입량이 진성 캐리어 농도보다 월등히 높기 때문에 도너 농도에서 억셉터 농도를 뺀 값이 그대로 전자 농도가 되는 것이다. 예제 2-3-4의 경우는 주입한 도너와 억셉터 농도가 진성 캐리어 농도보다 약간 큰 경우이다. 이런 경우는 전자의 농도는 $N_D - N_A$로 되지 않는다. 전하 중성 조건을 사용한 값이 $N_D - N_A$보다 약 2배 정도 큰 값을 갖는 이유는 전자의 재분포가 일어나기 때문이다. 도너 준위에 있는 전자는 억셉터 준위의 양공과 결합하여 전도대로 보낼 전자수를 감소시킬 것으로 예상된다. 만약에 도너 준위의 전자와 억셉터 준위의 양공들만의 재결합이 발생한다면 전자 농도는 $N_D - N_A$로 표현할 수 있다. 그러나 억셉터 준위의 양공은 전자를 도너 준위로부터만 받는 것이 아니라 가전자대의 전자로부터 받아서 이온화된다. 따라서 도너 준위의 전자는 억셉터 준위의 양공과 굳이 재결합할 이유가 없다. 그림 2-31 (b)를 참조하라. 억셉터 양공들은 가전자대로부터 전자를 공급 받는다. 따라서 억셉터 양공이 가전자대로부터 전자를 공급 받는 수만큼 도너 전자들을 전도대로 보낼 수 있게 된다. 이러한 도너-억셉터 재결합이 감소하기 때문에 전도대의 전자 농도는 단순히 도너 농도에서 억셉터 농도를 뺀 값으로 되지 않고 이것보다는 조금 증가하게 된다. 예제 2-3-4의 결과는 도너에서 억셉터 농도를 단순 차이로 구한 값보다 2배 정도 증가했음을 보여 준다. 이것은 캐리어의 재분포에 기인하는 것이다.

2-3-2 보상 반도체의 캐리어 재분포

이상 도너와 억셉터 불순물을 동시에 주입했을 때 발생하는 전자 재분포 상황을 그림 2-31에 나타내었다. 그림 2-31 (a)는 불순물의 농도가 진성 캐리어 농도보다 월등히 높은 경우이다. 억셉터 양공들은 가전자대로부터 전자를 공급 받지만 그 수는 불순물 농도에 비하면 무시할 수 있는 수준이다. 따라서 이 경우에는 도너-억셉터 불순물 농도 차가 그대로 전자 농도가 된다. 예제 2-3-3에 해당한다.

그림 2-31 (b)는 불순물 농도가 진성 캐리어 농도와 비슷한 경우이다. 전자 농도는 진성 캐리어 농도에 영향을 받는다. 전하 중성 조건식에서 진성 캐리어 항을 고려해야 하므로 도너-억셉터 간의 단순 농도 차이보다 전자 농도는 증가하게 된다. 그 이유는 억셉터 양공들의 일부는 가전자대로부터 전자를 공급 받기 때문에 그 수만큼 도너 전자를 전도대로 보낼 수 있기 때문이다. 예제 2-3-4에 해당한다.

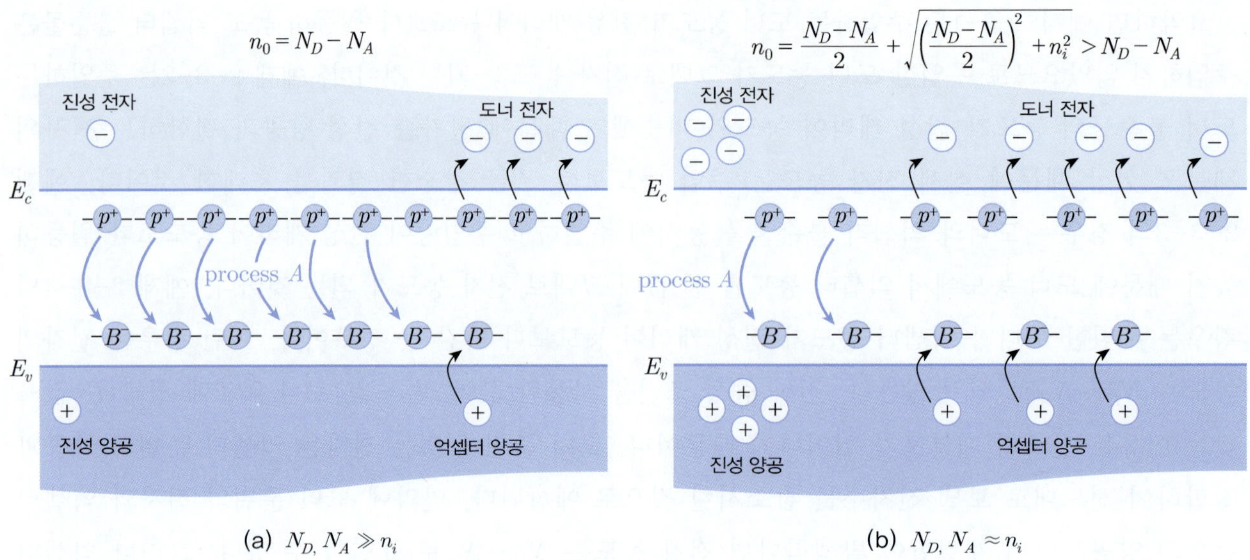

그림 2-31 보상 반도체의 전자의 재분포 과정

이상 전자 농도를 구하는 방법에 대해서 각각의 경우로 나누어서 정리하면 다음과 같다.

조건	전자 농도
$N_D \gg n_i \quad N_A = 0$	$n_0 = N_D$
$N_D, N_A \gg n_i \quad N_D > N_A$	$n_0 = N_D - N_A$
$N_D \approx n_i \quad N_A = 0$	$n_0 = \frac{N_D - N_A}{2} + \sqrt{\left(\frac{N_D - N_A}{2}\right)^2 + n_i^2}$
$N_D, N_A \approx n_i \quad N_D > N_A$	$n_0 = \frac{N_D - N_A}{2} + \sqrt{\left(\frac{N_D - N_A}{2}\right)^2 + n_i^2}$

지금까지 4가지의 경우를 예로 보상 반도체에서 발생하는 캐리어의 재분포 현상을 상세히 논의하였다. 이렇게 자세히 논의한 이유는 반도체의 특징을 잘 이해하고자 함이 목적이었다. 우리는 상세한 고찰 없이 전하 중성의 조건식을 사용해서 각각의 조건에서 기계적으로 캐리어 농도를 구할 수 있다. 불순물들이 상온에서 완전 이온화한다는 사실로부터 주로 상온에서의 전자 농도의 변화만 관찰하였다. 앞에서도 설명하였지만 상온보다 낮은 온도에서 불순물들은 부분적인 이온화 과정을 거친다. 온도에 따른 전자 농도는 다음과 같은 몇 가지 영역으로 나누어서 생각할 수 있다. 그림 2-32, 2-33을 살펴보자. $T = 0\,\text{K}$에서는 모든 도너 불순물들은 이온화되지 못하고 동결되어 있는 상태이다. 온도가 상승함에 따라 도너 전자들은 전도대로 이동하면서 부분적으로 이온화되어 가고

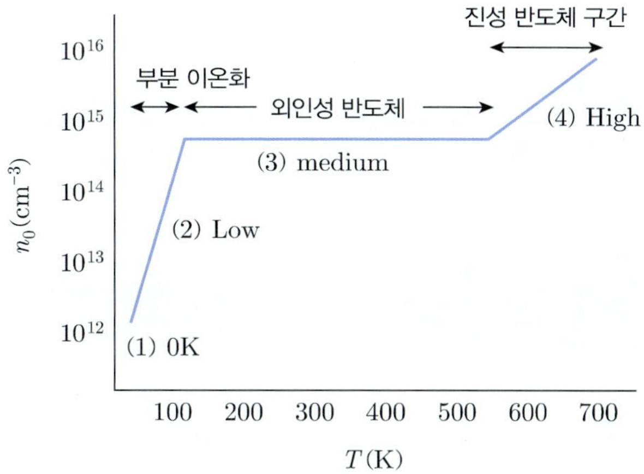

그림 2-32 온도에 따른 불순물 농도의 변화. 반도체는 3가지 영역으로 나누어진다.

전도대의 전자 농도는 점차적으로 증가하는 영역이 존재하게 된다. 그림 2-32, 33의 (2)의 온도가 낮은 구역으로 도너 불순물들의 부분 이온화가 이루어지고 있는 영역이다. 온도를 더욱 증가시키면 도너 불순물의 전자는 모두 전도대로 여기되어 완전 이온화를 이룬다. 전도대의 전자는 도너 불순물로부터 공급받는 영역이다. 모든 도너 불순물들이 전자를 전도대로 보내고 완전 이온화가 이루어지는 영역을 외인성 반도체 영역이라 부른다. 지금까지 우리는 인과 보론의 불순물들은 상온에서 완전 이온화한다고 이해하였다. 그림 2-32, 33의 (3)에 해당한다. 완전 이온화가 이루어짐과 동시에 가전자대의 전자들이 서서히 전도대로 열적 에너지를 받아서 여기되기 시작하는 영역이기도 하다. 온도를 더욱 올리게 되면 도너 불순물에서 더 이상 전자를 전도대로 보낼 수 없게 된다. 완전 이온화가 끝난 상태이며 전도대로 보낼 수 있는 전자가 도너 준위에는 더 이상 존재하지 않는다는 의미로 해석할 수 있다. 이때부터 가전자대의 진성 전자가 전도대로 이동하기 시작하며 전도대의 전자 발생 메커니즘은 완전히 진성 전자에 의해 이루어지며 순수하게 열에 의해 형성된 electron-hole pair(EHP)에 의해 전자의 농도가 증가하는 구역이다. 이 영역은 진성 캐리어들에 의해 전자 농도가 증가하므로 진성 반도체의 특징을 보여 주고 있다. 즉 온도가 높은 영역에서는 진성 반도체처럼 행동을 하며 이 영역을 진성 반도체 영역이라 부른다. 그림 2-32, 33의 (4)에 해당한다. 이것이 반도체의 특징 중의 하나이기도 하다. 온도에 매우 민감하여 온도가 증가하면 캐리어들이 증가하며 전도에 기여한다. 그러나 이것은 꼭 우리가 원하는 캐리어들만 형성하여 전류 향상에 기여한다고 볼 수 없다. 우리가 원하지 않는 전자들도 열적으로 에너지를 받아서 에너지 배리어를 뛰어 넘어 전류를 유발하기도 한다. 이것은 뒤에 PN 접합, metal-semiconductor 접합에서도 상세히 논의할 것이다. 온도에 따른 반도체의 전도 메커니즘도 달라지며 반도체의 3가지 영역으로 묘사할 수 있다는 것을 그림 2-32에 요약하였다.

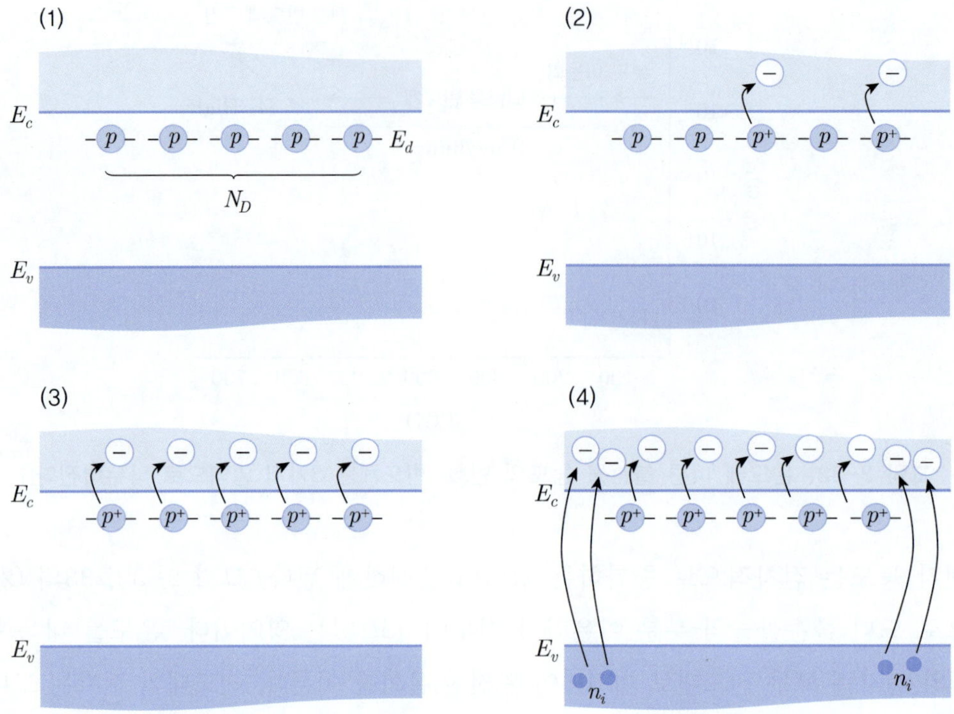

그림 2-33 그림 2-32의 각 영역에 대한 설명도

지금까지 우리는 열평형 상태에서 반도체 내의 전자 농도를 구하는 중요한 식 3가지를 수학적으로 유도하였고 각종 예제를 통하여 정확한 물리적 의미를 이해하고자 노력하였다. 3가지 방식으로 계산하는 열평형 상태의 캐리어의 농도 구하는 식을 반드시 기억하고 잘 활용하여야 한다. 여기에 그 3가지 방식의 캐리어 농도 구하는 식을 요약하였다.

1. 밴드갭 내에 위치하는 페르미 준위로부터 캐리어의 농도를 구하는 공식

이때에는 전도대 또는 가전자대의 유효 상태 밀도를 사용한다. 이 값은 일정한 상수이며 특정 온도에서 항상 일정한 값을 갖는다.

$$n_0 = N_c \exp\left[\frac{-(E_c - E_F)}{kT}\right] \qquad p_0 = N_v \exp\left[\frac{-(E_F - E_v)}{kT}\right]$$

$$N_c = 2\left[\frac{2\pi m_n^* kT}{h^2}\right]^{3/2} \qquad N_v = 2\left[\frac{2\pi m_p^* kT}{h^2}\right]^{3/2}$$

2. 진성 페르미 준위로부터 캐리어 농도를 구하는 공식

진성 캐리어 농도는 300 K에서 항상 일정한 값을 갖는다. 또한 진성 페르미 준위는 밴드 갭 내의 중앙 부근에 위치한다. 다음은 두 사실로부터 캐리어 농도를 구하는 공식이다.

$$n_0 = n_i \exp\left[\frac{E_F - E_{Fi}}{kT}\right] \qquad p_0 = n_i \exp\left[\frac{-(E_F - E_{Fi})}{kT}\right]$$

3. 전하 중성의 규칙으로 캐리어를 구하는 공식

반도체에 주입한 도너, 억셉터 농도로부터 전자 농도를 구하는 공식이다.

$$n_0 = \frac{N_D - N_A}{2} + \sqrt{\left(\frac{N_D - N_A}{2}\right)^2 + n_i^2} \qquad p_0 = \frac{N_A - N_D}{2} + \sqrt{\left(\frac{N_A - N_D}{2}\right)^2 + n_i^2}$$

만약 $N_D \gg n_i$이면 전자 농도는 도너 불순물과 억셉터 불순물의 농도 차로 쉽게 전환된다.

$$n_0 = N_D - N_A$$

또한 도너 농도가 억셉터 농도보다 훨씬 큰 n형 반도체에서는 상기 식을

$$n_0 = N_D - N_A \approx N_D$$

로 간단히 요약할 수 있다. 만약 $N_A \gg n_i$이면 양공 농도는 억셉터 불순물과 도너 불순물의 농도 차로 쉽게 전환된다.

$$p_0 = N_A - N_D$$

억셉터 불순물의 농도가 도너 농도보다 훨씬 큰 p형 반도체에서는 상기 식은

$$p_0 = N_A - N_D \approx N_A$$

로 간단히 전환시킬 수 있다.

2-3-3 페르미 준위로부터 캐리어 농도 구하는 방법

상기의 3가지 식으로부터 여러 가지 파생된 공식을 만들 수 있으니 잘 기억하고 활용하기 바란다. 가령 열평형 상태에서 전자 농도를 구하는 식 2-11을 다시 생각해 보자.

$$n_0 = N_c \exp\left[\frac{-(E_c - E_F)}{kT}\right]$$

만약 전자 농도가 매우 큰 보상 반도체라 한다면 2-11식과 2-43식을 같게 놓을 수 있다.

$$N_D = N_c \exp\left[\frac{-(E_c - E_F)}{kT}\right]$$

$$E_c - E_F = kT\ln\left(\frac{N_c}{N_D}\right) \tag{2-46}$$

이 수식은 전도대의 바닥에너지와 페르미 준위의 차이는 도너 농도의 로그함수이다. 도너 농도가 증가할수록 페르미 준위는 전도대에 가까워지면서 전자 농도는 증가한다. 도너 농도가 전도대의 유효 상태 밀도보다 높게 주입하면 로그함수는 (−) 값을 갖는다. 즉 페르미 에너지가 전도대의 바닥 에너지보다 커지므로 페르미 준위는 전도대 바닥상태 에너지 위에 위치하게 된다. 도너 농도가 전도대의 유효 상태 밀도보다 작게 도핑하면 로그함수는 (+) 값을 갖는다. 즉 페르미 준위는 전도대 바닥 근처 아래에 존재하게 된다. 도너 불순물이 억셉터 불순물보다 그다지 크게 주입하지 않은 보상 반도체라면 2-46식의 도너 불순물 농도는 $N_D - N_A$로 대치할 수 있다. 따라서 2-46식은 다음과 같이 변환된다.

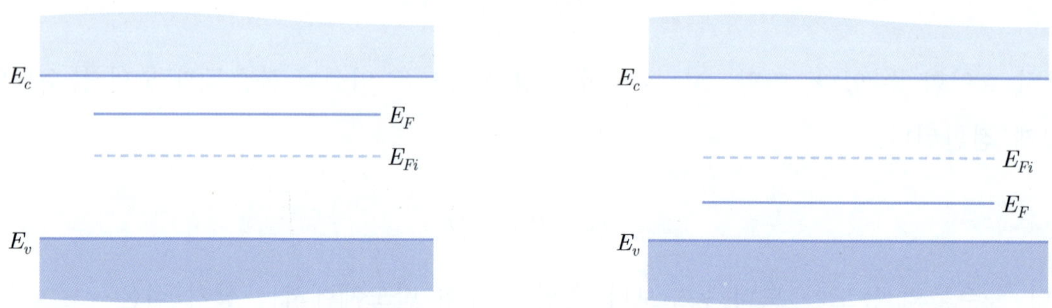

$$n_0 = N_c \exp\left[\frac{-(E_c - E_F)}{kT}\right] = n_i \exp\left[\frac{(E_F - E_{Fi})}{kT}\right]$$

$$E_c - E_F = kT\ln\left[\frac{N_c}{n_0}\right]$$

$$E_F - E_{Fi} = kT\ln\left[\frac{n_0}{n_i}\right]$$

(a) n형 반도체

$$p_0 = N_v \exp\left[\frac{-(E_F - E_v)}{kT}\right] = n_i \exp\left[\frac{E_{Fi} - E_F}{kT}\right]$$

$$E_F - E_v = kT\ln\left[\frac{N_v}{p_0}\right]$$

$$E_{Fi} - E_F = kT\ln\left[\frac{p_0}{n_i}\right]$$

(b) p형 반도체

그림 2-34 페르미 준위로부터 캐리어 농도를 구하는 유용한 방법

$$E_c - E_F = kT\ln\left(\frac{N_c}{N_D - N_A}\right) \tag{2-47}$$

양공 농도 식에서도 동일하게 적용하여 수식을 변환시킬 수 있다.

$$p_0 = N_v\exp\left[\frac{-(E_F - E_v)}{kT}\right] \tag{2-12}$$

$$E_F - E_v = kT\ln\left(\frac{N_v}{N_A}\right) \tag{2-48}$$

페르미 준위와 가전자대의 최고에너지 준위의 차이는 억셉터 농도의 로그함수이다. 억셉터 농도가 증가할수록 페르미 준위는 가전자대의 최고 에너지 준위에 가까워지면서 양공 농도는 증가한다. 양공 농도가 가전자대의 유효 상태 밀도보다 높게 주입하면 로그함수는 (−) 값을 갖는다. 즉 페르미 에너지가 가전자대의 최고 에너지보다 작아지므로 페르미 준위는 가전자대 최고 상태 에너지 밑에 위치하게 된다. 즉 가전자대 내에 존재하게 된다는 의미이다. 억셉터 농도가 가전자대의 유효 상태 밀도보다 작게 도핑하면 로그함수는 (+) 값을 갖는다. 즉 페르미 준위는 가전자대 최고 에너지 위에 존재하게 된다. 즉 밴드 갭 내 가전자대 근처 위에 존재하게 된다는 의미이다. 억셉터 불순물이 도너 불순물보다 그다지 크게 주입하지 않은 보상 반도체라면 2-47식의 억셉터 불순물 농도는 $N_A - N_D$로 대치할 수 있다. 따라서 2-48식은 다음과 같이 변환된다.

$$E_F - E_v = kT\ln\left(\frac{N_v}{N_A - N_D}\right) \tag{2-49}$$

이상의 결과로부터 우리는 도너, 억셉터 농도에 따라 페르미 에너지가 변화한다는 것을 알았다. 그림 2-35는 n, p형 반도체의 페르미 준위를 보여 준다. 페르미 준위의 정의로부터 알 수 있듯이

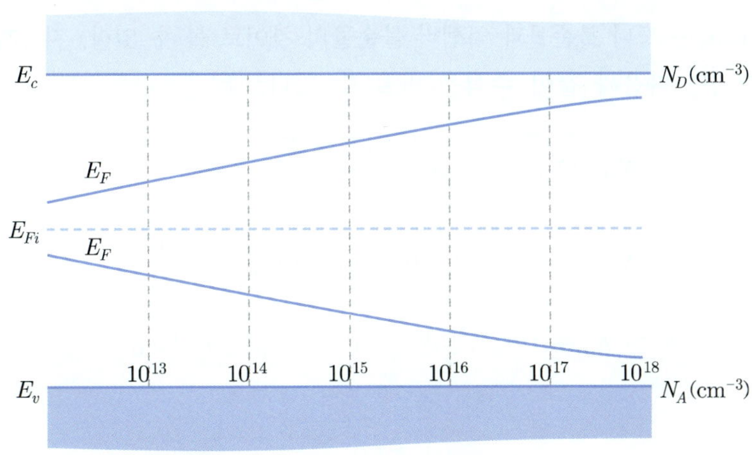

그림 2-35 도핑 농도에 따른 페르미 준위의 변화

페르미 준위 이하에는 전자들로 충만되어 있다. 따라서 n형 반도체에서는 전자의 농도가 양공의 농도보다 훨씬 많으며 진성 페르미 준위에서 전도대 방향으로 치우쳐 있음을 예상할 수 있다. 이러한 페르미 준위로부터 전자 농도와 양공 농도를 구하는 식을 표기하였다. 전자와 양공 농도가 증가할수록 페르미 준위는 각각 전도대, 가전자대에 가까워져 간다.

다음 예제를 통해서 보상 반도체와 페르미 준위의 개념을 더욱 확실하게 공부해 두자.

예제 2-3-5

실리콘 반도체에 억셉터 불순물 농도를 10^{16} cm^{-3} 주입하였다. 전도대 바닥 아래 0.2 eV 위치에 페르미 준위가 위치하도록 도너 농도를 주입해야 한다. 도너 농도는 얼마나 주입해야 할 것인가? 300 K를 가정하고 실리콘의 밴드 갭은 1.12 eV이며 전도대의 유효 상태 밀도는 2.8×10^{19} cm^{-3}이다.

풀이

이 문제는 보상 반도체의 개념을 묻는 문제이며 지금까지 배운 전자 농도를 구하는 공식을 잘 활용할 수 있는지 묻는 문제이기도 하다. 지금 p형 반도체이며 양공 농도가 전자 농도보다 더 많을 것이다. 전도대 바닥 아래 0.2 eV에 페르미 준위가 오도록 하라는 것은 n형 반도체를 만들라는 것과 동일하다. 이미 억셉터 농도가 주입된 상태에서 n형 반도체를 만들기 위해서는 억셉터 농도보다 더 많은 도너 불순물을 주입해야 한다는 것은 지금까지 배운 내용을 기억하면 쉽게 떠오를 수 있다. 즉 억셉터 농도를 보상시켜서 n형 반도체를 만들기 위해선 도너 농도가 10^{16}cm^{-3}보다는 더 많이 주입해야 할 것이다.

페르미 준위로부터 전자 농도를 구하는 식은 다음과 같다.

$$n_0 = N_c \exp\left[\frac{-(E_c - E_F)}{kT}\right]$$

여기서 전자 농도 n_0는 도너 불순물과 억셉터 불순물의 차이로 볼 수 있다. 지금까지 배운 내용을 잘 기억하라. 그러면 다음과 같이 수식을 바꿀 수 있다.

$$N_D - N_A = N_c \exp\left[\frac{-(E_c - E_F)}{kT}\right]$$

$$N_D - N_A = (2.8\times10^{19}\,\text{cm}^{-3})\exp\left(\frac{-0.2}{0.0259}\right)$$

$$\therefore N_D = 1.24\times10^{16} + 10^{16} = 2.24\times10^{16}\,\text{cm}^{-3}$$

예제 2-3-6

다음과 같은 조건에서 실리콘의 전자, 양공 농도를 구해 볼 것. 열평형 상태를 가정하라.

(1) $T=300\,\text{K}$, $N_D=10^{15}\,\text{cm}^{-3}$, $N_A=4\times10^{15}\,\text{cm}^{-3}$일 때 실리콘의 전자 농도를 구해 볼 것

(2) $T=300\,\text{K}$, $N_D=10^{15}\,\text{cm}^{-3}$, $N_A=0$일 때 실리콘의 양공 농도를 구해 볼 것

(3) $T=300\,\text{K}$, $N_D=N_A=2\times10^{15}\,\text{cm}^{-3}$일 때 실리콘의 전자, 양공 농도를 구해 볼 것

(4) $T=375\,\text{K}$, $N_D=0$, $N_A=4\times10^{15}\,\text{cm}^{-3}$일 때 실리콘의 전자 농도를 구해 볼 것

(5) $T=400\,\text{K}$, $N_D=5\times10^{13}\,\text{cm}^{-3}$, $N_A=0$일 때 실리콘의 전자, 양공 농도를 구해 볼 것

풀이

(1) 이 반도체는 억셉터 농도가 더 높게 주입된 p형 반도체임을 알 수 있다. 따라서 양공 농도를 먼저 구하고 농도 곱의 일정 규칙에 의해 전자 농도를 구하면 된다. 진성 캐리어 농도보다 훨씬 높게 주입했으므로 단순화된 전하 중성 조건식을 사용한다.

$$N_A-N_D=p_0=3\times10^{15}\text{cm}^{-3}$$

$$n_0=\frac{n_i^2}{p_0}=\frac{(1.5\times10^{10})^2}{3\times10^{15}}=7.5\times10^4\text{cm}^{-3}$$

(2) 이 반도체는 n형 반도체이다.

$$n_0=N_D-N_A=3\times10^{16}\,\text{cm}^{-3}$$

$$p_0=\frac{n_i^2}{n_0}=\frac{(1.5\times10^{10})^2}{3\times10^{16}}=7.5\times10^3\,\text{cm}^{-3}$$

(3) 도너 불순물과 억셉터 불순물의 농도가 같다. 따라서 그 차이는 0이다. 즉 전자와 양공 농도가 같은 경우에 해당한다. 이것은 진성 반도체의 경우에 해당한다. 따라서 진성 반도체의 전자와 양공의 농도는 동일하며 그 값은 300 K에서 $1.5\times10^{10}\,\text{cm}^{-3}$ 값을 갖는다.

(4) 이 문제는 상온에서의 전자 농도를 묻는 것이 아니다. 375 K에서의 진성 캐리어 농도는 더 이상 $1.5\times10^{10}\,\text{cm}^{-3}$이 아니다. 주어진 온도에서 먼저 진성 캐리어 농도를 구하고 농도 곱의 일정 규칙으로부터 소수 캐리어 전자 농도를 구하는 순으로 풀어야 한다. 전자 농도와 양공 농도의 곱은 진성 캐리어 농도의 제곱으로 표현할 수 있다는 것을 이미 우리는 학습하였다.

$$n_i^2=N_cN_v\exp\left[\frac{-(E_c-E_v)}{kT}\right]=N_cN_v\exp\left[\frac{-(E_g)}{kT}\right]$$

전도대와 가전자대의 유효 상태 밀도는 각각 $2.8\times10^{19}\,\text{cm}^{-3}$, $1.04\times10^{19}\,\text{cm}^{-3}$이다. 유효 상태 밀도 공식의 온도의 항은 375/300으로 치환해야 함을 알 수 있을 것이다. 즉

$$N_c = 2\left[\frac{2\pi m_n^* kT}{h^2}\right]^{3/2} \qquad N_v = 2\left[\frac{2\pi m_p^* kT}{h^2}\right]^{3/2}$$

$$n_i^2 = (2.8\times10^{19})(1.04\times10^{19})\left(\frac{375}{300}\right)^3 \exp\left[\frac{-1.12}{0.0259\left(\frac{375}{300}\right)}\right]$$

$$\therefore n_i = 7.334\times10^{11}\,\text{cm}^{-3}$$

$$n_0 = \frac{n_i^2}{p_0} = \frac{(7.334\times10^{11})^2}{4\times10^{15}} = 1.34\times10^{8}\,\text{cm}^{-3}$$

300 K에서 진성 캐리어 농도보다 한 차수 크다는 것을 알 수 있다.

(5) 이 문제는 주의를 요한다. 주입한 불순물의 농도가 진성 캐리어 농도와 비슷한 경우는 전하 중성 조건에서 진성 캐리어 항을 고려해야 한다는 사실을 기억하라.

$$n_i^2 = N_c N_v \exp\left[\frac{-(E_c - E_v)}{kT}\right] = N_c N_v \exp\left[\frac{-(E_g)}{kT}\right]$$

$$n_i^2 = (2.8\times10^{19})(1.04\times10^{19})\left(\frac{450}{300}\right)^3 \exp\left[\frac{-1.12}{0.0259\left(\frac{450}{300}\right)}\right]$$

$$\therefore n_i = 1.722\times10^{13}\,\text{cm}^{-3}$$

450 K에서 진성 캐리어 농도는 세 차수 증가했음을 알 수 있다. 단지 150 K 차이에서 캐리어는 천 배 이상의 차이를 유발한다. 이미 진성 캐리어 농도는 강한 온도의 함수라는 것을 설명하였다. 또한 도너 불순물의 농도는 진성 캐리어 농도하고 동일한 차수를 갖는다. 서로 비슷한 경우는 불순물 농도가 진성 캐리어 농도에 영향을 받으므로 전하 중성 조건식을 그대로 사용한다.

$$\begin{aligned} n_0 &= \frac{N_D - N_A}{2} + \sqrt{\left(\frac{N_D - N_A}{2}\right)^2 + n_i^2} \\ &= \frac{5\times10^{13}}{2} + \sqrt{\left(\frac{5\times10^{13}}{2}\right)^2 + (1.722\times10^{13})^2} \\ &= 5.536\times10^{13}\,\text{cm}^{-3} \end{aligned}$$

2-4 페르미 준위가 서로 다른 반도체의 접합

지금까지 페르미 에너지 준위는 반도체의 불순물의 주입 농도에 따라 변화된다는 것을 학습하였다. n형 반도체에서는 페르미 준위는 진성 페르미 준위로부터 전도대 방향으로 이동해 가며 도너 불순물의 농도가 높을수록 전도대로 근접해가며 전도대의 유효 상태 밀도 정도로 도핑을 하면 페르미 준위는 전도대 최저점을 넘어서 전도대 안에 존재하게 된다. 이것을 축퇴 반도체라 하였다. p형 반도체에서도 동일하다. 억셉터 불순물의 농도가 높을수록 페르미 준위는 진성 페르미 준위로부터 가전자대 방향으로 멀어져 간다. 억셉터 농도가 더욱 증가하여 가전자대의 유효 상태 밀도 정도로 도핑을 하면 페르미 준위는 가전자대 안에 존재하게 된다. 이것을 p형 반도체의 축퇴라고 부른다. 앞 장에서 페르미 준위의 정의를 다시 상기해 보자. 전자가 채워진 가장 높은 상태의 에너지를 페르미 준위라고 정의하였다. 이것은 페르미 준위 이하에서는 전자가 충만되었다는 의미이며 페르미 준위 위에는 전자가 발견될 확률이 0에 가깝다고 해석할 수 있다. 페르미 준위에서 전자가 발견될 확률은 0.5이다. 페르미 준위는 도핑 농도뿐만 아니라 온도에 강하게 의존한다.

$$n_0 = n_i \exp\left[\frac{E_F - E_{Fi}}{kT}\right] \qquad E_F - E_{Fi} = kT\ln\left(\frac{n_0}{n_i}\right)$$

수식에서 알 수 있듯이 페르미 준위는 온도의 함수로 표시할 수 있다. 만약에 온도가 증가하면

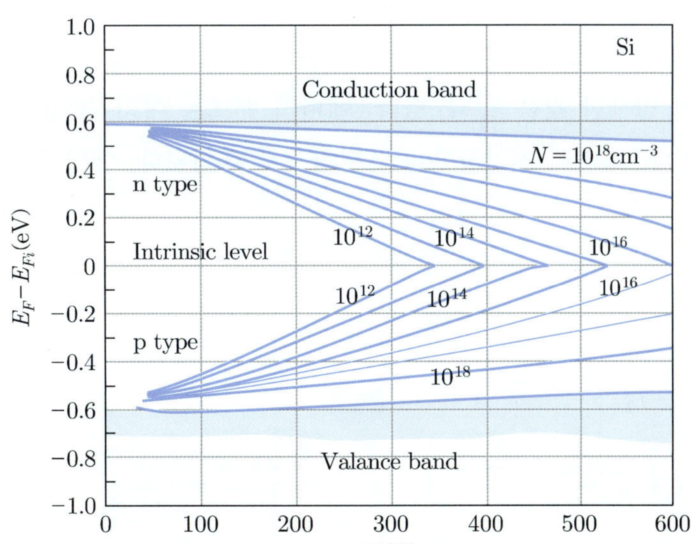

그림 2-36 다양한 도핑 농도에 대해서 페르미 준위의 온도에 따른 변화
(S.M. Sze, physics of semiconductor devices 3rd)

n_0는 n_i로 수렴하게 된다. 지수함수 항이 1에 접근한다. 두 번째 식의 우변은 0으로 접근하므로 $E_F - E_{Fi} = 0$이 된다. 결국 페르미 준위는 진성 페르미 준위와 같게 된다. 따라서 온도가 증가하면 페르미 준위는 진성 페르미 준위로 접근하며 진성 페르미 준위는 밴드 갭 중앙에 위치한다. 그림 2-36은 이러한 결과를 나타낸 것이다. 도핑 농도에 관계없이 온도가 증가하면 n, p형 외인성 반도체의 페르미 준위는 진성 페르미 준위로 수렴한다는 것이다. 그림 2-32와 같은 결과이다. 진성 페르미 준위는 온도에 관계없이 항상 밴드 갭의 중간에 위치하고 있음을 기억하라.

n형 반도체와 p형 반도체의 페르미 준위는 서로 다르다. 이러한 페르미 준위가 서로 다른 실리콘 반도체를 접합시키면 페르미 준위는 어떻게 되는 것일까? 다음과 같은 경우를 알아보자.

그림 2-37과 같이 서로 다른 페르미 준위를 갖는 두 물질을 접합시켜 보자. 페르미 준위까지는 전자가 가득 차 있다. 각 에너지 상태에는 전자가 2개씩 들어간다. 두 물질을 접합시키면 전자는 더 낮은 에너지 상태로 이동한다. 따라서 페르미 준위가 높은 물질은 에너지가 낮은 상태로 전자가 확산하여 페르미 준위가 동일하게 될 때까지 낮춘다. 최종적으로 두 물질의 페르미 준위는 동일하게 된다. 이러한 법칙은 반도체의 접합에서 전자의 위치에너지를 가시화하여 매우 중요한 정보를 제공해 준다. 이 법칙을 잘 이해하고 있어야 한다. 그림 2-38과 같은 하나의 반도체 내에서 각 영역마다 도핑 농도를 달리하여 페르미 준위가 다른 4개의 영역이 존재한다고 가정해 보자. 각 도핑 영역의 경계는 계단형이 아니고 서서히 변하는 경사 분포를 갖는다고 가정하겠다.

모두 n형 반도체이며 도너 농도가 서로 다를 뿐이다. 4개의 반도체는 페르미 준위가 동일해질 것이며 에너지 밴드는 그림과 같이 경사지게 분포될 것으로 예상할 수 있다. 열평형 상태에서 페르미 준위는 수평하게 되며 이에 따라 에너지 밴드에 기울기가 발생하게 된다. 각 점들을 연결한 선들이 접합 후의 새로운 에너지 밴드 갭이다. 그림 2-39에 표기하였다.

에너지 밴드에 경사가 발생한 것을 알 수 있다. 에너지 밴드는 여러 가지 유용한 정보를 제공한다. 밴드의 기울기는 양수이다. 따라서 전기장은 $+x$ 방향으로 형성된다. 에너지 밴드는 전자의 위치에너

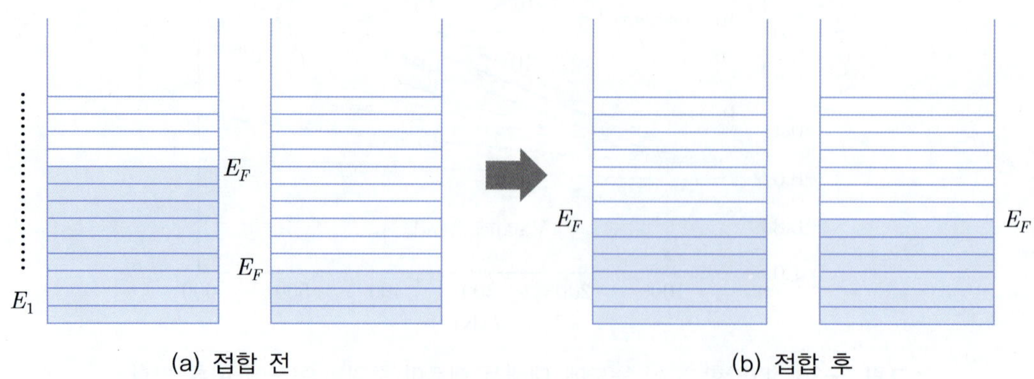

그림 2-37 열평형 상태에서의 페르미 준위가 다른 두 물질의 접합

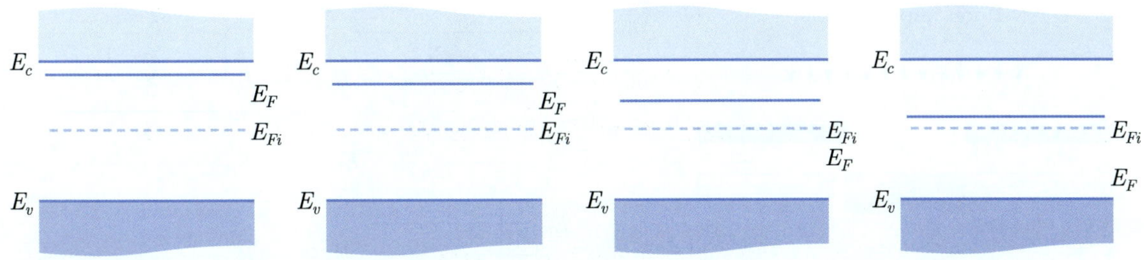

(a) n형 반도체 내에서 도핑 농도가 다른 4가지 영역이 존재하는 경우

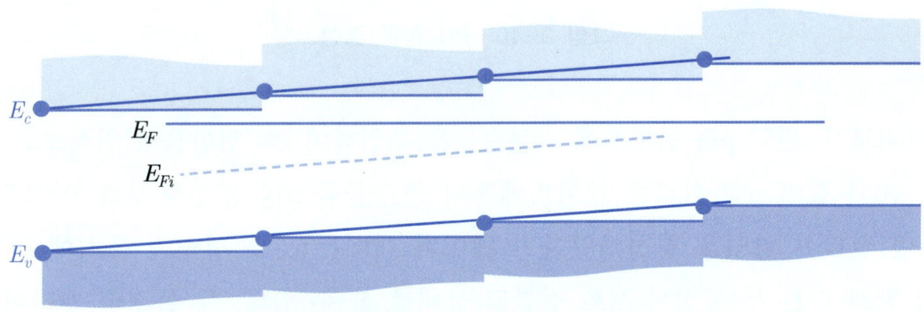

(b) 열평형 상태에서 페르미 준위의 수평화

그림 2-38 불균일하게 도핑된 n형 반도체의 열평형 상태에서의 에너지 밴드 다이어그램

지를 그린 것이므로 오른쪽이 전자의 위치에너지가 높다. 오른쪽에 있는 전자는 공이 굴러 내려오듯이 왼쪽으로 흐르게 된다. 양공은 오른쪽이 위치에너지가 낮은 곳이다. 전자와는 반대 방향으로 진행한다. 정전 퍼텐셜(electrostatic potential)은 왼쪽이 높고 오른쪽이 낮다. 전위는 전압으로 보아도 무방하다. 전류는 오른쪽 방향으로 흐를 것이다. 대략적으로 우리는 이러한 정보를 얻어낼 수 있다.

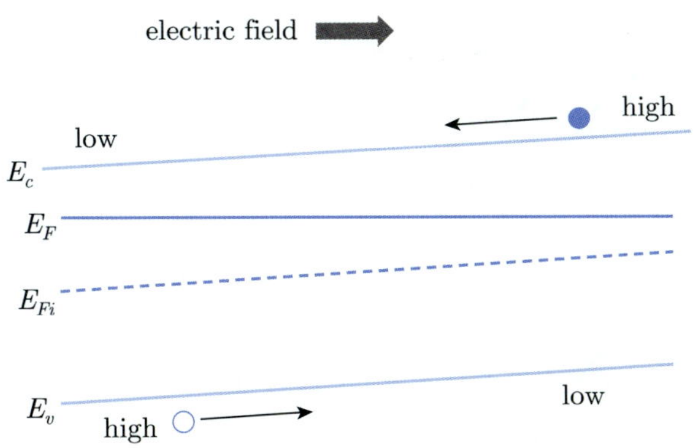

(a) 밴드의 기울기 형성

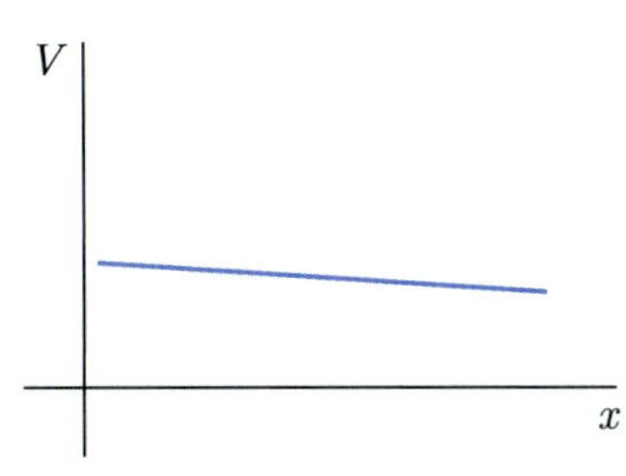

(b) 정전 퍼텐셜

그림 2-39 접합 후 밴드 갭

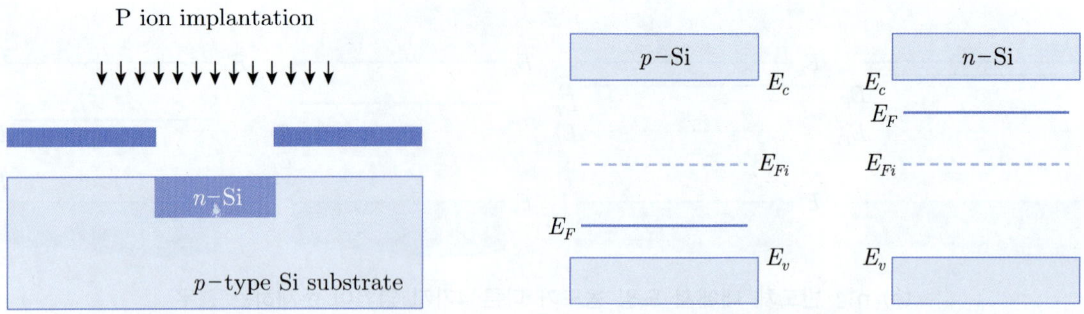

(a) 이온주입에 의한 n형 영역 형성　　(b) n형 보상 반도체의 페르미 준위

그림 2-40 PN 접합 형성

다른 예를 살펴보자. 만약 p형 반도체에 n 불순물을 주입하여 PN 접합을 인위적으로 형성하였다고 하자. 그림 2-40과 같이 p형 실리콘 웨이퍼에 n형 불순물을 p형 불순물 농도 이상으로 주입하여 국소적으로 n형 실리콘 영역을 형성하였다면 웨이퍼 내에는 p, n 영역이 동시에 존재하게 된다. 페르미 준위가 서로 다른 두 물질이 서로 접합된 상태로 볼 수 있다. 두 물질의 캐리어 농도 차이가 발생할 것이다. 온도 차, 농도 차, 압력 차가 있는 경우는 항상 높은 곳에서 낮은 곳으로 유체의 이동이 발생한다. 지금의 경우도 전자의 농도가 높은 곳에서 낮은 곳으로 전자가 이동하게 된다. 수위가 서로 다른 두 개의 수조를 연결하면 수위가 높은 곳에서 낮은 곳으로 이동하여 전체적으로 수위는 수평한 상태를 이룰 것이다. 이와 동일한 현상이 반도체에서도 일어난다. 즉 n형 반도체에서 p형 반도체 쪽으로 전자가 확산해 나간다. n형 반도체의 전자의 위치에너지는 낮아질 것이다. 페르미 준위가 서로 수평하게 될 때까지 확산해 갈 것이며 수평이 된 상태에서 전자의 확산은 더 이상 일어나지 않는다. 전자가 확산해 페르미 준위가 수평하게 된 후에는 재미있는 현상이 일어나는데 접합부에서 에너지 밴드의 휨 현상이 발생한다. 이것은 PN 접합에서 상세히 다룰 것이다. 에너지

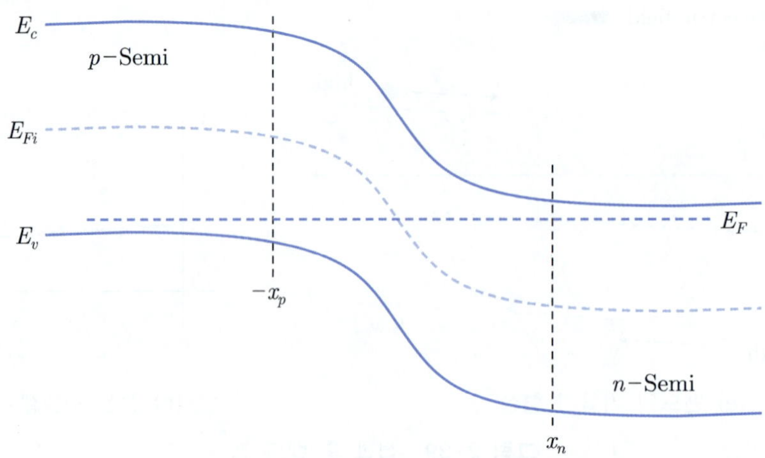

그림 2-41 PN 접합의 에너지 밴드 다이어그램

밴드가 휘었다는 것은 전자의 퍼텐셜에 차이가 있다는 것이며 전기장이 형성되었다고 말할 수 있다. 앞에서도 설명하였지만 이 경우에는 경사진 밴드가 형성되지 않고 접합면에서만 밴드가 휘어지는 현상이 발생한다. 접합면에서 전기장이 형성되었다는 의미이다. 접합부가 아닌 벌크 영역은 밴드가 수평하다. 접합 후 열평형 상태에서의 에너지 밴드 다이어그램은 그림 2-41과 같다.

접합부에서만 밴드가 휘는 이유는 접합부에서 전기장이 형성되기 때문이다. 이것은 PN 접합에서 상세히 다루기로 하고 본 장에서는 페르미 준위가 수평해지는 원리는 수조의 수위가 수평해지는 원리와 동일하다고 이해하길 바란다. 페르미 준위가 수평해지는 것을 그리는 방법은 n형 반도체를 전체적으로 하부로 내려오게 해서 페르미 준위를 수평하게 맞추는 것이다. 그리고 전도대의 바닥점, 가전자대의 최고점, 진성 페르미 준위를 연결하면 그림 2-41과 같은 에너지 밴드 다이어그램이 완성된다. 에너지 밴드 다이어그램을 그리는 방법에 대해서 충분히 연습해야 한다. 앞으로 학습할 반도체 디바이스를 이해하는 데 매우 도움이 될 것이다.

CHAPTER 02 연습문제

01 전도대 위 전자가 가장 많이 분포하는 지점은 전도대 바닥으로부터 얼마나 떨어져 있는지 구해 보아라. 볼츠만 근사가 성립한다고 가정하라.

02 $T = 300\,\mathrm{K}$에서 실리콘의 전자 농도는 $n_0 = 1 \times 10^{16}\,\mathrm{cm}^{-3}$이다. 다음을 각각 구하라.

(1) $E_c - E_F$　　(2) $E_F - E_v$　　(3) $E_F - E_{Fi}$

03 $T = 400\,\mathrm{K}$에 실리콘 반도체가 놓여 있다. $E_c - E_F = 0.2\,\mathrm{eV}$일 때 열평형 상태에서의 전자 및 양공 농도를 구해 보아라.

04 실리콘의 페르미 준위는 진성 페르미 준위 위 $0.2\,\mathrm{eV}$ 부근에 존재한다. 열평형 상태에서의 전자 및 양공 농도를 구해 보아라.

05 실리콘의 페르미 준위가 $300\,\mathrm{K}$에서 전도대의 바닥에서 위로 $kT/2$만큼 떨어져서 존재한다. 열평형 상태의 전자 농도를 구해 보아라.

06 진성 실리콘 반도체에서 볼츠만 근사를 만족하기 위해서는 페르미 준위가 전도대 아래 $3kT$ 이하, 가전자대 위 $3kT$에 위치해야 한다. 이때 볼츠만 근사의 신뢰율은 95%이다. 그렇다면 n, p형 반도체에서(불순물은 각각 인과 붕소) 볼츠만 근사를 만족하는 전자 및 양공의 최대 농도를 구해 보아라.

07 $N_D = 2 \times 10^{14}$, $N_A = 1.5 \times 10^{14}\,\mathrm{cm}^{-3}$와 같이 도핑된 반도체가 있다. 열평형 상태의 전자 농도가 $n_0 = 1 \times 10^{14}\,\mathrm{cm}^{-3}$로 측정되었다. 진성 캐리어 농도와 열평형 상태의 양공 농도를 구해 보아라. 불순물은 완전 이온화된다고 가정한다.

08 $T = 300\,\mathrm{K}$에서 실리콘에 억셉터 이온을 $N_A = 7 \times 10^{15}\,\mathrm{cm}^{-3}$만큼 주입시켰다. 열평형 상태에서의 양공 농도는 $p_0 = 2 \times 10^{4}\,\mathrm{cm}^{-3}$이다. n_0, N_D를 구해 보아라.

09 억셉터 농도가 $N_A = 7 \times 10^{15}\,\mathrm{cm}^{-3}$로 주입된 p형 실리콘 반도체가 $T = 300\,\mathrm{K}$에 놓여 있다. 페르미 준위가 전도대 바닥 아래 $0.2\,\mathrm{eV}$에 위치하려면 도너 농도를 얼마나 주입시켜야 할까?

10 억셉터 농도가 $N_A = 1\times10^{16}$ cm^{-3}로 주입된 p형 실리콘 반도체가 $T = 300$ K에 놓여 있다. 진성 페르미 준위에 대한 페르미 준위를 구해 보아라. 또 $N_D = 5\times10^{16}$ cm^{-3}를 주입하면 페르미 준위는 진성 페르미 준위로부터 얼마나 떨어져 있겠는가?

11 $T = 300$ K에서 도너와 억셉터 농도가 2×10^{16} cm^{-3}로 동일하게 주입되었다. 열평형 상태에서의 실리콘 반도체의 전자 및 양공 농도를 구해 보아라.

12 실리콘 반도체의 진성 캐리어 농도는 온도에 강하게 의존한다. 300 K와 500 K에서의 진성 캐리어 농도를 구해 보아라. 또 500 K에서 진성 캐리어 농도는 상온 대비 몇 배 더 증가하겠는가?

13 $T = 300$ K에서 실리콘의 전자 농도는 $n_0 = 1\times10^5$ cm^{-3}이다.

(1) 페르미 준위는 가전자대로부터 얼마나 떨어져 있는지 $E_F - E_v$를 구해 보아라.

(2) p_0를 구해 보아라.

14 $E_F - E_{Fi} = 0.2$ eV일 때 $T = 300$ K에서 n_0, p_0를 구해 보아라.

15 상온에 놓여 있는 실리콘 반도체가 있다. 다음과 같은 조건에서 열평형 상태의 전자 농도를 구해 보아라.

(1) $E_c - E_F = 5kT$ (2) $E_F - E_c = 5kT$

16 상온에 실리콘 반도체가 있다. 다음과 같은 조건에서 n_0, p_0를 구해 보아라.

(1) $N_D = 2\times10^{11}$ cm^{-3}, $N_A = 0$

(2) $N_D = 2\times10^{16}$ cm^{-3}, $N_A = 1\times10^{15}$ cm^{-3}

17 n-type 반도체는 전자가 다수 캐리어인 반도체이다. 실리콘에 인을 10^{16} cm^{-3}만큼 도핑하였다. 이 n-type 반도체의 극성은 양성, 중성, 음성 중 무엇인가? 그 이유도 설명하여라.

18 n형 반도체의 페르미 준위는 진성 페르미 준위로부터 전도대에 가깝게 위치한다. 온도가 증가함에 따라 페르미 준위는 어떻게 변하는지 정성적으로 설명해 보아라.

19 n형 실리콘 반도체가 상온에 놓여 있다. 전자의 에너지 준위가 페르미 준위보다 $5kT$만큼 위에 존재할 때 이곳에서 전자가 발견될 확률을 백분율로 구해 보아라.

20 에너지 준위가 페르미 준위보다 0.5 eV 만큼 크다. 이 에너지 상태를 전자가 점유할 확률이 10^{-6}이 되도록 온도를 올리고 싶다. 온도를 얼마나 올려야 하는지 구해 보아라.

21 상온에 놓여 있는 실리콘 반도체가 있다. 억셉터 불순물 농도는 $N_A = 7\times10^{15}\,\text{cm}^{-3}$이고 양공의 농도는 $p_0 = 10^5\,\text{cm}^{-3}$이다. 다음 물음에 답하여라.

(1) 실리콘 반도체는 무슨 타입인가?

(2) 다수 캐리어와 소수 캐리어는 무엇이며, 각각의 농도를 구해 보아라.

(3) 도너 불순물 농도는 얼마가 되어야 하는가?

22 상온에서 $N_D = 10^{16}\,\text{cm}^{-3}$만큼 도핑된 실리콘 반도체가 있다. 다음을 구해 보아라.

(1) $E_c - E_F$

(2) E_F를 전도대 방향으로 kT만큼 올리고 싶을 때 추가적으로 필요한 도너 농도

23 상온에서 $N_A = 7\times10^{15}\,\text{cm}^{-3}$만큼 도핑된 p형 반도체가 있다. 페르미 준위가 전도대 아래 0.078 eV 에 위치하도록 n형 보상 반도체를 제작하려고 한다. 도너 불순물 인을 얼마나 주입해야 하는지 구해 보아라.

24 열평형 상태에서 전자와 양공의 농도 곱은 왜 항상 일정한지 정성적으로 설명해 보아라.

25 실리콘 반도체에서 실리콘 원자 1개는 전자 14개를 가지고 있다. 따라서 n형, p형 관계없이 항상 전자가 많이 존재한다. p형 반도체에서 양공이 전자보다 많다는 것은 무슨 의미인지 정성적으로 설명해 보아라.

26 상온에 n형 실리콘 반도체가 $N_D = 2\times10^{16}\,\text{cm}^{-3}$만큼 주입되었다. 억셉터 불순물은 주입하지 않은 상태이다. 다음 온도에서 진성 페르미 준위를 기준으로 페르미 준위의 위치를 구해 보아라.

(1) 400 K (2) 500 K (3) 800 K (4) 900 K

27 $E_c + kT$의 에너지 준위에 전자가 채워질 확률이 $E_v + 5kT$에 전자가 비워질 확률과 동일하다면 페르미 준위는 진성 페르미 준위로부터 어느 방향으로 얼마만큼 떨어져 있는지 구해 보아라. 또 이 반도체는 n형과 p형 중 무엇인지도 설명하여라.

28 진성 반도체에 관한 설명 중 가장 근접한 것을 선택하라.

(1) 진성 반도체는 불순물을 도핑하지 않은 반도체이며 절연체에 가까운 전도 특성을 보인다.
(2) 열평형 상태에 놓여 있는 반도체를 진성 반도체라 명명한다.
(3) 진성 반도체의 전자와 양공의 농도는 동일하다.
(4) E_c+kT의 에너지 상태에 전자가 존재할 확률은 E_v+kT의 에너지 상태에 전자가 비어 있을 확률과 같다.
(5) E_c+kT의 에너지 상태에 전자가 존재할 확률은 E_v-kT의 에너지 상태에 전자가 비어 있을 확률과 같다.
(6) E_c+kT의 에너지 상태에 전자가 존재할 확률은 $E_v+1.5kT$의 에너지 상태에 전자가 비어 있을 확률과 같다.
(7) 진성 반도체의 진성 페르미 준위는 상온에서 정확히 밴드 갭의 정중앙에 있다.
(8) 진성 페르미 준위의 위치는 온도에 무관하게 항상 밴드 갭 정중앙에 있다.
(9) 진성 페르미 준위의 위치는 온도에 따라 정중앙에서 조금씩 밑으로 향한다.

29 $T=300\,\text{K}$에 놓여 있는 실리콘 반도체가 있다. 전도대 바닥상태에서 $5kT$ 사이에 존재하는 에너지 상태 수를 구해 보고 $T=500\,\text{K}$에서는 몇 배로 증가하는지 구해 보아라.

30 $T=300\,\text{K}$에 놓여 있는 실리콘 반도체가 있다. 전도대 바닥상태에서 $kT/2$ 사이에 존재하는 에너지 상태 수와 $5kT$ 사이에 존재하는 상태 수를 비교해 보아라.

31 $T=300\,\text{K}$에 놓여 있는 실리콘 반도체가 있다. $E_v \sim E_v-kT/2$에 존재하는 에너지 상태 수를 구해 보고 $E_c \sim E_c+kT/2$에 존재하는 에너지 상태 수와 비교해 보아라. 어디가 더 높은 에너지 상태 수를 갖는가? 그리고 그 차이가 발생하는 이유는 무엇인가?

32 전자의 에너지가 페르미 에너지보다 다음과 같이 위에 존재할 때 그 에너지 상태에서 전자가 발견될 확률을 구해 보아라. 온도는 $300\,\text{K}$로 가정하라.

(1) $0.001\,\text{eV}$ (2) $0.01\,\text{eV}$ (3) $0.1\,\text{eV}$

33 상온에 놓여 있는 실리콘 반도체가 있다. 페르미 준위는 $0.6\,\text{eV}$이다. $0.8\,\text{eV}$의 에너지 준위를 전자가 점유할 확률을 구해 보아라. 온도가 $800\,\text{K}$로 상승하면 점유할 확률이 증가하는가?

34 상온에 놓여 있는 실리콘 진성 반도체가 있다. 진성 페르미 준위는 밴드 갭의 정중앙에 위치한다고 가정하고 전도대의 바닥상태에서 전자가 발견될 확률을 구해 보아라.

35 상온에 놓여 있는 n형 실리콘 반도체가 있다. $N_D = 10^{17}\text{cm}^{-3}$ 이다. 전도대의 바닥상태에 전자가 존재할 확률을 구해 보아라.

CHAPTER 03

캐리어 전송

2장에서 실리콘 반도체 내의 캐리어의 농도를 구하는 관계식을 수학적으로 유도하였고 캐리어의 농도는 온도와 불순물 주입 농도에 강하게 의존함을 알게 되었다. 본 장에서는 반도체에서 두 가지 유형의 캐리어 움직임에 대해 논의할 것이다. 첫 번째는 전기장하에서의 드리프트이고 두 번째는 농도 차이로 인한 확산이다. 이 두 가지 유형의 움직임은 각각 드리프트 전류와 확산 전류를 형성한다. 캐리어 전송을 이해하는 것은 반도체에서 발생하는 다양한 물리적 현상을 이해하는 첫 번째 단계이다. 열평형에서는 캐리어의 드리프트나 확산이 없다. 전자와 양공을 캐리어라고 하며 전기장이 인가되면 캐리어가 움직이기 시작한다. 이 상태는 비평형 상태에 해당한다. 전자는 음의 전하를 띠고 있다. 결정 속을 다니면서 원자와 각종 이온, 불순물, 원자들과 충돌, 산란을 하면서 복잡하고도 다양한 경로로 결정 속을 헤집고 다닌다. 반도체에서는 최외각 전자가 중요하다. 전기장이 인가되면 최외각 전자가 이동하면서 전류를 생성하기 때문이다. 전자는 전기장에 의해 가속되어 운동에너지를 얻으며 반도체 내의 원자핵 및 불순물 이온과 충돌하고 산란하면서 전기장과 반대 방향으로 드리프트한다. 전자는 여러 입자들과 충돌하면서 반복적인 감속과 가속을 겪으며 속도 포화 현상을 일으킨다. 이것은 전자가 일정한 전기장하에서 등가속도 운동을 하지 않는 이유이다. 전자의 드리프트 속도는 평균 속도를 의미한다. 이동도는 전자의 드리프트 속도를 결정하는 중요한 요소이며, 이동도가 빠를수록 더 큰 전류를 만들어 낸다. 전자의 이동도는 드리프트 속도와 전기장의 비율로 정의되는데 이번 장에서는 전자의 이동도에 영향을 미치는 요소에 대해 논의할 것이다. 확산은 농도 차로 인하여 발생한다. 농도가 높은 곳에서 낮은 곳으로 캐리어의 이동이 발생하면 전류가 만들어진다. 이것을 확산 전류라고 한다. 그런데 열평형 상태에서는 농도 차로 인한 캐리어의 확산은 존재하지만 확산 전류는 만들지 못한다. 확산으로 발생하는 built-in electric force와 확산 방향이 서로 반대이며 두 힘이 서로 균형을 이루기 때문이다. 반도체 내에는 드리프트 전류와 확산 전류가 존재한다. 3장에서는 캐리어의 드리프트와 확산 현상을 통해 반도체의 전기적 특성을 결정하는 캐리어의 전송 현상에 대해서 논의하겠다.

3-1 전기장에 의한 캐리어 드리프트

전자는 상온에서 열속도를 갖는다. 열에 의해 에너지를 받아서 열운동을 하는 경우 전자 한 개의 평균 열에너지와 고전역학에서 다루는 운동에너지가 동일하다는 식으로부터 전자의 열속도를 구할 수 있다.

$$\frac{3}{2}kT = \frac{1}{2}m_n^* v_{th}^2 \tag{3-1}$$

k는 볼츠만 상수이고 m_n^*은 전도성 유효질량이다. 300 K에서 전자의 열속도를 구해 보면 다음과 같다.

$$v_{th} = \sqrt{\frac{3kT}{m_n^*}}$$

$$= \sqrt{\frac{3\times 1.38\times 10^{-23}\text{J/K}\times(300\text{K})}{0.26\times 9.1\times 10^{-31}\text{kg}}} = \sqrt{\frac{1.242\times 10^{-20}\text{m}^2/\text{sec}^2}{2.366\times 10^{-31}}}$$

$$1\,\text{J} = 1\,\text{Nm} = \frac{1\,\text{kg meter}}{\text{sec}^2}\text{meter} = \frac{\text{kgm}^2}{\text{sec}^2}$$

$$\therefore v_{th} = 2.3\times 10^7\,\text{cm/sec} \qquad (3\text{-}2)$$

상온에서의 전자의 열속도는 매우 빠르다. 전자의 열속도는 매우 빠르지만 일정한 방향으로 진행하는 것이 아니라 랜덤하게 움직인다. 반도체 결정 속에서 전자의 운동을 상상해 보자. 전자는 주변의 원자, 이온 불순물(이온화된 도너 불순물을 가정해 보자)과 수많은 산란을 예상할 수 있다. 이온화된 불순물과는 척력 또는 인력이 작용할 것이다. 열에 의해 가속된 전자는 (+)로 대전된 하전 입자, 중성 원자들과 산란을 일으키고 방향을 바꾸어서 이동하고 또 산란하고 이동하는 과정을 수없이 반복할 것이다. 이러한 과정을 그림 3-1에 나타내었다. 전자는 매우 빠른 속도로 이동하지만 그 방향이 랜덤하고 무작위적으로 움직이기 때문에 전자의 열속도는 전류를 형성하기 매우 어렵다. 따라서 반도체 소자의 온도를 올리는 것만으로 우리는 전류 성분을 얻어낼 수 없다. 전류 성분을 얻어내려면 전자가 무작위로 운동을 하지만 어떤 특정 방향으로 진행되어 나가도록 외력을 작용시켜야 한다. 그림 3-1 (a)는 전자의 열에 의한 운동을 묘사한 것이다. 아주 랜덤하게 움직이고 있음을 알 수 있으며 주변 입자들과 산란 과정을 통해 실제 전자의 움직인 거리는 d_1으로 표기하였다. 전기장을 $-x$ 방향으로 인가하면 전자는 $+x$ 방향으로 움직일 것이며 전기장이 인가되었다 하더라도 전자는 반도체 결정 내의 중성인 원자와 이온화된 불순물들과 산란 과정을 거치면서 자신의 운동에너지를 소실하고 다시 전계에 가속되어 진행하다가 또 산란하고 가속되고 이러한 반복적인 과정을 거치면서 진로 방향을 바꾸어 가면서 움직이게 된다. 그렇지만 전기장이 인가되어서 어느 한쪽 방향으로 힘이 가해지는 경우와 같으므로 무작위한 운동 속에서 일정한 방향을 가지고 천천히 $+x$ 방향으로 진행하게 된다. 그림 3-1 (b)를 보면 이러한 무작위 운동 속에서 실제로 움직인 거리는 d_2이며 그림 3-1 (a)와 비교해 보면 전기장하에서 전자의 움직임을 상상할 수 있을 것이다. 강한 전기장이 인가되었다 하더라도 전자는 산란 없이 직선 운동을 하는 것이 아님을 잘 기억하라. 전류를 형성하는 입자의 운동에는 크게 3가지가 있다. 본 장에서 학습할 드리프트 운동과 확산 운동, 그리고 캐리어의 생성과 재결합에 의한 입자의 움직임이 그것이다. 캐리어의 생성과 재결합은 여러 가지

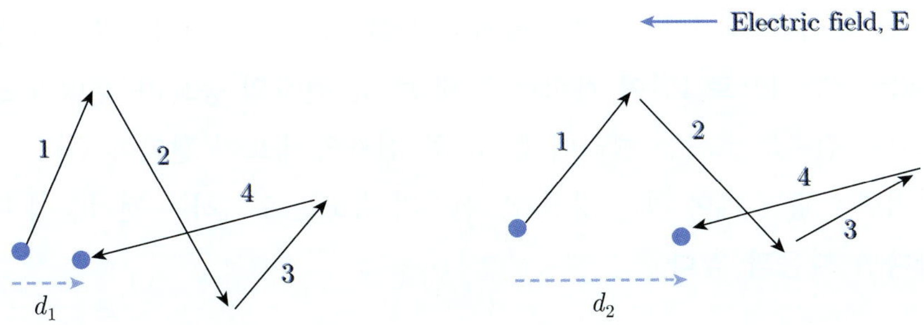

(a) 전자의 랜덤한 움직임　　(b) 전기장하에서 전자의 움직임

그림 3-1 실리콘 결정 내에서의 전자의 움직임

요인으로 발생하지만 주로 빛의 조사에 의한 광전류가 대표적인 것이다.

이 내용에 대해서는 4장 비평형 상태의 과잉 캐리어에서 상세히 다룰 것이다. 본 장에서는 드리프트와 확산에 의한 전류 밀도를 수학적으로 유도하고 그 물리적 의미를 고찰해 볼 것이다. 드리프트 운동에 의한 전류는 대부분 다수 캐리어에 의해 발생하는 전류이다. n형 반도체에서는 전자가 다수 캐리어이므로 전기장이 인가되었을 경우 다수 캐리어인 전자들의 운동에 의해 전류가 발생하는 것이며 대표적인 소자가 MOSFET이다. 확산에 의한 전류 성분의 대표적인 반도체 소자가 PN 접합 다이오드이다. 5장과 6장의 PN 접합에서 다루겠지만 확산 전류는 소수 캐리어가 만들어 낸다. 농도 차로 인하여 n형 반도체에서 p형 반도체로 확산해 가면서 전류를 만들어 내는 것이다. 전자는 p형 반도체 입장에서는 소수 캐리어가 된다. 반대로 p형 반도체에서는 다수 캐리어가 양공이다. 다수 캐리어인 양공이 n형 반도체로 확산해 가면서 전자와 재결합하면서 전류를 만들어 낸다. 이것이 확산 전류이다. 드리프트는 전기장하에서 다수 캐리어들의 이동, 확산은 캐리어들의 농도 차로 인한 소수 캐리어의 이동으로 생각하면 무난할 것이다.

3-1-1 드리프트 전류 밀도

드리프트 전류에 대해서 논의해 보자. 반도체에 전기장을 인가하면 전자들과 양공들은 전기장에 의해 힘을 받으면서 전자는 전기장과 반대 방향으로 양공은 동일한 방향으로 이동한다. 전기장, 즉 인가한 전압에 의해 캐리어들이 이동하면서 발생하는 전류를 드리프트 전류라고 한다. 전자의 드리프트 운동에 의해 발생하는 드리프트 전류 밀도를 구해 보자. 전자의 전류 밀도는 직관적으로 다음과 같이 표현할 수 있다. 즉 전자의 전하량과 전자의 개수(농도), 전자의 드리프트 속도의 항으로 묘사할 수 있다. 전자의 농도가 높을수록 또 전자가 빠르게 이동할수록 전자의 드리프트 전류 밀도는 증가할 것이다. 전류라는 것은 단위 시간당 전하의 흐름($i = Q/t$)으로 정의함을 연상시켜 보아라. 아무리 전자의 개수가 많아도 이러한 전자의 흐름이 느리면 상대적으로 전자의 이동이 빠른 경우에 비해서 전류 밀도는 낮아질 것이다. 가령 1 m의 도선을 전자가 흘러가는데 하나는 1초의 시간이 걸리고 다른 하나는 극단적으로 1년이 걸린다고 해 보자. 전자의 농도가 같더라도 전자의 경우가 전류 밀도가 더 크다. 전자의 흐름은 빨라야 한다. 즉 전자의 속도가 빨라야 한다. 그렇다면 전자의 속도를 빠르게 하려면 어떻게 해야 하는 것인가? 전자의 속도는 인가하는 전기장에 비례한다. 이상을 수식으로 표현한다면 다음과 같다.

$$J_n = qnv_d = (-q)n(-\mu_n E) = qn\mu_n E \tag{3-3}$$

v_d : drift velocity $\quad$ μ_n : mobility of electron

수식 3-3이 전자가 만들어 내는 드리프트 전류 밀도이다. 전자의 전하량은 (-)이며 전자의 속도는 벡터로써 전계와 반대 방향을 나타낸다. 전자의 드리프트 전류는 전계와 동일한 방향을 갖는다. 앞으로 드리프트 용어를 생략하고 기술하겠다. 전기장이 인가된 상태에서의 전류 밀도는 구체적으로 언급하지 않아도 드리프트에 의한 전류 성분인 것이다. 상기 3-3식에서 $v_d = \mu_n E$로 정의하였는데 μ_n은 전자의 속도가 전기장에 비례한다는 비례 상수이며 특별히 전자의 이동도라 칭한다. 결국 전류 밀도를 증가시키기 위해서는 작은 전기장에서도 전자를 빨리 움직이게 할 수 있어야 한다. 즉 전자의 이동도를 증가시켜야 한다는 것이다.

전류 밀도라고 계속 표현하고 있는데 이것은 3-3식의 dimension을 계산해 보면 알 수 있다. 전류 밀도는 전하 밀도와 전자의 속도의 곱으로 표현할 수 있다.

$$J = \frac{\text{coul}}{\text{cm}^3}\frac{\text{cm}}{\text{sec}} = \frac{\text{Ampere sec}}{\text{cm}^3}\frac{\text{cm}}{\text{sec}} = \frac{\text{A}}{\text{cm}^2}$$

전류 밀도는 단위 면적당 흐르는 전류의 양으로 정의한다. 전자가 전기장하에서 받는 힘은 3-4식과 같다.

$$F = -qE = m_n^* a = m_n^* \frac{v_d}{t} \tag{3-4}$$

$$v_d = -\frac{qtE}{m_n^*} = -\mu_n E \tag{3-5}$$

$$\therefore \mu_n = \frac{qt}{m_n^*} \tag{3-6}$$

t: 전자가 처음 충돌할 때까지 전계에 의해 가속되는 평균 시간

동일하게 양공의 이동도를 구해 보자. 양공이 형성하는 전류 밀도는 다음과 같이 쓸 수 있다.

$$J_p = qpv_d = qp\mu_p E \tag{3-7}$$

$$F = qE = m_p^* a = m_p^* \frac{v_d}{t} \tag{3-8}$$

$$v_d = \frac{qtE}{m_p^*} = \mu_p E \tag{3-9}$$

$$\mu_p = \frac{qt}{m_p^*} \tag{3-10}$$

반도체의 드리프트 운동에 의한 전류 밀도는 전자와 양공의 드리프트 전류의 합으로 표시할 수 있다.

$$J = J_n + J_p = q(n\mu_n + p\mu_p)E \tag{3-11}$$

전류 밀도를 결정하는 것은 전기장하에서 전자와 양공의 이동도인 것을 알 수 있다. 전류 밀도를 증가시키기 위해서는 전자와 양공의 흐름을 빨리 해야 함을 알 수 있다. 유효질량은 전도성 유효질량을 의미한다. 우리는 두 가지 종류의 유효질량이 있다는 것을 앞 장에서 학습하였다. 전도성 유효질량은 자유전자의 정지질량보다 일반적으로 작다. 전기장하에서 움직이는 전자는 더 빠르게 움직이므로 정지질량보다 작게 측정된다. 이동도는 단위 전하, 단위 시간당 유효질량의 비율로 정의하였다. 유효질량이 작다면 더 빠르게 이동할 것이다. 이동도의 단위는 cm^2/Vsec이다.

표 3-1에 실리콘과 GaAs(갈륨비소)의 전자, 양공의 이동도를 표시하였다. 실리콘의 전자이동도에 비하여 갈륨비소는 6배 이상 빠르다. 이 차이는 유효질량의 차이에 근거한다. 갈륨비소의 유효질량은 실리콘의 그것보다 훨씬 작다. 이러한 특성 차이로 인해 갈륨비소는 high electron mobility transistor(HEMT)와 같은 고속이동소자에 활용하기도 한다.

표 3-1 대표적인 반도체의 300 K에서의 전자와 양공의 이동도

	$\mu_n(\text{cm}^2/\text{Vsec})$	μ_p
Si	1350	480
GaAs	8500	400
Ge	3900	1900

예제 3-1-1

실리콘에 $N_D = 2\times 10^{17}\,\text{cm}^{-3}$, $N_A = 0$만큼 주입하였다. 전기장 $E = 10\,\text{V/cm}$을 인가하였다. 상온에서의 총 드리프트 전류를 구해 보라. 전자, 양공의 이동도는 표 3-1 참조.

풀이

전자 농도는 $n_0 = N_D - N_A$이다. 진성 캐리어 농도보다 훨씬 많이 주입하는 경우에 해당한다.

$$n_0 = N_D - N_A = 2\times 10^{17}\,\text{cm}^{-3}$$

$$p_0 = \frac{n_i^2}{n_0} = \frac{(1.5\times 10^{10})^2}{2\times 10^{17}} = 1.125\times 10^3\,\text{cm}^{-3}$$

$$J = J_n + J_p = q(n\mu_n + p\mu_p)E$$

$$= (1.6\times 10^{-19})\left[(2\times 10^{17}\times 1350) + (1.125\times 10^3\times 480)\right](10)$$

$$= 432\,\text{A/cm}^2$$

작은 전기장에서도 드리프트 전류의 양은 막대하다. 이것은 전자의 농도가 크기 때문이다. 즉 드리프트 전류는 확산 전류와는 다르게 다수 캐리어가 발생하는 전류라는 의미이다. 이것을 잘 기억해 두길 바란다.

3-1-2 캐리어의 이동도

전자는 전기장이 인가된 반도체 결정 속에서 어떻게 움직이는지 정성적으로 고찰해 보자. 전기장에 의한 가속된 전자는 전기장과 반대 방향으로 운동을 하게 된다. 우리가 인가한 전기장이 일정하다면 전자의 속도는 시간에 따라 선형적으로 증가하게 된다. 등가속도 운동을 하게 된다. 시간이 지남에 따라 전자의 속도는 계속 증가하게 될 것이다. 그러나 실제 전자는 등가속도 운동을 하지 않는다. 반도체 내에는 수많은 원자와 이온화된 불순물이 존재한다. 이러한 입자들은 상온에서도 지속적으로 열 진동을 하고 있다. 열 진동의 대표적인 것이 격자 진동이다. 전자들은 전기장에 의해 가속되어 진행하다가 이러한 중성 원자, 이온화된 하전 입자들과 산란하여 전자 자신이 가지고 있는 운동에너지를 원자나 하전 입자들에게 전달하여 운동에너지를 잃어버리고 급격히 감속한다. 이러한 전자들은 다시 전기장에 의해 가속된다. 다시 산란하고 가속하고를 반복하는 과정을 수없이 진행하면서 전기장과 반대 방향으로 이동해 나갈 것이다. 양공도 동일하게 묘사할 수 있다. 전기장에 의해 가속되어 속도가 증가하고 하전 입자들과 충돌하여 대부분 운동에너지를 잃기도 하고 산란되어 진행 방향을 바꾸기도 한다. 이러한 과정을 수없이 반복하면서 양공은 전기장과 동일한 방향으로 진행하게 된다. 이렇게 전자, 양공들은 산란을 통하여 매번 속도가 달라지므로 여기서 정의하는 드리프트 속도는 평균 속도를 의미하는 것이다.

전자가 많은 n형 반도체를 가정한다면 총 전류 밀도에서 양공이 발생하는 전류도 포함시켰지만 양공의 농도가 매우 낮기 때문에 양공에 의한 전류 밀도는 무시할 수 있다.

$$J = J_n + J_p = q(n\mu_n + p\mu_p)E \approx qn\mu_n E \tag{3-12}$$

앞에서 설명한 드리프트 전류는 다수 캐리어가 형성하는 전류이기 때문이다. 우리는 예제를 통해서 드리프트 전류의 중요한 개념들을 고찰하였다. 드리프트 전류의 가장 중요한 요소는 캐리어의 이동도이다. 전자의 이동도는 식 3-6에 표현하였다. 이동도의 분자 항에 있는 t는 충돌하기까지 걸리는 시간이다. 즉 전기장에 의해 가속된 전자는 이동하기 시작하는데 결정 내 원자 또는 하전 입자들과 충돌하는 데까지 걸리는 시간이다. 이 시간이 길수록 전자의 속도는 증가하게 된다. 따라서 t는 순수하게 전기장에 의해 가속되는 시간인 것이다.

그림 3-2에 전기장에 의해 가속된 전자들이 반도체 결정 내에서 어떻게 움직이는지를 정성적으로 표현하였다. 실리콘 반도체에 도너 불순물이 주입되었고 이온화된 상태이다. 실리콘 원자, 불순물 입자들은 제자리에서 열 진동을 일으키고 있다. 전자들은 이러한 입자들과 산란을 반복하면서 전기장에 의해 가속되어 $+x$ 방향으로 진행해 나간다. 열 진동하고 있는 입자와의 충돌과 산란으로 인하여 전자들은 등가속도 운동을 하지 못하고 일정한 전기장 이상에서 속도는 포화된다.

전자들의 이동도에 영향을 주는 2가지 메커니즘이 존재하는데 첫 번째가 격자 산란이다. 즉 열 진동을 일으키고 있는 실리콘의 격자점에서 원자들이 진동하고 있는 것이다. 반도체에는 전도대가 존재하여 전도대로 이동한 전자는 마치 자유전자처럼 전도대를 타고 이동할 수 있다. 앞 장에서도 언급하였지만 반도체 결정 내의 원자들의 주기적인 배열은 주기적인 퍼텐셜 분포를 이루고 에너지 밴드를 형성한다. 전자가 존재하지 못하는 특정 구역을 에너지 밴드 갭이라 부른다. 그러나 원자들의 격자 진동은 이러한 주기성을 깨뜨리고 이동하는 전자들과 상호 간섭을 통해 전자들의 움직임에 영향을 미친다. 격자 산란은 온도의 함수이다. 온도가 증가할수록 원자의 진동은 증가하게 된다. 더 빠르게 요동을 칠 것이다. 무수히 많은 원자들이 제자리에서 격렬하게 요동친다고 상상해 보아라. 그 사이를 전자가 지나가게 되면 충돌할 확률은 높아질 것이다. 온도가 낮으면 이러한 격렬한 요동이 감소하므로 전자들의 충돌 확률은 줄어들 것이라는 것을 직관적으로 이해할 수 있다. 격자 산란이 존재하는 경우 전자의 이동도는 산란 이론에 따르면 다음과 같이 표현된다.

$$\mu \propto T^{-3/2} \tag{3-13}$$

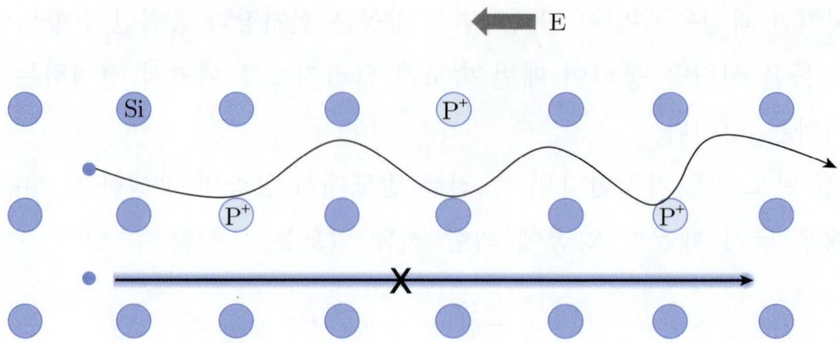

그림 3-2 전기장하에서 반도체 결정 내의 전자 이동 과정

온도가 상승할수록 이동도는 당연히 감소하게 된다. 그림 3-3은 n형 실리콘 반도체의 온도에 따른 전자 이동도의 변화를 표현하였다. 상대적으로 불순물의 주입 농도가 낮은 경우에 온도 증가에 따라 전자 이동도는 급속히 감소해 간다. 이 경우에는 이동도에 영향을 주는 지배적 인자를 격자 산란으로 해석할 수 있다.

그러나 불순물 주입 농도를 높게 한 경우는 온도에 따른 이동도의 최대점이 존재하고 있음을 알 수 있다. 온도 증가에 따라 이동도도 같이 증가하는 구역이 존재한다. 이것의 메커니즘은 격자 산란과는 다름을 짐작할 수 있다. 이 경우에는 불순물의 농도가 높아져서 이온화된 불순물에 의한 산란이 지배적이라는 것으로 해석할 수 있다. 이렇게 온도, 불순물 농도에 따라 서로 다른 메커니즘을 가지고 있다는 것을 알 수 있다. 격자 산란, 불순물 산란이 그것이다. 반도체에 특정 캐리어를 형성하기 위해서 인위적인 불순물을 주입한다는 사실을 우리는 학습하였다. 전자가 많은 반도체를 만들기 위해서는 도너 불순물을 주입한다. 대표적인 것이 인이다. 양공을 많이 만들기 위해서는 의도적으로 보론을 주입한다.

이러한 불순물들은 반도체 결정 내에서 실리콘 자리에 대치되어 실리콘과 공유 결합을 하고 있으며 이온화되는 경우 전자가 충만한 n형 반도체 또는 양공이 많은 p형 반도체로 변환된다. 이러한 반도체를 외인성(extrinsic) 반도체라고 학습하였다. 불순물이 이온화되면 이러한 불순물은 반도체 내에서 고정전하로 작용한다. 전하를 띠고 있지만 전자나 양공처럼 결정 내를 자유롭게 이동하지 못하고 제자리에서 전하를 띤 채 고정되어 있어서 고정전하라 부른다. 이러한 불순물들은 실리콘 밴드갭 내에 도너 준위 또는 억셉터 준위를 형성한다는 것도 배웠다. 결정 내의 캐리어들은 전기장에 의해 가속되어 이동하면서 이러한 전하를 띤 불순물들과 충돌과 산란을 반복하면서 속도를 저하시킨다. 그림 3-2에 간략하게 도식화하였다. 이러한 불순물들은 상온에서 99% 이상 이온화된다. 캐리어들과 이온화된 불순물 사이에는 쿨롱 간섭 현상이 발생한다. 캐리어들은 이러한 불순물에 의해 이동도에 영향을 미치게 된다. 이러한 이온화된 불순물과 이동도와의 관계는 수식 3-14로 표현할 수 있다. 이 식에서 온도가 증가하여도 이동도가 증가하고 이온화된 불순물의 농도가 감소해도

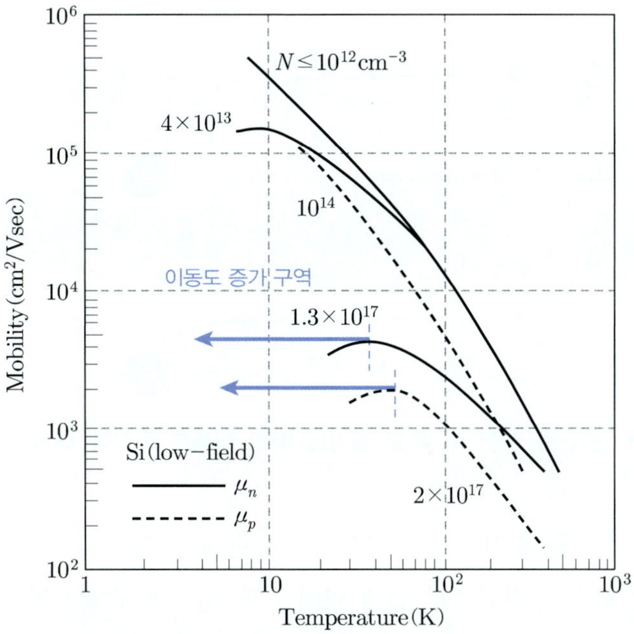

그림 3-3 각 도너 농도에 따른 온도와 이동도의 곡선
(S.M. Sze, physics of semiconductor devices 3rd)

이동도가 증가한다.

$$\mu \propto \frac{T^{3/2}}{N_D^+ + N_A^-} \tag{3-14}$$

직관적으로 이해하기 어려운 부분은 온도가 증가할 때 이동도가 증가하는 것이다. 앞에서 우리는 반도체 내에서 격자 산란만 존재한다면 온도 증가는 격자 진동을 증가시키기 때문에 전자의 퍼텐셜 함수의 주기성을 깨뜨리고 전자는 격자와 충돌, 산란을 반복하면서 이동도는 감소한다고 고찰하였다.

만약 반도체 내 이온화된 불순물에 의한 산란만 존재한다면 온도가 낮은 특정 구간에서는 온도가 증가함에 따라 전자나 양공은 전기장에 의한 가속과 온도에 의한 에너지를 받아서 더 빠르게 움직일 수 있게 되어 이온화된 불순물과의 상호 작용하는 시간이 짧아지게 되면서 전자나 양공의 진행 방향이 크게 벗어나지 않을 것으로 예상할 수 있다. 그냥 전자나 양공이 진행 방향으로 가다가 약간의 방향 전환 정도를 일으킨다는 뜻이다. 그림 3-4를 참조하면 이해하는 데 도움이 될 것이다.

우리가 우주선을 타고 우주여행을 하다가 중력이 존재하는 항성 근처를 지나간다고 한다면 진행 방향이 휠 것이다. 우리의 속도가 매우 늦으면 항성의 중력권에 오래 머물다가 지나가지만 속도가

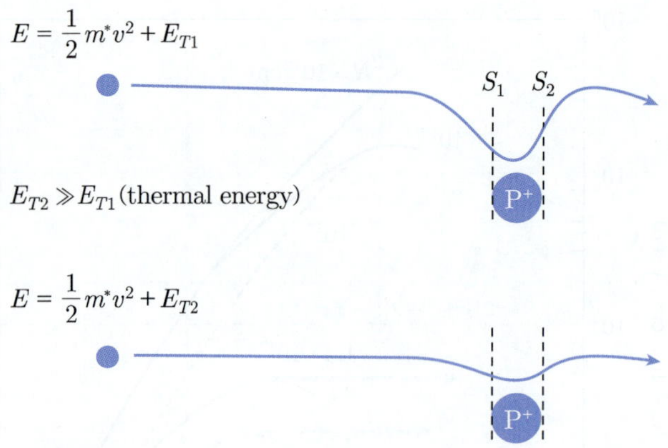

그림 3-4 불순물 산란 시 온도 증가에 따른 이동도 증가에 대한 정성적 설명

더욱 느려지면 항성의 중력권에 벗어나지 못하고 추락하여 항성과 충돌할 것이다. 그러나 만약 매우 빠른 속도로 움직인다면 중력권에서 쉽게 벗어날 수 있으며 중력권에 머무르는 시간도 짧아지고 항성과 상호 작용하는 시간도 짧아질 것이다. 즉 항성의 영향을 덜 받는다는 것이다. 전자는 우주선에 해당하며 이온화된 불순물을 항성으로 생각한다면 이해가 쉬울 것이다. 이처럼 전자는 전기장에 가속되어 운동에너지를 얻어 진행하는데 여기에 온도 상승에 따른 열에너지가 추가되면서 전자는 더 빠르게 이온화된 불순물의 영향권(쿨롱의 힘이 작용하는 영향권)을 벗어날 수 있다는 것이다. 따라서 온도 상승에 따라서 전자의 이동도는 증가할 것이다. 온도 증가에 따라 이동도가 증가하는 구간을 넘어서면 온도가 증가함에 따라서 격자 산란이 지배적인 구간으로 진입한다. 이때는 격자 산란이 지배적이기 때문에 다시 이동도는 감소하게 된다. 따라서 온도를 기준으로 이동도가 감소하는 구간과 증가하는 구역으로 나눌 수 있으며 각각의 영역에서의 산란 메커니즘은 이온화된 불순물 산란과 격자 산란으로 구분할 수 있을 것이다.

그림 3-3에서 불순물을 10^{17}cm^{-3} 농도로 주입한 반도체에서는 온도 증가에 따라 전자 이동도가 증가하는 구역이 나오는데 이 영역이 바로 이온화된 불순물에 의한 산란 효과이다. 비록 이 구간 일지라도 불순물의 농도가 올라가면 이동도는 감소한다. 주입 농도 10^{14}cm^{-3} 곡선과 비교하면 쉽게 알 수 있을 것이다. 이것은 직관적으로 쉽게 이해할 수 있다. 전자의 이동도에 영향을 주는 이온화된 불순물의 농도가 높으면 그만큼 충돌과 산란의 중심이 되는 입자 수가 증가하는 것이므로 전자의 이동도에 방해를 줄 것이다.

그림 3-5는 불순물 주입 농도에 따른 이동도의 변화를 살펴본 것이다. 실리콘, GaAs, Ge에서도 동일한 현상이 발견된다. 불순물 농도가 높아지면 전자들은 이러한 불순물과 충돌, 산란이 일어날 확률이 높아 이동도는 감소할 것이다. 전류 밀도를 결정하는 전자의 이동도는 운동량 보존 법칙에 의해서도 수학적으로 유도할 수 있다.

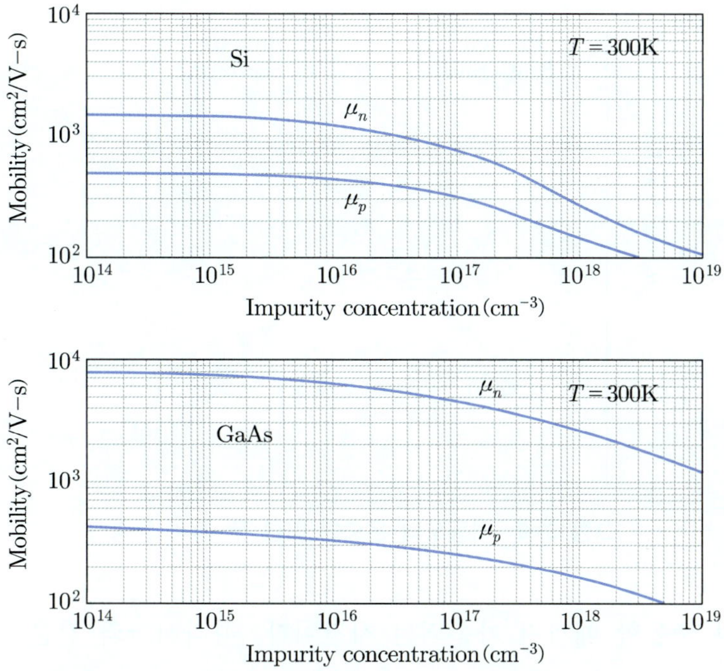

그림 3-5 도핑 농도에 따른 전자와 양공의 이동도
(S.M. Sze physics of semiconductor Devices, 3rd)

다음 경우를 살펴보자. 전자는 충돌과 산란을 거치면서 전기장의 반대 방향으로 운동하게 된다. 이때 전자가 전기장에 의해 가속되고 충돌할 때까지의 시간을 τ라 하자. 전자가 전기장에 의해 얻는 운동량은

$$p = m_n^* v_{drift} \tag{3-15}$$

이다. 충돌로 인하여 잃은 운동량과 전기장에 의해 가속되어 얻은 운동량은 동일할 것이다.

$$p = Ft = F\tau = -qE\tau \tag{3-16}$$

3-15식과 3-16식은 운동량 보존 법칙에 의하여 동일한 것이다. 전자가 이온화된 불순물과 충돌할 때까지의 시간이 길수록 이동도는 증가하고 유효질량이 작을수록 이동도가 증가함을 알 수 있다.

$$p = m_n^* v_{drift} = -qE\tau$$

$$v_{drift} = \left(-\frac{q\tau}{m_n^*}\right)E = -\mu_n E \qquad \mu_n = \frac{q\tau}{m_n^*}$$

앞에서 구한 전자의 이동도에서 시간을 의미하는 t 항이 나오는데 이것은 전기장에 의해 가속되는

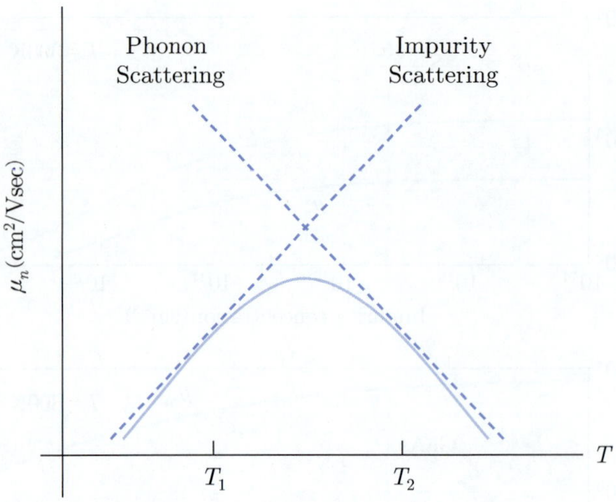

그림 3-6 이동도의 온도에 따른 두 가지 영역

시간이다. 즉 전자가 충돌할 때까지 가속되는 시간이다. 따라서 τ와 같은 개념인 것이다.

지금까지 고찰한 결과를 살펴보면 반도체 내 캐리어의 이동도는 온도에 따라 두 가지 영역으로 나눌 수 있으며 각각 이동도에 영향을 주는 주요 산란 메커니즘이 다름을 알 수 있다. 온도가 낮은 영역에서는 이온화된 불순물이 전자의 이동도에 영향을 주는 주요 산란 메커니즘이며 온도가 높은 구역에서는 격자 산란이 주요 메커니즘이다.

지금까지 결과를 요약하면 그림 3-6으로 표현할 수 있다. 두 점선의 교차점을 기준으로 왼쪽 영역에서는 온도에 따라 이동도가 증가한다. 이온화된 불순물에 의한 산란이 지배적인 구간이며 교차점을 중심으로 오른쪽 구간은 격자 산란에 의한 영역이다. 그렇다면 임의의 온도 T_1에서 이동도는 어느 쪽을 취해야 하는 걸까? 이동도는 전자가 충돌하기까지의 평균 시간 τ와 밀접한 관련이 있다. τ는 전자가 입자와 충돌하기까지의 평균 시간으로 정의했다. 아주 짧은 순간적인 시간 dt를 평균 시간으로 나누어주면 dt 동안의 산란 횟수가 된다. 즉 산란 확률이다. 반도체 내에서는 격자 산란과 불순물 산란이 온도에 따라 독립적으로 발생하므로 산란 확률은 각 산란 확률의 합으로 표시할 수 있다.

$$\frac{dt}{\tau}=\frac{dt}{\tau_I}+\frac{dt}{\tau_L},\ \tau_I\ :\ \text{불순물 산란 평균 시간},\ \tau_L\ :\ \text{격자 산란 평균 시간}$$

이동도는 τ에 비례하므로 상기 수식은 이동도로 표현할 수 있다.

$$\frac{1}{\mu}=\frac{1}{\mu_I}+\frac{1}{\mu_L}$$

따라서 반도체 내에 두 가지 산란 기구가 존재하는 경우 전자의 이동도는 한 가지 기구에 의존하지 않고 다음과 같이 표현할 수 있다.

$$\mu = \frac{\mu_I \mu_L}{\mu_I + \mu_L}$$

예제 3-1-2

반도체에는 격자 산란과 불순물 산란, 2종류의 산란이 존재한다. 이러한 산란은 전자의 이동도에 영향을 미치며 그 메커니즘이 다르다. 만약 격자 산란으로 인해 이동도가 $300\,\mathrm{cm^2/Vsec}$로 제한되며 불순물 산란으로 $500\,\mathrm{cm^2/Vsec}$이 된다고 한다. 반도체에 두 가지 산란이 동시에 존재할 때의 전자 이동도를 구해 보아라.

풀이

$$\frac{1}{\mu_n} = \frac{1}{\mu_{nL}} + \frac{1}{\mu_{nI}} = \frac{1}{300} + \frac{1}{500} = 0.00533$$

$$\therefore \mu_n = 187.617\,\mathrm{cm^2/Vsec}$$

3-1-3 비저항과 전도도

우리는 앞에서 전기장하에서 드리프트 전류 밀도는 캐리어의 이동도, 캐리어의 농도, 전기장에 비례한다는 것을 학습하였다. 캐리어가 많을수록, 빠를수록, 전기장이 강할수록 단위 면적당의 전류 성분은 증가하는 것이다.

$$J = J_n + J_p = q(n\mu_n + p\mu_p)E = \sigma E \qquad \sigma = q(n\mu_n + p\mu_p)$$

전도도는 σ로 정의한다. 전도도(conductivity)의 단위는 다음과 같다.

$$(\mathrm{Ampere} \times \mathrm{sec})\left(\frac{\mathrm{cm^2}}{\mathrm{Vsec}}\right)(\mathrm{cm^{-1}}) = \frac{\mathrm{A}}{\mathrm{V}}\frac{1}{\mathrm{cm}} = (\mathrm{ohmcm})^{-1}$$

이 단위는 비저항의 역수이다. 즉 전도도는 비저항(resistivity)의 역수이다. 우리는 지금까지 학습한 내용을 바탕으로 반도체의 불순물 농도가 증가하면 반도체의 캐리어가 증가하게 되며 전류가 잘 흐르므로 전도도가 상승하고 비저항은 감소할 것으로 예측할 수 있을 것이다. 반도체에서는 기존의 옴의 법칙 $V = IR$을 새롭게 표현할 수 있다. 그림 3-7과 같은 길이 L인 막대 도체에 전압

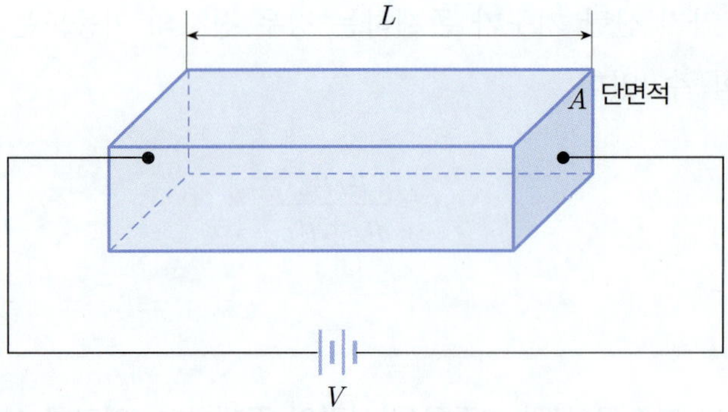

그림 3-7 균일하게 도핑된 막대 반도체에 전기장이 인가된 상태

V를 인가했다고 가정하자.

$$J = \frac{I}{A} = \sigma E \qquad E = \frac{V}{L} \qquad \sigma = \frac{1}{\rho}$$

$$J = \sigma \frac{V}{L} \qquad V = \frac{L}{\sigma}\frac{I}{A} = I\left(\frac{\rho L}{A}\right) \qquad \rho = \frac{1}{q(n\mu_n + p\mu_p)}$$

비저항은 물질이 갖는 고유값이라고 하지만 사실 반도체에서 비저항은 이동도와 캐리어 농도의 함수가 되는 것이다. 비저항도 변할 수 있다는 의미이다. 반도체에서 새롭게 표현하는 옴의 법칙을 정리하면 다음과 같다.

$$J = \sigma E, \quad V = I\left(\frac{\rho L}{A}\right) = IR$$

그림 3-8에는 실리콘의 전자 농도와 전도도를 온도의 함수로 표시하였다. 가로축은 온도의 역수로 표기했음을 주의하라. 전자 농도는 좌측 세로축이며 전도도는 우측 세로축에 표시하였다. 온도가 상승하면 전자 농도는 증가할 것이고 특정 구간(외인성 구역)에서는 일정한 전자 농도를 유지하다가 온도가 더욱 증가하면 도너 불순물은 모두 이온화되고 진성 캐리어가 지배적인 진성 반도체 영역으로 진입한다는 사실을 우리는 이미 학습하였다(그림 2-32). 전도도도 비슷한 유형을 갖는다. 진성 구역에서는 온도가 증가함에 따라 전자 농도도 증가하고 전도도도 역시 증가한다. 외인성 구역은 상황이 다르다. 전자 농도는 일정하게 유지되나 이동도는 온도의 함수이므로 온도가 증가함에 따라 격자 산란이 증가하여 이동도는 감소하므로 전도도(이동도의 함수라는 사실을 상기)도 감소한다. 온도가 낮은 구역에서는 캐리어의 동결 상태가 일어나므로 전자 농도 및 전도도 모두 감소하고 있음을 알 수 있다.

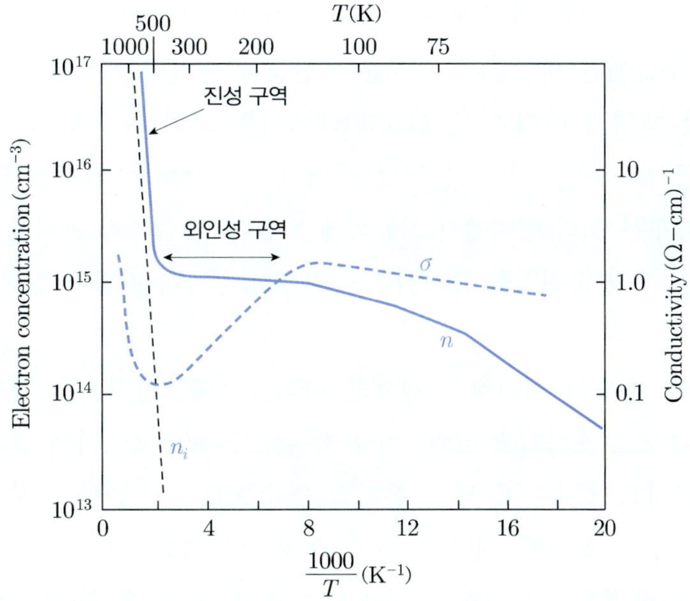

그림 3-8 외인성 실리콘 반도체의 전도도, 전자 농도와 온도와의 관계
(Donald. A. Neamen semiconductor physics and devices, 4th 참조)

3-1-4 속도 포화

전자가 전기장에 의해 가속되면 속도가 증가하게 된다. 앞에서 설명하였지만 일정한 전기장하에서 반도체 내 전자는 등가속도 운동을 하지 않는다. 무한정 속도가 증가하지 않는다는 의미이다. 전자의 속도에 있어서 전자의 이동도는 전자의 속도와 전기장과의 관계를 나타내는 비례 상수와 같은 것이며 기울기로 볼 수도 있다.

$$v_{drift} = \left(\frac{q\tau}{m_n^*}\right)E \tag{3-17}$$

속도를 종속 변수, 전기장을 독립 변수로 보면 3-17 식은 일차함수의 형태이며 기울기가 이동도에 해당한다. 즉 이동도는 단지 상수 값이며 전기장의 함수가 아님을 알 수 있다. 전기장이 강할수록 전자의 드리프트 속도는 증가해야 한다. 또한 기울기가 가파를수록 속도가 증가할 것이다. 이동도는 단지 유효질량이 가벼우면 증가하고 충돌할 때까지의 시간이 길수록 증가함을 알 수 있다. 또한 이동도는 불순물의 함수라는 것도 이미 알게 되었다. 따라서 전자의 드리프트 속도를 올리려면 전기장의 세기를 증가시켜야 하는데 일정 전기장 이상에서는 전자의 속도는 포화됨을 실험적으로 관측하게 되었다. 수식 3-17은 일차함수로 전기장이 커지면 커질수록 속도는 증가하는 형태이다.

이것은 약한 전기장하에서는 성립하지만 전기장이 강한 경우는 상기 식은 성립하지 않는다. 그림 3-9에서의 속도 증가 구간에만 해당한다. 대부분의 반도체는 이러한 선형 구간에서 사용하여 왔다. 9장에서 언급하겠지만 채널의 길이가 긴 MOSFET에서는 그림 3-9의 속도 증가 구간에서 주로 사용한다. 그러나 최근 MOSFET 소자의 채널 길이가 2~3 nm로 되면서 단위 길이당 인가하는 전기장이 증가되어서 대부분 포화 영역에서 사용하게 되었다. 지금까지 논의한 것을 살펴보면 속도가 포화된다는 것은 반도체 소자에 전압을 증가시켜도 전류가 증가하지 않고 일정한 값으로 수렴한다는 의미이다.

그림 3-9에 드리프트 속도와 전기장의 관계를 나타내었다. 실리콘의 경우 약 8×10^4 V/cm의 전계에서 10^7 cm/sec 속도로 포화되고 있다. 이 포화 속도는 300 K에서의 전자의 열속도 수준이다. 전계를 강하게 해도 전자의 열속도를 넘지 못하고 열속도로 수렴한다는 사실을 말해 주고 있다. 따라서 이러한 포화 곡선을 포함한 새로운 속도 관계식이 필요해졌다. 전자의 드리프트 속도의 실험적인 결과로부터 수학적으로 묘사한 수식은 다음과 같다. 분모 항에 새로운 수식이 추가되어 있다.

$$v_d = \frac{\mu E}{\sqrt{1+\left(\frac{E}{E_{sat}}\right)^2}} \tag{3-18}$$

포화 전계 E_{sat}은 대략적으로 8×10^4 V이며 포화 속도 v_{sat}은 10^7 cm/sec이다. 전계가 작은 선형 구간(속도 증가 구간)에서는

$$\left(\frac{E}{E_{sat}}\right)^2 \approx 0$$

이므로 $v_d = \mu E$가 된다. 이것은 선형 구간에서의 전자의 드리프트 속도이다. 전계가 매우 강해서 만약 $E \approx E_{sat}$ 되면 전자의 속도는 다음과 같이 열속도로 수렴한다.

$$E \approx E_{sat}$$

$$v_{d,electron} = \frac{\mu E}{\sqrt{1+\left(\frac{E}{E_{sat}}\right)^2}} = \frac{\mu E_{sat}}{\sqrt{2}} = \frac{v_{sat}}{\sqrt{2}} = \frac{v_{th}}{\sqrt{2}}$$

속도 포화에 대해서는 9장 MOSFET의 단채널 효과에서 다시 한번 다룰 것이다. 본 장에서는 전자는 전계에 의해서 가속되어 속도가 증가하는 구역이 존재하지만 전계가 증가할수록 산란 현상 때문에 전자의 속도는 열속도로 포화된다는 사실만 이해하였으면 좋겠다. GaAs의 드리프트 속도는 실리콘과는 다른 양상을 보여 준다. GaAs의 밴드 구조는 실리콘에 비해 복잡하다. 전기장이 인가되면

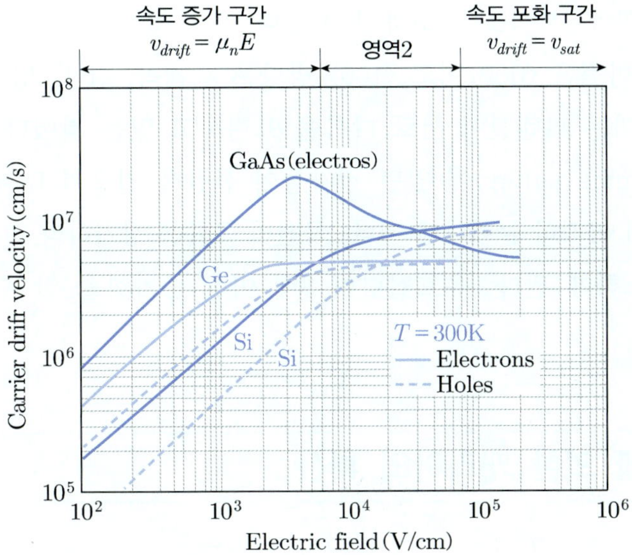

그림 3-9 전기장하에서 캐리어들의 속도 포화 현상
(S.M. Sze physics of semiconductor devices, 3rd)

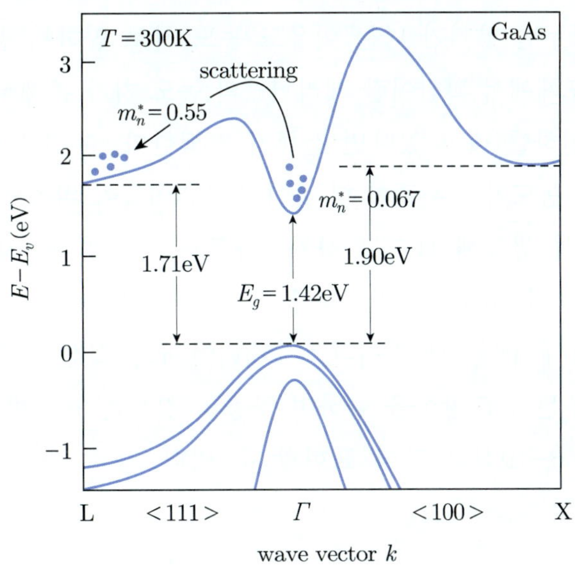

그림 3-10 GaAs의 에너지 밴드 구조
(Donald. A. Neamen semiconductor physics and devices, 4th 참조)

실리콘과 유사하게 선형 구간이 존재하지만 강한 전기장하에서는 어떤 최고점에 도달한 후 급격히 감소한 후 속도가 포화된다. 전기장을 증가시켰는데 드리프트 속도가 감소한다는 것은 음의 이동도를 갖는 것이다. 그림 3-10에 GaAs의 에너지 밴드 구조를 나타내었다. 실리콘에 비해서 복잡한 밴드 구조를 가지고 있다. 화합물 반도체는 이런 밴드 구조가 많다. GaP도 비슷한 구조를 갖는다. 자세한

사항은 에너지 밴드론 관련 서적을 참조하길 바란다.

간략하게 설명하면 감마점은 〈000〉이고 〈100〉 방향은 X 계곡, 〈111〉 방향은 L 계곡을 가리킨다. 방향에 따라 전자가 느끼는 퍼텐셜이 서로 다름을 표현하고 있는 것이다. 전기장이 강한 경우는 실리콘의 감마 계곡(gamma valley)에 있던 전자들이 산란을 일으켜 L 계곡으로 이동하게 된다. L 계곡에서는 유효질량이 급격히 늘어나게 된다. 곡선의 곡률을 상기하라. 따라서 유효질량이 급격히 증가하여 이동도는 감소하게 된다. 유효질량이 8배 이상 증가함을 알 수 있다.

3-2 농도 차에 의한 캐리어의 확산

앞 절에서 반도체의 전류 발생 메커니즘 중에서 다수 캐리어에 의한 드리프트 전류에 대해서 고찰하였다. 드리프트 전류는 전기장이 인가한 상태에서 다수 캐리어들의 움직임으로 인해서 발생하는 전류이다. 두 번째로는 확산 전류가 있다. 확산이란 농도 차이로 인해 캐리어가 이동하는 현상이다. 방 안에 방향제를 놓아두면 향기가 나는 이유도 농도 차로 인하여 방향제 입자가 공기 중으로 확산해 가기 때문이다. 반도체에서 확산이란 캐리어들의 농도 차가 존재하는 경우 발생한다. 만약에 확산해 나가는 입자들이 전하를 띠고 있다면 전류가 발생한다. 이것을 확산 전류라 칭한다. 그림 3-11을 살펴보자. 캐리어의 농도가 오른쪽이 더 높아서 캐리어들이 왼쪽으로 확산해 가는, 즉 기울기가 양수인 경우를 가정해서 생각해 보기로 하자. 가로축은 거리 x, 세로축은 농도 n이라 하면 이 입자의 확산 밀도는 기울기 dn/dx에 비례하게 된다. 그림 3-11 (a), 그림 3-11 (b)는 캐리어가 각각 전자와 양공인 경우에 대해 나타낸 것이다. 두 캐리어 모두 확산 방향은 왼쪽일 것이다. 그러나 전류의 방향은 전자의 경우는 $+x$ 방향을 향하며 양공의 경우는 $-x$ 방향을 향할 것이다. 따라서 전자의 확산 전류 밀도는 3-19식과 같이 표현할 수 있다.

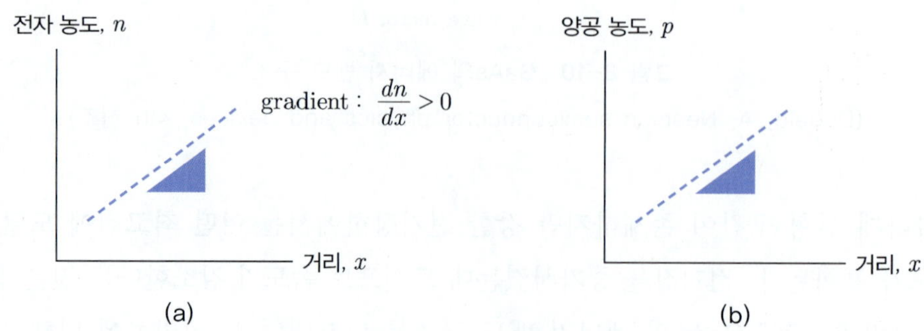

그림 3-11 거리에 따른 캐리어의 농도 기울기

3-2-1 확산 전류 밀도

$$J_{n,diff} = qD_n \frac{dn}{dx} \tag{3-19}$$

q는 전자의 전하량, D_n는 비례 상수로 전자의 확산 계수, dn/dx는 농도의 기울기이다. 농도의 기울기는 양수이다. 확산 계수가 클수록 또 농도의 기울기가 클수록 확산 전류 밀도 값은 증가할 것이다. 양공의 확산 전류 밀도는 수식 3-20과 같이 표현 가능하다.

$$J_{p,diff} = -qD_p \frac{dp}{dx} \tag{3-20}$$

양공의 전류 밀도 방향에 (-)가 붙은 것에 주의하라. 전류의 방향이 $-x$ 방향을 향하고 있으므로 양공의 전류 밀도에는 마이너스가 붙는다. 다음 그림 3-12에서 더 고찰해 보자. 전자 농도가 서로 다른 두 반도체를 접합시켰다고 가정하자. 그림 3-12의 오른쪽의 반도체에 전자 농도가 더욱 높다고 한다면 전자는 $-x$ 방향으로 확산해 갈 것이며 이때 전자가 형성하는 확산 전류 성분은 $+x$ 방향이 될 것이다. 그림 3-12 (a)에 해당한다. 따라서 전자의 확산 전류 밀도는 + 부호를 붙일 수 있다. 양공의 경우도 동일하게 생각해 보면 양공의 확산 전류는 $-x$ 방향을 나타내므로 전류 밀도식에 (-) 부호를 붙인다. 이상은 농도의 기울기가 양수인 경우를 고려한 것이다. 만약 농도 기울기가 음수이면 양공의 확산 전류식은 (+)가 된다. 확산 전류 밀도식에는 각각의 캐리어들의 확산 계수가 비례 상수로 존재하고 있다. 확산 계수의 단위는 cm^2/sec이다. 이것은 flux의 차원과 동일하다. 즉 단위 시간당 확산해 나가는 면적을 의미한다. 전자가 얼마나 빨리 확산해 나가는지를 알려주는 척도이다. 확산 전류는 반도체에서 매우 중요하다. 특히 PN 접합에서 상세히 다루겠지만 PN 다이오

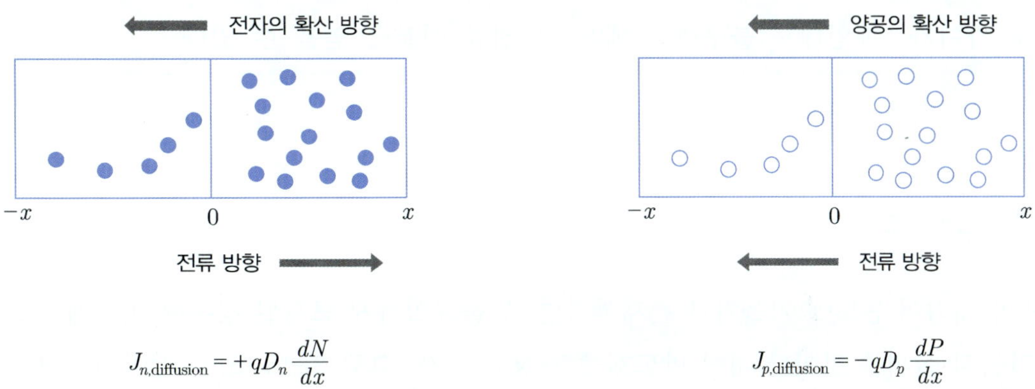

(a) 전자의 확산 전류

(b) 양공의 확산 전류

그림 3-12 농도 기울기가 존재하는 경우의 캐리어의 전류 밀도

드의 전류 메커니즘은 바로 소수 캐리어의 확산 전류이다. 전자와 양공이 각각 서로 반대 방향으로 확산해 가면서 전류를 만드는 것이다. 확산 전류의 개념을 잘 이해해야 한다. 우리가 궁극적으로 배워야 할 MOSFET 소자는 드리프트 전류 성분이 지배적인 소자이다. 즉 다수 캐리어를 활용하는 소자이다. 그러나 MOSFET 소자에서도 확산 전류 성분이 존재하며 이것을 잘 제어하는 것이 MOSFET 소자의 성능이 향상되는 것이다.

대부분의 반도체 소자는 PN 접합 부분이 존재하며 서로 다른 타입의 반도체를 접합시키면 항상 캐리어의 확산 성분이 존재하게 되는 것이다. 특히 PN 다이오드는 소수 캐리어들이 확산해 나가면서 만드는 전류 성분으로 작동하는 소자이다. 앞으로 계속해서 언급해 나갈 것이다. 드리프트 전류 구하는 방법과 동일하게 확산 전류도 전자와 양공이 만드는 확산 전류를 더해야 한다. 따라서 반도체에서 발생하는 확산 전류는 다음과 같이 표기할 수 있다.

$$J_{diff} = J_{n,\,diff} + J_{p,\,diff} = qD_n \frac{dn}{dx} - qD_p \frac{dp}{dx}$$

예제를 통해서 농도 차이에 의한 확산 전류 밀도를 구해 보자.

예제 3-2-1

$T = 300\,\mathrm{K}$의 n형 실리콘 반도체가 있다. $0.01\,\mathrm{cm}$ 간격에서 농도 차이가 10^{18}에서 $5 \times 10^{17}\,\mathrm{cm}^{-3}$으로 선형적으로 변한다. 전자의 확산 계수가 $35\,\mathrm{cm}^2/\mathrm{sec}$일 때 전자의 확산 전류 밀도를 구해 보아라.

풀이

$$J_{n,diff} = qD_n \frac{dn}{dx} = (1.6 \times 10^{-19})(35)\left(\frac{10^{18} - (5 \times 10^{17})}{0.01}\right) = 280\,\mathrm{A/cm^2}$$

농도 차이가 2배인데도 불구하고 매우 큰 전류 성분을 얻을 수 있다.

3-2-2 경사 분포

반도체의 캐리어 농도에 기울기가 존재한다면 즉 불균일하게 도핑된 경우에 어떻게 농도 균형을 이루어 가는지 살펴볼 것이다. n형 반도체를 가정해 보자. 그림 3-13 (a)와 같이 n형 반도체 내에 농도 분포를 이루고 있다고 가정하자. 반도체 내 거리에 따라 농도 분포가 다른 경우이다. 농도가 서로 다른 두 개의 반도체를 접합시킨 상태가 아님에 주의하라. 전자는 거리 $+x$ 방향으로 확산해 나갈 것이다. 이러한 농도 분포를 이루는 반도체의 에너지 밴드 다이어그램을 그려 보자. 우리는 1장에서 이미 비슷한 상황을 논의한 적이 있다. 에너지 다이어 밴드 그램은 우리에게 아주 유용한 정보를 제공한다. 전자의 위치에너지, 전계의 방향 등을 쉽게 알 수 있다. 그림 3-13 (a)와 같은 농도 분포를 이루면 전자의 흐름이 발생하고 전자의 흐름이 있다는 것은 전자의 위치에너지에 기울기가 존재한다는 것이고 전계가 형성된다는 의미이다. 따라서 에너지 밴드 다이어그램을 그려 보면 일목요연하게 이러한 정보들을 알 수 있게 된다.

그림 3-13 (a)는 왼쪽이 전자 농도가 높고 오른쪽으로 갈수록 전자 농도는 낮아진다. 앞에서 배운 n형 반도체의 페르미 준위는 전도대에 가깝다. 전자 농도가 높을수록 진성 페르미 준위로부터 멀어져 가고 전도대에 접근해 간다. 이러한 사실을 기반으로 열평형 상태의 에너지 밴드 다이어그램을 그리면 (b)와 같이 그릴 수 있다. 그래프의 왼쪽이 전자 농도가 높으므로 페르미 준위는 전도대에 더 가깝고 오른쪽으로 갈수록 페르미 준위는 전도대로부터 멀어져 진성 페르미 준위에 근접해 간다. 따라서 전자 농도에 분포가 있으므로 에너지 밴드 다이어그램은 경사 분포를 갖는다. 전계가 형성되었다는 것이고 전자의 위치에너지($-qV$ or $-q\phi$)는 오른쪽이 높으므로 전자는 오른쪽으로 확산하려고 하지만 전자의 확산 방향은 전자의 퍼텐셜 에너지가 낮은 곳에서 높은 곳으로의 이동이므로 이러한 확산은 지속적으로 발생하지 않고 곧 멈추게 된다. 열평형 상태에서는 지속적인 확산이 일어나지 않고 멈추게 된다는 사실을 기억하라. 밴드 기울기로 인하여 전계가 형성되었다고 기술하였는데 이러한 전계는 외부에서 인가해 준 것이 아니라 농도 차로 인해 반도체 내부에서 발생한 전계라는 의미에서 내부 전계, 내부 전위(built in potential)라고 부른다. 이러한 내부 전계에 대해서 더 논의해 보기로 하자. n형 반도체의 전자는 도너 불순물의 최외각 잉여 전자에 근원한다. 전자를 하나 증여함으로써 도너 불순물은 이온화 된다는 사실을 기억하라. 인 원자에서 떠난 전자는 반도체 결정 내에서 이동할 것이다. 전자가 떠난 자리에는 이온화된 불순물이 남는 것이고 이온화된 불순물이 있다는 것은 도너 불순물에서 전자가 떠났다는 사실을 알려 주는 것이다.

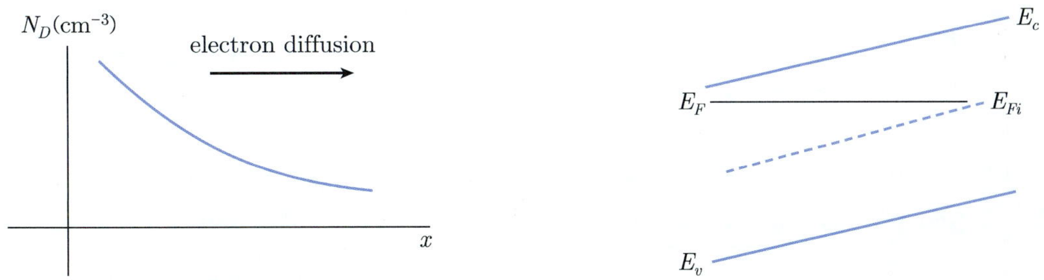

(a) 농도 분포도 (b) 농도 분포를 근거로 그린 밴드 다이어그램

그림 3-13 농도 분포에 따른 에너지 밴드 다이어그램

3-2-3 확산에 의한 내부 전계 발생

이러한 상황을 그림 3-14에 나타내었다. 도너 불순물의 최외각 전자는 농도 차로 인하여 오른쪽 방향으로 확산해 나갈 것이다. 전자가 확산하고 나면 도너 불순물들은 이온화 되어 (+) 전하를 띄게 된다. 그림 3-14 (a)에 표시하였다. 전자는 농도 차로 인하여 오른쪽 방향으로 계속 확산해 나갈 것으로 예상하지만 실제는 그렇지 않다. 만약 전자가 계속 확산해 나간다면 전류가 발생해야 하는데 외부에서 전압을 인가하지도 않고 빛을 조사시키지도 않은 상황에서 불순물 주입을 경사지게 하였다고 전류가 발생한다면 이것은 에너지 보존 법칙에 어긋날 것이다. 단순히 농도 차로 인하여 전자의 흐름을 발생시켰다고 해서 전류가 흐르는 것은 아니다. 곧 바로 열평형 상태로 돌입하기 때문이다. 전자의 흐름을 억제해 주는 전기장 성분이 형성되어 전자는 일정 거리 이상 확산해 나가지 못한다. 그림 3-14 (b)를 보면 도너 불순물은 (+) 전하, 전자는 (-) 전하를 띠고 있는데 이러한 전하 성분들에 의해 (+) x 방향으로 전기장이 자체적으로 형성된다. 그림 3-13 (b)와 동일한 경우에 해당한다. 그러면 전자는 (-) x 방향으로 힘 qE를 받게 된다. 이 힘은 전자가 오른쪽으로 확산해 나가는 것을 방해한다. 이때 내부에 자체적으로 형성된 전기장을 built-in electric field라고 하며 내부 전계에 의해 형성된 전계력은 전자의 확산 방향과 반대로 작용하여 확산력과 전계력이 균형을 이루어 전자는 더 이상 확산을 하지 못하게 된다. 이것은 에너지 밴드 다이어그램으로도 해석할 수 있다. 그림 3-13의 에너지 밴드 다이어그램을 보아라. 에너지 밴드는 오른쪽이 전자의 위치에너지가 더 높게 형성되었다. 전자가 확산한다는 것은 전자의 위치 에너지가 더 높은 곳으로 향하는 것이기 때문에 전자는 이러한 에너지 장벽에 막히게 되어 더 이상 오른쪽으로 확산해 가지 못한다.

Built-in potential의 개념은 매우 중요한 개념으로 반도체가 어떻게 열평형 상태로 진입하는지 설명해 준다. 꼭 이해해야 한다. 특히 앞으로 배울 PN 접합에서도 동일한 현상이 발생한다. 5장에서 다시 상세히 다룰 것이다. 도너 불순물은 (+) 이온화되고 억셉터 불순물은 (-) 이온화되어 각각

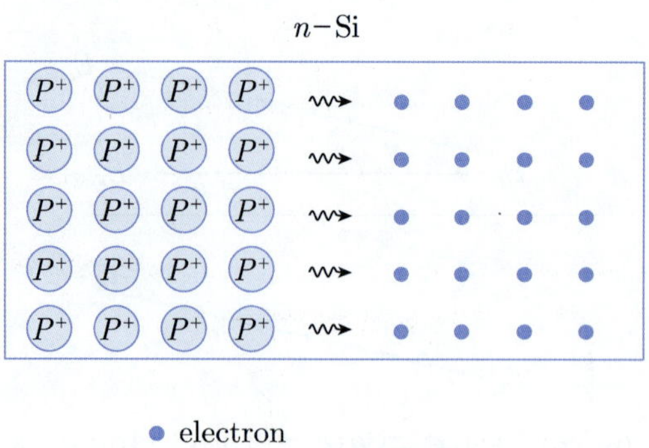

(a) 전자의 확산

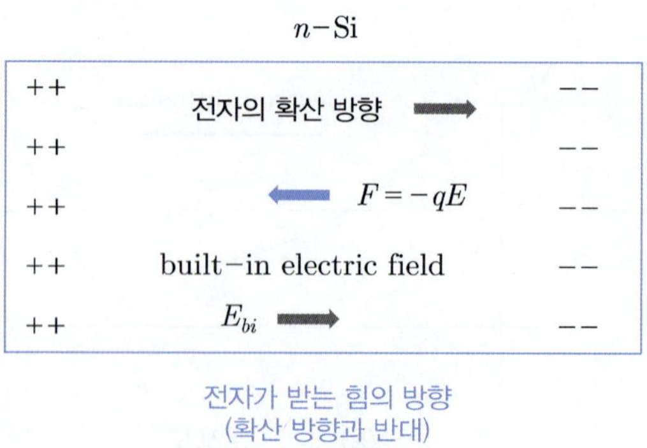

(b) 내부 전계에 의한 전자 확산 방지

그림 3-14 내부 전계가 형성되는 원리

전하를 띠게 되어 (+)에서 (−) 방향으로 자체적으로 전기장이 형성되어 전자와 홀의 확산을 억제하여 결국 열평형 상태로 들어가게 된다.

이상을 요약하면 전자의 확산을 억제해 주는 것은 전자의 확산으로 인하여 자체적으로 형성된 built-in potential이 형성되었기 때문이다. 열평형 상태에서 농도 차로 인한 확산은 내부 전계에 의한 전계력에 의해 확산력을 상쇄시키기 때문에 전류는 발생하지 않는다. 지금까지 경사진 불순물 주입은 내부 전위차(built-in potential)가 발생한다고 정성적으로 밴드 다이어그램으로 설명하였다. 이것을 수학적으로 유도할 수도 있다. 그림 3-13 (b)의 에너지 밴드 다이어그램을 보면 진성 페르미 준위와 전자 농도는 거리 x의 함수임을 알 수 있다. 경사도가 존재한다는 것은 전위가 존재한다는 것이고 $+x$ 방향으로 갈수록 진성 페르미 준위로 위로 향하고 있으며 기울기를 갖고 있다는 것을 알 수 있다. 이것이 의미하는 것은 반도체 내에 전기장이 형성되었다는 것이다. 전위 V와 전자의 위치에너지($E=-qV$)와의 관계는 다음과 같이 표현할 수 있다.

$$V=\frac{1}{q}(E_F-E_{Fi}) \tag{3-21}$$

페르미 준위는 거리에 일정하며 상수로 취급할 수 있다. 1차원만 고려한다면 전기장과 전위의 관계는 다음과 같다.

$$E_x=-\frac{dV}{dx}=\frac{1}{q}\frac{dE_{Fi}}{dx} \tag{3-22}$$

도너 불순물들이 완전 이온화되어 전자 농도와 같다고 한다면 수식 3-23과 같이 쓸 수 있다.

$$n_0=n_i\exp\left[\frac{E_F-E_{Fi}}{kT}\right]=N_D(x) \tag{3-23}$$

$$E_F-E_{Fi}=kTln\left[\frac{N_D(x)}{n_i}\right] \tag{3-24}$$

페르미 준위는 열평형 상태에서 일정하다. 즉 기울기를 갖지 않으므로 상수 취급을 할 수 있고 거리 x에 대해서 미분하면 0이 됨을 알 수 있다.

$$-\frac{dE_{Fi}}{dx}=\frac{kT}{N_D(x)}\frac{dN_D(x)}{dx} \tag{3-25}$$

수식 3-25를 3-22식에 대입하면

$$E_x=-\left(\frac{kT}{q}\right)\frac{1}{N_D(x)}\frac{dN_D(x)}{dx} \tag{3-26}$$

수식 3-26에서 거리에 따른 농도가 일정하면 우변의 미분 항(기울기에 해당)은 0이 됨을 알 수 있다. 따라서 이때에는 전기장은 0이 된다. 그러나 미분 항이 어떤 특정 값을 갖게 되면(거리에 따라 농도 차이가 존재한다는 의미) 전기장은 0이 되지 않고 일정 값을 갖게 되므로 전기장이 형성되는 것이다.

예제를 통해서 농도 차이에 의한 내부 전계를 구해 보자.

예제 3-2-2

다음과 같은 n형 실리콘 반도체에서 전자 농도는 선형 관계를 가지고 거리에 따라 감소해 간다. 전자의 확산 계수는 $D_n = 25\,\mathrm{cm}^2/\mathrm{sec}$일 때 다음을 구해 보아라.

(1) $x = 0$ 지점에서의 전계

(2) 전자의 확산 전류 밀도

풀이

(1) 전자 농도는 왼쪽이 높으며 선형적으로 감소해 간다. 직선의 기울기는 다음과 같다.

$$\Delta x = \frac{10^{16}}{10^{-3}} = 10^{19}$$

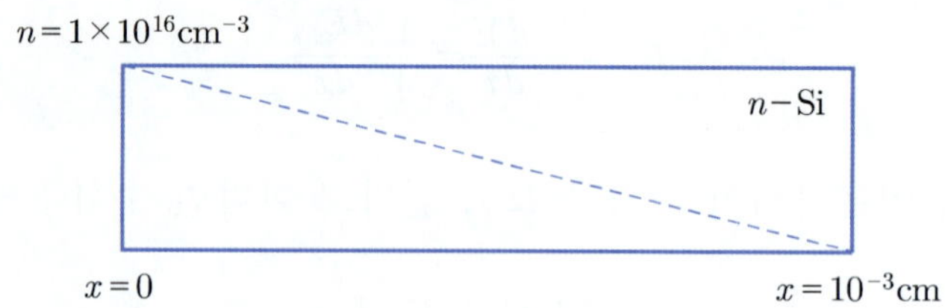

따라서 농도 식은 다음과 같이 표현 가능하다.

$$N_D(x) = -10^{19}x + 10^{16} \;\Rightarrow\; \frac{dN_D(x)}{dx} = -10^{19}$$

수식 3-26에 대입하고 정리하면

$$E_x = -\left(\frac{kT}{q}\right)\frac{1}{N_D(x)}\frac{dN_D(x)}{dx} = -(0.0259)\frac{(-10^{19})}{(-10^{19}x + 10^{16})}$$

상기 식이 농도 차로 인하여 반도체 내에 형성되는 x 방향의 전기장이다. $x = 0$ 지점에서의 전계는

$$E_0 = \frac{0.0259\times10^{19}}{10^{16}} = 25.9\,\mathrm{V/cm}$$

(2) $J_{n,diff} = qD_n \frac{dN_D}{dx} = (1.6 \times 10^{-19})(25)(-10^{19}) = -40\,\mathrm{A/cm^2}$

앞에서 다루었듯이 전자의 확산 방향과 내부 전계의 방향은 모두 동일하며 $+x$ 방향임을 알 수 있다. 따라서 전자의 확산 전류는 $-x$ 방향을 나타내고 있다. 이러한 농도 차이는 매우 큰 내부 전계와 확산 전류 성분을 만들어 낸다는 것을 알 수 있다.

3-2-4 반도체의 총 전류 밀도

지금까지 우리는 반도체 내에서 발생하는 두 가지 전류 성분에 대해서 고찰하였다. 전기장에 의한 드리프트 전류와 확산에 의한 확산 전류이다. 이러한 전류는 자유롭게 움직일 수 있는 전자와 양공이 만들어 내는 것이다. 그래서 전자와 양공을 모바일 캐리어라고도 부른다. 반면 전자와 양공을 제공해준 도너, 억셉터 불순물들은 동일하게 전하를 갖고 있지만 이들은 반도체 내에서 자유롭게 이동하지 못하고 결정 내에서 고정되어서 고정전하 또는 공간전하라고도 부른다. 반도체에서 드리프트 전류와 확산 전류는 서로 독립적이지 않다. 이러한 두 가지 성분의 전류가 모두 반도체의 전류에 기여하는 것이다. 따라서 반도체 내에서의 전류 밀도의 총합은 이 두 가지 성분을 모두 고려해야 한다. 그러나 앞으로 배우겠지만 특정한 상황 속에서 한 가지 또는 두 가지 성분만 고려해도 된다. 4가지 성분을 모두 수식으로 표현한다면 다음과 같다. 여기서는 1차원만 고려한 것이다.

$$\begin{aligned} J = J_{drift} + J_{diff} &= (J_{n,drift} + J_{p,drift}) + (J_{n,diff} + J_{p,diff}) \\ &= (J_{n,drift} + J_{n,diff}) + (J_{p,drift} + J_{p,diff}) \\ &= \left(qn\mu_n E + qD_n \frac{dn}{dx}\right) + \left(qp\mu_p E - qD_p \frac{dp}{dx}\right) \end{aligned} \quad (3\text{-}27)$$

3-27식은 반도체 내의 전자와 양공이 형성하는 드리프트와 확산 전류 성분을 표시한 것이다. 전자는 전기장에 가속되어 특정 이동도를 가지고 이동하여 드리프트 전류를 형성하고 동시에 전자는 특정 확산 계수를 가지고 농도 차로 인하여 확산해 가면서 확산 전류 성분을 만들어 낸다. 전자의 성분을 보면 이동도와 확산 계수가 있음을 알 수 있다. 전자 이동도는 전자 속도와 전기장 사이의 비례 상수로 이 값이 클수록 전자는 빠르게 이동한다. 전자의 확산 계수는 전자가 농도 차로 인하여 결정 속을 얼마나 잘 확산해 나가는지를 표시하는 척도인데 이 값이 클수록 확산이 잘되며 확산 계수는 flux의 개념이라는 것을 잊지 않도록 하자. 확산 계수와 이동도의 비는 일정 비율을 갖는다. 서로 독립적이지 않다. 두 비율은 온도의 함수가 되며 특정 온도에서 항상 일정한 값을 갖게 됨을

배울 것이다. 우리가 지금까지 논의한 것을 다시 상기해 보자. 이동도는 불순물 농도의 함수이며 불순물은 온도에 강하게 의존한다. 확산 계수도 온도의 함수가 된다.

우리는 농도 차이로 인한 내부 전계가 형성되면서 전계력이 캐리어의 확산을 억제한다고 배웠고 전자의 경우를 예를 들어서 수학적으로 유도하였다. 농도 차로 인한 전계의 수학적 결과가 3-26식이다. 전계력의 방향은 전자의 확산 방향과 반대임을 알 수 있다. 따라서 전계력에 의해 전자의 확산이 멈추게 되는 것이다. 이 식은 다음과 같이 유도할 수도 있다. 내부 전계력이 캐리어의 확산을 억제하므로 열평형 상태에 들어가며 총 전류 밀도는 0이 된다. 따라서 반도체의 전류 성분 4가지 합은 다음과 같이 기술할 수 있다.

$$J = J_{drift} + J_{diff} = \left(qn_0\mu_n E + qD_n\frac{dn_0}{dx}\right) + \left(qp_0\mu_p E - qD_p\frac{dp_0}{dx}\right) = 0$$

$$J = \left(qn_0\mu_n E_{bi} + qD_n\frac{dn_0(x)}{dx}\right) + \left(qp_0\mu_p E_{bi} - qD_p\frac{dp_0(x)}{dx}\right) = 0$$

여기서 전기장 E는 외부에서 인가한 것이 아니라 내부에서 형성된 것이기 때문에 E_{bi}로 표현한 것이다. 총 전류 밀도의 합이 0이므로 각각 전자의 전류 성분과 양공의 전류 성분도 0이다. 전자의 성분부터 먼저 고려해 보자.

$$J_n(x) = qn_0\mu_n E_{bi} + qD_n\frac{dn_0(x)}{dx} = 0 \quad \Rightarrow \quad qn_0\mu_n E_{bi} = -qD_n\frac{dn_0(x)}{dx}$$

$$\therefore E_{bi}(x) = -\frac{D_n}{\mu_n}\frac{1}{n_0(x)}\frac{dn_0(x)}{dx} \tag{3-28}$$

양공 성분도 동일하게 구할 수 있다.

$$J_p(x) = qp_0\mu_n E_{bi} - qD_p\frac{dp_0(x)}{dx} = 0 \quad \Rightarrow \quad qp_0\mu_p E_{bi} = qD_p\frac{dp_0(x)}{dx}$$

$$\therefore E_{bi}(x) = \frac{D_p}{\mu_p}\frac{1}{p_0(x)}\frac{dp_0(x)}{dx} \tag{3-29}$$

3-26식과 3-28식을 비교해 보라. 결국 두 식은 같다는 것을 알 수 있다. 주입한 도너 불순물은 상온에서 완전 이온화된다고 볼 수 있으므로 불순물 주입 농도는 곧 전자 농도에 해당한다. 내부 전계를 두 가지 방법으로 고찰해 보았는데 두 식을 같게 놓는다면

$$-\frac{D_n}{\mu_n}\frac{1}{n_0(x)}\frac{dn_0(x)}{dx} = -\left(\frac{kT}{q}\right)\frac{1}{N_D(x)}\frac{dN_D(x)}{dx}$$

$$\frac{D_n}{\mu_n} = \frac{kT}{q} \tag{3-30}$$

3-30식은 300 K에서 항상 일정한 값 0.0259 V를 갖는다. 이 관계식을 열평형 상태에서의 아인슈타인 관계식이라고 부른다.

3-2-5 아인슈타인 관계식

앞 절에서 전자에 대한 확산 계수와 이동도의 관계를 구했다. 양공에 대해서도 동일한 결과를 얻을 수 있다. 따라서 다음과 같이 표현할 수 있다.

$$\frac{\mu_n}{D_n} = \frac{\mu_p}{D_p} = \frac{kT}{q} \tag{3-31}$$

수식 3-31을 아인슈타인 관계식이라 부른다.

이 관계식은 열평형 상태에서만 성립하며 확산 계수와 이동도의 비는 항상 일정하다는 것을 알 수 있다. 표 3-2에 이동도와 확산 계수를 요약하였다. 이동도는 전계에 의해 전자가 가속되어 특정 방향으로 이동하는 속도의 비례 상수이다. 반면에 확산 계수는 농도 차로 인해 전자가 열운동에 의해 무작위적으로 이동하는 정도를 나타낸 척도이다. 아인슈타인 관계식은 두 물리 상수가 특정 온도에서 항상 일정하고 온도에 비례한다는 것이다. 열평형 상태에서 성립하는 관계식임을 상기한다면 관계식에서의 이동도가 증가하면 확산 계수도 함께 증가한다. 서로 독립적이지 않다는 것을 알 수 있다.

표 3-2 대표적 반도체의 이동도와 확산 계수

	μ_n(cm^2/Vsec)	D_n(cm^2/sec)	μ_p	D_p
Si	1350	35	480	12.4
GaAs	8500	220	400	10.4
Ge	3900	101	1900	49.2

예제 3-2-3

$T = 300\,\text{K}$의 n형 실리콘 반도체가 있다. $0.01\,\text{cm}$ 간격에서 농도 차이가 $10^{18}\,\text{cm}^{-3}$에서 $5 \times 10^{17}\,\text{cm}^{-3}$으로 선형적으로 변한다. 전자의 확산 계수가 $35\,\text{cm}^2/\text{sec}$일 때 전자의 확산 전류 밀도를 구해 보아라.

풀이

$$J_{n,diff} = qD_n \frac{dn}{dx} = (1.6 \times 10^{-19})(35)\left[\frac{10^{18} - (5 \times 10^{17})}{0 - 0.01}\right] = -280\,\text{A/cm}^2$$

농도 차가 2배인 데 비해 확산 전류 성분은 매우 큼을 알 수 있다. 반도체 내에서 농도 기울기는 커다란 확산 전류를 생성할 수 있다. PN 접합에서 다루겠지만 주요 전류 성분이 확산 전류이다.

예제 3-2-4

$T = 300\,\text{K}$의 두 종류의 n형 실리콘 반도체가 있다. 전자의 이동도가 각각 $1200\,\text{cm}^2/\text{Vsec}$, $2400\,\text{cm}^2/\text{Vsec}$일 때 전자의 확산 계수를 구해 보아라.

풀이

1) $\mu_n = 1200\,\text{cm}^2/\text{Vsec}$

$$D_n = \frac{kT}{q}\mu_n = (0.0259)(1200) = 31.08\,\text{cm}^2/\text{sec}$$

2) $\mu_n = 2400\,\text{cm}^2/\text{Vsec}$

$$D_n = \frac{kT}{q}\mu_n = (0.0259)(2400) = 62.16\,\text{cm}^2/\text{sec}$$

아인슈타인 관계식을 보면 확산 계수와 이동도의 비는 항상 일정한 값을 갖는다는 것이다. 이것은 확산 계수가 증가하면 이동도도 증가한다는 의미이다.

CHAPTER 03 연습문제

01 도너 농도가 $N_D = 5\times 10^{16}\,\text{cm}^{-3}$, 억셉터 농도는 $N_A = 0$인 n형 실리콘 반도체가 $300\,\text{K}$ 상태에 있다. 다음을 구해 보아라.

(1) 열평형 상태에서의 전자 및 양공 농도

(2) $E = 10\,\text{V/cm}$ 상태에서의 드리프트 전류 밀도

02 길이가 $1\,\text{cm}$, 단면적이 $5\times 10^{-4}\,\text{cm}^2$인 직사각형 형태의 p형 실리콘 반도체가 있다. 억셉터 농도는 $N_A = 7\times 10^{16}\,\text{cm}^{-3}$이며, 양공의 이동도는 $\mu_p = 370\,\text{cm}^2/\text{Vsec}$이다. 실리콘에 $1\,\text{V}$의 전압이 인가되었을 때 실리콘에 흐르는 전류와 양공의 평균 드리프트 속도를 구해 보아라.

03 실리콘에 각각 $E = 1\,\text{kV/cm}$, $5\times 10^4\,\text{V/cm}$, $1\times 10^5\,\text{V/cm}$의 전계가 인가되었다. 실리콘 내 전자가 $1\,\mu\text{m}$를 이동하는 데 걸리는 시간은 각각 얼마인가? 본문의 그림 3-9를 참조할 것.

04 $T = 300\,\text{K}$에 실리콘 보상 반도체가 놓여 있다. $N_D = N_A = 10^{16}\,\text{cm}^{-3}$, $5\times 10^{16}\,\text{cm}^{-3}$일 때 각각의 주입 농도에서 비저항을 구해 보아라.

05 실리콘 반도체에서 전자의 확산 전류 밀도는 $J_n = -2\,\text{A/cm}^2$, $D_n = 30,\ 300\,\text{cm}^2/\text{sec}$이다. 실리콘 표면 $x = 0$에서의 전자 농도는 $10^{16}\,\text{cm}^{-3}$이다. 각각의 확산 계수에서 표면에서 $50\,\mu\text{m}$ 떨어진 지점에서의 전자 농도를 구하고 비교해 보아라.

06 실리콘 반도체의 거리에 따른 양공 농도는 $p(x) = 1\times 10^{16}\exp(-x/L_p)\,\text{cm}^{-3}$와 같이 양공의 확산 거리의 지수함수로 표현된다. 다음과 같은 조건에서 양공의 확산 전류 밀도를 구해 보아라. $L_p = 50\,\mu\text{m}$, $D_p = 12\,\text{cm}^2/\text{sec}$일 때 $x = L_p, 2L_p$ 지점에서의 각 확산 전류 밀도를 비교해 보아라.

07 n형 실리콘 반도체가 있다. 거리에 따라 페르미 준위가 다음과 같이 변한다.
$x = 0 \Rightarrow E_F - E_{Fi} = 0.4\,\text{eV}$, $x = 10^{-3}\,\text{cm} \Rightarrow E_F - E_{Fi} = 0.15\,\text{eV}$와 같이 아주 짧은 거리 내에서 선형적으로 변한다고 가정하라.

(1) 거리에 대한 전자 농도 표현식을 구하라.

(2) 전자의 확산 계수가 $D_n = 34\,\text{cm}^2/\text{sec}$일 때 $x = 10\,\mu\text{m}$ 지점에서 전자의 확산 전류 밀도를 구해 보아라.

08 거리에 따라서 도너 농도가 다른 n형 실리콘 반도체가 $T = 300\,\text{K}$에 놓여 있다. $N_D(x) = N_{D0}\exp(-x/L),\ 0 \le x \le L,\ N_{D0} = 5 \times 10^{16}\,\text{cm}^{-3}$이다.

(1) $0 \le x \le 10\,\mu\text{m}$ 범위에서 인가된 전계를 구해 보아라.

(2) 동일한 범위 내에서 전위를 구해 보아라. $x = 0$ 지점에서 전위는 양으로 가정하라.

09 위의 연습문제 08에서 전자의 이동도 $T = 300\,\text{K},\ \mu_n = 1350\,\text{cm}^2/\text{Vsec}$이다.

(1) 주어진 x 영역에서 전자의 확산 전류 밀도식을 구해 보아라.

(2) 확산 전류 밀도를 상쇄시키는 드리프트 전류는 얼마인가?

10 실리콘 반도체의 전자 및 양공의 이동도는 다음과 같다.

$$T = 300\,\text{K},\ \mu_n = 1350\,\text{cm}^2/\text{Vsec},\ \mu_p = 480\,\text{cm}^2/\text{Vsec}$$

전자와 양공의 확산 계수를 구해 보아라.

11 실리콘 반도체가 있다. 도너 농도는 $N_D = 1 \times 10^{14}\,\text{cm}^{-3}$이다. 전자와 양공의 이동도는 각각 $\mu_n = 1800\,\text{cm}^2/\text{Vsec},\ \mu_p = 480\,\text{cm}^2/\text{Vsec}$이다. 실리콘의 비저항과 전도도를 구해 보아라. 전도도를 10배로 올리기 위해서는 도너 농도를 얼마나 주입해야 하는가? 완전 이온화를 가정한다.

12 n형 실리콘 반도체가 있다. $\mu_n = 1350\,\text{cm}^2/\text{Vsec},\ \mu_p = 480\,\text{cm}^2/\text{Vsec}$이다. 실리콘의 전도도는 $\sigma = 10(\Omega\text{cm})^{-1}$이다. 이때의 도너,억셉터 농도를 구해 보아라. 완전 이온화를 가정한다.

13 n형 실리콘 반도체가 있다. 길이는 $3\,\text{cm}$, 단면적은 $0.05\,\text{cm}^2$, 측정 저항은 $50\,\Omega$, 도너 농도는 $N_D = 5 \times 10^{15}\,\text{cm}^{-3}$이다. 전자의 이동도를 구해 보아라.

14 실리콘 반도체의 전도대, 가전자대의 유효 상태 밀도를 각각 구해 보아라. 온도는 $300\,\text{K}$이다.

15 연습문제 14에서 온도가 각각 $350\,\text{K}$, $400\,\text{K}$가 되었을 때 유효 상태 밀도를 구해 보아라.

16 실리콘 반도체가 있다. $x = 0$ 지점에서 최대 전자 농도 $n(0) = 5 \times 10^{16}\,\text{cm}^{-3}$를 갖는다. 전자가 $x = 0.055\,\text{cm}$만큼 확산해 갔을 때 전자 농도 $n(0.055) = 9 \times 10^{15}\,\text{cm}^{-3}$로 감소하였다. 전자의 확산 계수가 $D_n = 25\,\text{cm}^2/\text{sec}$일 때 전자의 확산 전류 밀도를 구해 보아라.

17 p형 실리콘 반도체가 있다. $-L \le x \le 0$, $L = 10\,\mu\text{m}$ 범위 내에서 거리에 따른 양공 농도는 $p = 10^{16}(1 + x/L)^2\,\text{cm}^{-3}$이다. 양공의 확산 계수는 $D_p = 10\,\text{cm}^2/\text{sec}$이다. 다음 조건에서 양공의 확산 전류 밀도를 구해 보아라.

(1) $x = 0$

(2) $x = -3\,\mu\text{m}$

(3) $x = -6\,\mu\text{m}$

(4) 양공 전류 밀도가 0이 되는 지점의 거리

18 실리콘 반도체가 있다. 전자와 양공 농도는 거리에 따라서 다음과 같이 변한다.

$$n(x) = 10^{16}\exp(-x/L_n)\,\text{cm}^{-3}\ (x \ge 0),\ \ p(x) = (4 \times 10^{16})\exp(x/L_p)\,\text{cm}^{-3}\ (x \le 0)$$

전자와 양공의 확산 계수는 각각 다음과 같다.

$$D_n = 30\,\text{cm}^2/\text{sec},\ D_p = 15\,\text{cm}^2/\text{sec}$$

L_n은 전자가 양공과 만나서 소멸할 때까지 확산한 거리, 즉 확산 거리에 해당한다. L_p는 양공의 확산 거리이며 각각 다음과 같다. $L_n = 1\,\mu\text{m}$, $L_p = 5\,\mu\text{m}$이다. $x = 0$에서 총 전류 밀도를 구해 보아라.

19 반도체의 총 전류 밀도가 양공의 드리프트 전류와 전자의 확산 전류 밀도로 표현된다고 가정하고 $J_{total} = -20\,\text{A/cm}^2$이다. 양공 농도는 $10^{16}\,\text{cm}^{-3}$로 균일하며 전자 농도는 거리에 따라 $n(x) = (5 \times 10^{15})\exp(-x/L)\,\text{cm}^{-3}$, $L = 10\,\mu\text{m}$이다. 전자의 확산 계수와 양공의 이동도는 각각 다음과 같다.

$$D_n = 25\,\text{cm}^2/\text{sec},\ \mu_p = 480\,\text{cm}^2/\text{Vsec}$$

(1) $x > 0$에서 전자의 확산 전류 밀도를 구하라.

(2) $x > 0$에서 양공의 드리프트 전류 밀도를 구하라.

(3) $x > 0$에서의 electric field, E

20 단면적이 $10^{-4}\,\text{cm}^2$, 길이가 $10^{-3}\,\text{cm}$인 실리콘 반도체가 상온 상태에 있다. 5 V의 직류 전원이 연결되어 있으며 50 mA의 전류가 흐르고 있다. 전자의 이동도는 $\mu_n = 1350\,\text{cm}^2/\text{Vsec}$라고 할 때, 다음을 구해 보아라.

(1) 저항

(2) 전도도

(3) 전도도를 얻기 위한 도너 농도

CHAPTER 04

비평형 상태의 반도체

앞의 3장에서는 캐리어들의 전송 특성에 대해서 고찰하였다. 캐리어가 이동하면 전류를 만들어내며 캐리어의 농도 차로 인한 소수 캐리어의 확산 전류와 전계에 가속된 다수 캐리어의 드리프트 전류가 반도체의 주요 전류 성분이다. 4장에서는 빛에 의한 캐리어의 생성전류와 캐리어의 소멸에 대해서 주로 다룰 것이다. 이로써 반도체에는 확산 전류, 드리프트 전류, 생성전류 3가지가 전류의 주요 성분이라는 사실을 이해하게 될 것이다. 외부에서 조사하는 빛에 의해 생성되는 캐리어는 시간이 지남에 따라 소멸과정을 거쳐 평형 상태로 돌아오게 된다. 소멸하는 과정을 재결합이라고 부른다. 모든 반도체는 비평형 상태에서 동작한다. 지금까지는 열평형 상태만 고려해 왔는데 보다 실질적인 비평형 상태에서의 캐리어의 움직임에 대하여 이해하고 학습할 것이다. 비평형 상태에 놓여 있는 반도체에 대해서 새로운 물리적 현상들에 대해서 상세히 고찰해 볼 것이다. 밴드와 밴드 사이에서 발생하는 캐리어의 생성과 재결합, 밴드 갭 내의 트랩 준위를 재결합 중심으로 활용하는 트랩 assisted 재결합을 논의할 것이며 저수준 주입(low level injection), 정상 상태와 같은 새로운 개념들에 대해서 학습해 갈 것이다. 빛에 의해 추가로 생성되는 전자와 양공의 쌍을 과잉 캐리어라고 부르며 시간과 공간의 함수로 과잉 캐리어들의 이동 특성을 살펴보겠다. 본 장을 학습하면 우리는 생성과 재결합에 미치는 인자들과 과잉 소수 캐리어들의 수명을 결정하는 인자들이 무엇인지 알게 될 것이다. 과잉 전자와 과잉 양공들이 생성되면 서로 독립적으로 움직이지 않는다. 과잉 전자와 양공은 동일한 유효 이동도와 유효 확산 계수를 가지고 드리프트 및 확산 운동을 한다. 과잉 전자와 과잉 양공은 쌍으로 움직이는데 그 이유를 살펴보고 과잉 캐리어의 움직임을 결정하는 유효 이동도와 유효 확산 계수가 무엇인지 고찰할 것이다. 각각의 캐리어들의 움직임을 기술해주는 연속 방정식으로부터 전자와 양공이 쌍으로 이동하는 앰비폴러 전송 방정식을 수학적으로 유도하고 그 물리적 의미를 고찰해 볼 것이다. 또한 의사 페르미 준위의 개념을 학습하고 실리콘과 같은 간접 천이형 반도체에서 트랩을 통한 재결합 이론을 공부하고 Shockley-Read-Hall 재결합 방정식을 수학적으로 유도하고 그 의미를 학습할 것이다. 마지막으로 반도체의 표면 결함으로 인한 과잉 캐리어의 농도 분포와 수명에 대해서 논의하고 표면 재결합 속도의 의미를 고찰해 보겠다. 본 장이 끝나면 우리는 반도체의 캐리어의 특성을 이해하게 될 것이고 앞으로 학습할 PN 접합 소자를 이해할 준비가 완성될 것이다.

4-1 캐리어의 생성과 재결합

남녀가 일대일 짝짓기를 한다고 가정해 보자. 남 5명, 여 3명으로 남자가 2명이 부족한 상황이다.

그리고 어떠한 특수한 경우도 배제한다. 이 짝짓기에서 주도권은 누구에게 있는가? 짝짓기가 완성되면 남자 2명은 탈락한다. 다수인 남자들은 더 적극적으로 구애를 하여 여자들의 마음을 사로잡으려고 할 것이다. 그러나 아무리 적극적으로 구애를 한다 하여도 2명은 반드시 탈락하게 된다. 선택권은 여자가 가지고 있는 것이다. 따라서 주도권은 여성에게 있다고 말할 수 있다. 소수가 주도권을 갖게 된다. 전자와 양공이 재결합하는 과정도 비슷하다. 어느 한쪽이 많게 되면 재결합의 주도권은 소수가 갖게 되며 재결합률은 소수가 결정하게 된다. 다시 짝짓기로 돌아가자. 만약 짝을 이루는 순간 그 모임에서 나가게 된다고 할 때, 짝을 맺는 순간까지의 시간을 짝짓기 시간이라고 한다면 그 시간은 누구에 의해서 결정되겠는가? 여성은 소수이고 선택권이 주어진다. 남성은 수가 많아서 자신들이 원하는 대로 선택하기 어렵다. 짝을 완성하는 데까지 걸리는 시간도 여성에 의해 결정된다. 여성이 소수이기 때문에 선택권이 주어지고 여성들은 마음에 들지 않는 남자들은 패스시키고 자신의 취향인 남성을 선택할 수 있다. 따라서 짝짓기 시간도 소수에 의해 결정된다. 전자와 양공의 수가 동일하지 않고 양공의 수가 더 적다면 재결합하는 데 걸리는 시간은 소수 캐리어인 양공에 의해서 결정된다는 의미이다. 그렇다면 여성의 짝짓기 시간을 τ_{woman}이라 한다면 여성들의 짝짓기 시간은 무엇에 의존하겠는가? 마음에 드는 남성이 있는 경우, 여성은 남성을 바로 선택할 수 있다. 가령 여성 2명은 짝짓기를 성공했는데 나머지 한 명은 원하는 상대가 없어서 짝짓기를 거부하고 있다면 짝짓기 시간은 계속 흘러가는 것이다. 외부에서 남성 2명을 더 참가시켜서 대화를 나누었더니 마음에 드는 남성이 한 명 있어서 짝짓기에 성공하였다고 하자. 즉 짝짓기 시간은 남성들에 수에 의해 좌우된다. 짝짓기 시간은 남성이 많을수록 짧아진다고 볼 수 있다. 따라서 소수인 여성의 짝짓기 시간(재결합 시간)은 다수인 남성의 수에 반비례 관계를 갖는다. 여러 스타일의 남성의 수가 많을수록 여성들의 취향에 맞는 남성의 수가 증가하므로 남성을 선택하는 데 소요되는 시간은 길어질 수 있어도 짝을 이루지 못하고 짝짓기 시간이 무한대로 증가하는 일은 없다. 따라서 이것은 수학적으로 표현하면 다음과 같다.

$$\tau_{\mathrm{woman}} \propto \frac{1}{N_{\mathrm{man}}}$$

전자와 양공이 재결합하는 데 걸리는 시간은 소수 캐리어가 결정하고 재결합 시간은 다수 캐리어의 농도에 반비례하게 된다. 이상이 전자와 양공의 재결합 원리의 기본 원리이다. 요약하면 재결합률은 소수 캐리어에 의해 결정되고 재결합 시간은 다수 캐리의의 농도에 반비례한다. 이것을 잘 기억해 두길 바란다. 이 원리에서 벗어나는 경우는 없다.

4-1-1 캐리어의 생성과 재결합의 정의 및 과정

이제 반도체로 돌아와서 재결합을 정의해 보자. 재결합(recombination)이란 단위 체적, 단위 시간당 재결합(소멸)하는 전자-양공 쌍으로 정의한다. 생성(generation)은 전자와 양공이 만들어지는 것이고 재결합은 전자와 양공이 소멸해 가는 것이다. 재결합의 단위를 살펴보면 단위 체적, 단위시간당 소멸하는 전자와 양공의 쌍이다(캐리어 개수/$\mathrm{cm^3 sec}$). 생성은 단위 체적, 단위 시간당 생성하는 전자와 양공의 쌍이므로 단위는 동일함을 알 수 있다.

$$R = \left[\frac{\#}{\mathrm{cm}^3}\frac{1}{\mathrm{sec}}\right] = \frac{N}{t} \tag{4-1}$$

여기서 R은 재결합(recombination), N은 캐리어 농도, t는 재결합하여 캐리어가 소멸하는 시간, 즉 캐리어의 수명이다. 재결합률은 캐리어 농도와 시간(캐리어의 수명)의 비율로 정의한다. 전자와 양공 쌍의 총 개수를 캐리어의 수명으로 나누어주면 재결합하는 전자와 양공 쌍의 개수가 되며 이것이 재결합률이다. 그림 4-1에는 이해를 돕기 위해 단순한 캐리어의 생성과 재결합 과정을 묘사하였다. 초기 상태는 n형 반도체이며 열적 캐리어의 생성과 재결합만 존재한다. 외부로부터 빛을 $t_1 \sim t_3$ 구간에서 입사시킨다고 하자. $t_1 \sim t_2$ 구간에서 빛에 의하여 3쌍의 캐리어가 생성되었다. 시간이 지나도 빛은 계속 입사되고 있으므로 캐리어는 계속 생성이 되지만 재결합 과정도 동시에 일어난다($t_2 \sim t_3$ 구간). 따라서 과잉 캐리어의 생성률은 일정하게 유지되고 있으며 과잉 캐리어 농도도 3쌍으로 일정하게 유지되고 있음을 알 수 있다. 빛을 차단하는 순간에는 캐리어의 생성은 일어나지 않으므로 남아 있는 과잉 캐리어는 재결합하여 소멸한다. 결국 초기 상태의 캐리어 농도로 복원한다. 그림 4-2에 에너지 밴드 다이어그램으로 캐리어의 생성과 재결합 과정을 나타내었다.

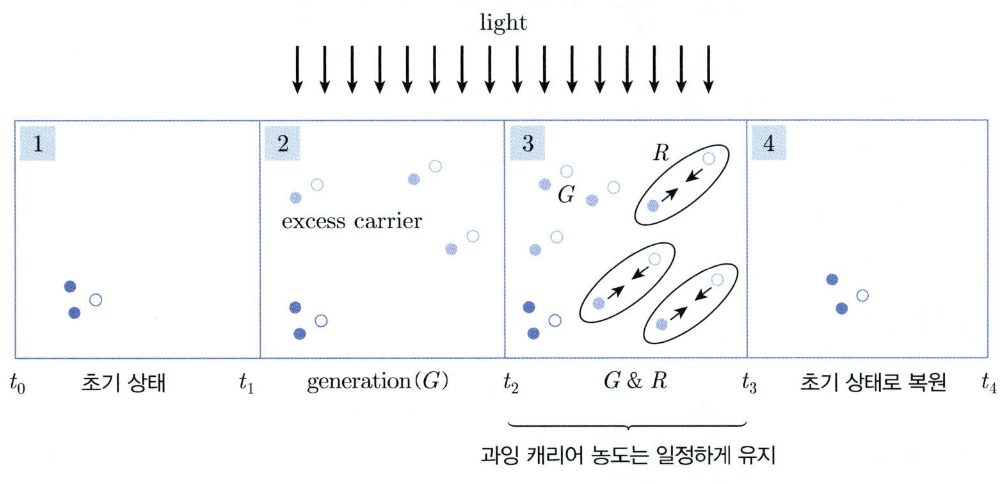

그림 4-1 캐리어의 생성과 재결합(소멸)

빛을 차단한 후에도 열적 캐리어 생성은 존재할 것이다. 여기 논의에서는 이러한 열적 캐리어의 생성은 고려하지 않았음에 주의하라. 캐리어의 농도가 일정하게 유지되는 구간이 존재하며 이 구간에서는 캐리어의 생성률과 재결합률은 동일함을 알 수 있다. 이것은 전자와 양공도 동일한 수로 생성되고 동일한 수로 소멸된다는 의미이다. 본 논의에서는 캐리어의 생성과 재결합 과정을 잘 이해하면 된다. 후에 더 자세한 논의가 있을 것이다.

가령 빛을 입사시켜 캐리어가 $10^{11}\,\mathrm{cm}^{-3}\mathrm{s}^{-1}$ 생성되고 있다는 것은 단위 시간당 $10^{11}\,\mathrm{cm}^{-3}$의 캐리어를 반도체에 주입하고 있다는 것과 동일한 의미이다. 이러한 캐리어들은 반도체 내에서 시간에 따라 확산해 나갈 것이다. 빛의 입사를 멈추지 않는 한 지속적으로 캐리어는 반도체 내로 계속 주입되고 반도체의 다수 캐리어들과 재결합하면서 확산해 나갈 것이다. 빛을 멈추는 순간 과잉 캐리어 농도는 점차적으로 감소하며 소멸해 갈 것이다. 만약 과잉 캐리어가 시간과 거리에 따라 함께 변해간다면 시간의 미분 변화에 대한 캐리어 농도의 미분 변화율로 재결합률을 정의할 수 있으며 과잉 캐리어 농도는 시간과 거리의 함수가 된다. 따라서 이런 경우는 편미분으로 정의할 수 있다.

$$R = \frac{\partial[\delta N(x,t)]}{\partial t} = \frac{\delta N(x,t)}{\tau_R} = \frac{\delta n(x,t)}{\tau_n} = \frac{\delta p(x,t)}{\tau_p} \tag{4-2}$$

$\delta N(x,t)$: 과잉 캐리어 농도, $\delta n(x,t)$: 과잉 전자 농도, $\delta p(x,t)$: 과잉 양공 농도

τ_R: 평균 재결합 시간, τ_n: 평균 전자의 수명, τ_p: 평균 양공의 수명

τ_R은 재결합하는 데 걸리는 시간으로 정의한다. 만약 과잉 캐리어의 농도가 공간적으로 균일하게 분포하고 있다면 4-2식은 다음과 같이 시간만의 함수로 간단히 요약할 수 있다.

$$R = \frac{d[\delta N(t)]}{dt} = \frac{\delta N(t)}{\tau_R} = \frac{\delta n(t)}{\tau_n} = \frac{\delta p(t)}{\tau_p} \tag{4-3}$$

4-3식에서 알 수 있듯이 재결합률은 과잉 캐리어의 농도에 비례한다. 과잉 캐리어가 많으면 그만큼 재결합이 많아지기 때문에 재결합률이 증가할 것이다. 또 한 가지는 재결합 시간이 짧을수록 재결합률이 증가한다. 과잉 캐리어들이 신속히 만나서 결합하고 소멸해 가면 그만큼 재결합률은 증가할 것이다. 반도체의 흡수 계수를 α_r이라 하면 4-3식은 일정한 흡수 계수를 도입하여 다음과 같이 표현할 수 있다.

$$R = \frac{d[\delta N(t)]}{dt} = \frac{\delta N(t)}{\tau_R} = \alpha_r n(t) p(t) \tag{4-4}$$

$n(t) = n_0 + \delta n,\ p(t) = p_0 + \delta p,\ \alpha_r$: 흡수 계수$(\mathrm{cm}^{-1})$

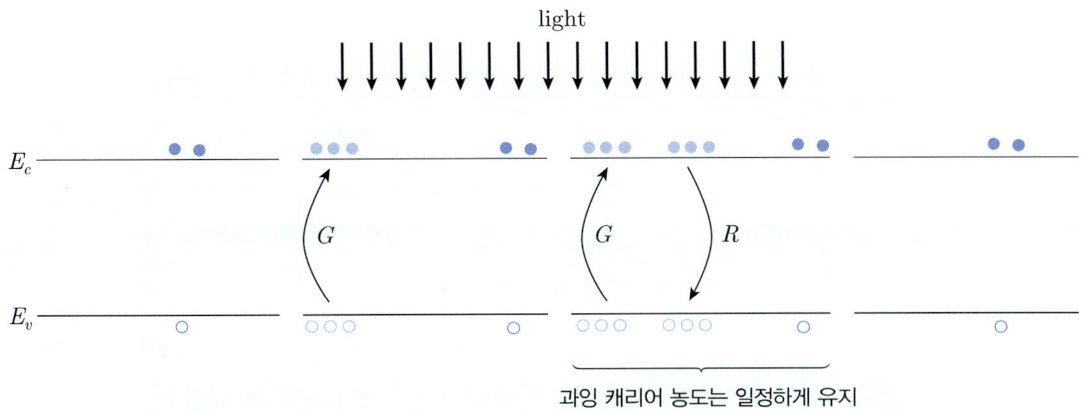

그림 4-2 캐리어의 생성과 재결합(소멸)의 과정을 묘사한 그림 4-1의 에너지 밴드 다이어그램

여기서 n은 열평형 상태에서의 전자 농도와 빛에 의해 생성한 과잉 전자 농도의 합이며 p는 열평형 상태의 양공 농도와 빛에 의해 생성한 과잉 양공 농도의 합이다. 수식 4-4의 의미는 반도체의 흡수 계수가 커지면 한 개 한 개의 광자 에너지가 각각 한 개 한 개의 전자에게 전달되어 전자-양공 쌍이 증가(과잉 캐리어 생성)하는 것이고 따라서 과잉 전자와 과잉 양공의 재결합률이 증가하는 것이다. 또한 4-4식에서 과잉 캐리어 농도는 과잉 캐리어 생성률과 재결합 시간의 곱으로 표현된다는 것도 알 수 있다. 중요한 것은 빛을 조사하는 순간 캐리어의 생성이 발생하고 일정 시간이 지나면 캐리어의 생성과 재결합이 동시에 일어나므로 캐리어의 농도 변화가 시간에 의존하지 않는 구간이 발생한다는 사실을 꼭 기억하자. 또한 빛에 의해 과잉 캐리어가 생성되고 재결합하는 동안에도 열적으로 생성되고 재결합하는 캐리어는 항상 동시에 수반된다는 사실도 기억하고 있길 바란다.

그림 4-2는 빛을 조사한 후 과잉 캐리어의 생성과 재결합하는 과정을 밴드 다이어그램으로 나타낸 것이다. n형 반도체에 해당하며 앞의 그림 4-1을 에너지 밴드 다이어그램으로 표시한 것뿐이다. 이러한 것을 밴드와 밴드 간의 과잉 캐리어의 생성과 재결합이라고 한다.

4-1-2 열평형 상태의 캐리어의 생성과 재결합

캐리어의 생성과 소멸(재결합) 과정과 정의에 대해서 논의하였다. 우선 평형 상태의 진성 반도체에서 밴드 간 발생하는 생성과 재결합에 대해서 논의해 보자. 그림 4-3은 열평형 상태의 진성 반도체에서 전자와 양공이 생성되고 재결합하는 과정을 표시하였다. 앞에서 우리는 열평형 상태에서 전도대의 전자 농도, 가전자대의 양공 농도를 구하는 몇 가지 식을 유도해 보았고 물리적인 고찰도 진행하였다. 열평형 상태에서 캐리어의 생성은 순수하게 주변 온도에 의해서 가전자대의 전자가 전도대로 여기하고 받은 에너지를 빛이나 열로 방출하면서 다시 가전자대의 양공과 재결합하여 생성된 전자-양공

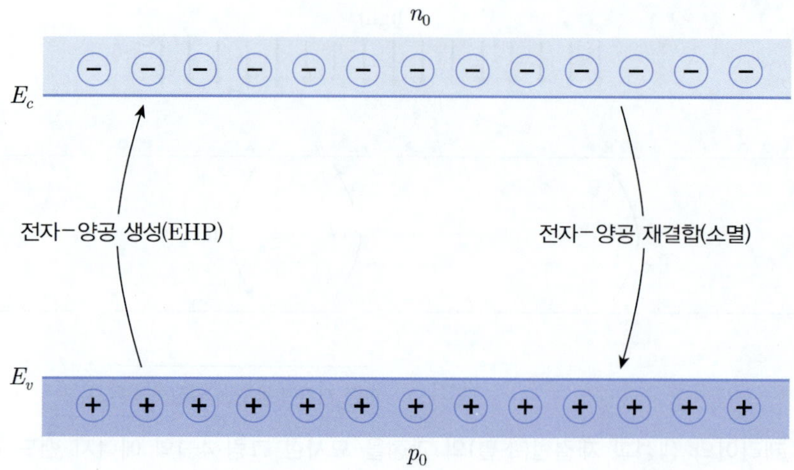

그림 4-3 열평형 상태에서 전자와 양공이 생성 및 재결합되는 과정

쌍은 소멸되고 전자는 원래의 가전자대로 돌아와 열평형 상태를 유지한다. 이러한 과정이 끊임없이 반복해서 일어나고 있고 300 K에서 이렇게 열적으로 생성되는 캐리어의 쌍(EHP)은 실리콘 진성 반도체의 경우 $1.5\times10^{10}\ \text{cm}^{-3}$이라는 사실은 이미 학습하였다. 이러한 열적으로 생성된 전자-양공 쌍은 시간에 따라 변하지 않는다는 것이다. 시간이 흐르면 캐리어의 쌍이 증가하는 것이 아니라 시간에 무관하게 300 K에서는 늘 상기 언급한 진성 캐리어 농도만큼 전자와 양공 쌍이 생성되고 소멸하는 과정을 반복하고 있는 것이다. 이 값은 시간에 따라 변하지 않고 일정하므로 전자와 양공의 생성률과 재결합률은 항상 같다는 것이다. 전자와 양공이 쌍으로 형성하기 때문에 생성되는 전자, 양공 수는 항상 같다. 따라서 소멸해가는 전자-양공 쌍도 항상 같다. 그래서 열평형 상태에서는 캐리어의 생성률과 재결합률은 같아야만 한다. 이상을 요약하면 열평형 상태에서 진성 반도체, 외인성 반도체의 전자와 양공의 생성률, 재결합률 모두 동일하다고 볼 수 있다. 수식으로 표현하면 다음과 같다.

$$G_{n0}(\text{cm}^3\text{sec})^{-1} = G_{p0} = R_{n0} = R_{p0} \tag{4-5}$$

열평형 상태에서의 반도체에서는 그림 4-4와 같이 전자들이 제자리에서 위로 향하여 뛰는 것과 유사하다. 전자는 전도대로 뛰어올라가고 전도대 내에서 무질서하게 움직이다가 가전자대의 빈자리(양공)를 발견하고 빈자리로 다시 돌아오는 것과 같다. 따라서 시간에 따라 생성과 재결합은 일정하게 일어난다. 캐리어 농도의 시간 변화율은 0이 된다.

$$\frac{\partial N(x,t)}{\partial t} = 0 \tag{4-6}$$

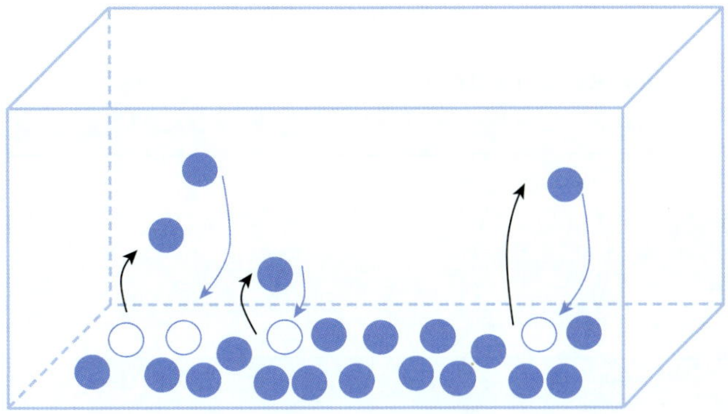

그림 4-4 열평형 상태의 전자의 열적 여기

4장에서는 많은 반도체 용어들이 나오고 그것에 걸맞는 기호들이 명명되어 있다. 혼선을 막기 위해 용어와 기호들을 재정립하자. 표 4-1에 이제 앞으로 사용하게 될 용어의 정의와 기호들이다. 앞으로 이렇게 표현하는 것으로 약속한다.

표 4-1 기호의 정의

기호	정의
n_0, p_0	열평형 상태에서의 전자, 양공의 농도
n, p	총 전자, 양공 농도
$\delta n = n - n_0$	과잉 전자 농도
$\delta p = p - p_0$	과잉 양공 농도
G_n, G_p, R_n, R_p	과잉 전자, 양공의 생성률과 재결합률
G_{n0}, G_{p0}, R_{n0}, R_{p0}	열평형 상태에서 전자, 양공의 생성률과 재결합률
τ_{n0}, τ_{p0}	열평형 상태에서의 전자, 양공의 수명
τ_n, τ_p	과잉 소수 캐리어 전자, 양공의 수명

4-1-3 비평형 상태의 캐리어의 생성과 재결합

이제 외인성 반도체의 비평형 상태를 논의해 보자. 외부에서 빛을 조사시켜서 반도체 내에 전자와 양공 쌍을 만들었다고 가정하자. 그림 4-5에 이러한 상황을 나타내었다. 빛을 조사시키면 가전자대 전자는 에너지를 흡수하게 되므로 전도대로 여기되면서 전자와 양공 쌍을 만들어 낸다. 캐리어가

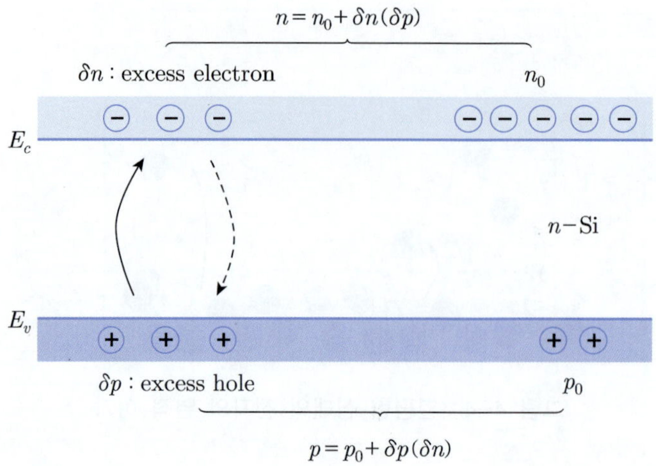

그림 4-5 n형 반도체에서 생성된 과잉 캐리어의 생성과 재결합

생성된 것이다. 반도체 내에는 원래 열평형 상태에서 열적으로 여기된 전자와 양공 쌍이 늘 존재하는데 여기에 추가로 빛 에너지를 부여해서 추가로 전자와 양공 쌍을 형성한 것이다. 빛 에너지에 의해 추가로 생성된 전자를 과잉 전자, 추가로 생성된 양공을 과잉 양공이라 한다. 과잉 캐리어의 쌍은 열평형 상태에서의 캐리어 생성과 마찬가지로 동일하게 생성된다. 외부에서 부여하는 에너지의 크기에 따라 생성되는 캐리어의 양은 달라지겠지만 전자와 양공의 비율은 항상 동일한 수로 생성됨을 기억하라. 또한 과잉으로 생성된 캐리어들 때문에 열평형 상태의 캐리어 농도보다 크다는 것은 직관적으로 쉽게 이해될 것이다. 이것을 표 4-1에 나타낸 표기법으로 나타내면 다음과 같다.

$$G_n = G_p, \qquad \delta n = \delta p, \qquad np = (n_0 + \delta n)(p_0 + \delta p) \gg n_i^2 \tag{4-7}$$

과잉 캐리어는 쌍으로 형성되므로 항상 과잉 전자와 과잉 양공의 농도는 동일함을 기억하길 바란다. 그렇다면 과잉 전자와 양공들의 재결합률은 지금까지 학습한 것을 토대로 표현하면 농도 대비 수명의 비율이므로 수식 4-8로 표현할 수 있다. 여기서 τ_R은 과잉 캐리어들이 재결합하여 소멸 하는 데까지 걸리는 시간이다.

$$R_n = \frac{\partial[\delta n(t,x)]}{\partial t} = \frac{\delta n}{\tau_R} \qquad R_p = \frac{\partial[\delta p(t,x)]}{\partial t} = \frac{\delta p}{\tau_R} \tag{4-8}$$

즉 과잉 캐리어의 수명이다. δn은 빛에 의해 추가로 생성된 과잉 전자에 해당한다. 식 4-8의 좌변의 미분 항에서는 재결합 시간을 순간적 시간 ∂t로 표현하였는데 각각의 캐리어들의 순간적 시간을 물리적으로 해석하는 것은 매우 복잡하고 어려운 일이다. 그래서 이것을 평균 시간의 개념으로 해석하겠다는 것이 우변의 τ_R이다. 따라서 τ_R은 재결합 평균 시간으로 해석하면 된다. 재결합 평균 시간은 다음과 같이 해석할 수 있다. 과잉 전자가 생성되면 전자는 확산하면서 양공들과 재결합하여 소멸해 간다. 재결합하기 전까지 확산한 시간을 재결합 시간으로 정의하며 전자마다 확산한 거리가 각각 다를 수 있으므로 평균의 개념을 도입하여 평균 재결합 시간으로 정의한다. 우리는 앞에서 남녀 짝짓기 실험을 예로 설명하면서 재결합률은 항상 소수에 의해 결정된다고 논의하였다. 따라서 소수 캐리어의 재결합 시간이 재결합률을 결정한다는 것은 직관적으로 이해가 갈 것이다. n형 반도체에서의 과잉 전자 재결합률은 소수 캐리어 양공의 수명에 의해서 결정될 것이다. 따라서 다음과 같이 표현할 수 있을 것이다.

$$R_n = \frac{\delta n}{\tau_R} = \frac{\delta n}{\tau_p}, \qquad \tau_p: \text{ 과잉 소수 캐리어 양공의 수명} \tag{4-9}$$

앞에서도 설명하였지만 전자들이 많기 때문에 전자들은 수적으로 적은 양공들이 만나주지 않으면 재결합할 수가 없다. 반대로 양공과 재결합하지 않으려는 전자가 존재한다고 해도 전자의 수는 양공에 비해서 월등히 많으므로 양공들은 언제든지 전자와 재결합할 수 있다. 소수가 중요하다는 의미이며 양공의 움직임, 양공의 물리적 상태에 따라 재결합이 달라질 수 있으며 양공이 재결합까지 걸리는 시간(양공의 수명)이 짧을수록 전자의 재결합은 증가할 것이다. 소수 캐리어가 재결합의 주도권을 가지고 있음을 알 수 있다. 동일하게 p형 반도체의 경우는 반대로 생각하면 될 것이다.

$$R_p = \frac{\delta p}{\tau_R} = \frac{\delta p}{\tau_n}, \qquad \tau_n: \text{ 과잉 소수 캐리어 전자의 수명} \tag{4-10}$$

이번에는 과잉 캐리어의 생성률에 대해서 논의해 보자. 생성률도 비슷하게 표현할 수 있다.

$$G_n = \frac{\delta n}{\tau_G} = G_p = \frac{\delta p}{\tau_G}$$

과잉 캐리어의 생성률은 과잉 캐리어 농도와 캐리어 생성 시간의 비율로 정의한다. 그림 4-6의 캐리어의 농도가 일정하게 유지되는 구간 $t_1 \sim t_2$ 구간을 살펴보자. 이 구간에서는 캐리어의 농도가 시간에 따라 변하지 않고 일정하게 유지되는 구간이다. 이러한 구간을 정상 상태 구간이라고 하는데 생성률은 일정한 값을 갖는다. 가령 반도체에 광을 입사하여 캐리어를 생성시켰을 경우 빛 에너지에 해당하는 만큼 전자들은 전도대로 여기되어 전자와 양공 쌍을 만들어 낸다. 빛을 지속적으로 입사시켜도 캐리어가 무한정 증가하는 것이 아니라 일정한 값을 갖는 이유는 빛이 지속적으로 입사하는 동안에도 캐리어는 지속적으로 재결합하여 소멸되기 때문이다. 즉 이 구간에서는 생성률과 재결합률이 동일한 구간이다. 따라서 생성률과 재결합률은 모두 동일하다고 놓을 수 있으며 이러한 사실로부터 과잉 캐리어 농도를 구하는 수식 4-11도 얻을 수 있다. 생성률을 알고 소수 캐리어 수명을

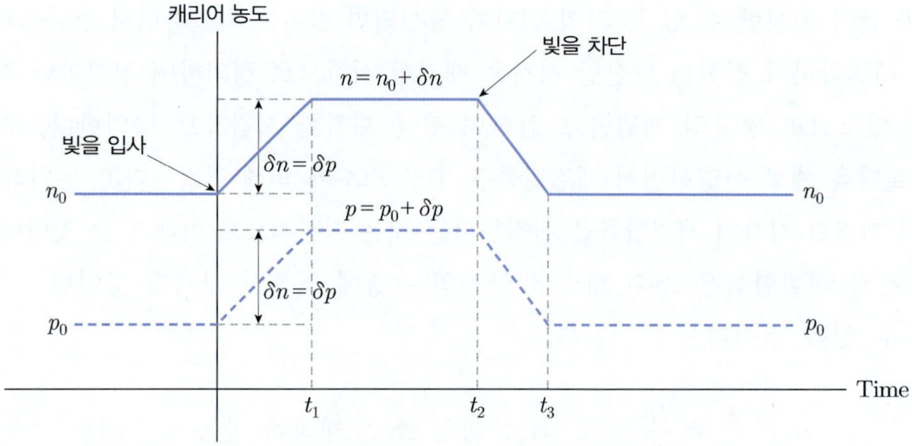

그림 4-6 빛을 입사/차단하는 경우 캐리어의 시간적 변화

안다면 과잉 캐리어 농도는 간단히 구할 수 있다. 4-11식은 앞으로 많이 활용하는 수식이 될 것이다.

$$R_n = R_p = G_n = G_p = \frac{\delta n}{\tau_p} = \frac{\delta p}{\tau_n} = \text{constant} \quad \Rightarrow \quad \delta n = G_n \tau_p, \; \delta p = G_p \tau_n \tag{4-11}$$

정상 상태 구간은 열평형 상태는 아니지만 캐리어의 농도 변화가 시간에 의존하지 않는다는 의미에서 열평형 상태와 유사한 구간인 것이다. 일정 시간 빛을 조사하다가 빛을 차단하게 되면 캐리어의 생성이 멈추게 되며 재결합 과정만 일어날 것이다. 캐리어는 점점 재결합하여 소멸되어 갈 것이며 일정 시간이 지난 후에는 최초의 열평형 상태의 캐리어 농도로 복원하려는 특성을 갖는다. 이것을 캐리어의 복원력이라고 하는데 그림 4-6에 이러한 특성을 나타내었다.

과잉 캐리어가 생성되면 열평형 상태가 깨진 비평형 상태로 진입한다. 우리가 지금까지 다루었던 전자 농도와 양공 농도의 곱은 진성 캐리어 농도의 제곱으로 일정하다는 공식은 더 이상 성립하지 않게 된다. 직관적으로 보아도 전자와 양공의 곱은 진성 캐리어 농도의 제곱보다 훨씬 클 것으로 예상된다. 과잉 캐리어가 생성되었기 때문이다. 과잉 캐리어가 생성된 비평형 상태에서의 전자 농도와 양공 농도의 곱을 구해 보자.

$$\begin{aligned} np &= (n_0 + \delta n)(p_0 + \delta p) = n_0 p_0 + (n_0 + p_0)\delta n + \delta n \delta p \\ &= n_i^2 + (n_0 + p_0)\delta n + (\delta n \,\text{or}\, \delta p)^2 \gg n_i^2 \end{aligned} \tag{4-12}$$

n형 반도체에서는 $n_0 \gg p_0$, $n_0 \gg \delta p$ or δn이므로(저수준 주입으로 가정) 다음과 같다.

$$np = n_0 \delta n \tag{4-13}$$

4-13식으로 간단히 표기할 수 있는 이유는 진성 캐리어 농도의 제곱 n_i^2과 과잉 캐리어의 곱 $\delta n \delta p$이 $n_0 \delta n$에 비해서 수 차수만큼 작기 때문에 이렇게 근사시킬 수 있는 것이다.

4-1-4 생성과 재결합에 따른 캐리어 농도의 재분포

빛을 조사시켜서 과잉 캐리어가 생성되었다면 이제 평형 상태가 깨지고 비평형 상태에 진입하게 된다. 이때는 캐리어 농도의 재분포가 일어나는데 특히 소수 캐리어의 농도가 급격히 변하게 된다. 가령 n형 반도체에서 소수 캐리어는 양공이며 빛이 조사되면 양공의 농도는 급격히 증가하여 소수 캐리어 양공의 농도는 과잉 소수 캐리어 농도 δp로 변환된다. 예제를 통해서 알아 보자.

예제 4-1-1

n형 실리콘의 전자 농도는 $n_0 = 2.25 \times 10^{17}\,\text{cm}^{-3}$이다. 빛을 입사하여 과잉 캐리어 농도 $\delta n = 1 \times 10^{12}\,\text{cm}^{-3}$을 형성하였다. 다음을 각각 구해 보아라.

(1) 총 전자 농도

(2) 열평형 상태의 양공 농도

(3) 총 전자 농도와 양공 농도의 곱 np

(4) 비평형 상태의 전자 농도와 양공 농도

풀이

아래 그림과 같은 상황이다. 과잉 캐리어는 열평형 상태의 전자 농도에 비해 무시할 만큼 작은 농도로 형성되었다. 이것을 저수준 주입(low level injection)이라 부르는데 다음 절에서 상세히 논의할 것이다. 총 캐리어 농도는 열평형 상태의 캐리어 농도와 빛에 의해 생성된 과잉 캐리어 농도의 합으로 표현할 수 있다.

$$n(t) = n_0 + \delta n(t) \qquad p(t) = p_0 + \delta p(t)$$

과잉 전자 농도는 열평형 상태의 전자 농도에 비해 무시할 정도로 낮다. 따라서 총 전자 농도는 대략 다음과 같이 표현할 수 있다.

$$n(t) = n_0 + \delta n(t) \approx n_0 = 2.25 \times 10^{17}\,\text{cm}^{-3}$$

(1) 총 전자 농도

$$n(t) = n_0 + \delta n(t) \approx n_0 = 2.25 \times 10^{17}\,\text{cm}^{-3}$$

전자 농도가 열평형 상태의 다수 캐리어 농도와 동일하다는 것을 알 수 있다. 빛에 의해 생성된 캐리어의 수는 다수 캐리어에 비해 훨씬 작은 농도이기 때문이다.

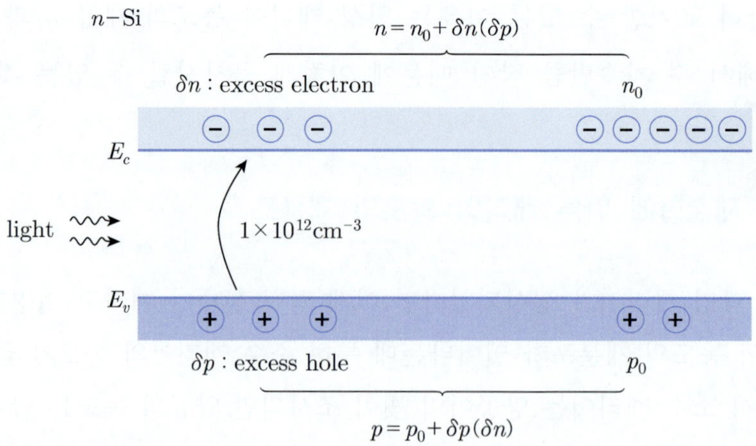

(2) 열평형 상태의 양공 농도

$$p_0 = \frac{n_i^2}{n_0} = \frac{(1.5 \times 10^{10})^2}{2.25 \times 10^{17}} = 1 \times 10^3\,\text{cm}^{-3}$$

(3) np

$$np = (n_0 + \delta n)(p_0 + \delta p) = n_0 p_0 + (n_0 + p_0)\delta n + \delta n \delta p$$

$$\approx n_0 \delta n(t) = 2.25 \times 10^{29}\,\text{cm}^{-3}$$

(4) $\delta n = \delta p = 1 \times 10^{12}\,\text{cm}^{-3}$

고찰

빛에 의해 생성된 과잉 캐리어 농도는 n형 반도체의 다수 캐리어 전자의 농도에 비하여 다섯 차수 낮다. 따라서 과잉 캐리어는 전자 농도에 영향을 미치지 못하므로 (1) 문제의 경우 그대로 총 전자 농도는 n형 반도체의 열평형 상태의 전자 농도와 동일하다고 볼 수 있다. 또한 전자와 양공 농도의 곱은 근사적으로 $n_0\delta n$으로 단순화시킬 수 있다. 이것이 가능한 이유는 $n_0\delta n$ 항이 다른 항들에 비해서 몇 차수 이상의 큰 값을 가지므로 나머지 항들을 무시한 것이다. 문제 (3)이 바로 그것이다. 정식적으로 구해도 그 값의 차이는 없다는 것을 알 것이다. 정식 수식을 이용해서 구한 값과 비교해 보자.

$$np = (n_0 + \delta n)(p_0 + \delta p) = n_0 p_0 + (n_0 + p_0)\delta n + \delta n \delta p$$

$$np = (2.25 \times 10^{20}) + (2.501 \times 10^{29}) + (1 \times 10^{24}) = 2.2501 \times 10^{29}\,\text{cm}^{-3}$$

거의 동일함을 알 수 있다. $\delta n \delta p = 10^{24}\,\text{cm}^{-3}$이므로 이 농도는 $n_0\delta n$에 비교해서 5차수 정도 낮다. 따라서 전자와 양공 농도의 곱은 $n_0\delta n$로 근사시켜도 전혀 문제가 되지 않는다. 또 한 가지는 열평형 상태의 $np = n_i^2 = 2.25 \times 10^{20} \mathrm{cm}^{-3}$과 비교했을 때 비평형 상태는 비교할 수 없을 만큼 캐리어의 농도가 크다는 것을 알 수 있다. 중요한 사실은 비평형 상태에서는 $n_0 p_0 = n_i^2$ 규칙 식이 성립하지 않는다는 것을 꼭 기억하자. 마지막으로 소수 캐리어 양공의 농도와 과잉 캐리어 농도를 비교해 보자. 열평형 상태의 양공의 농도는 $10^3 \mathrm{cm}^{-3}$이며 빛의 조사에 의한 과잉 양공의 농도는 $10^{12} \mathrm{cm}^{-3}$되었으므로 양공의 농도는 9차수 이상 증가하였다. 우리는 이러한 빛의 조사에 의해 비평형 상태가 발생하면 가장 큰 영향을 받는 캐리어는 소수 캐리어 농도임을 알 수 있으며 전체적으로 캐리어 농도의 재분포가 일어남을 알 수 있다. 이러한 상황은 앞으로 계속 다룰 것이므로 잘 이해하고 기억해야 할 것이다.

4-2 정상 상태(steady state)와 저수준 주입(low level injection)

우리는 앞 장에서 이미 정상 상태의 개념과 저수준 주입의 의미를 언급하였다. 정상 상태는 유사 열평형 상태이며 저수준 주입은 과잉 캐리어의 농도가 다수 캐리어의 농도의 1/10 이하의 주입이다. 이번 절에서는 좀 더 상세하게 논의해 보도록 하자.

4-2-1 정상 상태와 저수준 주입의 정의

과잉 캐리어들이 어떻게 생성 되고 재결합 하는지 살펴보았다. 반도체에 빛을 조사시켜 과잉 캐리어가 생성이 되면 정상 상태 구간에서는 과잉 캐리어가 지속적으로 증가하지 않는다고 하였다. 빛을 조사하는 동안 지속적으로 과잉 캐리어가 생성되고 재결합하면서 일정한 농도를 유지하는데 이 영역에서는 시간에 따라 과잉 캐리어의 농도가 변하지 않는다. 이러한 구간, 상태를 우리는 정상 상태 또는 정상 상태 구간이라 부른다. 그림 4-7에 이러한 상황을 묘사하였다.

그림 4-7의 짙은 파란색 실선을 보아라. 과잉 캐리어는 시간에 따라 변하지 않고 일정하게 유지되는 구간이다. 이러한 상태를 정상 상태라고 한다. 빛을 조사시키는 순간부터 캐리어는 생성되고 일정 시간이 지나면 정상 상태로 진입한다. 빛을 차단하는 순간 과잉 캐리어는 생성되지 않고 재결합하면서 소멸되어 간다. 일정 시간이 흐른 후 과잉 캐리어는 모두 재결합하여 소멸되고 처음 열평형 상태로 복원한다. 정상 상태에서는 과잉 캐리어의 생성과 재결합률이 동일하며 시간적 변화율이 0이다. 비평형 상태이지만 캐리어의 시간적 변화가 존재하지 않는 상태이다. 캐리어 농도의 시간적 변화율은 생성되는 캐리어와 소멸되는 캐리어의 차이가 될 것이다. 캐리어의 생성은 열적으로 생성되는 캐리어

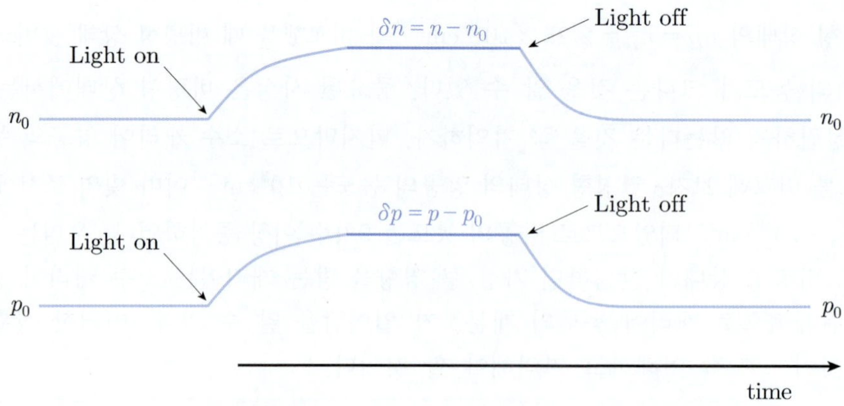

그림 4-7 정상 상태의 정의

와 빛에 의한 캐리어 생성이 있을 것이며 캐리어의 소멸은 열적으로 생성된 캐리어의 재결합과 빛에 의해 생성된 캐리어의 재결합이다. 따라서 캐리어 농도의 시간적 변화율은 하기와 같이 표현할 수 있다.

$$\frac{dN}{dt} = (G_{n0} + G_n) - (R_{n0} + R_n) = 0$$

$$G_{n0} + G_n = R_{n0} + R_n \qquad \therefore G_n = R_n$$

열평형 상태는 아니지만 시간에 따른 캐리어의 농도 변화가 일정한 상태, 즉 dN/dt가 0이라는 것을 꼭 기억하길 바란다. 지금부터는 저수준 주입에 대해서 논의해 보자. 용어에서 말해 주듯이 무언가를 적게 주입한다는 뜻이다. 여기서 무언가는 바로 반도체의 캐리어를 말한다. 외부의 자극에 의해서 형성한 과잉 캐리어를 열평형 상태의 다수 캐리어보다 매우 낮게 주입한 상태를 저수준 주입이라 한다.

예제 4-1-1 (1)번 문제를 참고하길 바란다. 반대되는 개념은 고수준 주입이다. 고수준 주입은 6장 PN 접합 다이오드에서 다룰 예정이다. 저수준 주입은 주입 농도가 낮으므로 다수 캐리어의 농도에 영향을 미치지 않는다. 그러나 소수 캐리어의 농도는 완전히 변하게 된다.

그림 4-8을 살펴보자. n형 반도체의 경우에 해당한다. 외부에서 빛을 조사시켜서 과잉 캐리어를 생성했다고 한다면 총 전자 농도는 열평형 상태의 전자 농도와 빛에 의해 형성된 과잉 전자 농도의 합으로 표시해야 할 것이다. 그러나 생성된 과잉 캐리어는 다수 캐리어인 전자 농도보다 무시할 수 있을 정도로 낮기 때문에 우리는 과잉 전자 농도를 무시해서 총 전자 농도는 그대로 열평형 상태의 전자 농도로 수렴하게 된다는 것을 직관적으로 이해할 수 있다. 그림으로 묘사하는 데 한계가 있으므로 정성적으로 이해하고 다음 예제를 통해서 정량적으로 깊이 있게 이해해 보자.

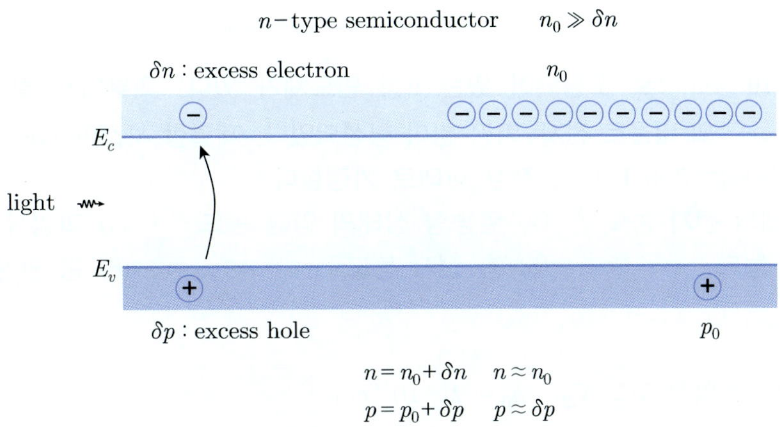

그림 4-8 n형 반도체의 저수준 주입

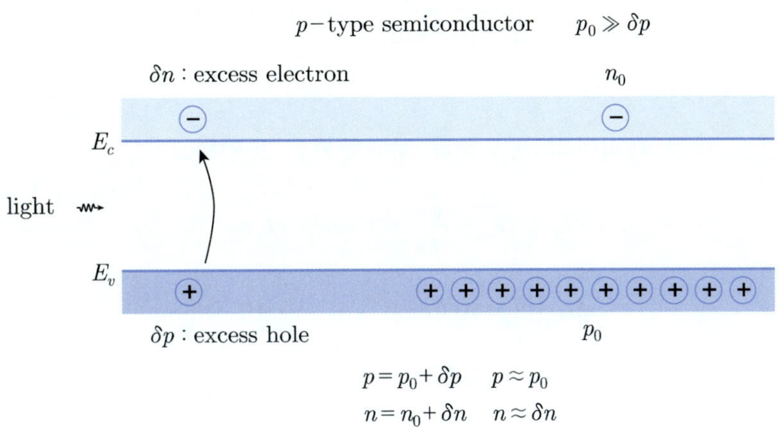

그림 4-9 p형 반도체의 저수준 주입

지금 n형 반도체이므로 전자의 농도가 양공의 농도에 비해 월등히 높다. 그림에는 열평형 상태의 전자 10개, 양공 1개를 표시하였다. 이제 빛을 조사시켜서 과잉 캐리어 한 쌍을 만들었다고 하자(저수준 주입). 전자 입장에서 보면 전자 10개에서 1개가 늘어난 것이다. 10%의 증가 효과가 있다. 이것은 다수 캐리어 전자의 농도에 큰 영향을 미치지 못한다. 고작 10% 증가했기 때문이다. 그러나 소수 캐리어인 양공을 보면 상황이 달라진다. 열평형 상태의 양공이 1개였는데, 지금 1개가 더 늘어나서 2배가 되었다. 100% 증가한 것이다. 실제 양공 농도는 더 많이 증가하지만 여기서는 이 정도의 설명으로 만족하자. 저수준 주입이라 함은 바로 이러한 상황을 이야기하는 것이다. 아주 작은 캐리어의 주입이므로 다수 캐리어에는 영향을 못 미치지만 소수 캐리어에는 큰 영향을 미치어 소수 캐리어 농도는 과잉 캐리어 농도로 변하게 된다. p형 반도체에서도 완전히 동일하게 설명할 수 있다. 그림 4-9에 p형 반도체의 저수준 주입에 대해서 그려 놓았다. 우리는 예제를 통해서 개념을 더욱 깊이 이해할 필요가 있다.

예제 4-2-1

Si에 P가 $2\times10^{17}\text{cm}^{-3}$로 도핑되어 있는 n형 반도체가 있다. 외부에서 빛을 조사했더니 $2\times10^{19}\text{cm}^{-3}\text{sec}^{-1}$의 비율로 전자-양공 쌍이 형성되었다. 재결합 시간이 $1\,\mu\text{sec}$일 때 다음을 구해 보아라. 온도는 300 K이고, 정상 상태로 가정한다.

(1) 열평형 상태의 전자 농도 (2) 열평형 상태의 양공 농도 (3) 과잉 전자 농도
(4) 과잉 양공 농도 (5) 총 전자 농도 (6) 총 양공 농도

풀이

(1) 도핑 농도와 동일하므로 $N_D = n_0 = 2\times10^{17}\text{cm}^{-3}$

(2) $n_0 p_0 = n_i^2$

$$p_0 = \frac{n_i^2}{n_0} = \frac{(1.5\times10^{10}\text{cm}^{-3})^2}{2\times10^{17}\text{cm}^{-3}} = 1.125\times10^{3}\text{cm}^{-3}$$

(3) δn

정상 상태에서 과잉 캐리어의 생성률과 재결합률은 동일하므로

$$G_n = R_n = \frac{\delta n}{\tau_R} \quad \therefore \delta n = G_n \tau_R$$

$$\delta n = 2\times10^{19}\text{cm}^{-3}\text{sec}^{-1}\cdot10^{-6}\text{sec}$$
$$= 2\times10^{13}\text{cm}^{-3}$$

(4) δp

과잉 양공 농도는 과잉 전자 농도와 동일하다. 캐리어의 생성은 항상 쌍으로 형성되기 때문이다. 빛 에너지를 받은 가전자대의 전자는 전도대로 여기되어 전자 한 개를 만들지만 가전자대에는 전자가 떠난 빈자리, 즉 양공이 남게 됨을 기억하라. 따라서 $\delta p = 2\times10^{13}\text{cm}^{-3}$

(5) 총 전자 농도

총 전자 농도는 열평형 상태의 전자 농도와 빛에 의해 형성된 과잉 전자 농도의 합으로 표현할 수 있다. 따라서

$$n = n_0 + \delta n = (2\times10^{17}\text{cm}^{-3}) + (2\times10^{13}\text{cm}^{-3})$$
$$= 2.0002\times10^{17}\text{cm}^{-3} \approx n_0$$

(6) 총 양공 농도

$$p = p_0 + \delta p = (1.125\times10^{3}\text{cm}^{-3}) + (2\times10^{13}\text{cm}^{-3})$$
$$= 2\times10^{13}\text{cm}^{-3} = \delta p$$

위 예제로부터 저수준 주입의 개념을 더 확실하게 고찰할 수 있다. n과 δn을 비교해 보아라. 약 4차수 차이이다. 이것은 무시 가능한 수준이다. 따라서 저수준 주입은 다수 캐리어에 영향을 미치지 못한다. 저수준 주입에서는 총 전자 농도를 열평형 상태의 농도로 보아도 문제가 없다. p와 δp를 비교해 보아라. 이 차이는 10차수로 과잉 양공 농도가 월등히 높다. 따라서 저수준 주입에서는 다수 캐리어 농도에는 변화가 없지만 총 소수 캐리어의 농도는 과잉 소수 캐리어 농도로 변했다. 이것을 잘 기억하길 바란다. 소수 캐리어의 총 농도에는 매우 큰 변화가 발생한다는 것이다.

열평형 상태에서의 전자 농도와 양공 농도의 곱은 항상 진성 캐리어 농도의 제곱으로 일정하였다. 비평형 상태에서는 $np = n_0 \delta n$ 관계가 성립한다. 이 값은 10^{30}차수이다. 진성 캐리어 농도의 제곱은 기껏해야 10^{20}차수이다. 비평형 상태에서는 이런 이유로 $n_0 p_0 = n_i^2$을 만족하지 않는다는 것을 꼭 기억하라.

4-2-2 정상 상태에서의 과잉 캐리어의 재결합

우리는 저수준 주입과 정상 상태의 개념에 대해서 적당한 예제를 통해서 충분히 고찰하였다. 이제 다음과 같은 n형 반도체에서 전자 농도의 시간적 변화율을 정량적으로 구해 보자. 반도체에 빛을 조사시켜 과잉 캐리어를 생성하고 일정 시간이 지난 후 빛을 차단시켜 열평형 상태로 복원하는 반도체를 상상해 보자. 그림 4-10에 이러한 상황을 나타내었다.

열평형 상태에 있는 n형 반도체에 빛을 조사시켜 과잉 캐리어가 생성되는 구간이 (1)이며 빛을 차단한 후 과잉 캐리어들이 재결합하는 구간이 (2)이다. 파란색 실선 구간은 캐리어의 시간적 변화율이 0인 구간으로 정상 상태 구간으로 볼 수 있다. 이미 기술하였지만 열평형 상태에서의 생성과 재결합률은 항상 동일하며 그것은 전자와 양공의 농도에 비례한다는 사실이다. 캐리어가 많이 생성되면 그만큼 재결합도 많이 일어날 것이다. 이것을 수식으로 표현하면 다음과 같다.

$$G_{n0} = G_{p0} = R_{n0} = R_{p0} = \alpha_r n_0 p_0 = \alpha_r n_i^2 \tag{4-14}$$

총 전자 농도는 열평형 상태의 전자 농도와 빛의 조사에 의해 형성된 과잉 전자 농도의 합으로 표기 가능하다.

$$n(t) = n_0 + \delta n(t) \tag{4-15}$$

4-15식에서 열평형 상태의 전자 농도는 시간에 따라 변하지 않는 상수이다. 따라서 4-15식의 시간에 대한 미분 변화율, 즉 미분을 하면 다음과 같이 단순화할 수 있다.

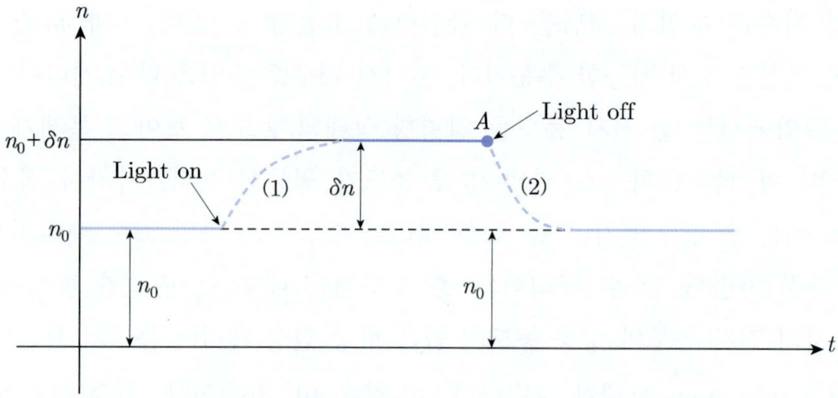

그림 4-10 n형 반도체의 과잉 캐리어 생성

$$dn(t) = d[\delta n(t)] \tag{4-16}$$

4-16식은 총 전자 농도의 시간에 따른 변화율은 과잉 전자 농도의 변화율과 같다는 것이다. 열평형 상태에서는 캐리어가 시간에 따라 변하지 않는다. 따라서 총 전자 농도의 시간적 변화율은 과잉 전자 농도의 시간적 변화율만 보면 된다는 것이다. 여기서 또 한 가지 중요한 사실은 과잉 전자의 시간적 변화율은 과잉 양공의 시간적 변화율과 동일하다는 사실이다. 왜냐하면 과잉 캐리어들은 쌍으로 형성되기 때문이다. 결국 총 전자 농도의 시간적 변화율은 과잉 전자 또는 과잉 양공의 시간적 변화율 어느 한쪽만 보아도 동일하다는 의미이다. 식 4-16은 다시 다음과 같이 표현할 수 있다.

$$dn(t) = d[\delta n(t)] = d[\delta p(t)] \tag{4-17}$$

p형 반도체라고 한다면 총 양공 농도의 시간적 변화율도 동일하게 표현할 수 있다. 그림 4-10 A 지점에서 시간에 따른 전체 전자 농도의 변화율을 생각해 보자. A 지점은 빛을 차단시킨 출발점이다. 따라서 이 지점에서는 더 이상 과잉 캐리어가 생성되지 않고 재결합을 통해 과잉 캐리어가 감소할 것이다. 또한 열평형 상태에서는 항상 열적 에너지를 받아서 캐리어가 지속적으로 생성이 되고 있을 것이다. 즉 A 지점에서는 열평형 상태에서의 캐리어의 생성만 존재하고 빛에 의한 과잉 캐리어의 생성은 존재하지 않는다. 이상을 수학적으로 표현하면 총 전자 농도의 시간적 변화율은 열적 평형 상태의 전자의 생성과 과잉 캐리어의 재결합에 의한 전자 농도의 뺄셈으로 표현할 수 있다. 과잉 캐리어가 감소하기 때문이다.

$$\frac{dn(t)}{dt} = \frac{d(\delta n(t))}{dt} = G_{n0} - R_n \tag{4-18}$$

과잉 캐리어의 재결합률은 열평형 상태와 유사하게 다음과 같이 표시된다.

$$R_n = \alpha_r n(t)p(t) = \alpha_r [n_0 + \delta n(t)][p_0 + \delta p(t)] \tag{4-19}$$

4-18식에 4-19를 대입하고 정리하면 다음과 같다.

$$\frac{d[\delta n(t)]}{dt} = G_{n0} - R_n$$

$$= G_{n0} - \alpha_r [n_0 + \delta n(t)][p_0 + \delta p(t)]$$

$$\frac{d[\delta n(t)]}{dt} = \alpha_r n_0 p_0 - \alpha_r n_0 p_0 - \alpha_r n_0 \delta p(t) - \alpha_r p_0 \delta n(t) - \alpha_r \delta n(t) \delta p(t)$$

$$= - \alpha_r \delta n(t)(n_0 + p_0) - \alpha_r [\delta n(t)]^2$$

n형 반도체에서는 $n_0 \gg p_0$이므로 p_0를 0으로 놓는다.

$$\frac{d[\delta n(t)]}{dt} = G_{n0} - R_n = - \alpha_r n_0 \delta n(t) - \alpha_r [\delta n(t)]^2$$

저수준 주입으로 가정하면 $n_0 \delta n(t) \gg [\delta n(t)]^2$이므로 $[\delta n(t)]^2$ 항은 무시할 수 있다.

$$\therefore \frac{d[\delta n(t)]}{dt} = - \alpha_r n_0 \delta n(t) \tag{4-20}$$

이 방정식은 상수 계수를 가지는 선형 동차 미분 방정식이다.

$$f(x)' + af(x) = 0 \quad \therefore f(x) = f(0)e^{-ax}$$

따라서 상기 미분 방정식의 해는 다음과 같다.

$$\delta n(t) = \delta n(0)\exp(- \alpha_r n_0 t) \tag{4-21}$$

정상 상태, 저수준 주입에서의 과잉 전자의 재결합률은 수식 4-20으로부터 다음과 같이 쓸 수 있다.

$$R_n = \frac{\delta n(t)}{\tau_p} = |- \alpha_r n_0 \delta n(t)| = \alpha_r n_0 \delta n(t)$$

$$\therefore \alpha_r n_0 = \frac{1}{\tau_p} \qquad \tau_p\text{: 과잉 소수 캐리어 수명} \tag{4-22}$$

4-22식을 보면 4장 처음에 남녀 짝짓기 이론에서 설명하였듯이 남자가 많을수록 여성들의 짝짓기 시간은 줄어든다. 선택할 수 있는 남자의 수가 많으므로 여성들은 짝짓기를 완료할 수 있다. 우리가 진열대의 물건을 구입할 때도 마찬가지이다. 물건이 적으면 마음에 드는 것이 없어서 계속 무엇을 살까 고민하게 되고 구매 시간은 늘어나게 된다. 물건이 많으면 선택의 폭이 넓으므로 마음에 드는 물건도 많을 것이고 바로 선택해서 구매할 수 있기 때문에 구매 시간이 무한정 늘어나지 않는다. 4-22식도 동일한 결과이다. 전자가 많으면 양공의 재결합 시간은 줄어든다. n형 반도체의 소수 캐리어인 양공의 수명은 전자 농도에 반비례한다는 것이다. p형 반도체의 다수 캐리어인 과잉 양공의 재결합률은 과잉 소수 캐리어인 전자의 수명에 반비례한다. 수식 4-22를 4-21에 대입하고 정리하면 4-23식으로 해를 얻을 수 있다.

$$\delta n(t) = \delta n(0)\exp\left(-\frac{t}{\tau_p}\right) \tag{4-23}$$

이 수식의 의미는 n형 반도체에서 과잉 전자는 시간에 따라서 소수 캐리어인 양공수명에 대해서 역수의 (-)지수 함수로 감소해 간다는 것이다. 즉 빛을 조사해서 과잉 전자가 형성되고 빛을 차단시키면 과잉 전자는 시간 0일 때(빛을 조사하고 멈춘 상태를 시간 0으로 한다. 이때 과잉 캐리어의 농도가 최고점에 달한다) 과잉 전자 농도가 최고에 도달하지만 시간에 지남에 따라서 양공과 결합하면서 점점 농도가 감소해 가는데 이때 과잉 전자는 소수 캐리어인 양공수명에 대해서 역수의 (-)지수함수로 감소해 간다는 의미이다. 결국 다수 캐리어 전자는 소수 캐리어의 수명에 의존해서 감소해 간다는 것이다. 그렇다면 우리는 n형 반도체에서 저수준 주입의 경우에 다수 캐리어인 전자의 재결합률은 소수 캐리어 양공의 수명에 의존하고 양공의 재결합률과 같다고 볼 수 있다. 따라서

$$R_n = R_p = \frac{\delta n(t)}{\tau_p} \tag{4-24}$$

여기서 $\tau_p = \dfrac{1}{n_0 \alpha_r}$ 이며 과잉 소수 캐리어의 수명을 특별히 time constant(시정수)라고도 표현한다. 시정수는 과잉 캐리어 전자가 소멸하는 데까지 걸리는 평균 시간인 것이다. 종종 시정수라는 표현을 사용하는데 소수 캐리어의 수명을 의미하며 다수 캐리어의 농도에 반비례한다는 사실을 기억하면 좋겠다. 지금까지 고찰한 과잉 캐리어들의 시간적 변화율 4-23식과 과잉 캐리어들의 재결합 4-24식에 대해서 예제를 통해서 더욱 개념을 확실히 이해하도록 해 보자.

예제 4-2-2

실리콘 반도체에 빛을 조사해서 과잉 캐리어를 $1\times10^{15}\text{cm}^{-3}$로 균일하게 생성하였다. 빛을 차단한 시점을 $t=0$으로 해서 시간이 지남에 따라 과잉 캐리어들이 어떻게 변하는지 또 재결합률은 어떻게 변하는지 각각 구해 보아라. 과잉 소수 캐리어의 수명 $\tau_p = 10^{-6}\text{sec}$이다.
$t=1\mu\text{sec}$, $5\mu\text{sec}$, $10\mu\text{sec}$일 때 각각을 구해 보아라.

풀이

우리는 정성적으로 시간이 지남에 따라 과잉 캐리어 농도는 감소할 것으로 예측한다. 왜냐하면 빛을 차단시키면 더 이상 과잉 캐리어들이 생성되지 않고 재결합하여 소멸될 것이기 때문이다. 그래서 최종적으로는 열평형 상태의 캐리어 농도로 복원될 것이다. 또한 재결합률도 점차 감소하여 열평형 상태의 재결합률로 수렴해 갈 것이다. 지극히 당연한 예측이겠지만 과잉 캐리어가 재결합하여 점점 줄어감에 따라 재결합률도 감소해 가는 것은 당연한 결과일 것이다. 정량적으로 얼마나 감소하는지 계산하여 보자.
수식 4-23을 사용하면 된다.

$$\delta n(t) = \delta n(0)\exp\left(-\frac{t}{\tau_p}\right) = 10^{15}\text{cm}^{-3}\exp\left(-\frac{t}{10^{-6}\text{sec}}\right)$$

$$t=1\mu\text{sec},\quad \delta n = 10^{15}\exp(-1)\text{cm}^{-3} = 3.68\times10^{14}\text{cm}^{-3}$$

$$t=5\mu\text{sec},\quad \delta n = 10^{15}\exp(-5)\text{cm}^{-3} = 6.73\times10^{12}\text{cm}^{-3}$$

$$t=10\mu\text{sec},\quad \delta n = 10^{15}\exp(-10)\text{cm}^{-3} = 4.54\times10^{10}\text{cm}^{-3}$$

이 결과는 $10\mu\text{sec}$가 지나면 과잉 캐리어 농도는 진성 캐리어 농도의 차수와 같음을 보여 준다. 거의 소멸되었다고 봐도 될 것이다. 매우 빠른 시간 내에 과잉 캐리어는 재결합을 통하여 소멸해 감을 알 수 있다. 그렇다면 재결합률은 얼마나 감소해 가는지 계산해 보자.
식 4-24를 사용하면 된다.

$$t=1\mu\text{sec},\quad R_n = R_p = \frac{3.68\times10^{14}\text{cm}^{-3}}{10^{-6}\text{sec}} = 3.68\times10^{20}\text{cm}^{-3}\text{sec}^{-1}$$

$$t=5\mu\text{sec},\quad R_n = R_p = \frac{6.73\times10^{12}\text{cm}^{-3}}{10^{-6}\text{sec}} = 6.73\times10^{18}\text{cm}^{-3}\text{sec}^{-1}$$

$$t=10\mu\text{sec},\quad R_n = R_p = \frac{4.54\times10^{10}\text{cm}^{-3}}{10^{-6}\text{sec}} = 4.54\times10^{16}\text{cm}^{-3}\text{sec}^{-1}$$

우리의 정성적 예측과 일치함을 알 수 있다. 우리는 앞에서 저수준 주입을 논의하였다. 저수준 주입에서 가장 큰 변화는 소수 캐리어의 농도 변화이다. 저수준 주입은 다수 캐리어의 농도에 큰 영향을 미치지 못하는 것을 알았다. 그렇지만 소수 캐리어의 농도는 크게 변하여 과잉 캐리어 농도로 변하게 된다는 것을 상기하라. 농도가 크게 변하면 밴드 갭 내 페르미 준위도 변하게 될 것이다.

4-2-3 저수준 주입에서의 의사 페르미 준위

만약 우리가 n형 반도체를 가정하고 외부의 자극에 의해 과잉 캐리어가 생성이 되었다고 가정해 보자. 다수 캐리어가 전자이기 때문에 전자의 페르미 준위는 크게 변하지 않을 것이다. 그러나 양공의 농도는 크게 변하기 때문에 p형의 페르미 준위는 큰 변화를 초래할 것이다. 지금까지 논의한 페르미 준위를 상기해 보자. 진성 반도체의 페르미 준위는 중앙에 위치한다. 그 이유는 전자와 양공의 농도가 동일하기 때문이다. n형 반도체에서는 전자가 많으므로 페르미 준위는 중앙의 진성 페르미 준위로부터 전도대 방향으로 이동하고 p형 반도체에서는 양공의 농도가 높으므로 가전자대 방향으로 이동한다. 우리는 외인성 반도체에서 페르미 준위를 통합해서 하나의 페르미 준위만 표시해 왔다. 가령 n형 반도체에서는 n형의 페르미 준위만 표시하였다. p형의 페르미 준위는 표시하지 않았다. n형 반도체에서는 양공의 농도가 비교할 수 없을 만큼 매우 낮으므로 n형 반도체의 페르미 준위만 표시하였던 것이다. 그렇다면 과잉 캐리어가 생성된 비평형 상태에서는 전자와 양공이 쌍으로 생성되어 전자, 양공의 농도를 변화시킨다. n형 반도체에서 과잉 캐리어가 생성이 되면 양공의 농도는 과잉 캐리어 농도로 수렴한다. 대단히 큰 양공 농도가 생성되는 것이다. 따라서 비평형 상태에 진입한 반도체에는 페르미 준위가 각각 n, p형 두 개로 분리되어 나타난다. 양공의 농도를 무시할 수 없기 때문에 p형의 페르미 준위도 표시해 준다. 엄밀히 보면 과잉 캐리어가 형성이 되면 열평형 상태가 아니므로 페르미 에너지를 명확하게 정의하기가 어렵다. 따라서 의사 페르미 준위를 도입한다. 의사 페르미 준위는 비평형 상태에서의 페르미 준위를 의미한다. 이 경우에는 전자와 양공에 대해 각각 의사 페르미 준위를 정해야 한다. 앞에서 학습하였던 페르미 준위로부터 전자, 양공 농도를 구하는 식은 다음과 같다.

$$n_0 = N_c \exp\left[-\frac{(E_c - E_F)}{kT}\right], \quad p_0 = N_v \exp\left[-\frac{(E_F - E_v)}{kT}\right]$$

과잉 캐리어가 생성되었으므로 전자, 양공의 농도 변화가 발생하였고 이를 구별하기 위해서 상기 수식을 다음과 같이 재표기한다.

$$n = n_0 + \delta n = N_c \exp\left[-\frac{(E_c - E_{Fn})}{kT}\right], \quad p = p_0 + \delta p = N_v \exp\left[-\frac{(E_{Fp} - E_v)}{kT}\right] \tag{4-25}$$

따라서 의사 페르미 준위는 다음과 같이 구할 수 있다.

$$E_c - E_{Fn} = kT\ln\left[\frac{N_c}{n_0 + \delta n}\right], \quad E_{Fp} - E_v = kT\ln\left[\frac{N_v}{p_0 + \delta p}\right] \tag{4-26}$$

전자와 양공 농도는 진성 페르미 준위로부터 구할 수 있다는 것도 이미 학습하였다.

$$n_0 = n_i\exp\left(\frac{E_F - E_{Fi}}{kT}\right) \qquad p_0 = n_i\exp\left(\frac{E_{Fi} - E_F}{kT}\right)$$

과잉 캐리어가 생성되었으므로 전자, 양공의 농도 변화가 발생하였고 이를 구별하기 위해서 상기 수식을 다음과 같이 재표기한다.

$$n = n_0 + \delta n = n_i\exp\left[\frac{(E_{Fn} - E_{Fi})}{kT}\right], \quad p = p_0 + \delta p = n_i\exp\left[\frac{(E_{Fi} - E_{Fp})}{kT}\right] \tag{4-27}$$

따라서 의사 페르미 준위는 다음과 같이 구할 수 있다.

$$E_{Fn} - E_{Fi} = kT\ln\left[\frac{n_0 + \delta n}{n_i}\right], \quad E_{Fp} - E_v = kT\ln\left[\frac{p_0 + \delta p}{n_i}\right] \tag{4-28}$$

우리는 밴드 갭 내에 n형, p형 페르미 준위가 각각 분리되어 있다면 비평형 상태라는 것을 알 수 있을 것이다. 예제를 통해서 의사 페르미 준위를 알아보자.

예제 4-2-3

300 K에서 n형 실리콘에 도너가 $10^{17}\,\text{cm}^{-3}$ 주입되어 있다. 외부에서 빛을 입사시켜 과잉 캐리어 $\delta n = \delta p = 10^{15}\,\text{cm}^{-3}$ 생성시켰다. 의사 페르미 준위를 구해 보아라.

풀이

먼저 총 전자 농도와 양공 농도를 구해야 할 것이다.

$$n = n_0 + \delta n = N_D + \delta n = 1.01 \times 10^{17}\,\text{cm}^{-3},$$

$$p = p_0 + \delta p = \frac{n_i^2}{n_0} + \delta p = 10^{15}\,\text{cm}^{-3}$$

$$E_c - E_{Fn} = kT\ln\left[\frac{N_c}{n_0 + \delta n}\right] = 0.15\,\text{eV},$$

$$E_{Fp} - E_v = kT\ln\left[\frac{N_v}{p_0 + \delta p}\right] = 0.24\,\text{eV}$$

E_F는 평형 상태에서의 페르미 준위이다. 비평형 상태가 되면 n형의 페르미 준위는 열평형 상태와 거의 변화가 없지만 p형의 페르미 준위는 과잉 양공 농도의 증가로 인하여 밴드 갭 내에 형성된다는 것을 알 수 있다.

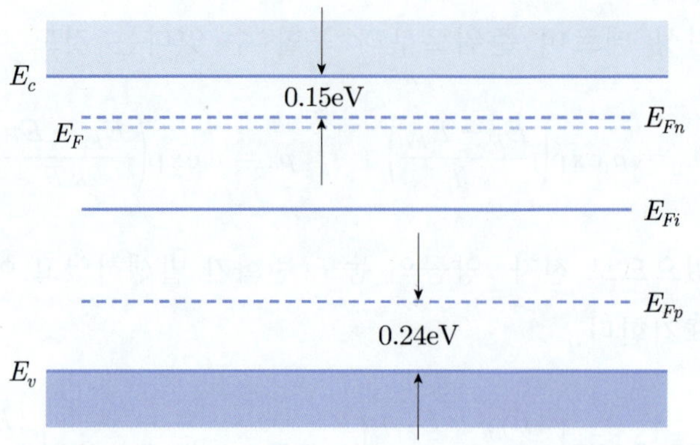

예제 4-2-4

300 K에서 $n_0 = 10^{16}\,\text{cm}^{-3}$, $n_i = 1.5 \times 10^{10}\,\text{cm}^{-3}$인 n형 실리콘 반도체가 있다. 비평형 상태에서의 과잉 캐리어 농도는 $\delta n = \delta p = 10^{13}\,\text{cm}^{-3}$로 저수준 주입되었다. 비평형 상태에서의 의사 페르미 준위를 구해 보아라.

풀이

수식 4-27식을 사용하면 다음과 같다.

$$n = n_0 + \delta n = n_i \exp\left[\frac{(E_{Fn} - E_{Fi})}{kT}\right]$$

$$E_{Fn} - E_{Fi} = kT \ln\left[\frac{n_0 + \delta n}{n_i}\right] \approx kT \ln\left[\frac{n_0}{n_i}\right]$$

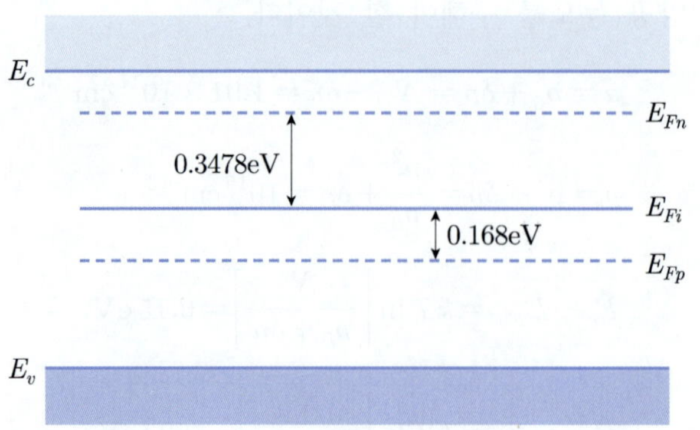

$$\therefore\ E_{Fn}-E_{Fi}=(0.0259\,\text{eV})\ln\left[\frac{10^{16}}{1.5\times10^{10}}\right]=0.3478\,\text{eV}$$

$$E_{Fi}-E_{Fp}=kT\ln\left[\frac{p_0+\delta p}{n_i}\right]\approx kT\ln\left[\frac{\delta p}{n_i}\right]$$

$$\therefore E_{Fi}-E_{Fp}=(0.0259\,\text{eV})\ln\left[\frac{10^{13}}{1.5\times10^{10}}\right]=0.168\,\text{eV}$$

4-3 전자와 양공의 연속 방정식

우리가 반도체를 배우는 1차 목적은 반도체 결정 내의 전자들의 움직임을 이해하는 데 있다. 지금까지 우리가 배워온 사실은 캐리어들은 전기장에 의해 드리프트 전류를 만들어 내고 농도 차에 의해 확산 전류를 만든다. 그리고 앞에서 배운 과잉 캐리어들의 생성과 재결합에 의해 전류 성분을 만들어 낸다. 여러 상태에서 반도체 내 캐리어들의 이동특성을 기술할 수 있는 방정식을 연속 방정식이라고 한다. 연속 방정식으로부터 우리는 캐리어들의 이동특성을 예측하고 기술할 수 있을 것이다. 우리는 반도체 내의 캐리어들이 시간에 따라 어떻게 분포하는지 또 시간에 따라 캐리어의 농도가 어떻게 변하는지를 알아야 캐리어들의 움직임을 이해할 수 있을 것이다. 우리는 연속 방정식을 수학적으로 유도하고 물리적 의미를 고찰해 갈 것이다.

4-3-1 연속 방정식의 수학적 유도와 의미

그림 4-11과 같은 단위 입방체가 있다고 가정하자. 각 변의 길이는 dx, dy, dz이다. 양공은 왼쪽 방향에서 오른쪽으로 진행한다. 양공이 단위 입방체를 입사할 때의 flux를 $f(x)$라 하고 입방체를 지나서 나올 때의 flux를 $f(x+\Delta x)$라고 하자. 그렇다면 양공 개수의 시간적 변화율은 어떻게 기술할 수 있는지 알아보자. 여기서 x 방향으로만 양공의 개수가 증가했다고 하자. 단위 입방체에서 단위 시간당 양공 개수의 증가는 양공의 x 방향만 존재(1차원)한다고 가정했기에 다음과 같이 수학적으로 기술할 수 있다.

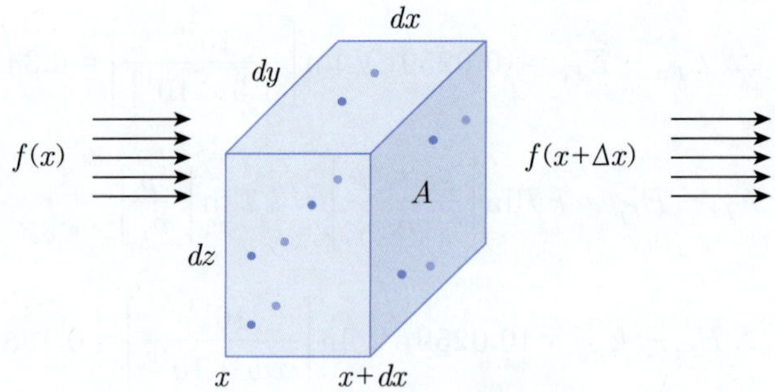

그림 4-11 양공의 x 방향 흐름의 단위 입방체

$$\frac{\partial p}{\partial t}[dxdydz] = [f(x) - f(x+\Delta x)]dydz$$
$$= -\frac{f(x+\Delta x) - f(x)}{dx}dxdydz$$
$$= -\frac{df(x)}{dx}dxdydz$$

양변을 $dxdydz$로 나누면 최종적으로 4-29식을 얻을 수 있다.

$$\frac{\partial p}{\partial t} = -\frac{\partial f(x)}{\partial x} \tag{4-29}$$

$f(x)$는 어떻게 표현되는지 살펴보자. 앞에서 학습하였던 전류 밀도의 정의를 살펴보자. 전자의 전류 밀도는 전자의 농도와 전자의 속도에 비례함을 알았다. 따라서 전류 밀도는 다음과 같이 표현하였다.

$$J = qNv(C \times 개수/\mathrm{cm}^3 \cdot \mathrm{cm/sec})$$

$$\text{dimension: } C \times \frac{개수}{\mathrm{cm}^2\mathrm{sec}}$$

flux라 함은 단위 면적, 단위 시간당 유입되는 입자를 말한다. 따라서 전류 밀도를 전하량으로 나눈 값이 flux와 동일하다는 것을 위의 식이 말해 주고 있다.

$$f(x) = \frac{J}{q} \tag{4-30}$$

4-30식을 4-29에 대입하고 변환하면 다음과 같다.

$$\frac{\partial p}{\partial t} = -\frac{\partial}{\partial x}\left[\frac{J_p}{q}\right] = -\frac{1}{q}\frac{\partial J_p}{\partial x} + G_p - R_p \tag{4-31}$$

오른쪽의 추가로 생긴 항은 과잉 양공의 생성과 재결합이다. 입방체에 들어오는 양공의 입자들은 입방체 안에서 생성과 재결합을 한다. 따라서 입방체를 통과해서 나오는 알짜 캐리어는 생성되는 캐리어에서 재결합하는 캐리어를 제외시켜야 하므로 $G_p - R_p$를 추가하는 것이다. 이제 과잉 양공들의 시간에 따른 농도 변화의 공간적 분포에 대해서 논의해 보자. 4-31식에서 양공은 시간과 거리의 함수로 표현할 수 있을 것이다. 우리는 반도체 내에 균일하게 도핑되었다고 가정한다. 즉 위치에 따라 불순물의 농도가 일정하게 주입된 경우를 말한다. 전자와 양공은 시간과 거리의 함수라는 사실로부터 4-32와 같은 수식을 얻을 수 있다. 열평형 상태의 캐리어들은 시간에 따라 그 농도가 일정하게 유지되므로 거리의 함수 $p_0(x)$만으로 표기하였다. 과잉 캐리어들은 시간과 거리가 모두 변하므로 함수 $\delta(t,x)$로 표현할 수 있다. 반도체에 균일하게 도핑되어 있는 경우만을 고려하므로 p_0, n_0는 거리의 함수가 아닌 상수로 변환할 수 있다. 따라서 4-32식은 4-33식으로 재변환할 수 있다.

$$p(t,x) = p_0(x) + \delta p(t,x), \quad n(t,x) = n_0(x) + \delta n(t,x) \tag{4-32}$$

$$p(t,x) = p_0 + \delta p(t,x), \quad n(t,x) = n_0 + \delta n(t,x) \tag{4-33}$$

4-33식을 편미분하면 n_0, p_0는 상수이므로 0이 된다. 4-33식은 4-34와 같이 표현할 수 있다. 이것은 매우 재미있는 식이 된다. 양공과 전자의 시간적 변화율은 각각 과잉 양공과 과잉 전자의 시간적 변화율로 바뀌었다. 캐리어 전체가 아닌 과잉으로 형성된 캐리어들의 시간적 변화율만 보면 된다는 의미이다.

$$\frac{\partial p(t,x)}{\partial t} = \frac{\partial \delta p(t,x)}{\partial t}, \quad \frac{\partial n(t,x)}{\partial t} = \frac{\partial \delta n(t,x)}{\partial t} \tag{4-34}$$

수식 4-34를 4-31에 대입하고 좌변만 변환시키면 시간적 변화율은 과잉 양공, 전자의 시간적 변화율 방정식으로 변환된다.

$$\frac{\partial \delta p(t,x)}{\partial t} = -\frac{1}{q}\frac{\partial J_p}{\partial x} + G_p - R_p \tag{4-35}$$

$$\frac{\partial \delta n(t,x)}{\partial t} = -\frac{1}{q}\frac{\partial J_n}{\partial x} + G_n - R_n \tag{4-36}$$

우리는 앞에서 학습하였던 반도체의 전류 성분을 기억할 것이다. 드리프트와 확산에 의해 발생하는 전류식은 다음과 같음을 기억하라.

$$J = J_n + J_p = \left(qn\mu_n E + qD_n \frac{dn}{dx}\right) + \left(qp\mu_p E - qD_p \frac{dp}{dx}\right) \tag{4-37}$$

앞의 항은 전자의 전류 성분이고 뒤의 항은 양공에 의한 전류 성분이다. 4-37식의 전자, 양공의 전류 항목을 각각 4-35, 4-36식에 대입하면

$$\frac{\partial \delta p(t,x)}{\partial t} = -\frac{1}{q}\frac{\partial}{\partial x}\left[qp(t,x)\mu_p E(x) - qD_p \frac{\partial \delta p(t,x)}{\partial x}\right] + G_p - R_p \tag{4-38}$$

$$\frac{\partial \delta n(t,x)}{\partial t} = -\frac{1}{q}\frac{\partial}{\partial x}\left[qn(t,x)\mu_n E(x) + qD_n \frac{\partial \delta n(t,x)}{\partial x}\right] + G_n - R_n \tag{4-39}$$

수식이 복잡해지니 먼저 양공의 연속 방정식부터 살펴보자. 우변에는 편미분 항이 포함되어 있다. 우리는 1차원만 고려하고 있고 편미분의 곱은 합으로 표현할 수 있다.

$$\frac{\partial (pE)}{\partial x} = E\frac{\partial p}{\partial x} + p\frac{\partial E}{\partial x}$$

따라서 4-38식의 대괄호를 편미분해 보자.

$$-\frac{1}{q}\frac{\partial}{\partial x}\left[qp(t,x)\mu_p E(x) - qD_p \frac{\partial \delta p(t,x)}{\partial x}\right] = -\frac{1}{q}\frac{\partial}{\partial x}\left[qp(t,x)\mu_p E(x)\right] + \frac{\partial}{\partial x}\left[D_p \frac{\partial \delta p(t,x)}{\partial x}\right]$$

양공의 함수는 과잉 양공의 함수로 치환된다는 4-34식을 대입하고 편미분을 진행하면 다음과 같이 표현 가능하다.

$$-\mu_p \frac{\partial \delta p(t,x)}{\partial x} E(x) - \mu_p p(t,x)\frac{\partial E(x)}{\partial x} + D_p \frac{\partial^2 \delta p(t,x)}{\partial x^2} \tag{4-40}$$

4-40식은 4-38식의 대괄호를 편미분한 결과이다. 따라서 4-38식의 대괄호를 4-40식으로 대치할 수 있다. 또한 과잉 양공의 재결합률은 4-41로 나타낼 수 있다.

$$R_p = \frac{\delta p(t,x)}{\tau_{pt}} \tag{4-41}$$

여기서 τ_{pt}는 과잉 양공과 열평형 상태의 양공의 수명이다. 최종적으로 4-38식의 대괄호를 4-40식으로 대치하고 양공의 재결합률을 4-41로 대치한다. 즉 하기 변환식

$$-\frac{1}{q}\frac{\partial}{\partial x}\left[qp(t,x)\mu_p E(x) - qD_p \frac{\partial \delta p(t,x)}{\partial x}\right] = -\mu_p\left[E(x)\frac{\partial \delta p(t,x)}{\partial x} + p(t,x)\frac{\partial E(x)}{\partial x}\right],\ R_p = \frac{\delta p(t,x)}{\tau_{pt}}$$

을 4-38식에 대입하면 4-42식을 얻을 수 있다.

$$\frac{\partial \delta p(t,x)}{\partial t} = D_p \frac{\partial^2 \delta p(t,x)}{\partial x^2} - \mu_p \left[E(x) \frac{\partial \delta p(t,x)}{\partial x} + p(t,x) \frac{\partial E(x)}{\partial x} \right] + G_p - \frac{\delta p(t,x)}{\tau_{pt}} \quad (4-42)$$

4-42식은 양공에 대한 연속 방정식이다. 전자에 대해서도 동일하게 진행할 수 있다.

$$\frac{\partial \delta n(t,x)}{\partial t} = D_n \frac{\partial^2 \delta n(t,x)}{\partial x^2} + \mu_n \left[E(x) \frac{\partial \delta n(t,x)}{\partial x} + n(t,x) \frac{\partial E(x)}{\partial x} \right] + G_n - \frac{\delta n(t,x)}{\tau_{nt}} \quad (4-43)$$

식 4-42, 4-43은 반도체 내에 캐리어들의 시간에 따른 농도 변화를 기술하는 연속 방정식이다. 최초에는 캐리어의 시간적 변화율의 방정식이었는데 지금은 과잉 캐리어의 시간적 변화율의 방정식으로 바뀌었음을 잘 기억하라. 연속 방정식으로부터 생성된 과잉 캐리어들이 시간과 공간에 따라 어떻게 분포하고 이동하는지를 이해함으로써 캐리어의 농도가 시간에 따라 어떻게 변하는지를 예측할 수 있다. 과잉 전자의 시간적 변화는 전자의 확산 계수 항, 전자의 드리프트 항, 생성항의 3가지 항으로 표현되는 것을 알 수 있다. 이것이 반도체 내에서 전자의 이동특성을 모두 표현한 식이 된다. 전자의 이동은 전류를 형성하므로 연속 방정식은 반도체 내에서 발생하는 전류 성분 3가지를 내포하고 있는 것이다. 확산 전류, 드리프트 전류, 생성 전류가 그것이다. 재결합 항에 붙어 있는 과잉 전자와 양공의 수명은 각각 τ_{nt}, τ_{pt}로 표시하였다. 전자의 수명은 두 가지 종류가 존재한다. 원래부터 존재하였던 열평형 상태의 전자의 수명 τ_{n0}와 과잉으로 생성된 전자의 수명 τ_n이 그것이다. 뒤에서 다루는 앰비폴러 전송 방정식에서 수명은 과잉 소수 캐리어의 수명으로 변환됨을 알 수 있다. 앰비폴러 방정식에서 다시 논의할 것이다.

연속 방정식에는 전기장의 항이 포함되어 있다. 이 전기장은 외부에서 인가해 주는 전압과 내부의 캐리어들에 의해서 형성하는 전계, 두 가지 성분이 모두 포함되어 있다. $\partial E(x)/\partial x$는 미분 거리에 따른 미분 전기장의 변화를 의미한다. 아주 작은 거리에서 내부 전계의 공간적 분포는 항상 일정하다고 볼 수 없으므로 $\partial E/\partial x$ 항을 무시할 수 없다. 뒤에서 다루는 앰비폴러 방정식에서는 이러한 항들을 제거해서 더욱 단순화하여 해석을 용이하게 해 줄 것이다.

이상 연속 방정식을 간단히 표기하면 다음과 같다.

$$\text{양공 : } \frac{\partial(\delta p)}{\partial t} = D_p \frac{\partial^2(\delta p)}{\partial x^2} - \mu_p \left[E \frac{\partial(\delta p)}{\partial x} + p \frac{\partial E}{\partial x} \right] + G_p - \frac{\delta p}{\tau_{pt}}$$

$$\text{전자 : } \frac{\partial(\delta n)}{\partial t} = D_n \frac{\partial^2(\delta n)}{\partial x^2} + \mu_n \left[E \frac{\partial(\delta n)}{\partial x} + n \frac{\partial E}{\partial x} \right] + G_n - \frac{\delta n}{\tau_{nt}} \quad (4-44)$$

4-4 앰비폴러 방정식

지금까지 우리는 전하 중성의 법칙을 기초로 해서 모든 물리 현상과 수식을 논의하였다. 전하 중성의 법칙은 열평형, 비평형 관계없이 반도체에서 성립하는 법칙이다. 반도체는 항상 전하 중성의 법칙을 따른다. 앰비폴러 전송에서도 전하 중성의 법칙을 따른다. 앰비폴러 현상은 다양한 상황에서 발생할 수 있으며 반도체의 특성을 이해하는 기초가 된다. 앰비폴러 전송은 반도체에서 확산과 전계에 의해 발생할 수 있다. 대표적인 경우가 빛을 조사했을 때 일어날 수 있다. p형 반도체의 특정 지점에 빛을 입사시켜서 과잉 전자와 양공을 생성한다고 가정해 보자. 저수준 주입에서는 소수 캐리어 전자의 농도 차가 크게 발생한다. 과잉 소수 캐리어 전자는 확산하려고 할 것이다. 이때 생성된 과잉 전자와 양공 사이에는 공간적 분리로 인해 내부 전계가 발생한다. 내부 전계는 전자와 양공을 반대 방향으로 서로 끌어당기는 작용을 하므로 내부 전계에 의해 서로 묶이게 된다. 따라서 전자는 단독으로 확산하지 않고 내부 전계에 의해 양공과 함께 이동하는 현상이 발생한다. 이렇게 전자와 양공이 함께 이동하는 전송을 앰비폴러 전송이라 한다. 이때 과잉 다수 캐리어 양공의 전송 특성은 과잉 소수 캐리어 전자의 전송 특성, 즉 전자의 이동도, 전자의 확산 계수, 전자의 수명에 의해 이동 특성이 결정된다는 것이 앰비폴러 전송의 특징이다.

반도체에서 앰비폴러 전송이 발생할 때 전송 특성은 소수 캐리어에 의해 결정되며, 그 운동을 기술하는 방정식이 앰비폴러 방정식이다. 우리는 앰비폴러 방정식을 수학적으로 유도하고 각종 제약 조건을 반영시켜서 단순화하는 작업을 진행할 것이다.

앰비폴러 방정식은 앞에서 다룬 캐리어의 연속 방정식에서 전계의 미분 항 $\partial E/\partial x$을 제거하는 작업을 한다고 봐도 무방하다. 이 항을 제거하는 목적은 내부 전계의 미분 항은 0이 되지 않으므로 이 항을 수학적으로 소거해서 해석을 용이하게 하기 위함이다. 이렇게 하여 n형과 p형 각 반도체에서 앰비폴러 전송을 주도하는 캐리어가 무엇인지 논의할 것이다. 결과부터 이야기한다면 n형 반도체에서는 과잉 소수 캐리어 양공이, p형 반도체에서는 과잉 전자가 앰비폴러 전송을 주도한다는 것을 이해하게 될 것이다. 앰비폴러 전송 방정식의 유도 과정을 건너뛰어도 무방하겠지만 결과가 주는 메시지는 꼭 기억하길 바란다.

지금까지는 전하 중성의 법칙으로부터 과잉 전자와 과잉 양공은 같은 수로 생성되고 균일한 도핑을 가정하였다. 전기장은 외부에서 인가하는 일정한 전계와 캐리어의 확산으로 인한 내부 전계의 합으로 표현할 수 있다. 아주 짧은 미분 거리에서 과잉 전자와 양공의 수는 같지 않을 수 있다. 일정 시간, 일정 거리 확산 후 전하 중성의 조건을 만족한다고 가정한다면 전계의 미분 항은 0이 되지 않는다. 즉 다음과 같이 쓸 수 있다.

$$\frac{\partial E}{\partial x} = \frac{\partial}{\partial x}(E_{ext} + E_{bi}) = \frac{\partial E_{bi}}{\partial x}, \quad E_{ext} = \text{constant} \gg E_{bi}$$

외부에서 인가한 전계가 내부 전계보다 크다고 가정하였으므로 수식 4-44에서 E는 외부에서 인가하는 전압으로 해석해도 좋다. 그러나 전계의 거리에 대한 미분 항은 0이 되지 않으므로 전계의 미분 항을 수학적으로 제거할 것이다.

4-4-1 앰비폴러 전송 방정식의 수학적 유도

4-44식 양변에 각각 $n\mu_n$, $p\mu_p$을 곱한 다음 두 방정식을 더한다.

$$\frac{\partial(\delta p)}{\partial t} \times n\mu_n = \left[D_p \frac{\partial^2(\delta p)}{\partial x^2} - \mu_p \left[E\frac{\partial(\delta p)}{\partial x} + p\frac{\partial E}{\partial x}\right] + G_p - \frac{\delta p}{\tau_{pt}}\right] \times n\mu_n \tag{4-45}$$

$$\frac{\partial(\delta n)}{\partial t} \times p\mu_p = \left[D_n \frac{\partial^2(\delta n)}{\partial x^2} + \mu_n \left[E\frac{\partial(\delta n)}{\partial x} + n\frac{\partial E}{\partial x}\right] + G_n - \frac{\delta n}{\tau_{nt}}\right] \times p\mu_p \tag{4-46}$$

과잉 캐리어 전자와 양공은 동일한 양으로 생성되므로 $\delta n(t,x) = \delta p(t,x)$이다. 식 4-45, 4-46식의 좌변은 $\partial(\delta n)/\partial t$으로 통일시킬 수 있다. 이제 좌변을 치환하고 수식 4-45와 4-46의 연립 방정식의 합을 구하면 수식 4-47과 같다.

$$(n\mu_n + p\mu_p)\frac{\partial(\delta n)}{\partial t} = (n\mu_n D_p + p\mu_p D_n)\frac{\partial^2(\delta n)}{\partial x^2} + (p-n)\mu_n\mu_p E\frac{\partial(\delta n)}{\partial x} + (n\mu_n + p\mu_p)(G-R) \tag{4-47}$$

4-47식의 맨 뒤항의 생성과 재결합 항은 $G = G_n = G_p$, $R = R_n = R_p$로 치환한 것이다. 전자와 양공의 생성률과 재결합률은 항상 동일하게 발생하기 때문이다. 4-47식에는 전기장의 미분 항이 사라진 것을 알 수 있다. 4-47식을 더욱 단순화해 보자. 양변에 0이 아닌 값으로 나누어도 4-47식은 성립할 것이다. 양변에 $1/(n\mu_n + p\mu_p)$을 곱하고 정리하면 4-48과 같다.

$$\frac{\partial(\delta n)}{\partial t} = \frac{n\mu_n D_p + p\mu_p D_n}{n\mu_n + p\mu_p}\frac{\partial^2(\delta n)}{\partial x^2} + \frac{\mu_n\mu_p(p-n)}{n\mu_n + p\mu_p}E\frac{\partial(\delta n)}{\partial x} + (G-R) \tag{4-48}$$

4-48식은 더욱 단순화한 앰비폴러 방정식이다. 우리는 앞에서 배운 캐리어의 이동도와 확산계수의 비는 항상 일정한 값을 가진다는 아인슈타인 관계식을 상기해 보자.

$$\frac{D_n}{\mu_n} = \frac{D_p}{\mu_p} = \frac{kT}{q} \qquad \therefore \mu_p = \mu_n\frac{D_n}{D_p} \tag{4-49}$$

4-48식의 확산 계수의 항이 포함되어 있는 우변의 첫 번째 항에 4-49를 대입해서 정리하면 4-50식이 얻어진다.

$$\frac{\partial(\delta n)}{\partial t}=\frac{D_nD_p(n+p)}{nD_n+pD_p}\frac{\partial^2(\delta n)}{\partial x^2}+\frac{\mu_n\mu_p(p-n)}{n\mu_n+p\mu_p}E\frac{\partial(\delta n)}{\partial x}+(G-R) \qquad (4-50)$$

식 4-50의 앰비폴러 방정식도 연속 방정식과 유사하게 캐리어의 확산 항과 드리프트의 항으로 표시되는 것을 우리는 알 수 있다. 4-50도 하나의 연속 방정식에 지나지 않는다. 확산 항과 이동도 항을 각각 D', μ' 으로 표기하면 4-50 방정식은 4-51로 간결화된다. 과잉 캐리어들의 시간과 공간에 대한 움직임을 기술해 준다. D' 을 앰비폴러 확산 계수라 부른다. 앰비폴러 확산 계수의 항을 살펴보면 상수가 아니다. 전자 및 양공의 농도 항이 포함되어 있다. 따라서 앰비폴러 확산 계수는 전자와 양공의 농도 함수임을 기억하도록 하자. μ' 을 앰비폴러 이동도라 부른다. 앰비폴러 이동도의 항도 전자와 양공의 농도 함수로 표현되어 있음을 주의하라.

$$\frac{\partial(\delta n)}{\partial t}=D'\frac{\partial^2(\delta n)}{\partial x^2}+\mu'E\frac{\partial(\delta n)}{\partial x}+(G-R) \qquad (4-51)$$

$$D'=\frac{D_nD_p(n+p)}{nD_n+pD_p} \qquad \mu'=\frac{\mu_n\mu_p(p-n)}{n\mu_n+p\mu_p}$$

4-4-2 외인성 반도체의 저수준 주입에서 앰비폴러 방정식

이제 n, p형 반도체에서 앰비폴러 전송이 발생했다면 앰비폴러 방정식은 어떻게 변하는지 살펴보기로 하자. 먼저 p형 반도체에서 앰비폴러 전송이 발생했다고 하자. 우리는 저수준 주입의 경우를 가정하겠다. 다시 한번 저수준 주입의 조건을 살펴보도록 하자.

$$p(t,x)=p_0+\delta p(t,x)=p_0+\delta n(t,x)=p_0$$

$$n(t,x)=n_0+\delta n(t,x)=\delta n(t,x)$$

$$p(t,x)\gg n(t,x),\quad \delta p=\delta n\gg n_0$$

상기의 p형 반도체의 저수준 주입 조건을 이용하여 D', μ'을 단순화시켜 보자. p형 반도체에서는 양공 농도가 전자 농도에 비해 월등히 높으므로 n이 포함되어 있는 항을 모두 0으로 가정하고 무시한다.

$$p \gg n \ \Rightarrow \ n \approx 0$$

$$D' = \frac{D_n D_p (n+p)}{nD_n + pD_p} = \frac{D_n D_p p}{pD_p} = D_n \qquad \mu' = \frac{\mu_n \mu_p (p-n)}{n\mu_n + p\mu_p} = \frac{\mu_n \mu_p p}{p\mu_p} = \mu_n$$

그러면 p형 반도체의 앰비폴러 방정식은 4-51로부터 다음과 같이 정리할 수 있다.

$$\frac{\partial(\delta n)}{\partial t} = D_n \frac{\partial^2(\delta n)}{\partial x^2} + \mu_n E \frac{\partial(\delta n)}{\partial x} + (G-R) \tag{4-52}$$

p형 앰비폴러 방정식에서 과잉 소수 캐리어의 함수로 표현한 것에 주의하라. p형 반도체이므로 다수 캐리어인 과잉 양공 농도의 시간적 변화율로 표시되어야 할 것으로 예상(4-52의 좌변 수식을 참조)한다. 그러나 과잉 소수 캐리어 농도 δn으로 표기되었음을 알 수 있다. 4-52식의 방정식의 앰비폴러 확산 계수와 앰비폴러 이동도를 보아라. 소수 캐리어인 전자의 확산 계수와 전자의 이동도로 변환되었다. 과잉 캐리어가 쌍으로 형성되었을 때 p형 반도체에서 캐리어의 이동 특성은 다수 캐리어가 아닌 소수 캐리어에 의존한다는 의미이다. 이것은 매우 중요하고 꼭 기억해야 할 사항이다. 결국 이동 특성은 양공이 아닌 소수 캐리어 전자가 결정한다는 의미이다. 반도체에서 앰비폴러 전송이 발생하였을 경우에는 소수 캐리어의 움직임이 중요하며 소수 캐리어가 이동특성을 결정한다고 보아야 할 것이다. 다시 한번 강조하면 다수 캐리어의 이동 특성은 소수 캐리어의 파라미터, 즉 확산 계수, 이동도, 수명에 의해 결정된다는 사실을 꼭 기억하길 바란다. 앰비폴러 현상은 반도체에서 가장 중요한 물성 중의 하나이다. PN 접합 반도체의 전류 발생 메커니즘, 디바이스의 작동 원리, 디바이스의 특성을 이해하는 기초 지식이 될 것이다.

이제 마지막으로 생성과 재결합 항목에 대해서 고찰해 보자. 이미 이해했겠지만 소수 캐리어의 파라미터가 중요하다는 것을 알았다. 수식 4-45, 46의 두 합을 구해 보면 생성 항과 재결합 항은 4-53식으로 정리할 수 있다.

$$G - R = (G_p + G_n) - \left(\frac{\delta p}{\tau_{pt}} + \frac{\delta n}{\tau_{nt}} \right) \tag{4-53}$$

p형 반도체의 저수준 주입을 고려하고 있으므로 전자의 항만 선택해서 정리하면 4-54로 단순화할 수 있다.

$$G - R = G_n - \frac{\delta n}{\tau_{nt}} \tag{4-54}$$

앞에서 언급하였던 τ_{nt}는 전자의 수명이며 여기서 열평형 상태의 전자 수명과 과잉 캐리어 전자 수명이 혼합된 수명인 것이다. p형 반도체에서 저수준 주입을 가정하였으므로 다수 캐리어 양공의 농도는 변하지 않고 열평형 상태의 양공의 농도 $p = p_0 + \delta p \approx p_0$로 수렴한다는 것을 이미 논의하였다. 전자가 재결합하는 다수 캐리어 양공은 바로 열평형 상태의 양공들과 결합하는 것이다. 만약 과잉 양공이 열평형 상태 양공의 농도보다 크게 형성되었다면 시간에 따라 과잉 양공의 농도는 변할 것이며 전자들은 이러한 과잉 양공들과 재결합할 것이다. 그렇다면 단위 시간당 양공들과 만나는 전자의 확률은 시간에 따라 변할 것이다. 요약하면 전자들은 시간에 따라 변하지 않는 일정한 농도를 갖는 다수 캐리어의 양공들과 결합하므로 단위 시간당 양공들과 만나는 확률은 일정하며 수명 또한 일정하다고 볼 수 있다. 일정한 수명을 갖는 경우는 열평형 상태의 수명이므로 전자의 재결합 시간 $\tau_{nt} \Rightarrow \tau_n$로 치환할 수 있다. 혼동을 피하기 위해서 p형 반도체의 과잉 소수 캐리어 전자의 수명 τ_{n0}를 τ_n으로 표기하기로 약속한다. 즉 과잉 소수 캐리어 전자가 재결합하는 다수 캐리어는 $p(\approx p_0)$이므로 과잉 소수 캐리어 전자의 수명은 $\tau_n(\approx \tau_{n0})$으로 표기한다. 따라서 수식 4-54는 4-55로 바뀐다. n형 반도체의 소수 캐리어 양공에 대해서도 동일한 해석을 할 수 있다. 즉 $\tau_{pt} \Rightarrow \tau_p$로 치환할 수 있다.

$$G - R = G_n - \frac{\delta n}{\tau_{nt}} = G_n - \frac{\delta n}{\tau_{n0}} = G - \frac{\delta n}{\tau_n} \tag{4-55}$$

또한 과잉 전자의 생성률 G_n과 과잉 양공의 생성률 G_p는 항상 동일하므로 $G_n = G_p = G$로 치환할 수 있다. 이제 4-55식을 4-52식의 $G - R$에 대입하면 p형 반도체의 앰비폴러 방정식은 다음과 같이 표현된다.

$$\frac{\partial(\delta n)}{\partial t} = D_n \frac{\partial^2(\delta n)}{\partial x^2} + \mu_n E \frac{\partial(\delta n)}{\partial x} + G - \frac{\delta n}{\tau_n} \tag{4-56}$$

동일하게 n형 반도체에서의 앰비폴러 방정식은 다음과 같다.

$$\frac{\partial(\delta p)}{\partial t} = D_p \frac{\partial^2(\delta p)}{\partial x^2} - \mu_p E \frac{\partial(\delta p)}{\partial x} + G - \frac{\delta p}{\tau_p} \tag{4-57}$$

저주입 상황의 n형 반도체의 앰비폴러 방정식은 과잉 소수 캐리어 양공의 함수로 표현된다는 것에 주목하라. 이동도의 항에 (−)가 붙는 이유는 전자의 앰비폴러 방정식이므로 이동도는 입자의 특성을 따라간다고 볼 수 있다. 전자의 이동도는 전계와 방향과 반대이다. n형 반도체의 경우도 동일하게 다수 캐리어 전자의 시간적 변화율은 양공의 확산, 이동도, 수명에 의해 결정된다는 것이다.

이상을 정리해서 각각 p형, n형 반도체의 앰비폴러 방정식을 수식 4-58에 요약하였다. 우리는 예제 학습을 통해서 앰비폴러 전송에 대해서 더욱 깊게 이해해 보자. 앰비폴러 방정식은 반도체 내에서 과잉 캐리어의 이동 특성을 이해하는 데 많은 도움을 준다.

$$\text{p형 반도체}: \frac{\partial(\delta n)}{\partial t} = D_n \frac{\partial^2(\delta n)}{\partial x^2} + \mu_n E \frac{\partial(\delta n)}{\partial x} + G - \frac{\delta n}{\tau_n}$$

$$\text{n형 반도체}: \frac{\partial(\delta p)}{\partial t} = D_p \frac{\partial^2(\delta p)}{\partial x^2} - \mu_p E \frac{\partial(\delta p)}{\partial x} + G - \frac{\delta p}{\tau_p} \quad (4-58)$$

4-4-3 앰비폴러 방정식의 적용 예

앰비폴러 방정식은 반도체에서 전류를 만들어내는 3가지 성분으로 표시됨을 알았다. 캐리어의 확산 성분, 전계에 의한 드리프트 성분, 생성 항으로 표시된다. 각각의 주어진 조건에 따라 앰비폴러 전송 방정식은 단순화할 수 있다. 가령 정상 상태에서는 시간에 따라 캐리어의 농도가 일정하므로 수식 4-58의 좌변을 0으로 놓을 수 있다. 표 4-2에 앰비폴러 전송 방정식의 제약 조건에 따른 단순화 모델을 표시하였다.

과잉 캐리어가 거리에 따라 균일하게 분포하는 경우, 전기장이 인가되지 않고 빛만 조사되고 있는 경우에 대해서 단순화된 앰비폴러 방정식을 열거하였다. 주어진 문제에 맞추어 적용하면 될 것이다.

앰비폴러 방정식은 특수한 경우의 연속 방정식에 불과하다. 연속 방정식은 물리학의 다양한 분야에서 활용하는데 근본적인 의미는 무언가가 들어와서 전부 나간다는 상태를 단지 수학적으로 기술한 것에 불과하다. 무언가는 캐리어가 될 수 있으며 유체가 될 수 있다. 앰비폴러 방정식은 공간과 시간의 함수로 과잉 캐리어의 흐름을 나타내는 방정식이므로 반도체에서는 매우 중요하게 사용된다. 예제를 통해서 이러한 개념들을 잘 학습하고 이해의 깊이를 향상시켜야 할 것이다.

표 4-2 앰비폴러 방정식의 제약 조건을 통한 단순화

	제약 조건	앰비폴러 방정식
정상 상태	$\frac{\partial(\delta p)}{\partial t}=0$	$D_p \frac{\partial^2(\delta p)}{\partial x^2} - \mu_p E \frac{\partial(\delta p)}{\partial x} + G - \frac{\delta p}{\tau_p} = 0$
캐리어 균일	$\frac{\partial^2(\delta p)}{\partial x^2}=0,\ \frac{\partial(\delta p)}{\partial x}=0$	$\frac{\partial(\delta p)}{\partial t} = G - \frac{\delta p}{\tau_p}$
$E=0$	$E\frac{\partial(\delta p)}{\partial x}=0$	$\frac{\partial(\delta p)}{\partial t} = D_p \frac{\partial^2(\delta p)}{\partial x^2} + G - \frac{\delta p}{\tau_p}$

예제 4-4-1

외부에서 전기장이 인가되지 않은 n형 반도체를 생각하자. 그림과 같이 빛이 지속적으로 입사되고 있다. 입사 지점을 $x=0$이라 하자. 과잉 캐리어들은 좌우로 확산해 나갈 것이다. 정상 상태에서 과잉 캐리어 농도의 공간적 분포를 구해 보아라. 저수준 주입을 가정하라.

풀이

$t=0$, $x=0$ 지점에서는 빛이 지속적으로 입사되고 있다. 따라서 과잉 캐리어들이 생성되고 있으며 또한 열적 여기에 의한 캐리어의 생성도 함께 동반되고 있을 것이다. 그러나 생성과 함께 재결합도 지속적으로 일어나고 있기 때문에 시간에 따른 캐리어 농도는 일정한 정상 상태이다. 시간이 지남에 따라 과잉 캐리어들은 좌우로 확산해 나갈 것이다. 빛을 받지 않는 부분에는 캐리어의 생성은 존재하지 않고 재결합만 존재할 것이다. 따라서 과잉 캐리어들은 좌우로 확산해 가면서 재결합이 일어날 것이며 무한대 거리만큼 진행했을 때 과잉 캐리어들은 모두 소멸되고 열평형 상태의 농도로 수렴할 것이다. 저수준 주입이므로 총 전자 농도는 열평형 상태의 전자 농도와 동일할 것이며 총 양공 농도는 $x=0$에서 $\delta p(0)$으로 제일 높았다가 확산해 가면서 양공 농도는 감소해 갈 것이다. 마치 틈 사이로 캐리어를 지속적으로 주입해 주는 상황과 동일하다. 그림 4-12는 이러한 상황을 도식화한 것이다. 수식 4-56에서 n형 앰비폴러 방정식은 다음과 같다.

$$\frac{\partial \delta p(t,x)}{\partial t} = D_p \frac{\partial^2 \delta p(t,x)}{\partial x^2} - \mu_p E \frac{\partial \delta p(t,x)}{\partial x} + \left(G - \frac{\delta p}{\tau_p}\right)$$

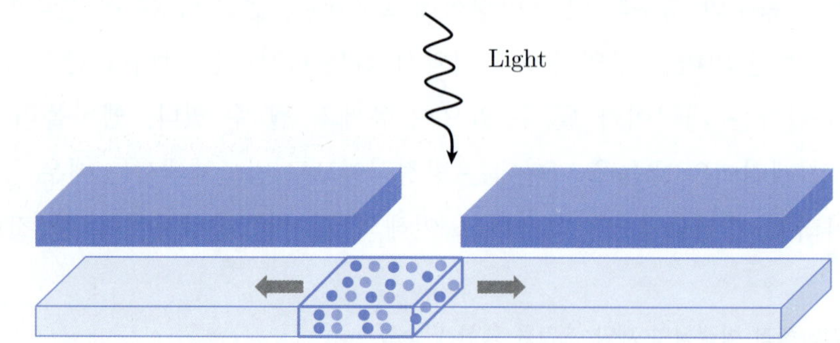

그림 4-12 n형 반도체에 광을 지속적으로 입사하고 있는 상태

$x=0$ 지점에서는 캐리어가 생성되고 있고 좌우로 확산해 나간다. $x \neq 0$ 지점에서는 과잉 캐리어의 생성은 없고 재결합만 일어날 것이다. 외부에서 인가한 전기장도 없고 정상 상태이므로 다음과 같이 간편화할 수 있다.

$$D_p \frac{\partial^2 \delta p(t,x)}{\partial x^2} - \frac{\delta p}{\tau_p} = 0$$

공간적 분포만 고려하면 된다. 따라서 편미분을 미분으로 바꾸고 양변에 확산 계수 D_p의 역수를 곱하고 정리하면

$$\frac{d^2\delta p(x)}{dx^2} - \frac{\delta p(x)}{D_p\tau_p} = 0 \tag{4-59}$$

우리는 확산 길이(diffusion length) $L_p = \sqrt{D_p\tau_p}$로 정의하고 4-59식을 변형하면 수식 4-60의 형태를 얻을 수 있다.

$$\frac{d^2\delta p(x)}{dx^2} - \frac{\delta p(x)}{L_p^2} = 0 \tag{4-60}$$

상수 계수를 갖는 2차 선형 미분 방정식의 해는 다음과 같다.

$$\delta p(x) = A\exp\left(-\frac{x}{L_p}\right) + B\exp\left(\frac{x}{L_p}\right) \tag{4-61}$$

경계조건을 적용해서 풀어 보자.

1) $x \to \infty, \quad \delta p(x) = 0$

$x \to \infty$ 일 때 $\exp\left(\frac{x}{L_p}\right) \to \infty$ 이므로 $B = 0 \quad \therefore \delta p(x) = A\exp\left(-\frac{x}{L_p}\right)$

2) $x = 0, \delta p(x) = \delta p(0)$

$x = 0$일 때 $\exp\left(-\frac{x}{L_p}\right) = 1$이므로 $A = \delta p(0) \quad \therefore \delta p(x) = \delta p(0)\exp\left(-\frac{x}{L_p}\right)$ (4-62)

4-62식은 n형 반도체에서 과잉 소수 캐리어 양공은 $x = 0$ 지점에서 가장 높은 농도 $\delta p(0)$을 가지고 거리에 따라서 지수함수로 감소해 간다는 것이다. 이때 양공은 확산 길이 L_p를 가지고 거리에 따라 지수함수적으로 감소해 간다. 확산 길이(diffusion length)는 과잉 소수 캐리어 양공이 재결합하여 소멸하기 전까지 확산한 평균 거리를 의미한다. 확산 길이는 확산 계수와 양공의 수명으로 표현된다. 그림 4-13을 보면 n형 반도체 과잉 전자 농도는 열평형 전자 농도와 거의 동일하다(저수준 주입). 따라서 과잉 전자의 공간적 분포는 큰 변화가 없다. 반면에 과잉 소수 캐리어 양공은 $x = 0$ 지점에서 급격히 농도가 증가하여 $\delta p(0)$만큼 되고 확산해 가면서 전류 성분을 만들어 내는 것이다. 따라서 소수 캐리어가 중요한 이유가 바로 확산 전류를 만들어내기 때문인 것이다. 이것을 기술한 것이 4-62 방정식이며 n형 반도체에서 왜 소수 캐리어 양공이 중요한지를 잘 설명해 주고 있다. PN 접합에서 다시 설명하겠지만 p형 반도체에서 출발한 양공은 n형 영역으로 들어오면서 자신은 소수 캐리어로 변한다. n형 영역의 공핍층과 중성 영역의 경계지점에서 양공의 농도가 가장 높다.

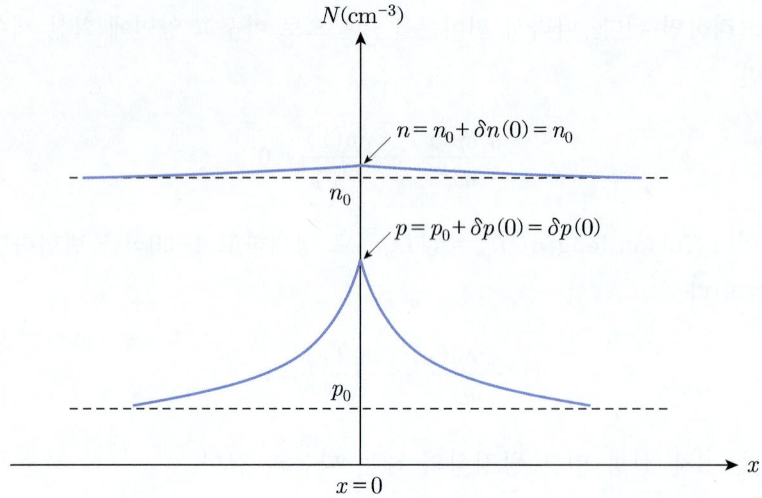

그림 4-13 과잉 캐리어의 좌우 확산에 따른 분포

이 양공은 n형 영역으로 확산해 간다. 앞에서 설명한 확산 길이를 가지고 급격히 확산해 가면서 전자와 재결합하고 완전 소멸되어 과잉 소수 캐리어 양공은 n형 반도체에 존재하는 소수 캐리어 양공의 농도로 수렴한다. 이때 양공이 확산해 가면서 확산 전류를 만들어 낸다.

그렇다면 과잉 소수 캐리어 양공이 만들어 내는 전류를 구해 보자. 우리는 앞에서 양공의 전류 밀도 식을 유도하였다. 외부에서 인가한 전기장이 없으므로 양공 전류 밀도는 다음과 같이 쓸 수 있다.

$$J_p(x) = qp(x)\mu_p E(x) - qD_p\frac{dp}{dx}, \qquad p = p_0 + \delta p \approx \delta p$$

$$\begin{aligned} J_p(x) &= -qD_p\frac{d\delta p(x)}{dx} = -qD_p\frac{d}{dx}\left[\delta p(0)\exp\left(-\frac{x}{L_p}\right)\right] \\ &= q\frac{D_p}{L_p}\delta p(0)\exp\left(-\frac{x}{L_p}\right) = q\sqrt{\frac{D_p}{\tau_p}}\,\delta p(0)\exp\left(-\frac{x}{L_p}\right) \end{aligned} \tag{4-63}$$

4-63식을 살펴보면 거리에 따라 양공의 전류 밀도는 감소해 감을 알 수 있다. 이것은 앞에서 논의한 양공의 농도가 거리에 따라 감소해 간다는 사실과 일치한다.

우리는 n형 반도체에서 과잉 캐리어의 공간적 분포 변화를 알아보았다. n형 반도체에서는 소수 캐리어 양공의 확산이 중요함을 알았다. 이번에는 시간적 분포에 대해서 알아보자.

예제 4-4-2

그림 4-14 (a)와 같은 상황이다. 빛을 차단하는 경우 과잉 캐리어들의 시간적 농도 변화는 어떻게 되겠는가? 빛을 차단하기 전까지는 결정 내 과잉 캐리어 농도는 일정하다고 가정하고 저수준 주입이 행해지고 있다.

풀이

이 예제는 정상 상태가 아니다. 캐리어는 시간에 따라 감소해 갈 것이다. 전기장도 인가하지 않았고 빛을 조사하는 동안 정상 상태를 유지하다가 빛을 차단하는 순간 과잉 캐리어의 재결합만 존재하게 된다. 이 제약 조건을 적용하면 n형 앰비폴러 방정식은 다음과 같이 간략화할 수 있다.

$$\frac{d(\delta p)}{dt} = -\frac{\delta p}{\tau_p} \tag{4-64}$$

일차 미분 방정식의 해는 다음과 같다.

$$\delta p(t) = \delta p(0)\exp\left(-\frac{t}{\tau_p}\right) \tag{4-65}$$

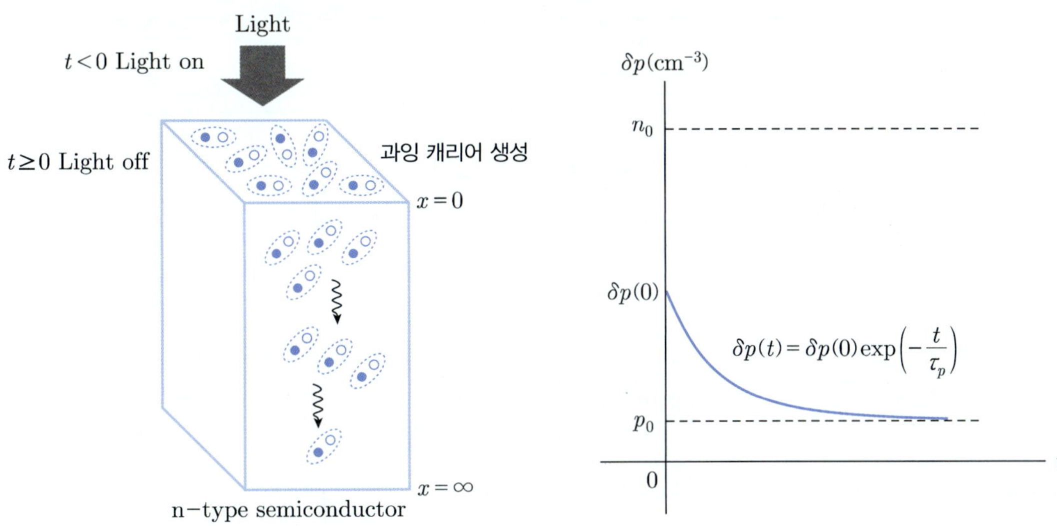

(a) 과잉 캐리어 생성 후 빛 차단 (b) 과잉 캐리어 농도 함수

그림 4-14 과잉 캐리어의 시간적 변화

$\delta p(0)$는 $t=0$인 시간에 존재하는 과잉 소수 캐리어 양공의 농도이다. 이 농도는 균일하며 시간에 따라 지수함수로 감소한다는 것이다. 시간에 따라 과잉 캐리어 농도 변화는 그림 4-14 (b)에 나타내었다. 이 예제는 앞에서 다룬 예제 4-2-2와 동일한 결과임을 알 수 있다. 4-65식은 n형 반도체에서 생성된 과잉 캐리어들은 소수 캐리어 양공의 수명에 의해 결정된 비율로 재결합한다는 의미가 내포되어 있다.

예제 4-4-3

n형 반도체가 있다. 전계는 인가하지 않았고 캐리어는 균일하게 분포하고 있다. 열평형 상태에 있다가 빛을 조사하기 시작한다. 일정 시간이 지나면 캐리어는 정상 상태에 도달한다. 정상 상태에 도달할 때 캐리어의 시간의존 함수를 구해 보아라.

풀이

전계가 0이며 캐리어는 균일하게 분포하고 있다. 빛을 조사하고 있으므로 캐리어의 생성과 재결합은 존재할 것이다. 따라서 앰비폴러 방정식은 다음과 같다.

$$\frac{d(\delta p)}{dt} = G - \frac{\delta p}{\tau_p}$$

이 미분 방정식의 해는 다음과 같다.

$$\delta p(t) = G\tau_p\left[1 - \exp\left(-\frac{t}{\tau_p}\right)\right]$$

매우 많은 시간이 지나면,가령 무한대에 접근하면 지수함수 항은 0에 접근하므로 과잉 캐리어 농도는 $\delta p(t) = G\tau_p$가 된다. 이것은 정상 상태의 과잉 캐리어 농도이다.

예제 4-4-4

n형 반도체가 예제 4-4-3과 동일한 상황에 놓여 있다.

$N_D = 5 \times 10^{16}\,\mathrm{cm}^{-3}$, $G = 5 \times 10^{21}\,\mathrm{cm}^{-3}\mathrm{sec}^{-1}$, $\tau_p = 10^{-7}\,\mathrm{sec}$이다.

(1) $t = 0$ (2) $t = 10^{-7}\,\mathrm{sec}$ (3) $t = 5 \times 10^{-7}\,\mathrm{sec}$ (4) $t = \infty$ 일 때 과잉 캐리어 농도를 구해 보아라.

풀이

$$\delta p(t) = G\tau_p\left[1 - \exp\left(-\frac{t}{\tau_p}\right)\right]$$

(1) $t = 0$, $\delta p(t) = 5 \times 10^{21} \times 10^{-7}\left[1 - e^{0}\right] = 0$

(2) $t = 10^{-7}$, $\delta p(t) = 5 \times 10^{21} \times 10^{-7}\left[1 - \exp\left(-\frac{10^{-7}}{10^{-7}}\right)\right] = 3.16 \times 10^{14}\,\mathrm{cm}^{-3}$

(3) $t = 5 \times 10^{-7}$, $\delta p(t) = 5 \times 10^{21} \times 10^{-7}\left[1 - \exp\left(-\frac{5 \times 10^{-7}}{10^{-7}}\right)\right] = 4.966 \times 10^{14}\,\mathrm{cm}^{-3}$

(4) $t = \infty$, $\delta p(t) = 5 \times 10^{21} \times 10^{-7}\left[1 - \exp\left(-\frac{\infty}{10^{-7}}\right)\right] = 5 \times 10^{14}\,\mathrm{cm}^{-3}$

이 예제는 정상 상태에 도달하는 시간을 알려 준다. 대략 $5 \times 10^{-7}\,\mathrm{sec}$ 후 정상 상태에 도달했다고 볼 수 있다.

예제 4-4-5

$N_A = 10^{16}\,\text{cm}^{-3}$인 p형 실리콘 반도체가 상온에 놓여 있다. 표면 $x=0$에 빛을 입사시켜서 과잉 캐리어 $\delta n(0) = 5\times10^{14}\,\text{cm}^{-3}$를 생성한다고 하자. 과잉 캐리어는 표면에서 벌크 방향으로 점점 확산해 갈 것이다. $\tau_n = 10^{-7}\text{sec}$, $D_n = 25\,\text{cm}^2/\text{sec}$일 때 다음을 구해 보아라.

(1) 전자의 확산 거리

(2) 표면으로부터 L_n, $2L_n$, $3L_n$ 확산해 갔을 때의 과잉 캐리어 농도

(3) 과잉 캐리어 농도가 열평형 상태의 전자 농도와 동일해지기 위해서는 확산 거리의 몇 배가 필요한가? 그리고 그 길이도 구해 보아라.

풀이

(1) $L_n = \sqrt{D_n\tau_n} = \sqrt{25\times10^{-7}} = 15.811\times10^{-4}\,\text{cm} = 15.811\,\mu\text{m}$

(2) $\delta n(x) = \delta n(x=0)\exp\left(-\dfrac{x}{L_n}\right)$

$$\delta n(L_n) = \delta n(x=0)\exp\left(-\frac{L_n}{L_n}\right) = 5\times10^{14}(e^{-1}) = 1.839\times10^{14}\,\text{cm}^{-3}$$

$$\delta n(2L_n) = \delta n(x=0)\exp\left(-\frac{2L_n}{L_n}\right) = 5\times10^{14}(e^{-2}) = 6.767\times10^{13}\,\text{cm}^{-3}$$

$$\delta n(3L_n) = \delta n(x=0)\exp\left(-\frac{3L_n}{L_n}\right) = 5\times10^{14}(e^{-3}) = 2.489\times10^{13}\,\text{cm}^{-3}$$

(3) $n_0 = \dfrac{n_i^2}{p_0} = \dfrac{2.25\times10^{20}}{10^{16}} = 2.25\times10^{4}\,\text{cm}^{-3}$

$$2.25\times10^4 = 5\times10^{14}\exp\left(-\frac{x}{L_n}\right) \quad\Rightarrow\quad -\frac{x}{L_n} = \ln\left(\frac{2.25\times10^4}{5\times10^{14}}\right)$$

$$\therefore x = 23.824L_n = (23.824)\times(15.811) = 377\,\mu\text{m}$$

확산 거리의 약 23배만큼 진행하면 열평형 상태의 전자 농도가 되며 그때의 거리는 $377\,\mu\text{m}$가 된다. 그림 4-15는 예제 4-4-5를 묘사한 것이다. 표면에 조사된 빛은 과잉 캐리어를 생성시키고 표면 부근에 생성된 과잉 캐리어는 농도 차로 인하여 $+x$ 방향으로 확산해 간다(그림 4-15 (a)). 표면 부근에 생성된 과잉 전자의 농도는 $\delta n(0) = 5\times10^{14}\,\text{cm}^{-3}$이며 거리에 따라 $\exp(-x/L_n)$의 함수로 감소해 간다. 그림 4-15 (b)는 추가 설명을 위한 자료이다. 만약 실리콘 반도체의 길이가 극단적으로 짧아서 그 길이가 전자의 확산 거리 $L_n = 15.811\,\mu\text{m}$보다 작은 경우를 묘사한 것이다. 이런 경우는 과잉 전자들은 지수함수로 감소하지 않고 일차함수 형태로 감소한다. 그림 4-15 (a)와 동일한 스케일로 그리지는 않았지만 캐리어의 확산 거리보다 짧게 구성된 반도체에서는 일차함수로 급격히 감소한다는 사실을 이해했으면 좋겠다는 취지로 넣었다. 소수 캐리어 전자의 확산 거리보다 짧은 경우, 전자는 양공과 재결합하지 않고 확산해 간다. 우리는 6장에서

짧은 PN 접합 다이오드에서 유사한 상황을 다시 한번 상세히 논의하고 수학적인 관계식도 유도할 것이다.

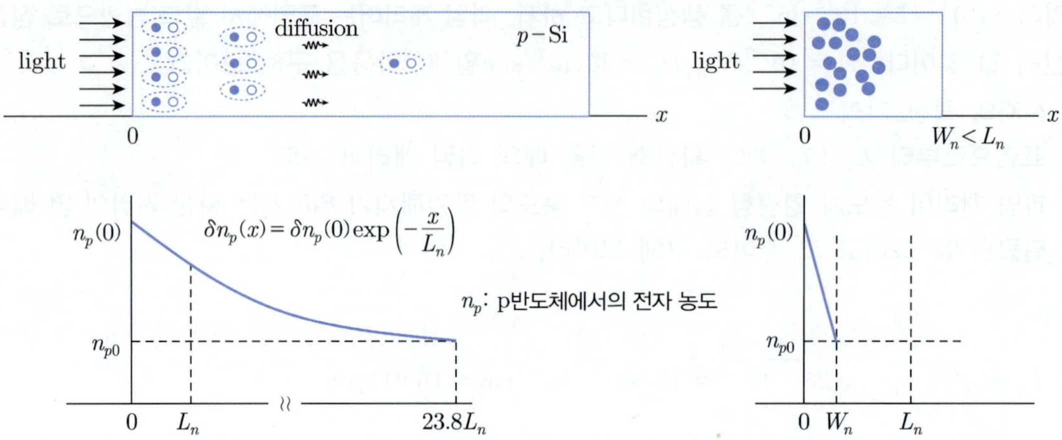

(a) 반도체 길이가 무한한 경우 (b) 전자의 확산 거리보다 짧은 경우

그림 4-15 과잉 캐리어의 거리에 따른 분포 함수

예제 4-4-6

$N_A = 10^{17}\text{cm}^{-3}$인 p형 실리콘 반도체가 상온에 놓여 있다. 반도체의 끝 지점 $x=0$에 빛을 입사시켜서 과잉 캐리어 $\delta n(0) = 5\times10^{15}\text{cm}^{-3}$를 생성한다고 하자. 과잉 캐리어는 벌크 방향으로 점점 확산해 갈 것이다. $\tau_n = 10^{-7}\text{sec}$, $D_n = 25\text{cm}^2/\text{sec}$, $D_p = 10\text{cm}^2/\text{sec}$.

(1) $x = 10\,\mu\text{m}$ 지점에서의 전자의 확산 전류 밀도

풀이

$$L_n = \sqrt{D_n\tau_n} = \sqrt{25\times10^{-7}} = 15.811\times10^{-4}\text{cm} = 15.811\,\mu\text{m}$$

$$J_n(x) = qD_n\frac{dn}{dx}$$

여기서 $n = n_0 + \delta n \approx \delta n$이다.

p형 반도체이므로 과잉 소수 캐리어는 전자이다.

$$J_n(x) = qD_n\frac{d\delta n(x)}{dx} = qD_n\frac{d}{dx}\left[\delta n(0)\exp\left(-\frac{x}{L_n}\right)\right] = -q\frac{D_n}{L_n}\delta n(0)\exp\left(-\frac{x}{L_n}\right)$$

$$= -q\sqrt{\frac{D_n}{\tau_n}}\,\delta n(0)\exp\left(-\frac{x}{L_n}\right)$$

$$J_n(x) = -(1.6\times10^{-19})\sqrt{\frac{25}{10^{-7}}}\,(5\times10^{15})\exp\left(-\frac{10\times10^{-4}}{15.811\times10^{-4}}\right) = -6.720\,\text{A/cm}^2$$

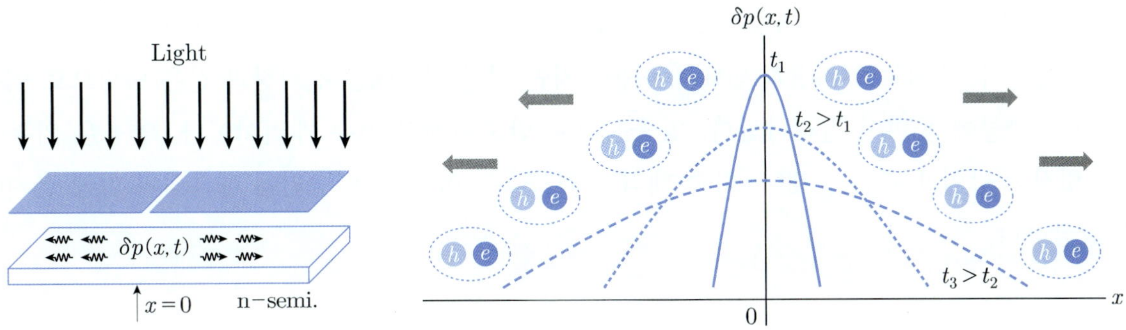

(a) 전기장이 인가되지 않은 상태

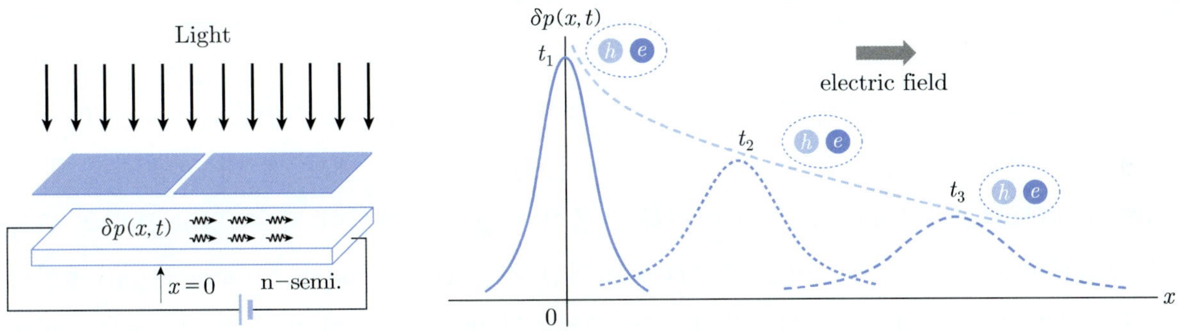

(b) 전기장이 인가된 상태

그림 4-16 과잉 캐리어의 시간과 공간에 따른 분포 곡선

우리는 지금까지 앰비폴러 현상을 이해하기 위해서 어떤 특정한 상황을 만들고 방정식을 단순화하면서 앰비폴러 현상을 이해하였다. 이러한 특정 상황들은 실제 반도체에서 일어나는 상황들이다. 과잉 캐리어가 공간적으로 균일하게 생성되었다는 가정, 과잉 캐리어들이 시간에 따라 변하지 않고 일정하다는 정상 상태로 가정을 하고 과잉 캐리어 농도의 시간적 변화 또는 공간적 변화를 각각 독립적으로 알아보았다.

만약에 이러한 상태에서 전계를 가하는 경우 과잉 캐리어들은 시간에 따라 어떻게 움직일까? 그림 4-16 (a)는 전기장이 인가되지 않은 상태에서 과잉 양공의 시간 변화에 대한 거리 변화를 나타낸 함수이다. 시간에 따라 과잉 양공은 좌우로 확산해 나갈 것이며 그 농도는 점차 감소해 갈 것이다. 과잉 캐리어들은 같은 속도로 확산해 간다. 과잉 소수 캐리어 양공은 확산하면서 다수 캐리어 전자들과 재결합하고 점차적으로 소멸될 것이다. 전자와 정공은 쌍으로 함께 움직인다고 하였는데 전계가 가해진 경우를 살펴보자. 전계를 x 방향으로 주었을 때 과잉 소수 캐리어 양공들은 시간에 따라 오른쪽으로 움직여 갈 것이다. 그림 4-16 (b)에 나타내었다. 과잉 캐리어의 극히 짧은 생성 초기 단계 시간 동안에 과잉 캐리어의 농도에 차이가 있더라도 확산과 재결합을 통해 어느 시점이 되면 과잉 캐리어 농도는 균형을 이루며 반도체의 전하 중성의 법칙을 따른다. 전자와 양공은 쌍을 이루어서 함께 이동한다. n형 반도체의 소수 캐리어는 양공이므로 양공의 전송특성에 맞추어 쌍으로 이동한다. 전자는 전기장과 반대로 이동하지만 이런 경우에는 전기장과 같은 방향으로 이동한다. 전자는 양공에 묶여서 끌려다닌다. 양공은 n형 반도체에서 소수 캐리어이다. 양공은 외부에서 방문한 멋진 이방인과 같은 존재다. 다수 캐리어 전자들은 이 멋진 이방인에 매혹되어 함께 끌려다닌다고 상상하라.

4-5 Shockley-Read-Hall(SRH) 재결합

지금까지는 밴드와 밴드 간에 발생하는 생성과 재결합에 대해서 논의하였다. 전하 중성의 법칙으로부터 과잉 전자와 양공의 농도는 항상 동일했다. 만약 실리콘 밴드 갭 내 중앙 부근에 어떤 트랩이 존재한다고 가정하자. 그러면 이러한 트랩이 재결합의 중심이 될 수 있고 트랩의 도움을 받아 재결합이 더 신속히 이루어질 수 있다. 이러한 것을 trap-assisted recombination이라고 부른다. 트랩의 도움을 받는 재결합이란 뜻이다. 캐리어의 생성도 이러한 트랩 준위의 도움을 받아서 더 빠르게 일어날 수도 있다. 마치 트랩을 징검다리 삼아서 캐리어의 생성이 이루어진다는 것이다.

트랩은 여러 가지 복잡한 요인으로 인해 발생한다. 여기서는 자세히 다루려는 내용과 거리가 있으므로 대표적인 것만 설명하겠다. 반도체 내의 불순물이나 격자 결함들이 대표적인 트랩을 형성하는 요인이다. 트랩은 전자와 양공의 움직임을 제한시킨다. 캐리어를 트랩 에너지 준위에 가두어서 일정 시간 가지고 있기도 하며 방출시키기도 한다.

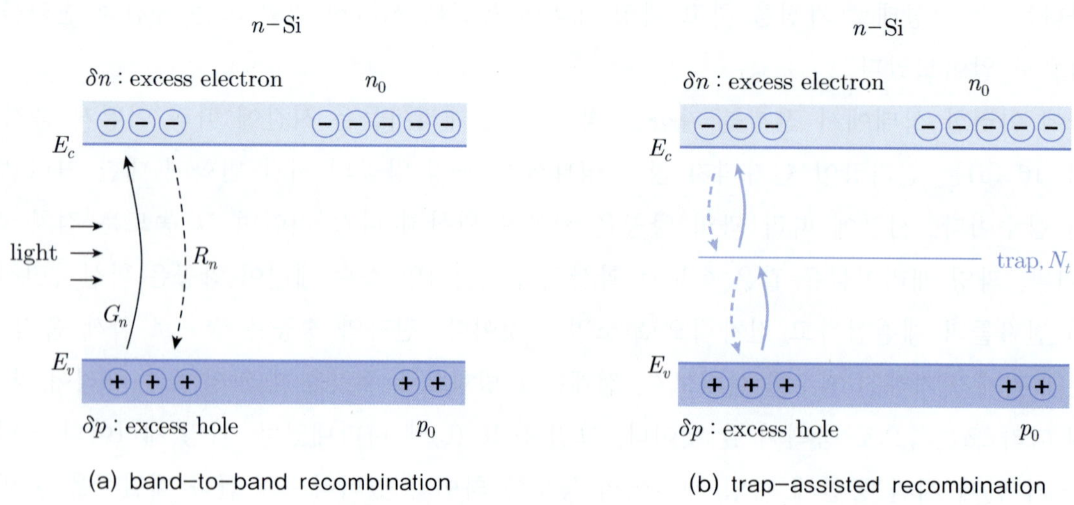

그림 4-17 트랩의 도움을 받는 재결합

이번 장에서는 트랩의 도움을 받는 SRH 재결합을 논의하고 각각 n형, p형 반도체에서 재결합을 주도하는 캐리어는 무엇인지 고찰해 볼 것이다.

4-5-1 SRH 관계식의 수학적 유도와 물리적 고찰

SRH 이론에 대해서 설명해 보자. 실리콘 밴드 갭 내 중앙 부근에 트랩이 위치하고 있으며 트랩의 밀도는 N_t라고 정의하자. 트랩들은 전자, 양공을 포획하기도 하고 방출하기도 한다. 억셉터형 트랩이며 전자를 포획하면 음으로 대전되고 전자를 방출하면 중성으로 변하는 트랩으로 가정한다. 이러한 상황을 그림 4-18에 묘사하였다. 과정 (1)부터 논의하자. 과정 1은 전도대의 전자를 트랩이 포획하는 과정이다. 이때 전자의 포획률은 R_{cn}으로 표현하며 단위 체적, 단위 시간당 전자를 포획하는 개수로 정의한다. 포획률은 어떤 인자에 비례하는지 논의해 보자.

포획률을 높이기 위해서는 트랩이 비어 있어야 한다. 전자로 채워져 있으면 전자가 들어갈 자리가 없어지므로 트랩은 전자로 비워질 확률이 높아야 한다. 앞에서 페르미-디랙 확률함수에서 이것을 논의한 적이 있다. 두 번째로는 전도대에 전자가 많아야 할 것이다. 세 번째로는 이러한 빈 트랩의 밀도가 높아야 할 것이다. 마지막으로는 전자를 포획하는 비례 상수이다. 비례 상수는 전자의 포획 단면적에 전자의 열속도를 곱한 값이다. 이상을 수식으로 표현하면 4-66이 된다.

$$R_{cn} = C_n N_t [1 - f_F(E_t)] n \tag{4-66}$$

C_n : 포획 비례 상수(전자의 열속도×포획 단면적)

N_t : 트랩의 밀도

n : 전자의 농도

$1 - f_F(E_t)$: 트랩 준위에서 전자가 비워질 확률

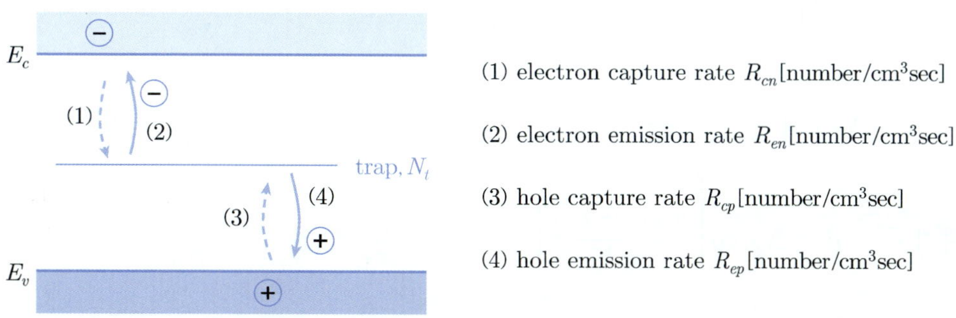

그림 4-18 전자, 양공의 4가지 포획 및 방출 과정

(2)는 전자를 방출하는 과정이다. 포획하는 과정과 비슷하게 고찰할 수 있다. 전자의 방출률은 방출 비례 상수, 전자가 꽉 차 있는 트랩의 밀도, 트랩에 전자가 존재할 확률의 곱으로 표현할 수 있을 것이다. 이것을 수식으로 표현하면 4-67과 같다.

$$R_{en} = E_n N_t f_F(E_t) \tag{4-67}$$

E_n : 방출 비례 상수

N_t : 트랩의 밀도

$f_F(E_t)$: 트랩 준위에 전자가 존재할 확률

열평형 상태에서는 전자의 포획률과 방출률이 동일하므로 4-66식과 4-67식을 동일하다고 볼 수 있을 것이다. 즉

$$C_n N_t [1 - f_{F0}(E_t)] n_0 = E_n N_t f_{F0}(E_t) \tag{4-68}$$

열평형 상태이므로 전자 농도는 n_0로 기술하였다. E_n에 대해서 정리하면

$$E_n = \frac{n_0 C_n [1 - f_{F0}(E_t)]}{f_{F0}(E_t)} \tag{4-69}$$

트랩에 전자가 존재할 확률은 앞에서 논의한 페르미-디랙 확률함수의 정의로 재표현한다면 다음과 같다. $f_{F0}(E_t)$를 4-69에 대입하고 정리하면 4-70식을 얻을 수 있다.

$$f_{F0}(E_t) = \frac{1}{1 + \exp\left(\frac{E_t - E_F}{kT}\right)}$$

$$E_n = C_n n_0 \left[\frac{1}{\left[1 + \exp\left(\frac{E_t - E_F}{kT}\right)\right]^{-1}} - 1 \right] \Rightarrow \text{분자, 분모에 } 1 + \exp\left(\frac{E_t - E_F}{kT}\right) \text{를 곱하면}$$

$$E_n = C_n N_c \exp\left[\frac{-(E_c - E_F)}{kT}\right] \exp\left(\frac{E_t - E_F}{kT}\right) = C_n N_c \exp\left[\frac{-(E_c - E_t)}{kT}\right] = C_n n' \tag{4-70}$$

여기서 $n' = N_c \exp\left[\frac{-(E_c - E_t)}{kT}\right]$

n'은 열평형 상태의 전자 농도와 매우 유사한 식이다. E_t가 페르미 에너지 E_F와 동일하다면 $n' = n_0$가 성립함을 알 수 있다. 따라서 전자의 방출률은 전자의 포획 단면적의 비례 상수로 표현할 수

있고 그 값은 $E_n = C_n n'$이다. 그렇다면 4-67식 전자의 방출률은 최종적으로 다음과 같이 기술된다.

$$R_{en} = E_n N_t f_{F0}(E_t) = C_n n' N_t f_{F0}(E_t) \quad (4-71)$$

이제 비평형 상태를 고려해 보자. 비평형 상태에서는 전도대에 과잉 전자가 존재하므로 트랩이 전도대의 전자를 포획하는 알짜 포획률(알짜 재결합률)은 포획률에서 방출률을 빼야 할 것이다.

$$R_n = R_{cn} - R_{en} = C_n N_t [1 - f_F(E_t)] - n' C_n N_t f_F(E_t) = C_n N_t [n(1 - f_F) - n' f_F] \quad (4-72)$$

다음은 과정 (3)을 논의해 보자. 양공의 경우도 동일하게 구할 수 있다. 양공의 포획률은 포획 비례 상수, 양공의 농도, 트랩의 밀도, 그리고 트랩에 전자가 존재할 확률이 클수록 증가할 것이다. 이것을 수식으로 표현하면 4-73식처럼 된다.

$$R_{cp} = C_p N_t f_F(E_t) p \quad C_p\text{: 양공을 포획하는 단면적 비례 상수} \quad (4-73)$$

과정 (4)는 양공을 방출하는 과정이다. 방출률은 방출 비례 상수, 트랩의 밀도, 트랩에 전자가 비워질 확률(양공이 존재할 확률)에 비례할 것이다.

$$R_{ep} = E_p N_t [1 - f_F(E_t)] \quad E_p\text{: 양공을 방출하는 단면적 비례 상수} \quad (4-74)$$

전자의 경우와 동일하게 방출 계수와 포획 계수의 관계를 유도해 낼 수 있다. 열평형 상태에서는 방출률과 포획률이 같다. 전자의 경우와 동일하게 구할 수 있다. 자세한 풀이과정은 중복되므로 결과만 정리하겠다.

$$C_p N_t f_{F0} p_0 = E_p N_t (1 - f_{F0}) \qquad \therefore E_p = C_p f_{F0} p_0 / (1 - f_{F0})$$

$$E_p = C_p \frac{f_{F0}}{1 - f_{F0}} N_v \exp\left[\frac{-(E_F - E_v)}{kT}\right] = C_p \exp\left[\frac{-(E_t - E_F)}{kT}\right] N_v \exp\left[\frac{-(E_F - E_v)}{kT}\right]$$

$$\therefore E_p = C_p N_v \exp\left[\frac{-(E_t - E_v)}{kT}\right] = C_p p' \qquad \because \frac{f_{F0}}{1 - f_{F0}} = \exp\left[\frac{-(E_t - E_F)}{kT}\right] \quad (4-75)$$

따라서 비평형 상태에서 양공의 알짜 포획률(알짜 재결합률)은 포획률에서 방출률을 빼야 할 것이다. 최종적으로 양공의 알짜 재결합률은 4-76식으로 표현된다.

$$R_p = R_{cp} - R_{ep} = C_p N_t [p f_F - p' (1 - f_F)] \quad (4-76)$$

트랩 밀도가 매우 낮다고 가정하면 $\delta n = \delta p$, $R_n = R_p$가 성립할 것이다. 전자와 양공의 재결합률이 같으므로 수식 4-72와 수식 4-76을 같게 놓고 페르미 확률함수를 구하면 수식 4-77이 된다.

$$C_n N_t \left[n(1 - f_F - n' f_F) \right] = C_p N_t \left[p f_F - p'(1 - f_F) \right]$$

$$C_n \left[n - (n + n') f_F \right] = C_p \left[-p' + (p + p') f_F \right]$$

$$\left[C_n (n + n') + C_p (p + p') \right] f_F = n C_n + p' C_p$$

$$f_F = \frac{C_n n + C_p p'}{C_n (n + n') + C_p (p + p')} \qquad (4-77)$$

4-77식을 4-72식 전자의 실질적인 재결합률식에 대입하고 정리하면

$$\begin{aligned} R_n &= C_n N_t \left[n - (n + n') f_F \right] \\ &= C_n N_t \left[n - \frac{(n + n')(n C_n + p' C_p)}{C_n (n + n') + C_p (p + p')} \right] \\ &= C_n N_t \left[\frac{C_p (np - n'p')}{C_n (n + n') + C_p (p + p')} \right] \end{aligned} \qquad (4-78)$$

우리는 여기서 n', p'의 정의를 살펴보자.

$$n' = N_c \exp\left[\frac{-(E_c - E_t)}{kT} \right] \qquad p' = N_v \exp\left[\frac{-(E_t - E_v)}{kT} \right]$$

$$\therefore n'p' = N_c N_v \exp\left[\frac{-(E_c - E_v)}{kT} \right] = N_c N_v \exp \frac{(-E_g)}{kT} = n_i^2 \qquad (4-79)$$

따라서 식 4-78의 분자 항에 있는 $n'p'$에 4-79식을 대입하고 분자 분모에 각각 $\frac{1}{C_p C_n N_t}$을 곱해 주고 정리하면 수식 4-80으로 정리할 수 있다.

$$R = R_n = R_p = \frac{np - n_i^2}{\frac{1}{C_p N_t}(n + n') + \frac{1}{C_n N_t}(p + p')} \qquad (4-80)$$

4-80식을 우리는 SRH 재결합 공식이라 부른다. 4-80식은 재결합 중심 E_t에서 전자와 양공의 재결합률이다. 밴드 갭 중앙에 위치하는 트랩 준위는 전자와 양공의 포획과 방출은 동일하다고

가정하였다. 따라서 E_t에서의 전자와 양공의 재결합률은 같다. 또한 열평형 상태에서는 $n_0 p_0 = n_i^2$이므로 수식 4-80의 분자 항이 0이 된다. 결국 과잉 캐리어의 재결합률이 0이 된다.

4-5-2 외인성 반도체의 저수준 주입에서의 SRH 재결합

4-80식을 활용해서 전자가 많은 n형 반도체의 재결합률에 영향을 주는 파라미터는 무엇인지 고찰해 보자. n형 반도체에서 저수준 주입을 가정하고 트랩의 준위는 밴드 갭 중앙 부근에 위치한다고 가정하면 다음 관계가 성립한다.

$$n = n_0 + \delta n,\ p = p_0 + \delta p,\ \ n_0 \ggg n_i \ggg p_0,\ n_0 \ggg n',\ p',\ \delta n,\ \delta p \qquad (4-81)$$

4-79, 4-81 관계식을 활용하여 n형 반도체의 재결합률은 다음과 같이 쓸 수 있다.

$$R_n = \frac{np - n_i^2}{\frac{1}{C_p N_t}(n + n') + \frac{1}{C_n N_t}(p + p')} = \frac{(n_0 + \delta n)(p_0 + \delta p) - n_i^2}{\frac{1}{C_p N_t}(n_0 + \delta n + n') + \frac{1}{C_n N_t}(p_0 + \delta p + p')}$$

δn, n', p_0, p'은 n_0에 비해서 매우 낮으므로 모두 제거 가능하다.
모두 제거하고 분자, 분모를 n_0로 나누어 주면

$$R_n = \frac{n_0 \delta p - n_i^2}{\frac{n_0}{C_p N_t}} = \frac{\delta p - (n_i^2/n_0)}{\frac{1}{C_p N_t}} = \frac{\delta p - p_0}{\frac{1}{C_p N_t}} = \frac{\delta p}{\frac{1}{C_p N_t}} = \frac{\delta p}{\tau_p} \qquad (4-82)$$

τ_p : 과잉 소수 캐리어 양공의 수명

재결합률의 정의를 다시 상기해 보자. 분모의 항은 시간의 개념이다. 즉 캐리어의 수명에 해당한다. 따라서 4-82식의 마지막 두 개의 항으로부터 다음 관계식을 유도할 수 있다. 4-84식에서 트랩의 농도가 증가하면 과잉 소수 캐리어 양공의 수명 τ_p가 감소하므로 재결합률 4-83식은 증가할 것이다. 4-83식은 지금까지 우리가 논의한 내용을 압축하고 있다. n형 반도체의 재결합률은 전자가 아닌 소수 캐리어 양공의 수명에 의해 결정된다는 사실이다. 재결합률은 수명에 반비례한다.

$$R_n = \frac{\delta p}{\frac{1}{C_p N_t}} = \frac{\delta p}{\tau_p} \qquad (4-83)$$

$$\tau_p = \frac{1}{C_p N_t}, \quad N_t = \frac{1}{C_p \tau_p} \tag{4-84}$$

소수 캐리어가 재결합을 주도, 결정하고 양공이 전자와 신속히 재결합하면 수명은 짧아지고 재결합률은 증가한다는 것이다. 남녀 짝짓기 설명에서도 상세히 언급한 내용이다. 우리는 소수 캐리어의 수명이 중요하다는 정성적 설명에서 수학적 관계식을 유도해서 상세히 살펴보았다. p형 반도체도 비슷하게 유추할 수 있다.

$$R_n = \frac{\delta n}{\frac{1}{C_n N_t}} = \frac{\delta n}{\tau_n} \tag{4-85}$$

$\tau_p = \frac{1}{C_p N_t}$, $\tau_n = \frac{1}{C_n N_t}$를 식 4-80에 대입하면 재결합률은 다음과 같이 표현할 수도 있다.

$$R_n = \frac{np - n_i^2}{\tau_p(n+n') + \tau_n(p+p')} \tag{4-86}$$

이상을 정리하면 다음 표로 요약할 수 있다.

표 4-3 SRH 재결합 이론의 summary

	R_{SRH}	소수 캐리어 수명
n-type Si	$\frac{\delta p}{\tau_p}$	$\tau_p = \frac{1}{C_p N_t} = \frac{1}{v_{thermal}\sigma_p N_t}$
p-type Si	$\frac{\delta n}{\tau_n}$	$\tau_n = \frac{1}{C_n N_t} = \frac{1}{v_{thermal}\sigma_n N_t}$

표 4-3을 살펴보면 n형 반도체의 소수 캐리어 양공의 수명은 트랩 밀도에 반비례 관계에 있음을 알 수 있다. 트랩 농도가 높을수록 과잉 소수 캐리어 양공의 재결합률이 증가하므로 양공의 수명은 당연히 감소할 것이다. 또한 양공의 포획 단면적이 증가해도 양공의 수명은 감소함을 알 수 있다. 지금까지 논의하였듯이 소수 캐리어의 수명이 재결합을 결정하는 것이다. 실리콘은 간접 천이형 밴드 갭을 가지고 있으므로 band-to-band 재결합이 신속히 이루어지지 않는다. 실리콘 결정 속에 불순물을 주입하여 의도적인 불순물에 의한 트랩 준위를 만들어서 트랩의 도움을 받는 재결합 방법을 이용하기도 한다. 트랩은 반도체 내의 밴드 갭 내에 위치하는데 전자와 양공의 운동에 영향을 미친다.

그림 4-19와 같이 트랩들은 전자와 양공을 포획하여 재결합 속도를 증진시킬 수 있다. 트랩이

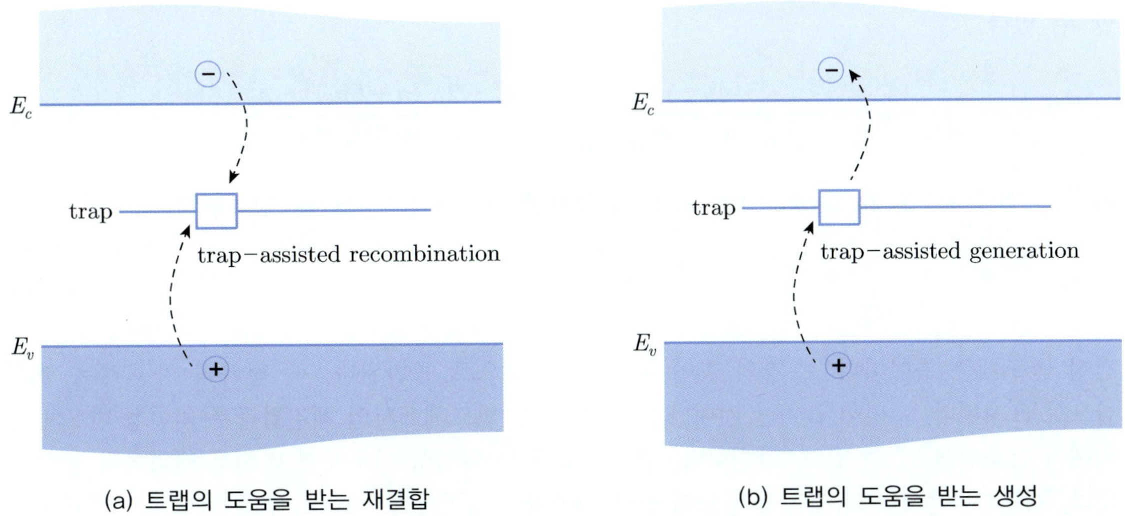

그림 4-19 실리콘 반도체의 트랩의 도움을 받는 재결합과 생성 과정

마치 징검다리 역할을 한다고 간주하면 될 것이다. 이러한 이유로 의도적으로 불순물을 주입하여 밴드 갭 내 불순물 준위를 형성시키고 재결합 속도를 증가시킬 수 있다. 이러한 의도적인 트랩을 형성하여 재결합 속도를 증가시킨다는 것은 과잉 소수 캐리어들을 신속히 소멸시킨다는 의미이다. 가령 우리가 빛을 이용한 광 스위칭을 한다고 가정해 보자. 빛을 조사하고 차단하고를 수없이 반복한다고 했을 때, 스위칭 속도를 증가시키려면 과잉 캐리어들이 신속히 소멸되어야 할 것이다. 빛을 차단했을 때 과잉 캐리어가 즉시 재결합하여 소멸되어야 다음 신호를 입력하는 것이 가능해진다. 과잉 캐리어가 살아 있다면 다음 신호, 즉 과잉 캐리어가 모두 소멸될 때까지 기다려야 하는 시간이 증가한다. 신속한 광 스위칭이 이루어지지 않을 것이다. 이런 경우 트랩을 만들어 과잉 소수 캐리어들의 수명을 감소시켜서 신속한 광 스위칭이 가능해질 것이다. 과잉 캐리어 수명은 트랩 밀도에 반비례한다는 SRH 이론에 근거를 둔 것이다.

예제 4-5-1

진성 반도체에서의 과잉 캐리어 수명을 구해 보아라. 저수준 주입으로 가정하고 트랩 준위는 밴드 갭 중앙 근처에 위치하고 있다고 가정한다.

풀이

진성 반도체에서 생성된 과잉 캐리어는 다음과 같이 쓸 수 있다.

$$n = n_i + \delta n \quad p = p_i + \delta n \tag{4-87}$$

또한 트랩은 중앙 근처에 있으므로 $n' = p' = n_i$로 쓸 수 있다. 수식 4-89는 다음과 같이 표현할 수 있다.

$$R_n = \frac{np - n_i^2}{\tau_p(n+n^{'}) + \tau_n(p+p^{'})} = \frac{n_i^2 + 2n_i\delta n + (\delta n)^2 - n_i^2}{(2n_i + \delta n)(\tau_n + \tau_p)} \tag{4-88}$$

저수준 주입이므로 $2n_i \gg \delta n$이다. δn을 무시하면 식 4-91은 간단히 정리된다.

$$R_n = \frac{\delta n}{\tau_n + \tau_p} \tag{4-89}$$

진성 반도체는 특이하다. 수명의 항이 두 가지 성분으로 표현된다. 즉 전자와 양공의 수명의 합으로 표시된다. 수명이 늘어난 것이다. 따라서 진성 반도체에서의 재결합률은 외인성 반도체에 비해서 감소함을 알 수 있다. 당연하다. 진성 반도체는 외인성 반도체에 비해서 캐리어의 농도가 낮다. 재결합률은 전자와 양공의 농도의 곱에 비례함을 상기하라. 따라서 진성 반도체는 재결합을 위한 캐리어 농도가 낮으므로 과잉 캐리어의 수명은 증가한다.

4-6 반도체의 표면 결합

지금까지 재결합은 실리콘 반도체의 벌크 영역에서 논의하였다. 벌크라 함은 표면의 반대적인 의미로 반도체의 부피, 결정 자체를 의미한다. 표면을 제외한 나머지 영역으로 보면 된다. 우리가 논의하는 대부분은 벌크 영역에서의 물리적 현상 등을 고찰한 것이다. 에너지 밴드 갭이 형성되는 것도 벌크 영역이며 과잉 캐리의 생성과 재결합도 벌크 영역에서 논의한 것이다. 실리콘 반도체의 재결합은 표면과 벌크에서 모두 동일한가? 직관적으로 달라질 것이라고 예측할 수 있다. 표면에서는 지금까지 우리가 논의했던 반도체 특성들을 만족시키지 않는다. 트랩이 존재하기 때문인데 이번 절에서는 표면에 존재하는 트랩들의 영향을 살펴보기로 하겠다.

4-6-1 표면 트랩에 의한 과잉 캐리어 농도 분포

그림 4-20의 실리콘의 가장 위쪽 표면을 생각해 보자. 여기서는 실리콘 원자들이 이웃하는 원자들과 결합을 못하는 댕글링 본드가 존재하고 있는 상태이다. 일종의 격자 결합이 존재하는 곳이다. 반도체가 어느 특정 지점에서 끝날 때 그 지점에서는 단결정의 주기성이 깨져 버린다. 따라서 밴드 갭 내에 불연속적인 에너지 준위가 형성된다. 이 에너지 준위를 트랩이라 부른다.

그림 4-20 (b)에 표시하였다. 실리콘은 이웃하는 원자들과 전자 1개씩을 공유하며 안정한 상태를 이루는데 표면에는 댕글링 본드에 전자가 들어갈 수 있는 빈자리가 존재하며 이러한 곳에 전자들을 포획한다(그림 4-20 (a) 참조).

이것을 우리는 트랩이 형성되었다고 말하며 표면에는 많은 트랩들이 존재하여 전자를 포획할 수 있다. 트랩이라는 것은 캐리어를 포획하는 결정 결함에 기인한다고 가정하면 표면에는 많은 트랩들이 존재할 것이다. 이러한 트랩 밀도 증가는 소수 캐리어의 수명을 감소시키는 작용을 한다. 우리는 마지막 장 PN 접합 태양전지편에서 이것을 다시 한번 다룰 것인데 결정을 결함 없이 만들어서 트랩 밀도를 줄이는 것이 소수 캐리어가 트랩에 포획되지 않고 다수 캐리어들과 재결합하여 광전류를 증가시키는 데 깊은 관련이 있음을 학습하게 될 것이다. 빛의 조사에 의해 생성된 과잉 캐리어들이 트랩에 모두 포획되어 반도체 내를 확산해 가지 못한다면 광전류를 생성하지 못할 것이다. 따라서 태양전지에서는 표면에 존재하는 트랩들을 가급적 줄여서 과잉 캐리어들이 충분히 확산해 확산 전류를 생성시키는 것이 중요하다.

SRH 이론에 의하면 트랩 밀도는 과잉 소수 캐리어의 수명에 반비례한다는 것이다. n형 반도체의 벌크 영역에서의 과잉 소수 캐리어 양공의 재결합률은 다음과 같이 표현할 수 있다.

$$R_{pb} = \frac{\delta p}{\tau_p} = \frac{\delta p_{bulk}}{\tau_{pb}}$$

b는 벌크(bulk)의 의미이다. 표면에서의 재결합률은 다음과 같이 쓸 수 있다. s는 표면(surface)의 의미이다.

$$R_{ps} = \frac{\delta p}{\tau_{ps}} = \frac{\delta p_{surface}}{\tau_{ps}}$$

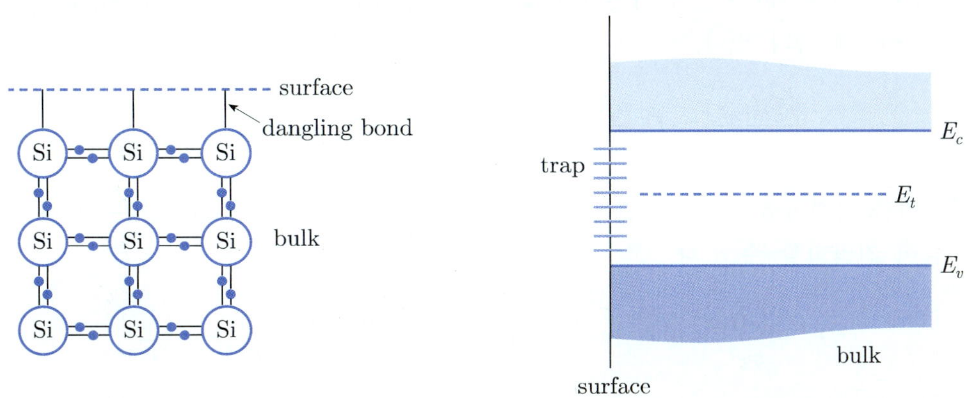

(a) 실리콘 표면의 댕글링 본드　　(b) 표면 준위

그림 4-20 실리콘 표면에 존재하는 트랩

만약 반도체가 정상 상태에 놓여 있다면 캐리어의 시간적 변화율이 일정하며 정상 상태에서는 생성률과 재결합률도 동일하다. 표면과 벌크 영역에서의 재결합률이 같아지며 다음과 같이 쓸 수 있다.

$$R_{pb} = R_{ps} = \frac{\delta p}{\tau_p} = \frac{\delta p_b}{\tau_{pb}} = \frac{\delta p_s}{\tau_{ps}} \tag{4-90}$$

그런데 표면과 벌크에서의 과잉 소수 캐리어 수명은 차이가 있다. 즉 $\tau_{pb} > \tau_{ps}$이다. 정상 상태에서 재결합률은 동일하므로 $\delta p_b > \delta p_s$가 성립한다. 표면에서는 양공의 농도가 벌크보다 낮다. 트랩에 포획되기 때문이다. 대략 표면에서는 벌크 영역보다 한 차수 낮은 양공 농도를 보인다.

다음 예제를 통해서 심화 학습해 보자.

예제 4-6-1

정상 상태에 놓여 있는 n형 실리콘 반도체가 있다. 벌크에서의 과잉 소수 캐리어 농도가 $5\times10^{12}\,\mathrm{cm}^{-3}$이며 다음과 같은 조건하에서 벌크와 표면에서의 양공 농도를 구하고 양공 농도의 함수식도 구해 보아라.
반도체는 표면으로부터 거리의 함수로 표현한 정상 상태에 있음을 가정하라.

$$\tau_{pb} = 10^{-6}\mathrm{sec},\ \tau_{ps} = 10^{-7}\mathrm{sec},\ E = 0,\ D_p = 10\,\mathrm{cm}^2/\mathrm{sec}$$

풀이

정상 상태에서는 생성률과 재결합률이 동일하다.

$$\frac{\delta p_b}{\tau_{pb}} = \frac{\delta p_s}{\tau_{ps}} \quad \therefore \delta p_s = \delta p_b \frac{\tau_{ps}}{\tau_{pb}} = (5\times10^{12})\left(\frac{10^{-7}}{10^{-6}}\right) = 5\times10^{11}\,\mathrm{cm}^{-3}$$

표면에서의 과잉 소수 캐리어 양공의 농도는 벌크보다 한 차수 낮은 것을 알 수 있다. n형 앰비폴러 방정식은 4-54에 나와 있다.

$$\frac{\partial \delta p(t,x)}{\partial t} = D_p \frac{\partial^2 \delta p(t,x)}{\partial x^2} - \mu_p E \frac{\partial \delta p(t,x)}{\partial x} + \left(G_p - \frac{\delta p}{\tau_{pb}}\right)$$

정상 상태임을 가정하였으므로 좌변은 0이다. 또한 외부에서 인가한 전기장은 0이다. 따라서 다음과 같이 간략화할 수 있다.

$$D_p \frac{\partial^2 \delta p(t,x)}{\partial x^2} + G_p - \frac{\delta p}{\tau_{pb}} = 0 \quad \Rightarrow \quad \frac{\partial^2 \delta p(t,x)}{\partial x^2} - \frac{\delta p}{L_p^2} = -\frac{G_p}{D_p} \tag{4-91}$$

정상 상태에서 생성률은 재결합률과 같다. 이것은 벌크 영역에 해당한다.

$$G_p = \frac{\delta p_b}{\tau_{pb}} = \frac{5\times 10^{12}}{10^{-6}} = 5\times 10^{18}\ \mathrm{cm^{-3}sec^{-1}}$$

4-94의 미분 방정식의 해는 우변이 상수 계수를 갖는 선형 이계 미분 방정식이다. 우변이 0일 때는 특수해가 되며 일반해는 δp가 상수에 해당하므로 좌변의 첫 번째 항은 0이 된다.

$$D_p\frac{\partial^2 \delta p(t,x)}{\partial x^2} + G_p - \frac{\delta p}{\tau_{pb}} = 0 \ \Rightarrow\ D_p\frac{\partial^2 \delta p(t,x)}{\partial x^2} = 0 \ \Rightarrow\ \therefore \delta p = \frac{L_p^2 G_p}{D_p}$$

따라서 해는 일반해와 특수해의 합으로 표시할 수 있다. 특수 해는 앞에서 몇 번 풀어 본 바 있다.

$$\delta p(x) = A\exp\left(\frac{x}{L_p}\right) + B\exp\left(-\frac{x}{L_p}\right) + \frac{L_p^2 G_p}{D_p} \quad\Rightarrow\quad \frac{L_p^2 G_p}{D_p} = \frac{G_p D_p \tau_{pb}}{D_p} = G_p\tau_{pb}$$

$$\therefore \delta p(x) = G_p\tau_{pb} + A\exp\left(\frac{x}{L_p}\right) + B\exp\left(-\frac{x}{L_p}\right)$$

1) 경계조건 $x\to\infty$ $\delta p(x) = G_p\tau_{pb} = 5\times 10^{12}\,\mathrm{cm^{-3}}$
A는 0이 되며 $\exp(-x/L_p)\approx 0$ 으로 수렴한다.

2) 경계조건 $x=0$ $\delta p(0) = \delta p_s = 5\times 10^{12} + B$ $\therefore B = (5\times 10^{11}) - (5\times 10^{12}) = -4.5\times 10^{12}$
이상 구한 값을 대입하고 정리하면

$$\delta p(x) = 5\times 10^{12}\left[1 - 0.9\exp\left(-\frac{x}{L_p}\right)\right]$$

과잉 캐리어 농도는 벌크 방향으로 진행함에 따라 증가함을 알 수 있다. 따라서 표면에서의 과잉 캐리어 농도가 가장 낮다. 표면에서는 한 차수 낮은 표면 캐리어 농도를 보여 주고 있다. 이것이 지금까지 설명한 SRH 이론이다. 즉 표면에서의 트랩 밀도 증가에 따라서 과잉 캐리어들이 트랩에 신속히 포획되어 캐리어가 재결합(소멸)해 간다는 것이다. 벌크보다 작은 캐리어 농도를 갖는 이유인 것이다.

상기 문제의 경우에 표면의 과잉 캐리어 농도가 낮으므로 벌크에서 표면으로 과잉 캐리어의 확산이 일어난다. 이러한 상황에서의 과잉 캐리어 농도는 표면 재결합 속도로 재표현할 수 있다. 이 부분은 독자들이 건너뛰어도 무방하다고 생각하지만 물리적인 현상에 흥미를 가지고 계시는 분들은 읽어 보기를 추천한다. 그림 4-21과 같이 빛을 입사하여 과잉 캐리어를 생성한다고 가정해 보자. n형 반도체이며 전기장은 인가되지 않은 상태이다. 빛의 조사에 의해 과잉 캐리어가 생성될 것이며 생성률은 표면과 벌크에서 동일하다. 그러나 재결합률은 표면에서는 트랩 밀도가 벌크보다 높으므로 재결합이 신속히 이루어지며 과잉 캐리어의 수명이 짧아지고 과잉 캐리어 농도는 벌크보다 낮아진다

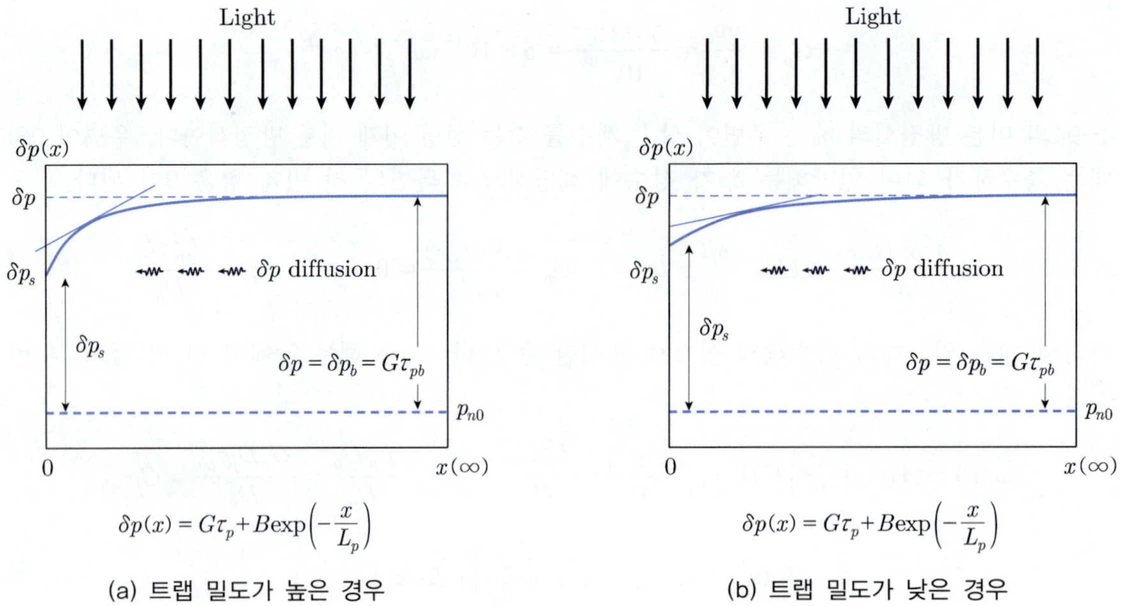

그림 4-21 표면 트랩 밀도에 따른 과잉 캐리어의 공간적 분포

고 학습하였다. 그림 4-21에는 트랩 밀도가 상대적으로 서로 다른 두 가지 경우를 비교하였고 n형 반도체이며 과잉 소수 캐리어는 양공이다. 곡선의 기울기는 트랩 밀도가 많은 경우 커질 것으로 예상할 수 있다. 따라서 그림 4-21 (a)는 트랩의 밀도가 높아 표면 과잉 캐리어 농도가 상대적으로 그림 4-21 (b)보다 낮은 경우에 해당한다.

4-6-2 표면 재결합 속도의 의미

표면에서의 과잉 캐리어 농도가 낮으므로 양공은 벌크에서 표면으로 확산이 일어나기 시작한다. 방향은 $-x$ 방향이다. 그림에 물결 화살표로 표시하였다. 이때 과잉 캐리어 양공이 만드는 전류 밀도는 다음과 같다.

$$J_p = -qD_p\frac{d(\delta p)}{dx} \qquad \delta p(x) = G\tau_p + B\exp\left(-\frac{x}{L_p}\right) \tag{4-92}$$

$\delta p(x)$는 앞의 예제 4-5-2에서 구한 값이다. 트랩 밀도에 따라 직선의 기울기가 다양하게 변하므로 표면($x=0$)에서의 과잉 캐리어 농도는 비례 상수 S를 도입하여 $qS\delta p_s$로 놓을 수 있다. 또한 앞에서 언급한 예제에서 표면 $x=0$에서의 양공의 전류 밀도는 4-92로 표현할 수 있다. 확산은 $-x$방향으로 확산하는 표면에 수직인 것만 고려한다. (-) 부호가 상쇄될 것이며 표면에서의 양공의 전류 밀도는

$qS\delta p_s$와 같게 놓을 수 있다. 따라서 수식 4-93으로 표현할 수 있을 것이다.

$$J_p = \left[-qD_p\frac{d(\delta p)}{dx}\right]_{surf} = [qS\delta p]_{surf} \;\Rightarrow\; \left[D_p\frac{d(\delta p)}{dx}\right]_{surf} = [S\delta p]_{surf} \tag{4-93}$$

4-93식의 좌변과 우변의 단위를 살펴보자.

$$J_p = \left[-qD_p\frac{d(\delta p)}{dx}\right]_{surf} = [qS\delta p]_{surf} \;\Rightarrow\; \left[-\frac{D_p}{L_p}B\exp\left(-\frac{x}{L_p}\right)\right]_{surf} = [S\delta p]_{surf}$$

$$\frac{\mathrm{cm}^2}{\mathrm{sec}}\frac{1}{\mathrm{cm}^4} = S\,\frac{1}{\mathrm{cm}^3} \qquad\Rightarrow\qquad S = \mathrm{cm/sec}$$

비례 상수 S의 단위는 속도의 단위로 표시됨을 알 수 있다. 즉 S는 표면 재결합 속도가 되는 것이다. 따라서 S를 표면 재결합 속도로 정의하고 v_{sr}로 치환한다.

$$\left[D_p\frac{d(\delta p)}{dx}\right]_{surf} = [v_{sr}\delta p]_{surf} \tag{4-94}$$

표면 재결합 속도는 양공의 확산 속도와는 다르다. 표면에서 과잉 캐리어 농도 기울기와 과잉 캐리어의 표면 농도와의 관계를 연결해 주는 인자와 같은 것이다(수식 4-94 참조). 가령 표면 재결합 속도가 0이라는 의미는 표면 농도의 기울기가 0이므로 표면에 트랩을 만들지 않아서 벌크와 표면의 과잉 캐리어 농도가 같다는 의미이다. 따라서 과잉 캐리어 농도는 $\delta p = G\tau_p$로 표현되며 벌크, 표면 모두 일정한 값을 갖는다는 의미이다. 표면 재결합 속도를 따로 정의하게 된 이유는 표면에서의 트랩으로 인하여 과잉 캐리어의 농도 차 때문이다. 만약 표면 재결합 속도가 극단적으로 무한대인 경우는 표면에서 무수히 많은 트랩에 포획되어 과잉 캐리어가 무한대로 재결합하여 소멸되므로 과잉 캐리어 농도는 0이라는 의미이다. 이해를 위해서 극단적인 예를 들었다. 표면 재결합 속도의 물리적 의미를 잘 이해하길 바란다.

이제 우리는 표면에 적당한 밀도의 트랩이 존재하는 경우 과잉 캐리어 농도가 표면 재결합 속도의 항으로 표시할 수 있다는 것을 이해하게 될 것이며 새로운 과잉 캐리어 농도를 구하는 식을 유도해 볼 것이다. 수식 4-92에서 표면이라는 정의는 $x=0$이 되는 곳이며 이때의 과잉 캐리어 농도는 다음과 같이 구할 수 있다.

$$\delta p(0) = \delta p_{surf} = G\tau_p + B \tag{4-95}$$

$$\left[\frac{d(\delta p)}{dx}\right]_{surf} = \frac{d}{dx}\left[G\tau_p + B\exp\left(-\frac{x}{L_p}\right)\right]_{x=0} = -\frac{B}{L_p} \tag{4-96}$$

4-95, 4-96식을 4-94식에 대입하면 상수 B를 구할 수 있다.

$$-\frac{BD_p}{L_p}=v_{sr}(G\tau_p+B) \quad \Rightarrow \quad (L_p v_{sr}+D_p)B=-L_p v_{sr} G\tau_p$$

$$\therefore B=-\frac{L_p v_{sr} G\tau_p}{L_p v_{sr}+D_p}$$

상수 B를 수식 4-92에 대입하면 표면 재결합 속도 항으로 표기하는 과잉 캐리어 농도는 수식 4-97으로 최종 표현할 수 있다.

$$\delta p(x)=G\tau_p-\frac{L_p v_{sr} G\tau_p}{L_p v_{sr}+D_p}\exp\left(-\frac{x}{L_p}\right)=G\tau_p\left[1-\frac{v_{sr}L_p}{L_p v_{sr}+D_p}\exp\left(-\frac{x}{L_p}\right)\right] \tag{4-97}$$

다음 예제를 통해서 심화 학습해 보자.

예제 4-6-2

정상 상태에 놓여 있는 n형 실리콘 반도체가 있다. 반도체 전면에 빛을 조사시키고 있다. 벌크에서의 과잉 소수 캐리어 농도가 $5\times10^{12}\mathrm{cm}^{-3}$일 때 다음과 같은 조건하에서 표면 재결합 속도를 구해 보아라. 예제 4-4-2를 참조하라. 반도체는 표면으로부터 거리의 함수로 표현한 정상 상태에 있음을 가정하라.

$$\tau_p=10^{-6}\mathrm{sec},\ \tau_{ps}=10^{-7}\mathrm{sec},\ E=0,\ D_p=10\,\mathrm{cm}^2/\mathrm{sec}$$

풀이

$$L_p=\sqrt{D_p\tau_p}=\sqrt{10\times10^{-6}}=31.6\times10^{-4}\,\mathrm{cm}=31.6\,\mu\mathrm{m}$$

$$\delta p(0)=(5\times10^{12})\left[1-\frac{v_{sr}(31.6\times10^{-4})}{(31.6\times10^{-4})v_{sr}+10}\right]$$

앞의 예제에서 $x=0$에서의 과잉 캐리어 농도 $\delta p(0)=5\times10^{12}\times(1-0.9)$이었다. 따라서 다음과 같이 표현할 수 있다.

$$\delta p(0)=\delta p_s=(5\times10^{12})\left[1-\frac{v_{sr}(31.6\times10^{-4})}{(31.6\times10^{-4})v_{sr}+10}\right]=5\times10^{12}\times0.1$$

$$\therefore v_{sr}=2.85\times10^4\,\mathrm{cm/sec}$$

CHAPTER 04 연습문제

01 도너 농도가 $N_D = 5\times10^{16}\,\text{cm}^{-3}$, $T = 300\,\text{K}$인 n형 실리콘 반도체가 있다. 소수 캐리어 양공의 수명은 $\tau_p = 1\times10^{-7}\,\text{sec}$이다. 양공의 열평형 상태의 생성률을 구해 보고 과잉 캐리어가 저수준을 만족하는 $\delta n = \delta p = 2\times10^{15}\,\text{cm}^{-3}$의 비율로 생성된다고 한다면 양공의 재결합률은 어느 정도 되겠는가?

02 위의 연습문제 01과 같은 조건에서 과잉 소수 캐리어 양공의 수명이 $\tau_p = 1\times10^{-6}\,\text{sec}$로 길어졌다. 전자와 양공의 생성률과 재결합률을 각각 구해 보아라.

03 억셉터 농도가 $N_A = 5\times10^{16}\,\text{cm}^{-3}$, $T = 300\,\text{K}$인 p형 실리콘 반도체가 있다. 과잉 소수 캐리어 수명이 $\tau_{\delta n} = \tau_n = 10^{-7}\,\text{sec}$이다. 다음을 구해 보아라.

(1) 앰비폴러 이동도와 확산 계수

(2) 다수 캐리어 양공의 수명

04 주입 농도가 다음과 같은 실리콘 반도체가 있다. 광원을 조사하여 과잉 캐리어 생성률을 $G = 2\times10^{21}\,\text{cm}^{-3}\text{sec}^{-1}$ 비율로 균일하게 생성시킨다.

$$T = 300\,\text{K},\ N_D = 6\times10^{15}\,\text{cm}^{-3},\ N_A = 2\times10^{16}\,\text{cm}^{-3}$$

(1) 정상 상태 과잉 캐리어 농도가 $\delta n = \delta p = 5\times10^{14}\,\text{cm}^{-3}$일 때 과잉 캐리어의 수명을 구해 보아라.

(2) 시간의 함수로 과잉 캐리어의 농도와 재결합률의 표현식을 구해 보아라.

(3) 과잉 소수 캐리어 농도가 정상 상태의 95%가 되는 시간을 구해 보아라.

05 주입 농도가 다음과 같은 실리콘 반도체가 있다.

$T = 300\,\text{K}$, $N_D = 8\times10^{16}\,\text{cm}^{-3}$, $N_A = 2\times10^{16}\,\text{cm}^{-3}$, 열평형 상태의 재결합률은 $R_0 = 4\times10^{8}\,\text{cm}^{-3}\text{sec}^{-1}$이다. 다음을 구해 보아라.

(1) 소수 캐리어 수명

(2) 과잉 캐리어 재결합률이 $R = 2\times10^{14}\,\text{cm}^{-3}\text{sec}^{-1}$일 때 정상 상태 과잉 캐리어 농도

(3) 과잉 캐리어 수명

06 억셉터 농도가 $N_A = 9\times10^{16}\,\mathrm{cm}^{-3}$, $T=300\,\mathrm{K}$인 p형 실리콘 반도체가 있다. 반도체는 사각형의 막대이고 반도체 표면에 광원이 조사된다. 표면에서 형성한 과잉 캐리어의 정상 상태의 농도는 $\delta n(0)=\delta p(0)=5\times10^{15}\,\mathrm{cm}^{-3}$이다. 표면에서의 재결합은 무시하고 거리에 따른 정상 상태에서의 과잉 전자 및 양공 농도와 확산 전류 밀도식을 구해 보아라. 전자 이동도와 소수 캐리어 전자의 수명은 각각 다음과 같다.

$$\mu_n = 1000\,\mathrm{cm^2/Vsec},\ \tau_n = 10^{-6}\,\mathrm{sec}$$

07 도너 농도가 다음과 같은 n형 실리콘이 있다.

$$T=300\,\mathrm{K},\ N_D = 8\times10^{16}\,\mathrm{cm}^{-3}$$

$E_{Fn}-E_F = 0.001\,\mathrm{eV}$이다. 다음을 구해 보아라.

(1) 과잉 캐리어 농도

(2) $E_{Fn}-E_{Fi}$

(3) $E_{Fi}-E_{Fp}$

08 억셉터 농도가 다음과 같은 p형 반도체가 있다.

$$N_A = 5\times10^{15}\,\mathrm{cm}^{-3},\ T=300\,\mathrm{K}$$

$E_F - E_{Fp} = 0.01kT$이라면 이 조건은 저수준 주입을 만족하고 있는지 조사하고 $E_{Fn}-E_{Fi}$를 구해 보아라.

09 도너 농도가 다음과 같은 n형 실리콘이 있다.

$$T=300\,\mathrm{K},\ N_D = 4\times10^{16}\,\mathrm{cm}^{-3}$$

$10^{11}\,\mathrm{cm}^{-3} \le \delta p \le 10^{15}\,\mathrm{cm}^{-3}$ 범위에서 $(E_{Fi}-E_{Fp})$ vs δp를 로그 스케일로 구해 보아라.

10 다음을 설명해 보아라.

(1) 열평형 상태에서 전자와 양공의 생성률과 재결합률은 항상 동일한가? 동일하다면 그 이유를 정성적으로 설명해 보아라.

(2) 반도체에 일정한 에너지를 갖는 빛을 조사시켜서 과잉 캐리어가 생성된다고 하자. 시간에 따라 캐리어 농도가 지속적으로 증가하지 않는 이유는 무엇인가?

11 p형 실리콘 반도체가 $T=300\,\mathrm{K}$에서 $N_A=1\times10^{16}\,\mathrm{cm}^{-3}$으로 도핑되어 있다. 소수 캐리어 전자의 수명은 $\tau_n=5\times10^{-7}\,\mathrm{sec}$이다. 다음을 구해 보아라.

(1) 과잉 전자 농도가 $\delta n=2\times10^{14}\,\mathrm{cm}^{-3}$만큼 생성될 때 전자와 양공의 재결합률을 구하라.

(2) 양공의 수명을 구하라.

12 단면적이 $1\,\mathrm{cm}^2$이고 두께가 $0.1\,\mathrm{cm}$인 반도체에 파장이 $700\,\mathrm{nm}$인 빛이 $1\,\mathrm{W}$의 에너지로 균일하게 입사되고 있다.

(1) 단위 시간, 단위 체적당 생성되는 전자와 양공 쌍의 개수를 구해 보아라.

(2) 과잉 소수 캐리어의 수명이 $1\mu\mathrm{sec}$일 때 정상 상태에서의 과잉 캐리어 농도

13 n형 실리콘 반도체가 있다. $N_D=10^{16}\,\mathrm{cm}^{-3}$이며 빛이 조사되어 과잉 캐리어 생성률은 $G=2\times10^{21}\,\mathrm{cm}^{-3}\mathrm{sec}^{-1}$만큼 균일하게 생성되고 있다. 과잉 소수 캐리어 수명은 다음과 같다.

$$\tau_n=1\,\mu\mathrm{sec},\ \tau_p=0.5\,\mu\mathrm{sec}$$

(1) 열평형 상태에서 E_F-E_{Fi}를 구하라.

(2) 진성 페르미 준위를 기준으로 의사 페르미 준위 위치를 구하라.

14 상온에서 $N_A=3\times10^{16}\,\mathrm{cm}^{-3}$만큼 도핑된 p형 실리콘 반도체가 있다. 과잉 캐리어가 $\delta n=\delta p=1\times10^{15}\,\mathrm{cm}^{-3}$ 비율로 생성되고 있다. 의사 페르미 준위는 진성 페르미 준위로부터 각각 얼마나 떨어져 있는지 구해 보아라.

15 상온에서 $N_A=3\times10^{16}\,\mathrm{cm}^{-3}$만큼 도핑된 p형 실리콘 반도체가 있다. 의사 페르미 준위 E_{Fn}이 진성 페르미 준위로부터 $0.25\,\mathrm{eV}$만큼 떨어져 있다.

(1) 과잉 캐리어 농도를 구하라.

(2) $E_{Fi}-E_{Fp}$를 구하라.

16 $N_D=2\times10^{17}\,\mathrm{cm}^{-3}$만큼 도핑된 n형 실리콘 반도체가 있다. $\delta p=5\times10^{15}\,\mathrm{cm}^{-3}$일 때 다음을 구해 보아라.

(1) $E_{Fn}-E_{Fi}$

(2) $E_{Fi}-E_{Fp}$

17 p형 실리콘 반도체 표면 $x=0$ 지점에 빛을 조사시키고 있다. 표면 트랩 효과는 무시한다. 표면에서 생성되는 과잉 캐리어 농도는 저수준 주입을 만족하고 있으며 정상 상태에서 과잉 캐리어는

$\delta n(0) = \delta p(0) = 5\times10^{14}\,\mathrm{cm}^{-3}$만큼 생성되고 있다. 시간에 따라 과잉 전자들은 확산해 가면서 확산 전류를 형성할 것이다. 다음을 구해 보아라. $\tau_n = \tau_p = 10^{-6}\mathrm{sec}$, $D_n = 25\,\mathrm{cm}^2/\mathrm{sec}$, $D_p = 10\,\mathrm{cm}^2/\mathrm{sec}$이다.

(1) $x = 1\,\mu\mathrm{m}$ 지점에서 과잉 전자 농도

(2) $x = 1\,\mu\mathrm{m}$ 지점에서 전자의 전류 밀도

18 n형 실리콘 반도체가 상온에서 $N_D = 10^{16}\,\mathrm{cm}^{-3}$만큼 도핑되어 있다. 빛을 조사시켜서 과잉 캐리어를 $5\times10^{14}\mathrm{cm}^{-3}$ 비율로 생성시켰다. 표면에서 생성된 과잉 캐리어는 시간에 따라 확산해 가면서 감소해 갈 것이다. 과잉 전자 농도가 진성 캐리어 농도와 같아지는 시간은 몇 초 후가 될 것인가? 소수 캐리어 수명은 $10^{-6}\mathrm{sec}$이다.

19 $T = 300\,\mathrm{K}$, $N_D = 2\times10^{17}\,\mathrm{cm}^{-3}$만큼 도핑된 n형 실리콘 반도체가 있다. $\tau_p = 5\times10^{-7}\mathrm{sec}$이다. $t = 0$ 시점에서 빛을 조사시켜 과잉 캐리어의 생성률 $G = 5\times10^{20}\,\mathrm{cm}^{-3}\mathrm{sec}^{-1}$로 균일하게 생성된다고 가정하자. $t = 5\times10^{-7}\mathrm{sec}$에서 빛을 차단한다. 다음을 구해 보아라.

(1) $0 \le t \le \infty$일 때의 시간에 대한 과잉 캐리어의 농도 변화 방정식

20 $T = 300\,\mathrm{K}$, $N_A = 2\times10^{17}\,\mathrm{cm}^{-3}$만큼 도핑된 p형 실리콘 반도체가 있다. $\tau_n = 5\times10^{-7}\mathrm{sec}$, $\tau_p = 10^{-7}\mathrm{sec}$, $D_n = 25\,\mathrm{cm}^2/\mathrm{sec}$, $D_p = 10\,\mathrm{cm}^2/\mathrm{sec}$이다. 빛이 조사되고 있으며 과잉 캐리어의 생성률은 $G = 10^{21}\,\mathrm{cm}^{-3}\mathrm{sec}^{-1}$로 균일하게 생성된다고 가정하자. $t = 0$에서 빛을 차단하고 $t = 2\times10^{-6}\mathrm{sec}$일 때 다시 빛을 조사시킨다. 다음을 구해 보아라.

(1) $0 \le t \le \infty$일 때의 시간에 대한 과잉 캐리어의 농도 변화 방정식

(2) $t = 0$, $t = 2\times10^{-6}\mathrm{sec}$, $t = \infty$일 때의 과잉 전자 농도

CHAPTER 05

PN 접합

이번 장에서는 지금까지 배운 내용을 바탕으로 PN 접합에서 발생하는 다양한 물리적 현상에 대해 논의한다. PN 접합의 물리적 현상을 이해하는 것은 반도체 소자를 연구하는 데 가장 기본적인 단계이다. PN 접합이 형성되면 농도 기울기로 인해 캐리어 확산이 발생한다. 전자와 양공은 반대 방향으로 확산한다. n형 반도체의 다수 캐리어 전자는 p형 반도체로 확산하기 시작하고 p형 반도체의 다수 캐리어 양공은 n형 반도체로 확산하기 시작한다. 열평형 상태에서 이 확산 과정은 무한정 계속될 수 없다. 이는 built-in 전기장에 의해 형성되는 전기력과 캐리어의 확산력이 반대 방향으로 정확히 균형을 이루기 때문이다. 에너지 밴드 다이어그램을 사용하여 캐리어가 열평형 상태에서 연속적으로 확산할 수 없는 이유를 논의할 것이다. 공간전하 영역은 양과 음의 고정전하들로만 구성되어 있으며 전자와 양공 같은 모바일 캐리어가 존재하지 않기 때문에 공핍층이라고도 불리며, 이러한 공핍층 때문에 PN 접합은 정류성 접촉 특성을 나타낸다. 반도체 소자는 비평형 상태에서 동작한다. 전압을 인가하여 캐리어의 흐름을 촉진하는 방향을 순방향 바이어스라고 하며 그 반대는 역방향 바이어스이다. 순방향 바이어스에서는 캐리어의 확산 전류를 촉진하며 역방향 바이어스에서는 역포화 전류와 생성 전류를 형성한다. 역방향 바이어스에서의 전류는 공간전하 영역과 밀접한 연관이 있다. 이러한 물리적 현상을 에너지 밴드 다이어그램을 사용하여 해석할 것이다. 이것은 나중에 논의할 여러 반도체 소자를 이해하는 선행 학습이 될 것이다. PN 접합은 대부분 반도체 디바이스에 포함된 구조이다. 따라서 반도체 디바이스의 동작 특성을 이해하기 위해서는 가장 기본이 되는 PN 접합을 충분히 학습해야 한다. 5장에서는 PN 접합에서 발생하는 built-in 전계, 정전 퍼텐셜, 접합 커패시턴스, 애벌런치 항복에 대해서 논의하겠다.

5-1 열평형 상태에서의 PN 접합

수학적인 복잡성을 피하고자 각 영역에서 도핑 농도가 균일하고 접합부에서는 도핑 프로파일이 급격히 변하는 계단형 접합을 고려하겠다. 접합부에는 전자와 양공 농도에 매우 큰 밀도 기울기가 존재한다. n형 반도체는 전자가 다수 캐리어이고 p형 반도체의 다수 캐리어는 양공이다. 확산은 캐리어 농도의 차이로 인해 발생한다. 즉, 전자는 n형에서 p형으로 확산하고 양공은 반대 방향으로 확산하며 페르미 준위는 전체 시스템에서 수평이 된다. 전자가 확산한 후 불순물 인(P)이 이온화되고 양전하를 띤 도너 원자가 남게 된다. 마찬가지로 양공이 확산하면 불순물 붕소(B)가 이온화되고 음전하를 띤 억셉터 원자가 남게 된다. 이온화된 불순물 원자를 공간전하라고 하며 공간전하만으로 구성된 공간전하 영역이 형성된다. 공간전하 영역에는 모바일 캐리어가 없으므로 때때로 공핍 영역

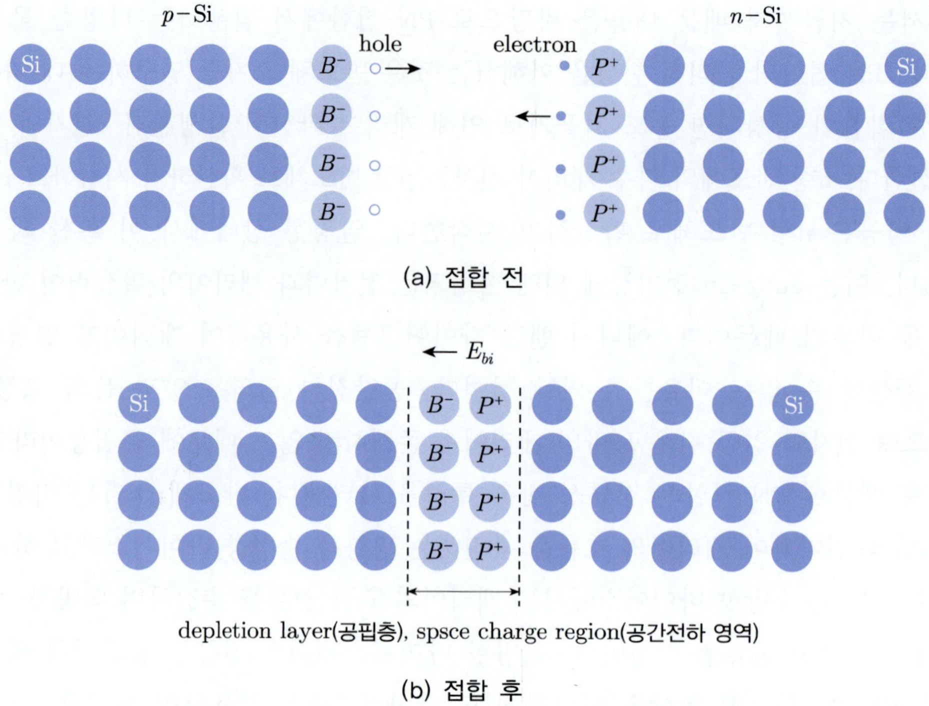

그림 5-1 PN 접합 시 공간전하 영역의 형성

(depletion region)이라고 한다. 앞으로 두 명칭을 혼용해서 사용할 것이다.

그림 5-1에는 PN 접합 시에 형성되는 공간전하 영역을 나타내었다. 공간전하는 우주 공간의 항성처럼 전하만 띠고 제자리에 고정되어 있는 전하라고 해서 고정전하라고도 불린다. 이러한 공간전하들은 각각 양과 음의 전하를 형성하기 때문에 전계를 형성시킨다.

이러한 전계는 외부에서 인가하는 전계가 아니라 캐리어의 농도 차로 인한 확산으로 인해 공간전하 영역에서 형성된 전계이며 내부에서 자체적으로 형성되었다는 의미에서 내부 전계(built-in electric field, E_{bi})라고 부른다. 전계의 방향은 $-x$ 방향을 가리키고 있다. 공간전하 영역에는 전자와 양공들이 존재하지 않는다. 전자와 양공이 built-in 전계에 의해 공간전하 영역 밖으로 밀려났기 때문이다. Built-in 전계의 방향은 $-x$ 방향임에 주목하라. 공간전하 영역에 캐리어가 없으므로 n형 벌크 영역의 전자는 공핍층 쪽으로 계속 확산하려고 할 것이다. 즉, n형 벌크 영역과 공핍층의 경계면에는 농도 기울기가 존재한다. 공핍층은 벌크 영역의 캐리어를 빨아들이는 흡입구와 같은 역할을 한다. 그러나 열평형 상태에서는 캐리어의 확산이 지속적으로 일어나지 않고 멈추게 된다.

5-1-1 PN 접합 형성과 내부 전계

그림 5-2에 PN 접합 상황을 묘사하였다. 공간전하 영역을 제외한 부분을 우리는 중성 영역(neutral region) 또는 벌크(bulk) 영역이라고 부르며 전계는 0이다. 공간전하 영역에는 양전하와 음전하가 형성되어 전기장을 만들어 낸다. 전기장의 방향은 $-x$이며 이러한 내부 전계에 의해서 전자와 양공이 받는 힘은 그림의 파란색 화살표로 표시하였다. 한편 농도 차로 인하여 전자와 양공이 확산하려는 힘의 방향은 검정색 화살표로 표시하였으며 캐리어들의 확산 방향과 내부 전계에 의해 받는 힘의 방향은 서로 반대임을 알 수 있다. 따라서 열평형 상태에서는 내부 전계에 의한 전기력과 농도 차에 의한 확산력이 서로 균형을 이루고 있기 때문에 지속적인 확산이 일어나지 않는다. 즉 전류를 발생시키지 않는다.

접합의 초기 단계를 고찰해 보자. 급격한 농도 차로 인하여 캐리어의 확산이 시작되고 공간전하 영역이 형성되고 점차적으로 공간전하 영역은 확대될 것이다. 동시에 공간전하 밀도가 증가하고 공간전하 영역이 만들어 내는 내부 전계는 증가한다. 또한 확산하려는 캐리어들이 받는 힘이 증가할 것이며 어느 순간에 내부 전계에 의해 캐리어들이 받는 힘과 확산하려는 힘이 균형을 이룰 때 캐리어의 확산은 멈추게 될 것이다.

이상이 열평형 상태(외부에서 전압을 인가하지 않은 상태)에서 캐리어들의 확산이 지속적으로 일어나지 않는 이유이다. 만약 외부에서 전압을 인가하게 되면 이러한 캐리어의 확산을 촉진시킬 수 있으며 억제시킬 수도 있다. 캐리어의 확산을 촉진시키는 방향으로 전압을 인가한 경우 캐리어들은 공간전하 영역을 가로질러 지속적으로 반대편으로 확산해 가면서 재결합하여 소멸해 가는 과정을 거치게 된다. 이러한 캐리어의 확산이 만들어 내는 확산 전류가 PN 접합 다이오드의 전류의 근원이다.

공핍 영역은 캐리어들이 존재하지 않는 구역이다. 이곳에는 이온화된 불순물 원자만 존재한다.

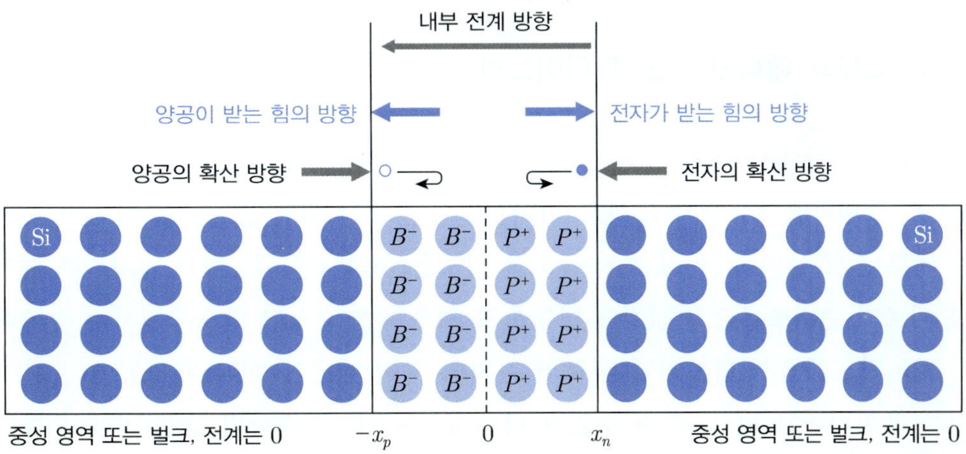

그림 5-2 PN 접합에서 발생하는 캐리어의 확산과 내부 전계

이들은 서로 반대 극성의 전하를 띠고 대전되어 있다. 공핍층 내부에는 전자와 양공과 같은 전류 성분을 만들어 내는 모바일 캐리어가 존재하지 않으므로 매우 저항이 높은 고저항 영역이다. 외부에서 전압 인가 시에 대부분의 전압이 공핍층에 걸리게 된다. 공핍층 때문에 PN 접합은 다이오드 특성을 나타낸다. 즉 어떤 특정 방향으로는 전류가 잘 흐르지만 어떤 방향으로는 전류가 흐르지 못하는 정류 작용을 나타낸다. 전류가 잘 흐르는 방향을 순방향, 전류가 흐르지 못하는 방향을 역방향이라 부른다. 따라서 순방향이란 것은 전자가 n형 반도체에서 p형 반도체로 확산하고 양공은 p형 반도체에서 n형 반도체로 지속적으로 확산하는 방향을 순방향으로 정의한다. 따라서 순방향에서는 확산 전류가 발생할 것이다. 순방향 전압은 캐리어의 흐름을 촉진시키므로 p형에 양의 전압, n형에 음의 전압을 인가한다. 순방향에서는 공간전하 영역을 가로질러서 양공이 n형 반도체 영역으로 들어오고 전자는 p형 영역으로 들어온다. p형 반도체에서 양공은 다수 캐리어이다. 공간전하 영역을 가로질러서 n형 영역으로 들어온 양공은 더 이상 다수 캐리어가 아니다. 마치 이방인과 같다. 주변에는 온통 전자로 가득하며 원래부터 n형 반도체에 존재하던 극소수의 양공을 만나게 되지만, 대부분 그 수는 모두 합쳐도 전자의 수에 미치지 못한다. 양공은 이제 소수 캐리어로 입장이 바뀐다. 그렇다면 건너온 양공의 농도는 어디에서 제일 높을까? 우리는 6장에서 소수 캐리어들의 움직임에 대해서 배울 것이다. 양공의 농도가 제일 높은 곳은 n형 벌크 영역과 공핍층의 경계면이 될 것이다. 양공은 이제 소수 캐리어로 입장이 바뀌면서 전자들이 많은 벌크 영역으로 확산해 간다. 양공은 전자가 많은 영역을 헤집고 다니면서 전자와 만나서 재결합하여 소멸할 것이다. 양공은 p형 영역에서 지속적으로 공급이 이루어지며 계속해서 전자와 만나 재결합하여 소멸하기를 지속적으로 반복하면서 확산 전류를 만들어 내는 것이다. 공간적으로 양공이 전자와 재결합하기 전까지 확산해 나간 거리를 양공의 확산 거리라고 하며 확산 거리는 양공의 확산 계수와 양공의 수명에 의존하게 된다. 반대편의 전자도 동일하게 생각할 수 있다.

5-1-2 PN 접합의 에너지 밴드 다이어그램

우리는 이제 PN 접합에서 제일 중요한 에너지 밴드 다이어그램으로 지금까지의 상황을 고찰해 보자. 1장에서도 설명하였지만 에너지 밴드 다이어그램은 정전 퍼텐셜, 전기장의 방향, 전자, 양공의 위치에너지, 내부 전위 장벽 등 여러 가지 중요한 정보를 우리에게 제공한다. p형 반도체에서 페르미 준위는 진성 페르미 준위로부터 가전자대 방향으로 치우쳐 있고 n형 반도체에서는 전도대 방향으로 치우쳐 있다. 두 반도체를 접합시키면 페르미 준위의 차이 때문에 전자의 이동이 발생하고 페르미 준위는 수평을 유지하려고 한다. 마치 수위가 다른 두 수조를 연결하면 높은 곳에서 물이 흘러내려 수위가 수평을 이루는 원리와 비슷하다.

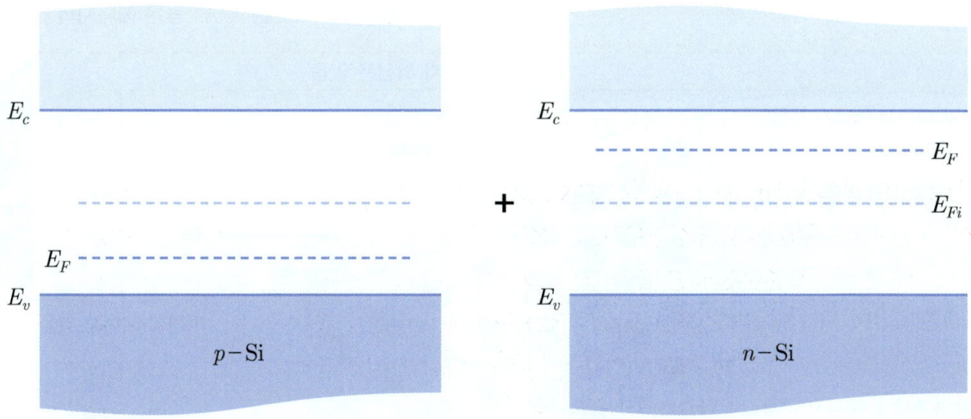

그림 5-3 p형 반도체와 n형 반도체의 접합 전

그림 5-3과 같이 PN 접합을 시켜 보자. n형 반도체의 전자 농도가 훨씬 높기 때문에 전자는 p형으로 흘러가면서 페르미 준위를 수평으로 맞출 것이다. 이때 밴드 갭 간격과 진성 페르미 준위는 변하지 않는다. 따라서 n형 반도체를 그대로 밑으로 내려서 페르미 준위를 수평으로 만들면 된다. 그렇게 되면 경계층에서는 밴드의 휘어짐이 일어나게 된다. 공핍층도 형성되어야 한다. 그림 5-4처럼 밴드 다이어그램을 그릴 수 있다.

페르미 준위 E_F가 수평으로 맞추어져 있다. 실리콘의 밴드 갭도 유지하고 있고 진성 페르미 준위 E_{Fi}는 밴드 갭 중앙에 위치하고 있다. 공핍층 구역에는 밴드의 휘어짐이 발생했다.

PN 접합의 경계면에서 밴드의 휘어짐은 부드러운 곡선 모양을 가질 것으로 예상할 수 있다(정전 퍼텐셜 파트에서 설명). 전자와 양공은 내부 전위 장벽으로 인하여 공간전하 영역을 가로지르지 못하고 내부 전계에 의해 공간전하 영역 밖으로 밀려난다. 공간전하 영역에는 전하들로 인하여 밴드의 휘어짐이 발생했다. 이것은 전기장이 형성된 것과 같은 의미이다. 이 전기장을 내부 전계(built-in electric field)라 부른다. 전기장의 방향은 $-x$ 방향이다. 반도체의 벌크 영역에는 밴드의 휘어짐이 없이 수평하다. 중성 영역이라고 부르는 이유이다. 전자의 위치에너지는 그림에서 위쪽으로 갈수록 높다. 양공은 그 반대이다. 양공의 위치에너지는 위쪽으로 갈수록 낮아진다. E_c는 전도대의 바닥상태이고 E_v는 가전자대의 가장 높은 곳, 즉 양공의 위치에너지가 제일 낮은 곳이다. 모든 자연현상이 그러하듯이 높은 곳에서 낮은 곳으로 이동하여 안정한 상태를 유지하려고 하는 경향이 있다. 만약 전자가 p형 반도체의 E_c에 위치하고 있다면 전자는 낮은 곳으로 가려고 할 것이고 마치 공을 높은 곳에서 굴리듯이 전자는 공핍층의 밴드의 휘어짐을 따라 자연스럽게 n형 영역으로 흘러갈 것이다. 이때는 어떠한 에너지 장벽도 없으므로 전자는 쉽게 이동할 수 있다. 양공이 n형 반도체의 E_v에 위치하고 있다면 양공의 에너지가 낮은 p형 반도체의 E_v로 흘러내려 갈 것이다.

이상을 기억하고 캐리어의 확산에 대해서 논의해 보자. n형 반도체에 존재하는 다수 캐리어 전자는

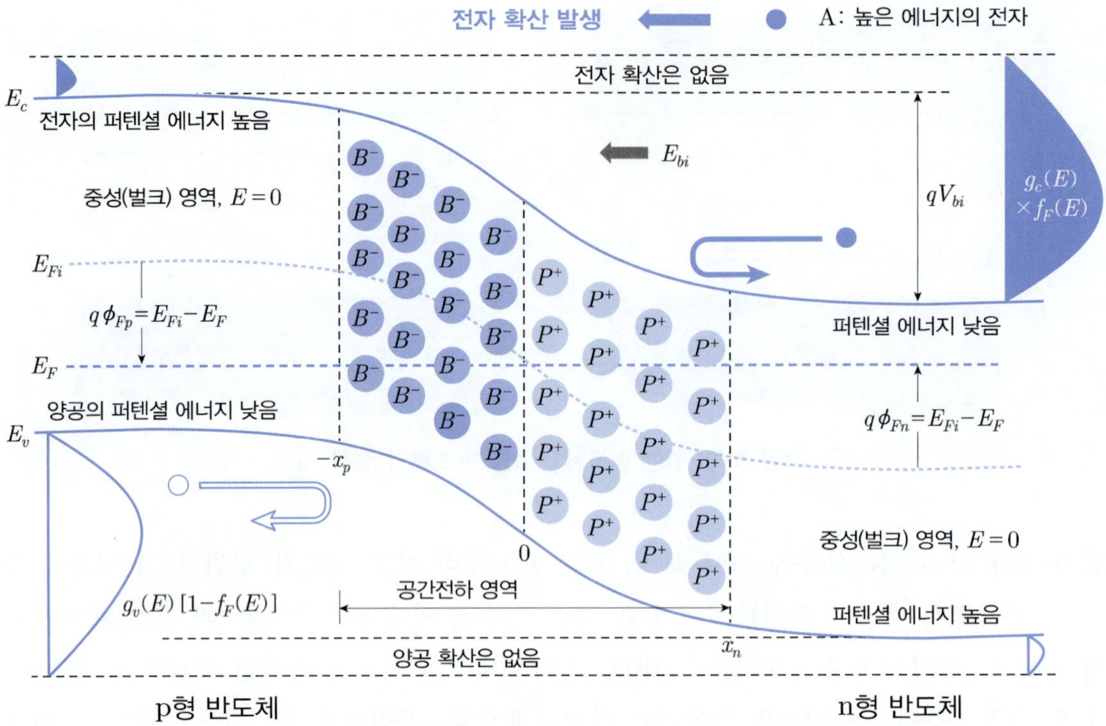

그림 5-4 PN 접합 후의 에너지 밴드 다이어그램

농도 차로 인하여 p형 방향으로 확산해 가려고 할 것이다. 그런데 그림을 보면 알 수 있듯이 이것은 전자의 위치에너지가 높은 방향으로 가는 것과 동일하다. 외부에서 어떤 힘이 작용하지 않는 한 전자는 p형 쪽으로 넘어갈 수 없다. PN 접합에 의해 에너지 장벽이 생긴 것이고 전자는 이 장벽을 열평형 상태에서는 넘어갈 수가 없다. 이 에너지 장벽이 내부 전위에 해당한다. 앞에서 설명하였듯이 전자의 확산 방향과 반대되는 힘을 가해 주고 있는 것이다. 양공도 동일하다. p형 반도체의 다수 캐리어인 양공은 농도 차로 인하여 $+x$ 방향으로 확산해 가려고 하지만 에너지 장벽이 존재한다. 양공의 위치 에너지는 p형의 E_v이 더 낮다는 사실을 기억하라. 공핍층의 경사면은 양공에게는 에너지 장벽으로 작용한다. 따라서 캐리어의 이동은 내부 전계에 의해 힘(전계력)과 확산력이 균형을 이루어 외부에서 전압을 인가해 주지 않은 열평형 상태에서는 더 이상 캐리어의 이동은 없다. 전자 농도를 나타내는 전도대의 유효 상태 밀도와 페르미-디랙 확률함수의 곱을 보아라. n형, p형 반도체는 서로 균형을 이루고 있다. 내부 전위 장벽보다 높은 곳에 있는 A 전자만이 p 영역으로 확산할 수 있다. 그러나 A 전자는 페르미 준위로부터 멀리 떨어져 있다. 페르미 준위로부터 위로 멀어질수록 전자가 존재할 확률은 감소한다. 전자가 그렇게 높은 에너지 상태를 차지할 확률은 매우 낮으므로 열평형 상태에서 전자가 실제로 확산하는 일은 거의 없다고 할 수 있다. 서로 농도가 균형을 이루어 더 이상 캐리어의 확산은 일어나지 않는다.

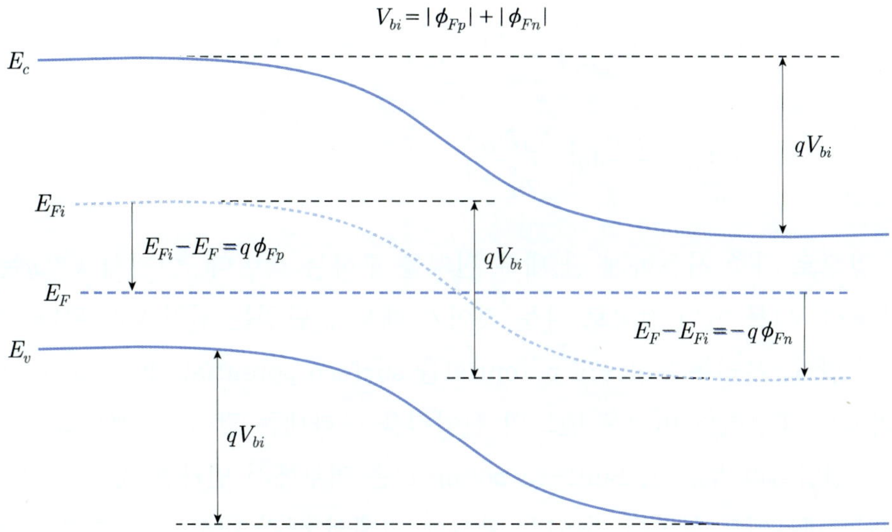

그림 5-5 내부 전위 장벽

전위 $q\phi_{Fn}$, $q\phi_{Fp}$의 정의를 살펴보자. 전위의 기준점은 진성 페르미 준위이다. 진성 페르미 준위는 항상 밴드 갭 중앙에 위치하고 변하지 않으므로 기준점으로 삼는다. n형 반도체에서는 $q\phi_{Fn} = E_{Fi} - E_F$이므로 $E_F - E_{Fi} = -q\phi_{Fn}$임에 주의하자. 이제 내부 전위 장벽을 구할 수 있다. 내부 전위 장벽은 가장 많이 사용하는 수식이자 개념이므로 잘 학습하여 이해하는 것이 좋다. 내부 전위 장벽의 발생은 결국 두 반도체의 페르미 준위 차에 기인한다.

내부 전위 장벽을 qV_{bi}로 표현한다. 내부 전위 장벽을 구해 보자. 내부 전위 장벽은 밴드의 휘어짐 정도이므로 휘어짐의 높이를 계산하면 된다. 그림 5-5를 보자.

내부 전위 장벽 3곳의 높이를 화살표로 표시하였고, 이 3곳의 높이는 모두 동일하다. 수식으로 표현하면 다음과 같다.

$$qV_{bi} = |E_{Fi} - E_F| P_{\text{side}} + |E_{Fi} - E_F| N_{\text{side}} \tag{5-1}$$

우리는 열평형 상태의 전자 농도를 진성 페르미 준위로부터 구하는 식을 기억해야 한다.

$$n_0 = n_i \exp\left(\frac{E_F - E_{Fi}}{kT}\right), \qquad p_0 = n_i \exp\left(\frac{E_{Fi} - E_F}{kT}\right)$$

$$E_{Fi} - E_F = -kT\ln\left(\frac{n_0}{n_i}\right), \qquad E_{Fi} - E_F = kT\ln\left(\frac{p_0}{n_i}\right) \tag{5-2}$$

따라서 5-2식을 5-1에 대입하고 정리하면 다음과 같이 최종 식이 얻어진다.

$$qV_{bi} = kT\ln\left(\frac{p_0}{n_i}\right) + kT\ln\left(\frac{n_0}{n_i}\right), \qquad n_0 = N_D \quad p_0 = N_A$$

$$\therefore V_{bi} = \frac{kT}{q}\ln\left(\frac{N_A N_D}{n_i^2}\right) \tag{5-3}$$

수식 5-3은 앞으로 자주 사용하게 될 내부 전계를 구하는 식이다. 여기서 kT/q는 열 전압이라 하며 열에너지 kT(eV)를 단위 전하로 나눈 것이기 때문에 단위는 전압 V가 된다. 열에너지와 열 전압을 혼동하지 말자. 우리는 built-in potential을 surface potential(MOS capacitor에서는 이렇게 부른다)이라고도 표현하며 이것은 밴드의 휘어짐을 나타내는 말이다. 밴드를 휘어지게 만드는 전압을 built-in 전압이라 부른다. Built-in potential은 외부에서 인가한 것이 아니라 전자와 양공의 확산에 의해서 내부에서 형성된 것이다. 확산에 의해서 생긴 내부 전계에 의한 전계력이 바로 이 확산을 막는 것이다. 내부 전위 장벽은 전압의 단위로 표현하겠다. 대략 내부 전위 장벽은 0.6~0.7 V 정도로 형성된다. 5-3식을 보면 알겠지만 도핑 농도의 로그함수로 변하므로 그 변화는 크지 않다. 대략적으로 0.6에서 0.7 V 사이에 있음을 기억하자.

예제 5-1-1

$T = 300\,\mathrm{K}$에서 $N_D = 10^{17}\,\mathrm{cm^{-3}}$, $N_A = 10^{15}\,\mathrm{cm^{-3}}$로 도핑된 실리콘 PN 접합의 경우 내부 전위 장벽을 구해 보자.

풀이

$$V_{bi} = \frac{kT}{q}\ln\left(\frac{N_A N_D}{n_i^2}\right) = (0.0259\,\mathrm{V})\ln\left[\frac{10^{17}\times 10^{15}}{(1.5\times 10^{10})^2}\right] = 0.57\,\mathrm{V}$$

상기 방법으로 계산한 내부 전위 장벽은 축퇴 반도체에는 적용할 수 없다. 가령 도너 불순물을 유효 상태 밀도와 유사한 수준의 $10^{19}\,\mathrm{cm^{-3}}$까지 과도핑을 실시하였을 경우, 볼츠만 통계를 따르지 않으므로 다른 방법으로 구해야 한다. 근삿값으로 다음과 같이 구할 수 있다(일방 접합 참조).

5-1-3 일방 접합의 내부 전계

P^+N 또는 PN^+ 접합을 생각해 보자. 이것을 우리는 어느 한쪽이 높게 도핑되어 있다고 해서 일방 접합(one side junction)이라고도 한다. 실제 여러 가지 이유가 있어서 MOSFET 소자에서도 이러한 일방 접합 구역이 존재한다. P^+N 접합의 밴드 다이어그램으로 설명해 보자. 그림 5-6에서

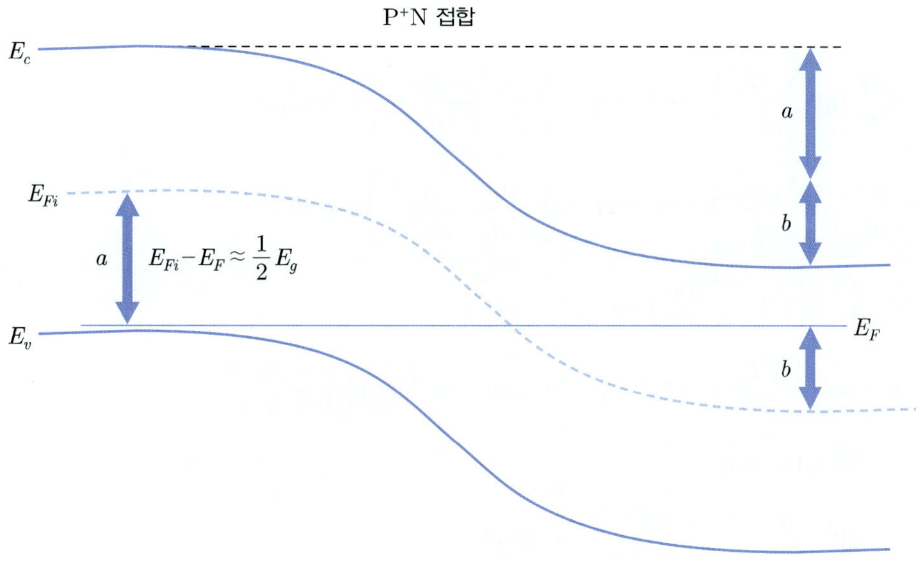

그림 5-6 P^+N 접합의 내부 전위 장벽

화살표 a, b의 합이 내부 전위 장벽의 높이에 해당한다. p형 반도체의 페르미 준위는 가전자대에 거의 근접하여 밴드 갭의 절반에 해당하는 크기로 볼 수 있다.
즉 $E_{Fi}-E_F \approx E_{Fi}-E_v = E_g/2$로 볼 수 있다.

$$\begin{aligned} qV_{bi} &= |E_{Fi}-E_F|P_{\text{side}} + |E_{Fi}-E_F|N_{\text{side}} \\ &= \frac{E_g}{2} + |E_{Fi}-E_F|N_{\text{side}} = \frac{E_g}{2} + kT\ln\left(\frac{N_D}{n_i}\right) \end{aligned} \tag{5-4}$$

비슷하게 N^+P 접합에서는 다음과 같이 쓸 수 있다.

$$\begin{aligned} qV_{bi} &= |E_{Fi}-E_F|P_{\text{side}} + |E_{Fi}-E_F|N_{\text{side}} \\ &= |E_{Fi}-E_F|P_{\text{side}} + |E_{Fi}-E_F|N_{\text{side}} = kT\ln\left(\frac{N_A}{n_i}\right) + \frac{E_g}{2} \end{aligned} \tag{5-5}$$

예제 5-1-2

$T = 300\,\text{K}$에서 $N_D = 10^{17}\,\text{cm}^{-3}$, $N_A = 10^{14}\,\text{cm}^{-3}$로 도핑된 실리콘 PN 접합이 있다. 다음을 구해 보아라.

(1) 내부 전위 장벽 $V_{bi}(\text{V})$

(2) $N_A = 10^{17}\,\text{cm}^{-3}$일 때 $V_{bi}(\text{V})$

(3) 온도가 $400\,\text{K}$, $500\,\text{K}$가 되었을 때 (1)번 조건에서의 각각의 $V_{bi}(\text{V})$

풀이

(1) $$V_{bi} = \frac{kT}{q}\ln\left(\frac{N_A N_D}{n_i^2}\right) = (0.0259)\ln\left[\frac{10^{17}\times 10^{14}}{(1.5\times 10^{10})^2}\right] = 0.635\,\mathrm{V}$$

(2) $$V_{bi} = \frac{kT}{q}\ln\left(\frac{N_A N_D}{n_i^2}\right) = (0.0259)\ln\left[\frac{10^{17}\times 10^{17}}{(1.5\times 10^{10})^2}\right] = 0.814\,\mathrm{V}$$

(3) $$T = 400\,\mathrm{K} \Rightarrow kT = \left(\frac{400}{300}\right)(0.0259) = 0.035\,\mathrm{eV}$$

$$n_i^2 = N_c N_v \exp\left(\frac{-E_g}{kT}\right) = (2.8\times 10^{19})(1.04\times 10^{19})\exp\left(\frac{-1.12}{0.035}\right)$$

$$\therefore n_i = 1.92\times 10^{12}\,\mathrm{cm}^{-3}$$

$$V_{bi} = (0.035)\ln\left[\frac{10^{17}\times 10^{14}}{(1.92\times 10^{12})^2}\right] = 0.519\,\mathrm{V}$$

$$T = 500\,\mathrm{K} \Rightarrow kT = \left(\frac{500}{300}\right)(0.0259) = 0.043\,\mathrm{eV}$$

$$n_i^2 = N_c N_v \exp\left(\frac{-E_g}{kT}\right) = (2.8\times 10^{19})(1.04\times 10^{19})\exp\left(\frac{-1.12}{0.043}\right)$$

$$\therefore n_i = 3.768\times 10^{13}\,\mathrm{cm}^{-3}$$

$$V_{bi} = (0.043)\ln\left[\frac{10^{17}\times 10^{14}}{(3.768\times 10^{13})^2}\right] = 0.381\,\mathrm{V}$$

내부 전계는 불순물의 도핑 농도에 민감하게 반응하지 않는다. 로그함수로 증가하기 때문이다. 억셉터의 농도를 1,000배 증가시켜도 내부 전계의 증가분은 0.2 V를 넘지 않음을 알 수 있다. 온도가 증가하면 built-in 전위 장벽이 낮아짐을 알 수 있다. 내부 전위 장벽은 페르미 준위의 차이에 기인한다. 온도가 증가하면 p, n형의 페르미 준위는 진성 페르미 준위에 접근하므로 페르미 준위 차는 감소하게 된다. 따라서 온도가 증가하면 내부 전위 장벽은 감소하게 되는 것이다.

5-1-4 PN 접합의 공간전하 밀도와 내부 전기장 분포

다음은 전기장의 세기와 위치 분포를 구해 보자. 내부 전계는 공핍층 영역에 형성된 고정전하에 의해 발생하였고 방향은 $-x$ 방향이다. 공간전하가 양과 음으로 분리되어 있는 곳이다. 공핍층의 폭을 n형 영역과 p형 영역에서 각각 x_n, x_p라 하고 계단형 접합을 가정하자. 그림 5-7을 참조하라. 중성 영역에는 전기장이 0이므로 전하들이 존재하지 않고, 공핍층에 전하들이 집중적으로 분포하고 있다. 공간전히는 각 영역의 공핍층 경계점에서 0이 된다. 수학적 편의성을 위해 계단형 접합임을 상기하라. 공간전하가 갑자기 경계점에서 0이 되지 않을 것이라는 것은 누구나 쉽게 예측할 수 있다. 공간전하 영역에 있는 양전하와 음전하의 개수는 동일할 것이며 각 영역에서의 공간전하 밀도는 전하량에 각각 도너 이온 개수, 억셉터 이온 개수를 곱하면 될 것이다.

그림 5-7에 공핍층 내 공간전하 밀도를 표시하였다. 직관적으로 각 영역의 공간전하의 개수를 모두 합하면 공간전하 밀도가 얻어질 것이다. 각 영역의 사각형 내의 공간전하를 모두 합하여 공간전하 밀도를 구할 수 있다. n형 영역에는 양전하, p형 영역에는 음전하가 존재하므로 그림 5-8과 같이 1사분면, 4사분면에 표시하였다. 전하 중성의 법칙에 의해 12개의 양전하가 생기면 그것과 동일한 12개의 음전하가 모이게 되어 전체적으로 중성을 유지하려고 할 것이다. 그림 5-8 의 각 영역의 직사각형 면적은 서로 동일할 것이다(각 사각형 내 공간전하의 개수를 12개로 표시하였다).

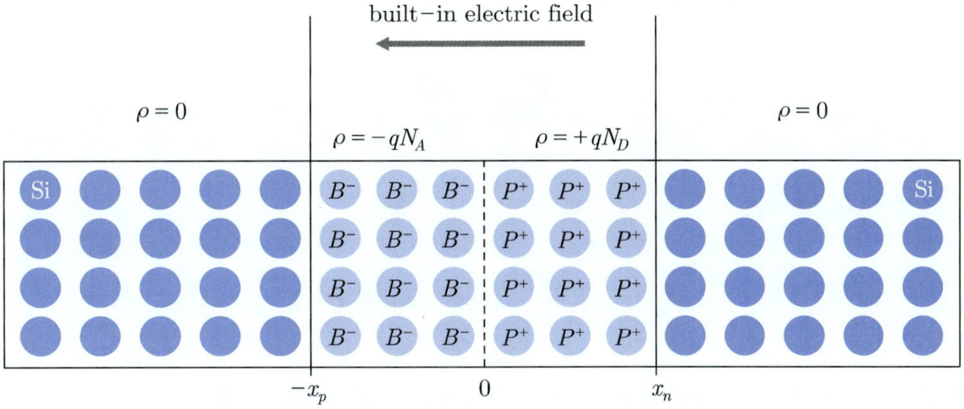

그림 5-7 공핍층 내 공간전하 밀도

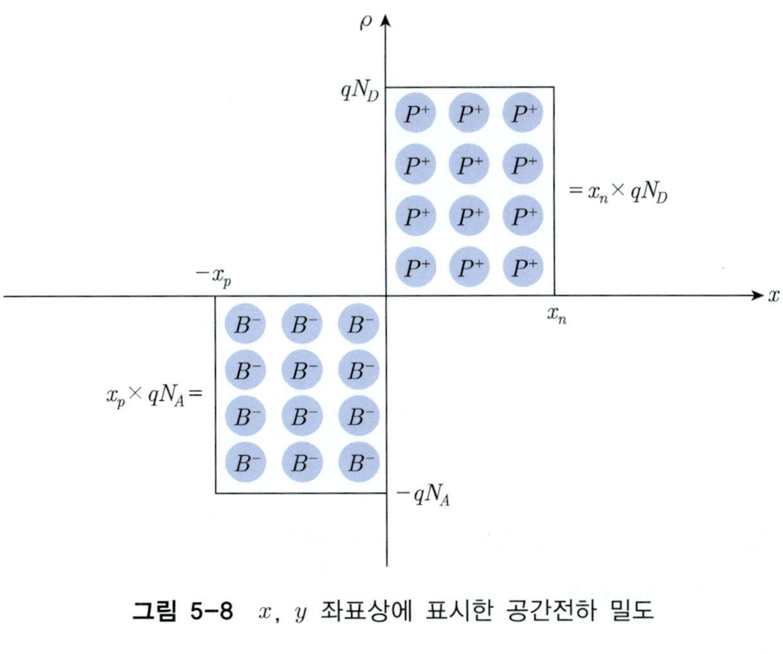

그림 5-8 x, y 좌표상에 표시한 공간전하 밀도

$$x_n(qN_D) = x_p(qN_A) \tag{5-6}$$

5-6식은 각 영역에서의 전기장을 구하고 두 전기장이 $x=0$에서 연속이라는 사실로부터 수학적으로 유도할 수 있다. 우리는 수학의 힘을 빌리지 않고도 직관적으로 전기장이 가장 강한 곳이 $x=0$이라는 것을 알 수 있을 것이다. 각각 $+x$, $-x$ 방향으로 갈수록 벌크 영역으로 접근하고 벌크 영역은 에너지 밴드 다이어그램을 보면 밴드가 수평이기 때문에 전기장 분포가 존재하지 않는다. 공핍층의 정중앙에서 전기장의 분포가 가장 강할 것으로 예측할 수 있다. 즉 공핍층의 중앙에서 전기장이 가장 강하고 좌우로 갈수록 전기장은 점점 약해져서 x_n, x_p에서 0이 될 것이다.

여러분은 직관적으로 이것을 이해할 수 있어야 한다. 이제 각 영역에서의 전기장은 어떤 함수로 표현될지 구해 보자. 전기장은 1차원 푸아송 방정식으로부터 구할 수 있다. p 영역에서의 전기장은 다음과 같다.

$$\frac{dE}{dx} = \frac{\rho(x)}{\epsilon_s} \tag{5-7}$$

5-7식을 적분하면 된다.

$$E(x) = \int \frac{\rho(x)}{\epsilon_s} dx = -\frac{qN_A}{\epsilon_s} x + C_1 \tag{5-8}$$

경계조건 $x = -x_p$에서 전기장은 0이 된다는 사실로부터 적분 상수를 구할 수 있다.

$$-\frac{qN_A}{\epsilon_s}(-x_p) + C_1 = 0 \qquad \therefore C_1 = -\frac{qN_A}{\epsilon_s} x_p$$

$$E(x) = -\frac{qN_A}{\epsilon_s}(x + x_p) \tag{5-9}$$

n형 영역에서의 전기장도 다음 적분을 계산하면 된다. 경계조건도 $x = x_n$에서 전기장은 0이다.

$$E(x) = \int \frac{\rho(x)}{\epsilon_s} dx = \frac{qN_D}{\epsilon_s} x + C_2$$

$$E(x) = \frac{qN_D}{\epsilon_s}(x - x_n) \tag{5-10}$$

전기장은 공핍층 영역 전체에 걸쳐서 연속이다. $x=0$에서 연속이므로 식 5-9와 5-10을 $x=0$에서 동일하다고 표현히면 다음과 같다.

$$-\frac{qN_A}{\epsilon_s}(x+x_p)=\frac{qN_D}{\epsilon_s}(x-x_n)$$

$$N_D x_n = N_A x_p \tag{5-11}$$

우리가 수학적으로 유도하기 이전에 직관적으로 예상하였던 결과이다. 5-6식과 비교하여 보아라. 5-11식은 간단해 보이지만 물리적으로 의미가 있고 앞으로 많이 활용하는 식이다. p형 영역에서 단위 면적당 음전하의 개수는 n형 영역에서의 단위 면적당 양전하 개수와 동일하다는 의미가 함축되어 있다. 만약 우리가 한쪽 영역을 많이 도핑한 일방 접합을 생각해 보자. P^+N접합을 생각해 보면 그림 5-9와 같이 된다. 각 영역의 직사각형 면적은 동일해야 하므로 P^+영역은 위로 길게

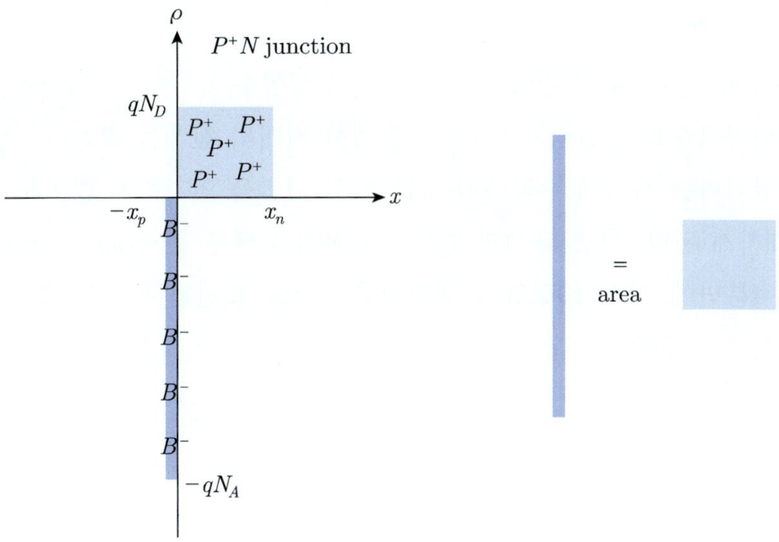

그림 5-9 일방 접합의 전하 밀도

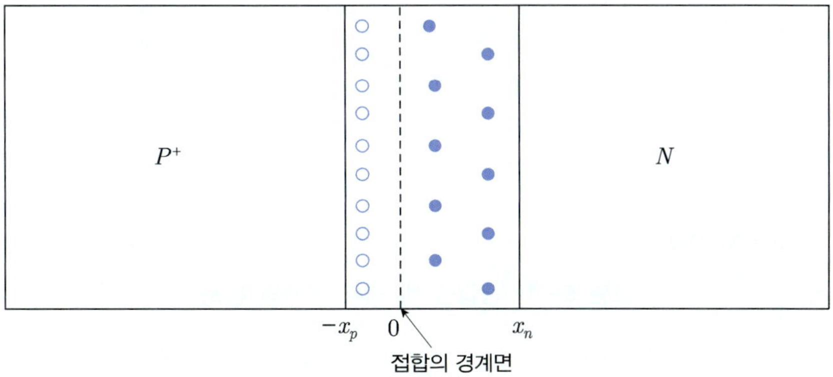

그림 5-10 P^+N 접합의 공핍층 생성 원리

펼쳐진 직사각형이 된다. 왜 P^+영역의 공핍층의 폭은 좁아질까? 고농도로 도핑을 하면 고농도로 도핑한 쪽의 공핍층의 폭이 좁아진다. 5-11식을 보면 수식적으로 쉽게 이해할 수 있다.

N_A가 증가하므로 5-11식이 만족하려면 x_p가 감소할 수밖에 없음을 알 수 있다. 정성적으로 이해해 보자. 고농도로 도핑한 쪽의 **단위 면적당** 공간전하가 더 많이 형성될 것이다. PN 접합부에서 그림 5-10과 같은 공간전하 분포가 이루어진다. 고농도로 도핑한 반도체에 단위 면적당 전하가 더 빽빽이 분포하게 되면서 결과적으로 고농도로 도핑한 쪽의 공핍층의 폭이 좁아질 것이다. 공핍층의 정의를 생각해 보아라. 전자와 양공이 각각의 불순물 원자로부터 떠나게 되면 이온화되어 공간전하를 형성한다. 공간전하 영역만 존재하는 곳이 공핍층이다. 이해를 돕기 위해 그림 5-10에는 불순물 이온을 표기하지 않았다. 우리는 반도체 현상들을 이해하는 데 수학적인 유도 이전에 먼저 정성적으로 고찰하고 이해하며 수학적인 수식을 통해서 정량적으로 이해하는 습관을 갖도록 하는 것이 이해하는 데 많은 도움을 줄 수 있다.

5-9와 5-10식은 x의 일차함수 형태이다. 전기장은 선형함수가 된다. 균일하게 도핑된 PN 접합에서 전계는 거리의 일차함수로 표현되고 PN 접합면에서 최대의 전계를 갖는다. 이 전계는 외부에서 인가해 준 전계가 아니라는 사실에 주목하라. 외부에서 전압을 인가하지 않아도 PN 접합의 공핍층에서는 전계가 존재하게 된다. 그림 5-11과 같다. 이 전계는 내부 전계(built-in electric field)이다. 전기장은 모두 3, 4분면에 위치하고 있고 전기장은 (-)로 표현된다. 전기장이 음으로 표현되는 것은 전기장은 벡터이고 방향이 $-x$이기 때문이다.

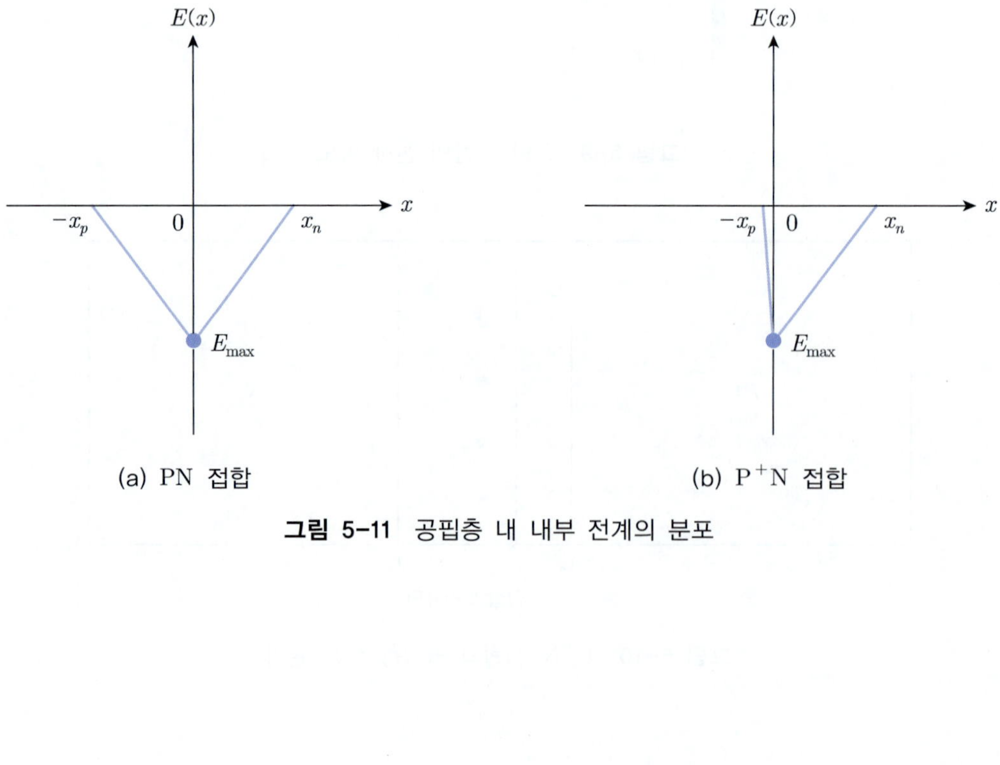

그림 5-11 공핍층 내 내부 전계의 분포

5-1-5 PN 접합의 electrostatic potential 분포

접합 내에서의 전위(electrostatic potential)는 어떻게 되는지 구해 보자. 전기장을 적분하면 전위가 된다는 사실을 기억할 것이다. p, n 각각의 영역에 대해서 전위함수를 구해 보자. 다음 관계식을 활용한다.

$$E(x) = -\frac{dV(x)}{dx} \qquad V(x) = -\int E(x)dx$$

I) p 영역($-x_p \le x \le 0$)

$$V(x) = -\int E(x)dx = \int \frac{qN_A}{\epsilon_s}(x + x_p)dx = \frac{qN_A}{\epsilon_s}\left(\frac{x^2}{2} + x_p x\right) + C_1 \tag{5-12}$$

계산의 편의를 위해 $x = -x_p$에서 전위를 0으로 놓겠다. 어느 지점의 전위를 0으로 할지는 각자 기준점을 정하면 된다. $x = x_n$ 지점의 전위를 0으로 놓아도 결과는 동일하다.

$$V(-x_p) = \frac{qN_A}{\epsilon_s}\left[\frac{(-x_p)^2}{2} - x_p^2\right] + C_1 = 0 \qquad \therefore C_1 = \frac{qN_A}{2\epsilon_s}x_p^2 \tag{5-13}$$

5-13식에서 구한 적분 상수를 5-12식에 대입하면

$$V(x) = \frac{qN_A}{\epsilon_s}\left(\frac{x^2}{2} + x_p x\right) + \frac{qN_A}{2\epsilon_s}x_p^2 = \frac{qN_A}{2\epsilon_s}(x^2 + 2x_p x + x_p^2) = \frac{qN_A}{2\epsilon_s}(x + x_p)^2 \tag{5-14}$$

전위는 이차함수의 포물선 형태임을 알 수 있다.

II) n 영역($0 \le x \le x_n$)

$$V(x) = -\int E(x)dx = -\int \frac{qN_D}{\epsilon_s}(x - x_n)dx = -\frac{qN_D}{\epsilon_s}\left(\frac{x^2}{2} - x_n x\right) + C_2 \tag{5-15}$$

$x = x_n$에서 전위를 V_{bi}라 하겠다.

$$V(x_n) = -\frac{qN_D}{\epsilon_s}\left[\frac{(x_n)^2}{2} - x_n^2\right] + C_2 = V_{bi} \qquad \therefore C_2 = V_{bi} - \frac{qN_D}{2\epsilon_s}x_n^2 \tag{5-16}$$

5-16식에서 구한 적분 상수를 5-15에 대입하면

$$V(x) = -\frac{qN_D}{\epsilon_s}\left(\frac{x^2}{2} - x_n x\right) + V_{bi} - \frac{qN_D}{2\epsilon_s}x_n^2 = -\frac{qN_D}{2\epsilon_s}(x^2 - 2x_n x + x_n^2) + V_{bi}$$

$$= -\frac{qN_D}{2\epsilon_s}(x - x_n)^2 + V_{bi} \tag{5-17}$$

역시 포물선 형태이다. n형 영역의 경우 위로 볼록한 포물선이다. 전위함수는 $x = 0$에서 연속이어야 하므로 수식 5-14와 5-17을 $x = 0$에서 동일하다고 놓으면 다음과 같이 내부 전계를 구할 수 있다.

$$\frac{qN_A}{2\epsilon_s}(x + x_p)^2 = -\frac{qN_D}{2\epsilon_s}(x - x_n)^2 + V_{bi} \quad at\ x = 0$$

$$\frac{qN_A}{2\epsilon_s}x_p^2 = -\frac{qN_D}{2\epsilon_s}x_n^2 + V_{bi} \tag{5-18}$$

$$\therefore V_{bi} = \frac{qN_A}{2\epsilon_s}x_p^2 + \frac{qN_D}{2\epsilon_s}x_n^2 = \frac{q}{2\epsilon_s}(N_D x_n^2 + N_A x_p^2) \tag{5-19}$$

전자의 위치에너지 $-qV(x)$를 그린 것이 에너지 밴드 다이어그램이라고 1장에서도 설명하였다. 그림 5-12를 보면 알겠지만 전자의 위치에너지는 공간전하 영역에서 포물선 형태의 이차함수에 비례한다는 사실이다. 우리가 그림 5-4에서 PN 접합의 에너지 밴드 다이어그램을 그릴 때 접합부를 곡선 형태로 그렸는데 전자의 위치에너지 분포는 포물선의 형태라는 것을 알았다. 따라서 에너지 밴드 다이어그램은 그림 5-12 (b)처럼 곡선 형태가 되는 것이다. 종종 직선으로 그리는 것을 볼

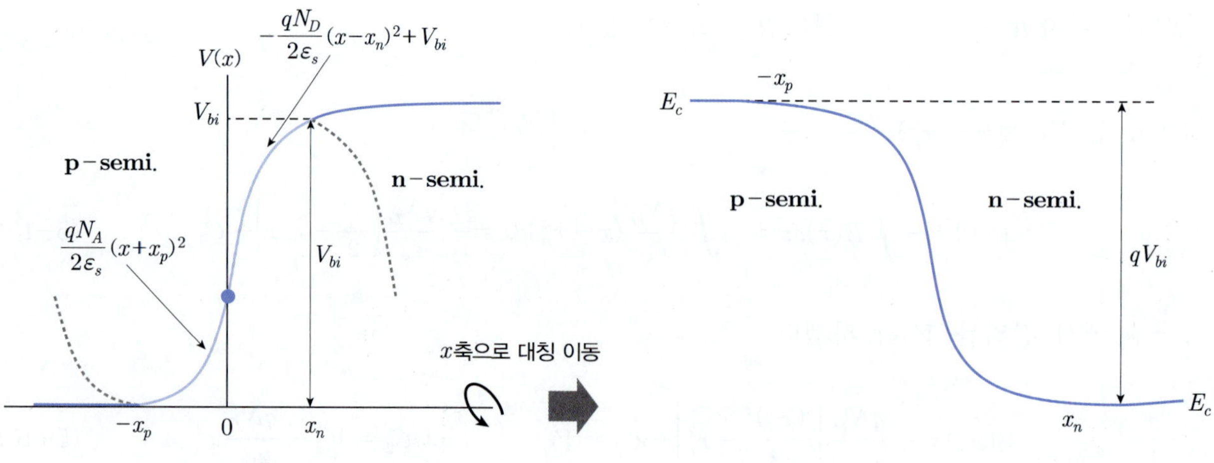

(a) 공간전하 영역에서의 정전 퍼텐셜 (b) 정전 퍼텐셜로부터 얻은 퍼텐셜 에너지

그림 5-12 공간전하 영역에서의 정전 퍼텐셜함수와 퍼텐셜 에너지 곡선

수 있는데 이는 설명을 위해 쉽게 도식화한 것이지 실제로는 포물선 형태라는 것을 잊지 말아야겠다. 우리는 직선 형태로 그려도 PN 접합 반도체의 물리 현상을 이해하는 데는 아무런 지장이 없을 것이다. 전자의 정전 퍼텐셜 곡선을 x축으로 대칭 이동시키면 전자의 퍼텐셜 에너지를 얻을 수 있으며 이것이 바로 에너지 밴드 다이어그램이다. 에너지 밴드 다이어그램은 전자의 위치에너지를 표시한 것으로 전자의 $-qV$(V: 전위)를 그린 것임을 기억하라. 전위 V를 그린 것이 그림 5-12 (a)이다. 전위는 대략적으로 전압으로 간주하여도 무방하다.

5-1-6 PN 접합의 공간전하 영역의 폭

다음은 공핍층의 폭을 구해 보자. 앞에서 잠시 설명하였지만 공핍층은 도핑 농도에 의존한다는 것을 이미 눈치 챘을 것이다. 이미 구한 5-11식을 살펴보자.

$$N_D x_n = N_A x_p$$

x_n을 구하고 5-19식에 대입하면 x_p(p형으로 확장해 간 공간전하 영역의 폭)을 구할 수 있다.

$$V_{bi} = \frac{q}{2\epsilon_s}(N_D x_n^2 + N_A x_p^2) = \frac{q}{2\epsilon_s} N_D \left(\frac{N_A}{N_D} x_p\right)^2 + \frac{q}{2\epsilon_s} N_A x_p^2$$

$$\therefore x_p = \sqrt{\frac{2\epsilon_s V_{bi}}{q}\left(\frac{N_D}{N_A(N_A + N_D)}\right)} \qquad (5-20)$$

마찬가지로 5-11식에서 x_p을 구하고 5-19식에 대입하면 x_n(n형으로 확장해 간 공간전하 영역의 폭)을 구할 수 있다.

$$x_n = \sqrt{\frac{2\epsilon_s V_{bi}}{q}\left(\frac{N_A}{N_D(N_A + N_D)}\right)} \qquad (5-21)$$

x_n, x_p식을 살펴보자. 내부 전위 장벽의 높이, 즉 내부 전계가 클수록 공간전하 영역의 폭은 증가한다. 내부 전계가 크다는 것은 전하 밀도가 높다는 의미이다. 전기장은 전하 밀도의 비례함수임을 상기하라. 따라서 내부 전계가 증가하면 공간전하 영역에 존재하는 양의 전하, 음의 전하의 유효개수가 증가해야 한다. 개수가 증가하려면 공간전하 영역의 폭이 넓어질 때 가능하다. 우리는 다른 방식으로 고찰할 수도 있다. 공간전하 영역은 모바일 캐리어가 존재하지 않은 고저항 영역이다. PN 접합의 에너지 밴드 다이어그램을 상기하자. 그림 5-4에 나타내었다.

내부 전위 장벽이 높아진다는 것은 전자가 n형 영역에서 p형 영역으로 넘어오는 것을 방지하는 에너지 장벽과도 같은 것이다. 공간전하 영역이 넓어지면 동일하게 전자가 공간전하 영역을 넘어서 p형 방향으로 가는 것이 더욱 힘들어질 것이다. 공간전하 영역은 저항과 같은 역할을 하기 때문이다. 따라서 캐리어의 흐름을 방해한다. 공간전하 영역의 폭이 넓어지는 것은 저항이 증가한다고 봐도 될 것이다. 따라서 내부 전계가 강해지면 캐리어의 이동이 억제된다는 사실로부터 공간전하의 폭이 넓어진다고 해석할 수도 있을 것이다. 총 공핍층의 폭은 5-20식과 5-21식의 합으로 표현할 수 있다.

$$W = x_p + x_n = \sqrt{\frac{2\epsilon_s V_{bi}}{q}\left(\frac{N_D}{N_A(N_A+N_D)}\right)} + \sqrt{\frac{2\epsilon_s V_{bi}}{q}\left(\frac{N_A}{N_D(N_A+N_D)}\right)}$$

번거롭지만 다음과 같이 정리해 보자. 양변을 제곱해서 (+) 항만 취하면 총 공핍층의 폭은 다음과 같다.

$$W = \sqrt{\frac{2\epsilon_s V_{bi}}{q}\left(\frac{N_D+N_A}{N_A N_D}\right)} \tag{5-22}$$

내부 전계가 강해지면 공간전하의 폭도 증가함을 알 수 있다. 한편 도핑 농도가 증가하면 공간전하 영역의 폭이 좁아진다. 우리는 극단적으로 양쪽 반도체에 고농도로 도핑을 하였다고 가정해 보자. 즉 P^+N^+의 경우는 다음과 같이 0으로 근사시킬 수 있다.

$$\frac{N_D+N_A}{N_A N_D} \approx 0 \qquad \therefore W \approx 0$$

P^+N 접합을 생각해 보자. $N_A \gg N_D$이므로 $N_D + N_A \approx N_A$

$$\frac{N_D+N_A}{N_A N_D} \approx \frac{N_A}{N_A N_D} \approx \frac{1}{N_D} \qquad \therefore W \approx x_n \approx \sqrt{\frac{2\epsilon_s V_{bi}}{q}\frac{1}{N_D}} \tag{5-23}$$

로 표현된다. 이 식은 총 공핍층의 폭은 도너 농도로 결정된다는 것이다. 즉 고농도로 도핑된 p형 반도체의 공핍층은 일정 값으로 고정이 되고(거의 0) 도너 농도에 따라 n형 반도체의 공핍층의 폭만 변하게 된다. PN^+접합의 경우는 반대가 될 것이다.

$$\frac{N_D+N_A}{N_A N_D} \approx \frac{N_D}{N_A N_D} \approx \frac{1}{N_A} \qquad \therefore W \approx x_p \approx \sqrt{\frac{2\epsilon_s V_{bi}}{q}\frac{1}{N_A}} \tag{5-24}$$

도핑 농도가 증가하면 왜 공핍층의 폭이 좁아질까? 도핑 농도가 증가하면 단위 면적당 불순물 이온들의 개수가 증가하기 때문이다. 앞에서 설명한 과도핑 반도체 설명 부분을 참조하라. 지금까지 우리가 정성적으로 고찰한 내용을 수학적으로 자세히 알아보았다. 잘 일치하고 있음을 알 수 있다. 일방 접합은 뒤에서 배울 메탈-반도체 접합에서 다시 나오게 된다. 일방 접합은 메탈과 반도체의 접합과 유사한 경우이다. 메탈은 캐리어들이 표면에 밀집되어 있는 고전도성 물질이다. 마치 반도체를 고농도로 도핑한 경우와 비슷하다. 따라서 일방 접합에서 고농도로 도핑한 반도체를 메탈로 간주하고 물리 현상을 기술하여도 이상하지 않다. 메탈-반도체 접합에서 상세히 다룰 예정이니 이 정도로 이해하고 넘어가길 바란다.

예제 5-1-3

PN 접합에서의 공간전하 영역의 폭, 그리고 내부 전계와 내부 전계 최댓값을 구해 보자. 열평형 상태를 가정하고 억셉터 농도는 $5\times10^{16}\,\text{cm}^{-3}$, 도너 농도는 $1\times10^{15}\,\text{cm}^{-3}$이다.

풀이

$$V_{bi}=\frac{kT}{q}\ln\left(\frac{N_AN_D}{n_i^2}\right)=(0.0259\,\text{V})\ln\left(\frac{(5\times10^{16})(10^{15})}{(1.5\times10^{10})^2}\right)=0.676\,\text{V}$$

$$\epsilon_s=\epsilon_0\epsilon_r=(11.7)(8.85\times10^{-14})\,\text{F/cm} \qquad 1\,\text{F}=1\,\text{Coulomb}/1\,\text{Voltage}$$

$$\therefore \epsilon_s=(11.7)(8.85\times10^{-14})\frac{\text{C}}{\text{V}}\frac{1}{\text{cm}} \qquad \epsilon_r:\ \text{실리콘의 유전상수} \qquad \epsilon_0:\ \text{진공의 유전율}$$

ϵ_s는 앞으로 계산식에서 자주 사용되는 파라미터이니 잘 기억해 두길 바란다.

$$x_n=\sqrt{\frac{2\epsilon_sV_{bi}}{q}\left(\frac{N_A}{N_D(N_A+N_D)}\right)}$$
$$=\sqrt{\frac{2\times11.7(8.85\times10^{-14})(0.676\,\text{V})}{1.6\times10^{-19}\,\text{C}}\frac{\text{C}}{\text{V}}\frac{1}{\text{cm}}\frac{5\times10^{16}\,\text{cm}^{-3}}{10^{15}\,\text{cm}^{-3}(5.1\times10^{16}\,\text{cm}^{-3})}}$$
$$=0.926\times10^{-4}\,\text{cm}=0.926\,\mu\text{m}$$

$$x_p=\sqrt{\frac{2\epsilon_sV_{bi}}{q}\left(\frac{N_D}{N_A(N_A+N_D)}\right)}$$
$$=\sqrt{\frac{2\times11.7(8.85\times10^{-14})(0.676\,\text{V})}{1.6\times10^{-19}\,\text{C}}\frac{\text{C}}{\text{V}}\frac{1}{\text{cm}}\frac{1\times10^{15}\,\text{cm}^{-3}}{(5\times10^{16}\,\text{cm}^{-3})(5.1\times10^{16}\,\text{cm}^{-3})}}$$
$$=0.0185\,\mu\text{m}$$

$$\therefore W=x_n+x_p=0.9445\,\mu\text{m}$$

내부 전계의 최댓값은 $x=0$ 지점에서 얻을 수 있다. 5-10식을 활용하면 다음과 같이 전계를 얻을 수 있다.

$$E(0) = -\frac{qN_D}{\epsilon_s}x_n = -\frac{(1.6\times10^{-19}\,\mathrm{C})(10^{15}\,\mathrm{cm^{-3}})(0.926\times10^{-4}\,\mathrm{cm})}{(11.7)(8.85\times10^{-14})}\frac{\mathrm{V}}{\mathrm{C}}\,\mathrm{cm}$$

$$= -1.432\times10^{4}\,\mathrm{V/cm}$$

공핍층의 차이를 잘 살펴보자. 도핑 농도는 2배 차이인데 공핍층 폭의 차이는 50배가 넘는다. P형 반도체의 공핍층의 폭을 보아라. 도핑 농도가 증가함에 따라 공핍층의 폭은 감소함을 알 수 있다. 일방 접합의 경우, 공간전하 폭은 적게 도핑한 반도체에 형성되는 공핍층으로 정의해도 무방할 것이다. 내부 전계도 매우 크다. 이러한 강한 내부 전계에서 전자와 양공이 받는 힘의 방향은 전자와 양공의 확산 방향과 반대가 되므로 캐리어의 이동은 발생하지 않는다. 즉 전류는 0이다. 전기장이 음수의 값을 갖는 이유는 방향이 $-x$를 향하고 있기 때문이다. 그림 5-13은 예제 5-1-3에 대한 해석을 나타내고 있다.

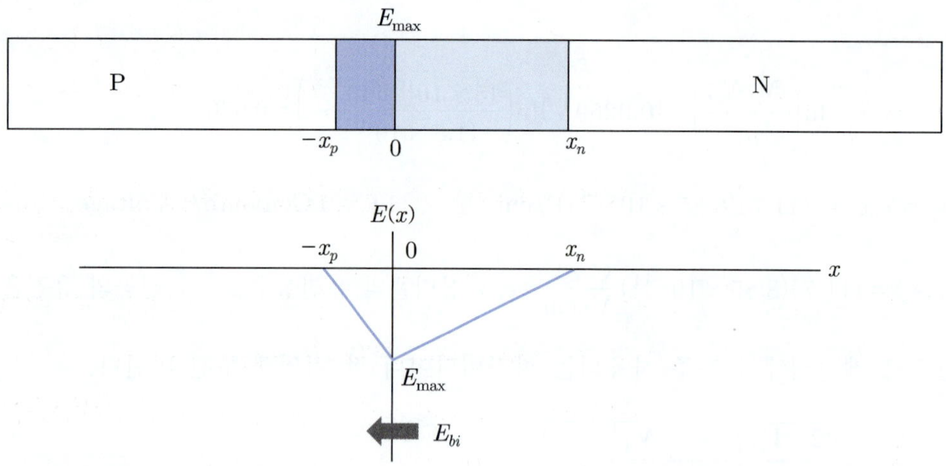

그림 5-13 예제 5-1-3에 대한 설명

5-2 순방향 바이어스에서의 PN 접합

지금까지는 외부에서 어떠한 전압도 인가하지 않은 열평형 상태만 고려하였다. 순방향이란, 용어에서도 알 수 있듯이 전류가 잘 흐르는 방향이다. 즉 전자가 잘 움직이게 할 수 있는 방향을 의미하며, 전자는 n형에서 p형으로 잘 흘러야 순방향이다. 우리는 그림 5-4에서 공간전하 영역에서 발생한 내부 전위 장벽 때문에 전자가 n형 영역에서 p형 영역으로 넘어가지 못한다는 것을 이해하였다. 전자가 잘 흐르게 하기 위해서는 이러한 내부 전위 장벽을 낮추어야 한다. 내부 전계의 방향은 $-x$

방향을 향하고 있다. 이것을 상쇄시키는 전계를 인가하기 위해서는 외부에서 인가하는 전기장의 방향이 $+x$ 방향을 향해야 할 것이다. 이러한 상황을 만들기 위해서는 PN 접합의 P형 반도체에 (+) 전압을 인가해야 한다. 이렇게 하면 외부 전기장의 방향이 $+x$ 방향을 향하므로 내부 전계의 크기를 상쇄시킬 수 있다. 즉 내부 전위 장벽의 높이를 낮출 수 있다. 에너지 장벽이 낮아졌으므로 전자는 장벽을 넘어서 p형 영역으로 갈 확률도 높아질 것이다. 장벽이 더 낮아지면 전자의 이동 확률은 계속 증가할 것이다. 순방향 전압에서는 p형 반도체의 전자의 위치에너지가 낮아지고 n형 반도체의 전자의 위치에너지는 증가하게 된다. 우리는 지금까지 열평형 상태에서 농도 차로 인한 확산만을 논의하였다.

5-2-1 순방향 전압 인가 시 특성의 변화

순방향 전압이 인가되면 전류가 발생하기 시작한다. 평형 상태는 깨지고 비평형 상태에 진입한다. 열평형 상태에서 논의했던 전위 장벽, 공간전하 밀도, 전계, 공핍층의 폭, 전위 등이 이제 모두 변하게 된다. 순방향 시 지금까지 논의했던 특성들이 어떻게 변해 가는지 알아 보자.

순방향은 내부 전계와 반대 방향으로 작용하기 때문에 내부 전위 장벽을 낮추는 효과가 있다. 그림 5-14 (b)와 같이 낮아진 내부 전위 장벽으로 인하여 내부 전위 장벽보다 높은 곳에 위치한 전자들은 p형 영역으로 확산해 갈 수 있다. 또한 그림 5-15에서 알 수 있듯이 공핍층의 폭이 감소한다. 뿐만 아니라 순방향 전압은 내부 전계를 감소시킨다(전계의 방향이 서로 반대). 이것의 의미는 공간전하 영역의 유효 공간전하 개수를 감소시키는 것과 동일하므로 결국 공핍층의 폭이 감소한다. 공핍층은

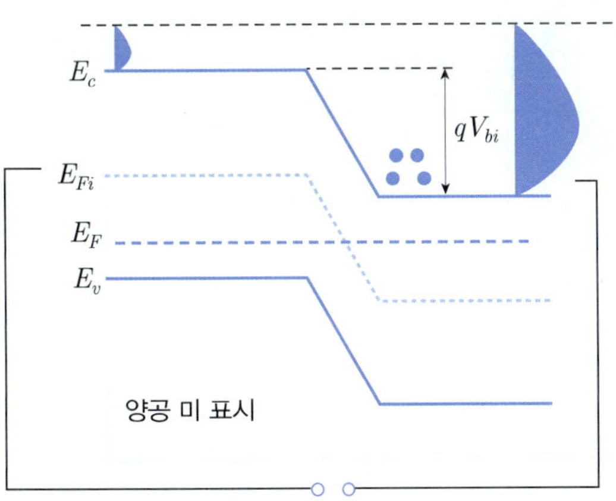

(a) 제로 바이어스

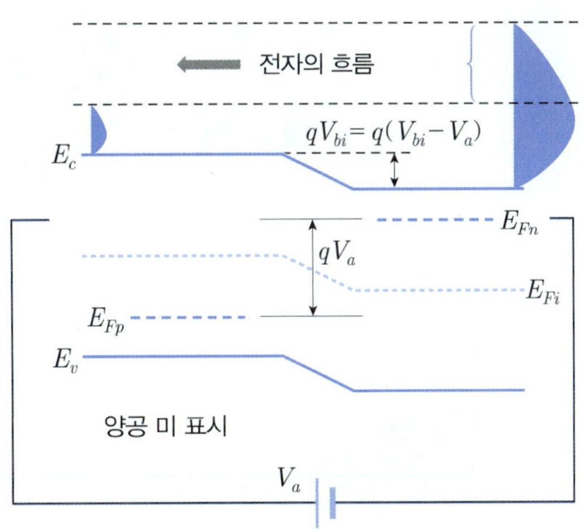

(b) 순방향 바이어스

그림 5-14 순방향 전압에서의 전위 장벽 감소

고저항 영역이다. 이 영역이 감소하므로 전류는 잘 흐를 수 있게 된다. 순방향 전압은 내부 전계를 낮추어 주므로 $qV_{bi} \Rightarrow q(V_{bi} - V_a)$로 바꾸어 주면 된다. 따라서 공핍층의 폭은 다음과 같이 쓸 수 있다.

$$W = \sqrt{\frac{2\epsilon_s (V_{bi} - V_a)}{q}\left(\frac{N_D + N_A}{N_A N_D}\right)} \qquad (5\text{-}25)$$

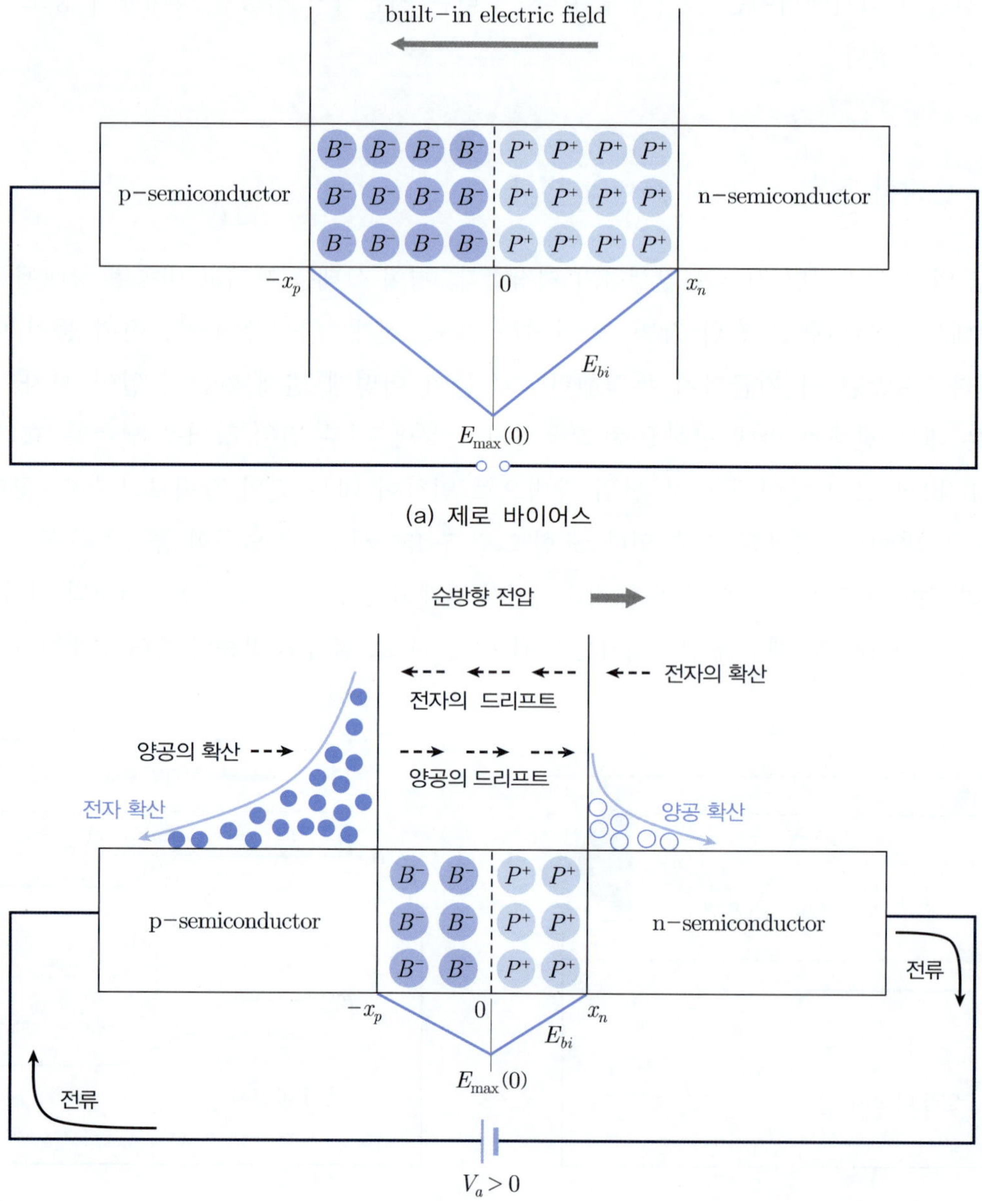

(a) 제로 바이어스

(b) 순방향 바이어스

그림 5-15 순방향 전압 인가 시 캐리어의 흐름과 공핍층 폭의 감소

순방향 상태는 비평형 상태이다. 더 이상 페르미 준위 수평으로 일치하지 않는다. 그림 5-15(b)와 같이 페르미 준위는 각각 분리되고 이 페르미 준위의 차이가 순방향 전압에 해당한다. n형 중성 영역의 전자들은 공핍층의 방향으로 이동한다. 공핍층에 인가된 전계에 끌려서 p형 영역으로 드리프트해 간다. p형 영역의 공핍층의 가장자리에 도착한 전자는 p형 중성 영역의 양공들과 재결합하면서 확산해 간다. 이때 전자의 확산 전류가 발생하는 것이다. 양공도 동일하게 해석할 수 있다. 이상 순방향 전압 인가 시 PN 접합의 특성에 대해 요약하면 다음과 같다.

1. 내부 전위 장벽의 감소 $qV_{bi} \Rightarrow q(V_{bi} - V_a)$
2. 공핍층의 폭 감소

우리는 지금까지 균일한 도핑과 접합부는 급준한 도핑 프로파일을 갖는 계단형 접합이라고 가정하고 논의하였다. 따라서 순방향 전압은 대부분 공핍층에 인가되어 밴드가 휘어지는 현상이 발생하였고 중성 영역은 전계가 0이라고 간주해 왔다. 그러나 순방향 전압 인가 시 중성 영역에도 전계가 가해지므로 엄밀하게 전계는 0이 아니다. 그러나 전계는 매우 작아서 무시할 수 있으며 이러한 가정이 타당하다는 것을 6장에서 전계를 정량적으로 계산함으로써 이해하게 될 것이다. 5장에서는 순방향 전압이 대부분 공핍층에 인가된다는 사실만 기억하자. 그림 5-16은 순방향 전압이 인가된 PN 접합이다. 각 접합부에는 저항 성분이 존재한다. 5가지 저항 성분이 존재하는데 공핍층의 저항 성분 (3)을 제외한 모든 부분의 저항 성분은 매우 작으므로 0으로 가정하고 순방향 전압은 모두 공간전하 영역에 인가된다는 공핍층 근사법을 묵시적으로 가정한 것이다. 따라서 전압 강하는 (1), (2), (4), (5) 영역에서는 일어나지 않으며 전압 강하가 일어나는 곳은 오로지 공핍층 (3) 영역이다.

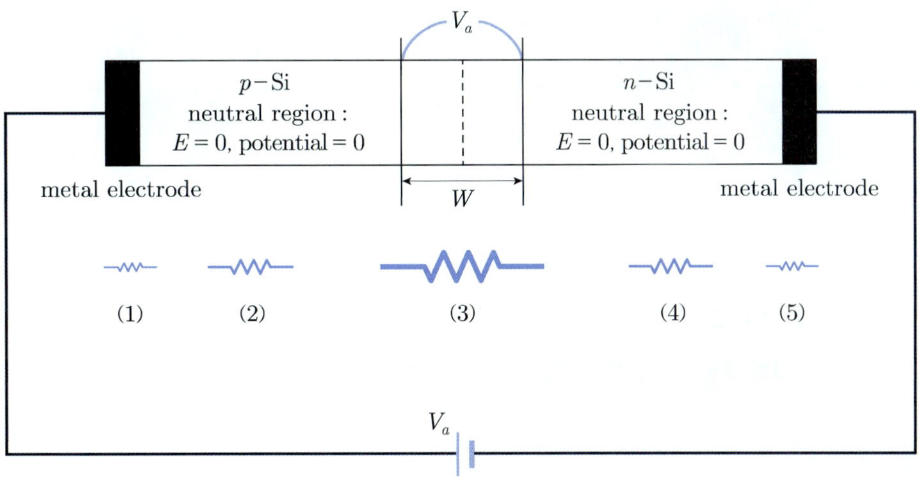

그림 5-16 공핍층 근사

5-2-2 순방향 전압 인가 시의 특성 요약

순방향 전압이 인가되었을 때와 열평형 상태를 비교 및 정리한 것이 그림 5-17이다. 순방향이라는 것은 전자와 양공이 잘 흐를 수 있는 방향이므로 전자 기준으로 본다면 n형에서 p형 방향이다. 내부 전계를 상쇄시키는 방향이므로 내부 전위 장벽을 낮추고 전자의 확산을 촉진시킨다. 또한 공핍층에서 일으키는 내부 전계를 약화시키므로 공핍층 내 공간전하 밀도는 감소한다. 이것은 공핍층의 폭을 감소시키며 내부 전계의 크기를 감소시킬 것이다. 순방향에서는 공간전하 폭과 내부 전계가 열평형 상태(바이어스 인가 전)보다 약해진다는 사실을 기억해야 한다. 만약 역방향 바이어스가 인가된다면 캐리어의 흐름을 억제해야 하므로 이러한 특성은 모두 반대로 일어날 것이다.

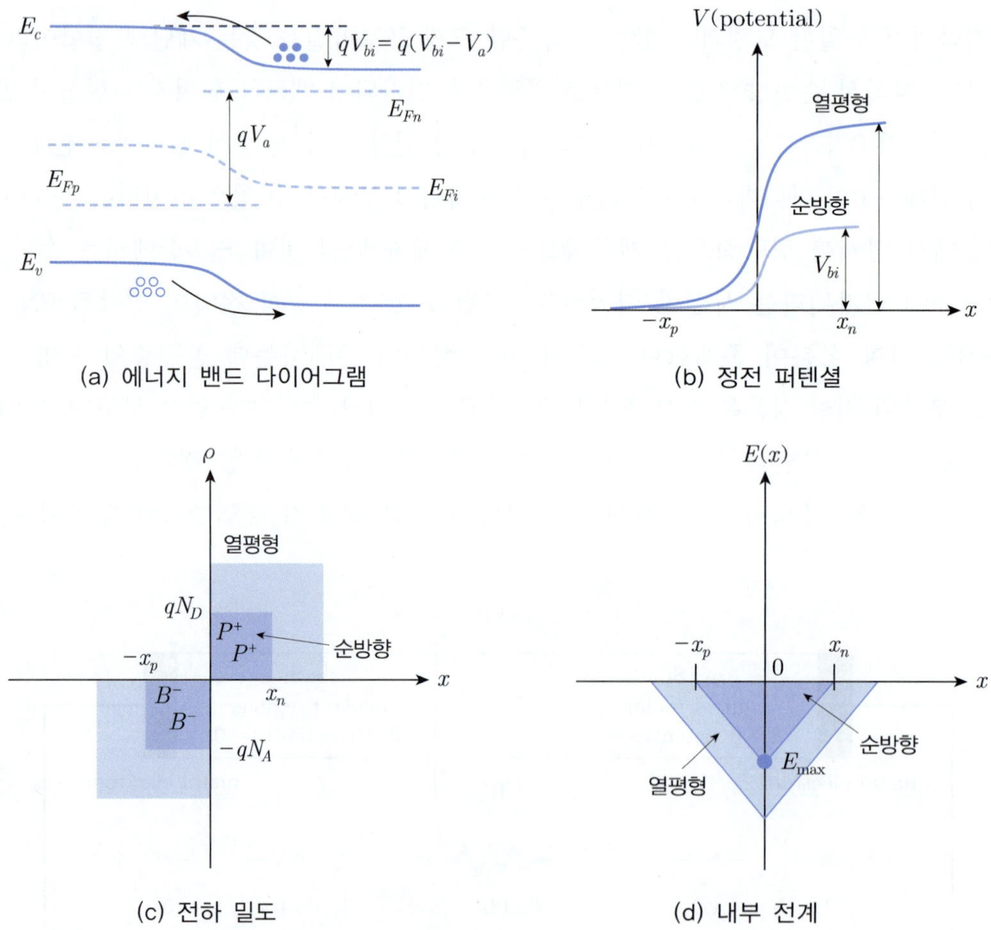

그림 5-17 순방향 전압이 인가될 때 PN 접합의 여러 특성들

5-3 역방향 바이어스에서의 PN 접합

역방향 인가 전압은 순방향 전압의 반대 개념으로, 전류의 흐름을 억제하는 방향이다. PN 접합이 열평형 상태일 때의 내부 전계 방향과 동일하다는 것을 금방 이해했을 것이다. 역방향에서 전류의 흐름은 없다. 따라서 PN 접합 다이오드는 정류 특성을 보인다. 어느 한쪽 방향으로만 전류를 잘 흐르게 하는 정류 작용이 존재한다. 이것을 가능하게 하는 것이 바로 공핍층의 존재이다. 앞에서도 간단히 기술하였지만 공핍층의 폭이 외부에서 인가하는 전압의 방향에 따라 커지기도, 줄어들기도 하여 전류의 생성과 억제를 제어할 수 있는 것이다. 이것이 다이오드이다. 지금까지 살펴본 내부 전계, 공핍층의 폭, 에너지 밴드 구조, 공간전하 밀도, 정전 퍼텐셜 등이 역방향에서는 어떻게 변하는지 살펴보자.

5-3-1 에너지 밴드 다이어그램

열평형 상태에서는 공간전하 영역에서 발생한 내부 전위 장벽 때문에 전자는 n형 영역에서 p형 영역으로 넘어오지 못한다는 것을 설명하였다. 외부에서 역방향 전압을 인가하면 내부 전계의 방향과 동일하게 된다. 전자를 잘 흐르게 하기 위해서는 이러한 내부 전위 장벽을 낮추어야 하는데 역방향 전압은 오히려 내부 전계를 더욱 증가시켜 주는 $-x$ 방향을 향하고 있다. 이러한 상황을 만들기 위해서는 PN 접합의 p형 반도체에 (−) 전압, n형 반도체에는 (+) 전압을 인가해야 할 것이다.

이렇게 하면 p형 전자의 퍼텐셜 에너지는 더욱 커지고 n형 전자의 퍼텐셜 에너지는 더욱 작아진다. 따라서 퍼텐셜 에너지의 차이는 더욱 증가한다. 전도대의 바닥상태의 에너지에 주목하라. 더 큰 격차가 발생했음을 알 수 있다. 이것이 내부 전위 장벽이다. 그림 5-18 (a)를 보면 쉽게 이해가 갈 것이다. 이해를 돕기 위해 매우 큰 역방향 전압이 인가된 경우를 생각해 보자. 역방향 전압의 크기는 분리된 페르미 준위의 차이이다. 전자와 양공은 에너지 장벽을 넘지 못하고 전류를 발생시키지 못한다. 그림 5-18과 같이 페르미 준위의 분리 차이가 더욱 커지게 되어 qV_{bi}가 더욱 높아진다. 전류는 발생하지 않는다. 역방향 전압 인가 시 전류가 발생하지 않는 이유를 에너지 밴드 다이어그램으로 설명하였다. 이 부분은 반드시 이해하고 넘어가야 한다. 뒤에서 나오는 메탈-반도체 접합, 메탈-산화물-반도체 커패시터 그리고 우리가 궁극적으로 학습해야 할 MOSFET 디바이스를 이해하는 데 반드시 필요하기 때문이다. 역방향 바이어스에서는 재미있는 물리 현상들이 몇 가지 더 존재한다. 여기서는 그중 한 가지만 간단히 언급하고 앞으로 지속적으로 나올 때마다 반복해서 언급할 것이다. 그림 5-18 (b)와 같이 p형 반도체의 소수 캐리어 전자는 공핍층에 걸려 있는 강한 전계에

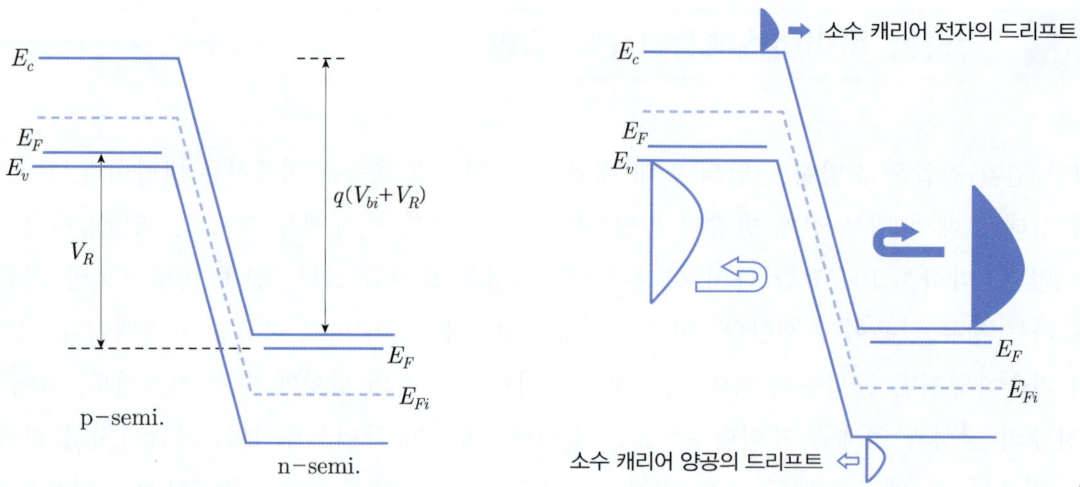

(a) 내부 전위 장벽의 증가 (b) 소수 캐리어의 드리프트 현상

그림 5-18 역방향 전압이 인가된 경우의 캐리어 흐름과 에너지 밴드 다이어그램

의해 n형 영역으로 드리프트한다. 전자의 위치에너지가 매우 높아졌고 이제 전자는 전자의 위치에너지가 낮은 n형 반도체의 전도대로 공이 굴러가듯 내려갈 수 있다. 이것의 물리적 표현은 강한 전기장이 공핍층에 걸려 있어서 전자는 전기장에 이끌리게 되어 n형 반도체로 드리프트할 수 있다는 것이다. n형 반도체의 양공도 동일하다. 전자는 농도가 낮은 곳에서 높은 곳으로 드리프트하며 양공도 농도가 낮은 곳에서 높은 곳으로 드리프트할 수 있다. 캐리어의 확산 방향과 정반대이다. 이것이 역방향에서 소수 캐리어가 발생시키는 역포화 전류인데 자세한 사항은 6장에서 다룰 것이다.

5-3-2 공간전하 밀도와 폭

그림 5-19를 살펴보자. 역방향 전압 상태에서는 내부 전계의 방향과 동일하므로 내부 전계를 더욱 증가시킨다. 이는 공간전하 영역의 전하 밀도가 증가한다는 것이다. 따라서 공핍층의 폭이 증가할 것이다. 열평형 상태에서는 캐리어가 확산하려는 힘과 내부 전계에 의한 전기력이 균형을 이루기 때문에 캐리어의 흐름이 없다고 설명하였다. 역방향에서는 다수 캐리어들의 확산은 발생하지 않지만 소수 캐리어의 드리프트 현상이 발생한다. 이것은 공핍층에 인가된 강한 전계 때문이다.

그림 5-19에 각 영역에서의 다수 캐리어와 소수 캐리어의 이동 방향을 나타내었다. 소수 캐리어는 드리프트하지만 농도가 매우 낮아서 아주 작은 전류를 형성할 뿐이다. 6장 PN 접합 다이오드에서 자세히 논의하겠지만 여기서는 무시할 수 있는 작은 전류로 간주하고 넘어가자.

역방향 전압이 인가되면 공간전하 영역의 전기장은 더욱 강해진다. 전기장이 강해지려면 단위

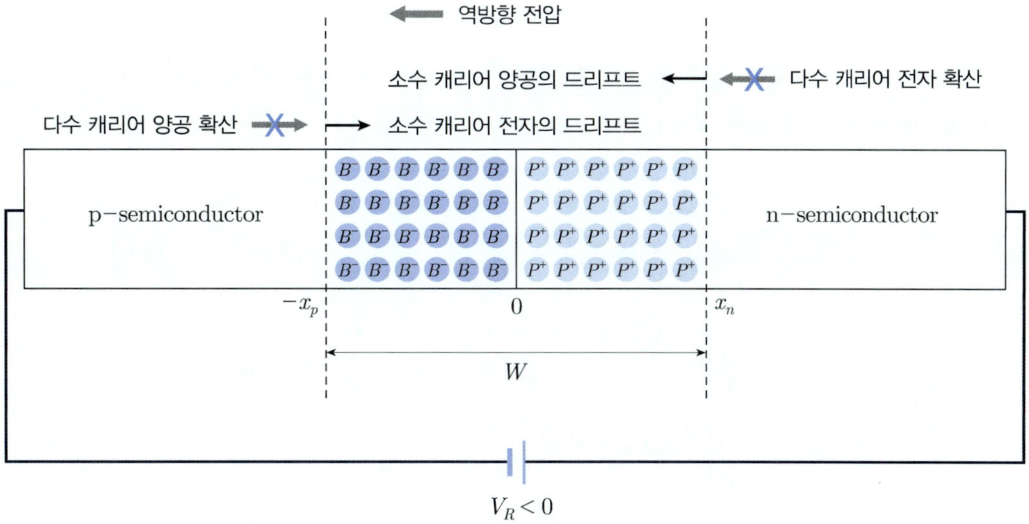

그림 5-19 역방향 바이어스 전압이 인가된 PN 접합

면적당의 유효전하 개수가 많아야 한다. 유효개수가 많아지면 공핍층의 폭은 넓어지는데, 이는 인가한 역바이어스 전압의 루트 함수에 비례해서 증가할 것이다. 순방향 전압의 경우와 동일하게 우리는 $V_{bi} = V_{bi} + V_R$로 변환할 수 있다. 따라서 역방향 전압 인가 시 공핍층의 폭은 5-26식으로 표현할 수 있다.

$$W = \sqrt{\frac{2\epsilon_s (V_{bi} + V_R)}{q} \left(\frac{N_D + N_A}{N_A N_D} \right)} \tag{5-26}$$

예제 5-1-1에서 사용한 파라미터를 이용하여 역방향 전압이 인가된 경우 공핍층이 어느 정도까지 넓어지는지 정량적으로 살펴보자. 내부 전계는 0.676 V이었고 제로 바이어스 상태에서는 공핍층의 폭이 0.947μm이었다. 역방향 전압 7 V를 인가했을 때 공핍층의 폭이 얼마나 커지는지 알아보자.

$$\begin{aligned} W &= \sqrt{\frac{2\epsilon_s (V_{bi} + V_R)}{q} \left(\frac{N_D + N_A}{N_D N_A} \right)} \\ &= \sqrt{\frac{2 \times 11.7 (8.85 \times 10^{-14})(0.676 + 7\,\mathrm{V})}{1.6 \times 10^{-19}\,\mathrm{C}} \frac{\mathrm{C}}{\mathrm{V}} \frac{1}{\mathrm{cm}} \frac{(5 \times 10^{16} + 10^{15})}{10^{15}(5 \times 10^{16}\,\mathrm{cm}^{-3})}} \\ &= 3.2\,\mu\mathrm{m} \end{aligned}$$

공핍층의 폭은 0.94μm에서 3배 이상 넓어졌음을 알 수 있다. 최대 전계는 어떻게 표현되는지 구해 보자. $x = 0$에서 최대 전계를 가지므로 최대 전계는 5-27식과 5-30식 어느 식을 사용해도 상관없다.

우리는 역방향 바이어스 전압이 인가될 때 공간전하 영역의 전하 밀도가 증가한다는 것을 이해하였다. 역방향 바이어스 상태에서 공핍층 내 양전하와 음전하가 서로 분리되어 존재하고 있는 것도 알았다. 역방향 바이어스에서의 최대 내부 전계를 구해 보자.

$$E_{\max} = -\frac{qN_D}{\epsilon_s}x_n \qquad x_n = \sqrt{\left[\frac{2\epsilon_s(V_{bi}+V_R)}{q}\frac{N_A}{N_D(N_D+N_A)}\right]}$$

$$E_{\max} = -\sqrt{\left[\frac{q^2N_D^2}{\epsilon_s^2}\frac{2\epsilon_s(V_{bi}+V_R)}{q}\frac{N_A}{N_D(N_D+N_A)}\right]}$$

$$= -\sqrt{\left[\frac{2q(V_{bi}+V_R)}{\epsilon_s}\frac{N_DN_A}{(N_D+N_A)}\right]} \tag{5-27}$$

$$W = x_n + x_p = \sqrt{\left[\frac{2\epsilon_s(V_{bi}+V_R)}{q}\frac{N_A+N_D}{N_AN_D}\right]} \tag{5-28}$$

$1/W^2$을 구해 보자. 5-28식을 제곱하고 역수를 취해 보자.

$$W^2 = \frac{2\epsilon_s(V_{bi}+V_R)(N_D+N_A)}{qN_AN_D} \qquad \frac{1}{W^2} = \frac{qN_AN_D}{2\epsilon_s(V_{bi}+V_R)(N_D+N_A)}$$

$$\frac{N_DN_A}{N_D+N_A} = \frac{2\epsilon_s(V_{bi}+V_R)}{qW^2} \tag{5-29}$$

5-29식을 5-27에 대입하고 정리하면 다음과 같다.

$$E_{\max} = -\sqrt{\left[\frac{2q(V_{bi}+V_R)}{\epsilon_s}\frac{2\epsilon_s(V_{bi}+V_R)}{qW^2}\right]} = -\frac{2(V_{bi}+V_R)}{W} \tag{5-30}$$

예제 5-3-1

300 K에서 PN 접합 다이오드가 놓여 있다. $N_A = 1\times10^{18}\,\text{cm}^{-3}$이며 역방향 전압을 30 V 인가했을 때 최대 전계 $|E_{\max}|$가 $3\times10^5\,\text{V/cm}$이었다. 도너 농도는 얼마나 주입해야 하는가?

풀이

수식 5-27을 사용한다. 한편 내부 전계는 1 V 이하이므로 역방향 바이어스에 비해 작으므로 무시한다.

$$E_{\max} = -\sqrt{\left[\frac{q^2N_D^2}{\epsilon_s^2}\frac{2\epsilon_s(V_{bi}+V_R)}{q}\frac{N_A}{N_D(N_D+N_A)}\right]} = -\sqrt{\left[\frac{2q(V_{bi}+V_R)}{\epsilon_s}\frac{N_DN_A}{(N_D+N_A)}\right]}$$

$$\therefore |E_{max}| = \sqrt{\left[\frac{2q(V_{bi}+V_R)}{\epsilon_s}\frac{N_D N_A}{(N_D+N_A)}\right]} \approx \sqrt{\left[\frac{2qV_R}{\epsilon_s}\frac{N_D N_A}{(N_D+N_A)}\right]}$$

$$3\times 10^5 = \sqrt{\left[\frac{2\times 1.6\times 10^{-19}\times 30}{11.7\times 8.85\times 10^{-14}}\frac{N_D\times 10^{18}}{N_D+10^{18}}\right]} \qquad \therefore N_D = 9.8\times 10^{15}\,\mathrm{cm}^{-3}$$

이러한 문제는 PN 접합 다이오드 설계 시 매우 중요하다. 최대 전계는 도너 농도에 비례하게 된다. 도너 농도가 증가하면 최대 전계도 증가한다. 역으로 감소하면 최대 전계도 작아지므로 이 문제의 답 $N_D = 9.8\times 10^{15}\,\mathrm{cm}^{-3}$은 최대 전계 사양을 만족하는 최대 도핑 농도가 되는 것이다.

$$|E_{max}| \propto \sqrt{\frac{N_D N_A}{(N_D+N_A)}}$$

만약 이 농도보다 적게 도핑하고 PN 접합 다이오드에 $3\times 10^5\,\mathrm{V/cm}$의 전계를 인가하면 breakdown이 일어날 수 있다. 다음 예제에서 더 살펴보자.

예제 5-3-2

300 K에서 실리콘 PN 접합 다이오드가 놓여 있다. 최대 전계 $|E_{max}|$는 $3\times 10^5\,\mathrm{V/cm}$이고 $N_A = 3\times 10^{17}\,\mathrm{cm}^{-3}$, $N_D = 5\times 10^{16}\,\mathrm{cm}^{-3}$이다. 역방향 전압은 얼마인가?

풀이

$$V_{bi} = \frac{kT}{q}\ln\left(\frac{N_A N_D}{n_i^2}\right) = (0.0259\,\mathrm{V})\ln\left(\frac{(3\times 10^{16})(5\times 10^{15})}{(1.5\times 10^{10})^2}\right) = 0.705\,\mathrm{V}$$

$$|E_{max}| = \sqrt{\left[\frac{2q(V_{bi}+V_R)}{\epsilon_s}\frac{N_D N_A}{(N_D+N_A)}\right]}$$

$$3\times 10^5 = \sqrt{\frac{2\times 1.6\times 10^{-19}(0.705+V_R)}{11.7\times 8.85\times 10^{-14}}\frac{(3\times 10^{17})(5\times 10^{16})}{(3\times 10^{17})+(5\times 10^{16})}}$$

$$\therefore V_R = 6.090\,\mathrm{V}$$

주어진 도핑 농도에서 인가할 수 있는 최대 역바이어스 전압이 6.090 V라는 의미이다. 만약 이보다 높은 전압을 인가하게 되면 junction breakdown이 발생할 수 있다.

5-3-3 접합 커패시턴스

PN 접합에 역방향 바이어스가 인가되면 공간전하 영역 내의 전하가 증가할 것이다. 그림 5-20은 추가로 아주 작은 역바이어스 전압이 인가될 때의 공핍층에서의 전하 밀도를 나타내고 있다. n, p 영역에서는 각각 양전하, 음전하가 형성될 것이다. 각 영역에서의 전하의 총합은 직사각형의 면적에 해당한다. 각 영역에서의 전하 밀도의 총합은 동일(직사각형 면적이 서로 동일)하므로 이상을 수학적으로 표현하면 다음과 같다. 단위 면적당 커패시턴스 C'를 구해 보자.

$$C' = \frac{dQ'}{dV_R} \qquad Q' = qN_D x_n = qN_A x_p \tag{5-31}$$

C'는 역방향 바이어스 증분에 대한 전하의 증분의 비율이다. 이것을 직접 미분하는 것이 어려우므로 다음과 같이 수학적인 변형을 하고 각각을 구해 보자.

$$C' = \frac{dQ'}{dx_n}\frac{dx_n}{dW}\frac{dW}{dV_R} \tag{5-32}$$

1) $\dfrac{dQ'}{dx_n}$

$$Q' = qN_D x_n \text{이므로 } \frac{dQ'}{dx_n} = \frac{d(qN_D x_n)}{dx_n} = qN_D \tag{5-33}$$

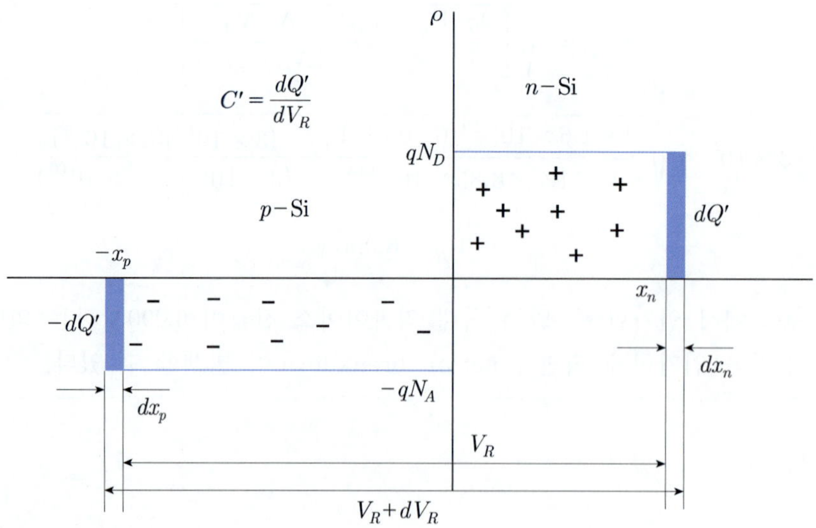

그림 5-20 역방향 바이어스의 미분 변화에 따른 공핍층 내 전하의 미분 변화

2) $\dfrac{dx_n}{dW}$

$$x_n = \sqrt{\left[\frac{2\epsilon_s(V_{bi}+V_R)}{q}\left(\frac{N_A}{N_D(N_D+N_A)}\right)\right]}$$

$$W = x_n + x_p = \sqrt{\left[\frac{2\epsilon_s(V_{bi}+V_R)}{q}\left(\frac{1}{N_A}+\frac{1}{N_D}\right)\right]} = \sqrt{\left[\frac{2\epsilon_s(V_{bi}+V_R)}{q}\left(\frac{N_D+N_A}{N_D N_A}\right)\right]}$$

x_n 수식의 분자, 분모에 $N_A(N_D+N_A)$를 곱하고 정리하면

$$x_n = \sqrt{\left[\frac{2\epsilon_s(V_{bi}+V_R)}{q}\left(\frac{N_A}{N_D(N_D+N_A)}\right)\right]} = \sqrt{\left[\frac{2\epsilon_s(V_{bi}+V_R)}{q}\left(\frac{N_A^2(N_D+N_A)}{N_A N_D(N_D+N_A)^2}\right)\right]}$$

$$= \sqrt{\left[\frac{2\epsilon_s(V_{bi}+V_R)}{q}\left(\frac{N_D+N_A}{N_D N_A}\right)\left(\frac{N_A^2}{(N_A+N_D)^2}\right)\right]} = W\frac{N_A}{N_D+N_A}$$

$$\therefore \frac{dx_n}{dW} = \frac{d}{dW}\left[W\frac{N_A}{N_D+N_A}\right] = \frac{N_A}{N_D+N_A} = \frac{1}{1+(N_D/N_A)} \tag{5-34}$$

3) $\dfrac{dW}{dV_R}$

제곱근 함수의 미분을 기억해 보자.

$y = \sqrt{f(x)}$ $\dfrac{dy}{dx} = \dfrac{f(x)'}{2\sqrt{f(x)}}$ 이다.

$$\frac{dW}{dV_R} = \frac{\dfrac{2\epsilon_s}{q}\left(\dfrac{1}{N_A}+\dfrac{1}{N_D}\right)}{2\sqrt{\dfrac{2\epsilon_s}{q}\left(\dfrac{1}{N_A}+\dfrac{1}{N_D}\right)(V_R+V_{bi})}} = \frac{\sqrt{\dfrac{2\epsilon_s}{q}\left(\dfrac{1}{N_A}+\dfrac{1}{N_D}\right)}}{2\sqrt{V_R+V_{bi}}}$$

$$= \sqrt{\left[\frac{\epsilon_s}{2q}\left(\frac{1}{N_A}+\frac{1}{N_D}\right)\right]}\frac{1}{\sqrt{V_R+V_{bi}}}$$

이제 1), 2), 3)에서 구한 모든 식을 곱해 주면 된다.

$$C' = \frac{dQ'}{dx_n}\frac{dx_n}{dW}\frac{dW}{dV_R} = qN_D\frac{1}{1+N_D/N_A}\sqrt{\left[\frac{\epsilon_s}{2q}\left(\frac{1}{N_A}+\frac{1}{N_D}\right)\right]}\frac{1}{\sqrt{V_R+V_{bi}}}$$

$$= \frac{qN_DN_A}{N_D+N_A}\sqrt{\left[\frac{\epsilon_s}{2q}\frac{(N_A+N_D)}{N_AN_D}\right]}\frac{1}{\sqrt{V_R+V_{bi}}}$$

$$= \sqrt{\left[\frac{q\epsilon_s}{2}\frac{N_AN_D}{(N_A+N_D)}\right]}\frac{1}{\sqrt{V_R+V_{bi}}}$$

$$\therefore C' = \sqrt{\frac{q\epsilon_s N_D N_A}{2(N_D+N_A)(V_R+V_{bi})}} \tag{5-35}$$

제곱근 안의 항의 실리콘의 유전상수 항을 제외한 나머지 부분은 W의 역수에 해당한다. 따라서 커패시턴스는 다음과 같이 표현할 수도 있다. 여기서 PN 접합의 단면적 A를 곱해 주면 된다.

$$C' = \frac{\epsilon_s}{W} \qquad C = A\frac{\epsilon_s}{W} \tag{5-36}$$

이 식은 우리가 알고 있는 평행판 커패시턴스의 수식과 동일한 형태이다. 그림 5-21은 평행판 커패시터를 보여 주고 있다. 두 전극판의 거리가 좁을수록 전기장의 세기는 증가하며 이는 전하를 담을 수 있는 용량을 표시하는 커패시턴스가 증가한다는 것이다. 전극에 전하가 축적되며 전극 사이의 유전체는 두 전극을 서로 전기적으로 분리시켜 주는 역할을 한다. 따라서 유전체의 유전상수가 큰 물질일수록 전극에 더 많은 전하를 축적시킬 수 있다. 유전체의 유전상수값을 증가시키면 정전 용량이 증가한다는 것이다. 유전상수가 큰 물질은 전기장에 쉽게 반응해서 분극현상을 일으키어 전기장을 screening하여 완화시켜주는 역할을 한다. 따라서 전극에 더 많은 전하를 축적시킬 수 있어서 정전 용량이 증가하는 것이다. 접합 커패시턴스는 평행판 커패시터와 같은 형태로 표현할 수 있지만 매우 다른 동작을 한다. 접합 커패시턴스는 역방향 전압이 증가함에 따라 공핍층의 폭이

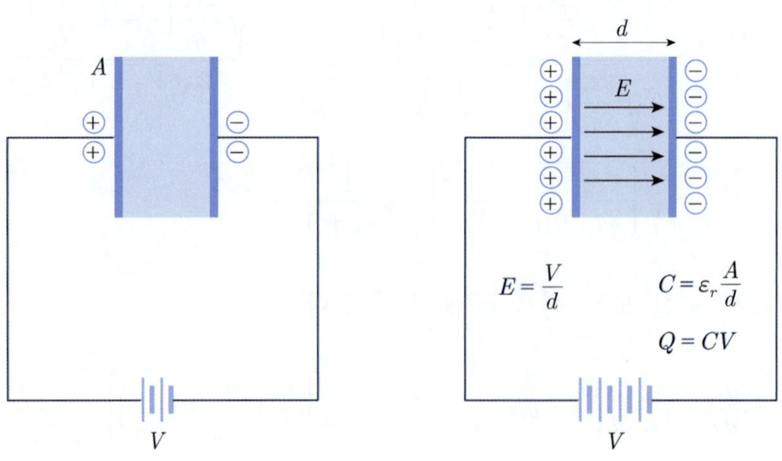

그림 5-21 평행판 커패시터의 정전 용량

늘어나므로 커패시턴스가 감소함을 알 수 있다. 접합 커패시턴스는 역방향 전압의 함수이다. 반면에 평행판 커패시턴스는 전압의 함수가 아니다. 두 전극에 인가하는 전압이 증가한다 해도 전극 간의 거리는 변하지 않는다. 평행판 커패시턴스는 매질의 유전상수와 전극의 면적과 거리의 함수이다.

만약에 P^+N 접합을 가정한다면 $N_D + N_A \approx N_A$이므로 커패시터는 5-34식으로부터 다음과 같이 단순화된다.

$$C' = \sqrt{\frac{q\epsilon_s N_D}{2(V_R + V_{bi})}}$$

예제 5-3-3

300 K에서 실리콘 PN 접합 다이오드가 놓여 있다. $V_R = 3\,\text{V},\ 6\,\text{V}$일 때 접합 커패시턴스를 구해 보아라. $N_A = 3\times10^{17}\,\text{cm}^{-3}$, $N_D = 5\times10^{16}\,\text{cm}^{-3}$이다. 접합의 단면적은 $A = 10^{-4}\,\text{cm}^2$이다.

풀이

1) $V_R = 6\,\text{V}$의 경우

$$V_{bi} = \frac{kT}{q}\ln\left(\frac{N_A N_D}{n_i^2}\right) = (0.0259\,\text{V})\ln\left(\frac{(3\times10^{16})(5\times10^{15})}{(1.5\times10^{10})^2}\right) = 0.705\,\text{V}$$

$$\begin{aligned} C' &= \sqrt{\frac{q\epsilon_s N_D N_A}{2(N_D + N_A)(V_R + V_{bi})}} \\ &= \sqrt{\frac{(1.6\times10^{-19})(11.7)(8.85\times10^{-14})(5\times10^{16})(3\times10^{17})}{[2(5\times10^{16}) + 2(3\times10^{17})](6 + 0.705)}} \\ &= 2.301\times10^{-8}\,\text{F/cm}^2 \end{aligned}$$

$$\therefore C = C'\times10^{-4}\,\text{cm}^2 = 2.301\times10^{-8}\times10^{-4}\,\text{F} = 2.301\,\text{pF}$$

2) $V_R = 3\,\text{V}$의 경우

$$\begin{aligned} C' &= \sqrt{\frac{q\epsilon_s N_D N_A}{2(N_D + N_A)(V_R + V_{bi})}} \\ &= \sqrt{\frac{(1.6\times10^{-19})(11.7)(8.85\times10^{-14})(5\times10^{16})(3\times10^{17})}{[2(5\times10^{16}) + 2(3\times10^{17})](3 + 0.705)}} \\ &= 3.095\times10^{-8}\,\text{F/cm}^2 \end{aligned}$$

$$\therefore C = C'\times10^{-4}\,\text{cm}^2 = 3.095\times10^{-8}\times10^{-4}\,\text{F} = 3.095\,\text{pF}$$

독자들은 아주 기본적인 평행판 커패시턴스의 원리를 잘 이해하길 바란다. 커패시턴스를 결정하는 인자는 전극의 면적과 전극 간 거리, 매질의 유전상수이다. 커패시턴스를 증가시키는 것은 매우 중요하다. 가령 MOSFET의 전류 구동 능력을 향상시키기 위해 게이트 절연막의 커패시턴스를 증가시키는 방법을 사용한다. 그중 가장 간단한 방법이 게이트 절연막의 두께를 감소시키는 것이다. 현재는 두께가 1.2 nm까지 감소되었다. 이렇게 얇은 두께에서는 양자역학적으로 터널링 현상이 발생하므로 원치 않는 누설 전류가 발생할 수도 있다. 따라서 두께를 줄이지 않고 커패시턴스를 증가시키는 방법은 게이트 절연막에 유전상수가 큰 물질을 사용하는 것이다. 자세한 내용은 9장 MOSFET 편에서 다시 한번 논의하겠다.

5-4 전압 변화에 따른 PN 접합의 요약

지금까지 논의한 역방향 바이어스 상태에서는 열평형 상태(순방향 전압이 0) 내부 전위 장벽이 높아지고 공핍층의 폭이 넓어지면서 내부 전계가 증가하게 된다. 밴드의 휘어짐을 나타내는 퍼텐셜은 커질 것이다. 이것을 정리한 것이 그림 5-22, 5-23이다.

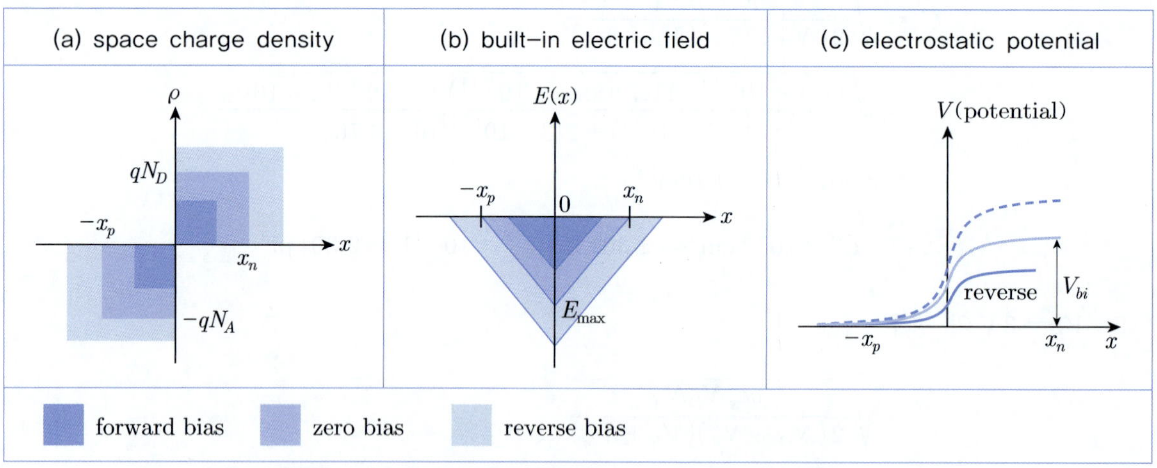

그림 5-22 공간전하 밀도, 내부 전계, 정전 퍼텐셜

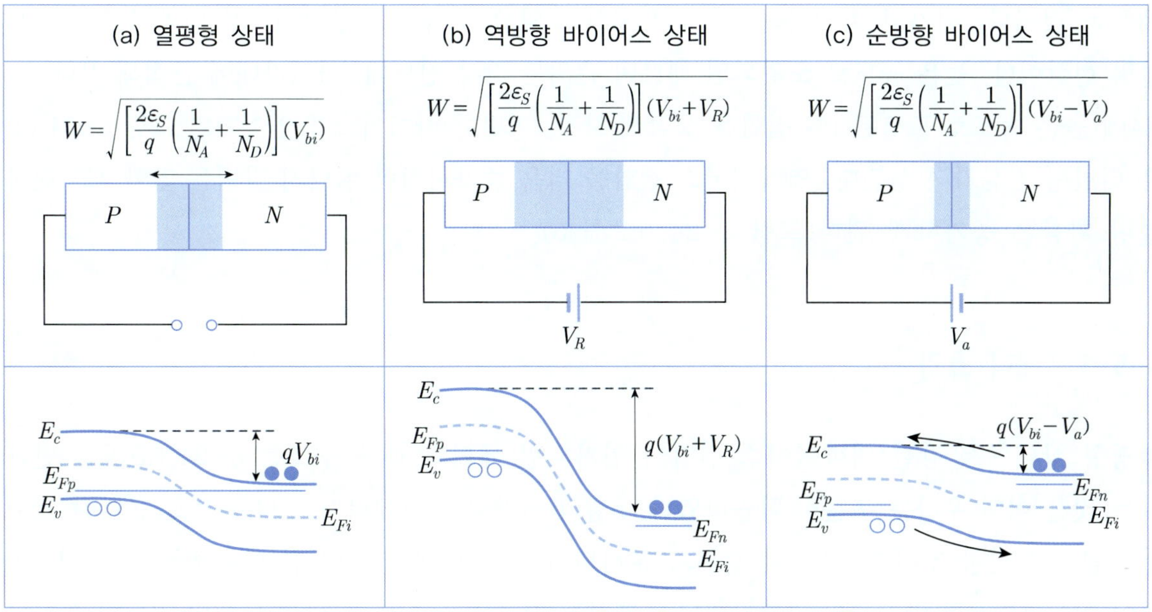

그림 5-23 에너지 밴드 구조와 공핍층의 폭

5-5 역방향 바이어스에서의 물리적 현상

다음은 역방향 바이어스 상태에서 일어나는 몇 가지 물리 현상에 대해서 고찰해 보자. 앞에서는 소수 캐리어의 드리프트 전류를 형성한다고 배웠지만 이것을 무시하고 지금까지 논의해 온 사실을

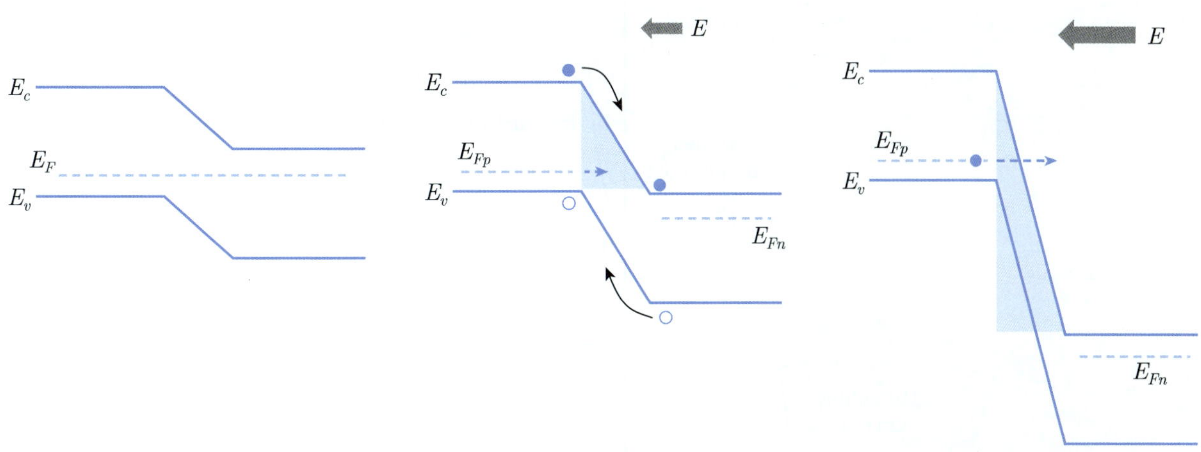

(a) 제로 바이어스 (b) 역바이어스 (c) 강한 역바이어스

그림 5-24 과도핑 반도체에 강한 역바이어스가 인가된 상태

이해했을 것이다. 여기서 소개하는 몇 가지 현상도 앞으로 자주 등장한다. 첫 번째가 양자역학적 터널링 현상이다. 높은 농도로 도핑되면 페르미 준위는 각각 전도대, 가전자대에 근접해 간다. 그림 5-24에 높은 농도로 도핑된 PN 접합을 생각해 보자. 역방향 바이어스가 인가되면 그림 5-24 (a)와 같은 터널링 전류가 형성된다. 역바이어스 전압을 더욱 증가시키면 에너지 장벽은 얇아지고 전자의 터널링 확률은 증가하게 된다(그림 5-24 (c) 참조).

5-5-1 제너 효과

열평형 상태에서 강한 역바이어스 전압이 인가되면 에너지 밴드 구조는 5-24 (a)처럼 변하게 된다는 것을 이미 우리는 충분히 학습하였다. p형의 전자의 위치에너지는 더욱 위로 올라갈 것이고 n형은 밑으로 향할 것이다. 페르미 준위가 분리되어 있는 상태를 보면 쉽게 이해할 수 있다. 이런 상황이 일어나면 p형 반도체의 가전자대에 존재하는 전자는 direct로 n형 반도체의 전도대로 터널링 해간다. 이것이 가능한 이유 중 하나는 역바이어스 전압이 증가함에 따라 밴드 구조도 달라지지만 에너지 장벽의 두께가 얇아짐에 따른 것이다. 양자역학적으로 전자의 터널링 확률이 증가한다는 것은 이미 1장에서 배웠다. 터널링 확률은 장벽 두께의 지수함수에 의존한다는 것이다. 물론 이 경우는 입사하는 전자의 에너지가 전위 장벽보다 매우 낮은 경우다. 이러한 경우라 할지라도 전자는 터널링할 수 있다는 것이다. 터널링 확률은 $\sim \exp(-2K_2 a)$ 임을 기억할 것이다. a는 장벽의 두께이다. 이런 현상이 존재하기 때문에 PN 접합에서 강한 역방향 바이어스 전압이 인가되면 갑자기 전류가 크게 증가하는 현상이 발생한다. 이것을 제너(Zener) 효과라고 하며, 이때의 전압을 제너

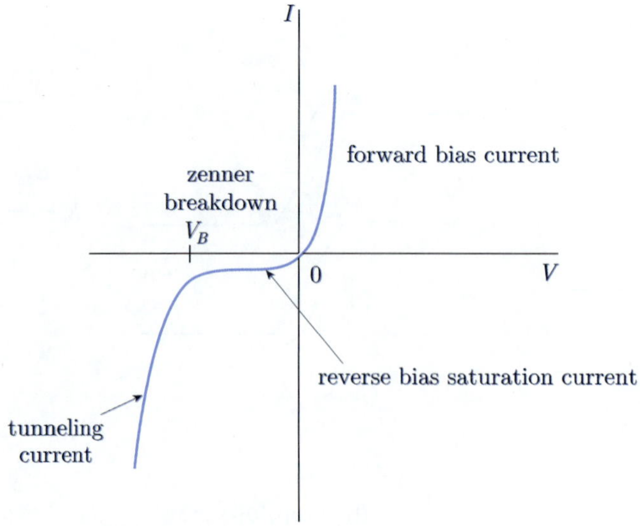

그림 5-25 제너 다이오드의 전류-전압 특성

브레이크다운 전압이라 부른다. 이러한 특성을 이용한 다이오드가 제너 다이오드이다. 그림 5-25에 제너 다이오드의 전압-전류 특성을 표시하였다. 제너 다이오드의 재미있는 특징 중 하나는 바로 큰 전류가 들어와도 전압이 일정하게 유지된다는 것이다. 그림 5-25를 보면 알겠지만 전류가 커진다 해도 특정 전압 제너 브레이크다운 전압으로 수렴한다. 따라서 이러한 특성을 이용해서 회로 또는 IC 보호용 다이오드로 많이 사용한다. 외부에서 과전류가 들어오더라도 회로가 고장 나지 않게 특정 전압 이상으로 걸리지 않도록 보호해 주는 역할을 하기 때문이다. 역방향 바이어스에서는 전류가 흐르지 않는다고 하였는데 그림 5-25를 보면 미약하지만 전류가 흐르고 있는 것을 알 수 있다. 엄밀하게는 전류 성분이 0이 되지 않는다. 이것은 간단히 언급하였지만 역바이어스 상태에서 소수 캐리어들이 전계에 끌려서 전자와 양공이 각각 중성 영역으로 드리프트되었기 때문이다. 이 메커니즘에 대해서는 PN 다이오드에서 다루겠다.

5-5-2 애벌런치 항복

두 번째 역방향 바이어스가 인가된 상태에서 발생하는 대표적 물리 현상으로 애벌런치(avalanche) 항복 효과라는 것이 있다. 그림 5-26에 그 메커니즘을 도식화하였다. 애벌런치 항복 과정도 제너 효과와 비슷하게 역방향 바이어스 상태에서 전류가 급증하는 것이다. 동일하게 전류가 증가하지만 그 메커니즘은 완전히 다르다. 제너 효과는 터널링 전류이다. 그러나 애벌런치는 공간전하 영역에서의 생성 전류이다. 그림 5-26 (a)를 보자. p형 영역에 존재하는 소수 캐리어 전자들은 공간전하 영역 근처의 강한 전계에 의해 에너지를 얻어 공간전하 영역으로 끌려 들어간다.

그림 5-26 (b)에 나타낸 전자들은 공간전하 영역으로 드리프트해 들어간다. 강한 전계에 의해

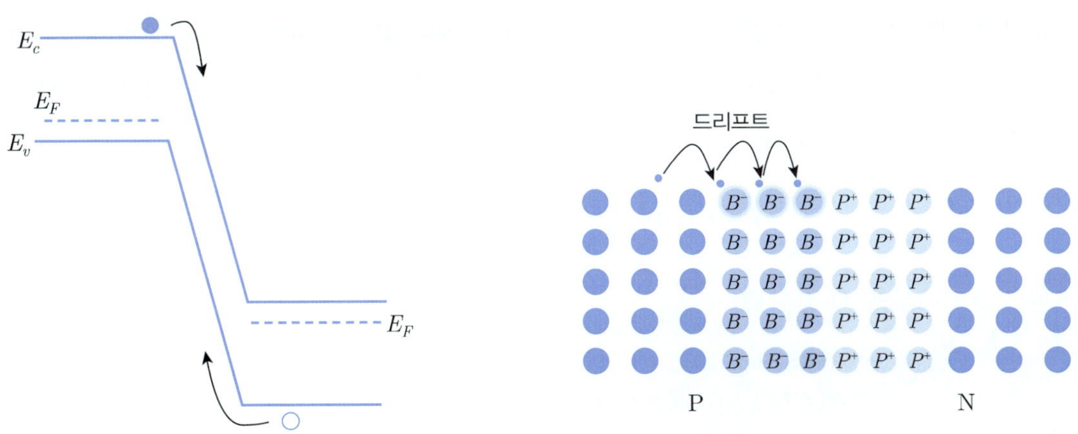

(a) 역바이어스 전계에 의한 전자 가속　(b) 공간전하 영역으로 드리프트하는 소수 캐리어 전자

그림 5-26 PN 접합의 역바이어스 시의 애벌런치 항복

얻은 큰 에너지는 운동에너지로 변환되어 빠르게 공간전하 영역으로 들어가서 도너 이온이나 원자들과 충돌하여 자신의 에너지를 충돌입자에 전달한다. 이로 인하여 충돌입자에서는 또 다시 전자가 튀어나오며 전자와 양공 쌍을 만들게 된다. 튀어 나온 전자는 연쇄적으로 원자들과 충돌해서 전자와 양공 쌍을 만들어 간다. 이러한 반응이 연쇄 반응을 일으켜 무수히 많은 전자와 양공의 쌍이 공간전하 영역에서 생성되는 것이다(그림 5-27 참조). 이것은 impact ionization이 연속적으로 발생하는 현상과 동일하다.

대부분의 PN 접합에서의 항복 메커니즘은 제너 효과보다는 애벌런치 항복 효과에 의한 것이다. 공핍층 내에서 애벌런치 항복이 발생했을 때 공핍층 끝 지점에서의 전자 전류는 애벌런치 증배 인자와 공핍층 시작점에서의 전자 전류의 곱으로 표현할 수 있다. 전자 전류는 초기에 일정 값을 가지다가 공핍층을 지나면서 애벌런치 효과로 인해 많은 캐리어를 생성하기 때문에 전자 전류는 증가할 것이라고 쉽게 예측할 수 있다.

$$I_n(W) = M_n I_{n0} \tag{5-37}$$

M_n : 애벌런치 증배 인자 I_{n0} : $x=0$ 지점에서의 전류

$x=0$에서 전자가 공간전하 영역을 들어오는 지점이라고 하고 공간전하 영역의 끝점을 W라 한다면 전자는 $x=W$ 지점에서 전자의 전류는 수식 5-37과 같이 표현 가능하다.

공간전하 영역 임의의 x 지점에서 전자 전류의 미분 증가율을 구해 보면

$$\frac{dI_n(x)}{dx} = \alpha_n I_n(x) + \alpha_p I_p(x) \tag{5-38}$$

α_n, α_p는 전자와 양공의 이온화율로 정의한다. 즉 단위 길이당 한 개의 전자 또는 한 개의 양공을 생성하기 위해 필요한 전자-양공 쌍의 개수를 의미한다. 이온화율이 100이라는 것은 한 개의 전자와 양공 쌍은 반드시 전자 1개, 양공 1개를 만들어낸다는 의미이다. 총 전류라는 것은 전자와 양공의 전류의 합으로 표시할 수 있다.

$$I = I_n(x) + I_p(x) \qquad I_p(x) = I - I_n(x) \tag{5-39}$$

5-39식을 5-38식에 대입하면

$$\frac{dI_n(x)}{dx} = \alpha_n I_n(x) + \alpha_p [I - I_n(x)]$$

$$\frac{dI_n(x)}{dx} + (\alpha_p - \alpha_n) I_n(x) = \alpha_p I \qquad \alpha_n = \alpha_p = \alpha \text{(전자와 양공의 이온화율은 동일)}$$

$$\frac{dI_n(x)}{dx} = \alpha_p I \quad \Rightarrow \quad dI_n(x) = \alpha_p I dx \quad \Rightarrow \quad I_n(W) - I_n(0) = I\int_0^W \alpha dx$$

이온화율은 거리에 따라 변하므로 변수로 취급하고 공핍층 전체에 흐르는 전류는 일정하므로 상수로 볼 수 있다.

$$\int_0^W \alpha dx = \frac{I_n(W) - I_n(0)}{I} = \frac{M_n I_{n0} - I_n(0)}{I} \quad (\because I_n(W) = M_n I_{n0})$$

$M_n I_{n0} \approx I,\ \ I_n(0) = I_{n0}$ 이므로

$$\int_0^W \alpha dx = 1 - \frac{1}{M_n} \tag{5-40}$$

애벌런치 항복이 일어나는 전압을 고찰해 보자. M_n은 애벌런치 증배 인자이다. 전자와 공간전하 영역 내 이온화된 불순물, 원자들과 충돌해 가면서 계속해서 전자와 양공 쌍을 형성해 주는 인자들이다. 이것은 공간전하 영역 내에서 무한대로 일어나야 한다. 이때의 전압을 애벌런치 항복 전압으로 정의할 수 있다. M_n이 무한대로 수렴하려면 좌변의 이온화율이 100%가 되어야 할 것이다. 즉 좌변의 적분 값은 1이 되어야 한다.

$$\int_0^W \alpha dx = 1 \tag{5-41}$$

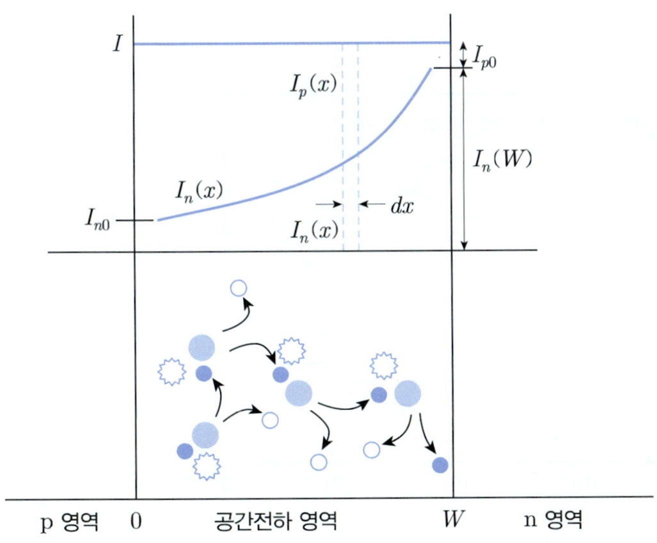

(a) 애벌런치 항복 과정

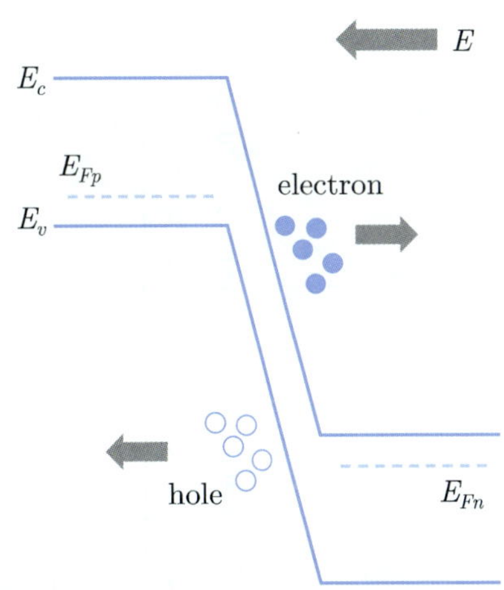

(b) 연쇄 충돌로 생성된 캐리어의 흐름

그림 5-27 애벌런치 항복 과정

수식 5-41은 애벌런치 항복이 발생하는 조건에 해당한다. 전자와 입자들의 연쇄 충돌로 인하여 공간전하 영역 내의 총 길이 안에서 전자와 양공 쌍의 이온화율이 100%가 되어야 한다는 의미이다.

P^+N 접합을 생각해 보자. 최대 전계는 $x=0$에서 발생하며 $N_D+N_A \approx N_A$이다. 앞에서 구한 5-27식은 다음과 같이 간략화된다.

$$E_{\max} = -\frac{qN_D}{\epsilon_s}x_n \quad (5\text{-}42)$$

$$x_n = \sqrt{\left[\frac{2\epsilon_s(V_{bi}+V_R)}{q}\frac{N_A}{N_D(N_D+N_A)}\right]} = \sqrt{\left[\frac{2\epsilon_s V_R}{q}\frac{1}{N_D}\right]} \quad (5\text{-}43)$$

내부 전계 V_{bi}는 인가한 역방향 바이어스에 비해 매우 작으므로 생략하였다. 애벌런치 항복 전압은 결국 인가한 역방향 바이어스로 보아도 무방할 것이다.

따라서 V_R을 V_B(breakdown voltage)로 변환하고 $E_{\max}$는 애벌런치 항복이 일어나는 임계 전계 E_{crit}로 표현할 수 있다. 이것은 $x=0$ 지점에서 최대 전계 값을 갖는데 애벌런치 항복 효과가 일어나는 최대 전계 값을 임계값으로 볼 수 있다.

$E_{\max} \rightarrow E_{\text{crit}}$, $V_R \rightarrow V_B$로 치환하고 5-43식을 5-42식에 대입해서 정리하면

$E_{\text{crit}} = -\dfrac{qN_D}{\epsilon_s}\sqrt{\dfrac{2\epsilon_s V_B}{qN_D}}$, 양변을 제곱하면 $E_{\text{crit}}^2 = \left(\dfrac{qN_D}{\epsilon_s}\right)^2\dfrac{2\epsilon_s V_B}{qN_D} = \dfrac{2qN_D V_B}{\epsilon_s}$

$$\therefore V_B = \frac{\epsilon_s E_{crit}^2}{2qN_D} = \frac{\epsilon_s E_{crit}^2}{2qN_B}$$

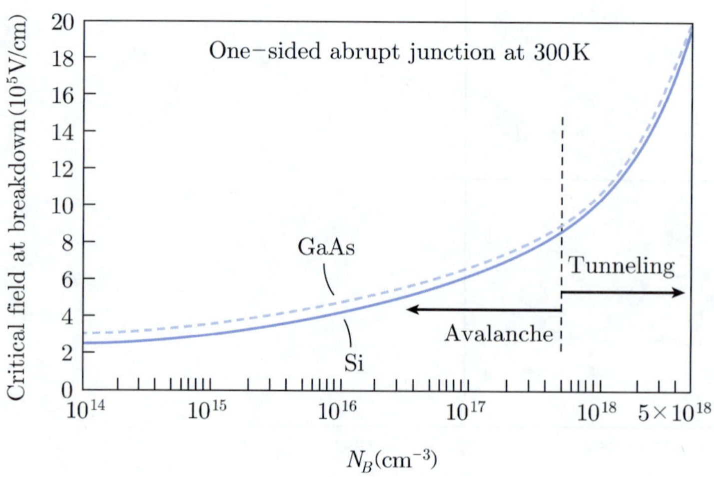

그림 5-28 일방형 PN 접합에서의 항복이 일어나는 전계와 도핑 농도의 관계
(S.M. Sze, physics of semiconductor devices, third edition)

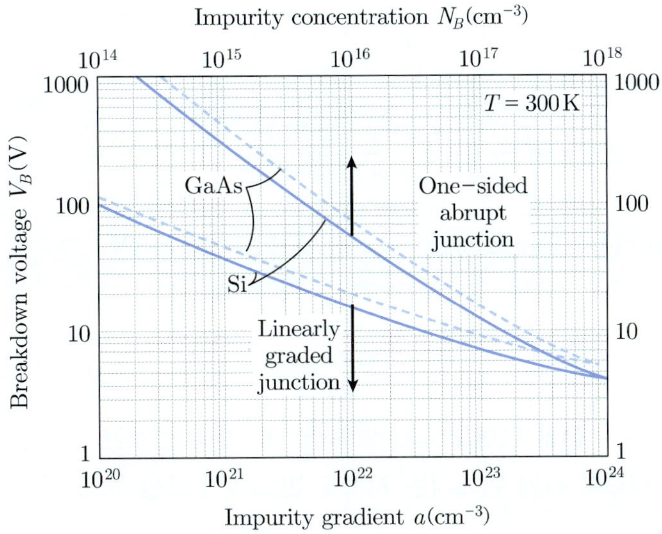

그림 5-29 선형 경사 분포를 갖는 PN 접합에서의 항복 전압
(S.M. Sze, physics of semiconductor devices, third edition)

여기서 N_B는 일방 접합의 저농도로 도핑된 반도체의 도핑 농도에 해당한다.

그림 5-28은 P^+N 계단형 접합에서 도너 농도에 따른 애벌런치 항복 전계와의 관계를 나타낸 그림이다. 가령 $N_D = 1\times10^{17}\,\mathrm{cm}^{-3}$로 도핑되었을 때(일방 접합에서 저농도로 주입된 반도체의 도핑 농도를 의미, $N_D = N_B$) 애벌런치 항복이 일어나려면 임계 전계 값은 대략 $6\times10^5\,\mathrm{V/cm}$ 이상이어야 한다는 의미이다. 고농도로 도핑된 축퇴 반도체에서는 역방향 바이어스의 인가 시 전류는 터널링 메커니즘이 지배적이며 중간 수준으로 도핑된 반도체에서는 애벌런치에 의한 캐리어의 생성이 지배적인 전류 메커니즘이다. 대략 그때의 기준이 되는 도너 농도는 $5\times10^{17}\,\mathrm{cm}^{-3}$임을 알 수 있다. 급준한 계단형 도핑 프로파일의 경우 외에 선형적 도핑 프로파일을 갖는 경우, 그에 대한 항복 전압을 그림 5-29에 나타내었다.

예제 5-5-1

300 K에서 실리콘 PN 접합 다이오드가 놓여 있다. $N_D = N_A = 1\times10^{17}\,\mathrm{cm}^{-3}$으로 도핑되어 있으며 최대 전계는 그림 5-28에 $6\times10^5\,\mathrm{V/cm}$로 나타내었다. 항복 전압을 구해 보아라.

풀이

$E_{\max} = E_{crit}$, $V_B = V_R$이다.

$$V_{bi} = \frac{kT}{q}\ln\left(\frac{N_A N_D}{n_i^2}\right) = (0.0259)\ln\left[\frac{(1\times10^{34})}{(1.5\times10^{10})^2}\right] = 0.814\,\mathrm{V}$$

$$|E_{\max}| = 6\times 10^5 = \sqrt{\frac{2q(V_{bi}+V_R)}{\epsilon_s}\left(\frac{N_D N_A}{N_D+N_A}\right)}$$

$$= \sqrt{\frac{2(1.6\times 10^{-19})(0.814+V_R)}{11.7\times 8.85\times 10^{-14}}\frac{1\times 10^{34}}{2\times 10^{17}}}$$

$$0.814 + V_R = 23.30 \quad \Rightarrow \quad \therefore V_R = 22.483\,\mathrm{V}$$

예제 5-5-2

300 K에서 실리콘 PN^+ 접합 다이오드가 놓여 있다. 최대 전계는 $E_{\mathrm{crit}} = 4\times 10^5\,\mathrm{V/cm}$이다. 항복전압이 40 V가 되도록 하기 위해서는 저농도 반도체의 도핑 농도 $N_B = N_A$는 얼마로 하면 좋겠는가?

풀이

$$V_B = \frac{\epsilon_s E_{crit}^2}{2qN_B} \quad \Rightarrow \quad N_B = \frac{\epsilon_s E_{crit}^2}{2qV_B} = \frac{11.7\times 8.85\times 10^{-14}(4\times 10^5)^2}{2(1.6\times 10^{-19})(40)}$$

$$\therefore N_B = N_A = 1.294\times 10^{16}\,\mathrm{cm}^{-3}$$

5-6 선형 경사 도핑 PN 접합

우리는 지금까지 접합부의 도핑 프로파일이 급격히 변하는 계단형 접합만을 논의해 왔다. n형 반도체에서 억셉터 불순물을 열확산시킨다고 가정해 보자. 표면으로부터 억셉터 원자들은 열확산에 의해 점차 결정의 깊이 방향으로 확산해 갈 것이다. 그림 5-30에 나타내었다. 도핑 농도는 선형적으로 변한다고 가정하겠다. 표면에는 억셉터 원자들의 농도가 더 높을 것이고 깊이 방향으로 갈수록 억셉터 농도는 감소하다가 도너 농도와 같은 지점을 지나면 그때부터는 도너 농도가 점차 우세해질 것이다. 두 불순물의 농도 차를 종속변수, 거리를 독립변수로 도핑 프로파일을 요약하면 일차함수의 형태를 보일 것이다. 따라서 공간 전하 밀도 역시 일차함수 형태를 보인다.

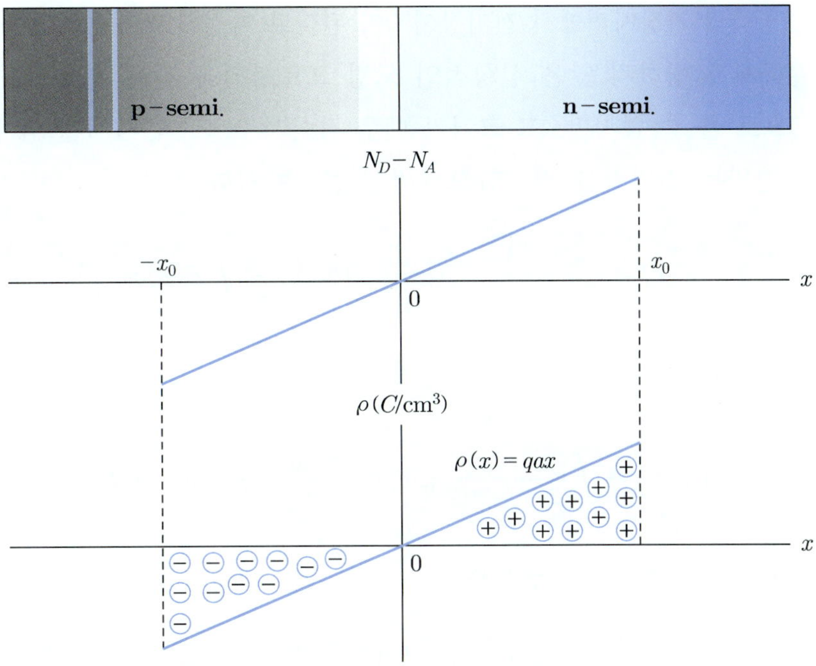

그림 5-30 선형 경사 분포를 갖는 PN 접합

5-6-1 전계와 전위

공간전하 영역 내에서의 전계 및 전위는 푸아송 방정식으로부터 구할 수 있다.

$$I)\ -x_0 < x < x_0$$

$$\frac{dE}{dx} = \frac{\rho(x)}{\epsilon_s} = \frac{qax}{\epsilon_s} \qquad a:\ \text{도핑 농도의 기울기}$$

$$E(x) = \frac{qa}{\epsilon_s}\int x dx = \frac{qax^2}{2\epsilon_s} + C$$

$$x = x_0 \ \Rightarrow\ E = 0 \quad \therefore\ C = -\frac{qax_0^2}{2\epsilon_s}$$

$$E = \frac{qa}{2\epsilon_s}(x^2 - x_0^2)$$

전기장의 분포는 포물선 형태임을 알 수 있다. 계단형 접합에서는 일차함수 관계에 있었지만 경사진 분포의 도핑 프로파일을 갖는 PN 접합에서는 이차함수의 형태를 갖는다. 전기장을 구하는 과정에서 공간전하 영역의 가장자리에서 전기장이 0이 된다고 가정하고 경계조건을 사용하여 적분상수를 구했다. 균일하게 도핑하지 않은 선형적인 도핑 프로파일을 갖는 경우는 벌크 영역 내에서 전계는 엄밀하게 0으로 볼 수 없지만, 그 크기가 매우 작아서 0으로 근사시킨 점에 주의하라. 접합 전체에 걸려 있는 전위는 전기장을 적분함으로써 얻을 수 있다.

$$E(x) = -\frac{dV(x)}{dx} \qquad \Rightarrow \qquad V(x) = -\int E(x)dx$$

1) p 영역$(-x_0 < x < 0)$

$$V(x) = -\int \frac{qa}{2\epsilon_s}(x^2 - x_0^2)dx = -\frac{qa}{2\epsilon_s}\left(\frac{x^3}{3} - x_0^2 x\right) + C$$

$x = -x_0$에서 전위의 기준점 0으로 놓는다.

$$V_p(-x_0) = -\frac{qa}{2\epsilon_s}\left(\frac{-x_0^3}{3} + x_0^3\right) + C = 0 \qquad \Rightarrow \qquad C = \frac{qax_0^3}{3\epsilon_s}$$

$$\therefore V_p(x) = -\frac{qa}{2\epsilon_s}\left(\frac{x^3}{3} - x_0^2 x\right) + \frac{qax_0^3}{3\epsilon_s}$$

$x = x_0$일 때 전위 V_{bi}로 놓는다. 따라서 $V_p(x_0) = V_{bi}$가 성립한다. 수식을 다시 정리하면 다음과 같다.

$$V_p(x_0) = -\frac{qa}{2\epsilon_s}\left(\frac{x_0^3}{3} - x_0^3\right) + \frac{qax_0^3}{3\epsilon_s} = V_{bi} \qquad \Rightarrow \qquad \therefore V_{bi} = \frac{2qax_0^3}{3\epsilon_s}$$

계단형 접합에서 구했듯이 n형 영역에서의 전위를 구하고 $x = 0$에서 연속으로 놓고 구해도 동일한 결과를 얻을 수 있다.

2) n 영역$(0 < x < x_0)$

$$V_n(x) = -\int \frac{qa}{2\epsilon_s}(x^2 - x_0^2)dx = -\frac{qa}{2\epsilon_s}\left(\frac{x^3}{3} - x_0^2 x\right) + C$$

적분 상수를 구하고 정리하면 최종적으로 다음과 같다(풀이 생략).

$$V_n(x) = -\frac{qa}{2\epsilon_s}\left(\frac{x^3}{3} - x_0^2 x\right) + V_{bi} - \frac{qax_0^3}{3\epsilon_s}$$

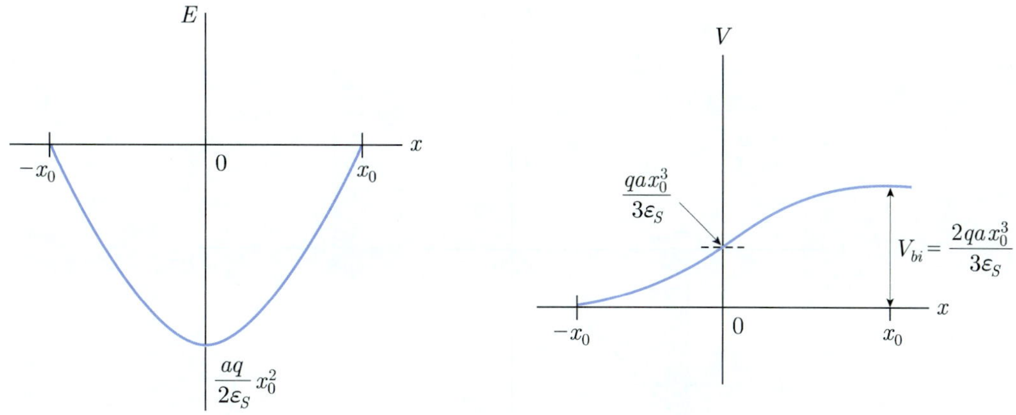

(a) 전계 분포 (b) 정전 퍼텐셜

그림 5-31 도핑 농도가 선형 기울기를 갖는 PN 접합의 공핍층에 걸친 전계와 정전 퍼텐셜

$x=0$에서 전위함수는 연속이므로 $V_p(x=0)=V_n(x=0)$

$$\frac{qax_0^3}{3\epsilon_s}=V_{bi}-\frac{qax_0^3}{3\epsilon_s} \quad \Rightarrow \quad \therefore V_{bi}=\frac{2qax_0^3}{3\epsilon_s}$$

그림 5-31에 도핑 농도가 선형 기울기를 갖는 PN 접합의 공핍층에 걸친 전계와 정전 퍼텐셜을 표시하였다. 내부 전계는 우리에게 친근한 수식인 진성 캐리어 농도로 표현할 수도 있다.

$V_{bi}=\frac{kT}{q}\ln\left(\frac{N_AN_D}{n_i^2}\right)$, $N_A=ax_0$, $N_D=ax_0$이므로

$$\therefore V_{bi}=\frac{kT}{q}\ln\left(\frac{ax_0}{n_i}\right)^2$$

5-6-2 접합 커패시턴스

우리는 공핍층의 폭을 전위함수로 나타낼 수 있다.

$$V_{bi}=\frac{2qax_0^3}{3\epsilon_s} \quad \Rightarrow \quad x_0^3=\frac{3\epsilon_s V_{bi}}{2qa} \quad \Rightarrow \quad x_0=\left(\frac{3\epsilon_s V_{bi}}{2qa}\right)^{\frac{1}{3}}$$

$$\therefore W=2x_0=\left(\frac{2^3\times 3\epsilon_s V_{bi}}{2qa}\right)^{\frac{1}{3}}=\left(\frac{12\epsilon_s V_{bi}}{qa}\right)^{\frac{1}{3}}$$

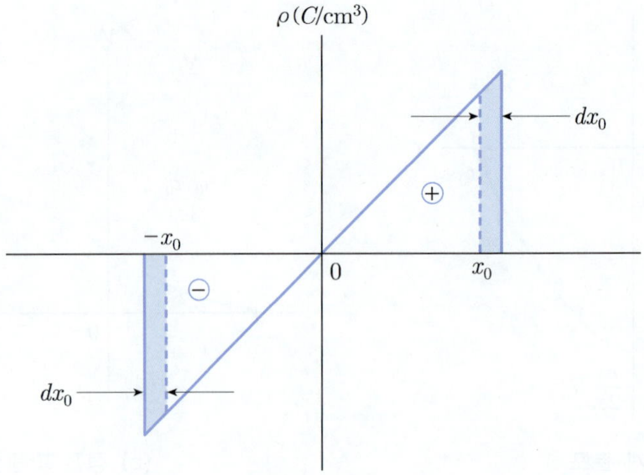

그림 5-32 작은 역바이어스 전압 변화에 대한 공간전하 폭의 미분 변화

따라서 순바이어스와 역바이어스에서의 공핍층의 폭은 다음과 같다.

$$\text{순바이어스:}\ W=\left[\frac{12\epsilon_s(V_{bi}-V_a)}{qa}\right]^{1/3} \qquad \text{역바이어스:}\ W=\left[\frac{12\epsilon_s(V_{bi}+V_R)}{qa}\right]^{1/3}$$

이제 우리는 역바이어스 인가 시 그에 대한 접합 커패시턴스를 구할 수 있다. 그림 5-32와 같이 아주 작은 역바이어스를 인가했을 때 미분 공핍층의 변화 dx_0에 대하여 미분 전하량 변화분 dQ' 사이에는 다음 관계가 성립한다.

$$Q'=qax_0 \quad\Rightarrow\quad dQ'=qax_0dx_0 \quad\Rightarrow\quad \frac{dQ'}{dx_0}=qax_0$$

$$V_{bi}+V_R=\frac{2qa}{3\epsilon_s}x_0^3 \quad\Rightarrow\quad dV_R=\frac{2qa}{\epsilon_s}x_0^2dx_0 \quad\Rightarrow\quad \frac{dx_0}{dV_R}=\frac{\epsilon_s}{2qax_0^2}$$

$$C'=\frac{dQ'}{dV_R}=\frac{dQ'}{dx_0}\frac{dx_0}{dV_R}=qax_0\times\frac{\epsilon_s}{2qax_0^2}=\frac{\epsilon_s}{2x_0}=\frac{\epsilon_s}{2}\left[\frac{2qa}{3\epsilon_s(V_{bi}+V_R)}\right]^{1/3}$$

$$\therefore C'=\left[\frac{qa\epsilon_s^2}{12(V_{bi}+V_R)}\right]^{1/3}$$

균일한 도핑의 경우에 비해 역바이어스 전압의 의존성이 낮다는 것을 알 수 있다(균일한 경우는 $C'\propto V_R^{-1/2}$). 균일한 도핑에서는 제곱근의 역수에 비례하지만 경사진 접합에서는 세제곱근의 역수에 비례하므로 전압 변화에 더 둔감하다는 것을 알 수 있다. 순방향 바이어스 상태에서 추가로 한 가지만 더 설명하자면 순방향 바이어스 상태를 전계가 아닌 빛을 조사해서 만들 수도 있다. 그림 5-33과 같은 PN 접합에서 p형 반도체 표면에 빛을 조사시킨다고 가정해 보자. 밴드 갭 에너지 이상의 빛이 입사되면 가전자대의 전자는 전도대로 들뜬상태가 된다. 밴드의 기울기로 인하여 전자는 n형 영역으로 자연스럽게 이동해 갈 수 있다. 퍼텐셜 에너지가 높은 곳에서 낮은 곳으로 향하는 전자의 이동이다. 전자가 n형 영역에 축적되면서 n형 영역의 전자의 에너지 준위를 높이게 되므로 내부 전위 장벽이 감소하는 효과를 가져온다. 이것은 마치 순방향 전압을 인가한 상태와 매우 유사하다. 전자가 축적되면서 내부 전위 장벽보다 높은 에너지 상태를 점유하고 있는 전자는 내부 전위 장벽을 넘어서 p형 영역으로 역으로 이동할 수 있게 된다. 그림의 얇은 화살표에 주목하라. 따라서 전자에는 두 방향으로의 흐름이 존재한다. 이것이 PN 접합 태양전지의 기본 원리이다. 이러한 물리 현상을 이해하였다면 지금까지 PN 접합을 충분히 학습한 것이고 이해가 가지 않는다면 다시 복습하기를 추천한다. PN 접합 태양전지에서는 전압을 인가하지 않고 저항을 연결하여 캐리어의 이동을 형성한다. 10장에서 태양전지의 동작 원리에 대해서 상세히 논의할 것이다.

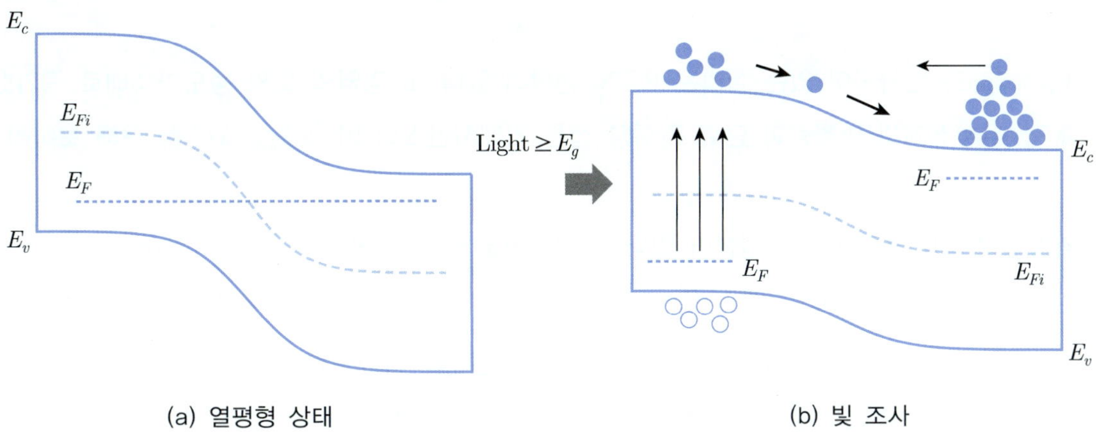

그림 5-33 빛 조사에 의한 전위 장벽의 감소

CHAPTER 05 연습문제

01 $N_D = 5\times 10^{16}\,\mathrm{cm}^{-3}$, $N_A = 5\times 10^{16}\,\mathrm{cm}^{-3}$, $T = 300\,\mathrm{K}$인 실리콘 PN 접합이 있다. 내부 전계를 구해 보고 $N_D = 5\times 10^{17}\,\mathrm{cm}^{-3}$로 증가했을 때의 내부 전계를 구해 보아라.

02 $T = 300\,\mathrm{K}$에서 열평형 상태에 있는 PN 접합이 있다.
$E_F - E_{Fi} = 0.35\,\mathrm{eV}$, $E_{Fi} - E_F = 0.25\,\mathrm{eV}$일 때 각 불순물의 농도와 내부 전계를 구해 보아라.

03 $T = 300\,\mathrm{K}$에서 균일하게 도핑된 실리콘 PN 접합이 있다. 열평형 상태에서 총 공간전하 영역의 20%만이 n형 영역 내에 존재한다. 내부 전계는 $V_{bi} = 0.65\,\mathrm{V}$이다. 열평형 상태에서 다음을 구해 보아라.

(1) N_A　(2) N_D　(3) x_n　(4) x_p　(5) $|E_{\max}|$

04 $V_R = 5\,\mathrm{V}$로 인가되어 있는 실리콘 $\mathrm{P^+N}$ 접합이 있다. n 영역의 도핑 농도가 3배로 증가했을 때의 내부 전계의 변화량과 단위 면적당 접합 커패시턴스의 비 ΔV_{bi}, $\Delta C'$를 구해 보아라.

05 역방향 전압이 인가된 PN 접합이 있다. 그때 최대 전계는 $|E_{\max}| = 3\times 10^5\,\mathrm{V/cm}$이다.
도핑 농도 $N_D = 5\times 10^{16}\,\mathrm{cm}^{-3}$, $N_A = 5\times 10^{17}\,\mathrm{cm}^{-3}$일 때 역방향 바이어스 전압을 구해 보아라.
$N_D = 5\times 10^{15}\,\mathrm{cm}^{-3}$로 감소하면 역방향 바이어스는 증가하겠는가?

06 다음과 같은 PN 접합이 있다. $N_D = 5\times 10^{15}\,\mathrm{cm}^{-3}$, $N_A = 5\times 10^{16}\,\mathrm{cm}^{-3}$, $T = 300\,\mathrm{K}$. 접합 단면적이 $A = 5\times 10^{-4}\,\mathrm{cm}^2$이다. $V_R = 0$, $V_R = 5\,\mathrm{V}$일 때 각각의 커패시턴스를 구하라.

07 $N_D = 10^{14}\,\mathrm{cm}^{-3}$, $N_A = 5\times 10^{15}\,\mathrm{cm}^{-3}$, $T = 300\,\mathrm{K}$인 PN 접합이 있다.

(1) 내부 전계　(2) 열평형 상태에서의 x_n, x_p

(3) $x_n = 30\mu\mathrm{m}$가 되기 위한 역방향 전압의 크기를 구해 보아라.

08 $N_D = 5\times 10^{16}\,\mathrm{cm}^{-3}$, $N_A = 5\times 10^{14}\,\mathrm{cm}^{-3}$, $T = 300\,\mathrm{K}$인 $\mathrm{PN^+}$ 접합이 있다. p형 반도체의 길이가 $30\,\mu\mathrm{m}$일 때 공간전하 영역이 증가하여 p형 반도체의 끝 지점까지 확장할 때까지 필요한 역바이어스

전압을 구해 보아라. 그때 n형 반도체의 공핍층의 폭은 얼마이며 최대 전계를 구해 보아라.

09 $N_D = 5\times10^{17}\,\text{cm}^{-3}$, $N_A = 5\times10^{15}\,\text{cm}^{-3}$, $T = 300\,\text{K}$인 PN^+ 접합의 단면적이 $10^{-5}\,\text{cm}^2$이다. 내부 전계를 구하고 $V_R = 3\,\text{V}$, $6\,\text{V}$일 때 각각의 접합 커패시턴스를 구하라.

10 도핑 농도가 선형적 기울기를 갖는 PN 접합이 있다. $T = 300\,\text{K}$, $V_{bi} = 0.63\,\text{V}$이다. $V_R = 3.0\,\text{V}$일 때 단위 면적당 커패시턴스 $C' = 3\times10^{-9}\,\text{F/cm}^2$로 측정되었다. 불순물 농도의 기울기 a를 구해 보아라.

11 $T = 300\,\text{K}$일 때 $10\,\mu\text{m}$ 범위에서 실리콘 PN 접합의 도핑 농도 프로파일이 $N_A = 1\times10^{17}\,\text{cm}^{-3}$에서 $N_D = 4\times10^{17}\,\text{cm}^{-3}$로 선형적으로 변한다. 본문의 그림 5-29를 참조하여 항복 전압을 구해 보아라.

12 PN 접합 시 열평형 상태에서는 캐리어의 확산이 지속적으로 일어나지 않는다. 확산이 지속적으로 일어나지 않는 이유는 다양하게 설명할 수 있다. 다음 물음에 정성적으로 기술하여라.

(1) 열평형 상태에서 확산이 지속적으로 일어나지 않는 이유는 두 개의 힘이 균형을 이루고 있기 때문이다. 이 두 힘에 대해 설명하여라.

(2) 순방향 전압을 인가하면 공핍층의 폭이 좁아지는 이유를 정성적으로 설명하여라.

(3) 역방향 전압을 인가하면 공핍층의 폭이 넓어지는 이유를 정성적으로 설명하여라.

13 $T = 300\,\text{K}$에서 다음과 같은 도핑 농도를 갖는다. 실리콘 PN 접합에서 내부 전위 장벽 V_{bi}를 구해 보아라.

(1) $N_D = 10^{15}\,\text{cm}^{-3}$, $N_A = 10^{17}\,\text{cm}^{-3}$

(2) $N_D = 10^{16}\,\text{cm}^{-3}$, $N_A = 10^{17}\,\text{cm}^{-3}$

(3) $N_D = 10^{17}\,\text{cm}^{-3}$, $N_A = 10^{17}\,\text{cm}^{-3}$

14 열평형 상태, 상온에서 실리콘 PN 접합이 있다. $N_D = 10^{15}\,\text{cm}^{-3}$, $N_A = 10^{17}\,\text{cm}^{-3}$이다. 다음을 구해 보아라.

(1) $E_F - E_{Fi}$　　(2) $E_{Fi} - E_F$　　(3) x_n, x_p, $|E_{\max}|$

15 n형 반도체에 도핑 농도가 다른 두 구역이 존재하며 계단형 분포를 이룬다고 가정하자. 도너 농도는

각각 $N_{D1} = 10^{16}\,\text{cm}^{-3}$, $N_{D2} = 10^{15}\,\text{cm}^{-3}$이다. 열평형 상태에서 내부 전위 장벽을 구해 보아라.

16 균일하게 도핑된 PN 접합 실리콘 반도체가 있다. $N_A = 10^{17}\,\text{cm}^{-3}$에서 도너 농도를 $N_D = 10^{14}$, 10^{15}, 10^{16}, $10^{17}\,\text{cm}^{-3}$로 변화시켰을 때 공간전하 영역 양단에서의 전계와 거리 관계를 그려 보아라.

17 상온에서 계단형 실리콘 PN 접합이 있다. $N_D = 10^{15}\,\text{cm}^{-3}$, $N_A = 10^{17}\,\text{cm}^{-3}$이다. 다음을 구해 보아라.

(1) 내부 전위 장벽

(2) $V_R = 5\,\text{V}$일 때 공핍층의 폭 W

(3) $V_R = 5\,\text{V}$일 때 최대 전계 $|E_{\max}|$

18 위의 연습문제 17에서 접합 단면적이 $10^{-4}\,\text{cm}^2$, $V_R = 3\,\text{V}$가 인가되었다. 접합 커패시턴스를 구해 보아라.

19 상온에서 일방 접합 P^+N 실리콘 다이오드가 있다. 계단형 접합이며 균일하게 도핑되어 있다고 가정하자. 내부 전위 장벽은 $V_{bi} = 0.780\,\text{V}$이다. $N_A = 10^2 N_D$ 관계를 갖는다. 역방향 바이어스는 $8\,\text{V}$가 인가된 상태에서 다음을 구해 보아라.

(1) N_A, N_D

(2) x_n, x_p

(3) $|E_{\max}|$

(4) 접합 커패시턴스

20 상온에서 균일하게 도핑된 실리콘 PN 접합이 있다. $V_R = 0\,\text{V}$, $V_R = 10\,\text{V}$에서 각각의 접합 커패시턴스를 $C_j'(0)$, $C_j'(10)$이라 하자. $C_j'(0)/C_j'(10) = 3$이다. 그리고 p형 영역의 공간전하 폭은 전체 폭의 20%이다. 다음을 구하라.

(1) V_{bi}

(2) N_A, N_D

21 열평형 상태에 놓여 있는 실리콘 PN 접합이 있다. 공핍층에 전자나 양공이 축적되지 못하는 이유를 그림을 사용해서 정성적으로 설명하여라.

22 실리콘 PN 접합이 있다. 열평형, 순방향, 역방향 상태에서 일어나는 현상들을 골라 보아라.

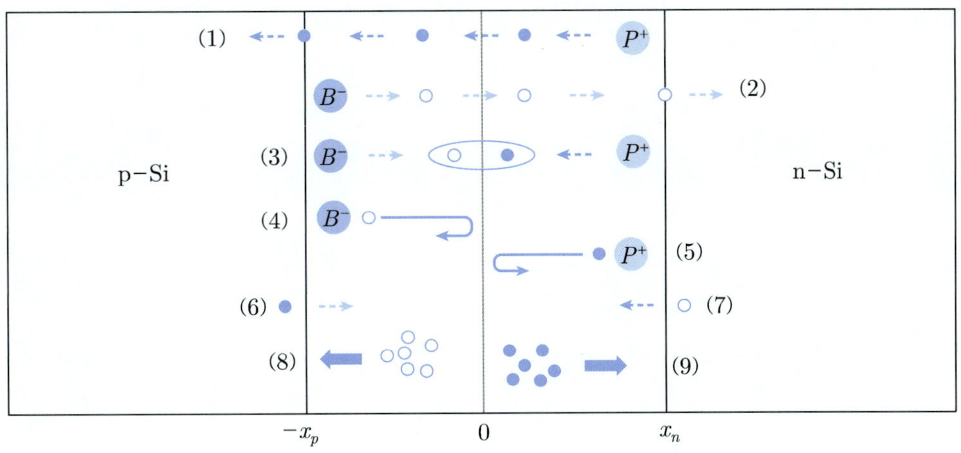

CHAPTER 06

PN 접합 다이오드

우리는 반도체 소자의 가장 기본이라 할 수 있는 PN 접합의 물리적 현상들에 대해서 학습하였다. 이를 통해 열평형 상태에서 캐리어의 확산을 방해하는 내부 전계의 형성 원리와 공간전하의 생성 원리 등에 대해서 이해하였다. 또한 순방향 바이어스 및 역방향 바이어스 인가 시 그에 따른 내부 전계, 공간전하 영역의 폭, 에너지 밴드 구조의 변화를 고찰하였다. 역방향 바이어스 상태에서 일어나는 몇 가지 중요한 물리 현상에 대해서도 알아보았다.

이제부터는 반도체 소자 파트로 들어간다. PN 접합 다이오드는 공핍층의 존재로 인하여 정류작용을 하는 다이오드라는 사실을 이미 이해하였을 것이다. 이제 우리는 PN 접합 다이오드의 이상적인 전류-전압 관계식을 수학적으로 유도해 볼 것이며, 물리적인 의미도 고찰할 것이다. 수학적 유도를 위해서 5가지 가정을 할 것이며 PN 접합 다이오드는 소수 캐리어들의 확산 전류가 만들어 내는 소자라는 것을 이해하게 될 것이다. 순방향 바이어스가 인가된 상황에서 전자와 양공이 공간전하 영역을 가로질러 확산해 나가면서 확산 전류 성분을 만들어 낸다. 전자와 양공의 거동을 기술해 주는 연속 방정식과 각 영역의 공핍층 경계면에서의 소수 캐리어의 농도를 구할 것이다. PN 접합 다이오드는 인가해 준 순방향 전압에 지수함수적으로 전류가 증가하며 역방향 전압에서는 역포화 전류 성분이 발생한다. 이러한 역포화 전류 발생 원인에 대해서 물리적인 고찰을 하겠다. 역방향 전압에서는 역포화 전류 외에도 생성 전류가 발생하는데 이 전류 성분은 역포화 전류보다도 몇 차수 더 큰 전류 성분을 만들어 낸다. 어떤 메커니즘으로 생성 전류를 발생시키는지 논의해 볼 것이다.

PN 접합 다이오드의 비이상적인 특성으로 고수준 주입과 캐리어의 생성 및 재결합에 의해 이상적인 전압-전류 특성이 어떻게 변하는지 고찰해 보겠다. PN 접합 다이오드의 스위칭 특성을 논의할 것이며 스위칭 특성에 영향을 주는 주요 인자들에 대해서 학습할 것이다.

PN 접합 다이오드의 한편의 길이가 매우 짧은 다이오드에 대해서도 학습하겠다. 소수 캐리어의 확산 길이보다도 짧게 구성된 PN 접합 다이오드는 매우 다른 특성을 보인다. 소수 캐리어가 재결합하면서 확산해 나갈 거리가 충분하지 않으므로 소수 캐리어는 다수 캐리어와 재결합하지 않고 지수함수가 아닌 일차함수로 감소해 간다. 이때의 전류-전압 특성식을 수학적으로 유도해 볼 것이며 마지막으로 양자역학적 터널링 현상을 일으키는 PN 접합 다이오드의 제작법과 부성 저항 성분에 대해서 에너지 밴드 다이어그램으로 해석할 것이다.

6-1 PN 접합에서의 전류 발생

우리는 5장에서 PN 접합에서 발생하는 여러 가지 현상과 특성을 살펴보고 학습하였다. PN 접합이 형성되면 농도 차이로 인하여 전자와 양공들이 각각 농도가 낮은 곳으로 확산해 나간다. 이때 발생하는 내부 전계에 의한 전계력(electric force)으로 인해 캐리어의 확산을 억제한다. 내부 전계는 캐리어가 공핍층을 가로지르지 못하게 공핍층 밖으로 밀어낸다. 열평형 상태에서는 내부 전계에 의한 전계력과 확산력이 서로 정확히 균형을 이루어 확산이 이루어지지 않는다. 그림 6-1에 지금까지 배운 순방향 바이어스 상태의 에너지 밴드 다이어그램을 요약하였다. 제로 바이어스 상태에서는 상대적으로 높은 에너지 장벽이 생겨서 전자, 양공들이 장벽을 넘지 못하여 전류를 발생시키지 못한다. p형 반도체에 양의 전압을 인가하면 열평형 상태(전압을 인가하지 않은 상태)에 비해 전도대의 바닥상태 에너지가 아래로 내려간다. 반면 n형 반도체의 전도대의 바닥상태 에너지는 위로 올라간다. 에너지 장벽의 차이(내부 전위 장벽 qV_{bi})가 줄어든 것이다. 비로소 장벽을 넘어서 p형 반도체로 확산해 가는 전자들이 형성되고, 양공은 n형 반도체로 확산해 간다. 공핍층을 가로질러서 건너온 전자는 p형 영역에서 소수 캐리어로 전환된다. 비슷하게 공간전하 영역을 건너온 양공은 n형 영역에서 소수 캐리어로 바뀐다. 이러한 소수 캐리어가 중성 영역을 확산하여 만드는 전류가 확산 전류이다. 소수 캐리어들은 공간전하 영역과 중성 영역의 경계점에서 가장 높은 농도를 가질 것으로 직관적으로 이해할 수 있다. 이제 소수 캐리어들이 중성 영역으로 확산하는 순간부터 다수 캐리어들과 재결합하면서 확산해 나갈 것이다. 재결합하면서 소수 캐리어는 소멸해 가며 최종에는 모두 사라지고 열평형 상태의 소수 캐리어만 남게 될 것이다. PN 접합 다이오드는 바로 소수 캐리어의 확산에 의해 전류가 형성된다는 것이다. 이번 6-1절에서는 PN 접합 다이오드의 이상적인 전압-전류 관계식을 수학적으로 유도하여 정량적으로 살펴보고, PN 접합 다이오드의 순방향 전류와 역방향 전류에 대해서 논의할 것이다. 역방향에서도 전류가 흐르며 주요 메커니즘은 역포화 전류와 생성 전류이다. 지금까지 PN 접합에서 논의하지 않은 공핍층에서 일어나는 몇 가지 전류 생성에 대해서도 논의할 것이다.

수학적인 유도에 앞서 몇 가지 가정과 표기법을 미리 설명할 것이다. 여기서의 가정은 수학적 유도의 편리성을 고려하였지만 가정 자체는 타당하다. 아주 작은 효과들은 무시할 것이다. 이러한 작은 효과들에 대해서는 비이상적 효과에서 상세히 논의할 것이다.

6-1-1 캐리어의 흐름 및 기호의 정의

표기법은 매우 중요하다. 표기법을 정의하지 않으면 매우 혼란스러워진다. 표기법을 하기의 표 6-1에 요약하였다. 앞으로 계속 사용하는 정의이니 잘 기억해야 한다. 이미 설명 없이 사용한 기호들도 있으며 새로 나온 기호들도 있다. 이러한 기호 표기법을 잘 숙지하여야 한다. 기호의 의미에 대한 설명도 수록하였다. 표기법에 수록된 기호에 대한 이해를 돕는 그림을 그림 6-2에 나타내었다. 각 정의들을 살펴보길 바란다. 이 정의법은 본 책에서 지속적으로 사용할 것이다. 지금까지 열평형 상태에서 p형 반도체의 다수 캐리어 양공의 농도는 p_0로 표기하였다. 이제부터는 p_{p0}로 표기한다. 첨자는 p형 반도체의 열평형 상태를 의미한다. 따라서 n_{p0}는 열평형 상태에서 p형 반도체의 소수 캐리어 전자의 농도를 의미한다. p형 반도체에서 공간전하 영역을 가로질러 들어온 양공은 공핍층과 n형 중성 영역의 경계면에서 최대 양공 농도를 갖는다. 이 양공은 이제 n형 반도체에 존재하는 소수 캐리어처럼 입장이 바뀐다. 이를 $p_n(x_n)$로 표시하였다. $p_n(x_n)$는 x_n 지점에서 p형 반도체에서 건너온 양공의 농도이다. n형 영역에서는 p형 영역에서 확산해 온 과잉 소수 캐리어 양공과 원래부터 n형 영역에 존재했던 소수 캐리어 양공의 농도가 합해질 것이다. 이러한 과잉 소수 캐리어와 소수 캐리어 양공은 n형에 존재하는 다수 캐리어 전자의 농도에 훨씬 못 미친다(저수준 주입).

표 6-1 앞으로 사용하게 될 기호의 표기와 정의

표기법	설명
N_A	PN 접합의 P 영역에서의 억셉터 불순물 농도. N은 농도, A는 acceptor
N_D	PN 접합의 N 영역에서의 도너 불순물 농도. N은 농도, D는 donor
$n_{n0}=N_D$	N 영역에서 열평형 상태에 놓여 있을 때의 다수 캐리어 전자 농도. 도너 불순물 인은 300K에서 99% 이상 모두 이온화된다. 따라서 주입한 도너 농도가 모두 전자로 변환된다고 보아도 무방하다.
$p_{p0}=N_A$	P 영역에서 열평형 상태에 놓여 있을 때의 다수 캐리어 양공 농도. 억셉터 불순물 보론은 300 K에서 99% 이상 모두 이온화된다.
$n_{p0}=\frac{n_i^2}{N_A}=\frac{n_i^2}{p_{p0}}$	좌변의 정의는 P 영역에서의 소수 캐리어 전자 농도이며 0은 열평형 상태임을 의미.
$p_{n0}=\frac{n_i^2}{N_D}=\frac{n_i^2}{n_{n0}}$	열평형 상태에서 N 영역에서의 소수 캐리어 양공의 농도
n_p	P 영역에서 총 소수 캐리어 전자 농도
p_n	N 영역에서 총 소수 캐리어 양공 농도
$n_p(-x_p)$	공간전하 영역 끝 지점과 P형 중성 영역의 만나는 지점(경계점)에서의 소수 캐리어 전자 농도(전자는 n형 영역에서 공핍층을 건너옴)
$p_n(x_n)$	공간전하 영역 끝 지점과 N형 중성 영역의 만나는 지점(경계점)에서의 소수 캐리어 양공 농도(양공은 p형 영역에서 공핍층을 건너옴)
$\delta n_p=n_p-n_{p0}$	P 영역에서의 과잉 소수 캐리어 전자 농도
$\delta p_n=p_n-p_{n0}$	N 영역에서의 과잉 소수 캐리어 양공 농도

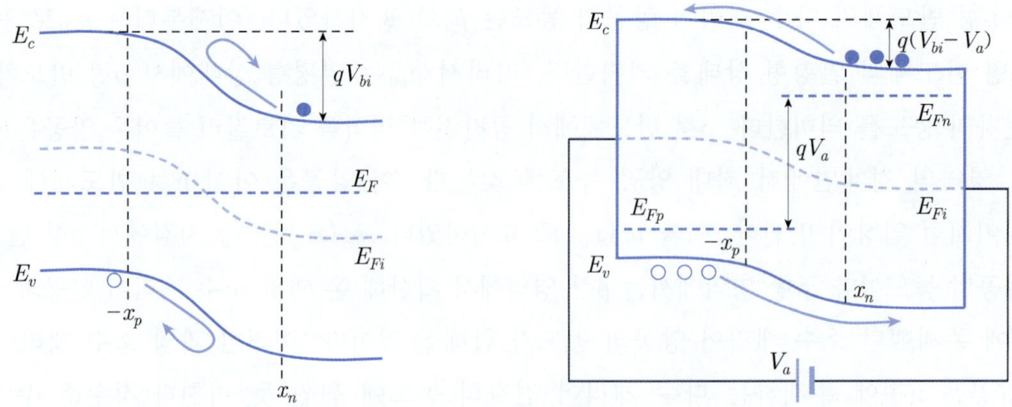

(a) 열평형 상태(제로 바이어스)　　　　(b) 순방향 바이어스 인가

그림 6-1 각 상태별 캐리어의 흐름

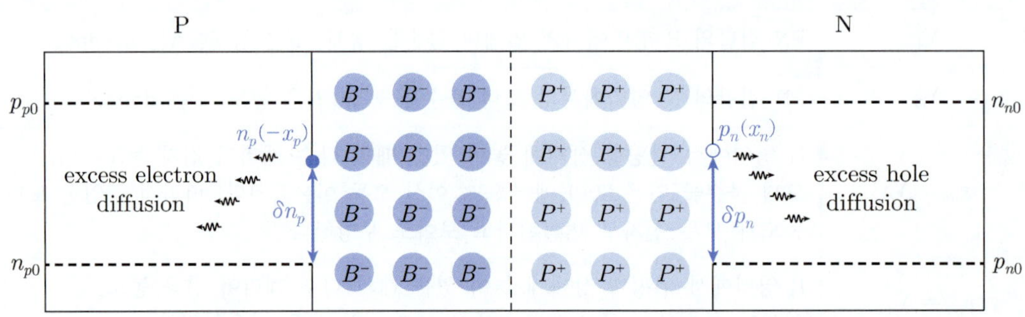

그림 6-2 각 영역에서 확산해 온 캐리어(표 6-1을 기초로 작성)

그러나 n형에 원래부터 존재하고 있던 소수 캐리어 양공 농도보다 과잉 소수 캐리어 양공의 농도가 월등히 높다. 그림 6-2에서 그들의 위치를 잘 파악해 보아라. 이것이 앞에서 학습한 저수준 주입에 해당하는 것이다. 즉 과잉 소수 캐리어들이 다수 캐리어의 농도에는 영향을 미치지 못하지만 소수 캐리어의 농도는 크게 증가하였다(파란색 화살표로 표시). n형 반도체에서도 동일하게 생각할 수 있다. 전자와 양공은 각각 농도 차로 인하여 반대편으로 확산해 간다. 공핍층에서 재결합하여 소멸되지만 공핍층을 가로질러 건너온 전자와 양공들은 각각의 반도체와 공핍층의 경계면에서 캐리어 농도가 가장 높을 것이다. 그림 6-2에서 n_p, p_n으로 표시하였다(파란색). 이러한 캐리어들은 소수 캐리어로 입장이 바뀌게 된다. 각각 중성 영역으로 확산해 가면서 재결합하여 소멸되고 과잉 소수 캐리어 δn_p, δp_n는 0으로 수렴한다. 따라서 각 반도체 영역에 존재하는 소수 캐리어는 원래부터 존재하였던 열평형 상태의 소수 캐리어 n_{p0}, p_{n0}가 된다. 독자들은 이 현상과 용어들을 잘 기억해 두길 바란다.

다음은 이상적인 전압-전류 곡선의 수학적 유도를 위한 5가지 가정이다. 6-1-4에서 수학적인 유도를 하겠지만 그에 앞서 6-1절에서 먼저 5가지 가정과 가정의 타당성에 대해서 논의하겠다.

6-1-2 몇 가지 가정

우리는 PN 접합 다이오드의 전류-전압 관계식의 수학적 유도를 위해 다음 5가지 가정을 할 것이다. 이 가정에 대한 타당성은 예제를 통해서 이해하게 될 것이다.

1. 계단형 공핍 근사를 적용한다.

공간전하 영역과 중성 영역의 경계는 명확하고 급준한 계단형 프로파일을 갖는다. 공핍층에는 모바일 캐리어가 존재하지 않으며 이온화된 불순물 이온들만 존재한다. 공핍층의 외부는 반도체의 중성 영역 또는 벌크(bulk)라 칭한다. 중성 영역에서는 전기장을 0으로 가정한다. 실제 벌크 영역의 전계는 분포는 0도 아니고 급준한 계단형 프로파일을 갖지 않지만 수학적 단순화 모델을 적용한다는 의미이다. 따라서 전계는 대부분 공핍층에 걸리게 되며 밴드 밴딩도 공핍층에서만 발생한다고 가정하는 것이다.

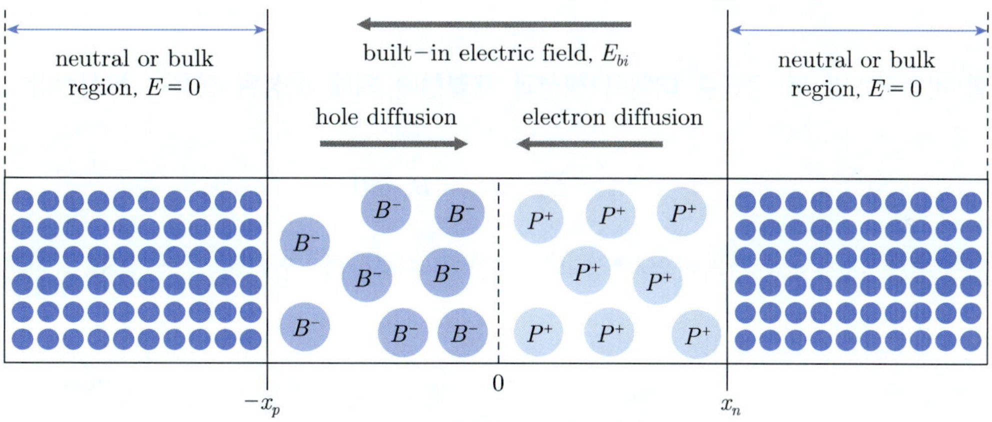

그림 6-3 계단형 공핍 근사

2. 맥스웰-볼츠만 통계를 따른다.

비축퇴 반도체에 해당한다. $E-E_F \gg 3kT$이며 페르미-디랙 확률함수는 볼츠만 근사와 95% 이상의 일치율을 보이는 조건이다. 페르미-디랙 확률함수는 다음과 같이 간략화된다.

$$f_F(E) = \frac{1}{1+\exp\left(\frac{E-E_F}{kT}\right)} = \frac{1}{\exp\left(\frac{E-E_F}{kT}\right)} = \exp\left[\frac{-(E-E_F)}{kT}\right]$$

3. 저수준 주입으로 가정한다.

작은 순방향 바이어스 전압만 고려하겠다는 의미이다. 고수준 주입의 경우는 비이상적 효과편에서 다시 자세히 다룰 것이다.

$$n(t,x) = n_0 + \delta n(t,x) \approx n_0 \qquad p(t,x) = p_0 + \delta p(t,x) \approx p_0$$

$$n_0 \ggg \delta n, \delta p \qquad p_0 \ggg \delta n, \delta p$$

주입한 과잉 캐리어가 다수 캐리어에 영향을 주지 못하는 매우 낮은 농도이며 소수 캐리어의 농도에만 영향을 준다. 만약 n형 반도체에서 저수준 주입이 발생한다면 다음과 같은 관계식이 성립한다.

$$n = n_0 + \delta n \quad n_0 \ggg \delta n \text{이므로 } n \approx n_0$$

$$p = p_0 + \delta p \quad \delta p \ggg p_0 \text{이므로 } p \approx \delta p$$

4. 순방향 바이어스일 때 공핍층 내에서 생성과 재결합에 의해 형성된 전류는 무시한다.

$$G_n = G_p = R_n = R_p = 0$$

엄밀하게 공핍층 내에서도 캐리어의 생성과 재결합이 존재한다. 우리는 앞에서 SRH 이론을 학습하였다.

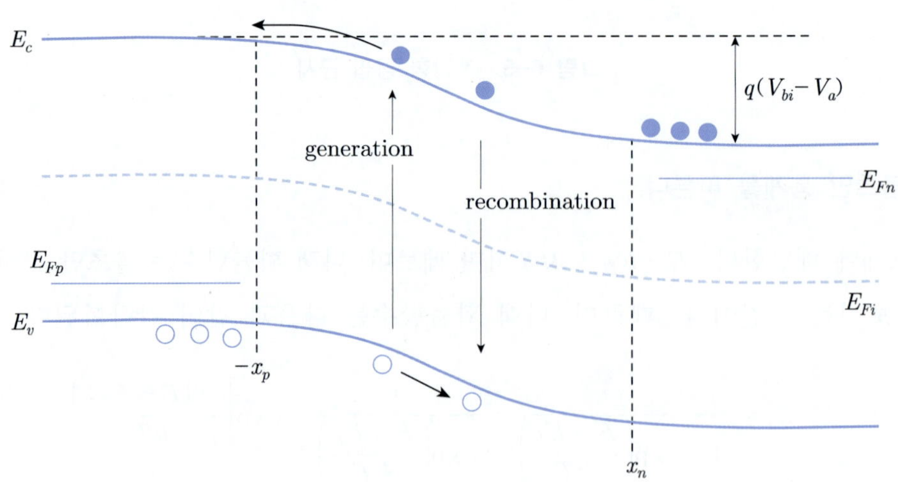

그림 6-4 공핍층 내 캐리어의 생성과 재결합

$$R = C_n N_t \left[\frac{C_p (np - n_i^2)}{C_n (n+n') + C_p (p+p')} \right] = \frac{np - n_i^2}{\tau_p (n+n') + \tau_n (p+p')}$$

공핍층 내에서는 전자나 양공과 같은 캐리어들이 존재하지 않으므로 $np = 0$가 된다. 따라서 다음과 같이 정리된다.

$$R = \frac{-n_i^2}{\tau_p (n') + \tau_n (p')}$$

재결합이 음의 값을 갖는다. 이것의 물리적 의미는 캐리어가 생성된다는 것이다. 공핍층 내에서도 캐리어가 생성된다. 그러나 순방향 바이어스가 인가된 상태에서 이러한 생성과 재결합 전류는 확산 전류에 비해 매우 작으므로 무시할 수 있다. 역방향 바이어스에서는 상황이 약간 다르다. 공핍층 내 생성 전류가 역방향 바이어스에서 매우 큰 전류 성분이 된다. 이것은 추후 논의하겠다. 여기서는 순방향 바이어스 상태에서는 공핍층 내 생성과 재결합에 의한 전류는 매우 작아서 무시할 수 있다고 이해하길 바란다.

5. 정상 상태로 가정한다.

열평형 상태는 아니지만 시간 변화에 따른 캐리어의 변화가 없고 일정한 상태를 정상 상태라 한다. 이에 대해서는 이미 학습하였다. 우리가 이렇게 가정하는 이유는 PN 접합 다이오드가 스위칭되고 곧바로 전류가 일정하게 유지되는 안정한 상태로 작동한다는 가정이 포함된 것이다. 정상 상태에서는 다음과 같은 관계를 갖는다.

$$\frac{dn}{dt} = \frac{dp}{dt} = (G_{n0} + G_n) - (R_{n0} + R_n) = 0$$

$$G_n = R_n, \; G_p = R_p$$

과잉 캐리어의 생성률과 재결합률이 동일하다. 이미 학습한 전자와 양공의 연속 방정식은 하기와 같다. 정상 상태에서는 연속 방정식이 0이다.

$$\frac{\partial p(x,t)}{\partial t} = -\frac{1}{q}\frac{\partial J_p}{\partial x} + G_p - R_p = 0 \qquad \frac{\partial n(x,t)}{\partial t} = -\frac{1}{q}\frac{\partial J_n}{\partial x} + G_n - R_n = 0$$

$$\therefore \frac{\partial J_p}{\partial x} = \frac{\partial J_n}{\partial x} = 0$$

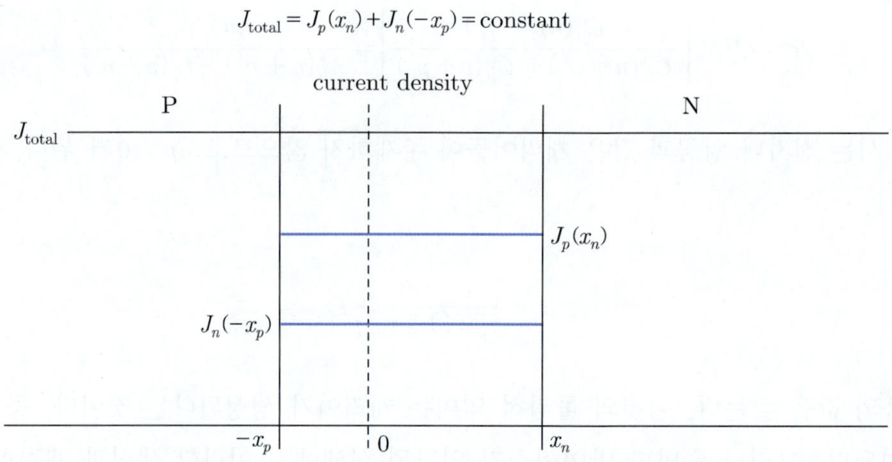

그림 6-5 공핍층 내 전자와 양공에 의한 전류 밀도

전자와 양공에 의한 전류 밀도는 거리에 따라 일정하다. 이것의 의미는 PN 접합 다이오드 전체에 걸쳐서 전자와 양공에 의한 전류 밀도는 일정하며 연속이라는 의미가 포함되어 있다. 따라서 p형 영역에서 n형 영역으로 확산해 온 양공은 공핍층 내에서 특정 전류 값을 가지며 이 값은 일정하다. 전자의 경우도 동일하게 생각할 수 있다.

PN 접합 다이오드 전체에 흐르는 전류는 공핍층 전 영역에서 흐르는 전자와 양공에 의한 전류의 합으로 표현할 수 있는데, 이를 그림 6-5에 표현하였다. 공핍층을 가로질러 확산해 온 양공은 n형 반도체의 공핍층의 경계점에 도달한다. 이때부터 양공은 과잉 소수 캐리어가 된다. 과잉 소수 캐리어 양공은 이 지점에서 최대 양공 농도를 갖는다. 농도 기울기로 인하여 양공은 n형 중성 영역으로 확산하기 시작하며 확산 전류를 만든다. PN 접합 다이오드의 확산 전류란 중성 영역으로 확산해 가는 과잉 소수 캐리어에 의한 것이다.

6-1-3 소수 캐리어 분포

이제 순방향 바이어스가 인가된 상황에서 캐리어의 거동을 다시 살펴보자. 그림 6-6은 순방향 전압을 인가한 상태에서의 캐리어의 흐름을 보여 주고 있다. 공간전하 영역의 폭은 좁아지고 에너지 장벽은 낮아져서 전자와 양공의 흐름이 발생하는 상태임을 상기하자. 주입한 과잉 소수 캐리어들은 확산해 가면서 다수 캐리어들과 재결합하면서 소멸해 가며 최종적으로 모두 사라져 열평형 상태의 소수 캐리어 농도로 수렴할 것이다. 캐리어 농도는 거리에 따라서 지수함수로 감소해 간다. 뒤에서 감소해 가는 지수함수를 수학적으로 유도할 것이다. 미리 결론부터 언급하였다.

한편 중성 영역에서는 매우 작은 전계로 인하여 다수 캐리어의 드리프트에 의한 전류는 무시할 수 있으며 확산 전류에 의한 전류가 지배적이다. 순방향 바이어스에서는 각 영역에서 건너온 과잉 소수 캐리어들의 확산에 의해서 전류가 발생한다는 것이다.

그런데 왜 소수 캐리어만 고려하는가? p형 반도체를 고려한다면 저수준 주입이기 때문에 순방향 전압을 인가해서 전자를 주입시킨다 하더라도 그 양은 다수 캐리어에 영향을 미치지 못하는 적은 양이다. 다수 캐리어의 농도 변화는 거의 없다. 즉 열평형 상태의 양공 농도 $p = p_0 + \delta p \approx p_0$와 거의 동일하다. 따라서 다수 캐리어들의 농도 변화는 없다고 보아도 무방하다. 농도 변화가 없고 중성 영역에는 전계가 거의 0(전계는 대부분 공핍층에 걸린다는 사실을 기억하자)에 가까우므로($E \approx 0$) 다수 캐리어에 의한 드리프트 전류는 발생하지 않는다. 따라서 소수 캐리어의 확산 전류만 고려하면 된다.

그렇다면 이러한 가정은 타당한가? 결론은 타당하다. 아주 작은 전계에 의해 다수 캐리어의 드리프트 전류가 존재하지만 무시 가능할 정도의 매우 작은 값이다. 이것은 추후 예제에서 정량적으로 계산해 볼 것이다.

요약하면 PN 접합에서는 소수 캐리어의 확산 전류가 주요 전류 발생 메커니즘이다. 전류의 총 성분은 전자와 양공의 확산 전류의 합으로 표현할 수 있다.

$$J_{\text{total}} = J_{\text{n,diffusion}} + J_{\text{p,diffusion}}$$

지금부터는 공핍층을 건너온 전자와 양공의 농도가 인가해 준 순방향 바이어스 전압에 따라 어떤 함수로 표현할 수 있는지 수학적인 관계를 유도해서 그 의미를 살펴보도록 하자. 먼저 우리는 열평형

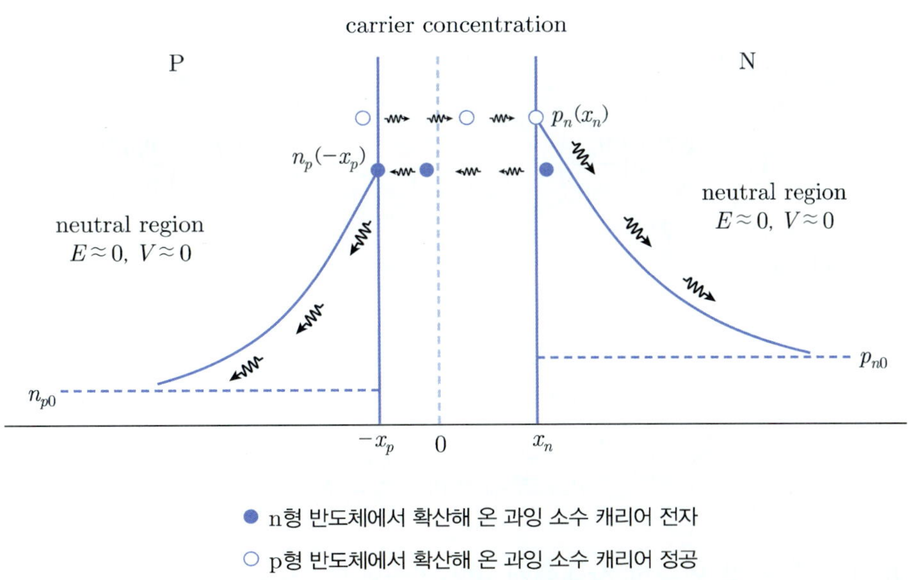

그림 6-6 과잉 소수 캐리어의 확산

상태에서 논의할 것이다. 열평형 상태를 논의한 후 확장해서 순방향 상태를 고찰하고 수학적 관계식을 유도할 것이다. 여기서 전자는 n형 영역에서 확산해서 p형 반도체와 공핍층의 경계면에 존재하는 전자 농도를 의미한다. $n_p(-x_p)$를 의미한다. 양공도 마찬가지로 p형에서 건너온 소수 캐리어이며 $p_n(x_n)$에 해당한다.

열평형 상태에서는 캐리어가 공핍층을 가로지르지 못한다. 여기에서는 각 영역의 다수 캐리어 농도가 내부 전계의 지수함수로 감소해서 건너편 영역의 소수 캐리어 농도가 된다는 사실을 수학적으로 논의하고자 한다. 그리고 이것을 순방향 전압으로 확장해서 논의할 것이다.

먼저 열평형 상태에서는 다음과 같이 표현할 수 있다.

$$n_{n0}p_{n0} = n_i^2 \quad N_D = n_{n0} = \frac{n_i^2}{p_{n0}} \qquad n_{p0}p_{p0} = n_i^2 \quad N_A = p_{p0} = \frac{n_i^2}{n_{p0}} \tag{6-1}$$

$$\therefore p_{n0} = \frac{n_i^2}{n_{n0}} = \frac{n_i^2}{N_D} \qquad n_{p0} = \frac{n_i^2}{p_{p0}} = \frac{n_i^2}{N_A} \tag{6-2}$$

5장에서 우리는 내부 전계의 개념을 배웠다. Built-in 전압은 다음과 같이 표현된다.

$$V_{bi} = \frac{kT}{q}\ln\frac{N_A N_D}{n_i^2}$$

상기 식과 수식 6-1을 조합하면 우리는 n_{p0}와 p_{n0}을 구할 수 있다.

$$V_{bi} = \frac{kT}{q}\ln\left[\frac{1}{n_i^2}\frac{n_i^4}{p_{no}n_{p0}}\right] = \frac{kT}{q}\ln\left[\frac{n_i^2}{p_{no}n_{p0}}\right] = \frac{kT}{q}\ln\left[\frac{n_{n0}p_{n0}}{p_{no}n_{p0}}\right] \text{ or } \frac{kT}{q}\ln\left[\frac{n_{p0}p_{p0}}{p_{no}n_{p0}}\right]$$

$$\therefore V_{bi} = \frac{kT}{q}\ln\left(\frac{n_{n0}}{n_{p0}}\right) \qquad V_{bi} = \frac{kT}{q}\ln\left(\frac{p_{p0}}{p_{n0}}\right)$$

$\ln x = a,\ x = e^a$이므로

$$n_{p0} = n_{n0}\exp\left(-\frac{qV_{bi}}{kT}\right) \tag{6-3}$$

$$p_{n0} = p_{p0}\exp\left(-\frac{qV_{bi}}{kT}\right) \tag{6-4}$$

수식 6-3, 6-4 식은 각각 열평형 상태에서 p형 영역에서 소수 캐리어 전자의 농도, n형 영역의 소수 캐리어 양공의 농도를 의미한다. 각 영역에서의 다수 캐리어 농도는 6-3, 6-4식을 각각 n_{n0}, p_{p0}

로 나누어 주고 역수를 취하면 된다.

열평형 상태일 때 각 영역에서의 다수 캐리어와 소수 캐리어 함수를 수학적으로 유도하였다. 모두 내부 전계의 지수함수로 표시됨을 알았다. 이 수식들을 그림과 함께 해석하여 보자. 양공은 p형 반도체에서는 다수 캐리어이며 n형 반도체에서는 소수 캐리어이다. 내부 전계가 0이라고 가정한다면(이런 경우는 존재하지 않음) 다수 캐리어, 소수 캐리어의 의미가 없어진다. 지수함수의 항은 1로 수렴한다. 양공은 전체적으로 확산해 가며 농도의 균형을 이룰 것이다. 따라서 PN 접합 전 영역에서 양공은 고르게 분포할 것이다.

$$n_{n0} = n_{p0}\exp\left(\frac{qV_{bi}}{kT}\right) \tag{6-5}$$

$$p_{p0} = p_{n0}\exp\left(\frac{qV_{bi}}{kT}\right) \tag{6-6}$$

$p_{p0} = p_{n0}$가 될 것이다. 전자도 동일하게 생각할 수 있다. 내부 전계가 0인 경우는 없으므로 이제 내부 전계가 존재하는 경우를 고찰해 보자.

p형 반도체의 다수 캐리어 양공의 농도는 n형 반도체의 소수 캐리어 양공의 농도로 표시할 수 있다. 다수 캐리어 농도는 소수 캐리어 p_{n0}의 내부 전계의 지수함수적으로 증가한다. 반대로 n형 영역의 소수 캐리어 양공의 농도는 p형 영역의 다수 캐리어인 양공 농도 p_{p0}의 내부 전계의 지수함수적으로 감소한다. 직관적으로도 쉽게 이해할 수 있겠지만 6-3식~6-6식은 이러한 의미를 내포하고 있다. 전자의 경우도 동일하다. 이러한 관계식을 깊이 있게 잘 이해하고 있어야 할 것이다.

이제 외부에서 작은 순방향 바이어스를 인가하면(저수준 주입) 전자와 양공은 각각 공간전하 영역을 가로질러 각각 반대 영역으로 들어오게 된다. 물론 이때 공간전하 영역에서 서로 재결합하는 캐리어들도 존재하지만 대부분의 캐리어들은 공핍층을 가로질러서 공핍층과 중성 영역의 경계면까지 확산해 들어온다고 가정하자. 이때 각각의 과잉 소수 캐리어들은 공핍층의 경계면에서 가장 높은 농도를 가질 것이다. 그 다음은 반대 영역으로 계속 확산해 나가면서 재결합하여 소멸할 것이다.

예를 들어 전자의 상황을 고려한다면 전자는 n형 반도체에서 다수 캐리어이다. 순방향 전압에 의해 전자는 공핍층을 가로질러 p형 영역으로 확산한다. p형 중성 영역과 공핍층의 경계지점에 도달하면 그때 전자 농도가 최대가 되며 과잉 소수 캐리어로 입장이 바뀐다. 다수 캐리어에서 과잉 소수 캐리어로 변환된 전자는 계속해서 p형 영역으로 확산해 간다. 자신의 확산 거리만큼 진행하고 다수 캐리어 양공과 재결합하여 소멸해간다. 매우 긴 PN 접합 다이오드라고 가정한다면 다이오드의 끝 지점에서는(편의상 무한대로 가정) 과잉 소수 캐리어 전자는 모두 소멸해 0으로 수렴할 것이다.

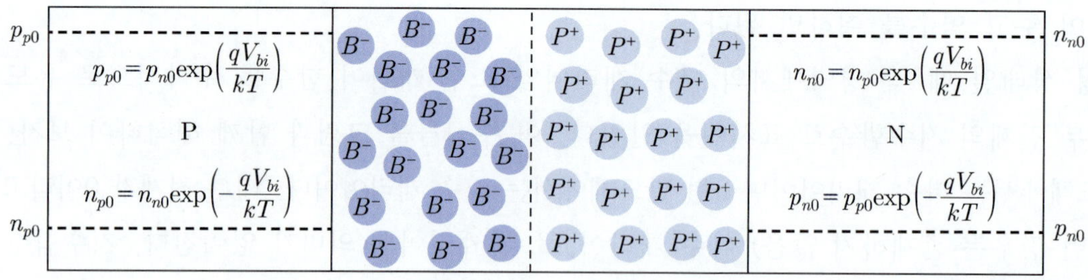

(a) 열평형 상태

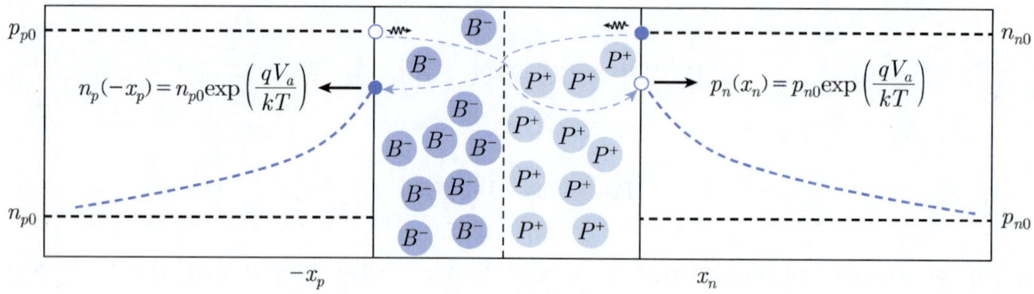

(b) 순방향 인가

그림 6-7 PN 접합의 다수, 소수 캐리어 농도 함수

양공도 동일하게 설명할 수 있다. 확산 거리는 확산 계수와 캐리어의 수명과 관련이 있다. 확산 거리가 길어지려면 수명이 증가해야 한다. 이러한 확산 거리는 매우 중요하다. PN 접합 태양전지에서도 다시 자세히 언급할 것이다.

그렇다면 순방향 바이어스가 인가된 p형 반도체에서 공핍층의 경계에서 전자의 농도 식은 어떻게 표현되는지 살펴보자. 이때 전자와 양공의 농도는 간단히 구할 수 있다. 수식 6-3식을 보자. 열평형 상태가 아니므로 $n_{p0}=n_p$가 될 것이며 순방향 전압은 내부 전위 장벽의 높이를 감소시키므로 $V_{bi}=V_{bi}-V_a$가 된다. 또한 n_{n0}는 변화가 없다. 왜냐하면 저수준 주입에서는 과잉 소수 캐리어들이 다수 캐리어에 영향을 미치지 못하므로 $n\approx n_{n0}$로 쓸 수 있기 때문이다. 따라서 6-3식은 다음과 같이 변환된다.

$$n_{p0}=n_{n0}\exp\left(-\frac{qV_{bi}}{kT}\right) \;\Rightarrow\; n_p=n_{n0}\exp\left[-\frac{q(V_{bi}-V_a)}{kT}\right]$$

위의 식을 다시 고쳐 쓰면 다음과 같다.

$$n_p=n_{n0}\exp\left[-\frac{q(V_{bi}-V_a)}{kT}\right]=n_{n0}\exp\left[-\frac{qV_{bi}}{kT}\right]\exp\left[\frac{qV_a}{kT}\right]=n_{p0}\exp\left[\frac{qV_a}{kT}\right] \tag{6-7}$$

수식 6-4에서 동일하게 p_n에 대해서도 구할 수 있다.

$$p_n = p_{p0}\exp\left[-\frac{q(V_{bi}-V_a)}{kT}\right] = p_{p0}\exp\left[-\frac{qV_{bi}}{kT}\right]\exp\left[\frac{qV_a}{kT}\right] = p_{n0}\exp\left[\frac{qV_a}{kT}\right] \tag{6-8}$$

6-7식은 순방향 바이어스 인가 시 n형 영역에서 p형 영역으로 공핍층을 가로질러 확산해 온 전자의 농도이다. 정확히 p형 영역의 공핍층 경계면 $-x_p$에서의 전자의 농도이다. p형 영역의 공핍층 경계면에서의 전자 농도 n_p는 p형 영역의 열평형 상태 소수 캐리어 전자 농도 n_{p0}의 순방향 전압의 지수함수로 증가한다는 것이다. 즉 과잉 소수 캐리어 전자 농도는 열평형 상태의 소수 캐리어 전자 농도보다 훨씬 크게 증가한다. 저수준 주입을 상기하라. 저수준 주입에서는 과잉 소수 캐리어 농도는 다수 캐리어의 농도보다 10배 이상 낮아서 다수 캐리어 농도에 영향을 미치지 못하지만 원래부터 존재하고 있던 소수 캐리어 농도보다 몇 차수 이상 증가하므로 소수 캐리어 농도는 과잉 소수 캐리어 농도로 바뀌어 버리게 된다. 따라서 p형 영역에는 과잉 소수 캐리어 전자가 주입되며 이 농도는 원래부터 p형 반도체에 존재하고 있던 n_{p0}보다 비교할 수 없을 만큼 높다(예제 6-1-1에서 다룰 것이다). 전자가 p형 영역으로 확산해 올 때는 우리가 이미 논의하였듯이 공핍층에서 소수이지만 재결합 과정이 발생한다. 이것은 매우 작으므로 무시할 수 있다. 지금은 p형 반도체의 공핍층 경계에서의 과잉 소수 캐리어인 전자의 농도를 논의하고 있다는 것을 상기하라. 과잉 소수 캐리어 전자는 계속 p형 중성 영역으로 확산해 가면서 양공과 재결합하며 점점 소멸해 간다. 그리고 완전히 사라지면 그때의 과잉 소수 캐리어 전자 농도는 0이 될 것이며 전자 농도는 열평형 상태에 있는 p형 반도체의 전자 농도로 수렴하게 된다. p형 영역에서 n형 영역으로 가로질러 오는 양공에 대해서도 똑같은 해석을 내릴 수 있다. 요약하면 그림 6-7 (b)에 나타낸 2가지 관계식을 잘 이해해야 한다. 가령 전자를 예로 든다면 p형 반도체로 가로질러 온 전자는 원래부터 p형 영역에 존재하던 열평형 상태의

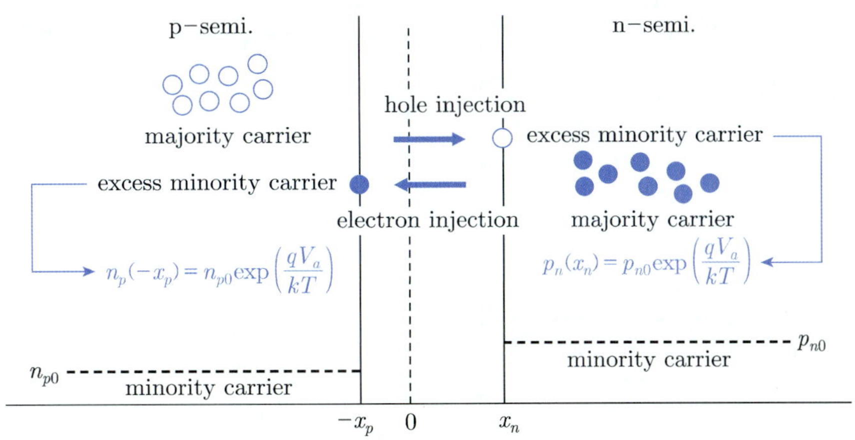

그림 6-8 순방향 바이어스 상태일 때 공간전하 영역 끝에서의 소수 캐리어 농도

소수 캐리어 전자 농도에 대해 순방향 전압의 지수함수로 증가한다는 것이다. 이 관계식은 직관적으로 이해하기 쉬우나 본 절에서 다시 한번 깊이 새겨보길 바란다.

예제를 통해서 위에서 고찰한 내용에 대해서 심화학습을 해 보자.

예제 6-1-1

$T = 300\,\mathrm{K}$, $N_D = 10^{16}\,\mathrm{cm}^{-3}$, $N_A = 6\times10^{15}\,\mathrm{cm}^{-3}$, $V_a = 0.6\,\mathrm{V}$일 때 공간전하 영역 끝에서의 소수 캐리어 농도를 구하여라.

풀이

$$n_p(-x_p) = n_{p0}\exp\left[\frac{qV_a}{kT}\right] \quad n_{p0} = \frac{n_i^2}{p_{p0}} = \frac{n_i^2}{N_A} = 3.75\times10^4\,\mathrm{cm}^{-3}$$

$$n_p = (3.75\times10^4\,\mathrm{cm}^{-3})\exp\left(\frac{0.6}{0.0259}\right) = 4.31\times10^{14}\,\mathrm{cm}^{-3}$$

$$p_n(x_n) = p_{n0}\exp\left[\frac{qV_a}{kT}\right] \quad p_{n0} = \frac{n_i^2}{n_{n0}} = \frac{n_i^2}{N_D} = 2.25\times10^4\,\mathrm{cm}^{-3}$$

$$p_n = (2.25\times10^4\,\mathrm{cm}^{-3})\exp\left(\frac{0.6}{0.0259}\right) = 2.59\times10^{14}\,\mathrm{cm}^{-3}$$

하기 그림으로 정리하였다. 각 반도체의 공핍층과 중성 영역의 경계지점에 확산해 온 과잉 소수 캐리어들을 보면 모두 열평형 상태의 다수 캐리어 농도보다 10배 이상 낮은 것을 알 수 있다. 10배 이상 차이가 나면 우리는 이것을 저수준 주입이라고 한다. 확산해 온 과잉 소수 캐리어들은 다수 캐리어의 농도에 영향을 미치지 못한다. 반면에 소수 캐리어 농도는 매우 크게 증가하여 과잉 소수 캐리어 농도로 변환됨을 알 수 있다. 약 10^{10}배 증가했음을 알 수 있다.

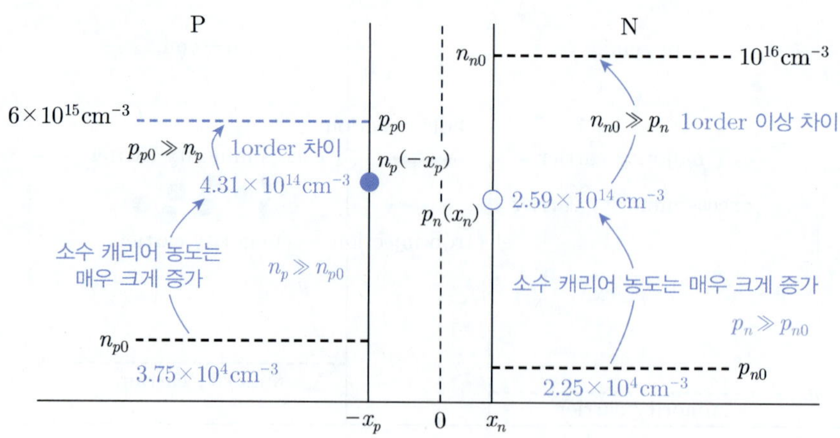

작은 순방향 바이어스 상태에서 저수준 주입을 만족시키고 있다

6-1-4 이상적 PN 접합 다이오드의 전류-전압 특성

지금까지 우리는 n형 영역의 공핍층 경계에서 소수 캐리어인 양공 농도 p_n과 p형 영역의 경계에서 소수 캐리어인 전자 농도 n_p를 수학적으로 유도하고 예제를 통해서 직접 계산해 보았다. 각각의 영역에서 과잉 소수 캐리어 농도는 간단히 구할 수 있다. 공핍층의 경계지점에서는 전자의 농도를 n_p로 표시하고 있음에 주의하라. 전자가 이 지점을 지나가기 시작하면 전자는 p형 영역의 양공과 재결합하기 시작하면서 확산해 간다. 따라서 확산이 일어나는 구간에서 전자는 과잉 소수 캐리어가 되며, 표기법도 δn_p로 바뀌게 된다.

그림 6-9에 표기한 파란색 화살표가 과잉 소수 캐리어 전자의 농도가 되는 것이다. 즉 전자의 최초 농도 n_p에서 p형 반도체에 원래부터 존재하고 있던 열평형 상태의 소수 캐리어 전자 농도 n_{p0}를 빼야할 것이다. 따라서 각 영역에서의 과잉 소수 캐리어 농도는 다음과 같이 표현할 수 있다.

$$\delta n_p = n_p - n_{p0} = n_{p0}\exp\left(\frac{qV_a}{kT}\right) - n_{p0} = n_{p0}\left[\exp\left(\frac{qV_a}{kT}\right) - 1\right] = \frac{n_i^2}{N_A}\left[\exp\left(\frac{qV_a}{kT}\right) - 1\right]$$

$$\delta p_n = p_n - p_{n0} = p_{n0}\exp\left(\frac{qV_a}{kT}\right) - p_{n0} = p_{n0}\left[\exp\left(\frac{qV_a}{kT}\right) - 1\right] = \frac{n_i^2}{N_D}\left[\exp\left(\frac{qV_a}{kT}\right) - 1\right]$$

예제 6-1-1에서 p형 영역에 있는 과잉 소수 캐리어 전자 농도를 구해 보면 열평형 상태에 있는 p형 영역의 소수 캐리어 전자의 농도보다 월등히 많음을 알 수 있다. 차수가 10^4에서 10^{14}로 증가하였다. 따라서 다음과 같은 결과를 얻을 수 있다.

$$\delta n_p = n_p - n_{p0} = (4.31 \times 10^{14}\,\text{cm}^{-3}) - (3.75 \times 10^{4}\,\text{cm}^{-3}) = 4.31 \times 10^{14}\,\text{cm}^{-3}$$

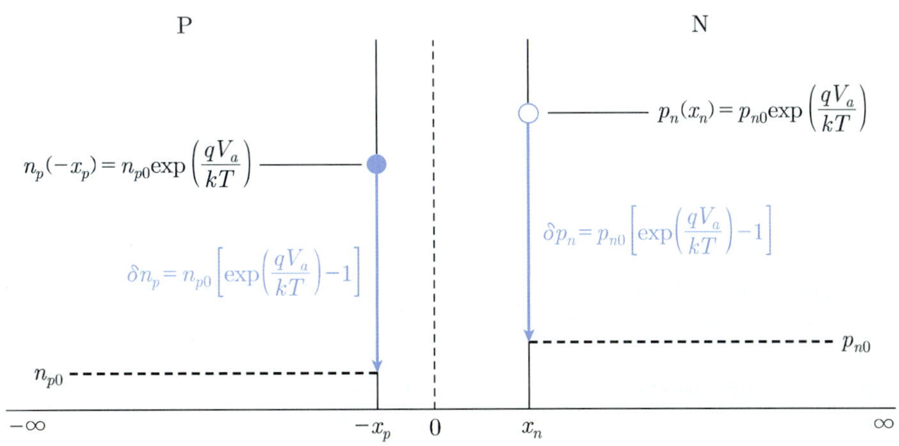

그림 6-9 과잉 캐리어 농도

이 값은 예상대로 p형 영역에 있는 열평형 상태의 전자 농도에 비해 월등히 크다. 역시 저수준 주입을 만족하고 있다.

우리는 지금까지 소수 캐리어가 확산해 오고 공핍층의 경계점에 도달했을 때의 캐리어의 총 농도를 각각 구했다. 그 수학적 표현식이 6-7과 6-8식이었다. 이제 과잉 소수 캐리어가 각각 전자는 p형 영역으로, 양공은 n형 영역으로 확산해 갈 것이다. 이 캐리어들은 과잉 소수 캐리어에 해당한다. 과잉 소수 캐리어들은 중성 영역으로 확산해 갈 것인데 과연 수학적으로 어떤 형태를 가질 것인가? 지금까지 우리는 지수함수로 감소할 것으로 미리 예상하고 특별히 수학적인 고찰 없이 언급하였다. 이제부터 우리는 중성 영역에서 과잉 캐리어들이 어떤 거동 특성을 가질지 미분 방적의 해를 구함으로써 거리에 따른 캐리어들이 수학적으로 어떻게 표현되는지 구해 볼 것이다. 중성 영역에서의 과잉 소수 캐리어의 분포를 구한다고 보면 된다. 우리는 비평형 상태 반도체에서 전자, 양공의 연속 방정식을 구했다. 연속 방정식으로부터 내부 전계 항을 제거하고 n형, p형 반도체에서의 앰비폴러 방정식을 유도하였다. 수식 4-56은 앰비폴러 방정식을 표기한 것이다. 다음과 같은 가정을 통해서 과잉 캐리어의 분포를 구해 보자.

먼저 중성 영역의 전계는 0이다. 공핍층 내에서 캐리어의 생성은 무시하고 정상 상태(시간에 따라 캐리어의 농도는 변하지 않고 일정하다)라고 가정하겠다. p형 반도체에서의 앰비폴러 방정식은 다음과 같다.

$$\text{p-type semiconductor}: \frac{\partial(\delta n)}{\partial t} = D_n \frac{\partial^2(\delta n)}{\partial x^2} + \mu_n E \frac{\partial(\delta n)}{\partial x} + G_n - \frac{\delta n}{\tau_n}$$

위에서 가정한 5가지 조건들을 적용하여 보자.

정상 상태이며 중성 영역의 전계는 0, 공핍층 내 캐리어의 생성은 무시할 수 있다. 따라서 하기의 항들은 모두 0으로 놓을 수 있다.

$$\frac{\partial \delta n(t,x)}{\partial t} = 0, \quad E = 0, \quad G = 0$$

$$\frac{d^2(\delta n_p)}{dx^2} - \frac{\delta n_p}{L_n^2} = 0 \ (x < -x_p) \qquad L_n^2 = D_n \tau_n$$

n형 반도체의 앰비폴러 방정식은 다음과 같다.

$$\text{n-type semiconductor}: \frac{\partial(\delta p)}{\partial t} = D_p \frac{\partial^2(\delta p)}{\partial x^2} + \mu_p E \frac{\partial(\delta p)}{\partial x} + G_p - \frac{\delta p}{\tau_p}$$

$$\frac{d^2(\delta p_n)}{dx^2} - \frac{\delta p_n}{L_p^2} = 0 \ \ (x > x_n) \qquad L_p^2 = D_p \tau_p$$

이 미분 방정식의 해는 다음과 같다.

$$\delta n_p(x) = Ae^{x/L_n} + Be^{-x/L_n} \qquad \delta p_n(x) = Ce^{x/L_p} + De^{-x/L_p} \tag{6-9}$$

경계조건은 그림 6-9에 나타내었다.

1. $x = x_n \quad p_n(x_n) = p_{n0}\exp(qV_a/kT)$

2. $x = -x_p \quad n_p(-x_p) = n_{p0}\exp(qV_a/kT)$

3. $x \to \infty \quad p_n(x \to \infty) = p_{n0}$

4. $x \to -\infty \quad n_p(x \to -\infty) = n_{p0}$

양공에 대한 연속 방정식은 경계조건 1, 3을 사용하고 전자의 경우는 2, 4를 적용한다. 양공에 대한 연속 방정식을 구해 보면 다음과 같다.

I) $x \to \infty \quad Ce^{x/L_p} \to \infty$로 발산하므로 이런 경우는 존재하지 않는다. 따라서 $C = 0$가 될 수밖에 없다. 따라서

$$\therefore C = 0$$

II) $x \to x_n \qquad p_n(x_n) = p_{n0}\exp\left(\frac{qV_a}{kT}\right)$

$$\delta p_n(x) = p_n(x) - p_{n0} = De^{-x/L_p}$$

$$p_{n0}\exp\left(\frac{qV_a}{kT}\right) - p_{n0} = De^{-x_n/L_p} \qquad \therefore D = \exp\left(\frac{x_n}{L_p}\right)p_{n0}\left[\exp\left(\frac{qV_a}{kT}\right) - 1\right]$$

경계조건에서 구한 상수 C, D를 수식 6-9의 양공에 대한 방정식에 대입하면 다음과 같다.

$$\delta p_n(x) = p_{n0}\exp\left(\frac{x_n}{L_p}\right)\left[\exp\left(\frac{qV_a}{kT}\right) - 1\right]\exp\left(-\frac{x}{L_p}\right)$$

$$\therefore \delta p_n(x) = p_{n0}\left[\exp\left(\frac{qV_a}{kT}\right) - 1\right]\exp\left[\frac{x_n - x}{L_p}\right] \tag{6-10}$$

수식 6-10은 n형 영역으로 확산해 온 과잉 소수 캐리어 양공의 농도 함수이다. $x=x_n$에서는 수식 6-10의 맨 끝 항의 지수함수가 1로 수렴하므로 수식 6-10은 앞의 지수 항만 남는다. 즉

$$x=x_n, \qquad \delta p_n(x_n)=p_{n0}\left[\exp\left(\frac{qV_a}{kT}\right)-1\right]$$

이것은 우리가 앞에서 그림 6-9에서 구한 값과 동일하다. 공핍층 경계면에서의 과잉 소수 캐리어인 양공의 농도가 되는 것이다. 이 값은 양공 농도의 초깃값이다. 이 값을 가지고 양공이 n형 영역으로 확산해 가면($x>x_n$) 식 6-10의 끝항은 감소해 간다. 거리 x가 증가함에 따라 지수함수로 감소함을 알 수 있다.

요약하면 과잉 소수 캐리어 양공 농도는 n형 영역과 공핍층과의 접합면에서 최대 농도 $p_{n0}[\exp(qV_a/kT)-1]$를 가지고 n형 반도체의 중성 영역으로 확산해 가고 전자와 재결합하면서 양공의 농도는 거리에 따라서 $\exp[(x_n-x)/L_p]$의 지수함수로 감소해 간다. 거리가 무한대로 확산해 가면 결국 과잉 소수 캐리어 농도는 0으로 수렴하며 n형 반도체에는 최초에 존재하는 열평형 상태의 양공 농도만이 존재하게 된다.

이번에는 과잉 소수 캐리어 전자의 농도를 구해 보자. 전자는 n형 영역에서 공핍층을 가로질러 p형 영역으로 들어오는 전자를 일컫는다. 양공과 동일하게 생각할 수 있다. 먼저 미분 방정식의 경계조건 2, 4를 사용하여 해를 구해 보자.

III) $x\to-\infty$ $\;Be^{-x/L_n}\to\infty$로 발산하므로 이런 경우는 존재하지 않는다. 따라서 $B=0$이다.

$$\therefore B=0$$

IV) $x\to-x_p$ $\qquad n_p(-x_p)=n_{p0}\exp\left(\frac{qV_a}{kT}\right)$

$$\delta n_p(x)=n_p(x)-n_{p0}=Ae^{x/L_n}$$

$$n_{p0}\exp\left(\frac{qV_a}{kT}\right)-n_{p0}=Ae^{-x_p/L_n} \qquad \therefore A=\exp\left(\frac{x_p}{L_n}\right)n_{p0}\left[\exp\left(\frac{qV_a}{kT}\right)-1\right]$$

경계조건에서 구한 상수 A, B를 수식 6-9의 전자에 대한 방정식에 대입하면 다음과 같다.

$$\delta n_p(x)=n_{p0}\exp\left(\frac{x_p}{L_n}\right)\left[\exp\left(\frac{qV_a}{kT}\right)-1\right]\exp\left(\frac{x}{L_n}\right)$$

$$\therefore \delta n_p(x) = n_{p0}\left[\exp\left(\frac{qV_a}{kT}\right) - 1\right]\exp\left[\frac{x_p + x}{L_n}\right] \tag{6-11}$$

수식 6-11은 p형 영역으로 확산해 온 과잉 소수 캐리어 전자의 농도 함수이다. 양공과 동일하게 해석할 수 있다. 과잉 소수 캐리어 전자는 p형 중성 영역으로 확산해 감에 따라 지수함수로 감소한다.

지금까지의 내용을 요약하면 다음과 같다. 순방향 바이어스가 인가된 상태에서는 내부 전위 장벽을 낮추어 캐리어의 흐름을 조성한다. n형 영역에서는 전자가 농도 차이로 인하여 공간전하 영역을 가로질러 p형 영역으로 확산해 간다. p형 영역에서는 양공이 공간전하 영역을 가로질러 n형 영역으로 확산해 간다. 과잉 소수 캐리어로 입장이 바뀌면서 공핍층의 경계면에서 최대 농도를 가지고 각 중성 영역으로 확산해 간다. 이때 확산 전류를 형성한다. 이것이 PN 접합에서 발생하는 전류 성분인 것이다. 순방향 바이어스가 인가되었기 때문에 지속적으로 캐리어들이 공급된다. 확산 전류는 지속적으로 유지된다. 확산 거리는 $L_p = \sqrt{D_p \tau_p}$ 이다. 중성 영역으로 들어간 과잉 소수 캐리어들은 다수 캐리어들과 재결합하면서 소멸해간다. 이러한 상황이 연속적, 지속적으로 발생한다. 과잉 소수 캐리어들은 확산과 재결합 과정을 반복하면서 열평형 상태의 소수 캐리어로 수렴하게 될 것이다.

이제 우리는 중성 영역에서 과잉 캐리어 농도 분포의 거리에 따른 변화를 고찰하였고 수학적 관계식도 구했다. 수식 6-10, 6-11이 확산 전류를 만드는 캐리어의 농도이다. 그렇다면 전류 방정식도 구할 수 있다. 벌써 알았겠지만 전류는 확산 전류만 고려하면 된다.

전류 방정식을 구하면 PN 접합 다이오드의 전압-전류 특성 관계식을 유도해 낼 수 있다. 앞에서 배운 전자, 양공의 확산 방정식을 기억해 보자.

$$J = J_n + J_p = qD_n\frac{\partial \delta n_p(t,x)}{\partial x} - qD_p\frac{\partial \delta p_n(t,x)}{\partial x} \tag{6-12}$$

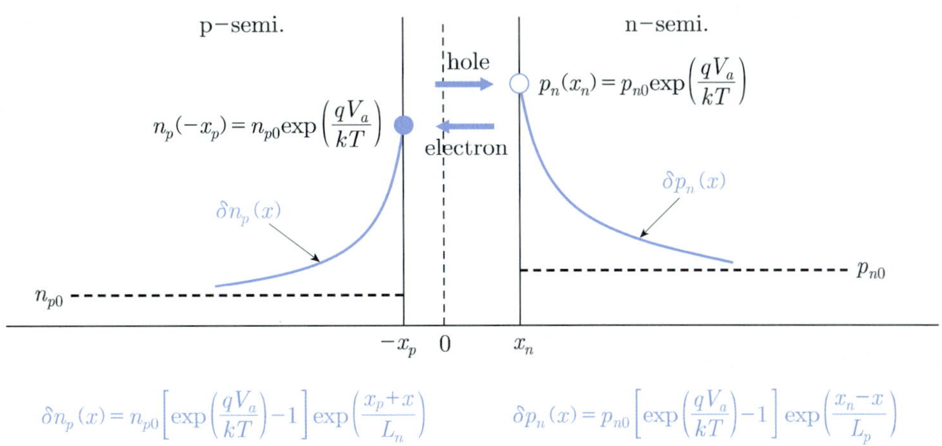

그림 6-10 중성 영역으로부터 거리에 따른 과잉 소수 캐리어 농도의 변화

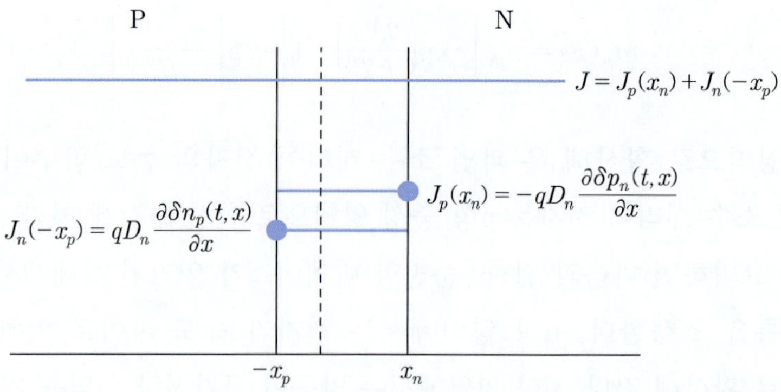

그림 6-11 PN 접합의 공간전하 영역을 가로질러 흐르는 전자와 양공의 확산 전류 밀도

$$\delta p_n(x) = p_{n0}\left[\exp\left(\frac{qV_a}{kT}\right) - 1\right]\exp\left[\frac{x_n - x}{L_p}\right] \tag{6-13}$$

$$\delta n_p(x) = n_{p0}\left[\exp\left(\frac{qV_a}{kT}\right) - 1\right]\exp\left[\frac{x_p + x}{L_n}\right] \tag{6-14}$$

우리는 앞에서 다음과 같이 가정하였다. PN 접합에 흐르는 총 전류는 일정하며 공핍층에서 흐르는 전자와 양공의 전류는 일정하며 연속함수 분포를 이룬다. 농도 차로 인하여 각 중성 영역으로 캐리어들이 각각 확산해 가지만 중성 영역의 전계는 0이므로 소수 캐리어의 드리프트 성분은 발생하지 않는다. 그림 6-11에 이러한 상황을 도식화하였다.

수식 6-10, 6-11을 x로 미분하면 전류-전압 관계식을 얻을 수 있다. $x = x_n$, $x = -x_p$ 지점에서 전자와 양공의 전류 밀도를 구해 보자. 과잉 소수 캐리어 전자와 양공의 거리에 따른 농도 분포함수는 이미 구해 놓았다. 6-13, 6-14식을 6-12에 대입하고 정리하면 다음과 같다.

$$J(x) = J_p(x_n) + J_n(-x_p)$$

$$J = -qD_p \frac{\partial\left[p_{n0}\left(\exp\frac{qV_a}{kT} - 1\right)\exp\left(\frac{x_n - x}{L_p}\right)\right]}{\partial x} + qD_n \frac{\partial\left[n_{p0}\left(\exp\frac{qV_a}{kT} - 1\right)\exp\left(\frac{x_p + x}{L_n}\right)\right]}{\partial x}$$

$$= \frac{qD_p p_{n0}}{L_p}\left[\exp\left(\frac{qV_a}{kT}\right) - 1\right]\exp\left(\frac{x_n - x}{L_p}\right) + \frac{qD_n n_{p0}}{L_n}\left[\exp\left(\frac{qV_a}{kT}\right) - 1\right]\exp\left(\frac{x_p + x}{L_n}\right)$$

$x = x_n$, $x = -x_p$ 에서 $\exp\left(\frac{x_n - x}{L_p}\right) = 1$, $\exp\left(\frac{x_p + x}{L_n}\right) = 1$

따라서 전류 밀도식은 다음과 같다.

$$J=\left(\frac{qD_p p_{n0}}{L_p}+\frac{qD_n n_{p0}}{L_n}\right)\left[\exp\left(\frac{qV_a}{kT}\right)-1\right] \quad L_p=\sqrt{D_p\tau_p} \qquad L_n=\sqrt{D_n\tau_n} \tag{6-15}$$

6-15식은 이상적인 PN 접합 다이오드에 흐르는 총 전류 밀도이며 공핍층에 흐르는 전자와 양공의 전류 밀도 총합이다. 순방향 바이어스 전압에 따라 지수함수적으로 전류가 증가한다. 인가하는 전압에 따라 다음과 같이 분류한다.

1) $V_a > 0$

$$J=\left(\frac{qD_p p_{n0}}{L_p}+\frac{qD_n n_{p0}}{L_n}\right)\left[\exp\left(\frac{qV_a}{kT}\right)-1\right]$$

2) $V_a = 0$

$$J=0$$

3) $V_a < 0$

$$J=J_s\left[\exp\left(\frac{qV_a}{kT}\right)-1\right]=-J_s \qquad J_s=\frac{qD_p p_{n0}}{L_p}+\frac{qD_n n_{p0}}{L_n}$$

(−) 전압이 인가되면 전류는 일정하게 유지됨을 알 수 있다. V_a에 음의 전압을 인가하면 전류가 조금 증가하다가 kT/q를 넘어서면 지수함수는 0으로 수렴한다. 즉 인가한 전압에 관계없이 $-J_s$를 유지한다. 이것을 우리는 역포화 전류 밀도라고 한다. PN 접합 다이오드의 전류-전압 관계식을 보면 알겠지만 모두 소수 캐리어로 표현되어 있다. J_s의 첫 항은 n형 반도체에서 흐르는 양공의 농도와 양공의 확산 계수로 표현되고 있고 두 번째 항은 p형 반도체에서 흐르는 전자의 농도와 확산 계수로 표기되어 있음을 알 수 있다. 이상과 같이 소수 캐리어의 확산으로 발생하는 전류가 PN 접합 다이오드의 기본 전류 발생 원리인 것이다. 그림 6-12에 다이오드 곡선을 나타내었다.

$$V_a=-\frac{kT}{q} \quad\Rightarrow\quad J=J_s\left(e^{-1}-1\right)=-0.63J_s$$

$$V_a=-\frac{2kT}{q} \quad\Rightarrow\quad J=J_s\left(e^{-2}-1\right)=-0.86J_s$$

$$V_a\lll-\frac{kT}{q} \quad\Rightarrow\quad J=J_s\left(e^{-\infty}-1\right)=-J_s$$

$$J_s=\frac{qD_p p_{n0}}{L_p}+\frac{qD_n n_{p0}}{L_n}=qn_i^2\left[\frac{1}{N_D}\sqrt{\frac{D_p}{\tau_p}}+\frac{1}{N_A}\sqrt{\frac{D_n}{\tau_n}}\right]$$

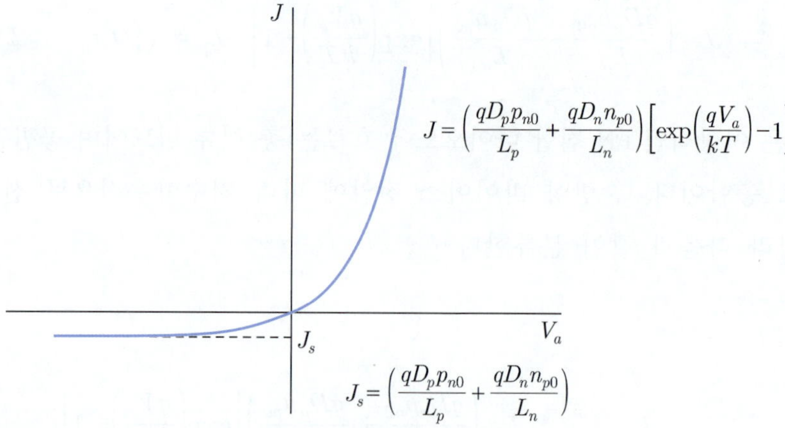

그림 6-12 이상적인 PN 접합 다이오드의 전류-전압 곡선

역포화 전류 밀도는 진성 캐리어 농도의 제곱에 비례함을 알 수 있다. 진성 캐리어 농도는 온도에 강하게 의존하는 함수이다. 역포화 전류 밀도는 온도에 매우 강하게 의존함을 알 수 있다. 우리는 이상적인 PN 접합 다이오드의 전류-전압 특성을 유도하였다. 수학적 편의성을 고려하여 몇 가지 타당한 가정을 하였다. 단계별 과정을 6-1-5에 요약하였다.

6-1-5 PN 접합 다이오드의 동작 요약

PN 접합에 순방향 바이어스 전압을 인가(p형 반도체에 양의 전압, n형 반도체에 음의 전압)하면 캐리어의 흐름을 억제하는 내부 전위 장벽이 낮아져서 캐리어의 이동이 시작된다. 농도 차로 인하여 양공은 p형 영역에서 공간전하 영역을 가로질러 n형 영역의 공핍층의 경계점에 도달한다. 이때부터 양공은 과잉 소수 캐리어로 입장이 바뀌며 n형 중성 영역을 확산해 간다. 전자는 n형 영역에서 공간전하 영역을 가로질러 p형 영역의 공핍층의 경계면에 도달한다.

이때부터 전자는 과잉 소수 캐리어로 입장이 바뀌어서 p형 중성 영역을 확산해 간다. 순방향 바이어스가 지속적으로 인가되므로 과잉 소수 캐리어들은 지속적으로 주입되어(저수준 주입) 각 영역의 다수 캐리어들과 재결합하면서 확산 및 소멸해 간다. 이때 공핍층의 경계면에서 과잉 소수 캐리어의 농도가 최대점에 도달하고 그 농도 함수를 구했다. 과잉 소수 캐리어들은 중성 영역의 거리에 따라 지수함수로 감소해 가는데 과잉 소수 캐리어 농도를 거리로 미분하여 각 캐리어들의 전류 밀도를 구했다. PN 접합에 흐르는 총 전류 밀도는 일정하며 공핍층에 흐르는 각각의 전자와 양공의 확산 전류 밀도의 합으로 구할 수 있었다. 확산 전류 밀도는 소수 캐리어의 농도에 의해 결정됨을 알았다. 순방향에서 흐르는 이상적인 전류 성분은 그림 6-13으로 요약할 수 있다. 중성

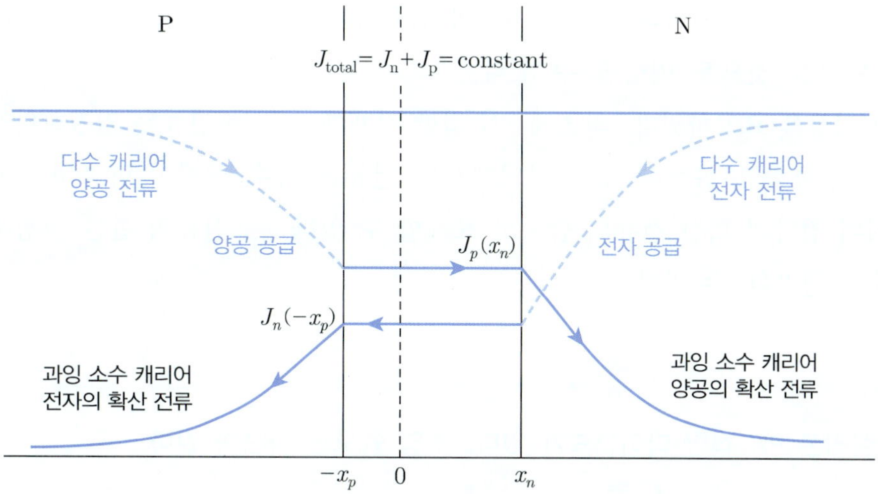

그림 6-13 순방향 전압에서 PN 접합을 흐르는 이상적인 전류 성분

영역에서 확산 전류 밀도는 지수함수의 형태로 감소해 간다. 그러나 최초의 가정에서 PN 접합 전체에 흐르는 전류는 일정하다고 하였다. 그림 6-13의 파란색 실선이다. 전류가 일정한 이유는 중성 영역에서는 소수 캐리어의 확산 전류 성분과 다수 캐리어의 전류 성분(파란색 점선으로 표시)이 모두 존재하기 때문에 총 전류는 다수, 소수 캐리어의 전류 성분의 합이 되기 때문이다.

p형 중성 영역의 전류 성분 :
다수 캐리어 양공의 드리프트 전류 + 과잉 소수 캐리어 전자의 확산 전류

p형 중성 영역에 존재하는 다수 캐리어 양공은 공핍층까지 확산해 오고 공핍층에 걸려 있는 전계에 드리프트되어 n형 영역으로 양공을 공급해 준다. 중성 영역에서 전자들과 재결합하여 소멸되는 양공을 보충해 주기 위하여 지속적으로 양공을 n형 영역으로 흘려보내는 역할을 하는 것이 순방향 전압이다.

n형 반도체의 중성 영역에 존재하는 다수 캐리어 전자들은 순방향 바이어스 전압에 따라 드리프트하여 전자를 p형 영역으로 흘려보내며 양공과 재결합하여 소멸하는 전자들을 지속적으로 공급해 준다.

n형 중성 영역의 전류 성분 :
다수 캐리어 전자의 드리프트 전류 + 과잉 소수 캐리어 양공의 확산 전류

이렇게 확산 전류 성분이 얻어진다. 다수 캐리어가 형성하는 드리프트는 이러한 캐리어의 보충과 주입을 해 주는 역할을 한다는 것을 알았다. 최초의 가정에서 중성 영역의 전계는 0으로 무시한다고

가정하였지만 실제로 중성 영역의 전계는 0이 아니고 다수 캐리어들을 드리프트하게 한다. 그러나 이 전계는 매우 작을 것으로 예상할 수 있다.

그림 6-13에 이상을 요약하였다. 최초에 PN 접합 전체에 흐르는 전류는 일정하다고 가정하였다. 각 중성 영역의 전류를 주목하라. p형 영역에서의 전류는 다수 캐리어 양공의 드리프트 전류와 과잉 소수 캐리어 전자의 확산 전류의 합으로 표시할 수 있다. 두 전류의 합은 일정하다. n형 중성 영역도 동일하게 생각할 수 있다.

예제 6-1-2

상온에서 실리콘 PN 접합 다이오드가 있다. 주입 농도는 다음과 같다.

$$N_D = 1\times 10^{17}\,\text{cm}^{-3},\ \ N_A = 3\times 10^{16}\,\text{cm}^{-3}$$

(1) 역포화 전류 밀도를 구해 보아라.
(2) 순방향 전압 0.5 V에서 공간전하 영역 끝 지점에서의 소수 캐리어 전자와 양공의 농도
(3) 순방향 전압 0.5 V에서 다이오드에 흐르는 총 전류 밀도

확산 계수와 소수 캐리어 수명은 다음과 같다.

$$D_n = 25\,\text{cm}^2/\text{sec} \qquad D_p = 10\,\text{cm}^2/\text{sec} \qquad \tau_n = \tau_p = 10^{-6}\,\text{sec}$$

풀이

(1) 역포화 전류 밀도

$$J_s = \frac{qD_p p_{n0}}{L_p} + \frac{qD_n n_{p0}}{L_n} = qn_i^2\left[\frac{1}{N_D}\sqrt{\frac{D_p}{\tau_p}} + \frac{1}{N_A}\sqrt{\frac{D_n}{\tau_n}}\right]$$

$$J_s = (1.6\times 10^{-19})(1.5\times 10^{10})^2\left[\frac{1}{3\times 10^{16}}\sqrt{\frac{25}{10^{-6}}} + \frac{1}{10^{17}}\sqrt{\frac{10}{10^{-6}}}\right]$$

$$= 7.138\times 10^{-12}\,\text{A/cm}^2$$

역바이어스 전류 밀도는 피코 암페어 수준의 매우 낮은 값임을 알 수 있다.

(2) 순방향 전압 0.5 V에서 공간전하 영역 끝 지점에서의 소수 캐리어 전자와 양공의 농도

$$n_{p0} = \frac{n_i^2}{p_{p0}} = \frac{n_i^2}{N_A} = \frac{(1.5\times 10^{10})^2}{3\times 10^{16}} = 7.5\times 10^3\,\text{cm}^{-3}$$

$$p_{n0} = \frac{n_i^2}{n_{n0}} = \frac{n_i^2}{N_D} = \frac{(1.5\times 10^{10})^2}{1\times 10^{17}} = 2.25\times 10^3\,\text{cm}^{-3}$$

$$n_p(-x_p) = n_{p0}\exp\left[\frac{qV_a}{kT}\right] \qquad n_p = (7.5\times 10^3)\exp\left(\frac{0.5}{0.0259}\right) = 1.816\times 10^{12}\,\text{cm}^{-3}$$

$$p_n(x_n) = p_{n0}\exp\left[\frac{qV_a}{kT}\right] \qquad p_n = (2.25\times 10^3)\exp\left(\frac{0.5}{0.0259}\right) = 5.448\times 10^{11}\,\mathrm{cm}^{-3}$$

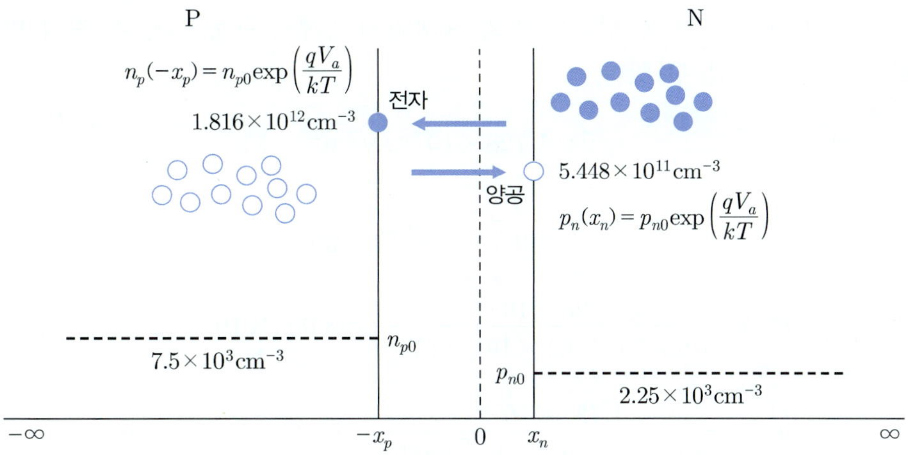

(3) 총 전류 밀도

$$J = \left(\frac{qD_p p_{n0}}{L_p} + \frac{qD_n n_{p0}}{L_n}\right)\left[\exp\left(\frac{qV_a}{kT}\right) - 1\right] = qn_i^2\left[\frac{1}{N_D}\sqrt{\frac{D_p}{\tau_p}} + \frac{1}{N_A}\sqrt{\frac{D_n}{\tau_n}}\right]\left[\exp\left(\frac{qV_a}{kT}\right) - 1\right]$$

$$= (1.6\times 10^{-19})(1.5\times 10^{10})^2\left[\frac{1}{10^{17}}\sqrt{\frac{10}{10^{-6}}} + \frac{1}{3\times 10^{16}}\sqrt{\frac{25}{10^{-6}}}\right]\left[\exp\left(\frac{0.5}{0.0259}\right) - 1\right]$$

$$\therefore J = 1.728\times 10^{-3}\,\mathrm{A/cm^2}$$

예제 6-1-3

상온에서 실리콘 PN 접합 다이오드가 있다. 주입 농도와 기타 특성은 예제 6-1-2와 같다. 순방향 전압 0.5 V가 인가되었을 때 반도체의 각 중성 영역에서의 전계를 구해 보아라.

$$\mu_n = 1350\,\mathrm{cm^2/Vsec} \qquad \mu_p = 480\,\mathrm{cm^2/Vsec}$$

풀이

중성 영역에서의 전계는 0으로 가정하고 수식을 유도하였다. 이 가정이 타당한지 우리는 본 예제를 통해서 확인할 수 있다. 실제로는 0이 아닐 것이다. 밴드 다이어그램에서 평탄하게 묘사했지만 실제로는 아주 작은 기울기를 가질 것이며 이 기울기는 공핍층에서 가파르게 형성될 것이다. 대부분의 전계가 공핍층에 걸리기 때문이다. 전계에 가속되어 이동하는 캐리어가 발생시키는 전류를 우리는 드리프트 전류로 정의하였다. 따라서 반도체의 중성 영역에서는 전계에 의해 다수 캐리어에 의한 드리프트 전류가 발생한다. 확산 전류에 비해서 작은 전류이지만 중성 영역에서는 다수 캐리어에 의한 전류가 발생하여서 확산 전류와 함께 PN 접합 다이오드 전체에 걸쳐 일정한 전류를 흐르게 하는 것이다. 앞에서 다룬 드리프트 전류를 구하는 식은 다음과 같다.

$$J_n = qn\mu_n E \qquad J_p = qp\mu_p E$$

PN 접합 다이오드에 흐르는 총 전류는 앞의 예제 6-1-2에서 구하였다. 각 중성 영역에서의 전계는 다음과 같이 구할 수 있다.

$$J = 1.728 \times 10^{-3}\,\text{A/cm}^2$$

$$E_n = \frac{J}{qn\mu_n} \qquad E_p = \frac{J}{qp\mu_p}$$

$$E_n = \frac{1.728 \times 10^{-3}}{(1.6 \times 10^{-19})(1 \times 10^{17})(1350)} = 8.003 \times 10^{-5}\,\text{V/cm}$$

$$E_p = \frac{1.728 \times 10^{-3}}{(1.6 \times 10^{-19})(3 \times 10^{16})(480)} = 7.503 \times 10^{-4}\,\text{V/cm}$$

각 중성 영역에서의 전계는 매우 작음을 알 수 있다. 우리가 최초로 가정했던 중성 영역에서의 전계를 무시한 것은 타당한 가정이라고 볼 수 있다.

6-1-6 PN 접합 다이오드 동작 특성의 이해

예제를 통해서 PN 접합 다이오드의 동작 특성을 이해해 보자.

예제 6-1-4

공핍층 내에서 흐르는 전류가 전자 50%, 양공 50%에 의한 것이라면 도너 및 억셉터 농도비는 얼마일까?

$$\mu_n = 1350\,\text{cm}^2/\text{Vsec} \qquad \mu_p = 480\,\text{cm}^2/\text{Vsec}$$

$$D_n = 25\,\text{cm}^2/\text{sec} \qquad D_p = 10\,\text{cm}^2/\text{sec} \qquad \tau_p = 10^{-7}\text{sec} \qquad \tau_n = 5 \times 10^{-7}\text{sec}$$

풀이

총 전류 = 전자에 의한 전류 + 양공에 의한 전류

$$\frac{\text{current by electron}}{\text{total current}} = 50\% \qquad \frac{\text{current by hole}}{\text{total current}} = 50\%$$

$$\frac{J_n}{J} = \frac{J_n}{J_n + J_p} = \frac{J_p}{J_n + J_p} = 0.5$$

$$\frac{\frac{qD_n n_{p0}}{L_n}\left[\exp\left(\frac{qV_a}{kT}\right)-1\right]}{\left(\frac{qD_n n_{p0}}{L_n}+\frac{qD_p p_{n0}}{L_p}\right)\left[\exp\left(\frac{qV_a}{kT}\right)-1\right]}=\frac{\frac{qD_n n_{p0}}{L_n}}{\left(\frac{qD_n n_{p0}}{L_n}+\frac{qD_p p_{n0}}{L_p}\right)}=\frac{\frac{n_i^2}{N_A}\sqrt{\frac{D_n}{\tau_n}}}{\frac{n_i^2}{N_A}\sqrt{\frac{D_n}{\tau_n}}+\frac{n_i^2}{N_D}\sqrt{\frac{D_p}{\tau_p}}}$$

$$\frac{1}{1+\frac{N_A}{N_D}\sqrt{\frac{D_p\tau_n}{D_n\tau_p}}}=0.5 \quad\Rightarrow\quad \sqrt{\frac{D_p\tau_n}{D_n\tau_p}}\left(\frac{N_A}{N_D}\right)=\frac{1}{0.5}-1 \quad\Rightarrow\quad \frac{N_A}{N_D}=\sqrt{\frac{D_n\tau_p}{D_p\tau_n}}\left(\frac{1}{0.5}-1\right)$$

$$\therefore \frac{N_A}{N_D}=\sqrt{\frac{D_n\tau_p}{D_p\tau_n}}\left(\frac{1}{0.5}-1\right)=\sqrt{\frac{25\times10^{-7}}{10\times5\times10^{-7}}}\left(\frac{1}{0.5}-1\right)=0.707$$

이 문제는 PN 접합 다이오드의 전류 메커니즘을 이해하는 데 많은 도움을 준다. 얼핏 보면 불순물의 농도비가 1이 될 것 같지만 결과는 억셉터 농도를 도너 농도보다 0.7배 낮게 도핑해야 한다는 것을 보여 주고 있다. 이런 결과는 각 캐리어의 확산 계수와 수명이 다르기 때문에 발생한 것이다. 만약 수명이 동일하다면 불순물의 농도비는 확산 계수의 비로 결정됨을 알 수 있다.

$$\frac{N_A}{N_D}=\sqrt{\frac{D_n\tau_p}{D_p\tau_n}}\left(\frac{1}{0.5}-1\right)=\sqrt{\frac{D_n}{D_p}}\left(\frac{1}{0.5}-1\right)=1.58$$

억셉터 농도를 1.58배 높게 도핑해야 한다. 이것은 양공의 확산 계수가 낮기 때문이다. 양공은 전자보다 천천히 확산해 가므로 도핑 농도를 증가시켜서 전류의 균형비율을 맞추어야 할 것이다. 참고로 각 캐리어의 확산 거리는 다음과 같다.

$$L_n=\sqrt{D_n\tau_n}=\sqrt{25\times5\times10^{-7}}=0.003536\,\text{cm}=35.36\,\mu\text{m}$$

$$L_p=\sqrt{D_p\tau_p}=\sqrt{10\times10^{-7}}=0.001\,\text{cm}=10\,\mu\text{m}$$

전자는 확산 계수가 양공보다 크기 때문에 더 많은 거리를 확산해 감을 알 수 있다.

예제 6-1-5

실리콘 PN 접합 다이오드가 있다. 다음과 같은 조건이다.

$$N_D=1.5\times10^{16}\,\text{cm}^{-3},\ N_A=5\times10^{16}\,\text{cm}^{-3}$$

$$\mu_n=1350\,\text{cm}^2/\text{Vsec} \qquad \mu_p=480\,\text{cm}^2/\text{Vsec}$$

$$D_n=25\,\text{cm}^2/\text{sec} \qquad D_p=10\,\text{cm}^2/\text{sec} \qquad \tau_p=10^{-7}\text{sec} \quad \tau_n=10^{-6}\text{sec}$$

(1) $V_a=0.5\,V_{bi},\ 0.8\,V_{bi},\ 1.0\,V_{bi}$일 때 공핍층 경계지점에서 각각의 전자, 양공 농도와 PN 접합 다이오드에 흐르는 총 전류와 역포화 전류를 구해 보아라. 접합의 단면적은 10^{-4}cm^2으로 계산한다.

풀이

이 예제를 통해서 내부 전계와 순방향 전압과의 관계에 따라 저수준 또는 고수준 주입이 결정되며 저수준 주입의 한계 전압과 저수준 주입의 정의를 다시 한번 확인할 수 있을 것이다. 또한 각 공핍층의 경계지점에서의 캐리어의 농도와 전류를 비교할 수 있을 것이다.

$$V_{bi}=\frac{kT}{q}\ln\left[\frac{N_DN_A}{n_i^2}\right]=(0.0259)\ln\left[\frac{(5\times10^{16})(1.5\times10^{16})}{(1.5\times10^{10})^2}\right]=0.747\,\mathrm{V}$$

양공 농도:

$$p_{n0}=\frac{n_i^2}{n_{n0}}=\frac{n_i^2}{N_D}=\frac{(1.5\times10^{10})^2}{1.5\times10^{16}}=1.5\times10^4\,\mathrm{cm}^{-3}$$

$$V_a=0.5\,V_{bi}\quad p_n(x_n)=p_{n0}\exp\left[\frac{qV_a}{kT}\right]\quad p_n=(1.5\times10^4)\exp\left(\frac{0.5\times0.747}{0.0259}\right)=2.748\times10^{10}\,\mathrm{cm}^{-3}$$

$$V_a=0.8\,V_{bi}\quad p_n(x_n)=p_{n0}\exp\left[\frac{qV_a}{kT}\right]\quad p_n=(1.5\times10^4)\exp\left(\frac{0.8\times0.747}{0.0259}\right)=1.573\times10^{14}\,\mathrm{cm}^{-3}$$

$$V_a=1.0\,V_{bi}\quad p_n(x_n)=p_{n0}\exp\left[\frac{qV_a}{kT}\right]\quad p_n=(1.5\times10^4)\exp\left(\frac{1.0\times0.747}{0.0259}\right)=5.034\times10^{16}\,\mathrm{cm}^{-3}$$

전자 농도:

$$n_{p0}=\frac{n_i^2}{p_{p0}}=\frac{n_i^2}{N_A}=\frac{(1.5\times10^{10})^2}{5\times10^{16}}=4.5\times10^3\,\mathrm{cm}^{-3}$$

$$V_a=0.5\,V_{bi}\quad n_p(-x_p)=n_{p0}\exp\left[\frac{qV_a}{kT}\right]\quad n_p=(4.5\times10^3)\exp\left(\frac{0.5\times0.747}{0.0259}\right)=8.243\times10^{9}\,\mathrm{cm}^{-3}$$

$$V_a=0.8\,V_{bi}\quad n_p(-x_p)=n_{p0}\exp\left[\frac{qV_a}{kT}\right]\quad n_p=(4.5\times10^3)\exp\left(\frac{0.8\times0.747}{0.0259}\right)=4.719\times10^{13}\,\mathrm{cm}^{-3}$$

$$V_a=1.0\,V_{bi}\quad n_p(-x_p)=n_{p0}\exp\left[\frac{qV_a}{kT}\right]\quad n_p=(4.5\times10^3)\exp\left(\frac{1.0\times0.747}{0.0259}\right)=1.510\times10^{16}\,\mathrm{cm}^{-3}$$

PN 다이오드에 흐르는 총 전류 :

1) $V_a=0.5\,V_{bi}$

$$J=\left(\frac{qD_pp_{n0}}{L_p}+\frac{qD_nn_{p0}}{L_n}\right)\left[\exp\left(\frac{qV_a}{kT}\right)-1\right]=qn_i^2\left[\frac{1}{N_D}\sqrt{\frac{D_p}{\tau_p}}+\frac{1}{N_A}\sqrt{\frac{D_n}{\tau_n}}\right]\left[\exp\left(\frac{qV_a}{kT}\right)-1\right]$$

$$J = (1.6\times 10^{-19})(1.5\times 10^{10})^2\left[\frac{1}{1.5\times 10^{16}}\sqrt{\frac{10}{10^{-7}}}+\frac{1}{5\times 10^{16}}\sqrt{\frac{25}{10^{-6}}}\right]\left[\exp\left(\frac{0.5\times 0.747}{0.0259}\right)-1\right]$$

$$= 5.058\times 10^{-5}\,\mathrm{A/cm^2}$$

$$\therefore I = JA = 5.058\times 10^{-5}\times 10^{-4}\,\mathrm{A} = 5.058\times 10^{-9}\,\mathrm{A}$$

역포화 전류:

$$J_s = \frac{qD_p p_{n0}}{L_p}+\frac{qD_n n_{p0}}{L_n} = qn_i^2\left[\frac{1}{N_D}\sqrt{\frac{D_p}{\tau_p}}+\frac{1}{N_A}\sqrt{\frac{D_n}{\tau_n}}\right] = 2.761\times 10^{-11}\,\mathrm{A/cm^2}$$

$$\therefore I_s = J_s\times 10^{-4}\,\mathrm{cm^2} = 2.761\times 10^{-15}\,\mathrm{A}$$

2) $V_a = 0.8\,V_{bi}$

$$J = \left(\frac{qD_p p_{n0}}{L_p}+\frac{qD_n n_{p0}}{L_n}\right)\left[\exp\left(\frac{qV_a}{kT}\right)-1\right] = qn_i^2\left[\frac{1}{N_D}\sqrt{\frac{D_p}{\tau_p}}+\frac{1}{N_A}\sqrt{\frac{D_n}{\tau_n}}\right]\left[\exp\left(\frac{qV_a}{kT}\right)-1\right]$$

$$= 2.761\times 10^{-11}\left[\exp\left(\frac{0.8\times 0.747}{0.0259}\right)-1\right]$$

$$= 2.895\times 10^{-1}\,\mathrm{A/cm^2}$$

$$\therefore I = JA = 2.895\times 10^{-1}\times 10^{-4}\,\mathrm{A} = 2.895\times 10^{-5}\,\mathrm{A}$$

역포화 전류 : $I_s = J_s\times 10^{-4}\,\mathrm{cm^2} = 2.761\times 10^{-15}\,\mathrm{A}$

3) $V_a = 1.0\,V_{bi}$

$$J = \left(\frac{qD_p p_{n0}}{L_p}+\frac{qD_n n_{p0}}{L_n}\right)\left[\exp\left(\frac{qV_a}{kT}\right)-1\right] = qn_i^2\left[\frac{1}{N_D}\sqrt{\frac{D_p}{\tau_p}}+\frac{1}{N_A}\sqrt{\frac{D_n}{\tau_n}}\right]\left[\exp\left(\frac{qV_a}{kT}\right)-1\right]$$

$$J = 2.761\times 10^{-11}\left[\exp\left(\frac{0.747}{0.0259}\right)-1\right]$$

$$= 92.652\,\mathrm{A/cm^2}$$

$$\therefore I = JA = 92.652\times 10^{-4}\,\mathrm{A} = 9.265\times 10^{-3}\,\mathrm{A}$$

역포화 전류 : $I_s = J_s\times 10^{-4}\,\mathrm{cm^2} = 2.761\times 10^{-15}\,\mathrm{A}$

고찰

이상 순방향 바이어스 상태에서 공핍 영역과 중성 영역에서의 캐리어 프로파일 결과를 그림으로 요약하면 하기와 같다. 먼저 각각의 영역에서 논의해 보자. n형 영역에서 소수 캐리어 양공의 농도는 순방향 전압이 내부 전계와 동일한 경우에 내부 전계를 완전히 상쇄시키게 되므로 소수 캐리어의 의미가 없어진다. 즉 p형 반도체의 열평형 상태에서의 양공 농도 p_{p0}가 그대로 n형 영역으로 흐르게 된다. 이것은 앞에서 다룬 수식 6-8에서 $V_a = V_{bi}$에 해당하므로 하기와 같이 n형 영역의 공핍층 경계지점에서 양공 농도는 그대로 p_{p0}가 되는 것을 알 수 있다. 이때 양공 농도는 $p_{p0} = N_A = 5\times10^{16}\,\mathrm{cm}^{-3}$이 된다. n형 영역에 존재했던 다수 캐리어 전자의 농도는 $n_{n0} = N_D = 1.5\times10^{16}\,\mathrm{cm}^{-3}$이다. 따라서 p형 영역에서의 양공 주입은 다수 캐리어보다도 많다. 이것은 저수준 주입에 해당하지 않는다. 순방향 전압이 내부 전계와 동일하다는 것은 에너지 밴드 다이어그램으로 해석한다면 전위 장벽이 없는 경우이므로 양공은 모두 n형 반도체로 확산해 나갈 것이다.

$$p_n = p_{p0}\exp\left[-\frac{q(V_{bi}-V_a)}{kT}\right] = p_{p0}\exp\left[-\frac{qV_{bi}}{kT}\right]\exp\left[\frac{qV_a}{kT}\right] = p_{n0}\exp\left[\frac{qV_a}{kT}\right] \tag{6-8}$$

$$\text{if}\quad V_{bi} = V_a \;\Rightarrow\; \exp\left[-\frac{q(V_{bi}-V_a)}{kT}\right] = 1 \qquad \therefore p_n = p_{p0}$$

순방향 전압이 내부 전계의 80%에 해당하는 경우는 양공의 농도가 $p_n = 1.573\times10^{14}\,\mathrm{cm}^{-3}$이므로 다수 캐리어 전자 농도의 1/10 이하이다. 저수준 주입으로 볼 수 있다. 순방향 전압이 내부 전계의 절반이 되었을 때 양공의 농도는 $p_n = 2.748\times10^{10}\,\mathrm{cm}^{-3}$이 된다. 다수 캐리어에 영향을 미치지 못하는 매우 작은 농도이지만 n형 반도체에 존재하는 소수 캐리어 양공의 농도보다는 차수가 10^6의 차이를 보인다. 공핍층의 경계지점에서 n형 중성 영역으로 양공은 확산해 나갈 것이다.

순방향 인가 시 캐리어 농도 변화(양공만 설명)

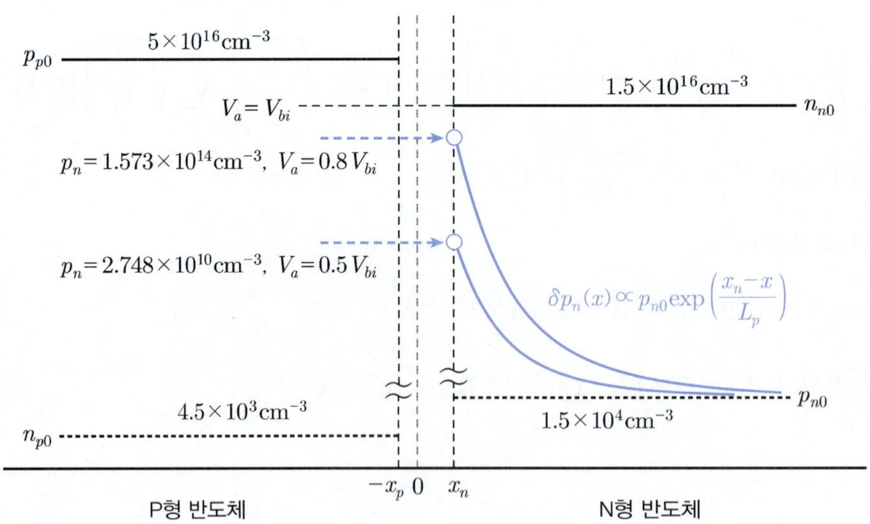

이때 다수 캐리어 전자와 재결합하면서 소멸해 갈 것이다. 주어진 조건에서 양공의 확산 거리는

$10\mu\text{m}$이다. 양공은 중성 영역에서 확산 거리만큼 진행하다가 재결합하여 소멸할 것이다. 양공은 p형 반도체의 드리프트 전류에 의해 지속적으로 n형 역역으로 공급해 준다. 양공의 거리에 따른 궤적은 앞에서 다룬 수식 6-10으로 거동하다가 재결합하고 소멸된다. 대략적으로 과잉 소수 캐리어 양공 농도는 지수함수 $\exp(-x/L_p)$에 비례해서 감소해 감을 알 수 있다.

$$\delta p_n(x) = p_{n0}\left[\exp\left(\frac{qV_a}{kT}\right) - 1\right]\exp\left[\frac{x_n - x}{L_p}\right]$$

$$\text{if } x \to \infty \qquad \exp\left[\frac{x_n - x}{L_p}\right] \approx 0 \qquad \therefore \delta p_n(\infty) \approx 0$$

$$x_n < x < \infty$$

$$\exp\left(\frac{x_n - x}{L_p}\right) \simeq \exp\left(\frac{-x}{L_p}\right) \qquad \therefore \delta p_n(x) = p_{n0}\left[\exp\left(\frac{qV_a}{kT}\right) - 1\right]\exp\left(\frac{-x}{L_p}\right)$$

$$x \to x_n \qquad \exp\left[\frac{x_n - x}{L_p}\right] = 1 \qquad \therefore \delta p_n(x_n) = n_p(x_n) = p_{n0}\left[\exp\left(\frac{qV_a}{kT}\right) - 1\right] \approx p_{n0}\exp\left(\frac{qV_a}{kT}\right)$$

n형 반도체 내 과잉 캐리어 양공 농도가 얼마나 확산해야 소수 캐리어 농도 $1.5\times10^4\text{cm}^{-3}$으로 수렴할 것인지에 대해서는 상기 6-10식으로 계산해 낼 수 있다. 먼저 $V_a = 0.5V_{bi}$인 경우 n형 영역의 공핍층의 폭은 다음과 같이 계산할 수 있다.

$$x_n = \sqrt{\frac{2\epsilon_{si}V_{bi}}{q}\frac{N_A}{N_D}\frac{1}{(N_A + N_D)}}$$

$$= \sqrt{\frac{2\times11.7\times8.85\times10^{-14}\times0.5\times0.7468}{1.6\times10^{-19}}\frac{5\times10^{16}}{1.5\times10^{16}}\frac{1}{6.5\times10^{16}}}$$

$$\therefore x_n = 0.158\times10^{-4}\text{cm}$$

$$\delta p_n(x) = p_{n0}\left[\exp\left(\frac{qV_a}{kT}\right) - 1\right]\exp\left[\frac{x_n - x}{L_p}\right]$$

$$1.5\times10^4 = 2.748\times10^{10}\exp\left[\frac{0.158\times10^{-4} - x}{0.001}\right]$$

$$\Rightarrow \frac{(0.158\times10^{-4}) - x}{0.001} = \ln\left(\frac{1.5\times10^4}{2.737\times10^{12}}\right)$$

$$\therefore x = x_n + 144\mu\text{m} = 1.444\times10^2\mu\text{m}$$

n형 반도체의 공핍층 경계지점에서 양공이 $144\mu\text{m}$ 진행하면 과잉 소수 캐리어 농도는 0으로 접근하며 소수 캐리어 농도는 열평형 상태의 양공 농도 $1.5\times10^4\text{cm}^{-3}$으로 수렴함을 알 수 있다.

예제 6-1-6

300 K 에서 실리콘 PN 접합 다이오드가 있다. 순방향 전압은 $V_a = 0.6\,\text{V}$ 로 작동하고 있다. 주변의 온도가 310 K 로 변한다면 전류가 증가하겠는가? 만약 전류가 증가한다면 300 K 에서의 전류 값과 동일하게 유지하기 위해서 순방향 전압은 얼마나 변화시켜야 되는지 구해 보아라.

풀이

$$J = \left(\frac{qD_p p_{n0}}{L_p} + \frac{qD_n n_{p0}}{L_n}\right)\left[\exp\left(\frac{qV_a}{kT}\right) - 1\right] = qn_i^2\left[\frac{1}{N_D}\sqrt{\frac{D_p}{\tau_p}} + \frac{1}{N_A}\sqrt{\frac{D_n}{\tau_n}}\right]\left[\exp\left(\frac{qV_a}{kT}\right) - 1\right]$$

진성 캐리어 농도 n_i^2은 강한 온도의 함수이다(그림 2-8 참조). 따라서 온도가 증가하면 전류 밀도는 증가할 것이다. 또한 진성 캐리어 농도의 제곱은 다음과 같이 표현됨을 알았다.

$$n_i^2 = n_0 p_0 = N_c N_v \exp\left(-\frac{E_g}{kT}\right)$$

따라서 전류 밀도는 다음과 같은 식에 비례한다고 볼 수 있다.

$$J \propto \exp\left(-\frac{E_g}{kT}\right)\exp\left(\frac{qV_a}{kT}\right)$$

두 상태의 온도 300 K, 310 K 에서의 전류 밀도, 순방향 전압을 각각 J_1, V_{a1}, J_2, V_{a2} 라고 하자. 두 온도에서의 전류 밀도의 비를 구해 보자.

$$\frac{J_2}{J_1} = \frac{\exp\left(-\frac{E_g}{kT_2}\right)\exp\left(\frac{qV_{a2}}{kT_2}\right)}{\exp\left(-\frac{E_g}{kT_1}\right)\exp\left(\frac{qV_{a1}}{kT_1}\right)} \quad \Rightarrow \quad \frac{-E_g + qV_{a2}}{kT_2} = \frac{-E_g + qV_{a1}}{kT_1}$$

$$\frac{q[(E_g/q) - V_{a2}]}{310} = \frac{q[(E_g/q) - V_{a1}]}{300} \quad \Rightarrow \quad \frac{1.12 - V_{a2}}{310} = \frac{1.12 - 0.6}{300}$$

$$\therefore V_{a2} = 0.5827\,\text{V}$$

$T_1 = 300\,\text{K}$, $T_2 = 310\,\text{K}$, $E_g = 1.12\,\text{eV}$, $V_{a1} = 0.6\,\text{V}$ 를 대입하고 전압의 단위를 볼트로 통일하였다. 온도가 10 K 상승하면 전류가 증가하므로 300 K 와 동일한 전류를 유지하기 위해서는 전압을 감소시켜야 할 것이다. 그 감소 전압이 0.5827 V 가 되는 것이다.
대략 0.017 V 감소시켜야 할 것이다.

6-2 역방향 바이어스에서의 전류

우리는 지금까지 예제에서 역포화 전류 밀도는 피코 암페어 수준으로 매우 작은 것을 알았다. 접합의 단면적을 고려한다면 전류 값은 펨토 암페어 수준으로 감소한다는 것도 이해하였다. 또한 하기 식에서 알 수 있듯이 역포화 전류는 전압에 의존하지 않으며 진성 캐리어의 함수로 표현할 수 있다.

$$J_s = \frac{qD_p p_{n0}}{L_p} + \frac{qD_n n_{p0}}{L_n} = qn_i^2\left[\frac{1}{N_D}\sqrt{\frac{D_p}{\tau_p}} + \frac{1}{N_A}\sqrt{\frac{D_n}{\tau_n}}\right]$$

진성 캐리어는 강한 온도의 함수이다. 따라서 역포화 전류 밀도도 온도에 의존할 것이다. 온도가 증가하면 역포화 전류 밀도도 상승할 것이다.

6-2-1 역바이어스에서의 캐리어의 이동

역포화 전류의 발생 원인을 고찰해 보자. PN 접합의 물성 편에서 다루었듯이 순방향 바이어스 상태에서는 캐리어들의 확산과 드리프트 방향이 동일하다. 전자는 n형 영역에서 p형 영역으로 농도차로 인하여 확산해 간다. 공간전하 영역 경계지점에 도달하면 순방향 전압은 내부 전계를 상쇄시키는 역할을 하므로 전자는 공핍층을 가로질러 p형 영역으로 진입하여 양공과 재결합하면서 확산해 간다. 양공도 동일하게 설명 가능하다. p형 영역에서 n형 영역으로 공간전하 영역을 가로지른다. 이렇게 캐리어의 움직임이 가능해지는 것은 에너지 밴드 다이어그램과 공간전하 영역의 폭으로 설명해 왔다. 내부 전위 장벽이 낮아지고 공핍층의 폭이 좁아져서(내부 전계가 약해졌다는 의미) 캐리어가 이동할 수 있는 것이다. 반대로 역방향 바이어스 전압을 인가하면 내부 전위 장벽은 더욱 높아지고 공핍층은 더욱 넓어지며 캐리어는 이동하기 어려워진다. 그러나 실제로 PN 접합 다이오드의 역방향 바이어스 상태에서도 전류는 0이 아니다. 역포화 전류가 흐르고 있다. 5장에서 역포화 전류의 근원은 소수 캐리어라는 것을 이미 학습하였다. 여기서는 좀 더 상세히 고찰해 보자.

먼저 역방향 바이어스가 인가된 상황을 보자. n형 반도체에 양의 전압, p형 반도체에 음의 전압을 인가한 역방향 바이어스 상태에서 캐리어의 움직임을 그림 6-14에 표시하였다. 전기장의 방향은 n형에서 p형으로 형성되었다. n형 영역에 존재하는 소수 캐리어 양공을 생각해 보자. 공핍층 경계면에 위치한 양공들은 공핍층에 걸려 있는 전기장에 영향을 받게 된다. 공핍층에 걸려 있는 강한 전계에 의해 n형 영역 공핍층 근처에 존재하는 양공들은 전계에 끌리어 p형 반도체 방향으로 드리프트

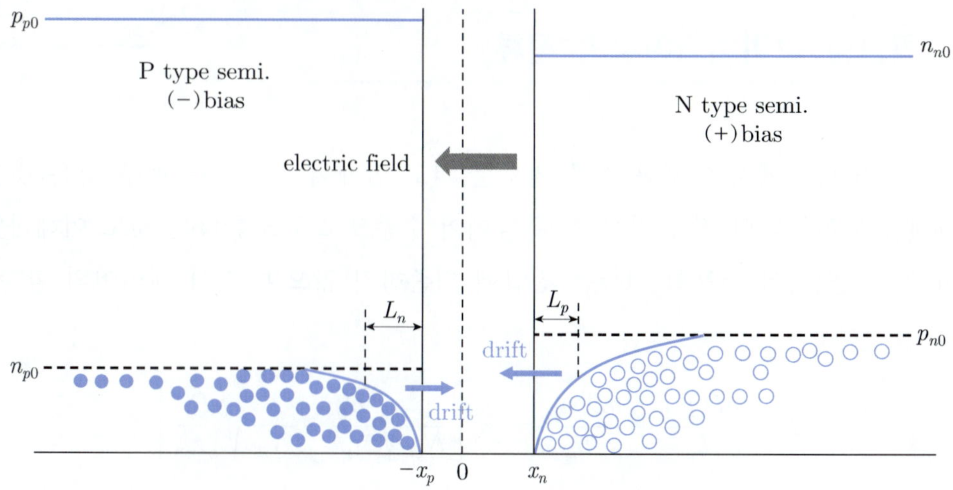

그림 6-14 역방향 바이어스가 인가된 상태에서 캐리어의 이동

해 간다. 양공 농도가 낮은 곳에서 높은 곳으로 이동하는 것이다. 확산 방향과 반대이다. 이것이 가능한 이유는 공핍층에 걸려 있는 강한 전계 때문이다. 방향이 $-x$를 향하고 있음에 주의하라.

이번에는 p형 영역에 존재하는 소수 캐리어 전자를 생각해 보자. 공핍층 근처에 존재하는 소수 캐리어 전자들은 강한 전기장에 끌리어 n형 반도체 방향으로 드리프트해 간다. 역방향 바이어스의 전압 방향을 상기하면 이러한 소수 캐리어의 드리프트가 가능해진다. 캐리어의 농도가 낮은 쪽에서 높은 쪽으로 드리프트할 수 있는 것은 공핍층에 걸려 있는 강한 전계라는 것을 기억하길 바란다. 이것은 양공의 확산 방향과 정반대임에 주의하라.

역방향 바이어스가 인가된 상태에서도 공간전하 영역에 걸린 강한 전기장으로 인하여 소수 캐리어들은 공간전하 영역을 가로질러 드리프트하면서 전류 성분을 만들어 낸다. 그러나 이들은 매우 적은 양의 소수 캐리어들이다. 따라서 전류 값이 매우 작다. 앞에서도 정량적으로 계산하였지만 접합의 단면적을 고려했을 때 피코 암페어 이하 수준이다. 역포화 전류의 근원은 소수 캐리어의 드리프트인 것이다.

6-2-2 역바이어스에서의 소수 캐리어의 드리프트

역방향 바이어스 상황을 에너지 밴드 다이어그램으로 표시한 것이 그림 6-15이다. 역방향 바이어스 상태에서는 에너지 장벽이 높아지고 공핍층의 폭도 넓어진다. 역바이어스 전압에 이끌려 온 p형 영역 내의 전자를 보아라. 전도대에 존재하는 아주 적은 양의 전자들은 위치에너지가 낮은 곳으로 이동하는데 전혀 문제가 없다. 강한 전기장에 의해 n형 영역으로 드리프트하게 된다. n형

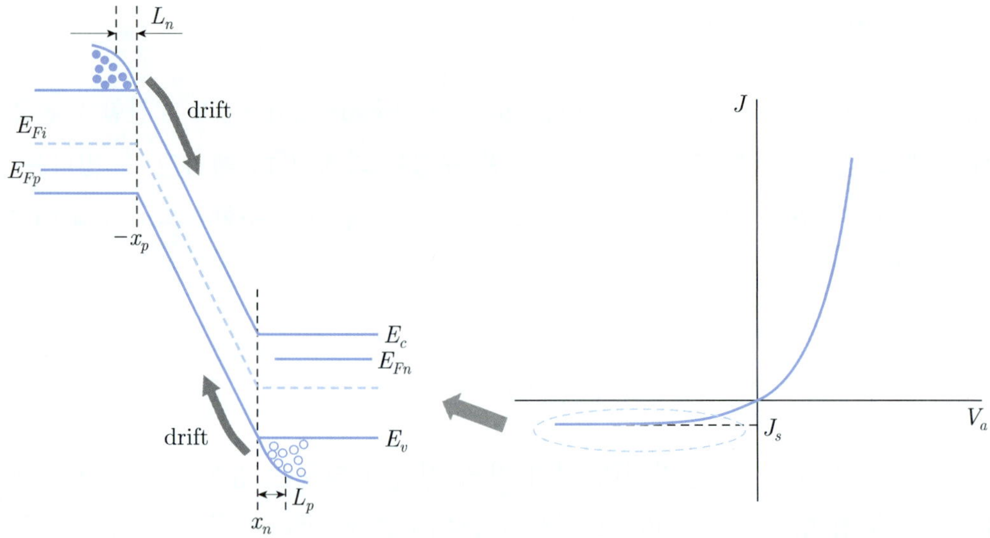

그림 6-15 역방향 바이어스에서 소수 캐리어의 드리프트 현상

반도체에 존재하는 소수 캐리어 양공을 보아라. 양공도 위치에너지가 낮은 p형 쪽으로 이동하는데 전혀 장애물이 없다. 양공도 쉽게 p형 영역으로 드리프트해 간다. 이러한 캐리어의 드리프트에 의해 역방향 바이어스 인가 상황에서도 아주 적은 양이지만 전류가 흐르는 것이다. 역포화 전류의 근원은 소수 캐리어의 드리프트 전류이다. 역방향 바이어스 상태에서의 공핍층 근처는 강한 전기장으로 인하여 마치 캐리어를 빨아들이는 흡입구와 같은 역할을 한다. 과장해서 표현한다면 블랙홀과 같은 것이다.

중성 영역의 먼 거리에 있는 캐리어들에게는 영향을 미치지 못하지만 공핍층의 경계로부터 캐리어의 확산 거리 이내에 존재하는 경우에는 캐리어들이 공핍층으로 빨려 들어가서 반대편으로 드리프트해 간다. 공핍층으로부터 멀리 떨어져 있는 중성 영역의 소수 캐리어들은 공핍층과의 농도 차로 인하여 공핍층 방향으로 **확산**해 오다가 공핍층 근처의 강한 전계에 끌리어 반대 영역으로 **드리프트**한다. 이러한 메커니즘으로 소수 캐리어가 역포화 전류를 만들어 내는 것이다.

역포화 전류는 진성 캐리어 농도의 제곱에 비례한다. 우리는 반도체 물성에서 진성 캐리어는 강한 온도의 함수라는 것을 이미 학습하였다. 온도가 50℃ 증가하면 캐리어는 10배 정도 증가한다. 강한 온도의 함수라는 것이다. 역포화 전류는 진성 캐리어의 제곱에 비례하므로 온도가 증가한다면 역포화 전류는 진성 캐리어 농도 제곱에 비례해서 증가할 것이다.

역방향 바이어스가 인가된 상황에서 역포화 전류는 소수 캐리어의 드리프트에 기인한다고 학습하였다. 그러나 역포화 전류 외에 전류 성분이 한 가지 더 존재한다. 그것은 공핍층 내에서 형성되는 캐리어의 열 생성이다. 이 전류 성분은 역포화 전류 성분보다 훨씬 더 크다.

6-2-3 역바이어스에서의 캐리어의 생성

우리는 앞 장 비평형 상태의 반도체 편에서 shockley-Read-Hall(SRH) 재결합 이론을 학습하였다. 반도체의 밴드 갭 내 트랩 준위가 존재한다면 재결합 과정이 더 빨라질 수 있다는 이론이다. 트랩 준위가 페르미 준위에 아주 가까이 있다고 가정하고 우리는 수학적으로 유도해 보았다. 그 결과는 다음과 같다.

$$R = \frac{C_n C_p N_t (np - n_i^2)}{C_n(n + n') + C_p(p + p')} \tag{6-16}$$

역방향 바이어스 상태에서는 공간전하 영역 안의 전자와 양공은 강한 전기장에 의해 공간전하 영역을 가로질러 중성 영역으로 드리프트한다고 논의하였다. 따라서 우리는 공간전하 영역 안의 전자와 양공의 농도는 무시할 수 있을 것이다. 수식 6-16에서 $n \approx p \approx 0$으로 놓으면

$$R = \frac{-C_n C_p N_t n_i^2}{C_n n' + C_p p'} \tag{6-17}$$

이다. 6-17은 음의 재결합을 의미한다. 가전자대의 전자가 열적으로 여기되어 전도대로 올라가고 다시 양공과 재결합하여 원래의 자리로 되돌아오는 것은 열평형 상태로 복귀하려는 것으로 해석할 수 있다. 재결합은 생성된 캐리어의 소멸 과정이다. 따라서 음의 재결합이란 물리적으로 생성을 의미한다. 즉 공핍층 내에서 열적으로 여기된 전자들이 트랩의 도움을 받아 전도대로 여기되고 강한 역방향 바이어스 전압에 의해 전자는 오른쪽, 양공은 왼쪽으로 드리프트해 간다. 그림 6-16 (b)에

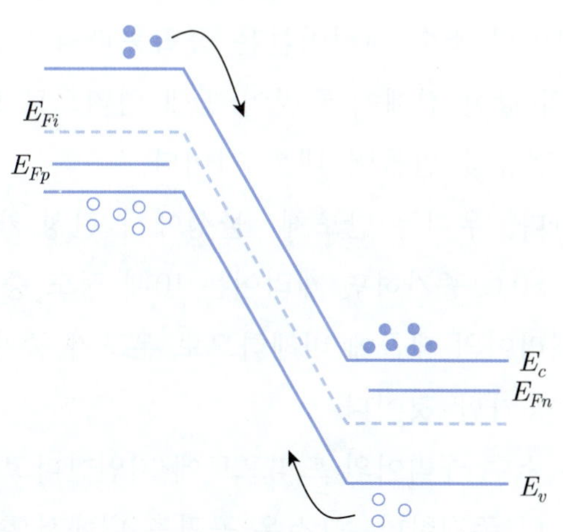

(a) 역포화 전류 발생 원인

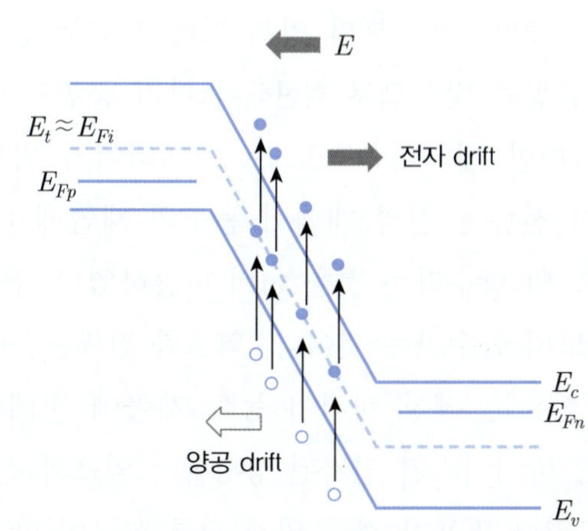

(b) 생성 전류의 원인

그림 6-16 역방향 바이어스에서의 두 가지 전류 성분

표시하였다. 이것이 역방향 바이어스 상태에서의 생성 전류이며 순방향 전압에서의 캐리어의 이동과 반대 방향임을 알 수 있다. 역방향 바이어스 상태에서는 역포화 전류 외에 추가로 생성 전류가 발생한다는 것이다. 그렇다면 생성 전류를 구해 보자. 생성 전류는 공핍층 내에 발생하는 캐리어들을 모두 합하면 된다.

트랩 준위가 진성 페르미 준위에 아주 가까이 위치한다고 가정하면 $n' = p' = n_i$로 볼 수 있다.

$$R = \frac{-C_n C_p N_t n_i^2}{C_n n' + C_p p'} = \frac{-C_n C_p N_t n_i}{C_n + C_p}$$

분자, 분모에 각각 $C_n C_p N_t$를 곱하면

$$R = \frac{-C_n C_p N_t n_i}{C_n + C_p} = \frac{-n_i}{\frac{1}{N_t C_p} + \frac{1}{N_t C_n}}$$

$C_p N_t = \frac{1}{\tau_p}$ $\qquad$ $C_n N_t = \frac{1}{\tau_n}$ $\qquad$ $\tau_n + \tau_p = \tau$로 치환하면

$$R = \frac{-C_n C_p N_t n_i}{C_n + C_p} = \frac{-n_i}{\frac{1}{N_t C_p} + \frac{1}{N_t C_n}} = \frac{-n_i}{\tau_n + \tau_p} = -\frac{n_i}{\tau} = -G \tag{6-18}$$

6-18은 캐리어의 생성을 의미한다. 따라서 생성 전류 밀도는 다음과 같다.

$$J_g = q\int_0^W \frac{n_i}{\tau} dx = \frac{q n_i W}{\tau} \tag{6-19}$$

수식 6-19가 역방향 바이어스 인가 시 공핍층 안에서 발생하는 캐리어들이 만드는 생성 전류이다. 따라서 PN 접합 다이오드에서 역방향 바이어스 전류는 상기 두 가지를 모두 지칭한다.

$$J_{\text{reverse}} = J_s + J_g$$

그림 6-17은 실제 PN 접합 다이오드의 역방향 바이어스 상태에서의 역방향 전류를 표시한 것이다. 그림 6-17 (a)는 이상적인 모델에서 공핍층 내 캐리어의 생성을 무시한 것이고 그림 6-17 (b)는 열적으로 생성되는 캐리어들에 의한 생성 전류를 고려한 실제적인 역방향 전류 특성이다.

그렇다면 포화 전류와 역방향 생성 전류의 값은 어느 정도일까? 앞에서 역포화 전류는 접합의 단면적을 고려하면 피코 암페어 수준이었다. 생성 전류는 어느 정도인지 구해 보고 역포화 전류와 비교해 보자. 우리가 앞에서 다음과 같은 조건에서 구한 역포화 전류 밀도는 $J_s = 5.692 \times 10^{-10}\,\mathrm{A/cm^2}$이었다.

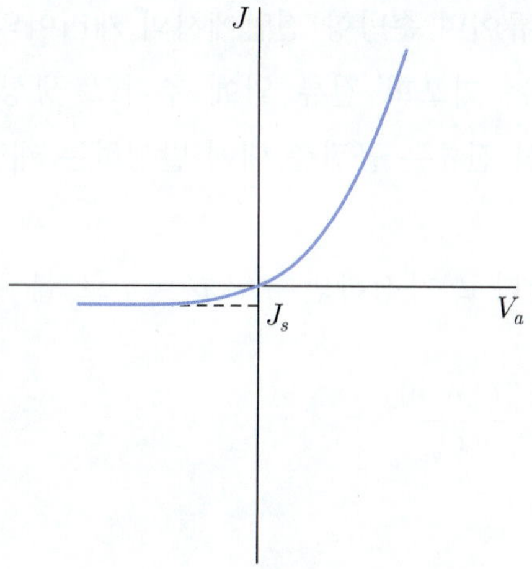

(a) 역포화 전류

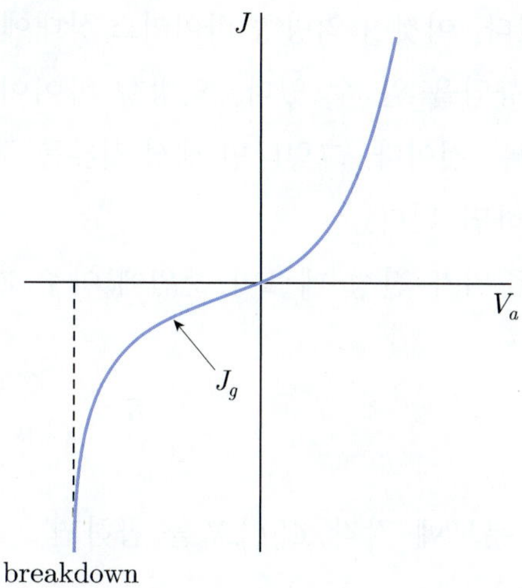

(b) 역포화 전류와 생성 전류

그림 6-17 PN 접합 다이오드의 역방향 전류

동일한 조건에서 생성 전류를 구해 보자.

$$N_D = 5\times 10^{17}\,\mathrm{cm}^{-3}\ N_A = 1\times 10^{15}\,\mathrm{cm}^{-3}\ D_n = 25\,\mathrm{cm}^2/\mathrm{sec}\ D_p = 10\,\mathrm{cm}^2/\mathrm{sec}\ \tau_n = \tau_p = 0.1\,\mu\mathrm{sec}$$

$$\epsilon_r = 11.7\quad V_R = 5\,\mathrm{V}\quad T = 300\,\mathrm{K}$$

상기와 같은 조건에서 역포화 전류와 생성 전류의 비를 구해 보자.

$$V_{bi} = \frac{kT}{q}\ln\left(\frac{N_A N_D}{n_i^2}\right) = (0.0259)\ln\left(\frac{5\times 10^{17}\times 10^{15}}{2.25\times 10^{20}}\right) = 0.736\,\mathrm{V}$$

$$W = \left[\frac{2\epsilon_s(V_{bi}+V_R)}{q}\left(\frac{N_A+N_D}{N_A N_D}\right)\right]^{\frac{1}{2}} = \left[\frac{2(11.7)(8.85\times 10^{-14})(5.736)}{1.6\times 10^{-19}}\left(\frac{5.01\times 10^{17}}{5\times 10^{32}}\right)\right]^{\frac{1}{2}}$$
$$= 2.728\times 10^{-4}\,\mathrm{cm}$$

$$J_g = \frac{qn_i W}{\tau_p+\tau_n} = \frac{(1.6\times 10^{-19})(1.5\times 10^{10})(2.728\times 10^{-4})}{(10^{-7}+10^{-7})} = 3.274\times 10^{-6}\,\mathrm{A/cm}^2$$

이 값은 역포화 전류보다 3차수 높다. 매우 큰 값이다. 주어진 조건에서 전류비를 구해 보면 다음과 같이 매우 큰 값을 갖는다.

$$\frac{J_g}{J_s} = \frac{3.274\times 10^{-6}}{5.692\times 10^{-10}} = 5.8\times 10^3$$

전류비는 생성 전류가 약 오천 배 이상 높은 것을 알 수 있다. 즉 큰 역바이어스 전압에서는 생성 전류가 역방향 바이어스의 주요 전류이다.

6-3 PN 접합 다이오드의 물리적 한계

이상적인 PN 접합 다이오드의 전류-전압 특성은 수식 6-15로 표현된다. 만약 인가해 준 순방향 바이어스 전압이 kT/q보다 월등히 크다고 한다면 지수함수는 무한대에 접근하므로 이상적 전류-전압 관계식에서 1항을 제거할 수 있다. 따라서 전류-전압 관계식은 다음과 같이 간소화된다.

$$J = J_s \exp\left(\frac{qV_a}{kT}\right) \tag{6-20}$$

위 관계식에서 순방향 전압이 0일 때 전류 밀도는 더 이상 0이 되지 않고 J_s로 일정한 값을 갖는다. 수식 6-20 양변에 로그를 취하고 전압으로 미분을 해 보자. 이 의미는 미소한 전압 증분에 대해서 전류가 어떻게 변하는가를 보는 것이다. 전압이 크게 증가한다면 PN 접합 다이오드의 on current 특성이 좋다고 말할 수 있을 것이다.

$$\log J = \log J_s + \log\left[\exp\left(\frac{qV_a}{kT}\right)\right]$$

$$\frac{d(\log J)}{dV} = \frac{d(\log J_s)}{dV} + \frac{d}{dV}\log\left[\exp\left(\frac{qV_a}{kT}\right)\right] \tag{6-21}$$

6-21의 좌변의 의미는 전압 증분율에 대해서 $\log J$의 증분율, 즉 $\log J - V$ 함수를 그렸을 때 이 값이 직선의 기울기가 되는 것이다. 전압이 증가했을 때 전류(여기서는 로그함수로 나타냈음. 그래프가 직선을 나타내기 때문에 기울기를 구하기 위한 것임)의 증분을 본다는 의미이다. 만약 기울기가 가파르다면 작은 전압 변화에 대해서도 전류가 많이 증가하는 것이므로 좋은 다이오드라고 말할 수 있을 것이다.

로그함수 미분에 대해서는 이미 배웠을 거라고 보지만 간략히 정리해 보면 다음과 같다.

$$\frac{d(\log_a x)}{dx} = \frac{1}{x\ln a} \qquad \frac{d[\log_a f(x)]}{dx} = \frac{f'(x)}{f(x)\ln a}$$

$$\frac{d(\ln_e x)}{dx} = \frac{1}{x} \qquad \frac{d[\ln f(x)]}{dx} = \frac{f'(x)}{f(x)}$$

위 로그함수 미분식을 활용해서 6-21식을 정리하면 다음과 같다.

$$\frac{d(\log J)}{dV}=\frac{d(\log J_s)}{dV}+\frac{d}{dV}\log\left[\exp\left(\frac{qV_a}{kT}\right)\right]=\frac{\frac{q}{kT}\exp\frac{qV}{kT}}{\ln 10\exp\frac{qV}{kT}}=\frac{q}{kT}\frac{1}{\ln 10}\approx 16.76$$

여기서 s-factor는 다음과 같이 정의한다.

$$\frac{dV}{d(\log J)}=\frac{1}{16.76}=0.06(\mathrm{V/decade})$$

즉 기울기의 역수를 의미한다. 로그함수로 정의했다는 것을 상기하라. 따라서 이 식의 의미는 전류를 10배 증가시키는 데 필요한 전압의 의미이다. 그 값은 0.06V으로 일정하다는 것이다.

그림 6-18을 참조하라. y축은 $\ln J$로 표시한 PN 접합 다이오드의 전류 밀도이고 x축은 인가한 순방향 전압이다. s-factor의 정의는 전류값 10배를 증가시키기 위해서 순방향 전압이 얼마나 필요한가를 우리에게 알려 주는 식이다. 이 값은 0.06V이다. 가령 1V에서 전류값이 10^4이었는데 10^5의 전류를 얻기 위해 몇 V의 전압이 필요한가에 대한 답은 1.06V 이상이라는 것이다.

s-factor는 PN 접합 다이오드의 한계치를 알려 주는 것이다. 즉 우리가 급준한 기울기(적은 전압 상승으로 많은 전류 밀도를 얻을 수 있어서 효율이 좋다고 볼 수 있음)를 갖는 PN 접합 다이오드를 제작한다고 했을 때, 전류값을 10배 증가시키기 위해 순방향 전압을 0.06V 이상 올려 줘야 한다는 것이며, 0.06V 이하의 전압을 가지는 PN 접합 다이오드를 제작할 수 없다는 의미이다. 일종의 한계값이며 $S=0.06$V 이하의 접합 다이오드를 만드는 것은 물리적으로 불가능하다는 뜻이다. 이렇듯 기울기에 한계치가 있다는 것은 어쩌면 불행한 일일지도 모른다. 우리가 제작하는

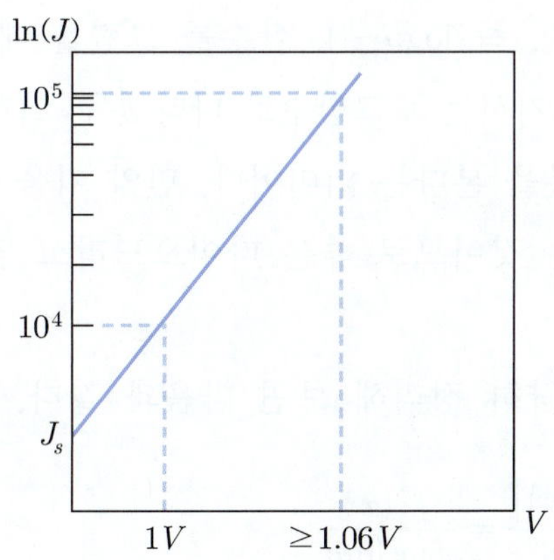

(a) s-factor 정의

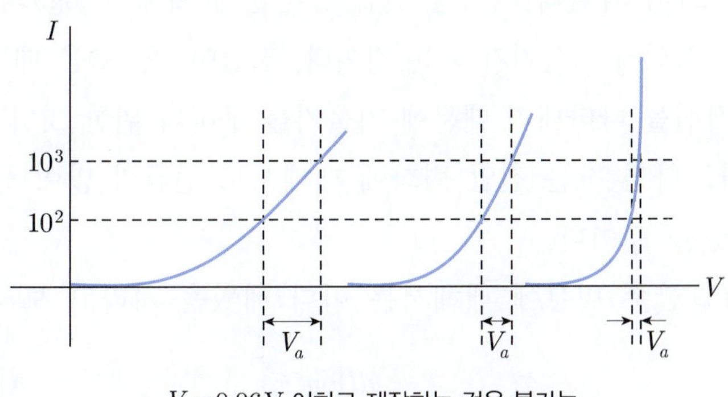

(b) s-factor 한계값

그림 6-18 s-factor 정의

반도체 다이오드를 PN 접합이라는 방식으로 제작하는 한 이것은 피할 수 없는 것이다. 더 작은 s-factor(기울기가 크다는 의미)를 얻기 위해서는 1차적으로 저온에서 동작시켜야 한다. 그러나 이것은 매우 제약적이다.

6-4 PN 접합 다이오드 내에서의 재결합

공핍층 안에서도 열적으로 캐리어들이 생성되고 강한 전기장에 의해 전자는 n형, 양공은 p형 영역으로 드리프트해 가며 캐리어들의 이동 방향은 확산 방향과 반대임을 이해하였다. 이러한 역방향 전압에 의해 드리프트하는 캐리어들이 만들어 내는 전류가 역방향 바이어스에서의 생성 전류이며 공핍층의 폭과 진성 캐리어 농도(온도에 강하게 의존)의 함수로 표시할 수 있다는 사실을 알게 되었다. 또한 각 반도체 영역에 존재하는 소수 캐리어들은 강한 역바이어스 전계에 의해 전자는 n형 영역으로, 양공은 p형 영역으로 드리프트해 간다. 이때 소수 캐리어들의 드리프트에 의해 만들어 내는 것이 역포화 전류이다.

그렇다면 순방향 전압이 인가된 상태에서는 어떻게 될 것인가? 순방향에서는 캐리어들의 움직임이 매우 활발하다. 전자와 양공은 농도 차로 인하여 확산해 간다. 순방향에서는 양공의 확산 방향과 드리프트 방향이 일치한다. 전자의 확산 방향과 드리프트 방향도 일치한다. 내부 전위 장벽이 매우 낮아져서 전자와 양공은 쉽게 공간전하 영역을 가로질러 중성 영역으로 확산해 가면서 확산 전류 성분을 만들어 낸다. 그러나 공간전하 영역을 가로지르는 중 전자와 양공은 재결합하여 소멸할 수 있다. 예를 들어 공핍층 내 트랩이 존재하는 경우 트랩은 재결합 중심으로 작용하여 전자와 양공을 포획할 수 있다. 4장에서 학습한 SRH 재결합에 해당한다. 순방향 전압이 인가되어 13쌍의 캐리어가 주입된다고 가정해 보자. 이 중 3쌍의 캐리어가 공핍층 내에서 재결합한다면 재결합할 때까지 이동한 거리에 의해 재결합 전류를 만들어 낼 것이고 나머지 10쌍의 캐리어는 공핍층을 가로질러 각각 반대 영역으로 확산하여 중성 영역의 다수 캐리어와 재결합할 때까지 이동한 거리에 의해 확산 전류를 만들 것이다. 따라서 총 순방향 전류는 공핍층 내 재결합 전류와 중성 영역 내 확산 전류의 합으로 표현할 수 있다. 순방향 바이어스 상태일 때 공핍층 내에서의 재결합 전류를 구해 보고 재결합률이 최대인 부분이 어디인지 고찰해 보기로 하자.

Shockley-Read-Hall(SRH) 재결합 이론에 대한 수식 6-16의 분자, 분모를 $C_nC_pC_t$로 나누고 $C_pN_t = 1/\tau_p$, $C_nN_t = 1/\tau_n$ 관계식을 사용할 수 있다. 소수 캐리어의 전자와 양공의 수명을 동일하게 τ로 가정하면 다음과 같이 표현할 수 있다.

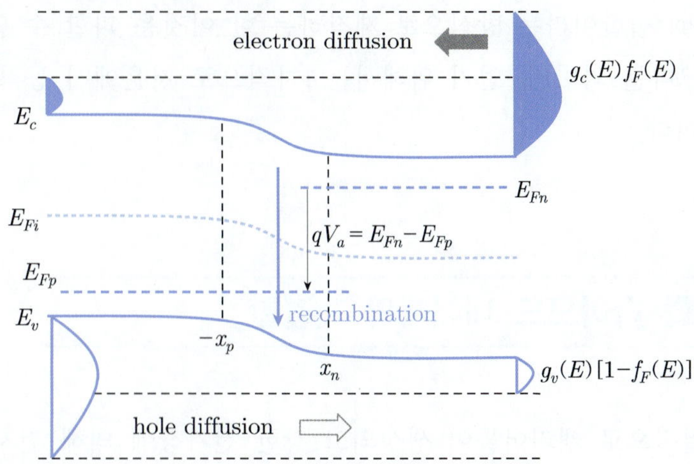

그림 6-19 공핍층 내 재결합 과정

$$R = \frac{np - n_i^2}{\tau_p(n+n') + \tau_n(p+p')} \approx \frac{np}{\tau(n+p+n'+p')} \qquad \because np \gg n_i^2 \qquad (6-22)$$

순방향 전압이 인가된 상태는 비평형 상태이며 전자와 양공 농도의 곱은 진성캐리어 농도의 제곱보다 월등히 클 것이다. 따라서 상기와 같이 단순화할 수 있다. 또한 순방향 전압이 결정되면 전자와 양공 농도의 곱은 하기와 같이 일정한 상수 값을 갖는다. 따라서 분자는 일정한 값을 유지하게 된다.

$$np = n_i^2 \exp\left(\frac{E_{Fn} - E_{Fi}}{kT}\right) \exp\left(\frac{E_{Fi} - E_{Fp}}{kT}\right) = n_i^2 \exp\left(\frac{qV_a}{kT}\right) \quad \Rightarrow \quad \text{constant}$$

이제 우리는 공핍층 내에서 재결합률이 최대가 되는 지점을 구하고자 한다.

6-4-1 재결합 최대 지점

그림 6-20에는 순방향 전압이 인가된 상태에서의 의사(quasi) 페르미 준위를 표시하였다. 공핍층의 중간 지점에서 의사 페르미 준위와 진성 페르미 준위를 살펴보면 $n > n_i$, $p > n_i$임을 알 수 있다. 만약 포획 준위가 진성 페르미 준위에 있다고 가정한다면 $n' = p' = n_i$의 관계가 성립한다. 따라서 전자와 양공의 농도는 진성 캐리어 농도보다 크다. 수식 6-22를 더욱 단순화시킬 수 있다.

$$R = \frac{np}{\tau(n+p+n'+p')} \approx \frac{np}{\tau(n+p)} \qquad \because n+p \gg n'+p'$$

분자의 np는 일정하므로 분모가 최솟값을 가질 때 재결합률은 최대가 된다. 분모가 최솟값을 갖는 경우는 한 가지 경우 $n=p$인 경우이다. 전자와 양공의 농도가 동일한 곳은 공핍층의 중앙에 해당한다. 그림 6-20에 이러한 상황을 묘사하였다.

공핍층의 중앙 지점에서는 다음과 같은 관계식을 만족한다.

$$qV_a = (E_{Fn} - E_{Fi}) + (E_{Fi} - E_{Fp}) \qquad E_{Fn} - E_{Fi} = E_{Fi} - E_{Fp} \text{이므로}$$

$$E_{Fn} - E_{Fi} = E_{Fi} - E_{Fp} = \frac{qV_a}{2} \tag{6-23}$$

의사 페르미 준위를 사용하여 전자와 양공 농도를 다시 정의하면 다음 관계식이 성립한다.

$$n = n_i \exp\left(\frac{E_{Fn} - E_{Fi}}{kT}\right) = n_i \exp\left(\frac{qV_a/2}{kT}\right) = n_i \exp\left(\frac{qV_a}{2kT}\right), \quad p = n_i \exp\left(\frac{qV_a}{2kT}\right) \tag{6-24}$$

이제 우리는 공핍층 중앙에서 최대 재결합률을 구할 수 있다.

$$R_{\max} = \frac{np}{\tau(n+p)} = \frac{n_i^2 \exp\left(\frac{qV_a}{2kT}\right)\exp\left(\frac{qV_a}{2kT}\right)}{2n_i\tau\exp\left(\frac{qV_a}{2kT}\right)} = \frac{n_i}{2\tau}\exp\left(\frac{qV_a}{2kT}\right) \tag{6-25}$$

공핍층 내에서의 재결합 전류는 적분 구간 0부터 공핍층의 폭 W까지 재결합률을 적분하며 얻을 수 있지만 공핍층 내에서 재결합률은 일정하지 않다. 따라서 근사치로 최대 재결합률을 사용해서 대략적인 재결합 전류를 계산할 수 있다. 수식 6-26은 순방향 전압이 인가된 상태에서 공핍층

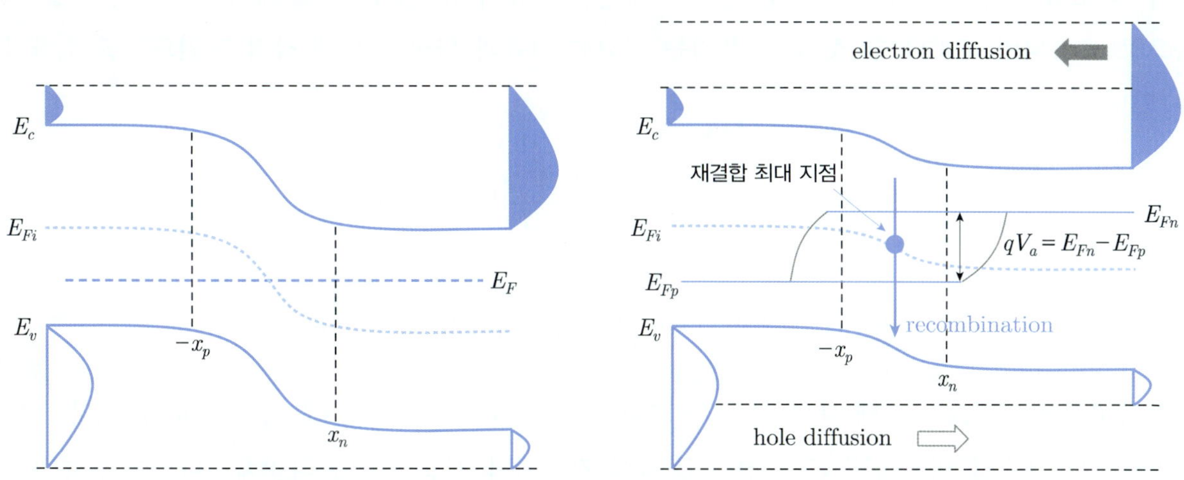

그림 6-20 순방향 전압에서의 의사 페르미 준위와 재결합 최대 지점

내에서의 재결합 전류를 나타낸다. 공핍층의 폭과 진성 캐리어 농도 함수로 표기된다.

$$J_{\text{rec}} = q\int_0^W R_{\max}dx = \frac{qn_iW}{2\tau}\exp\left(\frac{qV_a}{2kT}\right) = J_{r0}\exp\left(\frac{qV_a}{2kT}\right) \tag{6-26}$$

$$J_{r0} = \frac{qn_iW}{2\tau} \text{ : 제로 바이어스에서 재결합 전류 밀도}$$

6-4-2 재결합 전류

순방향 상태에서의 총 전류는 확산 전류와 재결합 전류의 합으로 표현할 수 있다.

$$J = J_{\text{rec}} + J_{\text{diff}} = J_{r0}\exp\left(\frac{qV_a}{2kT}\right) + J_s\exp\left(\frac{qV_a}{kT}\right) \tag{6-27}$$

확산 전류에 붙어 있는 1항은 지수함수의 크기에 비교해서 아주 작은 양이므로 표기하지 않았음에 주의하라. 재결합 전류와 확산 전류의 지수함수항은 매우 유사하며 확산 전류의 지수항이 2배 더 큼을 알 수 있다. 순방향 전압이 증가하면 확산 전류가 더 가파르게 증가한다는 것을 의미한다. 지수함수 앞에 붙어 있는 상수항을 살펴보자.

$$J_{r0} = \frac{qn_iW}{2\tau} \quad > \quad J_s = \frac{qD_pp_{n0}}{L_p} + \frac{qD_nn_{p0}}{L_n}$$

확산 전류의 상수항은 앞에서도 고찰하였지만 소수 캐리어의 항으로 표시된다. 즉 이 값은 매우 작다. 역포화 전류 밀도를 상기하라. 반면에 재결합 전류의 상수항은 진성 캐리어 농도와 공핍층의 폭으로 표기되며 J_s보다 클 것이다. 우리는 재결합 전류와 확산 전류에 각각 자연로그를 취해 볼 수 있다.

$$\ln(J_{\text{rec}}) = \ln(J_{r0}) + \ln\left[\exp\left(\frac{qV_a}{2kT}\right)\right] = \ln(J_{r0}) + \frac{qV_a}{2kT}$$

$$\ln(J_{\text{diff}}) = \ln(J_s) + \ln\left[\exp\left(\frac{qV_a}{kT}\right)\right] = \ln(J_s) + \frac{qV_a}{kT} \tag{6-28}$$

수식 6-28을 plotting 해 보면 그림 6-21과 같다. x축은 $x = qV_a/kT$, y축은 $\ln(J)$이다. 수식 6-28의 두 함수를 비교하면 확산 전류 밀도의 기울기가 재결합 전류의 2배이다. 즉 전류가 더 가파르게 증가한다는 의미이다. 이미 논의하였지만 J_{r0}는 J_s 보다 대략 3~4차수 크다. 그림 6-21의

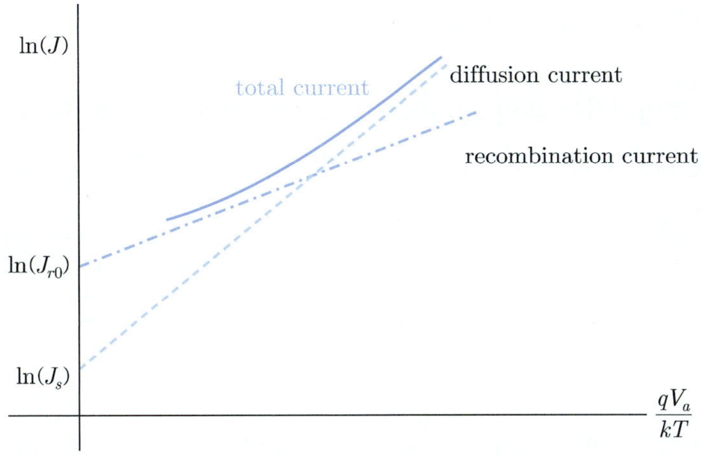

그림 6-21 순방향 바이어스에서의 재결합, 확산 전류, 총 전류

y축 절편에 해당한다. 파란색 실선은 총 전류를 나타낸다. 점선을 기준으로 두 영역으로 나뉜다. 재결합 영역, 확산 영역이 그것이다. 이렇게 전류가 두 가지 영역으로 나뉘면 큰 것을 따라간다. 직선에는 두 가지 기울기를 갖고 있음을 알 수 있다. 순방향 바이어스 전압이 인가된 상황에서는 초기 전압이 작은 경우는 재결합 전류가 우세하다. 그러나 전압이 증가함에 따라 공간전하 영역을 가로지르는 캐리어 수가 늘어나면서 확산 전류가 우세하게 된다. 재결합 전류는 진성 캐리어와 관련이 있고 확산 전류는 소수 캐리어와 관련이 있다. 각 전류 밀도 항의 상수는 3~4차수 차이가 나지만 지수 항의 순방향 전압은 확산 전류가 2배 더 크다. 순방향 전압 증가에 따라 지수 항이 2배로 증가하기 때문에 높은 순방향 전압에서는 확산 전류가 더 크다는 것을 알 수 있다. 그림 6-21은 이러한 물리적 의미가 함축되어 있음을 기억하라.

6-5 고수준 주입

지금까지 우리는 저수준 주입만 고려하였다. 고수준 주입에서는 저수준 주입과 다른 물리 현상이 발생한다. 저수준 주입에서는 주입하는 과잉 소수 캐리어 농도가 다수 캐리어의 1/10 이하 수준이므로 다수 캐리어의 농도에 영향을 미치지 못한다. 순방향 전압을 점점 증가시키면 과잉 캐리어 농도는 다수 캐리어 농도와 비슷하거나 더 많게 되는 경우가 발생한다. 이러한 현상이 발생하면 고수준 주입이라고 말한다. 그렇다면 전류는 증가할 것인가? 당연히 증가하지만 기울기가 다시 재결합 전류의 기울기로 변한다. 즉 확산 전류보다 기울기가 작아진다. 그 원인을 고찰해 보자.

6-5-1 고수준 주입 시 전류 관계식

고수준 주입 시에는 주입시키는 과잉 캐리어가 다수 캐리어보다 더 증가하여 다수 캐리어를 넘어서게 되는 경우가 발생한다. 즉 $\delta n \gg n_0$ $\delta p \gg p_0$인 경우이다. 저수준 주입하고는 많이 다름을 알 수 있다.

$$np = (n+\delta n)(p+\delta p) \approx \delta n \delta p = n_i^2 \exp\left(\frac{qV_a}{kT}\right), \qquad \delta n = \delta p \text{이므로}$$

$$\delta n = \delta p = n_i \sqrt{\exp\left(\frac{qV_a}{kT}\right)} \qquad \therefore \delta n = \delta p = n_i \exp\left(\frac{qV_a}{kT}\right)$$

고수준 주입하에서 다이오드에 흐르는 전류는 과잉 캐리어 농도에 비례하므로 다음과 같이 표현할 수 있다.

$$I \propto n_i \exp\left(\frac{qV_a}{kT}\right)$$

고수준 주입에서 순방향 전압을 증가시키면 기울기가 감소하여 재결합 전류의 기울기와 같아진다. 우리가 이상적으로 PN 접합 다이오드를 작동시키는 구역은 확산 전류 구간이다.

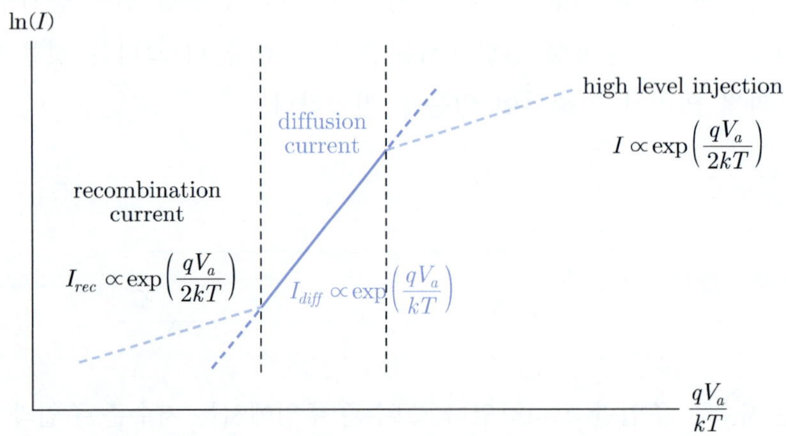

그림 6-22 순방향 전압 크기에 따른 3가지 전류 구간

예제 6-5-1

300 K에 놓여 있는 실리콘 PN 접합 다이오드가 있다. 다음과 같은 조건이다.

$$N_D = 1.5\times10^{16}\,\mathrm{cm}^{-3},\ N_A = 5\times10^{16}\,\mathrm{cm}^{-3},\ \mu_n = 1350\,\mathrm{cm}^2/\mathrm{Vsec},\ \mu_p = 480\,\mathrm{cm}^2/\mathrm{Vsec}$$

$$D_n = 25\,\mathrm{cm}^2/\mathrm{sec} \qquad D_p = 10\,\mathrm{cm}^2/\mathrm{sec} \qquad \tau_p = 10^{-7}\mathrm{sec} \quad \tau_n = 10^{-7}\mathrm{sec}$$

(1) $V_a = 0.4\,\mathrm{V}$, $0.65\,\mathrm{V}$일 때 각각 확산 전류와 재결합 전류 및 전류 비율을 구해 보아라.

풀이

1) $V_a = 0.4\,\mathrm{V}$

$$J_{\mathrm{diff}} = \left(\frac{qD_p p_{n0}}{L_p} + \frac{qD_n n_{p0}}{L_n}\right)\left[\exp\left(\frac{qV_a}{kT}\right) - 1\right] = qn_i^2\left[\frac{1}{N_D}\sqrt{\frac{D_p}{\tau_p}} + \frac{1}{N_A}\sqrt{\frac{D_n}{\tau_n}}\right]\exp\left(\frac{qV_a}{kT}\right)$$

$$= (1.6\times10^{-19})(1.5\times10^{10})^2\left(\frac{1}{1.5\times10^{16}}\sqrt{\frac{10}{10^{-7}}} + \frac{1}{5\times10^{16}}\sqrt{\frac{25}{10^{-7}}}\right)\exp\left(\frac{0.4}{0.0259}\right)$$

$$= 0.18\,\mathrm{mA/cm^2}$$

$$J_{\mathrm{rec}} = \frac{qn_i W}{2\tau}\exp\left(\frac{qV_a}{2kT}\right) \qquad W = \sqrt{\frac{2\epsilon_{Si}(V_{bi} - V_a)}{q}\left(\frac{N_A + N_D}{N_A N_D}\right)} \qquad V_{bi} = \frac{kT}{q}\ln\left(\frac{N_A N_D}{n_i^2}\right)$$

$$V_{bi} = (0.0259)\ln\left(\frac{1.5\times10^{16}\times5\times10^{16}}{2.25\times10^{20}}\right) = 0.747\,\mathrm{V}$$

$$W = \sqrt{\frac{2\times11.7\times8.85\times10^{-14}(0.747 - 0.4)}{1.6\times10^{-19}}\left(\frac{6.5\times10^{16}}{7.5\times10^{32}}\right)} = 1.973\times10^{-5}\,\mathrm{cm}$$

$$\therefore J_{\mathrm{rec}} = \frac{qn_i W}{2\tau}\exp\left(\frac{qV_a}{2kT}\right) = \frac{(1.6\times10^{-19})(1.5\times10^{10})(1.973\times10^{-5})}{2\times10^{-7}}\exp\left(\frac{0.4}{2\times0.0259}\right)$$

$$= 0.534\,\mathrm{mA/cm^2}$$

낮은 순방향 전압에서는 재결합 전류가 지배적인 것을 알 수 있다. 전류의 비율은 하기와 같이 재결합 전류가 약 3배 정도 높은 것을 알 수 있다.

$$\frac{J_{\mathrm{rec}}}{J_{\mathrm{diff}}} = \frac{0.534}{0.18} = 2.967$$

2) $V_a = 0.65\,\mathrm{V}$

$$J_{\mathrm{diff}} = \left(\frac{qD_p p_{n0}}{L_p} + \frac{qD_n n_{p0}}{L_n}\right)\left[\exp\left(\frac{qV_a}{kT}\right) - 1\right] = qn_i^2\left[\frac{1}{N_D}\sqrt{\frac{D_p}{\tau_p}} + \frac{1}{N_A}\sqrt{\frac{D_n}{\tau_n}}\right]\exp\left(\frac{qV_a}{kT}\right)$$

$$J_{\text{diff}} = (1.6\times10^{-19})(1.5\times10^{10})^2\left(\frac{1}{1.5\times10^{16}}\sqrt{\frac{10}{10^{-7}}} + \frac{1}{5\times10^{16}}\sqrt{\frac{25}{10^{-7}}}\right)\exp\left(\frac{0.65}{0.0259}\right)$$

$$= 2.807\,\text{A/cm}^2$$

$$J_{\text{rec}} = \frac{qn_i W}{2\tau}\exp\left(\frac{qV_a}{2kT}\right) \qquad W = \sqrt{\frac{2\epsilon_{Si}(V_{bi}-V_a)}{q}\left(\frac{N_A+N_D}{N_A N_D}\right)} \qquad V_{bi} = \frac{kT}{q}\ln\left(\frac{N_A N_D}{n_i^2}\right)$$

$$V_{bi} = (0.0259)\ln\left(\frac{1.5\times10^{16}\times5\times10^{16}}{2.25\times10^{20}}\right) = 0.747\,\text{V}$$

$$W = \sqrt{\frac{2\times11.7\times8.85\times10^{-14}(0.747-0.65)}{1.6\times10^{-19}}\left(\frac{6.5\times10^{16}}{7.5\times10^{32}}\right)} = 1.043\times10^{-5}\,\text{cm}$$

$$\therefore J_{\text{rec}} = \frac{qn_i W}{2\tau}\exp\left(\frac{qV_a}{2kT}\right) = \frac{(1.6\times10^{-19})(1.5\times10^{10})(1.043\times10^{-5})}{2\times10^{-7}}\exp\left(\frac{0.65}{2\times0.0259}\right)$$

$$= 3.5247\times10^{-2}\,\text{A/cm}^2$$

$$\frac{J_{\text{rec}}}{J_{\text{diff}}} = \frac{3.5247\times10^{-2}}{2.807} = 0.0126$$

순방향 전압이 증가하면 재결합 전류는 확산 전류에 비해서 매우 작아지므로 무시할 수 있다.

6-6 PN 접합 다이오드의 스위칭 특성

반도체에서 스위칭이라는 개념은 매우 중요하다. 우리가 전등의 스위치를 연속적으로 on/off 하면 대부분 즉각적으로 반응한다. 스위칭 스피드가 빨라서이다. 형광등 같은 경우는 on/off 연속 동작에 반응하지 못할 것이다. PN 접합 다이오드에서도 스위칭이라는 개념은 전원을 on, off하는 연속적인 동작과 비슷하다. 정확히 표현한다면 순방향 전압을 인가하다가 역방향 전압으로 전환시키고 다시 순방향으로 인가하는 연속적인 동작이다. 순방향 전압에서는 많은 전류가 흐르다가 역방향 전압으로 전환하면 아주 작은 역포화 전류(무시한다)가 흐른다. 이러한 동작을 연속적으로 진행했을 때 PN 접합 다이오드가 즉각적으로 반응해서 전류의 증가와 차단이 즉각적으로 이루어질 것인가를 알아보는 것이다. 즉각적으로 반응한다면 스위칭 속도가 좋다고 말할 수 있다.

우리가 짧은 일정 거리를 반복해서 달린다고 생각해 보자. 호루라기 신호와 함께 달리던 방향을 바꾼다고 하였을 때 우리는 즉각적으로 반응해서 달리던 방향을 바꾸는 것이 쉽지 않을 것이다.

몸의 반응 속도에 제한이 있기 때문이다. 호루라기 신호를 아주 짧은 시간(우리의 신체 반응속도보다 빠른 시간)에 넣어준다면 우리는 즉각적으로 반응하지 못할 것이다.

PN 접합 다이오드의 순방향에서는 과잉 소수 캐리어들이 확산해 가면서 확산 전류를 만들어낸다. 갑자기 역방향 바이어스를 인가하면 소수 캐리어의 공급을 끊는 것과 동일하다. 가령 n형 반도체에 주입하는 양공의 예를 들어 보자. 순방향에서는 양공이 n형 반도체로 확산해 온다. 그러다 역방향 전압이 인가되면 양공 공급이 멈추고, 이미 n형 영역으로 건너온 양공들은 역방향 전압이 인가됨에 따라 서서히 확산을 멈추고 반대 방향으로 역확산이 일어날 것이다. 이것이 가능한 이유는 n형 영역의 공핍층 경계면에 양공 공급이 이루어지지 않으므로 농도 기울기가 발생하였기 때문이다. 시간이 지남에 따라 양공들은 전자와 재결합하면서 소멸되고 열평형 상태의 소수 캐리어 농도로 수렴한다. 이렇게 과잉 소수 캐리어가 모두 소멸할 때까지 시간이 필요하다. 과잉 소수 캐리어들의 재결합 시간이 매우 짧아서 바로 소멸된다면 우리는 스위칭 속도가 좋다고 말할 수 있다. 이번 장에서는 이러한 물리적 현상에 대해서 정성적으로 논의해 볼 것이다.

PN 접합 다이오드에서 1초에 60번 이러한 연속 동작을 만족시킨다면 60 Hz로 작동하는 것과 유사하다. 1초에 연속 동작 횟수가 증가할수록 스위칭 속도는 빨라질 것이다. 비단 PN 접합 다이오드뿐만 아니라 MOSFET 소자, 기타 반도체 소자에서 스위칭 속도가 증가하면 반응속도가 빨라지는 것이므로 고주파 발진기에도 응용이 가능하고 메모리 반도체에서도 쓰기, 지우기가 빨라지고 컴퓨터에서는 CPU clock speed가 빨라지는 장점이 생기는 것이다. 고속 동작이 가능하다는 것이다. 디스플레이에서도 고속 구동이 가능하여 동영상 시청이나 게임에서 동영상의 움직임이 연속적으로 자연스럽게 표현된다. 따라서 스위칭 스피드는 반도체의 여러 가지 소자 측면에서 매우 중요한 특성 중의 하나이다.

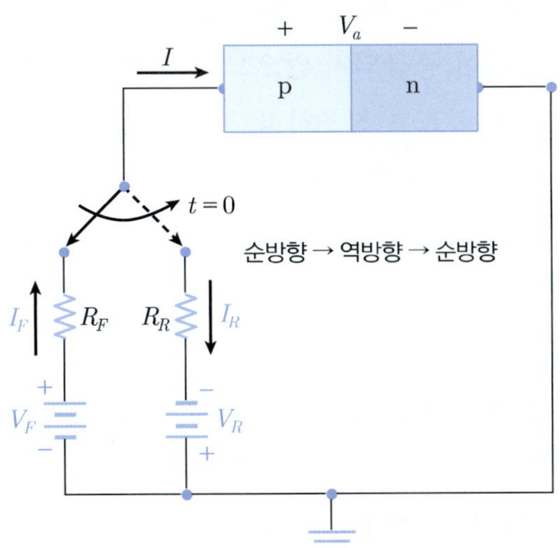

그림 6-23 방향이 전환되는 스위칭 회로

그림 6-23과 같이 PN 접합 다이오드에 순방향 전압을 걸어 주다가 일정시간 지난 후 역방향으로 전환하고 또 일정 시간이 지난 후 순방향으로 전환하는 실험을 진행한다고 하자. 순방향에서 역방향으로 바꾸어 주는 것을 PN 접합 다이오드의 turn off 과도 특성이라고 부르며 역방향에서 순방향으로 바꾸어 주는 것을 turn on 과도 특성이라 한다. 역방향은 아주 작은 전류만 흐르므로 전원을 차단하는 것과 비슷해서 off라고 표현한다. 순방향은 비로소 전류가 흐르므로 스위치가 켜진 상태이므로 on으로 표현한다.

일반적으로 turn off 되는 시간은 turn on 되는 시간보다 길어진다. Turn off 시간은 순방향에서 역방향으로 바뀌는 시간인데 이때에는 즉각적인 응답을 나타내지 않는다. 왜냐하면 과잉 소수 캐리어들을 모두 제거해 주어야 비로소 turn off가 일어나기 때문이다. 과잉 소수 캐리어가 확산해 가는데 이것은 마치 캐리어가 축적되는 것과 비슷해서 축적이라는 표현을 사용한다. 과잉 소수 캐리어를 모두 제거할 때까지 걸리는 시간이 필요하기 때문에 turn off에서는 즉각적인 반응을 하지 않는다.

6-6-1 turn off 시 캐리어의 거동

순방향 바이어스에서 역방향 바이어스로 turn off가 일어나면 다음 2단계로 진행된다. 첫 번째 단계는 캐리어의 축적 시간 t_s이다. 그림 6-24, 6-25에 나타내었다. 순방향 바이어스가 인가된 상황에서 p형 반도체의 양공은 공간전하 영역을 가로질러 n형 영역으로 지속적으로 확산해 가서 과잉 소수 캐리어가 된다. 순방향 전압이 인가되는 동안에는 양공이 지속적으로 공급된다. 양공은 다수 캐리어 전자와 재결합하면서 거리의 지수함수로 감소해 간다. 이제 역방향 전압이 인가되면 더 이상 양공의 공급은 이루어지지 않는다. p형 반도체로부터 양공 공급이 차단되면 n형 반도체의 공핍층의 경계면에는 더 이상 양공이 공급되지 않으므로 시간이 지남에 따라 양공 농도가 급속도로 감소해 간다. 그림 6-24의 굵은 화살표를 참조하라. 축적 시간에 도달하면 공핍층의 경계지점에서 과잉 소수 캐리어 양공의 농도는 0이 되고 열평형 상태의 양공 농도로 수렴한다. 공핍층의 경계지점에서 과잉 소수 캐리어 농도가 열평형 상태의 양공 농도에 도달할 때까지 필요한 시간을 캐리어의 축적 시간으로 표현한다. 순방향에서 역방향으로 스위칭했을 때 바로 역방향 전류가 흐르는 것이 아니다. 과잉 소수 캐리어가 모두 제거될 때까지 역방향 전류는 일정하게 유지된다. 그림 6-25를 참조하라. 과잉 소수 캐리어가 모두 제거된 후부터 역방향 전류가 흐르기 시작한다. 따라서 캐리어의 축적 시간을 단축시키면 스위칭 속도를 빠르게 할 수 있는 것이다. 캐리어를 신속히 제거하는 방법 중 하나는 4장 SRH 이론에서 배운 트랩의 형성이다. 실리콘 같은 경우 금을 불순물로 주입하여 트랩을 형성하고 재결합 시간을 빠르게 하기도 한다.

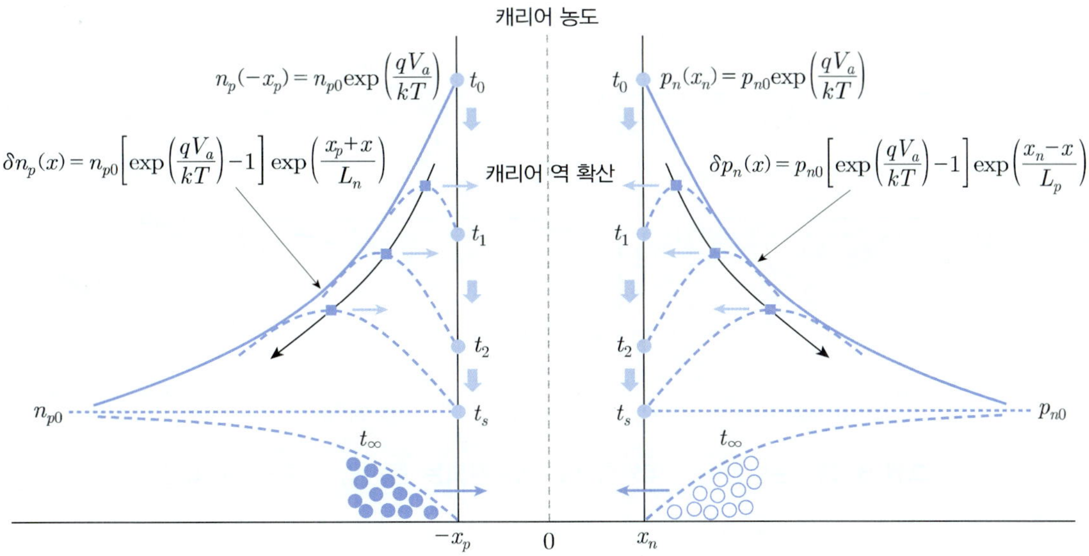

그림 6-24 순방향에서 역방향으로 turn off 되었을 때 시간에 따른 과잉 소수 캐리어의 농도

양공의 시간과 거리에 따른 분포곡선에 주목하라. 역포물선 형태를 이루고 있다. 양공은 시간과 거리에 모두 의존한다. 앞에서 학습한 앰비폴러 방정식을 활용해서 과잉 양공의 함수를 정량적으로 해석할 수 있지만 여기서는 정성적인 고찰만 하겠다. 만약 양공이 시간과 거리에 각각 독립적이라면 각각 시간과 거리의 지수함수로 감소해 간다. 우리는 4장에서 예제를 통해서 학습하였다. 그림 6-24에서 볼 수 있듯이 양공의 분포곡선은 역포물선 형태이다. 역방향 바이어스가 인가되면 양공의 공급을 끊은 상태이므로 n형 영역의 공핍층 가장자리에 더 이상 양공이 공급되지 않으므로 농도의 기울기가 형성된다. 즉 공핍층 가장자리의 양공 농도가 급속히 감소하기 시작한다. 이미 n형 영역으로 건너온 양공들은 다시 공핍층 방향(역방향 바이어스 방향)으로 일부 역확산이 일어난다. 이것을 표시한 것이 점선의 포물선이다. 꼭짓점에서 양공의 농도가 가장 높다. 양공은 공핍층 방향으로 서서히 역확산하는 것이다. 그림 6-24에서 축적 시간에 도달하면 과잉 양공의 농도는 열평형 상태의 양공 농도로 수렴했음을 알 수 있다. 이러한 과잉 소수 캐리어 양공이 소멸할 때까지 역방향전류는 일정한 값을 유지한다.

두 번째 진행은 역방향 전압이 걸리기 시작하는 시간이며 falling 시간이라 부른다. 그림 6-25에 나타내었다. Turn off 시간이란 축적 시간과 falling 시간의 합이다. Falling 시간이 지난 후에야 역방향 포화 전류에 도달한다. 그림 6-25에 turn off 동안에 시간과 전류의 관계를 나타내었다. Falling 시간은 정확히 역방향 전류의 90%에서 10%에 도달하는 데까지 걸리는 시간이다. Falling 시간은 역방향 전압을 크게 인가하면 곧바로 역방향 전류에 도달하므로 turn off 시간 단축에 중요한 요소가 아니다. Turn off 시간을 결정하는 것은 축적 시간이다. 따라서 turn off 시간을 줄여서

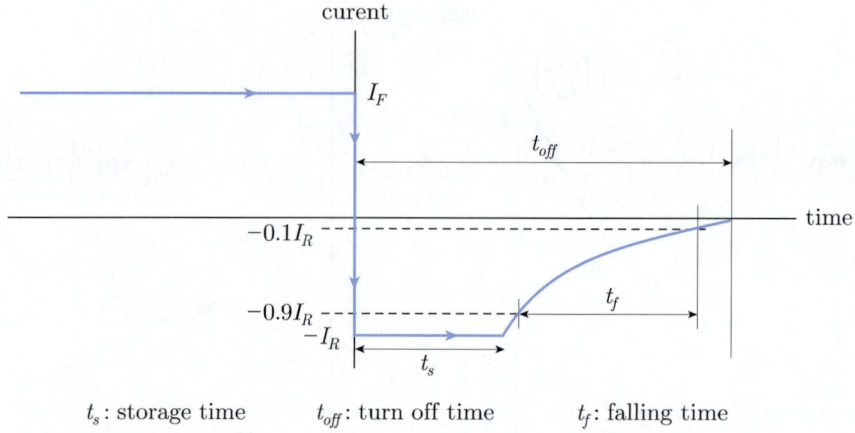

그림 6-25 순방향에서 역방향으로 스위칭되는 동안의 전류-시간 곡선

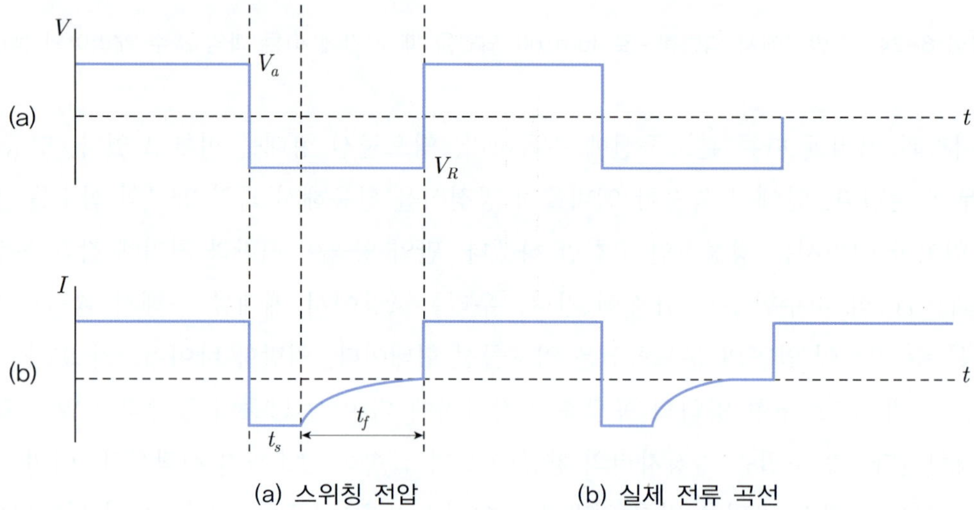

그림 6-26 스위칭 전압과 PN 접합 다이오드의 실제 전류 곡선

스위칭 속도를 빠르게 하는 방법 중 첫 번째는 소수 캐리어의 수명을 짧게 하는 것이다. 이것은 양공이 전자와 신속히 재결합하는 시간이다. 두 번째는 역방향 전압을 증가시켜서 역방향 포화 전류에 도달하는 시간을 줄이는 것이다.

6-6-2 turn on 특성

역방향에서 순방향으로 스위칭될 때 turn on 과도 특성이라 부른다. 이때는 캐리어의 축적 시간이 필요하지 않다. 순방향 바이어스가 인가된 상황에서 p형 반도체의 양공은 공간전하 영역을 가로질러 n형 영역으로 지속적으로 확산해 와서 시간에 따라 공핍층 경계면에서의 과잉 소수 캐리어 농도는

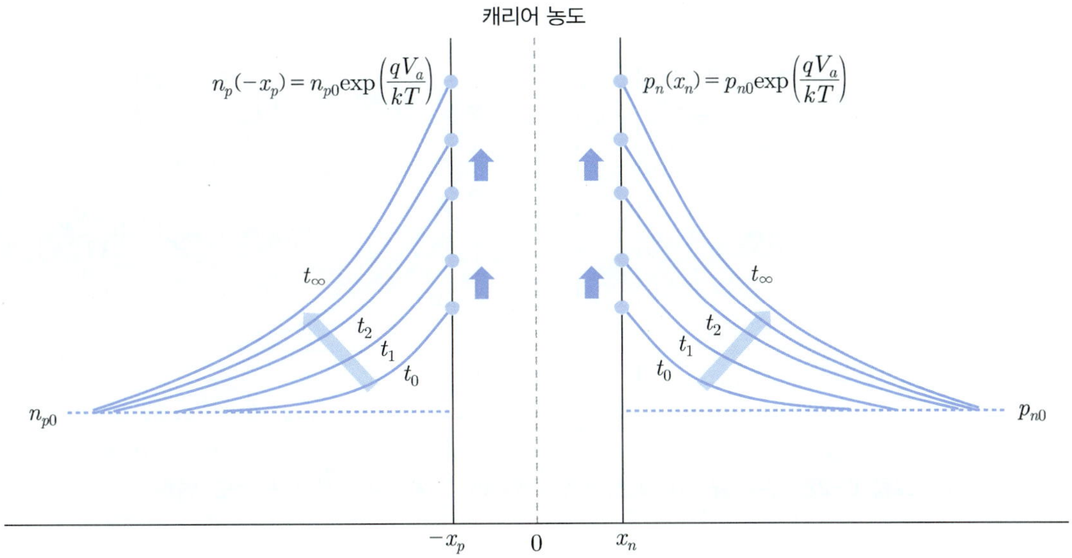

그림 6-27 turn on 특성에서 캐리어의 시간에 따른 과잉 소수 캐리어의 농도

증가한다(화살표 참조). 그림 6-27에 나타내었다. Turn off처럼 복잡하지 않다. 순방향으로 turn on했을 때도 두 단계로 요약할 수 있다. 처음에는 공간전하들을 중성화하면서 열평형 상태의 전압 $V_a = 0$을 만드는 시간이다. 이때 공핍층의 두께가 감소할 것이다. 이 시간을 t_d라고 부르며 지연시간(delay time)이라 한다. 그 다음은 t_r라고 부르며 rising time이라 부른다. 이때는 과잉 소수 캐리어가 공간전하 영역을 가로질러 공핍층의 경계면에서 최대 농도를 가지며 과잉 소수 캐리어로 입장이 바뀌면서 중성 영역으로 확산하기까지의 시간이다. 즉 소수 캐리어의 분포를 이루는 시간이라고 할 수 있다. 이 시간들은 매우 빠르게 일어난다. 스위칭 속도에는 큰 영향을 미치지 않는다.

6-6-3 확산 커패시턴스

우리는 역방향 바이어스에서 형성된 공핍층과 각각의 중성 영역은 마치 평행판 커패시턴스와 동일한 형태의 수식으로 표현 가능함을 알았다. 순방향 바이어스에서도 커패시턴스를 정의할 수 있다. 그러나 이 경우는 우리가 일반적으로 언급하는 접합 커패시턴스와는 다른 개념이다. 여기서는 순방향 전압이 인가된 상태에서 아주 작은 교류 전압을 인가한 경우 발생하는 확산 커패시턴스의 개념에 대해서 논의하고자 한다. 순방향 바이어스에서는 각각의 캐리어들이 공핍층을 가로질러 중성 영역으로 확산해 간다. 양공은 n형 영역으로, 전자는 p형 영역으로 확산해 간다. 소수 캐리어로 입장이 바뀐 캐리어들은 확산해 가면서 다수 캐리어들과 재결합한다. DC 전압이 인가된 상태에서는 공핍층 건너편에서 소수 캐리어들의 지속적인 공급(주입)이 이루어지고 있는 상태이다. 여기에 아주

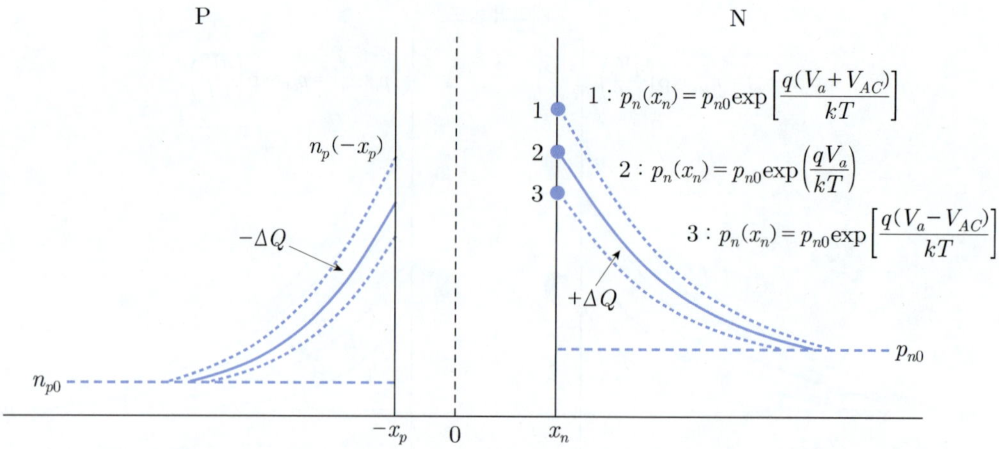

그림 6-28 순방향 바이어스 전압 변화에 따른 소수 캐리어 농도 변화

작은 교류전압이 첨가되면 이러한 소수 캐리어들의 양이 주기적으로 변하게 되는데 결국 소수 캐리어들의 전하량 Q의 증분과 감소가 주기적으로 일어나게 된다. 확산 커패시턴스는 PN 접합 양단에 걸리는 교류전압의 변화에 따른 축적된 소수 캐리어의 전하량 변화로 정의한다. 그림 6-28은 지금까지 설명한 DC 순방향 전압이 인가된 상태에서 작은 AC 전압에 따른 소수 캐리어가 만드는 농도 변화를 나타낸 것이다. 농도 변화는 전하량의 변화를 발생시킨다. 교류전압이 만드는 (+)전하량 변화를 $+\Delta Q$, (−)전하량 변화를 $-\Delta Q$로 나타내었다.

커패시턴스의 정의는 다음과 같다.

$$Q = CV \quad \Rightarrow \quad C = \frac{Q}{V}$$

전하의 단위는 $C = \text{Ampere} \times \text{sec}$이다. 따라서 Q는 소수 캐리어들이 만드는 확산 전류와 소수 캐리어 수명으로 나타낼 수 있다. 확산 커패시턴스는 수식 6-29로 표현한다. 자세한 수학적 유도는 생략하고 결과만을 논의하겠다.

$$C_d = \frac{(I_p\tau_p + I_n\tau_n)}{(2kT/q)}\left[F = \frac{\text{Asec}}{\text{V}}\right] \tag{6-29}$$

분자는 양공의 확산 전류와 양공의 수명(재결합 시간) 곱, 그리고 전자의 확산 전류와 전자의 수명의 곱의 합으로 표시함을 기억하자. 만약 P^+N 접합이라면 $I_p \gg I_n$이므로 수식 6-29는 다음과 같이 단순화할 수 있다.

$$C_d = \frac{I_p\tau_p}{(2kT/q)} \tag{6-30}$$

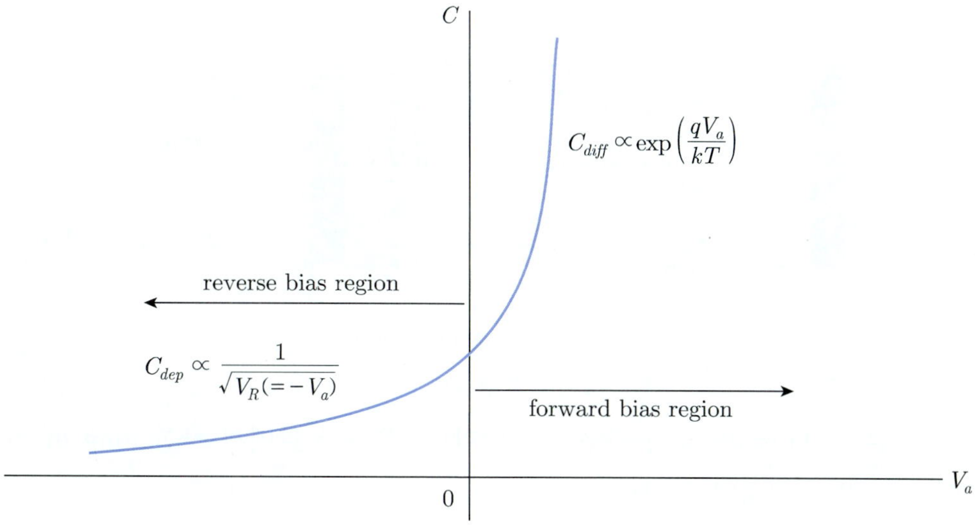

그림 6-29 전압에 따른 접합 및 확산 커패시턴스

확산 커패시턴스는 소수 캐리어의 확산 전류에 비례한다는 것을 알 수 있으며 확산 전류는 지수함수로 증가한다.

$$I \propto \exp\left(\frac{qV_a}{kT}\right)$$

따라서 전압 증가에 따라 확산 커패시턴스는 지수함수적으로 급격히 증가하게 된다. 역바이어스에서는 역바이어스 전압의 제곱근 함수의 역수에 비례한다는 것을 기억하고 있을 것이다. 그림 6-29에는 인가 전압에 따른 접합 및 확산 커패시턴스를 나타내었다. 접합 커패시턴스와 확산 커패시턴스는 이러한 큰 차이가 존재한다. 이상을 요약하면 확산 커패시턴스는 순방향 전압의 변화분에 대한 소수 캐리어에 의한 전하 변화분이라는 것을 꼭 기억하길 바란다.

6-7 짧은 다이오드

우리는 앞에서 PN 접합 다이오드에서 각각의 캐리어가 발생시키는 전류 밀도를 구해 보았다. 이때 PN 접합 다이오드는 무한히 길다고 가정하였다. 만약에 소수 캐리어들의 확산 길이보다 짧은 다이오드에서는 어떠한 일이 일어나는지를 살펴보자. 그림 6-30과 같은 다이오드를 생각해 보자. PN^+ 접합을 가정해 보자. n형 영역의 공핍층은 매우 짧을 것이고 n형 반도체의 길이는 양공의 확산 길이보다 짧은 경우에 해당한다.

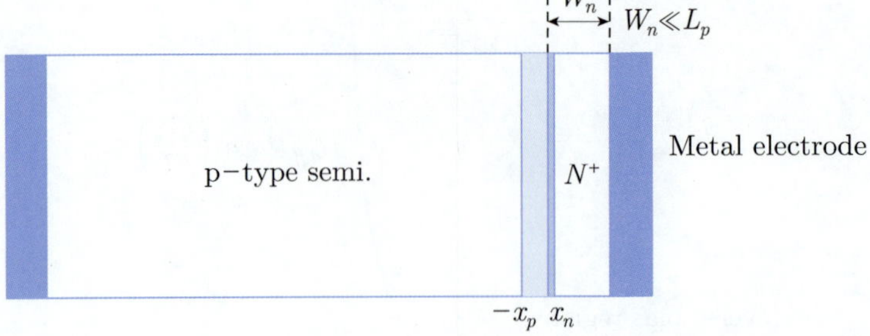

그림 6-30 short diode

$W_n/L_p \ll 1$과 같은 short diode의 경우에 해당한다. 우리가 앞에서 구한 long diode의 경우의 과잉 양공의 농도 함수는 하기와 같다.

$$\delta p_n(x) = p_{n0}\exp\left(\frac{x_n}{L_p}\right)\left(\exp\frac{qV_a}{kT}-1\right)\exp\left(-\frac{x}{L_p}\right) = p_{n0}\left[\exp\left(\frac{qV_a}{kT}\right)-1\right]\exp\left[\frac{x_n - x}{L_p}\right]$$

6-7-1 경계조건

Short diode의 경우는 경계조건이 바뀐다. 앞에서 다룬 long diode의 과잉 소수 캐리어 양공 농도를 구하는 해(수식 6-9, 그림 6-9 참조)를 참조하길 바란다. 과잉 양공 농도를 구하는 경계조건은 1, 3번이었다. 이 경계조건은 다음과 같이 바뀐다.

1. $x = x_n \quad \delta p_n(x_n) = p_{n0}\exp\left[\frac{qV_a}{kT}\right] - p_{n0} = p_n - p_{n0}$

3. $x \to \infty \quad p_n(x \to \infty) = p_{n0} \;\Rightarrow\; x = x_n + W_n \;\Rightarrow\; \delta p_n(x_n + W_n) = 0$

그림 6-9를 참조해서 경계조건이 상기와 같이 되는 것을 이해해야 한다. 방정식의 해는 수식 6-31로 주어진다. 경계조건 1번은 n형 영역의 공핍층 가장자리에서의 과잉 소수 캐리어 양공의 농도이므로 $p_n - p_{n0}$가 된다. 그 다음은 짧은 다이오드이므로(양공의 확산 거리보다도 매우 짧은 다이오드라는 것을 상기하라) 다이오드의 끝점은 ∞가 아니라 $x_n + W_n$이 된다. 이 지점에서 과잉 양공 농도는 0이 된다. 따라서 3번과 같은 경계조건을 얻을 수 있는 것이다. 앞에서도 다루었지만 방정식의 해는 식 6-31 형태를 갖는다.

$$\delta p_n(x) = Ce^{x/L_p} + De^{-x/L_p} \tag{6-31}$$

6-31 방정식을 변형된 경계조건을 가지고 풀면 된다. 이 방정식의 풀이 과정은 매우 번거롭다. 수학적으로 높은 수준이 필요하지 않지만 풀이과정을 기술하겠다. 6-31식에서 계수 C, D를 구하는 것이 첫 번째 작업이다. 경계조건을 활용해서 다음과 같은 두 개의 연립 방정식을 만들어 낼 수 있다.

6-7-2 과잉 캐리어 농도

1) $x = x_n$

$$\delta p_n(x_n) = C\exp(x_n/L_p) + D\exp(-x_n/L_p) = p_n - p_{n0} \tag{6-32}$$

3) $x = x_n + W_n$

$$\delta p_n(x_n + W_n) = C\exp[(x_n + W_n)/L_p] + D\exp[-(x_n + W_n)/L_p] = 0 \tag{6-33}$$

수식 6-32에 $\exp(W_n/L_p)$를 곱하고 6-33식을 빼면 다음과 같다.

$$(6-32)\times\exp(W_n/L_p) - (6-33):$$

$$D\exp[(-x_n + W_n)/L_p] - D\exp[-(x_n + W_n)/L_p] = (p_n - p_{n0})\exp(W_n/L_p)$$

$$D\exp(-x_n/L_p)[\exp(W_n/L_p) - \exp(-W_n/L_p)] = (p_n - p_{n0})\exp(W_n/L_p) \tag{6-34}$$

우리는 양변에 $\exp(x_n/L_p)$를 곱하고 $\sinh x = \dfrac{e^x - e^{-x}}{2}$를 사용하면 6-34식을 다음과 같이 변형할 수 있다.

$$D\left[2\sinh\frac{W_n}{L_p}\right] = (p_n - p_{n0})\exp\left(\frac{x_n + W_n}{L_p}\right) \Rightarrow \therefore D = \frac{(p_n - p_{n0})\exp[(x_n + W_n)/L_p]}{2\sinh(W_n/L_p)} \tag{6-35}$$

이번에는 수식 6-32에 $\exp(-W_n/L_p)$를 곱한 다음 6-33식을 빼면 다음과 같다.

$$(6-32)\times\exp(-W_n/L_p) - (6-33):$$

$$C\exp[(x_n - W_n)/L_p] - C\exp[(x_n + W_n)/L_p] = (p_n - p_{n0})\exp(-W_n/L_p)$$

$$C\exp(x_n/L_p)[\exp(-W_n/L_p) - \exp(W_n/L_p)] = (p_n - p_{no})\exp(-W_n/L_p) \tag{6-36}$$

양변에 $\exp(-x_n/L_p)$를 곱해 주고 $-\sinh x = \frac{-e^{x}+e^{-x}}{2}$를 사용하면 6-36식은 다음과 같이 변형할 수 있다.

$$-C\left[2\sinh\frac{W_n}{L_p}\right] = (p_n - p_{n0})\exp\left(\frac{-x_n - W_n}{L_p}\right)$$

$$\therefore C = -\frac{(p_n - p_{n0})\exp[(-x_n - W_n)/L_p]}{2\sinh(W_n/L_p)} \tag{6-37}$$

앞에서 구한 계수 C, D를 이 방정식의 해 6-31식에 대입하면 다음과 같다.

$$\begin{aligned}\delta p_n(x) &= C\exp(x/L_p) + D\exp(-x/L_p)\\ &= -\frac{(p_n - p_{no})\exp[(-x_n - W_n + x)/L_p]}{2\sinh(W_n/L_p)} + \frac{(p_n - p_{no})\exp[(x_n + W_n - x)/L_p]}{2\sinh(W_n/L_p)}\\ &= \frac{(p_n - p_{no})\exp[(x_n + W_n - x)/L_p] - \exp[(-x_n - W_n + x)/L_p]}{2\sinh(W_n/L_p)}\\ &= (p_n - p_{no})\frac{2\sinh[(x_n + W_n - x)/L_p]}{2\sinh(W_n/L_p)} = (p_n - p_{no})\frac{\sinh[(x_n + W_n - x)/L_p]}{\sinh(W_n/L_p)}\end{aligned}$$

$x = x_n$ 지점에서의 양공 농도는 $p_n(x_n) = p_{n0}\exp\left[\frac{qV_a}{kT}\right]$이므로 최종적으로 짧은 다이오드의 n형 영역에서의 과잉 캐리어 양공의 농도는 다음과 같이 표현할 수 있다.

$$\delta p_n(x) = p_{n0}\left[\exp\left(\frac{qV_a}{kT}\right) - 1\right]\frac{\sinh[(x_n + W_n - x)/L_p]}{\sinh(W_n/L_p)} \tag{6-38}$$

$x \ll 1$ 이면 $\sinh x \approx x$ 관계를 만족시킨다. 그림 6-30을 참조하면 짧은 다이오드의 정의는 양공의 확산 거리보다 다이오드 길이가 훨씬 더 짧은 다이오드이므로 $W_n \ll L_p$ 관계를 만족한다. x_n, $W_n \ll L_p$이므로 $\sinh\frac{x_n + W_n - x}{L_p} \approx \frac{x_n + W_n - x}{L_p}$, $\sinh\frac{W_n}{L_p} \approx \frac{W_n}{L_p}$로 간단히 표현할 수 있다. 따라서 6-31식은 다음과 같이 간소화된다.

$$\delta p_n(x) = p_{n0}\left[\exp\left(\frac{qV_a}{kT}\right) - 1\right]\left[\frac{x_n + W_n - x}{W_n}\right] \tag{6-39}$$

6-39는 최종적으로 얻은 짧은 다이오드의 과잉 소수 캐리어 양공의 농도 함수이다. 우변의 마지막 항에 주목하라. 거리의 일차함수로 표현된다는 것을 알 수 있다. 긴 다이오드에서는 거리의 지수함수

로 표현된다. 짧은 다이오드에서 양공의 전류 밀도는 수식 6-39를 x에 대해서 미분하여 얻을 수 있다.

$$J_p(x) = -qD_p\frac{d(\delta p_n(x))}{dx} = \frac{qD_p p_{n0}}{W_n}\left[\exp\left(\frac{qV_a}{kT}\right) - 1\right] \tag{6-40}$$

수식 6-40은 거리의 함수가 아니라 일정한 값을 갖는 상수로 취급할 수 있다. 또한 양공의 확산 계수를 나타내는 항의 분모는 W_n으로 표기되어 있다. 양공의 확산 거리를 나타내는 L_p 항은 어디에도 존재하지 않는다. 이것의 의미는 확산 거리보다 짧게 구성된 짧은 다이오드에서 과잉 소수 캐리어 양공은 n형 중성 영역 내의 다수 캐리어 전자들과 재결합하지 않으며 확산 전류 밀도는 일정하다는 것이다. 앞에서 구한 긴 다이오드의 양공 전류 밀도는 수식 6-41과 같다. 수식 6-40과 6-41을 비교해 보면 긴 다이오드는 거리의 함수이며 거리가 증가함에 따라 양공의 전류 밀도가 감소해 간다는 것을 알 수 있다. 두 다이오드에는 이렇게 큰 차이가 있다는 사실을 기억하라.

$$\begin{aligned} J_p(x) &= -qD_p\frac{\partial \delta p_n(t,x)}{\partial x} = -qD_p\frac{\partial}{\partial x}\left[p_{n0}\left(\exp\frac{qV_a}{kT} - 1\right)\exp\left(\frac{x_n - x}{L_p}\right)\right] \\ &= \frac{qD_p p_{n0}}{L_p}\left[\exp\left(\frac{qV_a}{kT}\right) - 1\right]\exp\left(\frac{x_n - x}{L_p}\right) \end{aligned} \tag{6-41}$$

요약하면, short diode의 경우에는 캐리어 농도 분포가 지수함수로 감소하는 것이 아니라 일차함수 $-x$로 감소한다(수식 6-39). $-x$의 일차함수로 소멸해가므로 확산 전류 밀도(농도의 미분)는 일정한

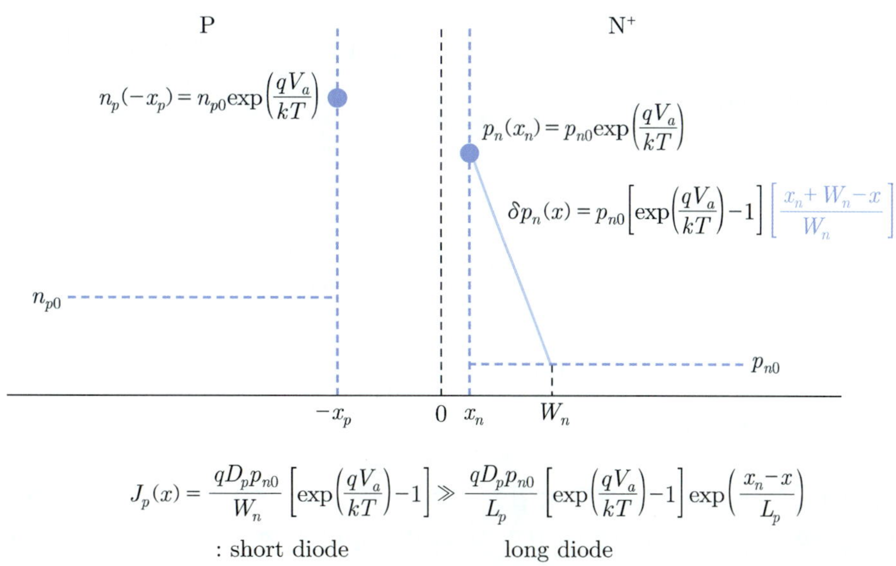

그림 6-31 일차함수형으로 감소하는 과잉 소수 캐리어

상수 값을 갖는다는 것이다. 이렇게 확산 거리보다 짧은 다이오드에서는 반도체 내에서 소수 캐리어의 재결합 없이 소수 캐리어는 일차함수로 감소한다. 또한 짧은 다이오드의 분모 항이 더 작으므로 전류 밀도는 짧은 다이오드가 더 크다는 것을 알 수 있다. 그림 6-31에 이러한 상황을 도식화하였다.

예제 6-7-1

300 K에서 PN 접합 다이오드가 순방향 전압 $V_a = 0.7\,\text{V}$로 인가되어 있다. p형 반도체는 길고 n형 반도체의 길이는 $1\,\mu\text{m}$로 매우 짧은 다이오드를 가정해서 공핍 영역에서 전자 및 양공 전류를 구해 보고 긴 다이오드와 전류 값을 비교해 보아라.

$$N_D = 1\times10^{17}\,\text{cm}^{-3},\ N_A = 3\times10^{17}\,\text{cm}^{-3},\ D_n = 25\,\text{cm}^2/\text{sec},\ D_p = 10\,\text{cm}^2/\text{sec},$$

$$\tau_n = 5\times10^{-7}\text{sec},\ \tau_p = 10^{-7}\text{sec},\ \text{단면적}\ A = 10^{-3}\text{cm}^2$$

풀이

짧은 다이오드 :

$$I_p = J_p \times A = \frac{AqD_p p_{n0}}{W_n}\left[\exp\left(\frac{qV_a}{kT}\right) - 1\right] \qquad p_{n0} = \frac{n_i^2}{N_D} = 2.25\times10^3\,\text{cm}^{-3}$$

$$I_p = \frac{10^{-3}\times(1.6\times10^{-19})\times(10)\times(2.25\times10^3)}{10^{-4}}\left[\exp\left(\frac{0.7}{0.0259}\right) - 1\right] = 19.678\,\text{mA}$$

$$I_n = J_n \times A = \frac{Aqn_i^2}{N_A}\sqrt{\frac{D_n}{\tau_n}}\left[\exp\left(\frac{qV_a}{kT}\right) - 1\right]$$

$$= \frac{(10^{-3})(1.6\times10^{-19})(1.5\times10^{10})^2}{3\times10^{17}}\sqrt{\frac{25}{5\times10^{-7}}}\left[\exp\left(\frac{0.7}{0.0259}\right) - 1\right]$$

$$= 0.4638\,\text{mA}$$

긴 다이오드 :

$$I_p(x_n) = J_p A = A\left(\frac{qD_p p_{n0}}{L_p}\right)\left[\exp\left(\frac{qV_a}{kT}\right) - 1\right] = Aqn_i^2\left[\frac{1}{N_D}\sqrt{\frac{D_p}{\tau_p}}\right]\left[\exp\left(\frac{qV_a}{kT}\right) - 1\right]$$

$$= 10^{-3}(1.6\times10^{-19})(1.5\times10^{10})^2\left(\frac{1}{10^{17}}\sqrt{\frac{10}{10^{-7}}}\right)\left[\exp\left(\frac{0.7}{0.0259}\right) - 1\right]$$

$$= 1.968\,\text{mA}$$

전자전류는 long & short diode 모두 동일할 것이다. 양공이 확산해 나가는 곳은 n형 반도체이고 매우 짧은 다이오드이다. 양공 전류는 매우 큰 차이를 보인다. 짧은 다이오드의 경우 양공 전류는 긴 다이오드에 비해서 10배 정도 크다. 긴 다이오드와 짧은 다이오드의 전류식을 비교해 보아라.

$$J_{p,\text{short}} = \frac{qD_p p_{n0}}{W_n}\left[\exp\left(\frac{qV_a}{kT}\right)-1\right] \qquad J_{p,\text{long}} = \frac{qD_p p_{n0}}{L_p}\left[\exp\left(\frac{qV_a}{kT}\right)-1\right]$$

$$W_n \ll L_p$$

분모 항만 서로 다른 것을 알 수 있다. 짧은 다이오드는 다이오드의 길이가 캐리어의 확산 길이보다도 짧기 때문에 이처럼 서로 차이가 큰 전류 값이 형성되는 것이다.

예제 6-7-2

300 K 에서 PN 접합 다이오드의 n형 영역이 $W_n = 0.5\,\mu\text{m}$ 인 짧은 다이오드가 있다. 저주입 최대 한계 순방향 전압을 구하고 그때의 총 전류를 구해 보아라.

$$N_D = 3\times10^{17}\,\text{cm}^{-3},\ N_A = 3\times10^{15}\,\text{cm}^{-3},\ D_n = 25\,\text{cm}^2/\text{sec},\ D_p = 10\,\text{cm}^2/\text{sec},$$

$$\tau_n = 5\times10^{-7}\text{sec},\ \tau_p = 10^{-7}\text{sec},\ \text{단면적 } A = 10^{-3}\,\text{cm}^2$$

풀이

저수준 주입은 주입되는 캐리어의 농도가 다수 캐리어 농도의 1/10 이하인 것을 의미한다. 문제에서 도너 농도가 억셉터 농도보다 높으므로 전자가 p형 반도체로 주입되었을 때, 전자의 농도가 억셉터 농도의 1/10 이하를 만족해야 할 것이다.

$$n_p(-x_p) = n_{p0}\left[\exp\left(\frac{qV_a}{kT}\right)-1\right] = 0.1N_A \ \Rightarrow\ V_a = \frac{kT}{q}\ln\left(\frac{0.1N_A}{n_{p0}}\right),\ n_{p0} = 7.5\times10^4\,\text{cm}^{-3}$$

$$\therefore\ V_a = (0.0259)\ln\left(\frac{3\times10^{14}}{7.5\times10^4}\right) = 0.573\,\text{V}$$

$$I_n = AJ_n(-x_p) = \frac{AqD_n n_{p0}}{L_n}\left[\exp\left(\frac{qV_a}{kT}\right)-1\right],\ L_n = \sqrt{D_n\tau_n} = 3.536\times10^{-3}\,\text{cm}$$

$$= \frac{(10^{-3})(1.6\times10^{-19})(25)(7.5\times10^4)}{0.5\times10^{-4}}\left[\exp\left(\frac{0.573}{0.0259}\right)\right] = 0.344\,\text{mA}$$

$$I_p = AJ_p(x_n) = \frac{AqD_p p_{n0}}{W_n}\left[\exp\left(\frac{qV_a}{kT}\right)-1\right],\ W_n = 0.5\times10^{-4}\,\text{cm}$$

$$= \frac{(10^{-3})(1.6\times10^{-19})(10)(7.5\times10^2)}{0.5\times10^{-4}}\left[\exp\left(\frac{0.573}{0.0259}\right)\right] = 0.097\,\text{mA}$$

$$\therefore\ I = I_n + I_p = 0.441\,\text{mA}$$

6-8 터널 다이오드(에사키 다이오드)

터널 다이오드는 양자역학의 터널링 효과를 이용한 다이오드이다. n형, p형 반도체에 과도핑을 하여 N^+P^+ 접합 다이오드를 만들면 페르미 에너지는 각각 전도대와 가전자대 내에 위치하게 된다. 이것을 축퇴 반도체라고 이미 학습하였다. 이러한 과도핑을 진행하면 페르미 준위뿐만 아니라 공핍층의 폭도 매우 얇아진다. 수백 옹스트롬에 이르게 되는데 이런 경우 에너지 장벽보다 낮은 에너지를 갖는 전자가 근접하는 경우 양자역학적인 터널링 현상이 발생하여 터널링 전류를 발생시킬 수 있다. 터널링 확률은 장벽의 두께 a에 대해 $\exp(-2k_2a)$ 에 비례한다. 두께가 얇아질수록 터널링 확률은 증가한다. 전형적인 양자역학의 터널링 현상을 이용한 반도체 소자라는 점에서 매우 중요하며 고찰할 필요가 있다. 일본의 에사키가 제안하였고 훗날 노벨 물리학상을 받게 된다. 얇은 에너지 장벽을 통과하는 전자의 파동함수는 진폭이 감소된 새로운 진행파로 진행하게 된다. 장벽이 아주 두꺼우면 전자의 파동은 장벽 내에서 지수함수적으로 감소하여 소멸할 것이다. 이러한 양자역학적 현상을 실제 디바이스로 제작한 중요한 반도체 소자 중의 하나이다.

열평형 상태에서의 에사키 다이오드를 살펴보자. $10^{20}\,\mathrm{cm}^{-3}$ 정도로 heavily doping된 PN 접합 다이오드의 제로 바이어스 상태에서의 에너지 밴드 구조이다. 우리는 앞에서 내부 전위 장벽과 공핍층의 폭을 계산하는 방법을 배웠다. 이 정도의 도핑 수준에서 내부 전계 V_{bi}는 $1.172\,\mathrm{V}$, 공핍층의 폭은 약 $5.5\,\mathrm{nm}$ 정도이다. 이 정도의 에너지 장벽이라면 전자는 터널링할 수 있다. p형 반도체의 페르미 준위는 가전자대 안에 위치한다. 가전자대 최고점까지는 전자로 충만되어 있어야 하는데 과도핑을 하게 되면 페르미 준위가 가전자대 안에 위치하게 되며 페르미 준위 위쪽으로는 전자가 비어 있는 상태다. n형 반도체의 페르미 준위는 밴드 갭 내에 위치하지 않으며 전도대를 뛰어넘어 전도대의 최저점보다 위에 존재하게 되며 그림에서처럼 전자들이 전도대 바닥 위쪽 근처에 존재하게 된다.

공핍층의 폭은 과도핑되어서 매우 폭이 짧아진 상태이다. 역바이어스 상태에서는 제로 바이어스 상태보다 공핍층의 폭이 넓어지고 에너지 장벽의 높이는 더욱 커진다. 또한 페르미 준위는 분리되어 그림 6-32 (1)과 같은 터널링 전류가 발생한다. 전압 인가와 동시에 터널링 전류가 증가하게 된다. 제로 바이어스에서는 그림 6-32 (2)와 같이 페르미 준위가 평형을 이루며 전류의 흐름이 발생하지 않는다.

순방향 바이어스 전압, 즉 p형 반도체에 양의 전압을 인가하면 전자의 위치에너지는 낮아지고 페르미 준위는 제로 바이어스 상태보다 아래쪽으로 내려오게 된다. n형 반도체에는 음의 전압이 걸린 상태이고 전자의 위치에너지는 더욱 높아져서 페르미 준위는 위쪽으로 올라간다. 제로 바이어스

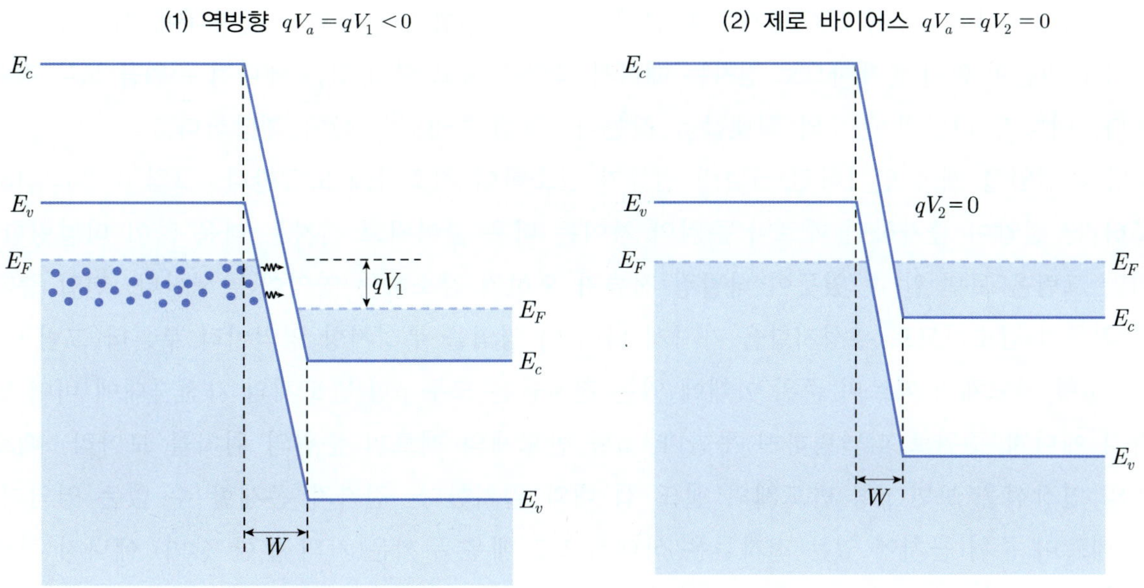

그림 6-32 역방향 및 제로 바이어스 상태에서의 에사키 다이오드

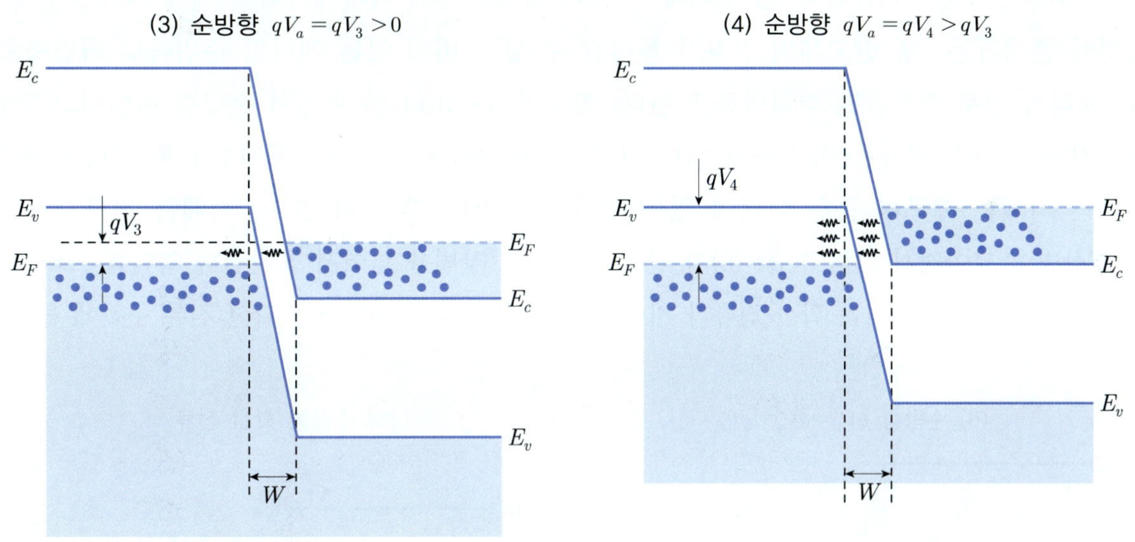

그림 6-33 순방향 전압 증가에 따른 터널링 전류의 증가

에서 균형을 이루었던 페르미 준위는 서로 분리된다. 이렇게 되면 얇은 에너지 장벽을 전자가 투과할 수 있게 된다. n형 영역에서 p형 영역으로 터널링한 전자는 가전자대의 에너지를 점유하게 된다.

그림 6-33 (3)에 전자가 터널링할 수 있는 밴드 구조를 그려 놓았다. 순방향 전압을 더욱 증가시키면 터널링 전류는 더욱 증가한다. 색으로 표시한 영역을 보면 쉽게 이해할 수 있을 것이다. 페르미 준위 차만큼 전자는 터널링할 것이다. 그림 6-33의 (4)를 참조하라. 페르미 준위의 분리가

더욱 커지고 n형에서 p형으로 전자는 터널링하게 되며 p형 반도체의 가전자대에 전자가 점유할 에너지 준위들이 많이 존재하므로 전자는 에너지 장벽을 뚫고 비어 있는 에너지 준위를 모두 점유할 것이다. 이때가 터널링 전류의 최댓값을 갖는다. 그림 6-35의 (4)에 해당한다.

순방향 전압을 계속 인가하면 터널링 전류가 감소하여 최소점에 도달한다. 그림 6-34의 (5)를 참조하라. 전압이 증가하면 페르미 준위의 차이는 더욱 넓어지고 전자는 더욱 많이 터널링할 것 같지만 그림을 보면 알 수 있듯이 터널링 전류가 오히려 감소하는 영역이 발생한다. 전압 증가에 따라 전류가 감소하므로 부성저항을 가지게 되며 이 영역을 부성저항 영역이라 부른다(그림 6-35 참조). n형 반도체의 페르미 준위 아래에 있는 전자들은 모두 p형 반도체의 가전자대에 비어 있는 전자의 에너지 준위로 터널링하지 못한다. n형 반도체의 페르미 준위의 위치를 보아라. 페르미 준위의 연장선을 보면 p형 반도체의 밴드 갭 내와 일치한다. 전자가 존재할 수 없는 영역이다. 또한 페르미 준위 근처에 있는 전자들은 상대적으로 매우 두꺼운(거의 무한 장벽) 에너지 장벽을 느낄 것이다. 양자역학적으로 무한 에너지 장벽에서는 전자의 파동함수가 지수함수로 소멸되어 전자의 존재 확률이 0으로 접근한다. 건너편에는 밴드 갭이며 전자가 위치할 에너지 준위도 존재하지 않는다. 따라서 전자는 이동할 수 없게 된다. 반면에 페르미 준위 아래 전도대 근처에 위치한 전자들은 건너편에 존재하는 p형 반도체의 전자가 들어갈 수 있는 비어 있는 에너지 준위들로 터널링할 수 있다. 따라서 일부 전자들만 터널링하게 된다. 따라서 6-33 (4)에 비해서 순방향 바이어스 전압은 올라갔지만 오히려 전류는 하강하게 된다(그림 6-35 참조). 마지막으로 더 높은 순방향 전압을 인가하면 이제는 페르미 준위 아래에 있는 전자들이 건너 갈 곳이 없다. 이때는 전자가 느끼는 에너지 장벽이 낮아져서 그림 6-34 (6)과 같이 전자들이 장벽을 넘어서 공간전하 영역을 드리프트하고 p형 영역에서 확산해 가는 확산 전류가 지배적이게 된다. 즉 이때부터는 확산 전류 구간에 들어가게

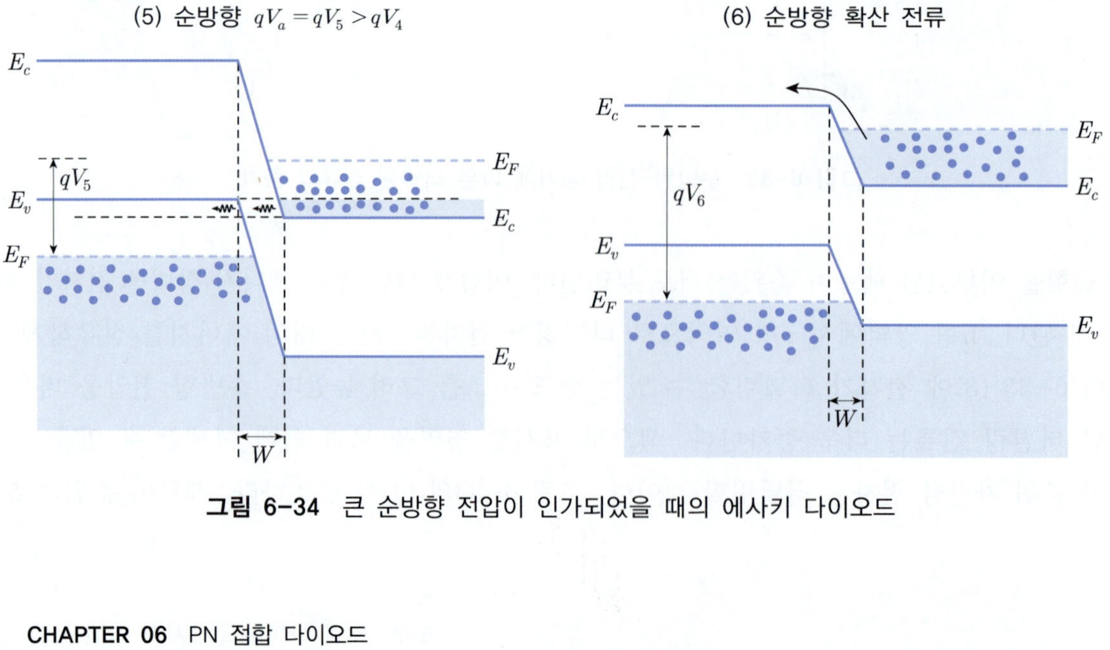

그림 6-34 큰 순방향 전압이 인가되었을 때의 에사키 다이오드

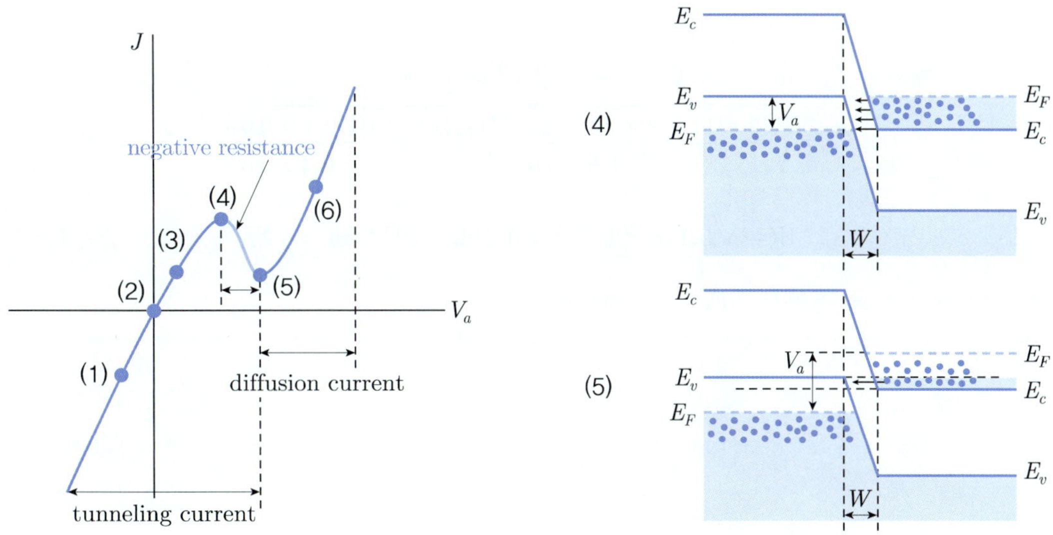

그림 6-35 에사키 다이오드의 전류-전압 곡선

된다. 확산 전류가 증가하는 것이다.

그림 6-35에 각 지점들을 표시하였으니 그림 6-32, 33, 34와 매칭시켜 보면 이해가 쉽게 될 것이다. 반도체에서 에너지 밴드 다이어그램은 우리에게 매우 유용한 정보를 제공한다. 독자들도 지금까지 배운 것들을 활용해서 실제로 그려보는 습관을 들이는 것이 좋다. 앞으로 배울 MS 접합, MOS 커패시터, MOSFET 소자에서도 반복되어 나온다. 이러한 소자들을 이해하는 데 에너지 밴드 다이어그램은 많은 도움을 준다.

순방향 전압이 증가하면 공핍층의 폭이 점점 줄어드는데 그림에서 이것을 상세히 표시하지는 않았다. 공핍층의 폭이 5.5 nm임을 감안하면 n형과 p형은 각각 2.75 nm일 것이다. 순방향 전압에 따른 공핍층의 폭은 매우 제한적으로 감소할 것이다. 감소 폭도 매우 적을 것이다. 그림에서 특별히 표시하지 않았지만 약간의 감소가 있을 것이다. 마지막 그림 6-34 (6)은 큰 순방향 전압이 인가되어 공핍층의 폭이 감소한 것을 그린 것이다.

예제 6-8-1

300 K에서 PN 접합 다이오드가 있다. 접합의 단면은 급준하며 계단형 접합을 이루고 있다고 가정하라. 순방향 전압이 1.0 V일 때 공간전하 폭을 구하라.

$$N_D = 8\times10^{19}\,\text{cm}^{-3},\ \ N_A = 8\times10^{19}\,\text{cm}^{-3}$$

풀이

$$V_{bi} = \frac{kT}{q}\ln\left(\frac{N_A N_D}{n_i^2}\right) = (0.0259)\ln\left[\frac{(8\times10^{19})^2}{(1.5\times10^{10})^2}\right] = 1.16\,\text{V}$$

$$W=\sqrt{\frac{2\epsilon_{Si}(V_{bi}-V_a)}{q}\left(\frac{N_A+N_D}{N_AN_D}\right)}$$

$$=\sqrt{\frac{2\times 11.7\times 8.85\times 10^{-14}(1.16-1.0)}{1.6\times 10^{-19}}\frac{1.6\times 10^{20}}{6.4\times 10^{39}}}$$

$$\therefore W=\sqrt{5.178\times 10^{-13}}=7.196\times 10^{-7}\,\text{cm}\approx 72\,\text{Å}$$

이 정도의 폭이라면 전자는 터널링할 것이다.

CHAPTER 06 연습문제

01 $N_D = 5 \times 10^{16}\,\text{cm}^{-3}$, $N_A = 2 \times 10^{16}\,\text{cm}^{-3}$, $T = 300\,\text{K}$인 실리콘 PN 접합 다이오드가 있다.

(1) $V_a = 0.45\,\text{V}$ (2) $V_a = 0.5\,\text{V}$ (3) $V_a = -0.5\,\text{V}$일 때 공간전하 영역 끝에서의 소수 캐리어 농도 $n_p(x_n)$, $p_n(-x_p)$를 구해 보아라.

02 $N_D = 5 \times 10^{16}\,\text{cm}^{-3}$, $N_A = 2 \times 10^{15}\,\text{cm}^{-3}$, $T = 300\,\text{K}$인 실리콘 PN 접합 다이오드가 있다. 공간전하 영역의 끝 지점에서의 소수 캐리어 농도는 다수 캐리어 농도의 1/10이다.

(1) 접합에 인가할 수 있는 최대 순방향 전압을 구해 보아라.

(2) 순바이어스 전압을 제한하는 요인은 n형 영역의 양공 농도인지, p형 영역의 전자 농도인지 판단해 보아라.

03 $N_D = 5 \times 10^{16}\,\text{cm}^{-3}$, $N_A = 2 \times 10^{16}\,\text{cm}^{-3}$, $T = 300\,\text{K}$인 실리콘 PN 접합 다이오드가 있다. 접합의 단면적과 순방향 전압은 각각 $A = 10^{-3}\,\text{cm}^2$, $V_a = 0.7\,\text{V}$이다. 공간전하 영역 끝에서 소수 캐리어 전자와 양공의 확산 전류를 구하고 PN 접합 다이오드에 흐르는 총 전류를 구해 보아라.

$$D_n = 25\,\text{cm}^2/\text{sec},\ D_p = 10\,\text{cm}^2/\text{sec},\ \tau_p = \tau_n = 10^{-6}\,\text{sec}$$

04 $T = 300\,\text{K}$, PN^+ 접합 다이오드가 있다. 다음과 같은 조건에서 $V_a = 0.5\,\text{V}$, $V_R = -0.5\,\text{V}$에서 각각 다이오드에 흐르는 전류를 구해 보아라.

$$N_A = 10^{16}\,\text{cm}^{-3},\ N_D = 10^{18}\,\text{cm}^{-3},\ D_n = 25\,\text{cm}^2/\text{sec},\ D_p = 10\,\text{cm}^2/\text{sec},$$

$$A = 10^{-4}\,\text{cm}^2,\ \tau_p = \tau_n = 10^{-6}\,\text{sec}$$

05 $N_D = 5 \times 10^{16}\,\text{cm}^{-3}$, $N_A = 2 \times 10^{16}\,\text{cm}^{-3}$, $A = 10^{-4}\,\text{cm}^2$, $\tau = \tau_p = \tau_n = 10^{-7}\,\text{sec}$

$V_R = -5\,\text{V}$, $D_n = 25\,\text{cm}^2/\text{sec}$, $D_p = 10\,\text{cm}^2/\text{sec}$인 실리콘 PN 접합 다이오드가 있다. 이상적인 역포화 전류와 생성 전류를 구하고 이상적인 역포화 전류에 대한 생성 전류의 비를 비교해 보아라.

06 연습문제 05에서 온도와 관련 있는 항목은 진성 캐리어 농도이고 나머지 인자들은 온도에 무관하다고 가정하자. 역포화 전류와 생성 전류가 같아지는 온도를 구하라. 또한 $T = 300\,\text{K}$에서 이상적 확산 전류와 재결합 전류가 같아지는 순방향 전압을 구하라.

07 $N_D = N_A = 7\times10^{16}\,\text{cm}^{-3}$, $A = 10^{-4}\,\text{cm}^2$, $D_n = 25\,\text{cm}^2/\text{sec}$, $D_p = 10\,\text{cm}^2/\text{sec}$, $\tau_p = \tau_n = 10^{-7}\text{sec}$의 실리콘 PN 접합 다이오드가 있다. $V_a = 0.6\,\text{V}$, $0.8\,\text{V}$일 때 이상적인 다이오드 전류를 계산하고 $V_R = -3\,\text{V}$일 때 생성 전류를 구해 보아라.

08 긴 실리콘 PN 접합 다이오드가 있다. 공간전하 영역에 광원이 입사되어 생성 전류가 $J_g = 25\,\text{mA/cm}^2$ 비율로 생성된다. 광원이 입사되면 생성 전류와 순방향 전류, 두 가지 전류 성분을 만들어 낸다. 두 전류의 방향은 반대이다. 두 전류의 크기가 같아질 때 정상 상태에 도달하게 되는데 이때 발생하는 순바이어스 전압은 얼마인가?

$$N_A = 10^{16}\,\text{cm}^{-3},\ N_D = 10^{18}\,\text{cm}^{-3},\ D_n = 20\,\text{cm}^2/\text{sec},\ D_p = 7\,\text{cm}^2/\text{sec},\ \tau_p = \tau_n = 10^{-7}\text{sec}$$

09 $T = 300\,\text{K}$에서 이상적 실리콘 PN 접합 다이오드가 순바이어스로 작동하고 있다. 전류를 10배 증가시키기 위해서 필요한 전압 증가분은 어느 정도인지 구해 보아라.

10 $T = 300\,\text{K}$에서 이상적 실리콘 PN 접합 다이오드가 있다. 이상적인 역바이스 전류가 역포화 전류의 절반이 되도록 하려면 역바이어스 전압을 얼마나 인가해야 되는가?

11 $T = 300\,\text{K}$에서 이상적 실리콘 PN 접합 다이오드가 있다. $V_a = 0.65\,\text{V}$에서 $I = 10\,\text{mA}$가 되도록 하려고 한다. 최대 전류 밀도는 $20\,\text{A/cm}^2$가 넘지 않도록 하며 총 전류에 대한 전자 전류의 비는 10%이다. 이러한 조건들을 만족하기 위해서 도핑 농도는 각각 얼마로 해야 하는가? 하기 파라미터를 사용하라.

$$D_n = 25\,\text{cm}^2/\text{sec},\ D_p = 10\,\text{cm}^2/\text{sec},\ \tau_p = \tau_n = 5\times10^{-7}\text{sec},\ \epsilon_r = 11.7$$

12 P^+N 실리콘 다이오드가 다음과 같은 특성을 갖는다.

$$N_A = 10^{17}\,\text{cm}^{-3},\ N_D = 10^{15}\,\text{cm}^{-3},\ A = 10^{-4}\,\text{cm}^2,\ \tau_n = 10^{-6}\text{sec},\ \tau_p = 5\times10^{-7}\text{sec},$$

$$D_n = 25\,\text{cm}^2/\text{sec},\ D_p = 10\,\text{cm}^2/\text{sec}$$

(1) 역포화 전류를 구하라.

(2) $V_a = 0.4,\ 0.6\,\text{V}$일 때의 각 전류를 구해 보아라.

13 $T = 300\,\text{K}$에서 이상적 실리콘 PN 접합 다이오드가 있다. $\tau_p = 0.1\tau_n$, $\mu_n = 3\mu_p$이다. 전자의 주입 효율은 총 전류에 대해서 공핍영역을 가로지르는 전자 전류의 비로 정의한다. 전자의 주입 효율을

N_D, N_A의 함수로 표현해 보아라.

14 연습문제 13에서 전자의 주입 효율을 전도도로 표현해 보아라.

15 $T = 300\,\text{K}$에서 이상적 실리콘 PN 접합 다이오드가 있다. $V_a = 0.6\,\text{V}$로 인가되어 있다.

$$N_A = 5 \times 10^{16}\,\text{cm}^{-3},\ N_D = 10^{16}\,\text{cm}^{-3},\ \tau_n = 5 \times 10^{-7}\,\text{sec},\ \tau_p = 10^{-7}\,\text{sec},$$

$$D_n = 25\,\text{cm}^2/\text{sec},\ D_p = 10\,\text{cm}^2/\text{sec}$$

하기 그림을 참조해서 다음을 구해 보아라.

(1) $x \geq 0$에 대한 거리에 따른 양공 농도

(2) $x = 10^{-4}\,\text{cm}$에서 양공의 확산 전류 밀도

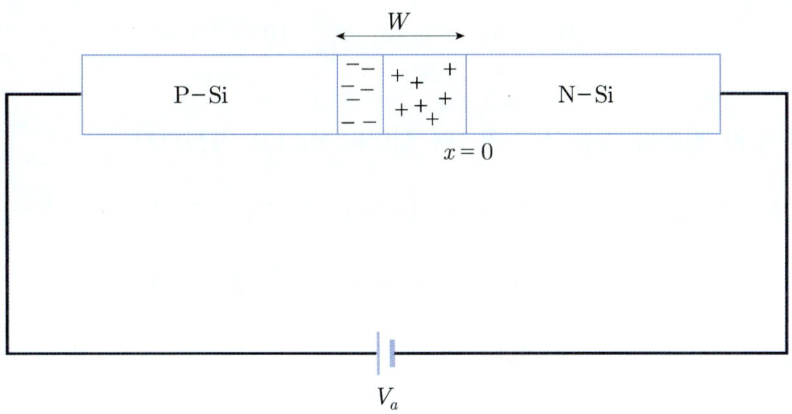

16 $T = 300\,\text{K}$에서 이상적 실리콘 PN 접합 다이오드가 있다.

$$N_A = 5 \times 10^{16}\,\text{cm}^{-3},\ N_D = 10^{16}\,\text{cm}^{-3},\ \tau_n = 5 \times 10^{-7}\,\text{sec},\ \tau_p = 10^{-7}\,\text{sec},$$

$$D_n = 25\,\text{cm}^2/\text{sec},\ D_p = 10\,\text{cm}^2/\text{sec},\ A = 5 \times 10^{-4}\,\text{cm}^2$$

(1) 양공이 만드는 이상적 포화 전류

(2) 전자가 만드는 이상적 포화 전류

(3) $V_a = 0.8\,V_{bi}$일 때 $x = x_n$에서의 양공의 농도

17 $T = 300\,\text{K}$에서 이상적 실리콘 PN 접합 다이오드가 있다. $V_a = 0.6\,\text{V}$가 인가되어 있으며 그때의 전류는 $20\,\text{mA}$ 이었다. 온도를 $350\,\text{K}$로 올렸을 때 동일한 전류를 얻기 위한 순방향 전압은 얼마인가?

18 $T = 300\,\mathrm{K}$에서 이상적 실리콘 PN 접합 다이오드가 있다.

$$N_A = 5 \times 10^{16}\,\mathrm{cm}^{-3},\ N_D = 10^{16}\,\mathrm{cm}^{-3},\ \tau_n = \tau_p = \tau = 5 \times 10^{-7}\,\mathrm{sec},\ V_R = -10\,\mathrm{V}$$

공간전하 영역에만 빛이 조사되고 있으며 과잉 캐리어는 $G = 4 \times 10^{19}\,\mathrm{cm}^{-3}\mathrm{sec}^{-1}$의 비율로 생성되고 있다. 공간전하 영역에서의 생성 전류 밀도를 구하라.

19 실리콘 PN 접합이 있다. $N_A = 5 \times 10^{16}\,\mathrm{cm}^{-3}$, $N_D = 10^{16}\,\mathrm{cm}^{-3}$이다. $V_a = 0.6\,\mathrm{V}$일 때 공간전하 영역의 끝 지점에서의 소수 캐리어 농도를 구해 보아라.

20 공핍층에 흐르는 전류의 20%가 전자에 의한 것이라고 할 때 억셉터와 도너의 비율 N_A/N_D를 구해 보아라.

$$\mu_n = 1350\,\mathrm{cm}^2/\mathrm{Vsec},\ \mu_p = 480\,\mathrm{cm}^2/\mathrm{Vsec},\ \tau_n = 5 \times 10^{-7}\,\mathrm{sec},\ \tau_p = 10^{-7}\,\mathrm{sec},$$

$$D_n = 25\,\mathrm{cm}^2/\mathrm{sec},\ D_p = 10\,\mathrm{cm}^2/\mathrm{sec}$$

21 다음과 같은 무한 길이를 갖는 실리콘 PN 접합이 있다고 가정하자.

$$T = 300\,\mathrm{K},\ A = 10^{-4}\,\mathrm{cm}^{-2},\ N_D = 2 \times 10^{16}\,\mathrm{cm}^{-3},\ N_A = 7 \times 10^{15}\,\mathrm{cm}^{-3},\ \tau_n = 10^{-6}\,\mathrm{sec},$$

$$\tau_p = 5 \times 10^{-7}\,\mathrm{sec},\ D_n = 25\,\mathrm{cm}^2/\mathrm{sec},\ D_p = 10\,\mathrm{cm}^2/\mathrm{sec}$$

순방향 전압이 $0.5\,\mathrm{V}$일 때 각 영역에서의 과잉 소수 캐리어 농도를 구해 보아라.

22 상온에서 두 개의 PN 접합이 놓여 있다. 밴드 갭을 제외한 두 물질의 전기적, 물리적 특성이 동일하다고 가정하자. 첫 번째 접합을 1번 접합이라고 하자. 1번 접합에서는 순방향 전압 $0.3\,\mathrm{V}$에서 순방향 전류가 $10\,\mathrm{mA}$이었고 2번 접합에서는 $0.6\,\mathrm{V}$에서 $10\,\mu\mathrm{A}$이었다. 1번 접합과 2번 접합 중 에너지 밴드 갭이 더 큰 접합은 무엇인가? 그리고 두 접합 사이의 밴드 갭 차이도 구해 보아라.

23 PN 접합 다이오드의 역포화 전류는 다양하게 표현할 수 있다. 하기와 같은 표현식을 유도해 보아라.

$$J_s = qn_i^2\left[\frac{1}{N_D}\sqrt{\frac{D_p}{\tau_p}} + \frac{1}{N_A}\sqrt{\frac{D_n}{\tau_n}}\right]$$

CHAPTER 07

MS junction & diode

우리는 반도체 소자의 가장 기본이라 할 수 있는 PN 접합과 다이오드의 동작 특성에 대해서 알아보았고 여러 가지 물리 현상에 대해서도 고찰하였다. 지금까지는 동일한 두 물질 간의 접합, 즉 반도체와 반도체의 접합에 대해서 학습하였으나 이번 장에서는 서로 다른 두 물질의 접합에 대해서 알아볼 것이다. 그 대표적인 것이 메탈과 반도체 접합이다. 메탈은 주로 반도체 소자의 전극재료로 사용되는데, 외부에서 신호를 인가할 때 메탈을 통해서 전류를 흘려보낸다. 따라서 메탈과 반도체 간에는 서로 전류가 잘 흐를 수 있도록 오믹 컨택을 형성할 필요가 있다. 오믹 컨택은 양방향으로 전류를 잘 보낼 수 있는 컨택이다. 저항성 접촉이라고 부르며 전류를 잘 흘려보내야 하기 때문에 낮은 저항을 가져야 한다. 오믹 컨택의 전류 전송을 에너지 밴드 다이어그램으로 해석해 볼 것이며 오믹 컨택 형성법에 대해서도 논의할 것이다. 한 방향으로만 전류를 잘 흘려보내는 쇼트키 컨택도 존재한다. 쇼트키 컨택은 정류 작용을 하므로 정류성 접촉이라고도 불리며, 다이오드 특성을 보이므로 쇼트키 다이오드라고도 불린다. 우리는 오믹과 쇼트키 컨택에서 일어나는 물리적 현상에 대해서 배울 것이다. 쇼트키 장벽 다이오드의 에너지 밴드 다이어그램을 그려 보고 PN 접합 다이오드와의 전류 전송 차이를 알아볼 것이고 이상적인 쇼트키 다이오드의 전류-전압 특성 관계식을 유도하여 물리적 의미를 논의할 것이다.

Metal-semiconductor(MS) 접합 다이오드는 다수 캐리어 소자이다. 메탈과 n형 반도체의 접합, 메탈과 p형 반도체의 접합에서는 각각 다수 캐리어인 전자와 양공의 흐름만 고려하면 된다. PN 접합과 다른 점이다. MS 접합 다이오드의 전류 전송 메커니즘을 수학적으로 고찰해 볼 것이며 영상전하에 의한 쇼트키 장벽의 감소에 대해서 논의할 것이다.

반도체 표면에 존재하는 트랩 준위들이 오믹 컨택에 주는 영향을 논의하고 반도체 소자에서 중요한 전극과 반도체의 오믹 컨택을 형성하는 방법에 대해서도 학습할 것이다.

7-1 쇼트키 컨택(Schottky Contact)

금속의 일함수(work function)는 금속 표면에 존재하는 전자를 진공 중으로 빼내는 데 필요한 에너지이며, 금속마다 고유의 값을 가지고 있다. 우리는 사용 용도에 맞추어 금속을 선택해서 사용하면 된다. 반도체의 일함수는 페르미 준위에 존재하는 전자 한 개를 진공 중으로 탈출시키는 데 필요한 에너지이다. 전자 친화력은 반도체의 전도대에 존재하는 전자를 진공 중으로 빼내는 데 필요한 에너지로 정의한다. 전자 친화력, 일함수는 각각의 물질이 갖고 있는 고유값으로 메탈과 반도체의 접합이 발생하여도 이러한 값들은 변하지 않는다. 금속은 1장에서도 언급하였지만 에너지 밴드 갭이 0이며 전도대, 가전자대를 따로 정의하지 않는다. 표면에는 자유전자들로 충만되어 있다. 과잉 캐리어를 만들지도 않으며 외부에서 캐리어가 주입되면 신속히 재결합하여 소멸시킨다. 과잉 캐리어가 존재하지 않으므로 과잉 캐리어의 확산 길이, 수명 등도 정의하지 않는다. 이러한 특성상 반도체와 접합을 이루면 금속 쪽에 공핍층도 형성되지 않는다. 금속은 그야말로 자유전자들로 충만한 물질이며 전류를 잘 흘려보낸다. 이러한 사실을 기억하고 반도체-메탈 접촉을 논의해 보자.

반도체와 메탈이 접촉을 하면 상기 언급한 일함수, 전자 친화력으로 인하여 메탈과 반도체 사이에는 쇼트키 장벽이 형성된다. 쇼트키 컨택이 성립되려면 반도체의 유형에 따라 일함수의 조건이 달라진다.

7-1-1 n형 반도체의 쇼트키 컨택(메탈의 일함수>반도체의 일함수)

그림 7-1은 쇼트키 컨택의 에너지 밴드 다이어그램을 표시한 것이다. 접촉 전 에너지 밴드 다이어그램으로, 메탈의 일함수가 반도체보다 더 큰 경우에 해당한다. 각 점으로 표시된 금속의 일함수, 반도체의 전자 친화력은 고유값으로 접촉 전과 후가 변함이 없다. 일함수는 ϕ로 표기하는데 퍼텐셜과 같은 문자를 쓰는 것에 주의하라. 본 장에서는 일함수를 나타낸다. 일함수, 전자 친화력에 전하량 q가 붙은 이유는 각각의 단위를 전압으로 표기하겠다는 의미이다($V = eV/q$). 그림 7-1에서는 메탈의 일함수가 반도체보다 크다. 메탈의 일함수가 반도체의 일함수보다 큰 경우에 쇼트키 컨택이 이루어진다는 것을 앞으로 이해하게 될 것이다. 일함수의 차이는 페르미 준위에 차이가 있다는 의미이며 일함수가 큰 쪽이 진공 준위로부터 더 아래로 멀리 존재한다. 이 사실을 잘 기억하길 바란다. 따라서 반도체의 페르미 준위가 더 위쪽에 있으므로 접촉하게 되면 페르미 준위가 수평해질 때까지 전자는 반도체에서 메탈 방향으로 이동해야 할 것이다. 따라서 밴드의 휘어짐을 예측할 수 있는데, 이 경우에는 반도체 쪽의 밴드가 아래로 내려갈 것이다.

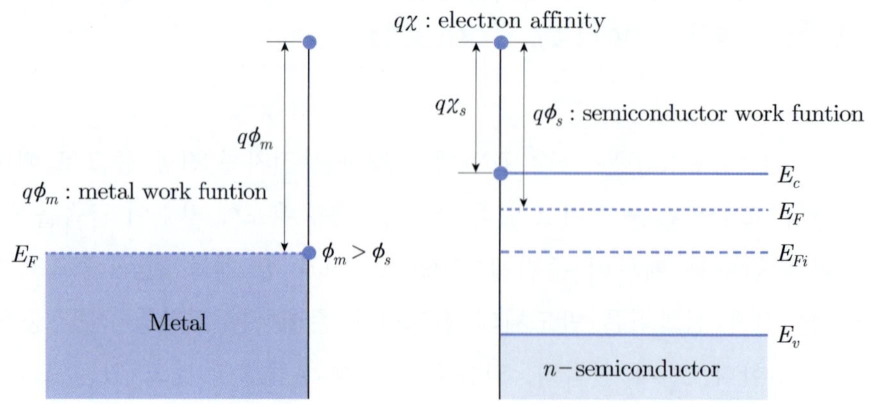

그림 7-1 메탈과 n형 반도체의 접촉 전

메탈의 일함수와 반도체의 전자 친화력 값을 유지한 채로 밴드는 아래로 휘어질 것이다. n형 반도체의 고정점(파란색 동그라미)을 고정시키고 밴드를 아래로 끌어내리면 그림 7-2와 같은 접촉 후의 밴드 구조가 완성된다. 반도체의 페르미 준위가 메탈보다 높기 때문에 전자는 에너지가 낮은 메탈 방향으로 이동하여 페르미 준위를 수평하게 맞춘다. 이에 따라 에너지 밴드는 그림 7-2와 같이 아래로 굽은 형태를 보인다. 전자가 이동하면서 양전하를 띤 도너 원자들이 고정전하로 남아 공핍층을 형성한다. 공핍층에서는 밴드가 휘어져 있음을 상기하라. 우리는 이미 PN 접합에서 논의하였다.

메탈에서 전자는 반도체 방향으로 이동하는데 에너지 장벽을 느낀다. 그림 7-2에서 나타낸 ϕ_{B0}이다. 이것을 우리는 쇼트키 장벽이라 부른다.

$$\phi_{B0} = \phi_m - \chi_s \tag{7-1}$$

쇼트키 장벽은 금속의 일함수와 반도체의 전자 친화력의 차이로 표현되고 있다. 이 값은 물질 고유의 값으로 물질이 선정되면 이 값은 일정한 값을 갖는다. 금속의 일함수가 클수록 쇼트키 장벽이 커진다는 것을 알 수 있다.

한편 밴드의 휘어짐 때문에 반도체에서 메탈 쪽으로 이동할 때에도 동일하게 에너지 장벽을 느끼게 된다. 이것을 내부 전위 장벽이라고 부르며 다음과 같이 표현할 수 있다.

$$V_{bi} = \phi_{B0} - \phi_n = \phi_{B0} - (E_c - E_F) \tag{7-2}$$

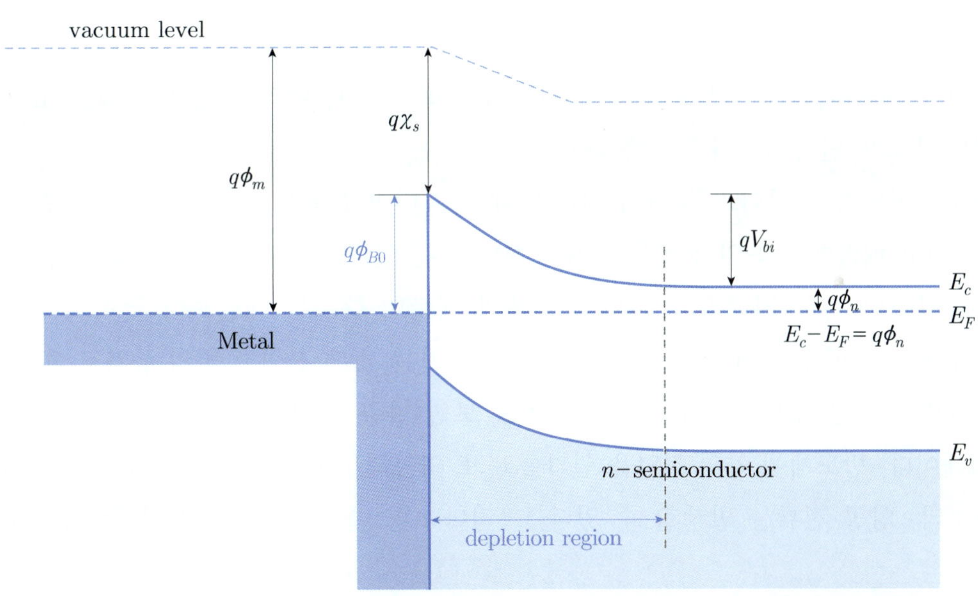

그림 7-2 메탈과 n형 반도체의 접촉 후의 에너지 밴드 다이어그램

우리는 2장 보상 반도체에서 전자 농도를 구하는 관계식 2-46을 이미 알고 있다. 따라서 7-2식은 다음과 같이 표현할 수도 있다.

$$V_{bi}(V) = \phi_{B0} - \phi_n = \phi_{B0} - (E_c - E_F) = \phi_{B0} - \frac{kT}{q}\ln\left(\frac{N_c}{N_D}\right) \tag{7-3}$$

열평형 상태에서는 PN 접합과 동일하게 양방향 전자의 이동은 일어나지 않는다. MS 접합은 다수 캐리어만 고려하면 된다. 따라서 전자의 흐름만 고려하면 된다. 쇼트키 컨택은 정류성 접촉이라고 하였다. 한 방향으로만 전류를 잘 흘려보낼 수 있다. 열평형 상태에서의 에너지 밴드 다이어그램을 살펴보았다. 양쪽 모두 에너지 장벽이 존재함을 알았다. 이제 전압을 인가해 보자. 메탈에 음의 전압, n형 반도체에 양의 전압을 인가하면 어떻게 될 것인가? 앞에서 학습한 PN 접합을 잘 상기하자. 반도체에 양의 전압을 가하면 전자의 위치에너지는 감소할 것이다. 페르미 준위, 전도대, 가전자대는 모두 아래로 향할 것이다. 그림 7-2와 같이 제로 바이어스 상태에서 반도체에 양의 전압을 인가하므로 전자의 퍼텐셜 에너지는 내려갈 것이다. 즉, 페르미 준위가 더 아래로 내려가야 하므로 밴드 밴딩은 더욱 크게 아래로 휠 것이다. 따라서 반도체에 형성되는 내부 전위 장벽의 높이는 더욱 커지게 된다. 반도체에서 전자는 내부 전위 장벽 증가로 인해 메탈 방향으로 이동하기가 더욱 어려워진다. 전류 발생을 억제하는 것이다. 마치 PN 접합의 역방향 바이어스와 비슷한 상황이다. 메탈 입장에서 본다면 쇼트키 장벽의 변화는 없다. 수식 7-1의 쇼트키 장벽은 메탈의 일함수와 반도체의 전자 친화력 차이이며 이는 물질이 갖는 고유값으로 볼 수 있다. 따라서 메탈에서는 여전히 반도체 방향으로 전자가 이동하기는 어렵다. 요약하면 반도체에 양의 전압을 인가하면 반도체에서 메탈 방향으로 전자 이동이 억제되고, 메탈에서 반도체 방향으로는 원래부터 존재하던 쇼트키 장벽 때문에 전자 이동이 억제된다. 즉, 양방향 전자의 이동이 어려워진다. 이러한 상태를 메탈-n형 반도체에 역방향 바이어스가 인가되었다고 말한다.

그림 7-3에 역방향 바이어스 상태의 에너지 밴드 다이어그램을 표시하였다. n형 반도체에 양의 전압을 인가하고 메탈에는 음의 전압을 인가한 상태이다. 인가해 준 양의 전압만큼 내부 전위 장벽은 높아지고 공핍층의 폭도 넓어졌다. n형 반도체의 페르미 준위는 메탈보다 낮아져서 반도체에서 메탈로 전자가 이동할 수 없게 되며 공핍층의 두께 증가는 내부 전위 장벽의 증가로 해석해도 좋다. 양방향 전자의 이동은 없다. 그러나 밴드 구조를 보면 양공의 입장에서는 메탈 방향으로 잘 흐를 수 있는 상태이다. 반도체에 양의 전압을 인가했고 또 양공의 에너지 밴드는 위로 갈수록 낮아진다는 것을 상기하라. 양공 전류는 발생할 수 있다. 그러나 n형 반도체에서 양공의 농도는 너무나 작은 양이다.

도너 불순물을 단위 체적당 10^{17}개 도핑했다면 양공은 10^{3}개 정도이다. 우리는 미세한 양공 전류는

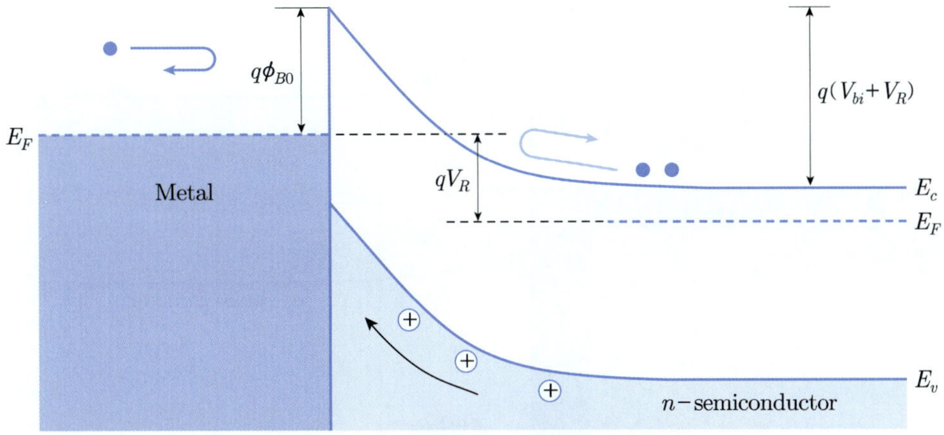

그림 7-3 역방향 바이어스의 메탈-n형 반도체 접촉

고려하지 않는다. PN 접합과 다른 점이 이 부분이다. PN 접합 다이오드에서는 소수 캐리어의 확산이 전류를 발생시켰는데 메탈-반도체 접합에서는 다수 캐리어(n형 반도체이므로 전자)만 다룰 것이다. 소수 캐리어 양공 전류는 너무 작아서 무시할 수 있기 때문이다. 메탈-반도체 접합 다이오드는 다수 캐리어 디바이스임을 기억하자.

순방향은 역방향의 반대이므로 반도체에 음의 전압을 인가하고 메탈에 양의 전압을 인가하면 얻을 수 있다. 그림 7-4에 순방향 바이어스 상태의 에너지 밴드 다이어그램을 나타내었다. 순방향 바이어스에서 반도체의 전자의 위치에너지는 높아진다. 페르미 준위가 메탈보다 위로 올라가기 시작하며 전도대의 바닥상태 에너지도 위로 올라가기 시작한다. 에너지 밴드 다이어그램을 직접 그려 보는 것이 이해하는 데 더 효과적이다. 이때 메탈과 접촉하는 부분을 고정점으로 해서 밴드를 끌어올리면 그림 7-4와 같이 페르미 에너지가 서로 분리되고 반도체의 내부 전위 장벽이 매우 낮아진 에너지 밴드 다이어그램을 얻을 수 있다. 비로소 전자들은 낮아진 내부 전위 장벽을 넘어서 메탈 방향으로 이동할 확률이 증가하게 된다. PN 접합과 유사하게 전자들은 인가해 준 순방향 바이어스에 지수함수적으로 증가할 것으로 예측할 수 있다. 전자의 흐름은 전류를 발생시킨다. 메탈-반도체 접촉은 다수 캐리어 전자들만의 이동에 의해서 전류가 발생한다는 점이 PN 접합과 다른 점이다.

이상 결과를 요약해 보면 PN 접합과 유사하게 순방향에서는 전자가 반도체에서 메탈 방향으로 잘 흐르고 메탈에서 반도체로는 쇼트키 장벽이 존재하여 전자의 이동이 없다.

역방향에서는 내부 전위 장벽의 증가로 인해 반도체에서 메탈 쪽으로 흐르는 전자의 흐름은 매우 크게 감소할 것이며, 쇼트키 장벽으로 인해 메탈에서 반도체 쪽으로도 전자가 흐르지 못한다. 역방향에서는 양방향 모두 전자의 흐름을 억제한다. 이러한 전류의 방향이 한 방향성을 갖는, 즉 정류작용을 하는 접촉을 쇼트키 접촉 또는 정류성 접촉이라 부른다. 쇼트키 접촉을 설명하는 과정에서 n형

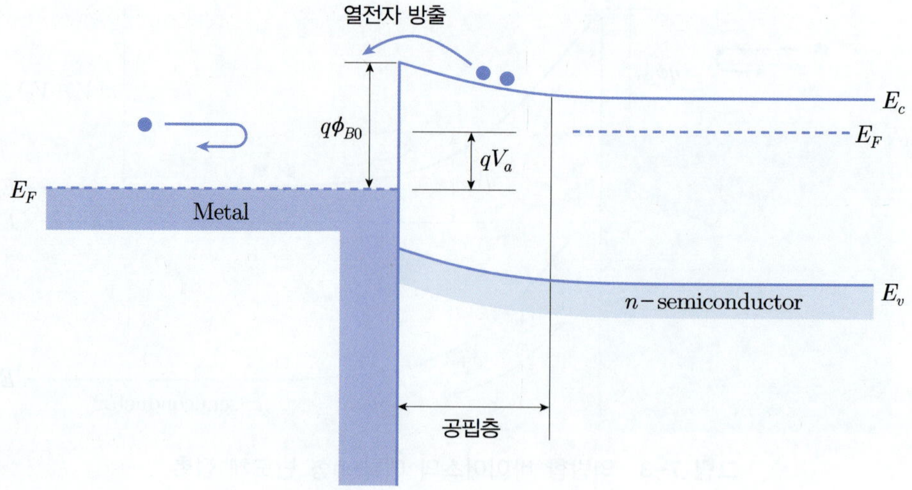

그림 7-4 순방향 바이어스

반도체의 일함수가 금속보다 작은 경우를 예를 들어 설명하였다. n형 반도체의 일함수가 금속보다 큰 경우는 어떻게 될 것인가? 이런 경우 쇼트키 컨택이 만들어지기 어렵다. 왜 그런지는 독자들이 에너지 밴드 다이어그램을 직접 그려 보고 해석할 수 있어야 한다. 이 부분은 오믹 컨택에서 설명할 것이다.

7-1-2 p형 반도체의 쇼트키 컨택(반도체의 일함수)메탈의 일함수)

그렇다면 메탈과 p형 반도체와의 접촉에 대해서도 고찰해 보자. p형 반도체는 페르미 준위가 가전자대에 가까이 위치하고 있다. 그림 7-5를 보면 p형 반도체는 일함수가 메탈보다 당연히 큼을 알 수 있다. 접촉 전, 후의 밴드 다이어그램이 그림 7-5이다.

그림 7-5의 p형 반도체의 페르미 준위는 메탈보다 아래에 위치하고 있다. 진공 준위로부터 더 멀리 떨어져 있으므로 반도체의 일함수가 메탈보다 크다고 할 수 있다. 이런 경우는 쇼트키 컨택을 만들 수 있다. 두 이종 물질을 접촉시켜 보자. 그림 7-5 (b)와 같이 페르미 준위는 수평을 이룬다. 한편 반도체에는 메탈과의 경계면에서 밴드 밴딩이 발생한다.

메탈의 페르미 준위가 p형 반도체보다 더 높으므로 전자는 메탈에서 p형 반도체로 흘러 들어가며 p형 반도체의 전자의 퍼텐셜 에너지를 높여 줄 것이다. 따라서 밴드는 위로 휘게 된다. 양공의 입장에서 설명한다면 p형 반도체에는 양공이 더 많으므로 양공은 반도체에서 메탈로 흐르고 양공이 떠난 자리에는 이온화된 억셉터 불순물이 남아 공핍층을 형성한다. 메탈-반도체 접합은 다수 캐리어의 디바이스이므로 양공의 흐름만 살피면 된다. 열평형 상태에서는 페르미 준위가 수평으로 맞추어지

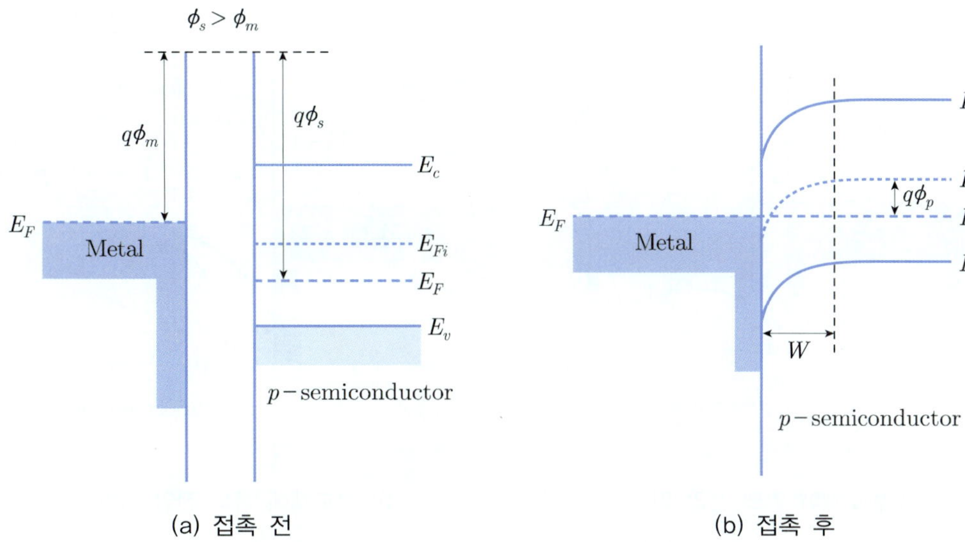

그림 7-5 메탈과 p형 반도체의 접촉 전과 후의 에너지 밴드 다이어그램

고 양공의 흐름은 존재하지 않는다. 그림 7-5 (b)를 살펴보면 반도체에서 메탈로 양공이 이동하는데 에너지 장벽이 형성되어 있음을 알 수 있다. 메탈과 반도체의 접촉면에서 양공의 퍼텐셜 에너지가 벌크보다 크다는 사실에 주목하라. 여기서 순방향과 역방향의 개념을 논의해 보자.

메탈에 음의 전압을, p형 반도체에는 양의 전압을 인가해 보자. 그림 7-6 (a)에 해당한다. 반도체의 밴드는 아래로 내려갈 것이며(메탈과 반도체의 경계지점을 고정시키고 밴드 전체를 밑으로 내림) 반도체 표면에서의 밴드 밴딩이 감소할 것이다. 이것은 양공이 느끼는 내부 전위 장벽을 낮춰 준다. 따라서 양공은 $-x$ 방향으로 쉽게 이동할 수 있을 것이다. 공핍층의 폭도 좁아졌다. 마치 PN 접합에 순방향 전압이 인가된 경우와 비슷하다. 낮아진 내부 전위 장벽으로 인해 양공은 메탈 방향으로 드리프트해 간다(화살표로 표시). 메탈-반도체 접합은 다수 캐리어 소자이므로 양공의 운동만 고려하면 된다. 반도체에 음의 전압을 인가한 경우를 살펴보자. 그림 7-6 (b)에 해당한다. 반도체에 음의 전압을 인가하면 전자의 위치에너지는 더욱 커진다. 전도대의 밴드의 휨이 커졌다. 밴드는 더욱 위로 올라갈 것이다. 이것은 양공 입장에서 보면 전자와 반대이므로 양공의 위치에너지는 더욱 낮아지며 가전자대는 더욱 위로 올라가서 가전자대의 밴드 밴딩이 증가한다는 의미와 동일하다.

반도체와 메탈의 경계지점을 고정시키고 밴드 전체를 위로 올리면 된다. 이렇게 되면 밴드 밴딩이 더욱 커지고 내부 전위 장벽도 높아지며, 공핍층의 폭도 넓어진다. 마치 PN 접합의 역방향 바이어스 경우와 비슷하다. 양공 입장에서 보면 열평형 상태보다 내부 전위 장벽이 더욱 커졌으므로 양공의 이동은 어려울 것이다(화살표로 표시). 따라서 양공의 흐름은 존재하지 않는다. 이렇게 반도체에 인가하는 전압의 극성에 따라 양공의 움직임에 방향성을 갖는다. 한 방향으로만 잘 흐르므로 정류성 접촉 또는 쇼트키 컨택이 형성되었다는 것이다.

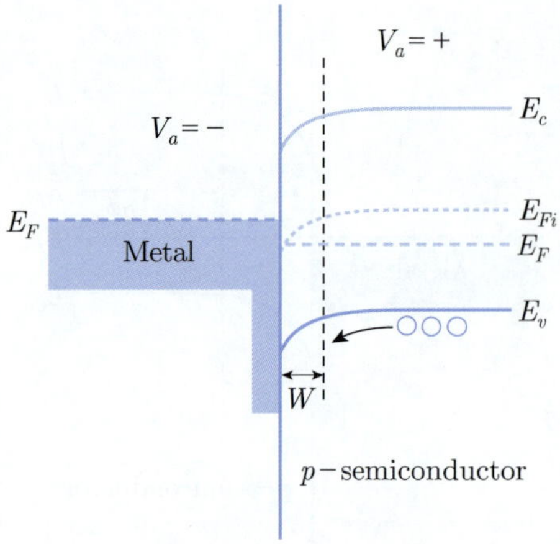

(a) 반도체에 양의 전압 인가

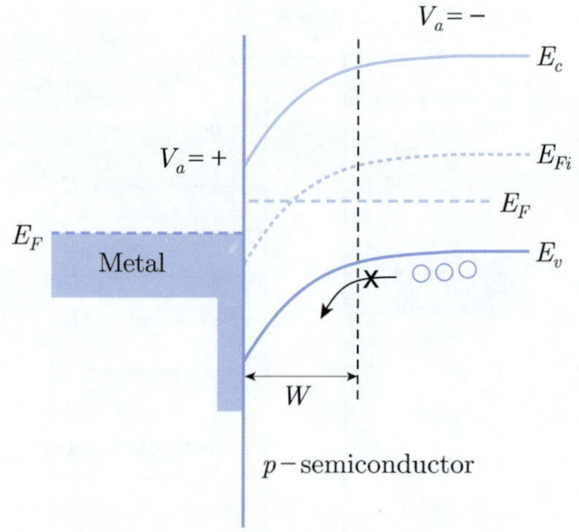

(b) 반도체에 음의 전압 인가

그림 7-6 반도체에 양과 음의 전압 인가 시 에너지 밴드 다이어그램의 변화

그림 7-5에서 진하게 도핑된 p형 반도체인 경우에는 어떻게 될 것인가? 메탈과 반도체의 페르미 준위 차가 더욱 커지므로 접촉 후 열평형 상태에서 밴드 밴딩은 더욱 크게 발생할 것이다. 밴드를 그리는 요령은 동일하며 다만 밴드 밴딩의 크기가 달라질 것이다. 독자 여러분들은 반드시 에너지 밴드 다이어그램을 직접 그려서 쇼트키 컨택에서의 캐리어의 이동에 대해서 이해하여야 할 것이다.

이상을 요약하면 쇼트키 컨택이 일어나는 조건은 반도체와 메탈 간의 에너지 장벽 존재 여부에 달려 있다. 거의 모든 메탈과 반도체 간에는 장벽이 존재한다. 앞에서도 다루었지만 메탈의 일함수와 반도체의 전자 친화력 차이 때문이다. 이 값들의 차이가 작을수록 장벽은 낮아질 것이다. 이러한 에너지 장벽은 반도체에 대해서 메탈이 결정되면 고정 값을 갖게 된다. 물질 고유의 값이기 때문이다. n형 반도체에서 쇼트키 컨택이 일어나려면 메탈의 일함수가 반도체보다 커야 할 것이다. 이것을 직관적으로 이해하기 힘든 경우에는 직접 에너지 밴드 다이어그램을 그리면 된다. p형 반도체의 경우, 그 반대로 생각하면 된다. 즉 반도체의 일함수가 메탈보다 커야 할 것이다. 쇼트키 컨택 형성 조건을 하기 표 7-1에 요약하였다.

표 7-1 쇼트키 컨택 형성 조건

	n-type semiconductor	p-type semiconductor
Schottky contact	$\phi_m > \phi_s$	$\phi_s > \phi_m$

예제 7-1-1

쇼트키 장벽의 높이를 계산해 볼 것.
실리콘에 각각 Al, W의 메탈을 진공 증착을 통해서 접합시키고자 한다. 실리콘의 전자 친화력 $q\chi_{\mathrm{Si}} = 4.01\,\mathrm{V}$이며 금속의 일함수는 각각 $q\phi_{\mathrm{Al}} = 4.28\,\mathrm{V}$, $q\phi_{\mathrm{W}} = 4.55\,\mathrm{V}$이다. 어느 경우에 더 높은 장벽이 형성되는가?

풀이

$$\phi_{B0,\mathrm{Al}} = \phi_{\mathrm{Al}} - \chi_{\mathrm{Si}} = 4.28 - 4.01 = 0.27\,\mathrm{V}, \quad \phi_{B0,\mathrm{W}} = \phi_{\mathrm{W}} - \chi_{\mathrm{Si}} = 4.55 - 4.01 = 0.54\,\mathrm{V}$$

텅스텐의 경우 더 높은 장벽을 얻을 수 있다.

7-2 오믹 컨택(Ohmic Contact)

메탈과 n형 반도체의 접촉에서 쇼트키 컨택이 일어나려면 메탈의 일함수가 반도체보다 커야 한다는 것을 우리는 이해하였다. 오믹 컨택은 양방향 전류가 잘 흐르는 컨택이므로 쇼트키 장벽을 만들지 않는다. 따라서 n형 반도체의 경우 쇼트키 컨택의 반대로 생각하면 된다. 즉 반도체의 일함수가 금속보다 커야 할 것이다. 우리는 에너지 밴드 다이어그램을 이용하여 전자의 거동을 살펴볼 것이다. 이상적인 경우를 가정해서 오믹 컨택의 개념을 설명하고, 뒤에서는 실제 상황에서의 오믹 컨택을 다시 논의할 것이다. 오믹 컨택은 만들기가 쉽지 않다. 금속과 반도체에는 항상 에너지 장벽이 존재하며, 이러한 장벽이 존재하는 한 전류가 양방향으로 흐르기란 쉽지 않다. 이 부분에 대해서는 뒤에서 더 자세히 고찰하기로 하고 여기서는 이상적인 경우의 오믹 컨택의 예를 들어서 개념 설명에 충실하겠다.

7-2-1 n형 반도체의 오믹 컨택(반도체의 일함수>메탈의 일함수)

그림 7-7을 살펴보자. n형 반도체와 금속 간의 접합으로, 반도체의 일함수가 금속보다 큰 경우이다. 쇼트키 컨택과는 반대이다. 이런 경우에는 에너지 밴드 다이어그램이 어떻게 그려질 것인가? 그림 7-7 (a)는 이상적인 오믹 컨택의 경우이다. 반도체의 전자 친화력과 금속의 일함수 차이가 거의 없는 경우이다. 실제로는 이런 경우가 거의 없지만 오믹 컨택의 이해를 돕기 위한 것이니 이상적인 예로 설명해 보겠다. 금속과 반도체 간의 장벽이 아주 작은 차이로 존재하므로($\phi_m \approx \chi_s$)

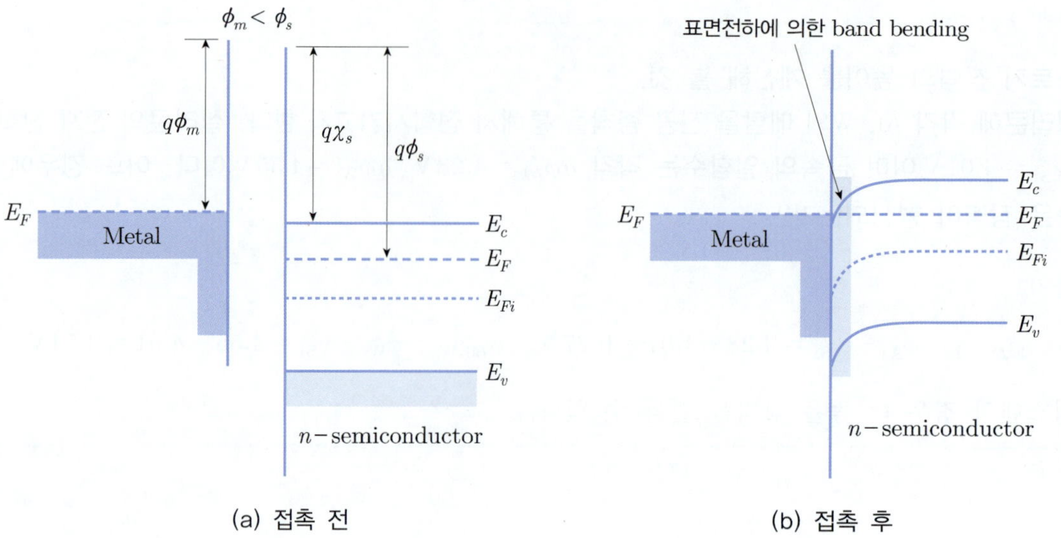

그림 7-7 메탈과 n형 반도체의 접촉 전, 후의 에너지 밴드 다이어그램

쇼트키 컨택과 같은 동일한 현상이 발생하지 않을 거라고 쉽게 예측할 수 있다. 금속의 페르미 준위가 더 높으므로 금속으로부터 전자가 n형 반도체 방향으로 이동하여 수평을 맞출 것이다. n형 반도체의 다수 캐리어는 전자인데 메탈로부터 전자가 더욱 유입되고 표면에는 전자가 충만한 상태로 변할 것이다. 반도체와 메탈의 경계면 근처를 보면 페르미 준위가 전도대 위에 존재하는 아주 작은 영역이 존재함을 알 수 있다(접촉 후의 그림). 표면은 마치 상대적으로 n^+상태인 것이다. 이러한 캐리어의 표면 축적은 에너지 밴드 밴딩을 일으킨다. 전자의 농도 기울기가 형성되면 전기장이 형성되는 것과 같은 원리이다. 메탈로부터 반도체로 유입된 전자들에 의해 전자의 위치에너지는 증가하고 표면 근처의 전도대는 위로 휠 것이다. 중성 영역은 에너지 밴드가 수평한 것을 기억하라.

따라서 오믹 컨택에서 반도체와 금속의 경계면에서 일어나는 에너지 밴드 밴딩은 쇼트키 접촉과는 다르게 공핍층에 의해 형성되는 것이 아니다. 표면에 축적되는 표면 전하들에 의한 것이다. 오믹 컨택에는 공핍층이 형성되지 않는다는 것을 꼭 기억하길 바란다. 에너지 밴드 밴딩 형태도 쇼트키 접촉과는 다르다. 아주 작은 폭으로 밴드가 약하게 휘어져 있는 것에 주목하길 바란다. 우리는 이러한 반도체 표면의 밴드 밴딩을 표면전위(surface potential)가 형성되었다고 표현한다. 뒤에서 배울 소자에서는 모두 표면전위로 표현한다.

이제 이러한 접촉이 일어난 상태에서 각각 전압을 인가해 보자. 반도체에 음의 전압이 인가된다고 가정하자. 그러면 페르미 준위는 상승하고 전자의 위치에너지도 상승할 것이다. 공핍층이 없으므로 반도체 전체에 전압이 인가된다는 사실에 주의하라. 따라서 그림 7-8 (a)와 같이 에너지 밴드는 수평이 되지 않고 전체적으로 위로 올라가게 된다.

쇼트키와는 다른 형태를 보여 준다. 이것은 이미 PN 접합에서 학습하였다. 공핍층이 존재하는

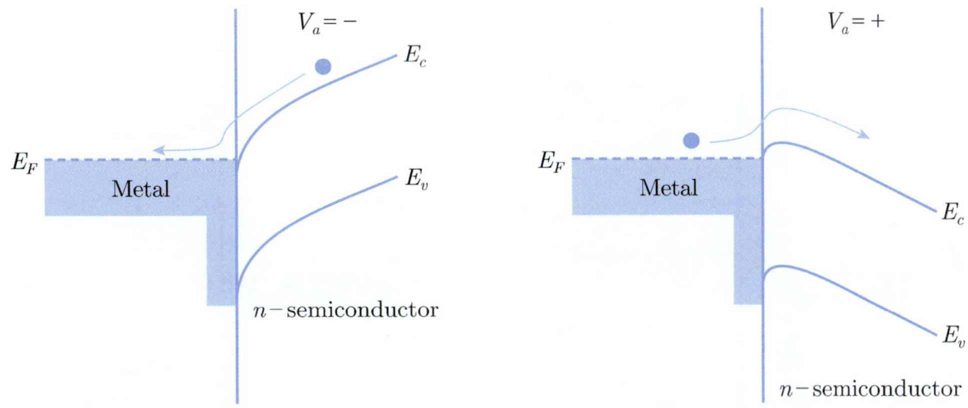

(a) 반도체에 음의 전압을 인가 (b) 반도체에 양의 전압을 인가

그림 7-8 반도체에 전압을 인가했을 때의 에너지 밴드 다이어그램의 변화

경우에는 인가해 준 전압이 모두 공핍층에 걸리기 때문에 공핍층의 밴드 밴딩이 더욱 휘어지게 되며 중성 영역의 밴드는 그대로 수평을 유지한다. 오믹 컨택에서는 공핍층이 존재하지 않으므로 인가전압은 반도체 전체에 걸리게 된다. 따라서 밴드 밴딩은 고정점을 중심으로 밴드 꼬리 전체를 들어 올리면 된다. 쇼트키 컨택과의 큰 차이점이다. 전자는 메탈 방향으로 흐르는데 장벽을 느끼지 못한다. 비탈길에서 공이 굴러 내려가듯이 전자는 반도체에서 메탈 방향으로 이동하며 전류를 발생시킨다.

반도체에 양의 전압을 인가하는 경우에는 전자의 위치에너지가 낮아지므로 에너지 밴드는 아래로 휘어질 것이다. 동일하게 밴드 꼬리를 아래로 내리면 된다. 메탈에서 반도체 방향으로 흐르는 전자는 에너지 장벽을 느끼지 못하므로 전자는 메탈에서 반도체 방향으로 잘 흐를 수 있다. 반도체에 양, 음의 전압에 관계없이 양방향으로 전자의 흐름이 가능한 접촉을 오믹 접촉 또는 저항성 접촉이라고 부른다. 본 교재에서는 오믹 컨택으로 통일해서 부르고 있다.

7-2-2 p형 반도체의 오믹 컨택(메탈의 일함수>반도체의 일함수)

지금까지는 n형 반도체에 대해 논의하였고, 지금부터는 p형 반도체에 대해서 논의해 보겠다. p형 반도체에서 오믹 컨택을 만들려면 메탈의 일함수가 반도체의 일함수보다 커야 할 것이다(n형 반도체와 반대로 생각하면 된다). 그림 7-9는 p형 반도체와 메탈의 접촉 전, 후의 에너지 밴드 다이어그램을 표시한 것이다. 전자는 p형 반도체로부터 메탈 방향으로 흘러 페르미 준위를 수평하게 맞출 것이다. p형 반도체의 전자의 위치 에너지가 낮아지므로 밴드는 아래로 휘게 된다. 양공의 입장에서 설명하면 메탈에 더 많은 양공이 존재하므로 양공은 메탈에서 반도체로 유입되어 반도체 표면에 축적된다. 따라서 양공의 퍼텐셜 에너지를 높여주므로 에너지 밴드는 아래로 굽은 형태를

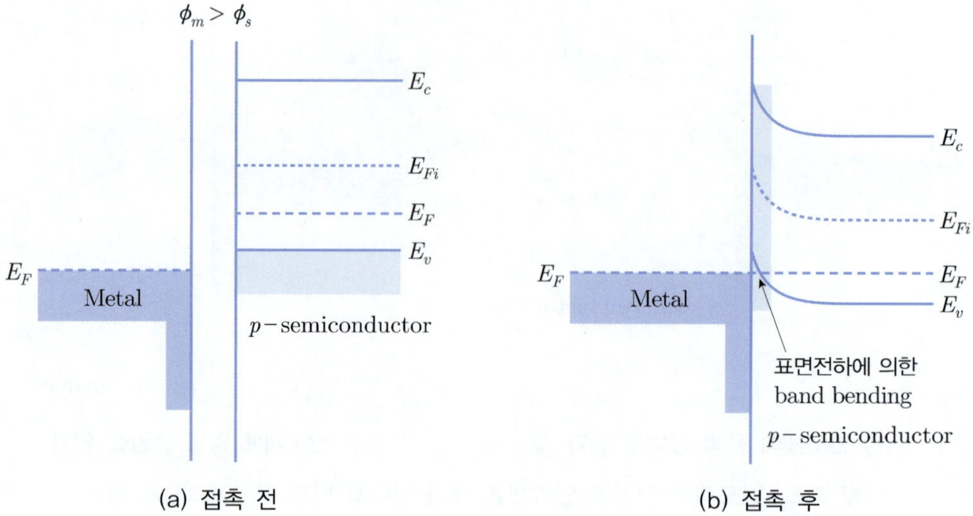

그림 7-9 메탈과 p형 반도체의 접촉 전, 후의 에너지 밴드 다이어그램

보인다. 즉 반도체 표면에 양공이 축적되어 표면전위를 형성하게 된다.

반도체와 메탈의 경계면 근처를 보면 페르미 준위가 가전자대 안에 존재하는 아주 작은 영역이 존재함을 알 수 있다(접촉 후의 그림). 오믹 컨택에서 반도체와 금속의 경계면에서 일어나는 에너지 밴드 밴딩은 쇼트키 접촉과는 다르게 공핍층에 의해 형성되는 것이 아니라는 것을 상기하라. 이러한 표면 전하는 아주 작은 퍼텐셜에도 매우 높은 농도로 축적시킬 수 있기 때문에 실제 밴드 밴딩은 미세하게 일어난다. 이제 전압을 인가해 보자. 밴드 전체에 전압이 걸리게 됨을 기억하라. 반도체에 양의 전압을 인가한 경우에는 전자의 위치에너지가 낮아져야 하므로 에너지 밴드는 아래로 비스듬히 내려갈 것이다. 이때 고정점은 메탈과 반도체 경계지점이다. 고정점을 기준으로 밴드 끝을 밑으로 내리면 된다. 그러면 그림 7-10 (a)와 같은 에너지 밴드 구조를 얻을 수 있을 것이다. 양공의 에너지는 에너지 밴드 구조상에서 위로 갈수록 낮아진다는 사실을 상기하라. 양공 입장에서는 메탈로 흘러들어가는데 이때 어떠한 에너지 장벽도 존재하지 않는다. 비탈길에서 구슬이 굴러 내려오는 것과 비슷하다. 따라서 전류가 잘 흐를 것이다. 반면 반도체에 음의 전압을 인가하면 지금까지 논의한 결과를 바탕으로 예상한다면 그림 7-10 (b)와 같이 꼬리가 위를 향할 것이다. 양공의 에너지는 그림상에서 오른쪽이 낮다. 양공은 메탈에서 반도체로 흘러가는데 장벽을 느끼지 못할 것이다. 결국 양공은 양방향으로 잘 흐르므로 오믹 컨택이 형성되었다고 볼 수 있다. 이상을 요약하면 이상적인 오믹 컨택에서는 반도체와 금속 간에 에너지 장벽이 낮은 경우 형성된다고 볼 수 있다. 이상적인 n형 반도체의 경우 금속의 일함수와 반도체의 전자 친화력에 거의 차이가 없는 경우다. 그림 7-7 (a)를 보면 쉽게 이해가 갈 것이다. 이런 경우는 대부분 반도체의 일함수가 메탈보다 크다. n형 반도체의 오믹 컨택이 형성되기 위한 조건이라고 볼 수 있다($\phi_s > \phi_m$).

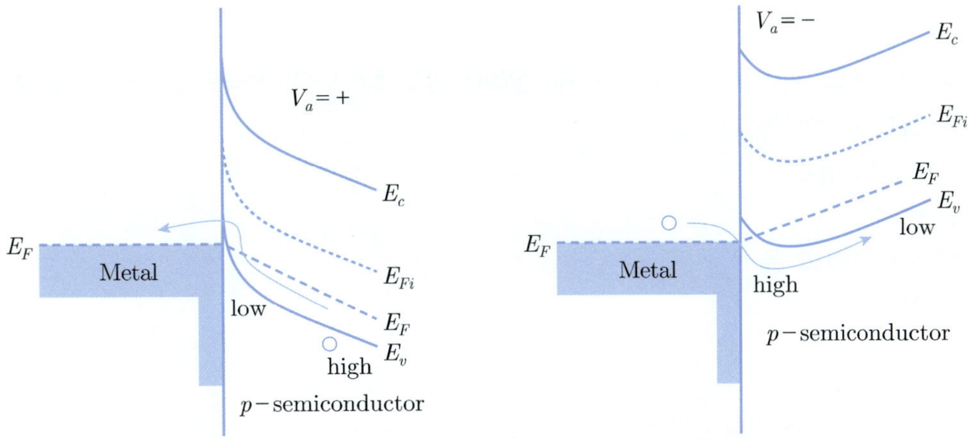

(a) 반도체에 양의 전압 인가 (b) 반도체에 음의 전압 인가

그림 7-10 메탈과 p형 반도체와의 오믹 컨택 후 전압 인가에 따른 밴드 구조 변화

p형 반도체는 반대로 생각하면 된다. 금속의 일함수와 반도체의 가전자대 E_v와의 차이가 에너지 장벽이 되는 것인데 그림 7-9 (a)를 보면 거의 차이가 존재하지 않는다. p형 반도체는 항상 n형 반도체의 반대로 생각하면 된다. 진공 준위는 가전자대 밑에 있다고 생각하고 진공 준위로부터 가전자대의 차이가 p형 반도체의 전자 친화력으로 보면 될 것이다. p형 반도체의 오믹 컨택이 형성되기 위한 조건은 $\phi_m > \phi_s$가 된다. 이상은 이상적인 오믹 컨택을 고찰한 것이다. 오믹 컨택 형성 조건을 하기 표 7-2에 요약하였다. 메탈과 반도체의 접촉에서 쇼트키, 오믹 형성 여부는 에너지 밴드 다이어그램을 그려 보고 소자를 제작하여 측정한 후 판단해야 할 것이다. 쇼트키 컨택이 형성되었다면 PN 접합 다이오드와 같은 정류성 $I-V$ 특성을 보일 것이다.

표 7-2 오믹 컨택 형성 조건

	n-type semiconductor	p-type semiconductor
Ohmic contact	$\phi_s > \phi_m$	$\phi_m > \phi_s$

오믹 컨택이 형성되었다면 $V = IR$과 같은 선형 관계를 만족하는 $I-V$ 특성을 보일 것이다. 여기서는 이론적인 개념에 충실하길 바란다. 지금까지는 이상적인 경우를 가정해서 논의하였다. 금속과 반도체 계면에 트랩이 존재한다면 트랩의 종류에 따라 각각의 컨택이 잘 형성되지 않을 수도 있다. 이것에 관해서는 뒤에서 자세히 논의할 것이다.

예제를 통해서 지금까지 배운 내용을 학습해 보자.

예제 7-2-1

상온에서 도너 농도 $N_D = 10^{17}\,\mathrm{cm}^{-3}$인 n형 실리콘 반도체가 있다. 전극으로는 텅스텐을 사용하고자 한다. 다음을 계산해 보아라.

(1) 쇼트키 장벽 높이

(2) 내부 전계

(3) 공간전하 영역의 폭

(4) 최대 전계

풀이

(1) 텅스텐의 일함수와 실리콘의 전자 친화도는 표 7-1에서 $\phi_{m,\mathrm{W}} = 4.55\,\mathrm{V}$, $\chi_{\mathrm{Si}} = 4.01\,\mathrm{V}$이다. 이론적인 쇼트키 장벽은 수식 7-1로 구할 수 있다.

$$\phi_{B0} = \phi_{m,\mathrm{W}} - \chi_{\mathrm{Si}} = 4.55 - 4.01 = 0.54\,\mathrm{V}$$

(2) 내부 전계는 수식 7-3에서 구할 수 있다.

$$V_{bi} = \phi_{B0} - \phi_n = \phi_{B0} - (E_c - E_F) = \phi_{B0} - \frac{kT}{q}\ln\left(\frac{N_c}{N_D}\right)$$

$$= 0.54 - (0.0259)\ln\left(\frac{2.8 \times 10^{19}}{1 \times 10^{17}}\right)$$

$$\therefore V_{bi} = 0.54 - 0.146 = 0.394\,\mathrm{V}$$

ϕ_n의 단위는 eV이므로 단위를 V로 통일하기 위해 전하량으로 나누어 주었다.

(3) MS 접합은 PN 접합의 일방 접합과 유사하므로 공간전하 영역의 폭은 5장에서 배운 5-23식을 그대로 사용할 수 있다.

$$W = x_n = \sqrt{\frac{2\epsilon_{Si} V_{bi}}{qN_D}} = \left(\frac{2 \times 11.7 \times 8.85 \times 10^{-14} \times 0.394}{1.6 \times 10^{-19} \times 10^{17}}\right)^{1/2}$$

$$= 0.07 \times 10^{-4}\,\mathrm{cm} = 700\,\text{Å}$$

(4) 최대 전계는 $x = 0$ 지점일 것이다. 앞에서 배운 수식 5-10을 그대로 사용한다.

$$E(x) = \frac{qN_D}{\epsilon_{Si}}(x - x_n) \Rightarrow |E_{\max}| = \frac{qN_D}{\epsilon_{Si}} x_n = \frac{1.6 \times 10^{-19} \times 10^{17} \times 0.07 \times 10^{-4}}{11.7 \times 8.85 \times 10^{-14}}$$

$$\therefore |E_{\max}| = 1.082 \times 10^5\,\mathrm{V/cm}$$

예제 7-2-2

상온에서 도너 농도 $N_D = 5 \times 10^{17}\,\mathrm{cm}^{-3}$인 n형 실리콘 반도체가 있다. 전극으로는 몰리브덴을 사용하고자 한다. 다음을 계산해 보아라.

(1) 쇼트키 장벽 높이

(2) 내부 전계

(3) $N_D = 10^{17}\,\mathrm{cm}^{-3}$일 때 쇼트키 장벽과 내부 전계

풀이

(1) 몰리브덴의 일함수와 실리콘의 전자 친화도는 표 7-1에서 $\phi_{m,\mathrm{Mo}} = 4.6\,\mathrm{V}$, $\chi_{\mathrm{Si}} = 4.01\,\mathrm{V}$이다. 이론적인 쇼트키 장벽은 수식 7-1로 구할 수 있다.

$$\phi_{B0} = \phi_{m,\mathrm{Mo}} - \chi_{\mathrm{Si}} = 4.6 - 4.01 = 0.59\,\mathrm{V}$$

(2) 내부 전계는 수식 7-3에서 구할 수 있다.

$$V_{bi} = \phi_{B0} - \phi_n = \phi_{B0} - (E_c - E_F) = \phi_{B0} - \frac{kT}{q}\ln\left(\frac{N_c}{N_D}\right)$$

$$= 0.59 - (0.0259)\ln\left(\frac{2.8 \times 10^{19}}{5 \times 10^{17}}\right)$$

$$\therefore V_{bi} = 0.59 - 0.104 = 0.486\,\mathrm{V}$$

(3) 쇼트키 장벽의 높이는 금속의 일함수와 실리콘의 전자 친화력으로 결정되는 상수 값이다. 따라서 이 값은 도핑 농도에 의존하지 않는다.

$$V_{bi} = \phi_{B0} - \phi_n = \phi_{B0} - (E_c - E_F) = \phi_{B0} - \frac{kT}{q}\ln\left(\frac{N_c}{N_D}\right)$$

$$= 0.59 - (0.0259)\ln\left(\frac{2.8 \times 10^{19}}{1 \times 10^{17}}\right)$$

$$\therefore V_{bi} = 0.59 - 0.146 = 0.444\,\mathrm{V}$$

도핑 농도는 내부 전계에 자연로그함수에 비례함을 이미 학습하였다. 도핑 농도가 감소하면 내부 전계도 감소한다.

반도체 소자에서 MS 접합은 아주 중요하다. 외부에서 반도체에 전류를 공급하기 위해서는 메탈로 구성한 전극재료가 필요하다. 반도체에 사용할 수 있는 메탈은 제한적이다. 공정상의 패터닝 용이성, 일함수, 낮은 비저항을 고려한다면 실제 반도체에 사용할 수 있는 전극 재료는 2~3가지로 압축할 수 있다.

7-3 계면 준위

그림 7-11은 여러 가지 메탈의 일함수와 쇼트키 장벽의 높이와의 관계를 나타낸 그래프이다. 이론적으로 구한 값은 직선 형태를 이룬다. 그러나 실제 실험적으로 측정한 값과는 약간의 차이를 보이고 있다. 이러한 차이를 유발하는 원인 중의 하나가 계면 준위이다.

반도체와 메탈이 만나는 경계면은 그들이 갖는 격자 상수나 기타 여러 가지 특성 차이로 인하여 완벽한 결합을 하고 있다고 볼 수 없다. 실리콘의 표면 끝단에는 벌크 영역과는 다르게 실리콘의 결합이 단절되어 있다. 실리콘은 옆의 원자들과 전자를 공유하는 공유 결합을 하고 있지만 표면 끝단에는 실리콘이 존재하지 않으므로 연결이 끊어진 채 댕글링 본드만 남아 있다. 메탈과 반도체가 접합하려면 공정상에서 실리콘의 표면이 대기 중이나 진공 중에 한번 노출된다. 실리콘이 대기 중에 노출되면 실리콘 옥사이드라고 하는 수 nm의 얇은 자연 산화막이 형성된다.

따라서 메탈과 실리콘 사이에는 아주 얇지만 산화막이 형성되어 메탈-SiO_2-실리콘(MOS)의 3중 접합이 형성된다. 실리콘과 산화막 사이에는 계면 전하가 존재한다. 실리콘은 산화막과 완전 결합을 하지 못하여 결합하지 못한 댕글링 본드가 존재하게 되는데, 이러한 비어 있는 댕글링 본드는 전자를 포획할 수 있는 트랩을 형성한다. 그리고 트랩에 포획된 전하는 표면 퍼텐셜을 만들어 낸다. 계면을 인위적으로 제어하기는 매우 어렵다. 계면 영역은 벌크 영역보다 트랩의 밀도가

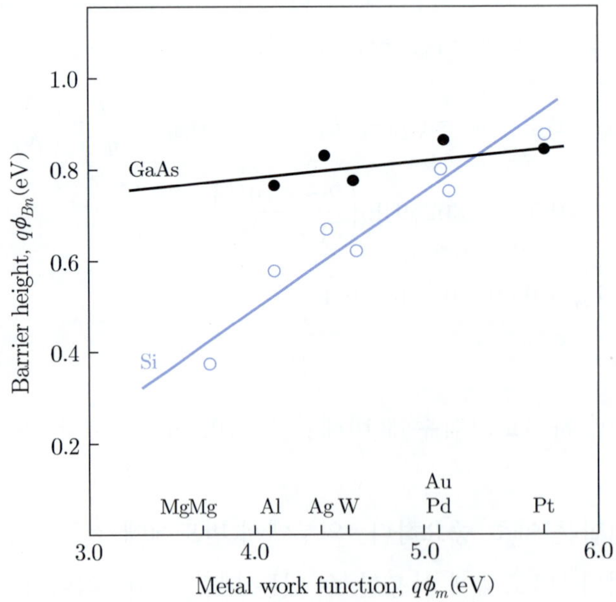

그림 7-11 Si, GaAs에 대한 각종 메탈의 일함수와 쇼트키 장벽
(Donald A. Neamen의 semiconductor physics and device 4th edition)

높아서 전자가 포획되거나 방출되는 재결합도 빨리 일어나며 캐리어들의 수명도 매우 짧다. 이러한 계면에서는 벌크 영역과 다른 특성을 보이는데 대표적으로 페르미 준위가 고정(pinning)되는 현상이 발생한다. 계면에 존재하는 트랩에는 도너 트랩과 억셉터 트랩이 있다. 계면은 통제가 곤란하므로 억셉터 트랩 밀도와 도너 트랩 밀도가 항상 동일하게 균형을 이루지 않는다. 도너 트랩이란 전자가 존재할 때는 중성이다가 전자를 방출하면 양으로 대전되는 트랩으로 정의한다. 반면, 억셉터 트랩이란 전자가 없을 때는 중성이다가 전자를 포획하면 음으로 대전되는 트랩이다.

7-3-1 계면 준위로 인한 쇼트키 장벽 높이 변화

그림 7-12와 같이 E_t를 기준으로 그 위에는 중성의 억셉터 트랩(검은색 점선으로 표시)과 음으로 대전된 억셉터 트랩(파란색 실선), 밑으로는 도너 트랩(검은색 실선으로 표시)이라고 가정해 보자. 페르미 준위 아래에 있는 억셉터 트랩(파란색 실선으로 표시, $E_t <$ acceptor trap $< E_F$)은 전자를 받으면서 음으로 대전된다. 페르미 준위에 있던 전자들은 억셉터 트랩에 포획되면서 페르미 준위에 있던 전자들의 농도가 감소하므로 페르미 준위 끝단은 아래로 휘어진다. 이로 인해 페르미 준위가 E_t까지 내려가 고정되어 버리는 현상이 발생한다. 이것을 페르미 준위 피닝(pinning) 현상이라 부른다. 이렇게 되면 반도체와 메탈의 접합 시 메탈의 페르미 준위가 이미 변한(원래보다 내려감) 반도체의 페르미 준위에 고정되어 금속 물질을 바꾸더라도 쇼트키 장벽의 변화가 더욱 커질 수도

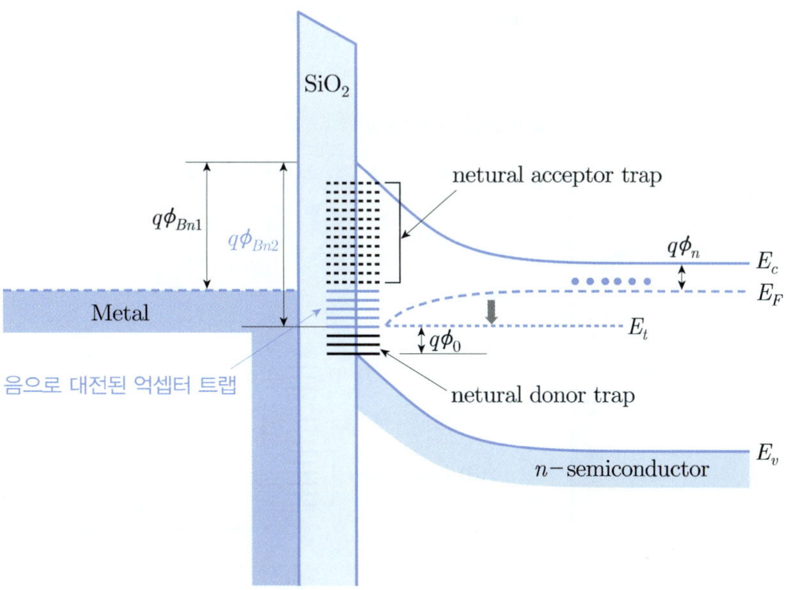

그림 7-12 계면 트랩 준위에 의한 쇼트키 장벽 높이의 변화

있다. 금속의 일함수와 반도체의 전자 친화력과 무관하게 $q\phi_{Bn2}$로 고정된다.

쇼트키 장벽의 높이는 $q\phi_{Bn2} = E_g - q\phi_0$로 변한다. 이러한 페르미 준위가 변하면 반도체의 일함수가 변하는 것이기 때문에 메탈과 반도체의 접합 공정 설계 시 쇼트키 장벽 높이의 변화를 반영해야 한다. 쇼트키 장벽 높이는 단순히 이론적인 계산에 의해서 얻어지는 것이 아니라 이러한 복잡한 계면 준위 현상들 때문에 반드시 실제로 측정을 해서 결정한다는 사실을 꼭 기억하길 바란다. 우리가 계면에 존재하는 트랩 밀도와 트랩의 종류를 정확히 알 수만 있다면 미리 공정 설계 시에 반영할 수 있겠지만 계면 트랩은 우리가 의도적으로 제어할 수 없는 인자이기에 반드시 측정을 통해서 장벽의 높이를 실측해야 한다는 의미이다. 계면에 존재하는 트랩 준위들은 반도체의 밴드 갭의 변형을 일으킨다는 것을 이해하게 되었다. 다음과 같은 경우를 고찰해 보자.

7-3-2 계면 준위와 오믹 컨택

그림 7-13과 같은 메탈과 n형 반도체의 접촉을 생각해 보자. 여기서 $\phi_m < \phi_s$의 오믹 컨택의 경우를 고려해 보자. 이 조건은 n형 반도체가 오믹 컨택을 형성하는 조건이다. 계면 준위가 존재하는 경우에는 오믹 컨택 특성이 어떻게 변하는지 고찰해 보자. 만약 반도체의 밴드 갭 중앙 아래 부분은 도너 트랩 준위(검은색 실선으로 표시)로 충만되어 있다고 한다면 페르미 준위와 밴드 갭 중앙 사이에 있는 억셉터 트랩들은 그림 7-13처럼 페르미 준위로부터 전자를 받아 음으로 대전될 것이다. 따라서 n형 반도체의 페르미 준위 끝단은 아래로 휘어질 것이다. 이것은 메탈의 페르미 준위와 n형 반도체의 페르미 준위 차를 더욱 크게 벌리는 결과를 초래한다. 따라서 메탈과 반도체를 접촉시키

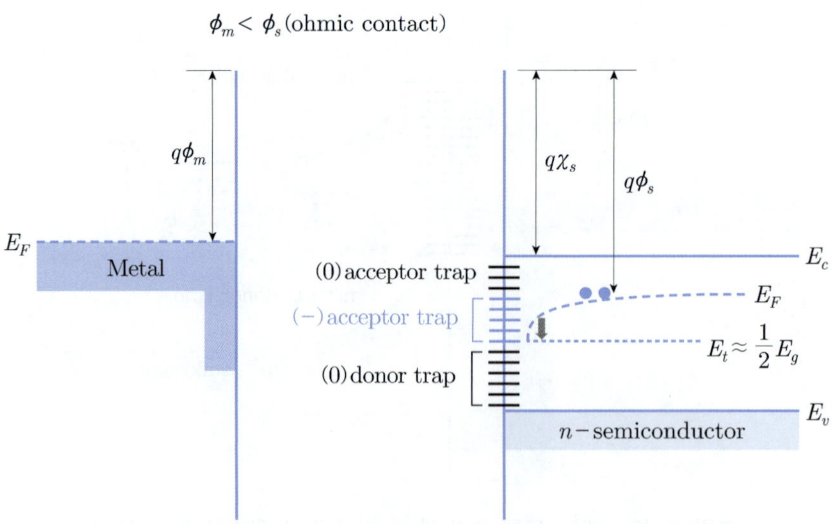

그림 7-13 계면 준위가 존재하는 경우 n형 반도체의 에너지 밴드 변화

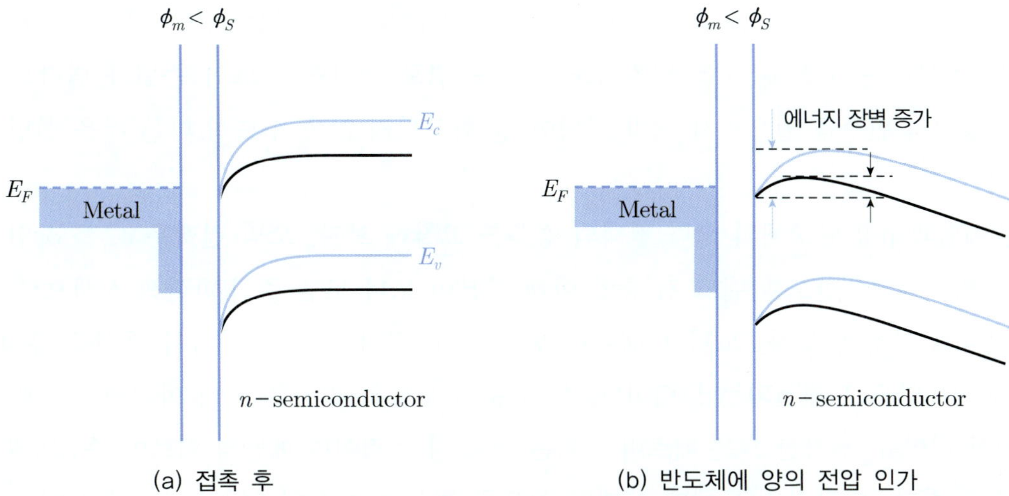

그림 7-14 계면 준위로 인한 밴드 갭의 변형

면 격차가 더 벌어진 페르미 준위 차로 인해 전자는 메탈에서 반도체로 더욱 활발히 유입되고 표면에는 전자가 축적되며 표면전하 밀도에 의해 표면 퍼텐셜이 형성된다. 이 표면 퍼텐셜은 계면에서 밴드 밴딩을 더욱 크게 유발시킨다. 음으로 대전된 억셉터 트랩 준위가 없는 경우보다도 밴드 밴딩이 더욱 크게 일어난다. 그림 7-14 (a)의 밴드 다이어그램에서 파란색 실선에 해당한다. 계면 준위에 포획된 전자들로 인하여 에너지 밴드의 변형이 발생한 것이다. 그림 7-14 (b)와 같이 반도체에 양의 전압을 인가하면 밴드가 아래로 휘어질 것이다. 우리가 이미 앞에서 학습한 내용이다.

메탈에서 반도체 방향으로 아주 미세한 에너지 장벽이 생기게 된다(화살표 참조). 검은색 실선으로 표시한 계면 준위 트랩이 없는 이상적인 경우의 에너지 밴드와 비교해 보면 알 수 있듯이 전자의

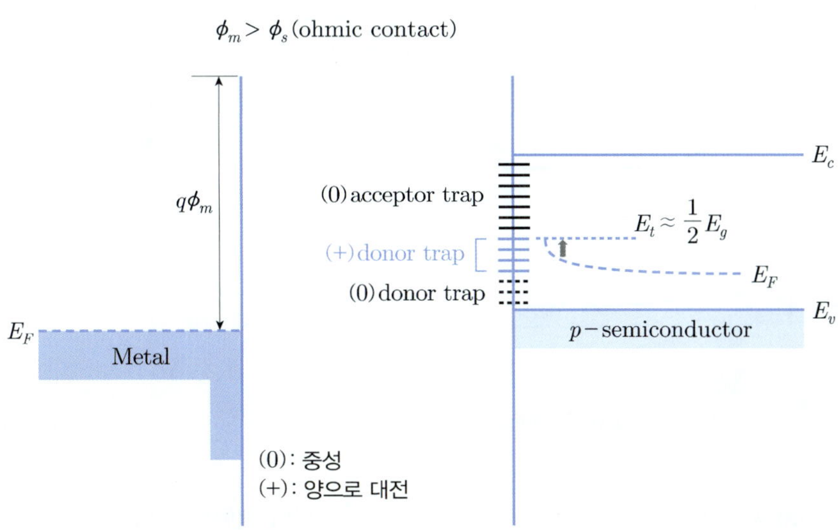

그림 7-15 계면 준위로 인한 p형 반도체의 밴드 갭 변형

흐름이 원활하지 못할 수 있다. 오믹 컨택이 잘 형성되지 않을 수 있다는 의미이다. n형 반도체에서 오믹 컨택을 형성하는 조건 $\phi_s > \phi_m$ 일지라도 계면 준위로 인하여 페르미 준위가 변하고 에너지 밴드 다이어그램의 변형을 일으켜서 오믹 컨택이 잘 형성되지 않을 수도 있다는 것을 설명해 주고 있는 것이다.

이번에는 메탈과 p형 반도체의 오믹 컨택의 경우를 고찰해 보자. 오믹 컨택은 $\phi_m > \phi_s$ 인 경우에 일어난다. 그림 7-15의 반도체 밴드 갭 중앙 아래 부분이 도너 트랩 준위(파란색 실선으로 표시)로 충만되어 있다고 가정해 보자. 도너 트랩이라 함은 평소 전자가 들어 있어서 중성을 유지하다가 전자를 방출하면 양으로 대전되는 트랩이다. 트랩 준위에 있는 전자들은 더 아래의 페르미 준위로 전자를 방출할 것이다. 전자를 받은 페르미 준위는 위로 향할 것이며 메탈의 페르미 준위와의 격차를 더욱 벌어지게 한다. 따라서 반도체에서 메탈 쪽으로 흐르는 전자의 이동이 더 많아진다. 양공의 입장에서 본다면 메탈에서 반도체로 더 많은 양공이 유입되어 계면에는 더 많은 양의 전하들이 모이게 되어 표면 퍼텐셜이 증가하고 이로 인해 밴드 밴딩이 계면 준위 트랩이 없는 경우보다 더 심하게 휘어질 것이다.

그림 7-16 (a)는 이를 도식화한 것이다. 이제 반도체에 음의 전압을 인가해 보자. 이를 그림 7-16 (b)에 나타내었다. 전자의 위치에너지는 증가할 것이고 에너지 밴드는 고정점을 기준으로 꼬리가 위로 향할 것이다. 메탈에서 반도체 방향으로 미세한 에너지 장벽이 생기게 된다(파란색 화살표 참조). 이렇게 되면 메탈에서 반도체 방향으로 양공의 흐름에 미소한 에너지 장벽이 생기게 된다. 양공의 위치에너지는 그림에서 $-y$ 방향으로 갈수록 높아진다는 것을 상기해 보라. 검은색 실선으로 표시한 계면 준위 트랩이 없는 경우의 에너지 밴드와 비교해 보면 알 수 있듯이 양공의 흐름이 원활치 못할 수 있다. 오믹 컨택이 잘 형성되지 않을 것이다.

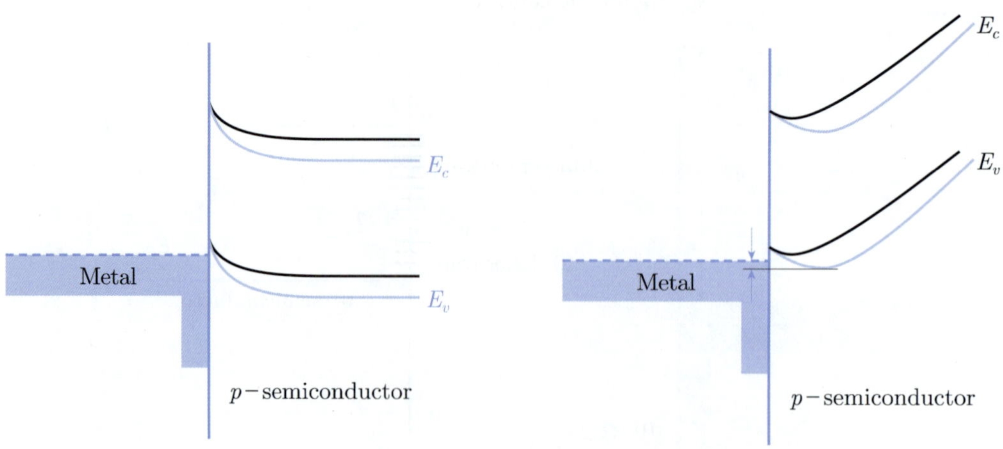

(a) 제로 바이어스

(b) 메탈에 양의 전압 인가

그림 7-16 계면 준위로 인한 p형 반도체의 밴드 갭 변형

계면 트랩 준위의 밀도, 위치, 종류 등에 의해 오믹 컨택이 잘 이루어지지 않을 수 있다는 것을 고찰해 보았고 이론적인 계산과 설계보다는 실제로 공정을 진행하여 측정값과 비교하여 결정하는 것이 중요하다는 것을 이해하게 되었다.

7-4 메탈-반도체 접합 특성

메탈과 n형 반도체의 쇼트키 컨택의 특성들에 대해서 고찰해 보자. PN 접합에서 학습한 여러 가지 특성들을 고찰하려는 것이다. 쇼트키 컨택을 선택한 이유는 오믹 컨택은 양방향으로 전류가 잘 흐르므로 정류성 특성을 보이지 않기 때문이다. 즉 다이오드 특성을 나타내지 않는다. 따라서 쇼트키 컨택만 고찰하는 것으로 충분할 것이다.

7-4-1 공간전하 밀도와 폭

먼저 전하 밀도부터 고찰해 보자. 메탈과 n형 반도체를 접합시키면 그림 7-17과 같이 반도체에는 공핍층이 형성되며 공핍층에는 양의 공간전하들이 존재하게 된다. 중성 전하 법칙에 의하여 메탈에는 양의 공간전하와 동일한 양의 음의 전하가 대응해야 하므로 그림 7-17과 같은 전하분포를 가질 것이다. 메탈에는 공핍층이 형성되지도 않으며 자유전자들이 표면에 밀집되어 있다. 따라서 메탈의 전하 분포는 마치 델타함수와 같이 직선 형태로 매우 작은 폭으로 형성될 것이다. 메탈에 형성된 음의 전하 영역과 반도체에 형성된 양의 전하 영역은 동일해야 한다. 지면상 그림으로 그리는 것이 곤란하므로 이해하길 바란다. 두 면적은 동일하다는 것이다.

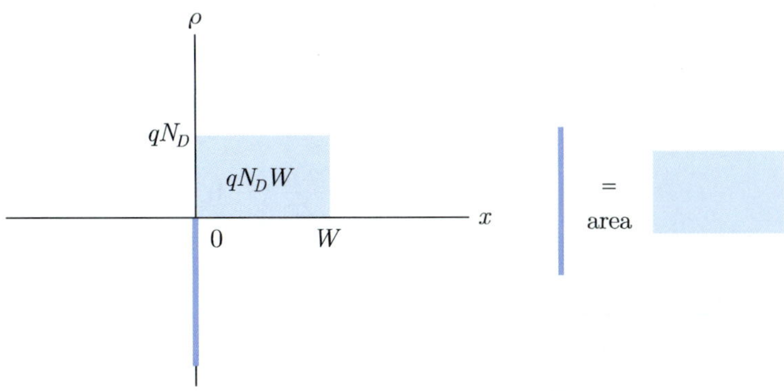

그림 7-17 메탈-n형 반도체 접합 시 공간전하 밀도

공간전하 영역 내의 전하 밀도는 전기장을 거리로 미분하는 푸아송 방정식으로부터 구할 수 있다.

$$\frac{dE}{dx} = \frac{\rho(x)}{\epsilon_s} \qquad E = \int \frac{\rho(x)}{\epsilon_s} dx = \frac{\rho}{\epsilon_s} x + C$$

boundary condition $\rightarrow x = W$에서 $E(x) = 0$

$$\frac{\rho}{\epsilon_s} W + C = 0 \qquad \therefore C = -\frac{\rho}{\epsilon_s} W$$

$$E(x) = \frac{\rho}{\epsilon_s}(x - W) = \frac{qN_D}{\epsilon_s}(x - W) \tag{7-4}$$

정전 퍼텐셜을 구해 보자.

$$V(x) = -\int E(x)dx = -\int \frac{qN_D}{\epsilon_s}(x - W)dx = -\frac{qN_D}{2\epsilon_s}(x - W)^2 + C$$

boundary contion $\quad x = 0, \quad V(0) = 0$

$\quad x = W, \quad V(W) = V_{bi}$

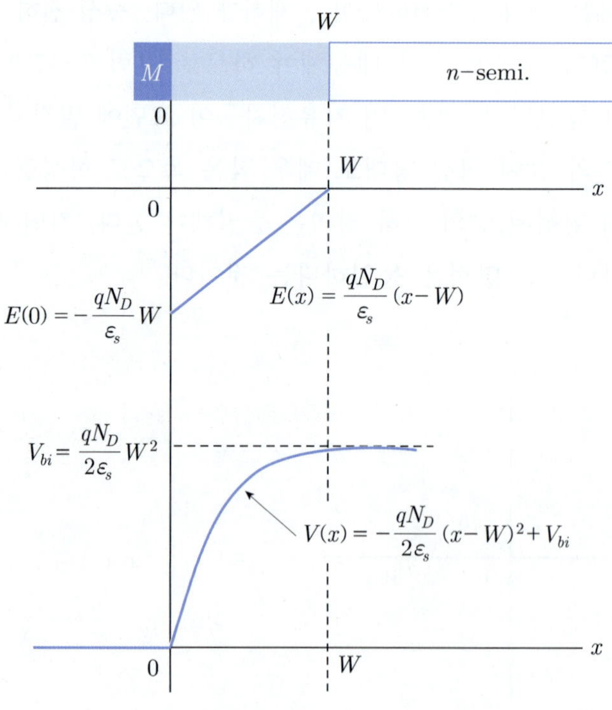

그림 7-18 내부 전계 분포와 정전 퍼텐셜 분포

$$\therefore V(x) = -\frac{qN_D}{2\epsilon_s}(x-W)^2 + \frac{qN_D}{2\epsilon_s}W^2 \tag{7-5}$$

정전 퍼텐셜은 위로 볼록한 이차함수 포물선 형태임을 알 수 있다. 수식 7-5에서 W를 구하면

$$V_{bi} = \frac{qN_D}{2\epsilon_s}W^2 \quad \rightarrow \quad W = \sqrt{\frac{2\epsilon_s V_{bi}}{qN_D}} \tag{7-6}$$

수식 7-6은 PN 접합의 일방 접합과 같은 결과라는 것을 알 수 있다. 메탈과 n형 반도체의 접촉에 의해서 형성되는 내부 전계와 정전 퍼텐셜은 그림 7-18로 요약할 수 있다. 수식 7-6에서 역방향 바이어스가 인가된 상태에서 공간전하 폭은 두꺼워진다. $V_{bi} = V_{bi} + V_R$로 바꾸어 주면 된다. 따라서 역방향 바이어스에서의 공간전하 폭은 다음과 같다.

$$W = \sqrt{\frac{2\epsilon_s(V_{bi}+V_R)}{qN_D}} \tag{7-7}$$

7-4-2 접합 커패시턴스

이제 역방향 바이어스에서의 접합 커패시턴스를 구해 보자.

$$C = \frac{Q}{V} \qquad C'_{dep.} = \frac{dQ'_{dep.}}{dV_R} = \frac{dQ'_{dep.}}{dW}\frac{dW}{dV_R}$$

$$Q' = qN_D W, \qquad W = \sqrt{\frac{2\epsilon_s(V_{bi}+V_R)}{qN_D}}$$

미분 공식을 다시 기억해 보자.

$$\frac{d\sqrt{(ax+1)}}{dx} = \frac{a}{2}(ax+1)^{-1/2}$$

$$C'_{dep.} = \frac{qN_D}{2}\left[\frac{2\epsilon_s(V_{bi}+V_R)}{qN_D}\right]^{-1/2}\frac{2\epsilon_s}{qN_D} = \sqrt{\frac{qN_D\epsilon_s}{2(V_{bi}+V_R)}} = \frac{\epsilon_s}{W} \tag{7-8}$$

7-8식은 평판 커패시터와 같은 형태를 보인다. 양변을 제곱하고 역수를 취하면 다음과 같다.

$$\left(\frac{1}{C'_{dep.}}\right)^2 = \frac{2(V_{bi}+V_R)}{qN_D\epsilon_s} \tag{7-9}$$

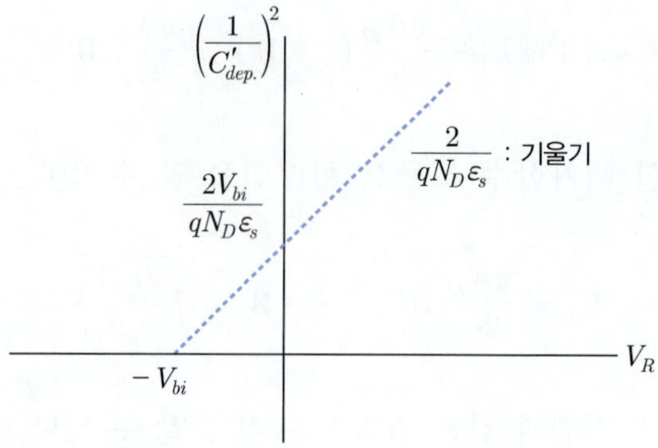

그림 7-19 수식 7-9의 plotting

x축을 V_R, y축을 $(1/C'_{dep.})^2$으로 plotting 해 보면 $y = ax + b$의 일차함수 형태의 직선을 얻을 수 있다. 이를 그림 7-19에 나타내었다. 기울기로부터 간단히 도핑 농도를 알 수 있다.

우리는 실험적으로 C-V meter를 이용해서 역방향 전압을 변화시키면서 공핍층 커패시턴스의 역수의 변화량을 측정하면 캐리어 농도, 내부 전계, 쇼트키 장벽까지 모두 계산할 수 있다. 다음과 같은 데이터에서 계산을 해 볼 수 있다. 이 값들은 실제 Si, GaAs 반도체에 대한 측정값이다. 이 데이터에서 기울기를 구해 보자.

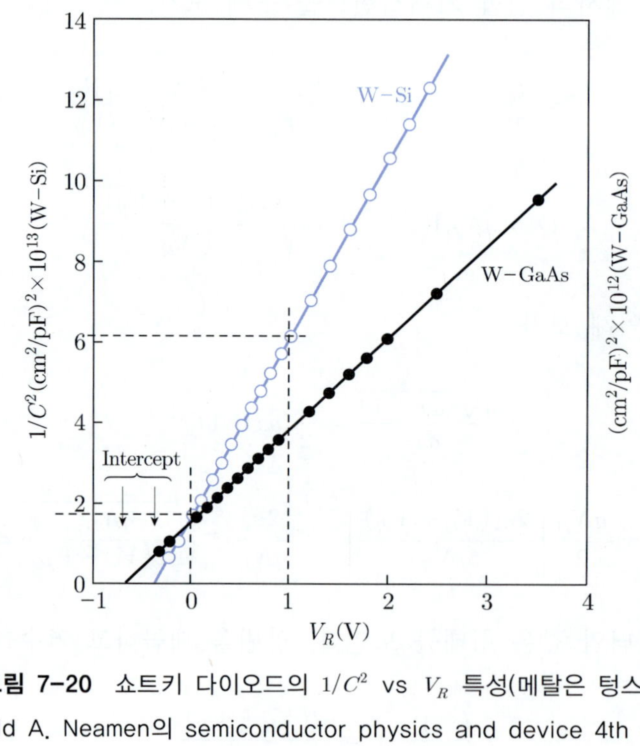

그림 7-20 쇼트키 다이오드의 $1/C^2$ vs V_R 특성(메탈은 텅스텐)

(Donald A. Neamen의 semiconductor physics and device 4th edition)

$$\frac{\Delta(1/C')^2}{\Delta V_R}=\frac{2}{qN_D\epsilon_s}=\frac{(6.2-1.8)\times10^{13}}{1\,\mathrm{V}}\left[\frac{\mathrm{cm}^2}{\mathrm{pF}}\right]^2 \qquad 1\,\mathrm{F}=\frac{\mathrm{C}}{\mathrm{V}}$$

$$N_D=\frac{2}{(1.6\times10^{-19})(11.7)(8.85\times10^{-14})(4.4\times10^{13})}=2.7\times10^{17}\,\mathrm{cm}^{-3}$$

내부 전계와 쇼트키 장벽(수식 7-3 참조)은 다음과 같은 수식으로 계산할 수 있다. 내부 전계는 x절편으로 0.4V임을 알 수 있다.

$$\phi_{B0}=V_{bi}+(E_c-E_F)=V_{bi}+\frac{kT}{q}\ln\frac{N_c}{N_D}=0.4+(0.0259)\ln\frac{2.8\times10^{19}}{2.7\times10^{17}}=0.52\,\mathrm{V}$$

이상이 측정을 통해서 우리가 구한 쇼트키 장벽의 높이이다. 실제 이론값과 어느 정도 차이가 있는지 비교해 보자. 하기는 테이블에서 이론적으로 구한 쇼트키 장벽 높이이다. 측정값과 거의 일치하고 있음을 알 수 있다.

$$\phi_{B0}=\phi_m-\chi=4.55-4.01=0.54\,\mathrm{V}$$

7-5 쇼트키 다이오드의 전류-전압 특성

쇼트키 다이오드의 전류-전압 관계식을 구해 보자. 앞에서도 설명하였지만 PN 접합과 달리 소수 캐리어의 확산에 의해 전류가 발생하지 않는다. 쇼트키 다이오드는 다수 캐리어에 의해 전류가 발생하는 다수 캐리어의 소자이다. 결론적으로 말한다면 열전자 방출이 전류 발생의 메커니즘이다. 금속-반도체 접합에서의 전류 전송 메커니즘은 크게 3가지로 요약할 수 있다. 첫 번째는 공핍층의 폭 W가 전자의 평균 자유행정 l보다 작은 경우이다. 전류 전송은 내부 전위 장벽을 뛰어넘는 열전자 방출로 볼 수 있으며 대부분 금속-반도체 접합의 경우에 해당한다. 금속에는 공핍층이 형성되지 않으며 금속과 접합하는 반도체에는 대부분 heavily 도핑하므로 공핍층의 폭은 수십 nm 정도로 매우 얇게 형성된다. 두 번째는 공핍층의 폭이 전자의 평균 자유행정보다 큰 경우이다. 이 경우는 공핍층이 넓어지므로 열전자 방출이 아닌 전자의 드리프트 전류와 확산 전류의 합으로 표현할 수 있다. 세 번째는 터널링 전송이다(그림 7-30). 본 교재에서는 주요 전송 메커니즘인 첫 번째의 경우만 다룰 것이다. 그림 7-21은 영상전하 효과를 고려한 순방향 전압 인가 시 n형 반도체의 에너지 밴드 다이어그램을 표시하고 있다.

ϕ_{Bn}은 영상전하로 인하여 장벽의 높이가 낮아진 것을 표시한 것이다. 영상전하 효과에 대해서는 뒤에서 다시 논의할 것이다. E_c'는 반도체에서 금속 방향으로 전자가 넘어가기 위해서 가져야 할 최소 에너지를 표시한 것이다. 전자 성분에는 두 가지 방향이 존재할 것이며 반도체에서 메탈 방향으로 흐르는 실질적인 전류는 두 방향에 흐르는 전류의 차이를 구해야 할 것이다. 메탈에서 반도체에

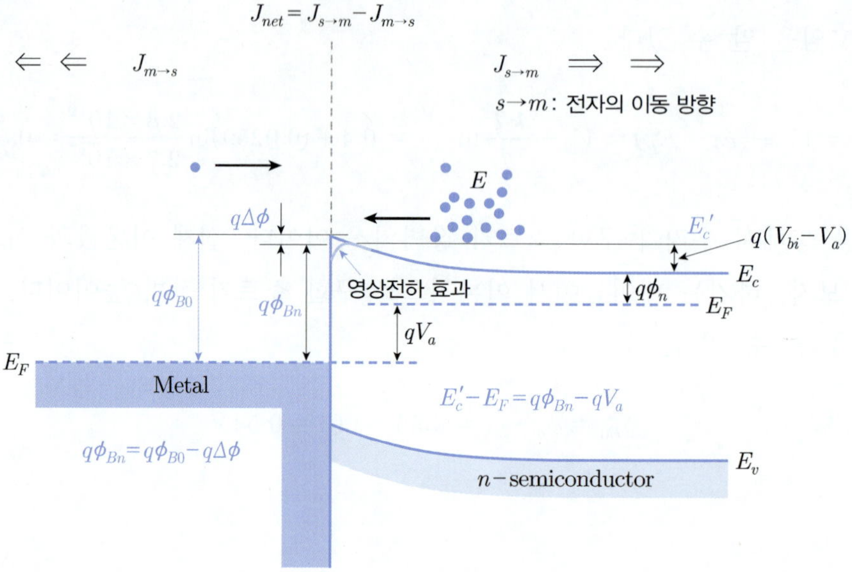

그림 7-21 영상전하 효과를 고려한 순방향 전압에서의 에너지 밴드 다이어그램

표 7-3 메탈의 일함수와 반도체의 전자 친화도
(Donald A. Neamen의 semiconductor physics and device 4th edition)

Element	Work function, ϕ_m
Ag, silver	4.26
Al, aluminum	4.28
Au, gold	5.1
Cr, chromium	4.5
Mo, molybdenum	4.6
Ni, nickel	5.15
Pd, palladium	5.12
Pt, platinum	5.65
Ti, titanium	4.33
W, tungsten	4.55

Element	Electron affinity, χ
Ge, germanium	4.13
Si, silicon	4.01
GaAs, gallium arsenide	4.07
AlAs, aluminum arsenide	3.5

(단위 V)

흐르는 전자는 인가해 준 순방향 바이어스 전압에 무관한 일정한 값을 가질 것이라는 것이 예측된다. 쇼트키 배리어는 순방향 전압과 무관하다. 우리가 예측할 수 있는 것은 온도에 비례할 것이며 장벽의 높이에 반비례할 것이라는 정도이다. 반면 반도체에서 메탈 방향으로 흐르는 전자는 순방향 바이어스 전압에 강하게 의존할 것이다. 내부 전위 장벽의 높이를 낮추기 때문이다. 또한 열전자 방출이므로 온도에도 강하게 의존할 것이며 쇼트키 장벽의 높이와도 강한 연관성이 있을 것으로 우리는 직관적으로 예상할 수 있다. 우리는 이러한 관계를 수학적으로 유도하여 정량적인 관계를 이해하고 고찰해 볼 것이다.

7-5-1 쇼트키 다이오드의 전류-전압 관계식의 수학적 유도

우리는 전류 밀도가 전자의 농도, 전하량, 이동도, 전기장과 관계가 있다는 것을 직관적으로 알 수 있고 또 이미 학습하였다.

$$J_n = qnv$$

그림 7-21과 같은 상황에서 전자가 장벽을 뛰어넘어가려면 최소한의 에너지 E_c' 이상을 가지고 있어야 할 것이다. 우리가 확률적으로 생각한다면 $E_c \sim E_c'$ 구간에 있는 전자들은 내부 전위 장벽에 의하여 장벽을 뛰어넘을 확률이 매우 적을 것이다. 따라서 우리는 E_c' 이상의 전자들에 대해서, 즉 장벽을 뛰어넘을 충분한 운동에너지를 가지고 있는 전자들에 대한 모든 개수의 합으로 전류를 표현할 수 있을 것이다.

$$J_{s\to m} = -q\int_{E_c'}^{\infty}(-v_x)dn = q\int_{E_c'}^{\infty}v_x dn \qquad (7\text{-}10)$$

수식 7-10은 장벽을 넘기 위한 충분한 속도를 가진 전자들을 합하라는 의미이다. 그림 7-21의 E_c' 부근에 있는 전자들은 위치에너지 E_c'와 운동에너지 $E = p^2/2m = \hbar^2k^2/2m$를 가지고 메탈 방향으로 진행할 것이다. 앞에서 배운 전자의 농도를 구하는 수식에서 상태 밀도 함수를 생각해 보자.

전자 농도=전도대의 에너지 상태 밀도 × 전자가 그 에너지를 점유할 확률로 표현할 수 있다. 따라서 미분 전자 농도의 변화는 다음과 같이 표현할 수 있다.

$$dn = g_c(E)f_F(E)dE \qquad (7\text{-}11)$$

페르미-디랙 확률함수는 맥스웰-볼츠만 근사를 적용시킬 수 있다. 장벽을 넘어가기 위한 충분한 에너지를 가지고 있다고 가정하였으므로 $E - E_F \gg 3kT$로 볼 수 있다.

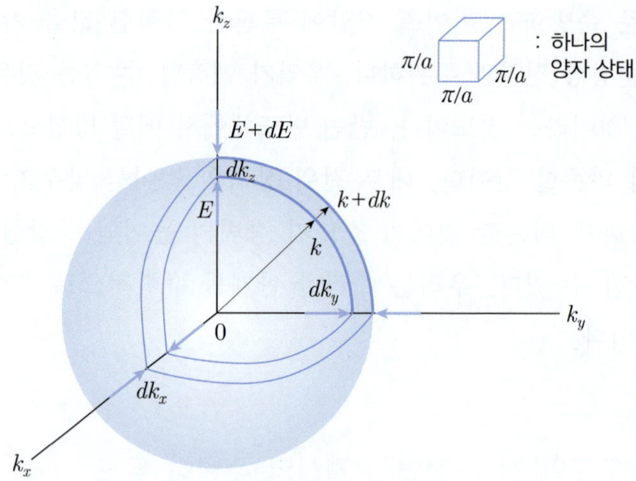

그림 7-22 자유전자의 k공간에서의 등 에너지면

$$E = E_c' + \frac{p^2}{2m_n^*} = E_c' + \frac{\hbar^2 k^2}{2m_n^*} = E_c' + \frac{\hbar^2}{2m_n^*}(k_x^2 + k_y^2 + k_z^2) \qquad f(E) = \exp\left[-\frac{(E-E_F)}{kT}\right]$$

그림 7-22와 같이 각 k에 대해서 E를 결정할 수 있으며 아주 작은 $k \sim k+dk$ 사이에 존재하는 상태 수는 $E \sim E+dE$ 사이의 상태의 수로 보아도 무방하다. k공간에서 체적 dk 내에 있는 양자 상태의 수는 구의 표면적을 단위 입방체적으로 나누어 주면 된다. 또한 전자의 스핀 상태 2, 1/8 공간만을 고려하면 다음과 같다.

$$g(E)dE = \frac{4\pi k^2 dk}{\left(\frac{\pi}{a}\right)^3} \times 2 \times \frac{1}{8} = \frac{a^3}{4\pi^3} dk_x dk_y dk_z \tag{7-12}$$

따라서 단위 체적당 $E \sim E+dE$ 사이에 있는 상태 수는 수식 7-13과 같이 표현할 수 있다.

공간적 부피 a^3을 갖는 반도체 결정에 대해서 $E \sim E+dE$ 사이에 존재하는 양자 상태 밀도이며 부피 a^3으로 나누어 주면 반도체 결정의 단위 부피당 양자 상태 밀도가 된다.

$$g(E)dE = \frac{a^3}{4\pi^3} \times \frac{1}{a^3} dk = \frac{1}{4\pi^3} dk = \frac{1}{4\pi^3} dk_x dk_y dk_z \tag{7-13}$$

우리는 지금까지의 내용을 종합해서 7-11식을 다음과 같이 변형시킬 수 있다.

$$dn = g_c(E) f_F(E) dE = \frac{1}{4\pi^3} \exp\left[-\frac{(E-E_F)}{kT}\right] dk_x dk_y dk_z \tag{7-14}$$

따라서 반도체에서 메탈 방향으로 흐르는 전자에 대한 전류 밀도는 7-15식과 같이 변환시킬 수 있다. 여기서 k_x에 대한 적분 구간은 E_c' 이상의 전자가 메탈 방향으로 넘어갈 수 있기 때문에 최소점을 0으로 하고 적분 구간은 0부터 ∞로 취한다. 한편 k_y, k_z 성분에 대해서 적분 구간은 $-\infty \sim +\infty$가 될 것이다. 전자의 이동 방향은 (−), 전자의 전하량은 $(-q)$이므로 전류 밀도는 (+)가 된다.

$$J_{s\to m} = q\int v_x dn = q\int g_c(E)f(E)dE = \frac{q}{4\pi^3}\int_0^{\infty}\int_{-\infty}^{+\infty}\int_{-\infty}^{+\infty} v_x f(E)dk_x dk_y dk_z \tag{7-15}$$

$$v_x = \frac{\hbar k_x}{m_n^*} \qquad f(E) = \exp\left[-\frac{(E-E_F)}{kT}\right] \qquad E = E_c' + \frac{\hbar^2(k_x^2+k_y^2+k_z^2)}{2m_n^*}$$

$$J_{s\to m} = \frac{q\hbar}{4\pi^3 m_n^*}\int_0^{\infty}\int_{-\infty}^{+\infty}\int_{-\infty}^{+\infty} k_x \exp\left[-\frac{E_c' + \frac{\hbar^2(k_x^2+k_y^2+k_z^2)}{2m_n^*} - E_F}{kT}\right]dk_x dk_y dk_z$$

$$J_{s\to m} = \frac{q\hbar}{4\pi^3 m_n^*}\exp\left[-\frac{(E_c'-E_F)}{kT}\right]\int_0^{\infty} k_x \exp\left(-\frac{\hbar^2 k_x^2}{2m_n^* kT}\right)dk_x \int_{-\infty}^{+\infty}\exp\left(-\frac{\hbar^2 k_y^2}{2m_n^* kT}\right)dk_y \times \int_{-\infty}^{+\infty}\exp\left(-\frac{\hbar^2 k_z^2}{2m_n^* kT}\right)dk_z$$

다음과 같은 적분 공식을 이용하여 각 적분 값을 구한다.

$$\int x\exp(-cx^2)dx = -\frac{1}{2c}\exp(-cx^2), \qquad \int_{-\infty}^{+\infty}\exp(-cx^2)dx = \sqrt{\frac{\pi}{c}} \quad (c>0)$$

$$\int_0^{\infty} k_x \exp\left[-\frac{\hbar^2 k_x^2}{2m_n^* kT}\right]dk_x = -\frac{m_n^* kT}{\hbar^2}\exp\left[-\frac{\hbar^2 k_x^2}{2m_n^* kT}\right]_0^{\infty} = \frac{m_n^* kT}{\hbar^2}$$

$$\int_{-\infty}^{\infty}\exp\left[-\frac{\hbar^2 k_y^2}{2m_n^* kT}\right]dk_y = \sqrt{\frac{2\pi m_n^* kT}{\hbar^2}} \qquad \int_{-\infty}^{\infty}\exp\left[-\frac{\hbar^2 k_z^2}{2m_n^* kT}\right]dk_z = \sqrt{\frac{2\pi m_n^* kT}{\hbar^2}}$$

$$J_{s\to m} = \left[\frac{q\hbar}{4\pi^3 m_n^*}\exp\left(-\frac{E_c'-E_F}{kT}\right)\right]\times\frac{m_n^* kT}{\hbar^2}\times\sqrt{\frac{2\pi m_n^* kT}{\hbar^2}}\times\sqrt{\frac{2\pi m_n^* kT}{\hbar^2}}$$

$$J_{s\to m}=\frac{q\hbar}{4\pi^3 m_n^*}\ \frac{m_n^* kT}{\hbar^2}\ \frac{2\pi m_n^* kT}{\hbar^2}\exp\left(-\frac{E_c'-E_F}{kT}\right)=\frac{m_n^* k^2T^2}{2\pi^2\hbar^3}\exp\left(-\frac{E_c'-E_F}{kT}\right)$$

$\hbar=\dfrac{h}{2\pi}$를 대입하고 정리한다.

$$J_{s\to m}=\frac{4\pi q m_n^* k^2T^2}{h^3}\exp\left[-\frac{(E_c'-E_F)}{kT}\right]$$

그림 7-21에서 $E_F-E_c'=qV_a-q\phi_{Bn}$이므로 변환하여 다시 쓰면 상기 수식은 최종적으로 수식 7-16과 같이 표현된다. 수식 7-16은 두 가지 전류 성분의 차이로 표현됨을 알 수 있다. 반도체에서 메탈로 흐르는 전류는 순방향 전압에 의존한다. 내부 전위 장벽이 낮아지기 때문임을 알 수 있다. 또한 쇼트키 장벽의 음의 지수함수에 비례함을 알 수 있다. 지수함수 앞에 붙어 있는 상수항은 강한 온도의 함수임을 알 수 있다. 온도의 제곱에 비례해서 전류 밀도가 증가한다. 이 상수를 우리는 리처드슨(Richardson) 상수라 부른다. 한편 메탈에서 반도체로 흐르는 전류 밀도식을 살펴보자. 여기에는 순방향 전압의 수식이 없다. 쇼트키 장벽은 순방향 전압과 무관하다. 메탈의 일함수와 반도체의 전자 친화력 차이에 의존하며 이것은 물질이 결정되면 고정되는 값이다. 따라서 메탈에서 반도체로 흐르는 전류는 순방향 전압과 무관하게 쇼트키 장벽의 음의 지수함수에 비례하게 된다. 장벽이 낮아지면 이동하는 전자의 수는 증가할 것이다.

$$J_{s\to m}=\frac{4\pi q m_n^* k^2T^2}{h^3}\exp\left(\frac{qV_a}{kT}\right)\exp\left(\frac{-q\phi_{Bn}}{kT}\right)\qquad J_{m\to s}=\frac{4\pi q m_n^* k^2T^2}{h^3}\exp\left(\frac{-q\phi_{Bn}}{kT}\right)$$

$$J=J_{s\to m}-J_{m\to s}=\frac{4\pi q m_n^* k^2T^2}{h^3}\exp\left(\frac{-q\phi_{Bn}}{kT}\right)\left[\exp\left(\frac{qV_a}{kT}\right)-1\right]\tag{7-16}$$

수식 7-16은 PN 접합과 유사하게 역포화 전류 밀도의 항으로 표현할 수 있다.

$$\begin{aligned}J&=\left[\frac{4\pi q m_n^* k^2T^2}{h^3}\exp\left(\frac{-q\phi_{Bn}}{kT}\right)\right]\left[\exp\left(\frac{qV_a}{kT}\right)-1\right]\\&=J_{sT}\left[\exp\left(\frac{qV_a}{kT}\right)-1\right],\quad J_{sT}=\left[\frac{4\pi q m_n^* k^2T^2}{h^3}\exp\left(\frac{-q\phi_{Bn}}{kT}\right)\right]\end{aligned}\tag{7-17}$$

수식 7-17의 $q\phi_{Bn}$은 영상전하 효과를 고려한 쇼트키 장벽의 높이이다. 영상전하 효과에 대해서는 뒤에서 자세히 논의하겠지만 쇼트키 장벽의 높이를 감소시킨다.

따라서 $\phi_{Bn}=\phi_{B0}-\Delta\phi$이 된다. 수식 7-20의 역포화 전류 밀도 항 J_{sT}는 다음과 같이 다시 표현할 수 있다.

$$J_{sT} = \left[\frac{4\pi q m_n^* k^2 T^2}{h^3} \exp\left(\frac{-q\phi_{B0}}{kT}\right) \exp\left(\frac{q\Delta\phi}{kT}\right) \right] \tag{7-18}$$

복잡한 수학적 유도 과정을 모두 이해할 필요는 없다. 7-17과 7-18식의 결과만 잘 고찰해 두는 것으로 충분하다. 쇼트키 다이오드는 다수 캐리어의 소자이고, PN 접합 다이오드는 소수 캐리어 소자이다. 두 다이오드는 모두 순방향 전압의 형태로 전류식이 표현된다. 그러나 역포화 전류 밀도에서는 매우 큰 차이를 보인다. 쇼트키 다이오드가 2~3차수 더 큰데, 이는 장벽 높이 감소분 $\Delta\phi$가 증가함에 따라 역포화 전류 밀도는 지수함수로 증가하기 때문이다. 이 부분에 대해서는 7-6-5에서 예제를 통해서 고찰하겠다.

7-6 영상전하 효과

쇼트키 장벽 저하 효과는 그림 7-23 (a)와 같이 메탈과 반도체의 접촉 계면에서 발생한다. 특히 역방향 전압이 인가되었을 때 두드러지게 나타나며 순방향 전압 시에는 저하 효과가 제일 작다. 이러한 쇼트키 장벽 저하를 일으키는 원인은 영상전하 때문이다. 영상전하가 일으키는 전위는 반도체 표면의 전위를 왜곡시켜서 그림 7-23 (b)와 같이 에너지 밴드 갭의 변형을 일으킨다. 금속 표면 근방에 유기된 영상전하는 (+) 전하이므로 전자의 퍼텐셜 에너지를 감소시킬 것이다. 따라서 금속과의 경계면에서 반도체의 에너지 밴드 다이어그램은 아래로 굴곡되는 현상을 초래할 것이다. 영상전하로 인해 반도체 표면에 전위를 왜곡시킴으로서 그림 7-23 (b)와 같이 전도대의 바닥상태 곡선, 즉 전자의

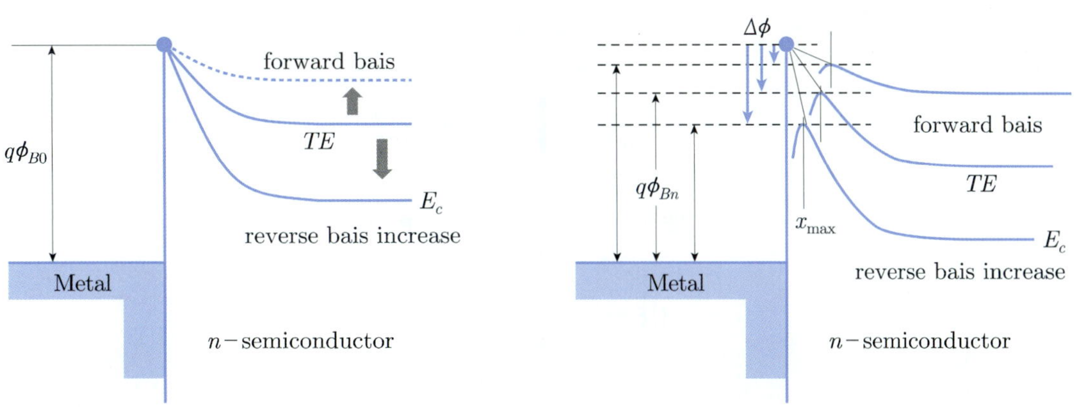

(a) 전압에 따른 lowering 효과 (b) lowering 효과를 고려한 에너지 밴드 다이어그램

그림 7-23 쇼트키 장벽 저하 효과에 대한 설명

위치에너지를 변화시킨다. 역방향 전압이 증가할수록 장벽 저하 효과($\Delta\phi$)는 두드러지며 계면 근처에 전자의 위치에너지가 가장 높은 변곡점이 존재한다는 것을 알 수 있으며 역방향 전압이 증가하면 변곡점($x_{\max}$)이 계면 근처로 접근해 간다. 이상이 역방향 전압에 따른 쇼트키 장벽 저하 현상이다.

7-6-1 영상전하에 의한 퍼텐셜

무한 크기의 금속 평판으로부터 일정 거리 x 지점에 (−) 점전하가 있다고 가정하자. 금속 표면에서의 전위는 0이 될 것이다. 그러나 (−) 점전하가 금속 표면으로 접근해 가면 표면의 전위는 0이 되지 않을 것이다. 표면에서의 전위가 0이 되기 위해 동일한 거리로 금속 반대편에 (+) 점전하가 있다고 가정하면 두 점전하가 만드는 퍼텐셜은 금속 표면에서 0이 될 것이며 영상 전하의 쿨롱 인력에 의해 음의 점전하(전자)가 받는 힘과 전자의 전위를 구하면 하기와 같다. 첨자 I는 image charge를 의미한다.

$$F_I = \frac{-q^2}{4\pi\epsilon_s(2x)^2} = -qE_I \qquad \therefore E_I = \frac{q}{16\pi\epsilon_s x^2} \tag{7-19}$$

$$E = -\frac{d\phi_I(x)}{dx} \quad \Rightarrow \quad d\phi_I(x) = -Edx \quad \Rightarrow \quad \phi_I(x) = -\int \frac{q}{16\pi\epsilon_s x^2}dx$$

$$\therefore \phi_I(x) = \frac{q}{16\pi\epsilon_s x} + C$$

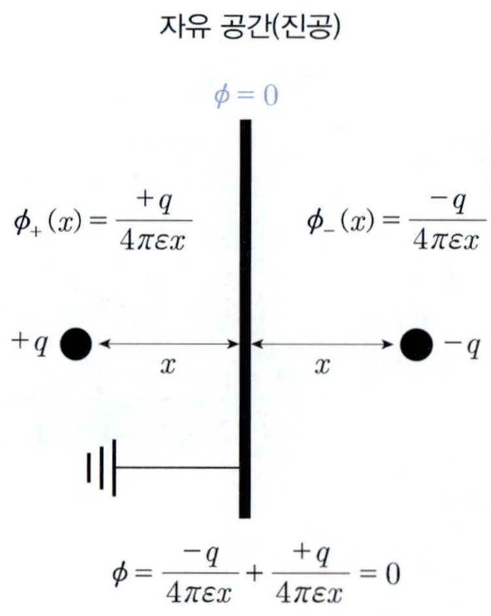

그림 7-24 무한 크기의 금속 평판에서의 영상전하

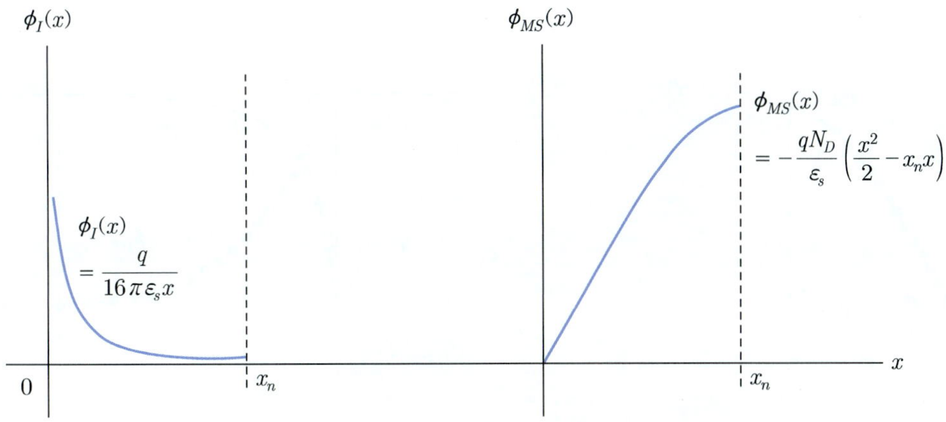

(a) 영상전하에 의한 전위 (b) MS 접합에 의한 전위

그림 7-25 MS 접합 내의 두 가지 전위 곡선

$$\text{boundary condition}\ \ \phi(\infty) = 0 \quad \therefore C = 0$$

$$\phi_I(x) = \frac{q}{16\pi\epsilon_s x} \tag{7-20}$$

영상전하에 의한 전자의 전위는 거리에 대한 역수의 함수인 것을 알 수 있다. 수식 7-20은 영상전하가 일으키는 전위에 해당한다. 그림 7-25는 영상전하에 의한 전위 곡선과 원래부터 존재하였던 MS 접합 내의 전위 곡선을 나타내었다.

MS 접합 내에서는 새로 추가된 영상전하에 의한 전위 $\phi_I(x)$에 의해 반도체 표면에서의 전위를 변형시킨다. 새로운 전위는 두 전위의 합으로 표현할 수 있을 것이다.

7-6-2 쇼트키 장벽 높이의 감소

MS 접합 내에는 영상전하가 일으키는 전위 ϕ_I와 MS 접합이 일으키는 전위 ϕ_{MS}가 존재하며 두 전위의 합으로 표현할 수 있다. 그림 7-26 (a)는 MS 접합 내에서 두 전위가 일으키는 곡선을 표시한 것이다. 두 전위의 합은 검은색 원으로 표시한 곡선이며, $\phi(x)$는 하기와 같이 표현할 수 있다.

$$\phi_{MS} = -\frac{qN_D}{\epsilon_s}\left(\frac{x^2}{2} - x_n x\right),\quad \phi_I(x) = \frac{q}{16\pi\epsilon_s x},\quad \phi(x) = \phi_{MS}(x) + \phi_I(x) \tag{7-21}$$

$x_{\min}$은 반도체 표면에 매우 근접해 있으며 공핍층의 폭 x_n에 비해서 무시할 수 있을 만큼 작다(실제로 수~수십 Å). 또한 이 지점에서는 접선의 기울기가 0이 되는 것을 알 수 있다. 우리는 전계에

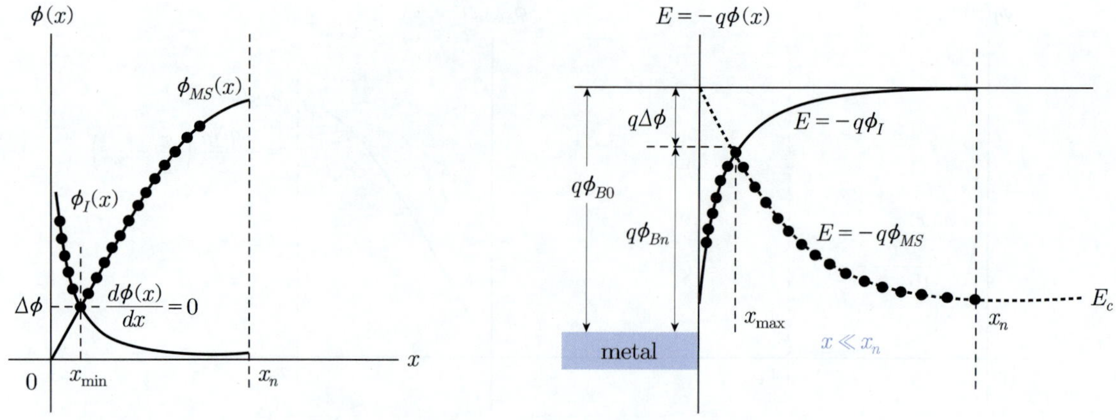

(a) MS 접합 내의 두 가지 전위 곡선 (b) 전위 곡선으로부터 얻은 전자의 퍼텐셜 에너지

그림 7-26 MS 접합 내의 전위와 전자의 퍼텐셜 에너지

따른 $x_{\min}$의 위치(MS 계면으로부터 얼마나 떨어져 있는지)와 $\Delta\phi$(쇼트키 장벽의 높이 감소)가 어느 정도 되는지를 알아보고자 한다.

x가 $x_{\min}$에 접근해 간다면 $\frac{x^2}{2} \ll x_n x$, $x \ll x_n$로 볼 수 있으므로 하기와 같이 식을 근사시킬 수 있다.

$$\phi_{MS} = -\frac{qN_D}{\epsilon_s}\left(\frac{x^2}{2} - x_n x\right),\ x \to x_{\min} \quad \frac{x^2}{2} \ll x_n x \quad \phi_{MS} = \frac{qN_D}{\epsilon_s} x_n x \tag{7-22}$$

$$|E(x)| = \frac{qN_D}{\epsilon_s}(x - x_n),\ x \to x_{\min} \quad x \ll x_n \quad |E(x)| = \frac{qN_D}{\epsilon_s} x_n \tag{7-23}$$

$$\therefore \phi_{MS} = \frac{qN_D}{\epsilon_s} x_n x = |E| x \tag{7-24}$$

$$\phi(x) = \phi_I + \phi_{MS} = \frac{q}{16\pi\epsilon_s x} + |E| x \ \Rightarrow\ \frac{d\phi}{dx} = -\frac{q}{16\pi\epsilon_s x^2} + |E| = 0$$

$$\therefore x_{\min} = \sqrt{\frac{q}{16\pi\epsilon_s |E|}} \tag{7-25}$$

$$\phi(x_{\min}) = \frac{q}{16\pi\epsilon_s}\sqrt{\frac{16\pi\epsilon_s |E|}{q}} + \sqrt{\frac{q|E|^2}{16\pi\epsilon_s |E|}} = \sqrt{\frac{q|E|}{16\pi\epsilon_s}} + \sqrt{\frac{q|E|}{16\pi\epsilon_s}}$$

$$\therefore \Delta\phi = \phi(x_{\min}) = \sqrt{\frac{q|E|}{4\pi\epsilon_s}} \tag{7-26}$$

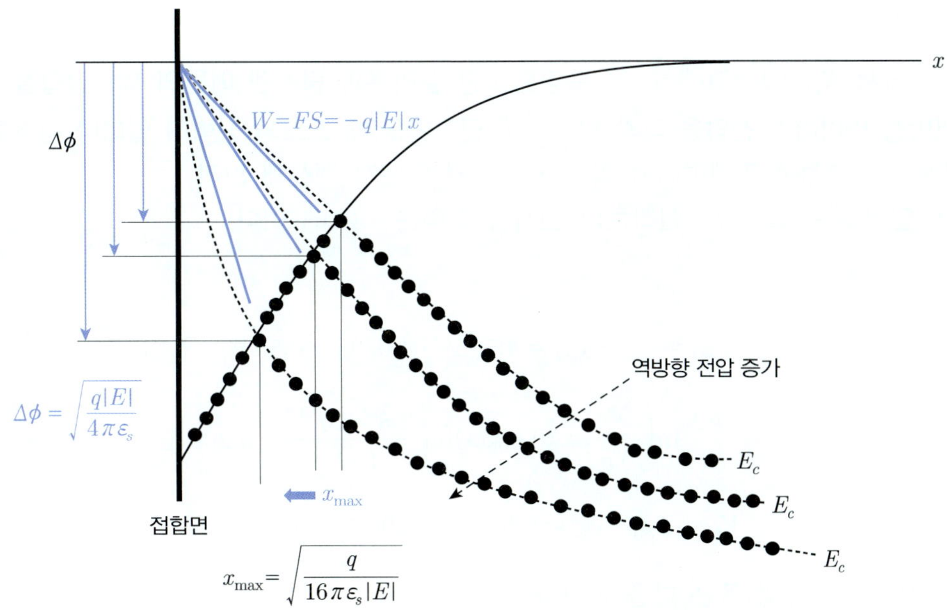

그림 7-27 MS 접합 내에서 영상전하에 의한 전위와 전자의 퍼텐셜 에너지 요약

쇼트키 장벽 감소($\Delta\phi$)는 전기장에 제곱근 함수로 비례함을 알 수 있다.

그림 7-26 (b)는 전위 곡선에 대응하는 전자의 위치에너지를 표시한 것이다. 이미 설명하였듯이 전위 곡선을 x축으로 대칭 이동시키면 얻을 수 있다. 그림 7-26 (a)의 검정 동그라미로 이루어진 곡선을 x축으로 대칭 이동하면 전자의 퍼텐셜 에너지가 되는 것이다. 이것이 바로 에너지 밴드 다이어그램에 해당한다. 그림 7-26 (b)의 검정 동그라미로 이루어진 곡선은 그림 7-26 (a)를 근거로 나타낸 전도대의 바닥상태의 에너지이다.

x_{min}이 x_{max}로 바뀐 것에 주의하라. 그림 7-26은 전자의 퍼텐셜과 퍼텐셜 에너지와의 관계를 나타낸 것으로 이해하면 된다. $q\Delta\phi$가 전위 곡선에서 구한 $\Delta\phi$에 해당하며 이것이 장벽 높이의 감소분을 나타내는 것이다. 또한 전자의 위치에너지가 가장 높은 곳 x_{max}는 전위 곡선에서 얻은 x_{min}에 해당하는 것이다.

그림 7-27은 이상을 요약한 것이다. 역방향 전압이 증가할수록 x_{max}는 감소하여 계면 근처에 접근하며 쇼트키 장벽 높이는 감소한다는 것을 표현한 그림이다. 수식 7-25, 26에서 다음 관계를 얻을 수 있다.

$$x \propto \frac{1}{\sqrt{E}} = \sqrt{\frac{q}{16\pi\epsilon_s E}} \qquad \Delta\phi \propto \sqrt{E} = \sqrt{\frac{qE}{4\pi\epsilon_s}} \tag{7-27}$$

예제를 통해서 실제로 구해 보자.

예제 7-6-1

$T=300\,\text{K}$에서 $N_D=1\times10^{16}\,\text{cm}^{-3}$ 도핑된 n형 실리콘과 텅스텐 메탈의 MS 접합을 생각해 보자. 역방향 바이어스 전압을 각각 $1\,\text{V}$, $5\,\text{V}$ 인가했을 때 쇼트키 장벽이 얼마나 감소하는지, 또 퍼텐셜의 최고점은 경계면에서 얼마나 떨어져 있는지 계산해 보라.
텅스텐의 일함수는 $4.55\,\text{eV}$, 실리콘의 전자 친화력은 $4.01\,\text{eV}$이다.

풀이

$$\phi_{B0}=\phi_m-\chi_{Si}=4.55\,\text{V}-4.01\,\text{V}=0.54\,\text{V}$$

$$\phi_n=\frac{kT}{q}\ln\left(\frac{N_c}{N_D}\right)=(0.0259)\ln\left(\frac{2.8\times10^{19}}{10^{16}}\right)=0.206\,\text{V}$$

$$V_{bi}=\phi_{B0}-\phi_n=0.54\,\text{V}-0.206\,\text{V}=0.334\,\text{V}$$

n형 반도체의 공핍층의 폭은 다음과 같다.

$$x_n=\sqrt{\left(\frac{2\epsilon_s(V_{bi}+V_R)}{qN_D}\right)}=\sqrt{(1.294\times10^{-9})(V_{bi}+V_R)}$$

1) $V_R=1\,\text{V}$, $V_{bi}=0.334\,\text{V}$

$$x_n=\sqrt{(1.294\times10^{-9})(1.334)}=4.155\times10^{-5}\,\text{cm}$$

전기장의 최고점은 다음과 같이 구할 수 있다.

$$|E_{\max}|=\frac{qN_Dx_n}{\epsilon_s}=\frac{(1.6\times10^{-19})(10^{16})(4.155\times10^{-5})}{(11.7)(8.85\times10^{-14})}=6.42\times10^4\,\text{V/cm}$$

따라서 퍼텐셜의 최고 지점(x)과 쇼트키 장벽의 감소분($\Delta\phi$)은 각각 다음과 같다.

$$x=\sqrt{\frac{q}{16\pi\epsilon_sE}}=\sqrt{\frac{1.6\times10^{-19}}{16\times3.14\times11.7\times8.85\times10^{-14}\times6.42\times10^4}}=2.189\times10^{-7}\,\text{cm}$$

$$\Delta\phi=\sqrt{\frac{qE}{4\pi\epsilon_s}}=\sqrt{\frac{(1.6\times10^{-19})(6.42\times10^4)}{4\times3.14\times11.7\times8.85\times10^{-14}}}=0.0281\,\text{V}$$

따라서 전계를 인가하기 전 쇼트키 장벽의 높이는 $0.54\,\text{V}$이었으나 전계를 인가한 후에는 $0.54-0.0281=0.512\,\text{V}$로 낮아짐을 알 수 있다. 저하된 장벽의 높이는 매우 낮지만 7-18식에서 역포화 전류는 장벽 높이 변화분의 지수함수로 변하는 것을 알 수 있다. 전류 값에 영향을 미칠 수 있을 것이다.

2) $V_R=5\,\text{V}$, $V_{bi}=0.334\,\text{V}$

$$x_n = \sqrt{(1.294\times10^{-9})(5.334)} = 8.309\times10^{-5}\text{ cm}$$

$$|E_{\max}| = \frac{qN_D x_n}{\epsilon_s} = \frac{(1.6\times10^{-19})(10^{16})(8.309\times10^{-5})}{(11.7)(8.85\times10^{-14})} = 1.284\times10^5\text{ V/cm}$$

$$x = \sqrt{\frac{q}{16\pi\epsilon_s E}} = \sqrt{\frac{1.6\times10^{-19}}{16\times3.14\times11.7\times8.85\times10^{-14}\times1.284\times10^5}} = 1.548\times10^{-7}\text{cm}$$

$$\Delta\phi = \sqrt{\frac{qE}{4\pi\epsilon_s}} = \sqrt{\frac{(1.6\times10^{-19})(1.284\times10^5)}{4\times3.14\times11.7\times8.85\times10^{-14}}} = 0.0397\text{ V}$$

역바이어스 전압이 증가할수록 쇼트키 장벽 감소는 0.0281 V → 0.0397 V로 증가하고 최대 전기장은 계면 근처에 더 접근해 간다는 것을 알 수 있다(21.89 Å → 15.49 Å).

7-7 PN 접합 다이오드와의 비교

쇼트키 다이오드와 PN 접합 다이오드는 각각 다수 캐리어의 열전자 방출, 소수 캐리어의 확산이 주요 전류를 발생시킨다고 학습하였다. 두 다이오드의 차이점에 대해서 더 고찰해 보자. 크게 2가지 면에서 큰 차이가 존재한다. 역포화 전류 밀도와 turn on 전압의 차이인데, 두 개는 서로 연관되어 있다. 두 다이오드의 주요 전류 성분은 그림 7-28에 요약하였다.

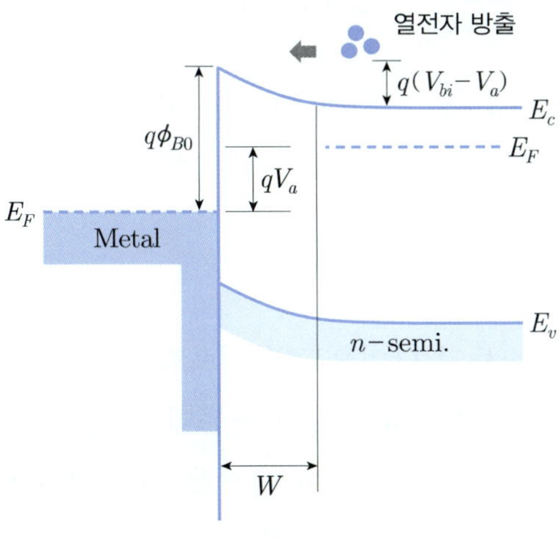

(a) 쇼트키 다이오드

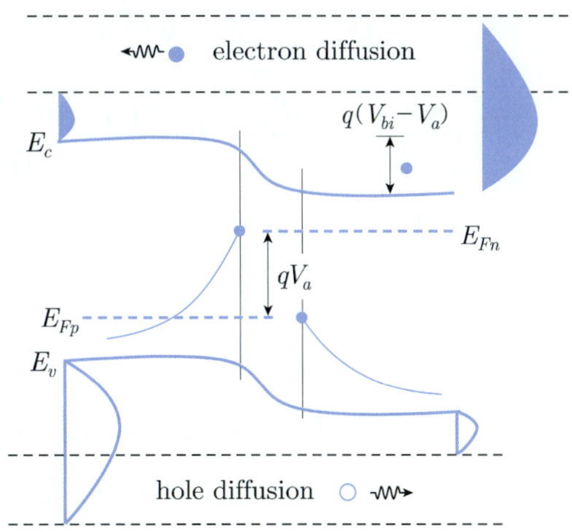

(b) PN 접합 다이오드

그림 7-28 쇼트키 다이오드와 PN 접합 다이오드의 주요 전류 발생 메커니즘

$$J=\left[\frac{4\pi q m_n^* k^2 T^2}{h^3}\exp\left(\frac{-q\phi_{Bn}}{kT}\right)\right]\left[\exp\left(\frac{qV_a}{kT}\right)-1\right]$$

$$J=\left(\frac{qD_p p_{n0}}{L_p}+\frac{qD_n n_{p0}}{L_n}\right)\left[\exp\left(\frac{qV_a}{kT}\right)-1\right]$$

쇼트키 다이오드와 PN 접합 다이오드의 첫 번째 차이점인 turn on 전압의 차이를 유발시키는 원인은 바로 역포화 전류 성분이 다르기 때문인데, 쇼트키 다이오드가 훨씬 크다. 다음 예제를 통해서 알아보도록 하자.

예제 7-7-1

$T=300\,\text{K}$에서 다음과 같은 값이 주어져 있다. 쇼트키 다이오드와 PN 접합 다이오드의 역포화 전류 밀도를 구해 보아라.

$$q\phi_{Bn}=0.67\,\text{eV},\ \frac{4\pi q m_n^* k^2}{h^3}=129\,\text{A/k}^2\text{cm}^2$$

$$N_A=10^{18}\,\text{cm}^{-3},\ N_D=10^{16}\,\text{cm}^{-3},\ D_p=10\,\text{cm}^2/\text{sec},\ D_n=25\,\text{cm}^2/\text{sec},\ \tau_p=\tau_n=10^{-7}\text{sec}$$

풀이

$$L_p=\sqrt{D_p\tau_p}=1.0\times10^{-3}\,\text{cm} \qquad L_n=\sqrt{D_n\tau_n}=1.58\times10^{-3}\,\text{cm}$$

$$p_{n0}=2.25\times10^{4}\,\text{cm}^{-3} \qquad n_{p0}=2.25\times10^{2}\,\text{cm}^{-3}$$

$$J_{sT}=\frac{4\pi q m_n^* k^2 T^2}{h^3}\exp\left(\frac{-q\phi_{Bn}}{kT}\right)=(129)(300)^2\exp\left(\frac{-0.67}{0.0259}\right)=6.764\times10^{-5}\,\text{A/cm}^2$$

$$J_s=\left(\frac{qD_n n_{p0}}{L_n}+\frac{qD_p p_{n0}}{L_p}\right)=\frac{(1.6\times10^{-19})(25)(2.25\times10^2)}{1.58\times10^{-3}}+\frac{(1.6\times10^{-19})(10)(2.25\times10^4)}{1.0\times10^{-3}}$$
$$=3.66\times10^{-11}\,\text{A/cm}^2$$

두 전류의 차수를 비교해 보면 비교할 수 없을 정도로 쇼트키 다이오드의 역포화 전류가 큰 것을 알 수 있다. PN 접합 다이오드는 역방향 바이어스에서 생성 전류도 발생하는데 이 값은 역포화 전류 밀도보다도 훨씬 큰 $10^{-7}\,\text{A/cm}^2$이다. 이 값도 쇼트키 다이오드의 역포화 전류 밀도보다도 2차수 낮은 값이다. 이러한 역포화 전류 밀도의 차이는 turn on 전압의 차이를 유발시킨다. 다음 예제를 통해서 turn on 전압을 비교해 보자.

예제 7-7-2

상기 예제 7-7-1의 인자들을 이용하여 쇼트키 다이오드와 PN 접합 다이오드에서 $10\,\mathrm{A/cm^2}$의 순방향 바이어스 전류 밀도를 얻기 위한 순방향 바이어스 전압을 구해 보아라.

풀이

$V_a \gg kT/q$라고 가정하고 (-1)항을 무시한다.

schottky diode:

$$V_a = \frac{kT}{q}\ln\left(\frac{J}{J_{sT}}\right) = (0.0259)\ln\left(\frac{10}{6.764\times 10^{-5}}\right) = 0.308\,\mathrm{V}$$

PN junction diode:

$$V_a = \frac{kT}{q}\ln\left(\frac{J}{J_s}\right) = (0.0259)\ln\left(\frac{10}{3.66\times 10^{-11}}\right) = 0.682\,\mathrm{V}$$

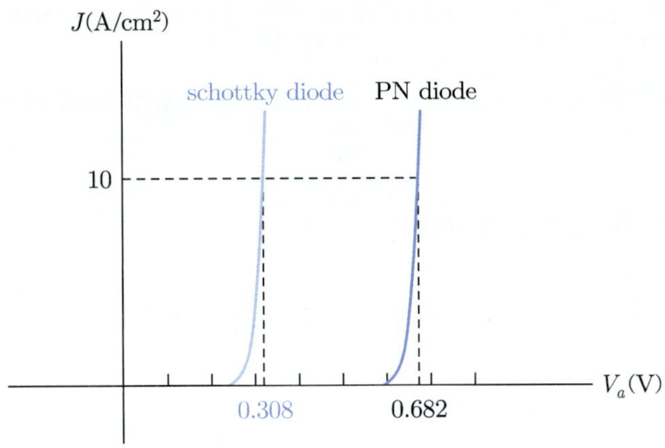

그림 7-29 쇼트키 다이오드와 PN 접합 다이오드의 순방향 J–V 특성 비교

두 배 이상 차이가 난다. 또한 쇼트키 다이오드가 더 빨리 turn on 된다. 쇼트키 다이오드는 다수 캐리어의 디바이스이기 때문에 PN 접합 다이오드처럼 소수 캐리어에 의한 캐리어의 축적을 만들지 않는다. 순방향에서 역방향으로 스위칭할 때 축적된 소수 캐리어를 빼낼 시간이 필요 없다. 소수 캐리어의 소자가 아니기 때문이다. 이것은 매우 큰 장점으로 고속 스위칭이 필요한 소자에 쇼트키 다이오드가 더 특화되어 있다고 볼 수 있다. 일반적으로 PN 접합 다이오드의 스위칭 시간은 나노초, 쇼트키 다이오는 피코초 정도로 알려져 있다. 3차수 차이가 나는 것이다. 한 가지 알아야 할 사실은 쇼트키 다이오드도 사실은 소수 캐리어가 반도체에서 메탈로 확산해 간다는 것이다. 그림 7-2를 보면 쉽게 알 수 있다. 이미 앞에서도 언급하였다. 밴드 밴딩으로 인하여 가전자대의 양공이 메탈 방향으로 흘러들어가므로 양공에 의한 전류가 발생한다. 그러나 소수 캐리어 양공의 농도는 다수 캐리어 전자의 농도에 비해 10차수 이상 낮다. 우리는 이러한 소수 캐리어에 의한 전류는 무시할 수 있다. 쇼트키 다이오드는 다수 캐리어 소자임을 기억하자.

예제 7-7-3

실리콘으로 구성된 쇼트키와 PN 접합 다이오드의 순방향 전압을 구해 보라. 접합의 단면적이 $1\times10^{-5}\,cm^2$인 두 다이오드의 역포화 전류 밀도는 300 K 에서 $5\times10^{-8}\,A/cm^2$, $1\times10^{-12}\,A/cm^2$이다. 두 다이오드에 1 mA 의 전류가 흐르기 위해서 필요한 순방향 전압을 구하라. 그리고 350 K 로 온도가 증가한다면 1 mA 의 전류는 얼마나 증가하겠는가? ($\phi_{B0}=0.62\,V$)

풀이

(1) $J=\dfrac{I}{A}=\dfrac{1\times10^{-3}\,A}{1\times10^{-5}\,cm^2}=10^2\,A/cm^2$

6장에서 구한 이상적인 PN 접합 다이오드 전류–전압 공식 6–15로부터 순방향 전압은 하기와 같다.

$$V_{aP}=\frac{kT}{q}\ln\left(\frac{J}{J_s}\right)=(0.0259)\ln\left(\frac{10^2}{1\times10^{-12}}\right)=0.835\,V:\ \text{PN diode}$$

$$V_{aS}=\frac{kT}{q}\ln\left(\frac{J}{J_{sT}}\right)=(0.0259)\ln\left(\frac{10^2}{5\times10^{-8}}\right)=0.555\,V:\ \text{Schottky diode}$$

우리가 앞에서 논의한 바와 같이 쇼트키 다이오드의 순방향 전압이 더 작다는 것을 알 수 있다.

(2) 먼저 PN 다이오드의 경우를 살펴보자.

$$J_s=qn_i^2\left[\frac{1}{N_D}\sqrt{\frac{D_p}{\tau_p}}+\frac{1}{N_A}\sqrt{\frac{D_n}{\tau_n}}\right]\qquad \therefore J_s\propto n_i^2=N_cN_v\exp\left(\frac{-E_g}{kT}\right)\qquad N_cN_v\propto T^3$$

300K, 350K에서 각각의 J_s 비율을 계산해 보자.

$$\frac{J_s(350)}{J_s(300)}=\frac{(350)^3\exp\left(\dfrac{-E_g}{kT\times(350/300)}\right)}{(300)^3\exp\left(\dfrac{-E_g}{kT}\right)}$$

$$=\left(\frac{350}{300}\right)^3\exp\left[\left(\frac{-1.12}{0.0259\times(350/300)}\right)+\left(\frac{1.12}{0.0259}\right)\right]$$

$$\therefore \frac{J_s(350)}{J_s(300)}=7.651\times10^2$$

$$I=(\text{접합 단면적})\times\frac{J_s(350)}{J_s(300)}\times(\text{300K에서의 역포화 전류 밀도})$$

$$\times\exp\left[\frac{V_{aP}}{(0.0259)\times(350/300)}\right]$$

$$=(1\times10^{-5})(7.651\times10^2)\times(1\times10^{-12})\times\exp\left(\frac{0.835}{0.0302}\right)=7.789\,mA$$

다음으로는 쇼트키 다이오드의 경우를 살펴보자.

$$J_{sT} \propto T^2 \exp\left(\frac{-q\phi_{B0}}{kT}\right)$$

PN 다이오드와 같은 방법으로 구해 보자.

$$\frac{J_{sT}(350)}{J_{sT}(300)} = \left(\frac{350}{300}\right)^2 \exp\left[\left(\frac{-0.62}{0.0259\times(350/300)}\right)+\left(\frac{0.62}{0.0259}\right)\right] = 41.598$$

$$I = (\text{접합의 단면적})\times\frac{J_{sT}(350)}{J_{sT}(300)}\times(5\times10^{-8})\times\exp\left[\frac{V_{aS}}{(0.0259)\times(350/300)}\right]$$

$$= (1\times10^{-5})(41.598)\times(5\times10^{-8})\times\exp\left(\frac{0.555}{0.0302}\right) = 1.992\,\text{mA}$$

이상 쇼트키 다이오드의 특성을 요약하면 그림 7-30과 같다.

1. 다수 캐리어에 의한 디바이스
2. 따라서 스위칭 시 소수 캐리어를 제거하는 시간이 필요하지 않다.
3. 축적 시간이 필요 없으므로 PN 접합 다이오드에 비해서 고속 스위칭이 가능하다.
4. 낮은 turn on 전압과 높은 역포화 전류 밀도를 갖는다.
5. 전류를 유발하는 다양한 전송 메커니즘이 존재한다. 열전자 방출, 터널링 전송, 확산 전류, 재결합 전류가 존재하나 열전자 방출이 지배적인 소자이다.

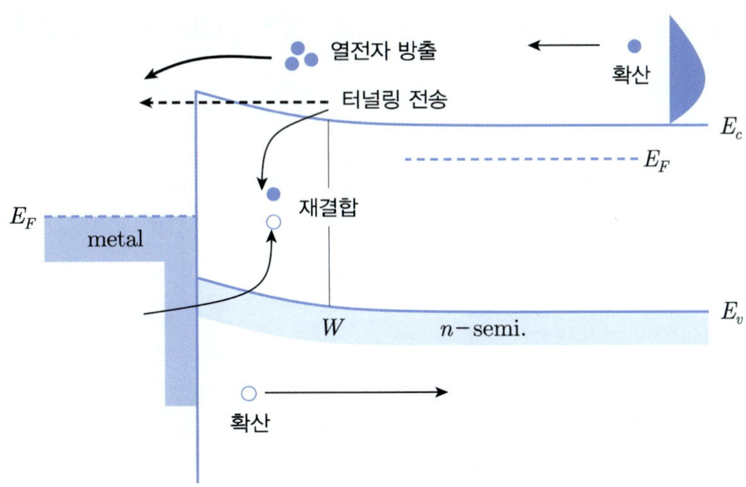

그림 7-30 쇼트키 다이오드의 다양한 전송 메커니즘

7-8 오믹 컨택 형성법

그림 7-31은 플래너 타입의 MOSFET 구조이다. source, drain은 금속으로 구성되어 있으며 반도체에 전류를 흘려주기 위한 전극 역할을 한다. 전류를 잘 흘려주기 위해서는 오믹 컨택을 형성해야 한다. MOSFET 구조를 살펴보면 우리가 지금까지 배운 PN 접합, 금속-반도체 접합(source, drain 부근을 참조), 다음 장에서 학습할 메탈-산화막-반도체(MOS) 구조가 서로 혼합되어 있음을 알 수 있다.

MOSFET 소자에 전류를 흘려줄 때는 모두 전극을 통한다. 비단 MOSFET 뿐만 아니라 모든 반도체 소자는 전극을 통해서 전류를 흘려 보낸다. 전극과 접촉하는 반도체의 경계면(interface), 전극의 재료는 반도체의 소자 성능하고도 직접적인 연관이 있어서 매우 중요한 분야이기도 하다. 전극은 게이트 전극과 source/drain 전극으로 구성되어 있으며 source/drain 전극에는 n^+반도체와 접촉하고 있음을 알 수 있다.

지금까지 우리는 반도체에 사용할 수 있는 전극 재료가 제한적이라는 사실과 반도체와 메탈 사이의 계면 준위에 의한 페르미 준위 피닝(pinning) 현상으로 인하여 오믹 컨택이 잘 형성되지 않을 수 있다는 사실도 알게 되었다. 이번 절에서는 메탈을 통하여 반도체에 전류를 흘려보낼 때 양방향으로 전류가 잘 통하는 오믹 컨택을 형성하는 가장 좋은 방법에 대해서 논의할 것이다. 결론적으로 미리 기술하자면 heavily doping하여 공핍층의 두께를 줄여서 터널링 전류를 형성하는 것이다. 이러한 heavily doping 법은 쇼트키 컨택에서도 전류를 잘 흘려줄 수 있는 아주 유용한 방법이다. 이러한 현상에 대해서 하나씩 고찰해 보기로 하자.

n형 반도체에 과하게 도핑을 하면 페르미 준위가 전도대에 근접하게 되며 공핍층의 폭이 감소한다.

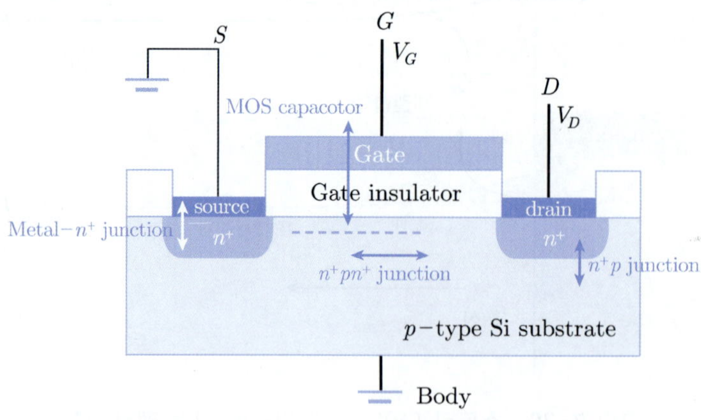

그림 7-31 MOSFET 소자의 전극 구성

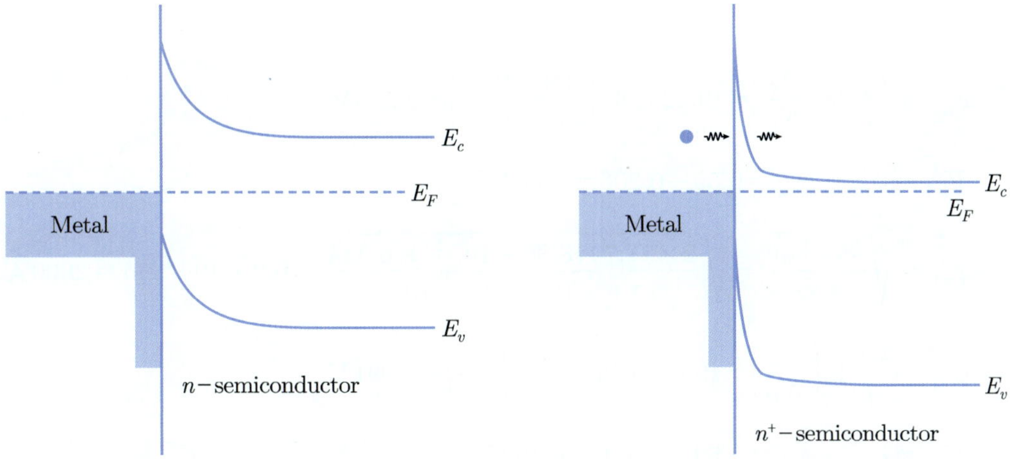

(a) Mn schottky junction (b) Mn^+ schottky junction

그림 7-32 과도핑한 쇼트키 접합의 에너지 밴드 다이어그램

그림 7-32에 과도핑한 반도체와 메탈의 접촉 전 에너지 밴드 다이어그램을 표시하였다.

접촉 후에는 페르미 준위가 수평하게 맞추어지며 페르미 준위의 차이가 큰 경우 밴드가 더 많이 휘어진다는 것은 이미 학습하였다. 따라서 과도핑한 반도체의 경우에 에너지 밴드가 더 많이 휘어질 수 있다. 페르미 준위 차가 커지면서 반도체에서 메탈로 전자가 더 많이 유입되면서 페르미 준위가 수평으로 맞춰진다. 우리는 도핑 농도와 공핍층 간의 수학적 관계식도 유도하였다. 수식 7-7을 참조하라.

$$W = \sqrt{\frac{2\epsilon_s(V_{bi} + V_R)}{qN_D}}$$

이미 학습하였지만 과도핑을 하게 되면 공핍층의 폭은 제곱근에 반비례해서 감소한다. 그림 7-32를 보면 쇼트키 접합에서 과도핑한 경우에 공핍층의 폭이 감소하여 에너지 장벽의 두께가 얇아졌음을 알 수 있다. 그림 7-32 (b)에 얇아진 에너지 장벽을 표시하였다. 이런 경우에는 전자의 터널링 현상이 발생할 수 있다. 과도핑한 경우에는 열전자 방출이 아니라 터널링 전류 메커니즘으로 흘러가는 것이다.

예제 7-8-1

상온에서 실리콘 반도체에 각각 $N_D = 8 \times 10^{18}\,\text{cm}^{-3}$, $1 \times 10^{16}\,\text{cm}^{-3}$ 주입하였다. 전극 재료는 몰리브덴이며 쇼트키 장벽의 높이 $\phi_{B0} = 0.59\,\text{V}$이다. 쇼트키 장벽 저하 효과는 무시하고 각각의 주입 농도에서 공핍층의 폭을 구해 보아라. 그리고 $N_D = 8 \times 10^{18}\,\text{cm}^{-3}$의 경우, 역바이어스 전압이 $2\,\text{V}$ 인가되었을 때 공핍층의 폭을 구해 보아라.

풀이

$$\phi_{n1} = \frac{kT}{q}\ln\left(\frac{N_c}{N_D}\right) = (0.0259)\ln\left(\frac{2.8\times10^{19}}{1\times10^{16}}\right) = 0.206\,\text{V}$$

$$V_{bi1} = \phi_{B0} - \phi_{n1} = 0.59 - 0.206 = 0.384\,\text{V}$$

$$x_{n1} = \sqrt{\frac{2\epsilon_{Si}V_{bi1}}{qN_D}} = \sqrt{\frac{2\times11.7\times8.85\times10^{-14}\times0.384}{1.6\times10^{-19}\times1\times10^{16}}} = 0.2\times10^{-4}\,\text{cm} = 2000\,\text{Å}$$

$$\phi_{n2} = \frac{kT}{q}\ln\left(\frac{N_c}{N_D}\right) = (0.0259)\ln\left(\frac{2.8\times10^{19}}{8\times10^{18}}\right) = 0.091\,\text{V}$$

$$V_{bi2} = \phi_{B0} - \phi_{n2} = 0.59 - 0.091 = 0.499\,\text{V}$$

$$x_{n2} = \sqrt{\frac{2\epsilon_{Si}V_{bi2}}{qN_D}} = \sqrt{\frac{2\times11.7\times8.85\times10^{-14}\times0.499}{1.6\times10^{-19}\times8\times10^{18}}} = 8.985\times10^{-7}\text{cm} = 89.85\,\text{Å}$$

$$x_n = \sqrt{\frac{2\epsilon_{Si}(V_{bi}+V_R)}{qN_D}} = 2.0\times10^{-6}\text{cm} = 200\,\text{Å}$$

실리콘을 유효 상태 밀도에 가깝게 과도핑하였더니 공핍층의 폭이 대략 90 Å 까지 감소하였다. 이 정도의 장벽 두께라면 전자는 터널링 확률이 크게 증가할 것이다. 역바이어스 인가 시에도 공핍층의 폭은 그다지 크게 증가하지 않았다. 수백 Å 두께라면 전자의 터널링 현상이 관측될 것이다.

오믹 컨택을 형성하는 방법에는 크게 두 가지가 있다.

1. 장벽의 높이를 낮춘다.

이것은 금속의 일함수가 작을수록 좋다는 의미이다. 우리는 $\phi_{B0} = \phi_m - \chi_s$를 기억할 것이다. 반도체의 재료가 실리콘으로 결정되었다면 일함수 값이 가능한 작은 금속을 선택하는 것이 좋다. 그러나 표 7-1에서 n형 실리콘의 전자 친화력과 좋은 오믹 컨택을 할 수 있는 금속 재료는 한정적이다.

2. 과도핑을 한다.

앞에서도 설명하였지만 과도핑을 하게 되면 터널링 전류 메커니즘에 의하여 전자는 메탈에서 반도체로 얇아진 에너지 장벽을 터널링할 수 있다. 실리콘의 전자 친화력과 금속의 일함수 차이가 작을수록 금속-반도체 간 장벽의 높이를 줄일 수 있는데 표 7-1을 보면 알 수 있듯이 그러한 금속 재료가 매우 제한적이다. 또한 금속 재료는 반도체에서 심각한 불순물로 작용할 수도 있으며 금속의 패턴 용이성, 공정 안정성, 환경 등 여러모로 평가하여 선택하는 것이기 때문에 사실 반도체에서 사용할 수 있는 금속은 제한적일 수밖에 없다.

금속의 일함수가 커서 장벽이 존재하는 경우 왜 전자의 흐름이 양방향성을 갖지 못하는지 살펴보자. 그림 7-33에 텅스텐 전극과 n형 실리콘의 접촉 전과 후의 에너지 밴드 다이어그램을 나타내었다. 에너지 장벽은 하기와 같다.

$$\phi_{B0} = 4.55 - 4.01 = 0.54\,\mathrm{V}$$

상당히 큰 에너지 장벽이 발생하였다. 접촉 전 그림은 그림 7-33 (a)이고 접촉 후 그림은 그림 7-33 (b)이다. 전자는 메탈에서 반도체로 유입되고 반도체의 전자의 위치에너지는 증가하므로 위로

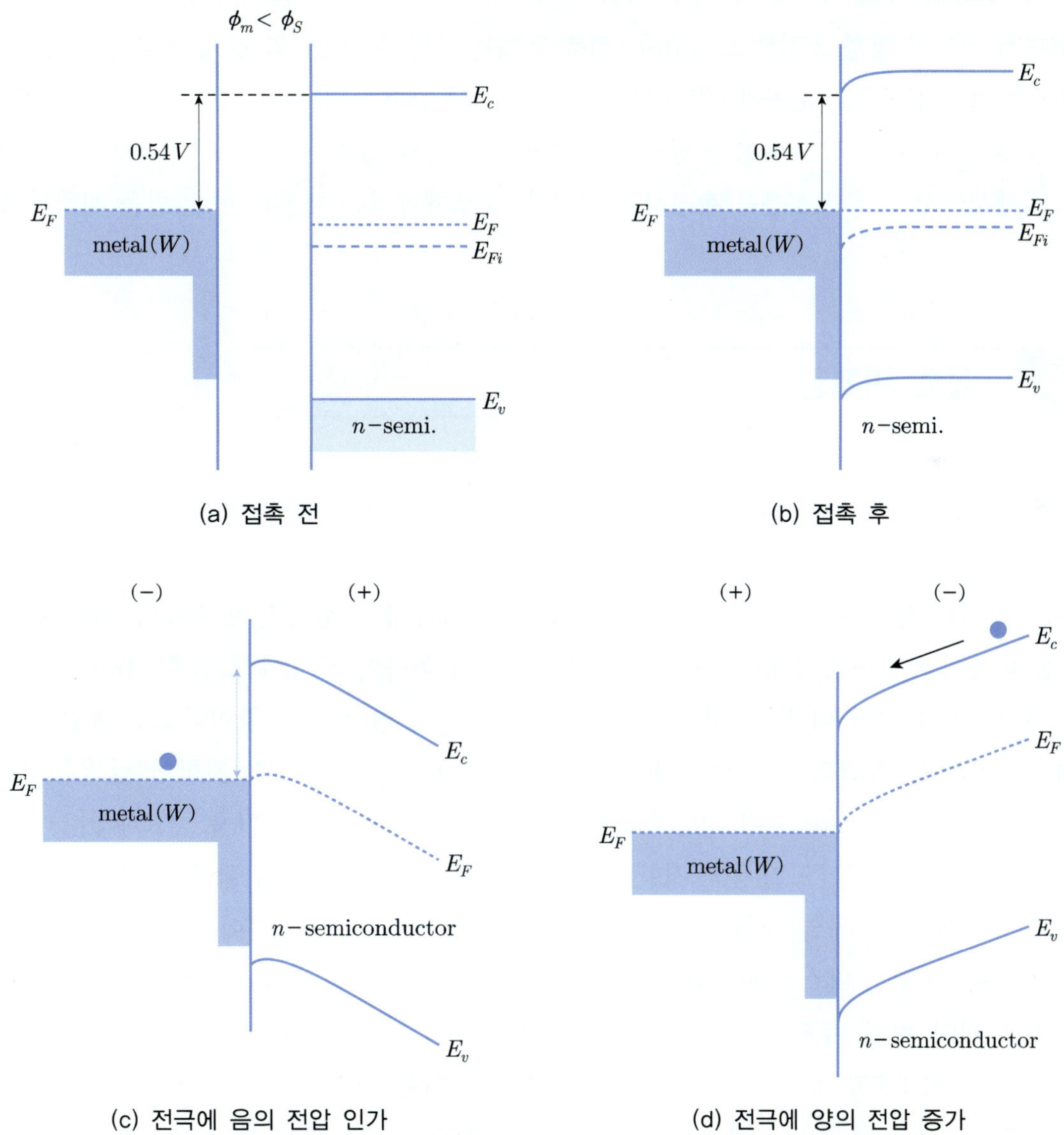

그림 7-33 n형 실리콘과 텅스텐 전극의 오믹 컨택

굽은 밴드를 나타낼 것이다. 반도체에 음의 전압을 인가하면 전자는 반도체에서 메탈로 흐르는데 이때 에너지 장벽은 존재하지 않는다. 반면에 메탈에서 반도체로는 청색 화살표로 표시한 에너지 장벽이 존재하여 전자의 흐름을 방해한다. 오믹 컨택임에도 불구하고 한쪽 방향으로만 전류가 형성된다. 우리가 지금까지 논의한 n형 반도체의 오믹 컨택은 개념 설명을 위한 이상적인 경우만을 논의한 것이다. 그림 7-8, 7-9를 참조하라. 그림 7-8에는 에너지 장벽이 거의 없는 경우를 묘사하였다. 즉 금속의 일함수와 반도체의 전자 친화력의 차이가 거의 존재하지 않는 이상적인 경우이다. 그림 7-33은 실제의 경우에 해당한다. 따라서 오믹 컨택이 잘 이루어지지 않을 수 있다.

반도체를 결정하면 이에 맞는 오믹 컨택용 금속을 찾는 것이 필요하다. 그렇지만 상기에서 설명하였듯이 전극 재료에는 제한이 따르게 된다. 따라서 과도핑을 하게 되면 페르미 준위는 상승하고 $\phi_m > \phi_s$로 바뀌면서 쇼트키 형성 조건으로 바뀐다. 접촉 후에는 그림 7-32 (b)와 같이 에너지 장벽의 두께가 얇아져서 터널링 현상으로 전자가 메탈에서 반도체로 이동한다. 과도핑은 심지어 쇼트키 컨택에서도 전류를 잘 흐르게 할 수 있는 유용한 방법이다. 따라서 전극과 접촉하는 반도체에 과도핑하여 터널링 전류를 발생시켜서 전류의 흐름을 촉진하는 것이다. 산업계에서는 대부분 이 방법을 채택하고 있다.

7-9 접촉 비저항

우리는 앞 장에서 전극을 형성하기 위해서는 메탈과 반도체 접합에서 오믹 컨택을 형성하는 것이 중요하다는 것을 이해하였다. 전극은 외부에서 반도체에 전류를 흘려주는 아주 중요한 역할을 한다. 메탈 자체의 비저항이나 기타 여러 가지 특성들을 만족해야 하겠지만 반도체와 메탈 간의 접촉 비저항은 디바이스 성능에 영향을 주는 중요 인자들 중의 하나이다. 현재도 접촉 비저항을 낮추려는 여러 가지 연구, 개발이 이루어지고 있다. 접촉 비저항은 일명 컨택 저항이라고도 불린다. 최근의 반도체 분야에서는 채널의 길이가 3~5 nm 시대로 접어들면서 채널의 저항이 급격히 감소하게 되었다. 이러한 short channel이 되면서 접촉 비저항을 줄이는 연구가 더욱 중요해졌다. MOSFET 소자 구조를 살펴보면 채널도 일종의 저항 역할을 한다. 그런데 그 길이가 짧아지면서 저항도 작아지게 되었고, 이에 따라 채널 저항을 줄이는 연구보다는 컨택 저항을 줄이려는 시도가 더 활발히 진행되고 있는 것이다. 디스플레이 분야에서는 사정이 조금 다르다. 디스플레이의 TFT에서는 채널 길이가 반도체에 비해 비교할 수 없을 만큼 길어서 채널 저항이 매우 크다.

그림 7-34는 MOSFET 반도체와 디스플레이에서 사용하는 TFT(Thin film transistor)의 구조를 비교한 것이다. 물론 현재 반도체에서 사용하는 MOSFET 구조는 진화를 거쳐서 finFet 구조에서

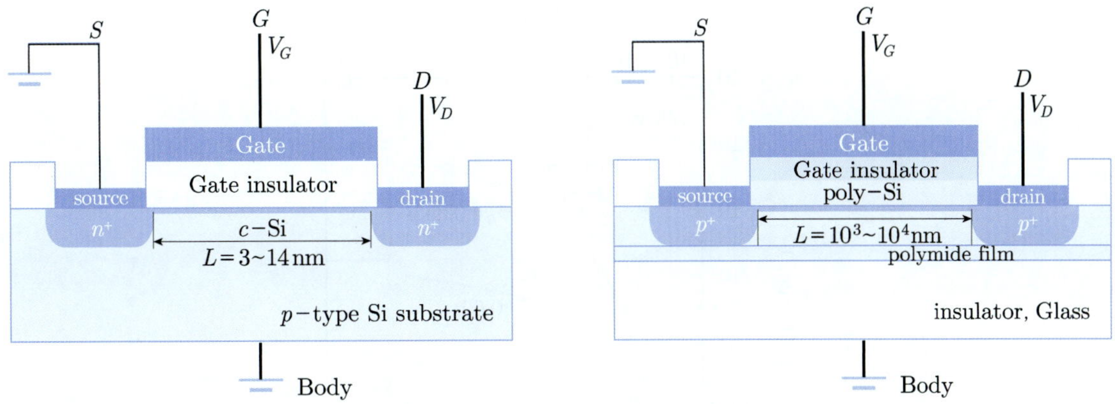

(a) 플래너 타입 MOSFET (b) 플랙셔블 OLED TFT

그림 7-34 MOSFET vs TFT

GAA(gate all around)의 3차원 구조로 바뀌었다. 그러나 기본적인 동작은 플래너 타입의 그림 7-34와 매우 유사하다. 디스플레이에 사용하는 TFT와 MOSFET의 차이점은 몇 가지가 있는데 가장 두드러진 것은 스케일이다. 현재 발표된 MOSFET의 채널 길이는 2~3 nm에 해당한다. 정확히 표현한다면 채널 길이 2~3 nm급의 성능을 구현시킬 수 있다는 의미이다. 실제의 채널 길이는 아마도 이것보다는 길 것으로 예상된다. 디스플레이에 사용하는 TFT는 대략 1~10 마이크로의 범위를 갖는다. 반도체와 규모가 완전히 다르다.

가장 짧은 곳을 비교하여도 약 1000배 이상의 차이가 있다. 채널은 일종의 저항이다. 반도체는 채널 길이가 매우 짧아져서 채널 저항이 많이 감소하였다. 반도체에 기생하는 저항 성분을 줄이기 위해서는 이제 채널 저항보다는 전극의 접촉 저항을 줄이는 것이 더 효과적이다. TFT의 경우에는 아직도 채널 길이가 마이크로 단위이며 반도체 입장에서 본다면 극단적으로 긴 채널에 해당한다. 따라서 저항 성분이 매우 크다. 디스플레이 분야에서는 source, drain 컨택 저항을 줄이는 것이 비효과적일 수도 있다. 왜냐하면 채널이 길어서 채널 저항이 더 크기 때문에 컨택 저항을 줄이더라도 전자의 흐름이 채널에서 원활하게 이루어지지 않을 수 있기 때문이다. 그러나 반도체에서는 상황이 달라진다. 채널의 길이는 TFT의 1/1000 수준이다. 따라서 컨택 저항을 줄이는 것은 디바이스 성능 향상에서 매우 중요할 수도 있다. 반도체에서는 여러 가지 저항을 줄이는 방법이 있는데 앞에서 다룬 heavily 도핑 법도 하나의 방법이며 다른 하나는 메탈과 반도체의 계면에 열처리를 통해서 실리사이드를 형성하는 것이다. MOSFET 편에서 다시 다루도록 하겠다.

접촉 비저항은 다음과 같이 정의한다.

$$R_c = \left| \left(\frac{\partial J}{\partial V} \right)^{-1} \right|_{V=0} \qquad J = \left[\frac{4\pi q m_n^* k^2 T^2}{h^3} \exp\left(\frac{-q\phi_{Bn}}{kT} \right) \right] \left[\exp\left(\frac{qV_a}{kT} \right) - 1 \right]$$

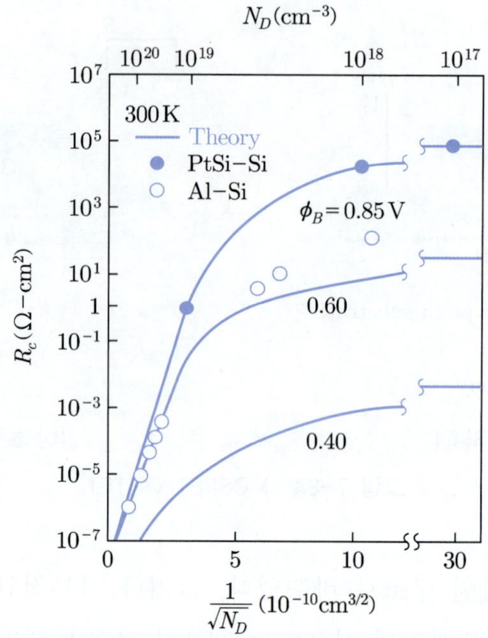

그림 7-35 도핑 농도와 접촉 비저항의 이론값과 실험값을 비교한 결과
(Sze,S.M. physics of semiconductor devices 참조)

$$R_c = \left[\frac{h^3}{4\pi q m_n^* k^2 T^2}\frac{kT}{q}\exp\left(\frac{q\phi_{Bn}}{kT}\right)\right] = \left[\frac{h^3}{4\pi q^2 m_n^* kT}\exp\left(\frac{q\phi_{Bn}}{kT}\right)\right]$$

접촉 비저항은 쇼트키 장벽 높이에 지수함수로 비례한다는 것을 알 수 있다. 쇼트키 장벽 높이는 제어하는 것이 곤란하므로 도핑 농도를 증가시켜 쇼트키 장벽의 두께를 줄여서 터널링 전류를 확보하는 방법으로 접촉 비저항을 줄일 수 있다(그림 7-32 참조). 접촉 비저항은 도핑 농도의 제곱근 함수의 역수에 비례한다. 여기서는 수학적 관계식을 나타내지 않았다. 도핑 농도를 증가시켜 접촉 비저항을 줄여서 터널링 전류를 확보하는 방법이다. 그림 7-35는 도핑 농도와 접촉 비저항의 관계를 실험적으로 측정한 데이터이다. 따라서 현재 반도체 분야에서는 전극과 접촉하는 반도체에는 오믹 컨택의 어려움으로 인하여 과도핑을 하여 접촉 저항을 낮추어 터널링 전류를 증가시키는 방법을 채택하고 있다는 사실을 기억하자.

CHAPTER 07 연습문제

01 $N_D = 5\times10^{16}\,\text{cm}^{-3}$만큼 도핑된 n형 실리콘과 금속이 접합을 이루고 있다. 쇼트기 장벽 다이오드가 형성되어 있고 쇼트키 장벽 높이는 $\phi_{B0} = 0.65\,\text{V}$이다. 다음을 구하라.

(1) 내부 전계 V_{bi}

(2) 도핑 농도가 $1\times10^{17}\,\text{cm}^{-3}$이 되었을 때 쇼트키 장벽과 내부 전계

02 실리콘 위에 금을 증착시켜서 쇼트키 접합을 만들려고 한다. $N_D = 5\times10^{16}\,\text{cm}^{-3}$, $T = 300\,\text{K}$에서 이상적인 쇼트키 장벽과 내부 전계를 구하고 역바이어스 전압이 각각 $3\,\text{V}$, $5\,\text{V}$일 때 x_n, $|E_{\max}|$를 구해 보아라. 표 7-3을 참조할 것.

03 실리콘 위에 텅스텐을 증착시켜서 쇼트키 접합을 만들려고 한다. $N_D = 5\times10^{16}\,\text{cm}^{-3}$, $T = 300\,\text{K}$에서 다음을 구해 보아라. 표 7-3을 참조할 것.

(1) ϕ_{B0}

(2) ϕ_n

(3) V_{bi}

(4) $V_R = 1\,\text{V}$에서 x_n, $|E_{\max}|$

(5) $V_R = 5\,\text{V}$에서 x_n, $|E_{\max}|$

04 $N_D = 5\times10^{16}\,\text{cm}^{-3}$, $T = 300\,\text{K}$의 n형 실리콘과 텅스텐을 접합시켜서 쇼트키 접합을 만들고자 한다. $V_R = 1\,\text{V}$에서 영상전하에 의한 쇼트키 장벽 저하와 퍼텐셜의 최고점은 경계면에서 얼마나 떨어져 있는지 구해 보아라.

05 $N_D = 5\times10^{16}\,\text{cm}^{-3}$, $T = 300\,\text{K}$의 n형 실리콘과 텅스텐으로 구성한 쇼트키 접합 다이오드가 있다. 단면적은 $A = 10^{-4}\,\text{cm}^2$이다. 순방향 전류 $50\,\mu\text{A}$, $5\,\text{A}$를 얻기 위한 순방향 전압을 구해 보아라. 쇼트키 장벽은 표 7-3을 참조하라. 장벽 저하, 계면 준위는 고려하지 않는 이상적인 경우로 가정하라.

06 쇼트키 접합 다이오드와 PN 접합 다이오드가 있다. $T = 300\,\text{K}$에서 역포화 전류 밀도는 각각 $J_{sT} = 3\times10^{-8}\,\text{A/cm}^2$, $J_s = 2\times10^{-11}\,\text{A/cm}^2$이며 쇼트키 다이오드의 접합 단면적은 $A = 10^{-4}\,\text{cm}^2$이다. 각 다이오드의 전류는 $0.5\,\text{mA}$이며 순방향 바이어스의 전압 차는 $0.3\,\text{V}$이다. 각 다이오드에 가해지는 전압과 PN 접합의 단면적을 구해 보아라.

07 쇼트키 접합 다이오드와 PN 접합 다이오드가 있다. 접합의 단면적은 각각 동일하며 $A = 10^{-4}\,\mathrm{cm}^2$ 이다. $T = 300\,\mathrm{K}$에서 역포화 전류는 각각 $J_s = 6\times10^{-13}\,\mathrm{A/cm^2}$, $J_{sT} = 6\times10^{-9}\,\mathrm{A/cm^2}$이다. $500\,\mu\mathrm{A}$, $5\,\mathrm{mA}$의 전류를 생성하기 위한 순방향 전압을 각각 구해 보아라.

08 쇼트키 접합 다이오드와 PN 접합 다이오드가 있다. 접합의 단면적은 각각 동일하며 $A = 8\times10^{-4}\,\mathrm{cm}^2$ 이다. $T = 300\,\mathrm{K}$에서 역포화 전류는 각각 $J_s = 3\times10^{-12}\,\mathrm{A/cm^2}$, $J_{sT} = 4\times10^{-8}\,\mathrm{A/cm^2}$이다. 각 다이오드에는 순방향 전류 $1\,\mathrm{mA}$가 필요하다. 순방향 전압을 구해 보고 온도가 $400\,\mathrm{K}$로 증가하면 각 다이오드의 전류는 얼마나 증가할지도 구해 보아라. $\phi_{B0} = 0.82\,\mathrm{V}$이다.

09 금속과 실리콘을 접합하여 장벽의 높이가 낮은 저항성 접촉을 만들려고 한다. $T = 300\,\mathrm{K}$에서 접촉 저항 $R_c = 5\times10^{-5}\,\Omega\,\mathrm{cm}^2$가 되는 ϕ_{Bn}을 구하라.

10 금속의 일함수가 $\phi_m = 4.2\,\mathrm{V}$이다. n형 실리콘과 접합을 이루고 계면 준위는 없다고 가정했을 때 공간전하 영역이 존재하지 않을 경우 제로 바이어스에서의 도너 농도를 구하고 금속에 있는 전자가 반도체로 이동하려고 할 때 전자가 느끼는 전위 장벽을 구해 보아라.

11 백금과 n형 실리콘 접합이 있다. $T = 300\,\mathrm{K}$, $N_D = 10^{16}\,\mathrm{cm}^{-3}$, $A = 10^{-4}\,\mathrm{cm}^2$, $\phi_{B0} = 0.88\,\mathrm{V}$이다. $V_R = 1\,\mathrm{V}$, $5\,\mathrm{V}$일 때 접합 커패시턴스를 구해 보아라.

12 상기 문제에서 n형 GaAs에 대해서도 구해 보아라. $N_D = 2\times10^{16}\,\mathrm{cm}^{-3}$, $\phi_{B0} = 0.82\,\mathrm{V}$이다. GaAs의 유전상수는 13.1, $N_c = 4.7\times10^{17}\,\mathrm{cm}^{-3}$이다.

13 n-Si와 Pt로 구성된 쇼트키 접합 다이오드가 있다. $N_D = 2\times10^{16}\,\mathrm{cm}^{-3}$, $\phi_{B0} = 0.88\,\mathrm{V}$이다. 상온에서 다음을 구해 보아라. 쇼트키 장벽 저하 효과는 무시한다.

(1) ϕ_n　(2) V_{bi}　(3) J_{sT}　(4) $J_n = 5\,\mathrm{A/cm^2}$이 되기 위한 V_a

14 $10^{16}\,\mathrm{cm}^{-3}$만큼 도핑된 n-Si 반도체가 상온에 놓여 있다. 전극으로는 Au를 사용하여 쇼트키 다이오드를 제작하려고 한다. $\phi_{Bn} = 0.78\,\mathrm{V}$로 가정하고 다음을 구해 보아라. 쇼트키 장벽 저하 효과는 무시한다.

(1) J_{sT}　(2) $J_n = 10\,\mathrm{A/cm^2}$을 얻기 위한 순방향 전압

15 연습문제 14와 동일한 조건에서 단면적은 $A = 10^{-4}\,\mathrm{cm}^2$로 가정해서 $V_R = 3\,\mathrm{V}$일 때 역포화 전류 밀도 J_{sT}를 구해 보아라. 쇼트키 장벽 저하 효과를 고려하라.

16 $N_D = 10^{16}\,\mathrm{cm}^{-3}$만큼 도핑된 n-Si 반도체가 상온에 놓여 있다. 전극으로는 W를 사용하여 쇼트키 다이오드를 제작하려고 한다. 접합의 단면적은 $A = 4 \times 10^{-4}\,\mathrm{cm}^2$, $\phi_{Bn} = 0.62\,\mathrm{V}$이다. $V_R = 5\,\mathrm{V}$일 때 역포화 전류 I_{sT}를 구해 보아라. 쇼트키 장벽 저하 효과를 고려한다.

17 $N_D = 10^{16}\,\mathrm{cm}^{-3}$만큼 도핑된 n-Si 반도체가 상온에 놓여 있다. 전극으로는 W를 사용하여 쇼트키 다이오드를 제작하려고 한다. $\phi_{Bn} = 0.62\,\mathrm{V}$이다. 다음을 구해 보아라.

(1) $V_R = 10\,\mathrm{V}$일 때 장벽 저하 효과 $\Delta\phi$

(2) 장벽의 높이가 최대가 되는 지점

18 $N_D = 10^{16}\,\mathrm{cm}^{-3}$만큼 도핑된 n-Si 반도체가 상온에 놓여 있다. 전극으로는 몰리브덴 Mo를 사용하여 쇼트키 다이오드를 제작하려고 한다. 본문의 표 7-3을 참조하여 다음을 구해 보아라.

(1) 이상적인 쇼트키 장벽 높이

(2) 내부 전위 장벽

(3) 역방향 전압이 3 V일 때의 최대 전계

(4) 역방향 전압이 3 V일 때의 단위 면적당 커패시턴스

19 연습문제 18에서 금속을 알루미늄으로 바꾸어서 각각을 구해 보아라.

CHAPTER 08

MOS capacitor

우리는 PN 접합, 메탈-반도체 접합에서 일어나는 물리적 현상과 접합 다이오드 특성에 관해서 학습하였다. 우리가 배우려는 MOSFET 소자의 바로 전 단계인 MOS capacitor를 본 장에서 다룰 것이다. 본 장부터는 MOSFET의 본격적인 기초 학습으로 MOS 커패시터에 대해서 논의할 것이다. MOS는 메탈-산화막-반도체의 3중 접합으로 구성되며 수직형 소자라고 볼 수 있다. MOS는 커패시터이기 때문에 수직 방향으로 전류를 흘려보내는 소자가 아니라 전하를 축적하는 수동 소자인 것이다. 금속과 반도체에 인가하는 전압에 따라 전하축적의 양상이 달라지며 에너지 밴드 구조도 변한다. 반도체에서 에너지 밴드 구조는 가장 중요한 개념이며 반드시 스스로 그릴 수 있도록 학습을 해야 한다.

MOS 구조에서 메탈을 우리는 게이트 전극이라 부른다. 게이트에 인가하는 전압의 극성에 따라 반도체 표면에 축적되는 캐리어의 종류가 변한다. p형 반도체의 경우 게이트에 음의 전압을 인가하면 반도체 표면에 양의 전하인 양공이 축적되고, 게이트에 양의 전압을 인가하면 음의 전하가 형성된다. 게이트에 양의 전압을 인가하면 반도체 표면의 억셉터 불순물로부터 양공을 밀어내고 반도체 표면에는 음의 공간전하를 형성할 것이다. 게이트에 양의 전압을 더욱 강하게 인가하면 늘어난 양의 전하와 동일한 수의 음전하가 반도체 표면에 유기된다. p형 반도체의 표면에는 전자들과 억셉터 이온들로 충만한 영역을 형성시킬 수 있다. 우리는 이것을 표면 반전이라 부르며 표면에 모인 전자들을 반전전자라 부른다. p형 반도체임에도 불구하고 표면은 전자들로 풍부한 n형 반도체로 반전되는 것이다. 이러한 표면 반전 상태에 대해서 자세한 물리적 고찰을 진행할 것이다. 표면 반전이 일어나기 위한 최소 전압인 문턱 전압에 대한 개념을 배울 것이며 그때 발생하는 에너지 밴드 다이어그램의 변화에 대해서 논의하고 이를 통해 MOS의 물리적 특성에 대해서 심화 학습을 할 것이다. 또한 표면의 반전전자들을 형성시키기 위한 표면 퍼텐셜에 대해서 에너지 밴드 다이어그램을 통해 이해해 볼 것이다. 문턱 전압에서는 최대 공핍층의 폭을 가지며, 문턱 전압 이상일 경우에는 공핍층의 폭이 거의 증가하지 않는다. 공핍층 폭의 포화현상에 대해서도 논의할 것이다. 이러한 현상은 모두 게이트 인가 전압의 크기와 극성에 따라 변한다는 것을 이해하게 될 것이며 게이트 전압이 옥사이드 층과 반도체에 어떻게 분배되어 사용되는지 상세히 고찰해 볼 것이다. 추가적으로 플랫 밴드(flatband voltage) 전압의 개념과 물리적 의미를 학습하게 될 것이다. MOS capacitor를 배우는 궁극적인 목표는 C-V profile을 이해하는 데 있다. 우리는 이상적인 C-V profile과 실제 profile을 비교해서 논의를 진행할 것이다. 마지막으로 MOS capacitor의 동적 특성(소신호 동작 특성)에 대해서 논의하면서 8장을 마무리할 것이다.

8-1 MOS(Metal Oxide Semiconductor) 커패시터

MOS는 Metal Oxide Semiconductor의 머리글자이다. 통상 MOS 커패시터라고 통칭한다. 그림 8-1에 구조를 나타내었다. MOS 커패시터는 2단자 소자이다. 메탈은 게이트 전극이라 부르며 poly-Si으로 구성되는 경우도 있지만 여기서는 메탈만 고려하기로 한다. 그 아래층에는 SiO_2라는 실리콘 옥사이드 층이 존재한다. 이산화규소라고 명명하지만 본 책에서는 실리콘 옥사이드로 통일해서 사용하겠다. 현재는 HfO_2를 사용하는 경우도 있다. 디바이스의 요구 특성에 따라 재료는 조금씩 변할 수 있다. 제일 밑에 층에는 실리콘 반도체를 사용한다. 통상 실리콘 웨이퍼를 사용하며 n형 기판을 사용하면 P-MOS, p형 기판을 사용하면 N-MOS라 통칭한다. MOS의 명칭은 사용하는 기판으로 결정하는 것이 아니라 반도체 표면에 유기된 전하가 전자인 경우에는 N-MOS, 양공을 주요 전하로 사용하면 P-MOS라 부른다. 반전모드를 기준으로 정의하기 때문에 기판의 종류와 반대이다. 이것은 차차 배워나갈 것이다. 따라서 그림 8-1 (b)는 반도체 표면에 유기된 전하가 전자이므로 N-MOS라 부른다. 메탈에 양의 전압을 인가했으므로 반대편에 있는 반도체에는 극성이 반대인 전자가 반도체 표면에 유기될 것이다. 양공이 다수 캐리어인 p형 실리콘의 표면에 전자가 유기되어 반전되어 있음을 알 수 있다. p형 실리콘의 벌크 영역에는 양공이 다수로 존재하며 표면에만 전자로 반전되어 있는 것이다.

산화막은 하부의 실리콘 층과 접합 특성이 좋아야 하며 지금까지는 대부분 실리콘 옥사이드를 사용해 왔다. 실리콘 기판을 열 산화시켜서 간단히 제작할 수 있으며 안정적인 물질로 알려져 있다. 최근에는 실리콘 웨이퍼의 열 산화를 이용하는 기술보다는 용도에 맞는 다양한 산화막이 필요하기 때문에 ALD(atomic layer deposition)와 같은 기술을 이용하고 있다. 실리콘 옥사이드는 절연

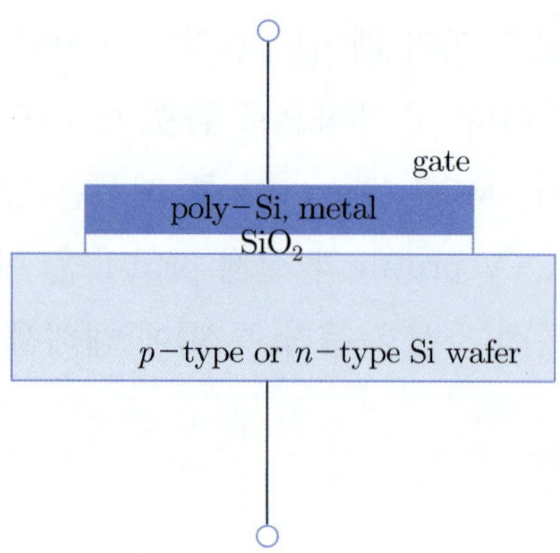

(a) MOS 구조

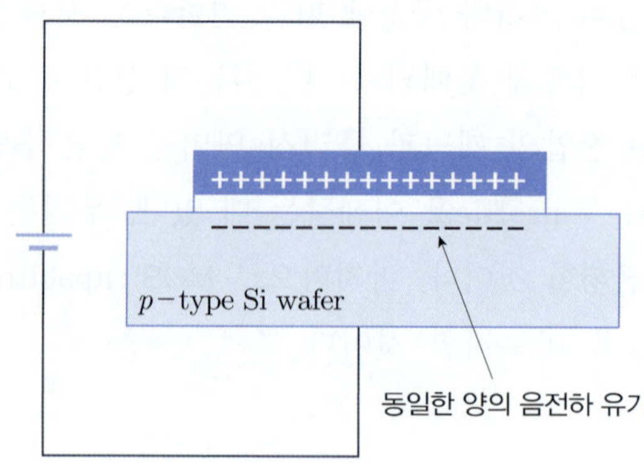

(b) N-MOS의 반전 전하

그림 8-1 MOS 구조와 N-MOS 형성

특성이 매우 좋다. 에너지 밴드 갭이 9 eV 정도이며 유전상수는 3.9이다. 높은 유전상수(high k)가 필요한 디바이스에서는 실리콘 옥사이드를 다른 산화막으로 대체할 수 있다. 유전상수가 클수록 전하를 축적하는 용량이 증가한다. 유전상수가 크면 전기장에 쉽게 반응해서 분극현상을 일으키고 전기장을 완화시키는 작용을 한다. 따라서 전극에 축적되는 전하들을 증가시켜 정전 용량을 늘릴 수 있다. 커패시터는 전류를 흐르게 하지 못하며 전기장만 형성하는 특성을 가지고 있다.

이제 MOS 커패시터에 전압을 인가해 보자. 전압 인가에 따라 3가지 모드로 변한다. 이번 장에서는 게이트 전압에 따른 각각의 모드 형성과 그때의 에너지 밴드 다이어그램을 해석하여 각 모드에서의 특징을 살펴보겠다. 기판은 p형 실리콘을 기준으로 해서 논의를 펼칠 것이다.

8-1-1 축적모드

게이트 전압에 따라 축적모드, 공핍모드, 반전모드 3가지 모드가 존재한다. 각각의 모드에 대해서 살펴보기로 하자. 먼저 게이트에 음의 전압을 인가한 경우를 살펴보자. 메탈에는 음의 전압이 인가되므로 반도체 표면에는 양의 전하들이 모여들 것이다. 그림 8-2에 축적모드를 표시하였다. 전기장의 방향은 반도체에서 메탈 방향으로 형성되며 반도체의 표면에는 벌크 영역(중성 영역)보다 더 많은 양공들이 모여들 것이다. 메탈에 인가한 음의 전압과 동일한 크기의 양의 전하가 반도체 표면에 유기된다. p형 반도체의 다수 캐리어는 양공이므로 양공이 표면에 집중해서 모였기 때문에 이를 축적(accumulation)모드라고 부른다. 벌크 영역에 존재하는 다수 캐리어 양공들이 전기장에 이끌려 표면에 모인 것으로 해석할 수 있다. 표면에 양공들이 집중해서 분포해 있으므로 벌크 영역과 표면에는 양공의 농도에 차이가 발생한다. 이러한 양공의 농도 차이는 표면과 벌크 영역에서 퍼텐셜을 발생시키고, 표면에는 밴드의 휘어짐이 발생한다. 이것을 우리는 표면전위(surface potential)라고 부르며, 표면전위는 ϕ로 표기한다. 표면전위에 대해서는 이미 많이 학습하였다. 축적모드에서는 벌크 영역의 양공들이 전계에 이끌려 단지 표면에 집중적으로 분포하고 있음을 상기하라. 표면에 표면전하의 상태로 분포하고 있는 것이다. PN 접합을 이루면 경계면에서 공간전하 영역이 공간전하에 의해 내부 전계가 발생하며 밴드 밴딩이 형성된다는 것을 이미 학습하였다. 이러한 현상과는 조금 다르다. 즉 공간전하에 의해 표면전위가 형성되는 것이 아니라 양공이라는 모바일 캐리어에 의해 형성되고 있음을 기억하기 바란다. MS 접합에서 오믹 컨택을 설명할 때도 비슷한 경우를 예로 들었음을 상기하자. 단지 전계에 의해 양공이 끌려와 표면 전하의 형태로 존재하고 있는 것이다. 그렇다면 반도체 표면에서의 밴드 밴딩은 어떤 모습일까? 이미 학습했듯이 반도체의 밴드 다이어그램은 전자의 위치에너지를 표시한 것으로, 전자의 $-qV$를 그린 것이다. 반도체에 양의 전압을 가하면 에너지 밴드는 아래로 향하고(전자의 위치에너지 감소), 음의 전압을 인가하면 위로 향한다(전자의

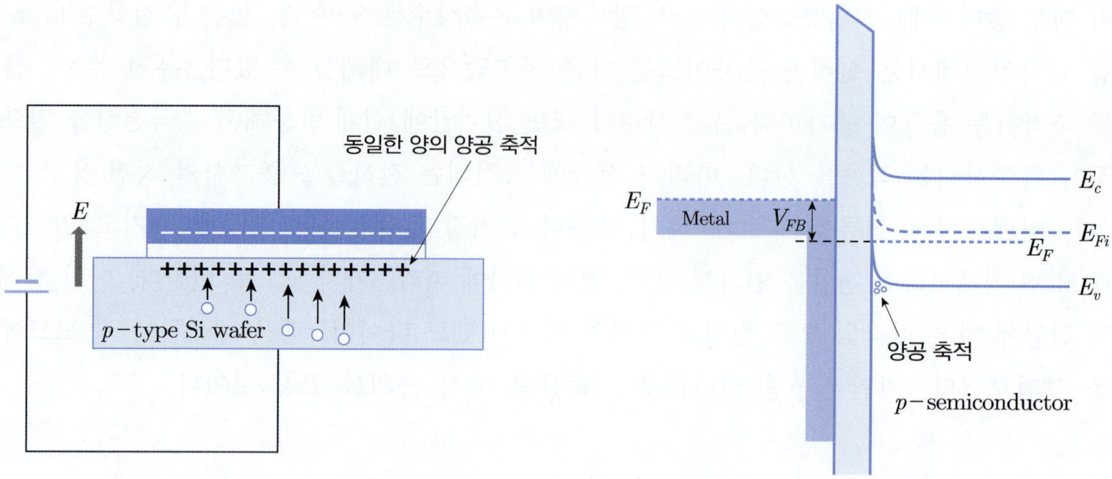

(a) 축적모드(게이트에 음의 전압 인가)　　(b) 축적모드의 에너지 밴드 다이어그램

그림 8-2 게이트에 음의 전압을 인가한 상태

위치에너지 증가). 지금 반도체에 양의 전압을 인가한 상태이므로 반도체의 에너지 밴드는 계면에서의 고정점을 기준으로 밴드 갭을 그대로 유지한 채로 밴드를 아래로 끌어내리면 될 것이다. 따라서 밴드 모양은 벌크 영역에서는 평평하다가 반도체의 표면에서는 위로 휘어질 것이다. 그림 8-2 (b)에 표시하였다. 표면에서의 밴드 밴딩의 정도는 매우 미세하다. 이것에 대해서는 뒤에서 다시 다루겠다. 알아두어야 할 사항은 공핍층의 형성에 의한 밴드 밴딩과는 양상이 조금 다르다는 것을 기억하자.

양공이 축적되는 원리는 에너지 밴드 다이어그램으로 해석할 수도 있다. 양공의 위치에너지는 위로 갈수록 낮아진다고 하였다. 가전자대의 양공의 위치에너지는 반도체의 표면(그림에서는 실리콘 옥사이드와의 경계면)에서 제일 낮아진다. 따라서 양공들은 위치에너지가 높은 벌크 영역에서 위치에너지가 낮은 표면에 모이게 된다. 그림 8-2 (b)의 에너지 구덩이 속에 푹 빠져 있는 느낌일 것이다. 표면 근처에서의 페르미 준위를 잘 관찰해 보면 가전자대에 매우 근접해 있다. 벌크 영역과는 확연히 다름을 알 수 있다(페르미 준위의 위치 참조). 표면에 더 많은 양공들이 모여 있기 때문에 표면은 양공의 농도가 높은 p^+형 실리콘, 벌크 영역은 상대적으로 양공의 농도가 낮은 p형 실리콘처럼 생각해도 좋다. 이렇게 양공의 농도 차는 전계를 형성하며 밴드를 휘게 하여 표면전위를 유발하는 것이다. 이상을 요약하면 메탈에 음의 전압을 인가할 경우 반도체 표면에는 양공이 집중적으로 분포한다. 따라서 마치 벌크 영역보다 진하게 도핑된 p^+형 반도체처럼 생각할 수 있을 것이다.

표면에 양공이 축적되어 있다고 해서 이러한 모드를 축적모드(accumulation mode)라고 부른다. 축적모드는 음의 게이트 전압과 반도체에 양의 전압이 인가된 상태이다. 여기서 게이트에 전압을 증가시켜서 양의 방향으로 이동시켜 보자. 즉 메탈에는 양의 전압, 반도체에는 음의 전압을 인가하면 반도체의 전자의 위치에너지가 증가하므로 밴드가 위로 올라가게 되며 어느 순간 휘었던 밴드가 평평해지는 순간이 존재할 것이다. 평평한 순간을 지나면 밴드는 반대로 굽어질 것이다. 즉 실리콘 밴드는 아래로 굽은 형태를 보이게 될 것이다. 실리콘의 밴드가 휘어짐 없이 평평해지는 전압을 우리는 플랫밴드 전압(flat band voltage, V_{FB})이라 정의한다.

8-1-2 공핍모드

그림 8-3에 플랫밴드의 정의를 나타내었다. 축적모드에서 메탈에 양의 방향으로 전압을 인가하면 반도체에는 음의 전압이 인가된다. 따라서 전자의 위치에너지는 증가하고, 휘어진 밴드는 점점 펴질 것이다. 이때 필요한 게이트 전압이 플랫밴드 전압, 즉 반도체 내의 순전하 밀도가 0이 되는 전압이다. 밴드를 평평하게 만들기 위해서는 메탈과 반도체의 페르미 준위 차에 해당하는 전압을 인가해야 할 것이다. 그림 8-3 (a)에 플랫밴드 전압을 표시하였다. 그림 8-3 (b)는 플랫밴드 전압을 인가한 후 밴드가 평평해진 상태를 표시한 것이다. 반도체(실리콘)에는 밴드의 휘어짐이 존재하지 않으며 실리콘 옥사이드에는 감소했지만 여전히 밴드 밴딩이 존재함을 알 수 있다. 이것은 실리콘 옥사이드와 실리콘의 유전율 차이에 기인하는 전계 분포가 다르기 때문이다. 여기서 이러한 물리 현상은 후에 다시 논의하기로 하자. 또한 실리콘 옥사이드 내에는 순전하 밀도를 0으로 가정하고 플랫밴드를 정의하였음에 주의하라. 산화막 내에는 여러 종류의 산화막 전하가 존재하는데 이것은 문턱 전압에서 다시 논의할 것이다. 기억해야 할 것은 이상적인 플랫밴드 전압은 두 물질의 페르미 준위 차에 해당하는 전압으로 정의하며 이것은 일함수 차이로 정의한다는 것과 동일하다는 것이다.

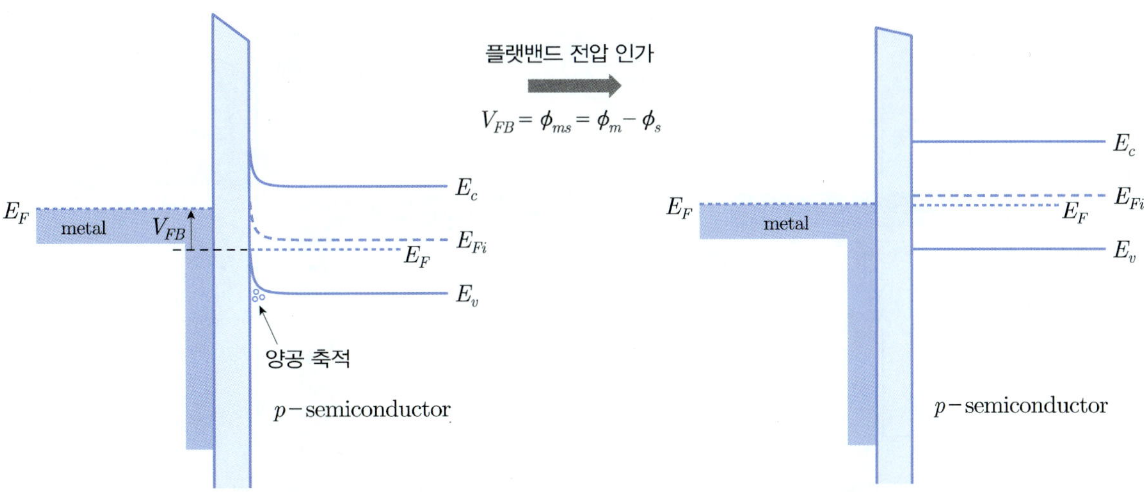

(a) 축적모드 (b) 축적모드에서 플랫밴드 전압 인가

그림 8-3 플랫밴드의 정의

다음 식을 기억하고 있길 바란다.

$$V_{FB} = \phi_{ms} = \phi_m - \phi_s$$

플랫밴드 전압을 넘어서면 이제 밴드 밴딩의 형태가 바뀌면서 반도체 표면에 전자들이 모이게 할 수 있다. 따라서 플랫밴드 전압은 문턱 전압하고 밀접한 관련이 있다. 여기서는 이 정도까지만 이해하고 넘어가길 바란다.

이번에는 플랫밴드 전압을 넘어서 메탈에 양의 전압을 인가해 보자. 표면에 축적되어 있던 양공들은 벌크 영역으로 밀려나게 될 것이다. 메탈에 동일한 극성을 가진 전하들이 형성되므로 표면에 있던 양공들은 척력을 받아서 표면으로부터 밀려나 벌크 방향으로 이동할 것으로 예상할 수 있다. 그림 8-4 (a)의 화살표를 참조하라. 양공이 밀려나고 떠난 자리에는 이온화된 억셉터 원자들이 남게 되며 이들은 양의 전하를 잃었으므로 음의 전하를 띠고 있을 것이다(PN 접합의 원리를 상기하라). 이때 메탈에 형성된 양전하와 동일한 개수의 음전하가 대응할 것이다. 축적모드와는 달리 음의 공간전하들로 구성된 공간전하 영역이 형성되는 것이다. 공간전하 영역의 폭을 x_d로 표시하였다. 이렇게 공간전하 영역이 형성된 모드를 공핍모드(depletion mode)라고 통칭한다. 공핍모드에서는 반전모드로 들어가기 직전의 모드라고 볼 수 있다. 그 이유는 에너지 밴드 다이어그램을 보면 확실히 알 수 있을 것이다.

에너지 밴드 구조는 축적모드와는 반대일 것으로 예상할 수 있다. 반도체에는 음의 전압이 걸리므로 전자의 위치에너지는 증가하여 밴드가 위로 올라갈 것이다. 옥사이드의 밴드 밴딩도 유사하게 계면 근처에서 위로 향하고 있음을 알 수 있다. 반도체의 표면에는 공간전하 영역으로 인하여 밴드가

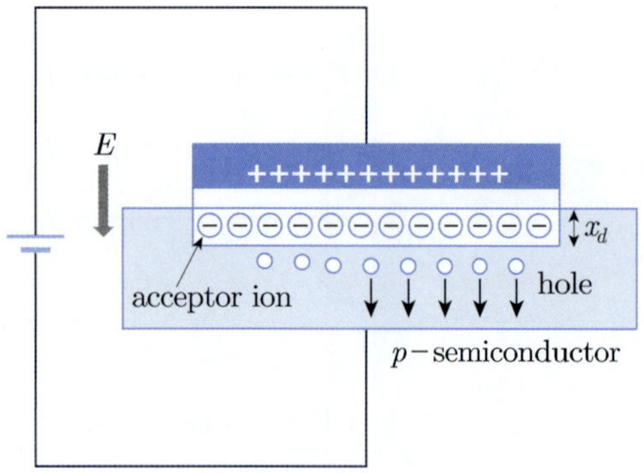

(a) 게이트에 양의 전압 인가

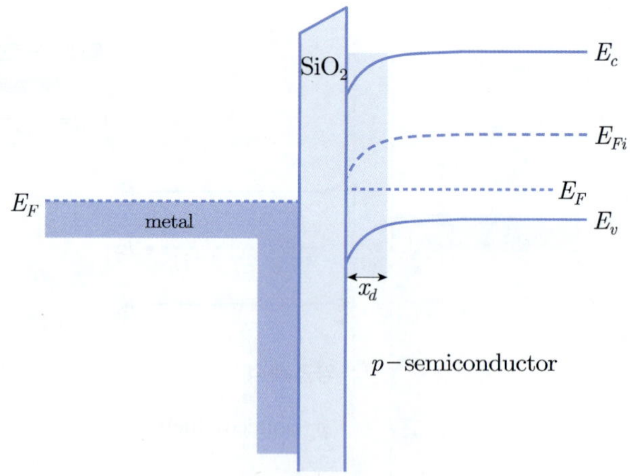

(b) 에너지 밴드 다이어그램

그림 8-4 게이트에 양의 전압을 인가한 상태

휘어져 있다. 가전자대의 밴드 구조를 보면 양공이 표면에 축적될 수 없는 구조로 되어 있다. 중성 영역의 가전자대는 양공의 위치에너지가 표면보다 더 낮으므로 양공이 표면으로 이동하여 축적할 수 없다. 표면 근처의 페르미 준위를 살펴보면 중성 영역보다 가전자대에서 더 멀리 떨어져 있다. 마치 p^-처럼 생각할 수 있다. 만약 여기서 페르미 준위가 조금만 더 위로 올라가서 진성 페르미 준위 위에 위치한다면 표면은 진성 반도체가 된다. 공핍 모드를 반전모드의 직전이라고 표현한 것은 이러한 이유 때문이다. 전도대의 밴드 휘어짐을 살펴보면 표면에서 전자의 위치에너지가 중성영역보다 더 낮다. 따라서 중성 영역에 존재하는 전자들은 표면으로 이동하기 쉬워진다.

8-1-3 반전모드

이제 게이트에 더 큰 양의 전압을 인가하면 그림 8-5와 같이 밴드 밴딩은 더욱 심해지며 공핍층의 폭도 넓어진다. 또한 페르미 준위는 더 위로 올라가서 표면 근처에서는 진성 페르미 준위를 넘어선다. 따라서 중성 영역과 표면 근처에서의 페르미 준위의 위치가 달라지는데, 표면에서의 페르미 준위가 전도대에 더 가깝게 존재하고 있다. 이미 표면은 n형 반도체로 변화되어 있음을 의미한다. 전도대의 전자의 위치에너지는 중성 영역이 더 높다. 이제 전자는 에너지가 낮은 표면으로 이동하는데 어떠한 에너지 장벽도 느낄 수 없다. 비탈길을 따라 굴러 내려오는 공과 같은 것이다. 그림 8-5 (b)는 밴드 다이어그램을 확대한 것이다. 페르미 준위와 진성 페르미 준위의 교차점을 기준으로 좌측은 이미 n형 반도체로 반전되었다. p형 반도체임에도 불구하고 표면에는 전자가 다수 캐리어인 n형 반도체로 반전되었다. 이것을 우리는 MOS의 반전모드(inversion mode)라고 한다. 즉 p형 기판에서 표면을 n형 반도체로 반전시켰기에 반전모드라고 부르는 것이다. 계면에 전자가 많은 n형 반도체층을 반전층(inversion layer)이라고 한다.

게이트에 양의 전압을 더욱 강하게 인가하면 페르미 준위는 더욱 상승하게 되며 전자는 더 많이 모이게 된다. 그림 8-5는 상세하게 구분해서 약한 반전모드라고도 표현한다. 문턱 반전점에 들어서기 직전인 것이다.

우리는 이러한 반전전자를 이용해서 디바이스를 만들 수도 있다. 반전층 양단(가로 방향)에 전압을 인가하면 전자들이 움직이기 시작하며 이 전자의 움직임을 이용하는 디바이스가 다음 장에서 다룰 MOS 전계효과 트랜지스터이다.

이상을 요약하면 게이트 전압의 크기와 극성에 따라서 3가지 모드가 형성됨을 이해하였다. 축적모드, 공핍모드, 반전모드가 그것이다. 게이트에 음의 전압을 인가하면 표면에 양공이 축적되면서 p형 반도체의 에너지 밴드는 위로 휘어진다. 게이트의 전압을 음의 전압에서 점차적으로 양의 전압으로 증가시키면 p형 반도체의 에너지 밴드는 펴지면서 수평으로 가다가(이때가 플랫밴드 상태임)

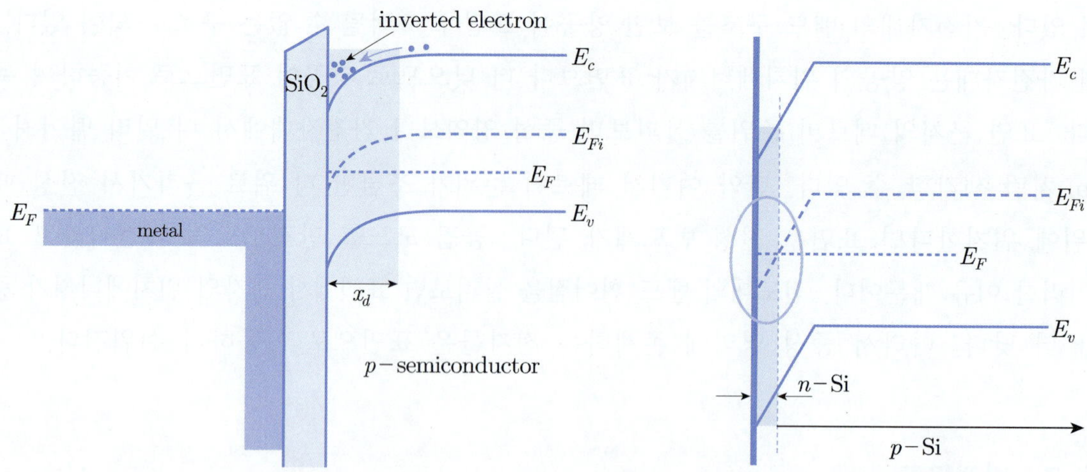

(a) 에너지 밴드 다이어그램

(b) 경계면에서 페르미 준위의 위치

그림 8-5 MOS 커패시터의 반전모드(약한 반전)

아래로 휘어지면서 공핍모드로 진입한다. 그러다가 게이트 전압이 더 양의 방향으로 증가하면 반전모드로 변하면서 전자들로 반전된 반전층이 표면에 형성될 수 있음을 알았다.

여기서는 p-semiconductor를 예로 설명하였다. 만약 n-semiconductor의 경우더라도 동일하게 해석이 가능하며 반전모드에서는 양공으로 형성된 반전층을 만들어 낼 수 있다. MOS 커패시터라고 부르는 이유는 마치 평행판 커패시터처럼 두 개의 전극 사이에 유전체를 삽입하고, 두 개의 전극에 전하를 축적하여 전기장을 형성하는 소자이기 때문이다. MOS 커패시터의 두 전극은 메탈과 반도체이며 유전체는 실리콘 옥사이드에 해당한다. 메탈(게이트)에 양의 전압을 인가하고 양전하를 축적시키면 반대편 실리콘에는 동일한 크기의 음전하가 형성된다. 전하 중성의 조건을 만족하기 때문이다. 반도체의 표면에는 밴드 밴딩이 항상 발생한다. 이것을 표면 퍼텐셜, 표면전위라고 지칭하며 ϕ_s로 표기하는데 일함수와 혼돈해서는 안 된다. 전위는 반도체에서 전압과 비슷하게 사용해도 된다. 엄격히 전압이라는 것은 어떤 기준점을 중심으로 차이를 이야기할 때 사용하는 표현이지만, 전압은 전위차이기 때문에 통상적으로 같은 개념으로 사용해도 된다. 전압은 V로 표기하는데 때에 따라서는 ϕ, V 모두 같은 의미로 사용한다. 표면전위의 단위는 전압의 단위인 V로 표기하기 위해서 $q\phi_s$로 표기한다. 이것은 ϕ_s 단위를 우리에게 친숙한 V로 쓰겠다는 의미이다. 만약 ϕ_s로 표기한다면 그것은 eV의 단위를 가지므로, V로 변환하기 위해 다시 단위 전하량(q)으로 나누어야 하는 번거로움을 피하기 위함이다.

표 8-1에 이상적인 MOS 커패시터의 각 3가지 모드에 대한 에너지 밴드 다이어그램과 전하 밀도 다이어그램을 나타내었다. 산화막 내 고정전하를 고려하지 않은 상태이므로 플랫밴드에서는 순전하 밀도를 모두 0으로 표시하였음에 주의하라. 각 모드에서의 페르미 준위 위치와 밴드 밴딩(표면전위,

표 8-1 이상적인 MOS 커패시터의 각 모드에서의 전하 밀도와 에너지 밴드 다이어그램

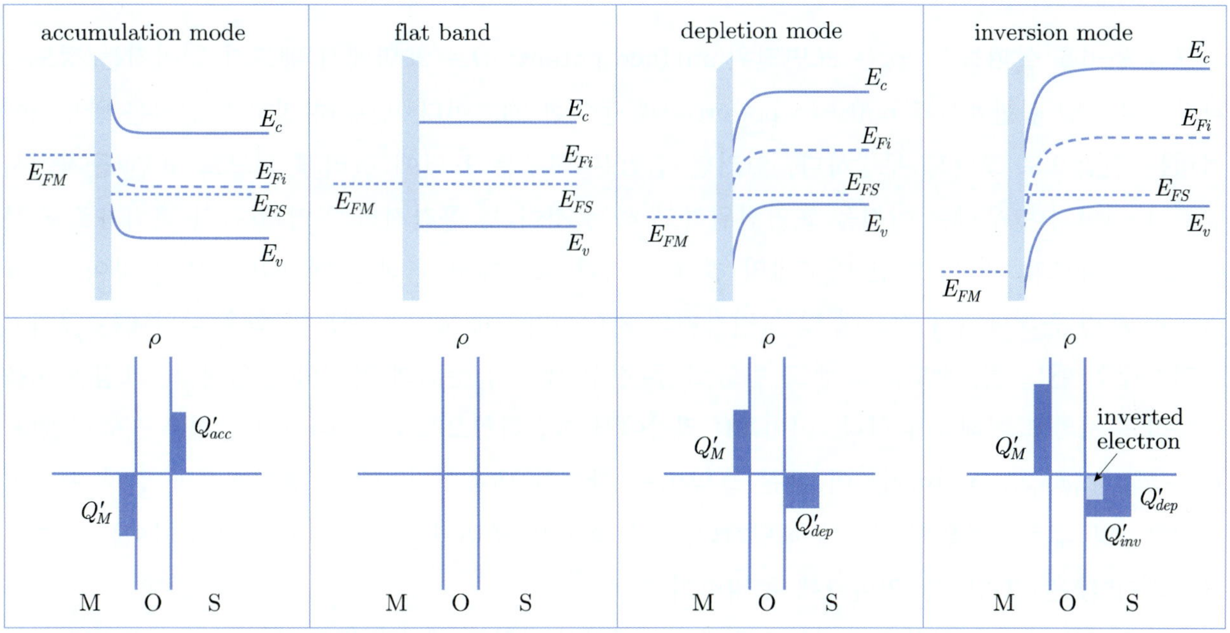

표면 전계)을 잘 살펴보기 바란다.

공간전하 밀도를 나타내는 그래프에서 직사각형의 면적은 각각 동일하다. 반전모드는 약한 반전모드에 해당한다. 따라서 음의 전하는 전자와 억셉터 이온들로 구성되어 있음에 주의하라. 이 부분은 반전모드에서 더 상세히 논의할 것이다. 에너지 밴드 다이어그램은 가장 왼쪽의 축적모드에서 반전모드로 갈수록 게이트의 전압이 양의 방향으로 증가하고 있다. 따라서 메탈의 페르미 준위는 점점 아래로 향하고 있으며 반도체의 밴드는 아래로 굽는 형태가 될 것이다.

8-2 반전모드의 고찰

본 절에서는 문턱 반전의 개념과 문턱 전압, 공핍층의 최대폭 등의 개념에 대해서 고찰해 보겠다. 이러한 개념의 이해는 MOS 커패시터에서 최종적으로 구할 C-V profile을 이해하는 데 절대적으로 도움이 된다. 먼저 앞에서 학습한 내용에 따르면 반전은 p형 반도체의 표면을 n형 반도체로 변환시키는 것을 의미했다. 문턱 반전점이란 반전모드에서 전자가 반도체 표면에 모이게 될 때 표면의 전자 농도와 p형 반도체의 벌크 영역의 다수 캐리어 양공의 농도가 같아지는 시점을 정의하는 것이며, 이때 필요한 게이트 전압을 문턱 전압이라 칭한다. 에너지 밴드를 가지고 설명하면 더 쉽게 이해할 수 있다.

8-2-1 에너지 밴드 다이어그램

그림 8-6을 살펴보자. ϕ_s는 표면전위(surface potential)로 표면에서 밴드가 휘어지는 정도를 나타낸다. PN 접합에서의 built-in potential과 동일한 개념이다. 단순히 말하면 실리콘 반도체에 걸리는 전압으로 보아도 무방하다. 이러한 전압은 대부분 표면에 걸리게 되므로 표면 근처에서 밴드가 휘어지며 우리는 이것을 표면전위라고 하는 것이다. 공간전하 영역 양단의 전위차로도 볼 수 있다. 다르게 표현한다면 반도체의 벌크 영역과 표면에서의 진성 페르미 준위의 차이, 벌크 영역과 표면 근처에서의 전도대 및 가전자대의 차이이다. 이 차이는 밴드의 휨을 나타내는 것이고 가전자대의 밴드 휨, 전도대의 밴드 휨도 모두 진성 페르미 준위의 차이와 동일하다. 그림 8-6을 충분히 숙지하고 이해해야 한다. 이미 PN 접합에서 학습하였으므로 더 이상의 설명은 생략하겠다. $E_{Fi}-E_F=q\phi_{Fp}$로 정의하자. 이 부분도 앞에서 학습한 내용이다. 벌크 영역에서의 진성 페르미 준위와 p형 페르미 준위의 차이에 해당한다. 진성 페르미 준위와 p형 페르미 준위의 차이는 부호를 고려하지 않은 크기만을 의미함에 주의하라.

그림 8-6은 게이트 전압을 점차적으로 증가시키면서 관찰한 에너지 밴드 다이어그램의 변화이다. 그림 8-6 (a)는 공핍모드이며 반도체 표면은 공간전하들로 구성되어 있다. 표면에서의 페르미 준위는 가전자대에 훨씬 더 가깝게 위치해 있다. 게이트에 양의 전압을 증가시키면(반도체에는 음의 전압이 증가) 공핍층의 폭은 넓어지고 에너지 밴드는 더욱 위로 향하여 전자의 위치에너지는 증가한다. 표면과 중성 영역에서의 전자의 위치에너지 차이는 더욱 커지고 밴드 밴딩은 더욱 커진다. 그림 8-6 (b)의 페르미 준위는 그림 8-6 (a)보다 상승했음을 알 수 있고 페르미 준위와 진성 페르미 준위가 표면에 정확히 교차한다. 따라서 이러한 상태는 표면에서 전자와 양공의 농도가 동일한

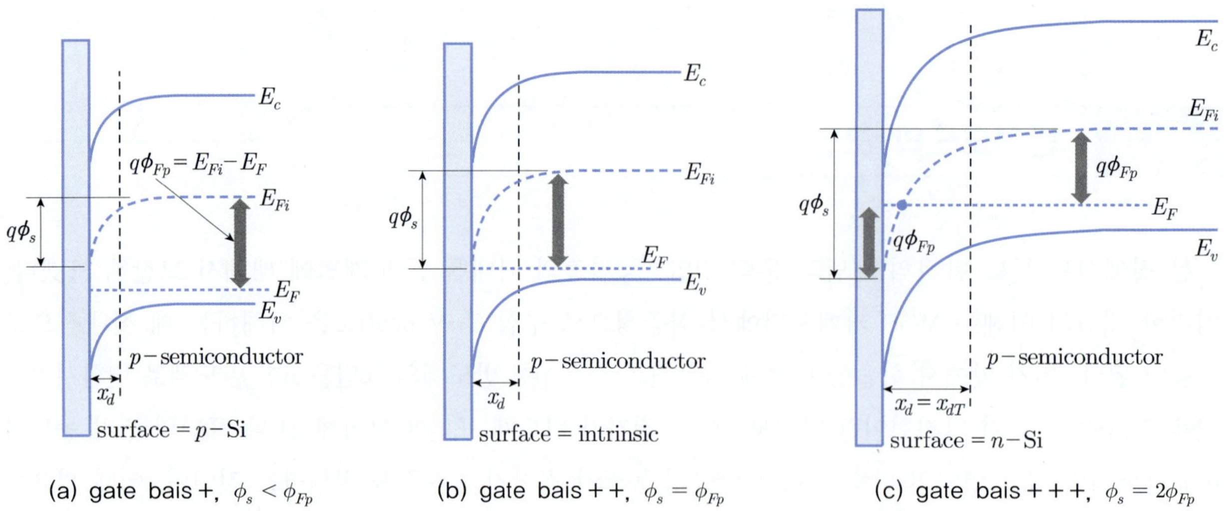

(a) gate bais +, $\phi_s < \phi_{Fp}$ (b) gate bais + +, $\phi_s = \phi_{Fp}$ (c) gate bais + + +, $\phi_s = 2\phi_{Fp}$

그림 8-6 게이트 전압에 따른 에너지 밴드 다이어그램

진성 반도체의 특성을 보여 줄 것이다. p형 반도체의 표면을 진성 반도체로 만들었고 이때에는 $\phi_s = \phi_{Fp}$가 성립한다. 게이트에 양의 전압을 더욱 증가시키면 밴드는 더 휘어질 것으로 예측할 수 있다. 그림 8-6 (c)는 페르미 준위와 진성 페르미 준위의 교차점을 기준으로 좌측면은 완전히 반전되어 n형 반도체의 성질을 나타내며, 페르미 준위는 p형 반도체임에도 불구하고 전도대에 더 가까워진다. 그림에서 파란색 원을 기준으로 좌측은 페르미 준위가 전도대에 더 가까이 위치해 있음을 볼 수 있다. 이러한 차이는 에너지 밴드가 휘어서 발생하는 것이고 밴드가 휘는 방향과 크기는 게이트 전압의 극성과 크기로 만들어낸 것이다. 교차점(파란색 원으로 표시)에서는 $\phi_s = 2\phi_{Fp}$인 관계가 성립되는데, 이는 교차점을 기준으로 좌측면의 전자 농도가 p형 반도체 벌크 영역의 양공 농도와 같다는 것을 의미한다. 바로 이 교차점을 문턱 반전점이라 한다. 표면이 p형에서 n형 반도체로 바뀌는 지점인 것이다. 문턱 반점점을 만들기 위해서는 게이트 전압을 증가시켜야 하는데 이때의 게이트 전압을 문턱 전압(threshold voltage)이라고 부른다. 우리는 그림 8-6 (c)의 경우를 잘 이해하고 기억해야 한다. 그림 8-6 (c)에서 공핍층의 폭을 x_{dT}로 표시하였다. 최대 공핍층이라는 의미로, 문턱 전압에서 최대 공핍층을 가지며 문턱 전압 이상으로 게이트 전압을 증가시키더라도 공핍층의 폭은 커지지 않는다(실제로는 미세하게 증가하나 고려하지 않기로 한다).

8-2-2 최대 공핍층의 폭

공핍층의 폭은 이미 학습한 메탈-반도체 접합 또는 PN^+ 일방 접합에서 구할 수 있다. $\phi_s = V_{bi}$에 해당한다(그림 8-6 (b) 참조).

$$x_d = \sqrt{\frac{2\epsilon_{si} V_{bi}}{qN_A}} = \sqrt{\frac{2\epsilon_{si}\phi_s}{qN_A}} \qquad (8-1)$$

문턱 반전점에서는 $\phi_s = 2\phi_{Fp}$이므로 8-1식에 대입하면 최대 공핍층의 폭은 다음과 같이 표현할 수 있다.

$$x_{dT} = \sqrt{\frac{4\epsilon_{Si}\phi_{Fp}}{qN_A}} \qquad (8-2)$$

여기서 ϕ_{Fp}는 다음과 같이 표현된다.

$$p_0 = n_i \exp\left(\frac{E_{Fi} - E_F}{kT}\right) \qquad E_{Fi} - E_F = kT \ln\left(\frac{N_A}{n_i}\right)$$

$$\therefore \phi_{Fp} = \frac{E_{Fi} - E_F}{q} = \frac{kT}{q}\ln\left(\frac{N_A}{n_i}\right) \tag{8-3}$$

게이트 전압을 문턱 반전 전압 이상으로 증가시켜도 공핍층의 폭이 더 이상 넓어지지 않는 것은 물리적으로 매우 모순된 현상처럼 보인다. 커패시터의 원리를 생각해 보자. 게이트 전압이 증가하면 메탈에 유기되는 양의 전하들이 증가하게 된다. 전하 중성의 법칙에 의하여 증가한 양의 전하와 동일한 수의 음의 전하가 반도체에 형성되어야 한다. 게이트에 양의 전압을 증가시키면 증가분과 동일한 양의 음의 전하가 반도체 표면에 형성되어야 한다. 문턱 반전 전압 이상으로 인가하면 음의 전하는 억셉터 불순물이 아닌 전자가 대응한다는 의미이다. 따라서 억셉터 이온들이 증가하지 않으므로 공핍층의 폭도 증가하지 않는다. 바로 문턱 반전 전압에서 최대 공핍층의 폭을 갖는다는 것이다. 공핍층의 폭이 넓어지지 않는다면 증가한 양의 전하들에 대응하기 위한 음의 전하들은 어디에서 생성되어야 할까? 이것에 대해서 고찰해 보자. 결론은 반전 전하(inversion charge), 즉 전자가 메탈에 증가된 양의 전하에 대응하는 것이다. 그림 8-7을 보자. 문턱 반전점에서의 밴드 다이어그램을 나타낸 것이다. 문턱 반전점에서는 표면에서의 전자 농도와 벌크에서의 양공 농도가 같으므로 다음과 같이 표현할 수 있다.

$$p_{bulk} = n_{surface} = n_s = n_i\exp\left(\frac{E_{Fi} - E_{Fp}}{kT}\right) = n_i\exp\left(\frac{q\phi_{Fp}}{kT}\right)$$

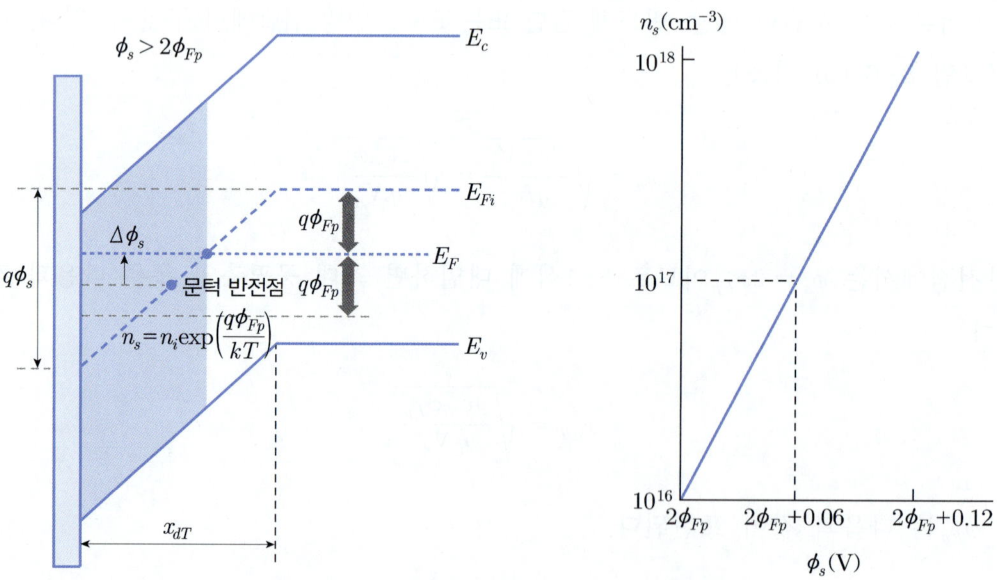

(a) 문턱 반전 시 밴드 다이어그램 (b) 수식 8-4의 plotting

그림 8-7 표면전위에 대한 표면 전자 농도의 변화

게이트 전압을 증가시켜서 $\Delta\phi_s$만큼 표면전위를 증가시켰다고 가정해 보자. 그림의 검은색 화살표로 표시하였다. 이렇게 되면 $\phi_s > 2\phi_{Fp}$가 되어 표면의 전자 농도는 벌크의 양공 농도보다 더 증가할 것이다. 강한 반전이 일어나는 것이다.

게이트 전압의 증가분 $\Delta\phi_s$만큼 메탈에는 양의 전하가 유기되고 반도체 쪽에는 음의 전하가 유기되어야 할 것이다. 이때의 표면에서의 전자 농도를 n_s'로 정의하고 구해 보자. 분명 n_s'는 벌크에서의 양공 농도보다 많을 것으로 예측할 수 있다.

$$n_s' = n_i \exp\frac{q(\phi_{Fp}+\Delta\phi_s)}{kT} = n_i \exp\left(\frac{q\phi_{Fp}}{kT}\right)\exp\left(\frac{q\Delta\phi_s}{kT}\right) = n_s \exp\left(\frac{q\Delta\phi_s}{kT}\right) \tag{8-4}$$

이것이 문턱 반전점에서 $\Delta\phi_s$만큼 표면전위가 증가했을 때, 이에 대한 전자 농도이다. 전자 농도는 $\Delta\phi_s$의 지수함수로 증가하며, 이 함수를 플로팅한 그래프가 그림 8-7 (b)이다. 그림 8-7 (b)는 0.06 V라는 표면전위의 아주 작은 전압의 증가분에 대하여 표면의 전자 농도는 10배가 증가한다는 것을 보여 준다. 이상으로부터 우리는 다음과 같은 결론을 내릴 수 있다. 게이트 전압이 문턱 반전 전압보다 0.06 V 증가할 경우, 표면에서의 전자 농도는 벌크에서의 양공 농도보다 10배 많다는 것이다. 이 증가한 음의 전하인 전자들이 게이트에 형성된 양의 전하들에 대응한다는 것이다. 따라서 게이트 전압의 증가분에 따른 양의 전하 증가분은 공핍층의 폭이 넓어져 음의 공간전하들이 대응하는 것이 아니라, 바로 반전전자(inversion charge)가 대응해서 전하 중성법칙을 만족시키는 것이다. 문턱 전압 이상에서는 게이트 전압을 증가시켜도 공핍층이 넓어질 이유가 없다. 반전전자들이 지수함수적으로 증가해서 증가한 양의 전하들과 균형을 이루기 때문이다. 요약하면 문턱 반전 전압 이상에서는 반전전자들이 지수함수로 증가하여 0.06 V 증가했을 때 전자 농도는 1차수 증가한다. 따라서 전압 증가분에 대해서 음의 전하는 전자로 대응할 수 있으며 공핍층의 억셉터 이온들은 증가하지 않으므로 공핍층의 폭도 커지지 않는다. 문턱 반전 전압에서 최대 공핍층의 폭을 갖는 이유이다. 실제로는 어떠할까? 공핍층의 폭은 미소하게나마 증가한다. 그러나 반전전자가 지수함수적으로 증가하기 때문에 공핍층의 미소한 증가 폭을 고려하지 않고 다룰 것이다.

8-2-3 반전전자들의 공간전하 밀도와 실제 전하 분포

이상의 결과를 다음과 같이 전하 밀도와 공핍층의 폭으로 도식화할 수 있다. 그림 8-8에 표시하였다. 게이트에 양의 전압을 인가하면 동등한 크기의 음의 전하가 반도체 쪽에서 형성된다.

이것을 그림 8-8 (a)에 나타내었다. 게이트 전압을 증가시키면(그림에서 두 개의 블록이 증가) 반도체 쪽에서는 공핍층이 넓어지면서(두 개의 블록 증가) 양의 전하들과 균형을 이룬다. 이 지점이

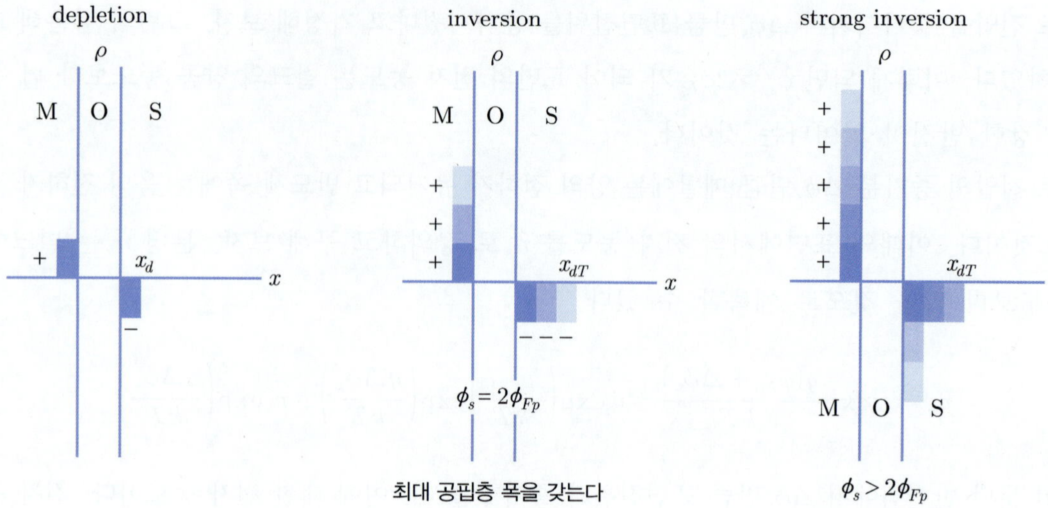

(a) 공핍모드 (b) 반전모드 (c) 강한 반전모드

그림 8-8 전하 밀도와 공핍층, 반전 전하들의 분포

문턱 반전점이며 $\phi_s = 2\phi_{Fp}$의 최대 공핍층 폭을 가진다. 또한 표면의 전자 농도와 벌크의 양공 농도가 동일해 지는 시점이기도 하다. 여기서 게이트 전압을 증가시키면 강한 반전모드에 들어간다. 게이트 전압을 블록 5개까지 증가시켰다고 가정하자. 이제부터 공핍층은 넓어지지 않고 반전전자들이 증가해서 메탈의 양의 전하들과 균형을 맞추게 된다. 메탈과 반도체에 형성된 블록의 개수는 5개로 모두 동일(전하 중성 법칙)하다. 그림 8-8의 각 모드에서 사각형의 면적의 합은 동일함을 알 수 있다.

그림 8-9는 실제 전하들의 분포 곡선을 나타낸 것으로, 그림 8-8의 실제 전하 밀도 분포를 보여

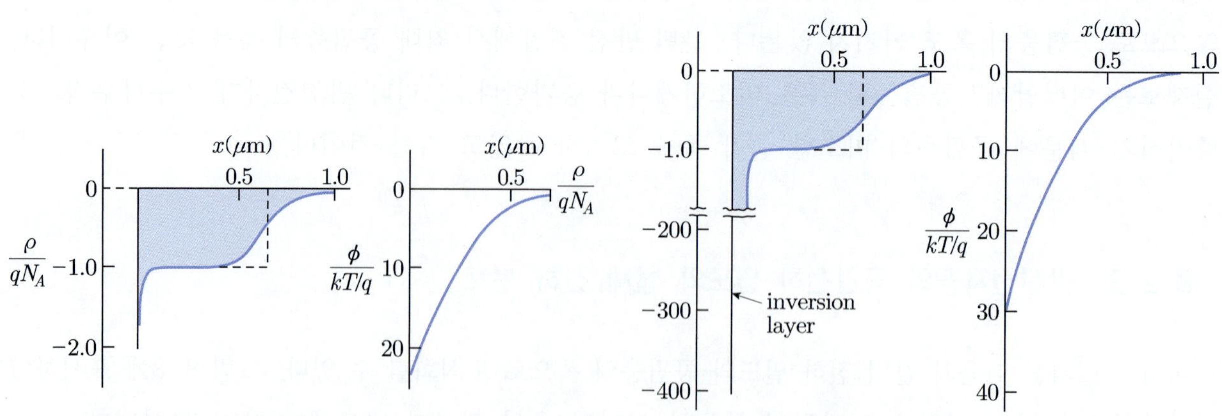

(a) 문턱 반전점 $\phi_s = 2\phi_{Fp}$에서의 실제 전하 밀도 분포 (b) 강한 반전모드 $\phi_s > 2\phi_{Fp}$에서의 실제 전하 밀도 분포

그림 8-9 반전모드에서의 실제 전하 밀도 분포(Robert F. Pierret, Semiconductor Device fundamentals)

준다. 이에 대한 수학적 계산은 본 책에서는 생략하고 결과만 보여주겠다. 그림 8-9 (a)를 보면 문턱 반전점 $\phi_s = 2\phi_{Fp}$에서 실제 반전전자들이 증가하는 모습(델타함수 형태)과 공핍층의 경계면이 급준하지 않음을 알 수 있다. 공간전하가 만드는 전위는 디바이 길이(debye length)에 대한 역수의 지수함수로 감소한다. 따라서 그림 8-9와 같이 경계면에서 지수함수로 감소함을 알 수 있다. 그림 8-9 (b)는 강한 반전모드에서의 형태이다. 반전전자들이 급격히 증가하였으며 공핍층의 폭은 거의 증가하지 않음을 알 수 있다.

우리는 예제를 통해서 MOS 커패시터의 최대 공간전하 폭을 구해 보도록 하자. 최대 공간전하 폭은 도핑 농도가 증가하면 감소할 것으로 예측할 수 있다. PN 접합에서도 다룬 내용이다.

우리는 p형 반도체에서 표면의 전자 농도를 벌크 영역의 양공 농도보다 더 크게 만들 수 있다는 것을 알았다. MOS 커패시터가 가지는 재미있고 유용한 특성 중의 하나이다. 바로 이러한 반전전자를 주요 캐리어로 활용하는 디바이스가 MOSFET의 특징인 것이다. MOSFET 소자는 현재 시스템 반도체의 거의 전 분야, OLED 디스플레이의 트랜지스터 소자로 사용되고 있다. 스마트폰의 CPU에 해당하는 AP, 컴퓨터의 CPU가 대표적인 예이다. 다음 장에서 다룰 MOSFET 소자는 지금 다루고 있는 MOS 커패시터의 수직 방향의 전계와 수평 방향의 전계를 적절히 분배해서 사용하는 다수 캐리어 소자라는 것을 이해하길 바란다.

예제 8-2-1

N-MOS 커패시터가 있다. 억셉터 농도가 각각 $10^{16}\,\mathrm{cm}^{-3}$, $10^{17}\,\mathrm{cm}^{-3}$일 때 공핍층 폭을 구하고 차이를 비교해 보아라.

풀이

$$N_A = 10^{16}\,\mathrm{cm}^{-3} \quad \Rightarrow \quad \phi_{Fp} = \frac{kT}{q}\ln\left(\frac{N_A}{n_i}\right) = (0.0259)\ln\left(\frac{10^{16}}{1.5\times 10^{10}}\right) = 0.347\,\mathrm{V}$$

$$N_A = 10^{17}\,\mathrm{cm}^{-3} \quad \Rightarrow \quad \phi_{Fp} = 0.407\,\mathrm{V}$$

$$N_A = 10^{16}\,\mathrm{cm}^{-3},\ x_{dT} = \sqrt{\frac{4\epsilon_{Si}\phi_{Fp}}{qN_A}} = \sqrt{\frac{4\times 11.7\times 8.85\times 10^{-14}\times 0.347}{1.6\times 10^{-19}\times 10^{16}}}$$
$$= 0.3\times 10^{-4}\,\mathrm{cm} = 0.3\,\mu\mathrm{m}$$

$$N_A = 10^{17}\,\mathrm{cm}^{-3},\ x_{dT} = 0.103\times 10^{-4}\,\mathrm{cm} = 0.103\,\mu\mathrm{m}$$

예상대로 도핑 농도가 증가하면 공핍층 폭이 감소함을 알 수 있다. 도핑 농도의 함수로 공간전하 폭을 구해 보면 다음 그림과 같다.

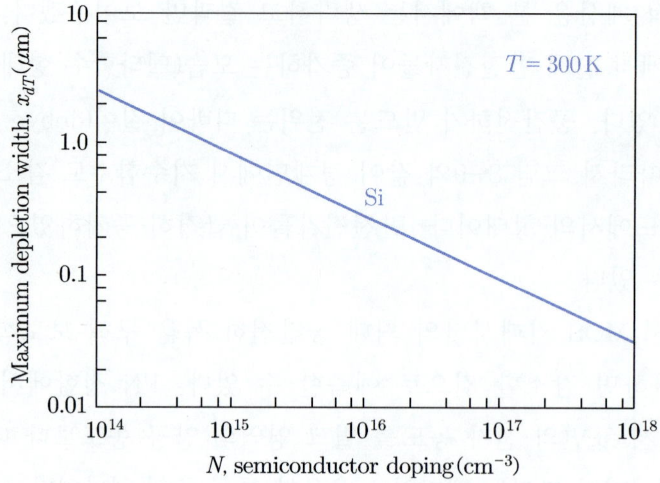

예제 8-2-1 (DONALD A. NEAMEN semiconductor Physics and Devices 4th edition)

8-2-4 반전전자들의 생성

p형 반도체는 어떻게 전자 농도가 양공 농도보다 높은 것일까? 이것은 모순처럼 보인다. 가령 열평형 상태를 생각해 보자. 억셉터 농도가 $10^{17}cm^{-3}$만큼 주입되어 있는 p형 반도체를 상온에서 완전 이온화했다고 가정하면 양공의 농도는 억셉터 농도와 동일하게 된다. 앞에서 배운 캐리어 농도 곱의 일정 규칙에 의해 전자 농도의 차수는 $10^{3}cm^{-3}$ 정도이다. 양공 농도에 비하면 무시 가능한 수준이다. 그런데 전자의 농도가 어떻게 $10^{17}cm^{-3}$을 넘어설 수 있는 것인지, 전자는 어디에서 온 것인지에 대해서 의문을 가질 수 있다. 이것에 대해서 고찰해 보자. 전자의 공급은 2가지로 요약할 수 있다.

첫 번째는 p형 반도체에 존재하는 소수 캐리어 전자의 공급이다. 메탈에 강한 양의 게이트 전압을 인가하면 그림 8-10 (a)와 같이 공핍층 경계면에 있던 전자는 강한 전계에 끌려서 공간전하 영역을 가로질러 실리콘 옥사이드와 p형 반도체의 경계면(표면이라고 정의)에 모이게 된다. 소수이지만 전자는 표면에 쌓이게 된다.

두 번째는 EHP(electron hole pair)에 의한 캐리어의 형성이다. 이미 PN 접합에서 학습하였지만 강한 역바이어스에서 열 생성에 의해 전자와 양공의 쌍이 형성되며 밴드 갭 내의 트랩 준위에 포획, 방출되어 전자는 전도대로 여기한다. 강한 전계에 의해 전자는 전계와 반대 방향으로 드리프트 되는데, 이때 생성되는 것이 진성 캐리어이다. 우리는 앞에서 표면의 전자 농도는 8-4식으로 표현될 수 있다는 것을 알았다. 수식 항에서 전위의 증가분에 대해서 진성 캐리어 농도의 지수함수로

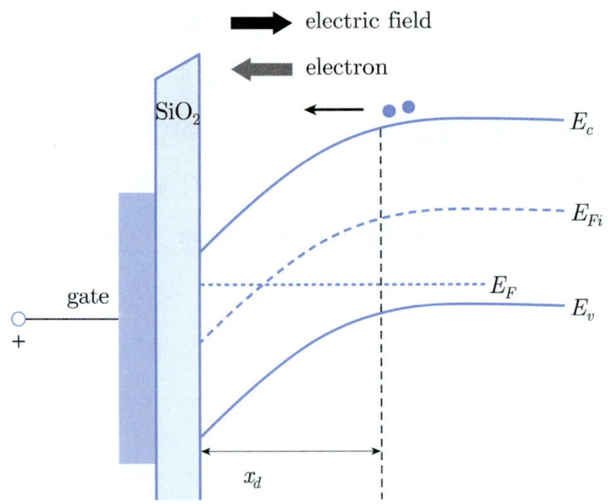

(a) 소수 전자들의 전계에 의한 이동

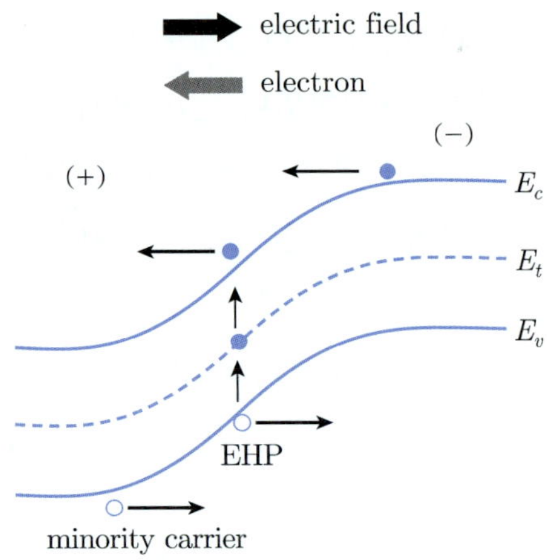

(b) 공핍층 내 EHP 생성

그림 8-10 반전전자들의 생성 메커니즘

증가한다는 것을 알 수 있다.

많은 양의 전자가 표면에 모일 수 있으며 그 전자는 진성 캐리어로부터 온 것이다. 따라서 MOS 커패시터에서 캐리어의 반전과 반전 캐리어들이 기판의 다수 캐리어보다 더 많아질 수 있다는 것은 전혀 이상하지 않다.

8-3 MOS의 에너지 밴드 다이어그램

반도체에서 에너지 밴드 다이어그램은 매우 유용한 정보를 제공한다. MOS 커패시터의 에너지 밴드 다이어그램에 대해서 논의해 보자. 에너지 밴드 다이어그램을 그리기에 앞서 다음 3가지 가정을 할 것이며 2번 가정에 대한 추가 설명은 8-4-1 플랫밴드 전압에서 다룰 것이다.

1. 실리콘 내의 전기장은 0이며 따라서 페르미 준위는 수평하다.
2. 옥사이드 내의 전하는 0이라고 가정한다. 따라서 옥사이드의 밴드 밴딩은 선형적이며 전기장은 일정하다. 옥사이드 내에는 여러 가지 전하들이 존재하지만 여기에서는 다루지 않고 이상적인 경우만 고려하겠다.
3. 실리콘 표면과 옥사이드 표면에서의 전기장은 연속이다.

에너지 밴드 다이어그램은 MS 접합과 기본적으로 동일하지만 메탈과 반도체 사이에 유전체가 삽입되어 있어서 유전체에도 밴드 밴딩이 일어난다는 점이 다르다. 그림 8-11에 각 파라미터들에 대한 값들을 표시하였다. 실리콘과 실리콘 옥사이드의 유전상수는 각각 11.7, 3.9이다. 커패시터이기 때문에 전하는 대부분 표면에 밀집되어 분포한다. 전하가 많아지면 전기장도 강해져 밴드 밴딩이 더 크게 일어난다. 실리콘 옥사이드 층에서 더 큰 밴드 밴딩이 일어날 것이며 밴드 밴딩은 표면에 집중해서 일어날 것이다. 실리콘 옥사이드의 밴드 밴딩은 실리콘의 약 3배일 것으로 예상할 수 있다(유전상수가 3배 정도의 차이를 보임). 전기장은 연속이라는 세 번째 가정으로부터 우리는 실리콘 옥사이드와 실리콘 간의 전기장 관계를 알아낼 수 있다.

$$\epsilon_{ox}E_{ox} = \epsilon_{Si}E_{Si} \quad E_{ox} = \frac{\epsilon_{Si}}{\epsilon_{ox}}E_{Si} = \frac{11.7}{3.9}E_{Si} \approx 3E_{Si}$$

위의 수식에서 알 수 있듯이 실리콘 옥사이드 경계면에서 발생하는 전계는 실리콘의 약 3배 정도 크다. 옥사이드 밴드 밴딩은 실리콘과의 경계면에서 더 크게 발생한다. 옥사이드 층은 유전체로 두 물질 사이에 절연 특성뿐만 아니라 메탈에 인가하는 전압에 대한 내압성, 실리콘과의 계면 안정성, 공정 진행의 용이성을 고려해서 선택한다. 옥사이드 층의 밴드 밴딩에 대해서는 계면과 벌크를 구별하지 않고 평균적인 밴딩으로만 표시할 것이다. 우리가 다루고자 하는 것은 반도체에서의 밴드 밴딩으로, 이에 대해서 깊이 있게 고찰할 것이다. 그림 8-11은 접합 전의 MOS 커패시터이다. 가상의 진공 준위도 표시하였다. 진공 준위도 밴드의 굴곡을 따라가겠지만 여기서는 대략적으로 직선으로만 표시하였다. 반도체는 p형 실리콘을 가정해서 설명할 것이다. 일함수의 정의는 페르미 준위에 있는

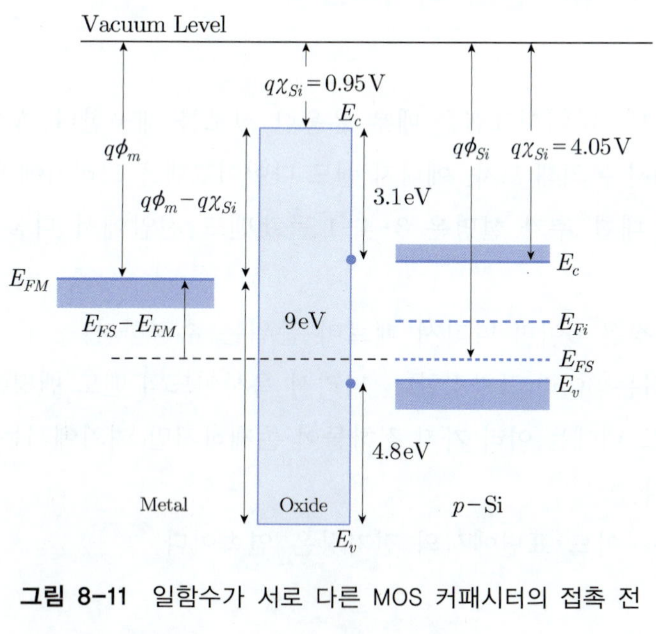

그림 8-11 일함수가 서로 다른 MOS 커패시터의 접촉 전

전자 하나를 진공 준위까지 이동시키는 데 필요한 에너지로 정의하였다. 그림에서 일함수는 반도체가 메탈보다 큰 값을 갖는다($\phi_{Si} > \phi_m$). 일함수는 ϕ로 표현하며 이 표기법은 표면전위(surface potential) 표기법과 같다. 이 점만 주의하길 바란다.

3개의 물질이 접합하게 되면 열평형 상태에서 메탈과 반도체의 페르미 준위가 수평을 이루어야 할 것이다. 페르미 준위는 일종의 전자 분포를 표시해 주는 것이기 때문에 메탈에서 반도체로 전자가 유입되면서 페르미 준위는 수평을 이루려고 할 것이다. 반도체로 유입된 전자는 표면에 전자가 축적되어 밴드 밴딩이 발생할 것이다. 밴드 밴딩을 발생시키는 것은 두 물질의 페르미 준위의 차이이고 이것은 두 물질의 일함수의 차이로 인해 발생하는 것임을 알 수 있다.

그림 8-11에서 일함수의 차이는 $E_{FS} - E_{FM}$로 표시하였다. 반도체의 일함수, 전자 친화력(χ로 표시) 등은 물질이 갖는 고유의 값으로 접촉 후에도 이 값들은 그대로 유지된다. 그림에서 두 파란색 원 사이의 간격은 접촉 후에도 그대로 유지된다. 따라서 이 점들을 고정점으로 하여 밴드를 위로 끌어올리면 접촉 후의 밴드 다이어그램이 완성된다.

그림 8-12는 MOS 커패시터의 접촉 후 에너지 밴드 다이어그램이다. 접촉 후에도 에너지 밴드 갭은 변하지 않는다. 물질의 고유값이기 때문이다. 페르미 준위가 수평이 되려면 반도체의 에너지 준위가 위로 올라갈 것이라는 것은 자명하다. 그림 8-11에서 실리콘의 에너지 밴드 갭을 표시하는 두 개의 파란색 원을 고정시키고 실리콘의 밴드를 위로 끌어올리면 그림 8-12와 같은 에너지 밴드 다이어그램을 그릴 수 있는 것이다. 그림 8-12는 제로 바이어스 상태이며 열평형 상태이다. 기호에 삽입된 0은 제로 바이어스, 즉 열평형 상태를 의미한다. $q\phi_{s0}$는 제로 바이어스에서 실리콘의 밴드 밴딩(전위)을 표시한다. 진성 페르미 준위의 휘어짐이다. 이 휘어짐은 전도대와 가전자대도 동일하다. qV_{ox0}는 제로 바이어스에서 실리콘 옥사이드의 밴드 밴딩에 해당한다. 실리콘 옥사이드 양단의

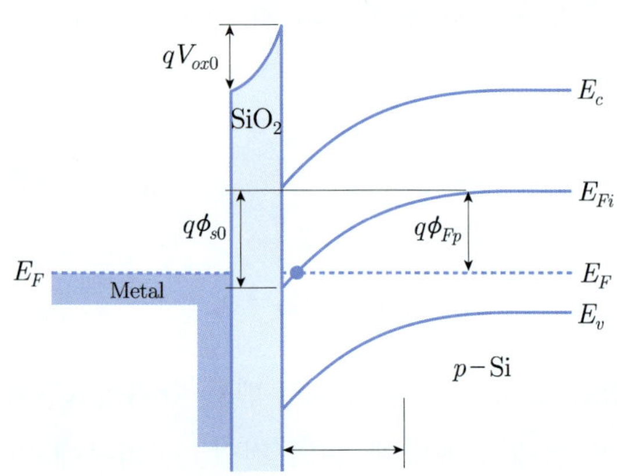

그림 8-12 접촉 후 에너지 밴드 다이어그램

전위차 때문에 발생하는 것이다. 계면에 전계가 집중되고 실리콘보다 3배 강한 전계가 걸리므로 계면에서의 기울기가 더 가파름을 알 수 있다. 실리콘 옥사이드의 밴드 밴딩은 계면과 벌크 영역을 나누지 않고 평균 기울기로 표시할 것이다.

게이트 전압이 인가되면 실리콘과 실리콘 옥사이드의 밴드 밴딩이 더욱 커진다. 우리는 앞에서 다룬 MS 접합에서 두 물질의 페르미 준위의 차는 전위차를 형성하여 모두 실리콘의 밴드 밴딩을 일으키는 데 사용된다는 것을 알았다. MOS에서는 그 전위차가 양분된다는 것을 이해해야 한다. 즉 실리콘의 밴드 밴딩에도 기여하지만 실리콘 옥사이드의 밴드 밴딩에도 사용되므로 메탈과 반도체의 일함수 차이로 발생한 전위는 옥사이드와 실리콘에 나뉘어서 인가된다. 이상을 수식으로 표현하면 8-5식으로 표현할 수 있다. 음수로 표현한 이유는 실리콘의 일함수가 더 크기 때문이다.

$$\phi_{ms} = \phi_m - \phi_s = -(V_{ox0} + \phi_{s0}) \tag{8-5}$$

8-4 게이트 전압 분배

앞에서 플랫밴드 전압에 대해서 간략히 언급한 바 있다. 평탄대 전압이라고도 하며 실리콘에 밴드를 수평하게 만들어 주는 전압이다. 즉 실리콘에 밴드 밴딩이 없고 실리콘 내 순수한 전하가 0이 되는 전압이다. 메탈과 실리콘을 접촉시키면 일함수 차이로 인하여 자연스럽게 밴드 밴딩이 발생하는데 이 휘어진 밴드를 전압을 가해서 다시 펴준다고 생각하면 된다. 따라서 플랫밴드 전압은 밴드의 휘어진 상태에 따라 양과 음의 전압이 존재한다. 일함수 차이 때문에 밴드 밴딩이 일어났기 때문에 밴드를 다시 수평하게 만들려면 일함수의 차이에 해당하는 전압을 인가하면 될 것이다.

8-4-1 플랫밴드 전압

$$V_{FB} = \phi_m - \phi_s \tag{8-6}$$

그림 8-13에 플랫밴드 전압을 표시해 주는 에너지 밴드 다이어그램을 나타내었다. 약한 반전모드에서 실리콘의 밴드를 펴주기 위해서 메탈에 음의 전압, 실리콘에 양의 전압을 인가하여 아래로 휘어진 밴드를 수평하게 만든 것이다. 실리콘 옥사이드의 밴드는 여전히 휘어져 있다. 앞에서 설명했지만 실리콘 옥사이드의 밴드 밴딩의 기울기가 더 크다는 사실을 기억하면 쉽게 이해될 것이다.

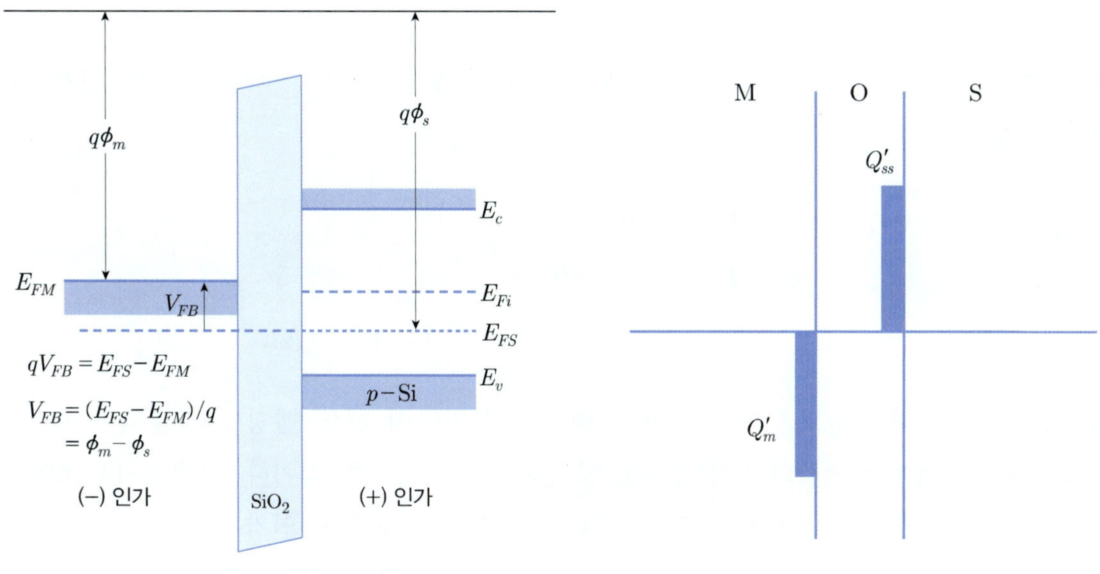

(a) 플랫밴드 전압 정의 (b) 플랫밴드 전압에서의 전하 밀도 분포

그림 8-13 약한 반전 모드에서 플랫밴드 전압의 정의

플랫밴드 전압은 간단히 두 물질의 일함수의 차이에 해당하는 전압을 인가하는 것으로 정의하였다. 이것은 실리콘 옥사이드 내의 전하를 0으로 가정한 것이다. 그러나 게이트 메탈에 음의 전압을 인가하였으므로 실리콘 반도체에는 동일한 크기의 양의 전하가 유기되어야 한다. 그러나 실리콘의 표면전위는 0이며 따라서 순전하 밀도도 0이다. 일견 모순처럼 보이지만 사실은 산화막 내의 고정 산화막 전하가 이를 대응하고 있는 것이다. 따라서 전하 중성 조건을 만족시킨다. 그림 8-13 (b)에 이러한 고정전하 밀도 분포를 표시하였다. 실리콘 옥사이드 내에 존재하는 고정전하의 원인은 공유 결합이 끊어진 댕글링 본드이다. 이곳에는 전자가 존재하지 않아 공유 결합을 하고 있지 못한 상태이므로 (+) 전하가 형성된다. 전자를 포획하면 중성이 되는 트랩들이다. 이러한 고정 산화막 전하들이 메탈의 음의 전하에 대응하여 전하 균형을 맞추는 것이다. 실리콘 옥사이드 내에 존재하는 단위 면적당 고정 산화막 전하를 Q'_{ss} 로 표현한다. 고정 산화막 전하는 플랫밴드 전압을 (−) 방향으로 이동시킨다. 우리는 두 물질의 일함수 차이에 해당하는 만큼의 게이트 전압을 인가하면 실리콘의 밴드가 수평을 이루고 평탄해진다는 것을 이해하였다. 그렇다면 게이트 전압이 어떻게 분배되어 사용되는지 알아보도록 하자.

그림 8-14는 제로 바이어스에서 게이트 전압을 증가시켜 문턱 반전모드에서의 에너지 밴드 다이어그램을 나타낸 것이다. $\phi_s = 2\phi_{Fp}$를 만족하며 반전층을 표시하였다. 제로 바이어스(열평형 상태)에서의 옥사이드 양단에 걸리는 전위차를 V_{ox0}, 실리콘의 표면전위를 ϕ_{s0}라고 하자. 게이트에 양의 전압을 인가하여 그림 8-14 (b)와 같은 문턱 반전점을 형성하였다. 실리콘 옥사이드와 실리콘 반도체

에 인가되는 전위는 증가하였다. 즉 밴드 밴딩이 더욱 커졌다. 게이트 전압 증가에 따라 각각의 전위가 ΔV_{ox}, $\Delta\phi_s$ 만큼 증가했다고 가정하면 게이트 전압은 수식 8-5와 결합해서 다음과 같이 나타낼 수 있다.

$$\begin{aligned} V_G &= \Delta V_{ox} + \Delta\phi_s \\ &= (V_{ox} - V_{ox0}) + (\phi_s - \phi_{s0}) \\ &= V_{ox} + \phi_s - (V_{ox0} + \phi_{s0}) = V_{ox} + \phi_s + \phi_{ms} \end{aligned} \tag{8-7}$$

8-7식은 게이트 전압이 옥사이드의 밴드 밴딩과 실리콘의 밴드 밴딩에 양분되어 사용된다는 의미인데, MOS의 게이트 전압의 사용 용도를 알려주는 아주 중요한 식이다. 그림 8-14 (a)에 게이트 전압이 인가되었을 때 전압 분배가 어떻게 이루어지는지 나타내었다. 인가된 게이트 전압은 실리콘 옥사이드의 밴드 밴딩을 일으키고(qV_{ox}) 실리콘의 밴드를 휘게($q\phi_s$)하는 데 사용된다. 그림 8-14 (b)에 해당한다. 옥사이드와 실리콘의 밴드 밴딩이 증가했음을 알 수 있다. 게이트 전압은 이렇게 양분되어 사용되는 것이다. 앞으로 MOS의 3가지 모드에서의 C-V profile을 구하는 데 계속 사용할 것이다.

수식 8-7에서 우리는 고정 산화막 전하를 고려한 새로운 플랫밴드 전압을 다시 구할 수 있다. 플랫밴드 전압에서는 반도체의 표면전위가 0이다. 또한 전하 중성 조건을 이용하여 새로운 플랫밴드 전압은 수식 8-8로 새롭게 정의할 수 있다. 이상적인 경우와 비교해서 우변에 고정 산화막 항이 새롭게 추가되었다. 고정 산화막 전하로 인하여 실제 플랫밴드는 음의 방향으로 이동하게 된다.

$$V_G = V_{FB} = V_{ox} + \phi_s + \phi_{ms}$$

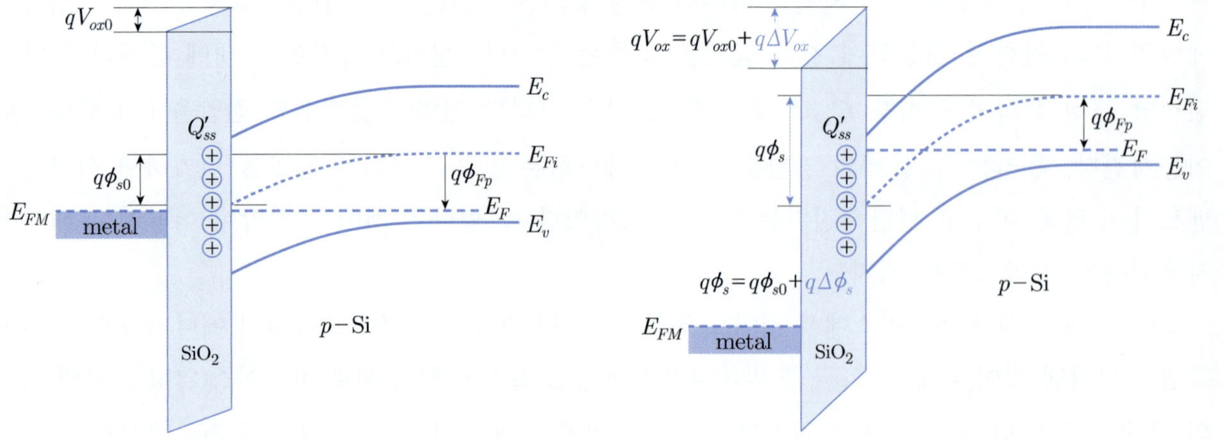

(a) 제로 바이어스 (b) $V_G = V_{ox} + \Delta V_{ox} + \phi_s + \Delta\phi_s$

그림 8-14 게이트 전압 분배 규칙

그림 8-13 (b) $\Rightarrow$ $Q_m^{'} + Q_{ss}^{'} = 0$ $\Rightarrow$ $Q_m^{'} = -Q_{ss}^{'}$, $Q_m^{'} = C_{ox} V_{ox}$ $\Rightarrow$ $V_{ox} = \dfrac{-Q_{ss}^{'}}{C_{ox}}$

$$V_{FB} = V_{ox} + \phi_s + \phi_{ms} = \frac{-Q_{ss}^{'}}{C_{ox}} + \phi_s + \phi_{ms}, \qquad \phi_s = 0$$

$$\therefore V_{FB} = \phi_{ms} - \frac{Q_{ss}^{'}}{C_{ox}} \tag{8-8}$$

예제 8-4-1

$N_A = 1 \times 10^{16}\,\text{cm}^{-3}$, $t_{ox} = 1.2\,\text{nm}\,(\text{SiO}_2\ \text{thickness})$, Al gate, $Q_{ss}^{'} = 5 \times 10^{10}\,\text{cm}^{-2}$, $T = 300\,\text{K}$ 에서 p형 실리콘 기판을 갖는 MOS 커패시터가 있다. 플랫밴드 전압을 구해 보아라. 일함수는 $-0.89\,\text{V}$로 가정하라.

풀이

$$C_{ox} = \frac{\epsilon_{ox}}{t_{ox}} = \frac{3.9 \times 8.85 \times 10^{-14}}{12 \times 10^{-8}} = 2.876 \times 10^{-6}\,\text{F/cm}^2$$

$$Q_{ss}^{'} = (5 \times 10^{10}) \times (1.6 \times 10^{-19}) = 8 \times 10^{-9}\,\text{C/cm}^2$$

$$V_{FB} = \phi_{ms} - \frac{Q_{ss}^{'}}{C_{ox}} = -0.89 - \frac{8 \times 10^{-9}}{2.876 \times 10^{-6}} = -0.893\,\text{V}$$

실리콘 옥사이드 내 고정 산화막 전하를 고려하지 않은 경우에는 플랫밴드 전압은 일함수의 차이였는데 지금은 고정 산화막 전하로 인하여 플랫밴드 전압은 음의 방향으로 이동한 것을 알 수 있다.

예제 8-4-2

$N_A = 1.5 \times 10^{14}\,\text{cm}^{-3}$, $t_{ox} = 50\,\text{nm}\,(\text{SiO}_2\ \text{thickness})$, p^+ poly−Si gate를 갖는 p형 실리콘 기판 위에 n-MOS 커패시터가 있다. 플랫밴드 전압 $V_{FB} = -1.0\,\text{V}$일 때 단위 면적당 고정 산화막 전하 $Q_{SS}^{'}$를 구해 보아라.

풀이

$$V_{FB} = \phi_{ms} - \frac{Q_{ss}^{'}}{C_{ox}} \quad \Rightarrow \quad Q_{ss}^{'} = C_{ox}(\phi_{ms} - V_{FB})$$

그림 8-16을 참조하면 주어진 도핑 농도에서 poly-Si gate와의 일함수 차이는 $\phi_{ms} = 0.2\,\text{V}$이다.

$$C_{ox} = \frac{\epsilon_{ox}}{t_{ox}} = \frac{3.9 \times 8.85 \times 10^{-14}}{500 \times 10^{-8}} = 6.903 \times 10^{-8}\ \mathrm{F/cm^2}$$

$$Q'_{ss} = C_{ox}(\phi_{ms} - V_{FB}) = (6.903 \times 10^{-8})(0.2 + 1.0)\frac{\mathrm{C}}{\mathrm{Vcm^2}}\mathrm{V}$$

$$= 8.284 \times 10^{-8}\ \mathrm{C/cm^2}$$

또는 단위 면적당 개수로 표현하면 다음과 같다.

$$Q'_{ss} = \frac{8.284 \times 10^{-8}}{1.6 \times 10^{-19}} = 5.178 \times 10^{11}\ \mathrm{cm^2}$$

8-4-2 문턱 전압

이제 다음으로 문턱 전압에 대해서 논의해 보자. n-MOS 커패시터의 경우 문턱 전압은 실리콘 표면에서의 반전전자들의 농도가 벌크의 양공 농도와 동일해지는 데 필요한 게이트 전압이라고 정의하였다. 게이트 전압 분배법칙 수식 8-7을 사용하면 문턱 반전 상태에서는 $\phi_s = 2\phi_{Fp}$이다. 문턱 전압을 표시하는 수식은 몇 가지 형태로 표현할 수 있다. 공핍층의 폭, 공핍층의 전하량 $Q'_{SD}(\max)$, 플랫밴드, 일함수의 차 등 여러 형태로 표현할 수 있으니 주어진 문제에 맞추어 적절히 혼합해서 사용하면 된다.

$$V_G = V_{th} = V_{ox} + \phi_s + \phi_{ms} = \frac{Q'_m}{C_{ox}} + \phi_s + \phi_{ms}$$

$$\phi_s = 2\phi_{Fp},\quad Q'_m + Q'_{ss} = |Q'_{SD}(\max)| \ \Rightarrow\ Q'_m = |Q'_{SD}(\max)| - Q'_{ss}$$

$$V_{th} = \frac{Q'_m}{C_{ox}} + \phi_s + \phi_{ms} = \frac{Q'_m}{C_{ox}} + 2\phi_{Fp} + \phi_{ms} = \frac{|Q'_{SD}(\max)| - Q'_{ss}}{C_{ox}} + 2\phi_{Fp} + \phi_{ms}$$

$$\therefore V_{th} = \frac{|Q'_{SD}(\max)|}{C_{ox}} - \frac{Q'_{ss}}{C_{ox}} + 2\phi_{Fp} + \phi_{ms} \qquad (8\text{-}9)$$

$Q'_{SD}(\max)$는 그림 8-15에서 직사각형의 면적을 의미한다. 문턱 전압은 플랫밴드 전압 $V_{FB} = \phi_{ms} - (Q'_{ss}/C_{ox})$를 사용해서 8-11식으로도 표현할 수 있다.

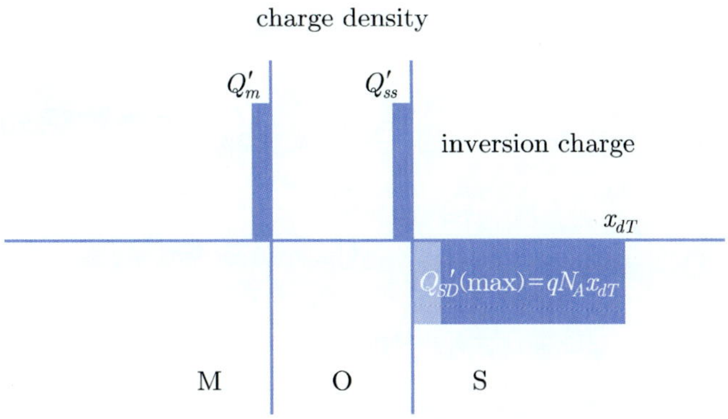

그림 8-15 반전모드에서의 전하 분포

$$V_{th}=\frac{|Q'_{SD}(\max)|}{C_{ox}}-\frac{Q'_{ss}}{C_{ox}}+V_{FB}+\frac{Q'_{ss}}{C_{ox}}+2\phi_{Fp} \tag{8-10}$$

$$V_{th}=\frac{|Q'_{SD}(\max)|}{C_{ox}}+V_{FB}+2\phi_{Fp} \tag{8-11}$$

문턱 전압은 여러 가지 인자의 함수이다. 문턱 전압을 표현하는 수식에서 가장 중요한 부분은 산화막 커패시턴스이다. 실리콘 옥사이드 두께를 감소시키면 문턱 전압은 감소할 것이다. 또는 게이트 절연막의 재료를 변경하여 유전상수가 큰 물질을 도입하여도 문턱 전압은 감소할 것이다. 도핑 농도도 우리가 인위적으로 제어할 수 있는 부분이다. 그러나 이러한 물질, 두께, 도핑 농도의 변경은 전반적인 반도체의 공정성, 트랜지스터의 특성 등을 고려해서 결정해야 하므로 단순히 문턱 전압만을 변경하는 목적으로 사용하는 경우는 주의를 요한다. 여기서는 게이트 절연막이 가장 중요한 인자라는 사실만 이해했으면 좋겠다.

문턱 전압에 대한 다양한 표기법을 요약하면 다음 3가지로 요약할 수 있다. 적절히 상황에 맞추어 사용하면 될 것이다.

1. $V_{th}=\frac{|Q'_{SD}(\max)|}{C_{ox}}-\frac{Q'_{ss}}{C_{ox}}+2\phi_{Fp}+\phi_{ms}$
2. $V_{th}=\left[|Q'_{SD}(\max)|-Q'_{ss}\right]\left(\frac{t_{ox}}{\epsilon_{ox}}\right)+2\phi_{Fp}+\phi_{ms}$
3. $V_{th}=\frac{|Q'_{SD}(\max)|}{C_{ox}}+V_{FB}+2\phi_{Fp}$

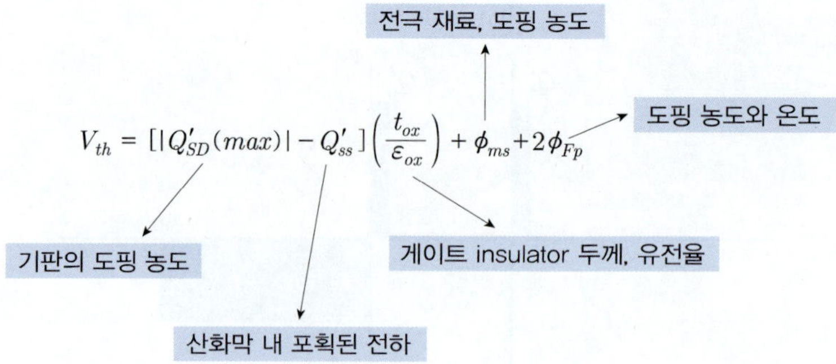

이제 문턱 반전을 일으키는 데 필요한 최소한의 전압, 문턱 전압을 구해 보도록 하자.

예제 8-4-3

$N_A = 1\times10^{16}\,cm^{-3}$, $t_{ox} = 1.2\,nm\,(SiO_2\text{ thickness})$, Al gate, $Q'_{ss} = 5\times10^{10}\,cm^{-2}$, $T = 300\,K$에서 p형 실리콘 기판을 갖는 MOS 커패시터가 있다. 문턱 전압을 구해 보아라.

풀이

$$\phi_{Fp} = \frac{kT}{q}\ln\left(\frac{N_A}{n_i}\right) = (0.0259)\ln\left(\frac{1\times10^{16}}{1.5\times10^{10}}\right) = 0.347\,V$$

$$x_{dT} = \sqrt{\frac{4\epsilon_{Si}\phi_{Fp}}{qN_A}} = \sqrt{\frac{4\times11.7\times8.85\times10^{-14}\times0.347}{1.6\times10^{-19}\times10^{16}}} = 0.3\times10^{-4}\,cm$$

$$Q'_{ss} = (5\times10^{10})(1.6\times10^{-19}) = 8\times10^{-9}\,C/cm^2$$

$$|Q'_{SD}(\max)| = qN_A x_{dT} = (1.6\times10^{-19})(1\times10^{16})(0.3\times10^{-4}) = 4.8\times10^{-8}\,C/cm^2$$

$$C_{ox} = \frac{\epsilon_{ox}}{t_{ox}} = \frac{3.9\times8.85\times10^{-14}}{12\times10^{-8}} = 2.876\times10^{-6}\,C/cm^2$$

$$V_{th} = \frac{|Q'_{SD}(\max)| - Q'_{ss}}{C_{ox}} + 2\phi_{Fp} + \phi_{ms}$$

ϕ_{ms}는 그림 8-16을 참조하면 -0.89 V이다.

$$\begin{aligned} V_{th} &= \frac{|Q'_{SD}(\max)| - Q'_{ss}}{C_{ox}} + 2\phi_{Fp} + \phi_{ms} \\ &= \frac{[(4.8\times10^{-8}) - (8\times10^{-9})]}{2.876\times10^{-6}} - 0.89 + (2\times0.347) \\ &= -0.182\,V \end{aligned}$$

문턱 전압이 음의 전압을 갖는다는 것은 공핍형 소자임을 의미한다. p형 기판의 경우 주요 캐리어는 전자이며 전자를 모으기 위해서는 게이트에 항상 양의 전압을 인가해야 한다. 지금 음의 문턱 전압이라는 것은 전압을 인가하지 않은 상태에서도 전자가 형성되어 있다는 것을 의미한다. 즉 0 V의 게이트 전압에서도 채널이 이미 형성되었다는 것이며 이것을 우리는 normally on 상태라 부른다. 그리고 이러한 소자를 공핍형 소자라고 부른다. 반면 증가형 소자는 0 V의 게이트 전압에서 채널이 형성되지 않으며, 게이트에 양의 전압을 인가하여 채널을 형성하고, 게이트 전압을 증가시켜서 드레인 전류를 증가시키는 방식의 소자이다. 증가형 소자는 normally off 상태이다. 추후 MOSFET에서 더 논의할 것이다.

그림 8-16은 여러 종류의 게이트와 기판의 유형에 따른 일함수 차이를 표기한 데이터이다. 앞으로 문턱 전압을 구할 때 유용하게 사용될 것이다. 문턱 전압은 고정 산화막 전하에 매우 크게 영향을 받는다. 불행히도 고정 산화막 전하는 완전하게 제거하지 못하므로 문턱 전압 설계 시 고정 산화막 전하를 고려해서 설계에 반영해야 할 것이다.

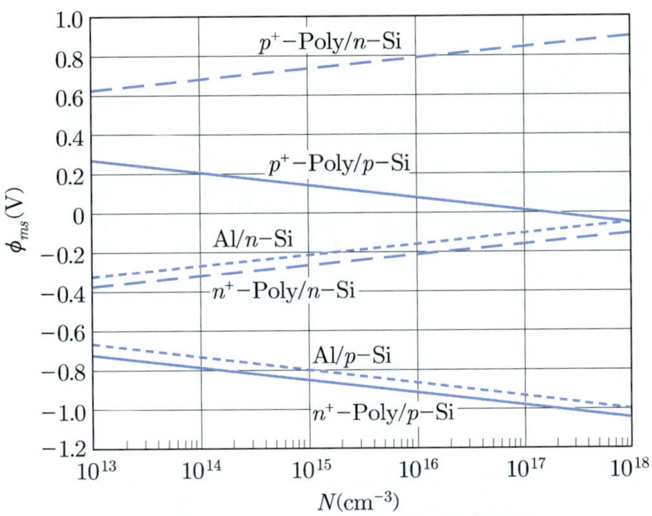

그림 8-16 도핑 농도에 따른 여러 가지 물질의 일함수
(S.M. Sze Physics of Semiconductor Devices 3rd)

예제 8-4-4

$N_A = 10^{16}\,\text{cm}^{-3}$, $t_{ox} = 50\,\text{nm}(\text{SiO}_2\ \text{thickness})$, Al gate, $Q_{ss}' = 5\times10^{11}\,\text{cm}^{-2}$에서 p형 실리콘 기판을 갖는 n-MOS 커패시터가 있다. 문턱 전압을 구해 보아라.

$Q_{SS}' = 0$일 때의 이상적인 경우와 문턱 전압을 비교해 보아라.

풀이

$$\phi_{Fp} = \frac{kT}{q}\ln\left(\frac{N_A}{n_i}\right) = (0.0259)\ln\left(\frac{10^{16}}{1.5\times10^{10}}\right) = 0.347\,\text{V}$$

$$x_{dT} = \sqrt{\frac{4\epsilon_{Si}\phi_{Fp}}{qN_A}} = \sqrt{\frac{4\times 11.7\times 8.85\times 10^{-14}\times 0.347}{(1.6\times 10^{-19})\times(10^{16})}} = 0.3\times 10^{-4}\,\text{cm}$$

$$Q'_{ss} = (5\times 10^{11})(1.6\times 10^{-19}) = 8\times 10^{-8}\ \text{C/cm}^2$$

$$|Q'_{SD}(\max)| = qN_A x_{dT} = (1.6\times 10^{-19})(10^{16})(0.3\times 10^{-4}) = 4.8\times 10^{-8}\ \text{C/cm}^2$$

$$C_{ox} = \frac{\epsilon_{ox}}{t_{ox}} = \frac{3.9\times 8.85\times 10^{-14}}{500\times 10^{-8}} = 6.903\times 10^{-8}\,\text{C/cm}^2$$

그림 8-16에서 $\phi_{ms} = -0.89\,\text{V}$

(1) 고정 산화막 전하가 존재하는 경우

$$V_{th} = \frac{|Q'_{SD}(\max)| - Q'_{ss}}{C_{ox}} + 2\phi_{Fp} + \phi_{ms} = \frac{(4.8\times 10^{-8}) - (8\times 10^{-8})}{6.903\times 10^{-8}} + (2\times 0.347) - 0.89$$

$$V_{th} = -0.660\,\text{V}$$

(2) 고정 산화막 전하가 0인 이상적인 경우

$$V_{th} = \frac{|Q'_{SD}(\max)|}{C_{ox}} + 2\phi_{Fp} + \phi_{ms} = \frac{4.8\times 10^{-8}}{6.903\times 10^{-8}} + 0.694 - 0.89 = 0.499\,\text{V}$$

고정 산화막 전하를 고려하지 않은 이상적인 경우에 문턱 전압은 양의 값을 가지며 증가형 소자임을 알 수 있다. 또한 고정 산화막 전하의 존재는 증가형 소자에서 공핍형 소자로 변환시켰음을 알 수 있다. 고정 산화막 전하를 고려한 문턱 전압은 −0.660 V이었기 때문이다.

그림 8-17에 n형, p형 MOS 커패시터의 산화막에 포획된 전하 밀도에 따른 문턱 전압의 변화를 나타내었다. 산화막 내에는 여러 종류의 다양한 전하들이 존재하는데 이러한 포획된 전하와 문턱 전압과의 관계를 알려주는 유용한 데이터가 그림 8-17이다. n-MOS의 경우에는 도핑 농도에 따라 공핍형과 증가형 소자 영역이 존재함을 알 수 있다. 예제 8-4-3, 8-4-4는 몇 가지 중요한 물리적 현상을 내포하고 있다. 첫 번째는 n형 MOS 커패시터에 기판의 억셉터 농도가 낮고(대략 $10^{16}\,\text{cm}^{-3}$ 이하) 산화막 내에 양으로 대전된 고정 산화막 전하가 존재하는 경우 문턱 전압이 음이 될 수 있다는 것이다. 그림 8-17 (a)를 참조하라. 기판의 양공 농도가 낮고 반도체와 접촉하고 있는 산화막 내에 양의 전하가 존재하므로 반도체 표면에 이미 반전전자층이 형성되었다는 것을 의미한다. 따라서 반전전자를 유기시키기 위해서 게이트에 양의 전압을 인가할 필요가 없다. 게이트 전압 0 V에서도 이미 반전전자들이 존재하기 때문이다. 문턱 전압이 음이라는 것은 반전전자들을 채널 내에서 제거하는 데 필요한 전압으로 재정의할 수 있다.

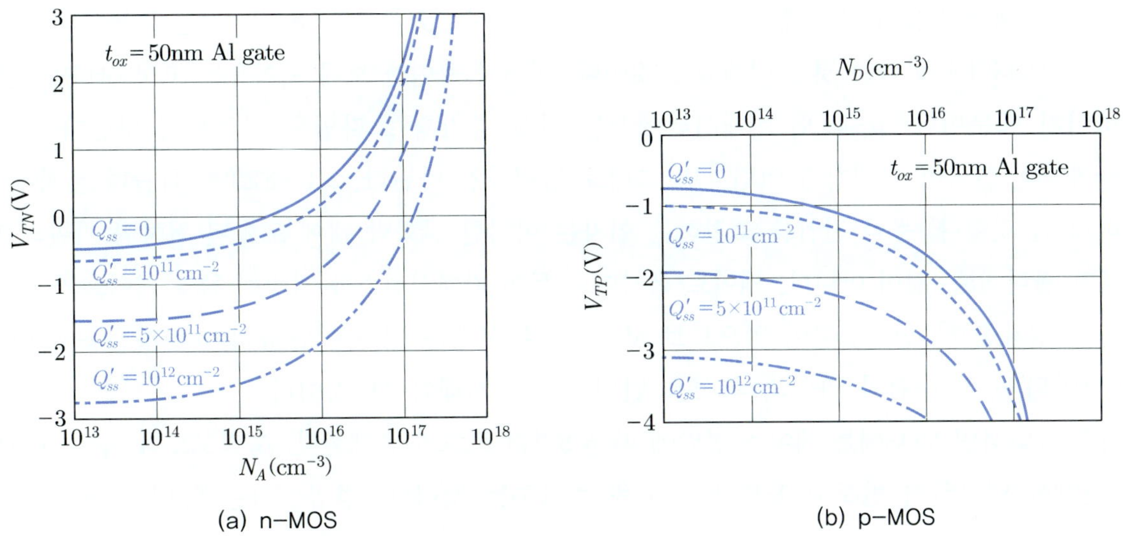

그림 8-17 산화막 내 전하와 기판 농도에 따른 문턱 전압

(DONALD A. NEAMEN semiconductor Physics and Devices 4th edition)

기판의 억셉터 농도가 높아지면 양공을 밀어내고 전자를 모으는데, 이를 위해서는 양의 문턱 전압이 필요하다. 그리고 이때 증가형 소자가 되는 것이다. 기판의 억셉터 농도에 따라서 문턱 전압은 양 또는 음의 값을 가질 수 있으며 증가형 타입의 소자 또는 공핍형 타입의 소자가 되는 것이다. 그림 8-17 (a)에 나타냈다. 예제 8-4-4에서는 억셉터 농도가 낮으므로 음의 문턱 전압을 갖는다는 것을 알 수 있다.

두 번째는 고정 산화막 전하에 따라서 문턱 전압이 양 또는 음의 값을 가질 수 있다는 것이다. 예제 8-4-4에서도 설명하였듯이 고정 산화막 전하가 존재하지 않는 경우, 문턱 전압이 양수였지만 고정 산화막 전하가 증가하면서 문턱 전압은 음수로 바뀌었다. 즉 증가형 소자에서 공핍형 타입의 소자로 변형되었다. 고정 산화막 전하들은 양으로 대전되므로 실리콘 표면에는 전자들이 모이게 되며, 이러한 전자들을 밀어내고 제로 반전층을 만들기 위해서는 더 큰 음의 게이트 전압이 필요하다. 따라서 고정 산화막 전하가 높은 경우에는 음의 문턱 전압이 증가한다(절댓값이 증가). 그림 8-17 (a)는 n-MOS의 경우, 고정 산화막 전하가 증가함에 따라 문턱 전압이 음의 방향으로 증가하고 있다는 것을 나타내고 있다. 반면 p-MOS의 경우에는 전 영역에 걸쳐서 증가형 소자 특성을 보인다. 그림 8-17 (b)는 p-MOS의 경우이다. p-MOS의 주요 캐리어는 양공이다. 고정 산화막 전하는 양전하이므로 제로 게이트 전압에서 실리콘 표면에는 양공이 형성되지 않는다. 이것은 제로 게이트 전압에서 채널이 형성되어 있지 않은 증가형 소자라는 의미이다. 반전 양공을 형성시키기 위해서는 게이트에 음의 전압이 필요하며 고정 산화막 전하가 증가함에 따라 더 큰 음의 게이트 전압이 요구된다는 사실을 쉽게 이해할 수 있을 것이다. p-MOS 커패시터는 모든 고정 산화막 전하, 모든 기판의 도너 농도에 대해서 음의 문턱 전압을 갖는다는 것을 알 수 있다. 그림 8-17 (b)를 주목하라. 이러한 양상은 n-MOS와 다르다는 것을 이해했을 것이다. 이러한 차이를 보이는 이유는 고정 산화막 전하가 양전하이기 때문이다. p-MOS 커패시터에서는 항상 증가형 소자임을 기억하길 바란다.

지금까지의 설명이 이해하기 어렵다면 그대로 넘어가길 바란다. MOSFET를 학습하는 과정에서 이해하게 될 것이다. 문턱 전압을 조절하는 인자는 이러한 산화막 내에 포획된 전하와 기판의 도핑 농도에만 관련 있는 것이 아니다. 게이트 옥사이드 두께(커패시턴스를 결정해줌)와 게이트의 재료(일함수를 결정해줌)하고도 연관이 있으므로 MOS 설계 시에는 이러한 종합적인 인자들을 고려해야 하며 라인의 공정 능력과 라인의 특성을 반영해서 설계해야 할 것이다.

이상을 요약하면 MOS에는 게이트 전압에 따른 3가지 모드가 존재한다. 축적모드라 함은 게이트에 음의 전압을 인가하여 반도체 표면에 양공을 축적하는 것이다. 양공이라는 양의 전하를 모으기 위해서는 게이트에 음의 전압이 필요할 것이다. 표면에 축적된 양공으로 인하여 표면 근처에 밴드 밴딩이 발생하며 표면전위 ϕ_s가 형성되었다고 표현한다. 축적모드에서 발생하는 밴드 밴딩은 공핍층에 의한 것이 아니라 표면전하에 의해 형성하는 밴드 밴딩임을 기억하자. 이러한 밴드 밴딩은 매우 작은 휨으로 일어난다.

공핍모드는 게이트에 양의 전압을 인가할 때 형성된다. 메탈의 페르미 준위는 내려가고 반도체의 페르미 준위는 상승한다. 밴드 밴딩의 형상이 바뀌기 시작하며 양공을 밀어낸 자리에는 음의 억셉터 이온(공간전하)들이 형성된다. 공핍층이 형성되었으며 반도체 표면의 밴드 밴딩은 공간전하들이 만들어 낸 것이다. 반전모드가 발생하기 직전의 모드이며 이때 이미 반전전자들이 극소수 형성되기 시작한다. 반도체의 표면은 아직 p형 반도체이다.

문턱 반전모드는 게이트에 더 큰 양의 전압을 인가하여 형성시킨다. $\phi_s = 2\phi_{Fp}$인 상태이며 반도체 표면에는 전자들로 반전된다. 반전전자 농도는 벌크 영역의 양공 농도와 동일한 시점임을 기억하라.

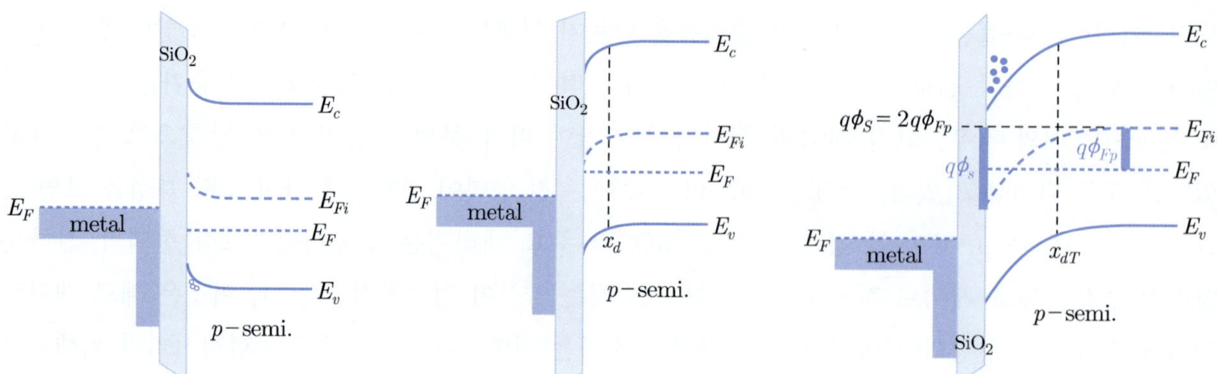

(a) 축적모드, $V_G < 0$ (b) 공핍모드, $0 < V_G < V_{th}$ (c) 반전모드, $V_G = V_{th}$

그림 8-18 게이트 전압에 따른 3가지 MOS 모드의 에너지 밴드 다이어그램

이때에는 최대 공핍층의 폭 x_{dT}를 가지며 게이트 전압이 더 증가해도 공핍층의 폭은 아주 미미하게만 증가한다(거의 증가하지 않는다고 간주한다). 따라서 게이트 전압의 상승분에 대응하는 음의 전하들은 반전전자들이 대응함으로써 전하 중성 조건을 만족시킨다. 그림 8-18에 에너지 밴드 다이어그램으로 요약하였다. 이제 MOS 커패시터의 기본적인 특성들을 마치고 우리가 궁극적으로 얻고자 하는 커패시턴스와 게이트 전압과의 관계를 알아보자.

8-5 커패시턴스와 전압 관계 특성

MOS 커패시터는 축적모드, 공핍모드, 반전모드로 나눌 수 있다. 각 모드에서의 게이트 전압에 따른 정전 용량, 즉 C-V profile을 구하는 것이 우리의 최종 목표이다. 우리에게 매우 친숙한 수식 $Q = CV$로부터 우리는 C-V profile을 구할 수 있다. 커패시턴스는 전압의 미분 변화 dV에 대한 평판상에서의 전하량의 미분 변화로 표현할 수 있다. 우리는 게이트 전압이 실리콘 옥사이드와 실리콘에 분배된다는 것을 이미 학습하였다. 그림 8-19에 곡선 화살표로 표기한 것은 게이트 전압의 분배를 보여주는 것이다. V_{ox}는 게이트 전압이 실리콘 옥사이드에 분배되어 옥사이드 양단에 걸리는 전압차(전위, 퍼텐셜)로 생각할 수 있다. 우리는 전압과 전위차를 거의 구별하지 않고 사용한다. 엄밀히 다르지만 거의 동일한 개념으로 보고 사용할 수 있다.

ϕ_s는 실리콘 양단에 걸리는 전압차이다. 표기법이 옥사이드와 다름에 주의하라. 이것을 특별히 표면전위라 부르는데, 표기법에 혼돈하지 않도록 주의할 필요가 있다.

공핍모드에서의 커패시턴스는 마치 두 개의 커패시터가 직렬로 연결된 경우와 동일하다. 게이트 전압에 따라서 공핍층의 폭이 변하므로 두 전극(여기서는 게이트 메탈과 실리콘 반도체) 사이의 유전체의 폭(여기서는 실리콘 옥사이드와 공핍층 폭)이 변하게 된다는 사실에 주의하라. 축적모드와 반전모드에서는 C_{ox}로 근사시킬 수 있다. 축적모드에서는 게이트의 음의 전압에 대해서 실리콘 표면에 양의 전하가 형성되어 마치 단일 평행판 커패시터와 동일하다. 게이트 전압에 따라서 두 전극에 저장되는 전하량만 변하고 유전체의 폭은 변하지 않는다는 것에 주목하라. 따라서 커패시턴스는 실리콘과 메탈 사이에 삽입되어 있는 유전체 SiO_2에 의해서 결정되므로 C_{ox}로 표현할 수 있다. 강한 반전모드(strong inversion)에서는 게이트 전압에 따라서 그림과 같이 반전 전하들만이 증가하고 공핍층의 폭은 증가하지 않는다는 사실을 상기하라. 이 경우도 평행판 커패시터와 동일하다. 따라서 정전 용량은 C_{ox}로 근사시킬 수 있다.

축적모드와 반전모드에서 게이트 전압과 전하량 간의 관계식은 다음과 같이 유도할 수 있다.

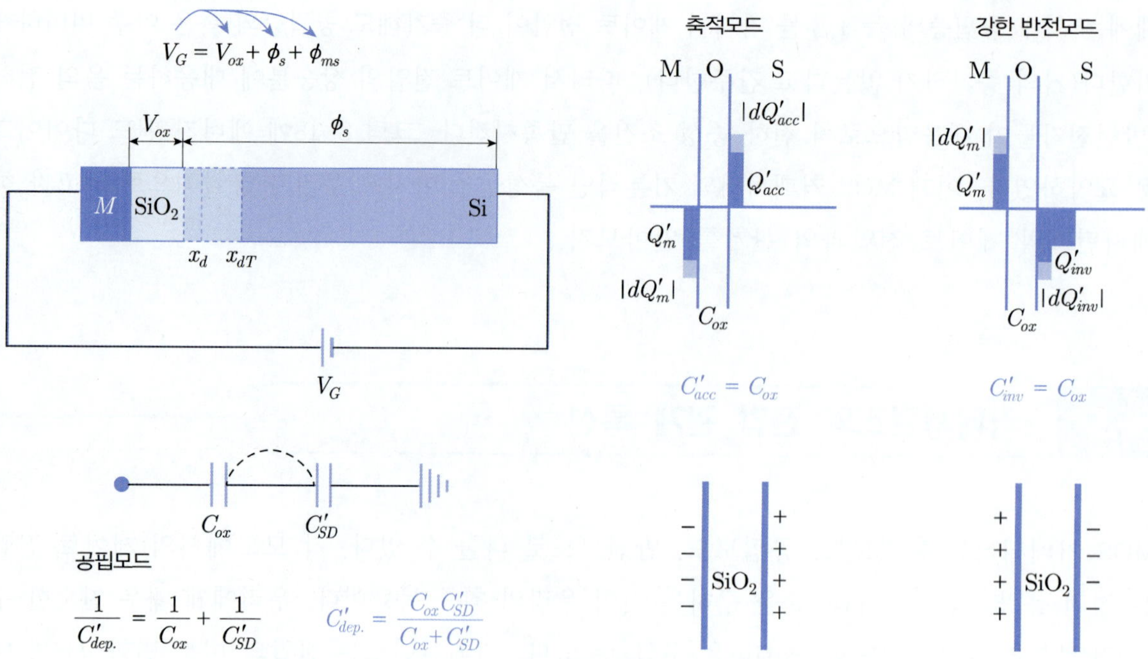

그림 8-19 MOS 커패시터의 각 모드에 대한 정전 용량

먼저 축적모드를 살펴보자. 축적모드에서는 공핍층이 형성되지 않으며 양공의 축적 농도는 ϕ_s의 지수함수로 증가하기 때문에 아주 작은 ϕ_s에 대해서 양공의 농도는 충분히 축적되므로 $\phi_s \approx 0$으로 볼 수 있다. 메탈과 반도체 간의 일함수 차이는 플랫밴드 전압이며 반도체의 일함수가 크므로 $\phi_{ms} = -V_{FB}$가 된다. 또한 축적모드에서는 게이트에 음의 전압을 인가하므로 최종적으로 $Q_{acc} = -C_{ox}(V_G - V_{FB})$로 표현할 수 있다.

$$V_G = V_{ox} + \phi_s + \phi_{ms} = V_{ox} + \phi_{ms}, \quad \because \phi_s \approx 0$$

$$V_G = \frac{Q'_{acc}}{C_{ox}} - V_{FB} \Rightarrow Q'_{acc} = C_{ox}(-V_G + V_{FB}) = -C_{ox}(V_G - V_{FB})$$

$$\therefore Q'_{acc} = -C_{ox}(V_G - V_{FB})$$

강한 반전모드에서는 다음과 같이 쓸 수 있다. 하기 식은 MOSFET에서 자주 사용하는 식이니 잘 기억하는 것이 좋겠다.

$$V_G = V_{ox} + \phi_s + \phi_{ms} = \frac{|Q'_{SD}(\max) + Q'_{inv}|}{C_{ox}} + 2\phi_{Fp} + \phi_{ms} = V_{th} - \frac{Q'_{inv}}{C_{ox}}$$

$$\therefore Q'_{inv} = -C_{ox}(V_G - V_{th})$$

8-5-1 게이트 전압에 따른 3가지 모드

MOS 커패시터는 그림 8-19와 같이 두 개의 커패시터가 직렬로 연결되어 있는 구조이다. 옥사이드층이 만드는 커패시터(커패시턴스는 C_{ox})와 반도체가 형성하는 커패시터(커패시턴스는 C_s로 표시)가 직렬로 연결되어 있는 구조이다. 양 끝단에는 전극이 존재한다. 게이트 전압이 인가되면 전압의 극성과 크기에 따라 표면 퍼텐셜 ϕ_s가 변화하고 ϕ_s에 의존해서 각각 Q'_{acc}, Q'_{dep}, Q'_{inv} 전하가 형성되고 전하량으로부터 C'_{acc}, C'_{dep}, C'_{inv}를 결정할 수 있다. 우리의 목적은 전하량을 구하고 전하량을 게이트 전압으로 미분하여 각 모드에서의 커패시턴스를 구하는 것이다.

우리는 각각의 3가지 모드에서 전하량을 게이트 전압으로 미분하여 커패시턴스를 구하고자 한다. 게이트 전압 변화에 대한 전하량의 변화를 정량적으로 구하는 것이 무엇보다도 중요하다. MOS 커패시터는 게이트 전압에 따라 축적모드, 플랫밴드 상태, 공핍모드, 반전모드(이때 게이트 전압은 문턱 전압에 이르게 된다), 강반전 상태로 세분화할 수 있다. 그림 8-20과 같이 축적모드에서 게이트의 전압을 증가시키면 플랫밴드 전압에 도달한다. 플랫밴드 전압을 넘어서면 밴드의 휨이 아래 방향에서 위로 역전되면서 공핍모드로 들어가게 되고 문턱 전압을 넘어서면 반전모드에 진입한다. 게이트 전압의 크기에 따라서 대략 3가지 모드가 형성되는 것이다. 각 모드의 경계면에서는 조금 더 복잡한 물리 현상이 존재한다. 이상적인 C-V profile은 경계면이 급준하다고 가정한다. 즉 축적모드에서 공핍모드로 진입할 때 양공들이 갑자기 없어지고 억셉터 이온들이 나타나며, 공핍모드에서 반전모드로 진입할 때도 반전전자들이 갑자기 나타난다고 가정하는 것이다. 그러나 실제로는 경계면에서 서서히 변하게 된다. 축적모드에서 공핍모드로 진입할 때는 게이트 전압 증가에 따라 커패시턴스가 서서히 변하며 경계면에서 연속이다. 공핍모드에서 반전모드로 진입할 때도 반전전자들이 서서히 유입되면서 억셉터 이온들과 공존한다. 두 종류의 음의 전하들이 게이트의 양의 전압에 대응하는 것이다. 게이트 전압이 더 증가하여 강한 반전모드로 진입하면 반전전자들은 더욱 증가하게 되며 게이트의 증가된 양의 전압에는 반전전자들이 대응하여 전하 중성을 만족시킨다. 따라서 이상적인 C-V profile과 실제 C-V profile은 경계면에서 차이를 보인다. 여기에서는 실제 C-V profile을

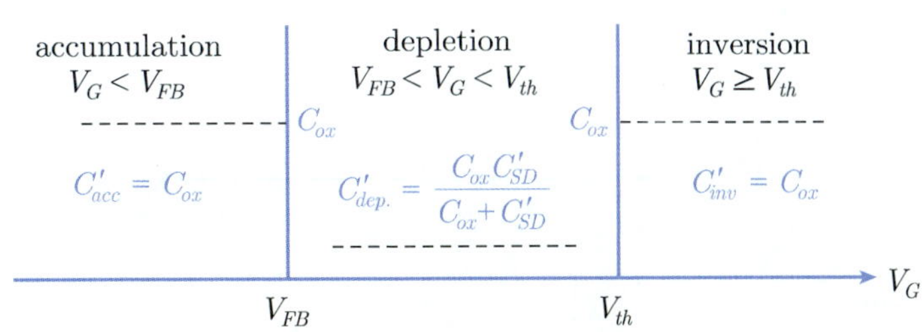

그림 8-20 게이트 전압에 따른 3가지 모드 범위

구해 보고 마지막에 이상적인 것과 비교하겠다. 우리는 실리콘 옥사이드 내의 고정 산화막 전하는 고려하지 않고 식을 전개하겠다.

축적모드와 반전모드에서의 커패시턴스는 이미 앞에서 구한 게이트 전압과의 관계식으로부터 손쉽게 구할 수 있다.

$$Q_{acc}' = -C_{ox}(V_G - V_{FB}) \Rightarrow C_{acc}' = \left|\frac{dQ_{acc}'}{dV_G}\right| = C_{ox}$$

$$Q_{inv}' = -C_{ox}(V_G - V_{th}) \Rightarrow C_{inv}' = \left|\frac{dQ_{inv}'}{dV_G}\right| = C_{ox}$$

각각의 모드에 대해서 더 깊이 고찰해 보자.

8-5-2 축적모드의 커패시턴스

앞에서 이미 축적모드에서의 커패시턴스는 C_{ox}가 된다는 것을 알았다. 이 결과에 대해서 좀 더 상세히 논의해 보자. 게이트에 음의 전압을 인가하면 양공들이 반도체의 표면에 축적되어 표면전위를 형성할 것이다. 표면에서 진성 페르미 준위는 휘어 있을 것이고 전도대와 가전자대의 밴드 밴딩도 동일하게 일어난다. 축적모드에서의 밴드 밴딩은 공핍층에 기인하는 것이 아니라는 사실에 주의하라. 이러한 밴드 밴딩은 매우 작다. 그림 8-21에도 표시하였듯이 표면전위에 대응해서 양공 농도가 지수함수적으로 증가하기 때문에 밴드 밴딩 ϕ_s는 매우 작게 발생한다. 즉 아주 작은 전압에 대해서도

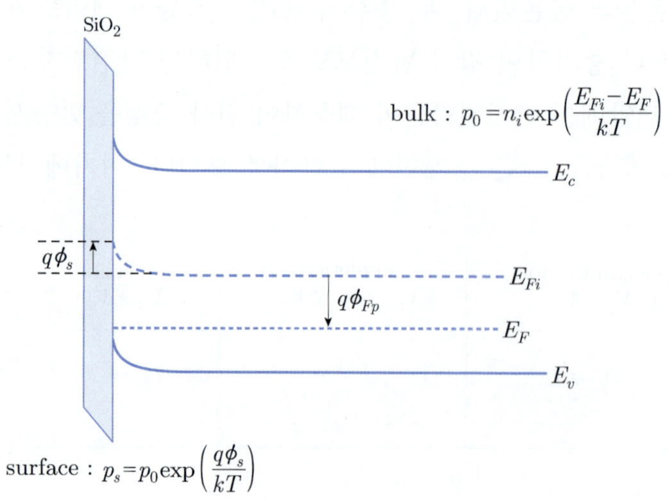

그림 8-21 축적모드에서의 에너지 밴드 다이어그램과 표면 양공 농도

계면에 축적되는 양공은 지수함수적으로 증가한다는 것이다. 이미 학습한 p형 반도체에서 벌크 영역의 양공 농도 p_0는 진성 캐리어와 진성 페르미 준위로 표현할 수 있다. 또한 표면 근처에는 양공들의 축적으로 인해 밴드 밴딩이 발생하였다. 따라서 표면에서의 양공의 농도를 p_s라 한다면 표면에서의 양공 농도는 다음과 같이 표현할 수 있다.

$$p_0 = n_i \exp\left(\frac{E_{Fi} - E_F}{kT}\right)$$

$$p_s = n_i \exp\left(\frac{E_{Fi} - E_F + q\phi_s}{kT}\right) = p_0 \exp\left(\frac{q\phi_s}{kT}\right) \tag{8-12}$$

8-12식은 표면의 양공 농도는 벌크의 양공 농도에 대해 표면전위의 지수함수적으로 증가한다는 것이다. 밴드 밴딩이 커질수록 표면에서의 페르미 준위는 진성 페르미 준위로부터 아래로 멀어져 가므로 표면의 양공 농도는 증가하게 된다. 앞에서도 언급하였지만, 전위차 0.06 V 변화에 대해 표면의 양공 농도는 1차수 증가한다. 따라서 실리콘의 밴드의 휘어짐을 나타내는 ϕ_s는 매우 작다.

그림 8-22에서 좀 더 상세히 논의해 보자. 이 그림은 그림 8-21에서 밴드가 휘어진 부분만을 확대한 것이다. 게이트에 음의 전압을 인가하면 $q\phi_s$만큼 밴드의 휘어짐이 발생하며 계면으로부터 x_p까지의 양의 전하량 총합을 Q_p'라 한다면 수식 8-13으로 표현할 수 있다.

$$Q_p' = Q_{acc}' + Q_{x_p}' \tag{8-13}$$

양자역학적 효과를 고려하면, 양공의 대부분은 계면 근처에 집중적으로 분포하며 나머지는 x_p까지 분포하고 있을 것이다. 따라서 축적모드에서의 총 전하량 Q_p'는 Q_{acc}'로 근사할 수 있다. 그림 8-22의 곡선이 이루는 면적 내의 총 천하는 수식 8-14로 근사시킬 수 있다.

$$Q_p' = Q_{acc}' = q\int_0^{x_{acc}} p_s(x)dx = q\int_0^{x_{acc}} p_0 \exp\left(\frac{q\phi_s}{kT}\right)dx \tag{8-14}$$

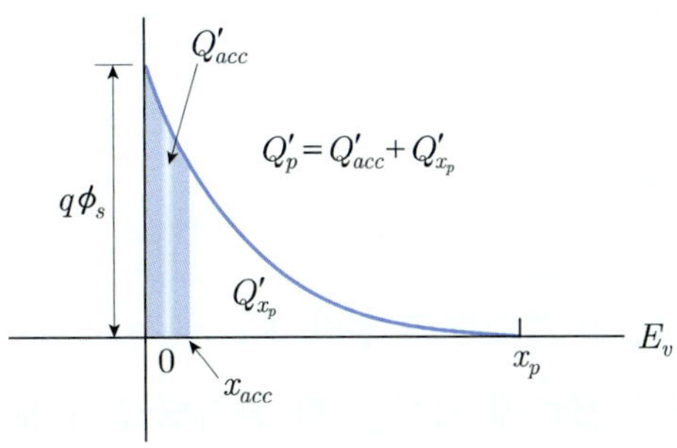

그림 8-22 표면에서의 양공 농도를 보여주는 밴드 밴딩 부분을 확대한 그림

게이트 전압은 3가지 성분으로 표현할 수 있으며 게이트 전압의 미분 변화는 다음과 같이 표현할 수 있다.

$$dV_G = dV_{ox} + d\phi_s + d\phi_{ms} = dV_{ox} + d\phi_s \tag{8-15}$$

ϕ_{ms}는 상수이므로 미분은 0이다. 수식 8-15로부터 축적 커패시턴스는 다음과 같이 표현할 수 있다.

$$C_{acc}' = \frac{dQ_p'}{dV_G} = \frac{dQ_{acc}'}{dV_G} = \frac{dQ_{acc}'}{dV_{ox} + d\phi_s}$$

$$\frac{1}{C_{acc}'} = \frac{dV_{ox}}{dQ_{acc}'} + \frac{d\phi_s}{dQ_{acc}'} \tag{8-16}$$

ϕ_s의 미분 변화에 대하여 Q_{acc}'의 변화는 차수가 변할 정도로 매우 크게 변한다. $dQ_{acc}' \gg d\phi_s$이므로 8-16식에서 우변의 끝항은 0에 수렴한다고 보고 8-16식은 다음과 같이 단순화할 수 있다.

$$\frac{d\phi_s}{dQ_{acc}'} \ll 1 \quad \Rightarrow \quad C_{acc}' = \left| \frac{dQ_{acc}'}{dV_{ox}} \right| = C_{ox} \tag{8-17}$$

축적모드에서의 커패시턴스는 산화막 커패시턴스 C_{ox}임을 알 수 있다. 그렇다면 플랫밴드 전압에서는 커패시턴스가 어떻게 될 것인가? 우리가 예측할 수 있는 것은 커패시턴스의 감소이다. 플랫밴드 전압은 공핍모드로 진입하는 경계지점으로 볼 수 있다. 게이트 전압이 음에서 양으로 변하면서 아래 방향으로 휘었던 밴드는 평평해지고 플랫밴드 전압을 지나 위로 휘게 된다. 축적되었던 양공이 이제는 벌크 방향으로 밀려나면서 음의 전하들을 형성하려는 시점이다. 약한 축적모드에서 공핍모드로 들어가는 경계지점이다. 플랫밴드 전압에서는 전하량이 변할 것이라고 쉽게 예측할 수 있다. 그러므로 커패시턴스도 변할 것이다. 플랫밴드 전압에서는 수식 8-16의 우변의 두 번째 항이 0으로 수렴하지 않는다. 표면 퍼텐셜과 축적 전하(양공)들의 차이가 급격히 줄어드는 시점이다. 따라서 2번째 항을 0으로 간주할 수 없다.

8-5-3 플랫밴드 커패시턴스

축적모드와 공핍모드의 경계지점인 플랫밴드 전압 V_{FB}에서 커패시턴스가 C_{ox}로 유지되는지 알아보도록 하자. 다음과 같은 경우를 예로 들어서 먼저 전하량을 구해 보겠다. 전하량은 다음과 같은 푸아송 방정식을 풀면 된다.

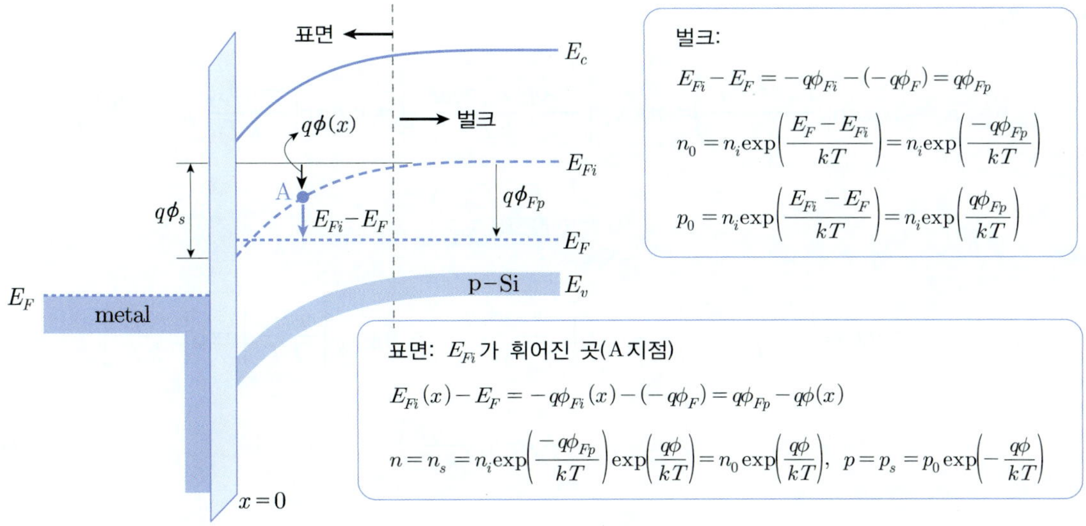

그림 8-23 공핍모드의 에너지 밴드. 실리콘 표면에 축적되는 표면 전하량을 구할 수 있음.

$$\frac{d^2\phi}{dx^2}=-\frac{\rho(x)}{\epsilon_s} \tag{8-18}$$

반도체 내 전하는 4종류라는 것을 이미 알고 있다. 전자와 양공이라는 모바일 캐리어와 양, 음의 공간전하들이다. 따라서 8-18식의 $\rho(x)$는 4가지 전하의 합으로 표현할 수 있다.

$$\frac{d^2\phi}{dx^2}=-\frac{\rho(x)}{\epsilon_s}=-\frac{q}{\epsilon_s}(p-n+N_D-N_A) \tag{8-19}$$

이제 그림 8-23과 같은 경우일 때 벌크에서 전자와 양공의 농도는 하기 8-20식으로 표현할 수 있다.

벌크:

$$n_0=n_i\exp\left(\frac{E_F-E_{Fi}}{kT}\right)=n_i\exp\left[\frac{-q\phi_F-(-q\phi_{Fi})}{kT}\right]=n_i\exp\left(\frac{-q\phi_{Fp}}{kT}\right)$$

$$p_0=n_i\exp\left(\frac{E_{Fi}-E_F}{kT}\right)=n_i\exp\left[\frac{-q\phi_{Fi}-(-q\phi_F)}{kT}\right]=n_i\exp\left(\frac{q\phi_{Fp}}{kT}\right) \tag{8-20}$$

표면에서 진성 페르미 준위는 밴딩을 일으키고 거리의 함수가 된다는 것을 알 수 있다. 따라서 표면의 A 지점에서의 전자와 양공의 농도는 각각 8-21식과 8-22식으로 표현할 수 있다.

표면 A 지점:

$$n = n_s = n_i \exp\left(\frac{E_F - E_{Fi}}{kT}\right) = n_i \exp\left[\frac{-(q\phi_{Fp} - q\phi)}{kT}\right] = n_i \exp\left(\frac{-q\phi_{Fp}}{kT}\right)\exp\left(\frac{q\phi}{kT}\right)$$

$$\therefore n_s = n_0 \exp\left(\frac{q\phi}{kT}\right) \tag{8-21}$$

$$p = p_s = n_i \exp\left(\frac{E_{Fi} - E_F}{kT}\right) = n_i \exp\left[\frac{q\phi_{Fp} - q\phi}{kT}\right] = n_i \exp\left[\frac{q\phi_{Fp}}{kT}\right]\exp\left[\frac{-q\phi}{kT}\right]$$

$$\therefore p = p_s = p_0 \exp\left(\frac{-q\phi}{kT}\right) \tag{8-22}$$

8-21, 8-22식을 8-19식에 대입한다. 이때 불순물의 농도는 상온에서 대부분 완전 이온화되므로 $N_D = n_0$, $N_A = p_0$가 된다. 이상을 반영하여 정리하면 8-23식을 얻을 수 있고, 이를 약간 변형하면 수식 8-24와 같이 표현할 수 있다.

$$\frac{d^2\phi}{dx^2} = -\frac{\rho(x)}{\epsilon_s} = -\frac{q}{\epsilon_s}\left[p_0 \exp\left(\frac{-q\phi}{kT}\right) - n_0 \exp\left(\frac{q\phi}{kT}\right) + n_0 - p_0\right] \tag{8-23}$$

$$\frac{d}{dx}\frac{d\phi}{dx} = -\frac{q}{\epsilon_s}\left[p_0\left\{\exp\left(\frac{-q\phi}{kT}\right) - 1\right\} - n_0\left\{\exp\left(\frac{q\phi}{kT}\right) - 1\right\}\right] \tag{8-24}$$

수식 8-24 양변에 $d\phi$를 곱하고 정리하면 다음과 같이 표현할 수 있다.

$$\frac{d\phi}{dx} d\left(\frac{d\phi}{dx}\right) = -\frac{q}{\epsilon_s}\left[p_0\left\{\exp\left(\frac{-q\phi}{kT}\right) - 1\right\} - n_0\left\{\exp\left(\frac{q\phi}{kT}\right) - 1\right\}\right] d\phi \tag{8-25}$$

8-25식의 적분 구간은 다음과 같이 생각한다. 먼저 우변은 벌크 영역($x = \infty$)에서 반도체 표면까지이다. 벌크 지점에서는 밴드 밴딩이 존재하지 않으므로 0으로 놓을 수 있다. 따라서 적분 구간은 $0 \sim \phi_s$가 된다. 좌변의 변수는 $d\phi/dx$이므로 벌크 영역에서는 0이 되며 반도체 표면에서는 $d\phi_s/dx$가 된다. 따라서 적분 구간은 $0 \sim d\phi_s/dx$가 된다. 또한 퍼텐셜을 미분하면 음의 전기장이 된다는 하기 관계식으로부터 적분 구간은 $0 \sim -E$로 바꿀 수 있다.

$$\frac{d\phi_s(x)}{dx} = -E(x) \tag{8-26}$$

$$\int_0^{-E} \frac{d\phi}{dx} d\left(\frac{d\phi}{dx}\right) = -\frac{q}{\epsilon_s}\int_0^{\phi_s}\left[p_0\left\{\exp\left(\frac{-q\phi}{kT}\right) - 1\right\} - n_0\left\{\exp\left(\frac{q\phi}{kT}\right) - 1\right\}\right] d\phi \tag{8-27}$$

$$\left|\frac{1}{2}\left(\frac{d\phi}{dx}\right)^2\right|_0^{-E} = -\frac{q}{\epsilon_s}\int_0^{\phi_s}\left[p_0\exp\left(\frac{-q\phi}{kT}\right) - p_0 - n_0\exp\left(\frac{q\phi}{kT}\right) + n_0\right]d\phi$$

$$E^2 = -\frac{2q}{\epsilon_s}\left| -\frac{kTp_0}{q}\exp\left(\frac{-q\phi_s}{kT}\right) - p_0\phi - \frac{kTn_0}{q}\exp\left(\frac{q\phi_s}{kT}\right) + n_0\phi\right|_0^{\phi_s}$$

$$= \frac{2kT}{\epsilon_s}\left[p_0\left\{\exp\left(\frac{-q\phi_s}{kT}\right) + \frac{q\phi_s}{kT} - 1\right\} + n_0\left\{\exp\left(\frac{q\phi_s}{kT}\right) - \frac{q\phi_s}{kT} - 1\right\}\right]$$

$$\therefore E = \sqrt{\frac{2kT}{\epsilon_s}\left[p_0\left\{\exp\left(\frac{-q\phi_s}{kT}\right) + \frac{q\phi_s}{kT} - 1\right\} + n_0\left\{\exp\left(\frac{q\phi_s}{kT}\right) - \frac{q\phi_s}{kT} - 1\right\}\right]} \tag{8-28}$$

그림 8-23에서 전기장의 방향은 양의 방향을 취하고 있으므로 수식 8-28과 같이 음수는 버리고 양의 값만 취한다. 한편 반도체와 절연체의 경계면에서 가우스의 법칙 $Q_s = -\epsilon_s E_s$를 대입하고 정리하면 $x=0$ 지점에서 실리콘 표면에 형성되는 전하량은 다음과 같이 최종적으로 표현할 수 있다.

$$\frac{-Q_s}{\epsilon_s} = \sqrt{\frac{2kT}{\epsilon_s}\left[p_0\left\{\exp\left(\frac{-q\phi_s}{kT}\right) + \frac{q\phi_s}{kT} - 1\right\} + n_0\left\{\exp\left(\frac{q\phi_s}{kT}\right) - \frac{q\phi_s}{kT} - 1\right\}\right]}$$

$$Q_s = -\sqrt{2kT\epsilon_s\left[p_0\left\{\exp\left(\frac{-q\phi_s}{kT}\right) + \frac{q\phi_s}{kT} - 1\right\} + n_0\left\{\exp\left(\frac{q\phi_s}{kT}\right) - \frac{q\phi_s}{kT} - 1\right\}\right]} \tag{8-29}$$

수식 8-29를 ϕ_s로 미분하면 반도체 표면에서의 커패시턴스 값을 얻을 수 있다.

$C_s' = \left|\frac{dQ_s'}{d\phi_s}\right| \quad y = \sqrt{f(x)} \Rightarrow \frac{dy}{dx} = \frac{f'(x)}{2\sqrt{f(x)}}$ 를 활용한다.

$$C_s' = \left|\frac{dQ_s'}{d\phi_s}\right| = \frac{q\sqrt{\epsilon_s}\left[p_0\left(1 - \exp\left(\frac{-q\phi_s}{kT}\right)\right) + n_0\left(1 + \exp\left(\frac{q\phi_s}{kT}\right)\right)\right]}{\sqrt{2kT\left[p_0\left(\exp\left(\frac{-q\phi_s}{kT}\right) + \frac{q\phi_s}{kT} - 1\right) + n_0\left(\exp\left(\frac{q\phi_s}{kT}\right) - \frac{q\phi_s}{kT} - 1\right)\right]}} \tag{8-30}$$

ϕ_s는 0에 가까울 정도로 매우 작으므로 지수함수 항은 테일러 전개 공식에 의해 간단히 정리할 수 있다. 또한 축적모드에서는 게이트에 음의 전압이 인가되므로 반도체 표면에는 양공이 모이게 된다. 따라서 전자의 농도는 무시하고 전개한다. 수식 8-30의 분자, 분모의 n_0를 포함하는 모든 항은 0으로 놓고 지수함수는 테일러 전개시킨다. 수식 8-30은 하기와 같이 간단히 요약할 수 있다.

$$\exp\left(\frac{q\phi_s}{kT}\right) \approx 1 + \frac{q\phi_s}{kT} + \frac{1}{2}\left(\frac{q\phi_s}{kT}\right)^2, \quad \exp\left(\frac{-q\phi_s}{kT}\right) \approx 1 - \frac{q\phi_s}{kT} + \frac{1}{2}\left(\frac{-q\phi_s}{kT}\right)^2, \quad n_0 \approx 0$$

$$C_s' = \frac{\sqrt{\epsilon_s}\sqrt{q^2 p_0}}{\sqrt{kT}}\left(1 - \frac{1}{2}\frac{q\phi_s}{kT}\right)$$

플랫밴드 전압에서는 $\phi_s = 0$이므로 커패시턴스는 다음과 같이 간소화된다.

$$C_s' = \frac{\sqrt{\epsilon_s}\sqrt{q^2 p_0}}{\sqrt{kT}} \tag{8-31}$$

따라서 축적모드의 플랫밴드 전압을 기준으로 왼쪽 구간의 커패시턴스는 C_{ox} 값을 가지며 플랫밴드 전압에서는 C_s'가 된다. 축적모드에서 게이트 전압이 플랫밴드 전압에 근접하면서 두 개의 커패시턴스가 직렬로 연결되어 있는 상황과 비슷하게 된다. 플랫밴드 전압에서의 총 커패시턴스를 C_{FB}'라 다시 표기한다. 두 개의 커패시턴스가 직렬로 연결되어 있는 경우이다.

$$\frac{1}{C_{FB}'} = \frac{1}{C_{ox}} + \frac{1}{C_s'} = \frac{C_{ox} + C_s'}{C_{ox}C_s'} \quad \Rightarrow \quad C_{FB}' = \frac{C_{ox}C_s'}{C_{ox} + C_s'} = \frac{C_{ox}}{(C_{ox}/C_s') + 1}$$

$$\therefore C_{FB}' < C_{ox}$$

플랫밴드 전압에서는 커패시턴스가 C_{ox}로 유지되지 않고 감소함을 알 수 있다. C_{FB}'를 정리하면 다음과 같이 표현된다.

$$C_{FB}' = \frac{C_{ox}}{(C_{ox}/C_s) + 1} = \frac{\epsilon_{ox}/t_{ox}}{(\epsilon_{ox}/t_{ox})C_s^{-1} + 1} = \frac{\epsilon_{ox}}{\epsilon_{ox}C_s^{-1} + t_{ox}} = \frac{\epsilon_{ox}}{t_{ox} + \epsilon_{ox}\left(\frac{\sqrt{kT}}{\sqrt{\epsilon_s}\sqrt{q^2 p_0}}\right)}$$

$$\therefore C_{FB}' = \frac{\epsilon_{ox}}{t_{ox} + \frac{\epsilon_{ox}}{\epsilon_s}\sqrt{\left(\frac{kT}{q}\right)\left(\frac{\epsilon_s}{qN_A}\right)}}, \quad (p_0 = N_A) \tag{8-32}$$

평행판 커패시터와 동일하게 두께에 반비례하며 유전율에 비례함을 알 수 있다. 커패시턴스는 산화막의 두께와 도핑 농도로 제어할 수 있음을 의미한다. 이상을 그림 8-24에 나타내었다. 요약하면 축적모드와 공핍모드의 경계지점인 플랫밴드 지점에서의 커패시턴스는 산화막 커패시턴스로 유지되지 않고 플랫밴드 커패시턴스로 감소한다. 위에서 구한 플랫밴드 커패시턴스의 수학적 유도과정을 모두 이해할 필요는 없지만 기억해야 할 것은 축적모드와 공핍모드의 경계지점에서는 커패시턴스가 감소하기 시작한다는 것이다. 이것은 경계지점에서의 전하분포가 계단형으로 분포하지 않는다는 것이며 이 사실을 기억하고 있어야 한다. 앞에서는 게이트 전압에 따라 3가지 모드로 나누었지만 그림 8-24와 같이 세분화해서 생각할 수 있다. 경계지점에서는 항상 복잡해진다. MOS 커패시터는 축적모드에서 공핍모드로 진행할 때 갑자기 양공들이 사라지고 음의 전하들이 순간적으로 나타나는 것이 아니라 게이트 전압에 따라 서서히 진행된다. 양공들이 서서히 밀려나면서 음의 전하들이

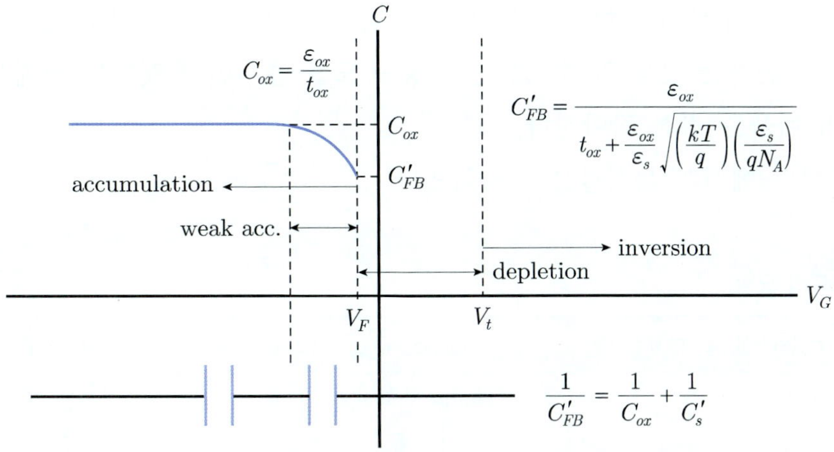

그림 8-24 축적모드의 C-V profile

공핍층을 만들기 시작하여 공핍모드로 서서히 진입한다는 사실을 꼭 기억하라. 플랫밴드 상태는 축적모드와 공핍모드 사이에서 발생하는 것이다. 후에 논의하는 공핍모드에서 반전모드로 진입할 때도 동일하다.

8-5-4 이상적인 축적모드 C-V profile과 비교

만약 이상적인 경우로 가정한다면 플랫밴드 전압에서도 커패시턴스는 감소하지 않고 C_{ox}로 유지되며, 이는 직선으로 묘사할 수 있을 것이다. 다만 실제의 경우에는 감소한다는 것에 주의하라. 산화막 커패시턴스는 두께의 함수이다. 두께가 감소하면 증가한다. 플랫밴드 커패시턴스는 추가적으로

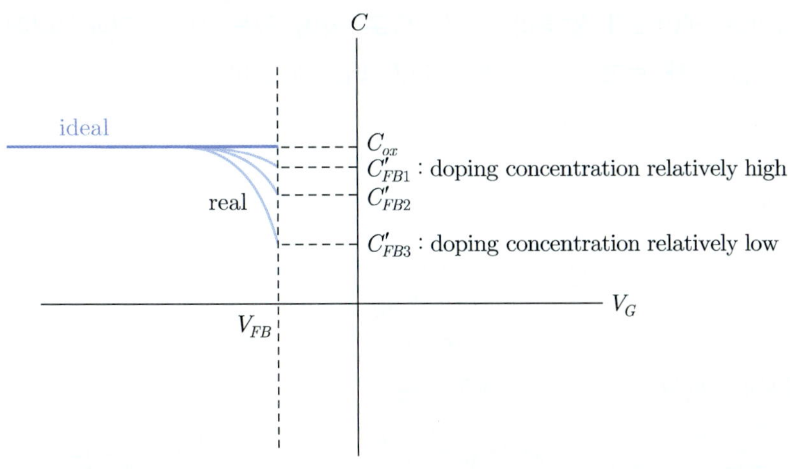

그림 8-25 플랫밴드 커패시턴스의 이상적인 경우와 실제의 비교

도핑 농도의 함수임에 주목해야 한다. 게이트 절연막의 두께가 일정하다고 했을 때 도핑 농도가 감소하면 함께 감소한다는 것을 알 수 있다. 도핑 농도를 줄이면 플랫밴드 커패시턴스는 감소할 것이고 C_{ox} 대비 비율은 점점 작아진다.

표 8-2에 축적모드에서의 특성들을 요약하였다.

표 8-2 축적모드의 요약

surface potential, $\phi_s \approx 0$	charge, Q'_{acc}	$C-V$
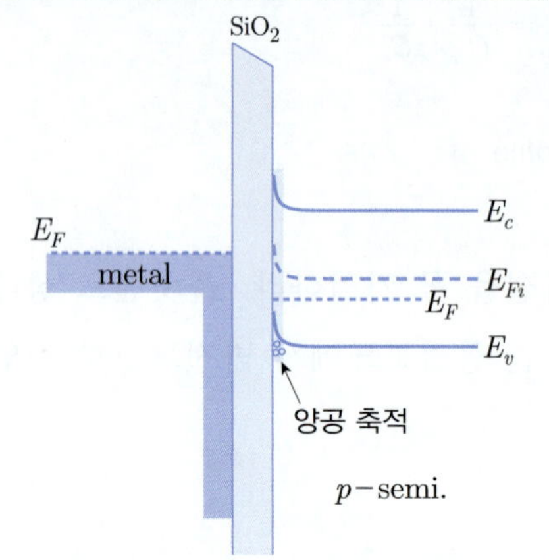	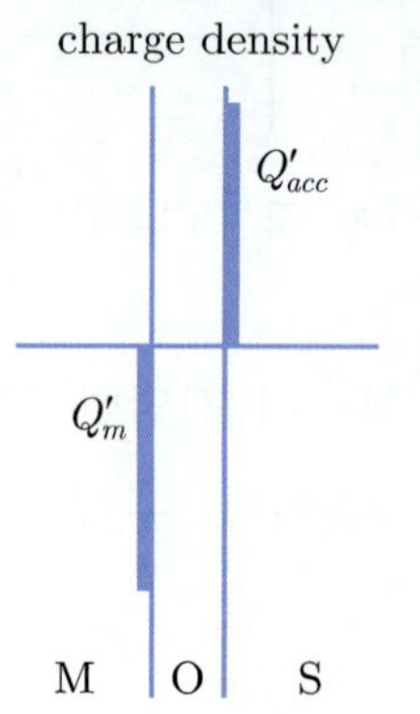 $Q'_{acc} = -C_{ox}(V_G - V_{FB})$	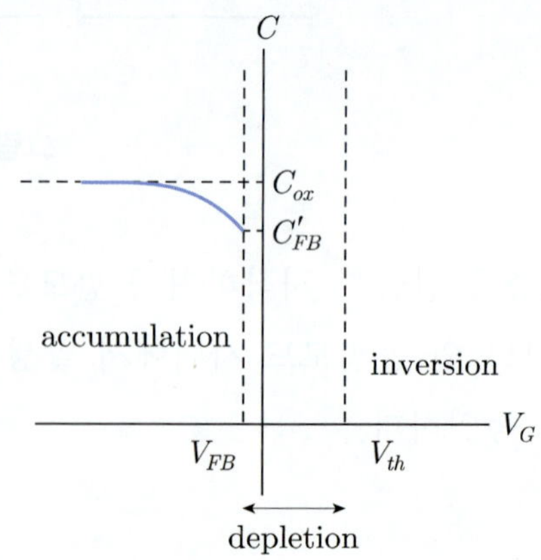

예제를 통해서 C_{ox}, C'_{FB}, $C'_{\min}$의 관계를 고찰해 보자.

예제 8-5-1

상온에서 $N_A = 1\times10^{17}\text{cm}^{-3}$만큼 불순물이 주입된 p형 실리콘 기판이 있다. 실리콘 옥사이드 두께는 10 nm이며 게이트가 알루미늄 금속으로 되어 있는 MOS 커패시터에서 각각 다음 C_{ox}, C'_{FB}, $C'_{\min}$을 구해 보고 C_{ox} 대비 크기를 비교해 보아라.

풀이

(1) 산화막 커패시턴스

$$C_{ox} = \frac{\epsilon_{ox}}{t_{ox}} = \frac{3.9\times8.85\times10^{-14}\text{F/cm}}{100\times10^{-8}\text{cm}} = 3.452\times10^{-7}\text{F/cm}^2$$

(2) 최소 커패시턴스(공핍모드에서 상세히 다룸)

$C'_{\min} = \dfrac{\epsilon_{ox}}{t_{ox} + (\epsilon_{ox}/\epsilon_{Si})x_{dT}}$ $\quad x_{dT} = \sqrt{\dfrac{4\epsilon_{Si}\phi_{Fp}}{qN_A}}$ $\quad \phi_{Fp} = \dfrac{kT}{q}\ln\left(\dfrac{N_A}{n_i}\right)$의 3가지 수식을 사용한다.

$$\phi_{Fp} = \frac{kT}{q}\ln\left(\frac{N_A}{n_i}\right) = (0.0259)\ln\left(\frac{1\times10^{17}}{1.5\times10^{10}}\right) = 0.407\,\mathrm{V}$$

$$x_{dT} = \sqrt{\frac{4\epsilon_{Si}\phi_{Fp}}{qN_A}} = \sqrt{\frac{4\times11.7\times8.85\times10^{-14}\times0.407}{(1.6\times10^{-19})(1\times10^{17})}\frac{1}{C}\frac{\mathrm{C}}{\mathrm{V}}\frac{\mathrm{V}}{\mathrm{cm}}\frac{1}{\mathrm{cm}^{-3}}} = 0.103\times10^{-4}\,\mathrm{cm}$$

$$C'_{\min} = \frac{\epsilon_{ox}}{t_{ox}+(\epsilon_{ox}/\epsilon_{Si})x_{dT}} = \frac{3.9\times8.85\times10^{-14}}{100\times10^{-8}+\left(\frac{3.9\times8.85\times10^{-14}}{11.7\times8.85\times10^{-14}}\right)\times0.103\times10^{-4}}\,\mathrm{F/cm^2}$$

$$\therefore C'_{\min} = 7.785\times10^{-8}\,\mathrm{F/cm^2}$$

$$\frac{C'_{\min}}{C_{ox}} = \frac{7.785\times10^{-8}}{3.452\times10^{-7}} = 0.226$$

최소 커패시턴스는 산화막 커패시턴스의 약 23% 수준임을 알 수 있다. 커패시턴스는 두께와 도핑 농도에 따라서 변한다는 것을 기억하라. 물질이 결정되면 커패시턴스는 두께와 도핑 농도로 조절할 수 있다. 반도체에서 매우 중요한 개념이므로 잘 기억하고 있어야 한다. 최소 커패시턴스는 8-5-6을 참조하라.

(3) 플랫밴드 커패시턴스

$$C'_{FB} = \frac{\epsilon_{ox}}{t_{ox}+\frac{\epsilon_{ox}}{\epsilon_s}\sqrt{\left(\frac{kT}{q}\right)\left(\frac{\epsilon_s}{qN_A}\right)}} = \frac{3.9\times8.85\times10^{-14}}{100\times10^{-8}+\frac{3.9}{11.7}\sqrt{\frac{(0.0259)(11.7\times8.85\times10^{-14})}{1.6\times10^{-19}\times10^{17}}}}$$

$$\therefore C'_{FB} = 2.411\times10^{-7}\,\mathrm{F/cm^2}$$

$$\frac{C'_{FB}}{C_{ox}} = \frac{2.411\times10^{-7}}{3.452\times10^{-7}} = 0.698$$

프라임은 단위 면적당 커패시턴스를 의미한다. 게이트 산화막 커패시턴스는 프라임을 붙이지 않지만 단위 면적당 커패시턴스로 나타낸다. 따라서 산화막 커패시턴스와 동일하게 단위 면적당으로 표기하고 프라임을 붙인다.
플랫밴드 커패시턴스는 C_{ox}보다 작아짐을 알 수 있다. 축적모드와 공핍모드의 경계지점에서는 C_{ox}보다 작아지므로 아래로 굽은 형태의 C-V profile을 예상할 수 있다(그림 8-24 참조).

8-5-5 공핍모드

다음으로 플랫밴드 전압을 넘어서서 공핍모드에 들어간 상태를 논의해 보겠다. 공핍모드에서의 공핍 커패시턴스와 게이트 전압과의 관계를 알아보자. 게이트 전압은 플랫밴드 전압보다는 크고 문턱 전압보다는 작은 상태이다($V_{FB} < V_G < V_{th}$). 메탈의 페르미 준위가 반도체의 페르미 준위보다 더 아래에 위치하게 된다. 게이트에 양의 전압이 인가되면서 표면에 축적되어 있던 양공들은 표면으로부터 밀려나며, 양공이 떠난 자리에는 이온화된 억셉터 불순물만 남게 되어 음의 공간전하 영역이 형성된다. 그림 8-26 (b)에 표시하였다. 양공이 떠난 자리에 음의 억셉터 이온으로 구성된 공간전하 영역을 x_d로 표시하였다. 또한 반도체 표면의 페르미 준위는 벌크와는 다르게 점점 진성 페르미 준위에 근접해 간다. 공핍모드는 양공이 표면으로부터 밀려나면서 억셉터 이온을 형성하는 동시에 소수의 반전전자(inversion charge)들이 형성되기 시작하는 단계이기도 하다. 그러나 우리는 이러한 소수의 전자들은 고려하지 않는다. 반도체 표면에 반전전자는 없으며 공간전하만 형성된다고 이해하자. 이렇게 해석을 하면 문턱 전압에 도달하는 순간, 그 많은 전자(벌크의 양공 농도와 동일)들이 갑자기 순간이동하듯이 나타나는 형태가 된다. 이런 일은 존재하지 않는다. 그러나 공핍모드의 이해를 돕기 위해 이렇게 설명한 것이니 일단은 이렇게 이해하도록 하고 논리적으로 전개해 보겠다. 공핍모드에서의 전하 분포는 그림 8-26 (a)에 표시하였다.

게이트에 형성되는 양의 전하들에 대응하기 위해 반도체의 공핍층에는 음의 공간전하가 형성되어 전하 중성을 만족시킨다. 메탈의 전하의 크기를 표현한 사각형과 공핍층의 사각형의 면적은 동일하다는 것을 기억하자. 메탈은 표면에 전하를 집중적으로 축적시키므로(금속 내부에는 전하가 존재하지 않음) 사각형의 높이는 그림보다 훨씬 높아야 하지만 지면상 표현하는 것에는 제한이 있기 때문에 이해하기 바란다. 공핍층의 면적은 전하 밀도를 의미하며 qN_Ax_d이다. 이것은 PN 접합에서도 학습한 매우 친근한 수식이다. 축적모드에서의 커패시턴스는 산화막 커패시턴스와 플랫밴드 커패시턴스로

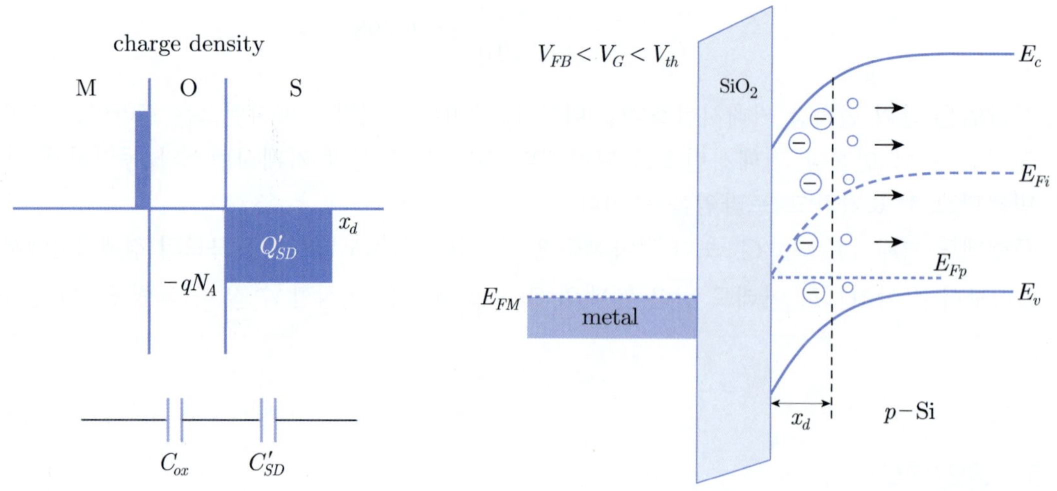

(a) 전하 분포　　(b) 에너지 밴드 다이어그램

그림 8-26 공핍모드에서의 전하 분포와 에너지 밴드 다이어그램

표현된다는 것을 알았다. 공핍모드도 비슷하다. 두 개의 커패시턴스 성분이 존재한다는 것을 그림 8-26 (a)를 보면 쉽게 이해할 수 있을 것이다. 실리콘 옥사이드가 형성하는 커패시턴스 C_{ox}와 실리콘 반도체의 공핍층이 형성하는 커패시턴스 C_{SD}'가 서로 직렬로 연결되어 있는 상황과 동일하다. 여기서 C_{SD}'로 표현한 것은 공핍 영역에 형성되는 전하량을 Q_{SD}'로 표현했기 때문에 표기법을 맞추는 것이다. 따라서 공핍모드에서의 커패시턴스는 두 커패시턴스의 합으로 표현된다는 것을 쉽게 알 수 있다. 직렬연결의 경우 커패시턴스의 합은 다음과 같이 표현된다는 것을 알 수 있다.

$$\frac{1}{C} = \frac{1}{C_1} + \frac{1}{C_2} \qquad \therefore \frac{1}{C_{dep}'} = \frac{1}{C_{ox}} + \frac{1}{C_{SD}'} \tag{8-33}$$

$$C_{dep}' = \frac{C_{ox}C_{SD}'}{C_{ox} + C_{SD}'} = \frac{C_{SD}'}{1 + (C_{SD}'/C_{ox})} \tag{8-34}$$

8-30식에서 실리콘에 형성되는 커패시턴스와 유사하게 표현할 수 있다.

$$C_{SD}' = \left| \frac{dQ_{SD}'}{d\phi_s} \right| \tag{8-35}$$

$$Q_{SD}' = -qN_A x_d \qquad x_d = \sqrt{\frac{2\epsilon_{Si}\phi_s}{qN_A}} \qquad \therefore Q_{SD}' = -\sqrt{2qN_A\epsilon_{Si}\phi_s} \tag{8-36}$$

$$\therefore C_{SD}' = \left| \frac{dQ_{SD}'}{d\phi_s} \right| = \frac{d(\sqrt{2qN_A\epsilon_{Si}\phi_s})}{d\phi_s} = \sqrt{\frac{qN_A\epsilon_{Si}}{2\phi_s}} \tag{8-37}$$

따라서 실리콘의 공핍층이 형성하는 커패시턴스 C_{SD}'는 실리콘에 인가되는 전위차의 제곱근 함수의 역수에 비례한다. 결국 커패시턴스는 게이트 전압이 증가함에 따라 감소한다는 의미이다. 축적모드의 끝 지점이자 공핍모드가 시작되는 지점의 전압이 플랫밴드 전압이다. 이 지점부터 문턱 전압까지 커패시턴스가 감소할 것으로 예측할 수 있다. 당연한 결과이겠지만 게이트 전압이 증가하면 음의 전하들이 형성되기 시작한다. 이것은 양공의 축적 전하량을 감소시키므로 축적 커패시턴스가 감소하는 것이다. 그 감소 형태는 실리콘의 표면전위(게이트 전압)의 제곱근 함수의 역수를 취한다는 것이다. 게이트의 전압이 플랫밴드 전압일 때는 ϕ_s가 0이 된다. 실리콘에 밴드의 휘어짐이 없으므로 공간전하를 만들지 않는다. 따라서 8-33식 우변의 두 번째 항은 0이 되며 $C_{dep}' = C_{ox}$가 된다. 그림 8-27과 같이 플랫밴드 전압에서 축적모드와 공핍모드의 커패시턴스는 C_{ox}로 서로 연속이다. 그러나 실제로는 축적모드에서도 자세히 고찰했듯이 게이트 전압이 플랫밴드 전압에 도달하면 C_{FB}'가 되며 이 지점에서 연속이 되는 것이다.

8-5-6 공핍모드 최소 커패시턴스

문턱 전압 지점에서의 공핍 커패시턴스는 최솟값을 갖는다. 문턱 전압에서는 $\phi_s = 2\phi_{Fp}$ 이며 이때 최대의 공핍층 폭을 갖는다. 게이트 전압을 더 증가시켜도 공간전하는 더 형성되지 않고 공핍층의 폭도 넓어지지 않는다는 의미이다. 따라서 $\phi_s = 2\phi_{Fp}$ 일 때 최대 공핍층의 폭 x_{dT}를 갖는다. 즉 C'_{SD} 는 최댓값을 가진다는 것이며 결국 C'_{dep} 는 최솟값을 갖는다(수식 8-34 참조). 우리는 이것을 특별히 $C'_{\min}$ 으로 표기하기로 한다. 요약하면 공핍모드에서 커패시턴스는 플랫밴드 전압에서 C'_{FB} 값을 가지며 문턱 전압에 가까워질수록 감소하다가 문턱 전압 근처에서 $C'_{\min}$ 값을 갖는다. 커패시턴스 최솟값은 8-37식에서 $\phi_s = 2\phi_{Fp}$ 를 대입하면 8-38식으로 표현할 수 있다.

$$\frac{1}{C'_{\min}} = \frac{1}{C_{ox}} + \sqrt{\frac{4\phi_{Fp}}{q\epsilon_{Si}N_A}} \tag{8-38}$$

수식 8-34로부터 $C'_{\min}$ 은 다음과 같이 변형할 수도 있다.

$$C'_{\min} = C'_{dep} = \frac{C_{ox}C'_{SD}}{C_{ox} + C'_{SD}} = \frac{C_{ox}}{C_{ox}/C'_{SD} + 1} \qquad C_{ox} = \frac{\epsilon_{ox}}{t_{ox}} \qquad C'_{SD} = \frac{\epsilon_{Si}}{x_{dT}} \tag{8-39}$$

$$\therefore C'_{\min} = \frac{\epsilon_{ox}}{t_{ox} + (\epsilon_{ox}/\epsilon_{Si})x_{dT}} \tag{8-40}$$

공핍모드와 반전모드의 경계지점인 문턱 전압 지점에서의 커패시턴스는 어떻게 변하는지 살펴보자. 축적모드 경우와 동일하게 수식 8-30식을 사용한다. 우리는 8-30식을 약간 변형할 것이고 문턱 지점에서는 다음과 같은 관계식이 성립한다. $\phi_s = 2\phi_{Fp}$를 만족시키며 양공 농도 $p \approx 0$이 될 것이며 전자 농도 $n = N_A$가 성립한다. 문턱 지점에서는 전자의 농도가 p형 반도체의 양공 농도와 동일해지는 시점이기 때문이다. 또한 p형 반도체에서 열평형 상태의 전자 농도 n_0는 매우 작으므로 무시할 수 있다. 열평형 상태의 양공 농도 p_0는 p형 반도체이므로 N_A로 치환할 수 있다. 이상의 관계식을 수식 8-30에 대입하고 정리하면 다음과 같다.

C'_{th} : 문턱 전압에서의 커패시턴스

수식 8-30을 다음과 같이 변형한다.

$$p = p_0\exp\left(\frac{-q\phi_s}{kT}\right), \quad n = n_0\exp\left(\frac{q\phi_s}{kT}\right), \quad n = p_0 = N_A, \quad p = n_0 = 0$$

분자: $q\sqrt{\epsilon_s}(p_0 - p + n_0 + n) = 2qN_A\sqrt{\epsilon_s}$

분모: $\sqrt{2kT\left(p + p_0\dfrac{q\phi_s}{kT} - p_0 + n - n_0\dfrac{q\phi_s}{kT} - n_0\right)} = \sqrt{2qN_A\phi_s}$

$$\therefore C_{th}' = \frac{2qN_A\sqrt{\epsilon_s}}{\sqrt{2qN_A\phi_s}} = \sqrt{\frac{2q\epsilon_s N_A}{\phi_s}} \tag{8-41}$$

수식 8-37의 공핍모드에서의 커패시턴스와 문턱 지점에서의 커패시턴스를 비교해 보면 문턱 지점이 2배 큼을 알 수 있다.

$$C_{SD}' = \sqrt{\frac{qN_A\epsilon_{Si}}{2\phi_s}} < C_{th}' = \sqrt{\frac{2qN_A\epsilon_{Si}}{\phi_s}} \tag{8-42}$$

8-5-7 공핍모드 C-V profile

공핍모드의 커패시턴스는 플랫밴드 전압 지점에서 표면 퍼텐셜의 제곱근의 역수 함수로 감소하다가(수식 8-37로 유지) 문턱 전압 지점에서는 8-41로 증가한다. 이상을 요약하면 그림 8-27과 같다.

이상적인 MOS profile은 문턱 전압 지점에서 수식 8-40으로 표현하는 최소 커패시턴스 $C_{\min}'$을

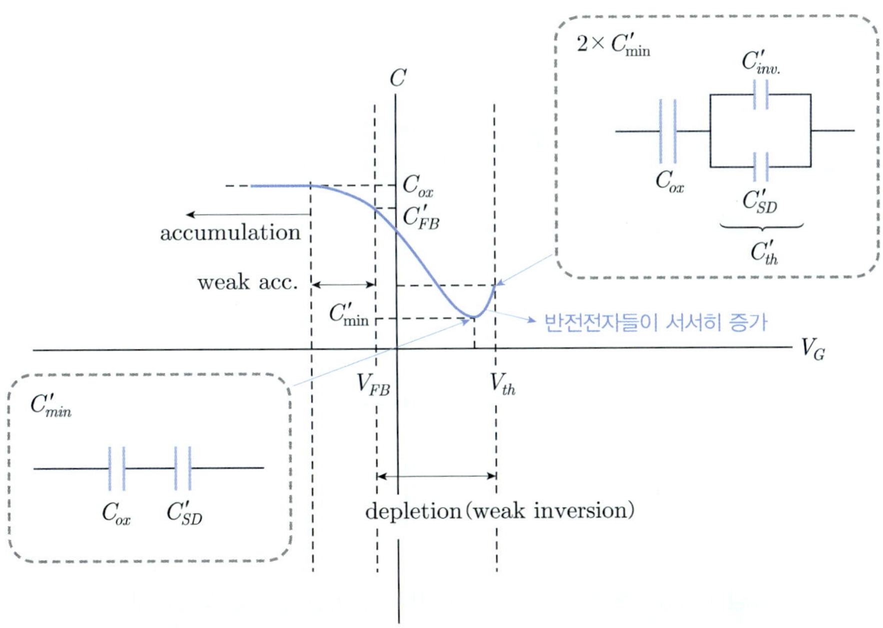

그림 8-27 축적모드, 공핍모드에서의 실제 C-V profile

갖는다. 이것은 공핍모드에서는 반전전자들이 존재하지 않고 음의 고정전하들만 있다고 가정했기 때문이다. 반전전자들이 게이트 전압 증가에 따라서 서서히 증가하지 않는다고 가정한 것이다. 공핍모드에서는 음의 고정전하들만 존재하다가 문턱 전압이 되는 순간 벌크 영역의 양공 농도와 동일한 반전전자들이 순간적으로 나타난다. 경계지점이 급준한 profile을 갖는다고 가정한 것이다. 그러나 실제 이런 일은 일어나지 않는다. 이렇게 가정한 이유는 가급적 단순한 수학적인 모델을 사용하여 C-V profile을 유추하는 것에 있었다. 그러나 실제 MOS의 C-V profile은 수식 8-41, 8-42로부터 이상적인 경우의 2배에 해당하는 크기의 커패시턴스 값을 얻었다. 그 이유는 문턱 전압에 가까워질수록 반전전자들이 증가하는데, 이러한 전자들이 만들어 내는 커패시턴스 성분이 공핍모드의 음의 고정전하들이 만들어 내는 커패시턴스와 병렬로 연결되어 최소 커패시턴스 값을 상승시켰기 때문이다. 수식 8-42는 그것을 나타낸 것이며 약 2배 정도 큰 값을 갖는 것을 알 수 있다. 그림 8-27의 점선 사각형은 이것을 나타낸 것이다. 실제 MOS C-V profile에서 최소 커패시턴스는 문턱 전압과 정확하게 일치하지 않는다는 것에 주의해야 한다.

문턱 전압 전에서 최소 커패시턴스 값을 가지며 이 지점부터 반전전자들이 서서히 증가하다가 문턱 전압이 되는 순간 최소 커패시턴스의 2배가 되는 것이다. 그림 8-27에 반전전자들이 서서히 증가하는 구간을 표시하였다. 우리는 이상적인 MOS profile은 경계지점에서 급준한 profile을 가질 것이라는 것을 예상할 수 있다. 이상적인 경우와 실제의 경우를 잘 비교하여 이해할 필요가 있다.

이상적인 경우를 그림 8-28에 나타내었다. 문턱 반전 전압에서 최소 커패시턴스를 갖는다는 것을 알 수 있다.

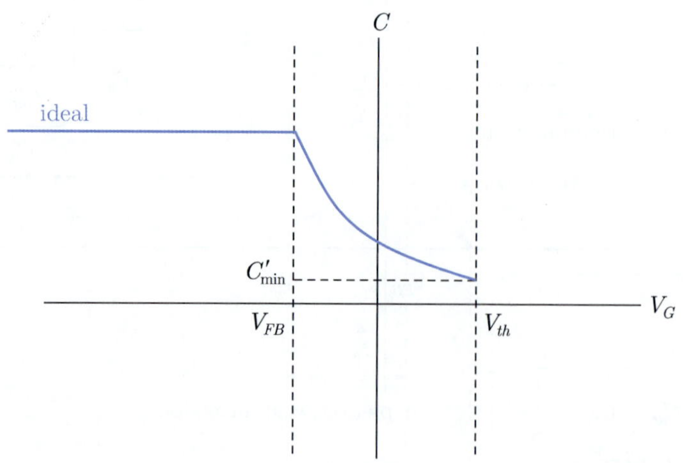

그림 8-28 축적모드, 공핍모드에서의 이상적인 C-V profile

8-5-8 반전모드

이제 마지막 단계인 약한 반전모드와 강한 반전모드에서의 C-V 관계를 논의해 보자. 문턱 전압을 지나가면 공핍층의 폭은 최댓값을 가지며 더 이상 증가하지 않는다. 또한 메탈에 증가된 양의 전하에 대응하기 위해서 반전 전하들이 증가하게 된다. 반전전자들은 이미 공핍모드에서 형성되며 게이트 전압에 따라 서서히 증가한다는 사실은 여러 번 설명해 왔다. 반전모드에서의 C-V profile은 공핍모드에서 서서히 증가할 것이라는 것이 예측된다. 이미 공핍모드에서 커패시턴스의 최솟값을 얻었다. 또한 반전모드에서는 게이트 전압에 따라서 반전전자들이 증가할 것이다.

8-5-9 반전모드에서의 공간전하 밀도

그림 8-29에 전하분포를 표시하였다. 게이트 전압 증가분에 따른 양의 전하와 동일한 크기의 음의 반전전자들이 실리콘 표면에 형성된다. 그림 8-29에서 보면 알겠지만 반전 전하들은 갑자기 양공 농도와 동일한 양의 전자들이 나타나는 것이 아니다. 게이트의 양의 전압에 대응해서 반전전자들은 점진적으로 증가하는 것이다. 문턱 전압을 크게 넘어서면 강한 반전모드에 들어가며 이때 공간전하는 변하지 않고 반전전자들이 진성 전자 농도의 지수함수로 큰 폭으로 증가하게 된다. 약한 반전과 강한 반전 사이에서는 게이트 전압에 따라 공간전하와 반전전자들이 함께 증가한다(그림으로 표시하지는 않았으며, 최대 공핍층의 폭을 전 구간에서 x_{dT}로 고정시켜 놓았다). 실리콘 표면에 형성된 반전 전하의 전하량을 $Q_n^{'}$ 이라고 하자.

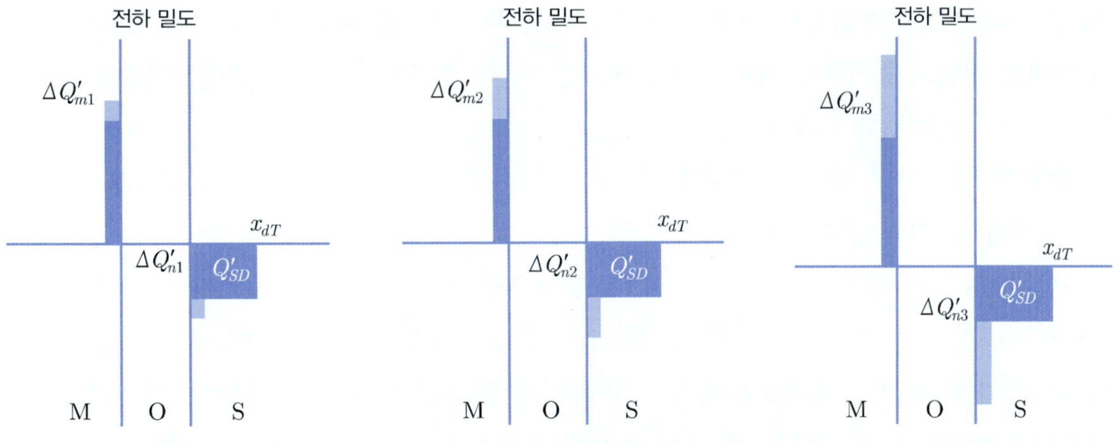

그림 8-29 약한 반전과 강한 반전모드에서의 전하 분포

$$C_{inv}' = \left|\frac{dQ_n'}{dV_G}\right| = \left|\frac{dQ_n'}{dV_{ox} + d\phi_s}\right| \qquad \frac{1}{C_{inv}'} = \left|\frac{dV_{ox}}{dQ_n'}\right| + \left|\frac{d\phi_s}{dQ_n'}\right| \tag{8-43}$$

앞에서의 논의와 비슷하게 수식 8-43의 우변의 두 번째 항은 0으로 볼 수 있다. 아주 작은 표면전위의 변화에 대해서 표면에서의 전자 농도는 차수가 변할 정도로 크다. 따라서 8-43식은 다음과 같이 정리할 수 있다.

$$C_{inv}' = \left|\frac{dQ_n'}{dV_{ox}}\right| = C_{ox} \tag{8-44}$$

8-5-10 반전모드 C-V profile

문턱 전압보다 큰 영역에서는 반전 커패시턴스도 C_{ox}로 수렴한다. 강한 반전 영역에서는 공핍층이 더 이상 게이트 전압에 따라 증가하지 않고 고정되어 최대 공핍층의 폭을 갖는다고 학습하였다. 이때부터는 반전전자들이 게이트 전압의 양전하에 대응하여 균형을 맞춘다. 따라서 반전 전하들만이 게이트 전압(커패시터 전압)에 따라 변화하므로 이런 경우도 커패시턴스는 산화막의 커패시턴스로 고정된다. 문턱 전압 지점에서는 약한 반전모드이므로 반전 커패시턴스는 옥사이드와 공핍 커패시턴스의 직렬연결이다. 그러나 반전 전압 근처에서는 완전히 반전이 이루어지지 않고 공핍모드와 반전모드가 중첩되어 있는 상태로 볼 수 있다. 그림 8-27을 참조하라. 따라서 반전 커패시턴스는 공핍 커패시턴스가 병렬로 연결된 상황과 비슷하며(병렬연결의 경우는 커패시턴스가 증가함에 주의) 게이트 전압 증가에 따라 반전 전하들이 증가하므로 반전 커패시턴스는 증가하게 된다. 그림 8-30에 약한 반전 상태에서의 커패시터 성분을 표시하였다. 두 가지 커패시턴스 성분이 병렬로 연결되어 있다가 게이트 전압이 증가하게 되면 공핍층의 폭은 더 이상 넓어지지 않고 반전전자들이 증가하면서 게이트의 양의 전압에 대응한다.

강한 반전에 들어가면 반전 커패시턴스는 C_{ox}로 수렴하게 된다. 따라서 반전모드에서의 C-V profile은 그림 8-31과 같이 된다.

이상적인 MOS 커패시터의 C-V profile(그림 8-32)과 실제 C-V profile(그림 8-31)을 잘 비교해 보고 이해해야 한다. 이상적인 모델에서는 각 모드의 경계지점의 게이트 전압에서 전하들이 급준하게 변한다고 가정하였다. 축적모드에서 플랫밴드에 근접함에 따라 양공들이 일순간 사라지고, 공핍모드에서 반전모드로 진입할 때 문턱 전압에서 갑자기 반전전자들이 나타난다는 가정이었다. 이렇게 가정하면 수학적인 번거로움을 피할 수 있고 C-V profile의 개략적인 형상을 알고자 하는데 더 유용하다. 이상적인 모델일 경우 축적모드에서는 산화막 커패시턴스로 고정되고 공핍모드에

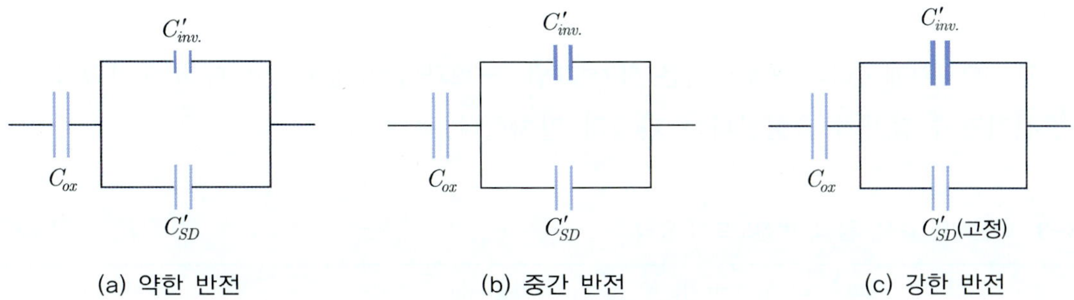

그림 8-30 약한 반전과 강한 반전모드에서의 커패시턴스 성분

서는 최소 커패시턴스 값을 가지며, 반전모드로 진입하면 다시 산화막 커패시턴스로 수렴한다. 앞에서도 다루었지만 게이트 전압에 따라 전하들은 실제로 급준한 계단형으로 분포하지 않음을 기억하길 바란다. 실제의 MOS 커패시터에서는 다음과 같이 작동한다. 즉 축적모드에서 공핍모드로 진입함에 따라 양공들은 점점 사라져가고 축적모드의 커패시턴스는 당연히 감소해 갈 것이다. 플랫밴드 전압은 반도체의 밴드 밴딩이 존재하지 않는 전압이다. 위로 굽었던 밴드가 펴지면서(표면 퍼텐셜이 0에 근접해 간다는 의미) 축적 전하량도 감소해 간다. 따라서 플랫밴드 전압에서는 $d\phi_s/dQ_s$를 무시할 수 없으며, 수식 8-30을 이용하여 이 값이 0이 되지 않고 일정한 값을 갖는다는 것을 수학적으로 구했다. 플랫밴드 전압에서는 커패시턴스가 C'_{FB}로 감소하며 축적모드와 공핍모드의 사이에 존재하는 전압인 것이다. 공핍모드에서 반전모드로 진입할 때는 문턱 전압 근방에서 반전전자들이 서서히 증가하게 된다. 음의 억셉터 이온들이 만드는 전하량과 반전전자들이 만드는 전하량이 증가한다. 같은 극성의 전하들이 증가하는 것이다. 커패시터는 억셉터 이온들과 반전전자들이 병렬연결된다. 이것을 그림 8-27에서 C'_{th}로 표현하였다. 따라서 MOS 커패시터의 전체

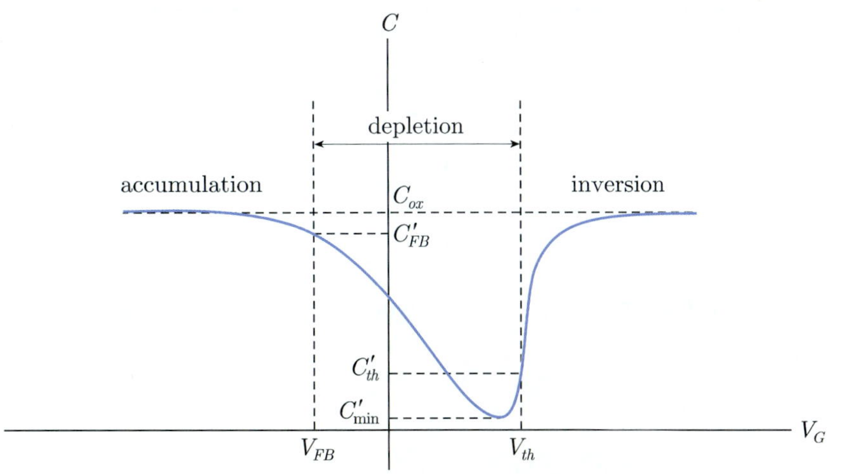

그림 8-31 3가지 모드에서의 실제 MOS C-V profile

커패시턴스는 증가하게 된다.

이상적인 MOS 커패시터의 프로파일은 하기 그림 8-32와 같이 문턱 전압에서 불연속이다. 최초의 가정, 반전전자가 갑자기 출현한다는 가정과 일치한다.

표 8-3 이상적인 축적, 공핍, 반전모드의 요약

	accumulation mode	depletion mode	inversion mode
V_G	$V_G < V_{FB}$	$V_{FB} < V_G < V_{th}$	$V_G \geq V_{th}$
$C = \left\lvert \dfrac{dQ}{dV_G} \right\rvert$	$C'_{acc} = \left\lvert \dfrac{dQ'_{acc}}{dV_G} \right\rvert = C_{ox}$	$C'_{dep} = \dfrac{C_{ox} C'_{SD}}{C_{ox} + C'_{SD}}$	$C'_{inv} = \left\lvert \dfrac{dQ'_{inv}}{dV_G} \right\rvert = C_{ox}$
charge density	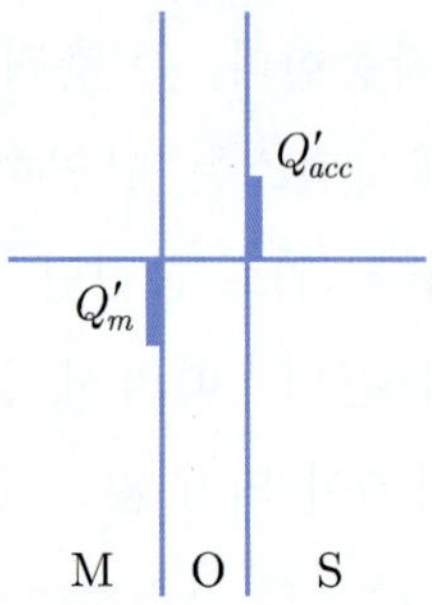	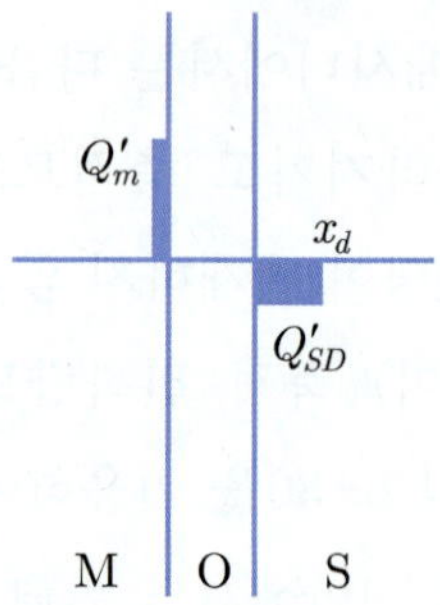	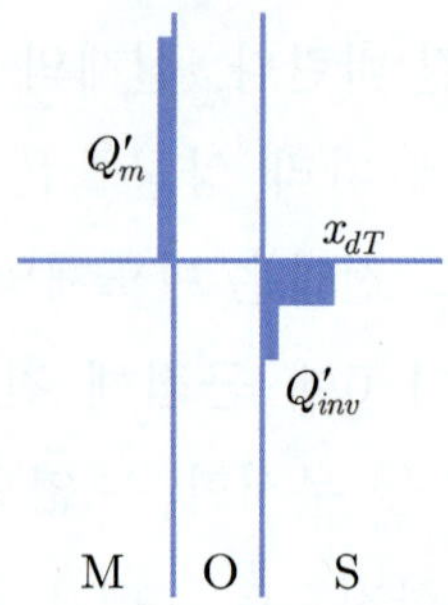

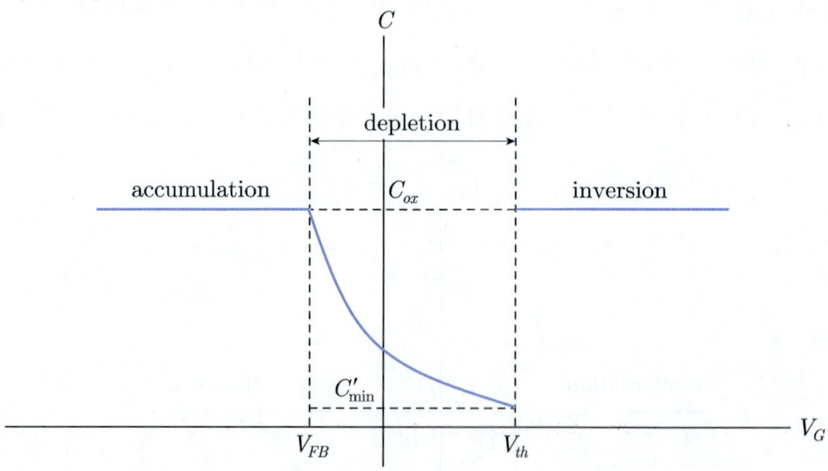

그림 8-32 3가지 모드에서의 이상적인 MOS C-V profile

8-6 소신호 동작

MOS 커패시터에 교류 전압을 인가했을 때의 커패시턴스-전압 특성에 대해서 고찰해 보자. 그림 8-33과 같은 교류 전압과 직류 전압을 인가할 수 있는 회로를 생각해 보자. 교류는 저주파에서 고주파까지 인가할 수 있고 대략 5 Hz~1 MHz 범위이다. 소신호 동작이란 직류가 인가된 상태에서 아주 작은 저주파 또는 고주파의 교류 전압을 인가했을 때, 그에 대한 커패시턴스의 변화 성분을 관찰하는 것이다. 교류 성분은 매우 짧은 시간 동안 아주 작은 전압(직류 전압의 1/10 이하 수준)을 인가하게 된다. 이러한 소신호 동작은 뒤에서 나오는 고속 스위칭 MOSFET를 이해하는 데 매우 유용하다.

우리가 지금까지 논의한 것은 DC(직류) 전압의 경우에 해당한다. 이때 게이트 전압에 따라 각각 축적, 공핍, 반전모드가 있음을 알게 되었다. 게이트에 인가하는 DC 전압으로 MOS 커패시터의 동작모드가 결정된다는 것이다. 축적모드에서는 DC 성분이 증가하면 증가한 전하에 대응하여 실리콘에 반대 극성의 전하가 형성된다는 것을 이미 알고 있다.

증가 성분을 저주파와 고주파 교류 성분으로 변화시켰을 때 축적모드의 커패시턴스 성분을 살펴보자. 축적모드에서는 실리콘에 풍부하게 존재하는 양공들의 흐름만 존재할 것이다. 메탈에 음의 직류 전압을 가하면 인가한 전계에 의해 양공들이 실리콘 표면에 축적된다. 여기에 저주파 또는 고주파의 교류 성분을 인가하면 음의 전압일 때는 양공들이 추가로 모일 것이고 양의 전압이 되면 양공들을 벌크 방향으로 밀어내고 그 자리에는 음의 억셉터 이온이 형성되어 양의 전하와 균형을 이룰 것이다. 다시 음의 전압이 인가되면 양공들이 표면으로 이동하고 음의 억셉터 이온을 상쇄시키고 표면에 축적된다. 그림 8-34에 아주 작은 교류 성분이 추가되었을 때의 전하 밀도를 표시하였다. 교류의 증가 성분을 보면 음의 위상일 때는 양공들이 표면에 모여 있다(그림상에서 파란색으로 표시된 부분). 축적모드에서 양공들은 준 자유입자처럼 전계에 의해 끌려다닐 것이다. 고주파에서는 이러한 동작이 1초에 백만 회 정도 일어난다. 마치 1초에 스위치를 백만 회 on/off 시키는 것과 비슷하다. 그때마다 양공은 그림상에서 좌우로 움직이게 된다. 즉 1초 동안 표면으로 왔다가 다시

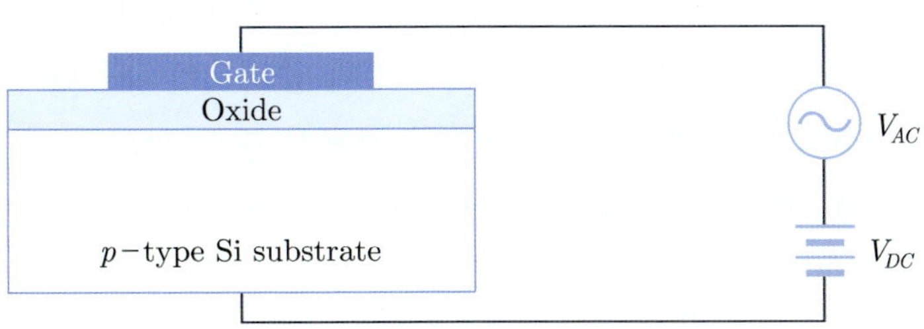

그림 8-33 MOS 소신호 동작

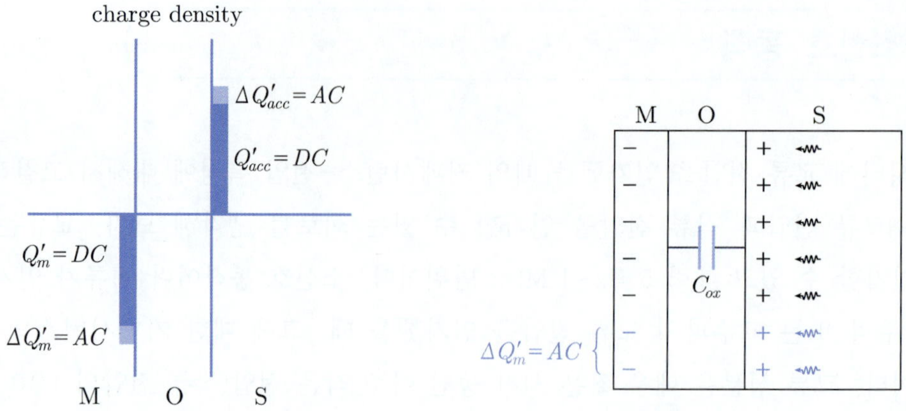

(a) 소신호 성분의 전하 밀도 (b) 소신호 성분에 대응하는 전하 움직임

그림 8-34 축적모드에서의 소신호 성분

벌크 방향(오른쪽)으로 가기를 백만 회 반복하라는 명령과 같은 것이다. 양공들은 인가하는 저주파, 고주파에 대응하여 움직일 것이다. 전계에 따라 이동만 하면 되는 것이다. 따라서 이때의 커패시턴스는 그림 8-34와 같이 옥사이드의 커패시턴스 성분으로 결정된다. 즉 DC의 경우와 비교해서 커패시턴스 변화는 없다. 동일하다는 의미이다.

8-6-1 축적모드와 공핍모드

공핍모드에서는 게이트에 양의 직류 전압이 인가된다. 전하량 보존 법칙에 따라 실리콘에는 음의 억셉터 이온들이 동일한 크기의 음의 전하를 형성한다. 게이트의 전압이 증가하면 공핍층의 폭이 넓어지면서 음의 억셉터 이온들이 증가한다. 전하 균형을 맞추는 것이다. 교류 전압이 추가로 인가되었다고 가정해 보자.

게이트에 양의 교류 전압이 인가되면 양공을 벌크 방향으로 밀어내어 공핍층의 폭이 넓어져 전하 증분에 대응할 것으로 예상할 수 있다. 공핍층이 형성되는 원리는 이미 학습하였다. 게이트에 음의 교류 전압을 인가하면 양공들이 다시 표면 방향으로 이동하여 억셉터 이온들을 상쇄시킨다. 즉 공핍층의 폭을 감소시켜서 전하 감소분에 대응한다. 다시 양의 교류 전압이 인가되면 양공을 밀어내고 음의 억셉터 이온을 형성시켜서 공핍층의 폭을 넓혀서 전하 증가분에 대응한다. 결국 공핍모드에서는 교류 신호에 맞추어 공핍층의 폭을 증가시키거나 감소시켜서 전하 변화에 대응하는 것이다. 공핍층 폭의 변화는 양공의 이동에 의해 결정되므로 저주파 또는 고주파와 상관없이 공핍모드에서는 모두 대응 가능하다.

그림 8-35에 공핍모드의 소신호 성분을 표시하였다. 빠른 교류 신호에 공핍층 폭의 변화분 Δx가

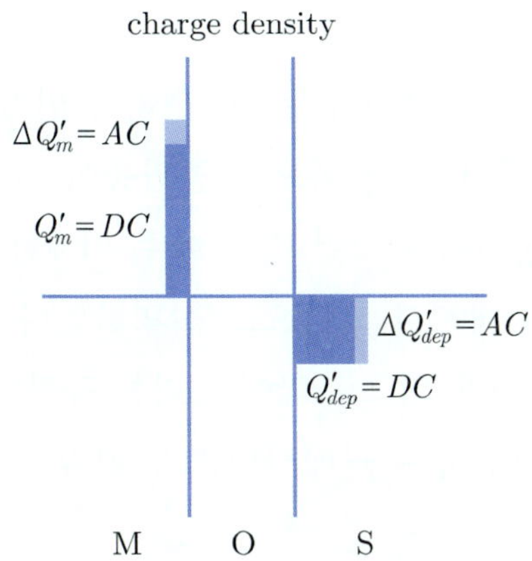

(a) 소신호 성분의 전하 밀도

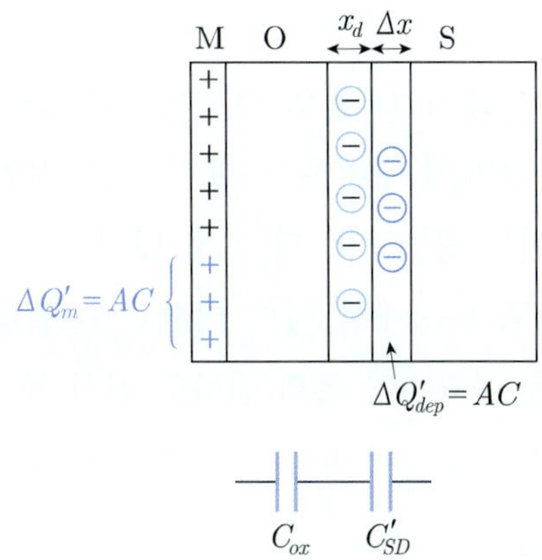

(b) 소신호 성분에 대응하는 전하 움직임

그림 8-35 공핍모드에서의 소신호 성분

대응하는 것이다. 교류 신호에 대응해서 양공의 움직임에 의해 공핍층 폭이 결정되므로 커패시턴스 성분은 옥사이드와 공핍층이 만드는 두 가지 성분이 직렬로 연결한 것과 동일하다. 따라서 이것은 DC 전압만 인가했을 때의 공핍모드의 커패시턴스와 동일하다. DC 모드와 비교했을 때 특성 변화 없이 동일하다는 의미로 해석할 수 있다. 따라서 교류 신호가 인가된 공핍모드에서의 커패시턴스는 다음과 같이 표현할 수 있다.

$$\frac{1}{C'_{dep}} = \frac{1}{C_{ox}} + \frac{1}{C'_{SD}} = \frac{C_{ox} + C'_{SD}}{C_{ox}C'_{SD}} \quad \Rightarrow \quad C'_{dep} = \frac{C_{ox}C'_{SD}}{C_{ox} + C'_{SD}}$$

반전모드를 논의해 보자. 반전모드는 조금 복잡한데, 반전모드는 실리콘의 표면에 전자들이 모이는 경우이다. 게이트에 더 큰 양의 전압을 인가하여 문턱 반전 전압을 넘어서면 공핍층의 폭은 최댓값을 가지고 더 이상 넓어지지 않으며(미소한 증가는 있음) 증가한 양의 전하들에 대응하기 위하여 전자들을 표면에 축적시킨다. 우리는 이미 반전모드에 대해서는 충분히 고찰하였다. 반전전자들은 두 가지 경로로 공급된다. 첫 번째는 p형 반도체에 존재하는 소수 캐리어 전자가 공핍층 근처로 확산해 오면 강한 전계에 끌리어 표면으로 드리프트되고 확산 과정을 통해 옥사이드층과 실리콘 계면층에 축적되는 것이다. 그러나 소수 캐리어의 전자 농도는 매우 작다. 두 번째는 공간전하 영역에서 형성하는 EHP이다.

EHP 농도는 가해준 전압의 지수함수에 비례해서 증가하므로(수식 8-4 참조) 아주 작은 전압에서도 충분한 전자들을 공급할 수 있다. 공핍층 내의 열 생성에 의해 전자들은 실리콘의 트랩에 포획되고 전도대로 방출하면 전계에 의해 전자는 표면 방향으로 이동하여 표면에 집중적으로 분포하게 된다. 이러한 포획, 방출, 전계에 의한 이동과정을 거친다. 즉 캐리어의 생성에는 일련의 과정과 시간이 필요하다. 결국 고주파에서는 반전전자들이 소신호 성분에 대응하기보다는 결국 공핍층의 폭을 넓혀(양공을 이동시킴) 음의 억셉터 이온들을 증가시켜서 대응하게 된다. 우리가 인가하는 소신호 성분은 직류 전압에 대비해서 매우 작은 전압이므로 아주 미소한 폭으로 공핍층이 넓어진다. 문턱 반전 전압에서는 공핍층이 더 이상 넓어지지 않는다고 하였지만 이런 경우 아주 미세한 폭의 변화는 발생한다. 그림 8-9에서 이미 미세한 공핍층의 변화에 대해서 그림으로 설명하였다. 반전모드의 고주파 특성은 공핍층의 폭의 변화로 전하 증가분에 대응하게 되므로 앞에서 다룬 공핍모드와 동일한 커패시턴스 특성을 갖는다. 즉 옥사이드와 공핍층이 형성하는 커패시턴스가 직렬로 연결된 것과 동일하다.

8-6-2 반전모드에서의 고주파 특성

저주파에서는 캐리어가 충분히 생성되고 모이는 시간이 충분하기 때문에 이러한 공핍층의 증가는 발생하지 않는다. 반전전자들만으로 충분히 전하 증가분에 대응할 수 있다. 그림 8-35에 반전모드에서 저주파 및 고주파일 경우에 따른 전하 분포를 나타내었다. 저주파에서 교류 성분이 만들어 내는 커패시턴스는 공핍층의 폭의 변화가 없으므로 C_{ox} 임을 쉽게 알 수 있다.

반전모드에서는 최대의 공핍층 폭을 갖는다. 따라서 8-45식은 최소의 커패시턴스가 되는 것이다. 고주파 신호 인가 시에는 커패시턴스가 최소의 커패시턴스로 고정된다. 이 내용은 앞에서도 다루었다. 따라서 8-45식은 8-46식처럼 표현할 수 있다.

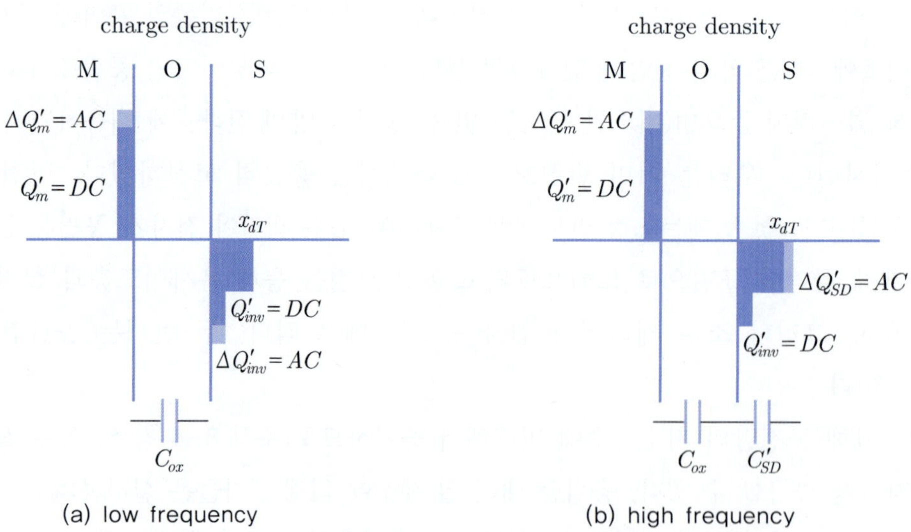

그림 8-36 반전모드에서 소신호 성분에 따른 전하 밀도 분포

$$\frac{1}{C'_{inv,\,HF}} = \frac{1}{C_{ox}} + \frac{1}{C'_{SD}} = \frac{C'_{SD} + C_{ox}}{C_{ox}C'_{SD}}$$

$$\therefore C'_{inv,\,HF} = \frac{C_{ox}C'_{SD}}{C_{ox} + C'_{SD}} \tag{8-45}$$

이상 반전모드에서 저주파와 고주파의 커패시턴스 특성은 두 가지로 나누어서 표현할 수 있다. 만약 게이트 전압을 문턱 전압 근처(약한 반전)보다 더 높은 강한 반전모드까지 증가시키고(DC 성분) 고주파 교류 신호 성분을 인가하여도 커패시턴스 성분은 약한 반전모드에서의 고주파 커패시턴스 값과 동일하게 됨을 기억하라. 옥사이드의 커패시턴스와 최대 공핍층 폭의 커패시턴스 성분의 합의 역수의 값으로 고정되며 이 값은 최솟값에 해당한다. 따라서 약한 반전모드, 강한 반전모드에서의 고주파 성분이 만들어 내는 커패시턴스 성분은 수식 8-46로 고정된다.

$$C_{inv,\,HF}{}' = C'_{\min} = \frac{C_{ox}\epsilon_{Si}}{\epsilon_{Si} + C_{ox}x_{dT}} \qquad C_{ox} = \frac{\epsilon_{ox}}{t_{ox}},\quad C'_{SD} = \frac{\epsilon_{Si}}{x_{dT}} \tag{8-46}$$

$$C'_{LF} = C_{ox} \tag{8-47}$$

$$C'_{HF} = C'_{\min} = \frac{C_{ox}\epsilon_{Si}}{\epsilon_{Si} + C_{ox}x_{dT}} \tag{8-48}$$

강한 반전이든 약한 반전이든 상관없이 고주파 성분의 커패시턴스는 $C'_{\min}$으로 고정된다. 최종적으로 소신호 성분을 고려한 MOS 커패시터의 C-V profile은 그림 8-37과 같다.

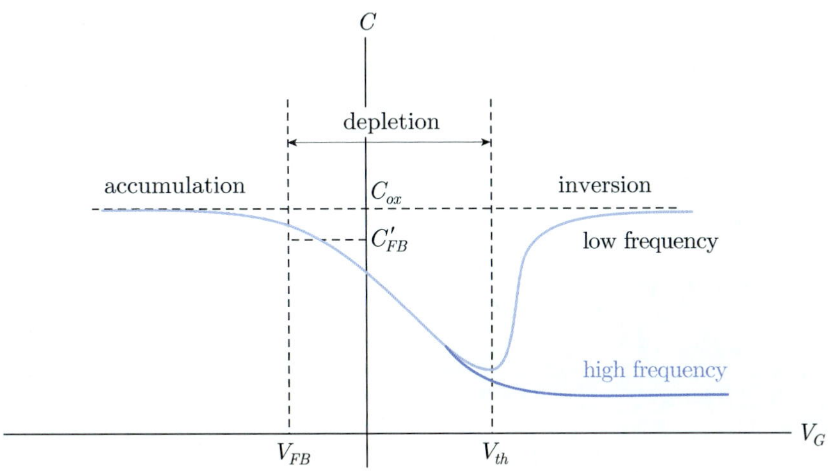

그림 8-37 MOS 커패시터의 고주파 특성

8-7 산화막 내 전하

우리는 산화막 내의 고정 산화막 전하들을 가정하고 지금까지 수식을 전개하였다. 산화막 내에는 여러 가지 종류의 전하들이 존재한다. 그림 8-38에 표시하였다. 옥사이드 내의 전하와 관련해서는 더 전문적인 교재들이 많이 있으므로 여기서는 기본적인 것들에 대해서만 간단히 언급하겠다. 첫 번째가 모바일 이온들이다(Q_{mobile}). 문턱 전압 변화에도 영향을 주었던 이온들인데, 그중 대표적인 이온이 Na^+이다. 현재는 클린룸의 관리가 엄격해졌기 때문에 외부로부터 이런 이온들의 유입은 거의 없다고 봐도 될 것이다. 두 번째로 산화막 내에 존재하는 옥사이드 트랩 전하(Q_{ot})와 고정전하(Q_{ss})들이 있다. 실리콘 옥사이드는 기본적으로 어모퍼스(비정질) 상태이다. 비정질에는 많은 결함들이 존재하는데 이러한 결함들이 캐리어들을 포획할 수 있다. 고정 산화막 전하는 실리콘 옥사이드의 열 산화 과정에서 발생한다. 열 산화 초기 단계에서 실리콘 원자들은 실리콘으로부터 분리되며 산소는 실리콘으로 확산해 간다. 분리되는 실리콘 원자와 확산해 가는 산소의 비율이 맞지 않는 경우 실리콘 옥사이드 내부 또는 실리콘과의 경계면에서 산소가 부족하거나 과잉이 되어 댕글링 본드에 결함이 생기게 된다. 따라서 결함이 발생한 댕글링 본드는 전자를 포획할 수 있는 양전하로 작용한다. 마지막으로 실리콘과 산화막의 계면에서 발생하는 계면 준위에 트랩된 전하들이다. 계면에는 결합하지 못한 댕글링 본드가 존재하며 이러한 댕글링 본드가 트랩으로 작용하여 전하들을 포획하기도 한다. 실리콘의 방향에 따라 차이가 있지만 대략 $10^{10}\,\text{cm}^{-2}$ 정도의 트랩들이 존재한다.

표 8-4에 실리콘의 방향에 따른 단위 면적당 전하 밀도와 댕글링 본드 밀도를 나타내었다. 댕글링 본드의 밀도가 높으면 트랩이 발생할 밀도도 높을 수 있다. 주로 실리콘 (100)면을 사용하는 것도 트랩 밀도와 관련이 있는 것이다. 최근 반도체 분야에서는 열 산화막의 성막기술 발달, 산화막의

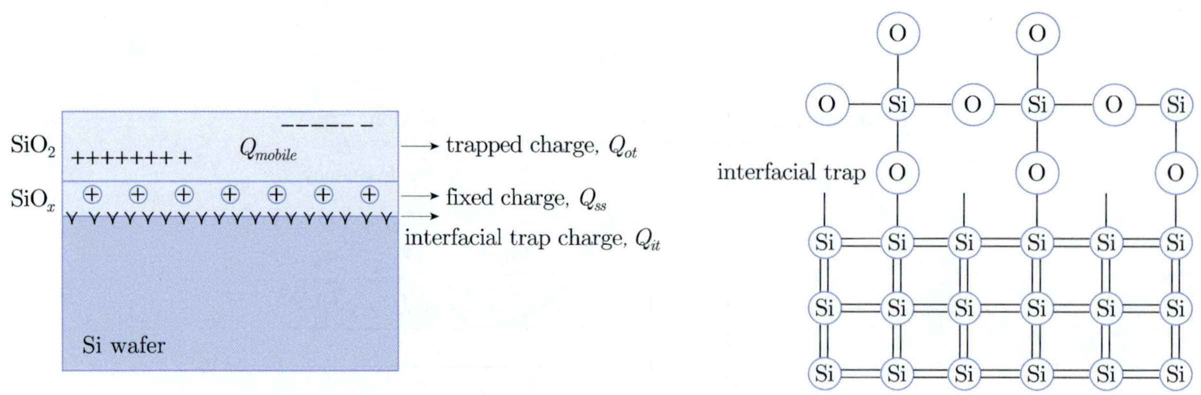

그림 8-38 산화막 내의 여러 전하들

표 8-4 실리콘의 여러 방향에 따른 제 특성들(S.M. Sze Physics of Semiconductor Devices 3rd)

Orientation	Plane area of unit cell	Atoms in cell area	Available bonds in cell area	Atoms/cm^2	Available bonds/cm^2
⟨111⟩	$\sqrt{3}a^2/2$	2	3	7.85×10^{14}	11.8×10^{14}
⟨110⟩	$\sqrt{2}a^2$	4	4	9.6×10^{14}	9.6×10^{14}
⟨100⟩	a^2	2	2	6.8×10^{14}	6.8×10^{14}

종류 변화(ALD 공법으로 성막하기도 함), 두께의 감소(현재 1.2 nm), 소자의 구조와 크기 감소 등으로 인하여 앞에서 언급한 산화막 내 전하들 Q_{ot}, Q_{ss}에 대한 밀도는 매우 감소하였다. 계면 트랩은 수소 passivation을 통해 개선하고 있으며 계면 트랩이 채널 내 어디에 분포하는지에 따라 특성 변화가 달라질 것이다.

8-7-1 계면 트랩

계면 트랩에 관해서는 정성적인 논의만 진행하고자 한다. 그림 8-39 (a)와 같이 반전모드에서 계면에 음의 억셉터 준위가 형성될 수 있다. 중성이었던 억셉터 준위는 전자를 포획할 수 있는데, 전자를 포획한 음의 억셉터 준위는 반도체의 표면전위를 변화시킨다. 반전모드에서는 게이트에 양의 전압을 인가하는데, 계면에 존재하던 페르미 준위 아래의 중성의 억셉터 준위는 전자를 포획하고 음으로 대전된다. 이러한 음의 억셉터 준위는 표면전위를 감소시킨다. 계면에 존재하는 음전하들은

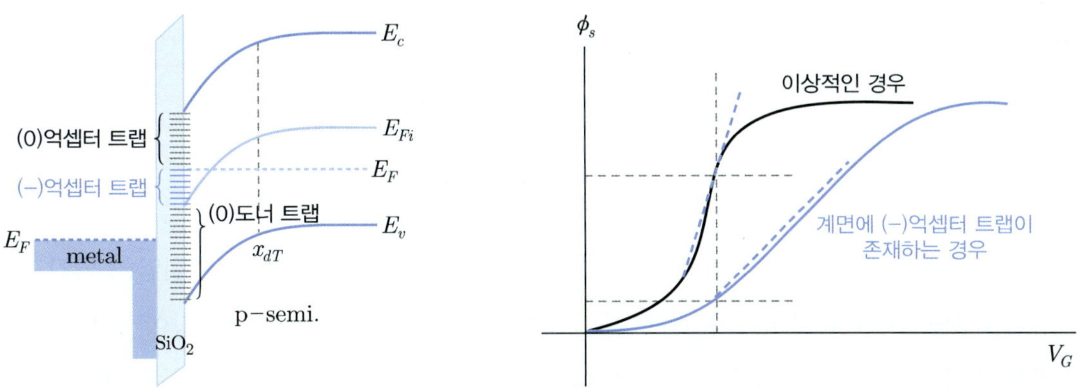

(a) 반전모드에서 계면 트랩에 포획된 전자　　(b) 음의 억셉터 전위로 인한 표면전위의 변화

그림 8-39 계면에 음의 억셉터 트랩이 있는 경우의 표면전위의 변화

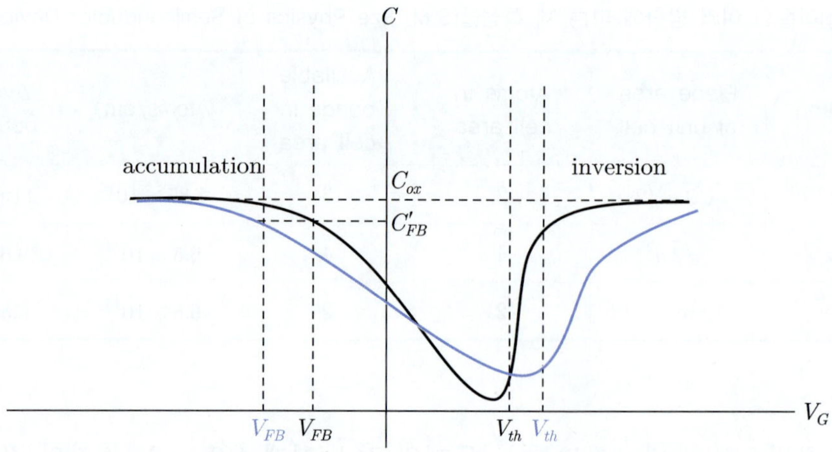

그림 8-40 계면 트랩이 있는 경우의 C-V profile(파란색 커브)

반도체 표면에 반전전자 형성을 방해한다. 따라서 그림 8-39 (b)와 같이 동일한 게이트 전압에서 표면전위를 감소시키므로 반전전자의 전하량도 줄어들어 커패시턴스도 감소시키는 결과를 초래한다. 곡선의 기울기를 주목하라. 이상적인 경우와 비교해서 계면 트랩이 존재하는 경우 기울기가 더 완만하다. 게이트 전압에 따라 표면전위가 서서히 증가하는 이유는 계면에 형성된 음의 전하들 때문이다. 음의 전하들은 게이트에 인가된 전계를 감소시킨다. 또한 이러한 음의 전하들은 반전전자들을 모으는 것을 방해하기 때문에 문턱 반전점을 형성하기 위해서는 더 큰 문턱 전압이 요구된다. 결국 문턱 전압은 증가하게 된다. 그림 8-40의 파란색 곡선의 C-V 프로파일을 참조하라. 커패시턴스가 줄어들므로 곡선의 기울기가 낮아지고 문턱 전압은 (+) 방향으로 이동하게 된다. 우리는 C-V profile로부터 대략적인 계면 트랩 여부를 정성적으로 비교하고 평가할 수 있다.

디스플레이에서 사용하는 MOSFET(TFT로 부르는 것이 더 적합)에서는 아직도 게이트 산화막의 두께가 100 nm 정도이다. 또한 PECVD 공법을 이용하기 때문에 산화막의 품질에서 개선할 부분이 많이 존재하며 이러한 전하들의 효과가 크다고 할 수 있다.

8-7-2 고정 산화막 전하

한편 양으로 대전된 고정 산화막 전하 Q'_{ss} 들로 인하여 플랫밴드 전압과 문턱 전압이 약간 감소하는 경향이 있다. 그림 8-41을 살펴보자. 플랫밴드 전압에서는 실리콘의 밴드 밴딩이 없으므로 메탈에 대해 전하들이 대응할 수 없는 상황이라고 설명하였다. 실제로는 실리콘에 밴드 휘어짐이 없더라도 산화막 내 계면 전하가 대응하는 것이다. 따라서 우리는 플랫밴드 전압을 금속과 반도체의 일함수의 차이로 설명하였는데 이것은 수정되어야 한다. 실제는 다음과 같다.

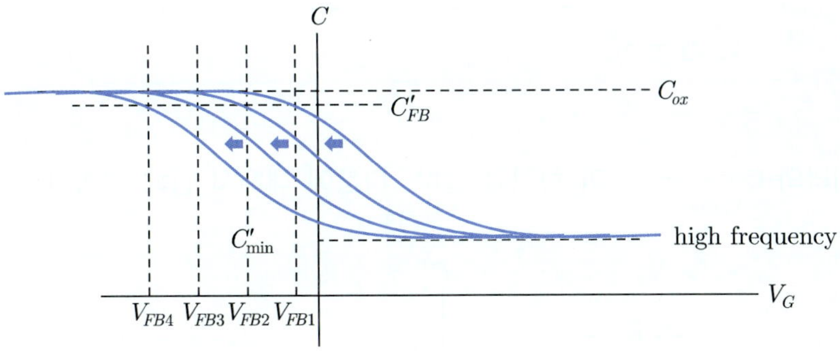

그림 8-41 산화막 내 고정전하 증가에 따른 C-V의 평행이동

$$V_{FB} = \phi_{ms} - \frac{Q_{ss}^{'}}{C_{ox}}$$

앞에서 이미 다룬 내용이다. $Q_{ss}^{'}$가 증가하면 수식 플랫밴드 전압은 감소한다. 따라서 플랫밴드 전압은 왼쪽으로 평행이동할 것이다. 문턱 전압도 감소함을 알 수 있다. 따라서 C-V 곡선은 $-x$ 방향으로 평행이동할 것이다. 그림 8-41에 나타내었다.

01 MOS 커패시터의 C-V profile이 하기와 같다. 다음에 대해서 답해 보아라.

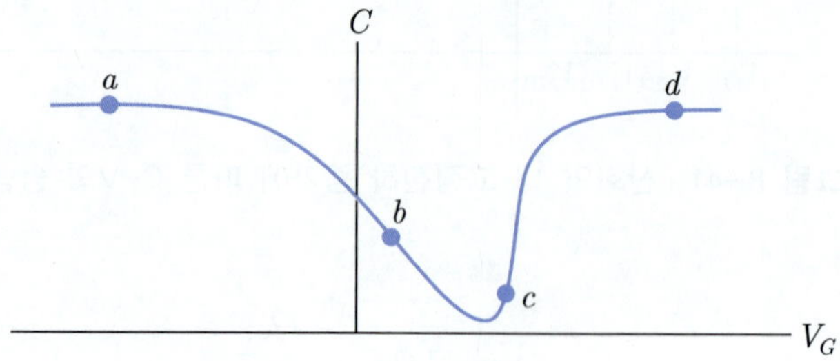

(1) (2) (3) (4)

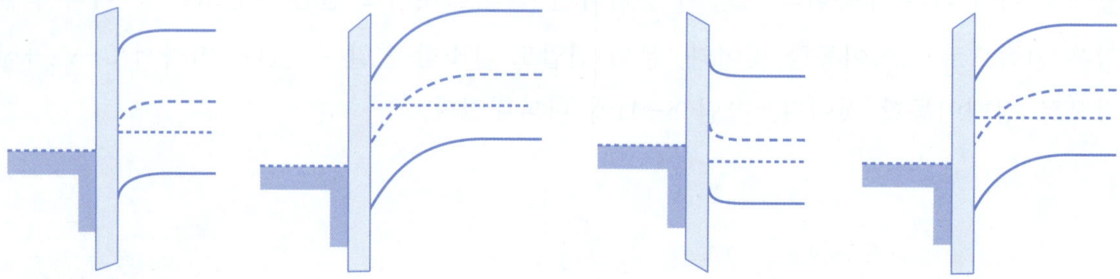

(1) MOS 커패시터의 유형

(2) a, b, c, d 각 지점의 동작 모드 명칭

(3) a, b, c, d 와 (1), (2), (3), (4)를 올바르게 연결해 보아라.

02 MOS 커패시터의 전하 밀도가 다음과 같을 때 각 동작모드를 명기하여라.

(1) (2) (3) (4)

charge density

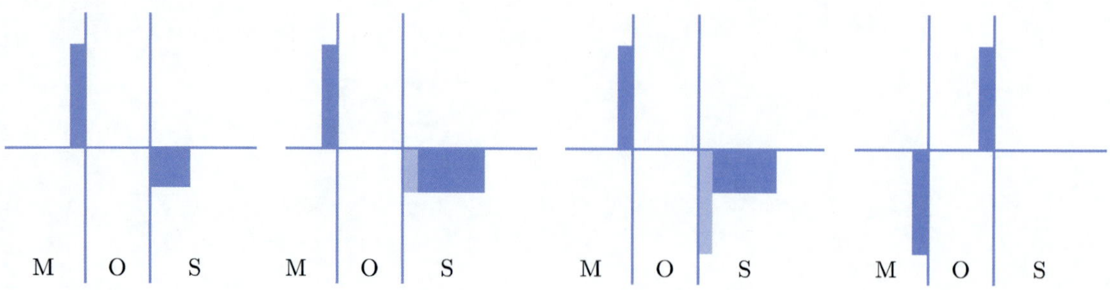

03 $N_D = 5 \times 10^{16}\,\mathrm{cm}^{-3}$, $T = 300\,\mathrm{K}$의 n-MOS 커패시터가 있다. 다음을 구하라.

(1) 최대 공간전하 폭 x_{dT}

(2) 최대 공간전하 밀도 $|Q'_{SD}(\max)|$

04 n-MOS 커패시터가 있다. 산화막 두께 $t_{\mathrm{ox}} = 10\,\mathrm{nm}$, 단위 면적당 고정 산화막 전하량은 $Q'_{ss} = 2 \times 10^{10}\,\mathrm{cm}^2$이다. $\phi_{ms} = -1\,\mathrm{V}$로 가정하고 플랫밴드 전압을 구해 보아라.

05 p^+ poly silicon을 게이트로 사용하여 n-MOS를 만들고자 한다. 절연막으로는 SiO_2를 사용한다. $N_D = 10^{16}\,\mathrm{cm}^{-3}$, $t_{\mathrm{ox}} = 10\,\mathrm{nm}$일 때 이상적인 플랫밴드 전압을 구하라. 단위 면적당 고정 산화막 전하 $Q'_{ss} = 3 \times 10^{10}\,\mathrm{cm}^{-2}$일 때 플랫밴드 전압을 구해 보고 이상적인 경우와 비교해 보아라. 게이트 전극의 일함수는 그림 8-16을 참조하라.

06 알루미늄 게이트와 p형 실리콘 웨이퍼를 이용하여 MOS 커패시터를 제작하였다. 다음과 같은 조건에서 단위 면적당 고정 산화막 전하의 밀도를 구하라.

$$t_{\mathrm{ox}} = 40\,\mathrm{nm},\ N_A = 1 \times 10^{16}\,\mathrm{cm}^{-3},\ V_{FB} = -1.0\,\mathrm{V}$$

07 p형 실리콘 웨이퍼 위에 MOS 커패시터를 제작하였다. 웨이퍼는 $N_A = 5 \times 10^{16}\,\mathrm{cm}^{-3}$만큼 도핑되어 있으며 $Q'_{ss} = 5 \times 10^{10}\,\mathrm{cm}^{-2}$, $t_{\mathrm{ox}} = 12\,\mathrm{nm}$이다.

(1) 알루미늄 게이트를 사용했을 때의 문턱 전압

08 $N_A = 5 \times 10^{16}\,\mathrm{cm}^{-3}$, $T = 300\,\mathrm{K}$의 n-MOS가 있다. 산화막 두께는 $40\,\mathrm{nm}$이다. 플랫밴드 전압이 $-1\,\mathrm{V}$일 때 문턱 전압점에서의 표면전위를 구해 보아라.

09 $N_A = 5 \times 10^{16}\,\mathrm{cm}^{-3}$, $T = 300\,\mathrm{K}$, $t_{\mathrm{ox}} = 12\,\mathrm{nm}$의 MOS 커패시터가 있다. 게이트 물질은 알루미늄이다. $f = 1\,\mathrm{Hz}$, $1\,\mathrm{MHz}$에서 C_{ox}, C'_{FB}, $C'_{\min}$, C'_{inv}를 각각 구해 보아라.

10 $T = 300\,\mathrm{K}$, $N_A = 10^{16}\,\mathrm{cm}^{-3}$, $t_{ox} = 10\,\mathrm{nm}$, $Q'_{ss} = 5 \times 10^{10}\,\mathrm{cm}^{-2}$, p^+ poly silicon gate의 n-MOS 커패시터가 있다. 문턱 전압을 구해 보아라. 그림 8-16을 참조하라.

11 연습문제 10에서 $N_A = 10^{14}$, $10^{15}\,\mathrm{cm}^{-3}$의 각각의 경우에 문턱 전압을 구하고 도핑 농도와 문턱 전압을 plotting 해 보아라.

12 $T = 300\,\mathrm{K}$, $N_A = 10^{15}\,\mathrm{cm}^{-3}$, $t_{ox} = 10\,\mathrm{nm}$, $Q'_{ss} = 2 \times 10^{10}\,\mathrm{cm}^{-2}$, Al gate의 n-MOS 커패시터가 있다. 문턱 전압을 구해 보아라. 그림 8-16을 참조하라.

13 연습문제 12에서 문턱 전압이 $N_A = 10^{16}$, $10^{17}\,\mathrm{cm}^{-3}$의 경우에 문턱 전압을 구하고 연습문제 12번의 도핑 농도 포함해서 도핑 농도와 문턱 전압을 plotting 해 보아라.

14 $T = 300\,\mathrm{K}$, $N_A = 10^{16}\,\mathrm{cm}^{-3}$, $Q'_{ss} = 5 \times 10^{10}\,\mathrm{cm}^{-2}$, n^+ poly silicon gate의 n-MOS가 있다. 문턱 전압이 $+0.5\,\mathrm{V}$가 되기 위한 게이트 절연막의 두께를 구해 보아라. 게이트 산화막 재료는 SiO_2이다.

15 $T = 300\,\mathrm{K}$, $N_A = 10^{15}\,\mathrm{cm}^{-3}$, $t_{ox} = 8\,\mathrm{nm}$의 n-MOS 커패시터가 있다. C_{ox}, $C'_{\min}$, C'_{FB}를 구하고 C_{ox} 크기와 각각 비교하여 보아라.

16 연습문제 15에서 $C'_{FB} = 0.8\,C_{ox}$가 되기 위한 도핑 농도는 얼마로 해야 하는가?

17 C-V profile이 하기 그림과 같다.
$N_A = 10^{16}\,\mathrm{cm}^{-3}$, $A = 10^{-4}\,\mathrm{cm}^2$, $\phi_{ms} = -0.5\,\mathrm{V}$, SiO_2 절연막의 n-MOS 커패시터이다. 게이트 절연막의 두께와 $C'_{\min}$을 구해 보아라.

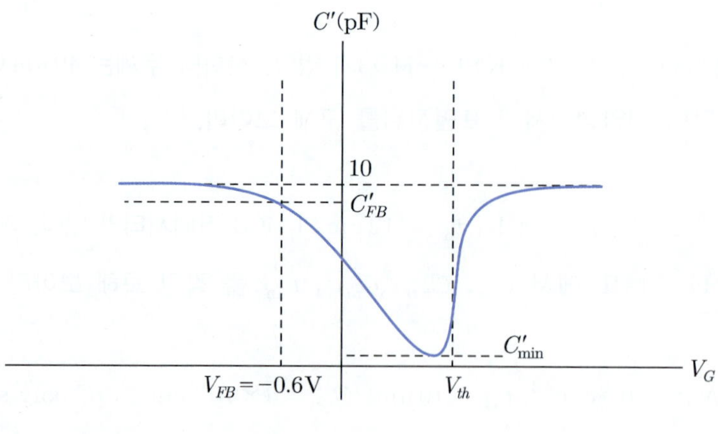

18 상기 연습문제 17과 동일한 조건에서 산화막 내 단위 면적당 포획된 전하 밀도 Q'_{ss}, C'_{FB}를 구해 보아라.

19 하기는 MOS 커패시터의 고주파 C-V profile이다. 그림을 보고 물음에 답하여라.

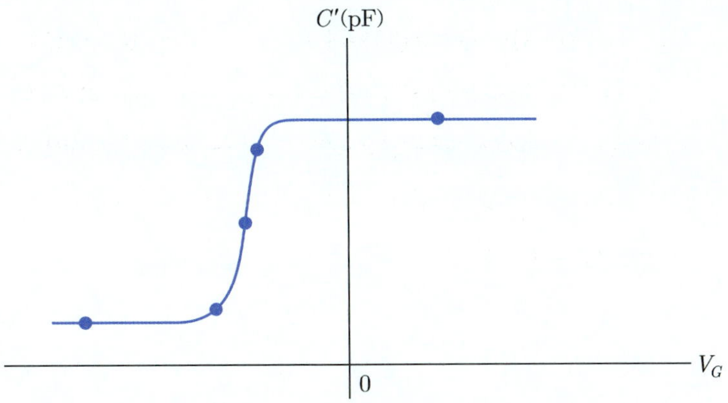

(1) MOS의 타입은 무엇인가?

(2) 각 지점에서의 명칭을 좌측부터 명기해 보아라.

CHAPTER 09

MOSFET 입문

우리는 지금까지 실리콘 반도체의 물성과 PN 접합에서 발생하는 여러 가지 물리 현상을 고찰하였다. 이것을 바탕으로 PN 접합 다이오드, 쇼트키 접합 다이오드를 학습하였고 그 차이점과 작동 메커니즘을 이해하게 되었다. PN 접합 다이오드는 소수 캐리어에 의한 디바이스이며 소수 캐리어의 확산이 만드는 확산 전류가 전류의 주요 성분이었다. 한편 금속-반도체 쇼트키 접합 다이오드는 다수 캐리어의 드리프트 운동에 의해 다수 캐리어 디바이스임을 이해하였다. 금속과 반도체 간의 쇼트키 접합과 오믹 접합의 형성 원리와 여러 가지 물리 현상에 대해서 깊이 있게 고찰하였다. 금속-산화막-반도체의 3중 접합에서 금속에 인가하는 전압에 따라 3가지 모드가 존재하며 축적모드, 공핍모드, 반전모드에서의 C-V profile을 고찰하였다. 이러한 일련의 학습들은 모두 MOSFET 디바이스의 물리 현상을 이해하기 위함이라는 사실을 이번 장에서 알게 될 것이다. 실리콘 전자소자의 마지막 장으로 이제 MOSFET에서 일어나는 각종 물리 현상과 간단한 디바이스 동작 메커니즘에 대해서 논의할 것이다. MOSFET 소자는 현재 반도체의 전 분야에서 가장 많이 활용하는 디바이스이다. 시스템 반도체의 로직, 연산을 수행하고 디스플레이를 구동시키는 중요한 역할을 수행하는 디바이스이다. 플래너 타입의 MOSFET 소자에서 현재는 3차원 핀펫, 게이트 올 어라운드(GAA) 소자로 진화하였다. 전자가 이동하는 채널의 길이는 3 nm까지 스케일링되어 이제는 양자역학 스케일의 소자가 되어 여러 가지 해결하기 어려운 물리 현상에 직면하게 되었다. MOSFET 소자도 다수 캐리어를 이용하는 소자이다. 확산은 거의 없고 드리프트에 의한 전류 성분이 지배적인 소자이다. MOSFET의 게이트 전압에 따른 동작모드를 고찰하고 문턱 반전의 개념, 문턱 전압과 플랫밴드 전압의 정의에 대해서 이해하는 시간을 가질 것이다. MOSFET 소자의 이상적인 드레인 전류-게이트 전압 관계식을 수학적으로 유도하고 subthreshold swing(SS)의 개념을 논의하고 문턱 전압 아래의 물리 현상을 고찰할 것이다. 또한 디바이스 집적도 향상을 위한 소자의 소형화에 따른 단채널 효과에 대하여 정성적, 정량적으로 논의해 보며, DIBL, velocity saturation, hot electron 등과 같은 현상들에 대해서도 논의할 것이다. 우리는 가장 기본적인 것에 초점을 두고 MOSFET 소자의 작동 원리와 학부 과정 중에서 필수적으로 알아야 할 기본적인 물리 현상에 대해서 논의할 것이다.

9-1 MOSFET의 구조와 정의

8장에서 다룬 MOS 커패시터를 다시 상기해 보자. MOS 커패시터에는 게이트 전압에 따라 축적, 공핍, 반전모드가 존재하며 반전모드에서는 전자들이 채널을 형성한다는 것을 학습하였다. 반전모드에서는 기판의 타입과 반대되는 캐리어를 반도체 층에 형성시킬 수 있다. p형 기판에서는 전자를, n형 기판에서는 양공을 반도체 표면에 유기시킬 수 있다. 반전 캐리어들은 대부분 공핍층 내의 EHP에 의해 생성되므로 많은 양의 반전 캐리어들을 형성시킬 수 있다. MOS 커패시터는 전류를 흘려주는 디바이스가 아닌 전하를 축적시키는 수동형 디바이스이다. 수직으로만 전기장이 인가되어 반도체에 전자 또는 양공들을 만들기도 하고 없애기도 한다. 그러나 전류를 형성하지 못하므로 커패시터라는 용어를 사용하는 것이다. MOSFET(Metal Oxide Semiconductor Field Effect Transistor)은 문자 그대로 MOS에 가로 방향의 전기장을 인가하여 전류를 흘려보내는 트랜지스터로 정의할 수 있다. MOS는 우리가 원하는 극성의 전하(전자 또는 양공)들을 만들고 FET는 전기장을 인가하여 그러한 전하들을 전송시켜 주는 두 가지 기능을 동시에 수행하는 디바이스로 해석하면 될 것이다.

9-1-1 MOS vs MOSFET 비교

그림 9-1은 MOS 커패시터의 공핍모드와 반전모드를 보여 준다. 게이트 전압은 반도체층에 전자를 축적시킨다. MOSFET은 그림 9-1과 같이 MOS 커패시터에 가로 방향으로 n형 반도체를 추가하여

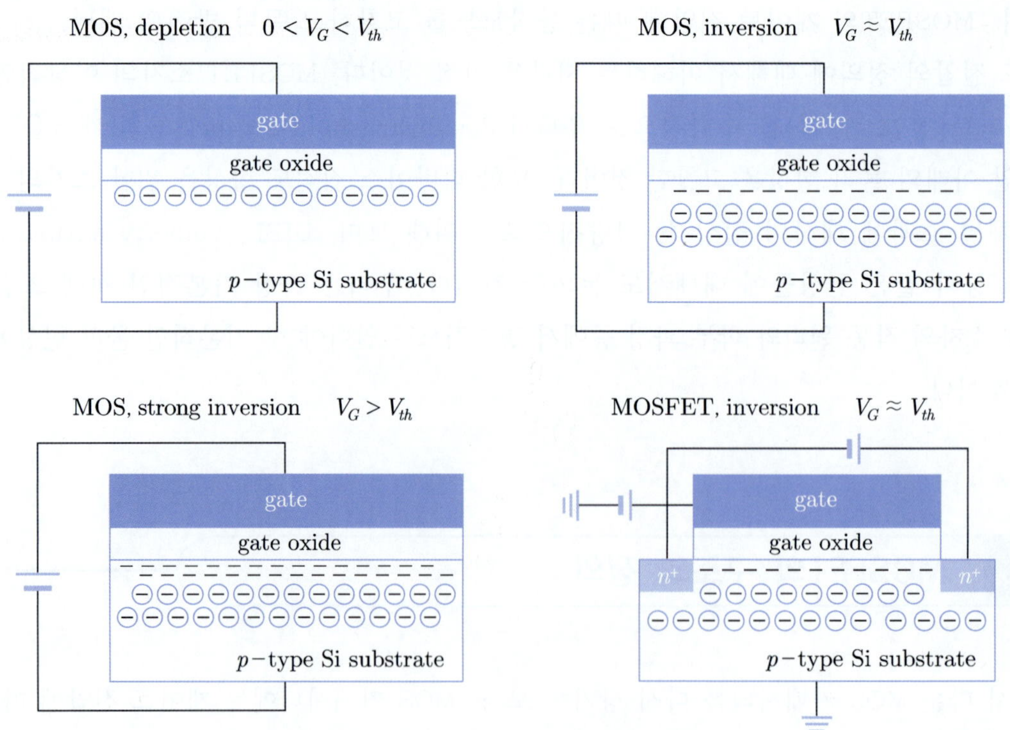

그림 9-1 MOS 커패시터와 MOSFET의 비교

전자의 흐름을 형성시키는 디바이스이다. n형 반도체에는 금속 전극을 추가하여(그림에는 표시하지 않았음) 전자를 흘려보낼 수 있게 형성한 구조이다. MOSFET의 수평 방향을 살펴보면 n^+pn^+ 반도체 접합을 이루고 있다. 반면 수직 방향으로는 MOS 구조를 이루고 있다.

MOSFET은 가로 방향의 전계와 수직 방향의 전계의 적절한 배합(힘겨루기)을 통해서 가로 방향의 전류 성분을 제어하는 디바이스이다. 그러나 전자의 형성(채널 형성)과 흐름은 게이트 전압에 의해서 통제받도록 설계된 디바이스이다. 게이트는 MOSFET의 지휘관과 같은 것이다. 가로 방향과 수직 방향의 전계 때문에 MOS 커패시터와는 다른 복잡한 물리 현상들이 발생하는데 이러한 현상들에 대해서 하나씩 학습해 나갈 것이다.

9-1-2 Planar type MOSFET 구조와 분류

그림 9-2는 MOSFET 소자의 단면도를 보여 준다. 가장 기본적인 planar 타입의 MOSFET이며 전자의 흐름을 만들기 위해서 소스와 드레인이 n^+로 형성되어 있다. 소스와 드레인에는 전류를 공급하기 위한 전극이 각각 형성되어 있다. 소스는 전자를 공급하는 곳이고, 드레인은 전자가 빠져 나가는 곳이므로 전류는 드레인에서 소스 방향으로 흐른다. 외부 입력 단자는 게이트, 소스, 드레인, 바디 4개가 있어서 4 터미널 디바이스라고도 한다. 일반적으로 소스와 바디는 함께 묶어서 접지시키기도 한다. MOS에서는 전기장이 수직 방향으로만 형성되는 것에 비해서 MOSFET은 수직과

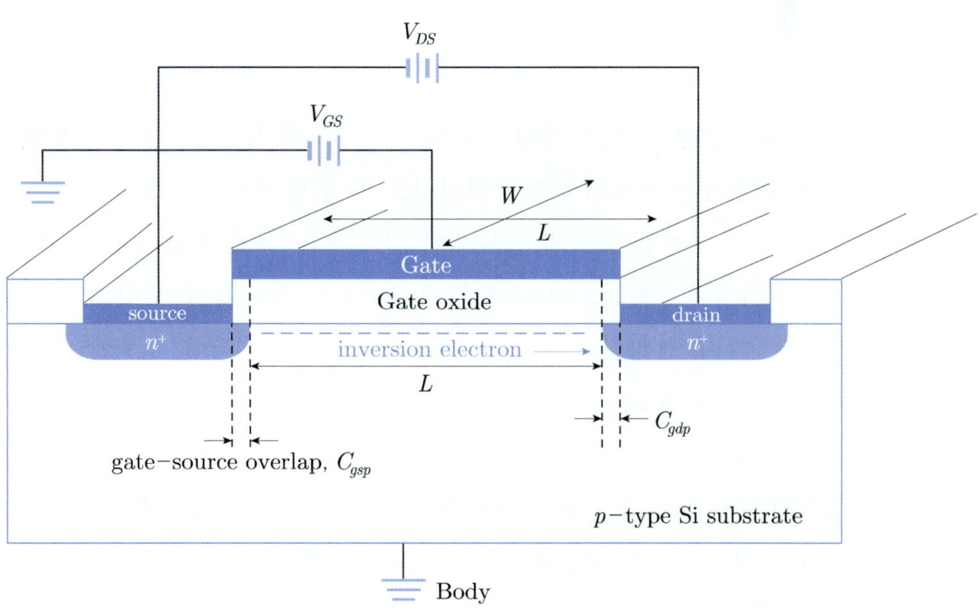

그림 9-2 플래너 타입의 MOSFET 단면도

수평, 양방향으로 존재한다. 수직 방향의 전계는 V_{GS}, V_{GD} 수평 방향의 전계는 V_{DS}로 표시하였다. 따라서 수평 방향으로 채널 퍼텐셜이 존재하게 된다. 이것은 채널 내 위치에 따라 전자의 위치 에너지가 다르다는 의미이며 동작 모드가 변할 수 있다는 것이다. MOSFET이 가지고 있는 특유한 특성이다. 뒤에서 다시 자세히 설명하겠다. MOS 커패시터는 수직 방향의 전계만 있기 때문에 채널 내 모든 곳에서 퍼텐셜이 일정함을 우리는 이미 학습하였다.

MOSFET을 한글로 번역한다면 금속-산화막-반도체 전계 효과 트랜지스터이다. 우리는 앞으로 모스펫(MOSFET)이라고 명명할 것이다. 트랜지스터의 어원을 살펴보면 transfer(전송하다)와 varistor(가변저항)의 합성어이다. 저항을 가변시키면 캐리어를 전송할 수 있는 특징을 갖는 소자라는 의미로, 외부 전압에 따라서 캐리어의 전송을 원활하게 할 수도 캐리어의 흐름을 억제할 수도 있다. 채널은 V_{GS}에 의해 형성된다. 우리는 이미 MOS 커패시터에서 3가지 모드를 학습하였다. 채널이 형성되면 V_{DS}에 전압을 인가하여 가로 방향(드레인에서 소스)으로 전류를 흘려보낸다. 이때 전류 흐름을 V_{GS}로 제어한다는 것이 중요하다. 소스와 드레인 양단에 흐르는 전류 값(I_{DS})을 게이트에 인가하는 전계(V_{GS})에 의해서 제어하는 디바이스임을 기억해야 한다. 즉 V_{GS}의 역할은 채널도 형성하고 전류도 제어하는 중요한 지휘관과도 같다. 모든 전류의 흐름은 게이트 전압이 통제하도록 설계된 디바이스임을 기억하도록 하자. 게이트의 길이는 채널의 길이에 해당하며 전자가 이동하는 통로이다. MOSEFT의 크기를 논할 때에는 W/L이라고 표현하는데, 가령 $W/L = 3\,\mu\text{m}/3\,\mu\text{m}$와 같은 식이다. MOSFET의 스케일링이란 바로 채널 길이를 줄이는 것이다. 채널 길이를 줄여서 소자를 소형화하면 웨이퍼상에 집적도를 향상시켜 원가절감이 가능해진다. 그러나 이러한 이유만 있는 것은 아니다. 소자를 소형화시키면 성능도 향상된다(뒤에서 다룰 것이다). 현재 3 nm라고 하는 것은 채널 길이의 단채널화에 대해 이야기하는 것이다. 그러나 실제로는 채널 길이를 줄이는 것만이 아니라 게이트 절연막의 재료, 두께, 소스/드레인의 저항, n^+의 두께 등 여러 가지 요소들을 최적화한다. 즉 채널 길이 3 nm에 해당하는 퍼포먼스가 구현되었을 때 일반적으로 3 nm라고 부르는 것이다. 따라서 3 nm MOSFET 제작에 성공했다는 의미는 채널 길이가 3 nm가 되었다는 것이 아니라 재료 또는 주변 최적화 기술을 조합하여 3 nm급 MOSFET의 퍼포먼스를 구현할 수 있다는 것으로 해석해야 한다. 시대가 바뀌면 여러 가지 정의법도 변하는 것이다.

그림 9-2에 표시하였지만 게이트와 n^+이온 주입층은 원래는 오버랩이 없도록 한다. 오버랩이 없도록 설계하는 것이 원칙이지만 공정편차라는 것이 항상 존재한다. 특히 소형화가 진행될수록 이러한 현상은 더욱 커진다. 포토리소그래피 공정상 약간의 편차 등으로 인하여 오버랩 구간이 발생할 수 있으며, 또한 이온 주입 후 반드시 진행해야 하는 열처리 과정에서 n^+층이 주변으로 확산해 나가기 때문에 오버랩이 항상 발생하게 된다. 의도적으로 오버랩시키는 경우도 있지만 일단은 오버랩이 없도록 하는 것이 원칙이라는 것을 알고 있어야 한다. 이러한 오버랩은 기생 커패시턴스

성분을 유발시킨다. 게이트와 소스 간의 오버랩, 게이트와 드레인 간의 오버랩은 기생 커패시턴스 C_{gsp}, C_{gdp}을 발생시킨다. 이러한 기생 커패시턴스는 MOSFET의 동작 속도를 저하시키는 원인이 된다. MOSFET이 turn on되면 디바이스에 존재하는 각종 커패시턴스가 충전되고 난 후 작동하기 때문이다. 따라서 MOSFET은 이러한 기생 성분의 커패시턴스를 작게 설계하는 것이 중요하다. 스위칭 속도를 증가시킬 수 있기 때문이다. 현재의 MOSFET은 채널 길이가 짧아짐에 따라 플래너 타입의 여러 가지 문제점을 해결하기 위해 3차원 FinFET 구조, GAA(Gate All Around)로 바뀌었는데 본 교재에서는 가장 기본이 되는 플래너 타입을 위주로 다룰 것이다.

그림 9-3에 MOSFET의 기본형과 FinFET, GAA MOSFET 구조를 나타내었다. MOSFET은 현재 대부분의 시스템 반도체(CPU, AP)에 사용된다. 현재 대부분의 반도체는 3차원 MOSFET 구조를 채택하고 있다. 그 이유는 채널이 짧아지면서 소스와 드레인 사이의 강한 전계에 의해 소스와 드레인이 서로 전하를 공유하는 현상이 발생하기 때문이다. 이것을 누설 전류라고 표현하는데 MOSFET은 게이트 전압에 의해 통재 받는 디바이스이다. 소스와 드레인 사이의 강한 전계는 더 이상 게이트의 통제를 받지 않으려고 하는 경향이 있다. 따라서 게이트의 통제력을 강화하기 위해서 게이트를 위에 설치하는 것 외에도 좌우를 포함한 세 방향에서 통제하도록 만든 것이 FinFET 구조이다. MOSFET 디바이스를 흐르는 물의 수문에 비교하기도 하는데 게이트가 수문 역할을 하는 것이고 채널 내에 흐르는 전자가 물의 흐름이다. 수문이 하나만 있는 구조가 플래너 타입이고 FinFET 구조는 수문이 3개인 구조이다. 이렇게 함으로써 소스와 드레인 사이에 새어나가는 물을 완전히 차단시킬 수 있다. 최근에는 이것도 부족하여 수문을 상하좌우에 4개 설치하는 GAA 방식을 적용하고 있는데 그림 9-3 (c)에서 보여주듯이 채널을 게이트가 완전히 감싸고 있는 구조이다. MOSFET 성능 향상을 위해 채널 길이만 줄여온 것은 아니며, 게이트 절연막의 재료와 두께를 달리하여 성능 향상을 도모하고 있다.

우리가 지금까지 학습한 내용들이 MOSFET 구조에 모두 포함되어 있음을 알 수 있다. 소스와 드레인에는 금속-반도체 접합이 존재하며 채널의 수평 방향으로는 n^+pn^+ 반도체 접합, 수직 방향으

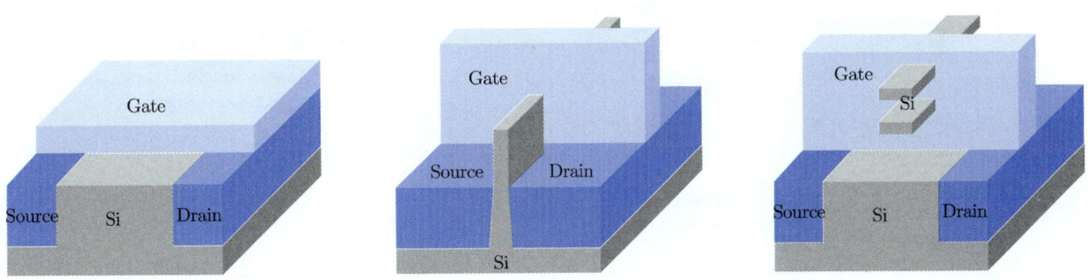

(a) planar (b) FinFET (c) GAA(gate all around)

그림 9-3 MOSFET 구조 변화

로는 MOS 커패시터가 포함되어 있음을 알 수 있다.

MOSFET의 분류법에는 몇 가지가 존재하는데 먼저 채널에 존재하는 다수 캐리어가 전자인 경우에는 n-MOSFET이라 하며 기판은 p-type Si wafer를 사용한다. 양공을 다수 캐리어로 사용하는 경우에는 p-MOSFET이라 하며 기판은 n-type Si wafer를 사용한다.

MOSFET의 타입은 기판의 종류로 정하는 것이 아니라 사용하는 캐리어에 의해 결정된다는 사실을 알 수 있다. n-MOSFET과 p-MOSFET은 정반대의 동작을 한다. 그림 9-4에 나타내었다.

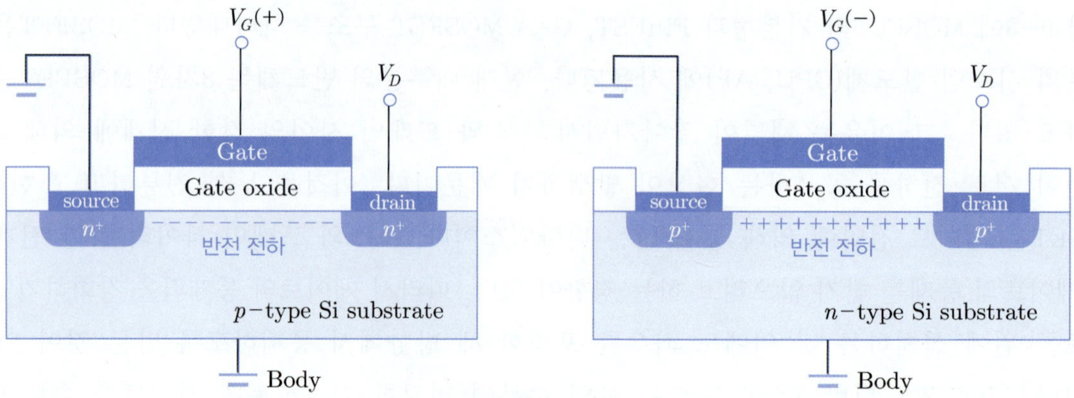

(a) n-MOSFET (b) p-MOSFET

그림 9-4 n-MOSFET과 p-MOSFET

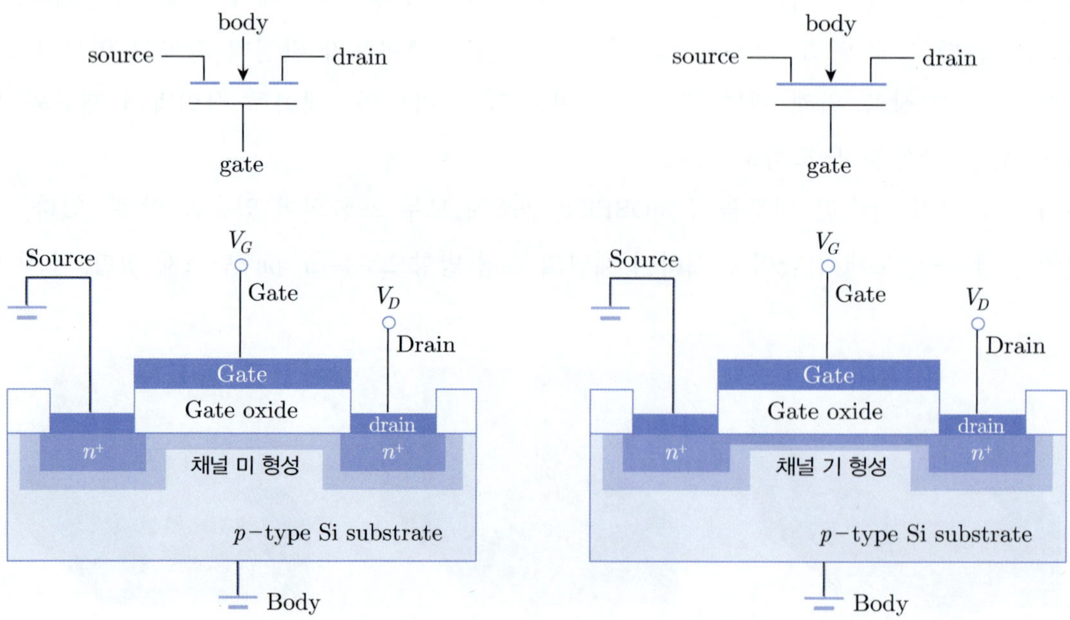

(a) n채널 생성형 MOSFET (b) n채널 공핍형 MOSFET

그림 9-5 생성형과 공핍형 MOSFET

n-MOSFET의 경우에는 게이트에 양의 전압을 인가하여 전자들을 반도체 층에 형성시키고 S/D 전압을 인가하면 전자들이 소스에서 드레인으로 드리프트하게 된다. 이때 n-MOSFET은 turn on되었다고 표현한다. 그런데 p-MOSFET은 게이트에 음의 전압을 인가해야만 채널이 형성(캐리어는 양공임을 기억하라)되고 S/D에 전압을 인가하면 양공들이 이동하게 된다. 따라서 n-MOSFET이 turn on되었을 때 p-MOSFET는 turn off된다. 우리는 두 개의 극성이 서로 다른 MSOFET을 적당히 조합하여 논리 회로를 만들 수 있다. 현재는 n과 p-MOSFET를 조합한 C-MOS 회로를 구성하고 있다. C는 상보적인 의미로 complementary의 약자로 서로 보완적이라는 의미이다. C-MOS 회로는 디지털 회로의 표준으로 자리매김하였다. C-MOS 회로는 아주 많은 다양한 디지털 회로 분야에서 사용되고 있다. 마이크로프로세서, 메모리, CPU, AP, 가전제품, 디지털카메라, 통신 등 거의 모든 분야에서 사용된다. 특히 스마트폰의 AP chip에 적용되는 기술로 논리회로에 사용되어 데이터를 처리하고 연산 및 제어동작을 수행한다. 여기서 C-MOS 회로 기술에 대해서는 다루지 않겠다. 또 하나의 분류법으로 생성형과 공핍형 MOSFET이 있다. 생성형 MOSFET은 여기서 주로 다루는 MOSFET으로 게이트에 양의 전압을 인가하여 반전층을 만드는 MOSFET이다. 즉 게이트에 전압을 인가하지 않는 한 MOSFET은 turn off된 상태이며 이러한 상태를 normally off라고 한다. 게이트에 전압을 인가해서 전류를 생성하는 MOSFET이다. 반대의 개념을 가진 MOSFET도 존재한다. 게이트에 전압을 인가하지 않은 상태에서도 채널 반전층을 형성할 수 있다. 이런 경우에는 문턱 전압이 음의 전압을 갖는다. 게이트에 (+) 전압을 인가하지 않은 상태에서도 채널이 형성되어 있으므로 normally on이라고 부른다. 이러한 MOSFET을 공핍형 MOSFET이라 부른다. 그림 9-5에 생성형과 공핍형 소자를 표시하였고 그것들의 회로기호들도 수록하였다.

9-1-3 MOSFET 전압 관계

MOSFET 각 전압 간의 관계식은 아주 유용하게 사용된다. 그림 9-6에 나타내었듯이 수직 방향의 전압은 게이트-소스(V_{GS}), 게이트-드레인(V_{GD}) 두 곳이 존재하며 수평 방향 전압은 소스-드레인(V_{DS}) 한 곳이 존재한다. 소스는 일반적으로 접지 상태이므로 0 V로 놓고 게이트 전압과 드레인 전압이 결정되면 MOSFET 내의 동작모드가 결정된다. 각 전압과의 관계식은 그림 9-6에 표기하였다. 이 관계식은 당연하고도 쉽게 이해가 가지만 동작모드 설명에서 많이 사용하는 수식이니 반드시 이해하고 넘어가야 할 것이다.

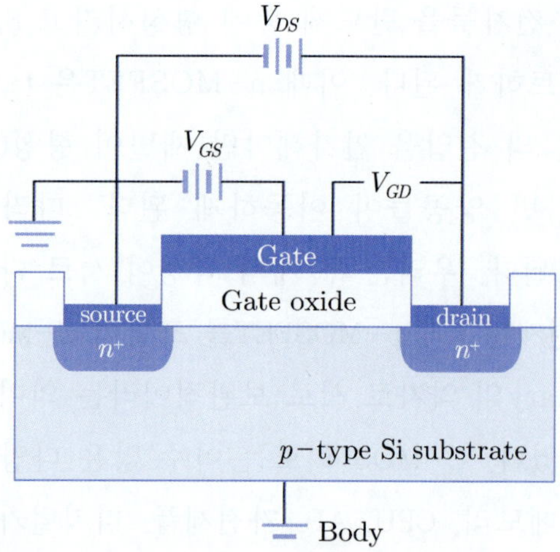

게이트-소스 (수직 방향)	게이트-드레인 (수직 방향)	소스-드레인 (수평 방향)
$V_{GS} = V_G - V_S$	$V_{GD} = V_G - V_D$	$V_{DS} = V_D - V_S$

$$V_{GS} - V_{DS} = V_G - V_D = V_{GD}$$
$$V_{GS} - V_{GD} = V_D - V_S = V_{DS}$$

그림 9-6 MOSFET 수평 방향과 수직 방향의 전압 관계식

9-2 MOSFET 동작 영역

MOSFET의 동작 원리에 대해서 고찰해 보자. MOSFET은 수직과 수평 전계의 힘겨루기라고 표현하였다. 앞 절에서 수평, 수직 전압 관계식을 이해하였다. 이 관계식을 사용해서 동작 모드를 설명할 것이다. 그림 9-7과 같이 각각 전압이 인가된 경우를 고찰해 보자. 수직 방향으로 게이트에 3 V, 수평 방향으로 소스-드레인 양단에 1 V의 전압이 인가된 경우를 가정해 보자. 반전전자를 생성하는 문턱 전압은 2.5 V라고 가정하자. 이러한 경우에 MOSFET은 어떻게 작동하는지 살펴보기로 하자. MOS 커패시터와는 완전히 다른 현상이 일어난다. 먼저 수직 전계는 3 V이므로 문턱 전압 2.5 V보다 크므로 반전전자들이 표면에 형성되었을 것이다. 그러나 소스-드레인 간에 1 V의 전압이 인가되어 있으므로 MOS와는 달리 3 V가 채널에 골고루 분포되지 않는다. 수평 방향으로 전압차가 존재한다. 드레인에는 1 V, 소스에는 0 V가 인가된 경우에 해당한다. 따라서 소스 채널 끝단에서는 채널에 걸리는 전압이 게이트 전압 3 V가 그대로 걸리지만 드레인 끝단에 걸리는 전압은 게이트 전압에서 드레인 전압의 차로 표현된다. 따라서 2 V가 된다. 소스 부근에는 3 V, 드레인 부근에는 2 V의 채널 전압이 형성되는 것이다. 그 사이의 채널의 전압 분포는 드레인 방향으로 갈수록 점차 작아질 것이다. 문턱 전압이 2.5 V이므로 소스 부근은 채널이 형성되었을 것이고 드레인 부근은 2 V의 전압이 인가되므로 문턱 전압보다 낮아서 채널이 형성되지 않은 상태로 볼 수 있다. 그림 9-8을 살펴보자. MOS 커패시터에서는 오로지 수직 방향의 전계만 존재하므로 채널 내의 위치에 따라 전압 분포가 일정하게 된다. MOSFET에서는 수평 방향의 전압이 인가되므로 채널의 위치에

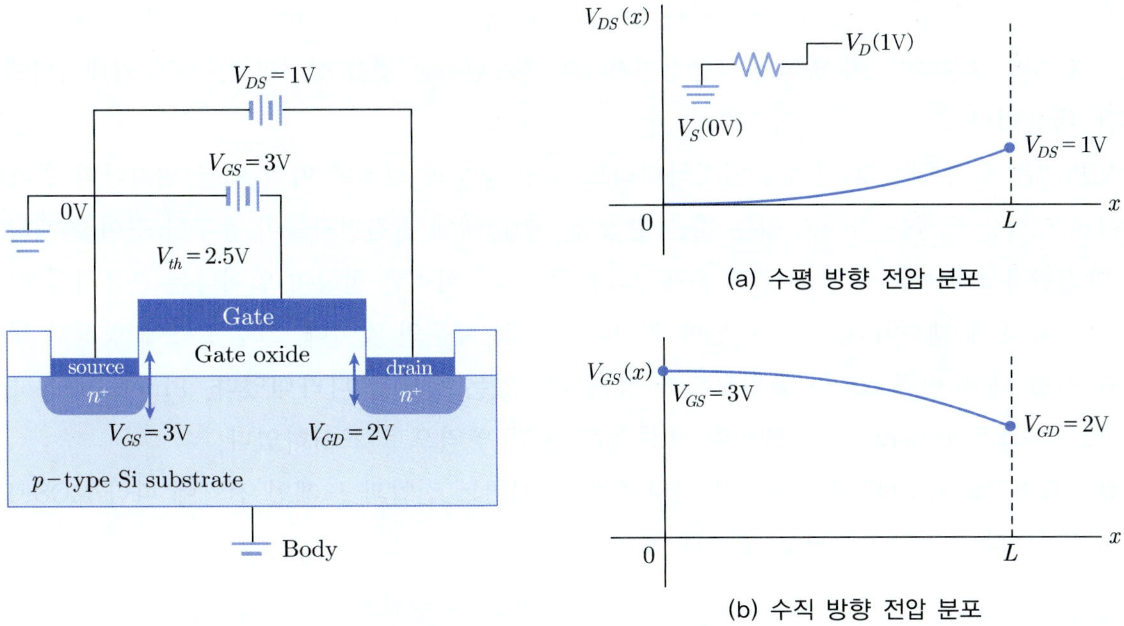

그림 9-7 MOSFET 동작 원리

따라 채널 퍼텐셜에 기울기를 갖는다. 우리가 주목해야 할 부분은 드레인 부근의 전압이다. 드레인 부근에는 수평 방향의 전압이 존재하므로 상대적으로 수직 방향의 전압이 약해진다.

이제 문턱 전압과 함께 생각해 보자. 문턱 전압은 이미 기술하였듯이 반전층의 전자 농도가 기판의 다수 캐리어인 양공의 농도와 동일해지는 시점을 형성하는 데 필요한 전압으로 정의하였다. 그림 9-8의 채널 전압의 분포를 살펴보면 드레인 끝단에서는 2 V로 문턱 전압보다 0.5 V 낮으므로 드레인

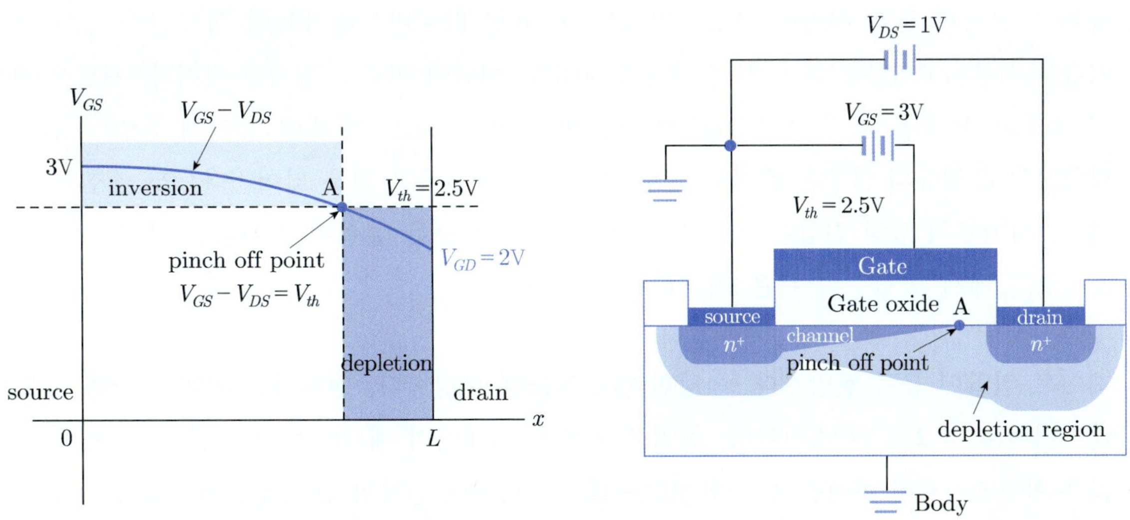

그림 9-8 MOSFET 채널 내 반전 영역과 공핍 영역

부근은 공핍모드로 볼 수 있다. 반전전자 농도는 감소할 것이다. 그림상에서는 마치 채널이 끊긴 것처럼(A 지점) 보이지만 이 영역에는 반전전자들이 존재한다는 것을 상기하라. MOS 커패시터에서도 논의한 내용이다.

MOSFET은 수직 방향의 전계가 일정하더라도 수평 방향의 전계에 따라 채널 위치마다 인가되는 전압이 다르다는 특징을 가지고 있는 것을 알았다. 채널 내에 반전전자들이 풍부한 곳이 존재하기도 하고 반전전자들의 농도가 적은 곳도 존재한다는 것이다. 이러한 현상이 일어나는 근본적인 이유는 수평 방향의 전계 때문이다. 즉 드레인에 인가되는 전압 때문인 것이다. 그림 9-8에 형성된 채널의 모양과 채널 내에 반전모드와 공핍모드가 양존하고 있는 상태를 나타내었다. Pinch off point를 중심으로 좌측은 inversion 영역이며 오른쪽은 공핍 영역으로 표시하였다.

그림 9-9에 MOSFET의 동작모드를 나타내었다. 게이트 전압과 드레인 전압에 따라 MOSFET이 어떻게 작동하는지 각 영역별로 고찰해 보자.

9-2-1 선형 & 포화 영역의 고찰

이제 각 전압에 따라 채널이 어떻게 변해 가는지 좀 더 구체적으로 알아보자.

1. 게이트 전압이 문턱 전압보다 충분히 작은 경우에는 공핍모드이며 채널이 형성되지 않는다. 소스-드레인 양단에 전압이 인가되어 있지 않으므로 채널이 형성되지도 않고 전류의 흐름도 존재하지 않는다.

2. 게이트 전압이 문턱 전압에 근접하면 실리콘 표면에는 반전전자들이 형성된다. p형 실리콘 기판을 사용하고 있으므로 반전 전하는 전자이다. 채널이 비로소 형성된 것이다. 채널이 형성되면 소스와 드레인 양 끝단이 서로 연결된다. 그러나 소스-드레인 양단에 전압이 인가되지 않았으므로 전류의 발생은 존재하지 않는다. 공핍층의 폭은 더욱 넓어진다. PN 접합을 상기해 보자. 게이트의 양의 전압은 양공을 밀어내므로 공핍층은 넓어지게 된다는 사실을 기억하라. $\phi_s = 2\phi_{Fp}$에서 공핍층의 폭은 최댓값을 갖는다.

3. 게이트 전압이 문턱 전압보다 큰 강한 반전모드에 해당한다. 전자들은 기판의 양공 농도보다 많아지며 $\phi_s > 2\phi_{Fp}$인 조건이다. 공핍층의 폭은 최대이며 채널에는 기판의 양공 농도보다 더 많은 반전전자들이 형성될 것이다. 소스-드레인 양단에 전압이 걸리지 않았으므로 전류의 흐름은 발생하지 않는다.

4. 소스-드레인 양단에 전압을 인가하기 시작한 경우이다. 이때부터는 MOS 커패시터와 다른 동작 특성을 보여준다. 게이트 전압이 문턱 전압보다 큰 강한 반전모드에서 소스-드레인 양단에 아주 작은 전압을 인가한 경우에 해당한다. 따라서 게이트와 드레인에 수직 방향으로 걸린 전압 V_{GD}는 문턱 전압보다 큰 경우이다.

$$V_{GD} > V_{th} \Rightarrow V_{GS} - V_{DS} > V_{th} \Rightarrow \therefore V_{DS} < V_{GS} - V_{th} \tag{9-1}$$

이런 경우는 드레인 전압을 증가시키면 증가시킬수록 소스-드레인 양단의 전류 값 I_{DS}는 비례해서 증가할 것이다. 이러한 영역을 linear 영역이라 하며 드레인 전압의 증가에 따라 드레인 전류도 증가하는 구역이다. 수식 9-1을 잘 기억해야 한다. 이것은 MOSFET의 동작모드 중 linear 동작모드가 되기 위한 조건이다.

5. 드레인 전압을 더욱 증가시킨 경우에는 어떻게 변하는지 고찰해 보자. 드레인 전압이 증가하게 되면 드레인 부근에서는 게이트 전압의 통제로부터 조금씩 벗어난다. 즉 드레인 부근의 전계가 강해지면서 산화막 수직 방향으로 양단에 걸리는 전압은 감소해간다. 이 의미는 $V_{GD} = V_G - V_D$가 감소한다는 것이다. 당연히 V_D가 증가하므로 게이트 전압과의 차이 V_{GD}는 감소해 갈 것이다. 이것은 드레인 부근에 존재하는 반전전자들의 밀도를 감소시킬 것이다. 드레인 전압이 증가함에 따라 반전전자들의 밀도는 계속 감소해 갈 것이며 드레인 부근의 채널 컨덕턴스도 감소해 간다. 드레인 전압은 PN 접합의 역방향의 경우와 동일한 상태이며 드레인 부근의 공핍층의 폭을 넓히므로 채널이 끊어지는 현상이 발생한다. 이때 채널이 그림 9-9의 5번과 같이 끊어지기 직전에 도달할 것이다. 이 지점에서는 다음과 같은 수식을 만족시킨다.

$$V_{GD} = V_{th} \Rightarrow V_{GS} - V_{DS} = V_{th} \Rightarrow \therefore V_{DS} = V_{GS} - V_{th} \tag{9-2}$$

수식 9-2도 잘 기억해야 한다. 이 수식은 포화 영역에 진입하기 시작하는 전압 관계식이다. 즉 $V_{GD} = V_{th}$이 되는 지점이다. 이것을 채널이 pinch off 되었다고 말하며 pinch off 조건은 $V_{DS} = V_{GS} - V_{th}$이 되는 것이다.

6. 드레인 전압이 더욱 증가하면 이제는 드레인의 전계가 강해져서 드레인 부근의 수직 방향의 전계를 약화시키고 V_{GD}는 문턱 전압 이하로 감소하여 공핍 영역을 확장시킨다.

$$V_{GD} < V_{th} \qquad \therefore V_{DS} > V_{GS} - V_{th} \tag{9-3}$$

수식 9-3을 잘 기억해야 한다. linear 영역과 반대이다. 이 영역을 우리는 saturation 영역이라

하며 드레인 전압이 증가해도 드레인 전류가 더 이상 증가하지 않는 구역이다. 전류는 발생하나 포화되기 때문에 포화 영역이라고 부른다. ΔL은 공핍 영역에 해당한다. 앞에서도 설명하였지만 반전전자들이 존재하는 곳이다. 공핍 영역에 존재하는 소수 전자들이 드레인 전계에 끌리어 드레인단으로 이동하면서 강한 전계 때문에 속도가 포화된다. 이 부분에 대한 상세한 고찰은 뒤에서 다시 다룰 것이다. 이상을 요약하면 크게 두 가지 영역으로 나눌 수 있음을 알 수 있다. 드레인 전압에 따라 전류가 증가하는 linear 영역과 드레인 전압에 관계없이 전류가 포화되는 포화 영역이다.

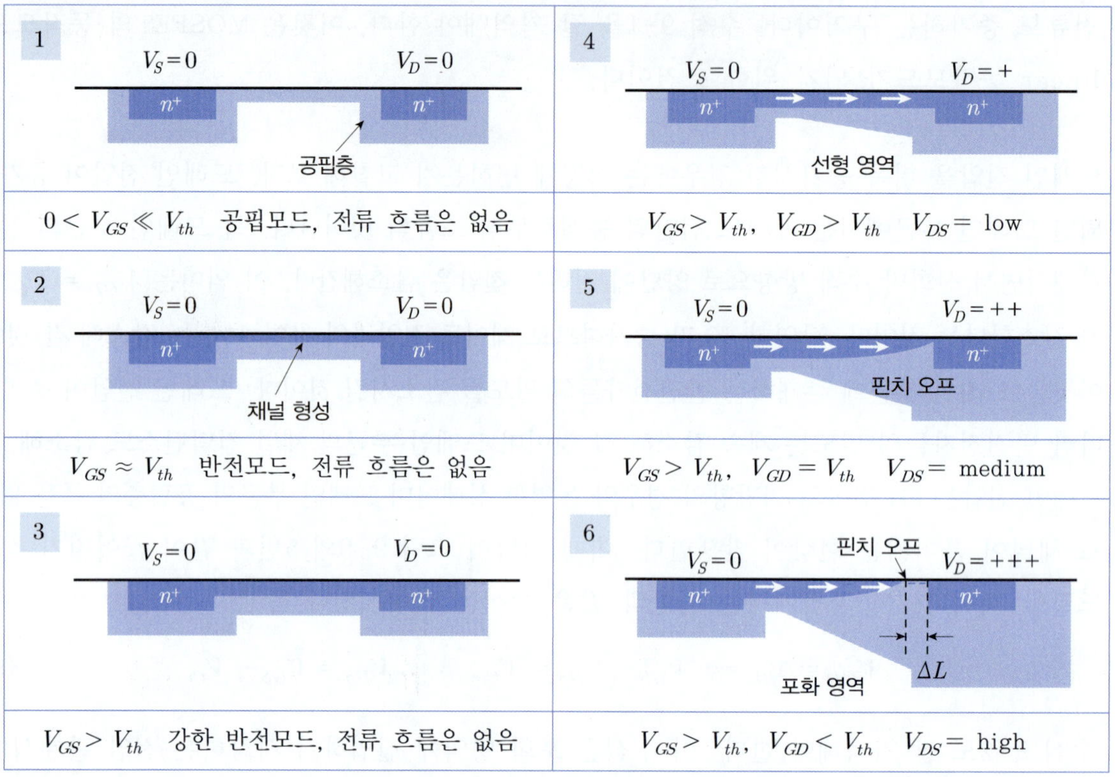

그림 9-9 각 동작모드에 대한 설명

우리는 에너지 밴드 다이어그램을 이용해서 linear 영역에서 드레인 전류가 증가하는 이유를 도식화할 수 있다. 그림 9-10은 linear 영역에서의 에너지 밴드 다이어그램을 나타낸 것이다. 게이트에 문턱 전압 이상의 전압이 인가된 상태를 고려해 보자. Linear 영역이며 $V_{DS} < V_{GS} - V_{th}$를 만족하는 구간이다. 전압이 인가되기 전, 소스에 존재하는 전자들은 에너지 장벽이 높아서 뛰어넘을 수 없다. 그러나 게이트에 문턱 전압 이상을 인가하면 에너지 밴드가 낮아져 전자는 에너지 장벽을 넘을 수 있다. 드레인에도 양의 전압이 인가되었으므로 에너지 밴드도 낮아질 것이며 밴드의 기울기가

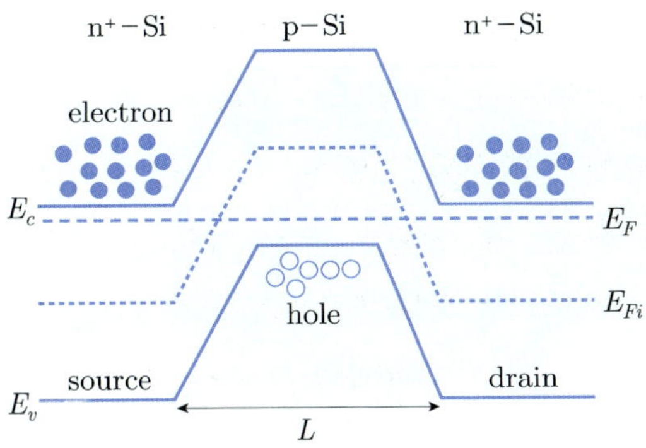

(a) 전압 인가 전

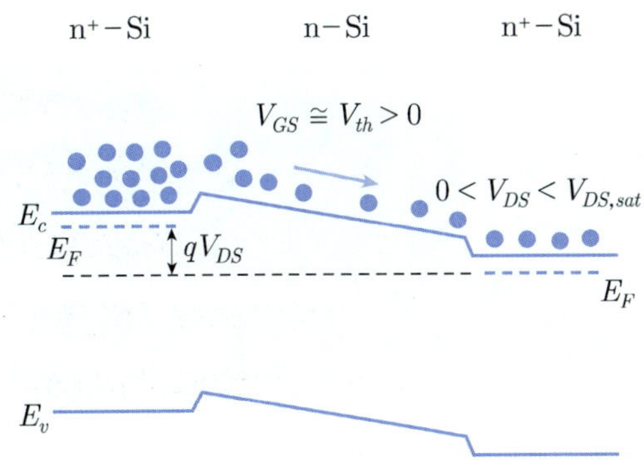

(b) 전압 인가 시 전자의 이동

그림 9-10 MOSFET의 에너지 밴드 다이어그램

존재하여 전자는 소스에서 드레인으로 드리프트하게 된다. 전자는 드레인 방향으로 지속적으로 흐르므로 전류가 증가하게 된다. 에너지 밴드 다이어그램으로 살펴보면 드레인 전압이 더욱 강해지면 밴드는 더욱 아래로 내려가므로(전자의 위치에너지가 낮아지는 방향) 드레인 전류는 더욱 증가할 것으로 예측할 수 있다. 그러나 전류는 포화된다고 설명하였다. 에너지 밴드 다이어그램은 전자의 위치에너지를 나타내므로 속도 포화 현상에 대한 정보를 제공해주지 않는다. 여기서는 스스로 에너지 밴드 다이어그램을 그릴 수 있도록 충분히 이해하고 linear 영역에서 드레인 전류가 증가하는 이유를 에너지 밴드 다이어그램과 연관해서 고찰해보는 것으로 충분하다.

9-2-2 포화 영역에서의 전류 포화 현상

그림 9-11은 포화 영역의 채널 상태를 표시하고 있다. ΔL 구간은 공핍모드이지만 반전전자들이 존재하고 있음을 나타내고 있다. 이러한 전자들이 드레인단의 강한 전계에 가속되어 전자의 속도는 증가하다가 열속도로 포화된다. 공핍 영역에 존재하는 전자의 농도가 낮으므로 전류가 감소할 것 같지만 전자의 속도 증가와 포화 현상 때문에 전류는 일정하게 유지되는 것이다. 전자의 드리프트 전류 밀도는 전자의 농도와 속도에 비례한다는 사실(3장에서 학습)을 상기하라.

캐리어의 전송에서 전자는 채널 내를 진행하면서 원자들과 산란을 일으켜 등가속도 운동을 하지 못한다는 사실을 알고 있다. 전자는 수직, 수평 방향의 전계를 받으면서 결정 속의 실리콘 원자와 충돌, 산란한다. 전계에 가속된 전자는 빠른 속도로 움직이다가 일정 전계가 넘어가면 충돌 및 산란 확률이 증가하며 전계에 의해 받은 에너지를 모두 주변 원자들에게 전달하고 멈춘다. 그리고 또다시 전계에 의해 가속 및 산란되는 진행 과정을 수없이 반복하면서 일정 방향(전계와 반대 방향)으로 진행해 나간다. 따라서 이러한 전자의 평균속도는 일정 전계를 넘어서면 포화되기

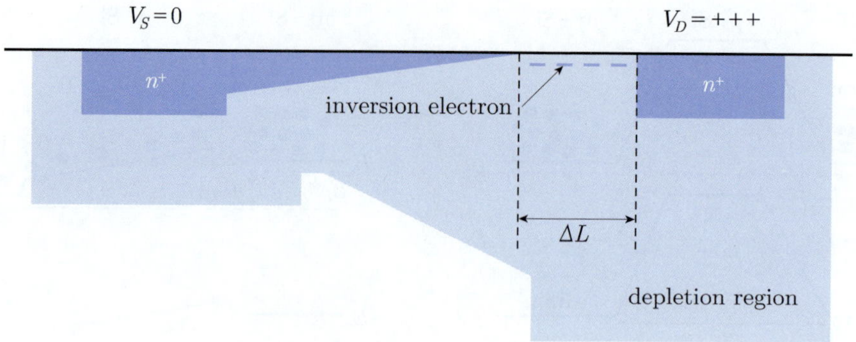

그림 9-11 포화 영역에서 존재하는 반전전자

시작하며 열전자속도로 수렴하게 된다. 따라서 드레인 전압이 증가하면 드레인 전류가 증가하다가 pinch off 현상을 일으키고 ΔL 영역에 존재하는 반전전자들의 농도는 감소하지만 속도가 증가하기 때문에 전류는 감소하지 않고 일정하게 유지된다는 사실을 기억하라. 우리는 이상적인 MOSFET의 전류-전압 관계식을 수학적으로 유도할 것이다. 이를 통해 포화 영역에서 드레인 전류는 드레인 전압의 함수가 아님을 알 수 있을 것이다.

그림 9-12에 이러한 상황을 표시하였다. 대부분의 MOSFET 소자에서는 채널이 수십 nm 이하인 것을 감안하면 ΔL은 매우 작은 값이 될 것이며 전계는 거리에 반비례하므로 강한 전계에 가속되어 전자의 속도는 증가하다가 열속도로 포화되는 것이다. 이상을 요약하면, 포화 영역에서 채널이 끊겨 있는데도 불구하고 전류가 일정하게 흐르는 이유는 포화 영역에 존재하는 전자들이 전류 성분을 만들어 내는 것이고, 전류가 감소하지 않고 일정하게 유지되는 이유는 드레인 전계에 의해 가속된 전자는 속도가 증가하다가 열속도로 포화되기 때문이다. 포화 영역의 전자 농도가 감소함에도 불구하고 전류가 일정하게 유지되는 이유는 전자의 속도가 포화되기 때문인 것을 충분히 이해하고 기억하라. 우리는 포화 영역에서 전류가 일정하게 유지되는 이유를 잘 이해해야 한다. 속도 포화는 long channel MOSFET에서 short channel로 진화하면서 더욱 대두되고 있는 문제이다. 9-6절 단채널 MOSFET에서 다시 한 번 상세히 다루겠다.

속도가 포화된다는 것은 전류가 더 이상 증가하지 않는다는 의미이므로 트랜지스터의 입장에서는 매우 불행한 일이다. 우리는 다음 장에서 MOSFET의 전류-전압 관계식을 정량적으로 유도해 볼 것이다. 채널 길이가 짧아지면 그것에 비례해서 전류가 증가하게 되는데 채널이 짧아지면 속도 포화 현상 때문에 실질적인 전류 증가분은 수학적으로 유도한 수식에 의존해서 정비례로 증가하지 않는다.

MOSFET을 제작한 후 트랜지스터의 특성을 측정하는 데에는 두 종류가 있다. 드레인 전압과 드레인 전류 간의 관계, 게이트 전압과 드레인 전류 간의 관계가 그것이다. 전자는 아웃풋 커브,

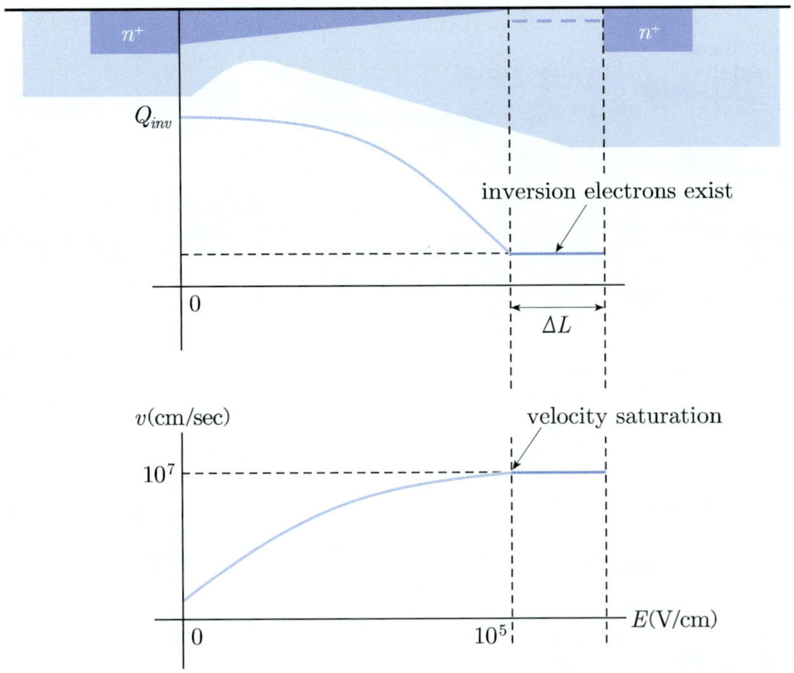

그림 9-12 MOSFET 포화 영역의 반전 전하와 속도 포화

후자는 트랜스퍼 커브라고 명명하고 있다. 지금까지 논의한 linear 영역과 포화 영역을 아웃풋 커브를 보고 이해해 보자.

9-2-3 Output & transfer curve

그림 9-13에 아웃풋 커브(output curve)와 트랜스퍼 커브(trnasfer curve)를 나타내었다. 아웃풋 커브의 점선은 드레인 부근의 수직 방향의 전압이 문턱 전압과 일치하는 점이다. 즉 $V_{DS} = V_{GS} - V_{th}$인 지점이다. 핀치 오프지점부터 전류는 포화된다. 그림에 나타내었듯이 이 지점을 지나면 전류는 드레인 전압에 무관하게 일직선으로 일정하게 유지됨을 알 수 있다. 이러한 그래프의 곡선 형태는 다음 챕터의 전류-전압 관계식을 유도해 보면 더욱 명확히 알 수 있을 것이다. 추후 다루겠지만 포화 영역에서도 short channel이 되면서 전류는 일정하게 유지되지 않고 조금 증가하는 현상을 알게 될 것이다. 지금 다루는 내용은 일단은 이상적인 MOSFET의 경우라고 간주하자. 아웃풋 커브의 pinch off 점을 연결하면 전류는 게이트 전압의 포물선 형태로 증가한다.

트랜스퍼 커브는 더 유용하게 쓰인다. 게이트 전압에 따른 드레인 전류를 로그함수로 표현한 것이다. 로그함수로 표현하면 문턱 전압 이전의 subthreshold 영역을 더욱 명확히 관찰할 수 있다. 트렌스퍼 커브는 대략 다음과 같은 다섯 가지 정보를 우리에게 제공한다.

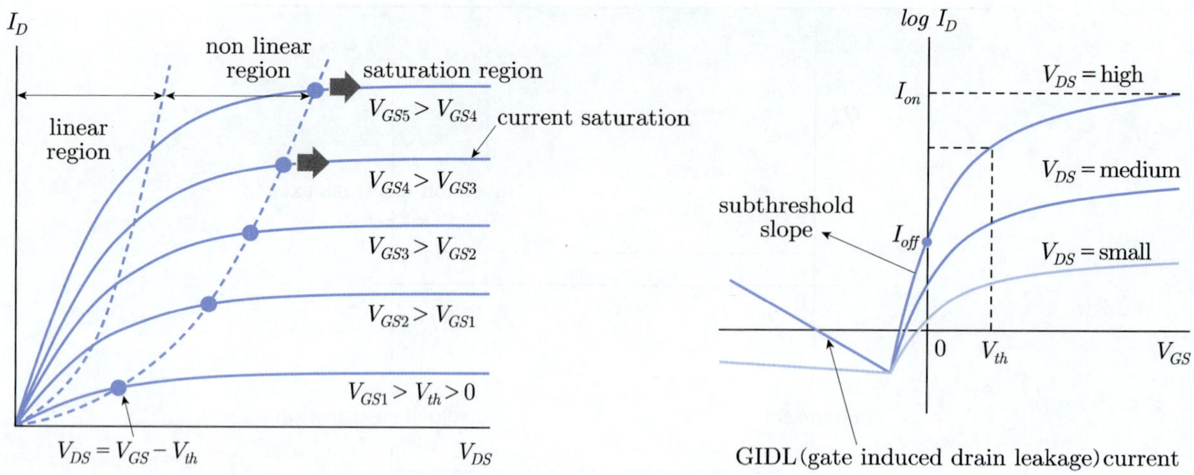

(a) 아웃풋 커브 (b) 트랜스퍼 커브

그림 9-13 MOSFET을 대표하는 두 가지 특성

1. 문턱 전압(추후 설명)
2. $V_{GS}=0$일 때의 오프 전류(누설 전류)
3. 드레인 전류의 I_{on}/I_{off} ratio
4. Subthreshold 영역의 기울기
5. GIDL current

특히 subthreshold 영역은 MOSFET의 성능을 결정하는 제일 중요한 영역이다. 이 부분은 뒤편의

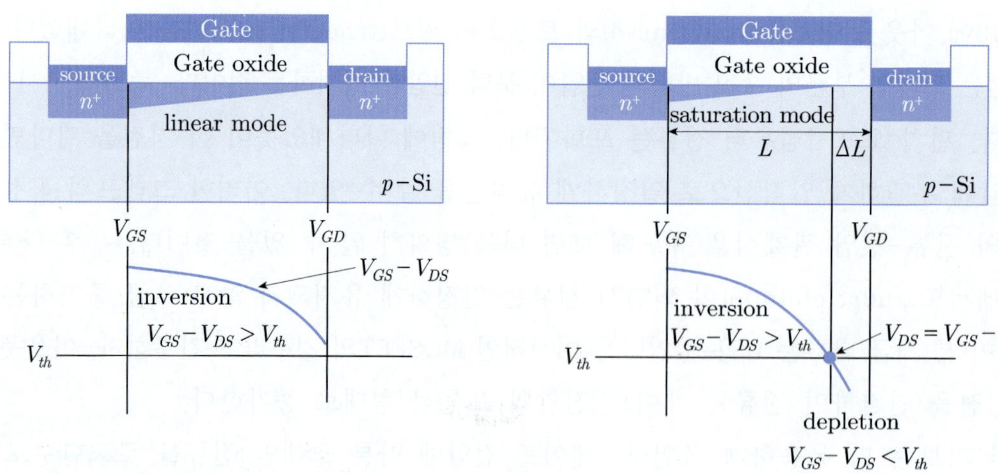

(a) linear region (b) saturation region

그림 9-14 MOSFET 동작 모드의 설명

MOSFET 성능에서 정성적으로 다시 다룰 것이다. 여기서는 두 가지 종류의 그래프가 있다는 것을 꼭 기억하길 바란다.

이상 MOSFET의 동작 모드를 요약하면 다음과 같다. 먼저 그림 9-6의 관계식을 잘 기억하길 바란다. linear & saturation 영역에서의 MOSFET 채널 분포를 그림 9-14에 표시하였다. linear 영역에서는 채널이 연결되어 있으며 채널 전 영역에 반전전자가 형성되어 있으므로 드레인 전압이 증가하면 증가할수록 드레인 전류가 증가하게 된다. 그러다가 드레인 부근의 수직 방향 전계 $V_{GD} = V_{th}(V_{DS} = V_{GS} - V_{th})$가 되는 순간 반전전자의 밀도는 0(편의상 이렇게 표현하겠음)에 근접하며 그림 9-14 (a)와 같이 문턱 전압과 교차점을 갖는다. $V_{GD} > V_{th}(V_{DS} > V_{GS} - V_{th})$가 되는 순간 채널의 컨덕턴스는 저하되고 채널이 끊어지며 드레인 전류는 포화된다.

9-3 MOSFET의 에너지 밴드 다이어그램

MOSFET의 동작 원리에 대해서 에너지 밴드 다이어그램으로 고찰해 보자. MOS 커패시터와 동일하게 축적, 공핍, 반전모드에 대한 에너지 밴드 다이어그램을 그려보고 해석함으로써 동작 모드를 더 쉽게 이해할 수 있다. MOSFET 동작 구역은 반전 영역이다. 축적모드와 공핍모드에서는 반전전자를 모을 수 없기 때문에 전자들의 이동이 존재하지 않는다. 이러한 동작하지 않는 영역들의 에너지 밴드 다이어그램을 살펴보면 동작 영역을 이해하는 데 더 도움이 될 것이다. MOSFET은 수직과 수평 전계의 힘겨루기라고 표현하였다. 수평 방향의 에너지 밴드 다이어그램은 n^+pn^+접합으로 생각할 수 있다.

9-3-1 축적모드

그림 9-15 (a)는 게이트에 음의 전압을 인가하여 표면에 양공을 축적시킨 상태를 표시한 것이다. 그림 9-15 (b)에는 접촉 전의 에너지 밴드 다이어그램을 표시하였다. 트랜지스터 3개가 접합한다고 생각하면 좋다(가로 방향). 축적모드에서는 양공이 모이므로 이것은 밴드 다이어그램을 그리지 않아도 전류가 흐를 수 없다는 것을 직관적으로 알 수 있다. 소스-드레인은 전자가 충만한 n형 실리콘이고 통로에 해당하는 채널 영역에는 양공이 존재하므로 전자는 가운데의 장애물(양공)을 넘어서 이동할 수 없음을 쉽게 이해할 수 있을 것이다. 그림 9-16 (a)는 제로 바이어스에서의 에너지 밴드 다이어그램이다. 소스와 드레인 사이에는 커다란 에너지 장벽이 존재하며 전자와 양공은

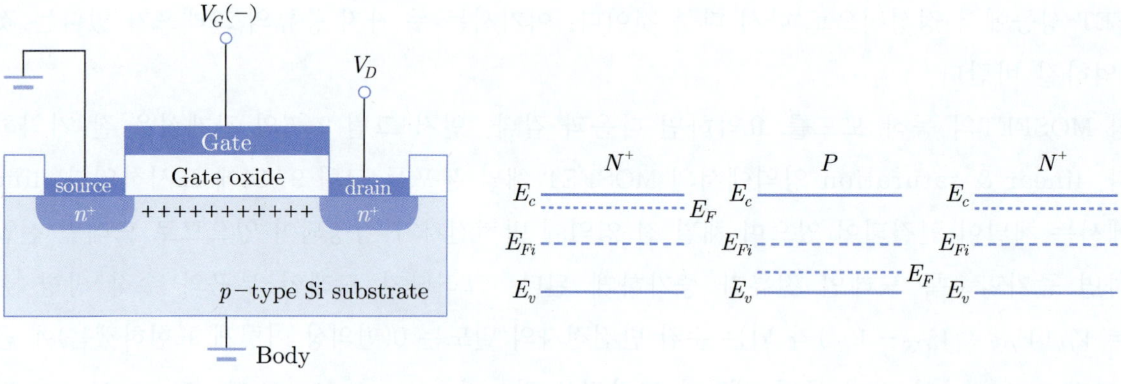

(a) 축적모드의 MOSFET　　(b) 수평 방향의 에너지 밴드 다이어그램

그림 9-15 MOSFET 축적모드

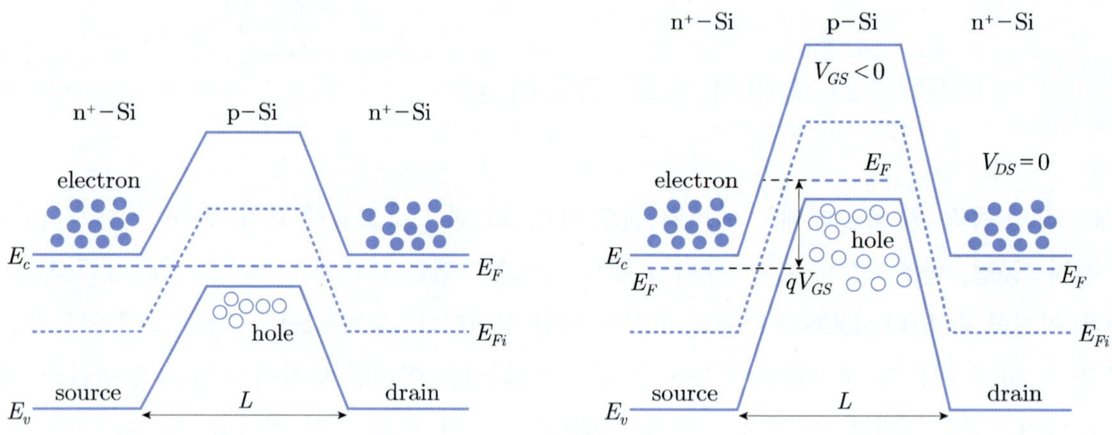

(a) zero bias　　(b) V_{GS} 인가 후

그림 9-16 축적모드 에너지 밴드 다이어그램

각각 양자 구덩이에 폭 빠져 있는 것과 같은 형상이다. 어느 방향으로도 이동할 수 없다는 것을 쉽게 이해할 수 있을 것이다. n-MOSFET이므로 양공에 대해서는 고려하지 않는다. 게이트에 음의 전압을 인가하면 소스와 드레인 사이의 에너지 장벽은 더욱 증가한다. 드레인에 양의 전압을 인가해도 소스에서 드레인으로 전자가 드리프트할 수 없다는 것을 알 수 있다. 축적모드에서 드레인 전류는 발생하지 않는다.

9-3-2 공핍모드

그림 9-17은 공핍모드에서의 에너지 밴드 다이어그램을 표시한 것이다. 공핍모드는 게이트에

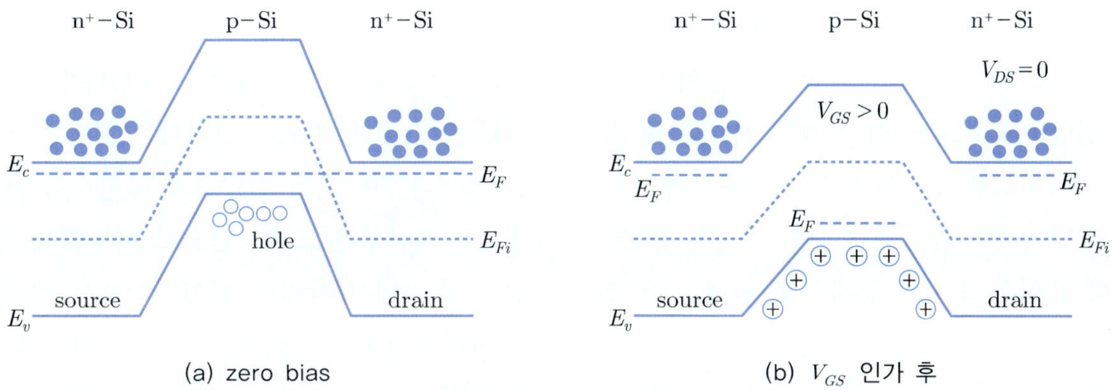

그림 9-17 공핍모드에서의 에너지 밴드 다이어그램

양의 전압을 인가한 상태이다. 반도체 표면에는 음의 억셉터 이온들로 충만하고 반전전자는 형성되어 있지 않은 상태라고 가정해 보자. 게이트 전압이 문턱 전압보다 충분히 작은 상태이다. 공핍모드와 반전모드의 경계지점을 명확히 구분하기가 곤란한 부분이 있다. 공핍모드에서 반전모드에 가까워지면 반전 전자들과 억셉터 이온들이 공존한다. 그림 9-17은 억셉터 이온들만 존재하는 경우로 가정하고 그린 에너지 밴드 다이어그램임을 상기하라. 그림 9-17 (b)에 해당한다. 게이트에 양의 전압을 인가하였으므로 에너지 장벽은 감소하지만, 여전히 전자는 드레인으로 드리프트할 수 없다. 드레인에 양의 전압을 인가한다 해도 소스에서 드레인으로 전자의 드리프트는 없다. 공핍모드에서도 드레인 전류는 형성되지 않는다.

9-3-3 약한 반전모드(subthreshold 영역)

게이트 전압을 조금 더 증가시키면 이제 표면에는 반전전자들이 존재하게 되지만 그 수는 적을 것이다. $\phi_{Fp} < \phi_s < 2\phi_{Fp}$인 경우이다. 반전전자들을 형성하지만 게이트 전압은 여전히 문턱 전압보다 작은 경우를 생각해 보자. Subthreshold 영역이라고 부르며 이 모드에서는 반전전자가 형성된다는 것을 우리는 MOS 커패시터의 에너지 밴드 다이어그램에서 고찰하였다. 공핍모드에서 약한 반전모드로 진입하면 반전전자들이 서서히 나타나기 시작한다. 소스-드레인 양단에 약한 전압이 걸리면 이제 반전전자들이 소스에서 드레인으로 이동하기 시작하면서 매우 작은 전류를 형성하기 시작한다.

그림 9-18은 subthreshold 영역에서의 에너지 밴드 다이어그램을 나타낸 것이다. 에너지 밴드의 기울기는 매우 작을 것이다. 그림 9-18 (a)를 보면 반전전자들이 형성되었고 억셉터 이온들도 공존하고 있음을 알 수 있다. 반전전자들의 소수가 드레인단으로 건너가면 미약하지만 전류 성분을

만들어 낸다. 전류가 막 증가하기 시작하는 구간이다. 이러한 구간을 문턱 전압 이하에서 전류가 발생한다고 해서 subthreshold 구간이라 부른다. $V_{GS}-I_{DS}$ 트랜스퍼 커브도 표시하였다. 비록 문턱 전압 아래이지만 아주 작은 전류를 형성하고 있다. 문턱 아래 전도가 일어나는 현상은 에너지 밴드 다이어그램으로 정성적으로 해석할 수 있다. 게이트 전압이 문턱 전압으로 향할수록 에너지 장벽이 낮아지고 채널에 소수의 반전전자들이 존재하므로 전자들은 드레인단으로 이동할 수 있다. 그러나 채널은 소수의 전자들로 인해 주요 전류 성분은 소스에서 장벽을 뛰어넘어오는 전자들에 기인한다. 여기서 밴드의 기울기는 아주 미세하게 표시하였다. 즉 드리프트 전류는 거의 무시할 수 있다는 의미이다. 요약하면 문턱 전압 아래 구간에서는 반전전자들이 매우 적으므로 드레인 전류를 만들어 내는 것은 소스에서 에너지 장벽을 넘어서 확산해오는 전자들에 기인하는 것이다. 즉 확산 전류인 것이다. MOSFET은 다수 캐리어가 만들어 내는 드리프트에 의한 디바이스이지만 문턱전도 구간 아래에서는 확산이 발생하기도 한다. 만약 극단적으로 채널이 짧아져서 양자역학적 터널링 현상이 일어날 정도라면 소스에서 드레인으로 장벽을 뚫고 터널링 현상이 발생할 것이다. 이것은 매우 심각한 문제를 야기할 것이다. 게이트에 전압을 인가하지도 않은 상태에서 채널이 오픈된 것인데, 이것은 마치 물통에 구멍이 나서 물이 새어 나가는 것과도 같다. 이것이 MOSFET 디바이스의 특징이다.

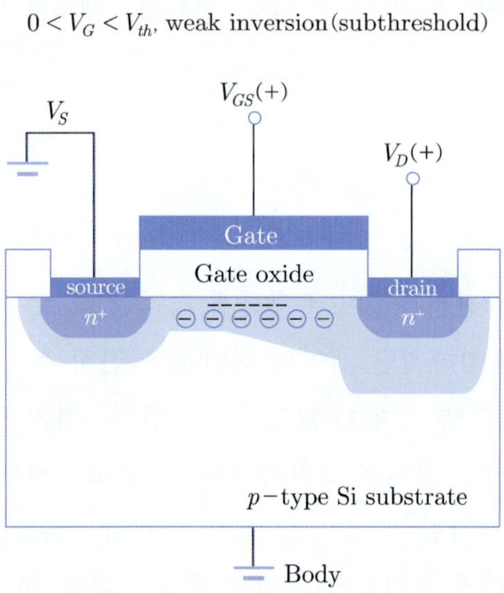

(a) $0 < V_G < V_{th}$, 약한 반전모드

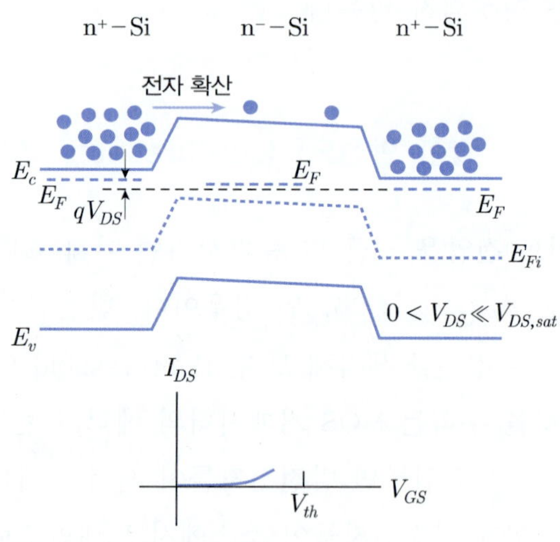

(b) 에너지 밴드 다이어그램

그림 9-18 MOSFET Subthreshold 영역 동작

9-3-4 반전모드에서의 linear & saturation 영역

이제 게이트 전압이 반전 전압에 도달하면 채널에는 기판의 양공 농도와 동일한 양의 반전전자들로 충만될 것이다. 채널의 컨덕턴스는 최고로 증가하며 소스-드레인 양단이 연결되며 이제 전자들이 달릴 준비가 된 것이다. 드레인에 전압을 인가하면 페르미 준위 차는 더 벌어지고 드레인의 전자의 위치에너지는 더 낮아지므로 소스에서 드레인 방향으로 전자들이 몰려들 것이다. 드레인 전압이 증가함에 따라 계속해서 전자는 드레인으로 드리프트할 것이며 전류는 급격히 증가하게 된다. 그림 9-19는 채널 내에 퍼텐셜이 존재함을 표기하기 위하여 밴드를 경사지게 그린 것이다. 전자는 위치에너지가 높은 곳에서 어떠한 에너지 장벽도 느끼지 못하고 공이 굴러내려 오듯이 드레인단으로 지속적으로 흘러갈 것이다. 드레인 전압이 증가할수록 드레인 전류가 증가하는 구역이다. 아웃풋 커브의 linear 영역에 해당한다. 이렇게 하여 전류가 흐르게 되는 것이다.

여기서 드레인 전압을 점점 증가시키면 전류는 포화되기 시작하고 pinch off 상태에 진입한다. 이 지점 이상에서는 전류가 더 이상 증가하지 않고 포화된다. 드레인 전압을 포화 전압보다도 강하게 인가하면($V_{DS} > V_{DS,sat}$) 드레인 전류는 드레인 전압에 무관하게 된다. 그림 9-20에 이러한 상황을 에너지 밴드 다이어그램을 포함해서 아웃풋 커브로 나타내었다. A 지점이 pinch off이며 드레인단의 전압 증가로 인하여 공핍층의 폭이 소스단보다 더욱 커졌고 강한 전계는 커다란 밴드 밴딩을 유발하여 그림 9-20 (b)의 에너지 밴드 다이어그램의 A 지점부터 급격히 밴드가 밴딩되는 것을 알 수 있다. 전류 포화는 에너지 밴드 다이어그램으로 표현하기 어렵지만 A 지점부터는 속도 포화로 인하여

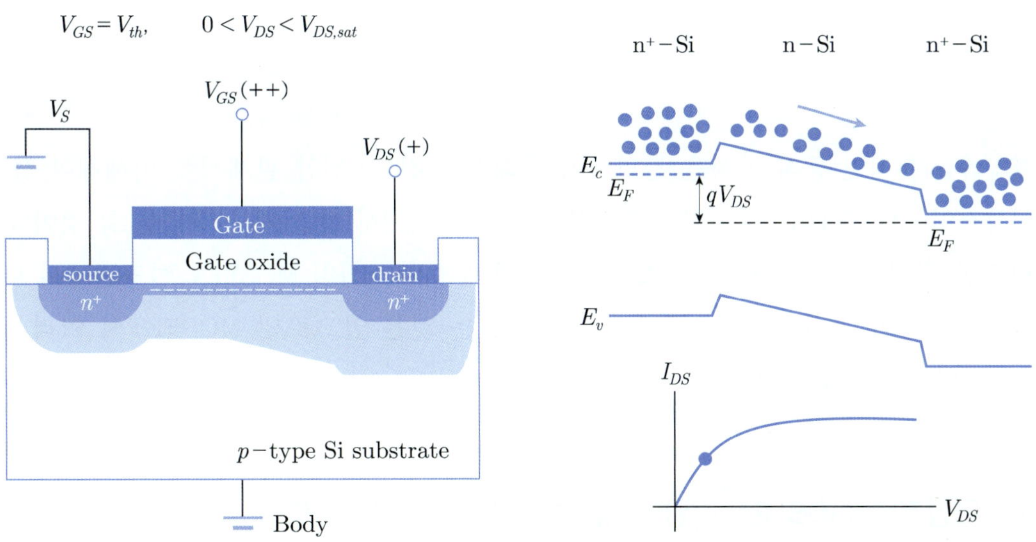

(a) 반전모드, $V_{GS} = V_{th}$ (b) 에너지 밴드 다이어그램

그림 9-19 반전모드, linear 영역에서의 MOSFET 밴드 다이어그램

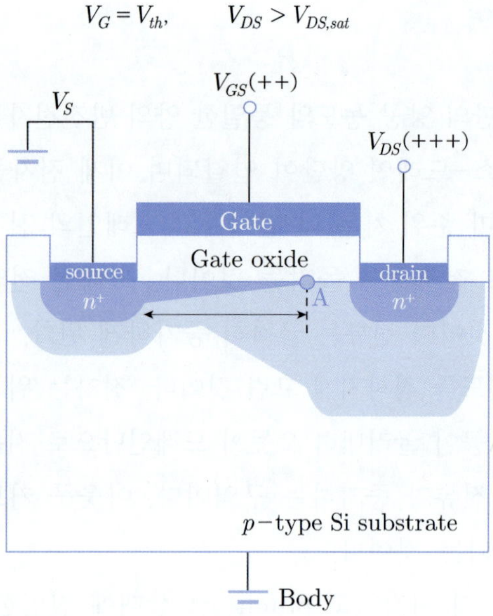

(a) 반전모드, $V_{GS} = V_{th}$

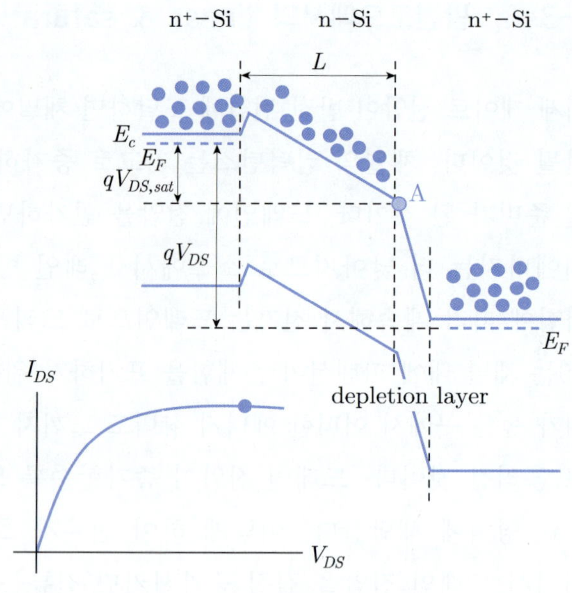

(b) 에너지 밴드 다이어그램 $V_{DS} > V_{DS,sat}$

그림 9-20 반전모드, 포화 영역에서의 MOSFET 밴드 다이어그램

전류가 일정하게 유지된다는 것을 기억하도록 하자. 이상 MOSFET의 작동 원리를 에너지 밴드 다이어그램 관점에서 정성적으로 고찰하였다.

9-4 MOSFET의 기본적인 동작 특성들

MOSFET의 기본적인 동작 특성을 논의하기 위해서는 전류-전압 관계식을 이해해야 할 것이다. 우리는 이상적인 MOSFET의 전류-전압 특성을 유도하기 위해서 몇 가지 가정들을 할 것이다. 이러한 가정은 타당한 것이며 고려하지 않은 효과들에 대해서는 추가적인 MOSFET 설명편에서 다시 다룰 것이다. 가장 기본적인 전류-전압 관계식을 이해하는 것은 앞으로의 MOSFET의 여러 특성들을 이해하는 데 반드시 필요하다.

9-4-1 이상적인 MOSFET 전압-전류 관계식의 수학적 유도

MOSFET의 전류-전압 관계식을 수학적으로 유도해 보자. 여기에는 세 가지 가정이 있다.

1. 강한 반전 상태로 가정하고 확산 전류 성분은 고려하지 않는다.

이 의미는 완전한 채널 형성만을 고려하겠다는 의미이며 subthreshold 영역에서 발생하는 확산 전류는 고려하지 않겠다는 것이다.

MOSFET의 주요 전류 성분은 다수 캐리어에 의한 드리프트 전류이다. 그러나 확산 전류가 0이라는 의미는 아니다. 확산 전류 성분은 매우 작으므로 무시한다.

그림 9-21에는 첫 번째 가정에 대한 설명을 나타내었다. 강한 반전모드에서는 반전 전하들이 풍부하게 형성된다. 반전 전하량과 게이트 전압과의 관계식은 다음과 같이 표현할 수 있다.

$$V_{GS} = \phi_{ms} + \phi_s + V_{ox} = V_{FB} + 2\phi_{Fp} + \frac{|Q'_{SD}(\max) + Q'_{inv.}|}{C_{ox}} = V_{th} + \frac{|Q'_{inv.}|}{C_{ox}}$$

$$\therefore Q'_{inv.} = -C_{ox}(V_{GS} - V_{th})$$

강한 반전모드만 고려하므로 상기 식이 성립한다.

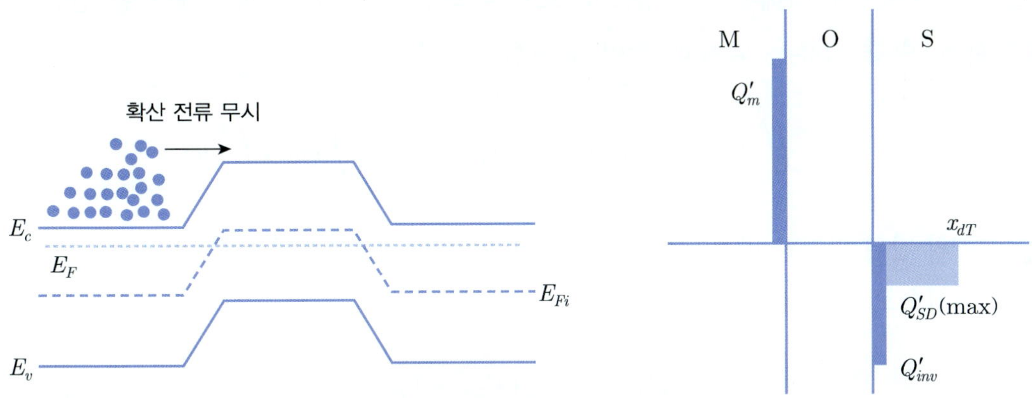

(a) 확산 전류 (b) 강한 반전

그림 9-21 전류-전압 관계식 유도를 위한 가정 1

2. 채널의 위치에 관계없이 전자의 이동도와 전계는 일정하다.

이것의 의미는 채널이 매우 길어서 채널 내의 퍼텐셜 분포 기울기가 매우 완만하여 전계가 일정하다고 보는 것이다. 이동도가 일정한 이유는 채널에 인가되는 전기장이 속도 포화를 일으킬 만큼 강하지 않다는 것이며 매우 긴 채널인 경우 이러한 가정은 타당하다고 볼 수 있다.

3. 산화막을 통한 누설 전류는 없다고 가정한다.

드레인 전계에 의해 가속된 전자는 높은 에너지 상태를 갖게 되는데 이러한 전자를 hot electron이라고 한다. 이러한 전자는 산화막을 뚫고 게이트 방향으로 터널링하여 게이트 전류를 생성시키기도 한다. 이러한 성분이 없다고 가정하겠다는 의미이다. 그림 9-22에는 hot electron의 여러 궤적을 표시하였다. 전계에 의해 가속된 전자들은 hot electron이 되어 산화막을 터널링하여 게이트 방향으로 진행하기도 하고 기판 방향으로 진행하기도 하여 기판 전류도 유발시킨다. 또한 산화막 내 수소 결합을 끊어 버리고 트랩을 형성시키기도 한다. hot electron 효과는 여러 가지가 존재하는데 이러한 효과를 일체 고려하지 않겠다는 것이다. 이러한 비이상적 효과들은 뒤에서 간단히 다룰 것이다.

채널의 길이가 L, 폭이 W인 MOSFET을 가정하자. 채널의 시작점을 0, 끝점을 L이라 한다. 그림 9-23에 표시한 MOSFET 구조이다. 강한 반전 상태이며 우리가 앞에서 학습한 전자의 전류 밀도는 수식 9-4와 같이 표현할 수 있다.

$$J_x = q\mu_n n E_x \tag{9-4}$$

yz가 만드는 단면적에 대해서 x 방향으로 흐르는 전류 밀도 J_x를 적분하면 총 전류를 얻을 수 있다. 따라서 x 방향 전류는 다음과 같이 표현할 수 있다.

$$I_x = \iint J_x dydz = \iint q\mu_n n E_x dydz = \mu_n E_x \int qndy \int_0^W dz \tag{9-5}$$

qn은 y 방향의 단위 면적당 반전전자의 전하량에 해당한다. 8-5절에서 학습한 단위 면적당 반전층 전하량은 9-6식으로 표현된다.

$$Q_{inv}^{'} = -C_{ox}(V_{GS} - V_{th}) \tag{9-6}$$

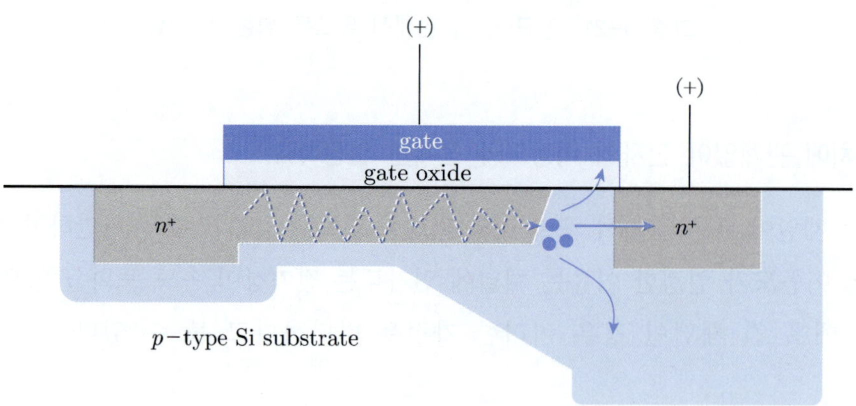

그림 9-22 전자의 이동 경로와 hot electron 궤적

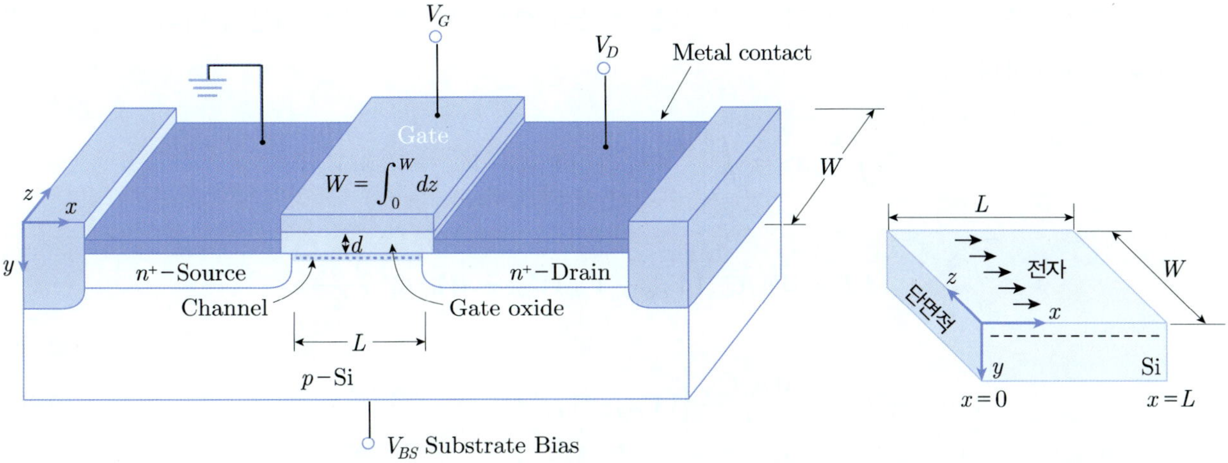

그림 9-23 전류-전압 관계식 유도에 사용하는 MOSFET

MOSFET에서는 수평 방향의 전계가 인가되므로 채널의 위치에 따라 채널 퍼텐셜이 변한다. 따라서 MOSFET의 경우에는 채널 퍼텐셜의 항을 첨가해야 한다. 따라서 9-6식은 MOSFET에서는 다음과 같이 쓸 수 있다.

$$Q_{inv}^{'} = \int qndy = -C_{ox}[V_{GS} - (V_{th} + V_x)] \qquad (9-7)$$

수식 9-7을 9-5에 대입하고 정리하면 다음과 같다.

$$I_x = W\mu_n Q_{inv}^{'} E_x = -W\mu_n C_{ox}(V_{GS} - V_{th} - V_x)E_x, \quad E_x = -\frac{dV_x(x)}{dx}$$

$$I_x = W\mu_n C_{ox}(V_{GS} - V_{th} - V_x)\frac{dV_x(x)}{dx}$$

$$I_x dx = W\mu_n C_{ox}(V_{GS} - V_{th} - V_x)dV_x(x) \qquad (9-8)$$

이렇게 하여 우리는 변수 분리형 미분 방정식 9-8을 얻을 수 있다. 좌변의 x는 채널 길이 0에서 L까지이며 우변의 채널 퍼텐셜의 적분 구간은 가로 방향의 전계이므로 0에서 소스-드레인 양단에 걸리는 전압 V_{DS}이 된다.

9-9식이 MOSFET의 이상적인 전류-전압 관계식이다. 전류 성분을 증가시키려면 트랜지스터의 폭을 넓게, 채널 길이는 짧게 설계하는 것이 유리하다는 것을 간단히 알 수 있다. 또한 산화막의 커패시턴스를 크게 하면 트랜지스터의 전류 성분이 증가함을 알 수 있다. 따라서 게이트 산화막의 두께를 줄이면 전류는 증가하게 된다. 또한 문턱 전압을 줄이는 것도 하나의 방법이다. 그러나

이것은 그렇게 간단한 문제가 아니다. 매우 복잡한 물리 현상들이 존재하기 때문에 여러 가지 복합적인 설계가 필요하다.

$$\int_0^L I_x dx = \int_0^{V_{DS}} W\mu_n C_{ox}(V_{GS} - V_{th} - V_x) dV_x$$

$$I_x L = W\mu_n C_{ox}(V_{GS} - V_{th}) V_{DS} - W\mu_n C_{ox}\frac{V_{DS}^2}{2}$$

$$I_{DS} = \frac{W\mu_n C_{ox}}{L}\left[(V_{GS} - V_{th}) V_{DS} - \frac{V_{DS}^2}{2}\right] \qquad (9\text{-}9)$$

9-9식은 MOSFET에서 가장 기본이 되는 전류-전압 관계식이다. 이 식은 게이트 전압이 문턱 전압보다 크고, 드레인 전압이 드레인 포화 전압보다 작은 경우에 활용할 수 있는 식임을 꼭 기억하라. 수식 9-9는 드레인 전압, 게이트 전압과 드레인 전류의 관계식을 보여 주고 있다. 드레인 전류와 드레인 전압 간에는 위로 볼록한 포물선 형태의 이차함수 그래프 형태를 보일 것이다. 드레인 전류와 전압 간에는 이차함수 관계식을 만족하기 때문이다. 또한 게이트 전압이 증가하면 드레인 전류도 증가하는 것을 예상할 수 있다. 수식 9-9는 다음과 같은 형태의 포물선이다.

$$I_{DS} = \frac{W\mu_n C_0}{2}[-(x-a)^2 + a^2], \qquad x = V_{DS} \qquad a = V_{GS} - V_{th}$$

$x = 0$일 때 원점을 지나며 $x = a$일 때 최댓값을 갖는 위로 볼록한 포물선 형태의 함수이다. 따라서 $V_{DS} = V_{GS} - V_{th}$일 때 최댓값을 갖는 이차함수가 된다. 이상을 그래프로 그려 보면 그림 9-24와 같다. 9-24 (a)는 각 게이트 전압에 따른 드레인 전압과 드레인 전류값을 묘사한 그래프이다. 포물선의 꼭짓점에서의 기울기는 0이다. 따라서 포물선의 최댓값, 즉 전류의 최댓값은 $V_{DS} = V_{GS} - V_{th}$일 때이다.

$$\frac{\partial I_{DS}}{\partial V_{DS}} = \frac{W\mu_n C_{ox}}{L}(V_{GS} - V_{th} - V_{DS}) = 0 \qquad \therefore V_{DS} = V_{GS} - V_{th}$$

최댓값을 갖는 이후 구간, 즉 $V_{DS} > V_{GS} - V_{th}$ 구간은 앞에서도 설명하였듯이 전류가 포화된다. 따라서 그림 9-24 (a)의 회색 점선으로 표시한 곡선을 그리지 않고 그림 9-24 (b)의 파란색 실선으로 표시하듯이 V_{DS}에 의존하지 않고 일정하게 전류가 흐르게 된다.

MOSFET은 3가지 동작모드가 있다. linear 영역과 saturation 영역, 그리고 $V_{DS} = V_{GS} - V_{th}$가 되는 포화 지점이다.

$$\text{linear region} \quad V_{DS} < V_{GS} - V_{th}$$

$$\text{saturation region} \quad V_{DS} > V_{GS} - V_{th}$$

$$\text{pinch off point} \quad V_{DS} = V_{GS} - V_{th}$$

따라서 포물선의 최댓값 지점에서 전류가 포화되므로 최댓값을 기준으로 오른쪽 곡선은 직선으로 수렴하게 된다. 이것을 표현한 것이 그림 9-24 (b)이다. 이 그래프는 앞에서 기술한 그림 9-13 (a)와 동일한 곡선이다. 아웃풋 커브는 이렇게 그려지는 것이다.

각 영역별 드레인 전류를 요약하면 표 9-1과 같다. 핀치 오프 지점부터는 드레인 전류는 드레인 전압에 무관하게 일정하게 유지된다. 이 구역을 포화 영역이라고 부르는 이유이다. 각 영역에서의 드레인 전압과 게이트 전압, 문턱 전압의 관계식을 잘 이해해야 한다. 포화 영역에서는 드레인 부근의 수직 전계(V_{GD})가 수평 전계(V_{DS})의 증가로 인하여 상대적으로 약해지므로 채널이 끊기는 것과 비슷한 상황이 발생하지만 이곳에도 여전히 반전전자들이 존재한다는 사실을 기억하고 있어야 한다.

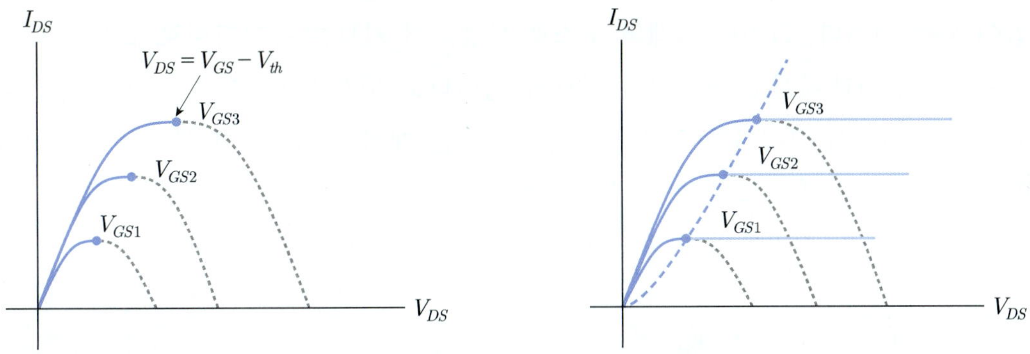

(a) 수식 9-9의 그래프 (b) 포화점을 고려한 아웃풋 커브 곡선

그림 9-24 MOSFET 아웃풋 커브

표 9-1 MOSFET 영역별 전류 전압 특성

linear region	$V_{DS} < V_{GS} - V_{th}$	$I_{DS} = \frac{W\mu_n C_{ox}}{L}\left[(V_{GS} - V_{th})V_{DS} - \frac{V_{DS}^2}{2}\right]$
pinch off point	$V_{DS} = V_{GS} - V_{th}$	$I_{DS} = \frac{W\mu_n C_{ox}}{2L}(V_{GS} - V_{th})^2$
saturation region	$V_{DS} > V_{GS} - V_{th}$	$I_{DS} = \frac{W\mu_n C_{ox}}{2L}(V_{GS} - V_{th})^2$

지금까지 드레인 전압과 전류 간의 관계식(output curve)를 고찰하였다. 드레인 전류식 앞 부분에 붙어 있는 상수항 중 $k_n' = \mu_n C_{ox}$를 공정 전도 파라미터(process conduction parameter)라고 하며 공정에 의해서 결정된다. 게이트 옥사이드 두께, 전자의 이동도 등은 공정의 정밀성, 안정성, 우수성과 관련이 있으므로 이렇게 부른다. 한편 $K_n = (W\mu_n C_{ox})/2L$은 전도 파라미터라고 부르며 설계와 관련이 있다. MOSFET 크기를 결정하는 W, L이 포함되어 있다. 트랜지스터의 크기는 라인의 공정 능력을 반영해서 설계를 하기 때문에 이 값을 전도 파라미터라고 부른다. 두 파라미터는 모두 동일한 단위를 갖는다.

$$\mu_n C_{ox} = \frac{\text{cm}^2}{\text{Vsec}} \times \frac{\text{F}}{\text{cm}^2} = \frac{\text{cm}^2}{\text{Vsec}} \times \frac{1}{\text{cm}^2}\frac{\text{C}}{\text{V}} = \frac{\text{C}}{\text{sec}}\frac{1}{\text{V}^2} = \text{Ampere/V}^2 = \text{A/V}^2$$

이번에는 게이트 전압과 드레인 전류 간의 관계(transfer curve)를 고찰해 보자.

선형 영역에서는 그림 9-25와 같은 직선을 이룬다. 앞에서 구한 모스펫의 선형 영역에서의 전류-전압 관계식을 참조하라. 게이트 전압에 따라 드레인 전류는 일차함수로 증가하며 직선의 기울기에는 드레인 전압이 포함되어 있다. 따라서 드레인 전압이 증가하면 직선의 기울기도 가파르게 증가할 것이다. 문턱 전압은 드레인 전류가 0이 되는 게이트 전압으로 볼 수 있으므로 x축과의 교점이 문턱 전압이 되는 것이다. 그러나 실제의 모스펫 트랜스퍼 커브는 동그라미로 표시한 곡선 형태를 이룬다. 문턱 전압 아래에서도 실질적인 전도가 일어나고 있으며 이 전류의 근원은 전자의 확산 전류이다. 9-4-4절에서 상세히 논의할 것이다. 또한 큰 게이트 전압에서 실질적인 드레인 전류는 약간 감소한다. 이것은 게이트 전압이 증가함에 따라서 수직 방향의 전계가 강해지므로 드레인 방향으로 드리프트하는 전자들의 이동도가 감소하기 때문이다.

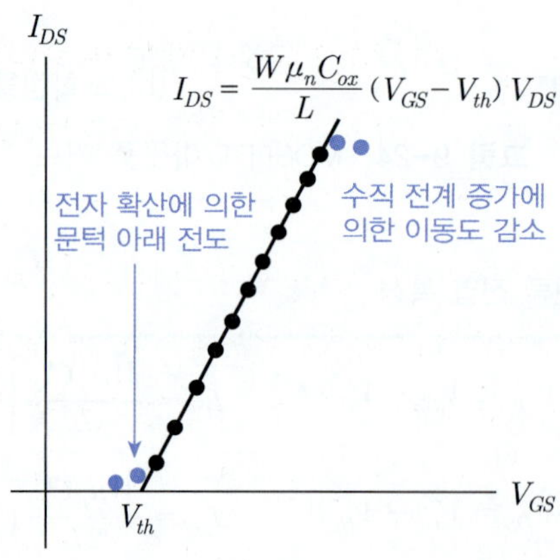

그림 9-25 Linear 영역에서의 트랜스퍼 커브

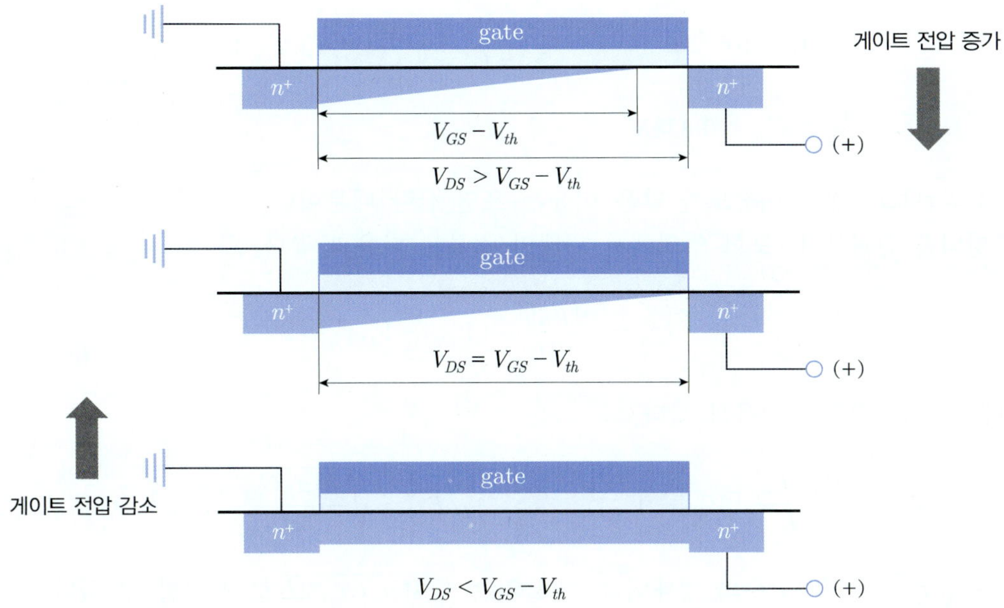

그림 9-26 게이트 전압에 따른 채널의 변화

예제 9-4-1

다음과 같은 MOSFET 조건에서 선형 영역에서의 전자의 이동도와 문턱 전압을 구해 보아라.

$$W=3\,\mu\text{m},\ L=1\,\mu\text{m},\ C_{ox}=7\times10^{-8}\,\text{F/cm}^2,\ V_{DS}=0.05\,\text{V}$$

$$V_{GS1}=1\,\text{V}\text{에서 } I_{DS1}=1\,\mu\text{A},\ V_{GS2}=2.5\,\text{V}\text{에서 } I_{DS2}=10\,\mu\text{A}$$

풀이

선형 영역에서의 드레인 전류 관계식으로부터 이동도, 문턱 전압을 구할 수 있다.

$$I_{DS,linear}=\frac{W\mu_n C_{ox}}{L}[(V_{GS}-V_{th})V_{DS}]$$

$$I_{DS2}-I_{DS1}=\frac{W\mu_n C_{ox}}{L}(V_{GS2}-V_{GS1})V_{DS}$$

$$(10\times10^{-6})-(1\times10^{-6})=\frac{3\mu_n(7\times10^{-8})}{1}(2.5-1)(0.05)$$

$$\therefore \mu_n=571.429\,\text{cm}^2/\text{Vsec}$$

문턱 전압은 다음과 같이 구할 수 있다.

$$I_{DS}=\frac{W\mu_n C_{ox}}{L}[(V_{GS}-V_{th})V_{DS}]$$

$$(10\times10^{-6}) = \frac{3\times(571.429)\times(7\times10^{-8})}{1}(2.5 - V_{th})(0.05)$$

$$\therefore V_{th} = 0.833\,\mathrm{V}$$

벌크 실리콘보다 전자 이동도가 낮은 이유는 표면 산란 때문이다.
포화 영역을 살펴보자. 포화 영역에서 드레인 전류는 다음과 같다.

$$I_{DS} = \frac{W\mu_n C_{ox}}{2L}(V_{GS} - V_{th})^2$$

양변에 루트를 취하면 다음과 같다.

$$I_{DS} = \frac{W\mu_n C_{ox}}{2L}(V_{GS} - V_{th})^2 \quad \Rightarrow \quad \sqrt{I_{DS}} = \sqrt{\frac{W\mu_n C_{ox}}{2L}}(V_{GS} - V_{th})$$

V_{GS}와 $\sqrt{I_{DS}}$는 일차함수의 형태이다. 기울기는 $\sqrt{W\mu_n C_{ox}/2L}$로 표현할 수 있다.

예제 9-4-2

다음과 같은 MOSFET 조건에서 포화 영역에서의 전자의 이동도와 문턱 전압을 구해 보아라.

$$W = 6\,\mu\mathrm{m},\ L = 1.5\,\mu\mathrm{m},\ t_{ox} = 10\,\mathrm{nm},\ \text{gate oxide} = \mathrm{SiO_2}$$

$$V_{GS1} = 1\,\mathrm{V}\text{에서 } I_{DS1} = 0.132\,\mathrm{mA},\ V_{GS2} = 1.25\,\mathrm{V}\text{에서 } I_{DS2} = 0.3\,\mathrm{mA}$$

풀이

$$C_{ox} = \frac{\epsilon_{ox}}{t_{ox}} = \frac{3.9\times8.85\times10^{-14}}{100\times10^{-8}} = \frac{3.452\times10^{-13}}{10^{-6}} = 3.452\times10^{-7}\,\mathrm{F/cm^2}$$

수식 9-11로부터 다음과 같이 전자의 이동도식을 구할 수 있다.

$$\sqrt{I_{DS2}} - \sqrt{I_{DS1}} = \sqrt{\frac{6\times\mu_n\times3.452\times10^{-7}}{2\times1.5}}(1.25-1)$$

$$\sqrt{0.3\times10^{-3}} - \sqrt{0.132\times10^{-3}} = \sqrt{\frac{6\times\mu_n\times3.452\times10^{-7}}{2\times1.5}}(1.25-1)$$

$$0.0173 - 0.0115 = 0.0002\sqrt{\mu_n}$$

$$\therefore \mu_n = 841\,\mathrm{cm^2/Vsec}$$

문턱 전압은 다음과 같이 구할 수 있다.

$$\sqrt{0.3\times10^{-3}} = \sqrt{\frac{6\times841\times3.452\times10^{-7}}{2\times1.5}}(1.25-V_{th})$$

$$0.0173 = 0.0241(1.25-V_{th})$$

$$\therefore V_{th} = 0.532\,\text{V}$$

예제 9-4-3

다음과 같은 n-MOSFET 조건에서 트랜지스터의 폭 W를 설계하라.
$L = 1.0\,\mu\text{m}$, $\mu_n = 800\,\text{cm}^2/\text{Vsec}$, $C_{ox} = 8\times10^{-8}\ \text{F/cm}^2$, $V_{th} = 0.5\,\text{V}$일 때 $V_{GS} = 3\,\text{V}$에서 포화 전류가 1 mA가 되도록 W 크기를 결정해 보아라.

풀이

$$I_{DS,\,sat} = \frac{W\mu_n C_{ox}}{2L}(V_{GS}-V_{th})^2 \quad \Rightarrow \quad 1\times10^{-3} = \frac{W(800)(8\times10^{-8})}{2\times10^{-4}}(3-0.5)^2$$

$$1\times10^{-3} = 2\,\text{W} \qquad \therefore W = 5\times10^{-4}\,\text{cm} = 5\,\mu\text{m}$$

수식에서도 알 수 있듯이 트랜지스터의 폭을 크게 하면 전류 값은 정비례해서 증가한다. 그러나 트랜지스터 크기가 증가하므로 설계에 제한적 요소로 작용한다. 가령 반도체의 집적도를 감소시키기도 하며 디스플레이에서 빛이 나오는 면적 비율인 개구율을 감소시키기도 한다. 따라서 트랜지스터의 크기를 증가시키기보다는 채널 길이를 줄이거나 게이트 절연막의 두께를 감소시키는 것이 더 좋은 방향일 것이다. 더불어 높은 유전상수를 갖는 게이트 절연 물질을 적용하는 것도 좋은 방법일 것이다. 전류를 증가시키는 방법은 여러 가지가 존재하지만 여기서는 이 정도로 소개하겠다.

9-4-2 전달 컨덕턴스와 문턱 전압 정의법

MOSFET에는 전달 컨덕턴스(transconductance, g_m)가 있는데 트랜지스터 전류 이득(gain)이라고 부른다. 이것의 정의는 게이트 전압 변화에 대한 드레인 전류의 변화로 정의한다. 전달 컨덕턴스가 크다는 것은 동일한 게이트 전압에서 더 큰 전류를 증폭할 수 있어서 높은 출력을 제공한다는 장점을 가지고 있다. 각 영역에서의 전달 컨덕턴스는 다른 값을 가진다.

$$g_m = \frac{\partial I_{DS}}{\partial V_{GS}} \tag{9-10}$$

linear 영역에서는 게이트 전압과 관계없이 일정한 값을 갖는다. 포화 영역에서는 게이트 전압의 일차함수 형태로 비례함을 알 수 있지만 linear 영역에서는 게이트 전압에 무관하며 드레인 전압에 일차함수로 증가함을 알 수 있다.

$$g_{m,lin} = \frac{\partial I_{DS}}{\partial V_{GS}} = \frac{W}{L}\mu_n C_{ox} V_{DS} \tag{9-11}$$

$$g_{m,sat} = \frac{\partial I_{DS}}{\partial V_{GS}} = \frac{W}{L}\mu_n C_{ox}(V_{GS} - V_{th}) \tag{9-12}$$

그림 9-27에 포화 영역에서의 전달 컨덕턴스를 나타내었다. 게이트 전압이 문턱 전압에 도달하면 채널이 열리면서 최대 전달 컨덕턴스에 도달한다. 따라서 최대 전달 컨덕턴스가 되는 게이트 전압을 문턱 전압으로 볼 수 있다. 그림 9-27에서 최댓값인 점이 문턱 전압이 된다. g_m max법은 문턱

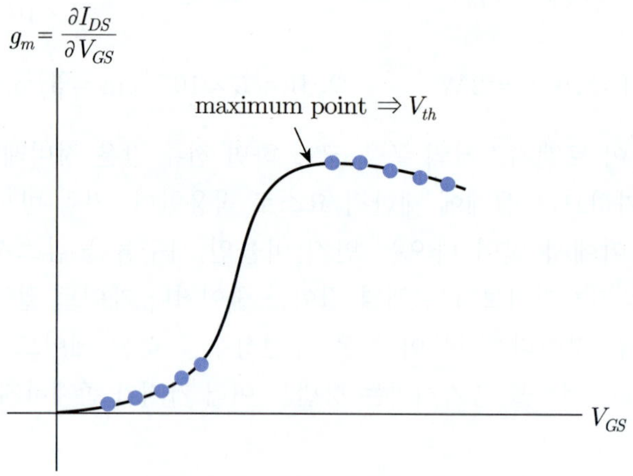

그림 9-27 전달 컨덕턴스

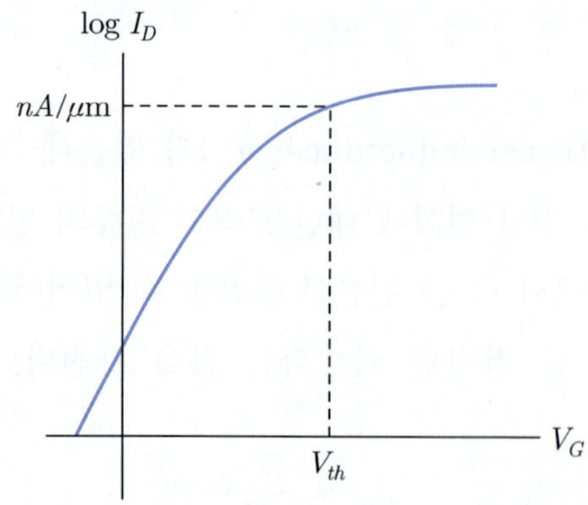

그림 9-28 constant current 방식의 문턱 전압 측정법

전압을 구하는 한 가지 방법이다. 그림 9-25에서 논의하였던 문턱 전압은 x축과의 교점이었는데 문턱 아래 전도 현상 때문에 이러한 문턱 전압 계산법은 근사치가 될 것이다.

현재 가장 손쉽고 정확한 방법은 MOSFET의 트랜스퍼 커브를 측정하고 드레인 전류값이 포화되기 직전의 값을 정하고 이때의 게이트 전압을 측정하는 것이다. MOSFET의 전류 특성은 트랜지스터의 크기에 비례한다. 즉 W가 클수록 전류가 증가하기 때문에 공정한 평가를 위해서는 전류 값을 트랜지스터의 폭 W로 나누어야 한다. 문턱 전압에서 드레인 전류는 대략 수백 nA(이 값은 변할 수 있음)값을 갖는다. 이 방법이 가장 간편하고 정확하다.

9-4-3 기판 전압 효과

일반적으로 MOSFET은 소스와 기판(body라고도 함)을 묶어서 접지시킨다. 그러나 기판에 양, 음의 전압을 인가하여 문턱 전압을 조절하기도 한다. 기판에 바이어스를 인가하면 어떠한 현상이 발생하는지 고찰하고자 한다. 그림 9-29는 기판에 각각 음의 전압과 양의 전압을 인가한 상태의 MOSFET 구조이다. 기판에 음의 전압을 인가하면 V_{SB}는 하기와 같이 양의 값을 갖는다. 우리는 보통 소스를 0으로 하여 기준점으로 잡는다. 여기 설명에서는 V_B를 기준으로 해서 설명하겠다.

$$V_{SB} = V_S - V_B = 0 - (-V_B) = V_B > 0$$

기판에 음의 전압을 인가하면 PN 접합의 역바이어스 상태와 동일하다. 소스와 드레인은 n형 실리콘이며 기판은 p형 실리콘임에 주의하라. 역바이어스 상태에서는 p형에 음의 전압을 인가한 것과 동일하므로 공핍층의 폭은 넓어지고 에너지 밴드의 휘어짐은 더욱 커지며 에너지 장벽의 높이가 커지는 결과를 초래한다. 이런 경우에는 양방향으로 흐르는 전류의 흐름이 존재할 수 없다. 그림 9-29 (a)에 해당한다. 이것은 바람직한 일이다. 기판으로 흘러가는 전류가 있어서도 안 되며, 또한 기판에서 소스, 드레인으로 전류가 흘러가서도 안 된다. MOSFET의 지휘관은 게이트이며 오로지 게이트에 의해 전류가 통제된다. 두 번째의 9-29 (b)의 경우는 기판에 양의 전압을 인가한 상태이다. PN 접합의 순방향 바이어스에 해당한다. 공핍층의 폭은 좁아지고 에너지 밴드의 휘어짐도 작아지며 에너지 장벽은 낮아져서 전자가 이동하기 시작한다. 즉 전류가 형성된다는 것이다. 따라서 기판에서 소스, 드레인 방향으로 전자들이 움직이므로 전류는 소스, 드레인에서 수직 밑 방향으로 전류가 흐르게 된다. 전류는 가로 방향으로만 흘러야 하는데 마치 새로운 경로가 생겨서 전류가 밑으로 누설되는 것과 같은 상황이다. 이러한 상황은 MOSFET 소자로서 적합하지 않다. 게이트 전압과 무관하게 전류가 흐르기 때문이다. 따라서 MOSFET 소자에서는 이러한 상황을 만들지 않는다. 즉 기판에 양의 전압을 인가하지 않는다. 따라서 V_{SB}는 항상 양의 값을

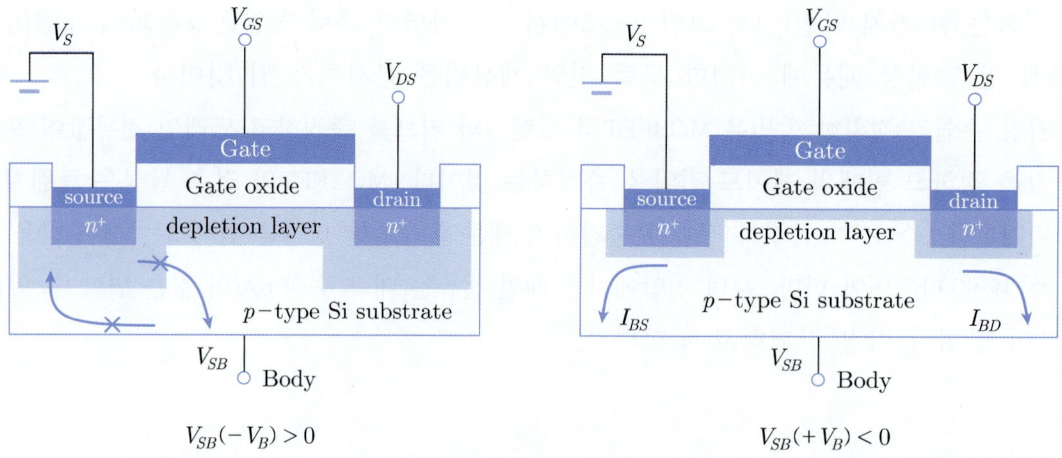

(a) 기판에 (−) 전압 인가　　　　(b) 기판에 (+) 전압 인가

그림 9-29 기판 바이어스 효과

유지시킨다는 것이다.

기판에 항상 음의 전압을 유지해야 하는데 V_{SB}가 항상 양의 값을 유지하게 되면 다음과 같은 문턱 전압의 이동이 발생할 수 있다. 정성적으로 문턱 전압은 증가할 것이라는 것을 알 수 있다. 기판에 음의 전압을 인가하는 그림 9-29 (a)의 경우 공핍층이 넓어짐을 알 수 있다. 이것은 기판에 음의 전압을 인가하므로 양공을 기판 방향으로 끌어당기어 양공이 떠난 자리에는 음으로 이온화된 실리콘 원자가 남게 된다. 음의 공간전하가 추가로 형성된다는 것이다. 전하 중성의 조건으로부터 증가된 음의 전하를 보상하기 위해서 게이트에는 양의 전압이 더 증가해야 할 것이다. 즉 문턱 전압이 양으로 증가한다는 것이다. 정성적으로 직관적으로 쉽게 이해할 수 있는 부분이다. 그렇다면 정량적으로 어느 정도 이동하는지 수학적으로 수식을 유도해 보자.

MOS 커패시터를 연상하길 바란다. 먼저 기판에 전압이 인가되지 않은 상태에서는 $V_{SB}=0$이다. MOS 커패시터에서 게이트가 문턱 전압에 도달하면 최대 공핍층의 폭을 갖는다.

1) $V_{SB}=0$

$$|Q_{SD}'(\max)| = qN_A x_{dT} \qquad x_{dT} = \sqrt{\frac{4\epsilon_{Si}\phi_{Fp}}{qN_A}} \qquad \therefore Q_{SD}'(\max) = -\sqrt{4qN_A\epsilon_{Si}\phi_{Fp}}$$

$$V_{th} = V_{ox} + \phi_s + \phi_{ms} = V_{FB} + 2\phi_{Fp} + \frac{|Q_{SD}'(\max)|}{C_{ox}}$$

2) $V_{SB}(V_B = -) > 0$

$$|Q'_{SD}(\max)| = qN_A x_{dTT} \quad x_{dTT} = \sqrt{\frac{2\epsilon_{Si}(2\phi_{Fp} + V_{SB})}{qN_A}} \quad \therefore Q'_{SD}(\max) = -\sqrt{2qN_A\epsilon_{Si}(2\phi_{Fp} + V_{SB})}$$

$$V_{th} = \phi_{ms} + \phi_s + V_{ox} = V_{FB} + (2\phi_{Fp} + V_{SB}) + \frac{|Q'_{SD}(\max)|}{C_{ox}}$$

$$= V_{FB} + 2\phi_{Fp} + V_{SB} + \frac{\sqrt{2q\epsilon_{Si}N_A(2\phi_{Fp} + V_{SB})}}{C_{ox}}$$

Q'_{SD} 변화량은 2)와 1)의 차이를 구하면 된다.

$$\begin{aligned} \Delta Q'_{SD} &= -\sqrt{2q\epsilon_{Si}N_A(2\phi_{Fp} + V_{SB})} + \sqrt{2q\epsilon_{Si}N_A(2\phi_{Fp})} \\ &= -\sqrt{2q\epsilon_{Si}N_A}\sqrt{2\phi_{Fp} + V_{SB}} + \sqrt{2q\epsilon_{Si}N_A}\sqrt{2\phi_{Fp}} \\ &= -\sqrt{2q\epsilon_{Si}N_A}\left[\sqrt{2\phi_{Fp} + V_{SB}} - \sqrt{2\phi_{Fp}}\right] \end{aligned}$$

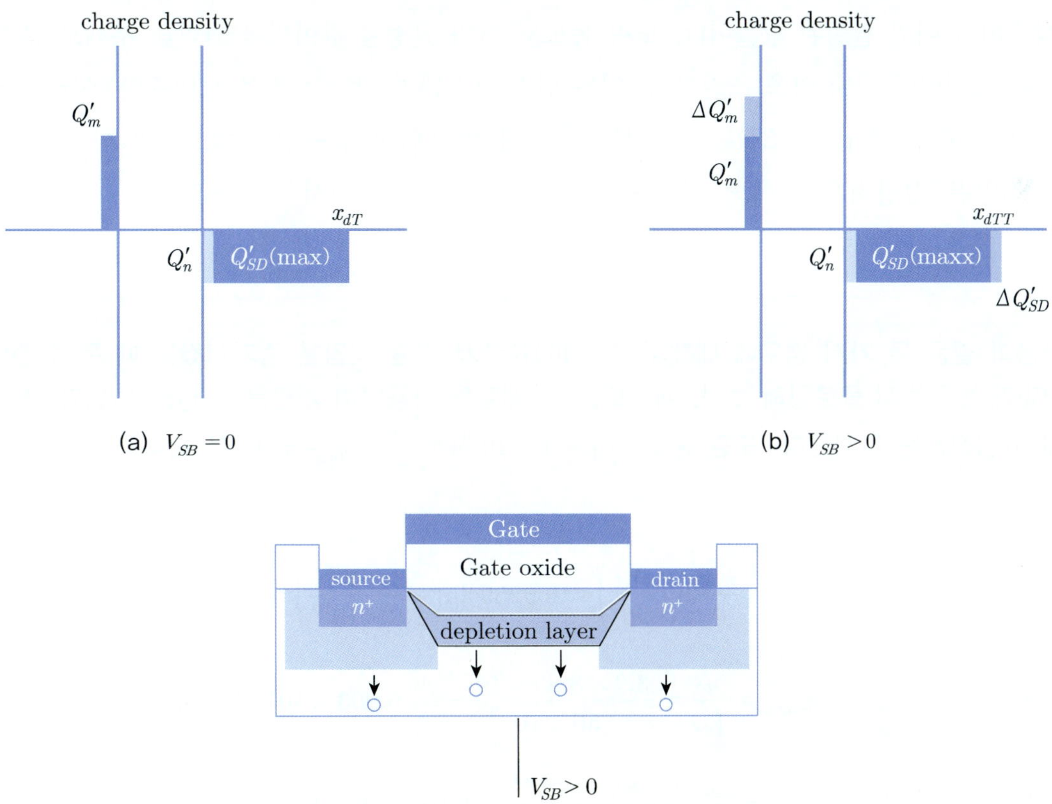

그림 9-30 문턱 전압 증가에 대한 전하 밀도 설명(큰 사다리꼴은 게이트 전압에 의해 제어되는 영역이다)

문턱 전압의 변화량은 다음과 같다.

$$\Delta V_{th} = -\frac{\Delta Q_{SD}'}{C_{ox}} = \frac{\sqrt{2q\epsilon_{Si}N_A}}{C_{ox}}\left[\sqrt{2\phi_{Fp}+V_{SB}}-\sqrt{2\phi_{Fp}}\right] > 0 \tag{9-13}$$

수식 9-13에서 body effect 계수 γ는 다음과 같이 표현된다.

$$\gamma = \frac{\sqrt{2q\epsilon_{Si}N_A}}{C_{ox}}$$

수식 9-13은 항상 양의 값을 갖는다. 따라서 문턱 전압은 증가하게 된다. 기판에 음의 전압($V_{SB} > 0$)을 인가하면 문턱 전압이 증가한다는 사실을 정량적으로 표현한 수식이다. 앞에서 기판 전압에 음의 전압을 인가했을 때 문턱 전압이 증가한다는 것을 정성적으로 설명한 내용을 그림으로 표현하면 그림 9-30과 같다. 기판에 전압을 인가하지 않은 상태보다 공핍층의 폭이 넓어진다. 즉 증가된 음의 전하들을 대응하기 위해 게이트의 양의 전하($\Delta Q_m'$)가 늘어나야 하므로 전압이 상승하는 것이다. 기판 전압의 인가는 문턱 전압을 조절할 수 있는 하나의 방법이다. 문턱 전압의 수식을 살펴보면 도핑 농도와 산화막의 커패시턴스가 문턱 전압에 가장 큰 영향을 준다. 나머지 인자들은 모두 상수이며 이미 결정된 값들이다. 도핑 농도도 거의 결정된 값이며 산화막의 두께로 문턱 전압을 조절할 수 있지만 문턱 전압을 조절할 수 있는 인자들이 많지 않다는 것을 보여준다. 이러한 상황에서 기판 전압은 문턱 전압을 조정할 수 있는 추가된 인자이며 유용한 방법 중의 하나이다.

문턱 전압은 정량적으로 어느 정도 증가하는지 예제를 통해서 살펴보자.

예제 9-4-4

다음과 같은 두 가지 경우에 대해서 $T = 300\,\mathrm{K}$에서 기판 전압을 증가시켰을 때 문턱 전압이 어떻게 변하는지 플로팅해 보자. 게이트는 Al 메탈을 사용하며 기판은 p-type Si이다. 산화막 내 고정전하는 무시한다. 도핑 농도 $N_A = 1\times10^{16}\,\mathrm{cm}^{-3}$, $\phi_{ms} = -0.97\,\mathrm{V}$이다.

풀이

$$\phi_{Fp} = \frac{kT}{q}\ln\left(\frac{N_A}{n_i}\right) = (0.0259)\ln\left(\frac{1\times10^{16}}{1.5\times10^{10}}\right) = 0.347\,\mathrm{V}$$

$$C_{ox1} = \frac{\epsilon_{ox}}{t_{ox}} = \frac{3.9\times8.85\times10^{-14}}{50\times10^{-8}} = 6.903\times10^{-7}\,\mathrm{F/cm^2}$$

$$C_{ox2} = \frac{3.9\times8.85\times10^{-14}}{120\times10^{-8}} = 2.876\times10^{-7}\,\mathrm{F/cm^2}$$

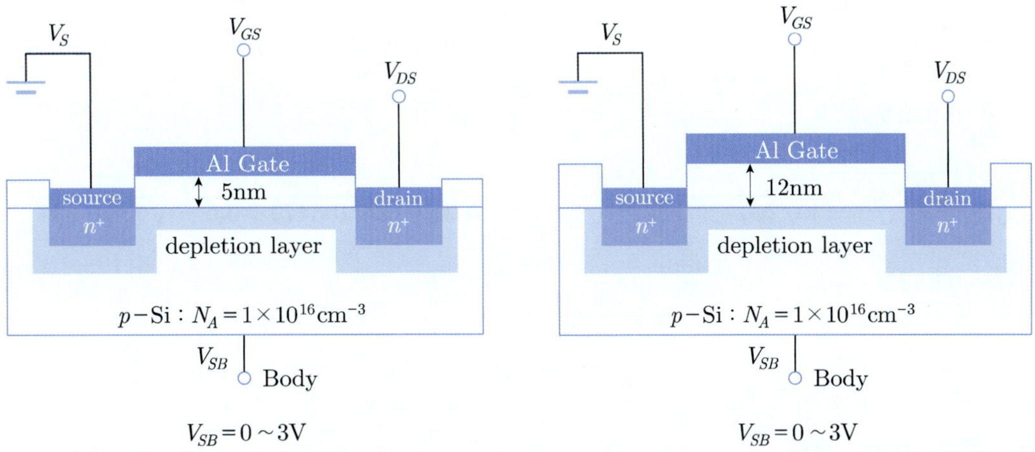

그림 9-31 예제 9-4-4에 대한 MOSFET 구조

$$V_{th1} = \phi_{ms} + 2\phi_{Fp} + \left[\sqrt{2qN_A\epsilon_{Si}2\phi_{Fp}} / C_{ox} \right]$$

$$= -0.97 + (2\times0.347) + \frac{\sqrt{2\times1.6\times10^{-19}\times1\times10^{16}\times11.7\times8.85\times10^{-14}\times2\times0.347}}{6.903\times10^{-7}}$$

$$= -0.97 + 0.694 + 0.069 = -0.207\,\mathrm{V}$$

$$V_{th2} = -0.97 + (2\times0.347) + \frac{\sqrt{2\times1.6\times10^{-19}\times3\times10^{16}\times11.7\times8.85\times10^{-14}\times2\times0.347}}{2.876\times10^{-7}}$$

$$= -0.97 + 0.694 + 0.167 = -0.109\,\mathrm{V}$$

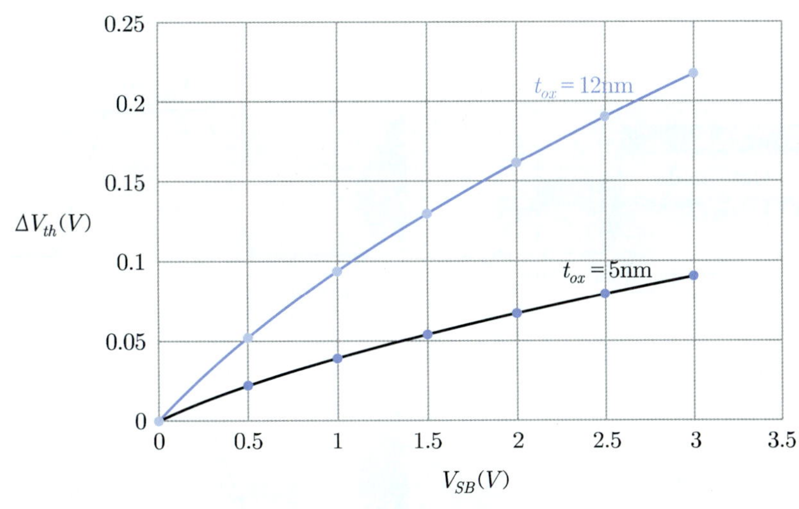

그림 9-32 문턱 전압과 기판 전압 간의 관계

$$\Delta V_{th1} = \frac{\sqrt{2q\epsilon_{Si}N_A}}{C_{ox}}\left[\sqrt{2\phi_{FP}+V_{SB}}-\sqrt{2\phi_{Fp}}\right] = 0.083\left[\sqrt{(2\times 0.347)+0.5}-\sqrt{2\times 0.347}\right]$$

$$= 0.022\,\mathrm{V}$$

$$\Delta V_{th2} = \frac{\sqrt{2q\epsilon_{Si}N_A}}{C_{ox}}\left[\sqrt{2\phi_{FP}+V_{SB}}-\sqrt{2\phi_{Fp}}\right] = 0.2\left[\sqrt{(2\times 0.347)+0.5}-\sqrt{2\times 0.347}\right]$$

$$= 0.052\,\mathrm{V}$$

9-4-4 문턱 아래 전도

지금까지 MOSFET의 전류-전압 특성의 가장 기본적인 모델을 적용하여 수학적으로 유도해 보았다. 실제로 MOSFET의 전류-전압 특성을 측정하면 문턱 전압 이하에서도 전류가 흐른다는 것을 알 수 있다. 그림 9-34에 subthreshold current를 나타내었다. 문턱 아래 전도는 드리프트 전류가 아니라 확산 전류이다. 그림 9-33에 확산 전류가 발생하는 메커니즘을 나타내었다. 비록 문턱 전압 아래의 낮은 게이트 전압에서도 아주 작은 전류이지만 그림 9-33과 같이 전위 장벽이 낮아짐으로써 전자는 소스에서 드레인으로 확산해 갈 수 있다. 게이트 전압이 0일 때 전자들은 에너지 장벽에 갇혀 있다가 게이트 전압에 의해 장벽이 약간 감소하면 전위 장벽보다 높은 위치에너지를 갖는 알 수 있다. 그림 9-34에 subthreshold current를 나타내었다. 문턱 아래 전도는 드리프트 전류가 아니라 확산 전류이다. 그림 9-33에 확산 전류가 발생하는 메커니즘을 나타내었다. 비록 문턱 전압

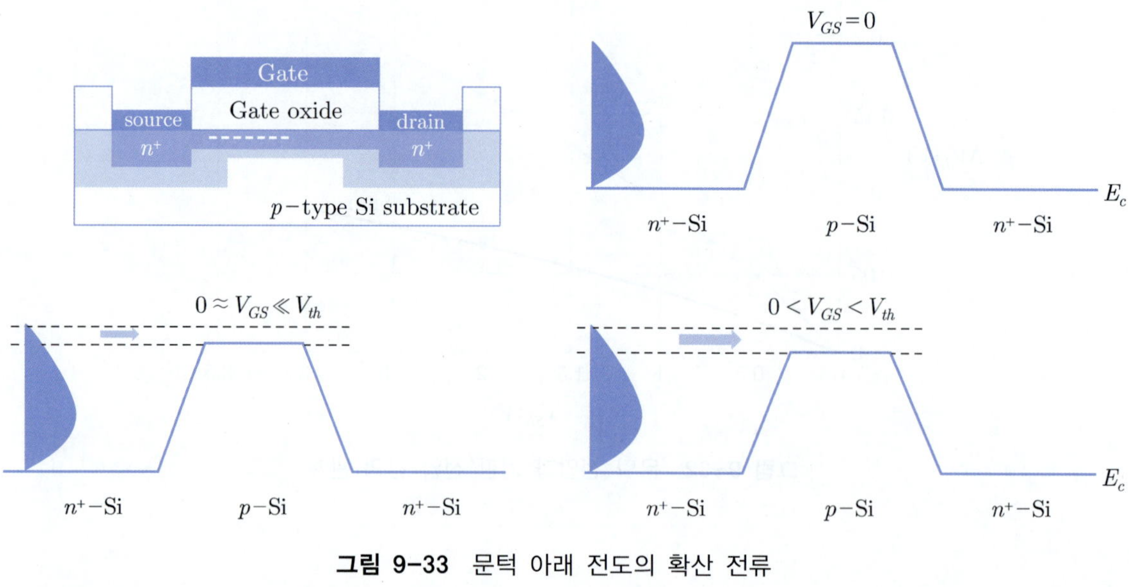

그림 9-33 문턱 아래 전도의 확산 전류

아래의 낮은 게이트 전압에서도 아주 작은 전류이지만 그림 9-33과 같이 전위 장벽이 낮아짐으로써 전자는 소스에서 드레인으로 확산해 갈 수 있다. 게이트 전압이 0일 때 전자들은 에너지 장벽에 갇혀 있다가 게이트 전압에 의해 장벽이 약간 감소하면 전위 장벽보다 높은 위치에너지를 갖는 전자들은 드레인으로 확산하여 작은 전류 성분을 만들어 내는 것이다. 이것이 문턱 아래 전도를 일으키는 원인이다. 우리가 이러한 구조의 MOSFET을 사용하는 한 이것은 피할 수 없는 일이다. 만약 여기에 채널이 양자역학적으로 터널링 현상이 일어날 수 있는 매우 짧은 채널이 된다면 그때에는 더욱 심각한 일이 발생한다. 소스에서 드레인으로 게이트 전압과 무관하게 다이렉트 터널링 현상이 발생할 수 있다. 그림 9-34의 단채널 MOSFET에 해당한다.

문턱 전압 아래의 전류가 흐르는 영역을 subthreshold 영역이라 부르며 그때의 전류를 subthreshold 전류라고 부른다. 또한 subthreshold 영역에서 전류가 증가하는 형상(기울기의 역수)을 subthreshold swing(SS)이라 부른다.

MOSFET의 전류 구동 능력을 향상시키는 것은 매우 중요한 일이다. 문턱 아래 전도 구역은 MOSFET 성능을 결정하는 중요한 구간이다. 문턱 아래 전도 구간의 기울기를 급준하게 만들면 off current도 줄일 수 있고 on current도 향상시킬 수 있다. 작은 게이트 전압에서도 높은 on current를 확보할 수 있다. 이렇게 on/off current 특성이 향상되면 고속 스위칭이 가능해진다. MOSFET 소자의 커패시터의 충전/방전이 신속하게 이루어지기 때문이다.

MOSFET 소자는 공정상 많은 기생 커패시터가 존재한다. 이러한 불필요한 기생 커패시터를 모두

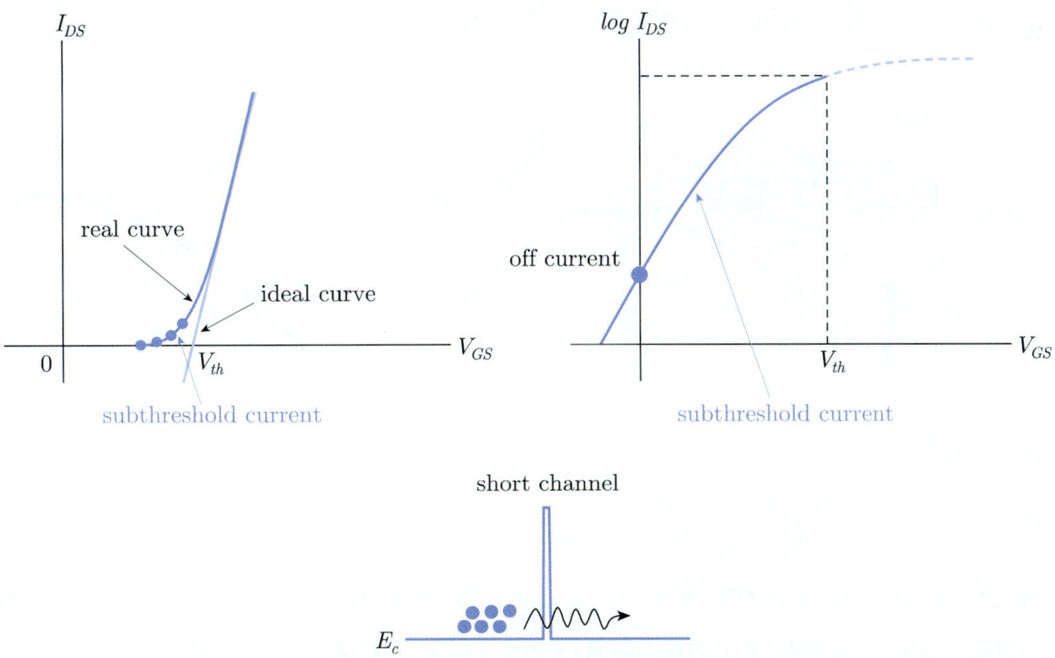

그림 9-34 subthreshold 전류 설명

충전하고 나서 소자가 작동하기 때문에 전류 구동 능력이 좋으면 이러한 기생 커패시터를 빨리 충전하고 소자를 작동시킬 수 있다. RC delay를 방지하는 효과도 있다. 컴퓨터의 CPU clock speed의 향상 등 MOSFET 소자의 전류 구동 능력 향상은 엔지니어나 연구자들에게 도전적인 일이다. 문턱 아래 전도 구간의 기울기를 가파르게 만드는 데에는 산화막과 반도체 계면의 상태와도 관련이 있다. 우리는 이러한 계면 상태를 의도적으로 제어하는 것이 곤란하다는 것을 잘 알고 있다. 또한 기울기에도 한계값이 존재한다는 것도 알 수 있다.

요약한다면 subthreshold 전도 구간의 기울기를 가파르게 제작하여 off current를 0으로 제어하고 작은 게이트 전압 증분에 대해서 큰 드레인 전류를 만들어 내는 것이 좋은 성능의 MOSFET 소자라 할 수 있겠다.

MOSFET의 전류 능력을 향상시킬 수 있는 방법에 대해서 고찰해 보자. 우리는 두 영역에서의 전류식을 수학적으로 유도하였다.

$$I_{lin} = \frac{W\mu_n C_{ox}}{L}\left[(V_{GS} - V_{th})V_{DS} - \frac{V_{DS}^2}{2}\right] \qquad I_{sat} = \frac{W\mu_n C_{ox}}{2L}(V_{GS} - V_{th})^2$$

이 수식에서 W를 크게 하면 전류는 증가한다. 그러나 트랜지스터의 크기를 크게 만드는 것은 현재의 집적도를 줄이려는 움직임과 반대 방향이다. 따라서 채널 길이를 줄여서 전류 능력을 향상시키고 집적도도 증가시킨다. 이미 채널 길이는 양자역학 효과가 일어나기 시작하는 길이에 도달하였다. 현재 3 nm MOSFET 성능을 구현하는 반도체가 이미 양산되고 있다. 채널 길이의 감소와 함께 C_{ox}를 크게 하는 것인데 산화막의 두께도 이미 1.2 nm로 거의 극한점에 도달했다고 보아도 무리는

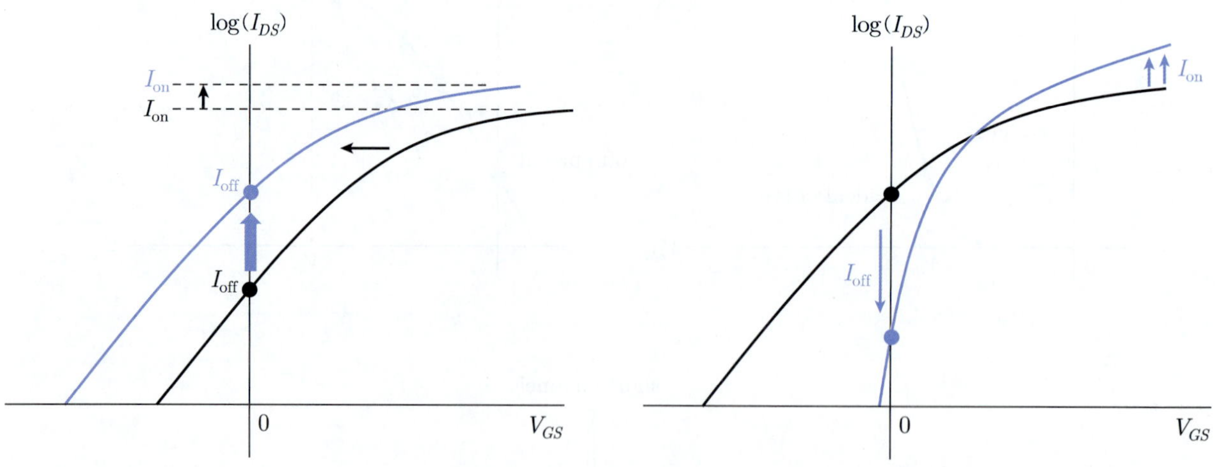

(a) 좌측 평행 이동에 따른 누설 전류 증가 (b) 문턱 아래 전도 구간의 기울기 증가 → 누설 전류 감소

그림 9-35 문턱 아래 구간 기울기를 증가(SS를 감소)시켜서 I_{on}/I_{off}를 향상시킨 MOSFET

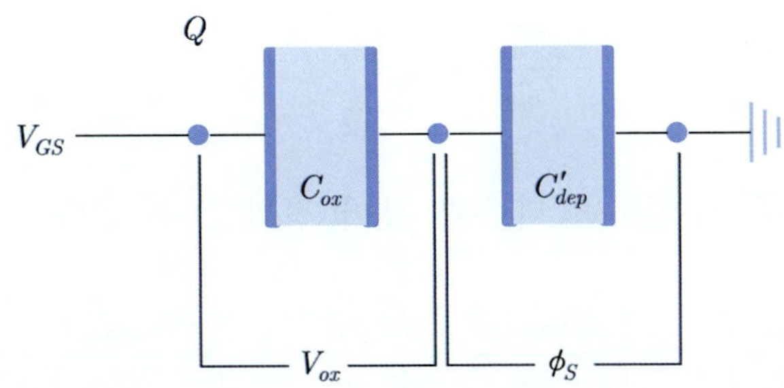

그림 9-36 커패시터의 직렬연결

아닐 것이다.

전자의 이동도는 표면 산란 현상으로 인해 일정 전계 이상에서는 포화되는 특성을 가지고 있다. 문턱 전압을 줄이는 것도 하나의 방법이다. 그러나 이러한 방법은 다음과 같은 문제점을 가지고 있다. 그림 9-35 (a)는 그래프를 좌측으로 평행이동시켜 문턱 전압 값을 줄인 것이다. 문턱 전압 값은 내려갔지만 이번에는 0 V에서의 off current가 증가하였음을 알 수 있다. 이 방법은 좋지 못하다. 누설 전류가 증가했기 때문이다. 이것은 게이트가 문을 닫고 전류를 흘려보내지 말라고 명령한 것인데도 불구하고 전자를 보내고 있는 상황이다.

불필요한 전류를 낭비하고 있으므로 소비전력의 상승을 초래할 것이다. 바람직한 것은 그림 9-35 (b)와 같이 문턱 아래 전도 구간의 기울기를 가파르게 만드는 것이다. SS(subthreshold swing)를 도입하여 문턱 아래 전도 구간을 관리한다. SS는 드레인 전류를 10배 변화시키는 데 필요한 게이트 전압으로 정의한다.

$$SS = \frac{\partial V_{GS}}{\partial(\log I_D)} \tag{9-14}$$

수식 9-14식은 문턱 아래 전도 구간의 기울기의 역수에 해당함을 알 수 있다. 따라서 이 값이 작을수록 기울기가 가파르고 문턱 아래 전도 구간에서 전류 성분이 증대한다.

$$SS = \left[\frac{d(\log I_D)}{dV_{GS}}\right]^{-1} = \left[\frac{d(\log I_D)}{d\phi_s}\ \frac{d\phi_s}{dV_{GS}}\right]^{-1} \tag{9-15}$$

우리는 커패시터의 직렬연결 시 그에 대한 전압 관계식을 잘 알고 있다. 다시 한번 되새겨 보자. 그림 9-36의 경우이다.

직렬연결 시 총 전압은 각각의 전압의 합으로 표기되고 다음 관계식이 성립한다.

$$V_{GS} = V_{ox} + \phi_s \qquad V_{ox} = \frac{Q'}{C_{ox}} \quad \phi_s = \frac{Q'}{C'_{dep}}$$

$$V_{GS} = \frac{Q'}{C_{ox}} + \phi_s = \frac{\phi_s C'_{dep}}{C_{ox}} + \phi_s \qquad \therefore \phi_s = \frac{C_{ox}}{C'_{dep} + C_{ox}} V_{GS} \tag{9-16}$$

SS의 정의에 수식 9-16을 대입하면 다음과 같이 정리할 수 있다.

$$SS = \left[\frac{d(\log I_D)}{dV_{GS}}\right]^{-1} = \left[\frac{d(\log I_D)}{d\phi_s}\ \frac{d\phi_s}{dV_{GS}}\right]^{-1} = \left[\frac{d(\log I_D)}{d\phi_s}\ \frac{C_{ox}}{C'_{dep} + C_{ox}}\right]^{-1} \tag{9-17}$$

문턱 아래 전도 구간에서의 드레인 전류를 다시 한번 고찰해 보자. 이 전류는 그림 9-33에 나타내었듯이 게이트 전압에 따라 에너지 장벽이 낮아지고 그 장벽을 전자가 뛰어넘어서 드레인단으로 흐르는 것이다. 이것은 전자의 확산 전류에 해당한다. 전기장에 의해 가속되어 진행하는 전자의 드리프트 전류와는 차이가 있다. 전계가 매우 약하므로 전자가 가속되어 드리프트할 상황은 아니다. 단지 에너지 장벽이 낮아져서 전자는 확산해 갈 뿐이다. 앞에서 잠시 언급했지만 MOSFET에서의 확산 전류 성분이라는 것은 바로 이것을 의미한다. 그런데 이 전자라는 것은 표면에 밀집되어 있는 반전전자이며 이 전자의 농도는 아주 작은 표면전위에도 크게 증가하게 되는데 이때 지수함수적으로 증가한다는 것을 우리는 이미 학습하였다. 즉

$$I_D \propto \exp\frac{q\phi_s}{kT} \tag{9-18}$$

이다. SS는 근사적으로 수식 9-19로 표현할 수 있다.

$$SS = \left[\frac{d(\log I_D)}{dV_{GS}}\right]^{-1} = \left[\frac{d}{d\phi_s}\left(\exp\frac{q\phi_s}{kT}\right)\ \frac{C_{ox}}{C_{ox} + C'_{dep}}\right]^{-1} \tag{9-19}$$

$$y = \log_a|f(x)| \qquad y' = \frac{f(x)'}{\ln a f(x)} \qquad y = \exp f(x) \qquad y' = \exp f(x) f'(x)'$$

의 관계식을 활용하여 수식 9-19를 정리하면 최종적으로 수식 9-20으로 나타낼 수 있다.

$$\frac{d(\log I_D)}{d\phi_s} = \frac{d}{d\phi_s}\left[\log\left(\exp\frac{q\phi_s}{kT}\right)\right] = \frac{\frac{q}{kT}\left(\exp\frac{q\phi_s}{kT}\right)}{\ln 10 \exp\left(\frac{q\phi_s}{kT}\right)} = \frac{q}{kT}\ \frac{1}{\ln 10}$$

$$SS = \left[\frac{d(\log I_D)}{d\phi_s}\ \frac{d\phi_s}{dV_{GS}}\right]^{-1} = \left[\frac{q}{kT}\ \frac{1}{\ln 10}\ \frac{C_{ox}}{C_{ox} + C'_{dep}}\right]^{-1}$$

$$\therefore SS = \frac{kT}{q}\ln 10\left[1 + \frac{C'_{dep}}{C_{ox}}\right](\mathrm{V/dec}) \quad (9-20)$$

9-20식이 최종적으로 유도한 SS값이다. 드레인 전류를 10배 변화시키기 위해서 필요한 게이트 전압 관계식이다. 수식을 보면 알겠지만 이 값은 특정 온도에서 항상 일정한 값을 갖는다. $T = 300\,\mathrm{K}$에서 대략 0.06 V 정도이다. 이것의 물리적 의미는 우리가 아무리 좋은 MOSFET 소자를 만들어서 문턱 아래 전도 기울기를 수직에 가깝게 가파르게 만들더라도 이때 게이트 전압이 최소 0.06 V가 필요하다는 것으로, 그 이하로는 MOSFET을 만들 수 없다는 의미이다. 일종의 한곗값으로 소자 성능의 한계를 표현해 주는 값이다. SS는 기울기의 역수이므로 작을수록 좋은데 보통 OLED backplane TFT에서 대략 0.2 정도의 값을 갖는다.

9-20식의 값을 작게 하는 방법은 온도를 매우 낮게 하는 것이다. 그래서 0 K에 가까운 온도에서 MOSFET을 동작시키면 이 값은 작아지지만, 이것은 비현실적이 방법이다. 또다른 방법으로는 산화막의 두께를 줄여 게이트 산화막의 커패시턴스를 크게 하는 것이다. 이것도 앞에서 설명했지만 1.2 nm까지 감소시켰다. 더 이상 감소시키면 누설 전류도 증가할 것으로 예상되므로 이 방법도 좋은 방법은 아니다. 가장 좋은 것은 산화막의 유전율을 높이는 것이다. 바로 high-k 물질을 도입하면 두께의 감소 없이 SS를 작게 할 수 있다. 이것은 여러 연구기관에서도 개발 중에 있다. 기판의 도핑 농도를 감소시키는 방법도 있지만 이러한 방법은 매우 제한적이다. 따라서 현재까지는 high-k 물질이 가장 좋은 방법처럼 보인다.

앞에서도 언급하였지만 우리는 MOSFET이라는 구조의 반도체를 사용하는 한 이러한 한계를 회피할 수 없다.

9-4-5 Gate induced drain leakage(GIDL) current

MOSFET의 트랜스퍼 커브를 보면 게이트 전압 0 V 및 그 이하에서도 전류가 흐르는 것을 알 수 있다. 특히 음의 게이트 전압에서도 전류가 흐르며 음의 게이트 전압의 절댓값이 증가할수록 전류가 증가한다. 우리는 이것을 GIDL(gate induced drain leakage) 전류라고 부른다. 이것이 발생하는 메커니즘을 고찰해 보자. 이것은 게이트와 드레인의 오버랩 때문에 발생한다. 게이트와 드레인의 오버랩 현상은 이온 주입 후 행해지는 열처리 공정에 의해 불순물들이 주변으로 확산해 가면서 생기는 현상이다. 그림 9-37에 표시하였다.

이러한 원치 않는 누설 전류(GIDL, 기들 전류)는 디바이스의 각종 불량과 성능 저하의 원인이 된다. 소비전력이 상승하고 저장 커패시터의 방전이 빨리 일어나며, 메모리 디바이스(DRAM)의 리프레시 시간이 짧아지는 단점을 초래한다. 또한 OLED 스마트폰의 게이트 라인 충전을 유지하는

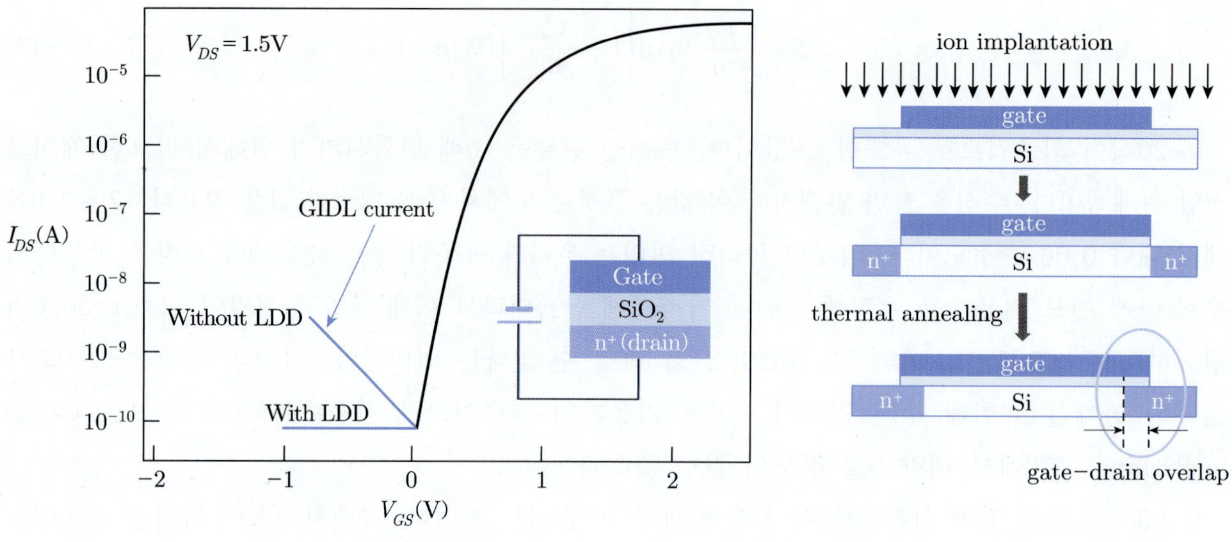

(a) n-TFT I-V curve (b) 게이트-드레인 오버랩 발생

그림 9-37 GIDL 전류 정의와 게이트-드레인 오버랩 현상

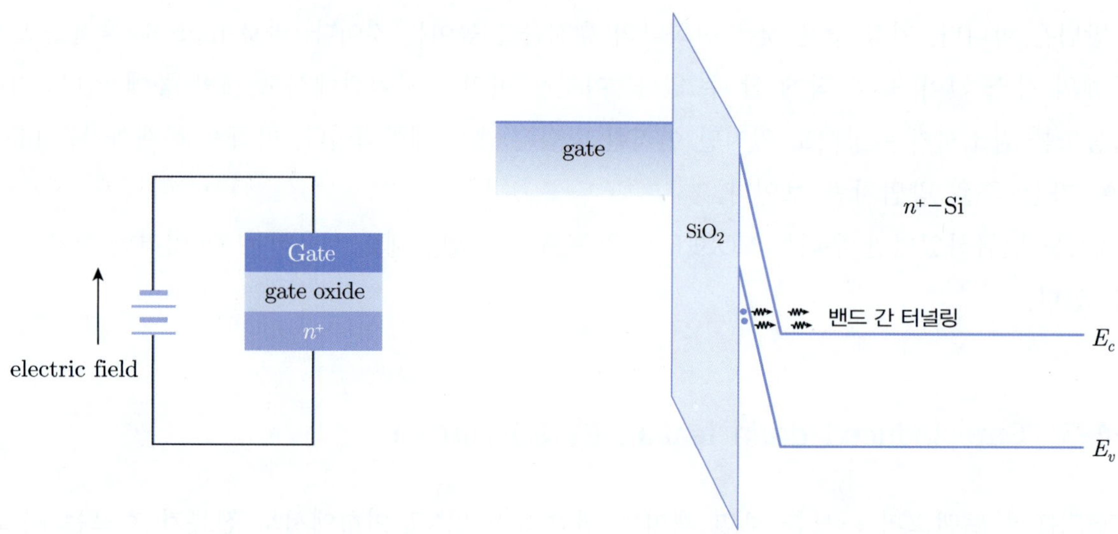

(a) 전기장 방향 (b) 에너지 밴드 다이어그램

그림 9-38 기들 전류의 발생 메커니즘

시간이 짧아져서 고속구동에도 불리하다. 따라서 이러한 누설 전류를 줄이는 것이 중요하다. 기들 전류가 발생하는 메커니즘을 살펴보자. 게이트에 음의 전압을 인가하고 드레인에 강한 양의 전압이 인가되면 그림 9-38 (b)와 같은 상황에 들어간다.

게이트와 드레인의 오버랩 부분의 수직 방향의 전계를 살펴보면 MOS 커패시터의 축적모드와 비슷하다. 양의 드레인 전압이 인가되면 실리콘의 밴드는 아래로 크게 밴드 밴딩이 일어날 것이다.

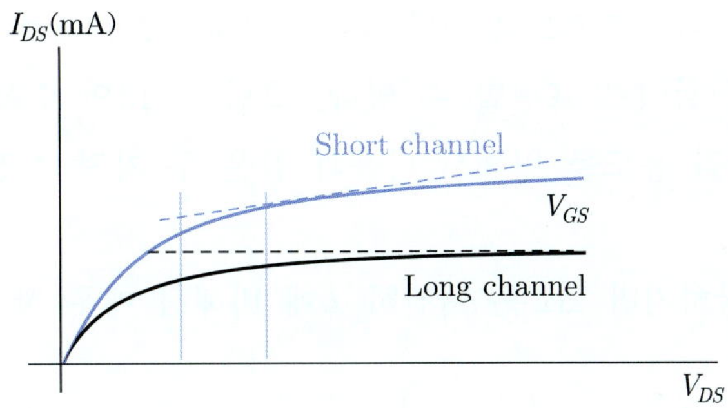

그림 9-42 단채널과 장채널 MOSFET의 아웃풋 커브 비교

전류가 계속해서 증가한다는 것이다. 그림 9-42에 단채널과 장채널의 아웃풋 커브를 비교하였다. 동일한 게이트, 드레인 전압에서 단채널의 드레인 전류가 더 큼을 알 수 있다. 또한 포화 영역에서 양의 기울기를 갖는 전류 증가를 살펴볼 수 있다. 본 절에서는 왜 포화 영역에서 드레인 전류가 증가하는지에 대해서 고찰해 볼 것이다.

그림 9-43을 살펴보자. 드레인 전계가 증가했을 때 채널이 끊기는 영역, 즉 ΔL이 증가하게 된다. ΔL이 L에 비해서 차지하는 비율이 증가하면 채널의 길이가 유효 채널 길이로 감소되어 채널이 변조되는데, 이러한 현상을 channel length modulation이라고 부른다. 이러한 현상은 특히 단채널이 되었을 때 더욱 심하게 일어난다. 유효 채널의 길이(L_{eff})로 채널 길이가 변조되면 지금까지 우리가 유도한 이상적인 전류-전압 관계식은 이제 수정되어야 할 것이다. 이번 장에서는 채널 길이 변조 효과에 대한 전류-전압 관계를 수학적으로 유도해 보고자 한다. 직감적으로 포화 영역에서도 드레인 전압에 따라 드레인 전류가 증가하므로 드레인 전압의 함수로 표현된다는 것을 예측할 수 있을 것이다.

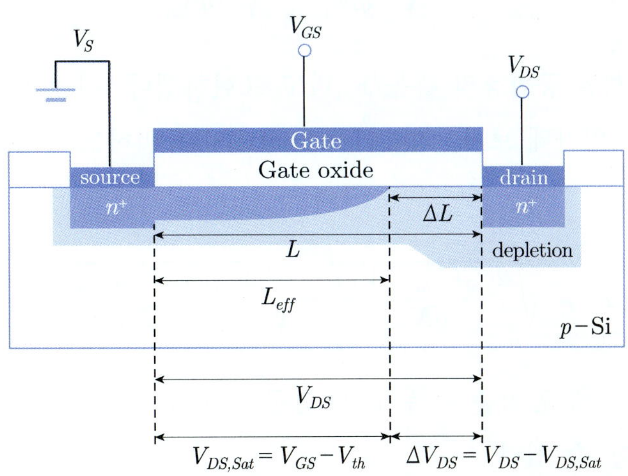

그림 9-43 Channel length modulation MOSFET

장채널의 경우에는 ΔL이 매우 작으므로 채널 길이는 그대로 L로 표현할 수 있고 단채널의 경우에는 하기와 같이 유효 채널 길이로 표현할 수 있다. 그림 9-43의 수학적 관계식을 잘 살펴보길 바란다. 이제 우리는 수학적 유도를 위해서 다음과 같은 두 가지 가정을 하겠다.

1. 단채널의 경우에 해당하지만 ΔL은 여전히 L에 비해서 매우 작다.

$$L \gg \Delta L \qquad \frac{1}{L-\Delta L} \approx \frac{1}{L} \qquad\qquad \Delta L = L - L_{eff}$$

2. 공핍층 영역에는 음의 억셉터 이온들만 존재한다.

9-5-1 channel length modulation을 고려한 V-I 관계식

이제 드레인 영역을 상세히 살펴보자. 드레인 영역은 pn^+ 일방 접합을 이루고 있으며 드레인에 양의 전압을 인가하므로 역바이어스가 인가된 상태와 유사하다. 공핍층의 폭은 저도핑된 p형 영역으로만 확장되고 n^+ 영역에는 공핍층의 폭이 매우 얇다. 이러한 상황을 그림 9-44에 나타내었다. 그림 9-44 (a)는 전압을 인가하지 않은 제로 바이어스 상태이다. 앞에서 배운 pn^+ 접합을 상기하면 이때 형성되는 공핍층의 폭은 다음과 같다. 내부 전계는 표면전위 ϕ_s와 동일하다. 일방 접합에서는 한쪽만이 공핍층을 형성한다고 볼 수 있으므로 내부 전계는 p형 쪽 밴드 밴딩으로 표현할 수 있다(그림 8-6의 $\phi_s = \phi_{Fp}$인 경우로 가정한 것이다).

$$x_{p0} = \sqrt{\frac{2\epsilon_{Si} V_{bi}}{qN_A}} = \sqrt{\frac{2\epsilon_{Si}\phi_{Fp}}{qN_A}}$$

제로 바이어스에서 형성된 공핍층의 폭을 x_{p0}라고 표현하겠다. 이제 드레인 전압에 pinch off가 발생하는 전압 $V_{DS,\,sat}$을 인가해 보자. 역바이어스 상태와 동일하므로 공핍층의 폭은 하기와 같이 표현할 수 있다.

$$x_{p1} = \sqrt{\frac{2\epsilon_{Si}(V_{bi} + V_R)}{qN_A}} = \sqrt{\frac{2\epsilon_{Si}(\phi_{Fp} + V_{DS,\,sat})}{qN_A}}$$

다음으로는 더 큰 전압, 즉 공핍층의 폭이 ΔL만큼 늘어나도록 V_{DS} 전압을 인가하면 공핍층의 폭은 다음과 같이 표현할 수 있다.

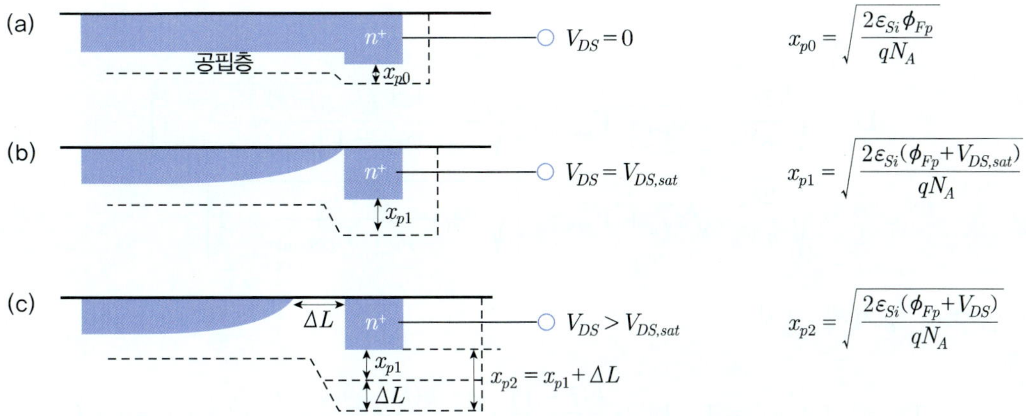

그림 9-44 드레인 전압 증가에 따른 공핍층 폭의 변화

$$x_{p2}=\sqrt{\frac{2\epsilon_{Si}(\phi_{Fp}+V_{DS})}{qN_A}}$$

ΔL은 다음과 같이 쓸 수 있다.

$$\Delta L=x_{p2}-x_{p1} \tag{9-21}$$

이제 9-21식을 정리해 보자.

$$\Delta L=L-L_{eff}=x_{p2}-x_{p1}=\sqrt{\frac{2\epsilon_{Si}(\phi_{Fp}+V_{DS})}{qN_A}}-\sqrt{\frac{2\epsilon_{Si}(\phi_{Fp}+V_{DS,sat})}{qN_A}}$$

$$\therefore \Delta L=\sqrt{\frac{2\epsilon_{Si}}{qN_A}}\left[\sqrt{\phi_{Fp}+V_{DS}}-\sqrt{\phi_{Fp}+V_{DS,sat}}\right] \tag{9-22}$$

그림 9-43을 참조하면 드레인에 포화 드레인 전압 이상의 드레인 전압이 인가되면 채널 길이 변화량은 원래의 채널 길이에서 유효 채널 길이의 차로 표현할 수 있음을 알 수 있을 것이다. 수식 9-22는 이것을 표현한 것이다. 수식 9-22를 정리하면 다음과 같다.

$$\Delta L=\sqrt{\frac{2\epsilon_{Si}}{qN_A}}\left[\sqrt{\phi_{Fp}+V_{DS}}-\sqrt{\phi_{Fp}+V_{DS,sat}}\right] \tag{9-23}$$

$$\Delta L=\sqrt{\frac{2\epsilon_{Si}}{qN_A}}\sqrt{\phi_{Fp}+V_{DS,sat}}\left[\sqrt{\frac{\phi_{Fp}+V_{DS}}{\phi_{Fp}+V_{DS,sat}}}-1\right],\quad V_{DS}=V_{DS,sat}+\Delta V_{DS}$$

이므로 우변의 제일 오른쪽 항의 분자에 $V_{DS}=V_{DS,sat}+\Delta V_{DS}$를 대입하고 정리하면 다음과 같이 쓸 수 있다.

$$\Delta L=\sqrt{\frac{2\epsilon_{Si}}{qN_A}}\sqrt{\phi_{Fp}+V_{DS,sat}}\left[\sqrt{\frac{\phi_{Fp}+V_{DS,sat}+\Delta V_{DS}}{\phi_{Fp}+V_{DS,sat}}}-1\right]$$
$$=\sqrt{\frac{2\epsilon_{Si}}{qN_A}}\sqrt{\phi_{Fp}+V_{DS,sat}}\left[\sqrt{1+\frac{\Delta V_{DS}}{\phi_{Fp}+V_{DS,sat}}}-1\right] \quad (9\text{–}24)$$

테일러 급수를 상기해 보자.

$$x\ll 1,\ \Rightarrow\ (1+x)^k=1+kx+\frac{k(k-1)}{2\times 1}x^2+\frac{k(k-1)(k-2)}{3\times 2\times 1}x^3+\cdots=1+kx$$

테일러 급수를 활용해서 하기의 식을 다시 정리하면 9–25와 같이 제곱근이 제거되고 간략히 정리할 수 있다.

$$\frac{\Delta V_{DS}}{\phi_{Fp}+V_{DS,sat}}\ll 1$$

$$\left[1+\frac{\Delta V_{DS}}{\phi_{Fp}+V_{DS,sat}}\right]^{\frac{1}{2}}\approx 1+\frac{1}{2}\frac{\Delta V_{DS}}{\phi_{Fp}+V_{DS,sat}} \quad (9\text{–}25)$$

수식 9–25를 9–24의 우변에 대입하고 정리하면 다음과 같다.

$$\Delta L=\sqrt{\frac{2\epsilon_{Si}}{qN_A}}\sqrt{\phi_{Fp}+V_{DS,sat}}\left[\frac{1}{2}\frac{\Delta V_{DS}}{\phi_{Fp}+V_{DS,sat}}\right]$$

$$\therefore \Delta L=\Delta V_{DS}\sqrt{\frac{\epsilon_{Si}}{2qN_A(\phi_{Fp}+V_{DS,sat})}} \quad (9\text{–}26)$$

이제 포화 영역에서의 드레인 전류를 유효 채널 길이로 다시 표현하면 다음과 같다.

$$I_{sat}=\frac{W}{L}\frac{\mu_n C_{ox}}{2}(V_{GS}-V_{th})^2=\frac{W}{L-\Delta L}\frac{\mu_n C_{ox}}{2}(V_{GS}-V_{th})^2$$

$$\therefore I_{sat}=\frac{W/L}{1-\Delta L/L}\frac{\mu_n C_{ox}}{2}(V_{GS}-V_{th})^2=\frac{W}{L}\frac{1}{1-\Delta L/L}\frac{\mu_n C_{ox}}{2}(V_{GS}-V_{th})^2 \quad (9\text{–}27)$$

다시 한번 테일러 급수를 사용하자.

$$x\ll 1,\quad \frac{1}{1-x}\approx 1+x\ \Rightarrow\ \frac{1}{1-\Delta L/L}=1+\frac{\Delta L}{L} \quad (9\text{–}28)$$

9-28식을 9-27식에 대입하고 정리하면 다음과 같다.

$$I_{sat} = \frac{W}{L}\left(1+\frac{\Delta L}{L}\right)\frac{\mu_n C_{ox}}{2}(V_{GS}-V_{th})^2 \tag{9-29}$$

앞에서 구한 ΔL은 9-26식으로 표현된다. 9-29식의 $1+\Delta L/L$을 9-26식을 사용하여 정리하면 다음과 같다.

$$1+\frac{\Delta L}{L} = 1+\frac{\Delta V_{DS}}{L}\sqrt{\frac{\epsilon_{Si}}{2qN_A(\phi_{Fp}+V_{DS,sat})}} = 1+\Delta V_{DS}\lambda \tag{9-30}$$

$$\lambda = \frac{1}{L}\sqrt{\frac{\epsilon_{Si}}{2qN_A(\phi_{Fp}+V_{DS,sat})}}$$

9-30식을 9-29에 대입하면 최종적으로 채널 길이가 변조된 MOSFET의 포화 영역에서의 전류-전압 관계식은 다음과 같이 표현할 수 있다.

$$I_{sat} = \frac{W}{L}\left(1+\frac{\Delta L}{L}\right)\frac{\mu_n C_{ox}}{2}(V_{GS}-V_{th})^2 = \frac{W}{L}\frac{\mu_n C_{ox}}{2}(V_{GS}-V_{th})^2(1+\Delta V_{DS}\lambda)$$

$$\therefore I_{sat} = \frac{W}{L}\frac{\mu_n C_{ox}}{2}(V_{GS}-V_{th})^2[1+(V_{DS}-V_{DS,sat})\lambda] \tag{9-31}$$

포화 영역에서의 전류는 V_{DS}의 일차함수 형태로 표현됨을 알 수 있다. 드레인 전압이 증가하면 드레인 전류는 선형적으로 증가하게 된다. 채널 길이가 작아질수록 λ가 증가하므로 이 채널 변조 효과는 더욱 두드러지게 나타난다. 그림 9-42에서 보여준 포화 영역에서의 드레인 전류의 지속적 증가는 단채널에서 발생하는 채널 변조 효과로 설명할 수 있다.

예제를 통해서 채널 길이 변조 효과에 대해서 더 고찰해 보자.

예제 9-5-1

다음과 같은 조건의 n-MOSFET 소자가 있다. 실제의 드레인 전류와 이상적인 드레인 전류의 비를 구해볼 것.

$$N_A = 2\times10^{16}\,\text{cm}^{-3},\quad V_{th}=0.4\,\text{V},\quad L=1\,\mu\text{m},\quad V_{GS}=1\,\text{V},\quad V_{DS}=2.5\,\text{V}$$

풀이

$$\phi_{Fp} = \frac{kT}{q}\ln\left(\frac{N_A}{n_i}\right) = 0.0259\ln\left(\frac{2\times10^{16}}{1.5\times10^{10}}\right) = 0.365\,\text{V}$$

$$V_{DS,sat} = V_{GS} - V_{th} = 1.0 - 0.4 = 0.6\,\mathrm{V}$$

$$\Delta V_{DS} = V_{DS} - V_{DS,sat} = 2.5 - 0.6 = 1.9\,\mathrm{V}$$

수식 9-23을 사용하여 ΔL을 구하면 0.1807이다.

$$\therefore \frac{L}{L - \Delta L} = \frac{1}{1 - 0.1807} = 1.22$$

드레인 전압이 2.5 V가 되면 실제 채널 길이는 0.8193μm로 짧아진다. 위의 결과는 채널 길이 변조 효과로 인하여 실제 전류 값은 채널 길이 1μm에 대비해서 1.22배 증가한다는 의미이다. 드레인 전압이 증가하면 유효 채널이 더 짧아지면서 전류는 더 증가할 것이다.

예제 9-5-2

다음과 같은 조건의 n-MOSFET 소자가 있다. 각각의 조건에서 ΔL을 구해 보아라.

$$N_A = 3\times 10^{16}\,\mathrm{cm}^{-3},\quad V_{th} = 0.2\,\mathrm{V}$$

(1) $V_{GS} = 1\,\mathrm{V}$, $V_{DS} = 2\,\mathrm{V}$ (2) $V_{GS} = 1\,\mathrm{V}$, $V_{DS} = 4\,\mathrm{V}$

(3) $V_{GS} = 2\,\mathrm{V}$, $V_{DS} = 2\,\mathrm{V}$ (4) $V_{GS} = 2\,\mathrm{V}$, $V_{DS} = 4\,\mathrm{V}$

풀이

$$\phi_{Fp} = \frac{kT}{q}\ln\left(\frac{N_A}{n_i}\right) = (0.0259)\ln\left(\frac{3\times 10^{16}}{1.5\times 10^{10}}\right) = 0.376\,\mathrm{V},$$

$$\sqrt{\frac{2\epsilon_{Si}}{qN_A}} = 2.077\times 10^{-5}\,\mathrm{cm}/\sqrt{\mathrm{V}}$$

(1) $V_{DS,sat} = V_{GS} - V_{th} = 1 - 0.2 = 0.8\,\mathrm{V}$, $V_{DS} = 2\,\mathrm{V}$

$$\Delta L = \sqrt{\frac{2\epsilon_{Si}}{qN_A}}\left(\sqrt{\phi_{Fp} + V_{DS}} - \sqrt{\phi_{Fp} + V_{DS,sat}}\right)$$
$$= (2.077\times 10^{-5})(\sqrt{0.376 + 2.0} - \sqrt{0.376 + 0.8}) = 0.0949\times 10^{-4}\,\mathrm{cm} = 0.0949\,\mu\mathrm{m}$$

(2) $V_{DS,sat} = V_{GS} - V_{th} = 1 - 0.2 = 0.8\,\mathrm{V}$, $V_{DS} = 4\,\mathrm{V}$

$$\Delta L = \sqrt{\frac{2\epsilon_{Si}}{qN_A}}\left(\sqrt{\phi_{Fp} + V_{DS}} - \sqrt{\phi_{Fp} + V_{DS,sat}}\right)$$
$$= (2.077\times 10^{-5})(\sqrt{0.376 + 4.0} - \sqrt{0.376 + 0.8}) = 0.209\times 10^{-4}\,\mathrm{cm} = 0.209\,\mu\mathrm{m}$$

(3) $V_{DS,sat} = V_{GS} - V_{th} = 2 - 0.2 = 1.8\,\mathrm{V}$, $V_{DS} = 2\,\mathrm{V}$

$$\Delta L = \sqrt{\frac{2\epsilon_{Si}}{qN_A}}\left(\sqrt{\phi_{Fp} + V_{DS}} - \sqrt{\phi_{Fp} + V_{DS,sat}}\right)$$

$$= (2.077 \times 10^{-5})(\sqrt{0.376 + 2.0} - \sqrt{0.376 + 1.8}) = 0.014 \times 10^{-4}\,\mathrm{cm} = 0.014\,\mu\mathrm{m}$$

(4) $V_{DS,sat} = V_{GS} - V_{th} = 2 - 0.2 = 1.8\,\mathrm{V}$, $V_{DS} = 4\,\mathrm{V}$

$$\Delta L = \sqrt{\frac{2\epsilon_{Si}}{qN_A}}\left(\sqrt{\phi_{Fp} + V_{DS}} - \sqrt{\phi_{Fp} + V_{DS,sat}}\right)$$

$$= (2.077 \times 10^{-5})(\sqrt{0.376 + 4.0} - \sqrt{0.376 + 1.8}) = 0.128 \times 10^{-4}\,\mathrm{cm} = 0.128\,\mu\mathrm{m}$$

드레인 전압이 증가할수록 단채널 변조 효과가 더 두드러지게 나타남을 알 수 있다.

예제 9-5-3

다음과 같은 조건의 n-MOSFET 소자가 있다. 각각의 조건에서 ΔL을 구해 보아라.

$$N_A = 2 \times 10^{16}\,\mathrm{cm}^{-3},\quad V_{th} = 0.4\,\mathrm{V}$$

(1) $V_{GS} = 2\,\mathrm{V}$, $V_{DS} = 4\,\mathrm{V}$에서 ΔL이 원래 채널 L의 10% 이하가 되는 최소 채널의 길이를 구해 보아라.

풀이

$$\phi_{Fp} = \frac{kT}{q}\ln\left(\frac{N_A}{n_i}\right) = (0.0259)\ln\left(\frac{3 \times 10^{16}}{1.5 \times 10^{10}}\right) = 0.365\,\mathrm{V},$$

$$\sqrt{\frac{2\epsilon_{Si}}{qN_A}} = 0.254 \times 10^{-4}\mathrm{cm}/\sqrt{\mathrm{V}}$$

$$\Delta L = \sqrt{\frac{2\epsilon_{Si}}{qN_A}}\left(\sqrt{\phi_{Fp} + V_{DS}} - \sqrt{\phi_{Fp} + V_{DS,sat}}\right)$$

$$= (0.254 \times 10^{-4})(\sqrt{0.365 + 4.0} - \sqrt{0.365 + 1.6}$$

$$= 0.144 \times 10^{-4}\,\mathrm{cm} = 0.144\,\mu\mathrm{m}$$

$$\frac{\Delta L}{L} \geq 0.1 \Rightarrow \frac{0.144}{L} \geq 0.1 \Rightarrow L \geq 1.44\,\mu\mathrm{m} \quad \therefore L_{\min} = 1.44\,\mu\mathrm{m}$$

예제 9-5-4

다음과 같은 조건의 n-MOSFET 소자가 있다.

$$N_A = 5\times10^{16}\,\mathrm{cm}^{-3},\ t_{ox} = 10\,\mathrm{nm},\ Q_{ss}^{'} = 4\times10^{10}\,\mathrm{cm}^{-2},\ \phi_{ms} = -0.5\,\mathrm{V}$$

(1) $V_{GS} = 2\,\mathrm{V}$, $\Delta V_{DS} = 3\,\mathrm{V}$, $5\,\mathrm{V}$, $7\,\mathrm{V}$일 때의 각 ΔL을 구해 보아라.

(2) 각각의 경우 $\Delta L/L = 10\%$를 만족하는 최소 채널 길이를 구해 보아라.

풀이

$$C_{ox} = \frac{\epsilon_{ox}}{t_{ox}} = \frac{3.9\times8.85\times10^{-14}}{100\times10^{-8}} = 3.452\times10^{-7}\,\mathrm{F/cm^2}$$

$$V_{FB} = \phi_{ms} - \frac{Q_{ss}^{'}}{C_{ox}} = -0.5 - \frac{(4\times10^{10})(1.6\times10^{-19})}{3.452\times10^{-7}}$$
$$= -0.5 - 0.0185 = -0.482\,\mathrm{V}$$

$$\phi_{Fp} = \frac{kT}{q}\ln\left(\frac{N_A}{n_i}\right) = (0.0259)\ln\left(\frac{5\times10^{16}}{1.5\times10^{10}}\right) = 0.389\,\mathrm{V}$$

$$V_{th} = V_{FB} + 2\phi_{Fp} + \frac{\sqrt{4qN_A\epsilon_{Si}\phi_{Fp}}}{C_{ox}}$$
$$= (-0.482) + 0.778 + \frac{1.135\times10^{-7}}{3.452\times10^{-7}} = 0.625\,\mathrm{V}$$

$$V_{DS,\,sat} = V_{GS} - V_{th} = 2 - 0.625 = 1.375\,\mathrm{V}$$

$$\sqrt{\frac{2\epsilon_{Si}}{qN_A}} = 0.161\times10^{-4}\,\mathrm{cm}/\sqrt{\mathrm{V}} = 0.161\,\mu\mathrm{m}/\sqrt{\mathrm{V}}$$

$$\Delta L = \sqrt{\frac{2\epsilon_{Si}}{qN_A}}\left(\sqrt{\phi_{Fp} + V_{DS}} - \sqrt{\phi_{Fp} + V_{DS,sat}}\right)$$
$$= \sqrt{\frac{2\epsilon_{Si}}{qN_A}}\left(\sqrt{\phi_{Fp} + V_{DS,sat} + \Delta V_{DS}} - \sqrt{\phi_{Fp} + V_{DS,sat}}\right)$$

(1) $V_{DS} = 3\,\mathrm{V}$

$$\Delta L = \sqrt{\frac{2\epsilon_{Si}}{qN_A}}\left(\sqrt{\phi_{Fp} + V_{DS,sat} + \Delta V_{DS}} - \sqrt{\phi_{Fp} + V_{DS,sat}}\right)$$
$$= (0.161)(\sqrt{4.764} - \sqrt{1.764}) = 0.138\,\mu\mathrm{m}$$

$$\frac{\Delta L}{L} = 0.1 \ \Rightarrow\ L = 1.38\,\mu\mathrm{m}$$

(2) $V_{DS} = 5\,\text{V}$

$$\Delta L = \sqrt{\frac{2\epsilon_{Si}}{qN_A}}\left(\sqrt{\phi_{Fp} + V_{DS,sat} + \Delta V_{DS}} - \sqrt{\phi_{Fp} + V_{DS,sat}}\right)$$
$$= (0.161)(\sqrt{6.764} - \sqrt{1.764}) = 0.205\,\mu\text{m}$$

$$\frac{\Delta L}{L} = 0.1 \Rightarrow L = 2.05\,\mu\text{m}$$

(3) $V_{DS} = 7\,\text{V}$

$$\Delta L = \sqrt{\frac{2\epsilon_{Si}}{qN_A}}\left(\sqrt{\phi_{Fp} + V_{DS,sat} + \Delta V_{DS}} - \sqrt{\phi_{Fp} + V_{DS,sat}}\right)$$
$$= (0.161)(\sqrt{7.764} - \sqrt{1.764}) = 0.235\,\mu\text{m}$$

$$\frac{\Delta L}{L} = 0.1 \Rightarrow L = 2.35\,\mu\text{m}$$

9-6 short channel MOSFET과 채널 도핑

우리는 지금까지 MOSFET의 이상적인 전류-전압 관계식을 고찰하였고 드레인 전압을 고려한 채널 길이 변조 효과를 통해서 채널 길이가 짧아짐에 따른 전류상승 효과를 알아보았다. 이러한 사실로부터 MOSFET 설계 시 채널 길이 변조 효과를 고려해야 한다는 것을 알게 되었을 것이다. 만약 채널이 매우 짧은 단채널인 경우에 ΔL이 차지하는 비율은 더욱 커질 것이며 채널 길이 변조 효과는 더욱 명확히 드러날 것이다.

이번 절에서는 채널 길이가 매우 짧아진 단채널 MOSFET에 대해서 논의하고자 한다. 수학적인 기술이 많이 필요하고 개념적으로 학부 수준에서 이해하기 힘든 부분이 있어서 수학을 최소한 사용해서 정성적으로 개념을 설명하는 데 중점을 두고자 한다. 더 깊이 공부하고 싶은 학생은 여러 가지 반도체 디바이스 물리 서적을 참조해야 할 것이다.

그림 9-45는 1990년대부터 최근까지 MOSFET의 scaling history를 요약한 것이다. 우측 세로축은 채널 길이, 좌측 세로축은 노광기 광원의 파장이다. 채널 길이가 연도별로 지속적으로 감소해가고 있는 것을 알 수 있다. 앞에서도 설명하였지만 소자를 작게 만들어서 집적도를 향상시키고자 하는 노력이 지금까지도 부단히 이어지고 있다. 채널 길이의 감소는 포토리소그래피 기술의 진보로 이어졌

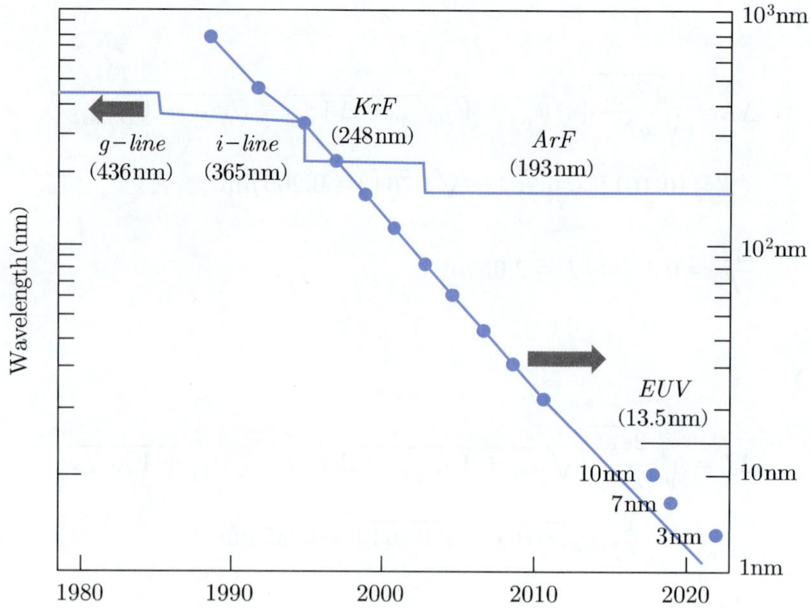

그림 9-45 MOSFET 채널 길이 변천 과정

다. 분해능이 좋은 포토 장비로 패턴 미세화에 성공한 것이다. 재미있는 사실은 2000년도 초반에 ArF 광원이 개발된 이후 EUV 극자외선 노광기가 등장하기 전까지도 채널 길이는 지속적으로 감소해 왔다는 것이다. 기존에는 채널의 길이를 기준으로 소자의 크기를 정의하였다. 지금까지 배운 것을 참조하면 채널 길이가 감소하면 전류 구동 능력이 향상된다는 것을 알 수 있다. 이것은 MOSFET의 고속 스위칭을 가능하게 한다. 그러나 MOSFET 소자의 퍼포먼스는 채널 길이만 가지고는 논의할 수 없다.

가령 14 nm의 채널 길이를 갖는 MOSFET 소자를 게이트 산화막의 두께나 재료의 변경, 더블 패터닝(double patterning) 기술의 조합으로 7 nm MOSFET 퍼포먼스를 구현시킬 수 있다는 것이다. 채널의 길이는 더블 패터닝 같은 공정상 복잡하지만 채널 길이를 줄일 수 있는 여러 가지 기술들을 조합함으로써 감소해 왔다. 많은 연구자나 엔지니어들의 각고의 노력 끝에 맺어진 성과로 볼 수 있다. 2010년 후반에는 극자외선 노광기가 등장함으로써 기존 광원 파장의 10배 이상을 줄일 수 있게 되었다. 이것을 통해서 최근에는 3 nm급 MOSFET 소자 제작 발표도 있었다. MOSFET 구조도 평면형 구조에서 3차원 FinFet, GAA(gate all around) 구조로 바뀌었고 산화막 재질도 다양화되었다. 여기서는 단채널 효과 중 대학 학부에서 알아야 할 개념들 위주로 설명하겠다. 본 장에서는 가장 기본적이고 단순한 모델에 대해 수학적인 유도를 진행하고 가급적 필요한 개념들 위주로 정성적인 설명만 추가할 것이다. 독자들은 이러한 현상들에 대해서 정성적으로만 이해하길 바란다.

9-6-1 문턱 전압의 변화

단채널 MOSEFT에서 가장 대표적인 현상 중 첫 번째는 문턱 전압의 감소이다. 그림 9-46을 살펴보자. 단채널에서 문턱 전압이 작아지는 이유를 정성적으로 표현한 대략적인 그림이다. 그림에서는 드레인에 전압이 걸리지 않은 상태를 묘사하였다. 따라서 소스와 드레인 부근의 공핍층의 폭이 모두 동일하다. 장채널의 경우는 그림 9-46 (a)에 해당한다. 문턱 전압에 영향을 주는 요소는 바로 $Q'_{inv.} + Q'_{SD}(\max)$이다. 이것은 반전전자들과 공핍층의 음으로 대전된 불순물 원자들의 총합이다. 채널을 형성하기 위해서는 게이트에 $Q'_{inv.} + Q'_{SD}(\max)$와 동일한 양의 전하들을 형성하기 위한 전압을 인가해 주어야 한다. 파란색 실선으로 표시한 사다리꼴의 면적이 전하 밀도가 되는 것이다. 전하 중성의 조건은 다음과 같다.

$$Q'_m + Q'_{SD}(\max) + Q'_{inv.} = 0 \tag{9-32}$$

게이트에는 $Q'_{inv.} + Q'_{SD}(\max)$와 동일한 크기의 양의 전하가 대전되어 균형을 맞추고 있는 것이다. 전하량에 프라임 기호를 표시한 이유는 단위 면적당 전하를 의미하기 위해서이다. 단채널의 경우에는 사다리꼴의 면적이 줄어들 것으로 예상할 수 있으며 그림 9-46 (b)와 같다.

이 사다리꼴의 면적과 동일한 크기의 양의 전하가 게이트에 형성되어야 하므로 장채널에 비해서 작은 게이트 전압으로도 충분히 이를 대응할 수 있게 되는 것이다. 이러한 이유로 단채널 MOSFET의 전형적인 현상은 문턱 전압의 감소이다. 문턱 전압의 감소는 접합의 깊이 r_j와 밀접한 관련이 있다. 우리는 가장 단순한 모델을 가정해서 문턱 전압의 변화량과 접합의 깊이와의 관계를 유도해 보기로 한다. 몇 가지 가정이 필요하다.

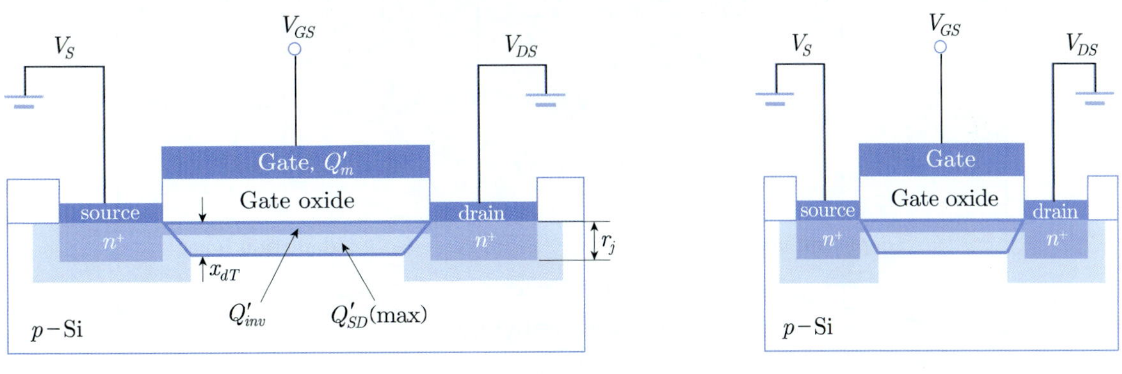

(a) long channel (b) short channel

$|Q'_m| = |Q'_{inv} + Q'_{SD}(\max)|$

그림 9-46 단채널에서 문턱 전압이 감소하는 정성적 이유

1. 드레인에는 전압이 인가되어 있지 않다. 이것은 소스와 드레인의 공핍층 폭은 채널 아래에 형성되는 최대 공핍층 폭 x_{dT}로 일정하다는 의미이다.
2. 고정 산화막 전하는 무시한다.
3. 소스, 드레인은 확산 공정을 통해서 확산 접합을 형성한다. 따라서 확산 거리는 방사 형태로 퍼지며 수평, 수직 모두 동일하게 r_j가 된다. 즉 원형을 이룬다.

그림 9-47에 이러한 상황을 나타내었다. 사다리꼴 면적이 게이트 전압이 형성하는 단위 면적당 전하 $Q_B^{'}$에 해당한다. 게이트의 면적은 $A = W \times L$이 된다.

$$|Q_B^{'}| = \frac{Q_B}{A} = \frac{WqN_A x_{dT}}{WL}\left(\frac{L+L^{'}}{2}\right) = \frac{qN_A x_{dT}(L+L^{'})}{2L} = qN_A x_{dT}\left(\frac{L-a}{L}\right), \quad L^{'} = L - 2a$$

직각 삼각형으로부터 다음 관계식이 성립한다.

$$(r_j + x_{dT})^2 = x_{dT}^2 + (r_j + a)^2 \quad \Rightarrow \quad a = \left(\sqrt{r_j^2 + 2x_{dT}r_j} - r_j\right)$$

$$\therefore |Q_B^{'}| = qN_A x_{dT}\left[1 - \left(\frac{\sqrt{r_j^2 + 2x_{dT}r_j} - r_j}{L}\right)\right]$$

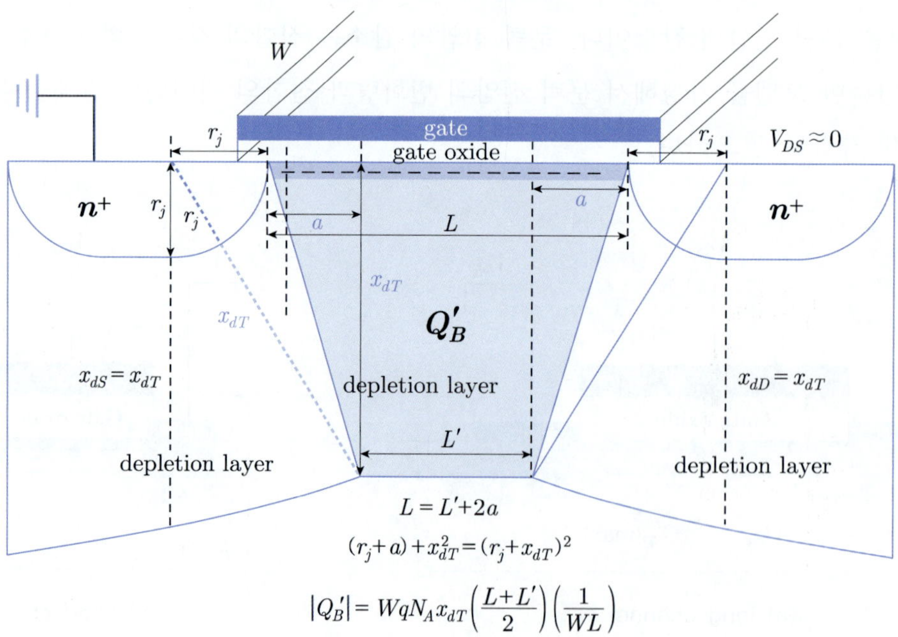

그림 9-47 소스, 드레인의 공핍층 폭이 동일한 경우 문턱 전압 변화량 유도 모델

우리는 MOS 커패시터에서 문턱 전압을 유도하였다. 수식 8-14를 참조하라. 단채널의 경우 $Q'_{SD} = Q'_B$를 치환하고 고정 산화막 전하는 0으로 간주하였으므로 문턱 전압의 변화량은 수식 9-33과 같이 표현할 수 있다.

$$V_{th} = \frac{|Q'_{SD}| - Q'_{ss}}{C_{ox}} + V_{FB} + 2\phi_{Fp}, \quad |Q'_{SD}| = qN_A x_{dT} = \sqrt{4qN_A \epsilon_{Si} \phi_{Fp}}$$

$$\Delta V_{th} = V_{th,short} - V_{th,long} = \frac{|Q'_B|}{C_{ox}} - \frac{|qN_A x_{dT}|}{C_{ox}}$$

$$\therefore \Delta V_{th} = -\frac{qN_A x_{dT}}{C_{ox}} \left[\frac{\sqrt{r_j^2 + 2x_{dT} r_j} - r_j}{L} \right] \tag{9-33}$$

수식 9-33에서 알 수 있듯이 단채널 효과는 문탁 전압을 감소시키는 방향으로 작용한다. 접합의 깊이를 얇게 하여 문턱 전압의 변화량을 감소시키고, 정전 용량을 크게(게이트 산화막의 두께를 줄임) 해서 문턱 전압의 감소를 최소화할 수 있다. 그러나 우리가 고려한 것은 드레인에 전압을 인가하지 않은 상태이다. 실제 드레인에 전압을 인가하면 드레인단의 공핍층 폭은 더욱 커지고 채널은 짧아지게 되므로 문턱 전압의 변화량은 더 증가할 것이다. 드레인단에 강한 전계를 인가한 경우에는 소스 부근의 공핍층의 폭과 드레인 부근의 공핍층의 폭이 서로 달라진다. 드레인 부근의 공핍층 폭이 더욱 커지므로 수식 9-33은 더 이상 유효하지가 않는다. 드레인에 전압이 인가된 경우에는 수식 9-34와 같이 표현할 수 있다. 여기서 소스 부근의 공핍층 폭과 드레인 부근이 동일하다면 다음과 같이 최대 공핍층 폭으로 표현 가능하다. $x_{dS} = x_{dD} = x_{dT}$인 경우에는 9-34식은 9-33식으로 귀결된다. 9-33은 소스와 드레인 부근의 공핍층의 폭이 같다고(소스 드레인에 전압을 인가하지 않은 열평형 상태) 가정하고 유도한 것임을 기억하라.

$$\Delta V_{th} = -\frac{qN_A x_{dT}}{2LC_{ox}} \left[\left(\sqrt{r_j^2 + 2r_j x_{dS}} + r_j(\alpha^2 - 1) \right) + \left(\sqrt{r_j^2 + 2r_j x_{dD}} + r_j(\beta^2 - 1) \right) \right] \tag{9-34}$$

$$\alpha^2 = \frac{x_{dS}^2 - x_{dD}^2}{r_j^2} \qquad \beta^2 = \frac{x_{dD}^2 - x_{dT}^2}{r_j^2}$$

수학적으로 유도하기보다는 문턱 전압 변화에 관여하는 인자들이 어떤 것들이 있는지 잘 고찰하는 것이 중요하다. 드레인 전압의 증가에 따라 채널 길이는 더 짧아지게 된다. 즉 드레인 전압의 함수로 표현된다. 수식에서 x_{dD}는 드레인 전압에 따른 드레인단의 공핍층 폭이다. 드레인 전압이 증가하면 채널 길이가 짧아지면서 문턱 전압이 급격히 감소해 가는데 이러한 현상을 문턱 전압의 roll off라고 부른다. 뒤에서 디블 현상 편에서 다시 설명할 것이다. 단채널에 기인하는 문턱 전압의 변화를 줄이려면 기판의 도핑 농도와 게이트 절연막의 두께를 감소시켜야 함을 알 수 있다. 접합의 깊이 r_j도 감소시켜야 한다. 그러나 이러한 인자들의 제어는 단독적으로 하는 것이 아니라 여러 가지 요소를 검토하고 디바이스 퍼포먼스 관점에서 종합적으로 다루어야 할 인자들임을 기억하라.

9-6-2 채널 폭의 감소 효과

단채널이 되면서 부수적으로 따라오는 효과가 채널의 폭도 좁아지는 현상이다. 트랜지스터의 집적도를 향상시키기 위해서는 W도 함께 줄여야 한다. W를 줄이지 않고 L만 줄일 경우, 기다란 직사각형의 트랜지스터가 되므로 집적도를 향상시키는 데 제한이 따른다. 따라서 W도 함께 줄여야 하는 것이다. 만약 W가 최대 공핍층의 폭 x_{dT}에 근접하게 되면 트랜지스터 폭의 협소화 효과도 고려해야 한다. 여기서는 W의 협소화 효과에 대해서 고찰해 보기로 한다.

그림 9-48에는 W 방향에서 관찰한 단면도를 나타내었다(AA'로 자르고 W 방향에서 관찰). 각각의 소자 사이를 분리시키기 위해서 LOCOS(local oxidation of silicon)라는 공정을 활용하여 소자 사이를 절연시킨다. 따라서 소자 사이에는 그림 9-48의 우측과 같은 형상을 갖는다.

오늘날에는 소자 간 격리 공법으로 LOCOS 대신에 STI(shallow trench isolation) 공정을 사용한다. 로코스 공법을 사용했던 시기에는 다음과 같은 문제점이 있었다. 만약 단면도와 같이 W가 최대 공핍층의 폭 정도로 매우 작아지면 W'을 무시할 수가 없다. 우리는 지금까지 문턱 전압 관계식을 유도하는 과정에서 W'을 무시하였다. 그 이유는 W가 W'보다 크다고 가정했기 때문이다. W가 작아지면서 W'가 차지하는 비율이 증가하므로 추가로 형성되는 공간전하 영역을 이제는 무시할

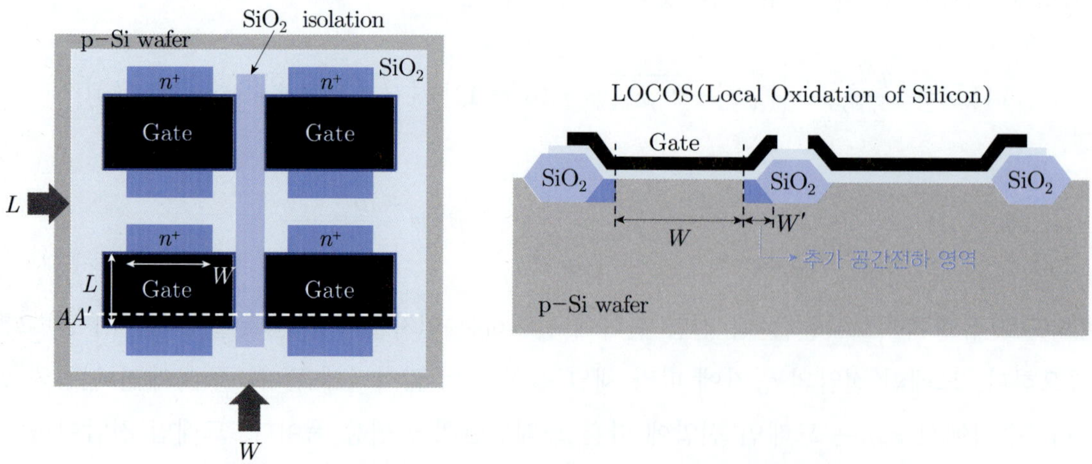

그림 9-48 협채널($W \approx W'$)인 경우 추가되는 공간전하 영역

수 없게 된다. 추가 공간전하 영역은 게이트 전압에 의해 통제 받는 구역이다. 추가로 형성된 공간전하 영역의 전하량을 고려한 새로운 문턱 전압 변동식을 유도하여 보자.

그림 9-49에서 추가로 형성된 공간전하 영역의 전하량을 ΔQ_B로 표현하고 W'은 그림과 같이 L 방향으로 연장된 실린더 형태를 이룬다고 가정하겠다. 실린더의 반지름과 길이를 각각 r, h로 놓으면 반지름은 최대 공핍층의 폭으로 근사시킬 수 있으며 실린더의 길이는 채널의 길이에 해당할 것이다. 또한 W'은 실린더의 1/4 체적에 해당하며 소스와 드레인 두 곳에 형성되므로 W'의 체적은 그림 9-49에 수록되어 있는 수식 $\pi x_{dT}^2 L/2$가 된다.

우리는 지금까지 문턱 전압을 정량적으로 유도하였다. 고정 산화막 전하를 무시한다면 문턱 전압은 다음과 같다.

$$V_{th} = \frac{|Q'_{SD}|}{C_{ox}} + V_{FB} + 2\phi_{Fp}, \qquad |Q'_{SD}| = qN_A x_{dT}$$

Q'_{SD}은 채널 방향의 공핍층이 형성하는 면전하 밀도이므로 다음과 같이 계산하였다.

$$|Q'_{SD}| = \frac{Q_{SD} x_{dT}}{A} = \frac{WLQ_{SD} x_{dT}}{WL} = qN_A x_{dT}$$

ΔQ_B가 원기둥의 형태를 가지면 반지름이 x_{dT}, 원기둥이 높이(길이) L이라고 할 때 ΔQ_B의 전하량은 원기둥 체적의 1/4로 계산할 수 있다. 또한 이러한 원기둥에는 소스와 드레인, 두 곳이 존재하므로 다음과 같이 계산할 수 있다.

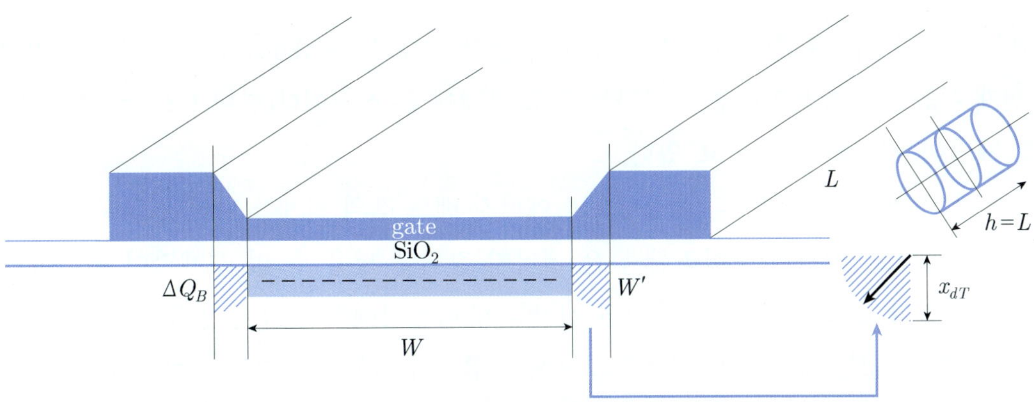

$$V_{\text{cylinder}} = \pi r^2 L = \pi x_{dT}^2 L \Rightarrow \frac{1}{4}\pi x_{dT}^2 L \Rightarrow \frac{1}{4}\pi x_{dT}^2 L \times 2 = \frac{1}{2}\pi x_{dT}^2 L$$

그림 9-49 채널 폭 W의 협소화 효과

$$V_{\text{cylinder}} = \pi r^2 L = \pi x_{dT}^2 L \ \Rightarrow \frac{1}{4} V_{\text{cylinder}} = \frac{1}{4}\pi x_{dT}^2 L \ \Rightarrow \frac{1}{4} V_{\text{cylinder}} \times 2 = \frac{1}{2}\pi x_{dT}^2 L$$

$$\therefore \Delta Q_B = \frac{1}{2} q N_A \pi x_{dT}^2 L$$

채널 폭의 방향으로 형성되는 총 단위 면적당 전하량은 다음과 같이 표현할 수 있다.

$$Q_B = WLqN_A x_{dT} + \Delta Q_B = WLqN_A x_{dT} + \frac{1}{2} q N_A \pi x_{dT}^2 L = WLqN_A x_{dT}\left(1 + \frac{\pi x_{dT}}{2W}\right)$$

$$Q_B' = \frac{WLqN_A x_{dT} + \Delta Q_B}{WL} = qN_A x_{dT} + \left(1 + \frac{\pi x_{dT}}{2W}\right)$$

이제 문턱 전압의 변화량을 구해 보자. 단채널 효과에서 사용한 식을 사용하자.

$$\Delta V_{th} = V_{th,\,W,short} - V_{th,\,W,long} = \frac{Q_B'}{C_{ox}} - \frac{qN_A x_{dT}}{C_{ox}}$$

$$\therefore \Delta V_{th} = \frac{qN_A x_{dT}}{C_{ox}}\left[1 + \frac{\pi x_{dT}}{2W}\right] - \frac{qN_A x_{dT}}{C_{ox}} = \frac{qN_A x_{dT}}{C_{ox}}\left[\frac{\pi x_{dT}}{2W}\right] = \frac{\pi q N_A x_{dT}^2}{2WC_{ox}}$$

이 값은 양수를 갖는다. 문턱 전압은 (+) 방향으로 이동할 것이다. 단채널 효과와는 반대로 작용하고 있다는 것을 알 수 있다. 어느 효과가 더 지배적일지는 W, L 방향의 체적의 크기에 따라서 결정될 것이다. 우리는 채널 폭의 협소화와 단채널 효과를 고려하였다. 두 효과 모두 게이트 절연막과 깊은 관련이 있음을 알 수 있다. 정전 용량을 증가시키기 위해서는 게이트 절연막의 두께 감소가 필수적이다. 그러나 게이트 절연막의 두께 감소는 누설 전류와 breakdown 전압 감소로 인해 제약이 따른다. 현재 두께를 지속적으로 줄여 나가는 것도 한계에 온 상황이다(현재 1.2 nm). 따라서 high-k 절연막의 개발이 절실히 요구되고 있다.

그림 9-50은 여러 가지 절연막의 유전상수와 에너지 밴드 갭의 관계를 나타낸 그래프이다. SiO_2는 밴드 갭이 약 9 eV로, 전자들이 이러한 높은 에너지 장벽을 넘을 수 없고 제작이 용이하기 때문에 많이 사용되어 왔다. 그러나 두께를 줄이면 전자들이 터널링해서 전류를 만들어 내기 때문에 좋은 절연막이라고 할 수 없는 상황이다. 원형으로 표시된 영역의 절연막이 가장 이상적이라 할 수 있는데, 아직까지는 이상적인 절연막이 발견되지 않은 상황이다.

TiO_2와 같이 유전상수가 큰 물질은 적합해 보이지만 에너지 밴드 갭이 낮아서 전자들이 에너지를 받으면 이러한 장벽을 쉽게 뛰어넘을 수 있기 때문에 절연 특성이 좋다고 할 수 없다. 절연 특성과 유전상수는 trade off 관계에 있음을 알 수 있다. 최근에는 HfO_2를 사용하기도 한다.

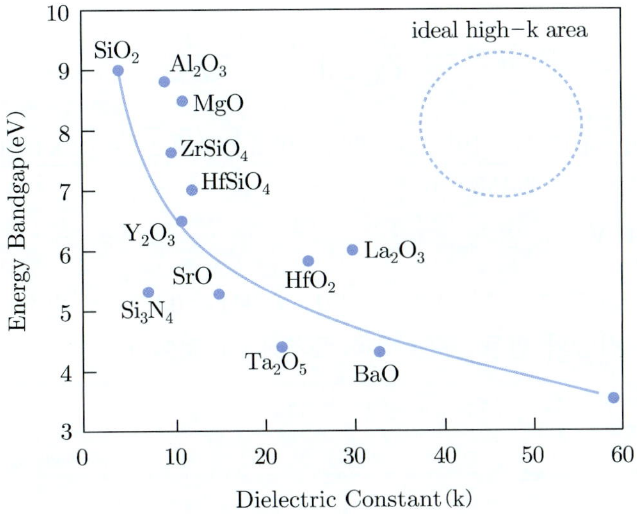

그림 9-50 절연막의 유전상수와 에너지 밴드 갭의 관계

예제 9-6-1

Al gate에 $N_A = 1 \times 10^{17}\,\text{cm}^{-3}$, $t_{ox} = 10\,\text{nm}$, $L = 1.0\,\mu\text{m}$, $r_j = 0.2\,\mu\text{m}$를 갖는 n−MOSFET의 문턱 전압을 구하고 채널 길이와 문턱 전압의 변동 폭을 구하라. 산화막 전하는 무시한다.

풀이

$$V_{th} = \phi_{ms} - \frac{Q'_{ss}}{C_{ox}} + 2\phi_{Fp} + \frac{|Q'_{SD}(\max)|}{C_{ox}}, \quad Q'_{ss} = 0$$

주어진 도핑 농도에서 Al 게이트의 일함수는 −1.0 V이다(예제 8-4-2 그림 참조).

$$C_{ox} = \frac{\epsilon_{ox}}{t_{ox}} = \frac{3.452 \times 10^{-13}}{100 \times 10^{-8}} = 3.452 \times 10^{-7}\,\text{F/cm}^2$$

$$\phi_{Fp} = \frac{kT}{q}\ln\left(\frac{N_A}{n_i}\right) = (0.0259)\ln\left(\frac{10^{17}}{1.5 \times 10^{10}}\right) = 0.407\,\text{V}$$

$$x_{dT} = \sqrt{\frac{4\epsilon_{Si}\phi_{Fp}}{qN_A}} = \sqrt{\frac{4 \times 11.7 \times 8.85 \times 10^{-14} \times 0.407}{(1.6 \times 10^{-19}) \times 10^{17}}} = 0.103 \times 10^{-4}\,\text{cm}$$

$$|Q'_{SD}(\max)| = qN_A x_{dT} = (1.6 \times 10^{-19})(10^{17})(0.103 \times 10^{-4}) = 1.648 \times 10^{-7}\,\text{C/cm}^2$$

$$\therefore V_{th} = (-1.0) + (2 \times 0.407) + \frac{1.648 \times 10^{-7}}{3.452 \times 10^{-7}} = 0.291\,\text{V}$$

단채널로 가는 경우 문턱 전압 변동량과 채널 길이와의 관계식은 수식 9-33과 같다.

$$\Delta V_{th} = -\frac{qN_A x_{dT}}{C_{ox}}\left[\frac{\sqrt{r_j^2 + 2x_{dT}r_j} - r_j}{L}\right]$$

$$\Delta V_{th} = -\frac{(1.6\times10^{-19})\times10^{17}\times0.103\times10^{-4}}{3.452\times10^{-7}}\left[\frac{\sqrt{(0.2)^2+(2\times0.103\times0.2)}-0.2}{1.0}\right]$$

$$= -0.041\,\text{V}$$

따라서 채널 길이가 $1\,\mu$m 일 때 문턱 전압은 $0.291 - 0.041 = 0.25\,\text{V}$ 로 감소하게 된다. 채널 길이가 짧아짐에 따라 문턱 전압의 변동 폭은 더욱 증가해 갈 것이다.

예제 9-6-2

n-MOSFET이 있다. $N_A = 1\times10^{17}\,\text{cm}^{-3}$, $t_{ox} = 10\,\text{nm}$, $r_j = 0.2\,\mu\text{m}$ 이다. 단채널 효과로 인하여 문턱 전압의 이동이 $-0.15\,\text{V}$ 보다 크지 않게 하기 위해서는 채널 길이를 최소 몇 마이크로로 하면 되겠는가?

풀이

앞의 예제 9-6-1과 동일한 조건들이다.

$$C_{ox} = 3.452\times10^{-7}\,\text{F/cm}^2 \qquad \phi_{Fp} = 0.407\,\text{V} \qquad x_{dT} = 0.103\times10^{-4}\,\text{cm}$$

$$\Delta V_{th} = -\frac{qN_A x_{dT}}{C_{ox}}\left[\frac{\sqrt{r_j^2 + 2x_{dT}r_j} - r_j}{L}\right]$$

$$-0.15 = -\frac{(1.6\times10^{-19})\times10^{17}\times0.103\times10^{-4}}{3.452\times10^{-7}}\left[\frac{\sqrt{(0.2)^2+(2\times0.103\times0.2)}-0.2}{L}\right]$$

$$0.15 = 0.477\times\frac{(0.285-0.2)}{L} \qquad \therefore L = 0.2703\,\mu\text{m}$$

따라서 문턱 전압 변동 폭이 0.15 V보다 작기 위해서는 채널 길이가 0.2703μm 보다 작아져서는 안 된다. 이 길이가 최소 채널 길이가 되는 것이다.

예제 9-6-3

Al gate에 $N_A = 1\times10^{17}\,\text{cm}^{-3}$, $t_{ox} = 10\,\text{nm}$ 를 갖는 n-MOSFET이 있다. 최대 공핍층의 폭 x_{dT} 를 구해 보고 문턱 전압의 변동을 $0.2\,\text{V}$ 이하로 제한하고자 한다. 이때 W의 크기를 구해 보고 x_{dT}와 비교해 보아라. 채널 폭의 방향으로 형성되는 공핍층은 실린더 형상으로 가정하라(본문 참조).

풀이

$$C_{ox}=\frac{\epsilon_{ox}}{t_{ox}}=\frac{3.452\times10^{-13}}{100\times10^{-8}}=3.452\times10^{-7}\,\mathrm{F/cm^2}$$

$$\phi_{Fp}=\frac{kT}{q}\ln\left(\frac{N_A}{n_i}\right)=(0.0259)\ln\left(\frac{10^{17}}{1.5\times10^{10}}\right)=0.407\,\mathrm{V}$$

$$x_{dT}=\sqrt{\frac{4\epsilon_{Si}\phi_{Fp}}{qN_A}}=\sqrt{\frac{4\times11.7\times8.85\times10^{-14}\times0.407}{(1.6\times10^{-19})\times10^{17}}}=0.103\times10^{-4}\,\mathrm{cm}$$

$$\Delta V_{th}=\frac{\pi qN_Ax_{dT}^2}{2WC_{ox}}\quad\Rightarrow\quad W=\frac{\pi qN_Ax_{dT}^2}{2C_{ox}\Delta V_{th}}=\frac{3.14\times1.6\times10^{-19}\times10^{17}(0.103\times10^{-4})^2}{2\times3.452\times10^{-7}\times0.2}$$

$$\therefore W=0.386\times10^{-4}\,\mathrm{cm}=0.386\,\mu\mathrm{m}$$

$W=0.386\,\mu$m에서 문턱 전압 변동량은 0.2 V이고, $W/x_{dT}=3.746$이므로 W가 최대 공핍층의 3.7배 정도가 되면 문턱 전압 변동량이 0.2 V라는 의미이다. 만약 W/x_{dT}가 작아질수록 문턱 전압 변동량은 더욱 커질 것이다. 이 결과는 놀라운 것이다. W가 최대 공핍층의 폭보다 3.7배가 큰데도 불구하고 문턱 전압 변동량이 0.2 V나 된다는 것이다. 만약 W가 최대 공핍층과 비슷해지면 문턱 전압 변동량은 더욱 커질 것이다.

9-6-3 Drain induced barrier lowering(DIBL) 현상과 펀치 스루

단채널에서 드레인 전압이 증가하면 드레인 부근의 공핍층이 넓어진다. 이때 드레인 부근의 공핍층이 소스 부근의 공핍층과 매우 가까워지거나 서로 연결되는 현상이 발생할 수 있는데 이것을 통칭하여 펀치 스루(punch through)라고 부른다. 그림 9-51 (a)는 n-MOSFET에 드레인 전압만을 인가한 상태이다. 드레인 부근의 공핍층이 넓어져 있는 것을 나타내고 있다. 소스와 드레인 사이는 충분히 떨어져 있으며 드레인 부근의 전계는 소스에 영향을 미치지 못하는 상태이다. 그림 9-51 (b)는 에너지 밴드 다이어그램으로 나타낸 것이다. 채널이 형성되어 있지 않으며 소스와 드레인 사이에는 에너지 장벽이 존재하며 드레인 부근 전자의 퍼텐셜에너지는 인가한 전압 qV_{DS1}만큼 낮아져 있음을 알 수 있다. 에너지 장벽이 존재하므로 전자는 소스에서 드레인으로 흐르지 못한다.

이제 드레인 전압을 증가시켜 보자. 그림 9-52 (a)를 참조하라. 드레인 부근의 전계는 강해지고 공핍층의 폭은 더욱 넓어진다. 확장된 드레인 부근의 공핍층은 소스에 가까워지면서 드레인 전계는 소스에 영향을 미치기 시작한다. 소스와 드레인 사이의 공핍층 간격이 $d2$로 매우 가까워져 있음에 주목하라.

드레인 부근의 강한 전계는 소스에 영향을 미쳐서 소스의 에너지 장벽을 낮추어 버리는 디블 현상을 유발한다. 전자는 낮아진 에너지 장벽을 넘어서 소스에서 드레인으로 확산할 수 있다. 채널을 형성하지 않고도 소스에서 드레인으로 전자 확산이 일어나는 것은 DIBL(Drain Induced Barrier Lowering) 현상으로 설명할 수 있다. 만약 게이트 전압이 인가되었다면 에너지 장벽은 더욱 낮아지므로 드레인 전류는 급격히 증가하게 될 것이다.

단채널이 되면 소스와 드레인 사이가 가까워지므로 적당한 드레인 전압에서도 디블 현상을 쉽게 관측할 수 있다. 이러한 디블 현상은 누설 전류로 취급할 수 있다. 게이트 전압의 통제를 받지 않고 소스에서 드레인으로 전자의 확산을 일으키기 때문이다. MOSFET은 게이트의 통제를 받는 디바이스임을 상기하라.

디블 현상이 발생하는 이유를 정성적으로 논의해 보자. 드레인 부근의 양의 전압은 PN 접합에 역방향 전압이 인가되었을 때와 동일하다. 낮게 도핑된 영역으로 공핍층이 확장된다는 사실을 상기하라. 드레인 전계가 강해지거나 단채널의 경우에는 드레인 부근의 강한 전계는 소스에도 영향을 미치므로 소스에 전압을 인가하지 않았는데도 불구하고 마치 양의 전압이 인가된 것 같은 영향을 미친다. 따라서 소스에 양의 전압이 인가되므로 전자의 퍼텐셜 에너지를 감소시켜 에너지 장벽을 낮추는 작용을 하는 것이다.

여러 명이 일어선 상태에서 팔을 펴고 손을 잡은 상태를 연상해 보아라. 맨 끝에 있는 사람이 앉더라도 가장 반대편의 맨 끝에 있는 사람의 팔이 밑으로 내려오는 일이 거의 없을 것이다. 그러나 두 명이서 이와 같은 행동을 한다면, 한 사람이 앉을 경우 바로 옆 사람의 팔은 영향을 받아 내려갈 것이다. 이러한 현상이 단채널에서 발생하는 디블과 비슷하다.

디블 현상이 발생하면 드레인 전압에 따라 드레인 전류도 계속해서 증가할 것이다. 포화 영역에서의 드레인 전류는 드레인 전압에 무관하게 포화한다는 square law model은 더 이상 만족하지 않게 된다. 이미 앞에서 channel length modulation에서 학습한 내용을 상기하라.

이제 드레인 전계를 더욱 증가시켜 보자. 그림 9-52 (b)에 나타내었다. 드레인 부근의 공핍층은 더욱 확장되어 이제 소스 부근의 공핍층과 서로 붙어버리게 되는 경우를 가정해 보자. 이렇게 되면 소스와 드레인 부근의 에너지 장벽이 완전히 사라진다. 이제 전자는 소스에서 드레인으로 드리프트하게 된다. 어떠한 에너지 장벽도 존재하지 않으므로 전자는 강한 드레인 전계에 이끌려서 확산이 아닌 드리프트하게 되는 것이다. 이것을 펀치 스루라고 부른다. 펀치 스루 현상이 발생하면 소스와 드레인 공핍층이 연결되어 전자가 드리프트할 수 있는 통로가 연결된 것과 비슷하다. 전자는 게이트 전압에 관계없이 소스에서 드레인으로 드리프트하면서 드리프트 전류를 만들어 낸다. 펀치 스루가 발생하면 트랜지스터의 오프동작이 정상적으로 동작하지 않으므로 스위칭 소자로 사용하기 어렵다는 것을 알 수 있다.

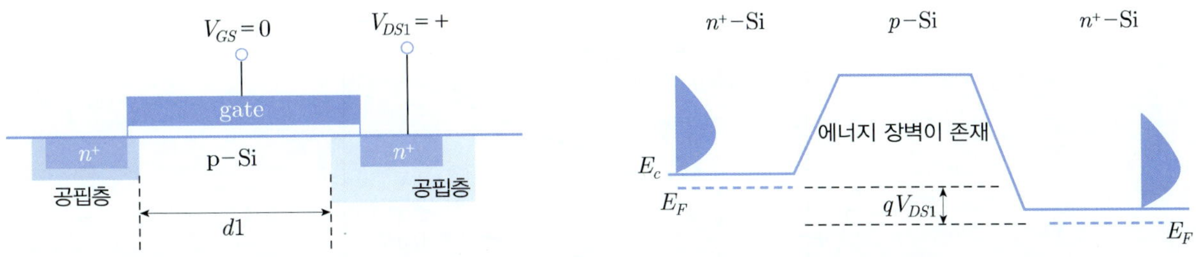

(a) 소스와 드레인의 공핍층 간 거리가 충분히 떨어져 있음 (b) 드레인 부근의 전자의 퍼텐셜 에너지가 낮아짐

그림 9-51 MOSFET에서 드레인 전압 인가 시 밴드 다이어그램

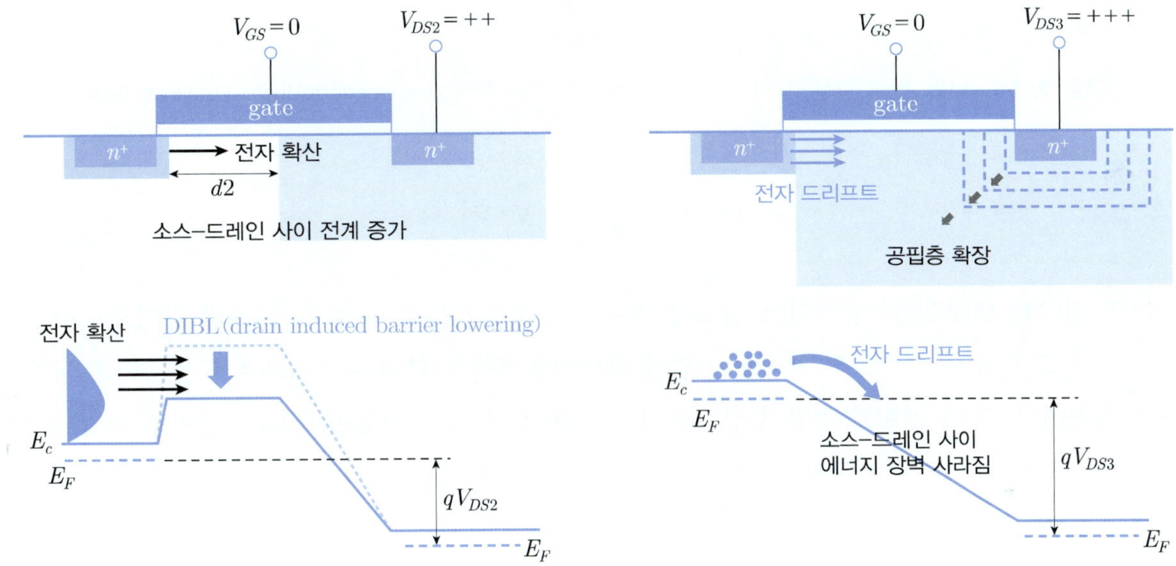

(a) $qV_{DS2}>qV_{DS1}$, 디블 (b) $qV_{DS3}>qV_{DS2}$, 펀치 스루

그림 9-52 드레인 전압 증가에 따른 디블 현상과 펀치 스루

그림 9-53에 디블 현상이 발생했을 경우, 각각의 게이트 전압에서 드레인 전류와 드레인 전압과의 관계를 나타내었다.

MOSFET 소자의 조건들은 $L=0.23\,\mu\text{m}$, $t_{ox}=258\,\text{nm}$, $N_A=7\times10^{16}\,\text{cm}^{-3}$의 경우에 해당한다. 드레인 전류는 더 이상 포화되지 않는다. 특히 게이트 전압이 증가할수록 이 현상은 더욱 두드러지게 나타난다. 소스와 드레인의 공핍층이 매우 근접해서 이러한 것들이 누설 전류를 유발시키는 것이다. 장채널의 경우에는 소스와 드레인이 물리적으로 멀리 떨어져 있기 때문에 이러한 디블 현상이 발생하지 않는다. 현재 이러한 디블 현상은 게이트가 채널을 네 방향에서 감싸고 있는 구조(3차원 GAA)를 채택하여 완화시키고 있다. 게이트의 통제력을 증가시킨 것이다.

디블 현상의 정의는 다음과 같다.

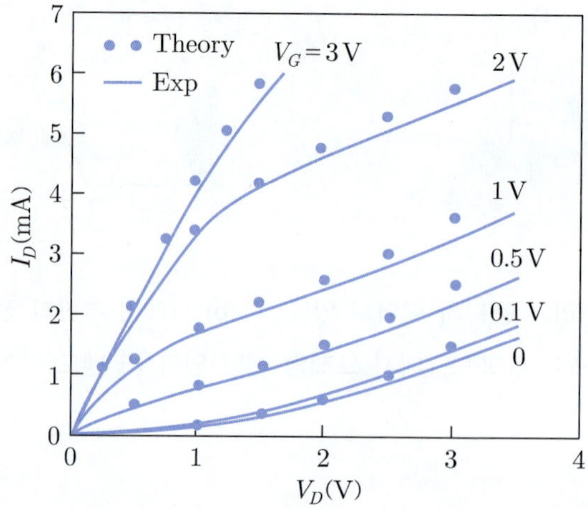

그림 9-53 디블 현상 발생 시 $V_{DS}-I_{DS}$ 관계(S.M. Sze Physics Semicondutor Devices 3rd)

$$\text{DIBL} = \frac{\Delta V_{GS}}{\Delta V_{DS}} \ [\text{V/V}] \tag{9-35}$$

드레인 전압을 변경했을 때 게이트 전압이 얼마나 변하는가를 나타낸다. 드레인 방향으로 전자가 흐르므로 그 크기가 어느 정도의 게이트 전압에 해당하는가를 나타내는 의미에서 디블 현상은 전압의 비율로 표현한다. 만약 게이트 전압의 변화량이 크다는 것은 디블 현상이 크다는 것이고 누설 전류의 증가를 의미한다. 디블 현상은 누설 전류의 많고 적음을 대변하기 때문에 단채널 MOSFET의 성능 지표처럼 사용한다.

단채널이 되면 디블 현상이 발생하고 문턱 전압이 낮아지는 것이 전형적인 현상이다. 문턱 전압이 낮아지는 이유는 드레인 전압이 채널을 미리 열어 놓았기 때문에 게이트가 적은 전압으로도 채널을 open할 수 있기 때문으로도 해석할 수 있다. 우리는 문턱 전압의 감소 현상은 채널이 짧아질수록 또 드레인 전압이 증가할수록 더욱 명백해진다는 것을 알게 되었다. 채널 길이가 짧아짐에 따라 문턱 전압이 갑자기 감소하는 현상을 문턱 전압의 roll off 현상이라 부른다.

그림 9-54에 문턱 전압과 채널 길이의 관계를 나타내었다. 채널 길이가 짧아지면 문턱 전압이 낮아지는데 특히 드레인 전압이 커질수록 roll off 현상이 더욱 커짐을 알 수 있다. 디블 현상 발생 시 누설 전류의 증가는 문턱 전압 감소로 인한 트랜스퍼 커브의 좌측 평행이동으로 해석할 수도 있다. 디블 현상의 근원은 드레인 전계로 인해 게이트의 통제력이 약해져서 발생한 것이다. 지금까지 디블과 펀치 스루 현상을 억제하기 위한 다양하고도 많은 방법들이 활용되어 왔다. 대표적인 것들을 간단히 정성적으로 설명하는 것으로 마치겠다.

첫 번째가 게이트 절연막에 high-k 물질을 도입하여 게이트의 통제력을 향상시킴으로써 누설 전류를 감소시키는 방법, 두 번째가 LDD 구조를 도입하여 드레인 부근의 전계를 감소시키는 방법,

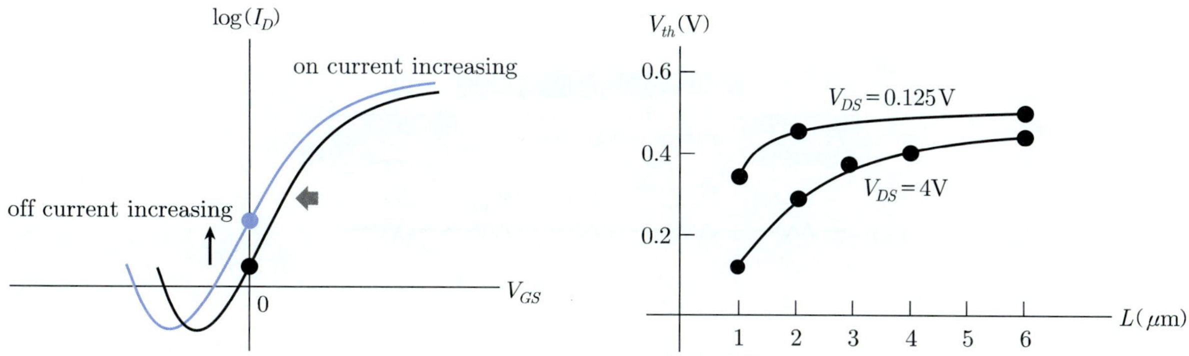

(a) 트랜스퍼 커브의 왼쪽 이동 (b) roll off

그림 9-54 단채널 MOSFET의 roll off 현상(Robert F. Pierret, Semiconductor Device fundamentals)

세 번째가 채널 끝단에 아주 작은 고농도 도핑 영역을 형성시켜서 공핍층의 확장을 억제시키는 방법(halo 도핑법이라 함), 네 번째가 SOI(substrate on insulator) 방법, 다섯 번째가 접합의 깊이를 줄여서 공핍층의 확장을 억제하는 방법, 마지막으로 기판의 기판 농도를 높여서 공핍층의 확장을 억제시키는 방법이 활용되어 왔다. 그러나 오늘날에는 게이트로 채널을 완전히 감싸는 3차원 GAA 구조를 채택하여 게이트의 제어력을 향상시켜 이러한 문제를 대폭 완화시키고 있다.

9-6-4 Series resistance

단채널 때문에 발생하는 것 중 세 번째가 series resistance이다. MOSFET의 채널 부분을 살펴보면 전극-소스-LDD 영역-채널-드레인-전극 순으로 series resistance 형태를 지니고 있다. 그림 9-55에 표시하였다. OLED 디스플레이에 내장되어 있는 TFT는 채널 길이가 1μm 이상으로 채널이 매우 긴 상태이다. 이러한 경우는 채널의 저항이 매우 크므로 드레인에서 소스로 흐르는 전류는 대부분 채널의 컨덕턴스에 의해 결정된다. 이 의미는 소스-드레인의 저항이 채널 저항보다 작아서 전류의 흐름은 채널 저항이 결정한다는 것이다. 그러나 반도체와 같이 채널이 수 nm에 이르면(디스플레이 TFT보다 약 1000배 이상 짧다) 이제는 채널 저항이 매우 작으므로 소스-드레인 저항 성분이 중요해진다. 소스-드레인의 저항 성분을 줄여야 드레인 전류가 증가한다는 것이다.

따라서 반도체에서는 소스-드레인 저항을 줄이기 위한 여러 가지 시도들이 진행되고 있다. 소스-드레인의 저항을 줄이는 방법은 그다지 많지 않다. 먼저 도핑 농도를 높게 하는 것인데 이것은 이미 최고점에 가깝게 와 있다. 또한 불순물 특성상 실리콘에 최대로 도핑할 수 있는 농도가 결정되어 있으므로 이러한 방법은 매우 제한적이다. 다른 한 가지는 접합의 깊이 r_j를 깊게 하는 것인데 이것은 수식 9-33에 나와 있듯이 문턱 전압의 변동을 가져 온다. 따라서 최근에는 소스-드레인 금속을

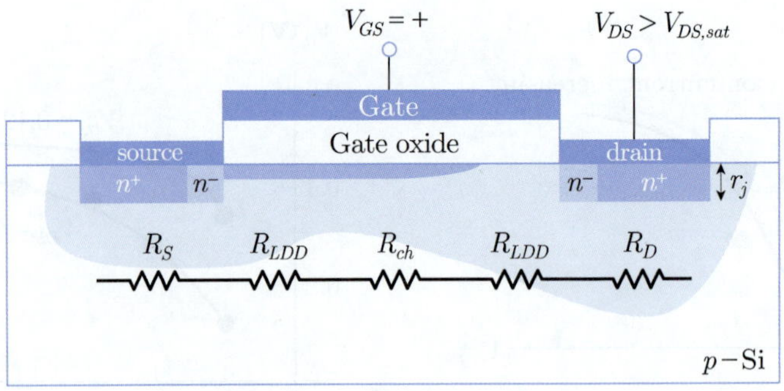

그림 9-55 series resistance

증착한 후 열처리 과정을 통해서 금속과 실리콘의 접합면을 실리사이드라는 합금 물질로 만드는 것이다. 공정적으로 열처리만 진행하면 되는 간단한 방법이다.

9-6-5 속도 포화

단채널 현상의 전형은 속도 포화가 장채널에 비해서 두드러지게 나타난다는 것이다. 장채널 MOSFET에서는 채널의 길이가 충분히 길어서 가로 방향의 전계가 포화될 만큼 강하지 않다. 이것은 전자의 이동도가 일정하다는 의미이고 전자의 속도는 전계에 의해 계속 증가하다가 드레인 부근에서 포화될 것이다. 그러나 단채널의 경우에는 거리가 감소하므로 전계와 거리와의 반비례 관계에 의해 속도 포화가 장채널에 비해 빨리 발생할 것이다. 이러한 사실로부터 우리는 단채널의 포화 전압이 장채널의 포화 전압보다 작을 것이라고 직관적으로 유추할 수 있다.

우리는 지금까지 긴 채널의 경우를 고려하여 왔고 속도 포화를 고려해서 전류-전압 관계식을 유도하지 않았다. 이상적인 MOSFET에서는 채널 내에서 전자의 속도가 전계에 의해서 증가한다고 가정한 것이다.

그림 9-56에는 전자의 속도 포화 그래프를 나타내었다. 점선으로 표시한 직선은 이동도가 일정한 경우에 해당하며 전계에 의해 전자의 속도는 선형함수로 증가한다. 이러한 경우는 지금까지 우리가 속도 포화를 고려하지 않은 이상적인 MOSFET에 해당한다. 전자의 속도는 대략 $E_{sat}=8\times10^4\,\mathrm{V/cm}$의 전기장하에서 전자의 열속도 $v_{th}=\sim 10^7\,\mathrm{cm/sec}$로 수렴한다. 단채널이 되면 소스와 드레인 양단에 걸리는 전계가 강해지므로 장채널에 비해 속도 포화가 빨리 발생하며 더 이상 이동도가 일정하다는 가정은 타당하지 않게 된다. 그림 9-56의 실선으로 표시한 곡선을 새로운 속도-전계 곡선으로 볼 수 있다. 이 곡선을 묘사하는 수식은 전자의 속도 포화를 고려해서 수학적으로 묘사한 식에 지나지 않는다. 우리는 이 식으로부터 속도 포화를 고려한 새로운 전류-전압 관계식을 수학적으로

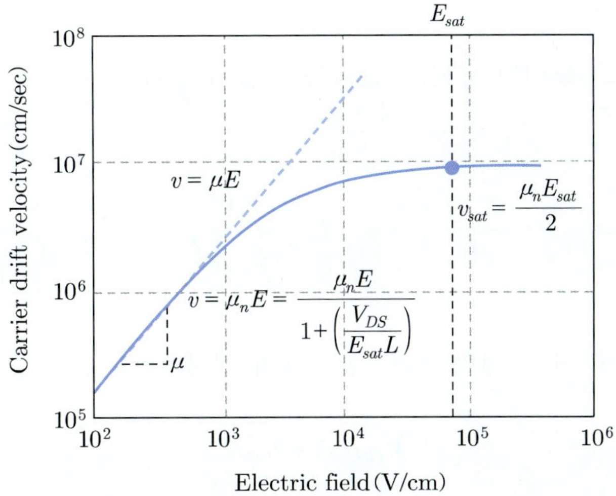

그림 9-56 상온에서의 전계에 따른 전자의 속도 포화

유도할 것이다.

새로운 전자의 이동도는 수식 9-36으로 표현할 수 있다. 전자에 대해서는 $N=1$로 가정하여 고려할 것이다. 수학적인 번거로움을 피하려는 이유도 있지만 가령 $N=1$, $N=2$인 경우 각 곡선의 모양이 달라지는데 $N=2$의 경우에 곡률이 더 큰 형태를 이룰 뿐이기 때문이다. 근본적으로 곡선의 모양은 변하지 않으므로 전자의 경우 $N=1$로 근사시켜서 수학적인 관계를 살펴볼 것이다.

$$\mu=\frac{\mu_n}{\left[1+\left(\dfrac{E}{E_{sat}}\right)^N\right]^{1/N}} \qquad (9\text{-}36)$$

$N=1$ hole

$N=2$ electron

I) $E \ll E_{sat} \;\Rightarrow\; \mu=\mu_n \qquad \therefore v=\mu_n E$

II) $E \approx E_{sat} \;\Rightarrow\; \mu=\dfrac{\mu_n}{2} \qquad \therefore v_{sat}=\dfrac{\mu_n E_{sat}}{2}$

III) $0 \ll E < E_{sat} \;\Rightarrow\; \mu=\dfrac{\mu_n}{1+\left(\dfrac{E}{E_{sat}}\right)} \qquad \therefore v=\dfrac{\mu_n E}{1+\left(\dfrac{E}{E_{sat}}\right)}$

포화 전계보다 아주 작은 경우는 $E/E_{sat}\approx 0$로 볼 수 있으므로 분모는 1로 근사되며 지금까지 논의한 $v=\mu_n E$를 만족하고 있다. 속도 포화는 II), III)의 경우에 해당하므로 우리는 이 두 가지

속도 식을 사용해서 지금부터 논의해 나갈 것이다.

채널 길이에 대해서 소스 드레인 양단에 걸리는 전압 V_{DS}와 전계와의 관계는 하기와 같이 표현할 수 있을 것이다.

$$E = \frac{V}{d} \quad \Rightarrow \quad E = \frac{V_{DS}}{L} \quad \Rightarrow \quad E_{sat} = \frac{V_{DS,\,sat}}{L} \qquad \therefore v = \frac{\mu_n E}{1 + \dfrac{V_{DS}}{E_{sat} L}}$$

한편 상기 식으로부터 포화 전계와 포화 전압과의 관계는 다음과 같다.

$$V_{DS,\,sat} = E_{sat} L$$

$E_{sat} = 8 \times 10^4\ \mathrm{V/cm}$으로 일정하다고 가정하면 L이 작아짐에 따라 포화 전압은 감소한다는 것을 알 수 있다. 즉 채널이 짧아지면 포화 전압은 감소하고 빠른 포화(early saturation)가 발생하면서 추가로 드레인 전류도 감소시키다. 이것이 속도 포화가 일으키는 현상이다.

그림 9-57에 단채널이 되면서 속도 포화가 일찍 발생하고 드레인 전류가 감소하는 이유를 설명하였다. 파란색 화살표가 모두 속도 포화가 일으키는 현상들이다.

핀치 오프 지점부터 전류가 일정하게 유지되는 이유를 앞에서 전자의 속도 포화로 설명하였다. 단채널이 되면서 포화 전압이 감소하므로 그림 9-57과 같이 early saturation이 발생하고 드레인 전류는 감소한다. 이상적인 MOSFET에서 드레인 전류는 채널 길이에 반비례하는 관계이다. 채널 길이가 반으로 감소하면 전류는 2배 증가해야 할 것이다. 그러나 속도 포화가 발생하면 실질적인 드레인 전류 증가율은 2배가 되지 않는다. 그 이유는 포화 때문이다. 2배보다는 조금 작게 증가한다는 의미이다. 단순히 산술적으로 증가하지 않는다.

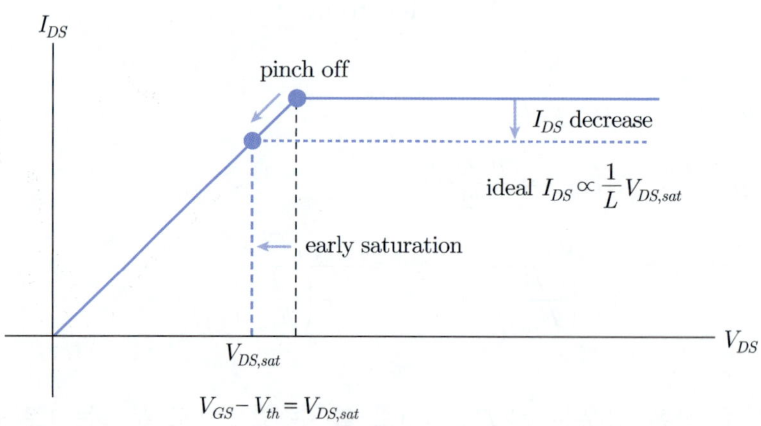

그림 9-57 속도 포화 현상에 따른 early saturation 현상

이상이 속도 포화가 일으키는 첫 번째 현상이다. 두 번째 현상은 포화 영역에서 게이트 전압의 제곱에 비례해서 드레인 전류가 증가하지 않는다는 것이다. 이상적인 MOSFET 소자의 전류-전압 관계식에서는 $I_{DS,sat} \propto WC_{ox}(V_{GS}-V_{th})^2$인 관계를 가지고 있다. 즉 게이트 전압이 2배 증가하면 드레인 전류는 4배 증가하게 된다. 속도 포화가 발생하는 경우 드레인 전류는 다음 관계식을 갖는다. 즉 게이트 전압의 일차함수로 드레인 전류가 증가하게 됨을 알 수 있다.

$$I_{DS,sat} \propto WC_{ox}(V_{GS}-V_{th})v_{sat}$$

왜 이런 관계를 갖는지에 대해서는 뒤에서 수학적인 유도를 해 볼 것이다. 우리는 수학적인 관계를 유도함에 있어서 bulk charge effect(BCE)를 고려하지 않을 것이다. 가장 단순한 모델을 논의할 것인데, 이는 BCE를 고려해도 큰 차이를 유발시키지 않기 때문이다.

그림 9-58에 속도 포화 발생 시의 드레인 전류는 게이트 전압의 일차함수 형태로 증가한다는 것을 나타내었다. 그림 9-58과 같은 직육면체에서 $I_{DS,sat}$은 다음과 같이 표현할 수 있다.

$$J=qnv,\quad I_{DS}=AJ=W\times qnv=qnWv=Q_{inv}Wv \quad\Rightarrow\quad I_{DS,sat}=WQ_{inv}v_{sat}$$

$$\therefore I_{DS,sat}=WC_{ox}(V_{GS}-V_{th})v_{sat}$$

즉 드레인 전류는 게이트 전압의 선형 일차함수로 증가한다는 것을 개략적으로 알 수 있다. 이상적인 MOSFET의 경우에는 검은색 문자로 표현한 $V_{GS1} \rightarrow V_{GS2}$로 이동하지만 속도 포화가 발생한 경우에는 $V_{GS1} \rightarrow V'_{GS2}$로 이동하게 된다.

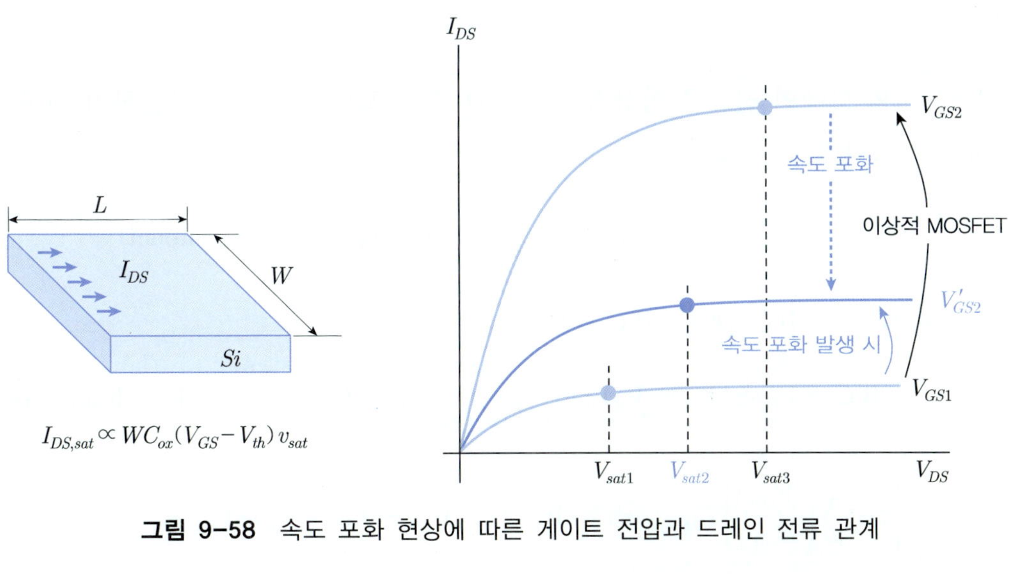

그림 9-58 속도 포화 현상에 따른 게이트 전압과 드레인 전류 관계

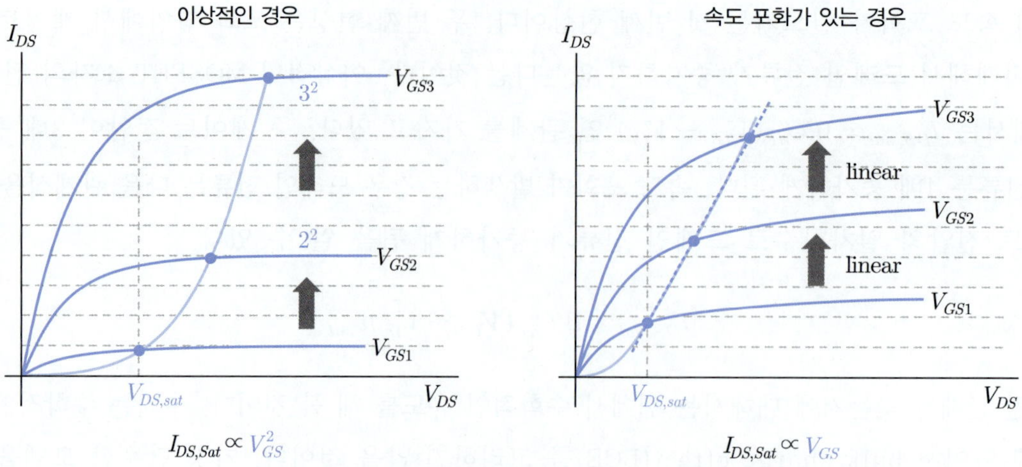

그림 9-59 속도 포화 유무에 따른 아웃풋 커브

이상을 요약하면 그림 9-59와 같다. 속도 포화가 일으키는 두 가지 현상으로는 포화 전압의 감소(early saturation)와 게이트 전압에 일차함수로 증가하는 드레인 전류로 볼 수 있다.

9-6-6 속도 포화를 고려한 전류-전압 관계식 및 탄도 전송

속도 포화의 경우 전자의 이동도는 수식 9-36과 같이 묘사되므로 전자의 속도는 다음과 같이 쓸 수 있다.

$$v = \mu E = \frac{\mu_n E}{1 + \left(\frac{1}{E_{sat}} \frac{V_{DS}}{L}\right)}$$

linear 영역에서의 드레인 전류를 이상적인 경우와 속도 포화의 경우를 구분하기 위하여 다음과 같이 정의하기로 한다.

$$I_{DSS,lin}(\text{square law model}),\ I_{DSV,lin}(\text{velocity saturation model})$$

$$I_{DSV,lin} = Wqnv = WQ_{inv}v = -WC_{ox}(V_{GS} - V_{th} - V_x)v$$

$$= -WC_{ox}(V_{GS} - V_{th} - V_x)\frac{\mu_n E}{1 + (V_{DS}/E_{sat}L)},\quad E = -\frac{dV_x}{dx},\quad V_x : \text{channel potential}$$

$$\left[1 + \frac{1}{L}\left(\frac{V_{DS}}{E_{sat}}\right)\right] I_{DSV,lin}dx = W\mu_n C_{ox}(V_{GS} - V_{th} - V_x)dV_x$$

$$\left[1+\frac{1}{L}\left(\frac{V_{DS}}{E_{sat}}\right)\right]I_{DSV,lin}\int_0^L dx = W\mu_n C_{ox}\int_0^{V_{DS}}(V_{GS}-V_{th}-V_x)dV_x$$

$$I_{DSV,lin} = \frac{1}{1+\frac{1}{L}\left(\frac{V_{DS}}{E_{sat}}\right)}\frac{WC_{ox}\mu_n}{L}\left[(V_{GS}-V_{th})V_{DS}-\frac{V_{DS}^2}{2}\right]$$

$$= \frac{1}{1+\frac{1}{L}\left(\frac{V_{DS}}{E_{sat}}\right)}I_{DSS,lin} = \kappa I_{DSS,lin} \qquad (9-37)$$

속도 포화 모델에서 리니어 영역에서의 드레인 전류는 최종 9-37식으로 표현된다.

I) $L \rightarrow$ very long or $V_{DS} \rightarrow$ very small

$$\kappa = \frac{1}{1+\frac{1}{L}\left(\frac{V_{DS}}{E_{sat}}\right)} \approx 1 \qquad \therefore I_{DSV} = I_{DSS}$$

II) $L \rightarrow$ very short or $V_{DS} \rightarrow$ very large

$$\kappa = \frac{1}{1+\frac{1}{L}\left(\frac{V_{DS}}{E_{sat}}\right)} \approx \frac{E_{sat}L}{V_{DS}} < 1 \qquad \therefore I_{DSV} < I_{DSS}$$

이상적인 MOSFET의 속도 포화 전압은 다음과 같이 구할 수 있다.

$$\frac{dI_{DSS,lin}}{dV_{DS}} = \frac{WC_{ox}\mu_n}{L}[(V_{GS}-V_{th})-V_{DS}] = 0 \qquad \therefore V_{DS} = V_{GS}-V_{th}$$

속도 포화가 발생하게 되면 속도 포화 전압이 감소한다고 지금까지 논의해 왔다. 그렇다면 정량적으로 얼마나 감소하는지 구해 보자. 동일하게 속도 포화점에서 접선의 기울기가 0이라는 방법을 사용할 수도 있지만 다음과 같이 구해 보자. 먼저 포화 영역에서의 드레인 전류를 구해 보도록 하자. 포화점에서는 전류가 연속이므로 다음 식이 성립한다.

$$I_{DSV,lin} = I_{DSV,sat}$$

포화 영역에서는 채널 퍼텐셜과 속도를 다음과 같이 표현할 수 있다.

$$V_x = V_{DS} = V_{DS,\,sat}, \quad v = v_{sat} = \frac{\mu_n E_{sat}}{2}$$

$$I_{DSV,\,sat} = \frac{WC_{ox}\mu_n}{2}(V_{GS} - V_{th} - V_{DS,\,sat})E_{sat} \tag{9-38}$$

$$I_{DSV,lin} = I_{DSV,\,sat}$$

$$\frac{1}{1+\dfrac{1}{L}\left(\dfrac{V_{DS}}{E_{sat}}\right)}\frac{WC_{ox}\mu_n}{L}\left[(V_{GS} - V_{th})V_{DS} - \frac{V_{DS}^2}{2}\right] = \frac{WC_{ox}\mu_n}{2}(V_{GS} - V_{th} - V_{DS,\,sat})E_{sat}$$

$$(V_{GS} - V_{th} - V_{DS,\,sat})(E_{sat}L + V_{DS,\,sat}) = 2\left[(V_{GS} - V_{th})V_{DS} - \frac{V_{DS}^2}{2}\right]$$

$$(V_{GS} - V_{th} + E_{sat}L)V_{DS,\,sat} = (V_{GS} - V_{th})E_{sat}L$$

$$V_{DS,\,sat} = \frac{(V_{GS} - V_{th})E_{sat}L}{(V_{GS} - V_{th}) + E_{sat}L} \quad \Rightarrow \quad \text{양변에 역수를 취함}$$

$$\therefore \frac{1}{V_{DS,\,sat}} = \frac{1}{V_{GS} - V_{th}} + \frac{1}{E_{sat}L} \tag{9-39}$$

SLM에서 도출한 포화 전압에 $E_{sat}L$ 항이 추가되었고 역수 관계이므로 최종적으로 포화 전압은 감소한다는 것을 알 수 있다. 수식 9-39와 9-38을 결합해서 재정리하면 다음과 같다.

$$\begin{aligned} I_{DSV,sat} &= WC_{ox}(V_{GS} - V_{th} - V_{DS,sat})v_{sat} \\ &= WC_{ox}\frac{\mu_n E_{sat}}{2}\left[V_{GS} - V_{th} - \frac{(V_{GS} - V_{th})E_{sat}L}{(V_{GS} - V_{th}) + E_{sat}L}\right] \end{aligned}$$

$$\therefore I_{DSV,sat} = \frac{WC_{ox}\mu_n}{2}\left[\frac{(V_{GS} - V_{th})^2 E_{sat}}{(V_{GS} - V_{th}) + E_{sat}L}\right]$$

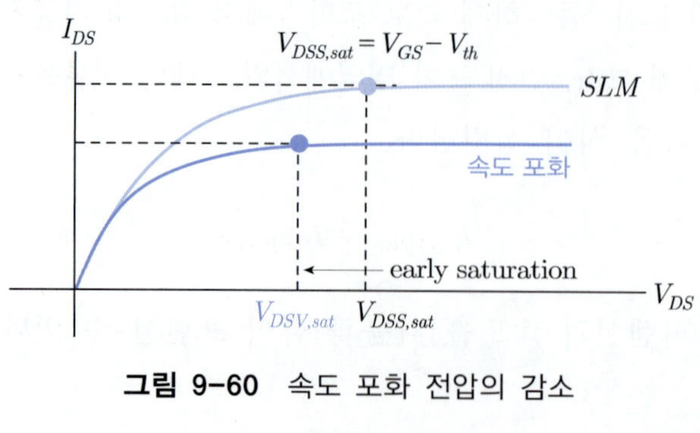

그림 9-60 속도 포화 전압의 감소

분자, 분모를 $E_{sat}L$로 나누고 L을 앞으로 꺼내 놓으면 최종적으로 다음과 같은 형태를 지닌다.

$$\therefore I_{DSV,sat} = \frac{WC_{ox}\mu_n}{2L}\left[\frac{(V_{GS}-V_{th})^2}{1+\dfrac{V_{GS}-V_{th}}{E_{sat}L}}\right] = \frac{1}{1+\dfrac{V_{GS}-V_{th}}{E_{sat}L}}\frac{WC_{ox}\mu_n}{2L}(V_{GS}-V_{th})^2$$

$$= \kappa' I_{DSS,sat}$$

I) $L \rightarrow$ very long

$$\kappa' = \frac{1}{1+\dfrac{V_{GS}-V_{th}}{E_{sat}L}} \approx 1 \qquad \therefore I_{DSV,sat} = I_{DSS,sat}$$

II) $V_{GS}-V_{th} \gg E_{sat}L \Rightarrow$ short channel condition

$$\kappa' = \frac{1}{1+\dfrac{V_{GS}-V_{th}}{E_{sat}L}} \approx \frac{E_{sat}L}{V_{GS}-V_{th}}$$

$$I_{DSV,sat} = \frac{1}{1+\dfrac{V_{GS}-V_{th}}{E_{sat}L}}\frac{WC_{ox}\mu_n}{2L}(V_{GS}-V_{th})^2 = \frac{E_{sat}L}{V_{GS}-V_{th}}\frac{WC_{ox}\mu_n}{2L}(V_{GS}-V_{th})^2$$

$$= \frac{WC_{ox}E_{sat}\mu_n}{2}(V_{GS}-V_{th}) = WC_{ox}(V_{GS}-V_{th})v_{sat}, \quad \because E_{sat}\mu_n = 2v_{sat}$$

$$\therefore I_{DSV,sat} = WC_{ox}(V_{GS}-V_{th})v_{sat} \tag{9-40}$$

수식 9-40에서 알 수 있듯이 속도 포화 현상이 발생하면 포화 전류는 게이트 전압의 선형 함수로 증가한다. 속도 포화 발생 시 감소하는 전류 분을 보상하기 위해서는 수식 9-40에서 알 수 있듯이 게이트 절연막의 정전 용량 및 게이트 전압의 증가, 문턱 전압의 최소화가 필요하다. 게이트 절연막은 절연 파괴가 일어나지 않는 범위 내, 게이트 산화막을 통과하는 누설 전류를 고려해서 최소한의 두께로 가져가는 것이 좋다. 현재 1.2 nm 수준까지 감소한 것을 고려한다면 유전상수가 큰 high-k 물질을 도입함으로써 절연막 두께를 많이 줄이지 않고도 정전 용량을 증가시킬 수 있을 것이다. 그러나 전자의 이동도, 문턱 전압을 감안한다면 절연막의 두께를 감소시키는 것이 바람직하다.

두 번째로 게이트 전압을 증가시키는 방법이 있지만 게이트 전압을 증가시키면 소비전력이 문제로 떠오른다. 특히 회로 부분에서 소비전력이 증가할 수 있으며 소자의 신뢰성 관점에서도 게이트 전압을 너무 증가시키는 것은 바람직하지 않다. 오랜 시간 높은 게이트 전압에서 소자가 작동하면 문턱 전압 shift가 유발되어 소자 수명을 단축시킬 수 있다.

세 번째로 문턱 전압은 누설 전류를 고려해서 줄여야 할 것이다. 가령 트랜스퍼 커브의 좌측 평행이동은 게이트 전압 0 V에서 off current가 증가할 수 있으므로 최적화가 필요할 것이다.

가장 좋은 방법은 역시 게이트 절연막의 두께를 감소시켜서 정전 용량을 최대한 크게 하는 것이다. 따라서 소자가 단채널화되면서 게이트 절연막의 두께 감소와 high-k 물질 도입이 매우 중요해졌다. MOSFET 소형화는 주변의 모든 공정, 재료를 포함해서 스케일링하는 것이 중요하다.

앞에서 언급한 단채널 조건은 $V_{GS}-V_{th} \gg E_{sat}L(=V_{DS,sat})$이다. 다음과 같은 예를 살펴보자.

예제 9-6-4

$V_{GS}=2\,\mathrm{V}$, $V_{th}=0.15\,\mathrm{V}$, $E_{sat}=8\times 10^4\,\mathrm{V/cm}$와 같은 조건에서 단채널이 되기 위한 최대 채널 길이를 구해 보아라. 그리고 L이 각각 $0.1\,\mu\mathrm{m}$, $0.01\,\mu\mathrm{m}$일 때 각각의 포화 전압을 구해 보아라.

풀이

$$E_{sat}L=(8\times 10^4\,\mathrm{V/cm})L \le V_{GS}-V_{th}\,(=1.85\,\mathrm{V}) \qquad \therefore L=0.231\,\mu\mathrm{m}$$

이 값이 단채널을 만족시키는 최대 채널 길이에 해당한다. 즉 이 길이보다 길면 단채널 조건을 만족하지 않으며 이 길이보다 작아야만 단채널로 볼 수 있다는 것이다. 따라서 최대 채널 길이가 되는 것이다.

포화 전압 공식은 다음과 같다.

$$\frac{1}{V_{DS,sat}}=\frac{1}{V_{GS}-V_{th}}+\frac{1}{E_{sat}L}$$

$$L=0.1\,\mu\mathrm{m},\quad (V_{DS,sat})^{-1}=(1.85\,\mathrm{V})^{-1}+(0.8\,\mathrm{V})^{-1} \qquad \therefore V_{DS,sat}=0.559\,\mathrm{V}$$

$$L=0.01\,\mu\mathrm{m},\quad (V_{DS,sat})^{-1}=(1.85\,\mathrm{V})^{-1}+(0.08\,\mathrm{V})^{-1} \qquad \therefore V_{DS,sat}=0.077\,\mathrm{V}$$

우리는 지금까지 속도 포화가 일으키는 두 가지 현상을 논의하였고 포화 전류를 증가시키기 위해서는 게이트 절연막의 커패시턴스를 증가시키는 것이 제일 중요하다는 것을 이해하게 되었다. 이상을 요약하면 다음과 같다.

long channel (SLM) :

$$V_{DS,sat}=V_{GS}-V_{th},\quad I_{DS,sat}\propto V_{GS}^2$$

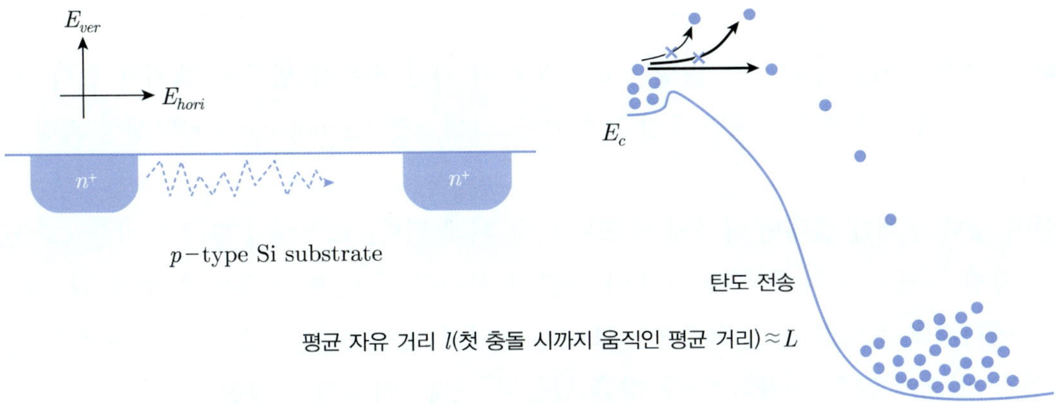

그림 9-61 탄도 전송의 에너지 밴드 다이어그램 해석

short channel (VSM):

$$\frac{1}{V_{DS,sat}} = \frac{1}{V_{GS} - V_{th}} + \frac{1}{E_{sat}L}, \qquad I_{DS,sat} \propto V_{GS}$$

속도 포화가 발생하는 이유는 전자가 전계에 의해 가속되어 운동에너지가 증가하다가 채널 내의 실리콘 격자들과 충돌하고 산란하면서 전계와 반대 방향으로 진행하기 때문이다. 드리프트 속도라는 것은 전자의 평균 이동 속도이다. 만약에 전자가 원자와 첫 충돌할 때까지의 움직인 거리(평균 자유 행정)보다 채널 길이가 더 짧게 제작된다면 전자가 실리콘 격자들과 충돌할 확률은 급격히 감소할 것이다. 전자는 실리콘 원자들과 충돌없이 소스에서 드레인으로 향하는 경우도 존재할 수 있다는 것이다. 이것은 전계에 의해 전자가 계속 가속되므로 속도 포화 없이 이동할 수 있다는 것이다. 그러면 전류 포화 현상이 발생하지 않을 수도 있다. 이러한 전송을 탄도 전송이라고 하며 그림 9-61에 나타내었다. 전자는 산란하지 않고 소스에서 드레인으로 이동하며 마치 총구에서 발사되는 총알처럼 소스에서 탄착 지점 드레인까지 탄도 전송을 할 수도 있다.

9-6-7 hot carrier effect

Short channel MOSFET에서 발생하는 현상 중에서 네 번째로 hot carrier 효과가 있다. 이것은 우리가 앞에서 배운 PN 접합 다이오드의 애벌런치 효과와 비슷한 것이다. Impact ionization이라고도 부른다. short channel이 되면서 드레인 부근의 강한 전기장에 의해서 가속을 받은 전자는 실리콘 원자 또는 불순물 원자들과 충돌하면서 많은 전자와 홀 쌍을 만들어 낼 수 있다. 이러한 캐리어들을 hot carrier라고 부른다. 즉 전기장에 의해 충분히 얻은 에너지를 가지고 있는 캐리어들이다. 전자는 게이트 산화막이나 게이트 전극까지 에너지 장벽을 넘어서 진행할 수 있다. 양공은 (+) 전하를 가지고 있으므로 기판 방향으로 이동하여 기판 전류를 만들어 내기도 한다. 여기서는 hot carrier 효과에 대하여 정성적인 고찰만 하겠다. 그림 9-62는 hot carrier의 생성 과정을 묘사한 것이다.

드레인에 강한 전계가 걸리면 에너지 밴드는 더욱 휘게 된다. 소스에서 드레인 방향으로 진행하는 전자들은 강한 드레인 전계에 의해 드레인 부근의 실리콘 원자 또는 주입 불순물 원자와 충돌을 일으키고 에너지를 전달하여 실리콘 원자로부터 전자를 끌어낸다. 방출된 전자는 주변 원자들과 연쇄 충돌을 일으켜 많은 전자와 양공 쌍을 만들어 낸다. 이렇게 생성된 hot carriers는 전자는 게이트 산화막과 게이트로 진행하고 양공은 (+) 전하이므로 기판 방향으로 흘러가게 된다. 이러한 캐리어들은 각각 게이트 전류 생성, 기판 전류 생성 또는 산화막과 실리콘 사이의 계면 트랩(interface trap)의 생성 등 다양한 문제점들을 유발시킨다. 기판 전류는 게이트 전압에 따른 변곡점이 존재하게 되는데 이는 게이트 전압이 증가하면 드레인 전류도 증가하게 되고 그 안에 존재하는 hot carrier들도 증가하기 때문이다. 게이트 전압이 더욱 인가되면 이번에는 다시 기판 전류가 감소하게 되는데 이것은 다음과 같은 이유로 인한 것이다.

게이트 전압이 증가하면 $V_{DS,sat}$이 증가하게 된다. 우리가 앞에서 논의했던 그림 9-43을 참조하면 다음과 같은 관계가 있음을 알 수 있다. 결국 게이트 전압이 증가하면 $V_{DS,sat}$이 증가하고 $E_{\max}$는 감소하게 된다. 즉 드레인 부근 전계가 약해지기 때문에 높은 에너지를 갖는 hot carrier 생성이 줄어드는 것이다. 따라서 기판 전류는 다시 감소하게 됨을 알 수 있다. 그림 9-63에 기판 전류와

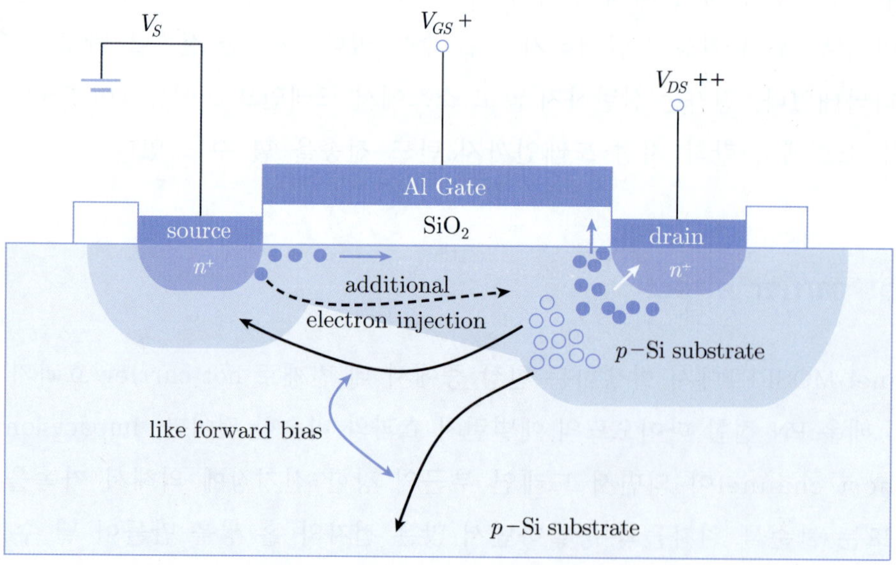

그림 9-62 hot carrier 생성 과정

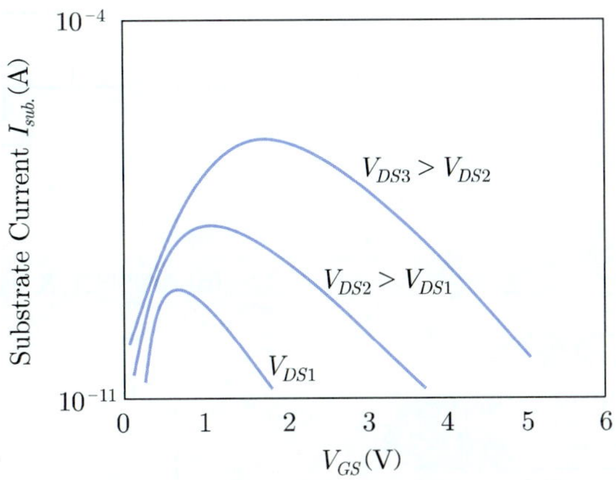

그림 9-63 Hot carrier가 생성하는 기판 전류와 게이트 전압과의 관계

게이트 전압과의 관계를 나타내었다.

$$V_{DS,sat} = V_{GS} - V_{th} \qquad E_{max} = \frac{V_{DS} - V_{DS,sat}}{\Delta L}$$

Impact ionization에 의해 생성된 양공들이 기판 방향으로 흐르기 시작하고 소스 하단 근처에 양공이 축적되면 소스-기판 사이에는 전압 차가 형성된다. 소스 주변은 마치 PN 접합의 순방향 상태와 비슷해진다. 소스에 존재하던 전자는 전압 차로 인하여 기판을 거쳐 드레인으로 이동할 수 있다. MOSFET 구조에서는 가로 방향으로 추가 전류 성분이 발생한다. MOSFET의 가로 방향은 n^+pn^+와 같은 BJT(bipolar junction transistor) 형태를 구성하고 있다. 이러한 BJT가 기판 전압에 의해 기생 트랜지스터로 작동한다는 것이다. 일정 드레인 전압 이상에서는 갑자기 드레인 전류가 증가하는 현상이 발생한다.

기생 BJT가 turn on됨과 동시에 impact ionization 과정에서 생성된 전자들은 드레인으로 주입되어 급격히 전류가 증가하는 스냅 백 현상을 일으킨다. 약간의 전압 강하가 일어나는 것은 기판이 저항을 가지고 있기 때문이다. 저항이 0이라면 전압 강하 없이 그대로 전류가 증폭될 것이다. 이상 hot carrier의 발생으로 기판 전류가 일으키는 문제점들을 정성적으로 논의하였다. Hot carrier를 억제하기 위해 가장 일반적으로 사용하는 기술은 그림 9-38에서 논의했던 LDD 영역을 만드는 것이다. 드레인 부근의 전계를 약화시켜 주기 위해서 n^- 영역을 추가로 형성시키는 것이다.

Hot carrier가 일으키는 게이트 전류에는 여러 가지 모델도 있고 정량적으로 전류값을 계산하는 모델도 많지만 본 책에서는 깊이 있게 다루지 않겠다. 게이트 전류도 기판 전류와 비슷하게 그림 9-63과 같이 일정 전압을 넘어서면 게이트 전류는 감소하게 된다. 게이트 전류는 정성적으로 수평 전계와 수직 전계로 설명할 수 있다. 수직 전계가 강하면 전자들은 게이트 방향으로 끌리게

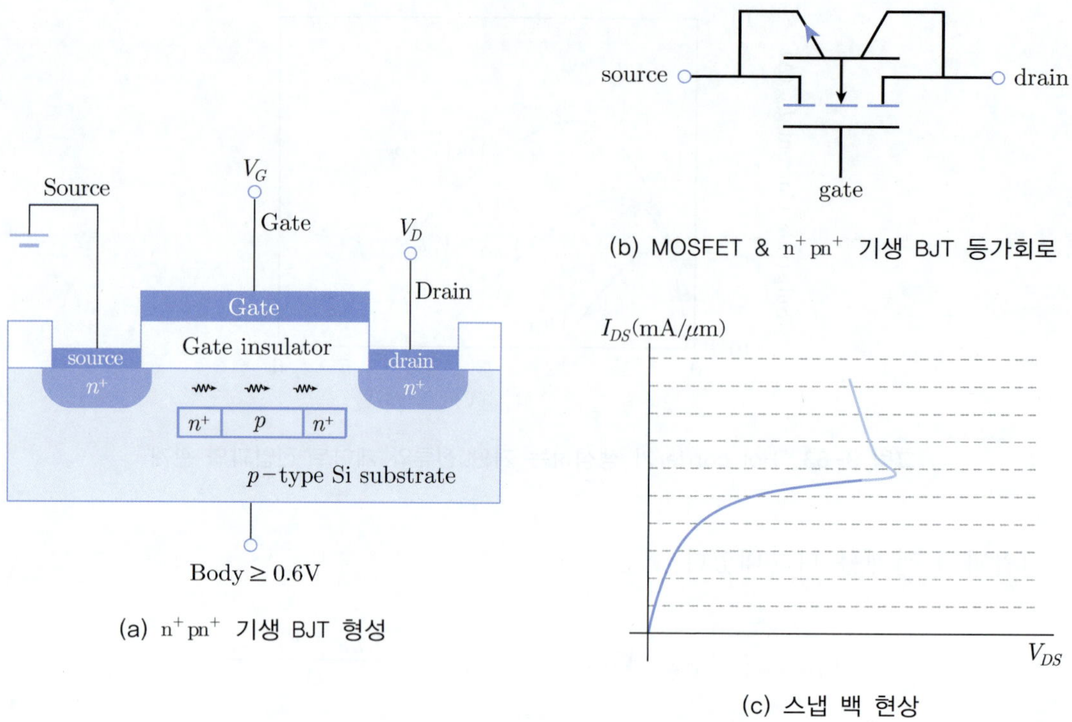

(a) n^+pn^+ 기생 BJT 형성

(b) MOSFET & n^+pn^+ 기생 BJT 등가회로

(c) 스냅 백 현상

그림 9-64 기판 전류가 일으키는 스냅 백 현상

되고 수직과 수평 전계가 동일한 시점에서 최대 게이트 전류값을 나타낸다. 수평 전계가 강해지기 시작하면 전자는 드레인 방향으로 끌리게 되므로 이 시점부터 게이트 전류는 감소하게 된다. 이 정도로 정성적으로만 이해하길 바란다.

9-6-8 채널 도핑에 의한 문턱 전압 조절

마지막으로 채널 도핑에 대해서 논의하고자 한다. 채널 도핑은 문턱 전압을 제어하는 유용한 방법 중의 하나이다. 이 방법은 단채널과 상관없이 모두 사용할 수 있는 방법이다. 산업계에서도 많이 사용하는 방법으로 특히 디스플레이 분야에서 TFT의 문턱 전압을 제어하는 방법으로 많이 사용하고 있다. 게이트 메탈을 증착하기 전, 게이트 옥사이드가 덮여 있는 상태에서 이온 주입법으로 불순물을 의도적으로 채널에 주입하는 방법으로, 실리콘 옥사이드와 채널의 경계면 부근에 도핑을 하는 것이다. 이온 주입 후의 도핑 profile은 대략 가우시안 분포를 이룬다. 주입되는 이온은 상황에 따라 도너 또는 억셉터 이온이 주입된다. 가령 p-type Si에 기판에 이미 주입되어 있는 억셉터 농도보다 더 많은 억셉터 이온을 주입시키면 전체 억셉터 농도가 증가하므로, 동일한 양의 (+) 전하를 만들기 위해서 문턱 전압은 (+) 방향으로 증가할 것이다. 만약 도너 이온을 주입하면 억셉터 농도는 보상되므로 감소할 것이다. 이에 따른 문턱 전압은 (−) 방향으로 이동하여 감소해 갈 것이다. 우리가 원하는 방향으로 문턱 전압을 선택하기 위해서는 이온을 주입하기 전의 문턱 전압을 측정하고 적절히 불순물의 종류를 선택하면 되는 것이다.

그림 9-65에는 TFT 제작 시의 채널 도핑 프로세스를 나타내었다. 여기서 보여주는 것은 하나의 예에 해당한다. 게이트 옥사이드가 증착된 상태에서 저농도의 억셉터 이온 p^-로 주입시키고 게이트 메탈 증착 및 패터닝 후 p^+로 주입시킨다. 이때 채널에는 게이트 메탈이 blocking하고 있어서 도핑이 이루어지지 않는다.

도핑 농도와 문턱 전압 변화량에 대해서 정량적으로 고찰해 보자. 채널에 있는 억셉터 농도보다 더 많은 억셉터 불순물을 주입하는 경우를 가정해 보자. 이런 경우는 앞에서 설명하였듯이 추가로 주입되는 억셉터 불순물로 인하여 문턱 전압을 (+) 방향으로 이동시킨다. 이미 기판에 존재하는 억셉터 농도 N_A보다 더 많은 양의 억셉터 불순물 D_I를 주입하는 경우의 전하 밀도를 그림 9-66에 나타내었다. 추가로 주입하는 억셉터 불순물의 농도 D_I로 인한 총 억셉터 불순물의 농도가 N_S이라면 $D_I = (N_S - N_A)x_I$가 될 것이다. 문턱 전압의 변화량은 다음과 같이 나타낼 수 있다.

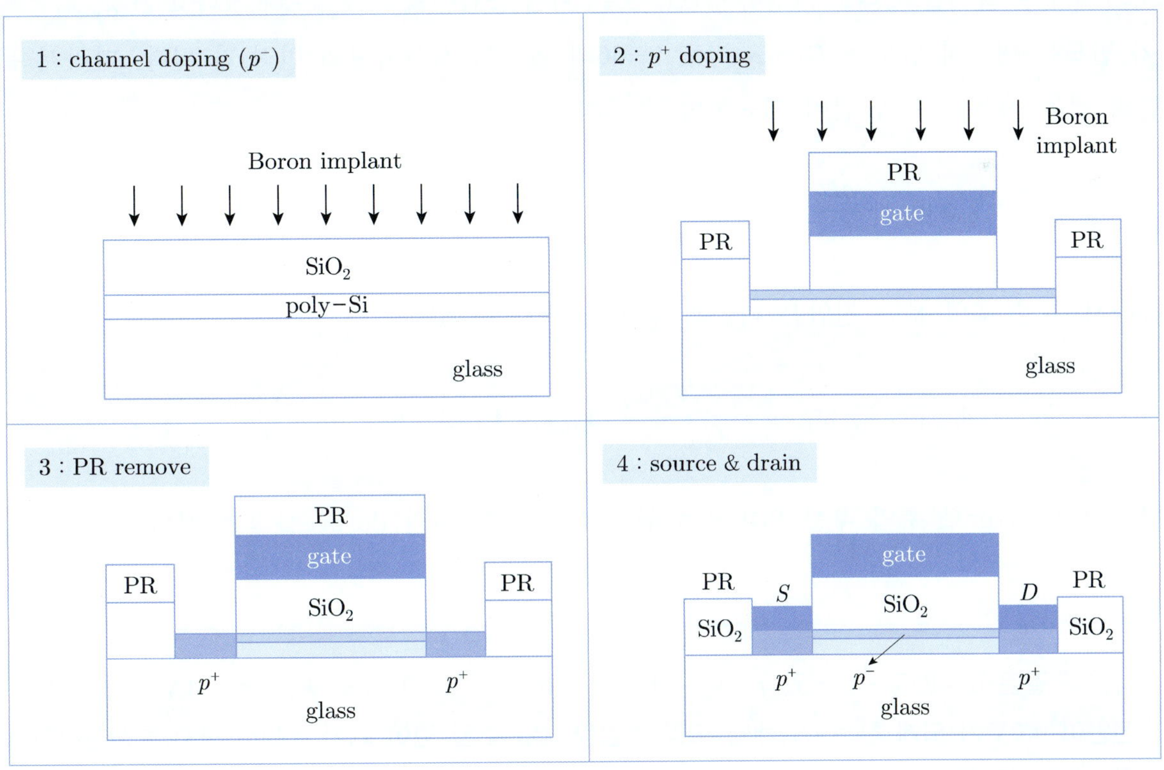

그림 9-65 채널 도핑 프로세스

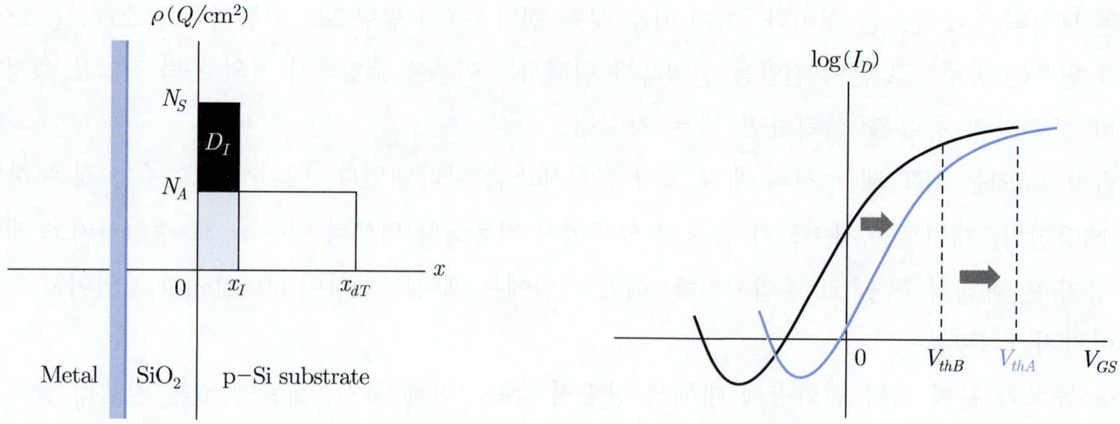

(a) 이온 주입 분포　　　　(b) 문턱 전압의 (+) 이동

그림 9-66 문턱 전압 이동을 위한 채널 도핑의 원리

$$\Delta V_{th} = + \frac{qD_I}{C_{ox}}$$

D_I가 주입된 깊이를 x_I라고 가정하면 (단, x_I는 최대 공핍층의 폭 x_{dT}보다 작다고 가정, $x_I < x_{dT}$) D_I가 만드는 면전하 밀도는 $D_I \times x_I$(그림 9-66의 검은색 직사각형의 면적)가 된다. 따라서 문턱 전압의 변동 폭은 다음과 같이 재표현할 수 있다.

$$\Delta V_{th} = \frac{qD_I}{C_{ox}} = \frac{q(N_S - N_A)x_I}{C_{ox}}, \quad D_I = (N_S - N_A)x_I \, [\mathrm{ions/cm^2}]$$

따라서 주입 후의 문턱 전압은 다음과 같이 표현할 수 있다.

$$V_{thA} = V_{thB} + \frac{q(N_S - N_A)x_I}{C_{ox}}, \quad V_{thB} = V_{FBB} + 2\phi_{FpB} + \frac{qN_A x_{dTB}}{C_{ox}}$$

첨자 A는 After로 주입 후를 의미하며 첨자 B는 주입 전의 Before를 의미한다.

예제 9-6-5

다음과 같은 n-MOSFET이 있다. $N_A = 1 \times 10^{16}\,\mathrm{cm}^{-3}$, $t_{ox} = 12\,\mathrm{nm}$, $V_{FBB} = -1\,\mathrm{V}$이다. 문턱 전압이 $0.5\,\mathrm{V}$가 되게 하는 (1) 채널 도핑 주입량, (2) 주입 깊이 x_I가 $0.1\,\mu\mathrm{m}$까지 확산한다고 할 때 표면에서의 단위 체적당 억셉터 농도 N_S를 구해 보아라.

풀이

$$C_{ox}=\frac{\epsilon_{ox}}{t_{ox}}=\frac{3.452\times10^{-13}}{120\times10^{-8}}=2.877\times10^{-7}\,\mathrm{F/cm^2}$$

$$\phi_{FpB}=\frac{kT}{q}\ln\left(\frac{N_A}{n_i}\right)=(0.0259)\ln\left(\frac{10^{16}}{1.5\times10^{10}}\right)=0.347\,\mathrm{V}$$

$$x_{dTB}=\sqrt{\frac{4\epsilon_{Si}\phi_{FpB}}{qN_A}}=\sqrt{\frac{4\times11.7\times8.85\times10^{-14}\times0.347}{(1.6\times10^{-19})\times10^{16}}}=0.3\times10^{-4}\,\mathrm{cm}$$

주입 전의 문턱 전압을 구해 보자.

$$V_{thB}=V_{FBB}+2\phi_{FpB}+\frac{qN_Ax_{dTB}}{C_{ox}}$$

$$\therefore V_{thB}=-1+(2\times0.347)+\frac{(1.6\times10^{-19})(10^{16})(0.3\times10^{-4})}{2.877\times10^{-7}}=-0.139\,\mathrm{V}$$

(1) 주입 후의 문턱 전압은 다음과 같다.

$$V_{thA}=V_{thB}+\frac{q(N_S-N_A)x_I}{C_{ox}}=-0.139+\frac{(1.6\times10^{-19})(D_I)}{2.877\times10^{-7}}=0.5$$

$$(1.6\times10^{-19})(D_I)=(0.5+0.139)(2.877\times10^{-7})$$

$$\therefore D_I=1.149\times10^{12}\,\mathrm{cm^2}$$

(2) 표면의 등가 억셉터 농도 N_S

$$D_I=(N_S-N_A)x_I\qquad\Rightarrow\qquad 1.149\times10^{12}=(N_S-10^{16})(0.1\times10^{-4})$$

$$\therefore N_S=10^{16}+\frac{1.149\times10^{12}\,\mathrm{cm^{-2}}}{0.1\times10^{-4}\,\mathrm{cm}}=1.249\times10^{17}\,\mathrm{cm^{-3}}$$

예제 9-6-6

다음과 같은 n-MOSFET이 있다. 다음을 각각 구해 보아라.
$N_A=1\times10^{15}\,\mathrm{cm^{-3}}$, $t_{ox}=12\,\mathrm{nm}$, $Q'_{ss}=5\times10^{10}\,\mathrm{cm^{-2}}$, Al gate이다.
(1) 주입 전의 문턱 전압 V_{thB} (2) 문턱 전압이 V_{thA}가 $0.5\,\mathrm{V}$가 되려면 어떤 유형의 불순물을 단위 면적당 얼마나 주입해야 하는가? 주입은 게이트 산화막과 반도체 계면 근처에 한다.

풀이

그림 8-16을 참조하면 알루미늄 게이트와 p형 기판을 이용하는 경우 주어진 농도에서 일함수 차이는 $\phi_{ms}=-0.8\,\text{V}$ 이다.

$$C_{ox}=\frac{\epsilon_{ox}}{t_{ox}}=\frac{3.452\times10^{-13}}{120\times10^{-8}}=2.877\times10^{-7}\,\text{F/cm}^2$$

$$\phi_{FpB}=\frac{kT}{q}\ln\left(\frac{N_A}{n_i}\right)=(0.0259)\ln\left(\frac{10^{15}}{1.5\times10^{10}}\right)=0.288\,\text{V}$$

$$x_{dTB}=\sqrt{\frac{4\epsilon_{Si}\phi_{FpB}}{qN_A}}=\sqrt{\frac{4\times11.7\times8.85\times10^{-14}\times0.288}{(1.6\times10^{-19})\times10^{15}}}=0.863\times10^{-4}\,\text{cm}$$

$$V_{FBB}=\phi_{ms}-\frac{Q'_{ss}}{C_{ox}}=-0.8-\frac{(5\times10^{10})(1.6\times10^{-19})}{2.877\times10^{-7}}=-0.8-0.0278=-0.828\,\text{V}$$

$$|Q'_{SD}(\max)|=qN_Ax_{dTB}=(1.6\times10^{-19})(10^{15})(0.863\times10^{-4})=1.381\times10^{-8}\,\text{C/cm}^2$$

(1) 주입 전 문턱 전압

$$V_{thB}=V_{FBB}+2\phi_{FpB}+\frac{|Q'_{SD}(\max)|}{C_{ox}}=-0.828+(2\times0.288)+\frac{1.381\times10^{-8}}{2.877\times10^{-7}}$$

$$V_{thB}=-0.828+0.576+0.048=-0.204\,\text{V}$$

(2) (+) 방향으로 보내야 하므로 억셉터 불순물을 더 주입한다. 주입 농도는 다음과 같다.

$$V_{thA}=V_{thB}+\frac{qD_I}{C_{ox}}=-0.204+\frac{(1.6\times10^{-19})D_I}{2.877\times10^{-7}}=0.5$$

$$\therefore D_I=\frac{2.877\times10^{-7}(0.5+0.204)}{1.6\times10^{-19}}=1.266\times10^{12}\,\text{cm}^{-2}$$

예제 9-6-7

다음과 같은 n-MOSFET이 있다. $N_A=5\times10^{15}\,\text{cm}^{-3}$, $t_{ox}=8\,\text{nm}$, $V_{FBB}=-1.3\,\text{V}$ 이다. (1) 문턱 전압을 구하고 (2) 증가형 MOSFET의 문턱 전압 0.5 V가 되게 하는 주입량 (3) 공핍형 MOSFET 소자의 문턱 전압이 −0.4 V가 되게 하는 주입량을 결정하라.

풀이

$$C_{ox}=\frac{\epsilon_{ox}}{t_{ox}}=\frac{3.452\times10^{-13}}{80\times10^{-8}}=4.315\times10^{-7}\,\text{F/cm}^2$$

$$\phi_{FpB} = \frac{kT}{q}\ln\left(\frac{N_A}{n_i}\right) = (0.0259)\ln\left(\frac{5\times10^{15}}{1.5\times10^{10}}\right) = 0.329\,\mathrm{V}$$

$$x_{dTB} = \sqrt{\frac{4\epsilon_{Si}\phi_{FpB}}{qN_A}} = \sqrt{\frac{4\times11.7\times8.85\times10^{-14}\times0.329}{(1.6\times10^{-19})\times(5\times10^{15})}} = 0.413\times10^{-4}\,\mathrm{cm}$$

$$\left|Q'_{SD}(\max)\right| = qN_A x_{dTB} = (1.6\times10^{-19})(5\times10^{15})(0.413\times10^{-4})$$

$$= 3.304\times10^{-8}\,\mathrm{C/cm^2}$$

(1) 주입 전 문턱 전압

$$V_{thB} = V_{FBB} + 2\phi_{FpB} + \frac{\left|Q'_{SD}(\max)\right|}{C_{ox}} = -1.3 + (2\times0.329) + \frac{3.304\times10^{-8}}{4.315\times10^{-7}}$$

$$V_{thB} = -1.3 + 0.658 + 0.076 = -0.566\,\mathrm{V}$$

(2) (+) 방향으로 보내야 하므로 억셉터 불순물을 더 주입한다. 주입 농도는 다음과 같다.

$$V_{thA} = V_{thB} + \frac{qD_I}{C_{ox}} = -0.566 + \frac{(1.6\times10^{-19})D_I}{4.315\times10^{-7}} = 0.5$$

$$\therefore D_I = \frac{4.315\times10^{-7}(0.5+0.566)}{1.6\times10^{-19}} = 2.875\times10^{12}\,\mathrm{cm^{-2}}$$

(3) (+) 방향으로 보내야 하므로 억셉터 불순물을 더 주입한다. 주입 농도는 다음과 같다.

$$V_{thA} = V_{thB} + \frac{qD_I}{C_{ox}} = -0.566 + \frac{(1.6\times10^{-19})D_I}{4.315\times10^{-7}} = -0.4$$

$$\therefore D_I = \frac{4.315\times10^{-7}(0.566-0.4)}{1.6\times10^{-19}} = 4.477\times10^{11}\,\mathrm{cm^{-2}}$$

지금까지 MOSFET의 기본적인 동작 원리와 이상적인 경우의 전류-전압을 정량적으로 살펴보고 논의하였다. 또한 단채널에서 발생하는 여러 가지 새로운 개념과 현상들에 대해서도 살펴보았다. 다소 어려운 개념도 있었고 지루하고 추상적인 수학적 유도를 통해서 좀 더 정확하고 정량적인 논의를 할 수 있었다.

다음은 단채널에서 발생하는 대표적인 3가지 현상을 요약한 것이다.

1. 문턱 전압의 감소

문턱 전압에 영향을 미치는 인자들은 기판의 도핑 농도, 최대 공핍층의 폭, 채널 길이, 게이트 산화막의 정전 용량, 접합의 깊이이다. 수식 9-34를 유도할 필요까지는 없지만 결과를 잘 고찰하기를 바란다. 문턱 전압 변동량을 줄이는 가장 좋은 방법은 게이트 산화막의 정전 용량을 증가시키는 것이다. 두께를 줄이거나 high-k 물질을 도입함으로써 문턱 전압 변동량을 줄일 수 있다. 현재 두께를 1.2 nm까지 줄이고 유전상수가 높은 물질을 도입하여 문턱 전압 변동량을 줄이고 있다.

2. 디블과 펀치 스루

이미 9-6-3절에서 논의하였듯이 단채널이 되면서 드레인 부근의 전계가 강해져 게이트 전압의 인가 유무에 관계없이 소스에서 드레인으로 전자들이 확산한다. 이것은 누설 전류로 작용하므로 바람직한 상황이 아니다. 게이트의 허락 없이 전자들을 드레인으로 끌고 오는 것이다. MOSFET은 게이트 전압에 따라 제어되는 디바이스임을 상기하라. 게이트는 댐의 수문과도 같다. 따라서 닫았을 경우 전자가 흘러가서는 안 된다. 현재의 MOSFET은 게이트의 통제력을 증가시키기 위해서 게이트가 채널을 네 방향으로 감싸고 있는 구조를 채택하여 누설 전류를 대폭 줄이고 있다.

3. 속도 포화와 early saturation

단채널이 되면 작은 드레인 전압에서도 속도 포화가 발생한다. 포화 드레인 전압이 감소하는데 이것을 early saturation이라 한다. 속도 포화가 발생하면 드레인 전류는 게이트 전압의 선형함수에 비례해서 증가한다는 것을 기억하라.

이상 3가지는 가장 기본적인 사항이니 본문을 참조해서 충분히 이해하길 바란다.

01 $k_n' = 0.5\,\text{mA/V}^2$, $W/L = 10$, $V_{th} = 0.3\,\text{V}$ 의 n-MOSFET 소자가 있다. 다음 조건에서 I_D를 구해 보아라.

(1) $V_{GS} = 0.5\,\text{V}$, $V_{DS} = 0.1\,\text{V}$　　(2) $V_{GS} = 0.5\,\text{V}$, $V_{DS} = 0.8\,\text{V}$

(3) $V_{GS} = 0.5\,\text{V}$, $V_{DS} = 1.5\,\text{V}$　　(4) $V_{GS} = 1\,\text{V}$, $V_{DS} = 1.5\,\text{V}$

02 $k_n' = 0.4\,\text{mA/V}^2$, $V_{th} = 0.6\,\text{V}$ 의 n-MOSFET 소자가 있다.
$V_{GS} = 1.2\,\text{V}$, $V_{SB} = 0\,\text{V}$, $V_{DS} = 3\,\text{V}$ 일 때 드레인 전류 $I_D = 2\,\text{mA}$ 가 흐른다면 이 소자의 크기 W/L는 얼마인가?

03 연습문제 02의 W/L를 이용하여 $k_n' = 0.4\,\text{mA/V}^2$, $V_{th} = 0.6\,\text{V}$ 의 n-MOSFET 소자의 다음 조건에서 I_D를 구해 보아라.

(1) $V_{GS} = 2\,\text{V}$, $V_{SB} = 0\,\text{V}$, $V_{DS} = 5\,\text{V}$　　(2) $V_{GS} = 2\,\text{V}$, $V_{SB} = 0\,\text{V}$, $V_{DS} = 0.3\,\text{V}$

04 $k_p' = 0.5\,\text{mA/V}^2$, $W/L = 20$, $V_{th} = -0.3\,\text{V}$ 의 p-MOSFET 소자가 있다. 다음 조건에서 I_D를 구해 보아라.

(1) $V_{SG} = 0.8\,\text{V}$, $V_{SD} = 0.2\,\text{V}$　　(2) $V_{SG} = 0.8\,\text{V}$, $V_{SD} = 1.0\,\text{V}$

(3) $V_{SG} = 0.8\,\text{V}$, $V_{SD} = 1.5\,\text{V}$　　(4) $V_{SG} = 1.0\,\text{V}$, $V_{SD} = 2.0\,\text{V}$

05 $k_p' = 0.12\,\text{mA/V}^2$, $W/L = 20$, $V_{SG} = 0\,\text{V}$, $V_{SB} = 0\,\text{V}$, $V_{SD} = 1\,\text{V}$ 의 p-MOSFET 소자가 있다. 드레인 전류가 $100\,\mu\text{A}$ 가 흐르고 있다. 문턱 전압을 구해 보아라.

06 n-MOSFET이 있다. $V_{DS} = 0.05\,\text{V}$, $g_m = 3\,\text{mA/V}$, $V_{th} = 0.4\,\text{V}$ 이다. K_n을 구하라. 또한 $V_{GS} = 1\,\text{V}$, $V_{DS} = 2\,\text{V}$ 에서 드레인 전류를 구해 보아라.

07 n-MOSFET이 있다. $I_{DS,sat} = 1\,\text{mA}$, $V_{DS,\,sat} = 3\,\text{V}$, $V_{th} = 0.6\,\text{V}$ 이다.
(1) V_{GS} (2) K_n (3) $V_{GS} = 2\,\text{V}$, $V_{DS} = 2\,\text{V}$ 일 때의 I_{DS} (4) $V_{GS} = 3\,\text{V}$, $V_{DS} = 1\,\text{V}$ 일 때의 I_{DS}를 구해 보아라.

08 p-Si wafer의 억셉터 농도가 $N_A = 10^{16}\,\text{cm}^{-3}$이다. body effect 계수 $\gamma = 0.12\sqrt{\text{V}}$이다. 문턱 전압은 $V_{SB} = 2.5\,\text{V}$에서 $V_{th} = 0.6\,\text{V}$이다. $V_{SB} = 0\,\text{V}$에서 문턱 전압을 구해 보아라.

09 p-MOSFET이 있다. $t_{\text{ox}} = 10\,\text{nm}$, $N_D = 5 \times 10^{16}\,\text{cm}^{-3}$이다. body effect 계수 γ를 구해 보아라.

10 n-MOSFET이 있다. $t_{\text{ox}} = 10\,\text{nm}$, $N_A = 5 \times 10^{16}\,\text{cm}^{-3}$이다. 문턱 전압의 변화량이 $0.3\,\text{V}$가 되기 위해서는 V_{SB}를 얼마로 해야 하는지 구해 보아라.

11 n-MOSFET이 있다. 다음과 같은 조건에서 단채널로 인한 문턱 전압 변동을 구하라.

$$N_A = 10^{16}\,\text{cm}^{-3},\ t_{\text{ox}} = 12\,\text{nm},\ r_j = 0.25\,\mu\text{m},\ L = 0.8\,\mu\text{m}$$

12 n-MOSFET이 있다. 다음과 같은 조건에서 장채널의 문턱 전압을 구하라.
$N_A = 3 \times 10^{16}\,\text{cm}^{-3}$, $t_{\text{ox}} = 10\,\text{nm}$, $r_j = 0.3\,\mu\text{m}$, $L = 0.8\,\mu\text{m}$일 때 단채널로 인한 문턱 전압이 $V_{th} = 0.35\,\text{V}$이다.

13 다음 그림과 같은 상황에서 (a), (b)에 맞는 번호와 짝지어 보아라.

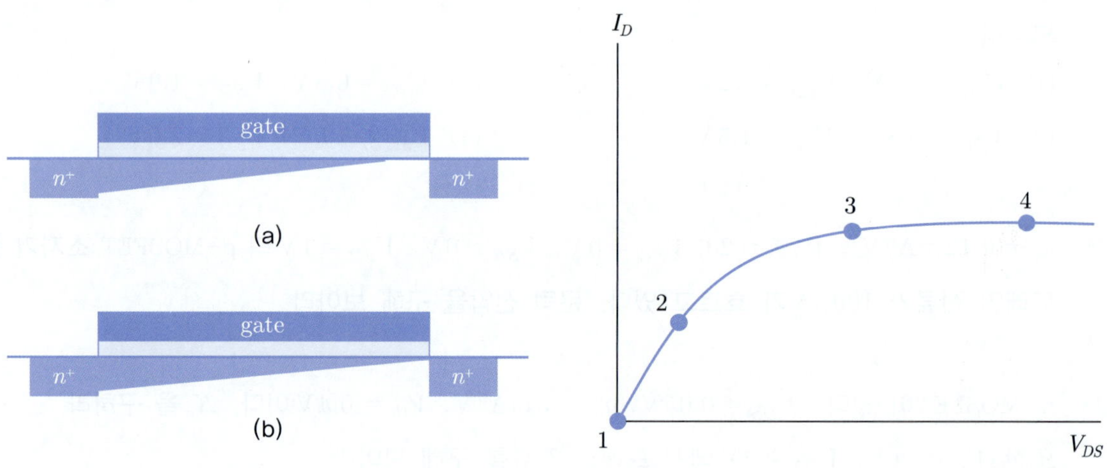

14 다음 그림을 보고 MOSFET 전압 관계식을 기술해 보아라.

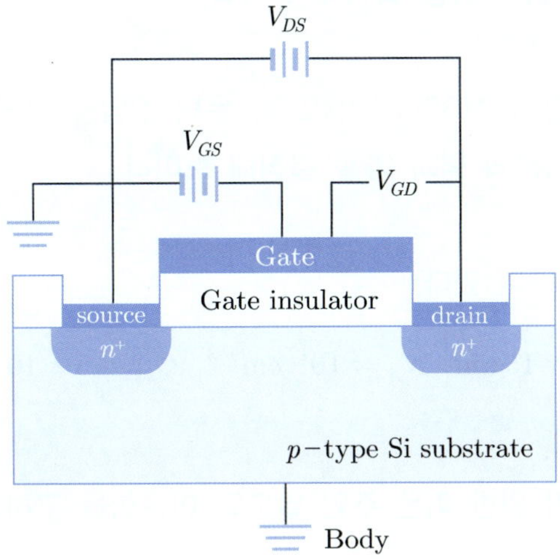

(1) V_{GD}, V_{DS}

(2) $V_{GS} = 3\,\text{V}$, $V_{DS} = 1\,\text{V}$, $V_{th} = 2.5\,\text{V}$인 경우 핀치 오프가 발생하는가?

15 N-MOS 소자가 다음과 같은 조건에 있다.

$$\text{n}^+ - \text{poly gate},\ t_{\text{ox}} = 40\,\text{nm},\ N_A = 10^{15}\,\text{cm}^{-3},\ Q_{ss}' = 5 \times 10^{10}\,\text{cm}^{-2}$$

(1) 문턱 전압을 구하라.

(2) 문턱 전압을 $0\,\text{V}$로 하기 위해서 기판에 인가하는 전압 V_{SB}를 구하라.

16 n-MOSFET이 다음과 같은 조건에 있다.

$$V_{th} = 0.4\,\text{V},\ t_{\text{ox}} = 18\,\text{nm},\ V_{GS} = 2\,\text{V},\ I_D(\text{sat}) = 0.8\,\text{mA},\ \mu_n = 450\,\text{cm}^2/\text{Vsec}$$

(1) k_n'을 구하라.

(2) 상기 조건을 만족하는 W/L을 구하라.

17 n-MOSFET이 다음과 같은 조건에 있다. $V_{th} = 0.4\,\text{V}$, $N_A = 10^{16}\,\text{cm}^{-3}$이다. 다음 조건에서 채널 길이의 변화 ΔL을 구해 보아라.

(1) $V_{GS} = 1.0\,\text{V}$, $V_{DS} = 2.0\,\text{V}$

(2) $V_{GS} = 1.0\,\text{V}$, $V_{DS} = 4.0\,\text{V}$

18 연습문제 17에서 $V_{GS} = 2.0\,\text{V}$, $V_{DS} = 5.0\,\text{V}$일 때 ΔL이 원래 채널 길이 L의 10%가 초과하지 않도록 하는 최소 채널 길이를 구해 보아라.

19 산화막 두께가 10 nm 인 n−MOSFET가 있다. 문턱 전압을 양의 방향으로 1 V shift시키려고 한다. 이때 주입하는 이온의 형과 양을 결정해 보아라.

20 산화막 두께가 12 nm 인 n−MOSFET가 있다. 문턱 전압을 음의 방향으로 0.5 V shift시키려고 한다. 이때 주입하는 이온의 형과 양을 결정해 보아라.

21 다음과 같은 n−MOSFET이 있다.

$$\text{Al gate},\ t_{\text{ox}} = 15\,\text{nm},\ N_A = 10^{17}\,\text{cm}^{-3},\ Q_{ss}' = 5\times10^{10}\,\text{cm}^{-2},\ \phi_{ms} = -1.0\,\text{V}$$

(1) 문턱 전압을 구하라.

(2) $V_{th} = 0.8\,\text{V}$ 을 얻기 위한 이온 주입 밀도와 이온형을 구하라.

22 다음과 같은 n−MOSFET이 있다.

$$t_{\text{ox}} = 8\,\text{nm},\ N_A = 4\times10^{15}\,\text{cm}^{-3},\ V_{FB} = -1.25\,\text{V}$$

(1) 문턱 전압을 구하라.

(2) $V_{th} = 0.4\,\text{V}$ 을 얻기 위한 이온 주입 밀도와 이온형을 구하라.

(3) $V_{th} = -0.4\,\text{V}$ 을 얻기 위한 이온 주입 밀도와 이온형을 구하라.

23 $V_{GS} = 3\,\text{V}$, $V_{th} = 0.5\,\text{V}$, $E_{\text{sat}} = 8\times10^4\,\text{V/cm}$ 조건에서 short channel이 되기 위한 최대 채널 길이를 구해 보고 $L = 0.2\,\mu\text{m}$, $0.02\,\mu\text{m}$ 에서 각각의 포화 전압을 구해 보아라.

CHAPTER 10

광전 소자

우리는 지금까지 실리콘 반도체의 물성과 소자를 주로 다루어 왔다. 실리콘 반도체는 전자 소자의 대부분의 분야에서 사용되고 있다. 반도체에는 발광 소자도 존재한다. 대표적인 것이 발광 다이오드와 레이저 다이오드이다. 우리의 실생활뿐만 아니라 산업, 연구계에서도 많이 사용하고 있는 디바이스들이다. 실리콘은 간접 천이형 반도체로 광 효율이 매우 낮아서 이러한 발광 소자에 응용하지 않는다. 본 장에서는 주로 3-5족 화합물 반도체를 기반으로 하는 직접 천이형 발광 디바이스를 다룰 것이며 발광 다이오드, 레이저 다이오드에 대해서 학습할 것이다. 발광 디바이스는 대부분의 경우 이종 접합을 이용한다. 우리는 실리콘 반도체에서 주로 동종 접합에 대해서 학습해 왔다. 본 장에서는 이종 접합의 에너지 밴드 다이어그램을 이해하고 발광 디바이스에서 왜 이종 접합을 사용하는지 학습하게 될 것이다.

발광 다이오드의 레이트 방정식의 수학적인 유도와 함께 전자와 광자의 시간적 변화에 대해서 고찰할 것이다. 발광 다이오드의 종류, 발광 원리와 내부, 외부 양자 효율을 논의하고 효율을 올리는 방법에 대해서 간단히 정성적으로 고찰할 것이다. 발광 다이오드와 레이저 다이오드의 근본적 차이에 대해서 논의할 것이고 특히 자연 방출과 유도 방출의 차이점과 레이저의 발진 원리 및 종류에 대해서 학습할 것이다. 지금까지 다루어 온 실리콘과 같은 전자 소자와는 다른 점이 많으나 캐리어의 생성과 소멸, 캐리어의 확산과 드리프트 등 4장을 다시 한번 복습하면 발광 디바이스를 이해하는 데 더욱 도움이 될 것이다.

마지막으로 태양전지에 대해서도 논의할 것이다. 태양전지는 빛을 받아서 전력을 생산하는 수광 디바이스이다. 최근 그린 에너지에 많은 관심이 집중되고 있는데, 여기에서는 단결정 실리콘을 이용하는 태양전지에 대해서만 논의할 것이다. 지금까지 학습한 PN 접합 다이오드의 동작 특성에 대한 이해가 필요하다. 단결정 PN 접합 실리콘 태양전지의 작동 원리와 전류-전압 관계식을 유도하고 태양전지의 광전류에 영향을 주는 인자 중 가장 중요한 소수 캐리어의 수명 및 광전류 증가에 따른 태양전지의 개방전압의 한곗값에 대해 논의할 것이다. 또한 Fill factor의 정의와 에너지 변환 효율에 관해서 정성적으로 간단히 고찰해 볼 것이다.

본 장을 학습하고 나면 발광 다이오드와 레이저 다이오드의 동작 원리와 차이점을 이해하고, 태양전지의 광전류 발생 메커니즘과 PN 접합 다이오드와의 차이점에 대해서 알게 될 것이다. 본 장을 학습하기 전에 4장과 6장을 미리 복습해 두면 이해하는 데 더 도움이 될 것이다.

10-1 광 흡수

반도체가 빛에 의해 과잉 캐리어를 형성하려면 조사된 빛 에너지가 가전자대의 전자를 전도대로

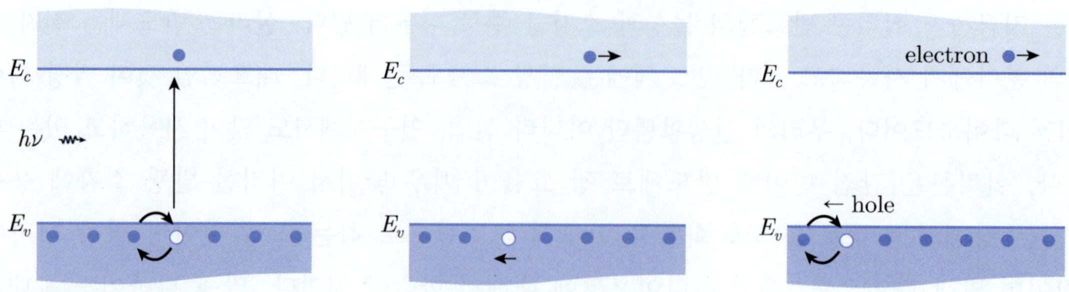

그림 10-1 빛 조사 후 캐리어의 이동

여기시킬 만큼 밴드 갭 이상의 충분한 에너지가 입사되어야 한다. 빛은 광자라는 입자의 집합체로 볼 수 있다. 광전 효과에서 설명하였듯이 광자는 운동량을 가지고 있으며 자신이 가지고 있는 운동에너지를 가전자대의 전자에게 전달하면 광자의 에너지를 흡수한 전자는 전도대로 여기된다. 그림 10-1에 나타내었듯이 전도대로 올라간 전자는 이동할 수 있으며 가전자대의 양공은 전자와 반대 방향으로 움직이게 된다. 오로지 빛의 조사만으로 광전류를 형성하지는 못한다. 이에 대해서는 10-9절 태양전지편에서 논의하기로 한다. 전도대의 전자가 가전자대의 양공과 결합하면서 소멸될 때 빛을 방출하는데 방출되는 빛의 파장은 에너지 밴드 갭과 밀접한 관계가 있다. 입사되는 광자의 에너지가 반도체의 에너지 밴드 갭보다 크거나 동일하다면 우리는 다음과 같은 식으로부터 전자가 재결합하면서 방출하는 빛의 파장을 구할 수 있다.

$$\lambda = \frac{c}{\nu} = \frac{c}{(E_g/h)} = \frac{1.24}{E_g}\ \mu\text{m} \tag{10-1}$$

그림 10-2를 보면 알 수 있다. 밴드 갭보다 큰 광자에너지가 입사되면 전자는 더 높은 에너지 상태를 점유하지만 천이 과정은 몇 단계를 거친다. 먼저 광자로부터 받은 에너지 중 일부는 전도대 바닥으로 이동하는 데 사용된다. 이 과정은 비발광이며 열로 소모된다. 이러한 천이를 intraband

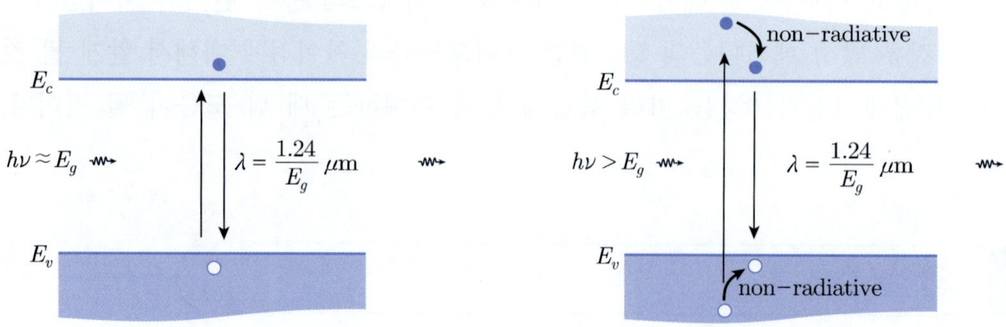

그림 10-2 빛 조사에 의한 전자와 양공 쌍의 생성과 소멸 과정

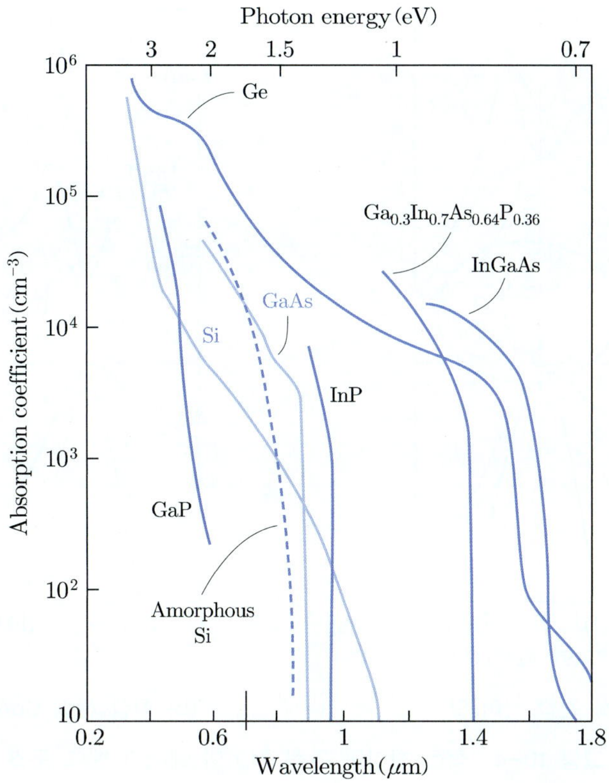

그림 10-3 다양한 반도체의 각 파장에 대한 흡수 계수
(Shur, introduction to electronic devices,1996 참조)

transition이라고 한다. 양공도 마찬가지이다. 가전자대 제일 꼭대기가 양공의 위치에너지가 가장 낮다. 낮은 곳으로 천이하면서 에너지는 열로 소모된다. 두 번째 단계는 전도대의 바닥으로 천이한 전자와 가전자대 가장 낮은 에너지를 점유하고 있는 양공이 비로소 재결합하면서 빛을 방출한다. 이것을 밴드 간 천이라고 한다. 이때의 파장은 수식 10-1에 나타내었다.

반도체의 흡수 계수는 반도체의 에너지 밴드 갭과 입사 광자의 에너지에 따라 크게 변한다. 반도체는 각각의 파장에 대하여 고유의 흡수 계수를 가지고 있다. 그림 10-3에 각종 반도체의 밴드 간 흡수 계수를 나타내었다. 가로축은 파장이며 세로축은 단위 길이당 흡수 계수이다. 흡수 계수는 직접 천이형 반도체와 간접 천이형 반도체가 약간 다른 양상을 보이고 있다.

GaAs, InP와 같은 직접 천이형 반도체는 특정 광자 에너지에 대해서 흡수 계수가 매우 가파르게 상승하다가 광자의 에너지가 증가함에 따라 서서히 증가하고 있는 모습을 나타낸다. Si, Ge과 같은 간접 천이형 반도체는 입사광의 에너지가 증가하면 흡수 계수가 완만하게 증가하다가 급준하게 증가하는 구간이 있음을 볼 수 있다. 이러한 차이는 직접 천이와 간접 천이 반도체의 에너지 밴드 구조와 밀접한 관련이 있다. 대표적으로 실리콘과 갈륨비소를 살펴보자. 그림 10-4는 직접

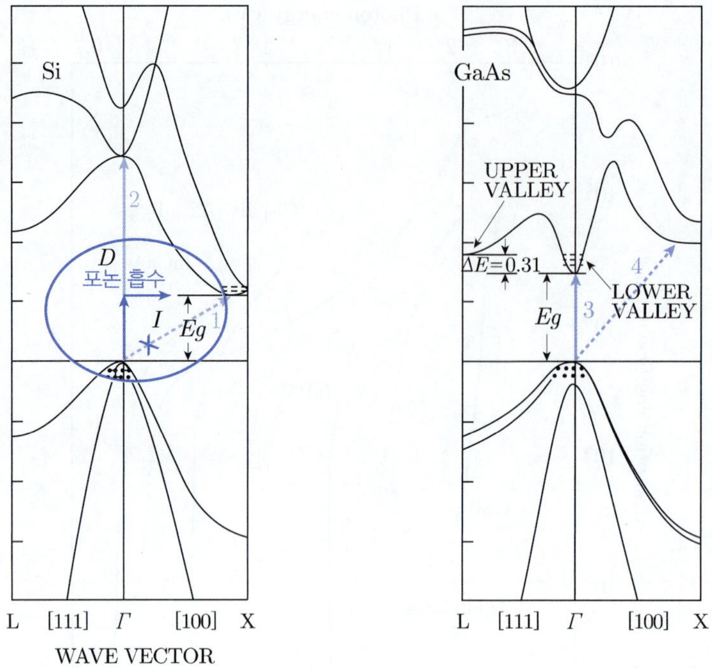

(a) 간접 천이 Si (b) 직접 천이 GaAs

그림 10-4 직접 천이와 간접 천이의 에너지 밴드 구조

천이와 간접 천이의 밴드 구조를 보여주고 있다. 그림의 D는 direct transition, I는 indirect transition의 약자이다. 갈륨비소와 같은 직접 천이형 반도체는 밴드 갭 에너지에 해당하는 광자는 대부분 흡수된다. 그림 10-4 (b)의 과정 3으로 표시하였고 이러한 천이는 허용된 천이에 해당한다. 그러나 광자의 에너지가 증가한 4의 경우에는 동일한 k축상에 가전자대의 최고점과 전도대의 최저점이 일치하지 않는다. 운동량 보존 법칙에 의해 이런 경우는 금지된 천이이며 포논의 흡수를 통해서 천이가 일어나기 때문에 흡수가 완만하게 일어난다. 그림 10-3의 경사도가 완만하게 증가하는 구간에 해당한다.

실리콘은 간접 천이 반도체로, 그림 10-4 (a)의 과정 1과 같은 밴드 갭에 해당하는 입사광이 들어오면 흡수가 완만하게 일어난다. 운동량 보존 법칙에 의해 수직으로 여기되고 포논으로부터 운동량을 얻어서(포논 흡수) 전도대의 최저점으로 이동한다.

그러나 입사광의 에너지가 증가한 과정 2의 경우, 동일한 k축상에서 일어나는 천이이므로 급격한 흡수가 일어날 수 있다. 그림 10-3에서 실리콘의 흡수 계수가 가파르게 증가하는 구간이다. 대부분의 간접 천이 반도체는 이러한 특징을 가지고 있다. Ge도 간접 천이형이므로 비슷한 양상을 보이고 있다. 밴드 갭 에너지에 해당하는 입사광의 흡수 계수를 측정하여 우리는 흡수 계수의 곡선 모양으로부터 직접 천이와 간접 천이 반도체를 구별할 수 있는 것이다.

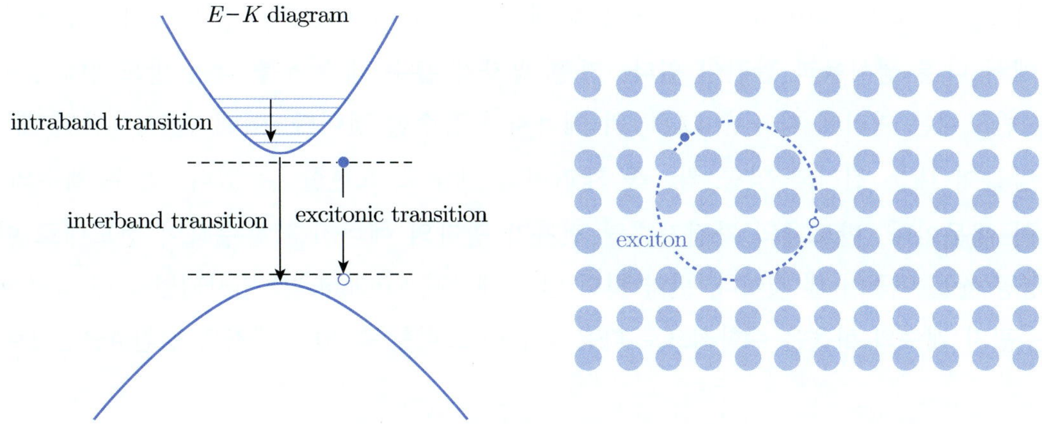

그림 10-5 반도체 내 여러 가지 천이

반도체에서 흡수가 발생하면 천이가 일어나는데 이것을 요약한 것이 그림 10-5이다. 가전자대의 가장 높은 곳에 위치하는 전자가 광자를 흡수하여 전도대의 바닥상태로 여기되는 경우를 interband 흡수라 하며 다시 가전자대로 천이(transition)되는 현상을 밴드 간 천이(interband transition)라고 부른다. 바닥상태에 있는 전자가 광자를 흡수하여 더 높은 에너지 준위로 흡수되고 다시 밴드 내 바닥상태나 더 낮은 에너지 준위로 천이되는 것을 밴드 내 천이(intraband transition)라고 부른다. 엑시톤 흡수와 천이도 발생하는데 그림 10-5에 표시하였듯이 엑시톤은 전자와 양공이 쿨롱의 힘으로 약하게 결합하여 반도체 결정 내를 유영하는 준입자와 같은 존재이다. 마치 수소 원자처럼 양전하를 띤 입자와 음전하를 띤 입자가 결합하고 있는 상태와 아주 유사하다. 엑시토닉 흡수가 발생하면 엑시톤이 소멸하는데, 이 과정에서 광자를 방출한다. 엑시톤은 밴드 갭 근처에 에너지 준위를 형성하기 때문에 밴드 갭 에너지보다는 조금 작게 나타난다. 엑시톤의 결합 에너지는 대략 10 meV 정도이므로 상온에서는 관측되지 않는 특징이 있다. 상온에서의 열에너지가 대략 25 meV이므로 엑시톤은 상온에서 모두 해리되어 결합하고 있지 않기 때문이다. 저온에서 photoluminescence(PL)를 측정하는 이유가 엑시톤 천이를 관측하기 위함이다.

10-1-1 전자-양공 생성률

반도체에 빛을 조사하면 빛의 세기는 거리의 지수함수로 감소하는데 이것은 반도체 내에 빛이 흡수되기 때문이다. 빛의 세기 I의 단위는 에너지이며, $\mathrm{J/(sec \times cm^2)}$이다. 단위 면적, 단위 시간당 에너지로 정의한다. 광전 효과에서도 언급하였지만 빛의 세기가 증가했다는 것은 광자의 개수가 증가한 것과 동일하다. 광자 한 개가 만들어졌다는 것은 하나의 전자와 양공 쌍을 만들어 내고 그것이 재결합하였다는 의미이다. 따라서 빛의 세기 증가는 전자와 양공 쌍의 증가와 동일한 의미이다. 4장에서 다룬 생성률과 관련이 있다. 가령 광자가 흡수 계수 α를 갖는 반도체에 입사된다고 해 보자. 반도체는 거리에 따라서 $\alpha I_\nu(x)$의 에너지를 흡수할 것이다. 이때 단위는 단위 체적, 단위 시간당 만들어 내는 전자와 양공 쌍, 즉 캐리어의 개수로 표현할 수 있다. 흡수 계수의 단위가 cm^{-1}이기 때문이다. 반도체의 가전자대의 전자가 광자의 에너지를 흡수하여 전도대로 여기하면 전자와 양공 쌍을 만들어 낼 것이다. 만약 빛의 입사 에너지 $h\nu$(Joule)가 입사되었을 때 입사 에너지당 생성되는 광자 개수의 비율은 수학적으로 다음과 같이 표현할 수 있다(광자의 변환효율은 1로 가정한다).

$$\frac{\alpha I(x)}{h\nu} \Rightarrow \mathrm{cm}^{-1} \times (\text{number of photons}) \times \frac{\mathrm{J}}{\mathrm{sec}} \frac{1}{\mathrm{cm}^2} \times \frac{1}{\mathrm{J}} = \text{Number of photons}/\mathrm{cm}^{-3}\mathrm{sec}^{-1}$$

이것은 앞에서 논의한 생성률의 단위와 같다. 생성률은 상기와 같이 표현할 수도 있다는 것이다. 즉 입사에너지 대비 생성하는 캐리어의 개수로 표현할 수 있다.

$$G = \frac{\alpha I(x)}{h\nu} [\text{Number of carriers}/\mathrm{cm}^{-3}\mathrm{sec}^{-1}]$$

특정 흡수 계수를 갖는 물질에 빛을 입사하면 거리에 지수함수로 비례해서 빛의 세기는 감소해 갈 것이다. 광속(luminous flux)은 광선속이라고도 하는데 광원으로부터 방출되는 총 광다발로 볼 수 있다. 광속의 세기는 단위 면적(cm^2), 단위 시간(sec)당 통과하는 에너지로 정의할 수 있다. 광속의 세기는 직관적으로 거리의 함수라는 것을 알 수 있다. 거리가 멀어질수록 광속의 세기는 약해질 것이다. 광속의 세기를 $I_\nu(x)$라 할 때 어떤 반도체의 위치 x에서 입사하는 광속과 미분거리 dx를 지난 후 방출되는 광속이 있다고 가정하자. 단위 시간에 dx 구간에서 흡수되는 에너지는 다음과 같이 쓸 수 있다.

$$\alpha I_\nu(x)dx \qquad \alpha: \text{Absorption coefficient}(\mathrm{cm}^{-1}) \tag{10-2}$$

흡수 계수는 단위 길이당 흡수되는 광자의 상대적인 수로 정의한다. 그림 10-6에 입사된 빛이 dx를 통과하여 방출된 광속의 세기를 묘사하였다.

미분거리 dx를 통과한 후 흡수가 발생했으므로 방출되는 빛의 세기는 약해질 것이다. 10-2식은 다음과 같이 표현할 수 있다.

$$\alpha I_\nu(x)dx = I_\nu(x) - I_\nu(x+dx) = -[I_\nu(x+dx) - I_\nu(x)], \quad \alpha I_\nu(x) = \frac{-[I_\nu(x+dx) - I_\nu(x)]}{dx}$$

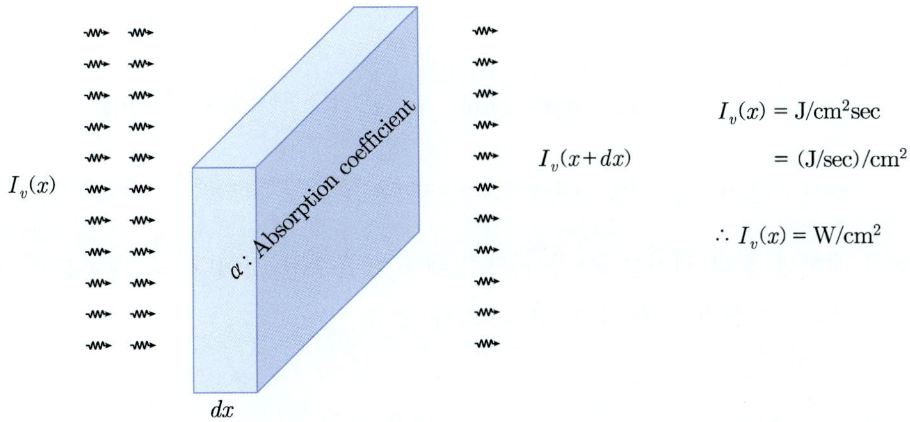

그림 10-6 반도체 내 미소거리 dx를 통과한 후 광속의 변화량

$$\frac{dI_\nu(x)}{dx} = -\alpha I_\nu(x)$$

$y' + \alpha y = 0$ 형태의 1차 미분 방정식의 해는 지수함수로 표현할 수 있다. $x = 0$, $I_\nu(0) = I_{\nu 0}$로 초깃값을 설정하면 미분 방정식의 해는 다음과 같다.

$$I_\nu(x) = I_{\nu 0} e^{-\alpha x} \tag{10-3}$$

반도체 내에서 흡수가 발생하면 거리의 지수함수로 빛의 세기가 감소함을 알 수 있다. 흡수 계수의 단위는 cm^{-1}이다. 흡수 계수의 의미를 고찰해 보자. 흡수 계수 $\alpha = 10^4\,\mathrm{cm}^{-1}$인 반도체에 빛을 조사하고 있다면 빛은 반도체의 표면으로부터 벌크 방향으로 진행하면서 점점 흡수되다가 일정 거리를 지나게 되면 거의 대부분이 흡수될 것이다. 그림 10-7을 예를 들어 보자. 빛이 반도체 내에서 $1/\alpha = 10^{-4}\,\mathrm{cm} = 1\,\mu\mathrm{m}$만큼 진행했을 때 빛의 세기는 37%이다. 즉 63%의 빛이 흡수되었다는 의미이다.

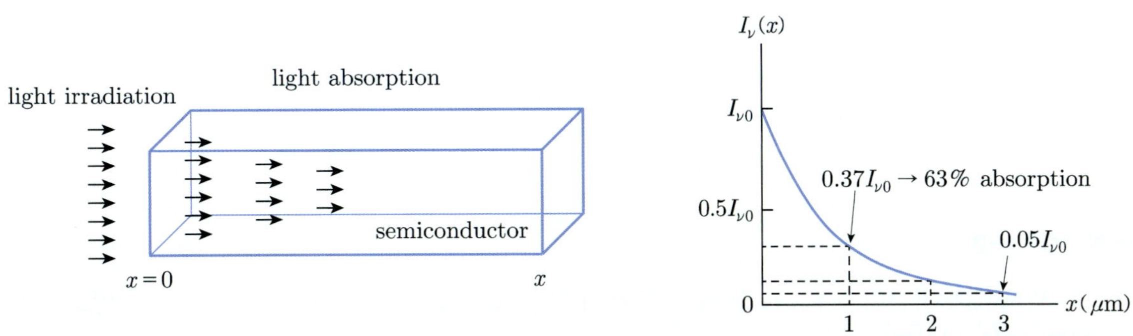

그림 10-7 흡수 계수가 $10^4\,\mathrm{cm}^{-1}$인 반도체 내에서 거리에 따른 흡수율

$$x = 1/\alpha = 10^{-4}\text{cm} = 1\,\mu\text{m} \;\Rightarrow\; e^{(-\alpha)\times(1/\alpha)} = e^{-1} = 0.37$$

$$x = 2/\alpha = 2\times 10^{-4}\text{cm} = 2\,\mu\text{m} \;\Rightarrow\; e^{(-\alpha)\times(2/\alpha)} = e^{-2} = 0.14$$

$$x = 3/\alpha = 3\times 10^{-4}\text{cm} = 3\,\mu\text{m} \;\Rightarrow\; e^{(-\alpha)\times(3/\alpha)} = e^{-3} = 0.05$$

따라서 $3\,\mu m$ 진행하면 빛의 세기는 5%가 되므로 95%가 흡수된 것이다. 즉 대부분의 빛은 반도체에 흡수된다는 의미이다. 예제를 통해서 더욱 논의해 보자.

예제 10-1-1

파장이 750 nm 인 빛의 세기는 $I = 0.05\,\text{W/cm}^2$ 이다. $T = 300\,\text{K}$ 에서 GaAs 반도체에 이러한 빛을 쪼이고 있다고 가정하자. 이때 생성되는 과잉 캐리어 전자-양공 쌍은 단위 시간, 단위 체적당 몇 개나 될 것인가? 또한 정상 상태에 도달했을 때 과잉 캐리어 농도는 얼마나 될까?
흡수 계수, 과잉 소수 캐리어 수명은 각각 다음과 같다.

$$\alpha = 10^4\,\text{cm}^{-1},\ \tau = 10^{-7}\text{sec}$$

표면 반사는 무시한다.

풀이

750 nm의 빛이 가지는 에너지와 생성률은 다음과 같이 구할 수 있다.

$$E = h\nu = \frac{hc}{\lambda} = \frac{1.24}{0.75} = 1.65\,\text{eV} = 1.65\times(1.6\times 10^{-19})\,\text{J}$$

$$G = \frac{\alpha I(x)}{h\nu} = \frac{10^4(0.05)}{1.65\times(1.6\times 10^{-19})} = 1.894\times 10^{21}/\text{cm}^3\text{sec}$$

따라서 주어진 빛의 세기에서 생성률은 $1.894\times 10^{21}/\text{cm}^3\text{sec}$ 이다. 빛의 세기가 증가하면 생성되는 캐리어 수는 더 증가할 것이다. 포톤의 개수가 증가하므로 포톤 에너지를 흡수하는 전자들이 증가하기 때문이다.
정상 상태에서는 생성률과 재결합률이 동일하다.

$$G = R = \frac{\delta p}{\tau} \;\Rightarrow\; \delta p = G\tau = (1.894\times 10^{21})(10^{-7}) = 1.894\times 10^{14}\,\text{cm}^{-3}$$

예제 10-1-2

GaAs 반도체에 파장이 $0.75\,\mu m$ 인 빛을 조사시켰다. 빛의 99%가 흡수되기 위한 GaAs 반도체의 두께를 구해 보아라.

풀이

그림 10-3을 통해 GaAs의 파장이 0.75μm 일 때의 흡수 계수는 10^4임을 알 수 있다. 99%가 흡수된다는 것은 빛의 세기가 초기 대비 1%가 된다는 의미이므로 빛의 세기가 1%가 되는 거리를 x라 한다면 수식 10-3으로부터

$$\frac{I_\nu(x)}{I_{\nu 0}} = e^{-\alpha x} \Rightarrow 0.01 = e^{-\alpha x} \Rightarrow x = \frac{1}{\alpha}\ln 10^2 = 10^{-4}(4.605)$$

$$\therefore x = 4.605 \times 10^{-4}\,\text{cm} = 4.605\,\mu\text{m}$$

4.6μm를 지나면 99%의 빛이 흡수된다는 것을 알 수 있으며 각 파장에 대한 흡수 계수가 중요함을 알 수 있다.

10-1-2 흡수율

에너지 밴드를 활용하여 흡수율을 계산하는 식은 10-4와 같이 표현할 수 있다.

$$R_{1\to 2}^{\text{흡수}} = P_{12} f_1 (1 - f_2) \times \rho(\Delta E) \tag{10-4}$$

f_1 : E_1에 전자가 존재할 확률

$1 - f_2$: E_2에 전자가 존재하지 않을 확률

P_{12} : 비례 계수

$\rho(\Delta E)$: 광자 밀도

E_1에는 전자로 가득 차 있어 전자를 발견할 확률이 높을수록 흡수율이 증가하고, E_2에는 전자가 들어갈 비어 있는 에너지 준위가 많이 존재할수록 $1-f_2$에 비례해서 흡수율이 증가할 것이다. 또한 입사하는 빛의 세기가 강할수록, 즉 광자의 개수가 많을수록 흡수율은 증가하므로 광자의 밀도를 곱한다는 사실에 주목하라.

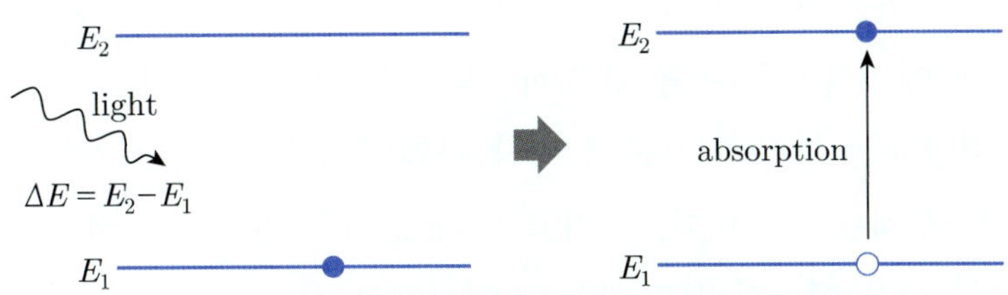

그림 10-8 흡수율의 에너지 밴드 표현

그림 10-8에 흡수되는 과정을 간략히 나타내었다.

10-2 광 방출

우리는 4장에서 과잉 캐리어의 생성과 재결합에 대해서 학습하였다. 만약 광자가 가전자대의 전자에 에너지를 전달하여 전자가 전도대로 여기되고 다시 가전자대의 양공과 결합하여 과잉 캐리어가 소멸되면 직접 천이 반도체에서는 광자를 방출시킨다는 것도 알게 되었다. 이것은 에너지 보존 법칙을 따르고 있다는 증거이기도 하다. 이것을 광 발광이라고 한다. 이러한 광 발광은 빛에 의해 발생하는 것이며 photoluminescence(PL)이라고 한다. 여기원이 전계일 때에는 전기발광이라고 하며 electroluminescence(EL)라고 부른다. 즉 전계에 의해 과잉 캐리어들을 발생시키고 재결합하는 과정에서 광자를 방출하는 것을 의미한다. 우리가 흔히 볼 수 있는 것들이 대부분 전기 발광에 속한다. 발광 다이오드, PN 접합 레이저 다이오드, OLED(organic light emitting diode) 등이 대표적이다. 이러한 디바이스들은 여기원으로 빛을 이용하는 것이 아니라 전계에 의해서 캐리어를 형성하고 캐리어의 재결합에 의해 발광하는 디바이스들이다.

과잉 전자가 과잉 양공과 재결합하는 것을 천이(transition)라고도 한다. 우리는 천이 이 외에도 재결합, 소멸이라는 단어를 사용하여 왔다. 모두 같은 의미이다. 높은 에너지에 있는 전자들이 에너지를 빛으로 방출하고 다시 안정된 낮은 에너지 상태로 돌아오는 것이다. 레이저와 같은 유도 방출을 일으키는 디바이스를 제외하고 대부분의 광 발광 디바이스들은 스펙트럼이 대역폭을 갖는다. 발광 스펙트럼이 일정한 폭의 FWHM(full half width maximum)을 갖는다. 이것은 특정 파장의 빛만 방출하는 것이 아니라 여러 파장대의 빛이 혼용되어서 방출한다는 것이다.

그림 10-9는 여러 가지 천이를 보여 주고 있다. 에너지에 따른 발광 세기를 보여주는 발광 스펙트럼의 예이다. 피크의 반치폭(FWHM)은 피크의 절반 높이의 폭을 의미한다. 발광 피크가 이렇게 대역폭을 가지는 이유는 여러 가지 천이의 에너지가 다르기 때문이다. 좌우측에 에너지 밴드를 그림으로 표시하였다. 만약 피크의 최고점을 에너지 밴드 갭에서 발생하는 band to band transition이라고 가정한다면 좌측의 장파장들은 에너지 밴드 갭보다 작은 에너지 대역에서 천이되는 재결합이 존재한다는 것이다. 좌측 그림에 3가지 경우를 표시하였다. 전도대 위의 전자들이 가전자대 위 억셉터 준위에 있는 양공과 결합하는 경우와 전도대 바닥 아래에 있는 도너 전자들이 가전자대 최고점에 존재하는 양공들과 재결합하는 경우이다. 그리고 도너 준위의 전자들과 억셉터 준위의 양공들 간의 재결합이다. 이러한 천이들은 에너지 밴드 갭보다 에너지가 작기 때문에 장파장으로 이동할 것이다.

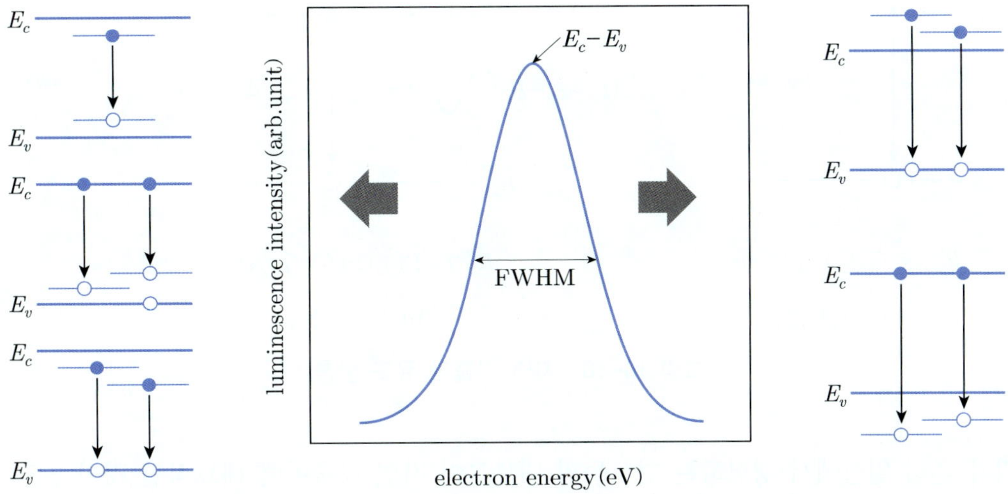

그림 10-9 다양한 transition과 발광 스펙트럼과의 관계

스펙트럼 우측의 단파장은 에너지 밴드 갭보다 큰 에너지 대역 간의 천이로 볼 수 있다. 우측에 에너지 밴드 다이어그램을 표시하였다. 전도대의 바닥상태보다 위에 존재하는 전자가 가전자대 최고점에 존재하는 양공과 결합하는 경우에 밴드 갭보다 큰 에너지의 빛이 방출될 것이다. 또는 전도대 바닥에 있는 전자들이 가전자대 최고점보다 더 낮은 양공들과 결합하는 경우도 비슷한 양상을 보일 것이다. 직접 천이 반도체의 경우 band to band transition은 반드시 발광하지만 그 외의 도너 준위부터의 천이 또는 억셉터 준위로의 천이는 경우에 따라서 발광도 하지만 발광하지 않을 수도 있다.

10-2-1 자연 방출

그림 10-9의 발광 스펙트럼이 적색 발광 다이오드의 스펙트럼이라고 가정해 보자. 피크의 정중앙 가장 높은 피크점이 650 nm, 우측 끝점(피크 세기가 거의 0인 점)이 800 nm, 좌측 끝점이 480 nm 라고 가정해 보자. 그렇다면 이러한 적색 발광다이오드는 초록색도 나오고 여러 가지 색들이 혼합되어서 나오기 때문에 좋은 순수한 색을 갖는 적색 발광 다이오드로 보기 어렵다. 따라서 순수한 적색을 내기 위해서는 가급적 중심 파장을 650 nm에 맞추고 반치폭(FWHM)을 작게 할수록 좋다. 단 이때 빛의 세기가 감소할 경우, 색의 순도는 좋아지나 세기가 약해지기 때문에 세기도 증가시키면서 반치폭을 감소시키는 것이 중요하다.

광 방출에는 자연 방출(spontaneous emission)과 유도 방출(stimulated emission)이 있다. 자연 방출은 단지 높은 준위(그림 10-10의 E_2)에 있는 전자가 낮은 준위(E_1)로 천이하면서 내는 전자기파

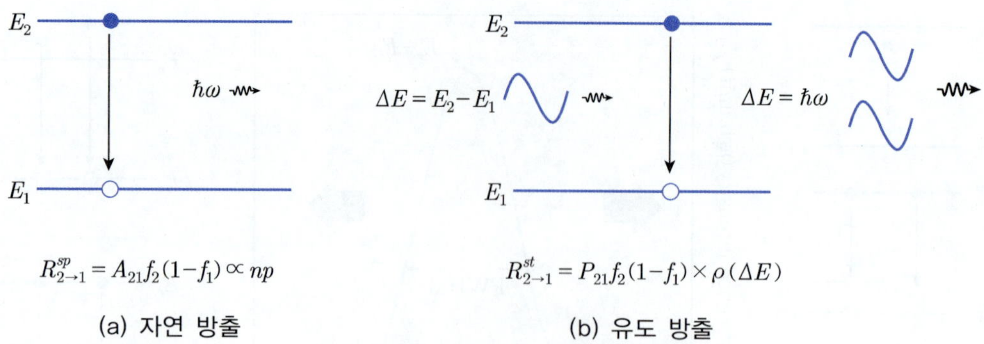

그림 10-10 자연 방출과 유도 방출

이다. 우리가 흔히 일상에서 경험하는 현상들의 대부분이 자연 방출이며 대표적인 것이 발광 다이오드이다. 자연 방출률은 식 10-5와 같이 표현 가능하다. sp는 spontaneous emission의 약자로 자연 방출을 의미하며 f_2는 페르미-디랙 확률함수로 E_2 준위에 전자가 존재할 확률이다.

$$R^{sp}_{2\to1} = A_{21}f_2(1-f_1) \tag{10-5}$$

A_{21} : 비례 계수

f_1은 E_1 준위에 전자가 존재할 확률이므로 $(1-f_1)$은 E_1 준위에 전자가 비어 있을 확률, 즉 양공이 존재할 확률이다. 그림 10-10에 나타내었지만 높은 준위에 전자가 존재할 확률이 높아야 하고, 낮은 준위에 전자가 차지할 상태가 비어 있어야 할 확률이 높을 때 자연 방출률은 증가함을 알 수 있다. 이것은 직관적으로도 쉽게 이해할 수 있다. 이러한 자연 방출률은 각각의 준위에 전자와 양공이 많을수록 증가할 것이므로 자연 방출률은 전자 농도와 양공 농도의 곱에 비례함을 알 수 있다.

10-2-2 유도 방출

유도 방출은 높은 준위와 낮은 준위의 차이에 해당하는 에너지를 갖는 빛(자극광)으로 높은 준위에 있는 전자들을 자극하여 낮은 준위로 천이시키면 자극광과 동일한 에너지와 위상을 갖는 전자기파를 방출하는 현상이다. 근본적으로 자연 방출과 다름을 알 수 있다. 자연 방출과 다른 점은 빛(자극광)이 필요하다는 것이다. 즉 ΔE에 해당하는 광자를 입사시켜 유도 흡수를 일으키고 낮은 준위의 전자들을 높은 준위에 여기시킨다. 전자들은 낮은 준위보다 높은 준위에 더 많아지고(밀도 반전), 충만되었던 전자는 자극광에 자극을 받아서 아래 준위로 천이하면서 빛을 방출하는데 이때 나오는 빛은 자극광과 동일한 파장과 위상의 광자를 방출한다. 또한 이때 방출하는 광자는 자연 방출과 다르게 자극광에 의해서 광자들의 개수가 증폭되어서 나온다. 유도 방출이 발생하면 광자의 개수가 증가(빛의 세기 증가)하며 자극광과 동일한 위상과 파장의 빛을 방출한다는 특징이 있는 것이다. 이러한 것을 결맞음 빛을 방출한다고도 표현한다. 광자 밀도가 높을수록 유도 방출이 증가할 것이다. 수학적으로 표현하면 다음과 같다.

$$R_{2\to1}^{st} = P_{21}f_2(1-f_1)\times\rho(\Delta E) \tag{10-6}$$

P_{21} : 비례 계수

$\rho(\Delta E)$는 광자 밀도이다. 자연 방출에서는 광자 밀도를 나타내는 항이 없었다. 유도 방출에서는 반드시 자극광이 필요하며 자극광의 세기가 강할수록 유도 방출률은 증가한다. 광 흡수, 유도 방출, 자연 방출은 동시에 일어난다. 광 흡수율에서의 비례 상수와 유도 방출에서의 비례 상수의 크기는 같다. 따라서 흡수율의 비례 계수(P_{12})와 유도 방출의 비례 계수(P_{21})의 크기도 동일하다.

광 흡수와 유도 방출 두 가지 경우를 생각해 보자. 알짜 유도 방출률은 광 흡수를 빼주어야 할 것이다. 즉

$$\begin{aligned} R_{Net}^{st} &= R_{2\to1}^{st} - R_{1\to2}^{absorption} \\ &= P_{21}f_2(1-f_1)\rho(\Delta E) - P_{21}f_1(1-f_2)\rho(\Delta E) \\ &= P_{21}\rho(\Delta E)(f_2 - f_1) \end{aligned} \tag{10-7}$$

알짜 유도 방출률이 0보다 크기 위해서는 다음과 같은 조건을 만족해야 한다.

$$R_{Net}^{st} > 0 \quad \Rightarrow \quad f_2 - f_1 > 0 \tag{10-8}$$

10-8식은 높은 준위에 전자가 더 많아야 한다는 의미이다. 이것은 자연적인 현상이 아니다. 전자는 페르미온이며 낮은 준위부터 채워지는데, 오히려 높은 준위에 전자가 많아야 알짜 유도 방출률이 증가한다는 것이다. 전자가 존재할 확률이 높은 준위에 더 많아야 한다는 것을 전자의 밀도가 반전되어 있다고 표현하기도 한다. 높은 준위에 전자가 많은 상태를 우리는 분포 반전 또는 밀도 반전 상태라고 한다. 영어로는 population inversion이다. 10-8식은 유도 방출이 일어나기 위한 조건 중의 하나이다.

밀도 반전을 반도체의 에너지 밴드 다이어그램으로 해석해 보자. 그림 10-11과 같이 전도대와 가전자대가 존재하고 에너지 밴드 갭 내에는 페르미 준위가 그림과 같이 존재한다. 여기서 $f_2 = E_c$, $f_1 = E_v$에 해당한다.

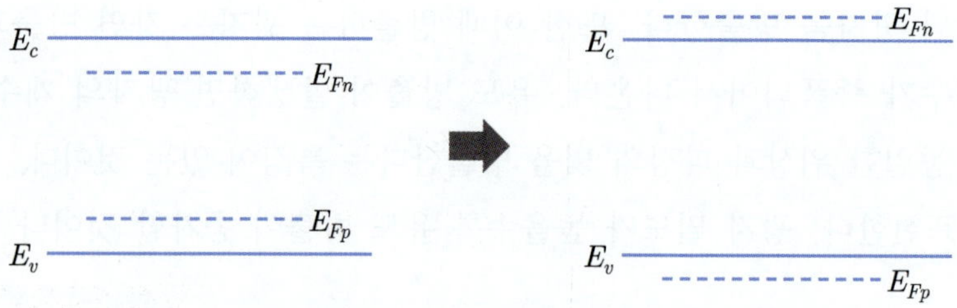

그림 10-11 밀도 반전의 에너지 밴드 다이어그램

반전 분포가 일어나려면 $f_c > f_v$ 이다.

$$f_c = \frac{1}{1+\exp[(E_c - E_{Fn})/kT]} \qquad f_v = \frac{1}{1+\exp[(E_v - E_{Fp})/kT]}$$

$$f_c > f_v \quad \Rightarrow \quad E_c - E_{Fn} < E_v - E_{Fp}$$

$$\therefore E_c - E_v < E_{Fn} - E_{Fp}$$

그림 10-10에 나타내었듯이 페르미 준위는 각각 전도대와 가전자대 내에 존재해야 한다. 우리는 이러한 반도체를 축퇴 반도체라 배웠고 전자와 양공의 농도를 유효상태 밀도보다 높게 주입했을 때 이러한 현상이 발생한다고 하였다. 유도 방출이 일어나려면 전자를 $10^{19}\,\text{cm}^{-3}$ 정도로 과도핑하여야 한다는 것이다. 유도 방출을 이용하는 대표적인 디바이스가 이종 접합(hetero junction)을 이용하는 반도체 레이저 다이오드이다. 유도 방출을 이용하는 레이저 다이오드는 후에 논의하기로 하고 여기서는 자연 방출과 유도 방출의 차이점을 잘 이해하길 바란다.

10-3 발광 다이오드

발광 다이오드는 주로 직접 천이형 화합물 반도체를 사용한다. 3-5족 또는 2-6족 화합물 반도체를 활용하는데 우리가 지금까지 배운 PN 접합을 이용하는 발광 다이오드가 있으며 동일한 종류의 재료를 이용하는 경우를 동종(homo) 접합 발광 다이오드라고 한다. 뒤에서 설명하겠지만 이러한 동종 접합 발광 다이오드는 발광 영역이 넓고 빛의 흡수 등으로 인하여 발광 효율이 낮아서 거의 사용하지 않는다. 이러한 단점을 극복하고 발광 효율을 올리기 위해서 이종 접합(hetero junction)을 사용하는 경우가 대부분이다. 최초의 반도체 발광 다이오드는 1962년 미국 GE사의 Holonyak가 개발한 $GaAs_{1-x}P_x$ 적색 발광 다이오드였다. 1947년 최초의 Ge 트랜지스터가 개발된 지 15년 후의 일이다. 매우 빠른 진보였다. 발광 다이오드의 응용은 매우 광범위하다. 조명, 광통신, 디스플레이 등에 활용되고 있다. 여기서는 발광 다이오드의 발광 원리와 효율을 올리는 기술에 대해서 설명할 것이다.

그림 10-12에는 동종 접합 발광 다이오드를 설명하고 있다. pn^+ 접합으로 구성되어 있으며 순방향 바이어스가 인가된 상태이다. 우리는 앞에서 밴드 다이어그램을 학습하였고 이러한 밴드 구조에 매우 익숙해져 있다. 순방향 바이어스를 인가하면 내부 전위 장벽은 낮아지고 비로소 전자는 n형 반도체에서 공핍층을 가로질러 p형 반도체로 확산한다. 양공은 p형 반도체에서 n형 반도체로 확산한다. 전자가 월등히 많은 일방 접합이므로 대부분의 재결합은 p형 반도체의 표면에서 발생하며 발광도 p형 표면 근처에서 발생하는 것이다. 이러한 상황을 그림 10-12에 나타내었다. 아주 작은 비율이겠지만 n형 반도체 표면에서도 발광할 수 있다. 또한 공핍층에서는 트랩에 의한 캐리어의 포획으로 인하여 재결합이 발생한다는 것을 우리는 SRH 이론에서 학습하였다.

여기서 발광 영역은 캐리어들의 확산 거리와 공핍층의 폭으로 표현할 수 있다. 발광 영역은 3가지로 표현된 거리 내에서 발광하게 된다. 그림 10-12에서의 발광 영역은 다음과 같이 표현할 수 있다.

$$\text{emission zone} = L_n + W + L_p \tag{10-9}$$

발광 영역이 크다는 것을 직감할 수 있다. 발광 효율이 좋으려면 아주 작은 발광 영역에 고밀도의 캐리어가 밀집되어 있어야 한다. 또한 발광한 빛은 사방으로 퍼져나가면서 반도체에 재흡수된다.

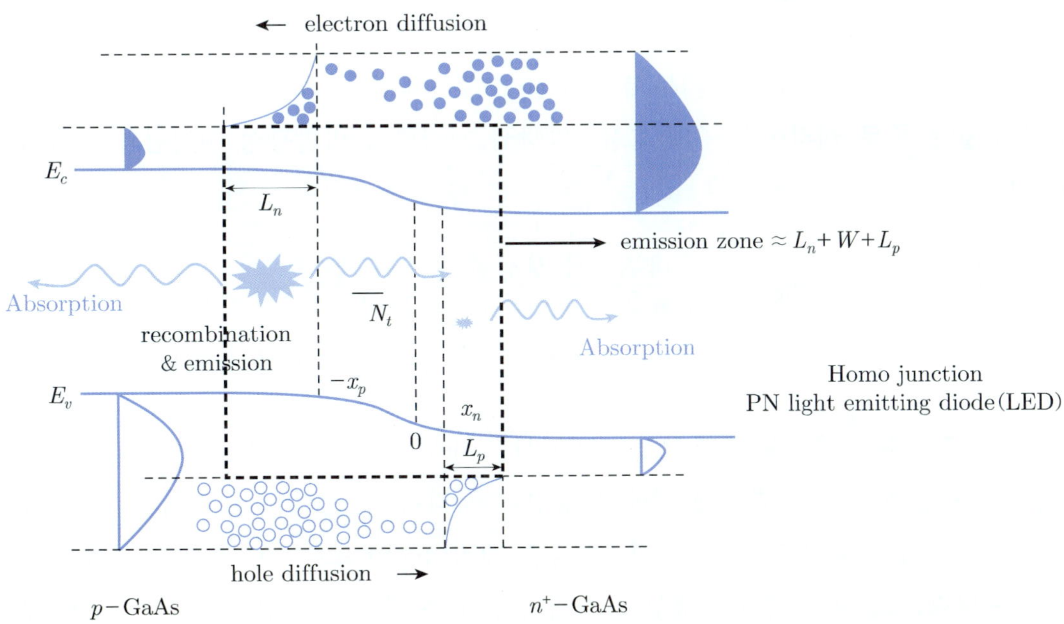

그림 10-12 동종 접합 발광 다이오드의 에너지 밴드 다이어그램

갈륨비소의 밴드 갭과 비슷한 광자의 에너지는 대부분 재흡수된다. 이것은 발광 효율을 저하시킨다. 그림에서 흡수로 표시한 부분에 해당한다.

우리는 이미 앞에서 PN 접합 다이오드에서 순방향 전압을 인가했을 때 흐르는 전류 밀도식을 수학적으로 유도하였다.

$$J = J_n + J_p = \frac{qD_n n_{p0}}{L_n}\left[\exp\left(\frac{qV_a}{kT}\right) - 1\right] + \frac{qD_p p_{n0}}{L_p}\left[\exp\left(\frac{qV_a}{kT}\right) - 1\right]$$

$$= \left(\frac{qD_p p_{n0}}{L_p} + \frac{qD_n n_{p0}}{L_n}\right)\left[\exp\left(\frac{qV_a}{kT}\right) - 1\right]$$

우변의 앞부분은 역포화 전류이며 J_s로 표현한다. 또한 L_p, L_n은 소수 캐리어의 확산 길이이다. 따라서

$$J = J_n + J_p = J_s\left[\exp\left(\frac{qV_a}{kT}\right) - 1\right] \qquad J_s = \left(\frac{qD_p p_{n0}}{L_p} + \frac{qD_n n_{p0}}{L_n}\right)$$

$$L_p = \sqrt{D_p \tau_p} \qquad L_n = \sqrt{D_n \tau_n} \tag{10-10}$$

가 된다.

10-3-1 내부 발광 효율

발광 효율에는 내부 발광 효율과 외부 발광 효율이 있는데 발광 효율을 양자 효율이라고도 한다. 내부 양자 효율은 주로 캐리어의 주입 효율, 발광성 재결합과 비발광성 재결합의 비율과 밀접한 관련이 있다.

$$\text{내부 양자효율}(\eta_{IQE}) = \frac{\text{내부에서 생성된 포톤의 개수}}{\text{접합을 가로지르는 캐리어의 개수}}$$

$$= \text{캐리어의 주입 효율}(\eta_{Injection}) \times \text{방출 효율}(\eta_{rad}) \tag{10-11}$$

발광 다이오드의 양자 효율을 증가시키기 위해서는 내부, 외부의 양자 효율을 모두 높이는 것이 중요하다. 내부 양자 효율은 반도체 내에서 생성된 캐리어 수 중에서 캐리어 간 재결합을 통해 방출되는 포톤 수의 비로 정의할 수 있다. 형성된 캐리어들이 포톤으로 변환되지 못한다면 내부 양자 효율은 낮다고 말할 수 있다. 생성된 캐리어가 모두 포톤으로 변환될 수 있다면 내부 양자 효율은 100%이다. 그러나 반도체 내에는 비발광 준위도 존재한다. 대표적인 것이 깊은 준위에 위치하

는 트랩이다. 이러한 트랩들은 캐리어를 포획하는 비발광 준위로 작용한다. 내부 양자 효율을 올리는 첫 번째 방법은 캐리어의 주입과 관련이 있다. 캐리어가 잘 주입된다는 것은 접합을 가로지르는 소수 캐리어가 많다는 의미이다. GaAs와 같은 대표적인 발광 다이오드 재료의 캐리어의 주입 효율은 수식 10-12와 같이 표현이 가능하다. 우리는 여기서 pn^+ 접합을 예로 들어서 논의하겠다. 또한 전자가 p형 영역으로 확산해 가서 발광은 p형 영역의 경계 근처에서 발생한다고 가정하자. 캐리어가 발생하는 총 전류는 3가지로 표현할 수 있다. 수식 10-12의 분모 항을 살펴보면 전자와 양공이 확산해 나가는 전류와 공간전하 영역에서 재결합하는 전류로 볼 수 있다. 발광은 p형 영역으로 건너가는 전자에 의해 발생하므로 주입 효율은 총 전류에 대한 전자가 발생하는 전류의 비율로 표시할 수 있다.

$$\eta_{Injection} = \frac{J_n}{J_n + J_p + J_r} < 1 \tag{10-12}$$

$$J_r = q\int_0^W R dx = \frac{qn_i W}{2\tau_0} \exp\frac{qV_a}{2kT} = J_{r0}\exp\frac{qV_a}{2kT} \qquad J_{r0} = \frac{qn_i W}{2\tau_0}$$

J_r : space charge recombination current

공간전하 영역에서는 깊은 준위에 있는 트랩을 통해서 전자와 양공의 재결합이 일어나므로 대부분 비발광성 천이가 일어난다. 우리는 앞에서(4-4절) SRH 이론에 대해서 학습하였다. 밴드 갭 중앙 부근에 있는 트랩을 통한 재결합은 비발광성 재결합이므로 빛을 방출하지 않는다. 주입 효율은 반도체 내에서 흐르는 전체 전류에 대하여 전자가 만드는 전류 성분의 비율로 정의할 수 있다. 수식 10-12를 보면 알겠지만 주입 효율은 양공 전류와 공간전하 재결합 전류가 감소할수록 증가한다는 것을 알 수 있다. 분모 항에 존재하는 양공 전류와 공간전하 전류에 대해서 논의해 보자. 첫 번째로 양공 전류는 p형 반도체에서 양공이 n형 반도체로 공간전하 영역을 가로질러 확산해 가면서 발생하는 전류이다. 양공의 확산 전류는 바람직하지 못한 전류이다. 전자가 공간전하 영역을 건너서 p형 영역으로 들어오기 때문에 양공은 p형 영역에서 전자와의 만남을 위해 가만히 기다리고 있는 것이 더 좋다는 것이다. 양공의 확산 전류를 감소시키는 방법 중의 하나는 양공을 어딘가에 가두어 양공 확산을 억제시키는 것이다. 이것에 관해서는 추후 다시 논의하기로 하자. 양공 전류를 줄이는 또 하나의 방법은 아주 적게 주입하는 것이다. 이미 우리는 n^+p 접합을 논의하고 있다. 그런데 양공의 농도를 극단적으로 낮추면 전자와의 캐리어 균형이 나빠지므로 양공의 주입 농도는 어떤 최적화 값이 존재한다는 것을 의미한다. 요약하면 전자 전류의 비율을 증가시키는 첫 번째 방법은 양공을 아주 좁은 구역에 가두고 확산하지 못하도록 하는 것이고, 두 번째 방법은 순방향 전압을 충분히 인가하여 재결합 전류를 감소시키는 것이다.

이종 접합 편에서 상세히 논의하겠지만 전자와 양공을 아주 얇은 활성층에 가두고 활성층에서 재결합시키는 방법으로 발광 효율을 올리고 있다.

p형 영역으로 확산해 온 소수 캐리어 전자에 대해서 논의해 보자. 전자들은 양공과 재결합하면서 광자를 방출한다. 그러나 p형 반도체 내에는 모두 발광할 수 있는 천이만 일어나지 않는다. 비발광 천이도 존재한다. 비발광 천이의 비율을 작게 하면 당연히 내부 양자 효율은 상승할 것이다. 발광성 재결합률과 비발광성 재결합률은 다음과 같다. 우리는 캐리어의 생성과 재결합률에 대해서 이미 학습하였다.

$$R_r = \frac{\delta n}{\tau_r} \qquad\qquad R_{nr} = \frac{\delta n}{\tau_{nr}} \tag{10-13}$$

τ_r : life time of radiative emission

τ_{nr} : life time of non-radiative emission

따라서 p형 반도체로 확산해 온 전자의 재결합은 10-13식의 두 가지 재결합이 존재하므로 두 가지 재결합의 총합으로 표현할 수 있다.

$$R = R_r + R_{nr} = \frac{\delta n}{\tau} = \frac{\delta n}{\tau_r} + \frac{\delta n}{\tau_{nr}} \tag{10-14}$$

발광 효율은 전체 재결합 중 발광성 재결합이 차지하는 비율이다.

$$\eta_{rad} = \frac{R_r}{R} = \frac{R_r}{R_r + R_{nr}} = \frac{(\delta n/\tau_r)}{(\delta n/\tau_r) + (\delta n/\tau_{nr})} = \frac{\tau_{nr}}{\tau_r + \tau_{nr}} \tag{10-15}$$

발광 효율은 발광 재결합의 수명을 짧게 하는 것이 중요하다. 우리는 재결합 이론에서 소수 캐리어의 수명은 다수 캐리어의 농도에 반비례한다고 학습하였다. 따라서 발광 효율을 올리는 첫 번째 방법은 발광 재결합의 수명을 짧게 하는 것이고 이것은 억셉터 불순물의 주입량을 늘려 양공의 농도를 증가시키는 것이다. 두 번째는 비발광성 재결합의 수명을 길게 하는 것이다. 같은 논리로 해석한다면 비발광 에너지 준위(트랩)가 적다는 것이며 앞에서 학습한 밴드 갭 내 트랩 밀도 N_t가 매우 적다는 것을 의미하는 것이다. 비발광성 트랩을 줄이는 방법은 p형 반도체 결정 성장에 결함이 없도록 하는 것이며 또한 이러한 비발광성 트랩을 만들어 내는 불순물들이 주입되지 않도록 결정 성장 환경을 clean하게 하는 것도 중요하다. 이 두 가지 방법을 통해서 우리는 내부 양자 효율을 향상시킬 수 있다.

수식 10-12와 10-15를 수식 10-11에 대입하고 정리하면 발광 다이오드의 내부 양자 효율은 다음과 같이 표현할 수 있다.

$$\eta_{IQE} = \eta_{Injection} \times \eta_{rad} = \frac{J_n}{J_n + J_p + J_R} \times \frac{\tau_{nr}}{\tau_r + \tau_{nr}} \tag{10-16}$$

IQE : Internal Quantum Efficiency

10-16식에서 알 수 있는 것은 억셉터 불순물 양을 늘려서 발광성 재결합 시간을 짧게 한다는 것인데 이렇게 억셉터 불순물의 주입 농도를 증가시키면 10-16식의 우변의 첫 번째 항 주입 효율에서 분모의 J_p가 증가하므로 다시 내부 양자 효율이 감소하게 된다. 지금 논의하고 있는 것은 n^+p 접합이므로 양공의 농도를 증가시키면 양공의 확산 전류 밀도가 증가한다는 것을 상기하라. 이것은 억셉터 주입량에 최적 도핑 농도가 존재한다는 것을 의미한다. 우리는 이러한 최적의 도핑 농도를 실험적으로 구할 수 있다.

내부 양자 효율을 올리는 데에는 재료의 선택도 중요하다. 실리콘과 같은 간접 천이형 반도체 재료는 발광 소자로 사용하지 않는다. 물론 태양전지와 같은 수광 소자로 사용하기도 하지만 발광 소자로서는 적합하지 않은 이유가 존재한다. 직접 천이형 반도체의 대표적인 재료로는 GaAs이 있다. Si은 주로 MOSFET과 같은 전자 소자에 응용되고 GaAs는 광전 소자에 활용하고 있다. 이렇게 용도가 다른 이유는 재료가 가지고 있는 고유한 특성인 방출 효율에 차이가 나기 때문이다. 각 재료의 방출 효율을 계산하여 보자. 표 10-1에 GaAs와 Si의 발광성/비발광성 발광 시간이 명기되어 있다. 이 값으로부터 우리는 각 반도체 재료의 방출 효율을 쉽게 계산할 수 있다. 수식 10-15, 표 10-1을 사용하여 계산한 결과는 다음과 같다.

표 10-1 GaAs, Si의 발광성/비발광성 발광 시간

	τ_r	τ_{nr}
Si	10 msec	100 nsec
GaAs	100 nsec	100 nsec

$$\text{Si}: \ \eta_{rad} = \frac{\tau_{nr}}{\tau_r + \tau_{nr}} = \frac{100\,\text{nsec}}{10\,\text{msec} + 100\,\text{nsec}} = 10^{-5}$$

$$\text{GaAs}: \ \eta_{rad} = \frac{\tau_{nr}}{\tau_r + \tau_{nr}} = \frac{100\,\text{nsec}}{100\,\text{nsec} + 100\,\text{nsec}} = 0.5$$

실리콘은 100,000회의 재결합 중 1회 단위로 광자를 생성하고 빛을 방출한다는 의미이고 갈륨비소

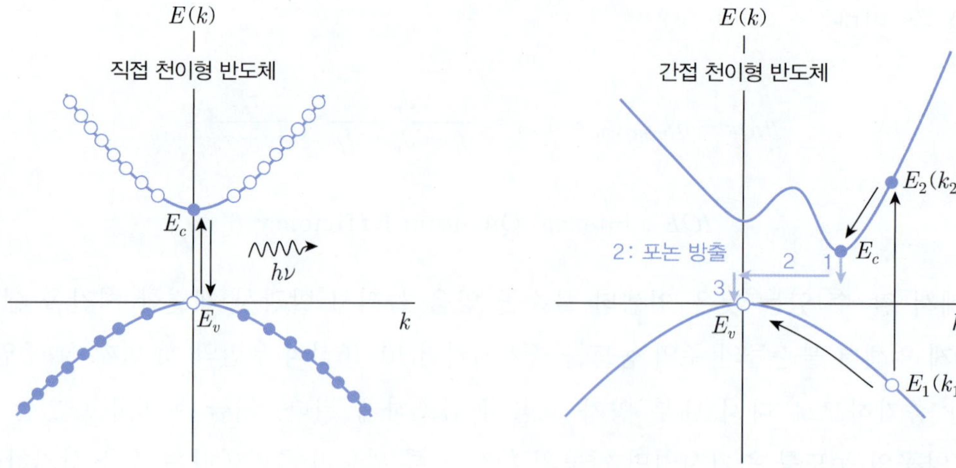

(a) GaAs, GaN 직접 천이형 밴드 구조 (b) Si 간접 천이형 밴드 구조

그림 10-13 직접 천이형과 간접 천이형 반도체의 $E-k$ diagram

는 2번의 재결합 중 한 번 단위로 빛을 방출한다는 의미이다. 따라서 실리콘은 광학 소자로 이용하기에는 내부 양자 효율이 너무 낮기 때문에 적합하지 않다.

실리콘의 방출성 재결합 시간이 긴 이유를 고찰해 보자. 실리콘의 발광 과정은 그림 10-13 (b)와 같다. 운동량 보존의 법칙에 따라 전도대의 바닥상태에 있는 전자는 가전자대의 양공과 바로 결합할 수 없다. 발광 과정을 살펴보면 낮은 에너지 상태로 천이한다. 과정 1에 해당하며 운동량 보존 법칙을 만족시키고 있다. 계속해서 2번 과정이 발생한다. 이 과정은 포논을 방출하고 운동량을 소실하는 과정이다. 마지막으로 3번 과정을 통해 양공과 결합하고 빛을 방출시킨다. 이러한 일련의 과정 때문에 실리콘의 방출성 발광에는 시간이 소요되는 것이다. 갈륨비소와 비교해 보면 쉽게 이해될 것이다. 실리콘 반도체와 같은 간접 천이형에서는 이런 식으로 발광할 수밖에 없는 이유가 무엇인지 고찰해 보자. 먼저 이해를 돕기 위해 갈륨비소와 같은 직접 천이형 반도체를 살펴보자. 가전자대 최고점에 있는 전자가 광자 에너지를 받아서 전도대의 바닥 지점으로 천이되었다면 에너지 보존 법칙에 의해 $E_v + h\nu = E_c \;\Rightarrow\; E_c - E_v = h\nu$의 빛을 방출하게 된다. 실리콘과 같은 간접 천이의 경우를 살펴보자. k_1 지점에 있는 전자가 광자 에너지를 흡수하여 전도대의 어딘가로 천이되었다고 가정해 보자. 반드시 k_2 지점이 아니어도 상관없다. 그러면 운동량 보존 법칙에 의해 다음 식이 성립한다.

$$k_1 + k_{\text{photon}} = k_2 \Rightarrow k_1 \approx k_2 \qquad \because k_1,\, k_2 \gg k_{\text{photon}},\;\; k_1, k_2 = \frac{\pi}{a},\;\; k_{\text{photon}} = \frac{2\pi}{\lambda}$$

$$\text{for Si},\;\; a = 5.43\,\text{Å},\;\; \lambda = 0.8 \sim 1.1\,\mu\text{m}$$

$$\therefore \frac{k_1}{k_{\text{photon}}} \approx 10^3$$

따라서 k_{photon}을 무시할 수 있으므로 $k_1 = k_2$가 성립한다. 이것은 운동량이 보존되어야 한다는 의미이다. k_2는 k_1과 동일한 k 선상에 존재해야 한다는 것이므로 그림 10-13 (b)와 같이 전자는 수직으로 올라간다. E_2의 에너지를 갖는 전자는 매우 빠른 시간(대략 피코 초) 내에 전도대의 바닥 상태로 떨어지고 1 → 2 → 3의 과정을 통해 가전자대의 양공과 결합하고 빛을 방출한다. 이때 2번 과정에서 포논을 방출하고 운동량을 감소시킨다. 실리콘과 같은 간접 천이형 반도체는 방출성 재결합 시간이 상대적으로 길어질 수밖에 없음을 알 수 있다.

간접 천이형 반도체에서는 전도대의 바닥상태에서 가전자대의 최고점으로 천이할 때 다이렉트로 할 수 없으며(금지된 천이) 포논을 흡수하거나 방출한다는 사실을 기억하라.

실리콘의 방출성 재결합 시간은 표 10-1에 나타난 것처럼 매우 길다. 간접 천이형 반도체의 특징이다. 이상 내부 양자 효율에 대해서 논의하였다. 내부 양자 효율을 100%까지 증가시켜도 대부분의 빛은 밖으로 추출하는 과정에서 소멸된다.

10-3-2 외부 발광 효율

외부 발광 효율은 내부에서 형성된 빛을 외부(공기 중)로 방출하는 비율을 의미하며 반도체 내부로의 흡수, 굴절률과 밀접한 관련이 있다. 우리는 이것들에 대해서 논의할 것이다. 현재 외부 양자 효율의 감소가 더 심각하며 광 추출을 향상시키는 여러 가지 기술들이 나오고 있다. 반도체 발광 디바이스의 경우 발광층의 굴절률이 대략 3.6, 유기 반도체인 OLED 디스플레이의 경우, 발광층의 굴절률이 1.6~1.8 정도이다. 따라서 굴절률 차이로 인하여 전반사와 프레넬 반사가 발생하여 실제 밖으로 나오는 광 추출은 OLED 디스플레이의 경우 20~30% 정도에 지나지 않는다. 반도체는 공기와의 굴절률 차이가 더욱 크기 때문에 광 추출 효율은 더욱 감소한다. 반도체 자체 내의 흡수를 고려한다면 광 추출 효율은 더욱 낮아질 것이다.

외부 양자 효율 100%라고 함은 빛의 손실 없이 내부에서 형성된 빛이 모두 밖으로 나온다는 것이다. 절대로 100%가 될 수 없다는 것은 쉽게 직관적으로 이해할 수 있다. 외부 양자 효율은 다음과 같이 표현한다.

$$\begin{aligned} \text{외부 양자효율}(\eta_{EQE}) &= \frac{\text{내부에서 생성된 포톤의 개수}}{\text{접합을 가로지르는 캐리어의 개수}} \times \frac{\text{밖으로 방출하는 포톤의 개수}}{\text{내부에서 생성된 포톤의 개수}} \\ &= \text{내부 양자 효율}(\eta_{IQE}) \times \text{광학 효율}(\eta_{opt}) \end{aligned} \tag{10-17}$$

외부 양자 효율은 반도체 안에서 형성한 내부 양자 효율과 밖으로 추출하는 광학적 효율의 곱으로 표현할 수 있다는 것을 알 수 있다. 앞에서도 설명하였지만 발광 디바이스가 공통적으로 가지고 있는 단점은 광학 효율이 나쁘다는 것이다. 아무리 내부 양자 효율을 향상시켜도 대부분의 빛 손실은 광학 효율에서 발생하기 때문에 외부 발광 효율이 낮아질 수밖에 없다. 외부 양자 효율을 향상시키려는 여러 가지 고안들 중 일부분만 실용화되어 있는 상황이다. 외부 양자 효율을 감소시키는 첫 번째는 내부에서 형성된 빛을 반도체 내부에서 다시 흡수하는 현상이다. 대부분 발광하는 빛의 에너지는 일정 범위의 파장대를 가지고 있다. 특히 발광 다이오드(LED)는 자연 발광이기 때문에 앞에서 설명한 FWHM이 넓어진다(그림 10-9 참조). 이것은 에너지 밴드 갭과 동일하거나, 작거나 큰 여러 에너지를 갖는 포톤이 방출된다는 것이다. 이러한 밴드 갭과 비슷하거나 큰 에너지를 갖는 포톤은 다시 반도체 내에서 흡수되어 밖으로 나오는 빛의 양을 감소시킨다. 그림 10-12에서 흡수되는 과정을 나타내었다. p형 영역 근처에서 발광한 빛은 사방으로 퍼져 나가게 되는데 이 빛의 에너지는 밴드 갭과 비슷하므로 다시 반도체로 흡수되어 광학 효율을 감소시키고 결과적으로 외부 양자 효율을 감소시킨다.

두 번째로 광학 효율에는 프레넬 반사라는 것이 있다. 매질이 서로 다른 두 물질 사이의 경계면에서 입사파는 반사파와 투과파로 나누어지며 반드시 반사파가 존재하게 된다. 이러한 반사파는 다시 반도체 내로 반사되어 손실되기도 하므로 광학 효율을 감소시킨다.

반사계수는 다음과 같이 표현한다.

$$\Gamma = \left[\frac{n_2 - n_1}{n_2 + n_1}\right]^2 \qquad (10-18)$$

n_2는 반도체의 굴절률이고 n_1은 공기의 굴절률이다. 대부분의 반도체는 굴절률이 2~4 정도로 공기보다 훨씬 크다. 빛이 서로 다른 매질을 통과할 때는 반사와 투과가 동시에 일어난다. 반사는 우리가 원하는 것이 아니다. 투과되어 밖으로 나오는 빛이 많을수록 광학 효율은 증가할 것이다. 따라서 반도체의 굴절률이 공기와 비슷한 재료를 선택해야 하는데 이것은 매우 제한적이고 프레넬 반사를 줄이는 좋은 방법이 되기 어렵다.

세 번째는 전반사이다. 앞에서 설명한 매질이 밀한 곳에서 소한 곳으로 파가 진행할 때 매질의 경계면에서 어떤 특정 임계각 이상으로 입사된 빛은 모두 반사해 버리는 현상이다. 임계각은 수식 10-19와 같이 표현할 수 있다. 굴절률의 차이가 클수록 임계각은 작아진다. 즉 밖으로 나올 수 있는 빛의 양이 줄어든다. 대부분의 빛은 그림 10-14 (b)의 파란색 실선으로 표시한 전반사가 발생하여 외부로 추출되지 못한다. 전반사를 줄이는 것도 재료를 선택하는 것만으로는 곤란하므로 표면처리 기술을 이용하여 전반사를 감소시키는 방법을 채택하고 있다. 표면에 나노 구조물을 설치한다거나

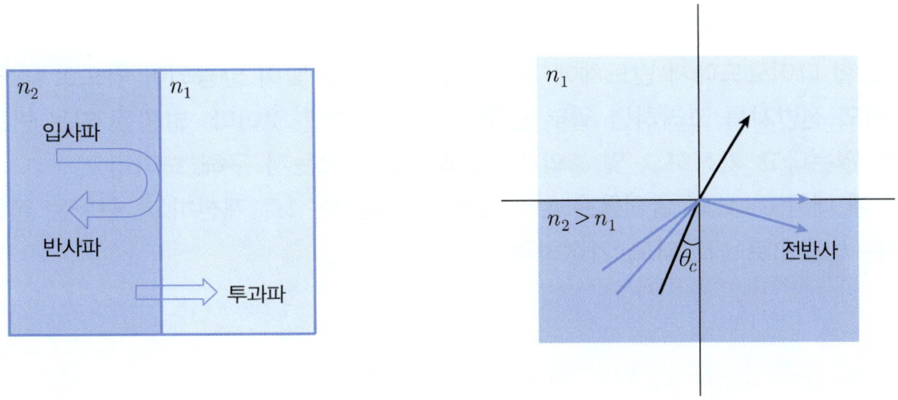

(a) 프레넬 반사 (b) 전반사

그림 10-14 외부 양자 효율에 영향을 주는 광학 효율

표면을 의도적으로 거칠게 만들어서 임계각을 크게 만드는 것인데 실용화된 기술도 일부 존재한다.

$$\theta_c = \sin^{-1}\left(\frac{n_1}{n_2}\right) \tag{10-19}$$

우리는 지금까지 동종 접합 발광 다이오드를 예로 들어서 내부 양자 효율과 외부 양자 효율에 대해서 논의하였다. 동종 접합 발광 다이오드는 양자 효율 측면에서 좋은 선택이라고 할 수 없다. 동종 접합 발광 다이오드의 단점은 다음 2가지로 요약할 수 있다.

1. 발광 영역이 넓고 재결합률이 낮다.

전압을 인가하면 더욱 확산이 촉진되므로 발광 영역이 넓어진다. 재결합률은 캐리어의 농도에 비례하며 단위 체적, 단위 시간당 결합하는 전자와 양공의 비율로 정의하고 있음을 상기하라. 따라서 발광 영역을 좁게 만들고 발광 영역에 캐리어를 가두고 이곳에서 재결합이 이루어지도록 하는 것이 내부 양자 효율을 올리는 방법이라고 할 수 있다.

2. 발광된 빛이 반도체 내로 재흡수된다.

지금까지 설명한 내용이 동종 접합 발광 다이오드는 재흡수를 막을 수 없다는 것이다. 발광 다이오드의 양자 효율을 감소시키는 주된 원인 중의 하나이므로 이러한 이유로 동종 접합 발광 다이오드는 현재 거의 채택하지 않고, 이종 접합 발광 다이오드 방식을 채택한다. 이 방법은 발광층을 가운데에 두고 양옆에 밴드 갭이 큰 두 물질로 샌드위치시킨 구조이다. 따라서 발광된 빛이 사방으로 퍼져 나가면서 일부 흡수되는 빛을 방지할 수 있다. 이종 접합에 대해서는 10-4절에서 자세히 다룰 것이다.

예제 10-3-1

GaAs PN 접합 다이오드에서 반도체에 $\lambda = 0.7\,\mu\text{m}$ 파장의 빛이 발광되어 밖으로 나오고 있다. 프레넬 반사와 전반사를 고려하면 외부 양자 효율은 감소할 것이다. 발광된 빛은 반도체 내로 재흡수되지 않는다고 가정하고 몇 %의 빛이 외부로 나오는지 구해 보아라.

$\lambda = 0.7\,\mu\text{m}$에 대한 GaAs의 굴절률은 3.8, 공기의 굴절률은 1로 계산하고, 광자는 접합의 수직 평면의 모든 방향으로 나온다고 가정하라.

풀이

먼저 전반사를 통해서 나오는 빛의 백분율을 구해 보자.

$$\theta_c = \sin^{-1}\left(\frac{n_{\text{air}}}{n_{\text{GaAs}}}\right) = \sin^{-1}\left(\frac{1.0}{3.8}\right) = 15.3^\circ$$

360° 기준으로 밖으로 나오는 입사광의 각도 범위는 15.3×2=30.6°

$$\frac{30.6}{360} = 0.085 \qquad \therefore 8.5\%$$

전반사를 통해서 손실되는 빛의 양을 백분율로 환산하면 91.5%가 된다는 의미이다. 여기에 프레넬 반사로 인한 손실이 추가될 것이다. 반사 계수를 구하면 다음과 같다.

$$\Gamma = \left[\frac{n_2 - n_1}{n_2 + n_1}\right]^2 = 0.34$$

34%가 반사되므로 66%$(1 - 0.34 = 0.66)$의 빛이 투과되어 밖으로 나온다. 전반사와 프레넬 반사를 고려하면 밖으로 나오는 빛의 백분율은 다음과 같다.

$$(0.085)(1 - 0.34) = 0.0561 \qquad \therefore \eta_{EQE} = 5.61\%$$

내부에서 발광된 빛의 94.39%가 손실되고 밖으로 추출되는 빛의 백분율은 5.61%이다. 흡수를 고려한다면 이보다 더욱 낮아질 것이다. 굴절률의 차이가 이러한 빛의 손실을 발생시키는 것이다.

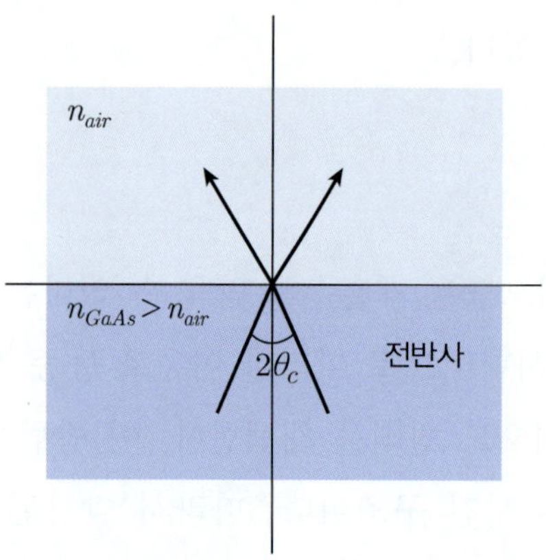

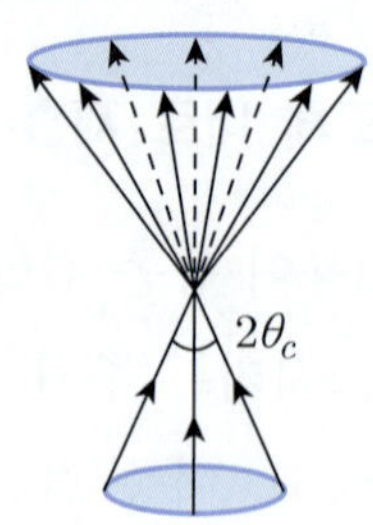

10-4 이종 접합(hetero junction)

우리는 발광 다이오드의 내부, 외부 양자 효율에 대해서 논의해 왔다. 동종 접합의 경우 빛의 반도체 내 재흡수와 발광 영역의 퍼짐으로 인해 양자 효율이 감소한다는 것을 알았다. 이러한 단점을 보완하기 위해 현재는 이종 접합(hetero junction) 발광 다이오드 방식을 사용한다. 서로 다른 종류의 두 물질을 접합시키는 것을 이종 접합이라고 한다. 지금까지 우리는 p형 실리콘과 n형 실리콘이라는 동일한 물질의 접합에 대해서만 논의하여 왔다는 것을 상기하면 이종 접합에 대해서 쉽게 이해될 것이다. 이종 접합 발광 다이오드를 구성할 때는 밴드 갭이 큰 두 개의 물질 사이에 밴드 갭이 상대적으로 작은 물질을 삽입하는 것이 빛의 흡수를 막는 데 매우 중요하다. 갈륨비소를 사용하는 발광 다이오드의 경우는 $Al_xGa_{1-x}As$를 활용하는 이종 접합 구조이다. 이종 접합 발광 다이오드 구조를 논의하기 전에 이종 접합의 에너지 밴드 다이어그램에 대해서 고찰해 보자. 이종 접합에는 3가지 종류가 있지만 여기서는 제1 타입형 겹친 구조(straddling structure)에 대해서만 논의하겠다. 이종 접합 구조의 에너지 밴드 다이어그램은 우리가 앞에서 논의하였던 실리콘 PN 접합보다 복잡하게 구성되어 있음을 이해하게 될 것이다.

10-4-1 에너지 밴드 다이어그램

그림 10-15에는 밴드 갭의 크기가 서로 다른 두 물질을 접합하기 전의 에너지 밴드 다이어그램을 나타내고 있다. 두 물질의 에너지 밴드는 겹친형이라고 하며 두 물질 간의 밴드 갭과 전자 친화력의 차이로 인하여 그림과 같이 에너지 밴드 갭이 작은 물질이 큰 물질에 포함되는 구조이다. 이러한

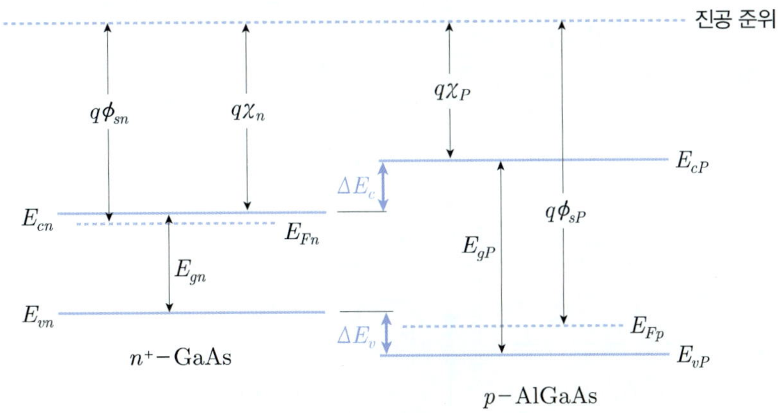

그림 10-15 밴드 갭이 서로 다른 두 물질 간의 접합 전의 에너지 밴드 다이어그램

형태의 밴드 구조를 갖는 3-5족 화합물 반도체로는 GaAs/AlGaAs가 대표적이다.

밴드 갭이 작은 물질은 n^+로 과도핑되었으며 페르미 준위는 전도대 근처에 존재한다고 가정하고 밴드 갭이 큰 물질은 p형 반도체임을 가정하고 논의를 진행하겠다. 에너지 밴드는 접합의 경계면에서 불연속임을 우리는 예측할 수 있다. 따라서 계단형 모양의 에너지 밴드 구조가 형성될 것이다. 접합면에서 불연속적인 에너지 밴드가 존재하며 이러한 불연속 특성을 이용하여 전자와 양공을 활성층(밴드 갭이 작은 물질)에 가두는 것이 가능해진다. 그림에는 두 물질의 접합만 묘사하였지만 왼쪽에 p-semiconductor가 한층 더 있다고 가정하면 n^+ semiconductor에는 전도대의 불연속으로 인하여 양자 우물과 비슷한 구덩이가 존재함을 알 수 있다. 이러한 구덩이에 빠진 전자는 양쪽으로 에너지 장벽을 느끼므로 활성층에 갇힌 채로 존재하게 된다. 양공도 동일한 원리로 활성층에 가두는 것이 가능하다. 활성층 옆에 존재하는 두 물질에서 각각 양공, 전자를 공급해주면 활성층 내에 캐리어의 농도는 더욱 증가하게 되고 캐리어는 옆으로 확산해 나가지 못하므로 계속 축적된다. 활성층 내의 캐리어 농도는 증가하게 되고 이러한 캐리어가 재결합하게 되면서 많은 양의 포톤을 방출하게 된다. 동종 접합에서는 이러한 현상이 발생하지 않는다. 이 때 빛은 그림 10-23 (b)에서 좌우로 방출되는데 좌우에는 밴드 갭이 큰 물질이 존재하므로 흡수 현상 없이 밖으로 바로 나올 수 있게 된다. 이종 접합은 동종 접합에서 발생하는 두 가지 문제를 해결하여 주었다. 자세한 사항은 10-4-4에서 논의하기로 하고 여기서는 먼저 이종 접합의 내부 전계와 정전 퍼텐셜에 대해서 논의하자.

이제 두 물질이 접합을 이루었다고 한다면 페르미 준위는 수평을 이룰 것이고 밴드 구조는 휘어질 것이다. 또한 공핍층도 형성할 것이다. 그림 10-16에 열평형 상태에서의 이종 접합 후의 타입 1의 밴드 다이어그램을 나타내었다. 앞에서 학습한 실리콘의 PN 접합(동종 접합)과 대부분 비슷하지만

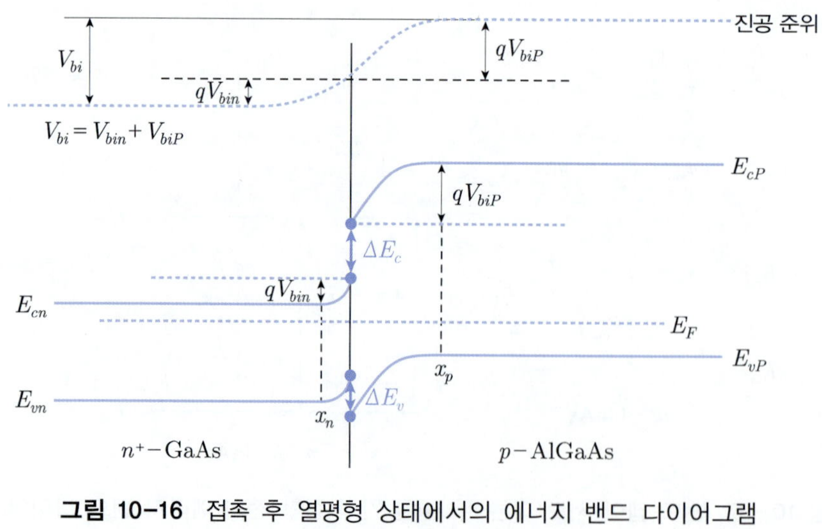

그림 10-16 접촉 후 열평형 상태에서의 에너지 밴드 다이어그램

가장 다른 부분은 에너지 밴드가 경계면에서 불연속을 이루고 내부 전위 장벽이 각 영역에서 서로 다르다는 것이다. 그림에서는 p형 물질의 내부 전위 장벽이 더 큼을 알 수 있다. 상대적으로 p형 반도체의 도핑 농도가 낮으므로 공핍층의 폭이 넓어지고 전계도 n형 영역보다 강하게 걸리어 밴드 밴딩도 더 크게 됨을 우리는 이미 동종 접합에서 학습한 바 있다. 동종 접합에서 두 물질이 접합을 하는 경우에 밴드 밴딩 규칙을 다시 한번 잘 상기해 볼 필요가 있다.

10-4-2 내부 전계와 전위

이종 접합의 규칙은 접합 후에도 전자 친화력(물질 고유의 값)이 변하지 않는 것이다. 따라서 n형 반도체의 전자의 위치에너지는 낮아질 것이므로 밴드를 아래로 끌어내리고, p형 반도체의 전자의 위치에너지는 높아지므로 밴드를 위로 끌어올려서 페르미 준위를 수평으로 맞춘다. 그림 10-16과 같은 밴드 밴딩이 발생할 것임을 쉽게 이해할 수 있다. 앞에서 학습한 실리콘의 동종 PN 접합을 다시 상기시켜 보자. 서로 다른 페르미 준위가 서로 수평을 이루면서 공핍층 영역에서 밴드 밴딩을 일으킨다. 따라서 내부 전위 장벽은 두 물질에 대한 각 공간전하 영역에 걸리는 전위차의 합과 같다. 그러나 이종 접합에서는 각 물질에 대한 내부 전위 장벽이 다르다. 따라서 이종 접합에서는 동종 접합과는 다르게 정의할 수 있다. 근본적으로 내부 전위 장벽을 일으키는 주요 원인은 페르미 준위의 차이이다. 따라서 진공 준위에서 페르미 준위의 차이, 즉 일함수로 내부 전위 장벽을 새롭게 정의할 수 있다.

$$qV_{bi} = q(\phi_{sP} - \phi_{sn}) \qquad \therefore V_{bi} = \phi_{sP} - \phi_{sn} \tag{10-20}$$

그림 10-15를 참조해서 내부 전위 장벽을 다시 표기하면 다음과 같다.

$$qV_{bi} = [q\chi_P + E_{gP} - (E_{FP} - E_{vP})] - [q\chi_n + E_{gn} - (E_{Fn} - E_{vn})] \tag{10-21}$$

$$= q(\chi_P - \chi_n) + (E_{gP} - E_{gn}) + (E_{Fn} - E_{vn}) - (E_{FP} - E_{vP})$$

$$= -\Delta E_c + \Delta E_g + (E_{Fn} - E_{vn}) - (E_{FP} - E_{vP}) \tag{10-22}$$

우리는 4장에서 다음과 같은 전자, 양공 농도를 구하는 식을 학습하였다(수식 4-25 참조).

$$p_0 = N_v \exp\left[-\frac{(E_{FP} - E_v)}{kT}\right] = p_{p0} \qquad n_0 = N_v \exp\left[-\frac{(E_c - E_{Fn})}{kT}\right] = n_{n0} \tag{10-23}$$

10-23식은 각각 열평형 상태일 때 p형 반도체에서 양공 농도, n형 반도체에서 전자 농도를 구하는 식이다. 10-23식을 그림 10-16에 맞게 약간 수정하고 n형 영역에서 소수 캐리어 양공 농도를 구하는

식을 다음과 같이 표현할 수 있다.

$$p_{n0} = N_{vn}\exp\left[-\frac{(E_{Fn} - E_{vn})}{kT}\right] \qquad p_{p0} = N_{vP}\exp\left[-\frac{(E_{FP} - E_{vP})}{kT}\right] \tag{10-24}$$

$$E_{Fn} - E_{vn} = kT\ln\left(\frac{N_{vn}}{p_{n0}}\right) \qquad E_{FP} - E_{vP} = kT\ln\left(\frac{N_{vp}}{p_{p0}}\right) \tag{10-25}$$

10-25식을 10-22식에 대입하고 정리하면 수식 10-26과 같다. 10-26식은 열평형 상태의 에너지 밴드 다이어그램을 통하여 구한 내부 전계에 해당한다. 우리는 5장 PN 접합에서 각 영역에서의 전위, 접합면에서의 내부 전계, 전하 밀도, 공핍층의 폭을 구했다. 동종 접합에서 하였듯이 이종 접합 경계면에서의 내부 전계, 각 영역에서의 전위, 공핍층의 폭, 전하 밀도를 동일한 방식으로 구해 보도록 하자. 이종 접합의 경우에는 접합의 경계면에서 전기장이 연속이지 않음을 에너지 밴드 다이어그램을 통해서 알아보았다.

$$qV_{bi} = -\Delta E_c + \Delta E_g + kT\ln\left(\frac{N_{vn}}{p_{n0}}\right) - kT\ln\left(\frac{N_{vP}}{p_{p0}}\right)$$

$$qV_{bi} = \Delta E_v + kT\ln\left(\frac{N_{vn} \times p_{p0}}{N_{vP} \times p_{n0}}\right) \tag{10-26}$$

이러한 경우는 전속 밀도 $D = \epsilon_0 E$가 연속이라는 조건을 사용해야 한다. 두 물질은 서로 다른 종류의 물질이며 유전율이 다르기 때문에 계면에서 전기장은 연속이 될 수 없기 때문이다. 구하는 방법은 5장에서 학습한 푸아송 방정식을 구하면 된다. 5-6식을 사용하여 동일한 방법으로 구할 수 있다. 단지 두 물질이 다르므로 유전율을 구별해야 한다. 밴드 갭이 작은 물질을 $n^+ - GaAs$, 밴드 갭이 큰 물질을 $p - Al_xGa_{1-x}As$로 가정하자. 각각의 유전율을 ϵ_n, ϵ_p라 한다면 $n^+ - GaAs$에서의 푸아송 방정식은 다음과 같다.

$$\frac{dE_n}{dx} = \frac{\rho(x)}{\epsilon_n} \tag{10-27}$$

$$E_n(x) = \int \frac{\rho(x)}{\epsilon_n}dx = \frac{qN_{Dn}}{\epsilon_n}x + C_1 \quad (-x_n \le x < 0) \tag{10-28}$$

N_{Dn}은 이종 접합이기에 표기법을 동종 접합과 달리 했으며 밴드 갭이 작은 GaAs 내의 도너 농도이다. 앞에서 학습한 PN 접합에서 계단형 공핍 근사를 적용하면 $x = -x_n$에서 전계 $E_n(x)$는 0으로 볼 수 있다. 이것을 경계조건으로 이용하면 수식 10-28에서 적분 상수를 다음과 같이 구할

수 있다.

$$E_n(-x_n) = -\frac{qN_{Dn}}{\epsilon_n}x_n + C_1 = 0 \qquad \therefore C_1 = \frac{qN_{Dn}}{\epsilon_n}x_n$$

10–28식은 다음과 같이 정리할 수 있다.

$$E_n(x) = \frac{qN_{Dn}}{\epsilon_n}(x + x_n) \qquad (-x_n \le x < 0) \tag{10-29}$$

동일한 방식으로 p–AlGaAs에서의 전계를 구하면 다음과 같다.

$$\frac{dE_P}{dx} = -\frac{\rho(x)}{\epsilon_P} \qquad E_P(x) = -\int \frac{\rho(x)}{\epsilon_P}dx = -\frac{qN_{AP}}{\epsilon_P}x + C_2 \qquad C_2 = \frac{qN_{AP}}{\epsilon_P}x_P$$

$$E_P(x) = \frac{qN_{AP}}{\epsilon_P}(-x + x_P) \qquad (0 \le x < x_P) \tag{10-30}$$

GaAs/AlGaAs 경계면에서 전계는 연속이 아니지만 전속 밀도 $D = \epsilon E$는 연속이므로

$$\epsilon_n E_n(0) = \epsilon_P E_P(0) \tag{10-31}$$

10–31식에 10–29, 10–30식을 대입하고 $\frac{\epsilon_p}{\epsilon_n} \approx 1$로 가정하면 10–32식을 얻는다.

$$N_{Dn}x_n = N_{AP}x_p \tag{10-32}$$

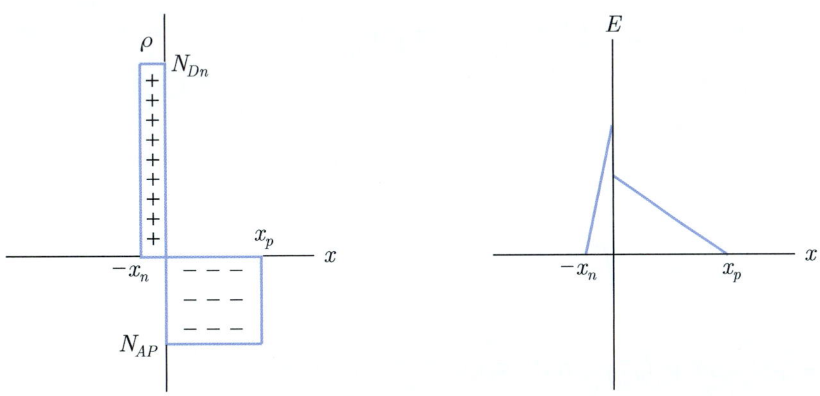

(a) 전하 밀도 (b) 내부 전계

그림 10–17 이종 접합 접합면에서의 전하 밀도와 내부 전계

10-32식은 동종 접합에서 구한 것과 동일하다. 그림 10-17에 접합면에서 각 영역의 전하 밀도와 내부 전계를 나타내었다. 그림 10-17 (a)에서 두 직사각형의 면적은 동일하며 두 영역의 전하의 합은 0이다. 내부 전계는 접합면에서 불연속이며 내부 전계의 방향이 $+x$ 방향을 향하고 있으므로 내부 전계는 양의 값을 취하고 있다. 그림은 정성적으로 표현하고 있음에 주의하라.

각 영역에서의 전위를 구해 보자. 전기장과 전위 관계식을 사용해서 구할 수 있다.

$$E(x) = -\frac{dV(x)}{dx} \qquad V(x) = -\int E(x)dx$$

1) n 영역($-x_n \le x \le 0$)

$$V_n(x) = -\int \frac{qN_{Dn}}{\epsilon_n}(x + x_n)dx = -\frac{qN_{Dn}}{\epsilon_n}\left(\frac{x^2}{2} + xx_n\right) + C_1 \tag{10-33}$$

경계조건은 $x = -x_n \Rightarrow V_n(-x_n) = V_{bi}$로 놓겠다.

$$V_n(-x_n) = V_{bi} = -\frac{qN_{Dn}}{\epsilon_n}\left(\frac{x_n^2}{2} - x_n^2\right) + C_1 \qquad \therefore C_1 = V_{bi} - \frac{qN_{Dn}}{2\epsilon_n}x_n^2 \tag{10-34}$$

10-34식의 C_1을 10-33식에 대입하고 n 영역에서의 전위는 다음과 같이 정리할 수 있다.

$$\begin{aligned} V_n(x) &= -\frac{qN_{Dn}}{\epsilon_n}\left(\frac{x^2}{2} + x_n x\right) + V_{bi} - \frac{qN_{Dn}}{2\epsilon_n}x_n^2 \\ &= -\frac{qN_{Dn}}{2\epsilon_n}(x^2 + 2x_n x + x_n^2 - x_n^2) + V_{bi} - \frac{qN_{Dn}}{2\epsilon_n}x_n^2 \\ &= -\frac{qN_{Dn}}{2\epsilon_n}(x + x_n)^2 + V_{bi} \end{aligned} \tag{10-35}$$

2) p 영역($0 \le x \le x_p$)

$$V_p(x) = \int \frac{qN_{AP}}{\epsilon_p}(x - x_p)dx = \frac{qN_{AP}}{\epsilon_p}\left(\frac{x^2}{2} - xx_p\right) + C_2 \tag{10-36}$$

경계조건은 $x = x_p \Rightarrow V_p(x_p) = 0$가 된다.

$$V_p(x_p) = 0 = \frac{qN_{AP}}{\epsilon_p}\left(\frac{x_p^2}{2} - x_p^2\right) + C_2 \qquad \therefore C_2 = \frac{qN_{AP}}{2\epsilon_p}x_p^2 \tag{10-37}$$

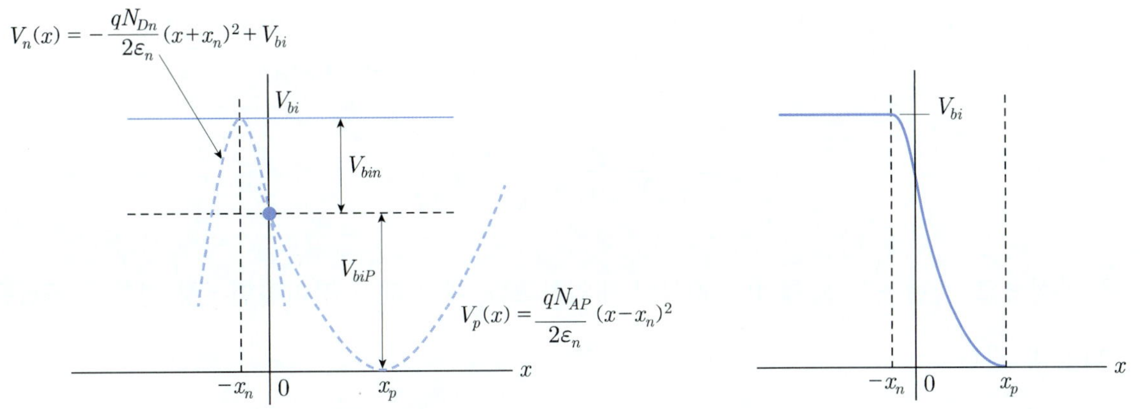

(a) n 영역과 p 영역에서의 전위 곡선 (b) 이종 접합 면을 가로지르는 전위

그림 10-18 각 영역에서의 전위 곡선

10-37식의 C_2을 10-36식에 대입하고 p 영역에서의 전위는 다음과 같이 정리할 수 있다.

$$V_p(x) = \frac{qN_{AP}}{\epsilon_p}\left(\frac{x^2}{2} - x_p x\right) + \frac{qN_{AP}}{2\epsilon_p}x_p^2 = \frac{qN_{AP}}{2\epsilon_p}\left(x^2 - 2x_p x + x_p^2 - x_p^2\right) + \frac{qN_{AP}}{2\epsilon_p}x_p^2$$

$$\therefore V_p(x) = \frac{qN_{AP}}{2\epsilon_p}(x - x_p)^2 \qquad (10-38)$$

각 영영에서 구한 전위 10-35, 10-38식을 그래프로 그리면 그림 10-18과 같다.

10-4-3 공핍층 폭

그림 10-18 (a)에서 $x = 0$에서 연속조건을 활용하면 다음과 같다.

$$V_n(0) = V_p(0)$$

$$-\frac{qN_{Dn}}{2\epsilon_n}x_n^2 + V_{bi} = \frac{qN_{AP}}{2\epsilon_p}x_p^2 \qquad - V_{bin} + V_{bi} = V_{biP}$$

$$V_{bi} = V_{bin} + V_{biP} = \frac{qN_{Dn}}{2\epsilon_n}x_n^2 + \frac{qN_{AP}}{2\epsilon_p}x_p^2 \qquad (10-39)$$

10-32식에서 $x_p = \frac{N_{Dn}}{N_{AP}}x_n$을 10-39식에 대입하고 x_n에 대해서 정리하면 n형 영역의 공핍층의 폭은 다음과 같다.

$$V_{bi} = \frac{qN_{Dn}}{2\epsilon_n}x_n^2 + \frac{qN_{AP}}{2\epsilon_p}\left(\frac{N_{Dn}}{N_{AP}}\right)^2 x_n^2 \quad \Rightarrow \quad x_n^2\left(\frac{2qN_{Dn}\epsilon_p N_{AP} + 2qN_{Dn}^2\epsilon_n}{2\epsilon_n 2\epsilon_p N_{AP}}\right) = V_{bi}$$

$$\therefore x_n = \left[\frac{2\epsilon_n\epsilon_p N_{AP} V_{bi}}{qN_{Dn}(\epsilon_n N_{Dn} + \epsilon_p N_{AP})}\right]^{1/2}$$

같은 방식으로 $x_n = \frac{N_{AP}}{N_{Dn}}x_p$를 10-39식에 대입하고 x_p에 대해서 정리하면 p형 영역의 공핍층의 폭은 다음과 같다.

$$x_p = \left[\frac{2\epsilon_n\epsilon_p N_{Dn} V_{bi}}{qN_{AP}(\epsilon_n N_{Dn} + \epsilon_p N_{AP})}\right]^{1/2}$$

따라서 전체 공핍층의 폭은 최종적으로 다음과 같이 얻어진다.

$$W = x_n + x_p = \left[\frac{2\epsilon_n\epsilon_p (N_{Dn} + N_{AP})^2 V_{bi}}{qN_{Dn}N_{AP}(\epsilon_n N_{Dn} + \epsilon_p N_{AP})}\right]^{1/2} \qquad (10-40)$$

순방향과 역방향 바이어스에서는 앞에서 다룬 PN 동종 접합과 동일하게 내부 전계 대신에 각각 $V_{bi} \rightarrow V_{bi} - V_a$, $V_{bi} + V_R$로 대치시키면 된다.

10-4-4 이종 접합의 장점과 특징

페르미 준위가 서로 다른 이종 동형 접합을 논의해 보자. 그림 10-19 (b)에 해당한다. 동일한 n형 반도체이지만 도핑 농도는 밴드 갭이 큰 물질이 더 높다. 이러한 동형 접합에서는 밴드의 불연속으로 인하여 독특한 특성을 나타낸 것이다. 그림 10-20은 GaAs/AlGaAs 접합 후 열평형 상태에서의 에너지 밴드 다이어그램을 나타낸 것이다. GaAs층에 전자들이 밀집되어 분포하고 있는 것을 알 수 있다. 이것을 2차원 전자가스라고 부른다. 전자는 y 방향으로 양자화되어 분포하지만, 계면에 평행한 xz 평면상에서는 전자들이 비교적 자유롭게 움직일 수 있다. 전자들이 상대적으로 낮게 도핑된 GaAs층에 분포하므로 불순물 산란이 줄어들기 때문이다. 이러한 특성을 이용하여 GaAs/AlGaAs HEMT(high electron mobility transistor)와 같은 고속 소자에 관한 연구가 꾸준히 진행되고 있다.

지금까지 이종 접합의 에너지 밴드 다이어그램을 고찰해 보고 동종 접합과의 차이점에 대해서 논의하였다. 발광 다이오드는 이종 접합 구조를 취하는데, 이러한 구조를 취하는 가장 큰 이유는 반도체 내부로 재흡수되는 빛을 방지하여 외부 양자 효율을 향상시키는 데 그 목적이 있다. 동종

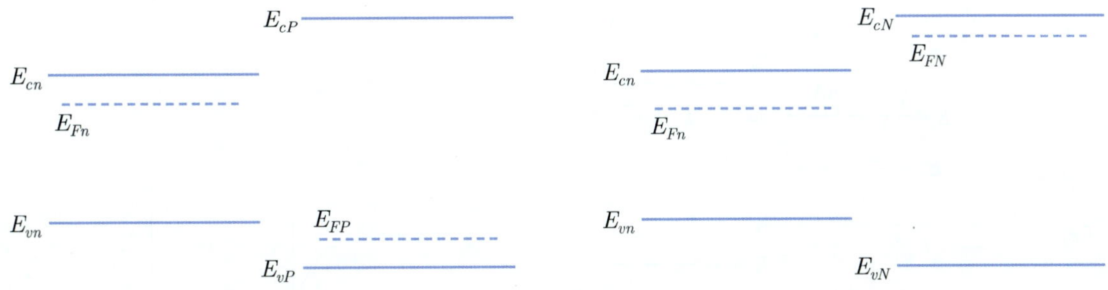

(a) 이종 이형 접합　　　　　　　　(b) 이종 동형 접합

그림 10-19 접합 전 이종 이형/동형 접합의 에너지 밴드 다이어그램

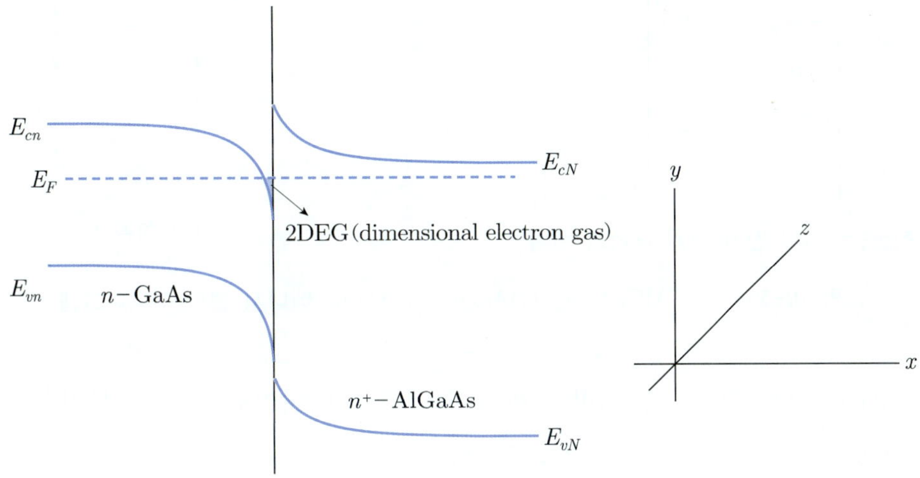

그림 10-20 이종 동형 접합 후의 에너지 밴드 다이어그램

접합에서는 앞에서 논의하였듯이 외부 양자 효율을 감소시키는 두 가지 큰 원인이 있다. 그중 빛의 흡수가 심각한 문제가 된다. 이러한 문제를 감소시키기 위해서 밴드 갭이 큰 물질 사이에 밴드 갭이 작은 물질을 배치하여 마치 샌드위치와 같은 구조를 취하고 있다. 발광은 밴드 갭이 작은 물질에서 일어나며 이러한 층을 활성층이라고 한다. 앞에서 다룬 캐리어를 가두는 곳이 바로 활성층이다. 활성층에서 방출된 빛은 밴드 갭이 큰 물질을 통과하고 반도체 내에서 재흡수 없이 빛을 밖으로 내보낼 수 있는 것이다. 또한 이종 접합의 장점은 활성층의 두께를 얇게 하여 캐리어의 축적 밀도를 더 높일 수 있다는 것이다. 아주 작은 구역에 캐리어를 고밀도로 축적시켜서 광자들을 밖으로 많이 보내어 빛의 세기를 높일 수 있다는 장점이 있다.

그림 10-21에 $p^+-\text{AlGaAs}/i-\text{GaAs}/n^+-\text{AlGaAs}$ 구조를 갖는 이종 접합 발광 다이오드의 접합 전과 후의 에너지 밴드 다이어그램을 나타내었다. 이종 접합에서는 밴드의 불연속 때문에 그림 10-21 (b)와 같이 접합면에서 전자의 위치에너지 변화가 일어난다. 접합 후의 에너지 밴드 다이어그

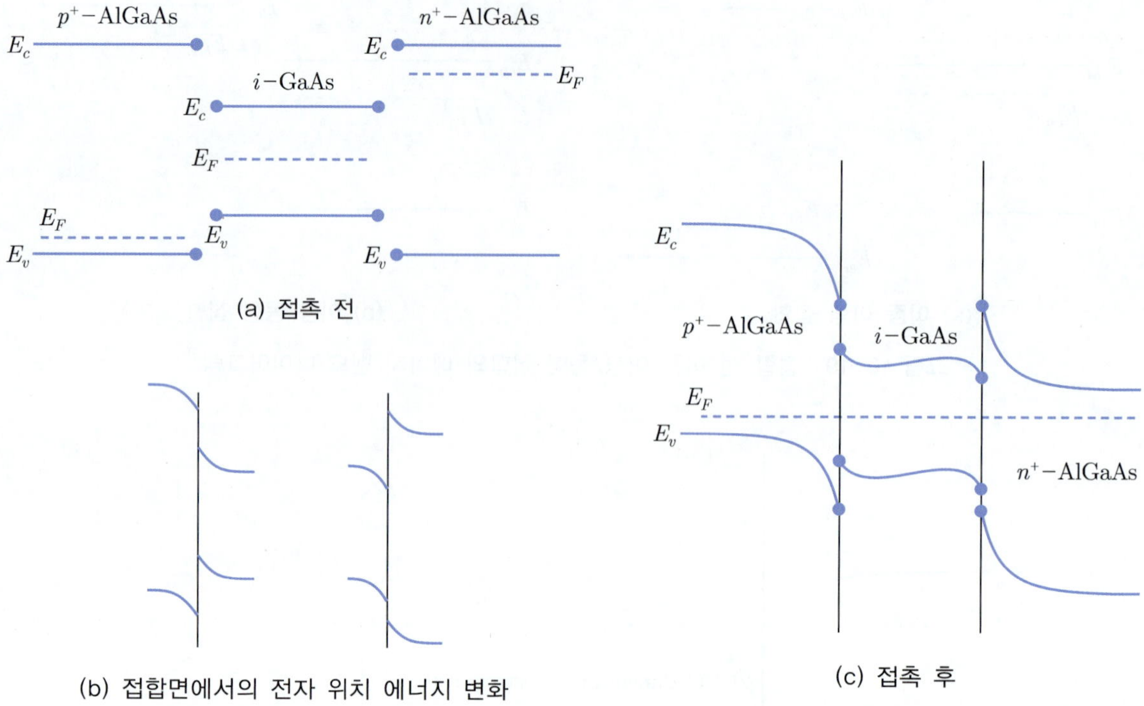

그림 10-21 $p^+-\mathrm{AlGaAs}/i-\mathrm{GaAs}/n^+-\mathrm{AlGaAs}$ 에너지 밴드 다이어그램

램은 그림 10-21 (c)와 같다. 이종 접합의 에너지 밴드 다이어그램은 조금 복잡하지만 지금까지 학습한 것을 바탕으로 직접 그려보는 것을 추천한다. 페르미 준위가 일치하고 활성층 양측에는 에너지 장벽이 형성되어 있음을 알 수 있다. 활성층은 에너지 장벽에 샌드위치된 구조이다. 활성층에 전자와 양공을 가둘 수 있는 구조로 되어 있으며 양자 우물과 같은 형태로 볼 수 있다. 여기에 순방향 바이어스(p형 반도체에 + 전압, n형 반도체에 - 전압을 인가)를 인가하면 밴드는 그림 10-22처럼 변하게 된다. 각 고정점을 기준으로 p^+-AlGaAs의 밴드는 끌어내리고 n^+-AlGaAs의 밴드는 끌어올린다. 열평형 상태가 깨지고 페르미 준위는 서로 분리되고 전자와 양공의 위치에너지는 접촉 후와 비교해서 변하게 된다. p^+-AlGaAs의 가전자대에 있는 양공들은 낮은 에너지 준위의 GaAs으로 이동하기 쉬워지고 n^+-AlGaAs의 전도대에 있는 전자들은 GaAs으로 이동하기 쉬워진다.

활성층 GaAs에 전자와 양공들이 국소화되며 전자와 양공이 재결합하면서 빛을 방출시킨다. 동종 접합에 비해서 전자와 양공들은 GaAs층에 국소화되며 AlGaAs 방향으로는 에너지 장벽을 느끼게 되어 이동하기 어려워진다. 이렇게 활성층에 캐리어를 가두고 전자와 양공은 양쪽의 AlGaAs 층에서 지속적으로 공급하는 구조이다. 파란색 실선은 밴드 구조의 근사를 보여주고 있다. 앞으로 우리는 에너지 밴드 근사 구조를 더욱 사용하게 될 것이다.

활성층에는 양자역학적인 양자 우물이 형성되고 우물 안에 속박되어 있는 전자들은 양자화되어

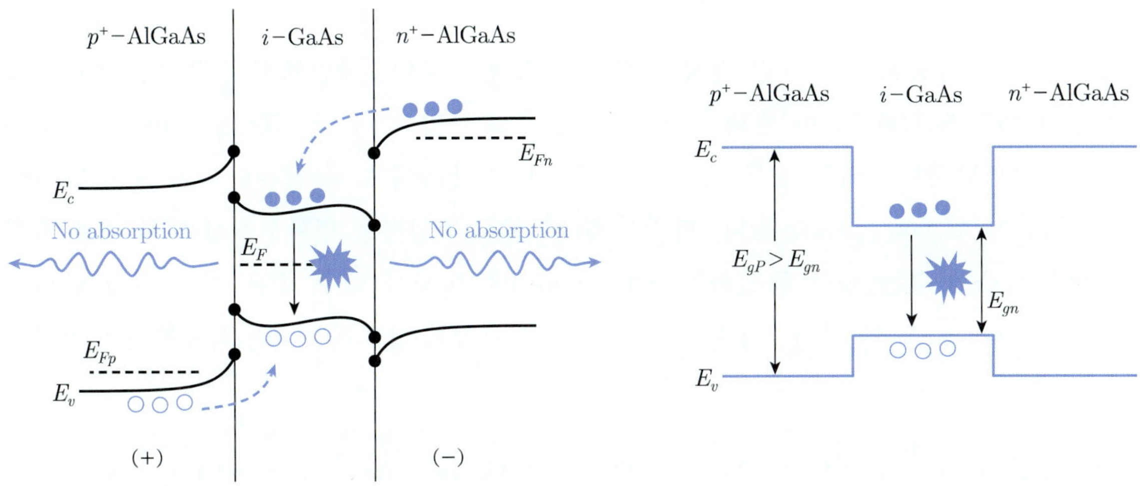

그림 10-22 순방향 전압 인가 후 $p^+-\mathrm{AlGaAs}/i-\mathrm{GaAs}/n^+-\mathrm{AlGaAs}$ 에너지 밴드 다이어그램

불연속적인 에너지 상태를 갖게 된다. 가전자대의 양공도 동일하다. 속박되어 있는 전자와 양공들은 그림 10-22 (b)와 같이 재결합하여 빛을 방출하게 된다. 방출된 빛은 반도체 내에서 흡수되지 않는다. 양쪽에 밴드 갭이 큰 물질인 AlGaAs층이 감싸고 있기 때문이다. 이것이 동종 접합과 다른 점이다. 이렇게 이종 접합을 통하여 반도체 내의 흡수를 방지하고 외부 양자 효율을 높일 수 있다. 현재의 LED는 대부분 이러한 이종 접합 구조를 취하고 있다. 이러한 이종 접합에서 어떠한 물질이 쌍을 이룰 수 있을지 고찰해 보자.

10-4-5 III-V 3원계 화합물 반도체

모든 물질이 이렇게 이종 접합을 할 수 있는 것은 아니다. 다행히 GaAs에는 훌륭한 이종 접합 물질인 AlGaAs가 존재하지만 에너지 밴드 갭과 격자 상수와의 관계가 서로 matching되는 물질은 많지 않다. 그림 10-23의 주기율표에서 Ga과 동일한 개수의 최외각 전자를 갖는 Al, In 등으로 치환하게 되면 격자 상수, 밴드 갭, 전자 친화력, 굴절률 등이 변하게 된다는 것에 착안하여 GaAs과 쌍을 이룰 수 있는 이종 접합 물질을 찾은 것이다. 예를 들어 Ga 원자를 모두 Al로 치환하면 GaAs/AlAs 이종 접합 쌍을 이룰 수 있으며 Ga의 일부를 Al로 치환하면 $\mathrm{Al_xGa_{1-x}As}$를 얻을 수 있다. x는 조성비에 해당한다. 만약에 Ga 대신에 In으로 모두 치환한다면 GaAs/InAs 이종 접합 물질 쌍을 얻을 수 있다. 이 경우에는 그림 10-23 (b)에서 알 수 있듯이 격자 상수가 증가하게 된다. 따라서 GaAs/InAs 조합은 격자 부정합(lattice mismatch)으로 인하여 접합 시에 계면에서 원자들끼리 결합을 하지 못하는 영역이 발생하여 전위(dislocation)를 유발시킨다. 이러한 것은 발광 다이오드나 레이저 다이오드의 효율을 감소시키기 때문에 바람직하지 못하다. 만약에 반드시 GaAs/InAs 물질을 사용해야 한다면 결정 성장에 주의를 요한다. 계면에서 발생하는 strain을 완화시켜 주기 위한 buffer layer(완화층)의 도입 등을 고려할 수 있다. 그러나 AlAs의 경우는 그림 10-23 (b)에 나타내었지만 밴드 갭은 변하면서도 격자 상수는 동일하다. GaAs과 AlAs를 연결하는 수직선이 $Al_xGa_{1-x}As$가 된다. 따라서 Ga과 Al의 조성비를 변화시켜서 밴드 갭을 조절할 수 있으며 격자 상수는 항상 동일하게 된다. GaAs에 대해서 아주 좋은 이종 접합 물질이 되는 것이다. $Al_xGa_{1-x}As$와 같이 3가지 물질로 구성된 화합물 반도체를 3원 화합물 반도체라고 부르기도 한다.

$$(\mathrm{GaAs})_{1-x}+(\mathrm{AlAs})_x=\mathrm{Ga}_{1-x}\mathrm{As}_{1-x}+\mathrm{Al}_x\mathrm{As}_x=\mathrm{Al}_x\mathrm{Ga}_{1-x}\mathrm{As}_{1-x+x}=\mathrm{Al}_x\mathrm{Ga}_{1-x}\mathrm{As}$$

1) $x=0$ GaAs

2) $x=1$ AlAs

3) $x=0.5$ $Al_{0.5}Ga_{0.5}As$

그림 10-23 (b)를 보면 알겠지만 격자 상수가 증가하면 에너지 밴드 갭이 줄어드는 경향이 있다. 이렇게 조성비를 바꾸어서 밴드 갭을 변화시키는 것을 밴드 갭 엔지니어링(band gap engineering)이라고 부른다. 이종 접합은 대부분 GaAs 및 InAs과 같이 밴드 갭과 격자 상수를 독립적으로 제어할 수 없는 경향이 있는데, 이는 이종 접합의 단점이기도 하다. 그러나 AlAs만이 예외인 경우로, GaAs/AlGaAs 구조가 가장 널리 사용되는 이유가 바로 여기에 있다.

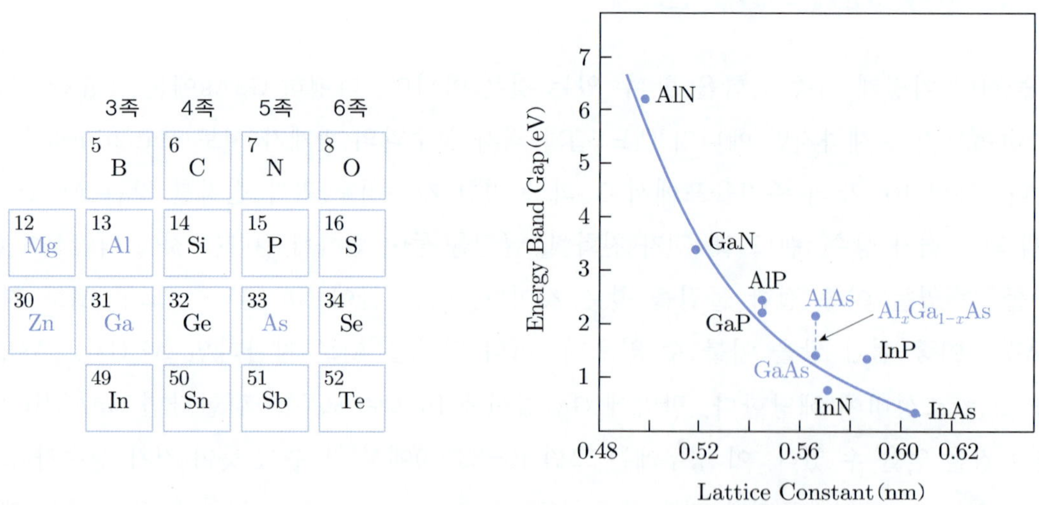

(a) 주기율표　　　(b) 격자 상수와 에너지 밴드 갭

그림 10-23 화합물 반도체 구성법

밴드 갭과 격자 상수를 독립적으로 제어하기 위해 4원 화합물 반도체를 활용하는 방법도 있다. 그림 10-23 (b)에서처럼 3족과 5족 원소로 결합된 GaAs과 AlP를 선택하여 조성비를 조정함으로써 격자 상수와 에너지 밴드 갭을 독립적으로 조절할 수 있다.

$Ga_{1-x}Al_xAs_{1-y}P_y$와 같이 4원 화합물로 꾸밀 수 있다. 밴드 갭 엔지니어링에서는 물질의 선택이 매우 중요함을 알 수 있다.

그러나 결정 성장 기술, 결함 제어 기술의 발달로 인하여 선택의 폭이 넓어졌다고 볼 수 있다. 가령 청색 레이저 다이오드의 경우에 GaN/InGaN multi quantum well 구조를 도입하고 있는데 그림 10-23 (b)에서 보듯이 두 물질 사이에 격자 부정합이 존재한다. 그러나 이미 GaN/InGaN 청색 발광 다이오드는 실용화되었다. 청색 레이저 다이오드는 밴드 갭이 대략 2.8 eV 근처로 사용할 수 있는 반도체 재료가 매우 제한적이었다. 최초로 청색 반도체 레이저 다이오드를 실온에서 연속 발진시킨 그룹은 일본 소니의 아키모토 그룹이었는데 이때 사용한 이종 접합 구조가 ZnSe/ZnMgSSe 이었다. 중요한 역할을 한 층이 바로 AlGaAs에 해당하는 ZnMgSSe 4원계 화합물 반도체였다. 캐리어를 잘 가둘 수 있는 배리어층으로 ZnMgSSe를 자체 개발하여 성공을 이루었는데 이후 니치아의 나카무라 그룹이 밴드 갭 3.4 eV의 GaN 물질을 사용하여 먼저 실용화에 성공하면서 그 공로로 노벨 물리학상을 수상하였다.

10-5 이종 접합 화합물 반도체 발광 다이오드

우리는 지금까지 실리콘을 광전 소자로 사용하지 않는 이유와 이종 접합의 장점에 관해서 논의하였다. 실리콘은 내부 양자 효율이 낮아서 발광 소자로 적합하지 않다는 것과 이종 접합은 반도체의 재흡수를 방지하여 외부 양자 효율을 향상시킬 수 있는 구조라는 것도 이해하였다. 이종 접합 구조는 비단 흡수만을 막기 위한 것은 아니다. 빛의 흡수를 방지하는 것 외에 캐리어를 GaAs 활성층에 가두어 두는 구조이다. 캐리어가 좁은 면적에 갇혀 있으므로 내부 양자 효율을 증가시킬 수 있다. 순방향 전압을 인가하면 샌드위치된 양쪽 AlGaAs층으로부터 전자와 양공의 공급이 이루어지고 GaAs층에 모인 전자와 양공은 재결합하면서 광자를 방출하게 된다. 이때 동종 접합과 다른 점은 순방향 전압을 인가시켜도 발광 영역이 넓어지지 않는다는 점이다. 동종 접합의 경우는 소수 캐리어들의 확산에 의해 공간전하 영역을 가로질러 캐리어의 확산이 일어나므로 순방향 전압 증가에 따라서 발광 영역이 넓어지게 된다. 그러나 이종 접합에서는 전자와 양공이 좁은 영역에 더 많이 축적되기 때문에 순방향 전압을 인가하면 캐리어의 축적이 증가하게 된다. 축적된 캐리어들은 좌우로 확산하기 어려운 구조이다.

밴드 갭이 큰 두 물질에 샌드위치된 상태이며 에너지 장벽이 존재하므로 캐리어들은 활성층에 갇히게 되고, 그만큼 내부 양자 효율을 향상시킬 수 있다. 또 한 가지 장점은 광학적으로 빛을 가둘 수 있다는 것이다. GaAs층에서 발생한 빛들은 광도파로와 같이 빛이 양옆으로 진행하게 되어 일부는 밖으로 방출되고 일부는 반사되어 다시 되돌아오게 된다. 즉 전반사가 일어나는데 이것은 GaAs의 굴절률이 주변의 AlGaAs층보다 크기 때문에 광도파로 역할을 하는 것이다. 이 부분은 후에 에지 발광 LED, 레이저 다이오드에서 다시 논의하기로 하자.

10-5-1 표면 발광 다이오드

그림 10-24는 이종 접합 표면 발광 LED의 구조를 나타낸 것이다. 내부 양자 효율을 증가시키기 위해서 이종 접합을 이용하여 반도체 내에서 재흡수되는 것을 막기 위한 구조이다. 사실 이러한 이종 접합 구조는 상부 전극에 빛이 나갈 수 있는 창문을 만들어 놓은 구조이다. 캐리어는 GaAs 활성층에만 집중해서 형성된다. 에너지 밴드 다이어그램은 그림 10-22에 나타내었다. 표면 발광 LED는 대표적으로 디스플레이 또는 조명에 활용된다. GaAs의 출력 파장은 가시광 영역에 있지 않다. 여기서는 이종 접합 표면 발광 다이오드의 동작 원리에 충실하길 바란다. 만약에 적색 LED를 제작한다면 활성층은 GaAs 대신에 GaAsP를 선택한다. 원하는 파장에 맞추어 물질을 선택하면 되는 것이다. 그림 10-25에 반도체 발광 다이오드 물질과 파장과의 관계를 나타내었다. 그림 10-24의 표면 발광 LED는 GaAs에 가두어진 전자와 양공의 재결합에 의해 빛이 사방으로 진행하게 되는데

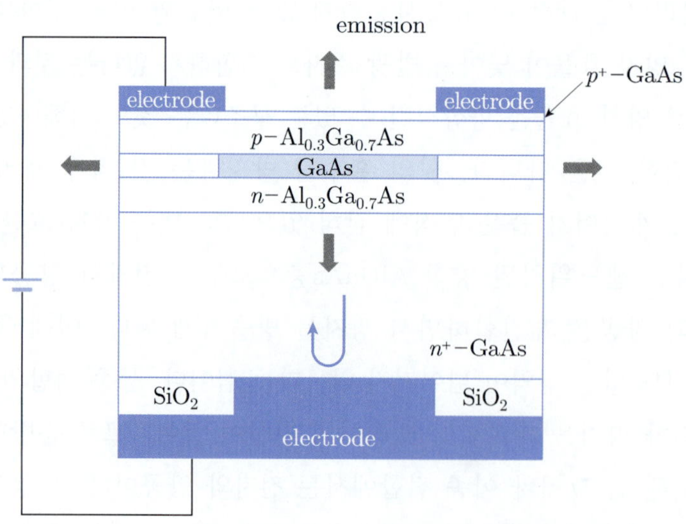

그림 10-24 표면 발광 LED

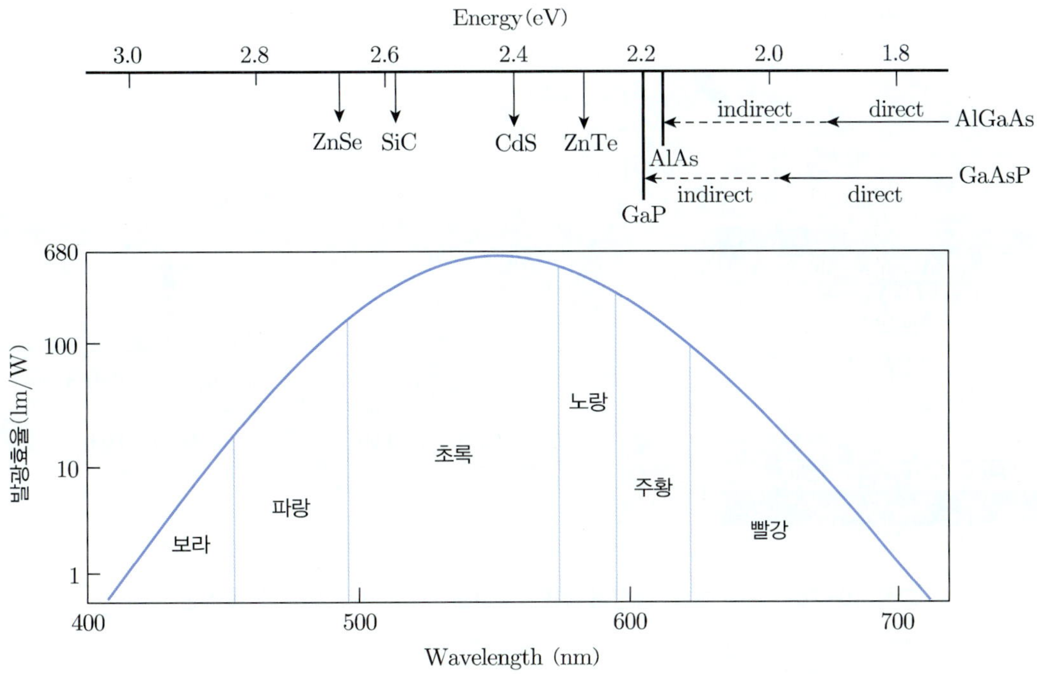

그림 10-25 LED에 사용되는 반도체와 출력 파장과의 관계

(Kwok k. Ng, complete guide to semiconductor devices, international edition, McGraw-Hill)

위로 진행되는 빛이 우리가 사용하고자 하는 빛이 된다.

옆으로의 빛 손실도 존재하며 아래로 향하는 빛 손실도 존재한다. 그러나 빛의 흡수는 동종 접합에 비해 상당량 줄일 수 있다. 구조를 살펴보면 GaAs 활성층의 위쪽과 아래쪽에도 밴드 갭이 큰 물질이 감싸고 있으며 굴절률은 GaAs보다 작다. AlGaAs 위, 아래층에는 과도핑된 GaAs가 존재하는데 이것은 금속과의 오믹 컨택을 형성하기 위하여 과도핑한 것이다. 빛이 위로 진행하는데 $p^+ - \mathrm{GaAs}$는 빛을 흡수할 수 있다. 따라서 매우 얇게 제작하여 빛 흡수를 최소화하고 있다. 옆으로 새는 빛은 활용하지 않는다. 다시 과도핑된 GaAs 위, 아래에는 전극층이 존재한다. 아래층에는 빛이 나오는 영역 정도의 크기로 전극을 형성하고 나머지는 실리콘 옥사이드층으로 블로킹한다. 캐리어의 형성을 가운데 영역에 집중시키기 위함이다. 제일 위층에는 빛이 나가는 창문을 두고 양쪽으로 전극을 형성한다. 수직으로 전압을 인가하면 캐리어는 GaAs 영역(파란색으로 표시)에 집중되며 이곳에서 발광을 일으키고 빛은 위로 방출하게 된다. 아래로 향한 빛은 흡수되기도 하지만 전극에 재반사되어 다시 위로 향하게 되는 빛도 존재하게 된다. 이것이 표면 발광 LED이다. 표면 발광 LED의 활성층은 약 50 nm~200 nm의 두께를 가지며 샌드위치된 AlGaAs층(cladding layer)의 두께는 대략 500 nm 두께를 갖는다. 우리가 흔히 볼 수 있는 에폭시로 밀봉된 LED가 대표적인 면 발광 LED이다. 굴절률이 반도체보다는 작고 공기보다는 큰 에폭시 재료로 LED를 밀봉시킨 구조이다.

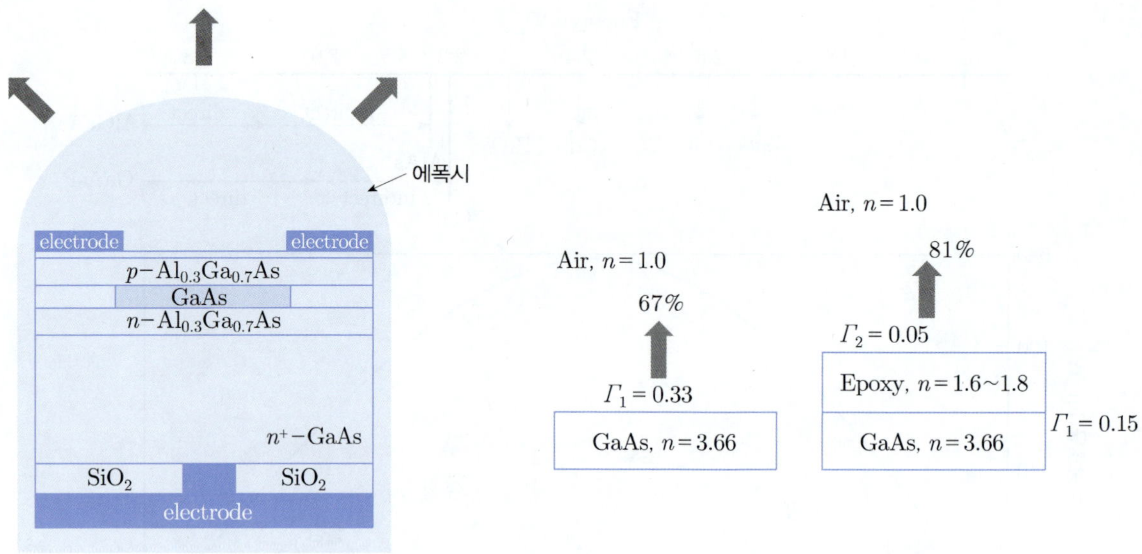

그림 10-26 광학 효율 향상을 위한 굴절률 matching 재료로 밀봉한 상태

이렇게 중간 크기의 굴절률을 갖는 에폭시로 밀봉하게 되면 외부 양자 효율을 증가시킬 수 있다. 그림 10-26에 나타내었다. 우선 cladding layer를 무시하고 GaAs층만 고려해 보자. 굴절률이 중간 크기인 에폭시를 사용하지 않는 경우에는 GaAs의 굴절률 3.66에서 바로 공기층(굴절률 1.0)을 만나면서 반사가 일어난다. 반사 계수는 프레넬 반사식으로부터 구할 수 있다.

$$\Gamma_1 = \left[\frac{n_2 - n_1}{n_2 + n_1}\right]^2 = 0.33$$

이 결과는 앞의 예제에서도 다루었다. 이것의 의미는 67%의 빛이 투과된다는 의미이다.

만약 에폭시로 밀봉한 경우라면 빛이 추출되면서 두 개의 반사면을 만나게 된다. 반도체와 에폭시, 에폭시와 공기층이다. 두 번의 반사가 일어날 것이며 각각의 반사 계수를 구하면 다음과 같다.

$$\Gamma_{S \to E} = 0.15 \qquad \Gamma_{E \to Air} = 0.05$$

$$\therefore \text{extraction of light } 0.85 \times 0.95 = 0.81$$

따라서 에폭시로 밀봉한 경우 약 81%의 빛을 밖으로 추출할 수 있다는 것이다. 광학 효율을 더욱 향상시키기 위해 아래로 새어 나가는 빛을 다시 위로 끌어올리는 기술과 전반사로 소실되는 빛을 방지하기 위하여 빛이 나가는 표면층을 거칠게 만드는 텍스처링(texturing) 기술을 적용하여 표면에서 빛을 산란시켜 밖으로 더 많은 빛을 추출하는 기술들을 적용하기도 한다. 텍스처링 기술이란 발광 다이오드 표면에 그림 10-27과 같은 나노 조형물을 제작하여 전반사로 소실되는 빛을 밖으로

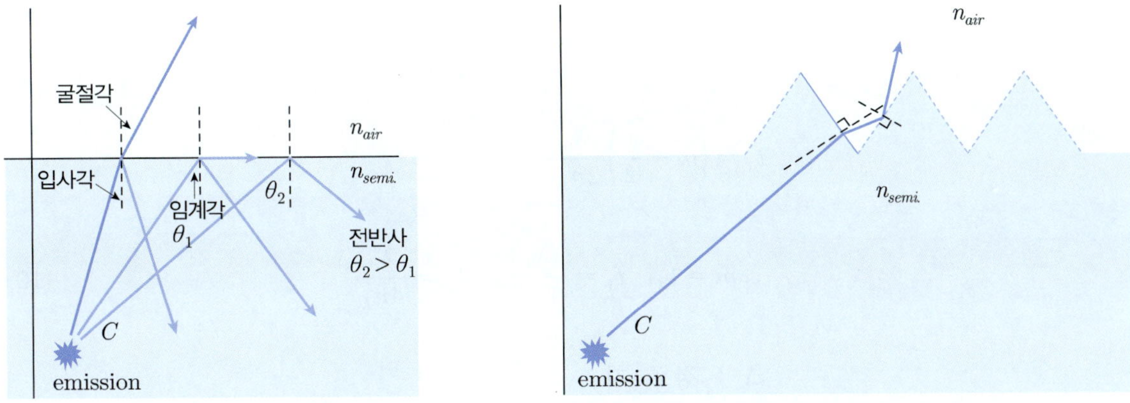

(a) 표면 텍스처링 기술 미적용 (b) 회절격자에 의한 표면 텍스처링 기술

그림 10-27 광 추출 향상을 위한 표면 텍스처링 기술

추출하는 것이다.

형태는 여러 가지가 존재하지만 여기서는 표면을 거칠게 만드는 톱니 모양의 예를 들었다. 평평한 표면에서 전반사로 소실되는 빛이 이러한 패턴에서는 그림과 같이 경사면에 도달한 빛이 임계각보다 작아지므로(법선 참조) 밖으로 추출할 수 있게 된다. 하부로 소실되는 빛은 하부 전극 위에 브래그 미러를 제작하여 반사율을 99%까지 향상시킨다. 이로써 하부의 빛을 다시 표면으로 반사시켜 광 추출 효율을 향상시킬 수 있다. 이러한 기술은 널리 알려진 실용화된 기술이다. 브래그 미러는 유전체 미러(dielectric mirror)라고도 하며 고굴절 재료와 저굴절 재료를 반복적으로 적층하여 반사율을 99%까지 증가시킬 수 있다.

10-5-2 브래그 미러

그림 10-28에 굴절률이 다른 재료를 적층한 구조를 나타내었다. $N=1$을 1주기로 하여 원하는 주기로 반복하여 적층하는 기술이다. 이 기술은 특히 면 발광 레이저 다이오드의 공진기 미러로 사용하기도 하며 액정 디스플레이나 기타 조명 등의 휘도 향상 필름에도 적용하는 이미 실용화된 기술이다. 여기서 번거로운 수학적 유도는 하지 않겠지만 결과만은 잘 기억하길 기대한다.

그림 10-28의 적층 구조에서 각 계면에서는 굴절률 차이로 인해 투과와 반사가 발생하는데, 이러한 경우 보강 간섭을 만족하는 조건은 경로 차가 파장의 정수배에 해당할 때이다. 이것이 브래그 법칙인데 이것을 활용한 것이 브래그 미러이다.

먼저 t_1층에 대한 보강 간섭(constructive interference) 조건은 다음과 같다.

$$\Delta = 2t_1 + \frac{\lambda}{2} = m\lambda, \quad \lambda = \frac{\lambda_0}{n_H}$$

$$t_1 = \left(m - \frac{1}{2}\right)\frac{\lambda_0}{2n_H}$$

$$\therefore m = 1, \quad t_1 = \frac{\lambda_0}{4n_H}, \quad t_2 = \frac{\lambda_0}{4n_L} \tag{10-41}$$

Δ : 경로 차

λ_0 : 공기 중에서의 파장

λ : 반도체 내에서의 파장

수식 10-41을 quarter wave stack이라고 한다. 특정 파장에 대해서 반사율을 높이려면 해당 파장의 1/4을 그 물질의 굴절률로 나누어 그 값을 두께로 하여 적층해야 한다는 규칙이다. 한편 적층 주기에 따른 반사율은 다음과 같이 표현된다.

$$R_N = \left[\frac{n_H^{2N} - (n_a/n_s)n_L^{2N}}{n_H^{2N} + (n_a/n_s)n_L^{2N}}\right]^2 \tag{10-42}$$

기판의 굴절률이 공기와 같다면 10-42식은 간략하게 10-43과 같이 표현할 수 있다.

$$R_N = \left[\frac{n_H^{2N} - n_L^{2N}}{n_H^{2N} + n_L^{2N}}\right]^2 \tag{10-43}$$

10-42식에서 알 수 있듯이 N(적층 주기)이 증가할수록 반사 계수는 제곱에 비례해서 증가하게 됨을 알 수 있다. 예제를 통해서 수식 10-42를 활용하여 보자.

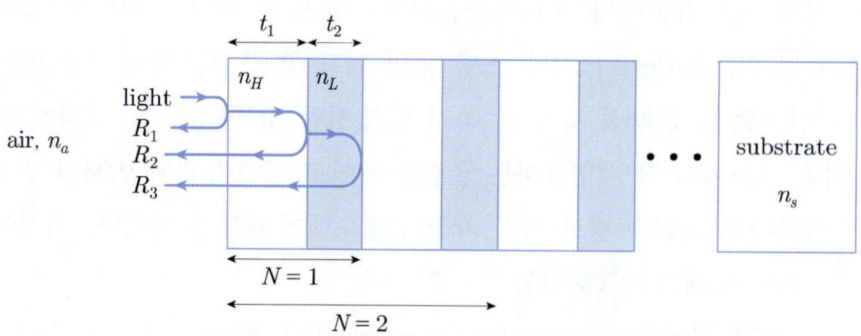

그림 10-28 브래그 미러에 대한 구조

예제 10-5-1

그림 10-29와 같은 표면 발광 LED 구조에 브래그 미러를 GaAs 기판 위에 각각 4주기, 25주기의 GaAs/AlAs 이종 접합 브래그 미러를 제작하여 삽입하였다.

(1) 이때 각각에 대해서 브래그 반사율을 계산해 보아라.
굴절률은 다음과 같다.

GaAs=3.6 AlAs=3.2 Air=1.0

(2) 브래그 미러의 각 층의 두께를 결정해 보아라. 파장은 $0.8\mu m$로 고정한다.

풀이

(1) 반사율 계산

$$R_4 = \left[\frac{(3.6)^8 - (1.0/3.6)(3.2)^8}{(3.6)^8 + (1.0/3.6)(3.2)^8} \right]^2 = (0.805)^2 = 0.648$$

$$R_{25} = \left[\frac{(3.6)^{50} - (1.0/3.6)(3.2)^{50}}{(3.6)^{50} + (1.0/3.6)(3.2)^{50}} \right]^2 = (0.998)^2 = 0.996$$

4주기로 적층한 경우에는 반사율이 64.8%인 반면에 25주기로 적층한 경우에는 99.6%의 반사율을 갖게 됨을 알 수 있다. 실제 면 발광 레이저 다이오드에서 공진기 미러로 브래그 미러를 사용하는 경우 대략 25주기로 적층하게 된다.

(2) 브래그 미러의 두께 결정

$$t_1 = \frac{0.8\,\mu m}{4 \times 3.6} = 0.555\,\mu m = 555\,\text{Å}$$

$$t_2 = \frac{0.8\,\mu m}{4 \times 3.2} = 0.0625\,\mu m = 625\,\text{Å}$$

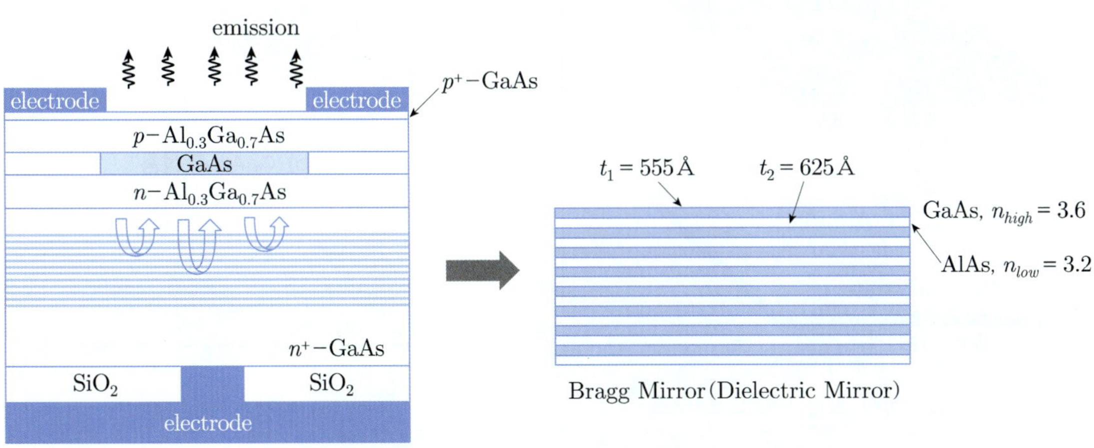

그림 10-29 예제 10-5-1 풀이의 브래그 미러 구조

$$1\text{주기} = t_1 + t_2 = 1180\,\text{Å} = 0.118\,\mu\text{m}$$

총 브래그 미러의 두께는 $0.118\,\mu\text{m} \times 25 = 2.95\,\mu\text{m}$

10-5-3 에지 발광 다이오드

이번에는 에지 발광 다이오드에 대해서 정성적으로 논의해 보자. 면 발광 LED는 옆으로 빛이 새어나간다는 것을 알게 되었는데 이 빛은 낭비되는 빛이다. 이것을 이용하는 것이 에지 발광 LED이다. 에지 발광 LED는 면 발광과 다르게 빛이 어느 정도 직진성을 갖는다. 면 발광이 주로 디스플레이, 조명에 활용된다면 에지 발광 LED는 방향성을 갖는 조명 등에 활용할 수 있다. 그림 10-30 (a)에 에지 발광 LED의 구조를 나타내었다. 면 발광 다이오드와 비슷하지만 표면에 light window를 설치하지 않고 모두 닫아 버린 구조이다. 빛이 활성층에 모이도록 상부 전극 아래에 절연층으로 패터닝하여 작은 구역의 GaAs 활성층에서 캐리어들을 국소화 및 재결합시켜 빛을 방출할 수 있도록 만든 구조이다. 또한 위, 아래에 굴절률이 상대적으로 낮은 물질을 삽입하여 waveguide 역할을 하도록 되어 있다.

에지 발광 LED는 면 발광과 크게 두 가지 다른 점을 가지고 있다. 그림 10-30 (b)에 표시한 것처럼 빛이 나오는 방향이 y 방향이므로 반도체 내에서 재흡수가 일어나 빛의 손실을 유발한다.

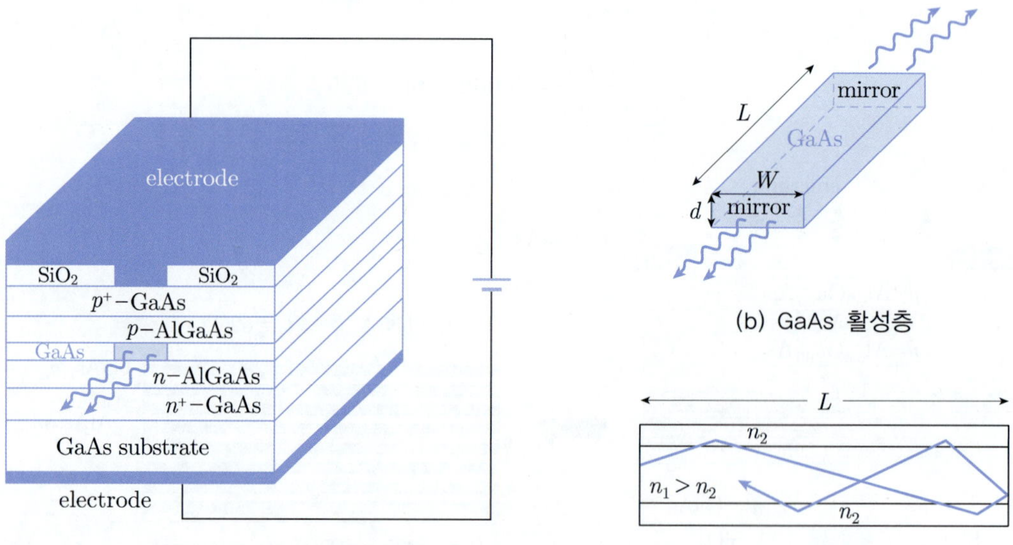

(a) 에지 발광 다이오드 구조

(b) GaAs 활성층

(c) 활성층 내 광도파

그림 10-30 에지 발광 이종 접합 다이오드

표면 발광 다이오드의 경우에는 z 방향으로 빛이 방출되기 때문에 밴드 갭이 큰 물질로 샌드위치 되어 있으며 오믹 컨택을 위한 GaAs층도 매우 얇게 적층되어 있으므로 상대적으로 흡수가 적다. 두 번째는 유도 방출에 의한 빛 손실도 발생할 수 있다. 에지 발광 LED의 광도파로 끝부분은 굴절률의 차이로 인해 거울 역할을 한다. 전반사가 일어나는 각도로 입사된 빛은 밖으로 나오지 못하고 안에서 활성층을 따라 진행하다가 미러에서 다시 반사되는 과정이 수없이 반복된다(그림 10-30 (c)). AlGaAs층은 완전 도체가 아니므로 광도파 시 빛은 GaAs/AlGaAs 계면에서 수 파장의 길이에 해당하는 만큼 AlGaAs로 침투하면서 공진기 내를 전파해 나간다. 길이가 L인 공진기에서 정상파가 만들어지고 수없이 반복하는 동안 빛은 증폭되고 유도 방출 현상을 일으킬 수 있다. 특히 전류를 증가시키면 이러한 현상이 발생할 수 있다.

유도 방출이 일어나는 문턱 전류는 공진기의 길이와 밀접한 관련이 있다. 공진기의 길이가 길어지면 문턱 전류값이 감소하므로 에지 발광 다이오드는 유도 방출에 의한 빛 손실이 발생할 수 있다. 조명이나 디스플레이에서는 면 발광 다이오드를 대부분 사용한다.

10-6 발광 다이오드의 소신호 모델(動特性)

발광 디바이스는 디스플레이, 조명에 사용된다. 지금까지 우리는 발광 다이오드의 내부, 외부 양자 효율을 논의하였고 효율을 올리는 효과적인 방법과 기술에 대해서 간단히 고찰하였다. 발광 소자는 직접 천이형 반도체를 이용하기도 하지만 유기 반도체를 활용하는 경우도 있다. 유기 반도체를 이용하는 대표적인 발광 소자가 OLED(organic light emitting diode)이다. 이미 유기 발광 다이오드를 이용한 디스플레이는 실용화된 지 10년이 넘어가며 무기 발광 다이오드는 이미 조명 분야에 활용되고 있다. 발광 다이오드의 또 다른 응용 분야 중 하나는 광통신이다. 발광 다이오드와 레이저 다이오드는 광통신에도 활용되고 있으며 광통신은 전기신호를 광신호로 변환하여 신호를 보내는 역할을 한다. 일정 시간 안에 많은 신호를 보내기 위해서는 빠른 스위칭 속도가 필요하다. 우리는 PN 접합 다이오드에서 이미 소신호 모델에 대해서 간단히 논의하였다. 광통신을 위해서는 소신호 모델(동특성이라고도 함)에 대한 논의가 필요하다. 이번 절에서는 발광 다이오드의 레이트 방정식을 유도하고 논의해 보겠다. LED에 전류를 주입했을 때 활성층 내의 캐리어 밀도와 광자 밀도의 관계를 다루는 방정식을 레이트 방정식이라 한다.

LED에 전류를 주입시켰을 때 빛을 바로 방출하는 것이 아니라 일정 시간이 지난 후 발광하게 되고, 전류를 차단했을 때도 발광을 즉시 멈추는 것이 아니라 일정 시간이 필요하다. 이러한 것을

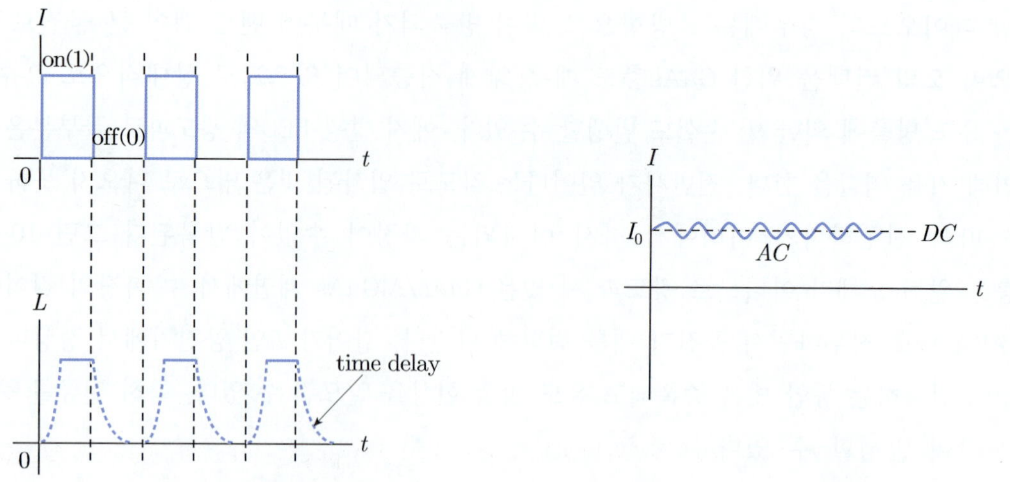

(a) 스위칭에 따른 전류와 발광 강도 (b) 작은 교류를 인가한 소신호 모델

그림 10-31 소신호 모델

시간 지연이라고 한다. 많은 신호를 보내기 위해서는 이러한 시간 지연을 막아야 한다. 그림 10-31 (a)와 같이 발광 다이오드에 전류를 주입하고 스위치를 on/off 시키는 동작을 반복했을 때(전류를 주입했을 때가 1, 전류를 차단했을 때가 0) 시간에 따른 발광 강도는 일정 시간 지연을 갖고 on/off 된다. 이상적인 것은 전류를 주입하는 즉시 발광하고 전류를 차단하는 즉시 발광을 멈추는 것이다. 전류와 마찬가지로 사각 형태를 나타내면 좋겠지만 실제로는 곡선 형태로 시간 지연을 유발시킨다. 시간 지연이 발생하면 아주 짧은 시간에 스위칭 특성을 좋게 할 수 없다. 이것의 의미는 빠른 속도로 통신할 수 없다는 의미이다. 비슷한 논의를 우리는 PN 접합 다이오드에서도 고찰하였다.

10-6-1 캐리어 밀도와 광자 밀도와의 관계

발광 다이오드의 레이트 방정식은 레이저 다이오드에 비해 손쉽게 이해할 수 있다. 전류를 주입했을 때 아주 작은 단위 시간당, 단위 체적당 캐리어의 변화량은 다음과 같이 생각할 수 있다. 먼저 전류 주입에 의해 캐리어는 증가할 것이다. 전류는 단위 시간당 전하의 움직임이므로 캐리어의 수는 전류를 전하량으로 나누면 될 것이다. 여기에 활성층의 체적으로 나누어 주면 단위 시간당, 단위 체적당 활성층 내에서 증가하는 캐리어의 수를 알 수 있을 것이다. 전류를 주입했을 때 캐리어의 증가도 일어나지만 감소도 발생한다. 바로 재결합하여 캐리어가 소멸되기 때문에 재결합하여 소멸되는 캐리어를 빼 주어야 할 것이다. 이상을 수식으로 표현한다면 다음과 같이 된다.

$$\frac{dN}{dt} = \frac{I}{q}\frac{1}{V} - \frac{N}{\tau_{eh}} \qquad (10-44)$$

N : carrier concentration　　　I : Injection current

V : Volume of active layer　　　τ_{eh} : Life time of carrier

다음은 광자 밀도에 대해서 논의해 보자. 수식 10-44의 우변의 마지막 항은 캐리어의 재결합에 해당한다. 재결합하면서 광자를 방출하는데 활성층 내 비방출 발광은 존재하지 않는다고 가정하겠다. 이것의 의미는 모든 캐리어들이 재결합하면서 광자를 방출한다는 의미이다. 재결합은 캐리어의 소멸이지만 광자의 생성을 의미하기도 한다. 이렇게 생성된 광자들이 공기 중으로 나오게 되는데 이것은 광자의 소실에 해당하므로 광자 밀도의 단위 시간당 미소 변화량은 재결합(광자의 생성)에서 밖으로 나오는 광자(광자의 소실)를 빼 주어야 할 것이다.

광자의 밀도를 S, 광자의 방출 수명을 τ_{ph}(빛이 활성층을 탈출해서 밖으로 나오기까지 걸리는 시간)라고 한다면 광자 밀도의 단위 시간당 미분 변화량은 다음과 같이 표현할 수 있다.

$$\frac{dS}{dt} = \frac{N}{\tau_{eh}} - \frac{S}{\tau_{ph}} \qquad (10-45)$$

LED의 동특성이란 일종의 소신호 모델로써 직류 성분에 아주 작은 교류 신호를 인가했을 때의 특성을 의미하는 것이다. 교류 성분에 대해서 전류, 광자 밀도, 캐리어 밀도는 시간의 함수로 표현이 가능하다.

$$I(t) = I_0 + ie^{j\omega t} \qquad I_0 \gg i$$

$$S(t) = S_0 + se^{j\omega t} \qquad S_0 \gg s$$

$$N(t) = N_0 + ne^{j\omega t} \qquad N_0 \gg n \qquad (10-46)$$

지수함수의 계수는 각각의 교류 성분에 대한 진폭을 의미하며 매우 작은 교류 성분을 인가하였으므로 직류 성분 값 I_0, S_0, N_0에 비해서 i, s, n는 매우 작은 값이다(그림 10-31 참조).

10-46식을 10-44, 10-45에 각각 대입하고 시간에 대해서 미분하면 다음과 같다.

$$\frac{dN}{dt} = \frac{I}{q}\frac{1}{V} - \frac{N}{\tau_{eh}} \Rightarrow \frac{d}{dt}\left[N_0 + ne^{j\omega t}\right] = \frac{I_0 + ie^{j\omega t}}{qV} - \frac{N_0 + ne^{j\omega t}}{\tau_{eh}}$$

$$nj\omega e^{j\omega t} = \frac{I_0 + ie^{j\omega t}}{qV} - \frac{N_0 + ne^{j\omega t}}{\tau_{eh}} \qquad (10-47)$$

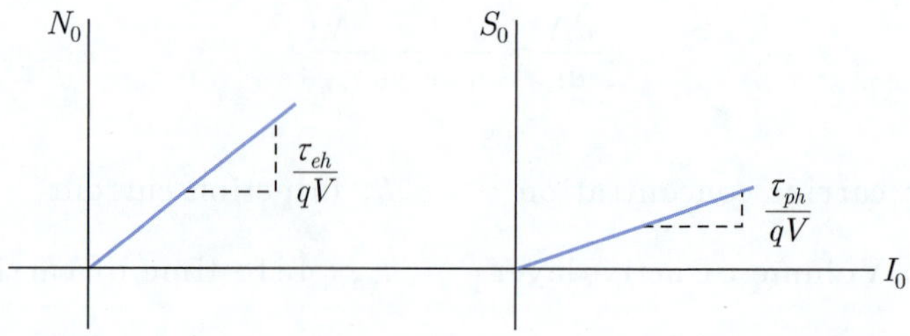

그림 10-32 주입 전류와 캐리어 밀도 및 광자 밀도와의 관계

동일하게 광자 밀도에 대해서도 정리하면 다음과 같다.

$$sj\omega e^{j\omega t} = \frac{N_0 + ne^{j\omega t}}{\tau_{eh}} - \frac{S_0 + se^{j\omega t}}{\tau_{ph}} \tag{10-48}$$

수식 10-47, 10-48식에서 지수함수 항이 없는 직류 성분만 고려하면 다음과 같이 표현할 수 있다.

$$\frac{I_0}{qV} - \frac{N_0}{\tau_{eh}} = 0 \qquad \therefore N_0 = \frac{\tau_{eh}}{qV} I_0 \tag{10-49}$$

$$\frac{N_0}{\tau_{eh}} - \frac{S_0}{\tau_{ph}} = 0 \qquad \therefore S_0 = \frac{\tau_{ph}}{\tau_{eh}} N_0 = \frac{\tau_{ph}}{qV} I_0 \tag{10-50}$$

수식 10-49, 10-50으로부터 주입하는 전류와 캐리어 밀도, 광자 밀도는 비례 관계에 있음을 알 수 있다. 기울기는 각각 τ_{eh}/qV, τ_{ph}/qV이다. 광자의 방출 수명은 전자와 양공의 재결합 수명보다 훨씬 작다. 즉 전자와 양공이 재결합하여 광자를 생성하면 광자는 즉각적으로 방출된다는 의미이다. 따라서 직선의 기울기는 $\tau_{eh}/qV \gg \tau_{ph}/qV$ 관계가 성립한다. 그림 10-32에 이러한 관계를 나타내었다.

10-6-2 발광 다이오드의 레이트 방정식

교류 성분을 비교하여 보자. 수식 10-47, 10-48에서 지수함수가 존재하는 항만 고찰하여 보자. 지수함수가 공통적으로 들어 있으므로 지수함수를 제거하고 남은 항만으로 수식을 정리하고 간략화하면 수식 10-47은 다음과 같이 표현할 수 있다.

$$nj\omega e^{j\omega t} = \frac{I_0 + ie^{j\omega t}}{qV} - \frac{N_0 + ne^{j\omega t}}{\tau_{eh}} \quad \Rightarrow \quad nj\omega e^{j\omega t} = \left(\frac{i}{qV} - \frac{n}{\tau_{eh}}\right) e^{j\omega t}$$

$$nj\omega = \frac{i}{qV} - \frac{n}{\tau_{eh}} \Rightarrow n\left(j\omega + \frac{1}{\tau_{eh}}\right) = \frac{i}{qV} \qquad \therefore i = \frac{qV}{\tau_{eh}}(j\omega\tau_{eh} + 1)n \tag{10-51}$$

동일한 방법으로 수식 10-48을 정리하면 다음과 같다.

$$sj\omega = \frac{n}{\tau_{eh}} - \frac{s}{\tau_{ph}} \Rightarrow s\left(j\omega + \frac{1}{\tau_{ph}}\right) = \frac{n}{\tau_{eh}} \qquad \therefore s = \frac{\tau_{ph}}{\tau_{eh}} \frac{n}{j\omega\tau_{ph} + 1} \tag{10-52}$$

우리는 전류를 변화시켰을 때 포톤의 진폭(세기)을 어느 정도 변하게 할 수 있는지 그 비율을 구해 볼 수 있다.

$$\frac{s}{i} = \frac{\tau_{ph}}{\tau_{eh}} \times \frac{n}{j\omega\tau_{ph} + 1} \times \frac{\tau_{eh}}{nqV} \times \frac{1}{j\omega\tau_{eh} + 1} = \frac{\tau_{ph}}{j\omega\tau_{ph} + 1} \times \frac{1}{qV} \times \frac{1}{j\omega\tau_{eh} + 1}$$

$$\frac{s}{i} = \frac{\tau_{ph}}{qV} \frac{1}{(j\omega\tau_{ph} + 1)(j\omega\tau_{eh} + 1)} \tag{10-53}$$

수식 10-53에 복소수의 항이 나타난 것을 알 수 있다. 복소수로 표현된다는 것은 전류 변화에 대하여 시간에 따른 광자의 위상이 변한다는 것을 의미한다. 우리는 지금 교류 성분을 논의하고 있다는 것을 기억해야 한다. 전류가 주입되고 시간이 지남에 따라 광자의 위상이 점점 틀어진다는 것을 의미하는 것으로, 즉 위상차가 존재한다는 것이다.

변조도(modulation factor)는 $|s/i|$로 정의한다. 수식 10-53을 이용해서 변조도를 구해 보면 다음과 같다.

$$M = \left|\frac{s}{i}\right| = \frac{\tau_{ph}}{qV} \frac{1}{\sqrt{(\omega\tau_{ph})^2 + 1}\sqrt{(\omega\tau_{eh})^2 + 1}}$$

$\tau_{eh} \gg \tau_{ph}$이므로

$$M = \frac{\tau_{ph}}{qV} \frac{1}{\sqrt{(\omega\tau_{eh})^2 + 1}} \qquad \omega = 2\pi f \qquad \therefore M = \frac{\tau_{ph}}{qV} \frac{1}{\sqrt{(2\pi f\tau_{eh})^2 + 1}} \tag{10-54}$$

주파수가 커질수록 변조도가 감소함을 알 수 있다. 높은 주파수일수록 변조 가능한 범위가 감소한다는 의미이므로 높은 주파수에 대해서는 변조가 곤란하다는 의미로 해석하면 된다. 그렇다면 어떤 주파수까지 변조 가능한지에 대해서 논의해 보자. 주파수가 0일 때와 특정 주파수 f일 때의 비를 구해 보면 수식 10-55와 같이 표현할 수 있다. 우리는 변조 가능한 최대 주파수를 임계 주파수 f_c라 하고 수식 10-55식이 $1/\sqrt{2}$ 값을 가질 때의 주파수로 정의한다(그림 10-33 (a) 참조). 따라서 임계 주파수는 수식 10-56과 같이 표현할 수 있다.

$$\frac{M(f)}{M(f=0)} = \frac{1}{\sqrt{(2\pi f \tau_{eh})^2 + 1}} \tag{10-55}$$

$$\frac{1}{\sqrt{2}} = \frac{1}{\sqrt{(2\pi f_c \tau_{eh})^2 + 1}} \quad \Rightarrow \quad (2\pi f_c \tau_{eh})^2 = 1$$

$$f_c = \frac{1}{2\pi \tau_{eh}} \tag{10-56}$$

그림 10-33 (a)와 같이 특정 주파수 이상에서는 변조도 곡선이 급격히 감소한다. 중요한 것은 임계 주파수, 즉 변조 가능한 최대 주파수는 캐리어의 재결합 시간(수명)에 의해 결정된다는 것이다. 캐리어들이 신속히 결합할수록(수명이 짧다는 의미) 변조 가능한 주파수가 커지고, 임계 주파수가 증가하면 그만큼 짧은 시간에 많은 신호를 빠르게 보낼 수 있으므로, 광통신에서 빠르게 전송할 수 있다. 임계 주파수는 발광 다이오드에서 전류 밀도를 변화시켰을 때 변환시킬 수 있는 주파수의 한계치로 보면 된다. 이러한 임계 주파수 이상의 신호는 위상 변화가 심해서 신호를 그대로 전송할 수 없다. 광통신에서 정확한 신호 수신이 어렵기 때문이다. 임계 주파수에서 위상 틀어짐은 45°가 된다. 여기서 논의하고 있는 것은 전류를 변화시켰을 때의 출력광의 세기를 변조하는 직접 변조에 해당한다. 발광 다이오드에서 전자와 양공의 재결합 수명이 대략 1~10 nano sec이므로 임계 주파수를 계산해 보면 대략 수십 MHz가 나온다. 광통신에 발광 다이오드를 사용하는 임계 주파수 이상의 신호는 보낼 수 없으므로 임계 주파수는 전송 속도의 최댓값이 되는 것이다. 전송 속도의 한계는 대략 MHz로 볼 수 있다. 더 빠른 전송 속도가 필요하다면 레이저 다이오드와 같은 기술을 사용해야 할 것이다. 이것이 광통신에서 주로 레이저 다이오드를 사용하는 이유이다.

발광 다이오드에서 신호 전송 속도는 캐리어의 수명에 의해 결정됨을 알 수 있다. 전자와 양공의 재결합 시간은 어느 정도 정해져 있다. 반도체 내 결정 결함이 존재하면 재결합 시간이 늘어난다는 사실을 우리는 이미 학습하였다. 광통신의 속도를 증가시키려면 레이저 다이오드를 이용하는데

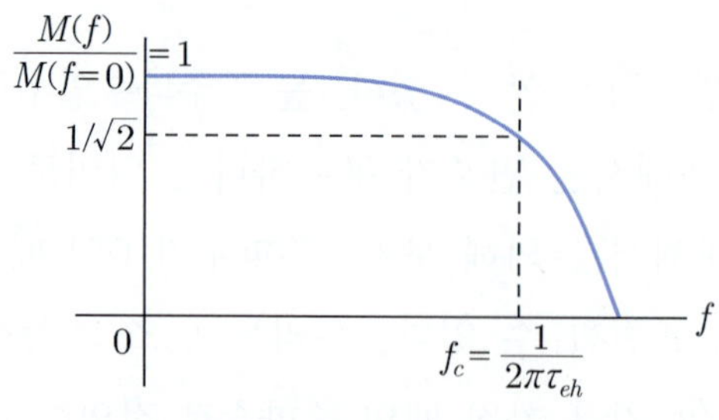

그림 10-33 임계 주파수의 정의

전송 속도는 포톤의 수명과 깊은 연관이 있다. 포톤의 수명은 캐리어의 수명보다 대략 ~3차수 정도 작기 때문에 빠른 광통신을 위해서는 레이저 다이오드를 이용하고 있다. 뒤에서 나오는 레이저 다이오드의 레이트 방정식에서 정량적인 수학적 유도를 통해서 고찰해 볼 것이다.

10-7 반도체 레이저 다이오드

반도체 레이저 다이오드(LD)는 발광 다이오드(LED)와 유사한 구조를 갖지만 사용하는 빛이 다르다. LED는 자연 방출되는 빛을 활용하며 스펙트럼의 반치폭(FWHM)이 어느 정도 폭을 가지고 있음을 학습하였다. 반면에 레이저 다이오드는 유도 방출된 빛을 사용하며 반치폭이 매우 좁은 단일 파장의 빛을 방출하는 특징을 가지고 있다. 간섭이 가능한(coherent) 빛을 사용한다는 특징이 있으며 간섭이 가능하다는 것은 빛의 세기를 강하게 할 수도 있고 약하게 할 수도 있다는 것이다. 즉 빛의 파장과 위상을 서로 일치시킬 수 있다. 전류를 주입하면 빛의 세기는 일정하게 선형적으로 증가하다가 어느 특정 전류 이상에서는 갑자기 빛의 세기가 커지는 특징이 있는데 이것을 우리는 레이저가 발진되었다고 표현하며 이때의 전류를 문턱 전류라고 부른다. LED에서는 이러한 현상이 발생하지 않는다.

레이저가 되기 위해서는 먼저 두 가지 조건을 만족해야 한다. 그중 첫 번째가 분포 반전이 이루어져야 한다는 것이다. 우리는 앞에서 분포 반전에 대해서 고찰하였다. 전자는 항상 낮은 상태의 에너지부터 채워 나간다. 따라서 두 개의 에너지 상태를 E_1, E_2라고 하고 전자가 첫 번째 에너지 상태를 충만시키고 있다면 두 번째 에너지 상태는 비어 있는 것이 일반적인 자연 상태이다. 그러나 레이저에서는 두 번째 상태에 전자를 더 많이 채우고 첫 번째 상태에는 전자가 비어 있어야 한다. 이것을 분포 반전이라고 하는데 이러한 상태가 되면 전자는 낮은 상태로 천이되면서 에너지를 소실하고 빛을 방출한다. 이러한 상태를 만들기 위해 반도체에 과도핑을 한다. 축퇴 반도체를 만들어서 페르미 준위가 전도대와 가전자대 내에 존재하게 만들어 전자와 양공을 활성층에 공급하는 구조이다. 그림 10-34에 에지 발광 레이저 다이오드 구조와 에너지 밴드 다이어그램을 표시하였다. 이러한 구조에 대해서는 발광 다이오드에서 충분히 설명하였으므로 자세한 설명은 생략하겠다. GaAs 활성층에 전자와 양공이 축적되어 분포 반전을 이루고 있다. 전도대에는 전자들이 모여 있고 가전자대에는 전자가 천이할 수 있는 빈자리 양공들로 충만되어 있다. 전자들은 가전자대로 천이하면서 빛을 방출한다.

10-7-1 파브리-페로 공진기

두 번째로 coherent 빛을 만들어야 한다. 간섭성 광은 광학적인 공진 상자를 이용해야 한다. 이러한 공진기를 파브리-페로(fabry-perot) 공진기라고 한다. 파브리-페로 공진기의 길이는 L이다. 활성층에서 발광한 빛은 파브리-페로 공진기 내를 무한 반복하게 된다. 그림의 y 방향으로 빛이 방출되기 전까지 반복적으로 간섭 현상을 일으켜 특정 파장의 빛이 남게 되는데 이것은 정상파의 형태로 존재하게 된다. y 방향으로 반복하는 빛은 y 방향의 반도체와 공기의 경계면에서 반사와 투과가 일어난다. 반사되는 빛은 다시 활성층을 따라서 되돌아오고 일부는 공기 중으로 방출된다. y 방향의 두 면이 마치 광학적인 거울 역할을 하는 것이다. y 방향을 무한 반복하면서 빛은 점차 증폭되고 빛의 세기는 LED와 비교할 수 없을 정도로 증가하게 된다.

공진을 일으키기 위해서는 공진기의 길이 L은 다음을 만족해야 한다.

$$N \times \frac{\lambda}{2} = L \tag{10-57}$$

N은 정수이다. 레이저 다이오드의 발진 조건에서 상세히 고찰하겠지만 L은 파장에 비해서 상대적으로 매우 길다. 따라서 공진을 일으키는 파장은 단 하나만 존재하는 것이 아니라 여러 가지 파장의 빛에서 공진을 일으킬 수 있다. 이러한 것을 다중 모드 공진이라고 한다. 공진기 안에는 반파장의 정수배가 되는 정상파들로 가득찰 것이며 공진기를 반복하는 과정에서 보강 간섭을 일으켜 빛의 세기는 점점 커지게 된다.

그림 10-34에 파브리-페로 공진기를 이용한 레이저 다이오드를 나타내었다. 레이저 빔을 y 방향으

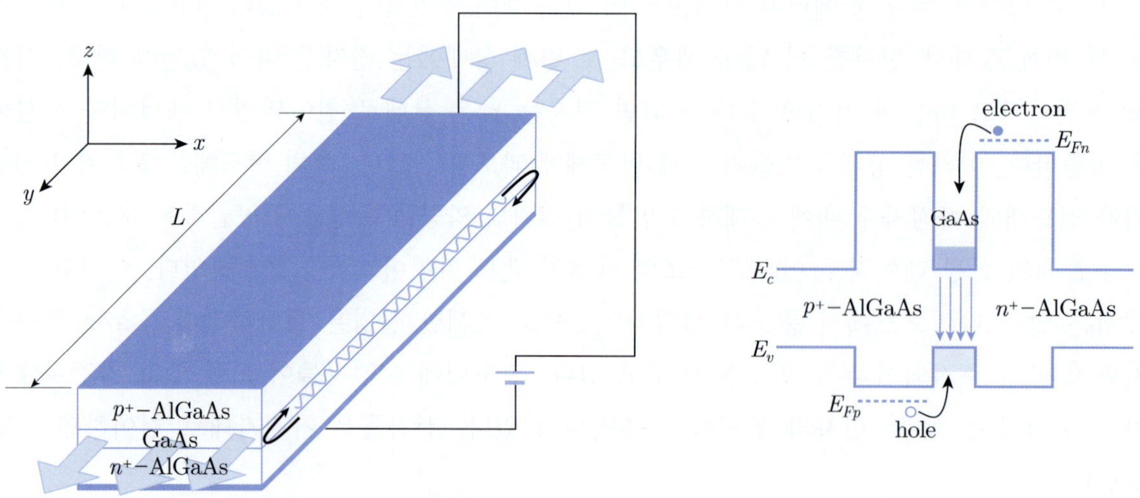

그림 10-34 파브리-페로 레이저 다이오드와 에너지 밴드 다이어그램

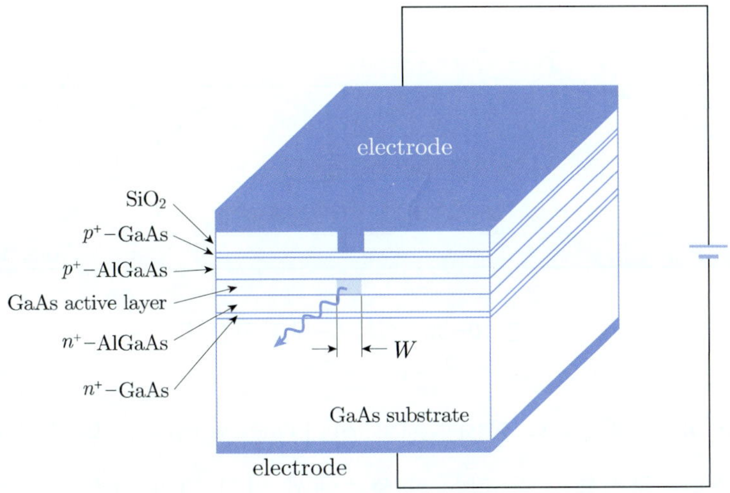

그림 10-35 에지 발광 레이저 다이오드

로 출력시키기 위해서 굴절률이 작은 AlGaAs(cladding layer)층으로 샌드위치시키고 광도파로 역할을 하여 y 방향으로 출력을 얻는 구조이다. GaAs 활성층은 클래드층보다 굴절률이 조금 크기 때문에 전반사 조건을 만족하는 빛들은 활성층의 y 방향을 따라서 광도파로와 같이 진행해 나간다. 에지에서 일부 빛들은 밖으로 나가고 반사되는 빛은 다시 되돌아온다. 활성층의 y 방향의 에지 면이 미러 역할을 하게 되는데, 이는 이미 발광 다이오드에서 설명하였지만 자연 거울이 되는 것이다. 이렇게 반사와 투과를 공진기 내에서 수없이 반복하는 과정에서 광자의 수는 계속 늘어나게 된다.

활성층 위, 아래의 클래드층은 n형과 p형으로 각각 도핑시켜서 활성층에 캐리어를 공급하는 역할을 하며 활성층에 반전 분포 상태를 만들어 준다. 캐리어를 더욱 국소화시키기 위해서는 그림 10-35와 같이 실리콘 옥사이드 절연층을 사용하여 활성층 GaAs의 폭 W를 대폭 줄여서 캐리어의 밀도를 더욱 높게 만들어야 한다. 또한 굴절률이 작은 물질로 위, 아래를 막아서 광학적으로도 가두어야 한다. 에지 발광 다이오드와 매우 유사하지만 레이저 다이오드에서는 클래드층을 매우 높게 도핑하며 공진기의 길이도 최적화하여 제작한다. 그림 10-35에 에지 발광 레이저 다이오드의 구조를 나타내었다.

10-7-2 에지 발광 레이저 다이오드

길이 L을 갖는 파브리-페로형 공진기를 그림 10-36에 나타내었다. 전반사를 만족하는 빛 E_2, E_3는 밖으로 빛이 나가지 못하고 공진기 내를 그림과 같이 진행하게 된다. 한편 E_1은 일부 클래드층에서 밖으로 탈출하고 일부는 다시 반사되어 되돌아온다.

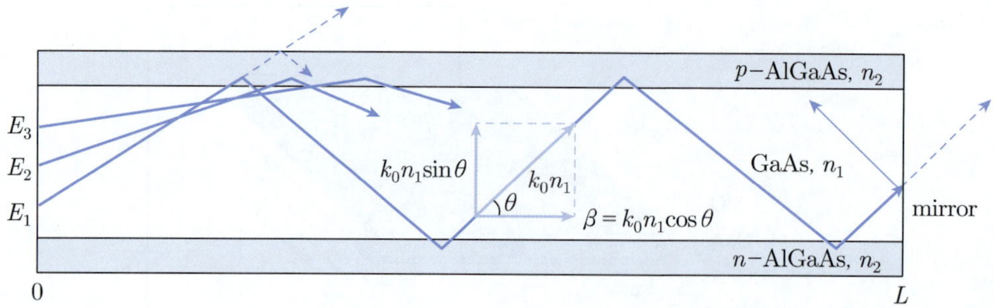

그림 10-36 파브리-페로 공진기

굴절률은 $n_1 > n_2$이며 클래드층은 완전도체가 아니므로 계면에서 완전 반사하지 않고 일부는 침투하여 진행해 나간다. 굴절률 n_1을 갖는 활성층에서 빛의 전파 상수는 다음과 같이 표현할 수 있다.

$$\beta = k_0 n_1 \cos\theta, \quad \theta \ll 1 \quad \Rightarrow \quad \beta = k_0 n_1$$

반도체 레이저 다이오드는 다중 모드로 출력된다고 하였다. 공진기 길이 L 안의 종축 모드에는 여러 가지 파장의 정상파들이 존재한다. 여러 가지 정상파들이 공진기 안을 반복하면서 광 증폭 현상이 발생한다. 하나의 파장에 해당하는 빛이 출력되는 것이 아니다. 보통 L은 약 $300\mu m$이다. 파장 대비 매우 큰 값이다. 따라서 공진기 내에는 여러 파장의 정상파가 존재하며 이러한 빛들이 출력되는 것이다. 여러 파장의 빛이 출력되므로 이것을 다중 모드라고 표현한다. LED와 다른 점이 바로 간섭성 빛이 문턱 전류를 넘게 되면 급격히 방출된다는 것이고 이것이 유도 방출광에 해당한다. 그림 10-37에 LED와 다른 점을 표기하였다.

유도 방출은 자연 방출의 범위 내에서만 발생한다. 그림 10-37 (a)의 회색으로 표기한 발광은 발생하지 않는다. 유도 방출은 간섭성의 빛이 방출되므로 동일한 파장의 빛이 강하게 방출된다. 반치폭이 매우 좁게 형성되어 있음을 알 수 있다. LED에서는 앞에서 학습하였듯이 전류 증가에 따라 빛의 세기는 선형적 비례 관계가 있음을 알 수 있고 기울기는 광자의 방출 시간과 밀접한 관련이 있었다. 레이저 다이오드에서는 문턱 전류를 넘어서면 급격히 빛의 세기가 커짐을 알 수 있다. 공진기 안에서 증폭된 빛들이 방출되는 것이다.

대부분의 빛은 측면을 통해서 나오기도 하지만 표면, 즉 z 방향으로도 나올 수 있다. 이것을 면 발광 레이저 다이오드라고 하는데 이에 대해서는 후에 논의할 것이다. 빛이 위로 나오는 경우에는 빛의 흡수에 의한 손실을 최소화할 수 있다. 활성층 위에는 밴드 갭이 큰 AlGaAs층이 있기 때문이다.

다중 모드에서 발생하는 각 피크의 간격은 공진기의 길이 및 파장과 밀접한 관계가 있다. 파장의 크기에 비해서 공진기의 길이는 2~3차수 이상 크다. 공진을 일으키기 위한 공진기의 길이는 반파장의 정수배이다.

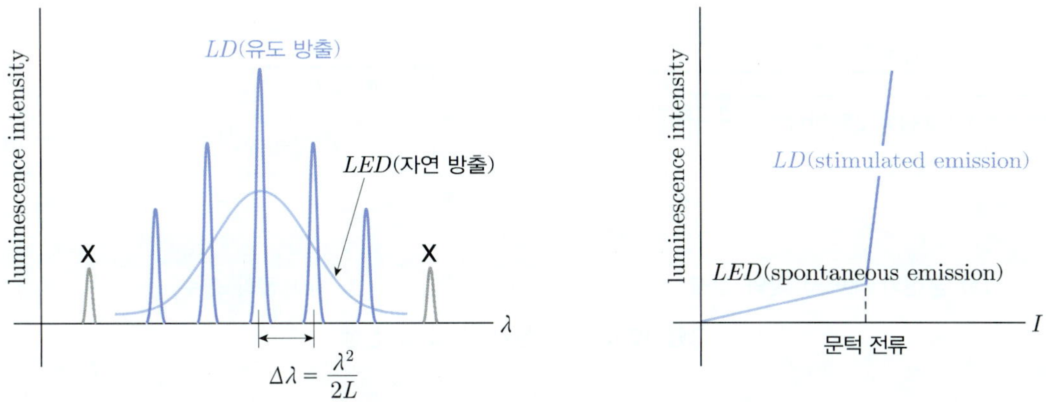

(a) 유도 방출과 자연 방출 모드 (b) 유도 방출의 문턱 전류

그림 10-37 자연 방출과 유도 방출

$$L = m\left(\frac{\lambda}{2}\right) \rightarrow m(\text{모드 번호}) = \frac{2L}{\lambda} \quad (m = 1, 2, 3, ...) \tag{10-58}$$

공진기 길이 L은 항상 일정하므로 모드 번호가 m에서 $m+1$로 아주 미소하게 변했다고 가정한다면 그때의 파장도 미소하게 변할 것이다. 이때의 파장을 λ_1이라고 한다면 다음 식이 성립한다.

$$\frac{m\lambda}{2} = \frac{(m+1)\lambda_1}{2}, \quad \Delta\lambda = \lambda - \lambda_1$$

$$\frac{m(\lambda - \lambda_1)}{2} = \frac{\lambda_1}{2} \Rightarrow \frac{m\Delta\lambda}{2} = \frac{\lambda_1}{2} \Rightarrow \Delta\lambda = \frac{\lambda_1}{m} \tag{10-59}$$

L이 λ보다 2~3차수 큰 값을 가진다는 것을 고려한다면 $m+1$의 변화에 대한 파장 λ_1은 대략적으로 λ와 비슷하다고 볼 수 있다. 즉 $\lambda \approx \lambda_1$이 된다. 이러한 사실을 바탕으로 10-59식을 10-58식에 대입하면 최종적으로 각 피크의 간격 $\Delta\lambda$는 다음과 같이 표현된다.

$$\Delta\lambda = \frac{\lambda_1}{m} = \lambda \times \frac{\lambda}{2L} = \frac{\lambda^2}{2L} \tag{10-60}$$

10-7-3 발진 조건

에지 발광 다이오드와 동일하게 에지 발광 레이저 다이오드 또한 y 방향으로 빛을 방출하기 때문에 빛이 반도체 내로 재흡수된다. 그림 10-38과 같은 파브리-페로 공진기에서 레이저가 발진되기 위한 조건에 대해서 논의해 보자. x 방향으로 전파하는 빛의 전기장은 다음과 같이 표시할 수 있다.

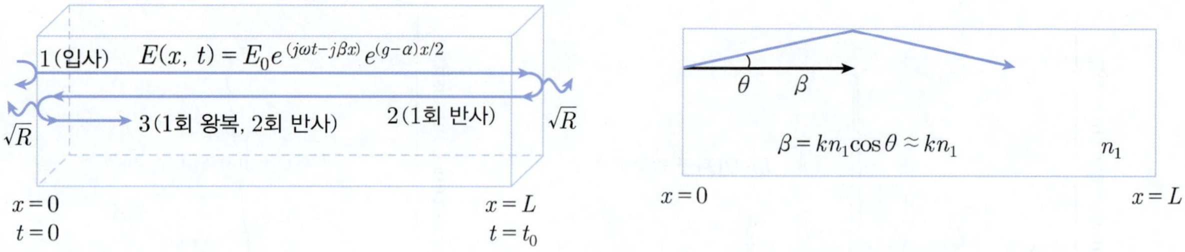

(a) 공진기 내에서 빛의 진행 (b) 전파 상수, β

그림 10-38 공진기 내 빛의 진행

$$E(x,t) = E_0 e^{j(\omega t - \beta x)} e^{gx/2} e^{-\alpha x/2} \tag{10-61}$$

우변의 첫 번째 항은 평면파로 빛의 진행을 의미한다. 그러나 공진기 안에서는 빛의 증폭과 손실이 동시에 발생하므로 추가로 빛의 증폭(이득) 항과 빛의 손실(빛이 나오는 방향을 고려하면 재흡수가 일어남을 상기하라) 항을 추가해야 한다. 빛의 이득 항과 손실 항의 지수에 1/2이 붙은 이유는 빛의 세기는 전기장의 제곱에 비례하기 때문이다. 수식 10-61을 다시 정리하면 10-62식으로 표현 가능하다. β는 전파 상수로서 θ가 매우 작으므로 k와 동일하다고 볼 수 있다. 그림 10-38 (b)에 나타내었다. α는 재흡수에 의한 빛의 손실을 표시하는 흡수 계수이다. 빛이 표면 방향으로 진행한다면 흡수가 일어나지 않겠지만 지금은 측면으로 진행하므로 밴드 갭이 큰 물질로 샌드위치된 구조가 아니다.

$$E(x,t) = E_0 e^{j(\omega t - \beta x)} e^{(g-\alpha)x/2} \tag{10-62}$$

$\beta \approx k\,(\mathrm{cm}^{-1})$ 전파 상수

$g\,(\mathrm{cm}^{-1})$: 이득

$\alpha\,(\mathrm{cm}^{-1})$: 광흡수 계수

따라서 흡수를 표시하는 항이 들어가야 한다. g는 이득 항으로 빛이 공진기를 한 번 왕복했을 때 처음 빛의 세기보다 더욱 커져야 한다는 의미이다. 이득이 존재하지 않으면 레이저는 발진하지 않는다. 레이저로 작동하기 위한 발진을 일으키려면 반드시 이득 항이 존재해야 하며 흡수 항보다 커야 할 것이다.

빛이 공진기 안에서 처음 출발했을 때와 1회 왕복하고 난 이후에 빛의 세기가 어떻게 변하는지를 고찰해보자. 그림 10-38 (a)에서 1번 과정과 3번을 비교했을 때 3번 상태에서 빛의 세기가 1번 상태보다 증가하지 않으면 발진을 일으키지 않을 것이다. 최소한 1번과 3번 상태의 빛의 세기가 동등하거나 그 이상이어야 할 것이다. 우선 동등한 조건을 구해 보자. 초기 상태를 $x=0$, $t=0$으로

하고 빛이 거리 L만큼 진행하고 반사했을 때의 상태를 $x=L$, $t=t_0$로 정의하자. 그리고 다시 빛이 제자리로 돌아와서 반사를 하면 1번 왕복한 상태이므로 1번과 3번의 상태를 비교해 보기로 하자.

1 : $x=0$, $t=0$

$$E(0,0)=E_0e^{j(\omega t-\beta x)}e^{(g-\alpha)x/2}=E_0 \tag{10-63}$$

2 : $x=L$, $t=t_0$

$$E(L,t_0)=E_0e^{j\omega t_0}e^{-j\beta L}e^{(g-\alpha)L/2}\sqrt{R} \tag{10-64}$$

3 : 1회 왕복

$$\begin{aligned}E&=E_0e^{j\omega t_0}e^{-j\beta L}e^{(g-\alpha)L/2}\sqrt{R}\,e^{-j\beta L}e^{(g-\alpha)L/2}\sqrt{R}\\&=E_0Re^{j\omega t_0}e^{-2j\beta L}e^{(g-\alpha)L}\end{aligned} \tag{10-65}$$

발진하기 위해서는 3번이 1번보다 최소한 같거나 커야 할 것이다. 먼저 같은 조건을 구하려면 1번과 3번을 동일하게 놓으면 되므로 다음과 같이 표현된다.

$$E_0=E_0Re^{j\omega t_0}e^{-2j\beta L}e^{(g-\alpha)L}$$

$$e^{j\omega t_0}e^{-2j\beta L}Re^{(g-\alpha)L}=1 \tag{10-66}$$

$$Rexp[(g_{th}-\alpha)L]=1,\ g_{th}:\ \text{발진하기 위한 최소 이득} \tag{10-67}$$

$$e^{j\omega t_0}=1 \tag{10-68}$$

$$e^{-2j\beta L}=1 \tag{10-69}$$

10-66식의 조건을 만족하기 위해서는 최소 10-67, 68, 69가 되어야 할 것이다. 10-66식에서 우리는 레이저가 발진하기 위한 발진 조건(전력 조건)을 10-70과 같이 표현할 수 있다. 수식 10-70이 레이저 발진 조건이 된다. 수식을 보면 알겠지만 g_{th}의 값이 작을수록 레이저 발진이 쉽게 일어난다는 의미이다. 발진을 일으키기 위해 넘어야 할 문턱값이 작아진다는 의미로 해석하면 쉽게 이해할 수 있을 것이다. 수식 10-70 우변의 첫째 항 α는 빛의 손실에 해당한다. 반도체 내부로 재흡수

되는 반도체의 흡수 계수이다. 흡수 계수는 대부분 반도체 물질에 의해 결정되므로 이 값은 결정된 값으로 볼 수 있다.

$$R\exp[(g_{th}-\alpha)L]=1 \;\Rightarrow\; \exp[(g_{th}-\alpha)L]=\frac{1}{R} \;\Rightarrow\; g_{th}-\alpha=\frac{1}{L}\ln\left(\frac{1}{R}\right)$$

$$\therefore g_{th} \geq \alpha+\frac{1}{L}\ln\left(\frac{1}{R}\right) \text{ : 전력 조건(레이징 조건)} \tag{10-70}$$

두 번째 항은 공진기 길이의 역수의 항으로 표시되어 있다. L이 길어지면 우변의 두 번째 항의 값은 감소하므로 발진하기 위한 문턱 값이 작아진다. 즉 공진기의 길이가 길수록 발진하기 쉽다. 또한 길이가 길어지면 많은 정상파들이 존재하게 되며 왕복하면서 빛은 증폭되기 때문에 발진하기 쉬워진다. R은 반사 계수로, 반사 계수가 증가하여도 우변 두 번째 항의 값은 감소한다. 반사율이 높을수록 발진에 유리한 것이다. 그러나 반사율도 특별한 공정을 적용하지 않는 한 대략 0.33 정도의 값을 갖는다. 따라서 자연로그함수 항은 거의 1의 값을 갖는다. 10-70식의 등호가 성립하는 조건은 문턱 전력 조건으로 볼 수 있다.

$$g_{th}-\alpha=\frac{1}{L}\ln\left(\frac{1}{R}\right)\approx\frac{1}{L} \quad\Rightarrow\quad L=\frac{1}{g_{th}-\alpha} \tag{10-71}$$

레이저가 발진하려면 수식 10-71을 만족해야 한다. 예를 들어 $g_{th}-\alpha=40\,\text{cm}^{-1}$이라고 한다면 발진을 일으키기 위한 공진기의 길이는 다음과 같다.

$$L=\frac{1}{g_{th}-\alpha}=\frac{1}{40}\,\text{cm}=0.025\times10^{4}\,\mu\text{m}=250\,\mu\text{m}$$

공진기의 길이는 $(g_{th}-\alpha)$의 역수가 된다. $(g_{th}-\alpha)$는 빛의 이득 항과 빛의 손실 항으로 표현한다. 이 값이 커진다는 것은 빛의 흡수보다는 이득 항이 커진다는 의미이므로 공진기의 길이를 길게 할 필요가 없다. 또 대부분 흡수가 일어나지 않으므로 공진기의 길이를 길게 하여 빛을 증폭시킬 필요가 없다. 반면 이 값이 작아지면 흡수가 크게 일어난다는 의미이므로 공진기의 길이를 길게 해야만 빛의 증폭을 유도할 수 있다. $(g_{th}-\alpha)$ 값에 따른 공진기의 길이를 비교해 보면 다음과 같다.

1) $g_{th}-\alpha=10\,\text{cm}^{-1}\quad L=\frac{1}{10}\,\text{cm}=0.1\times10^{4}\,\mu\text{m}=1000\,\mu\text{m}$

2) $g_{th}-\alpha=40\,\text{cm}^{-1}\quad L=\frac{1}{40}\,\text{cm}=0.025\times10^{4}\,\mu\text{m}=250\,\mu\text{m}$

따라서 수식 10-66의 이득 항이 포함된 지수함수를 정리하면 다음과 같다.

$$e^{(g-\alpha)L} = \exp\left[g-\alpha \times \frac{1}{g-\alpha}\right] = e$$

즉 발진이 되기 위해서는 공진기 길이 L만큼 진행했을 때 빛의 강도가 최소 e배가 되도록 이득을 증가시켜야 한다는 의미이다. 따라서 2)의 의미는 빛이 250 μm 진행했을 때 빛의 세기가 e배라는 것이다. 공진기의 길이는 빛의 이득 항과 손실 항을 고려해서 정해야 할 것이다. 실제로 에지 발광 레이저 다이오드의 공진기는 길이가 약 300 μm인 것을 사용하므로 발진하기 위한 충분한 길이를 갖고 있다.

뒤에서 논의하겠지만 표면 발광 레이저 다이오드는 공진기의 길이가 매우 짧다. 따라서 발진을 일으키기 위한 문턱 이득 값이 매우 커지므로 발진하기가 매우 까다로워진다.

다음으로 논의할 것은 공진기 내 빛의 위상 조건이다. 수식 10-68, 69로부터 위상 조건을 유도할 수 있다. 어느 한 조건을 사용해도 결과는 동일하게 나온다. 수식 10-69식을 사용해 보자. 지수함수는 삼각함수로 다시 표현할 수 있다.

$$e^{-2j\beta L} = 1$$

$$\cos(2\beta L) - j\sin(2\beta L) = 1$$

$$2\beta L = 2\pi m \ \ (m: \text{정수}), \quad \beta \approx k = \frac{2\pi}{\lambda}$$

$$2\frac{2\pi}{\lambda}L = 2\pi m \qquad \therefore L = m\frac{\lambda}{2}$$

여기서 λ는 반도체 내에서의 빛의 파장에 해당한다. 우리가 진공 중으로 뽑아낼 빛의 파장 λ_0로 다시 표현하면

$$\lambda = \frac{\lambda_0}{n} \ \ (n: \text{굴절률}, \ \lambda_0: \text{진공 중에서의 파장})$$

이므로 최종 공진기의 길이 L을 우리가 얻고자 하는 빛의 파장으로 표현한다면 다음과 같다.

$$L = m\frac{\lambda_0}{2n} \ : \text{위상 조건(phase condition)} \tag{10-72}$$

n: 굴절률, m: 정수(모드 번호)

수식 10-72를 위상 조건이라고 한다. 여기서 m은 모드 번호라고 하며 공진기 내에서 발생한 정상파의 반파장의 개수로 볼 수 있다. 그림 10-39를 참조하기 바란다.

$m=1$일 때는 정상파의 반파장을 갖는 파동이 1개만 존재한다는 것이다. 그림 10-39에 여러 가지 값을 갖는 m에 대해서 나타내었다.

공진기 내에서는 한 가지 모드의 파장만 발생하는 것이 아니라 여러 가지 파장을 가지는 정상파가 존재할 수 있다. 이것을 다중 모드 발진이라고 하는데 파브리-페로 레이저 다이오드는 다중 모드 레이저이다. 그림 10-37 (a)에 복수의 유도 방출 스펙트럼을 표시한 것은 바로 이러한 이유 때문이다. 유도 방출은 어디까지나 자연 방출 범위 내에서만 발생하며, 이 범위 내에서 복수의 파장을 가진 빛이 유도 방출되는 것이다. 가령 레이저의 공진기 길이가 $300\,\mu\text{m}$, 원하는 파장이 $1.5\,\mu\text{m}$, 반도체 굴절률이 3.5라고 한다면 수식 10-72에서 계산된 m은 대략 1400이 된다. 파장에 비해서 공진기의 길이가 매우 길다. 원하는 파장 $1.5\,\mu\text{m}$에서 조금 틀어져도 발진을 관측할 수 있다. 모드 번호가 다른 여러 가지 파장이 존재할 수 있으므로 복수의 유도 방출이 관측된다. 이런 경우에는 광통신에 사용하기가 어렵다. 서로 다른 파장이 발생하면 수신기에 도달하는 시간이 파장에 따라 달라지므로 통신에 사용하기에는 적합하지 않은 것이다. 이런 경우는 단일 모드 레이저(특정 파장만을 발진하는 레이저)를 사용하는데 분포 귀환형(distributed feed-back, DFB) 레이저 다이오드를 이용한다. DFB 레이저 다이오드는 반사형 회절격자를 만들어서 위상을 일치시켜 단일 파장의 빛만 출력시키는 레이저 다이오드이다. 회절격자를 활성층과 클래딩층(AlGaAs층)에 제작하는 두 가지 방법이 있는데

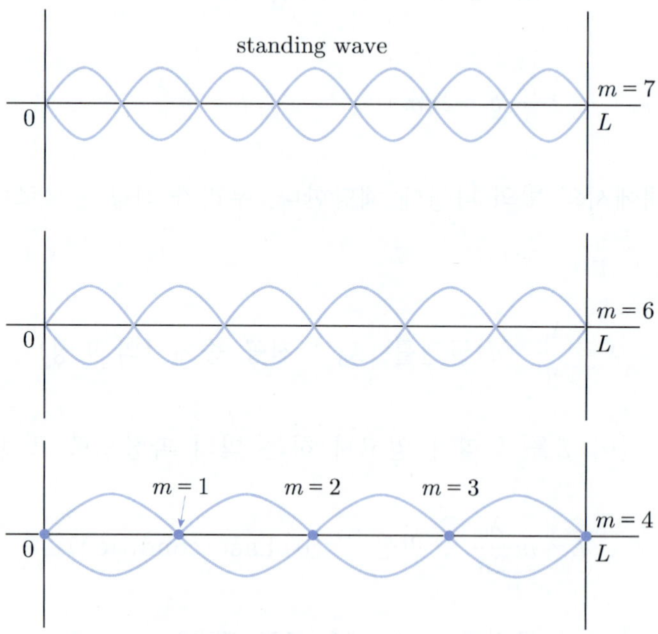

그림 10-39 모드 번호의 설명. 다중 모드가 형성됨

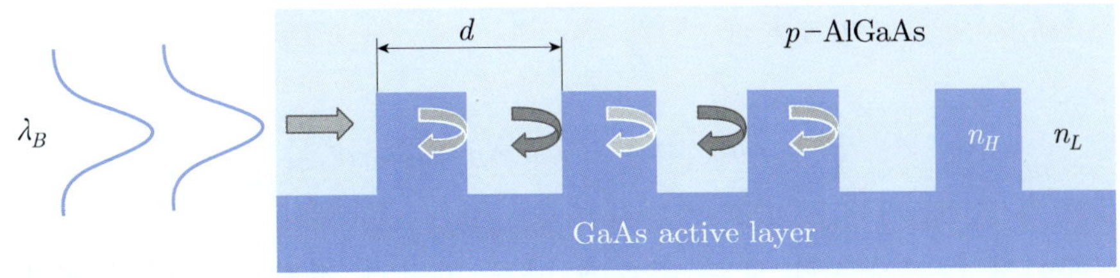

(a) 활성층에 회절격자를 제작

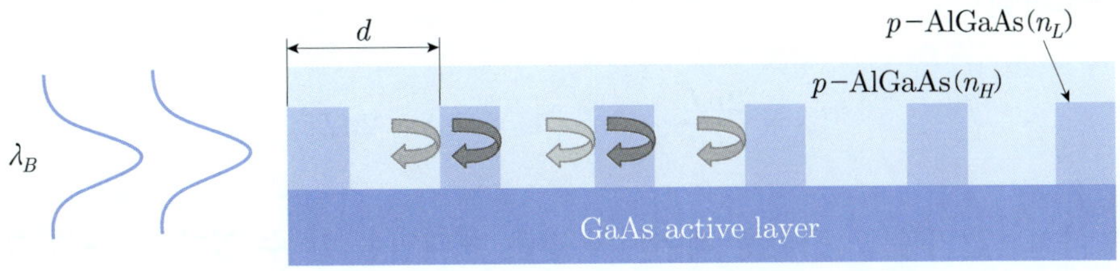

(b) 클래딩층에 회절격자를 제작

그림 10-40 DFB 레이저 다이오드

주로 클래딩층에 반사형 회절격자를 만들어서 특정 파장만을 반사시켜 단일 모드 레이저 다이오드를 만든다. 광통신에는 대부분 분포 귀환형 레이저 다이오드를 사용하고 있다. 그 원리는 그림 10-40에 나타내었다. 그림 10-40 (a)는 활성층에 회절격자를 제작하는 방식이다.

10-7-4 DFB 단일 모드 레이저 다이오드

굴절률이 서로 다른 두 층을 격자 주기 d로 제작하여 격자 주기 2배에 해당하는 파장의 빛만 반사한다는 원리이다. 활성층은 빛을 생성하여 출력하는 곳이므로 이곳에다 회절격자를 만드는 것은 매우 큰 위험요소가 존재한다. 공정상에서 결함을 유발시킬 수 있기 때문에 주로 그림 10-40 (b)와 같이 클래딩층에 회절격자를 제작한다.

Al 조성비를 달리하여 클래딩층의 굴절률을 미소하게 변화시켜서 굴절률이 서로 다른 두 층을 번갈아서 제작한다. 가로 방향으로 진행하는 빛은 굴절률이 다른 두 면에서 서로 반사되며 두 빛은 위상이 동일하게 되어 보강 간섭을 일으켜 빛의 세기는 증폭된다. 반사되는 빛은 각 층에서 계속 일어나며 이러한 반사되는 빛은 활성층 전체에 분포되어 존재한다.

파장과 격자 주기와의 관계는 다음과 같이 표현할 수 있다.

$$2k_0 n_{eff} d = 2\pi m \ (m = 1,2,3\ldots\ldots),\ k_0 = \frac{2\pi}{\lambda_B},\ n_{eff} = \frac{n_{GaAs} + n_{AlGaAs}}{2}$$

$$m=1$$

$$\frac{4\pi}{\lambda_B} n_{eff} d = 2\pi \qquad \therefore \lambda_B = 2n_{eff} d \tag{10-73}$$

분포 귀환형 레이저 다이오드의 모드 번호에 따른 파장과 격자 주기와의 관계를 나타내었다. d는 파브리-페로 레이저 다이오드의 공진기 길이 L에 해당한다는 것을 알 수 있다. 수식 10-72의 위상 조건을 참조하면

$$\lambda = \frac{2nL}{m}, \quad m=1 \Rightarrow \lambda = 2nL$$

와 같이 되며 수식 10-73의 분포 귀환형 레이저와 같은 형태임을 알 수 있다. 분포 귀환형 레이저에서는 격자 주기 d를 가지고 원하는 파장을 만들 수 있는 것이다. 또한 모드 번호에 관계없이 단일 모드 발진을 만들 수 있다. 파브리-페로 레이저 다이오드에서는 모드 번호가 약 1400까지(공진기 길이를 300μm로 가정) 존재하며 각 모드 번호 사이의 파장 간격은 수식 10-60에서 나타낸 것처럼 매우 촘촘하다.

$$\Delta\lambda = \frac{\lambda^2}{2L}$$

가령 길이가 300 μm인 공진기의 경우 0.7 μm의 파장을 얻고자 하면 그림 10-37에서 각 피크의 간격은

$$\Delta\lambda = \frac{(0.7\,\mu\text{m})^2}{2\times 300\,\mu\text{m}} = 0.000817\,\mu\text{m} = 0.817\,\text{nm} = 8.17\,\text{Å}$$

가 되며, 이처럼 매우 촘촘한 간격으로 존재하고 있다. 분포 귀환형 레이저 다이오드에서 0.7μm의 파장을 얻기 위한 격자 간격은 0.2μm가 된다(수식 10-73의 $m=1$인 경우에서 간단히 계산할 수 있다). 따라서 각 피크들의 간격은

$$\Delta\lambda = \frac{(0.7\,\mu\text{m})^2}{2\times 0.2\,\mu\text{m}} = 1.225\,\mu\text{m}$$

가 된다. 이 값은 매우 크다. 피크 간격이 매우 크므로 하나의 주 피크($m=1$)에 $m=2$에 해당하는 피크는 자연 방출 스펙트럼 범위 내에 존재하지 않으므로 $m=2$인 피크는 발진하지도 않고 발진할 수도 없다. 따라서 분포 귀환형 레이저에서는 모드 번호에 상관없이 $m=1$에 해당하는 단일 파장의 빛만 발진하게 되므로 단일 모드 레이저가 되는 것이다. 광통신에 사용하는 이유가 바로 여기에 있다.

우리는 지금까지 에지 발광 레이저 다이오드는 다중 모드 레이저 다이오드라는 사실을 알게 되었으며 광통신을 위해서는 단일 모드의 레이저 다이오드가 필요하다는 것을 이해하게 되었다. 대표적인 단일 모드 레이저 다이오드는 분포 귀환형 레이저 다이오드이며 현재 광통신에 활용하고 있는 이유에 대해서 논의하였다.

10-7-5 표면 발광 레이저 다이오드

레이저 다이오드의 다른 형태는 표면 발광 레이저 다이오드(vertical cavity surface emitting laser diode, VCSEL)이다. 표면 발광 레이저 다이오드도 대표적인 단일 모드 레이저 다이오드이다. 그림 10-41에 표면 발광 레이저 다이오드를 나타내었다. 표면 발광 레이저 다이오드는 에지 발광 레이저 다이오드에 비해 발진 조건이 매우 까다롭다. 그 이유는 공진기의 길이와 관련이 있다. 우리는 앞에서 공진이 쉽게 일어나려면 공진기의 길이가 길수록 유리하다는 것을 알았다. 문턱 이득 값이 작아지므로 작은 전류에서도 쉽게 발진할 수 있다는 것이다. 그러나 표면 발광 레이저 다이오드의 공진기는 수직으로 형성되므로 공진기의 길이는 활성층의 두께에 해당한다. 활성층의 두께는 대략 100 nm이다.

에지 발광 다이오드는 공진기의 길이가 대략 300 μm 임을 상기하라. 반면 표면 발광 레이저 다이오드의 공진기는 길이가 0.1 μm 로 비교할 수 없을 만큼 짧다. 따라서 활성층의 두께를 자유롭게 바꾸지 못한다. 표면 발광 레이저 다이오드의 단점이 여기에 있는 것이다. 공진기의 길이 L을 자유롭게 변화시킬 수 없으므로 반사율 R을 변화시켜서 문턱 이득 값을 낮추고 있다. 표면 발광 다이오드는 빛을 위로 보내기 위해서 하부에 브래그 미러를 설치하는데 표면 발광 레이저 다이오드도 이 방법을

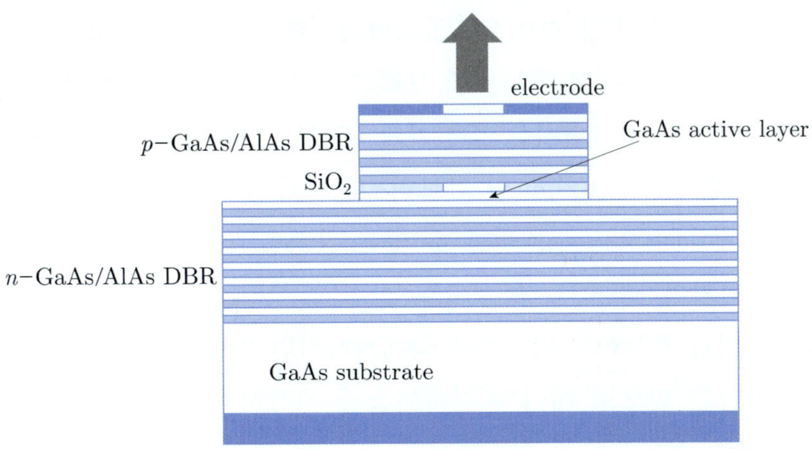

그림 10-41 표면 발광 레이저 다이오드

사용한다. 하부에 약 25층 정도의 브래그 미러를 제작하는데 이 브래그 미러가 공진기의 거울 역할을 하게 된다. 한편 상부에도 브래그 미러를 제작한다. 따라서 상부와 하부의 미러가 공진기의 미러 역할을 하는 것이다. 두 개의 브래그 미러 사이를 왕복하는 빛은 증폭되어 문턱 이득 값을 낮추는 역할을 한다. 그렇다면 에지 발광 레이저 다이오드와 비슷한 수준의 문턱 이득을 얻으려면 반사율을 어느 정도까지 증가시켜야 하는지 정량적으로 계산하여 보자. 먼저 활성층의 두께가 $0.1\mu m$ 일 때의 $g_{th}-\alpha$값을 구해 보자.

$$g_{th}-\alpha = \frac{1}{L}\ln\frac{1}{R} = \frac{1}{0.1\times 10^{-4}\,\text{cm}}\times 1.2 = 1.2\times 10^{5}\ \text{cm}^{-1}$$

이 값을 식 10-71에 대입하면

$$1.2\times 10^{5}\text{cm}^{-1} = \frac{1}{L} \qquad \therefore L = 83\,\text{nm}$$

이것은 빛이 83 nm 거리만큼 진행했을 때 빛의 세기가 e배가 된다는 의미이다. 활성층의 두께가 100 nm인 것을 고려하면 발진을 하기에 매우 여유 있지 않은 조건이 되는 것이다. 에지 발광 다이오드에서는 $L=300\,\mu\text{m}$ 이므로 매우 여유가 있는 값이다. 따라서 표면 발광 레이저 다이오드는 문턱 이득 값을 작게 하기 위해서는 반사율을 가지고 조정하는 것이다. 공진기의 길이 L이 활성층의 두께에 해당하므로 이 값은 우리가 두껍게 조절하는 것이 곤란하다. 따라서 반사율을 증가시켜서 특정 파장만 반사시키는 브래그 미러를 제작하는 것이다. 반사율에 따른 공진기 길이 L을 계산하여 표 10-2에 요약하였다.

우리는 이미 표면 발광 다이오드에서 브래그 미러 제작 원리에 대해서 학습하였다. 주기가 늘어나면 반사율이 증가할 것이다. 따라서 목적에 맞게 주기를 결정하고 재료도 선택할 수 있다. 자세한 사항은 앞 장에서 논의한 표면 발광 다이오드의 광효율 향상 편을 참조하라.

표 10-2는 표면 발광 다이오드에서 하부층에 브래그 미러를 설치하고 반사율을 향상시켰을 때 파브리-페로 레이저 다이오드에 해당하는 공진기의 길이를 나타낸 것이다. 즉 반사율을 99.9% 까지 향상시키면 공진기의 길이가 $100\mu m$ 인 파브리-페로 레이저 다이오드의 이득값을 갖는다는 것이다. 표면 발광 레이저 다이오드는 조절할 수 있는 활성층 두께의 범위가 작으므로 반사율을 가지고 조절한다는 것을 기억하라.

상하층으로 브래그 미러를 제작하여 반사율을 극대화시키면 빛이 빠져 나오는 것이 매우 미약할 것으로 보이지만 그 미약한 빛으로 레이저 디바이스를 제작하여 사용하기에는 충분하다. 또는 상부의 브래그 미러의 적층 주기를 조금 줄여서 반사율을 떨어뜨리는 방법도 존재한다. 이는 밖으로 나가는 빛의 양을 증대시키기 위함이다. 브래그 미러에서 학습하였듯이 브래그 미러는 두께를 조절해서 특정 단일 파장만 반사시킬 수 있다. 따라서 단일 모드 레이저 다이오드가 된다는 사실을 기억하라.

표 10-2 반사율에 따른 공진기 길이 효과

R	$g-\alpha=\frac{1}{d}\ln\left(\frac{1}{R}\right)$	$L=\frac{1}{g-\alpha}$
90%	$1.1\times10^5\text{cm}^{-1}\times\ln\left(\frac{1}{0.9}\right)=1.1\times10^4\text{cm}^{-1}$	$\approx 1\mu\text{m}$
99%	$1.1\times10^5\text{cm}^{-1}\times\ln\left(\frac{1}{0.99}\right)=1.1\times10^3\text{cm}^{-1}$	$\approx 10\mu\text{m}$
99.9%	$1.1\times10^5\text{cm}^{-1}\times\ln\left(\frac{1}{0.999}\right)=1.1\times10^2\text{cm}^{-1}$	$\approx 100\mu\text{m}$

10-8 레이저 다이오드의 레이트 방정식

레이트 방정식이란 활성층 내의 캐리어 밀도, 광자 밀도의 시간적 변화를 나타내는 방정식을 의미한다. 레이저 다이오드는 발광 다이오드와 다르게 발진을 일으킨다. 이러한 발진에 기여하는 포톤의 수와 캐리어의 수는 시간에 따라 변하게 되며 다음과 같은 몇 가지 과정을 통해서 결정된다. 전류를 주입하면 캐리어가 형성이 되며 전류 증가와 함께 캐리어의 수도 증가하게 된다. 캐리어가 재결합하면서 포톤을 방출하고(자연 방출) 공진기 안을 왕복하는 포톤은 그 수가 증가하며 유도 방출을 일으킨다. 포톤은 일부 공진기 안에서 손실되지만 일부는 공진기 밖으로 발광하여 유도 방출되면서 소멸하게 된다. 이러한 일련의 과정들이 레이저 내부에서 발생하고 있는 것이다.

따라서 캐리어의 시간적 변화율은 증가하는 부분과 감소(포톤 생성)하는 부분으로 나누어서 표현할 수 있다.

10-8-1 캐리어 밀도와 광자 밀도와의 관계

활성층 내에서 캐리어가 시간에 따라 증가하는 부분은 전류 주입에 의한 캐리어의 증가이고, 감소하는 부분은 캐리어의 재결합(자연 방출)에 의한 소멸이다. 여기까지는 다이오드 경우와 동일하다. 레이저 다이오드의 경우 유도 방출에 의한 캐리어의 감소항이 더 추가된다. 이것을 수학적으로 표현하면 다음과 같다.

$$\frac{dN}{dt} = \frac{I}{qV} - \frac{N}{\tau_{eh}} - G(N - N_g)S \tag{10-74}$$

N: 캐리어의 밀도　S:포톤의 밀도　V:활성층의 체적　τ_{eh} :캐리어의 수명

N_g :이득과 손실이 동일해지는 캐리어 밀도

G:이득 계수, 포톤이 단위 시간당 공진기 안을 왕복하는 빈도

다이오드의 레이트 방정식과 다른 부분은 세 번째 항이 추가된 것인데 이것이 유도 방출에 의해 소멸되는 캐리어의 수이다. 다르게 표현하면 유도 방출에 의한 포톤 수의 증가와 같은 의미이다. 여기서 유도 방출 조건은 $N - N_g \geq 0$임을 알 수 있다. 당연하겠지만 캐리어의 밀도는 이득이 손실보다 커야만 발진이 일어날 것이다. 따라서 우변의 두 번째 항은 자연 방출에 의한 캐리어의 감소(포톤의 생성)이고 세 번째 항은 유도 방출에 의한 캐리어의 감소(포톤의 생성)를 의미한다.

한편 포톤의 시간 변화율은 동일하게 포톤의 증가분과 감소분으로 나타낼 수 있다. 증가분은 캐리어의 소멸에 의해 탄생한 광자이다. 광자 생성에는 자연 방출과 유도 방출에 의한 포톤, 두 가지가 있으므로 하기 수식 10-75와 같이 표현할 수 있다. 두 번째 항은 자연 방출에 의한 포톤 수의 증가이다. 세 번째 항은 공진기 안에서 발생한 포톤이 밖으로 나와서 감소하는 부분으로 출력으로 보아도 될 것이다.

$$\frac{dS}{dt} = G(N - N_g)S + C\frac{N}{\tau_{eh}} - \frac{S}{\tau_{ph}} \tag{10-75}$$

C: 자연 방출광 결합 계수($\sim 10^{-3}$)

C는 자연 방출광 결합 계수이다. C는 일종의 비례 상수이다. 레이저 다이오드는 앞에서도 설명하였지만 자연 방출과 유도 방출이 발생하므로 자연 방출에서 생성된 포톤의 수에서 일부는 유도 방출에 기여한다. 따라서 C는 전체 자연 방출에서 생성된 포톤의 수와 그중 유도 방출에 기여하는 포톤의 비율로 정의한다. 자연 방출에 의해 발생한 포톤이 모두 유도 방출에 기여하는 것이 아니고 극히 일부분의 포톤이 유도 방출에 참여하기 때문에 비례 계수는 매우 작은 값을 갖는다. 자연 방출광은 특정한 방향이나 위상을 갖고 방출되는 것이 아니라 무작위성으로 발생한다. 공진기 내부에서 자연 방출광이 특정 주파수, 위상, 방향성을 갖는 유도 방출광과 결합하여 유도 방출에 기여할 확률은 지극히 낮다는 사실을 기억하라. 포톤의 수명은 공진기 안에서 밖으로 포톤이 방출되면서 소멸하는 시간으로 보아야 한다. 이제 레이저 다이오드의 정특성에 대해서 논의해 보자. 정특성이란

전류의 직류 성분을 의미한다. 직류 성분은 시간에 따라 변하지 않는 특성을 가지고 있으므로 수식 10-74, 10-75의 우변은 모두 0이 된다.

$$\frac{dN}{dt} = \frac{I}{qV} - \frac{N}{\tau_{eh}} - G(N - N_g)S = 0 \tag{10-76}$$

$$\frac{dS}{dt} = G(N - N_g)S + C\frac{N}{\tau_{eh}} - \frac{S}{\tau_{ph}} = 0 \tag{10-77}$$

우리는 여기서 유도 방출이 발생했을 때와 발생하지 않았을 때로 나누어서 생각할 수 있다. 먼저 유도 방출이 발생하지 않았을 경우는 전류가 발진이 일어나는 문턱 전류 I_{th}보다 작은 경우에 해당한다. 이 경우에는 유도 방출 항을 무시할 수 있다.

1) $I < I_{th}$

$$\frac{I}{qV} - \frac{N}{\tau_{eh}} = 0 \;\Rightarrow\; N = \frac{\tau_{eh}}{qV}I \tag{10-78}$$

$$C\frac{N}{\tau_{eh}} - \frac{S}{\tau_{ph}} = 0 \;\Rightarrow\; S = C\frac{\tau_{ph}N}{\tau_{eh}} = C\frac{\tau_{ph}}{\tau_{eh}}\frac{\tau_{eh}}{qV}I = C\frac{\tau_{ph}}{qV}I \tag{10-79}$$

2) $I > I_{th}$

유도 방출이 발생하였을 경우, 유도 방출에 의한 포톤의 증가가 자연 방출에 의한 포톤의 증가보다 압도적으로 크다. 따라서 $G(N - N_g)S \gg C\frac{N}{\tau_{eh}}$으로 볼 수 있다. 수식 10-77에서 $C\frac{N}{\tau_{eh}}$ 항을 무시하고 정리하면 수식 10-81을 얻는다.

$$\frac{I}{qV} - \frac{N}{\tau_{eh}} - G(N - N_g)S = 0 \tag{10-80}$$

$$G(N - N_g)S - \frac{S}{\tau_{ph}} = 0 \tag{10-81}$$

수식 10-81에서 광자 밀도 S항을 지울 수 있다.

$$G(N - N_g) - \frac{1}{\tau_{ph}} = 0 \;\Rightarrow\; N = N_g + \frac{1}{G\tau_{ph}} \;:\; \text{constant} \tag{10-82}$$

10-82식은 캐리어의 밀도이며 이 값은 일정한 상숫값을 갖는다는 것을 알 수 있다. 즉 유도 방출이

발생했을 때는 전류를 증가시켜도 캐리어의 밀도는 증가하지 않고 일정한 값으로 유지된다는 것이다. 한편 수식 10-80과 10-81식을 합하면 다음과 같이 표현할 수 있다.

$$\frac{I}{qV}-\frac{N}{\tau_{eh}}-G(N-N_g)S+G(N-N_g)S-\frac{S}{\tau_{ph}}=0$$

$$\frac{I}{qV}-\frac{N}{\tau_{eh}}-\frac{S}{\tau_{ph}}=0 \quad \Rightarrow \quad \frac{S}{\tau_{ph}}=\frac{1}{qV}\left(I-\frac{qVN}{\tau_{eh}}\right)$$

$$\therefore S=\frac{\tau_{ph}}{qV}\left(I-\frac{qVN}{\tau_{eh}}\right)=\frac{\tau_{ph}}{qV}(I-I_{th}) \tag{10-83}$$

최종적으로 포톤의 밀도는 수식 10-83으로 표기할 수 있다. 포톤의 밀도가 증가하기 위해서는 우변의 괄호 안이 0보다 커야 할 것이다. 따라서 괄호 안의 두 번째 항은 유도 방출이 일어나기 위한 최솟값과 같은 것이다. 마치 문턱 전류와 같은 의미이다.

$$I-\frac{qVN}{\tau_{eh}}>0 \quad \Rightarrow I>\frac{qVN}{\tau_{eh}}$$

$I_{th}=\dfrac{qVN}{\tau_{eh}}$는 광자 밀도가 증가하여 유도 방출이 일어나는 문턱 전류로 생각할 수 있다.

$$I_{th}=\frac{qV}{\tau_{eh}}\left(N_g+\frac{1}{G\tau_{ph}}\right)$$

$$I_{th}=\frac{qV}{\tau_{eh}}\left(N_g+\frac{1}{G\tau_{ph}}\right)$$

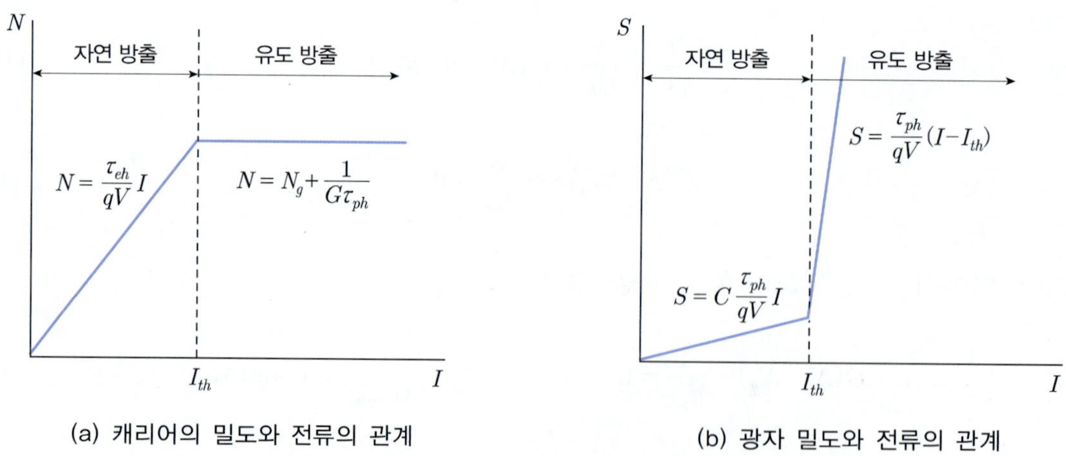

그림 10-42 전류에 따른 전자와 광자 밀도의 관계

이상을 그래프로 요약하면 우선 유도 방출이 일어나기 전과 후로 나누어서 그래프를 그려 보면 다음과 같다. 유도 방출 전에는 수식 10-78, 10-79를 그리고 유도 방출이 일어나는 문턱 전류 I_{th} 이후에는 수식 10-82와 10-83을 그려 보면 광자 밀도 및 캐리어 밀도와의 전류 관계식을 명확히 알 수 있다. 포톤의 수는 유도 방출이 일어나는 순간 급격히 증가한다. 문턱 전류 이하의 광자의 수를 나타내는 수식에서 자연 방출광 결합 계수 C가 제거되었음을 알 수 있다. 따라서 기울기는 10^3배 이상으로 급격히 증가하게 될 것이다. 한편 캐리어의 밀도는 유도 방출이 일어나는 문턱 전류를 넘게 되면 더 이상 증가하지 않고 일정하게 유지되는 것을 알 수 있다. 이것이 반도체 레이저 다이오드의 특징이다. 전류를 증가시켜도 캐리어의 밀도가 증가하지 않는 것은 매우 이상한 현상이다. 그림 10-42 (a)에서 문턱 전류 이상에서는 캐리어의 밀도가 일정하게 유지되는데 그 이유는 캐리어의 수명과 깊은 관련이 있다. 수식 10-84와 같이 변형이 가능하다.

$$N = \frac{\tau_{eh}}{qV} I_{th} = \frac{\tau_{eh}}{qV}\frac{I_{th}}{I} I = \frac{\tau_{eh}'}{qV} I, \qquad \tau_{eh}' = \tau_{eh}\frac{I_{th}}{I}$$

$$\therefore N = \frac{\tau_{eh}'}{qV} I \tag{10-84}$$

수식 10-84의 좌변은 I에 무관하게 항상 일정한 값을 갖는다. 우변의 I가 증가하는데 N이 일정한 값을 가지려면 캐리어의 수명이 감소할 수밖에 없다. 즉 유도 방출이 발생하였을 때 전류를 증가시키면 전류의 증가분은 신속한 캐리어의 재결합을 통해 모두 광자를 만들어 내는 데 사용한다는 의미이다.

10-8-2 레이트 방정식의 수학적 유도

광자의 수는 문턱 전류 값을 넘어서면 유도 방출이 일어나서 자연 방출 계수 $C(\sim 10^{-3})$가 없어지므로 이때 직선의 기울기가 1000배 정도 증가한다는 것을 알았다. 따라서 그림 10-42 (b)와 같이 기울기가 급격히 가파른 직선을 나타낸다.

이제 소신호 모델에 대해서 논의하여 보자. 우리는 발광 다이오드에서도 소신호 모델에 대해서 논의하였다. 동일한 방법으로 수학적 관계식을 유도해 보자. 다만 레이저 다이오드에서는 포톤의 항이 추가되어서 수학적 유도가 다소 번거로워진다. 앞에서는 레이저 다이오드의 정특성(직류 성분만 고려)에 대해서 고찰하였다. 여기서는 아주 작은 신호로 인가한 교류 성분에 대해서 논의할 것이다. 정특성과 다른 한 가지는 포톤의 시간적 변화율을 나타내는 방정식에서 자연 방출의 항이 없어진다는 것이다. 이미 레이저가 발진한 상태에서 교류 신호를 인가하므로 우리는 자연 방출 항을 무시할 수 있다. 따라서 다음과 같은 두 개의 방정식을 사용할 것이며 교류 성분에 대해서는 이미 앞에서 다룬 수식을 사용하여 전개해 나갈 것이다.

$$\frac{dN}{dt}=\frac{I}{qV}-\frac{N}{\tau_{eh}}-G(N-N_g)S \qquad \frac{dS}{dt}=G(N-N_g)S-\frac{S}{\tau_{ph}}$$

$$I(t)=I_0+ie^{j\omega t} \quad I_0 \gg i, \quad S(t)=S_0+se^{j\omega t} \quad S_0 \gg s, \quad N(t)=N_0+ne^{j\omega t} \quad N_0 \gg n$$

캐리어 밀도의 시간적 변화율에 대해서 정리해 보자.

$$\frac{dN}{dt}=\frac{I}{qV}-\frac{N}{\tau_{eh}}-G(N-N_g)S$$

$$nj\omega e^{j\omega t}=\frac{I_0+ie^{j\omega t}}{qV}-\frac{N_0+ne^{j\omega t}}{\tau_{eh}}-(GNS-GN_gS) \tag{10-85}$$

교류 성분에 대해서 논의할 것이므로 우변의 I_0, N_0는 무시할 수 있다, 우변의 맨 마지막 항부터 먼저 정리해 보면 다음과 같이 얻어진다.

$$\begin{aligned} GNS-GN_gS &= G\left[(N_0+ne^{j\omega t})(S_0+se^{j\omega t})-N_g(S_0+se^{j\omega t})\right] \\ &= G\left[N_0S_0+N_0se^{j\omega t}+nS_0e^{j\omega t}+ne^{j\omega t}se^{j\omega t}-N_gS_0-N_gse^{j\omega t}\right] \end{aligned}$$

직류 성분 항 N_0S_0, N_gS_0은 무시할 수 있다. 또한 $ne^{j\omega t}=N-N_0$이므로 정리하면 우변의 마지막 괄호 안의 항은 다음과 같이 간략화할 수 있다.

$$\begin{aligned} &G\left[N_0se^{j\omega t}+nS_0e^{j\omega t}+(N-N_0)se^{j\omega t}-N_gse^{j\omega t}\right] \\ &= G\left[nS_0+(N-N_g)s\right]e^{j\omega t} \end{aligned} \tag{10-86}$$

수식 10-86을 수식 10-85에 대입하고 정리하면 다음과 같다.

$$nj\omega e^{j\omega t}=\frac{ie^{j\omega t}}{qV}-\frac{ne^{j\omega t}}{\tau_{eh}}-G\left[nS_0+(N-N_g)s\right]e^{j\omega t}$$

$$nj\omega=\frac{i}{qV}-\frac{n}{\tau_{eh}}-G\left[nS_0+(N-N_g)s\right] \tag{10-87}$$

n은 교류 성분의 진폭으로 이 값은 N_0에 비하여 매우 작은 값이므로

$$N=N_0+ne^{j\omega t}\approx N_0$$

이다. 따라서 수식 10-87의 N을 N_0로 다시 쓸 수 있다. 수식 10-87은 다음과 같이 최종적으로 표현할 수 있다.

$$nj\omega = \frac{i}{qV} - \frac{n}{\tau_{eh}} - G[nS_0 + (N_0 - N_g)s] \tag{10-88}$$

동일하게 포톤의 시간적 변화율도 계산할 수 있다.

$$\frac{dS}{dt} = G(N - N_g)S - \frac{S}{\tau_{ph}}$$

$$sj\omega e^{j\omega t} = G[nS_0 + (N - N_g)s]e^{j\omega t} - \frac{se^{j\omega t}}{\tau_{ph}}$$

$$sj\omega = G[nS_0 + (N_0 - N_g)s] - \frac{s}{\tau_{ph}} \tag{10-89}$$

유도 방출이 발생했을 때는 캐리어의 밀도가 변하지 않는다. 우리는 정특성에서 다음과 같은 식을 유도하였다.

$$G(N - N_g) - \frac{1}{\tau_{ph}} = 0 \tag{10-82}$$

이 식의 양변에 포톤의 교류 성분 s를 곱하여도 이 값은 0이 될 것이다. 따라서 수식 10-82에서

$$G[(N_0 - N_g)s] - \frac{s}{\tau_{ph}} = 0 \tag{10-90}$$

를 얻을 수 있으며 10-90식을 10-89식에 대입하면 다음과 같이 간소화할 수 있다.

$$sj\omega = GnS_0 \quad \Rightarrow \quad n = \frac{sj\omega}{GS_0} \tag{10-91}$$

수식 10-91을 수식 10-88에 대입하고 n과 s를 각각 분리해서 정리하면 10-92와 같은 식을 얻을 수 있다.

$$nj\omega = \frac{i}{qV} - \frac{n}{\tau_{eh}} - G[nS_0 + (N_0 - N_g)s], \qquad n = \frac{sj\omega}{GS_0}$$

$$\left(j\omega + GS_0 + \frac{1}{\tau_{eh}}\right)n = \frac{i}{qV} - G[(N_0 - N_g)s] \tag{10-92}$$

수식 10-90을 이용하여 우변 끝항 $G[(N_0 - N_g)s]$은 포톤의 교류 성분 중 진폭과 포톤의 수명으로 다시 표현할 수 있다.

$$G[(N_0 - N_g)s] - \frac{s}{\tau_{ph}} = 0 \quad \Rightarrow \quad G[(N_0 - N_g)s] = \frac{s}{\tau_{ph}}$$

수식 10-92는 다음과 같이 다시 쓸 수 있다.

$$\left(j\omega + GS_0 + \frac{1}{\tau_{eh}}\right)n = \frac{i}{qV} - \frac{s}{\tau_{ph}} \tag{10-93}$$

10-8-3 변조도

우리의 최종 목적은 변조도 s/i를 구하는 것이다. 10-93식에서 n을 제거하도록 수식을 변형해 나갈 것이다. 앞에서 구한 수식 10-91식을 10-93식에 대입한다.

$$n = \frac{sj\omega}{GS_0} \tag{10-91}$$

$$\left(j\omega + GS_0 + \frac{1}{\tau_{eh}}\right)n = \frac{i}{qV} - \frac{s}{\tau_{ph}} \quad \Rightarrow \quad \left(j\omega + GS_0 + \frac{1}{\tau_{eh}}\right)\left(\frac{sj\omega}{GS_0}\right) = \frac{i}{qV} - \frac{s}{\tau_{ph}}$$

양변에 τ_{ph}를 곱하고 s, i를 각각 분리해서 정리하면

$$\frac{s}{\tau_{ph}} + \left(j\omega + GS_0 + \frac{1}{\tau_{eh}}\right)\left(\frac{sj\omega}{GS_0}\right) = \frac{i}{qV} \quad \Rightarrow \quad s + \tau_{ph}\left(-\frac{s\omega^2}{GS_0} + sj\omega + \frac{sj\omega}{\tau_{eh}GS_0}\right) = \frac{i\tau_{ph}}{qV}$$

$$\left[1 - \frac{\tau_{ph}\omega^2}{GS_0} + \tau_{ph}j\omega + \frac{\tau_{ph}j\omega}{\tau_{eh}GS_0}\right]s = \frac{i\tau_{ph}}{qV}$$

로 쓸 수 있다. 좌변에 있는 분수식의 분자, 분모를 τ_{ph}로 나누어 주고 괄호 안의 수식을 조금 변형해 주면 다음과 같다.

$$\left[1 - \frac{\omega^2}{GS_0/\tau_{ph}} + \tau_{ph}j\omega + \frac{j\omega}{\tau_{eh}GS_0/\tau_{ph}}\right]s = \frac{i\tau_{ph}}{qV}$$

$$\left[1 - \frac{\omega^2}{GS_0/\tau_{ph}} + \tau_{eh}j\omega\left(\frac{\tau_{ph}}{\tau_{eh}} + \frac{1}{\tau_{eh}^2 GS_0/\tau_{ph}}\right)\right]s = \frac{i\tau_{ph}}{qV} \tag{10-94}$$

변조도를 구해 보면 다음과 같다. 수식 10-95가 최댓값을 갖는 경우는 분모가 최솟값을 갖는 경우일 것이다. 분모의 두 번째 항 $\omega^2/(GS_0/\tau_{ph})=1$일 때 분모는 최솟값을 갖는다.

$$M=\frac{s}{i}=\frac{\tau_{ph}}{qV}\frac{1}{\left[1-\frac{\omega^2}{GS_0/\tau_{ph}}+\tau_{eh}j\omega\left(\frac{\tau_{ph}}{\tau_{eh}}+\frac{1}{\tau_{eh}^2 GS_0/\tau_{ph}}\right)\right]} \tag{10-95}$$

따라서 다음 관계식을 만족하며 수식 10-96을 공진 주파수로 정의한다.

$$\omega^2=\frac{GS_0}{\tau_{ph}}=\omega_r^2,\quad \omega_r=2\pi f_r \Rightarrow f_r=\frac{\omega_r}{2\pi} \tag{10-96}$$

수식 10-95를 다시 표현하면 10-97식을 얻는다.

$$M=\frac{s}{i}=\frac{\tau_{ph}}{qV}\frac{1}{\left[1-\frac{\omega^2}{\omega_r^2}+\tau_{eh}j\omega\left(\frac{\tau_{ph}}{\tau_{eh}}+\frac{1}{(\omega_r\tau_{eh})^2}\right)\right]} \tag{10-97}$$

$\omega=\omega_r$일 때 최대 변조도를 갖는 것을 알 수 있다. 발광 다이오드와 동일하게 변조도가 0일 때와 특정 주파수 ω일 때의 비를 구해 보자.

$$\frac{M(\omega)}{M(0)}=\frac{1}{\left[1-\frac{\omega^2}{\omega_r^2}+\tau_{eh}j\omega\left(\frac{\tau_{ph}}{\tau_{eh}}+\frac{1}{(\omega_r\tau_{eh})^2}\right)\right]} \tag{10-98}$$

발광 다이오드와 비교해 보면 큰 차이를 갖는다. 레이저 다이오드의 경우 ω_r에서 변조도가 급격히 증가함을 알 수 있다. 변조도가 증가한다는 것은 변조할 수 있는 주파수의 범위가 크다는 것이다. 우리가 원하는 신호에 맞추어 주파수 변조의 폭을 넓게 할 수 있다는 의미이므로 통신에 유리하다는 것을 쉽게 이해할 수 있을 것이다. 그렇다면 ω_r로부터 공진 주파수 f_r을 구해 보자. 우리가 앞에서 다루어 왔던 하기 3가지 식을 사용한다.

$$\omega_r^2=\frac{GS_0}{\tau_{ph}}$$

$$G(N_0-N_g)=\frac{1}{\tau_{ph}},\qquad S_0=\frac{\tau_{ph}}{qV}(I_0-I_{th}),\qquad I_{th}=\frac{qV}{\tau_{eh}}N_0 \tag{10-99}$$

ω_r^2에 수식 10-99를 대입하고 정리하면 수식 10-100과 같이 표현할 수 있다.

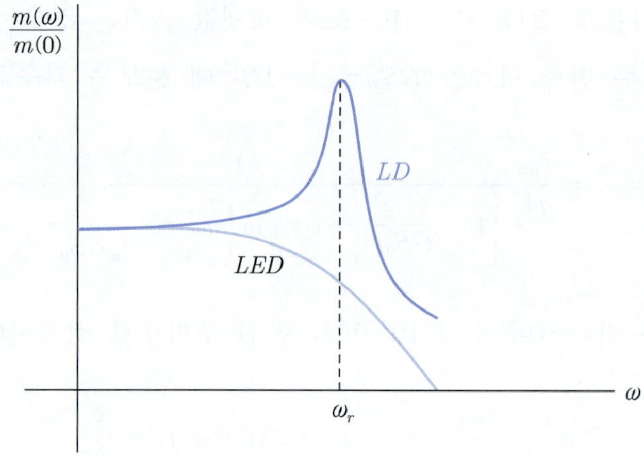

그림 10-43 레이저 다이오드의 변조 곡선

$$\omega_r^2 = \frac{GS_0}{\tau_{ph}} = \frac{1}{\tau_{ph}(N_0 - N_g)\tau_{ph}} \frac{\tau_{ph}}{qV}(I_0 - I_{th}) = \frac{1}{qV\tau_{ph}} \times \frac{(I_0 - I_{th})}{(N_0 - N_g)} \tag{10-100}$$

수식 10-99에서 3번째 수식, 문턱 전류와 qV 관계식에서 다음을 알 수 있다.

$$qV = \frac{I_{th}\tau_{eh}}{N_0} \quad \Rightarrow \quad \frac{1}{qV} = \frac{N_0}{I_{th}\tau_{eh}}$$

따라서 10-100식을 다시 표현하면 다음과 같이 정리할 수 있다.

$$\omega_r^2 = \frac{1}{qV\tau_{ph}} \times \frac{(I_0 - I_{th})}{(N_0 - N_g)} = \frac{N_0}{I_{th}\,\tau_{eh}\tau_{ph}} \times \frac{I_{th}(I_0/I_{th} - 1)}{N_0(1 - N_g/N_0)} = \frac{1}{\tau_{eh}\tau_{ph}} \times \frac{(I_0/I_{th} - 1)}{(1 - N_g/N_0)} \tag{10-101}$$

레이저 다이오드의 공진 주파수 f_r은 10-101식을 10-95에 대입하면 10-102가 얻어진다.

$$f_r = \frac{\omega_r}{2\pi} = \frac{1}{2\pi}\sqrt{\frac{1}{\tau_{eh}}}\sqrt{\frac{1}{\tau_{ph}}}\sqrt{\frac{\frac{I_0}{I_{th}} - 1}{1 - \frac{N_g}{N_0}}} \tag{10-102}$$

수식 10-102는 우리가 얻고자 하는 최종 레이저 다이오드의 공진 주파수이다. 공진 주파수가 크다는 것은 우리가 변조할 수 있는 주파수의 범위가 넓어진다는 의미이므로 광통신에 있어서 커다란 장점이 될 수 있다. 발광 다이오드의 임계 주파수와 비교해 보면 f_r이 월등히 큰 값을 가지는 것을 알 수 있다. 발광 다이오드의 공진(임계) 주파수는 하기와 같다.

$$f = \frac{1}{2\pi\tau_{eh}} \quad \text{(발광 다이오드의 임계 주파수)}$$

레이저 다이오드의 공진 주파수와 비교해 보면 레이저 다이오드의 공진 주파수가 훨씬 큰 것을 알 수 있다. 레이저 다이오드에는 포톤의 수명 항과 전류 항도 추가되었다. 포톤의 수명이 캐리어의 수명보다 10^3배 정도로 짧기 때문에 수명의 역수의 제곱근 항은 공진 주파수를 증가시킬 것이다. 또한 전류 I_0 항이 붙어 있다. 이것은 전류를 증가시키면 공진 주파수가 커진다는 것을 의미하므로 레이저 다이오드는 발광 다이오드에 비해 훨씬 큰 공진 주파수를 갖는다. 이러한 이유로 현재 광통신에는 대부분이 레이저 다이오드가 사용되고 있으며, 발광 다이오드가 MHz인 것에 비해 레이저 다이오드는 GHz 이상으로 더 빠르게 신호를 송신할 수 있다.

10-9 태양전지

태양전지는 지금까지 논의한 발광 디바이스와는 다르게 빛을 받아서 전기를 발생시키는 소자이다. 대부분 단결정 실리콘을 사용하지만 이 외에도 유기 반도체, 비정질 실리콘 등 다양한 재료와 결정 구조를 사용하고 있다. 기본적인 구조는 지금까지 논의한 PN 접합 구조에 기초를 두고 있다. 본 절에서는 pn 접합 실리콘 태양전지에 대해서 작동 원리와 광전류 생성 원리에 대해서 가장 기본적인 것만 학습하겠다.

10-9-1 동작 원리

우리는 앞에서 PN 접합과 PN 접합 다이오드의 물성과 특성에 대해서 논의하여 왔다. PN 접합을 형성하면 페르미 준위가 수평해지고, 접합의 경계면에서 에너지 밴드 밴딩이 발생하며 내부 전위 장벽이 형성된다는 것을 학습하였다. 내부 전위 장벽은 전자의 확산과 양공의 확산을 방지하며 전자와 양공의 이동이 멈추게 되어 접합만으로 전류를 형성하지 않는다는 것을 이해하였다. 여기에 순방향 전압을 인가하면 전자와 양공의 흐름을 방해하는 내부 전위 장벽은 낮아지고 전자와 양공은 자유롭게 움직일 수 있게 된다. 이때 순방향이라는 것은 양공이 p형 반도체에서 n형 반도체로 자유롭게 흐르며 전자는 그 반대로 흐르는 것을 의미한다. 이상을 상기하고 태양전지의 작동 원리에 대해서 논의해 보자. PN 접합 태양전지는 외부에서 전압을 인가하지 않고 작동하는 소자이다. 순전히 빛에 의해 생성된 캐리어가 만드는 전류, 전압을 출력하는 소자이다. 태양전지에 빛을 조사하여 전류, 전압 성분을 발생시키려면 접합에 부하 저항을 연결시켜야 한다. 회로가 오픈된 상태에서는 작동을 하지 않는다. 캐리어를 이동시키려면 저항을 연결시켜야 하는데 이 저항이 태양전지 작동에 중요한 역할을 하게 된다. 차차 이해하게 될 것이다. 태양전지가 작동하려면 다음 3가지 동작이 연속적으로 이루어져야 한다.

1. 빛의 조사에 의한 캐리어의 생성

우리가 지금까지 학습한 빛에 의한 전자와 양공 쌍의 생성 과정과 동일하다. 생성률은 각 물질의 흡수 계수와 밀접한 관계가 있다. 흡수 계수가 클수록 생성률은 증가할 것이다.

2. 전자와 양공의 분리

생성된 캐리어를 분리시켜야 한다. 가령 전자를 $+x$ 방향, 양공을 $-x$ 방향으로 분리시킨다. 만약 캐리어를 분리시키지 않을 경우 생성된 캐리어가 바로 재결합하여 소멸되기 때문이다. 캐리어의 분리를 위해 PN 접합을 만든다.

3. 분리시킨 전자와 양공을 전극까지 전송시킨다.

생성 및 분리시킨 캐리어를 전극까지 전송시킴으로써 전력을 생성시킨다.

이상의 3가지 프로세스가 연속적으로 진행됨으로써 태양전지는 전력을 발생시킨다. 3가지 프로세스에 대해서 좀 더 자세히 논의해 보자. 그림 10-44는 3가지 프로세스를 두 개의 그림으로 묘사한 것이다. 하나의 그림으로 표시하면 혼란을 초래할 수 있으므로 이해를 돕기 위해 두 개의 그림으로 분리해서 설명하도록 하겠다.

10-9-2 광전류와 암전류

외부에서 조사된 빛은 p형 반도체의 캐리어 생성률을 증가시킨다. 이때 빛은 대부분 p형 반도체에서 캐리어를 형성하고 깊은 방향(여기서는 n형 반도체 방향)으로 진행할수록 빛의 세기는 약화되어 n형 반도체에서는 미약한 캐리어의 생성만이 일어난다고 가정한다. 빛에너지에 의해 가전자대의 전자는 전도대로 여기하고 가전자대에는 양공을 남긴다. 이렇게 하여 캐리어가 형성되었다. n형 반도체에서는 생성되는 캐리어 수가 상대적으로 적을 것으로 예상할 수 있다. 실제 그림 10-44를 보면 p형과 n형 반도체에서 각각 생성된 전자와 양공 쌍의 개수가 다름을 알 수 있다. 캐리어가 생성되는 1번의 과정이 완료되고 다음으로는 캐리어가 어떻게 분리되는지 살펴보자. 캐리어 분리를 위해서 PN 접합을 만든 것이다.

그림 10-44 (a)를 살펴보자. 우리가 지금까지 중성 영역으로 지칭한 곳은 전계가 0이었다. 그러나 실제로는 아주 작은 전계가 존재하며 에너지 밴드에 경사가 존재한다. p형 반도체의 중성 영역에 존재하는 전자들은 이러한 전계에 의해 공핍층 방향으로 드리프트하며 공핍층 경계에 도달하면 보다 강한 전계에 이끌려 공핍 영역을 가로질러 n형 영역으로 드리프트한다. n형 영역에 진입한 전자들은 다수 캐리어들과 합류하며 드리프트에 의해 계속 $+x$ 방향으로 진행하여 전자를 전송시키고 전극까지 드리프트해 간다. 이러한 전자의 움직임은 매우 자연스러운 현상이다. 전자의 위치에너지가 높은 곳에서 낮은 곳으로 이동하기 때문이다. 결국 빛에 의해 생성된 전자는 n형 반도체에 모이게 된다. 양공의 움직임에 대해서 고찰해 보자. n형 반도체에 존재하는 양공들은 드리프트에 의해 공핍층 경계지점까지 도달하고 공핍층에 걸려 있는 전계에 끌려 p형 반도체로 모이게 된다. p형 반도체의 양공은 다수 캐리어이며 전계에 의해 계속 드리프트해 가서 반대 전극 지점까지 도달한다. 양공의 위치에너지는 전자와 반대임을 상기하면 이러한 양공의 움직임도 매우 자연스러운 것이다. 위치에너지가 높은 곳에서 낮은 곳으로 이동한 셈이다. 결국 빛에 의해 생성된 양공은 p형 반도체에 모이게 된다. 이상 PN 접합을 이용하여 전자와 양공을 완전히 분리시켰다. 이러한 캐리어의 분리는 광전류를 발생시킨다. 그림 10-44 (a)에서 전자는 n형 반도체로 진행하고 양공은 p형 반도체로 진행함으로써 광전류를 발생시킨 것이다. 그림 10-44 (b)를 살펴보자. 캐리어가 분리되면 전자는 n형 반도체에 쌓이고 양공은 p형 반도체에 모이게 됨을 알았다. n형 반도체에 전자가 모이면 페르미 준위는 상승하고 일직선으로 표시한 페르미 준위는 분리된다. 열평형 상태가 이미 깨진 것이다. 패르미 준위의 상승은 전도대의 상승을 의미하고 이것은 전자의 위치에너지의 상승을 의미한다.

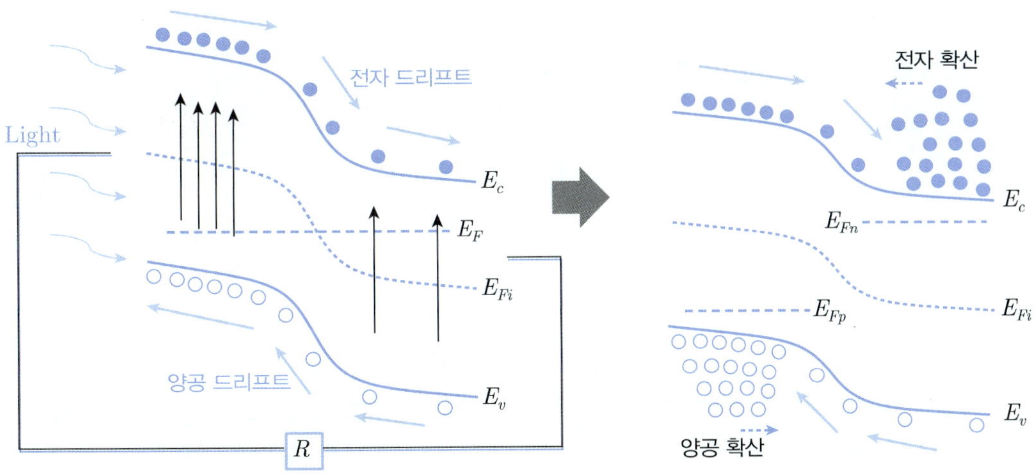

(a) 캐리어의 생성과 분리　　　　(b) 내부 전위 장벽 감소

그림 10-44 태양전지의 3가지 과정에 대한 정리

전위 장벽보다 높은 에너지를 갖는 전자는 n형 반도체에서 p형 반도체로 확산해 간다. p형 반도체의 경우도 동일하다. 양공이 모이게 되고 페르미 준위는 더욱 p형 반도체의 가전자대로 접근하며 n형 반도체의 페르미 준위와 분리되며 차이가 발생한다. 양공의 위치에너지는 더욱 높아지고 양공은 p형 반도체에서 n형 반도체로 확산해 간다. 빛을 조사시키면 두 방향으로 진행하는 캐리어의 움직임이 발생한다. 메인은 전자가 n형 반도체로 드리프트 하는 움직임과($+x$ 방향) 소수이지만 내부 전위 장벽을 넘어 p형 반도체로 확산($-x$ 방향)하는 두 가지 움직임이 존재한다는 것이다. 양공도 동일하다. 드리프트하는 움직임($-x$ 방향)과 내부 전위 장벽을 넘어 n형 반도체로 확산($+x$ 방향)하는 두 가지 움직임이 존재한다. 결국 전자의 반대되는 움직임이 두 가지 전류 성분을 만들어 낸다.

그림 10-45에 두 가지 전류 성분을 표시하였다. 빛의 조사에 의해 발생한 전류를 광전류라 표시하고 순방향 전압에 의한 전류를 암전류라 칭한다. 그림 10-45 (b)에 나타냈듯이 빛에 의해 생성된 캐리어가 만드는 광전류는 n형에서 p형으로 향하고 있다. 빛에 의해 생성된 전자들의 방향이 p형에서 n형 영역으로 이동한다는 것을 기억하라. 전류의 흐름은 전자의 이동 방향과 반대이므로 광전류는 오른쪽에서 왼쪽으로 흐를 것이다. 광전류의 방향은 PN 접합의 순방향 바이어스 전류 방향과 반대임을 알 수 있다. 태양전지는 광전류로 작동하기 때문에 이 전류가 태양전지의 주요 전류 성분인 광전류가 되는 것이다. 한편 태양전지는 순방향 전압을 인가시키지 않았지만 빛의 조사에 의해 순방향 전류도 발생한다. 이 전류의 방향은 광전류와 반대이기 때문에 이것을 암전류라 칭한다. 방향은 광전류와 반대이며 암전류는 광전류에 비해 매우 작다. 태양전지가 작동하려면 광전류가 암전류보다 커야 한다. 우리는 순방향 전류를 태양전지에서는 암전류로 명칭하기로 한다. 이상을 요약하면 그림 10-46과 같이 묘사할 수 있다. 먼저 p형 영역에서는 전자가 빛에 의해 전도대로 여기된다. 전자의 위치에너지가 큰 p형 영역에서 전자는 n형으로 드리프트 운동에 의해 이동할 것이다. 이것은 마치 역방향 바이어스 상태와 유사하다. 공핍층 끝단에 있는 전자는 전계에 의해 공핍층을 가로질러 n형 영역에 축적될 것이다.

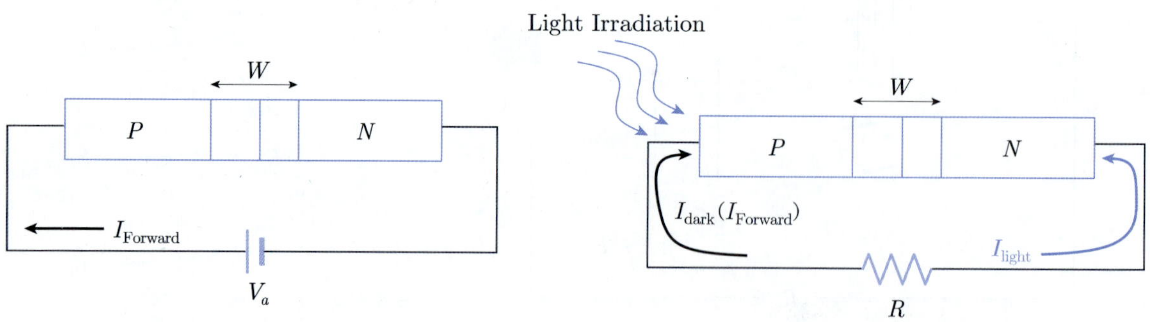

(a) PN 접합의 순방향 전압 인가

(b) PN 접합 태양전지

그림 10-45 PN 접합의 순방향과 빛을 조사한 후 전류의 발생

한편 공핍층 영역에서 형성된 전자와 양공 쌍(EHP)은 전계에 의해 전자는 n형 반도체, 양공은 p형 반도체로 이동하여 각각 캐리어는 축적될 것이다. n형 영역에서는 양공이 소수 캐리어이며 양공은 p형 영역의 전자와 동일한 원리로 이동할 것이다. 즉 공핍층의 끝단에 있는 양공은 전계에 의해 공핍층을 가로질러 p형 영역에 축적될 것이다. 빛이 조사되면 전자와 양공은 각각 분리되는데 전자는 n형 반도체, 양공은 p형 반도체로 이동하게 된다. 따라서 전자의 흐름은 $+x$ 방향(p형에서 n형), 양공의 흐름은 $-x$ 방향(n형에서 p형)이 되는 것이다. 이러한 광에 의해 형성된 캐리어의 방향은 순방향 전압을 인가했을 때의 캐리어의 방향과 반대의 흐름을 보여준다. 순방향일 때 양공은 p형에서 n형으로, 전자는 n형에서 p형으로 진행한다는 것을 기억하라. 광전류는 항상 순방향 전류와 반대 방향으로 전류가 발생한다는 것이다. 즉 n형에서 p형으로 흐르는 전류이다. 이것이 광전류 I_L이다.

태양전지는 광전류가 암전류보다 우세한 소자이다. 빛에 의해 광전류를 발생시키는 소자이기 때문에 당연히 광전류가 암전류보다 월등히 커야 작동할 것이다.

독자들은 정성적으로 태양전지에서는 두 가지 전류 성분이 발생한다는 것을 반드시 이해해야 한다. 태양전지가 작동하려면 광전류가 암전류보다 커야 할 것이며 알짜 광전류는 다음과 같이 표현할 수 있다.

$$I = I_{\text{light}} - I_{\text{dark}} = I_{\text{light}} - I_s\left[\exp\left(\frac{qV}{kT}\right) - 1\right] \tag{10-103}$$

I_{dark}는 PN 접합 다이오드의 순방향 전류에 해당한다.

빛을 조사시키면 캐리어가 얼마나 생성되는지 정량적으로 살펴보고 캐리어 생성에 영향을 주는

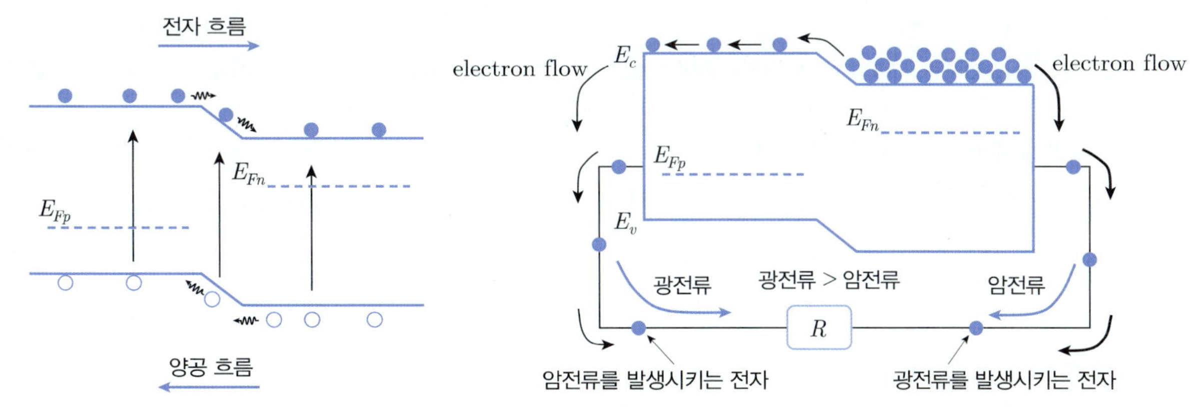

(a) 광전류를 형성하는 전자와 양공의 흐름

(b) 두 방향으로 진행하는 캐리어로 인해 형성되는 광전류와 암전류의 메커니즘

그림 10-46 광전류와 암전류의 발생 메커니즘

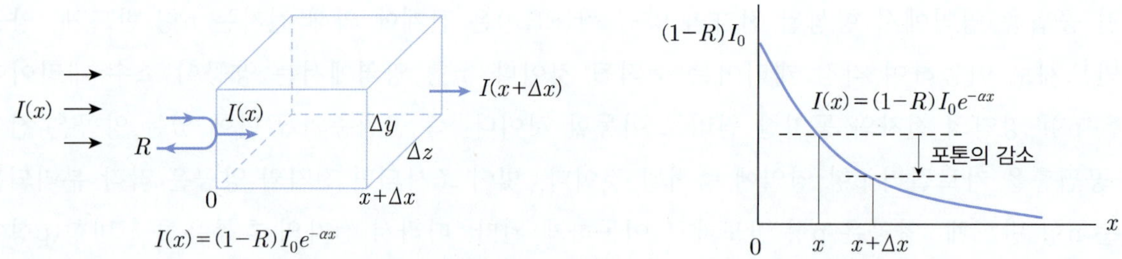

(a) 체적이 $\Delta x \Delta y \Delta z$인 육면체에 광속 $I(x)$가 입사되는 경우 (b) 입사된 빛의 거리에 따른 흡수 곡선

그림 10-47 빛의 거리에 따른 광속의 흡수 곡선

인자에는 어떤 종류가 있는지 살펴보도록 하자.

체적이 $\Delta x \Delta y \Delta z$인 육면체에 광속 $I(x)$가 입사될 때 표면에서 1차 반사를 일으키고 나머지 흡수된 빛은 흡수 계수 α를 갖고 거리의 지수함수로 감소한다는 사실은 이미 앞 장에서 학습하였다(빛의 흡수 편 참조). 입사된 빛이 반도체 내부를 진행함에 따라 빛의 세기는 지수함수로 감소해 나갈 것이다. 그림 10-47 (b)에 나타냈듯이 미소거리 Δx만큼 진행했을 때 빛의 세기가 감소한다는 것은 포톤의 수가 감소한 것으로 볼 수 있다. 캐리어의 생성과 재결합에서 캐리어의 생성 G는 단위 시간, 단위 체적당 발생하는 전자와 양공 쌍의 개수라고 정의하였다. G의 단위는 Number of carrier/sec cm^3이다. 따라서 거리에 따라 생성률은 감소할 것이며 이를 수학적으로 표현하면 수식 10-104와 같다.

$$[I(x) - I(x+\Delta x)]\,\Delta y \Delta z = G(\Delta x \Delta y \Delta z)$$

$$G = -\frac{[I(x+\Delta x) - I(x)]}{\Delta x} \quad \Rightarrow \quad G = -\frac{dI(x)}{dx}$$

$$G = -\left[I_0(1-R)(-\alpha)e^{-\alpha x}\right] = I_0(1-R)\alpha e^{-\alpha x} \tag{10-104}$$

10-104식으로부터 캐리어의 생성률은 흡수 계수에 비례함을 알 수 있다. 즉 반도체 내부에서 빛의 흡수가 클수록 캐리어의 생성률은 증가한다는 것이다. I_0는 초기 입사되는 빛의 세기이다. 세기가 강할수록 생성률은 증가할 것이다. R은 입사 표면에서의 반사율이다. 반사가 작을수록 캐리어의 생성률은 증가할 것이다. 표면에 반사율을 저감시키는 물질을 코팅하거나 표면 텍스처링 등을 통해 반사를 감소시킬 수 있다.

10-9-3 광전류의 수학적 유도

우리는 이제 다음과 같은 PN 접합 태양전지의 광전류 밀도를 구해 보도록 하자. 광전류 밀도에 영향을 주는 인자가 무엇인지 살펴보고 광전류 향상을 위해 어떤 기술이 필요한지 논의해 볼 것이다. 이것은 매우 중요한 일이다. 태양전지의 효율을 향상시키려면 입사광 대비 광전류 효율이 높아야 할 것이다. 이것이 태양전지의 출력을 결정할 것이다.

태양전지 내의 이상적인 광전류 밀도식을 구하기 위해서 다음과 같은 3가지 가정을 하겠다.

1. np 접합을 이루며 n형 영역은 p형 영역에 비해 매우 얇게 구성한다.

그림 10-48의 외부에서 입사된 빛은 n형 영역에서 $I_0(1-R)\exp(-\alpha a)$만큼 흡수되고 p형의 공핍층의 끝단(여기서부터 중성 영역이 시작되며 중성 영역의 시작점을 $x=0$으로 놓았음)에 도달하면 p형의 중성 영역이 시작되며 전자는 확산하면서 양공과 재결합해 나간다. 이때 빛의 세기는 $I_0(1-R)\exp(-\alpha a)\exp(-\alpha x)$로 감소해 간다. 또한, $d \gg a$이므로 공핍층에서 발생하는 전류는 고려하지 않는다.

2. n형과 p형의 표면에는 결함 준위가 없다고 가정한다.

즉 n형과 p형의 표면에서 캐리어의 재결합은 없으며 n형 영역을 지나 공핍층을 가로질러 p형 영역에 도달한 뒤 계속 진행하여 p형 영역의 끝 지점에 도달했을 때 전자의 농도는 열평형 상태의 p형 반도체 내의 소수 캐리어 전자 농도 n_{p0}로 수렴한다. 실제로는 p형 표면에 실리콘 원자들이 결합을 하지 못하고 댕글링 본드가 있는 상태이므로 결함 준위가 존재한다. 이러한 결함들은 캐리어의 재결합을 촉진시켜 결함들이 마치 캐리어를 흡입하여 캐리어를 소멸시킨다. 이런 상황이 일어나지 않는다고 가정하겠다는 의미이다.

3. 그림 10-48에 표시했듯이 p형 반도체의 길이는 무한히 뻗은 매우 긴 반도체로 가정한다.

또한 경계조건을 이용하여 미분 방정식의 해를 쉽게 구하기 위해서 p형 영역의 공핍층 끝단을 기준점 0으로 하고 n형 반도체 표면까지의 거리는 a로 한다. 태양전지의 총 길이는 d이며 d는 a에 비해 매우 길다. 앞에서 다룬 PN 다이오드를 상기하면 공핍층을 가로질러 건너온 전자(n_p)는 공핍층 끝단에서 최대의 농도를 가지며 지수함수로 감소해 가고 d 지점에 도달했을 때는 전자 농도가 열평형 상태의 전자 농도(n_{p0})로 수렴한다는 사실을 기억해야 할 것이다. 이것이 PN 다이오드의 특성이었다.

외부에서 초기 광속 I_0로 입사하면 표면에서 반사가 일어나고 n형 영역을 통과한 빛의 세기는 $I_0(1-R)e^{-\alpha a}$이 될 것이다. 그리고 p형의 중성 영역에서는 $I(x)=I_0(1-R)e^{-\alpha(a+x)}$로 빛의 세기가 감소해 갈 것이다. 4장에서 다룬 정상 상태에서의 연속 방정식을 사용하고 캐리어의 생성률은 수식 $G=-dI(x)/dx$가 될 것이다. n형 영역에서 공핍층을 가로질러 p형 반도체로 건너온 소수 캐리어 전자의 연속 방정식은 하기와 같다. G는 빛의 조사에 의해 형성된 캐리어의 생성률이며 R은 캐리어의 재결합률이다. 양변을 D_n으로 나누고 소수 캐리어의 확산 거리 $L_n=\sqrt{D_n\tau_n}$을 대입하고 정리하면 수식 10-105로 표현할 수 있다. 참고로 미분 방정식에 익숙하지 않은 독자들은 굳이 유도 과정을 전부 이해할 필요는 없지만 결과가 전달하고자 하는 물리적 의미는 반드시 고찰하길 바란다. 이 책의 수학적 유도 과정을 완벽하게 이해하지 않아도 되지만 결과만은 반드시 되새기고 넘어가야 할 것이다.

$$D_n\frac{d^2n_p}{dx^2}+G-R=0 \quad\Rightarrow\quad D_n\frac{d^2n_p}{dx^2}+I_0(1-R)\alpha e^{-\alpha(a+x)}-\frac{n_p-n_{p0}}{\tau_n}=0$$

$$\frac{d^2n_p}{dx^2}-\frac{n_p-n_{p0}}{L_n^2}+\frac{\alpha I_0(1-R)e^{-\alpha a}}{D_n}e^{-\alpha x}=0, \qquad B=\frac{\alpha I_0(1-R)}{D_n}e^{-\alpha a}$$

$$\therefore\ \frac{d^2n_p}{dx^2}-\frac{n_p-n_{p0}}{L_n^2}+Be^{-\alpha x}=0 \tag{10-105}$$

수식 10-105의 미분 방정식의 해는 두 가지로 나누어서 구한 다음, 각각의 합을 구한다. $Be^{-\alpha x}=0$ (동차), $Be^{-\alpha x}\neq 0$(비동차)로 나누어서 각각 해를 구해 보자. $f(x)=Be^{-\alpha x}$로 치환하고 $f(x)=0$인 경우를 고려해 보자.

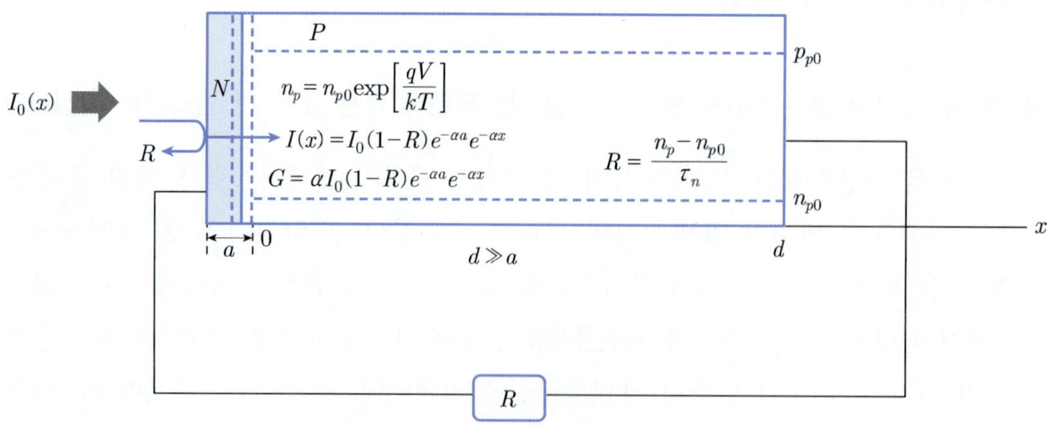

그림 10-48 NP 접합을 가정한 태양전지

$$\frac{d^2 n_p}{dx^2} - \frac{n_p - n_{p0}}{L_n^2} = 0$$

이 방정식의 해는 앞에서도 수차례 다루어 왔던 상수 계수를 갖는 이차 선형 미분 방정식이다. 따라서 해는 다음과 같다.

$$n_p - n_{p0} = A\exp(-x/L_n) + C\exp(x/L_n)$$

$x \to \infty$ 이면 $C\exp(x/L_n)$은 무한대로 발산하므로 $C=0$가 된다. 최종적으로 동차 방정식의 해는 다음과 같다.

$$n_p - n_{p0} = A\exp(-x/L_n) \tag{10-106}$$

다음은 비동차 $f(x) \neq 0$ 인 경우이다. 이 경우 해를 $n_p - n_{p0} = D\exp(-\alpha x)$로 놓고 이 값을 방정식 10-105에 대입하고 정리하면 다음과 같다.

$$\frac{d^2 n_p}{dx^2} - \frac{n_p - n_{p0}}{L_n^2} + Be^{-\alpha x} = 0 \ \Rightarrow \ D(-\alpha)^2 e^{-\alpha x} - \frac{De^{-\alpha x}}{L_n^2} + Be^{-\alpha x} = 0$$

$$\Rightarrow \left(\alpha^2 - \frac{1}{L_n^2}\right)D + B = 0 \quad \Rightarrow \quad D = -\frac{B}{\alpha^2 - \frac{1}{L_n^2}}$$

$$\therefore n_p - n_{p0} = -\frac{B}{\alpha^2 - \frac{1}{L_n^2}}\exp(-\alpha x) \tag{10-107}$$

따라서 10-105 방정식의 해는 식 10-106과 10-107의 합으로 표시할 수 있다.

$$n_p - n_{p0} = A\exp(-x/L_n) - \frac{B}{\alpha^2 - \frac{1}{L_n^2}}\exp(-\alpha x) \tag{10-108}$$

한편 전자의 전류 밀도는 드리프트 성분과 확산 성분이 존재하지만 p형 내에서 전자는 소수 캐리어이므로 확산만 생각하면 될 것이다.

$x=0$ 지점에서의 전자 농도를 구해 보면 다음과 같다. 그림 10-48을 참조하면 p형 영역 공핍층의 끝단 지점이다. 수식 10-108에서 $x=0$를 대입하고 구한 값이 그림 10-48의 $x=0$ 지점에서의

전자 농도와 동일하다는 것이므로 $n_p(0)=n_{p0}\exp\left(\frac{qV}{kT}\right)=A+n_{p0}-\frac{B}{\alpha^2-\frac{1}{L_n^2}}$ 와 같이 표현할 수 있다. 따라서 계수 A는 다음과 같다.

$$A=n_{p0}\left[\exp\left(\frac{qV}{kT}\right)-1\right]+\frac{B}{\alpha^2-\frac{1}{L_n^2}} \tag{10-109}$$

수식 10-109를 10-108에 대입하고 정리하면 다음과 같다.

$$\begin{aligned} n_p(x) &= n_{p0}+\exp(-x/L_n)\left\{n_{p0}\left[\exp\left(\frac{qV}{kT}\right)-1\right]+\frac{B}{\alpha^2-\frac{1}{L_n^2}}\right\}-\frac{B}{\alpha^2-\frac{1}{L_n^2}}\exp(-\alpha x) \\ &= n_{p0}+n_{p0}\exp(-x/L_n)\left[\exp\left(\frac{qV}{kT}\right)-1\right]+\frac{B}{\alpha^2-\frac{1}{L_n^2}}\left[\exp\left(-\frac{x}{L_n}\right)-\exp(-\alpha x)\right] \end{aligned}$$

이제 $\frac{dn_p}{dx}$를 구해 보자.

$$\frac{dn_p(x)}{dx}=-\frac{n_{p0}}{L_n}\exp(-x/L_n)\left[\exp\left(\frac{qV}{kT}\right)-1\right]+\frac{B}{\alpha^2-\frac{1}{L_n^2}}\left[-\frac{1}{L_n}\exp\left(-\frac{x}{L_n}\right)+\alpha\exp(-\alpha x)\right]$$

$x=0$ 지점에서의 소수 캐리어 전자의 농도는 다음과 같다.

$$\begin{aligned} \left.\frac{dn_p(x)}{dx}\right|_{x=0} &= -\frac{n_{p0}}{L_n}\left[\exp\left(\frac{qV}{kT}\right)-1\right]+\frac{B}{\alpha^2-\frac{1}{L_n^2}}\left[\alpha-\frac{1}{L_n}\right] \\ &= -\frac{n_{p0}}{L_n}\left[\exp\left(\frac{qV}{kT}\right)-1\right]+\frac{B}{\alpha+\frac{1}{L_n}}=-\frac{n_{p0}}{L_n}\left[\exp\left(\frac{qV}{kT}\right)-1\right]+\frac{BL_n}{\alpha L_n+1} \end{aligned}$$

이제 $x=0$ 지점에서의 전자의 전류 밀도를 구해 보자.

$$J_n=qD_n\frac{dn_p}{dx}$$

$$J_n=qD_n\left.\frac{dn_p(x)}{dx}\right|_{x=0}=-qD_n\frac{n_{p0}}{L_n}\left[\exp\left(\frac{qV}{kT}\right)-1\right]+qD_n\frac{BL_n}{\alpha L_n+1}$$

10-105의 B를 다시 원상 복귀시키면 전자의 전류 밀도는 다음과 같이 표현된다.

$$J_n = qD_n \frac{dn_p(x)}{dx}\bigg|_{x=0} = -qD_n \frac{n_{p0}}{L_n}\left[\exp\left(\frac{qV}{kT}\right) - 1\right] + qD_n \frac{L_n}{\alpha L_n + 1} \frac{\alpha I_0(1-R)}{D_n} \exp(-\alpha a)$$

$$= -qD_n \frac{n_{p0}}{L_n}\left[\exp\left(\frac{qV}{kT}\right) - 1\right] + qI_0(1-R)\exp(-\alpha a)\frac{\alpha L_n}{\alpha L_n + 1} \quad (10-110)$$

수식 10-110이 우리가 구하고자 하는 최종 전자 전류 밀도식이 된다. 수식 10-110식은 두 가지 전류 성분으로 구성되어 있음을 알 수 있다. 앞의 항은 앞에서 다룬 PN 접합 다이오드에 순방향 전압이 인가되었을 때의 전자의 전류 밀도이다. 이것을 태양전지에서는 암전류라고 칭한다. 두 번째 항이 바로 광전류이다. 서로 부호가 다르며 이것은 광전류와 암전류의 방향이 반대임을 의미한다. 태양전지가 작동하려면 광전류가 암전류보다 커야 한다. 그렇다면 광전류에 영향을 미치는 인자는 무엇인지 살펴보자.

먼저 광전류만 고려해 보자.

$$J_L = qI_0(1-R)\exp(-\alpha a)\frac{\alpha L_n}{\alpha L_n + 1} \quad (10-111)$$

수식 10-111의 지수함수 항은 그림 10-42에 표시한 $x=0$ 지점에 도달한 빛의 세기, 즉 포톤의 개수를 의미한다. 이것은 입사하는 빛의 세기에 비례할 것이다. 영향을 미치는 다른 하나는 물질의 흡수 계수이다. 흡수 계수는 물질 고유의 값이므로 어떤 물질을 선택하느냐에 따라 결정된다. 물질이 결정되면 지수함수 항은 의도적으로 증가시키기가 어려우므로 물질 의존적이라고 봐야 할 것이다. 두 번째 항은 흡수 계수와 소수 캐리어의 확산 거리로 표현된다. 이 값은 절대로 1을 넘을 수 없다는 것을 알 수 있다. 흡수 계수는 물질 의존적이므로 우리가 제어할 수 있는 부분은 소수 캐리어 전자의 확산 거리이다. 소수 캐리어의 확산 거리가 매우 길어진다면 이 값은 1에 접근할 것이다.

$$\alpha L_n \gg 1 \ \Rightarrow \ \frac{\alpha L_n}{\alpha L_n + 1} \approx 1 \quad (10-112)$$

따라서 광전류를 증가시키기 위해서는 소수 캐리어의 확산 거리를 증가시키면 된다는 의미이다. 전자의 확산 거리는 전자의 확산 계수와 전자의 수명과 밀접한 관련이 있다. 전자의 확산 거리는 수식 10-113으로 표현된다. 전자의 확산 거리는 전자의 수명(재결합하는 데까지 걸리는 시간)을 길게 하면 확산 거리가 늘어난다.

$$L_n = \sqrt{D_n \tau_n} \quad (10-113)$$

전자의 재결합에는 두 가지가 존재한다. 첫 번째는 밴드 간 재결합이고, 두 번째는 깊은 준위의 트랩(SRH 재결합)에 의한 재결합이다. 두 가지 재결합은 서로 다른 재결합 시간을 가질 것이며 전자의 재결합 시간은 이러한 두 가지 성분으로 표시할 수 있다.

$$\tau_n \propto \frac{1}{p_{p0}} \qquad \tau_{SRH} \propto \frac{1}{N_{trap}} \tag{10-114}$$

$$\frac{1}{\tau_n} = \frac{1}{\tau_B} + \frac{1}{\tau_{SRH}} = \frac{\tau_{SRH} + \tau_B}{\tau_B \tau_{SRH}} = \frac{(\tau_{SRH}/\tau_B)+1}{\tau_{SRH}}$$

$$\therefore \tau_n = \frac{\tau_{SRH}}{(\tau_{SRH}/\tau_B)+1} \qquad \tau_B\text{: 밴드 간 재결합 시간} \tag{10-115}$$

캐리어의 수명에 역수를 취한 이유는 1초당 몇 개의 캐리어가 소멸할 것인지를 나타내기 위한 것이다. 우리는 SRH 재결합에 대해서 학습하였다. 결정 결함에 의하여 밴드 갭의 중간 부근에 트랩 준위 E_t가 형성되고 이러한 트랩 준위는 캐리어를 포획 및 방출한다는 것이다. 밴드 간 재결합 시간은 물질에 의해 결정되고 다수 캐리어의 농도에 반비례한다는 것을 앞에서 학습하였다. 밴드 간 재결합 시간은 물질이 정해지고 도핑 농도가 결정되면 이 값은 우리가 의도적으로 조절하기가 쉽지 않다. 따라서 전자의 재결합 시간을 제어할 수 있는 부분은 바로 SRH 재결합이다. 밴드 갭 내 깊은 준위의 트랩들은 결정의 결함이나 불순물에 의해 형성된다. 실리콘 결정의 흐트러짐이 없이 배열이 정렬되어 있는 단결정 실리콘이 폴리 실리콘이나 비정질 실리콘에 비해서 트랩 준위가 적으므로 τ_{SRH}가 증가할 것이다. 따라서 10-115식에서 τ_n이 증가할 것이며 10-113의 전자의 확산 거리가 증가하게 된다. 확산 거리가 크게 증가한다면 10-112식의 값이 1로 수렴하게 되므로 광전류 값은 확산 거리가 증가함에 따라 함께 증가할 것이다. 광전류를 향상시키는 관점에서 본다면 단결정 실리콘이 훨씬 유리하다. 이상을 요약하면 소수 캐리어 전자의 수명을 늘리는 방법은 결정에 결함이 없도록 트랩 준위를 만들지 않는 것이 가장 중요한 것이다. 트랩 준위가 낮아지면 전자가 트랩에 포획되는 시간이 길어지는 것은 당연한 결과일 것이다. 트랩 형성을 억제하기 위한 여러 가지 기술들이 조합되어 광전류를 향상시켜 왔다. 우리는 지금까지 광전류를 유도하는 과정에서 반도체의 끝단에 존재하는 결함 준위를 무시하였다. 반도체 끝단에는 무수히 많은 트랩 준위가 형성되어 있다는 것을 앞에서 이미 고찰하였다.

그림 10-49와 같은 PN 접합 태양전지에서 p형 반도체의 끝단은 실리콘이 결합하지 못한 댕글링 본드가 무수히 많이 존재하여 트랩 준위를 형성한다. 이러한 트랩 준위는 광전류 손실을 초래한다. 앞에서도 언급하였지만 광전류가 증가하려면 빛이 입사된 후 각각의 캐리어들이 분리되어야 하는데 전자는 n형으로 양공은 p형으로 전계에 의해 끌려가게 된다. p형 반도체 끝단의 트랩들은 전자를

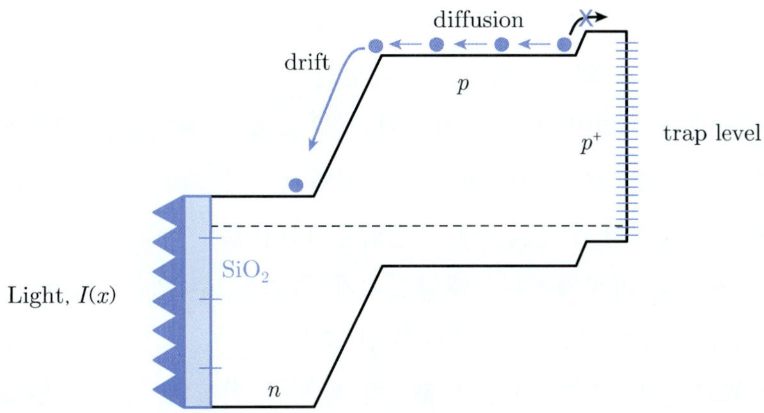

그림 10-49 광전류 증가를 위한 표면 처리 기술

포획하여 전자가 n형 영역으로 진행하는 것을 방지하게 된다. p형 표면에 존재하는 트랩들은 전자를 포획하는 흡입구와 같은 역할을 한다. 앞에서 트랩이 존재하면 캐리어의 재결합이 신속히 일어나고 과잉 캐리어 농도가 낮아진다는 것을 학습하였다. 전자는 n형으로 진행해야 하는데 이러한 트랩에서 양공과 재결합하여 소멸한다면 결국 광전류의 손실을 초래한다. 이를 해결하기 위해서 아주 얇은 p^+층으로 p형 끝단을 형성하여 에너지 장벽을 만듦으로써 전자가 트랩에 포획되지 못하도록 하는 기술을 적용하여 광전류를 증가시켰다.

그림 10-49에 표시한 전자의 이동 순서를 살펴보면 먼저 확산, 그다음을 드리프트로 표시하였다. 전자는 n형 영역에 더 많이 존재하는데 어떻게 p형 영역에서 n형 영역으로 확산하는지 의문을 가질지도 모른다. 공핍층 경계로부터 전자의 확산 거리 이내에 존재하는 전자들은 공핍층 방향으로 확산해 간다. 공핍층은 전자 농도가 0에 가까우므로 농도 차로 인하여 전자들이 확산해 가는 것이다. 공핍층은 전자를 흡입하는 흡입구와 같은 역할을 해서 공핍층 경계지점에 도달한 전자는 강한 전계에 끌려 n형 영역으로 드리프트해 간다. 공핍층으로부터 전자의 확산 거리보다 멀리 떨어져 있는 전자들은 이러한 농도 기울기를 느끼기 때문에 공핍층 방향으로의 지속적인 확산과 공핍층 경계지점에서의 드리프트를 통해서 n형 영역으로 이동하는 것이다. 즉 확산과 드리프트의 연속 과정을 겪으면서 이동하는 것이다. 또한 n형 표면에 존재하는 댕글링 본드는 SiO_2 코팅하여 표면을 불활성화(surface passivation)하는 방식과 표면 텍스처링 기술(표면을 울퉁불퉁하게 만드는 기술)을 적용하여 입사광의 반사를 최소화하는 기술로 광전류 손실을 방지해 왔다.

10-9-4 태양전지의 개방전압과 내부전압

태양전지는 외부로부터 빛을 흡수하여 전력을 생산하는 디바이스이다. 출력은 전압 및 전류와 밀접한 관련이 있다. 출력을 결정하는 두 가지 요소인 것이다. 먼저 개방전압에 대해서 논의해 보자. 개방전압은 open circuit 의미에서 V_{oc}로 표현한다. 일상생활에서 사용하는 1.5 V 건전지를 생각해 보자. 전자제품에 장착되기 전까지 건전지는 외부 회로(여기서는 전자제품)에 연결이 되지 않은 상태이며 이때의 전압을 개방전압(회로에 건전지가 연결되어 있지 않다는 의미)이라 한다. 즉 개방전압은 건전지가 출력할 수 있는 자체 전압을 의미하는 것이다. 이 전압이 클수록 출력이 커지는 것이다. 태양전지도 마찬가지다. 태양전지가 출력할 수 있는 전압인 것이다.

개방전압은 저항이 연결되지 않은 상태에서 빛만 조사되고 있기 때문에 전류가 흐르지 않는다. 따라서 태양전지에 흐르는 두 가지 전류 성분, 즉 광전류 밀도와 암전류 밀도의 합이 0이 되는 전압인 것이다.

$$J_L - J_D = 0$$

$$J_L - J_s\left(e^{\frac{qV}{kT}} - 1\right) = 0 \qquad J_s = q\left(\frac{D_n}{L_n}n_{p0} + \frac{D_p}{L_p}p_{n0}\right)$$

$$e^{\frac{qV}{kT}} = \frac{J_L}{J_s} + 1 \;\Rightarrow\; \frac{qV}{kT} = \ln\left(\frac{J_L}{J_s} + 1\right) \qquad J_L/J_s \gg 1$$

$$\therefore V = \frac{kT}{q}\ln\left[\frac{J_L}{J_s}\right] \;\Rightarrow\; V_{oc} = \frac{kT}{q}\ln\left[\frac{J_L}{J_s}\right] \tag{10-116}$$

개방전압은 태양전지의 광전류 밀도의 자연로그함수에 비례함을 알 수 있다. 개방전압이 클수록 태양전지의 최대 출력전압을 증가시킬 수 있기 때문에 개방전압을 크게 만드는 것이 중요하다. 앞에서 설명한 건전지의 예를 잘 상기하라. 개방전압이 크면 클수록 광전류가 증가하고 역포화 전류 밀도가 감소해도 개방전압은 증가한다. 광전류 J_L은 물질의 밴드 갭 크기에 의존성이 있으며 단결정 실리콘의 경우 대부분 결정된 값을 가지고 있다. 우리는 이 값을 차수가 변할 정도로 크게 변화시키지 못한다. 그러나 역포화 전류 밀도는 PN 접합의 결정 품질로부터 차수가 변할 정도로 크게 변화시킬 수 있다. 따라서 개방전압을 증가시키려면 역포화 전류 밀도를 감소시키는 것이 더 효과적인 방법일 것이다. 역포화 전류 밀도를 감소시키려면 소수 캐리어의 확산 거리를 길게 해야 한다. 앞에서 다루었듯이 소수 캐리어의 확산 길이가 증가하면 광전류 밀도는 증가하고 암전류 밀도(역포화 전류 밀도, J_s)는 감소한다. 수식 10-116의 J_s를 참조하라.

$$J_s = q\left(\frac{D_n}{L_n}n_{p0} + \frac{D_p}{L_p}p_{n0}\right) = q\left(\frac{D_n}{L_n}\frac{n_i^2}{N_A} + \frac{D_p}{L_p}\frac{n_i^2}{N_D}\right) \qquad \because n_{p0} = \frac{n_i^2}{N_A},\; p_{n0} = \frac{n_i^2}{N_D}$$

개방전압은 태양전지가 출력할 수 있는 최대 전압이다. 개방전압은 클수록 좋지만, PN 접합에서 자체적으로 형성되는 built-in 전압을 넘어설 수는 없다. 개방전압은 외부에 회로를 연결하지 않고 빛만 조사하면서 측정한 전위차이다. 빛을 조사하면 캐리어가 생성되지만, 재결합 또한 발생하므로 캐리어가 소멸하기 때문에 built-in 전압을 넘어설 수 없는 것이다. 흔히 이러한 경우를 댐에 저장되어 있는 물의 수위에 비유하기도 한다. 댐에 저장할 수 있는 최대 수위가 built-in 전압에 해당하며 저장되어 있는 물의 수위가 개방전압에 해당한다. 물의 수위가 낮은 이유는 바로 재결합 때문이다. 재결합을 줄이는 방법은 캐리어의 확산 거리를 늘리는 것이다. 그러나 확산 거리를 무한정 늘릴 수는 없고 항상 재결합이 존재하기 때문에 개방전압은 built-in 전압보다 작다.

또한 built-in 퍼텐셜은 밴드 갭보다 항상 작다. 이것은 우리가 지금까지 PN 접합에서 얻은 결과이다.

예제 10-9-1

다음과 같은 실리콘 PN 접합이 있다. 300K에서 개방전압과 built-in 전압을 구해 보아라.

$$N_D = 2\times 10^{16}\,\mathrm{cm}^{-3} \quad N_A = 8\times 10^{18}\,\mathrm{cm}^{-3} \quad D_n = 25\,\mathrm{cm}^2/\mathrm{s} \quad D_p = 10\,\mathrm{cm}^2/\mathrm{s}$$

$$\tau_n = 5\times 10^{-7}\,\mathrm{sec} \quad \tau_p = 1\times 10^{-7}\,\mathrm{sec} \quad J_L = 30\,\mathrm{mA/cm^2} = 0.03\,\mathrm{A/cm^2}$$

풀이

먼저 built-in 전압을 구해 보자.

$$V_{bi} = \frac{kT}{q}\ln\left(\frac{N_D N_A}{n_i^2}\right) = (0.0259)\ln\left(\frac{1.6\times 10^{35}}{2.25\times 10^{20}}\right) = 0.886\,\mathrm{V}$$

$$L_n = \sqrt{D_n\tau_n} = \sqrt{25\times 5\times 10^{-7}\,\mathrm{cm}^2} = 35.4\times 10^{-4}\,\mathrm{cm} \qquad L_p = \sqrt{D_p\tau_p} = 10^{-3}\,\mathrm{cm}$$

$$J_s = q\left(\frac{D_n n_i^2}{L_n N_A} + \frac{D_p n_i^2}{L_p N_D}\right) = (1.6\times 10^{-19})\left(\frac{25\times 2.25\times 10^{20}}{35.4\times 10^{-4}\times 8\times 10^{18}} + \frac{10\times 2.25\times 10^{20}}{10^{-3}\times 2\times 10^{16}}\right)$$

$$\therefore J_s = 1.803\times 10^{-11}\,\mathrm{A/cm^2}$$

$$V_{oc} = \frac{kT}{q}\ln\left(\frac{J_L}{J_s}\right) = (0.0259)\ln\left(\frac{0.03}{1.803\times 10^{-11}}\right) = 0.550\,\mathrm{V}$$

상기 예제로부터 알 수 있듯이 built-in 전압은 개방전압 V_{oc}보다 항상 큰 값을 갖는다. 실리콘 PN 접합 태양전지의 경우 개방전압은 built-in 전압을 초과하지 못한다. 그림 10-50에 개방전압,

built-in 전압, 밴드 갭과의 관계를 나타내었다. Built-in 전압은 두 물질의 페르미 준위 차이다. 접합 후에는 그림 10-50 (b)와 같이 친숙한 그림으로 나타낼 수 있다. 이제 빛을 조사시키면 전자는 n형으로 모이고 양공은 p형 영역에 축적된다. 그림 10-50 (c)에 나타내었다. 이해를 돕기 위해서 페르미 준위의 분리와 내부 전위 장벽의 감소를 표시하지 않았다. n형 영역에 전자가 축적(댐에서 물의 수위)되면서 전자의 위치 에너지는 증가한다. 화살표로 표기한 크기가 개방전압이 되는 것이다. 따라서 수식 10-117 관계를 만족시킨다.

$$V_{oc} < V_{bi} < E_g/q \tag{10-117}$$

이상을 요약하면 개방전압은 빛의 세기를 증가시켜서 광전류를 증가시키더라도 built-in 전압보다 커질 수 없고 built-in 전압은 통상적으로 밴드 갭을 넘을 수 없다. 따라서 실리콘보다는 GaAs과 같은 화합물 반도체가 개방전압 향상 관점에서는 더 유리할 수 있다. 밴드 갭이 크기 때문이다.

출력을 결정하는 두 번째 요소는 단락전류이다. 단락전류는 I_{sc}로 표기하며 sc는 short circuit의 약자이다. 영어명에서 알 수 있듯이 태양전지의 출력단자에 저항이 거의 0에 가까운 전류계를 부착하여 측정한다. 따라서 단락전류가 증가할수록 태양전지의 전력을 증가시킬 수 있는 것이다. 지금까지 설명한 개방전압과 단락전류가 클수록 태양전지의 전력이 증가한다. 이 두 가지 요소가 태양전지의 전력을 결정하는 중요한 요소인 것이다. 태양전지는 PN 접합 다이오드에 태양에 의해 형성되는 정전류원(定電流源)이 부착된 소자로 볼 수 있다. PN 접합 다이오드에서는 순방향 전류와 역방향 전류가 존재하며 태양 빛에 의해 발생하는 전류는 광전류라 한다. 광전류는 PN 접합 다이오드의 역방향 전류와 같은 방향이며 암전류는 순방향 전류와 같은 방향이다. 태양전지는 광전류에 의해 작동하는 소자이므로 PN 접합 다이오드에서 역방향 전류와 같은 광전류 성분이 훨씬 더 크다.

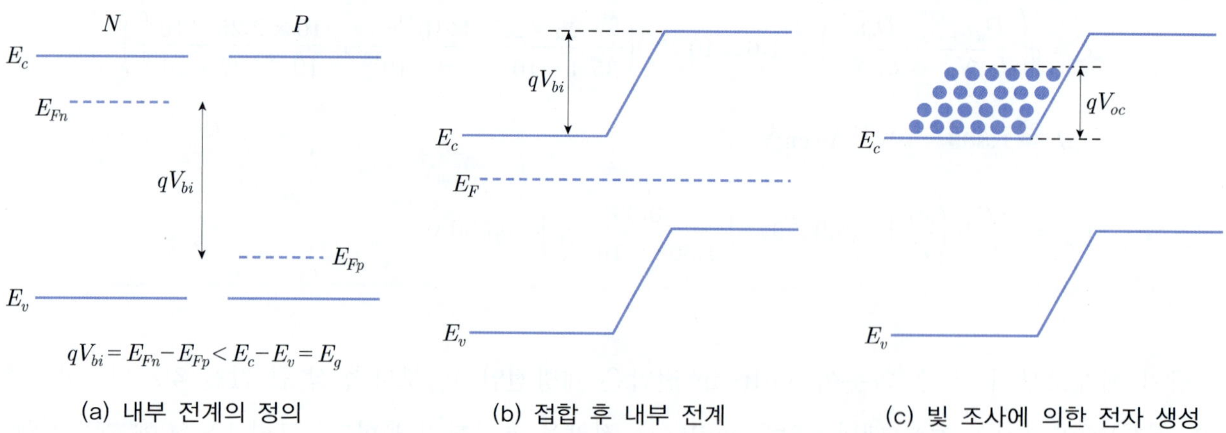

그림 10-50 개방전압과 built-in 전압 및 밴드 갭과의 관계

10-9-5 태양전지의 출력

따라서 그림 10-51 (a)와 같은 $I-V$ 곡선(실선)이 얻어진다. 그런데 태양전지는 전압을 인가하는 디바이스가 아니다. PN 접합 다이오드는 외부에서 전압을 인가하므로 전압에 따라 나타나는 곡선은 그림 10-51 (a)의 1사분면과 3사분면에 존재한다. 태양전지는 1사분면과 3사분면에서 작동하는 디바이스가 아니다. 오로지 4사분면의 곡선을 가진다. 태양전지의 $I-V$ 곡선은 그림 10-51 (a)의 굵은 선이 되는 것이다. 이것이 태양전지의 $I-V$ 곡선이며 태양전지는 전력을 만들어 내는 디바이스이므로 관례상 그림 10-51 (b)와 같이 x축으로 대칭이동시켜서 전류가 (+) 값을 갖게 놓는다. 각 축과 만나는 지점이 각각 개방전압과 단락전류가 되는 것이다. 태양전지는 외부에 전압을 인가하지 않고 태양 빛에 의해 광전류가 발생하는 디바이스이다. 태양전지가 작동하려면 외부에서 저항을 부착하고 회로를 구성해야 한다. 부착하는 저항에 따라서 출력이 결정되므로 저항은 중요한 요소이다. 여러 가지 저항을 갖는 회로를 구성했을 때의 $V-I$ 직선을 그림 10-51 (b)에 겹쳐서 그렸을 때 만나는 지점이 태양전지의 동작점이 되는 것이다. 그림 10-52와 같이 $V=IR$ 직선을 여러 가지로 그려 놓았다. 그림에서 직사각형의 면적이 바로 출력 전력이 되며, 이 직사각형의 면적이 클수록 태양전지의 전력은 증가한다. 따라서 어느 정도의 저항을 사용하느냐에 따라서 태양전지의 전력이 결정된다고 할 수 있다. x축과 만나는 지점이 태양전지가 낼 수 있는 최대 전압이며 y축과 만나는 지점이 최대 전류가 되는 것이다. 이것을 각각 최대 전압과 최대 전류라는 의미로 V_m, I_m으로 표시한다. 태양전지가 출력할 수 있는 최대 전력은 다음과 같다.

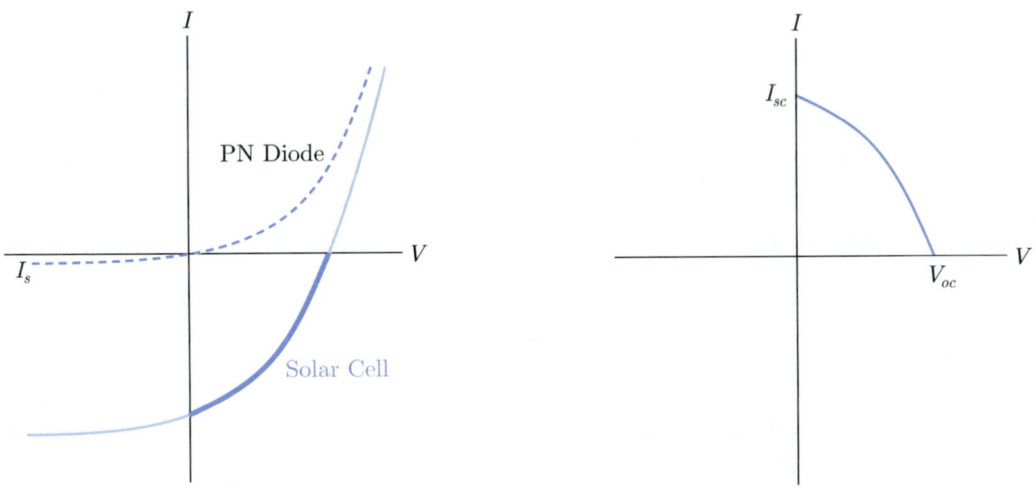

(a) PN 다이오드와 태양전지의 $I-V$ 곡선 (b) 태양전지의 $I-V$ 곡선

그림 10-51 태양전지의 $I-V$ 곡선

$$P_{\max} = V_m \times I_m$$

최대 전압은 전력을 전압으로 미분하여 쉽게 얻을 수 있다. 태양전지는 광전류가 암전류보다 커야 작동하는 디바이스이므로 다음과 같다.

$$V = IR = (I_L - I_D)R, \quad P = VI = (I_L - I_D)V$$

최대 전압에서는 최대 전류가 0이 된다. 반대로 최대 전류에서는 최대 전압이 0이 된다. 이것이 전지가 가지고 있는 특성인 것이다. 두 가지 경우 모두 출력 전력은 0이 된다. 따라서 최대 전압은 전류의 기울기가 0인 지점이다. 따라서 다음과 같이 구할 수 있다.

$$\frac{dP}{dV} = 0 \tag{10-118}$$

$$P = I_L V - I_D V = I_L V - I_s\left[\exp\left(\frac{qV}{kT}\right) - 1\right]V$$

$$\frac{dP}{dV} = I_L - I_s\left[\exp\left(\frac{qV_m}{kT}\right) - 1\right] - I_s V_m\left(\frac{q}{kT}\right)\exp\left(\frac{qV_m}{kT}\right) = 0$$

$$I_s\left(1 + \frac{qV_m}{kT}\right)\exp\left(\frac{qV_m}{kT}\right) = I_L + I_s$$

$$\therefore \left(1 + \frac{qV_m}{kT}\right)\exp\left(\frac{qV_m}{kT}\right) = 1 + \frac{I_L}{I_s} \tag{10-119}$$

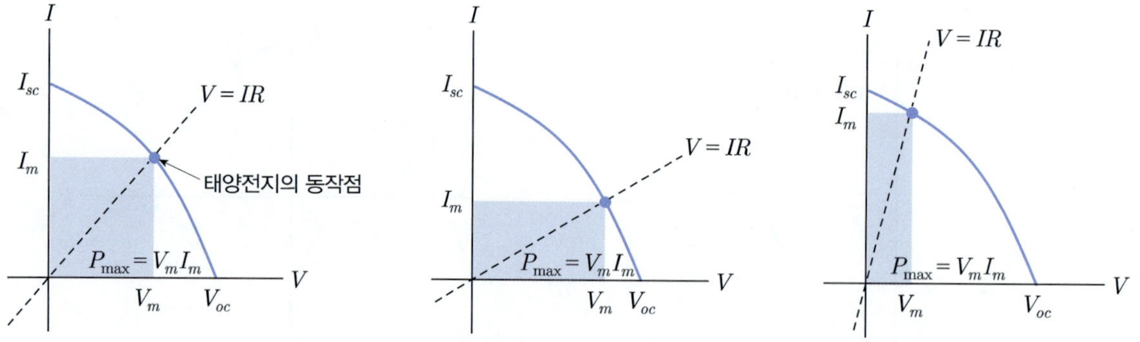

그림 10-52 여러 동작점에서의 태양전지의 최대 전력

예제 10-9-2

$T = 300\,\mathrm{K}$에 단결정 PN 접합(단면적은 $2\,\mathrm{cm}^2$) 실리콘 태양전지가 있다. 과잉 캐리어는 태양전지 내에서 균일하게 형성되고 있다. 광전류 밀도는 $J_L = 30\,\mathrm{mA/cm^2}$이다. 각 태양전지의 인자 값은 다음과 같다.

$$N_D = 2\times10^{18}\,\mathrm{cm^{-3}},\ \ N_A = 1\times10^{16}\,\mathrm{cm^{-3}},\ \ D_p = 10\,\mathrm{cm^2/sec},\ \ D_n = 30\,\mathrm{cm^2/sec}$$

$$\tau_p = 5\times10^{-7}\mathrm{sec},\ \ \tau_n = 5\times10^{-6}\mathrm{sec}$$

1) Built-in 전압
2) 개방 전압
3) 최대 출력 전력
4) 최대 전력을 얻기 위한 외부 부하 저항 값
5) 10 V의 출력을 얻기 위한 태양전지 셀의 개수

풀이

1) built-in 전압

$$V_{bi} = \frac{kT}{q}\ln\left(\frac{N_A N_D}{n_i^2}\right) = (0.0259)\ln\left(\frac{2\times10^{18}\times10^{16}}{2.25\times10^{20}}\right) = 0.832\,\mathrm{V}$$

2) 개방전압

$$V_{oc} = \frac{kT}{q}\ln\left[\frac{J_L}{J_s}+1\right] \quad J_s = qn_i^2\left(\frac{1}{N_A}\sqrt{\frac{D_n}{\tau_n}} + \frac{1}{N_D}\sqrt{\frac{D_p}{\tau_p}}\right)$$

$$J_s = (1.6\times10^{-19})(1.5\times10^{10})^2\left[\frac{1}{1\times10^{16}}\sqrt{\frac{30}{5\times10^{-6}}} + \frac{1}{2\times10^{18}}\sqrt{\frac{10}{5\times10^{-7}}}\right]$$

$$= 36(2.449\times10^{-13} + 2.236\times10^{-15}) = 8.899\times10^{-12}\,\mathrm{A/cm^2}$$

$$J_L = 30\times10^{-3}\,\mathrm{A/cm^2} = 3\times10^{-2}\,\mathrm{A/cm^2}$$

$$\therefore V_{oc} = \frac{kT}{q}\ln\left[\frac{J_L}{J_s}+1\right] = (0.0259)\ln\left[\frac{3\times10^{-2}}{8.899\times10^{-12}}+1\right] = 0.568\,\mathrm{V}$$

앞에서 논의한 것처럼 개방전압은 built-in 전압보다 작음을 알 수 있다.

3) 최대 출력 전압

$$\left(1+\frac{qV_m}{kT}\right)\exp\left(\frac{qV_m}{kT}\right) = 1 + \frac{I_L}{I_s},\quad I_L = 3\times10^{-2}\,\mathrm{A/cm^2}\times2\,\mathrm{cm^2} = 6\times10^{-2}\,\mathrm{A}$$

$$I_s = 8.899 \times 10^{-12}\,\mathrm{A/cm^2} \times 2\,\mathrm{cm^2} = 1.779 \times 10^{-11}\,\mathrm{A}$$

$$\left(1 + \frac{V_m}{0.0259}\right)\exp\left(\frac{V_m}{0.0259}\right) = 1 + \frac{6 \times 10^{-2}}{1.779 \times 10^{-11}} = 3.373 \times 10^{9}$$

최대 전압은 trial and error법으로 구한다. 최대 전압은 개방전압보다 작을 것이다. 대략 최대 전압은 0.490 V가 얻어진다.

$$V_m = 0.490\,\mathrm{V}$$

$$I_m = I_L - I_s\left[\exp\left(\frac{qV_m}{kT}\right) - 1\right] = (6 \times 10^{-2}) - (1.779 \times 10^{-11})\left[\exp\frac{0.490}{0.0259} - 1\right] = 57\,\mathrm{mA}$$

$$P_m = V_m I_m = 0.490\,\mathrm{V} \times 57\,\mathrm{mA} = 27.93\,\mathrm{mW}$$

4) 최대 출력을 얻기 위한 부하 저항 값

$$R = \frac{V_m}{I_m} = \frac{0.490\,\mathrm{V}}{57 \times 10^{-3}\,\mathrm{A}} = 8.896\,\Omega$$

5) 출력 10 V를 얻기 위한 태양전지 셀의 개수
직렬로 연결한다.

$$n_{\mathrm{cell}} = \frac{10\,\mathrm{V}}{0.490\,\mathrm{V}} = 20.408\,\mathrm{ea}$$

따라서 20개 이상의 태양전지를 직렬로 연결하면 출력 전압은 10 V 이상이 된다.

출력할 수 있는 최대 전력을 나타내는 직사각형의 면적이 클수록 좋은 태양전지라 할 수 있는데, 태양전지의 $I-V$ 곡선(개방전압과 단락전류가 형성하는 곡선)은 PN 접합 다이오드 특성을 따른다. 이미 6-4절에서 학습했듯이 s-factor를 최소한으로 작게 할 수 있는 값이 0.06 V이다. 이 값이 작아질수록 전압에 따른 전류 곡선을 급준하게 만들 수 있으며 이렇게 되면 태양전지의 $I-V$ 곡선을 부채꼴에서 사각형에 가깝게 만들 수 있다. 태양전지에서는 fill factor라는 것이 있는데 정의는 다음과 같다.

$$FF = \frac{V_m I_m}{V_{oc} I_{sc}}$$

부채꼴의 면적 대비 직사각형의 면적이 차지하는 비율이다. 이 값이 1이 되면 가장 이상적이겠지만 PN 다이오드 특성상 이것은 불가능하며 그림 10-52와 같이 저항을 최적화하여 최대 동작점에서 사용하는 수밖에 없다. 단결정 실리콘의 경우 FF는 대략 0.8이다. FF로부터 에너지 변환 효율은 다음과 같이 정의할 수 있다.

$$\eta = \frac{P_{\text{output}}(W)}{P_{\text{Input}}(W)} = \frac{V_{oc}I_{sc}}{P_{\text{Input}}(W)} \times FF$$

CHAPTER 10 연습문제

01 상온에서 실리콘, 갈륨비소, ZnSe가 방출하는 최대 파장을 구해 보아라. 밴드 갭은 상온에서 각각 1.12eV, 1.43eV, 2.7eV이다.

02 파장이 750nm인 광원을 두께 3μm의 GaAs 반도체에 쪼이고 있다. GaAs의 흡수 계수를 그림 10-3을 참조해서 구해 보고 750nm 파장의 빛이 3μm 두께를 통과할 때 GaAs에 흡수되는 에너지 비율은 얼마인지 구해 보아라.

03 연습문제 02에서 GaAs의 두께가 1μm가 된다면 흡수되는 에너지 비율은 얼마인가?

04 750nm 파장의 빛이 GaAs 반도체 표면에 입사되고 있다. 90%가 흡수되는 거리를 구해 보아라.

05 750nm 파장의 빛이 n-GaAs 반도체 표면에 입사되고 있다. n-GaAs 반도체의 소수 캐리어 수명이 $\tau_p = 2\times10^{-7}$sec이고 표면에서는 과잉 소수 캐리어가 $\delta p = 5\times10^{15}\,\text{cm}^{-3}$의 비율로 생성된다.

(1) 입사되는 빛의 파워를 구해 보아라.

(2) 생성률이 표면의 절반으로 감소하는 거리를 구해 보아라.

06 750nm 파장의 빛이 단위 면적당 파워 0.01W로 n-GaAs 반도체에 입사된다고 하자. 과잉 소수 캐리어의 수명은 $\tau_p = 2\times10^{-7}$sec이다. 전자-양공의 생성률과 정상 상태에서의 과잉 캐리어 농도를 구해 보아라.

07 pn^+ 접합 실리콘 태양전지가 있다. 캐리어의 생성률이 하기와 같도록 빛이 균일하게 조사되고 있다. 태양전지는 단락 상태이다.

$$N_A = 2\times10^{15}\,\text{cm}^{-3},\ N_D = 10^{17}\,\text{cm}^{-3},\ D_n = 25\,\text{cm}^2/\text{sec},\ D_p = 10\,\text{cm}^2/\text{sec},$$

$$\tau_n = 10^{-6}\text{sec},\ \tau_p = 5\times10^{-7}\text{sec},\ A = 5\,\text{cm}^2,\ G = 5\times10^{21}\,\text{cm}^{-3}\text{sec}^{-1}$$

공간전하 영역에서 생성되는 광전류를 구해 보아라. 개방전압과 내부 전위 장벽의 비율도 구해 보아라.

08 $I_{\nu 0} = 0.5\,\text{W/cm}^2$, $\lambda = 0.75\,\mu\text{m}$의 광다발이 실리콘 표면에 입사된다. 표면 반사는 없다고 가정하

고 표면으로부터 $1\,\mu\text{m}$, $20\,\mu\text{m}$ 깊이에서 전자와 양공의 생성률을 각각 구하라. 흡수 계수는 $\alpha = 10^4\,\text{cm}^{-1}$.

09 $I_{\nu 0} = 0.5\,\text{W/cm}^2$, $\lambda = 0.75\,\mu\text{m}$의 광자들이 실리콘 표면에 입사되고 있다. 표면으로부터 $0.1\,\mu\text{m}$, $1\,\mu\text{m}$, $10\,\mu\text{m}$ 깊이에서 광자들의 세기를 구해 보아라. 흡수 계수는 $\alpha = 10^4\,\text{cm}^{-1}$.

10 $3\,\mu\text{m}$ 두께의 GaAs 반도체에 단색광이 입사되고 있다. 이때 광자의 50%가 흡수된다고 한다면 흡수 계수는 얼마인가?

11 광자의 에너지가 $1.3\,\text{eV}$이다. 광자들이 실리콘 표면에 입사되고 있다. 입사 에너지의 99%, 10%가 흡수되는 두께를 각각 구하라. 흡수 계수는 $\alpha = 1.5 \times 10^2\,\text{cm}^{-1}$.

12 광자의 에너지가 $1.4\,\text{eV}$이고 단위 면적당 세기가 $0.01\,\text{W/cm}^2$이다. 이러한 빛이 실리콘 표면에 입사되고 있다. 과잉 소수 캐리어의 수명은 $10^{-6}\,\text{sec}$이다. 전자와 양공의 생성률을 구하고 정상 상태에서의 과잉 캐리어 농도를 구해 보아라. 표면 효과는 무시한다. 흡수 계수는 $\alpha = 2 \times 10^2\,\text{cm}^{-1}$.

13 두께가 $0.8\,\mu\text{m}$인 GaAs 반도체가 있다. 광자의 에너지가 $1.9\,\text{eV}$인 빛으로 표면을 쪼여 주고 있다. GaAs에 흡수되는 에너지를 백분율로 구해 보아라. 흡수 계수는 $\alpha = 2 \times 10^4\,\text{cm}^{-1}$.

14 파브리-페로 레이저 다이오드는 다중 발진 레이저의 대표적인 소자이다. 공진기의 길이가 길수록 문턱 발진이 낮아지므로 발진하기 쉬워진다. 문턱발진 값을 낮추는 방법으로는 공진기의 양끝면의 반사율을 높이는 방법도 있다. 공진기 미러의 반사율이 각각 10%, 30%, 90%일 때 공진기의 길이를 구해 보아라. $g_{th} - \alpha = 40\,\text{cm}^{-1}$이다.

15 표면 발광 레이저 다이오드는 단일 모드의 대표적인 레이저 다이오드이다. 활성층의 두께가 대략 $0.1\,\mu\text{m}$로 매우 얇으므로 공진기의 역할을 하기 어렵기 때문에 브래그 미러를 상하단에 삽입하는 구조를 취한다. 이렇게 하여 반사율을 증가시켜 문턱 발진을 낮추고 있다. 파브리-페로 레이저 다이오드의 공진기 길이는 대략 $250\,\mu\text{m}$이다. 표면 발광 다이오드가 파브리-페로 레이저 다이오드의 $250\,\mu\text{m}$의 공진기 효과를 내려면 브래그 미러의 반사율은 얼마로 해야 하는가? $g_{th} - \alpha = 40\,\text{cm}^{-1}$이다. 그리고 파브리-페로의 공진기 미러의 반사율은 대략 33%이다.

16 DFB 레이저 다이오드는 단일 모드 발광의 대표적인 소자이며 광통신에 활용하고 있다. 파장이

650 nm 인 빛을 활용하고자 한다. 이때 단일 모드 발진을 만들기 위해서 반사형 회절격자의 간격은 얼마로 해야 하는가? 레이저의 활성층과 클래딩층은 GaAs, AlGaAs를 사용하고 굴절률은 각각 3.5, 3.3으로 가정하고 계산해 보아라.

17 태양전지는 광전류와 암전류로 구성된다. 광전류는 다음과 같은 관계가 있다.

$$I_{\text{Light}} \propto qI_0(1-R)\exp(-\alpha a)\frac{\alpha L_n}{\alpha L_n + 1}$$

광전류를 증가시키기 위한 몇 가지 방법이 존재한다. 반사율을 줄이고 흡수 계수가 큰 물질을 사용하는 것이다. 기타 방법으로 어떠한 방법이 있는지 상기 수식을 보고 설명해 보아라.

18 $I_s = 8.95 \times 10^{-9}$ A 이고 광전류는 120 mA 였다.

(1) 개방회로 전압을 구하라.

(2) 전체 태양전지에 100 mA 가 흐르도록 접합에 걸리는 전압

(3) 태양전지의 최대 출력

(4) 최대 전력을 생산하는 외부 부하 저항

19 역포화 전류 $I_s = 10^{-9}$ A 인 태양전지가 상온에 놓여 있다. $I_L = 200$ mA 일 때 다음을 구하라.

(1) 개방회로 전압을 구하라.

(2) 태양전지의 최대 출력

(3) 최대 전력을 생산하는 외부 부하 저항

20 다음과 같은 태양전지가 있다. $T = 300$ K, $I_s = 10^{-10}$ A, $I_L = 100$ mA 이다.

(1) 개방전압을 구하라.

(2) 최대 출력

(3) 최대 출력을 얻기 위한 부하 저항

21 빛의 세기는 W(와트) = J/sec로 표현한다. 광원에서 파장이 750 nm 인 빛이 1 W 의 세기로 방출하고 있다. 다음을 구해 보아라.

(1) 광자 1개가 갖는 에너지

(2) 초당 몇 개의 광자가 방출되고 있는가?

(3) 초당 1개의 광자만을 방출하기 위해서 빛의 세기는 몇 W가 되어야 하는가?

부 록

기호 목록

$A(\mathrm{V}, \mathrm{V/cm}, \mathrm{cm}^2)$	진폭, 면적
$a(\text{Å}, \mathrm{cm})$	격자 상수, 전위 우물, 장벽 폭, 거리
$a(\mathrm{cm/sec}^2)$	가속도
a	경사 PN 접합에서 농도 기울기
$a_0(\text{Å})$	보어의 원자 반경
C	자연 방출 광 결합 계수
$c(\mathrm{cm/sec})$	빛의 속도
$C(\mathrm{F})$	커패시턴스
$C'(\mathrm{F/cm}^2)$	단위 면적당 커패시턴스
$C_d(\mathrm{F})$	확산 커패시턴스
$C'_{dep}(\mathrm{F/cm}^2)$	공핍모드에서의 단위 면적당 총 커패시턴스
$C'_{FB}(\mathrm{F/cm}^2)$	단위 면적당 총 플랫밴드 커패시턴스 $\dfrac{1}{C'_{FB}} = \dfrac{1}{C_{ox}} + \dfrac{1}{C'_s}$
$C_{gsp}(\mathrm{F})$	게이트-소스 오버랩에 기인하는 기생 커패시턴스
$C_{gdp}(\mathrm{F})$	게이트-드레인 오버랩에 기인하는 기생 커패시턴스
$C_n(\mathrm{cm}^3/\mathrm{sec})$	전자의 포획 상수(전자의 열속도와 포획 단면적의 곱)
$C_{ox}(\mathrm{F/cm}^2)$	단위 면적당 게이트 산화막의 커패시턴스
$C_p(\mathrm{cm}^3/\mathrm{sec})$	양공의 포획 상수
$C'_{SD}(\mathrm{F/cm}^2)$	단위 면적당 공핍 커패시턴스

$C_s'(\mathrm{F/cm^2})$	플랫밴드 전압에서의 단위 면적당 커패시턴스
$C_{th}'(\mathrm{F/cm^2})$	문턱 전압에서의 단위 면적당 커패시턴스
	$C_{th}' = C_{SD}' + C_{inv}'$
$d(\mathrm{cm})$	거리
$D'(\mathrm{cm^2/sec})$	앰비폴러 확산 계수
$D_I(\mathrm{ions/cm^2})$	주입하는 단위 면적당 이온 수
$D_n, D_p(\mathrm{cm^2/sec})$	소수 캐리어 전자와 양공의 확산 계수
$E(\mathrm{J,eV})$	에너지
$\mathrm{E}(\mathrm{V/cm})$	전기장, 전계
$\mathrm{E_{bi}}(\mathrm{V/cm})$	내부 전계
$\mathrm{E_{crit}}(\mathrm{V/cm})$	애벌런치 항복이 일어나는 임계 전계
$E_c(\mathrm{eV})$	전도대의 바닥상태 에너지
$\Delta E_c, \Delta E_v(\mathrm{eV})$	이종 접합에서의 전도대, 가전자대의 차이
$E_c'(\mathrm{eV})$	전도대 바닥상태 위 전위 장벽을 넘는 전자들의 퍼텐셜에너지
$E_d, E_a(\mathrm{eV})$	도너와 억셉터 에너지 준위
$E_F(\mathrm{eV})$	페르미 에너지 준위
$E_{Fi}(\mathrm{eV})$	진성 페르미 에너지 준위
$E_{Fn}, E_{Fp}(\mathrm{eV})$	전자와 양공에 대한 의사(quasi) 페르미 에너지 준위
$E_{FM}, E_{FS}(\mathrm{eV})$	메탈과 반도체의 페르미 에너지 준위
$E_g(\mathrm{eV})$	밴드 갭 에너지(전자의 파동함수가 존재할 수 없는 영역, $E_c - E_v$)
$\mathrm{E_I}(\mathrm{V/cm})$	영상전하가 일으키는 전계
$E_n, E_p(\mathrm{sec^{-1}})$	전자와 양공의 방출 비례 상수
$E_t(\mathrm{eV})$	트랩 에너지 준위
$\mathrm{E_{sat}}(\mathrm{V/cm})$	전자의 속도를 포화시키는 전계(포화 전계)
$E_v(\mathrm{eV})$	가전자대의 바닥상태 에너지(가전자대의 가장 높은 지점)
$f_F(E)$	페르미-디랙 확률함수
$F_I(\mathrm{N})$	영상전하가 일으키는 힘
$f_r(\mathrm{Hz})$	공진 주파수
$F_{1/2}(\eta)$	페르미-디랙 적분함수

$G, g(\text{cm}^{-1})$	이득 계수
$g(E)(\text{cm}^{-3}\text{eV}^{-1})$	상태 밀도 함수
$G(\text{cm}^{-3}\text{sec}^{-1})$	과잉 캐리어의 생성률
$g_c, g_v(\text{cm}^{-3}\text{eV}^{-1})$	전도대와 가전자대의 상태 밀도
$g_m(\text{A/V})$	전달 컨덕턴스
$G_n, G_p(\text{cm}^{-3}\text{sec}^{-1})$	과잉 전자, 양공의 생성률
$G_{n0}, G_{p0}(\text{cm}^{-3}\text{sec}^{-1})$	열평형 상태에서의 진성 전자, 진성 양공의 생성률
$g_{th}(\text{cm}^{-1})$	문턱 이득
$h(\text{Jsec})$	플랑크 상수
$I(\text{A}, \text{W/cm}^2)$	전류, 빛의 세기
$I_{\text{dark}}(\text{A})$	암전류
$I_{DS}(\text{A})$	드레인에서 소스로 흐르는 전류
$I_L(\text{A})$	광전류
$I_m(\text{A})$	태양전지의 최대 전류
$I_n, I_p(\text{A})$	전자와 양공 전류
$I_{sc}(\text{A})$	태양전지의 단락 전류
$I_s(\text{A})$	이상적인 역방향 전압에서의 포화 전류
$I_{th}(\text{A})$	유도방출을 일으키는 문턱 전류
$J_g(\text{A/cm}^2)$	공핍층에서 발생하는 열적 캐리어에 의한 생성 전류
$J_L(\text{A/cm}^2)$	광전류 밀도
$J_n, J_p(\text{A/cm}^2)$	전자와 양공의 전류 밀도
$J_{rec}(\text{A/cm}^2)$	순방향 바이어스에서의 공핍층 내에서 발생하는 재결합 전류 밀도
$J_{r0}(\text{A/cm}^2)$	제로 바이어스에서의 공핍층 내에서 발생하는 재결합 전류 밀도
$J_s(\text{A/cm}^2)$	이상적인 PN 접합 다이오드에서 역방향 전압 인가 시의 역포화 전류 밀도
$J_{sT}(\text{A/cm}^2)$	이상적인 쇼트키 다이오드에서 역포화 전류 밀도
$k(\text{J/K}, \text{cm}^{-1})$	볼츠만 상수, 파수
$k_n'(\text{A/V}^2)$	공정 전도 파라미터
$K_n(\text{A/V}^2)$	전도 파라미터
$L(\text{cm})$	채널 길이, 공진기 길이

$l(\text{cm})$	전자의 평균 자유 행정
$L_{eff}(\text{cm})$	채널 길이 변조 인자를 고려한 유효 채널 길이
$L_n, L_p(\text{cm})$	소수 캐리어 전자와 양공이 재결합하여 소멸할 때까지 확산한 거리
$\Delta L(\text{cm})$	채널 길이 변조 인자
M	변조도
$m(\text{kg})$	질량
m	모드 번호, 정수
$m_0(\text{kg})$	전자의 정지질량
$m_{cn}^*(\text{kg}), m_{cp}^*(\text{kg})$	전자와 양공의 전도성 유효질량
$m_n^*(\text{kg}), m_p^*(\text{kg})$	전자와 양공의 상태 밀도 유효질량
M_n	애벌런치 증배 인자
n	정수
$n_0(\text{cm}^{-3})$	열평형 상태에서의 전자 농도
$n(\text{cm}^{-3})$	과잉 전자와 열평형 상태의 전자 농도의 총합
$n'(\text{cm}^{-3})$	전자의 방출률과 포획률을 연결하는 비례 상수
$n_i(\text{cm}^{-3})$	진성 캐리어 농도
$n_{n0}(\text{cm}^{-3})$	n형 반도체의 열평형 상태에서의 다수 캐리어 전자 농도
$n_{p0}(\text{cm}^{-3})$	p형 반도체의 열평형 상태에서의 소수 캐리어 전자 농도
$n_p(\text{cm}^{-3})$	p형 반도체의 소수 캐리어 전자 농도
$n_s, p_s(\text{cm}^{-3})$	표면 부근에서의 전자와 양공 농도
$N(\text{cm}^{-3})$	밀도
$N_B(\text{cm}^{-3})$	일방 접합에서 애벌런치 항복이 발생하는 저도핑 반도체의 농도
$N_c, N_v(\text{cm}^{-3})$	전도대, 가전자대의 유효 상태 밀도
$N_D, N_A(\text{cm}^{-3})$	도너, 억셉터 불순물의 밀도
$N_g(\text{cm}^{-3})$	이득과 손실이 동일해지는 캐리어의 밀도
$N_t(\text{cm}^{-3})$	전자와 양공을 포획하는 트랩 밀도
$P(\text{watt})$	전력
$p(\text{kgm/sec})$	운동량
$p(\text{cm}^{-3})$	과잉 양공과 열평형 상태의 양공 농도의 총합

$p_0(\text{cm}^{-3})$	열평형 상태의 양공 농도
$p'(\text{cm}^{-3})$	양공의 방출률과 포획률을 연결하는 비례 상수
$p_{n0}(\text{cm}^{-3})$	n형 반도체의 열평형 상태에서의 소수 캐리어 양공 농도
$p_n(\text{cm}^{-3})$	n형 반도체의 소수 캐리어 양공 농도
$p_{p0}(\text{cm}^{-3})$	p형 반도체의 열평형 상태에서 다수 캐리어 양공 농도
$q(\text{C},\text{cm}^{-1})$	전하, 파수
$Q'(\text{C/cm}^2)$	단위 면적당 전하
$Q'_{acc}(\text{C/cm}^2)$	단위 면적당 축적 전하 밀도
$Q'_B(\text{C/cm}^2)$	게이트 전압에 의해 제어되는 단위 면적당 벌크 전하 밀도
$Q'_{dep}(\text{C/cm}^2)$	단위 면적당 총 공간 전하 밀도
$Q_{it}(\text{C})$	산화막과 반도체 계면에 포획되는 전하
$Q'_m(\text{C/cm}^2)$	메탈의 단위 면적당 전하 밀도
$Q_{\text{mobile}}(\text{C})$	산화막 내 모바일 전하
$Q'_n(\text{C/cm}^2)$	단위 면적당 반전 전하 밀도
$Q_{ot}(\text{C})$	산화 막내 트랩에 포획되는 전하
$Q_s(\text{C})$	표면전하
$Q'_{ss}(\text{C/cm}^2)$	단위 면적당 고정 산화막 전하 밀도
$Q'_{SD}(\text{max})(\text{C/cm}^2)$	단위 면적당 최대 공간 전하 밀도
$R(\text{ohm}, \text{cm}^{-3}\text{sec}^{-1})$	반사 계수, 저항, 재결합률
$R_c(\text{ohmcm}^2)$	접촉 비저항
$R_{cn}, R_{en}(\text{cm}^{-3}\text{sec}^{-1})$	전자의 포획률과 방출률
$R_{cp}, R_{ep}(\text{cm}^{-3}\text{sec}^{-1})$	양공의 포획률과 방출률
$r_j(\text{cm})$	접합의 깊이
$R_{\max}(\text{cm}^{-3}\text{sec}^{-1})$	최대 재결합
$r_n(\text{Å})$	도펀트의 최외각 전자의 회전 반경
$SS(\text{V/dec})$	subthreshold swing
$S(\text{cm}^{-3})$	광자 밀도
$t(\text{cm})$	두께
$t(\text{sec})$	전자가 처음 충돌할 때까지 전계에 가속되는 평균 시간

T(Kelvin, J, eV)	온도, 운동에너지
t_d(sec)	캐리어의 지연 시간. 역방향 전압을 상쇄시키고 순방향 전압이 0이 되는 시간
t_f(sec)	캐리어의 폴링 시간. 역방향 전류의 90%에서 10%까지 감소하는 시간
t_{ox}(nm)	게이트 산화막 두께
t_r(sec)	상승 시간. 소수 캐리어가 순방향 전압에 따라 분포를 이루는 시간
t_s(sec)	과잉 소수 캐리어의 축적 시간
$u(x)$	주기를 갖는 파동함수
V(V, eV, cm^{-3})	전위, 퍼텐셜(위치)에너지, 활성층의 체적
V_a(V)	순방향 전압
V_{bi}(V)	내부 전위 장벽
V_B(V)	항복 전압
$V_{DS,sat}$(V)	드레인-소스 포화 전압
V_{FB}(V)	플랫밴드 전압
V_{GS}(V), V_{DS}(V), V_{GD}(V)	게이트-소스 전압, 드레인-소스 전압, 게이트-드레인 전압
V_m(V)	태양전지의 최대 전압
V_{oc}(V)	태양전지의 개방 전압
V_{ox}(V)	산화막 양단에 걸리는 전위차
V_R(V)	역방향 전압
V_{SB}(V)	모스펫의 소스-몸체 전압
V_{th}(V)	문턱 전압
V_x(V)	모스펫 수평 방향으로 채널 내에 존재하는 전위
v_d(cm/sec)	캐리어의 드리프트 속도
v_{sr}(cm/sec)	캐리어의 표면 재결합 속도
v_{th}(cm/sec)	전자의 열속도
v_{sat}(cm/sec)	캐리어의 포화 속도
W(cm)	공핍층의 폭, MOSFET 채널 폭
x(cm)	거리
x_0(cm)	선형 경사 도핑 프로파일을 갖는 PN 접합에서 각 영역의 공핍층 폭
x_d(cm)	공간전하 폭

x_{dS}, x_{dD}(cm)	소스와 드레인 부근에 각각 형성되는 공핍층
x_{dT}(cm)	최대 공간전하 폭
x_I(cm)	주입 깊이
$x_{\min}$(cm)	MS 접합 계면에서 쇼트키 장벽 높이 감소 지점까지의 거리
$x_{\max}$(cm)	영상전하가 일으키는 전자의 퍼텐셜에너지의 최대 지점까지의 거리
x_n(cm)	접합의 경계면에서 n형 영역의 공핍층까지의 폭
x_p(cm)	접합의 경계면에서 p형 영역의 공핍층까지의 폭
α, α_r(cm^{-1})	흡수 계수
α_n, α_p(cm^{-1})	전자와 양공의 이온화율
β(cm^{-1})	전파 상수
Γ	반사 계수
γ($\sqrt{\mathrm{V}}$)	보디 효과 계수
$\delta n, \delta p$(cm^{-3})	과잉 소수 캐리어 전자와 양공 농도
δn_p(cm^{-3})	p형 영역으로 공핍층을 가로질러 온 과잉 소수 캐리어 전자 농도
δp_n(cm^{-3})	n형 영역으로 공핍층을 가로질러 온 과잉 소수 캐리어 양공 농도
$\Delta\phi$(V)	쇼트키 장벽 높이 감소분
ϵ($\mathrm{F/cm^2}$)	물질의 유전율
ϵ_{ox}($\mathrm{F/cm^2}$)	산화막의 유전율
ϵ_r	유전 상수(比 유전율, ϵ/ϵ_0)
ϵ_s($\mathrm{F/cm^2}$)	반도체의 유전율
ϵ_{Si}($\mathrm{F/cm^2}$)	실리콘 반도체의 유전율
ϵ_0($\mathrm{F/cm^2}$)	진공의 유전율
η	슈뢰딩거 파동방정식의 분리 상수
λ(μm)	파장
μ'($\mathrm{cm^2/Vsec}$)	앰비폴러 이동도
μ_n, μ_p($\mathrm{cm^2/Vsec}$)	전자와 양공의 이동도
ν(Hz)	진동수
ρ(ohmcm)	비저항
ρ($\mathrm{C/cm^3}$)	체적 전하 밀도

σ(S/cm,ohm^{-1}cm^{-1})	전도도
τ_B(sec)	밴드 간 재결합 시간
τ_{eh}(sec)	전자와 양공의 재결합 시간(전자와 양공의 수명)
τ_n, τ_p(sec)	과잉 소수 캐리어 전자와 양공의 수명
τ_{nt}, τ_{pt}(sec)	과잉 소수 캐리어와 열평형 상태가 혼합된 전자와 양공의 수명
τ_{ph}(sec)	광자의 수명(공진기 밖으로 방출되는 시간으로 정의)
τ_R(sec)	재결합 평균 시간
τ_{SRH}(sec)	SRH 재결합 시간
ϕ(V)	일함수, 전위
ϕ_{Bn}(V)	영상전하를 고려한 실제 쇼트키 장벽의 높이
ϕ_{B0}(V)	이상적인 쇼트키 장벽의 높이
ϕ_{Fn}(V)	n형 반도체에서 진성 페르미 준위와 페르미 준위 사이의 전위차
ϕ_{Fp}(V)	p형 반도체에서 진성 페르미 준위와 페르미 준위 사이의 전위차
ϕ_I(V)	영상전하가 일으키는 전위
ϕ_m(V),ϕ_s(V)	금속과 반도체의 일함수
ϕ_{MS}(V)	MS 접합 내 정전 퍼텐셜
ϕ_{ms}(V)	금속과 반도체의 일함수 차이
ϕ_n(V)	n형 반도체에서 전도대 바닥상태와 페르미 준위 사이의 전위차
ϕ_p(V)	p형 반도체에서 가전자대 바닥상태와 페르미 준위 사이의 전위차
ϕ_s(V)	표면 전위
$\phi(t)$	시간에 의존하는 파동함수
χ(V)	전자 친화력
$\psi(x)$	시간에 독립인 파동함수
$\psi(x,t)$	전체 파동함수
ω(Kgm^2/sec, sec^{-1})	각 운동량, 각 주파수
ω_r(Hz)	공진 주파수

단위

Table B.1 International system of units

Quantity	Unit	Symbol	Dimension
Length	meter	m	
Mass	kilogram	kg	
Time	second	s or sec	
Temperature	kelvin	K	
Current	ampere	A	
Frequency	hertz	Hz	l/s
Force	newton	N	$kg-m/s^2$
Pressure	pascal	Pa	N/m^2
Energy	joule	J	N–m
Power	watt	W	J/s
Electric charge	coulomb	C	A–s
Potential	volt	V	J/C
Conductance	siemens	S	A/V
Resistance	ohm	Ω	V/A
Conpacitance	farad	F	C/V
Magnetic flux	weber	Wb	V–s
Magnetic flux density	tesla	T	Wb/m^2
Inductance	henry	H	Wb/A

물리 상수

Avogadro's number	$N_A = 6.02 \times 10^{23}$ molecules/mole
Boltzmann's constant	$k = 1.38 \times 10^{-23}$ J/K
	$= 8.62 \times 10^{-5}$ eV/K
Electronic charge (magnitude)	$q = 1.60 \times 10^{-19}$ C
Electronic rest mass	$m_0 = 9.11 \times 10^{-31}$ kg
Permittivity of free space	$\epsilon_0 = 8.85 \times 10^{-14}$ F/cm
	$= 8.85 \times 10^{-12}$ F/m
Planck's constant	$h = 6.63 \times 10^{-34}$ J-s
	$= 4.14 \times 10^{-15}$ eV-s
Room temperature value of kT	$kT = 0.0259$ eV
	$\frac{kT}{q} = 0.0259$ V

	Prefixes:		
1 Å (angstrom) = 10^{-8} cm	milli-,	m-	$= 10^{-3}$
1 μm (micron) = 10^{-4} cm	micro-,	μ-	$= 10^{-6}$
1 nm = 10 Å = 10^{-7} cm	nano-,	n-	$= 10^{-9}$
2.54 cm = 1 in.	pico-,	p-	$= 10^{-12}$
1 eV = 1.6×10^{19} J	kilo-,	k-	$= 10^{3}$
	mega-,	M-	$= 10^{6}$
	giga-,	G-	$= 10^{9}$

A wavelength λ of 1 μm corresponds to a photon energy of 1.24 eV.

반도체 특성

		E_g (eV)	μ_n (cm^2/V-s)	μ_p (cm^2/V-s)	m_n^*/m_o (m_l, m_t)	m_p^*/m_o (m_{lh}, m_{hh})	a (Å)	ϵ_r T=300k	Density (g/cm^3)	Melting point (℃)
Si	(i/D)	1.11	1350	480	0.98, 0.19	0.16, 0.49	5.43	11.8	2.33	1415
Ge	(i/D)	0.67	3900	1900	1.64, 0.082	0.04, 0.28	5.65	16	5.32	936
SiC (α)	(i/W)	2.86	500	–	0.6	1.0	3.08	10.2	3.21	2830
AlP	(i/Z)	2.45	80	–	–	0.2, 0.63	5.46	9.8	2.40	2000
AlAs	(i/Z)	2.16	1200	420	2.0	0.15, 0.76	5.66	10.9	3.60	1740
AlSb	(i/Z)	1.6	200	300	0.12	0.98	6.14	11	4.26	1080
GaP	(i/Z)	2.26	300	150	1.12, 0.22	0.14, 0.79	5.45	11.1	4.13	1467
GaAs	(d/Z)	1.43	8500	400	0.067	0.074, 0.50	5.65	13.2	5.31	1238
GaN	$(d/Z, W)$	3.4	380	–	0.19	0.60	4.5	12.2	6.1	2530
GaSb	(d/Z)	0.7	5000	1000	0.042	0.06, 0.23	6.09	15.7	5.61	712
InP	(d/Z)	1.35	4000	100	0.077	0.089, 0.85	5.87	12.4	4.79	1070
InAs	(d/Z)	0.36	22600	200	0.023	0.025, 0.41	6.06	14.6	5.67	943
InSb	(d/Z)	0.18	10^5	1700	0.014	0.015, 0.40	6.48	17.7	5.78	525
ZnS	$(d/Z, W)$	3.6	180	10	0.28	–	5.409	8.9	4.09	1650*
ZnSe	(d/Z)	2.7	600	28	0.14	0.60	5.671	9.2	5.65	1100*
ZnTe	(d/Z)	2.25	530	100	0.18	0.65	6.101	10.4	5.51	1238*
CdS	$(d/W, Z)$	2.42	250	15	0.21	0.80	4.137	8.9	4.82	1475
CdSe	(d/W)	1.73	800	–	0.13	0.45	4.30	10.2	5.81	1258
CdTe	(d/Z)	1.58	1050	100	0.10	0.37	6.482	10.2	6.20	1098
PbS	(i/H)	0.37	575	200	0.22	0.29	5.936	17.0	7.6	1119
PbSe	(i/H)	0.27	1500	1500	–	–	6.147	23.6	8.73	1081
PbTe	(i/H)	0.29	6000	4000	0.17	0.20	6.452	30	8.16	925

*기화 온도

i: indirect d: direct band gap

W: wurtzite H: halite D: diamond Z: zinc blende

W와 Z 구조를 갖는 반도체 GaN, ZnS, CdS에 대해서는 cubic 구조의 격자 상수만 표시하였음.

연습문제 해답

2-1 $E = E_c + \frac{kT}{2}$

2-3 $n_0 = 1.315 \times 10^{17}\,\text{cm}^{-3}$, $p_0 = 6.143 \times 10^{7}\,\text{cm}^{-3}$

2-5 $n_0 = 3.16 \times 10^{19}\,\text{cm}^{-3}$

2-7 $n_i = 7.071 \times 10^{13}\,\text{cm}^{-3}$, $p_0 = 5 \times 10^{13}\,\text{cm}^{-3}$

2-9 $N_D = 1.94 \times 10^{16}\,\text{cm}^{-3}$

2-11 $n_0 = p_0 = 1.5 \times 10^{10}\,\text{cm}^{-3}$

2-13 (1) $E_F - E_v = 0.258\,\text{eV}$ (2) $p_0 = 4.91 \times 10^{14}\,\text{cm}^{-3}$

2-15 (1) $n_0 = 1.887 \times 10^{17}\,\text{cm}^{-3}$ (2) $n_0 = 2.844 \times 10^{20}\,\text{cm}^{-3}$

2-17 n형 반도체는 전자가 양공보다 많은 반도체이다. 상온에서 도너 원자에 약하게 구속된 최외각 전자는 전도대로 여기된다. 그러나 전자가 방출되면 도너 원자들이 이온화되면서 양의 전하를 띠고 있으므로 전자의 음의 전하와 동일한 개수를 형성한다. 한편 양공은 $\sim 10^{-4}\,\text{cm}^{-3}$개가 존재하지만 전체 원자밀도 $\sim 10^{22}\,\text{cm}^{-3}$에 비해 무시할 수 있을 만큼 작으므로 전기적으로 중성으로 간주한다.

2-19 0.0069%

2-21 (1) n형 반도체

(2) 다수 캐리어는 전자, 소수 캐리어는 양공,

$n_0 = 2.25 \times 10^{15}\,\text{cm}^{-3}$, $p_0 = 10^5\,\text{cm}^{-3}$

(3) $N_D = 9.25 \times 10^{15}\text{cm}^{-3}$

2-23 $N_D = 1.447 \times 10^{18}\,\text{cm}^{-3}$

2-25 반도체에서 전류를 형성하기 위해서는 캐리어의 흐름이 있어야 한다. 실리콘 원자핵에 속박된 전자들은 전류를 형성하기가 매우 어렵다. 반도체에서 기술하는 n형 반도체란 최외각의 원자핵에 약하게 속박된 과잉 전자를 일컬으며 이 전자가 외부의 힘에 의해 결정의 속박에서 벗어나 자유롭게 운동하는 것이다. 반면 p형 반도체는 최외각에 전자 1개를 부족하게 도핑하여 양공을 만들어 내는데, 이 양공이 자유롭게 이동하면서 양공 전류를 만들어 낸다. 즉 n형, p형 반도체라 함은 전류 성분을 만들어 내는 주요 캐리어가 무엇이냐에 따라서 구분하는 것이다. 반도체 내의 총 전자 개수를 의미하는 것이 아니라 전류를 만들어 내는 캐리어의 많고 적음에 따라 n형 또는 p형으로 구분한다. 따라서 p형 반도체는 캐리어를 만드는 양공이 많으며 양공에 의해 전류를 생성한다.

2-27 p형

2-29 1) $2.371 \times 10^{20}\,\text{cm}^{-3}$ 2) 약 2배

2-31 $\dfrac{g_c}{g_v} = \dfrac{7.497}{2.799} = 2.678$

전자와 양공의 상태 밀도 유효질량이 다르기 때문

2-33 점유확률은 대략 128배 증가

2-35 0.355%

3-1 (1) $n_0 = 5 \times 10^{16}\,\text{cm}^{-3}$, $p_0 = 4.5 \times 10^3\,\text{cm}^{-3}$

(2) $J = 108\,\text{A/cm}^2$

3-3 $8.333 \times 10^{-10}\,\text{sec}$, $10^{-11}\,\text{sec}$, $10^{-11}\,\text{sec}$

3-5 1) $7.92 \times 10^{15}\,\text{cm}^{-3}$ 2) $9.79 \times 10^{15}\,\text{cm}^{-3}$

3-7 (1) $n = n_i \exp\left[\left(\frac{0.4-(2.5\times 10^2)x}{kT}\right)\right]$ (2) $J_{n,\text{diff}} = -0.258\,\text{A/cm}^2$

3-9 (1) $J_{n,\text{diff}} = -(279.72)e^{-x/L}\,\text{A/cm}^2$ (2) $E = 25.9\,\text{V/cm}$

3-11 (1) $\rho = 34.722\,\Omega\text{cm},\ \sigma = 0.029(\Omega\text{cm})^{-1}$ (2) $N_D = 1.007\times 10^{15}\,\text{cm}^{-3}$

3-13 $\mu_n = 1500\,\text{cm}^2/\text{Vsec}$

3-15 (1) $T = 350\,\text{K},\ N_c = 3.546\times 10^{19}\,\text{cm}^{-3},\ N_v = 1.311\times 10^{19}\,\text{cm}^{-3}$

(2) $T = 400\,\text{K},\ N_c = 4.332\times 10^{19}\,\text{cm}^{-3},\ N_v = 1.601\times 10^{19}\,\text{cm}^{-3}$

3-17 (1) $-32\,\text{A/cm}^2$ (2) $-22.4\,\text{A/cm}^2$ (3) $-12.8\,\text{A/cm}^2$ (4) $x = -10\,\mu\text{m}$

3-19 (1) $J_n = (-20)\exp\left(\frac{-x}{L}\right)$

(2) $J_{p,\text{drift}} = (20)\left[\exp\left(\frac{-x}{L}\right)-1\right]\text{A/cm}^2$

(3) $E = (26.042)\left[\exp\left(\frac{-x}{L}\right)-1\right]\text{V/cm}$

4-1 (1) $R_{p0} = 4.5\times 10^{10}\,\text{cm}^{-3}\text{sec}^{-1}$ (2) $R_p = 2\times 10^{22}\,\text{cm}^{-3}\text{sec}^{-1}$

4-3 (1) $\mu_n = 1100\,\text{cm}^2/\text{Vsec},\ D_n = 28.49\,\text{cm}^2/\text{sec}$

(2) $\tau_{pt} = 1.1\times 10^6\,\text{sec}$

4-5 (1) $\tau_p = 9.375\times 10^{-6}\,\text{sec}$ (2) $\delta p = G\tau_p = 1.875\times 10^{13}\,\text{cm}^{-3}$

(3) $\tau_p = 9.375\times 10^{-6}\,\text{sec}$

4-7 (1) $\delta n = 3.15\times 10^{15}\,\text{cm}^{-3}$ (2) $0.402\,\text{eV}$ (3) $0.317\,\text{eV}$

4-9 $\delta p = 10^{11}\,\text{cm}^{-3}$ $E_{Fi} - E_{Fp} = 0.049\,\text{eV}$

$\delta p = 10^{12}\,\text{cm}^{-3}$ $E_{Fi} - E_{Fp} = 0.109\,\text{eV}$

$\delta p = 10^{13}\,\text{cm}^{-3}$ $E_{Fi} - E_{Fp} = 0.168\,\text{eV}$

$\delta p = 10^{14}\,\text{cm}^{-3}$ $E_{Fi} - E_{Fp} = 0.228\,\text{eV}$

$\delta p = 10^{15}\,\text{cm}^{-3}$ $\quad E_{Fi} - E_{Fp} = 0.288\,\text{eV}$

4-11 (1) $4 \times 10^{20}\,\text{cm}^{-3}\text{sec}^{-1}$ (2) $\tau_{pt} = 2.222 \times 10^{5}\,\text{sec}$

4-13 (1) $0.347\,\text{eV}$ (2) $E_{Fn} - E_{Fi} = 0.35\,\text{eV}$, $E_{Fi} - E_{Fp} = 0.288\,\text{eV}$

4-15 (1) $\delta n = 2.335 \times 10^{14}\,\text{cm}^{-3}$ (2) $0.376\,\text{eV}$

4-17 (1) $4.90 \times 10^{14}\,\text{cm}^{-3}$ (2) $-0.39\,\text{A/cm}^2$

4-19 I) $0 \le t \le 5 \times 10^{-7}\text{sec}$, $\delta p(t) = (2.5 \times 10^{14})\left[1 - \exp\left(\frac{-t}{\tau_p}\right)\right]\text{cm}^{-3}$

II) $t = 5 \times 10^{-7}\text{sec}$, $\delta p(5 \times 10^{-7}) = 1.58 \times 10^{14}\,\text{cm}^{-3}$

III) $t \ge 5 \times 10^{-7}\text{sec}$, $\delta p(t) = (1.58 \times 10^{14})\left[\exp\left(-\frac{t - (5 \times 10^{-7})}{\tau_p}\right)\right]\text{cm}^{-3}$

5-1 $0.778\,\text{V}$, $0.838\,\text{V}$

5-3 (1) $2.113 \times 10^{15}\,\text{cm}^{-3}$ (2) $8.452 \times 10^{15}\,\text{cm}^{-3}$ (3) $0.141\,\mu\text{m}$
(4) $0.565\,\mu\text{m}$ (5) $1.841 \times 10^{4}\,\text{V/cm}$

5-5 (1) $5.569\,\text{V}$ (2) $58.049\,\text{V}$

5-7 (1) $0.557\,\text{V}$ (2) $x_n = 2.66\,\mu\text{m}$, $x_p = 0.053\,\mu\text{m}$ (3) $V_R = 70.369\,\text{V}$

5-9 $V_{bi} = 0.778\,\text{V}$, $C(V_R = 3) = 10.307\,\text{pF}$, $C(V_R = 6) = 7.696\,\text{pF}$

5-11 $10\,\text{V}$

5-13 (1) $0.695\,\text{V}$ (2) $0.754\,\text{V}$ (3) $0.814\,\text{V}$

5-15 $0.059\,\text{V}$

5-17 (1) $0.695\,\text{V}$ (2) $2.729\,\mu\text{m}$ (3) $1.975 \times 10^{4}\,\text{V/cm}$

5-19 (1) $N_D = 5.196 \times 10^{15}\,\text{cm}^{-3}$ (2) $x_n = 1\,\mu\text{m}$, $x_p = 0.0099\,\mu\text{m}$

(3) $1.740 \times 10^{5}\,\text{V/cm}$ (4) $C' = 6.97 \times 10^{-9}\,\text{F}$

5-21 열평형 상태에서 PN 접합이 형성되면 다수 캐리어의 확산이 발생한다. 캐리어가 확산하면 n형에는 양의 공간전하, p형에는 음의 공간전하가 형성되면서 built-in electric field가 유도된다. 이 built in electric field는 전자의 확산 방향과 반대 방향으로 힘을 작용시키므로 공핍층에서 발생한 전계에 의해 공핍층을 가로지르지 못하고 공핍층 밖으로 밀려 나가게 된다. 그림의 화살표 방향에 해당한다.

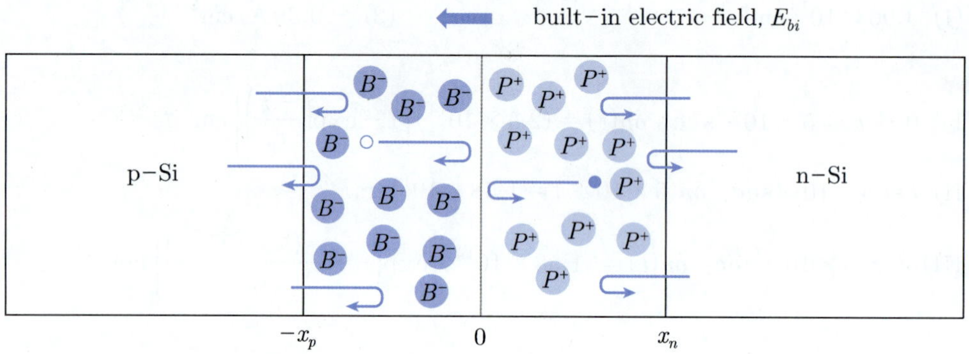

6-1 (1) $V_a = 0.45\,\text{V}$, $n_p = 3.954 \times 10^{11}\,\text{cm}^{-3}$, $p_n = 1.582 \times 10^{11}\,\text{cm}^{-3}$

(2) $V_a = 0.5\,\text{V}$, $n_p = 2.724 \times 10^{12}\,\text{cm}^{-3}$, $p_n = 1.090 \times 10^{12}\,\text{cm}^{-3}$

(3) 역바이어스에서는 캐리어의 이동이 존재하지 않는다. 따라서 0.

6-3 $I_n(-x_p) = 4.919\,\text{mA}$, $I_p(x_n) = 1.312\,\text{mA}$

$I = I_n + I_p = 4.919 + 1.312 = 6.231\,\text{mA}$

6-5 (1) $I_s = 3.566 \times 10^{-15}\,\text{A}$

(2) $I_g = 8.664 \times 10^{-11}\,\text{A}$, $\dfrac{I_g}{I_s} = \dfrac{8.664 \times 10^{-11}}{3.566 \times 10^{-15}} = 2.43 \times 10^{4}$

6-7 (1) $I_{0.6} = 1.527 \times 10^{-5}\,\text{A}$, $I_{0.8} = 3.447 \times 10^{-2}\,\text{A}$

(2) $I_g = 4.495 \times 10^{-11}\,\text{A}$

6-9 $59.6\,\text{mV}$

6-11 $N_D = 7.09 \times 10^{14}\,\text{cm}^{-3}$, $N_A = 1.01 \times 10^{16}\,\text{cm}^{-3}$

6-13 $\dfrac{J_n}{J_n+J_p}=\dfrac{1}{1+(1.826)\dfrac{N_A}{N_D}}$

6-15 (1) $\delta p_n(x)=(2.589\times10^{14})\exp\left[\dfrac{-x}{10^{-3}}\right]$ (2) $J_p(10^{-4})=0.375\,\mathrm{A/cm^2}$

6-17 $0.513\,\mathrm{V}$

6-19 $p_n(x_n)=3.4\times10^{14}\,\mathrm{cm^{-3}}$, $n_p(-x_p)=6.792\times10^{13}\,\mathrm{cm^{-3}}$

6-21 1) $x\le -x_p$, $N_p=3.891\times10^{6}\,\mathrm{cm^{-3}}$ 2) $x\ge x_n$, $P_n=6.091\times10^{5}\,\mathrm{cm^{-3}}$

6-23 $J_s=\dfrac{qD_p p_{n0}}{L_p}+\dfrac{qD_n n_{p0}}{L_n}$

$$L_p=\sqrt{D_p\tau_p},\ L_n=\sqrt{D_n\tau_n},\ p_{n0}=\frac{n_i^2}{n_{n0}}=\frac{n_i^2}{N_D},\ n_{p0}=\frac{n_i^2}{p_{p0}}=\frac{n_i^2}{N_A}$$

$$\therefore J_s=\frac{qD_p}{\sqrt{D_p\tau_p}}\frac{n_i^2}{N_D}+\frac{qD_n}{\sqrt{D_n\tau_n}}\frac{n_i^2}{N_A}=qn_i^2\left(\frac{1}{N_D}\sqrt{\frac{D_p}{\tau_p}}+\frac{1}{N_A}\sqrt{\frac{D_n}{\tau_n}}\right)$$

7-1 (1) $V_{bi}=0.486\,\mathrm{V}$ (2) $V_{bi}=0.504\,\mathrm{V}$, $\phi_{B0}=0.65\,\mathrm{V}$

7-3 (1) $0.54\,\mathrm{V}$ (2) $0.164\,\mathrm{V}$ (3) $0.376\,\mathrm{V}$

(4) $x_n=1.887\times10^{-5}\,\mathrm{cm}$, $|\mathrm{E_{max}}|_{1\mathrm{V}}=1.458\times10^{5}\,\mathrm{V/cm}$

(5) $x_n=3.731\times10^{-5}\,\mathrm{cm}$, $|\mathrm{E_{max}}|_{5\mathrm{V}}=2.883\times10^{5}\,\mathrm{V/cm}$

7-5 $50\,\mu\mathrm{A}$, $5\,\mathrm{A}$를 얻기 위한 순방향 전압은 각각 $0.101\,\mathrm{V}$, $0.399\,\mathrm{V}$

7-7 PN 접합 다이오드

1) $I=500\,\mu\mathrm{A}$, $V_a=0.717\,\mathrm{V}$ 2) $I=5\,\mathrm{mA}$, $V_a=0.776\,\mathrm{V}$

쇼트키 다이오드

1) $I=500\,\mu\mathrm{A}$, $V_a=0.478\,\mathrm{V}$ 2) $I=5\,\mathrm{mA}$, $V_a=0.538\,\mathrm{V}$

7-9 $\phi_{Bn}=0.259\,\mathrm{V}$

7-11 1) $V_R = 1\text{V}$, $2.2242 \times 10^{-12}\text{F}$ 2) $V_R = 5\text{V}$, $1.2082 \times 10^{-12}\text{F}$

7-13 (1) 0.1876V (2) 0.6924V (3) $2.036 \times 10^{-8}\text{A/cm}^2$ (4) 0.5V

7-15 $3.8846 \times 10^{-6}\text{A/cm}^2$

7-17 (1) 0.047V (2) 접합부에서 약 1.3nm

7-19 (1) 0.27V (2) 0.0644V (3) $0.6298 \times 10^{-4}\text{cm}$ (4) $1.644 \times 10^{-8}\text{F/cm}^2$

8-1 (1) n-MOS

(2) a: 축적모드 b: 공핍모드 c: 약한 반전모드 d: 강한 반전모드

(3) a-(3), b-(1), c-(4), d-(2)

8-3 (1) $1.587 \times 10^{-4}\text{cm}$ (2) $1.27 \times 10^{-6}\text{C/cm}^2$

8-5 0.886V

8-7 0.225V

8-9 저주파 정리

$$C_{ox} = 2.876 \times 10^{-7}\text{F/cm}^2 \qquad C'_{FB} = 1.907 \times 10^{-7}\text{F/cm}^2$$

$$C'_{min} = 5.821 \times 10^{-8}\text{F/cm}^2 \qquad C'_{inv} = C_{ox} = 2.876 \times 10^{-7}\text{F/cm}^2$$

고주파의 경우는 저주파와 동일하며 다른 부분은 반전 커패시턴스이다.

$$C'_{inv} = C'_{min} = 5.821 \times 10^{-8}\text{F/cm}^2$$

8-11 1) 10^{15}, $V_{th} = 0.0236\text{V}$ 2) 10^{14}, $V_{th} = -0.1845\text{V}$

8-13 도핑 농도 10^{16}, $V_{th} = -0.126\text{V}$

도핑 농도 10^{17}, $V_{th} = 0.281\text{V}$

8-15 $C_{ox} = 4.3144 \times 10^{-7}\text{F/cm}^2$, $C'_{min} = 1.167 \times 10^{-8}\text{F/cm}^2$

$C'_{FB} = 6.747 \times 10^{-8}\text{F/cm}^2$, $\dfrac{C'_{min}}{C_{ox}} = 0.027$, $\dfrac{C'_{FB}}{C_{ox}} = 0.156$

8-17 $t_{ox} = 345\,\text{Å}$, $C'_{min} = 2.5671 \times 10^{-8}\,\text{C/cm}^2$

8-19 (1) p타입
(2) 반전/문턱/공핍/플랫밴드/축적 커패시턴스

9-1 (1) 0.075 mA (2) 0.1 mA (3) 0.1 mA (4) 1.225 mA

9-3 (1) 10.889 mA (2) 4.167 mA

9-5 $V_{th} = 0.231\,\text{V}$

9-7 (1) 3.6 V (2) $0.11\,\text{mA/V}^2$ (3) 0.216 mA (4) 0.418 mA

9-9 $0.373\sqrt{\text{V}}$

9-11 $-0.044\,\text{V}$

9-13 (a)−4, (b)−3

9-15 (1) $-0.457\,\text{V}$ (2) 7.9843 V

9-17 (1) $0.2\,\mu\text{m}$ (2) $0.4\,\mu\text{m}$

9-19 억셉터 이온, $1.9913 \times 10^{12}\,\text{cm}^{-2}$

9-21 (1) 0.493 V (2) 이온은 억셉터이며 주입 농도는 $4.415 \times 10^{11}\,\text{cm}^{-2}$

9-23 $L = 0.3125\,\mu\text{m}$
$L = 0.2\,\mu\text{m}$, $V_{DS,\,\text{sat}} = 0.9756\,\text{V}$
$L = 0.02\,\mu\text{m}$, $V_{DS,\,\text{sat}} = 0.1504\,\text{V}$

10-1 $\lambda_{\max,\text{Si}} = 1107\,\text{nm}$, $\lambda_{\max,\text{GaAs}} = 867\,\text{nm}$, $\lambda_{\max,\text{ZnSe}} = 459\,\text{nm}$

10-3 63%가 흡수

10-5 (1) $0.681\,\text{W/cm}^2$ (2) $x = 0.693\,\mu\text{m}$

10-7 (1) 0.274 A (2) $V_{oc} = 0.506\,\text{V}$ (3) $V_{bi} = 0.713\,\text{V}$ (4) $\dfrac{V_{oc}}{V_{bi}} = 0.71$

10-9 1) $0.4524\,\text{W/cm}^2$ 2) $0.1839\,\text{W/cm}^2$ 3) $2.27 \times 10^{-5}\,\text{W/cm}^2$

10-11 1) 10%, $x = 7.024\,\mu\text{m}$ 2) 99%, $x = 307\,\mu\text{m}$

10-13 79.81%

10-15 $R = 99.96\%$

10-17 전자의 확산 거리를 증가시킨다. 또 확산 거리는 소수 캐리어 전자 수명과 관련이 있으므로 수명을 증가시키는 방법도 있다. 수명을 증가시키기 위해서는 결정 내의 트랩 밀도를 낮춘다. 트랩은 불순물 또는 결정 결함에 기인한다. 소수 캐리어 수명은 결정 결함이 없더라도 일정 값을 가지므로 태양전지의 광전류는 무한정 증가시킬 수 없다.

10-19 (1) 0.4950 V (2) 0.421 V (3) 79.3585 mW (4) 2.2334 Ω

10-21 (1) $2.6453 \times 10^{-19}\,\text{J}$ (2) $3.7803 \times 10^{18}\,\text{ea/sec}$ (3) $2.645 \times 10^{-19}\,\text{W}$

찾아보기

ㅈ